TRAITÉ

DE

PHYSIOLOGIE

AVIS DES ÉDITEURS

Le TRAITÉ DE PHYSIOLOGIE de MM. Morat et Doyon formera 5 volumes dont voici le détail :

I. — **Fonctions élémentaires.** — Prolégomènes. — Nutrition en général. — Physiologie des tissus en particulier (moins le système nerveux).

II. — **Fonctions d'innervation et du milieu intérieur.** — Système nerveux. — Sang ; lymphe ; liquides interstitiels.

III. — **Fonctions de nutrition.** — Circulation ; calorification.

IV. — **Fonctions de nutrition** (suite). — Digestion ; respiration ; excrétion.

V. — **Fonctions de relation.** (Sens ; Langage ; expression ; locomotion) **et fonctions de reproduction** (à l'exception du développement embryologique).

Ces volumes ne seront pas publiés dans l'ordre ci-dessus, mais le seront dans celui de leur achèvement. Nous publions aujourd'hui sous le titre : « **Circulation ; Calorification** » le tome qui portera dans la tomaison définitive le n° III. Le tome « **Digestion ; Absorption ; Respiration ; Excrétion** » (suite des fonctions de nutrition), qui correspondra au tome IV, est dès à présent sous presse.

Toutes les mesures sont prises pour que l'ensemble de la publication soit terminé dans le courant de l'année 1900. Chaque volume sera, pendant tout le cours de la publication, vendu séparément à des prix qui varieront selon l'étendue de chacun.

Toutefois, les éditeurs acceptent, dès à présent, **au prix à forfait de 50 francs**, des souscriptions à l'ouvrage **complet**.

Les souscripteurs paieront en retirant chaque volume le prix marqué ; mais le tome V et dernier leur sera fourni gratuitement ou à un prix tel qu'il n'aient, en aucun cas, payé plus de 50 francs pour le total de l'ouvrage.

Les souscripteurs recevront avec le dernier volume les titres nécessaires pour faire relier leur exemplaire avec la tomaison définitive, et correspondant à la table générale.

9546-97. — CORBEIL. Imprimerie ÉD. CRÉTÉ.

TRAITÉ
DE PHYSIOLOGIE

PAR

J.-P. MORAT

Professeur à l'Université de Lyon,

ET

MAURICE DOYON

Professeur agrégé à la Faculté de médecine de Lyon.

FONCTIONS DE NUTRITION

CIRCULATION   **CALORIFICATION**

PAR   PAR

M. DOYON   **J.-P. MORAT**

173 figures noires et en couleurs.

PARIS

MASSON ET Cⁱᵉ, ÉDITEURS

LIBRAIRES DE L'ACADÉMIE DE MÉDECINE

120, BOULEVARD SAINT-GERMAIN

1899

AVANT-PROPOS

Exposer la science physiologique actuelle d'une façon assez élémentaire pour ne pas excéder le programme nécessairement limité de son enseignement classique et, d'autre part, suffisamment explicative pour éviter les obscurités d'un précis ordinaire, tel est le but de l'ouvrage que nous présentons au public et dont ce volume forme une des divisions naturelles. — La physiologie, personne ne le conteste, a fait de grandes acquisitions dans le cours de ce siècle. Ses méthodes se sont perfectionnées ; sa langue s'est précisée ; sa personnalité, si on peut dire, s'est dégagée de celle des sciences auxquelles elle était restée si longtemps étroitement unie et subordonnée ; son évolution se poursuit maintenant assez vite pour que, de temps à autre, il devienne nécessaire de fixer à nouveau ses traits dans une œuvre d'enseignement. C'est ce que nous avons voulu faire.

Le présent volume est consacré à la *circulation* et à la *calorification* : le suivant exposera la *respiration*, la *digestion*, l'*absorption* et l'*excrétion*. Ce sont là les fonctions dites de la vie nutritive. Un troisième volume sera consacré aux fonctions de relation, représentées d'un côté par les *sens*, porte d'entrée des impressions, et de l'autre par le *langage*, l'*expression*, la *locomotion*, actes moteurs traduisant nos volontés.

L'ancienne physiologie ne connaissait guère que ces fonctions d'ensemble ou grandes fonctions par lesquelles l'organisme animal est mis en conflit de diverses manières avec son milieu. En les décrivant séparément, elle appuyait volontiers sur la diversité de leur aspect extérieur. Elle ignorait le lien intime qu'elles ont entre elles et les actes profonds par lesquels elles se pénètrent et se confondent, en concourant à un but commun, l'entretien de la vie élémentaire ; car la vie est dans l'élément avant d'être dans l'individu.

Un champ nouveau s'est ouvert de ce côté à l'exploration du physiologiste, d'abord lorsque Schwann eut découvert la constitution cellulaire des tissus et ensuite lorsque Claude Bernard, par ses méthodes d'analyse et par ses vues profondes sur l'unité de la vie, eut montré le parti qu'on pouvait tirer de cette donnée. — Tout appareil, tout organe est composé de cellules ; toute fonction d'ensemble (comme la respiration, la circulation, la digestion, etc.), résulte du jeu diversement combiné de ces organismes élémentaires qui s'y retrouvent toujours les mêmes, mais associés diversement en vue de fins variées.

Dans tout traité de physiologie il y a donc une place importante à donner à l'étude de ces fonctions primordiales. Mais cela ne suffit pas encore, parce que les actes cellulaires eux-mêmes ne sont pas simples : leur explication première est dans les transformations chimiques des corps qui les composent ; d'où la nécessité de retracer à grands traits ces transformations elles-mêmes, dont l'ensemble constitue ce qu'on nomme communément la *nutrition*, et dont l'évolution de la matière sucrée à travers l'organisme a été un des premiers exemples connus.

Longtemps cette partie de notre science était restée obscure et comme impénétrable : de surprenants progrès y ont été réalisés depuis que, pour se mouvoir au milieu des faits variés, nombreux et contingents que lui offre l'immense diversité des êtres, elle a pris comme guide et fil conducteur l'étude des transformations de l'énergie dans les corps vivants en particulier et dans le règne vivant en son ensemble. L'*énergétique biologique* éclaire d'une vive lumière toute la physiologie générale.

Un volume sera consacré à l'exposition de ces actes élémentaires et de ces données fondamentales ; mais parmi les tissus il en est un plus compliqué, sinon plus essentiel que les autres, dont il ne suffirait pas de décrire simplement les éléments avec leurs propriétés, car il tire justement son importance principale de l'agencement et de la réaction mutuelle de ses pièces composantes. C'est le *système nerveux*, seul système vraiment digne de ce nom, et dont les divisions et subdivisions correspondent aux fonctions d'ensemble de l'économie. Son histoire occupera la plus grande partie d'un volume qui sera complété par l'étude du sang ou *milieu intérieur* de l'organisme.

L'ordre logique de la lecture de l'ouvrage serait de procéder des fonctions élémentaires aux fonctions complexes. Ce n'est pas celui qu'a suivi le développement de la physiologie et ce ne sera pas non plus celui de la publication de l'ouvrage. Mais cet ordre ne s'impose pas ; il est du reste logique en apparence bien plus que réellement. L'histoire de l'être vivant a été justement comparée à une chaîne sans fin ; il faut l'aborder par un point, mais elle ne s'éclaire réellement que lorsqu'on l'a parcourue tout entière.

Systématiquement nous avons laissé de côté tout ce qui regarde le développement embryologique et même les phénomènes qui le précèdent, en tant qu'ils sont, comme lui, de l'ordre évolutif proprement dit. Bien que ressortissant sûrement à la physiologie, ces changements sont de ceux que présentement nous ne savons que décrire et nullement expliquer. Les méthodes ne sont pas connues qui nous permettront, en les modifiant à notre gré, de pénétrer le mécanisme et la raison d'être de leur apparition et de leur succession régulières.

Mon élève et ami le docteur Doyon a bien voulu se charger de la rédaction d'une partie importante de cet ouvrage, continuant sous cette forme nouvelle une collaboration qui m'est depuis longtemps précieuse à tant d'égards. Chaque partie est signée individuellement par son auteur et représente son œuvre propre : chacune d'elles a sa place marquée dans un plan d'ensemble qui sera exactement suivi.

Des figures nombreuses accompagnent le texte (graphiques, schémas, dessins d'organes ou d'appareils). Pour l'exposition des fonctions du système nerveux en particulier, partout où il en est question, on a fait usage de dessins en couleurs, dans lesquels ces fonctions sont exprimées conventionnellement par ces couleurs mêmes, de manière à les représenter à l'esprit et aux yeux d'une façon synthétique, au milieu et en dépit de la complexité structurale de ce système.

Nous adressons nos remerciements à M. Devy pour le soin et l'habileté apportés par lui dans l'exécution de ces figures.

Puisse cet ouvrage, auquel nous n'avons épargné ni notre temps ni nos peines, contribuer à réveiller dans le public médical le goût des choses de la physiologie, cette science, on peut le dire, si française, mais depuis des années si délaissée et si généralement ignorée parmi nous.

J.-P. Morat.

Lyon, juillet 1898.

TABLE DES MATIÈRES

CIRCULATION

Historique.. 1
Raison d'être de la circulation.. 5
Idée schématique de la circulation chez les mammifères......................... 6

Reproduction schématique de la circulation chez les mammifères............. 8
Conditions de la circulation dans la série................................. 8
Circulation chez l'embryon et le fœtus..................................... 9

PREMIÈRE PARTIE

CIRCULATION CARDIAQUE

CHAPITRE PREMIER

PHÉNOMÈNES MÉCANIQUES DE LA CIRCULATION CARDIAQUE.

A. Données anatomiques... 12
B. Mouvements du cœur.. 13

I. Observation directe des mouvements du cœur............................... 13

1. Chez les animaux à sang froid... 13
2. Chez les animaux à sang chaud... 13
3. Chez l'homme.. 14

Chronophotographie... 15
Observation des mouvements du cœur à l'aide des rayons de Rœntgen.. 16

II. Inscription autographique des mouvements du cœur....................... 16

1. Principe de la méthode.. 16
2. Conditions expérimentales... 17

Notes additionnelles concernant la technique cardiographique........... 20

3. Interprétation des tracés cardiographiques............................ 21

a. Succession et durée relative des actes constitutifs d'une révolution cardiaque... 21
b. Synchronisme des deux ventricules................................. 22
c. Caractères distinctifs de la contraction des ventricules droit et gauche.. 22
d. Synchronisme des oreillettes...................................... 23
e. Oscillations secondaires des tracés cardiographiques.............. 24

4. Généralisation à l'homme des résultats obtenus sur le cheval.......... 25

Discussion des résultats de Chauveau et Marey.......................... 25
Cardiographie chez le chien.. 26

X   TABLE DES MATIÈRES.

Variations du rythme.. 27
   I. Modifications du mode de succession des révolutions cardiaques..... 27
     Influence de la température.............................. 27
     Influence des variations de la pression artérielle.................... 27
     Influence de la respiration............................... 27
     Influence de la déglutition............................... 28
     Irrégularités du rythme................................. 28
   II. Variations de la durée relative et du synchronisme des actes consti-
       tutifs d'une révolution cardiaque...... 29
     A. Troubles portant sur la durée des actes constitutifs d'une révolution
       cardiaque..................................... 29
     B. Troubles du rythme portant sur la place que les actes constitutifs
       d'une révolution cardiaque occupent dans la représentation gra-
       phique des mouvements du cœur........................ 29
       1. Dissociation fonctionnelle de l'oreillette et du ventricule corres-
         pondant.................................... 29
       2. Dissociation des deux oreillettes..................... 30
       3. Dissociation des deux ventricules.................... 30

C. Signes extérieurs des mouvements du cœur........................ 33
   Pulsation cardiaque... 33
     I. Constatation et importance du phénomène................... 33
     II. Rapports de la pulsation avec les phases de la révolution cardiaque..... 34
     Hypothèses anciennes concernant la nature de la pulsation cardiaque..... 35
       I. Hypothèse d'après laquelle la pulsation serait due à la systole auricu-
        culaire...................................... 35
       II. Hypothèse d'après laquelle la pulsation serait la conséquence d'un
        choc contre la paroi thoracique par suite du recul du cœur....... 35
     III. Cause du soulèvement de la paroi thoracique........ 37
     IV. Inscription graphique de la pulsation............... 38
     Pulsations négatives................................. 40

   Bruits du cœur... 41
     I. Caractères et rythme des bruits du cœur................... 41
     II. Découverte et importance des bruits du cœur.................. 42
     III. Rapports des bruits du cœur avec les phases d'une révolution cardiaque. 42
     IV. Cause des bruits du cœur....................... 44
     1. Cause du second bruit.. 44
     2. Cause du premier bruit............................ 44
       a. Rôle du claquement des valvules auriculo-ventriculaires........... 45
       b. Bruit rotatoire................................. 45
     Mécanisme des valvules sigmoïdes et auriculo-ventriculaires pour empêcher
       le reflux du sang.................................. 46
     Procédés permettant l'inscription graphique des vibrations sonores qui
       constituent les bruits du cœur......................... 47
     Dédoublements normaux des bruits du cœur................... 48

   Bruits de souffle.. 49
     I. Cause essentielle des bruits de souffle..................... 49
     II. Conditions qui modifient les caractères des souffles............... 51
     III. Propagation des souffles....... 52
     IV. Rôle des frottements du sang contre les vaisseaux.... 53
     V. Classification des bruits de souffle...................... 53

CHAPITRE II

PHÉNOMÈNES PHYSIOLOGIQUES DE LA CIRCULATION CARDIAQUE.

A. Caractères de la contraction cardiaque ... 55

  I. Caractères anatomiques du muscle cardiaque ... 55

   1. Structure ... 55
   2. Forme ... 56

  II. Caractères fonctionnels ... 56

   1. Conditions expérimentales ... 56

    a. Inscription du raccourcissement et du gonflement de la pointe du cœur. 56
    b. Méthode manométrique ... 57

   2. Propriétés du muscle cardiaque ... 58

    Action de l'électricité ... 59
    Excitations mécaniques ... 60
    Influence de la chaleur envisagée comme excitant ... 60
    Excitations chimiques ... 61
    Inexcitabilité périodique du cœur ... 61
    Discussion concernant la valeur relative des caractères fonctionnels particuliers de la fibre cardiaque ... 63

  III. Explication du rythme du cœur ... 66

   1. Rôle du muscle ... 66
   2. Rôle de l'excitation ... 67
   3. Rôle du système nerveux ... 69
   4. Conditions nécessaires à la mise en jeu des propriétés du muscle cardiaque. 71

    Circulations artificielles ... 73
    Point de départ et propagation de l'excitation à travers le cœur ... 75
    Nature de la contraction cardiaque ... 76
    Phénomènes électriques accompagnant la contraction du cœur ... 78

B. Rapports du cœur avec le système nerveux ... 80

  I. Système nerveux intrinsèque du cœur ... 81

   1. Considérations anatomiques ... 81
   2. Rôle fonctionnel des ganglions du cœur ... 82

    Discussion concernant l'interprétation des expériences de Stannius ... 83
    Étude du système nerveux intracardiaque chez les animaux à sang chaud. 86

  II. Système nerveux extrinsèque du cœur ... 87

   1. Caractères généraux des nerfs du cœur ... 87

    Fatigue. Mise en jeu de l'ensemble des appareils ... 88

   2. Nerfs modérateurs du cœur ... 89

    a. Influence sur le rythme ... 90
    b. Influence suspensive du nerf pneumogastrique sur le tonus du muscle cardiaque ... 95

   3. Nerfs moteurs du cœur ... 95

    a. Action sur le rythme ... 97
    b. Action sur le tonus du muscle ... 100

   4. Influence de l'excitation des nerfs sensitifs sur le cœur ... 101
   5. Nerfs sensitifs propres du cœur ... 103

    Relations fonctionnelles du cerveau avec le cœur ... 106
    Poisons du cœur ... 107

XII   TABLE DES MATIÈRES.

CHAPITRE III
FORCE ET TRAVAIL DU CŒUR

I. Force du cœur.. 113
II. Travail du cœur... 116

DEUXIÈME PARTIE
CIRCULATION ARTÉRIELLE

CHAPITRE PREMIER
FONCTIONS DES ARTÈRES.

A. Distribution du sang.. 122
B. Uniformisation et régularisation du débit................................... 123
   I. Structure des artères.. 123
   II. Uniformisation de l'écoulement du sang dans les vaisseaux.......... 123

C. Économie de la force du cœur... 126
D. Les artères proportionnent le débit sanguin aux besoins des organes...... 127
   Canaux anastomotiques artério-veineux....................................... 128

CHAPITRE II
PHÉNOMÈNES MÉCANIQUES DE LA CIRCULATION ARTÉRIELLE.

Notions élémentaires concernant l'hémodynamique............................ 129

A. Pression artérielle.. 132
   1. Origine de la pression artérielle... 132
   2. Méthodes de mesure.. 132
   3. Répartition de la pression dans le système artériel..................... 141
   4. Élément constant et élément variable de la pression.................... 141
   5. Variations de la pression artérielle..................................... 143

B. Vitesse de la circulation artérielle... 151
   Problèmes posés au physiologiste concernant la vitesse du sang.............. 151
   I. Détermination du temps qu'une molécule sanguine met à parcourir complètement le circuit vasculaire.. 151
   II. Détermination de la vitesse moyenne du sang dans une artère.......... 152
   III. Mesure des variations de la vitesse du sang dans les artères aux différentes phases d'une révolution cardiaque... 153
    1. Méthodes... 154
    2. Élément constant et élément variable de la vitesse du sang........... 155
    3. Modifications comparées de la vitesse et de la pression dans les artères. 157
    Mesure des variations de la vitesse du sang chez l'homme.............. 159

C. Signes extérieurs du mouvement du sang dans les artères...................... 160
   I. Mouvements des artères... 161
    1. Locomotion des artères.. 161
    2. Dilatation des artères... 161
   II. Pouls des artères... 162
    1. Constatation et explication du phénomène.............................. 162

2. Méthodes d'investigation 163
3. Caractères du pouls.. 165

   a. Fréquence............................ 165
   b. Retard........................ 165
   c. Forme... 166
   d. Amplitude....... 167

      Analyse du mouvement des ondes liquides........................... 167
      Analyse des phases d'un tracé du pouls............................. 170
      Discussion concernant l'origine du dicrotisme 173
      Ondulations secondaires du tracé sphygmographique................... 174
      Modifications du pouls... 174

CHAPITRE III

PHÉNOMÈNES PHYSIOLOGIQUES DE LA CIRCULATION ARTÉRIELLE.

A. Découverte de la contractilité artérielle et des vaso-moteurs.............. 178

   I. Les précurseurs.. 178
   II. Découverte des vaso-constricteurs.................................... 180
   III. Découverte des nerfs vaso-dilatateurs............................... 182

B. Généralisation et systématisation des nerfs vaso-moteurs.................. 183
C. Caractères fonctionnels généraux des nerfs vaso-moteurs.................. 189
D. Mécanisme de l'action des vaso-moteurs................................... 190
      Surdilatation.. 191

E. Centres vaso-moteurs fonctionnels.. 191

   I. La moelle envisagée comme centre vaso-moteur......................... 191
   II. Les ganglions sympathiques envisagés comme centres vaso-moteurs......... 194

      Centres trophiques vaso-moteurs.................................... 195
      Effets vaso-moteurs des excitations du cerveau...................... 197
      Influence de la suggestion... 198

F. Phénomènes placés sous la dépendance des nerfs vaso-moteurs............ 199

   I. Phénomènes placés sous la dépendance directe des nerfs vaso-moteurs.... 199

    1. Régulation de la répartition de la pression......................... 199
    2. Régulation de l'afflux sanguin..................................... 202

      Nerfs sensitifs des vaisseaux...................................... 202
      Balancement circulatoire... 203

   II. Phénomènes placés sous la dépendance indirecte des vaso-moteurs et de la contractilité artérielle.......... 204

    1. Influence sur la température.. 204
    2. Influence sur les sécrétions....................................... 205
    3. Influence sur l'apparition de l'œdème.............................. 205
      Influence des nerfs vaso-moteurs sur la nutrition.................... 206

      Méthodes d'investigation applicables à l'étude des vaso-moteurs et conditions de l'expérience... 207

TROISIÈME PARTIE

CIRCULATION CAPILLAIRE

I. Définition.. 215
II. Découverte de la circulation capillaire................................... 215

III. Caractères du mouvement du sang dans les capillaires........................ 215
   a. Dans les capillaires moyens.................................... 216
   b. Dans les capillaires proprement dits............................ 216

IV. Résistance opposée par les capillaires à l'écoulement du sang.............. 217
   Loi de la circulation dans les tubes capillaires........ 218
   Mesure directe de la pression et de la vitesse............................. 218

V. Rôle de la circulation capillaire.................................... 219
   Mouvements rythmés des vaisseaux................................... 219

VI. Signes extérieurs de la circulation capillaire............................. 220

QUATRIÈME PARTIE

CIRCULATION VEINEUSE

A. Caractères particuliers des veines......... 223
   Structure.. 223
   Extensibilité et résistance des veines................................ 223

B. Fonctions des veines................. 223
   I. Étude du système veineux considéré en tant que réservoir pour le sang... 224
   II. Progression du sang dans les veines...... 225
      1. Action propulsive du cœur.................................... 225
      2. Influence aspiratrice du cœur................................. 225
         a. Force aspiratrice intrinsèque du cœur....................... 226
         b. Influence aspiratrice de la diminution de volume du cœur............. 227
         Mesure des changements de volume du cœur.................... 228
         Vérification expérimentale des effets des changements de volume du cœur. 229
         Souffles extracardiaques.................. 229
         Pression négative dans le cœur............ 230
         Rôle de la systole de l'oreillette dans le remplissage des ventricules...... 231
      3. Influence adjuvante des mouvements des muscles 232
      4. Influence de la pesanteur............................ 233
      5. Influence de l'expansion des artères............................. 233
      6. Influence de la dépression thoracique et des mouvements respiratoires.. 234
         Contractions des veines.................................... 235
         Vaso-moteurs des veines................................... 235
         Pression et vitesse du sang dans les veines.......................... 235

C. Signes extérieurs de la circulation veineuse............................. 236
   1. Pouls des jugulaires.................................... 236
   2. Pouls veineux résultant de la propagation des pulsations artérielles...... 237
      Entrée de l'air dans les veines................................ 238
      Conditions particulières à la circulation dans la veine porte........... .. 238
      Vaso-moteurs du foie.................................... 239
      Vaso-moteurs de l'intestin................................ 240

CINQUIÈME PARTIE
CIRCULATIONS PARTICULIÈRES

CHAPITRE PREMIER
CIRCULATION PULMONAIRE.

I. Historique.. 244
II. Raison d'être de la circulation pulmonaire........................ 245
III. Notions anatomiques... 245
IV. Caractéristique de la circulation pulmonaire..................... 246
V. Valeur de la pression... 246
VI. Vitesse du sang.. 247
VII. Influence de la respiration sur la circulation pulmonaire....... 247

   Adaptation des conditions mécaniques de la circulation pulmonaire à la fonction de l'hématose... 251

VIII. Vaso-moteurs pulmonaires....................................... 251

   Vaso-moteurs du larynx... 253
   Influence de l'asphyxie sur la circulation pulmonaire............ 253

CHAPITRE II
CIRCULATION CÉRÉBRALE ET OCULAIRE.

I. Circulation cérébrale... 255
  1. Notions anatomiques.. 255
   Effets de la ligature des artères du cerveau..................... 255
  2. Conditions caractéristiques de la circulation cérébrale........ 256
  3. Mouvements du cerveau.. 256
  4. Circulation capillaire... 258
   Méthodes d'investigation pour la recherche des vaso-moteurs cérébraux.... 259
   Influence du travail psychique................................... 259
  5. Antagonisme de la circulation cérébrale et de la circulation des autres organes... 259
   Rôle du liquide céphalo-rachidien................................ 259

II. Circulation oculaire... 262

CHAPITRE III
CIRCULATION MUSCULAIRE.

   Méthodes d'investigation... 265
  1. Influence de la contraction permanente......................... 266
  2. Influence de la contraction rythmée............................ 266
  3. Coefficient d'irrigation du muscle............................. 266
  4. Analyse des phénomènes circulatoires dans un muscle qui se contracte rythmiquement... 267
  5. Retentissement de la contraction musculaire rythmée sur la pression artérielle.. 267
   Circulation du muscle cardiaque.................................. 268

MORAT et DOYON. — Physiologie.   *b*

SIXIÈME PARTIE

CIRCULATION LYMPHATIQUE

I. Raison d'être.. 270
II. Découverte des lymphatiques................................... 270
III. Topographie... 270
IV. Causes de la progression de la lymphe......................... 271
    1. Subordination de la circulation lymphatique à la circulation sanguine.... 271
    2. La lymphe envisagée comme un produit de sécrétion.............. 272
        Fistules lymphatiques....................................... 272
    3. Rôle de la contractilité des vaisseaux lymphatiques............ 272
        Action du système nerveux 273
    4. Influence des variations de la pression intrathoracique et de la respiration.. 274
    5. Influence de la contraction musculaire........................ 274
V. Vitesse de l'écoulement de la lymphe........................... 274

CALORIFICATION

NOTIONS PRÉLIMINAIRES.

A. Thermométrie... 278
B. Calorimétrie... 281
    I. Unité de chaleur.. 281
    II. Chaleur spécifique... 281
    III. Calorimètre de glace...................................... 281
    IV. Calorimètre à air.. 283
    V. Anémocalorimètre.. 285
    VI. Calorimètre à eau.. 286
    VII. Calorimètre compensateur.................................. 287
C. Chaleur et travail mécanique. Leur équivalence................. 289
    I. Équivalence du travail mécanique et de la chaleur........... 290
    II. Absorption de chaleur par les travaux intérieurs (chaleur latente)...... 290
    III. Machine théorique de Carnot............................... 291

PREMIÈRE PARTIE

ORIGINE DE LA CHALEUR CHEZ LES ANIMAUX

CHAPITRE PREMIER

LES PHÉNOMÈNES QUI LUI DONNENT NAISSANCE.

A. La chaleur des animaux est d'origine chimique.................. 295
    Les notions de substance et d'énergie.......................... 296
    La notion des trois états des corps............................ 296
    I. Méthode de démonstration.................................... 296
    II. Restrictions... 298

B. Rectifications apportées aux principes qui servent de base au calcul...... 299

    I. Réactions exothermiques et endothermiques........ 300

    II. Les corps qui servent de combustible........ 300

    III. Connaissances préalables ; chaleurs de formation et de combustion....... 301

    IV. Principes immédiats de l'organisme..................................... 301

    V. Sources immédiates et sources lointaines de l'énergie................... 301

    VI. Deuxième approximation............................ 302

    VII. Résumé........... 302

    Notions complémentaires. Principes de thermochimie.................... 304

C. La glycogénie et la thermogenèse..................................... 307

    I. Réactions thermogénétiques principales............................. 307

    II. Évolution des idées............................ 308

    III. Tendance actuelle.. 309

    IV. Rôle de l'albumine... 310

    V. Rôle des graisses.................................... 310

    VI. Rôle des hydrates de carbone......................... 311

D. La calorimétrie indirecte.................................... 311

    I. Témoins des réactions 312

    II. Calcul d'après les ingesta.. 312

    III. Réactions multiples.. 312

    IV. Réactions indirectes... 312

    V. Réactions successives.. 313

    VI. Calcul par les excreta.. 314

    VII. Sûreté du principe... 314

    VIII. Conditions théoriques... 315

    IX. Ration d'entretien........... 315

    X. Problème inverse.. 316

    XI. Quotient respiratoire.............................. 317

    XII. Postulats... 318

E. Valeur isodyname et isotrophique des aliments......................... 319

    I. Fausse conception de cette valeur isodyname........ 320

    II. Définition plus exacte................................ 320

    III. Poids isotrophiques... 321

**F. La constitution des réserves par les aliments et son rôle dans la production
de la chaleur.................... ....** 324

    Albumines. Équations de transformation............................... 324

    Graisses. Équations de transformation. Lécithines...... 326

    Hydrates de carbone... 327

    I. Alimentation azotée (constitution des réserves)...................... 328

    II. Alimentation hydrocarbonée (constitution des réserves).............. 330

    III. État de jeûne. Destruction des réserves ; son rôle dans la production de la
chaleur... 331

    IV. Condition complexe. Action du vernissage de la peau.................. 334

    Influences perturbatrices principales s'exerçant sur la thermogenèse........ 336

    A. Conditions relatives à la protection exercée par le tégument. Variations
des rendements thermiques de l'oxygène et du carbone en fonction de
la tonte... 336

    B. Influence de l'inanition... 337

    C. Influence de l'alimentation... 338

      a. Influence de la quantité... 339

      b. Influence de la nature des aliments....... 339

D. Influence de la contraction musculaire..................................... 340

E. Conditions relatives à la respiration. La valeur respiratoire du sang et la température animale....................................... 340

CHAPITRE II

DISTRIBUTION TOPOGRAPHIQUE DE LA CHALEUR CHEZ LES ANIMAUX.

A. Température comparée du sang artériel et du sang veineux dans les différents segments du système vasculaire.................................... 342

I. Température comparée dans le cœur droit et le cœur gauche............. 343

II. Température comparée dans le système veineux et dans le système artériel. 344

III. Température des différents points du système artériel.................... 345

IV. Température des différents points du système veineux.................... 345

B. Interprétation de ces résultats. Conclusions à en tirer..................... 346

I. Parties superficielles........ 346

II. Organes profonds.................... 347

III. Totalisation dans chaque cœur.................... 347

IV. Comparaison possible des deux systèmes capillaires.................... 348

V. Restrictions.................... 348

VI. Somme des causes d'échauffement et de refroidissement.................. 348

a. Dans la grande circulation.................... 348

b. Dans la petite circulation.................... 349

VII. Chaleur due à l'hématose.................... 349

Thermomètre électrique.................... 350

CHAPITRE III

LES ÉLÉMENTS THERMOGÈNES. LE SANG ET LES TISSUS.

A. Le sang, l'hématose.................... 353

Chaleur dégagée par l'action de l'oxygène sur le sang.................... 353

Variation de la température du sang dans le poumon. Sa valeur approximative. 357

a. Échauffement du sang.................... 357

b. Refroidissement par la réduction en gaz de l'acide carbonique dissous... 358

c. Refroidissement par l'évaporation de l'eau pulmonaire.................... 358

d. Refroidissement du sang par échauffement de l'air respiré.................... 359

B. Les tissus. Leurs réactions thermogènes. Le muscle producteur de chaleur.. 360

I. L'échauffement du muscle.................... 360

II. Problèmes divers.................... 361

III. Importance thermogénétique du système musculaire.................... 361

IV. Nature de la réaction thermogène du muscle.................... 362

V. La substance qui fournit l'énergie musculaire.................... 365

C. Calorimétrie musculaire.................... 366

I. Principe de la méthode.................... 366

II. Coefficient d'échauffement du muscle en fonctionnement stérile.......... 368

III. Absorption de chaleur par le travail mécanique.................... 369

IV. Comparaison de cette quantité avec le travail produit.................... 370

V. Comparaison des résultats fournis par les méthodes calorimétriques directe et indirecte. Énergie chimique et énergie thermique. Équivalences...... 370

D. Le travail musculaire et la chaleur.................... 371

I. Définition du raccourcissement musculaire.................... 372

2. La contraction dite tétanique ou statique........................... 372
3. La secousse ou contraction élémentaire............................ 374
4. Absorption de chaleur par le travail positif. 374
5. Restitution de chaleur par le travail négatif...................... 375
   Rendement du moteur musculaire...... 375
   Sur la nature du moteur musculaire................................ 376
   Travail physiologique... 382

E. Les glandes organes producteurs de chaleur...................... 384
   I. Foie... 384
   II. Rein... 384
   III. Sous-maxillaire... 384
   IV. Preuves indirectes.. 385
   V. Analogies entre la glande et le muscle....................... 386
   VI. Calorimétrie indirecte sur la glande parotide............... 386

F. Le système nerveux; sa part dans la production de la chaleur..... 387
   I. Expériences sur les nerfs périphériques 388
   II. Expériences sur les centres................................. 391
   III. Les variations de la température du cerveau................ 394

G. Le bilan énergétique dans l'espèce humaine....................... 396
   I. Établissement de ce bilan approximatif....................... 396
   Ration minima d'albumine.. 397
   II. Recettes et dépenses; articles séparés...................... 398
   Les aliments dits d'épargne..................................... 399

CHAPITRE IV

LE SYSTÈME NERVEUX ET LA CHALEUR.

A. L'énergie et l'excitation....................................... 401
   I. Force efficiente... 401
   II. Force de dégagement... 401
   III. Confusion des deux points de vue........................... 402

B. Nerfs calorifiques ou thermiques................................ 403
   I. Fonction directe... 403
   II. Fonction indirecte.. 403

C. Nerfs soi-disant frigorifiques (nerfs thermo-inhibiteurs)....... 404
   I. Reconstitution des réserves énergétiques..................... 404
   II. Interprétation des faits.................................... 405

D. Nerfs thermodéperditeurs et thermoconservateurs................. 406
   I. Fonction thermique du grand sympathique...................... 407
   II. Fonctions multiples du grand sympathique.................... 410

E. Centres thermiques.. 410
   I. Ancienne conception. Son insuffisance........................ 411
   II. Les cycles d'excitation..................................... 412
   III. Pénétration et dépendance réciproque de ces cycles......... 412
   IV. Faits expérimentaux. Section de la moelle épinière.......... 413
   La radiation calorique après les traumatismes de la moelle..... 413
   Suppression de la moelle épinière.............................. 414
   V. Lésions bulbo-protubérantielles... 415

VI. Lésions du corps strié... 416
VII. Conclusion expérimentale... 417

DEUXIÈME PARTIE
ACTION DE LA CHALEUR SUR LES ÊTRES VIVANTS

CHAPITRE PREMIER
EFFETS DU CHAUD. — RÉSISTANCE DE L'ORGANISME.

A. La chaleur condition générale de la vie.................................... 423
   Optimum de température.. 424
   Méthode générale d'analyse.. 425

B. Action de la chaleur sur l'organisme considéré dans son ensemble......... 425
   I. Variations de la température extérieure................................. 426
   II. Mode de défense de l'organisme.. 427
      Ses limites.. 427
      Mort par la chaleur. — Insolation... 430

C. Action de la chaleur sur les tissus. Action sur le muscle................. 431
   Rigidité musculaire.. 432
   Explication de la mort... 433
   Deux actions de la chaleur différentes suivant les muscles.................. 433
   Système complexe... 434

D. Action de la chaleur sur les nerfs.. 436
   Vitesse de transmission et variation négative............................... 438
   Actes réflexes et fonctions des centres...................................... 438
   Action locale sur les différents centres.................................... 438
   Action anesthésique de la chaleur... 439
   Action sur les nerfs sudoripares et vaso-moteurs cutanés.................... 439

E. Action de la chaleur sur les glandes.. 441
   Tissus épithéliaux... 441

F. Action de la chaleur sur le sang.. 441
G. La chaleur comme excitant.. 443

CHAPITRE II
ACTION DU FROID SUR LES ANIMAUX. — RÉSISTANCE A L'ABAISSEMENT DE LA TEMPÉRATURE.

A. Limites inférieures de la température propre chez l'homme................. 446
   Mort par le froid.. 446

B. Action de la température et notamment du froid sur le développement....... 448
   Action des basses températures réalisées artificiellement sur la vie des êtres... 449
   Action sur les ferments solubles.. 450

CHAPITRE III
LA CHALEUR ET LES FERMENTS.

A. Comment le ferment fait naitre la chaleur.................................. 452
B. Comment la chaleur agit sur le ferment...................................... 453

Influence de la température de l'organisme sur le développement des germes infectieux ... 455
Atténuation des virus par la chaleur. Spores. Races de vaccins ... 456
Action de la température sur les enzymes ... 456
Influence de la température sur la végétabilité des microbes ... 457
Destruction des microbes par la chaleur ... 457
Action thérapeutique de la chaleur ... 457

TROISIÈME PARTIE

RÉGULATION DE LA TEMPÉRATURE CHEZ LES ANIMAUX

CHAPITRE PREMIER

ANIMAUX A TEMPÉRATURE VARIABLE.

A. Animaux à sang froid (poïkilothermes proprement dits) ... 461
Variations parallèles de la température chez l'animal dans le milieu ... 461
Variations concomitantes de l'activité et de la dépense ... 462
Invertébrés. Végétaux. Floraison. Germination ... 463

B. Animaux hivernants ... 465
I. Le sommeil hivernal ... 465
II. Phase d'établissement du sommeil hivernal ... 466
III. Conditions de la production du sommeil hivernal ... 467
IV. Phase de réveil ... 468
V. Résumé ... 469

CHAPITRE II

ANIMAUX A TEMPÉRATURE FIXE (HOMÉOTHERMES).

A. Comparaison entre les poïkilothermes et les homéothermes ... 471
B. Influence de la température extérieure sur la thermogenèse ... 474
C. Influence de la surface en rapport avec le poids ou le volume ... 476
D. Température normale de l'homme ... 479
Chiffre moyen. Oscillations nyctémérales. Oscillations d'après le milieu et les saisons ... 479
Température du fœtus ... 481
Température aux différents âges ... 481
Animaux nouveau-nés ... 481
Température des mammifères ... 482
Température des oiseaux ... 483
Influences diverses agissant sur la température : Sexe. Race. Travail musculaire. Travail cérébral. Émotions ... 483

E. Limites extrêmes de la température observées chez l'homme ... 484
Élévation de la température après la mort ... 485
Durée du refroidissement ... 486

CHAPITRE III

MÉCANISME DE LA RÉGULATION DE LA TEMPÉRATURE CHEZ LES ANIMAUX.

A. Lutte contre le froid ... 489
I. Abaissement du pouvoir déperditif ... 489
II. Augmentation de la production de chaleur ... 491

B. Lutte contre le chaud... 493

Respiration dite de luxe.. 498
Fonction double de l'appareil respiratoire....................... 498
Polypnée thermique... 498

C. Influences perturbatrices sur la régulation de la chaleur.............. 500

I. Les poisons et la température............................... 501
II. Fièvre, hyperthermie, hypothermie.......................... 503
Infection et intoxication................................... 504

CIRCULATION

HISTORIQUE.

L'histoire de la circulation se divise en deux grandes périodes : la circulation avant Harvey et la circulation après Harvey.

I. — Dans la première période, les connaissances précises sont limitées à des vues de détail. Sans doute, quelques expérimentateurs interprètent exactement le fonctionnement de certaines parties de l'appareil circulatoire ; mais parmi eux, les uns ne songent pas à un plan d'ensemble, les autres créent une systématisation hypothétique et tombent dans des erreurs qui nous paraissent maintenant grossières et à peine explicables.

Dans l'antiquité, Galien seul a professé une doctrine qui mérite d'être rappelée. Les idées de cet auteur, quoique disséminées dans plusieurs traités et parfois contradictoires entre elles, forment en effet déjà un ensemble intéressant. La théorie de Galien peut être ainsi formulée : Le sang est produit au niveau du tractus intestinal aux dépens des aliments et conduit au foie pour être, de là, distribué par les veines à toutes les parties du corps où il est incessamment détruit. Du cœur droit, une partie du sang va au poumon, d'où il revient, mêlé à de l'air par les veines pulmonaires ; une autre partie passe directement dans le ventricule gauche par des trous pratiqués à travers la cloison interventriculaire. Les artères ne contiennent pas d'air, mais du sang « pneumatisé » qu'elles distribuent dans tout le corps (fig. 1).

La conception galénique fut acceptée pendant longtemps à la façon d'un dogme. C'est seulement au xvi⁰ siècle qu'on osa secouer le joug de la tradition et revenir à l'observation directe. L'honneur des premières découvertes revient à l'Italie. Realdo Colombo dissipa la légende d'une communication directe d'un ventricule à l'autre et décrivit la circulation pulmonaire avec exactitude (1559). Michel Servet, auquel on attribue d'habitude la découverte de la circulation pulmonaire, la décrivit en effet pour la première fois dans un ouvrage théologique intitulé *Christianismi Restitutio* (Vienne en Dauphiné, 1553). Mais il y a des raisons de croire qu'il ne s'est fait que l'écho d'une doctrine nouvelle qui avait déjà ses partisans et dont il avait eu connaissance par l'enseignement qui s'en faisait. CESALPIN montra que les veines ne conduisent pas le sang aux organes, mais le ramènent au cœur, et prononça le mot **circulation**, voué depuis à une si haute fortune (1569).

II. — La deuxième période commence à HARVEY (1628). Ainsi que le dit DASTRE, tandis que les précurseurs de HARVEY ont vu clair chacun en quelque endroit, s'égarant ensuite à toute occasion, lui a vu clair partout.... Par un puissant effort de synthèse, il fit sortir des matériaux accumulés par ses prédécesseurs la doctrine de la circulation qu'ils contenaient. « Je me suis d'abord demandé, dit HARVEY, si le sang avait un mouvement circulaire, ce dont j'ai plus tard reconnu la vérité. J'ai reconnu que le sang sortant du cœur était lancé par la contraction du ventricule gauche du cœur dans les artères et dans toutes les parties du corps, comme par la contraction du ventricule droit, dans l'artère pulmonaire et dans les poumons ; de même, passant par les veines, il revient par la veine cave et jusque dans l'oreillette et, passant par

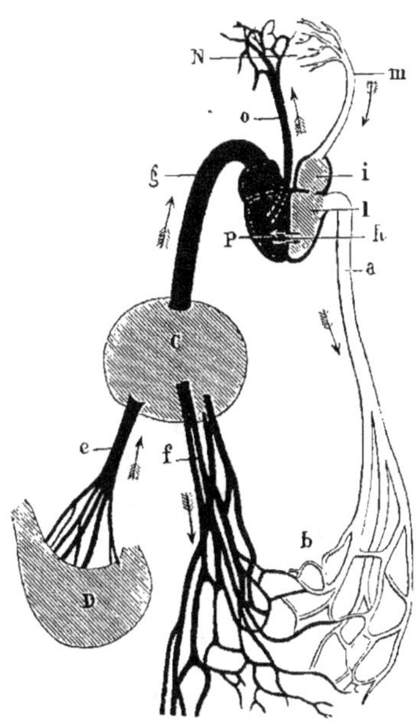

Fig. 1. — *Schéma destiné à faire comprendre la théorie de Galien sur la circulation* (d'après CH. RICHET).

a, aorte; *b*, anastomoses des artères et des veines; *c*, foie; *d*, estomac; *e*, veine porte ; *g*, veine cave; *h*, communication interventriculaire ; *i*, oreillette gauche ; *l*, ventricule gauche; *m*, veine pulmonaire; N, poumon ; *o*, artère pulmonaire; P, ventricule droit.

les veines pulmonaires, il revient dans l'oreillette gauche » (HARVEY, *Circ. du sang*, trad. RICHET, p. 108).

Après la phase de lutte et de controverses que doit nécessairement traverser toute idée à la fois grande et nouvelle, la conception de HARVEY régna d'abord sans conteste, acceptée qu'elle était dans son ensemble et dans ses détails. Au début de ce siècle, les découvertes de LAËNNEC relatives à l'auscultation ramenèrent plus particulièrement l'attention des médecins sur l'étude des mouvements du cœur et de la circulation. Malheureusement, quelques cliniciens ont parfois cherché une base physiologique de leurs conceptions théoriques en dehors des résultats contrôlés par la méthode expérimentale. La doctrine de la circulation sortie si claire des travaux de HARVEY s'en est alors trouvée obscurcie sur plus d'un point. On a, par suite, été obligé de reprendre la démonstration de faits qui avaient paru antérieurement bien établis. Mais cette démonstration ayant été entreprise avec des méthodes nouvelles et des moyens d'investigation plus précis, il y a eu au total un grand bénéfice pour la science.

Les progrès réalisés de nos jours sur le terrain de la physiologie de la circulation peuvent être classés sous trois points de vue principaux :

Le premier est relatif à l'**étude des forces qui gouvernent la circulation du sang** et des lois qui régissent ce phénomène.

Le deuxième concerne les **méthodes qui ont permis l'analyse du phénomène lui-même**.

Le troisième se rapporte à la **raison d'être de la circulation**.

1. Les anciens n'étaient jamais embarrassés pour expliquer les phénomènes qui se produisent chez les êtres vivants. Ils invoquaient des entités créées par leur imagination, des forces propres à l'être vivant. Un premier progrès a consisté à montrer que la circulation dans les vaisseaux est soumise aux lois de la mécanique et n'obéit pas aux caprices d'une prétendue **force vitale**. Ce fut surtout l'œuvre de MAGENDIE continuée sur ce terrain principalement par POISEUILLE, VOLKMANN, les frères WEBER, VIERORDT, LUDWIG et surtout par CHAUVEAU et MAREY.

MAGENDIE considérait les vaisseaux sanguins comme inertes et soumis aux lois uniques de l'hydrodynamique. On prouva bientôt que les faits sont plus complexes. On découvrit que les vaisseaux sont non seulement élastiques mais aussi contractiles, et on rattacha ces canaux ainsi que le cœur à la liste des organes soumis à l'action du système nerveux. Les frères WEBER montrèrent que l'excitation du nerf vague provoque le repos du cœur. Cette constatation fut le premier exemple de ces **nerfs d'arrêt** dont le nombre est si multiplié à l'heure actuelle. Mais c'est surtout en ce qui concerne les vaisseaux que CLAUDE BERNARD ouvrit une ère nouvelle dans l'étude de la circulation en démontrant l'existence de nerfs **vaso-moteurs**, lesquels sont de deux ordres, les uns constricteurs, les autres dilatateurs des vaisseaux ; ces derniers très comparables, au point de vue du mécanisme de leur action, aux fibres d'arrêt cardiaques du nerf vague. CLAUDE BERNARD vit que chaque département vasculaire peut, par le jeu des nerfs vaso-moteurs et des muscles vasculaires, s'isoler du circuit général. Il distingua de la sorte dans le cadre d'ensemble de la circulation harveyenne ces *circulations locales* adaptées au fonctionnement particulier des organes et dont le rôle un instant exagéré reste si important dans l'étude de leur nutrition à l'état soit normal, soit pathologique.

Les travaux de Claude Bernard dans cet ordre d'idées ont été complétés par ceux de Brown-Séquard et Waller, et ultérieurement par ceux de Vulpian et de Dastre et Morat. L'œuvre de ces deux derniers physiologistes est particulièrement importante en ce sens qu'ils ont non seulement généralisé la découverte des vaso-dilatateurs et fixé leur topographie pour beaucoup d'organes, mais aussi montré la systématisation des deux ordres de nerfs vaso-moteurs, les constricteurs et les dilatateurs, dans le *système sympathique* dont ils ont précisé les caractères à la fois anatomiques et fonctionnels.

2. L'emploi des procédés de la *méthode graphique*, en tant surtout qu'inscription autographique appliquée à l'étude de la circulation, constitue un progrès considérable réalisé depuis Harvey. Ludwig le premier introduisit cette méthode dans les laboratoires de physiologie en l'utilisant pour l'étude de la pression artérielle.

Chauveau et Marey ont merveilleusement perfectionné et développé cette méthode et acquis un renom impérissable en fixant le *mécanisme des mouvements du cœur* dans tous ses détails. Depuis lors, physiologistes et médecins ont à leur disposition des documents permanents et inscrits par l'organe lui-même. Aussi les discussions qui, à chaque génération, remettaient de nouveau en question tous les faits acquis sont-elles désormais impossibles.

3. La circulation n'existe pas pour elle-même. Les anciens ne pouvaient pas toutefois préciser sa véritable raison d'être. C'est seulement depuis les découvertes de Lavoisier que le but de la circulation a pu être bien interprété. Claude Bernard a montré qu'elle tend à constituer aux éléments anatomiques un milieu intérieur où ils puissent trouver tous les matériaux nécessaires à leur vie et déverser leurs produits de déchets. Ce physiologiste, par ses belles recherches sur les différentes fonctions de l'organisme, a contribué plus que tout autre à préciser le sens et les variations du conflit entre les éléments anatomiques et ce milieu intérieur.

RAISON D'ÊTRE DE LA CIRCULATION.

La vie est un conflit, un échange incessant entre l'être vivant et son milieu. Chez les êtres les plus simples, cet échange peut être direct; mais à mesure que leur organisation se perfectionne, on le voit se faire par étapes successives, en plusieurs temps. Comme l'a remarqué Cl. Bernard, les premiers besoins de notre organisme sont ceux de ses cellules composantes auxquels il faut avant tout satisfaire. Trop éloignées du milieu cosmique pour y puiser leur nourriture et échanger directement avec lui, elles trouvent dans le sang un véritable **milieu intérieur**, interposé entre elles et le dehors. Elles échangent avec lui et celui-ci à son tour échange avec le milieu extérieur. Cette complication est une nécessité de notre organisation et de son perfectionnement. Une fois réalisée elle assure à l'être vivant qui en jouit une plus grande indépendance qu'il achète, il est vrai, au prix d'une plus grande vulnérabilité. Telle est la raison d'être du sang et du système circulatoire. Placé de la sorte entre le milieu extérieur et les tissus vivants, le sang dans les vaisseaux est sujet à de perpétuelles variations dans sa composition grâce à la double série des échanges qui s'opèrent ainsi de part et d'autre. La circulation a pour effet précisément de lui rendre sa composition première à mesure qu'elle se modifie. En circulant rapidement et un grand nombre de fois à travers tout l'organisme, le sang trouve le moyen de se débarrasser de substances provenant de l'usure et du fonctionnement des tissus (**excreta**) pendant qu'il se charge à nouveau de substances qu'il a dû céder à ces mêmes tissus, sous des formes différentes telles que l'oxygène et les aliments (**ingesta**). Dans les organes qui n'ont pas, comme le rein, le poumon ou l'intestin, de rapports directs avec l'extérieur, le sang subit encore cette double modification, car ce qui est déchet pour l'un d'eux peut être pour les autres une matière utilisable et réciproquement (sécrétions internes, etc.).

La circulation ne sert pas seulement à entretenir la vie cellulaire en apportant aux tissus les substances chimiques nécessaires à leur réparation, et en entraînant leurs produits de déchet; la voie circulatoire est encore empruntée par la **chaleur** pour se répartir, s'égaliser et se régler dans l'économie. Le fonctionnement des organes a pour conséquence une production locale de chaleur, en même temps que lui-même réclame une température sensiblement fixe pour ne pas subir d'altération. C'est par le sang que la chaleur produite dans chaque organe est distribuée à toute la masse du corps, et c'est par les variations de l'activité circulatoire dans certains organes superficiellement placés et par la perte plus ou moins grande de calorique qui en résulte, que pour une bonne part l'organisme arrive chez les animaux élevés en organisation à conserver une température toujours la même, indépendante de la température extérieure.

Par tout ce qui précède, le *rôle régulateur dévolu à la fonction circulatoire au double point de vue de l'échange de la substance et de l'énergie*, apparaît suffisamment. La circulation est comme la base première des autres fonctions de nutrition. C'est sur elle que viennent se greffer toutes les autres fonctions complémentaires du même ordre, digestion, respiration, calorification, absorption, exhalation, excrétion et sécrétion. Il n'est aucune de ces fonctions qui réalise le but pour lequel elle existe, sans emprunter le secours plus ou moins nécessaire de la circulation elle-même.

Historique. — Matteo Realdo Colombo, *De Re anatomica*, lib. XV ; Venise, 1559. — Daremberg, *Histoire des sciences médicales ;* Paris, 1870. — Dastre, Les trois Époques d'une découverte scientifique : la Circulation du sang. *Revue des Deux Mondes*, 1er août 1884. — A propos de l'histoire de la circulation du sang, Réponse aux critiques de M. Turner ; librairie du *Progrès médical*, juin 1885. — Flourens, *Histoire de la découverte de la circulation du sang* ; Paris, 1857. — Galien. Consulter l'Introduction historique à la traduction du livre de Harvey par Richet ; Paris, Masson. — Harvey, *Exercitatio anatomica de motu cordis et sanguinis in animalibus*, imprimé en 1628, à Francfort-sur-le-Mein, traduit en français par Ch. Richet, avec une introduction historique et des notes ; Paris, Masson. — Milne-Edwards, *Leçons sur la physiologie et l'anatomie comparée de l'homme et des animaux*, IV. — Ch. Richet, La découverte de la circulation du sang. *Revue des Deux Mondes*, 1er juin 1879. — Michel Servet, *Christianismi Restitutio*, imprimé à Vienne en Dauphiné, 1552. — H. Tollin, *Arch. f. d. ges. Phys.*, XXII, 262, 1880 (Colombo) ; XXVIII, 581, 1882 (Harvey) ; XXXV, 225, 1885 (Cesalpin).

IDÉE SCHÉMATIQUE DE LA CIRCULATION
CHEZ LES MAMMIFÈRES.

Qu'on imagine un tube élastique, plein d'eau, fermé sur lui-même et présentant en un point un réservoir contractile pourvu à ses deux extrémités de valvules s'ouvrant dans le même sens. Les variations de calibre du réservoir (ses contractions et ses dilatations) auront pour effet nécessaire de faire circuler le liquide à travers le tube. Le changement de volume de la poche contractile obligeant l'eau à se déplacer, celle-ci ne peut le faire que dans un seul sens à cause de la direction des valvules. Le liquide sort du réservoir par une de ses extrémités et y rentre par l'autre. Un tel appareil est la reproduction schématique très exacte de la circulation dans ce que cette fonction présente d'essentiel au point de vue mécanique (Weber) (1).

____

(1) E.-H. Weber, *Ber. d. sächs. Gesell.*, 1850, p. 186.

Pour se rapprocher peu à peu des conditions réalisées sur le vivant il faudra remplacer une partie du tube par un réseau de canaux fins (capillaires). Ce réseau sera relié aux deux troncs d'amont et d'aval par un double système d'arborisations dirigées en sens inverse, et qui représenteront les artères et les veines, comme le réservoir contractile sera lui-même subdivisé en deux portions contiguës pour représenter les deux parties du cœur (l'oreillette et le ventricule). Le réseau capillaire sera composé de tubes à parois très minces, perméables, à travers lesquels pourront s'effectuer des phénomènes d'osmose et de diffusion, en un mot, des échanges entre le liquide intérieur et les liquides extérieurs, dans lesquels le réseau capillaire sera plongé, et qui représenteront les tissus. Il faut se rappeler en effet que cet échange est la fonction essentielle du système circulatoire, celle en vue de laquelle existent le mouvement du sang, la contractilité du cœur, l'élasticité des vaisseaux, etc., et on peut dire la circulation elle-même.

Chez l'homme et les animaux supérieurs (fig. 2), le sang ne fait pas qu'un tour à travers l'organisme. Il en fait deux avant de revenir à son point de départ. Il y a deux systèmes artériels, deux systèmes veineux, deux systèmes capillaires, avec aussi deux cœurs ayant chacun son ventricule et son oreillette. Il y a deux circulations, la grande et la petite, encore appelées la *circulation générale*, et la *circulation pulmonaire*. Ces deux circulations sont ajoutées bout à bout, si on peut ainsi parler. Le chemin que le sang doit parcourir avant de revenir à son point de départ est ainsi

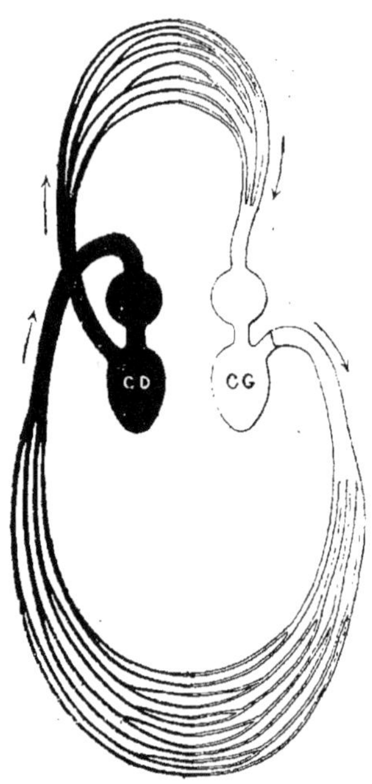

Fig. 2. — *Schéma de la circulation chez les mammifères.*

CD, cœur droit; CG, cœur gauche.

allongé d'autant. Les vaisseaux des deux circulations sont partout continus. Ils sont distincts, indépendants dans tout leur parcours, sauf au niveau des cœurs où ils sont contigus. Par l'adossement des deux oreillettes et des deux ventricules, ces deux cœurs ne forment qu'un seul organe à quatre cavités. Dans chacun le sang se meut grâce à la direction des valvules de l'oreillette au ventricule. Puis des ventricules il passe dans un premier système d'artères, de capillaires et de veines. Arrivé de nouveau au cœur il ne rentre pas dans la cavité qu'il vient de traverser, mais dans celle du cœur opposé pour être conduit dans un second système de vaisseaux d'où il repasse dans le premier, et ainsi de suite. On peut exprimer cette succession alternante des deux circulations en disant que le ventricule droit lance le sang dans l'oreillette gauche à travers les vaisseaux pulmonaires, et que le ventricule gauche lance le sang dans l'oreillette droite en lui faisant parcourir les vaisseaux de la grande circulation. La circulation totale peut être représentée schématiquement sous la forme d'un 8, c'est-à-dire d'un double cercle. Évidemment la même quantité de sang passe dans les deux systèmes circulatoires dans un temps donné, mais le trajet à parcourir est moins long dans les vaisseaux pulmonaires. Les mêmes conditions essentielles sont réalisées dans les deux systèmes ; les différences portent sur certaines conditions de détail. Pour préciser les idées, nous aurons en vue dans ce qui va suivre toujours la circulation générale. Un chapitre particulier sera réservé à la description de ce qui est particulier à la circulation pulmonaire.

Reproduction schématique de la circulation chez les Mammifères. — Marey a tenté de reproduire dans un schéma unique les deux cœurs et la double circulation. Les vaisseaux sont faits de tubes en caoutchouc d'épaisseur et de calibres variés ; les oreillettes et les ventricules sont formés de poches membraneuses et munis de valvules aux orifices artériels et auriculo-ventriculaires. Tout ce système est rempli d'eau. Pour animer cette machine et imiter les impulsions systoliques des oreillettes et des ventricules, on a appliqué au-devant de ces quatre ampoules quatre petites planchettes dont chacune est articulée à charnière sur la planche qui supporte l'appareil. Les planchettes peuvent exécuter un mouvement de va-et-vient comme les volets d'une fenêtre. Dans ces mouvements les cavités du cœur subissent des alternatives de compression et de relâchement. Les planchettes mobiles ou compresseuses sont actionnées par un moteur rotatif situé sous la table qui supporte tout l'appareil. Ce moteur exerce des tractions alternatives sur les compresseurs des oreillettes et des ventricules. — Marey, *Circulation du sang*, p. 17, 18, 710.

Conditions de la circulation dans la série animale. — Les *Mammifères* et les *Oiseaux* sont des animaux dont la circulation est dite double et complète. La totalité du sang veineux et la totalité du sang artériel traversent le cœur sans se mêler.

Chez les *Batraciens* et les *Reptiles*, le cœur a seulement trois cavités : deux oreillettes et un ventricule. La circulation est double, mais incomplète en ce sens que le sang artériel et le sang veineux peuvent se mêler plus ou moins dans le ventricule (fig. 3).

Chez les *Poissons* la circulation est simple. Le sang, en faisant le tour du cercle irrigatoire, ne passe qu'une fois dans le cœur. Cet organe se compose de deux cavités principales et ne reçoit que du sang *veineux*. Du ventricule le sang est dirigé vers les branchies où il s'oxygène, puis il est distribué dans toutes

les parties du corps par l'intermédiaire d'une artère dorsale (aorte) (fig. 4).
Chez les *Invertébrés* la circulation est, en partie au moins, *lacunaire*. Toutefois

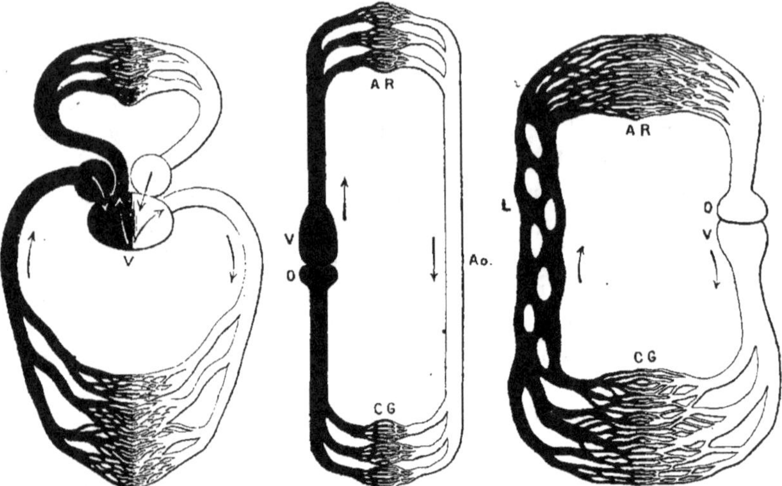

Fig. 3. — *Schéma de la cir-culation chez les Batra-ciens et les Reptiles.*   Fig. 4. — *Schéma de la circulation chez les Poissons* (*).   Fig. 5. — *Schéma de la cir-culation chez les Mollus-ques* (**).

(*) O, oreillette; V, ventricule; R, appareil de la respiration; C G, capillaires des tissus;
A, aorte.

(**) O, oreillette; V, ventricule; C G, capillaires des tissus; L, lacunes; R, appareil
de la respiration.

chez les *Mollusques* l'appareil circulatoire acquiert déjà un assez haut degré de
perfection. Le cœur est *artériel*. Il reçoit le sang oxygéné qui revient de l'appareil respiratoire et le lance aux organes (fig. 5).

Circulation chez l'embryon et le fœtus. — Chez l'homme, vers le quinzième jour, s'établit une *première circulation* subordonnée à l'existence de la
vésicule ombilicale. Le cœur d'abord tubuleux se complique de trois dilatations
(bulbe aortique, ventricule, oreillette) dont chacune offre une cavité unique. Le
sang chassé par les contractions cardiaques circule dans les parois de la vésicule
ombilicale.

Vers la cinquième semaine, le rôle de la vésicule ombilicale est terminé. Une
deuxième circulation se montre avec le développement de l'*allantoïde*. A mesure
que les vaisseaux de la vésicule ombilicale s'atrophient, ceux de la vésicule
allantoïde se développent de plus en plus pour former le *placenta*.

Chez le *fœtus*, jusqu'au moment où il vient au monde, le placenta suffit aux
besoins de l'organisme. Le sang du fœtus parvient au placenta par deux
vaisseaux (artères ombilicales) qui traversent le cordon ombilical et se déversent
dans les capillaires des villosités placentaires. Il revient à l'embryon par la veine
ombilicale. Celle-ci, arrivée à l'ombilic, passe au-dessous du foie, s'anastomose
avec la veine porte et se jette dans la veine cave inférieure sous le nom de
canal d'Arantius. La veine cave inférieure amène donc au cœur du fœtus non
seulement le sang veineux fourni par les extrémités postérieures et par le

foie, mais aussi du sang artériel venu du placenta. Ce sang mixte, guidé par une valvule (valvule d'Eustache), passe directement, à travers un orifice qu'on nomme le *trou de Botal*, de l'oreillette droite à l'oreillette gauche et de là dans le ventricule correspondant, d'où il est lancé dans l'aorte. Le sang veineux des parties antérieures du corps est ramené au cœur par la veine cave supérieure. Il passe directement de l'oreillette droite dans le ventricule droit. De là une très faible quantité seulement est lancée dans les poumons. La majeure partie passe par un tronc anastomotique (le *canal artériel*) qui fait communiquer librement l'artère pulmonaire avec l'aorte. Il suit de là que la tête et les membres supérieurs reçoivent un sang plus artérialisé que le reste du corps, car le canal artériel s'ouvre au-dessous des principaux vaisseaux artériels de l'extrémité antérieure de l'embryon.

Après la naissance, le trou de Botal se ferme. Le canal artériel se transforme en ligament. La veine ombilicale et le canal d'Arantius s'oblitèrent. Les artères ombilicales disparaissent, sauf leur partie inférieure qui forme les artères vésicales supérieures.

La transformation de la circulation fœtale en *circulation définitive* se fait tout entière et instantanément au moment de la naissance (Contejean).

Circulation fœtale. — A. Bouchard, *Journal de méd. de Bordeaux*, 1886. — Contejean, Sur la circulation sanguine des Mammifères au moment de la naissance : C. R. *Ac. sc.*, 1889, 980. — Cohnstein et Zuntz, *Archiv. f. d. ges. Phys.*, 1884 : Vitesse dans la veine et dans l'artère ombilicales chez l'embryon du mouton. — J. Cohnstein et N. Zuntz, *Arch. f. d. ges. Phys.*, XLII, 342. — Nouvelles recherches sur la physiologie du fœtus des Mammifères (pression artérielle avant et après la naissance). — W. Preyer. Phys. spéc. de l'embryon, 1887. — Tafani, Circ. dans le placenta de quelques Mammifères, *Arch. it. biol.*, VIII, 1887, 49.
Consulter aussi p. 67, 109, 247.
Circulation dans la série. — Boas, *Morph. Jahrb.*, 1882. — Brucke, *Denkschr. d. Wiener Akad.*, 1852. — Fritsch, *Arch. f. Anat. u. Phys.*, 1869. — Gomperz, *Arch. f. Anat. u. Phys.*, 1884. — Hoffmeister, *Arch. f. d. ges. Phys.*, LXIV, 1889 (an. à sang froid). — Schönlein ; Schönlein et Willem, *Zeitsch. f. Biol.*, 1895, XXXII, 4, 511 (Poissons). — Sabatier, Études sur le cœur et la circ. centrale dans la série des vertébrés. Montpellier, Paris. — Delahaye, 1873. Consulter aussi pages 64, 74, 85, 109, 110, 111, 150.

PREMIÈRE PARTIE
CIRCULATION CARDIAQUE

Il n'est sans doute pas rigoureusement exact de dire que le cœur est la seule puissance qui concourt à la progression du sang, mais il est certainement la seule cause constante et qui soit à elle seule suffisante pour produire cet effet. Suivant l'expression de Magendie *le cœur est une pompe foulante* ou mieux chacune de ses poches en particulier est une pompe foulante. Aucune d'elles *prise isolément* n'est susceptible de faire aspiration sur le liquide sanguin.

Le mouvement circulatoire du sang est dû aux changements de capacité dont chaque cavité du cœur est le siège. La direction imprimée à ce mouvement est déterminée par la présence et l'orientation des valvules ou soupapes dont les orifices de cet organe sont pourvus.

La force déployée par le cœur est due à la contraction d'un muscle. *Le cœur est un muscle creux*, suivant l'expression de Bichat.

Chez les animaux supérieurs la contraction des ventricules a un double effet : d'une part, le sang est lancé aux organes auxquels il est destiné ; d'autre part, le ventricule droit en se resserrant sur lui-même agrandit l'oreillette droite et produit dans cette cavité un vide relatif qui aspire le sang des veines caves (Chauveau). En tenant compte de ce mécanisme particulier et en se rappelant bien que la force d'aspiration est minime par rapport à celle d'expression, on peut donc dire que le cœur est aussi dans une certaine mesure une *pompe aspirante*. Le même coup de piston qui lance le sang contribue à remplir le cœur de nouveau.

Nous avons à examiner :

1° Les mouvements du cœur et ceux du sang dans son intérieur en les considérant indépendamment de la force particulière qui les produit (*phénomènes mécaniques*).

2° La contraction du cœur envisagée en elle-même et dans ses rapports avec le système nerveux (*phénomènes physiologiques* de la circulation).

Les phénomènes mécaniques dépendent du phénomène contraction. Dans une première étude, néanmoins, faisant abstraction de la contraction elle-même, nous les considérerons comme des déformations d'ordre purement physique des cavités du cœur.

CHAPITRE PREMIER

PHÉNOMÈNES MÉCANIQUES DE LA CIRCULATION CARDIAQUE.

Nous étudierons sous le nom de phénomènes mécaniques de la circulation cardiaque les mouvements du cœur et ceux du sang dans l'intérieur de cet organe indépendamment de la force particulière qui les produit.

A. — DONNÉES ANATOMIQUES.

Le cœur est situé à la partie médiane et inférieure de la cavité thoracique. Il est comme appendu aux gros troncs artériels et veineux qui sont adossés à la colonne vertébrale. Enveloppé d'une séreuse (péricarde), il est susceptible de certains déplacements dans l'espace qui lui est réservé entre les deux poumons dans le médiastin antérieur. Légèrement allongé, sa direction est un peu oblique, de telle sorte que son bord droit repose sur le diaphragme ; la pointe est tournée à gauche et correspond au cinquième espace intercostal, presque immédiatement au dehors du sternum.

Le cœur présente chez l'homme et les mammifères, quatre cavités ou poches contractiles accolées l'une à l'autre deux par deux, et qui se répètent dans chacun des deux cœurs, à savoir : deux oreillettes et deux ventricules. Chaque oreillette communique avec le ventricule correspondant par un orifice pourvu de valvules (valvules auriculoventriculaires). Ces valvules s'ouvrent du côté du ventricule. Elles se ferment du côté de l'oreillette. Chaque ventricule communique d'autre part avec une artère (l'aorte pour le ventricule gauche ; l'artère pulmonaire pour le ventricule droit). Ces deux orifices sont également munis de valvules (valvules sigmoïdes), qui, celles-ci s'ouvrent du côté de l'artère et se ferment sous la poussée du sang qui revient dans le ventricule. Une série d'orifices non pourvus de valvules ou munis de valvules incomplètes fait communiquer les oreillettes avec les veines (veines caves supérieure et inférieure, veine coronaire). Pressé par la contraction des parois du cœur le sang pourra donc se mouvoir des oreillettes aux ventricules et de ceux-ci aux artères aorte et pulmonaire sans rencontrer d'obstacle, mais non en sens inverse, parce qu'alors il redresse les valvules qui se ferment aussitôt et empêchent toute communication entre ces différentes cavités.

B. — MOUVEMENTS DU CŒUR.

Les mouvements du cœur sont de deux ordres. Ils consistent en resserrements (**systoles**) et en dilatations (**diastoles**) des cavités du cœur. Il y a donc une systole et une diastole ventriculaire et auriculaire et ceci pour chaque cœur.

Nous avons à examiner la durée relative et l'ordre de simultanéité ou de succession de ces différents mouvements.

Deux méthodes principales ont été appliquées à cette étude : l'observation directe et l'inscription autographique des mouvements du cœur.

I. — Observation directe des mouvements du cœur.

Les mouvements du cœur peuvent être observés directement chez les animaux à sang froid, chez les animaux à sang chaud et dans certains cas pathologiques même chez l'homme.

1° **Chez les animaux à sang froid** (Reptiles ; Batraciens) on peut ouvrir la poitrine et examiner le cœur battant à nu sans trouble appréciable de la circulation. L'observation est facilitée par ce fait que le cœur bat avec une extrême lenteur (HARVEY).

2° **Chez les animaux à sang chaud** pour bien observer les mouvements du cœur il faut, soit ralentir les mouvements du cœur de l'animal en expérience ou choisir un sujet chez lequel le rythme cardiaque est normalement peu rapide. En effet, chez la plupart des animaux à sang chaud, le cœur bat trop vite pour permettre de déterminer la place exacte de chaque mouvement. « En un clin d'œil, comme un éclair, le cœur apparaît, puis se dérobe aussitôt à la vue, en sorte que je croyais voir ici la systole, là la diastole, puis des mouvements tout opposés, partout la diversité et la confusion. C'est de la même manière que dans les machines mises en mouvement par une roue, on voit tout se mouvoir à la fois » (HARVEY, trad. RICHET, p. 64 ; 86).

HARVEY observait les mouvements du cœur au moment où cet organe commence à mourir, car alors les mouvements sont plus lents, moins fréquents : « les moments de repos sont plus considérables, on peut voir facilement, et avec la plus grande netteté, ce qu'est le mouvement du cœur et comment il se produit » (*loco citato*, p. 68).

Les médecins des COMITÉS DE LONDRES ET DE DUBLIN ont expérimenté soit sur des ânes empoisonnés par le woorara (poison analogue au curare), soit sur des veaux dont on anéantissait la sensibilité par un coup asséné sur la tête. La vie des animaux était entretenue par la respiration artificielle.

Les conditions actuellement les plus parfaites pour cette étude ont été fixées par CHAUVEAU et FAIVRE. Ces physiologistes ont conseillé de choisir pour sujets des **chevaux âgés** chez lesquels le cœur bat en général très lentement (40, 35 et même dans quelques cas 30 fois par minute). Pour éviter les mouvements généraux et les troubles cardiaques déterminés par la souffrance, on sectionne le bulbe du sujet entre l'atlas et l'occipital. Si au moyen d'une soufflerie on pratique l'insufflation pulmonaire, par l'intermédiaire d'une canule placée dans la trachée, le cœur continue à battre régulièrement. Toutefois même dans ces conditions, l'observation directe ne permet pas de préciser bien exactement et surtout bien commodément la durée relative des différents phénomènes qui se passent au moment d'une révolution cardiaque ; de plus, l'ouverture de la poitrine supprime la *pulsation cardiaque* dont il importe d'indiquer les rapports avec les mouvements du cœur.

3° **Chez l'homme** on a parfois l'occasion d'observer des cas pathologiques dans lesquels les mouvements du cœur sont visibles extérieurement. HARVEY observa un cas de cet ordre et montra le parti que la physiologie peut en retirer :

« Nous allons montrer que le cœur, le principal organe du corps, paraît insensible. Un jeune homme de haute naissance, le fils aîné du vicomte de Montgommery, étant encore enfant, eut une cruelle maladie à la suite d'un coup violent qui lui brisa les côtes du côté gauche. Il se forma un abcès qui suppura et donna une grande quantité de pus qui pendant longtemps sortit d'une poche très vaste, ainsi qu'il me l'a raconté lui-même et que d'autres médecins dignes de foi me l'ont rapporté. Vers l'âge de dix-huit à dix-neuf ans, il voyagea en France et en Italie, et ensuite vint à Londres. Une grande ouverture existait à sa poitrine, par où on pouvait voir et, comme on croyait, toucher les poumons. Ce fait fut annoncé comme un miracle au très illustre roi Charles, qui alors m'envoya aussitôt vers ce jeune homme pour voir ce qui en était. Je vis alors un jeune homme vigoureux et bien fait. Je le saluai et lui exposai la cause pour laquelle le roi m'avait envoyé à lui. Alors aussitôt il me montra la partie dénudée de son flanc gauche, et en enlevant la lamelle qu'il mettait pour se protéger contre les coups et injures extérieures, j'ai aperçu une grande cavité dans laquelle je pouvais facilement mettre mes trois doigts avec le pouce. A l'entrée de cette cavité une masse charnue faisait saillie et était animée de mouvements alternatifs d'entrée et de sortie. Je la saisis et la pris dans ma main avec précaution. Stupéfait de la nouveauté du fait, j'explore de nouveau toutes les parties, et, après cette exploration attentive, je m'assurais que la plaie ancienne avait été guérie, grâce sans doute aux soins éclairés des médecins, et que presque toute la cavité était tapissée d'une membrane intérieure résistante et se continuant jusqu'au bord de la peau. Quant à la partie charnue prise par les médecins pour les tissus du poumon et qu'à première vue je croyais être des fongosités, je lui trouvais des pulsations, des oscillations, un rythme simultané au mouvement du pouls des deux artères radiales et non au mouvement respiratoire. Par conséquent je conclus que ce n'était pas un lobe pulmonaire, mais la pointe du cœur, qu'une excroissance charnue, ainsi qu'on en voit souvent dans les vieux ulcères, recouvrait comme un voile protecteur. Tous les jours un serviteur purifiait, par des injections d'eau tiède, cette cavité artificielle des humeurs infectes qu'elle sécrétait et la recouvrait d'un opercule, puis le jeune homme, bien dispos, pouvait se rendre à ses diverses occupations et mener une vie tranquille et agréable. Alors je le menai chez le roi, mon illustre maître, pour qu'il pût toucher de ses mains et voir de ses yeux un phénomène si admirable, à savoir, sur un homme vivant et vigoureux, le cœur se contractant et les ventricules animés de pulsations, et il arriva que le roi put constater comme moi que le cœur ne sentait pas le contact : car lorsque nous touchions le cœur, le jeune homme ne s'en apercevait que si l'on effleurait la peau extérieure ou s'il nous regardait faire. Nous avons observé aussi le mouvement même du cœur. Dans la diastole, le cœur se rétracte et rentre dans la poitrine, tandis que, dans la systole, il sort de la poitrine et apparait au dehors, et la systole du cœur a lieu au moment où se fait la diastole des artères et où on sent le pouls du carpe. Le mouvement propre du cœur et sa vraie fonction c'est la systole : alors le cœur frappe la poitrine, il se raccourcit, redresse sa pointe, et se contracte de toutes parts » (HARVEY, *De gener. animal. Exer.*, LII, LEYDE, 1737, p. 208. — *Exerc. anat. de motu cordis...*, trad. RICHET, p. 280).

Chronophotographie. — On a aussi utilisé pour l'étude des mouvements du cœur la *chronophotographie*. Déjà en 1865 OXIMUS avait essayé de fixer par la photographie les images du cœur aux différents temps de sa contraction. MAREY perfectionna cette méthode. Il prit sur une même plaque sensible, au moyen de

temps de pose excessivement courts et à des intervalles de temps égaux, une
série de photographies instantanées du cœur en mouvement de la tortue.

Observation des mouvements du cœur à l'aide des rayons de Roentgen.
— Si on interpose le thorax entre un tube de Crookes et un écran fluorescent
(au platino-cyanure de baryum), la silhouette du cœur se détache sur l'écran avec
une netteté suffisante pour que les mouvements de cet organe puissent être
observés. Potain a utilisé cette méthode d'investigation en clinique. Associée à la
percussion et à l'auscultation elle contribue à assurer le diagnostic. Consulter
aussi : W. Cowl, *Arch. f. Phys.*, 1896, 552. — Ch. Bouchard, *Biologie*, 22 janv. 1898.
— Zuntz et Schumburg, *Arch. f. Phys.*, 1896. — Maragliano, *Congrès Naples*, 1897.

II. — *Inscription autographique des mouvements du cœur.*

Chauveau et Marey, pour suppléer à l'insuffisance de nos sens, ont
eu recours à l'***inscription autographique*** des mouvements des
poches contractiles du cœur. La méthode qui permet de mettre cet
organe en état d'écrire lui-même les phénomènes mécaniques dont
il est le siège et les réactions qu'il exerce sur les parois de la poitrine a reçu le nom de **méthode cardiographique**. L'expérience
une fois mise entrain s'exécute sans l'opérateur, qui n'intervient
plus que pour recueillir les documents à interpréter.

1° **Principe de la méthode**. — Pour représenter clairement
aux yeux et à l'esprit un ensemble aussi compliqué de phénomènes,
il faut établir certaines conventions. L'intensité, la durée, le sens
de ces phénomènes sont représentés par des longueurs, par des
lignes. Comme ces phénomènes sont tous des mouvements, une
telle convention n'a rien que de très légitime. Une seule et même
ligne suffit à représenter l'intensité, la durée et le sens du mouvement dans chaque partie prise isolément (comme l'oreillette, le
ventricule). Chaque point d'une telle ligne représente l'état du
mouvement à un moment donné. La durée s'apprécie en comptant
la distance horizontale d'un point de cette ligne à la **ligne des
ordonnées**. L'intensité s'apprécie en comptant la distance verticale
du même point à la **ligne des abcisses**. Le sens du mouvement est
indiqué par la direction de la ligne en ce point. Il faut évidemment
autant de courbes graphiques qu'il y a de parties distinctes en mouvement. La superposition exacte de deux phénomènes indique qu'ils
sont simultanés.

Le mouvement de chaque partie du cœur est en réalité transmis à un style inscripteur et ce mouvement s'est inscrit lui-même,
en son temps, tel qu'il est représenté. La transmission se fait, pour
chaque mouvement particulier, par le déplacement d'une colonne
d'air dans un tube de caoutchouc. Chaque tube aboutit exté-

rieurement à un tambour à levier, tandis qu'intérieurement dans le cœur il reçoit le mouvement de chaque partie par l'intermédiaire d'un appareil spécial. Supposons que les mouvements de chacune des parties du cœur soient transmis à des styles écrivant tous exactement superposés et n'ayant de mouvements possibles que dans le sens vertical; supposons qu'au-dessous de ces styles, une surface animée d'un mouvement régulier se déplace perpendiculairement à la direction de leur mouvement, la combinaison de ces deux mouvements donnera naissance à des lignes inflexes qui expriment fidèlement tout ce qui se passe dans une révolution cardiaque.

Historique de la cardiographie. — En 1850 MAREY avait essayé de porter des ampoules de caoutchouc remplies d'eau à l'intérieur du cœur. L'ampoule était fixée à l'extrémité d'un tube en plomb. Au dehors elle communiquait avec un manomètre. L'appareil ainsi constitué était très peu sensible. En 1859, UPHAM, de Boston, eut l'idée de disposer des ampoules pleines d'air à la surface des cavités du cœur sur un jeune Américain porteur d'une fistule congénitale du sternum. Quand ces ampoules étaient comprimées elles fermaient un courant et actionnaient une sonnette électrique. En 1860 CH. BUISSON se servit de tubes pleins d'air pour transmettre à un levier les battements d'une artère superficielle. Les expériences de CH. BUISSON déterminèrent CHAUVEAU et MAREY à prendre le même intermédiaire pour transmettre les mouvements du cœur.

Les avantages de la transmission par l'air sont liés à la moindre *inertie* des gaz par rapport aux liquides. — L'échauffement produit par la compression brusque de l'air est insuffisant en théorie et en pratique pour exercer une influence appréciable sur le fonctionnement des appareils enregistreurs de pression à air comprimé, dans les limites où on les utilise en physiologie.

2° **Conditions expérimentales**. — CHAUVEAU et MAREY ont enregistré les variations de la pression simultanément dans trois cavités du cœur sur le cheval vivant, sans ouvrir le thorax.

Fig. 6. — *Sonde cardiaque gauche* (d'après MAREY).

af, tube de métal; *e*, tige latérale, dirigée du côté où l'ampoule est inclinée et servant de point de repère pendant l'expérience; *g*, tube qui raccorde la sonde à un tambour inscripteur.

Les trois cavités, dont la pression peut être directement explorée, sont : le **ventricule droit**, le **ventricule gauche**, l'**oreillette droite**. L'oreillette gauche n'est pas accessible aux instruments explorateurs sans mutilations importantes.

Les **appareils explorateurs** de la pression dans les cavités du cœur ont la forme générale d'une sonde terminée par une petite lanterne métallique, dont les ouvertures sont fermées par une membrane de caoutchouc (**sondes cardiographiques**) (fig. 6 et 7).

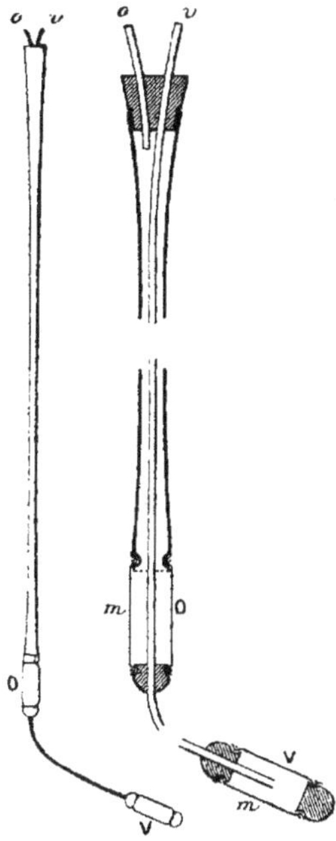

Fig. 7. — *Sonde cardiaque droite; détails de sa construction.*

O, ampoule destinée à être placée dans l'oreillette; V, ampoule destinée à être placée dans le ventricule; *m*, membrane de caoutchouc.

Pour le cœur droit, on se sert de deux ampoules exploratrices associées en un seul instrument qu'on glisse par la veine jugulaire respectivement dans l'oreillette et dans le ventricule droits (fig. 7).

Chaque sonde cardiographique est réunie par un long tube de caoutchouc à un **tambour à levier**. Cet instrument consiste en une petite capsule métallique dont la face supérieure est formée par une membrane de caoutchouc qui transmet à un levier inscripteur ses mouvements de soulèvement et d'abaissement (fig. 8).

L'**appareil enregistreur** consiste essentiellement en un cylindre entraîné par un moteur avec une vitesse uniforme. Le cylindre est recouvert d'une feuille de papier noirci à la flamme. Les leviers des tambours inscripteurs sont garnis d'une plume mince en baleine usée à la meule ou en aluminium. La plume laisse, en frottant sur le papier, une trace blanche. Le « tracé » est ensuite fixé au moyen d'un vernis.

Le choix du **cheval** comme sujet d'expérience est justifié par deux avantages : En raison de la taille de l'animal, on peut facilement introduire par les artères et les veines

Fig. 8. — *Tambour à levier de Marey.*

du cou des ampoules exploratrices dans les différentes cavités du cœur. De plus, chez le cheval, les battements du cœur sont très lents; dans ces conditions, les inflexions du tracé obtenu par l'inscription autographique des mouvements de l'organe sont plus espacées, et par suite leurs détails sont plus faciles à étudier.

L'expérience est pratiquée sur l'animal debout. Il n'est pas nécessaire de l'attacher ni de l'anesthésier. La sensibilité du cheval est peu développée et l'opération est courte. On enferme la tête de l'animal dans un sac contenant de l'avoine. Le sujet est tellement

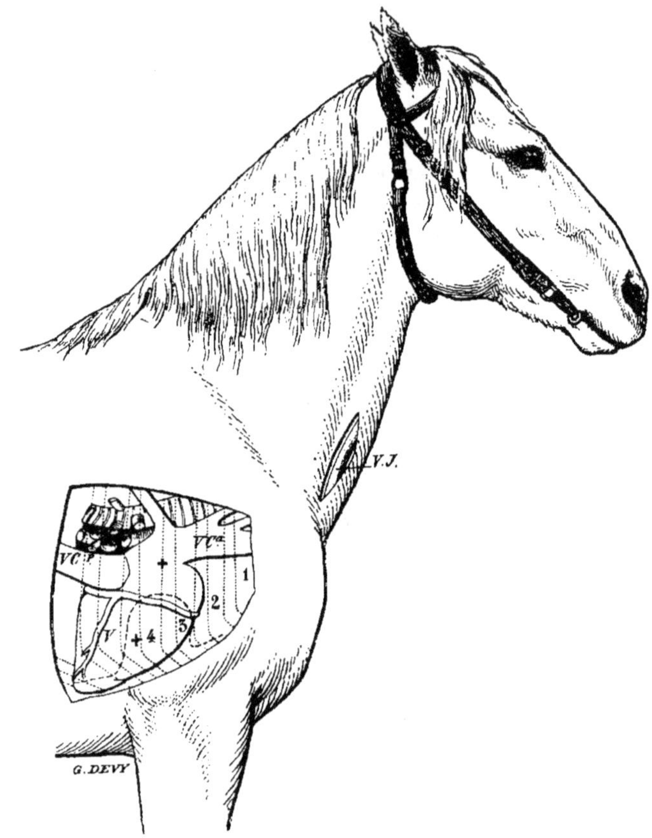

Fig. 9. — *Cœur et vaisseaux du cheval. Position des ampoules dans les cavités du cœur* (d'après CHAUVEAU et MAREY).

Le cœur du cheval est vu par sa face droite et en place. La position précise de deux ampoules de la sonde cardiographique droite est indiquée par deux petites croix.

absorbé par la mastication de ce repas qu'il s'aperçoit à peine de l'agression expérimentale dont il est l'objet. On pratique une incision de 20 centimètres derrière la saillie du sterno-mastoïdien, s'étendant presque jusqu'à l'insertion de ce muscle sur le sternum (fig. 9). La veine jugulaire et la carotide sont disséquées. Une ligature est placée sur chaque vaisseau dans l'angle supérieur de la plaie. La veine s'affaisse. Chaque sonde, enduite de vaseline pour faciliter les glissements et retarder la coagulation du sang, est introduite dans le vaisseau correspondant par une boutonnière longitudinale. La pénétration dans le cœur gauche nécessite quelques tâtonnements, à cause de la présence des valvules sigmoïdes. Une fois en place, les sondes sont bien tolérées. Pendant l'opération il faut avoir soin, au moyen d'une pince convenablement placée sur chaque vaisseau, d'empêcher l'issue du sang par les carotides et l'aspiration de l'air par la veine. L'entrée de l'air dans la jugulaire provoque des embolies dans le poumon. Si l'air pénètre dans la carotide, les embolies se produisent dans le cerveau et peuvent provoquer une hémiplégie qui détermine la chute de l'animal.

L'exploration de la pression dans les cavités du cœur peut être combinée avec celle de la *pulsation cardiaque* recueillie au moyen d'une ampoule appropriée placée sur les côtés du thorax.

Notes additionnelles concernant la technique cardiographique. — 1° Les styles inscripteurs des tambours enregistreurs doivent être aussi légers que possible afin que les plus petites impulsions leur communiquent un mouvement et pour que leur inertie soit réduite au minimum.

2° Dans l'enregistrement des mouvements rapides par l'intermédiaire des tubes à air, le stylet est animé de vibrations dues à son inertie. Ces vibrations ont pour effet de dénaturer les tracés. On obvie à ces inconvénients soit en employant des stylets courts, soit en intercalant sur le tube de transmission un orifice capillaire. On peut réaliser cette condition au moyen d'un robinet. — CHAUVEAU et MAREY, consult. aussi : BINET et COURTIER, *Biologie*, 1895.

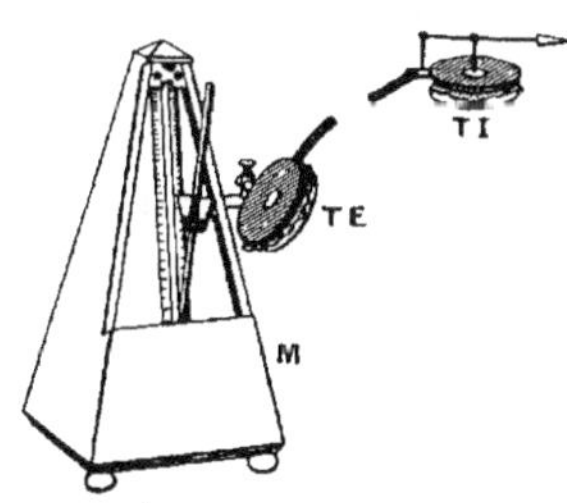

Fig. 10. — *Métronome transformé en appareil inscripteur.*

M, métronome; TE, tambour explorateur; TI, tambour inscripteur.

3° Il est important, avant une expérience, d'éprouver sous l'eau l'étanchéité des sondes et des tubes de communication.

4° Un bon appareil enregistreur doit présenter les avantages suivants : Le cylindre sur lequel les mouvements sont inscrits doit être entraîné avec une vitesse régulière, sans à-coup; il faut pouvoir faire varier la vitesse de rotation depuis une grande lenteur jusqu'à une grande vitesse et maintenir le mouvement pendant un temps très long. Le cylindre doit pouvoir être placé tantôt horizontalement, tantôt verticalement. Les modèles en usage sont très nombreux. CHAUVEAU a fait construire des appareils spécialement en vue de l'application de la méthode graphique aux grands animaux. — ARLOING, art. *Cheval. Dict.* RICHET. — MORAT a imaginé plusieurs modèles plus particulièrement adaptés à l'étude des phénomènes observés chez les animaux d'un emploi courant en physiologie. — ENGELMANN, *Arch. f. d. ges. Phys.*, 1895, LX, 28. — EPSTEIN, *Zeitsch. f. Instrumentenkunde*, 1896. — HÜRTHLE, *Arch. f. ges. Phys.*, XLII, 8, 1890. — MORAT, *Arch. d. Phys.*, 1892, 534. Voyez aussi *Circ. artérielle*, p. 135.

5° Pour noircir le papier on se sert d'une bougie dite « rat-de-cave » ou de brûleurs spéciaux consommant du gaz d'éclairage préalablement saturé de vapeurs
de benzine. Les tracés sont fixés avec un vernis contenant 100 grammes de
gomme laque blanche en couronne et 10 grammes de térébenthine de Venise
pour 1000 d'alcool fort. — MAREY, *Méthode graphique*, 459. — HÜRTHLE, *Arch. f.
d. yes. Physiol.*, 1890.

6° Pour fixer rigoureusement le synchronisme des phénomènes étudiés, il
faut superposer exactement les tambours et donner aux styles inscripteurs une
même longueur. De plus, en des points déterminés du tracé, il est utile de
prendre des *repères*. A cet effet il suffit de comprimer brusquement et à la fois
tous les tubes de transmission.

Au-dessous de la ligne qui traduit les phénomènes étudiés on inscrit généralement une *ligne des temps*. On emploie, à cet effet, soit un métronome (fig. 10)
dont les battements sont transmis à un tambour inscripteur, soit une montre
dont l'aiguille ferme a des intervalles de temps réguliers le circuit d'une pile
sur le trajet duquel est placé un signal électro-magnétique de DESPRÈZ (fig. 11),
soit tout autre appareil chronométrique. Au moyen du signal de DESPRÈZ on
peut, si besoin est, enregistrer les vibrations d'un diapason donnant le $1/10^e$
ou le $1/100^e$ de seconde. MAREY, *l. c.*, p. 133, 471. — JAQUET, *Zeit. Biol.*, 1891.

CHAUVEAU a imaginé des polygraphes permettant de projeter sur un écran, en
cours même de génération et considérablement agrandies, les courbes des

Fig. 11. — *Signal électro-magnétique de Marcel Desprèz* (d'après MAREY).

phénomènes mécaniques de toutes sortes qui se passent dans l'économie animale. — CHAUVEAU, *C. R. Ac. sc.*, 1894, 115.

3° **Interprétation des tracés cardiographiques**. — L'interprétation des tracés cardiographiques (fig. 12) ne présente aucune difficulté. Les oscillations de toutes ces lignes indiquent des variations
de pression. Les unes sont considérables, les autres beaucoup plus
faibles, en quelque sorte secondaires.

a. **Succession et durée relative des actes constitutifs d'une
révolution cardiaque**. — La variation de pression due à la contraction de l'oreillette, précède presque immédiatement celle des
ventricules. Elle n'en est séparée que par un très court espace de
temps. Entre la fin de la contraction du ventricule et le début de
celle de l'oreillette, la pression présente un minimum. Elle se
relève graduellement pendant que le cœur s'emplit de nouveau de
sang. C'est le moment du repos général du cœur. Le tableau
suivant exprime l'ordre dans lequel se passent les différents phé-

nomènes en remplaçant les signes graphiques qui les représentent par leur désignation même :

Révolution cardiaque.

Oreillette droite.	Systole.	Diastole.	Diastole.	Systole.
Ventricule droit.	Diastole.	Systole.	Diastole.	Diastole.
			Repos général.	

Chaque pulsation ou révolution cardiaque comprend donc trois phases successives : 1° la **systole des oreillettes;** 2° la **systole des ventricules;** 3° la **pause.**

La systole de l'oreillette a une durée très brève, celle du ventricule est beaucoup plus longue. Enfin, malgré une apparence d'activité continue, le cœur présente un repos considérable. Ce muscle se repose plus qu'il ne travaille, car *les pauses sont généralement plus longues que les systoles.* La simple inspection des tracés le prouve. Pour fixer les idées, si on décompose la durée des actes d'une révolution cardiaque en 40e, le repos des ventricules sera égal aux 27/40e de la durée d'une révolution cardiaque, celui des oreillettes aux 37/40e (CHAUVEAU et MAREY, p. 31).

b. **Synchronisme des deux ventricules.** — Si l'on a recueilli parallèlement dans une même expérience le tracé du ventricule gauche et celui du ventricule droit et si on les compare, on voit que les systoles de ces deux poches contractiles sont synchrones. Les deux tracés commencent et finissent en même temps. Ils montent brusquement à une grande hauteur au début de la systole et présentent ensuite un plateau légèrement ondulé indiquant que la pression reste élevée dans les ventricules. A la fin de la systole les courbes tombent brusquement et à la fois.

L'auscultation confirme les données établies par la cardiographie, car il y a fusion des bruits sigmoïdiens du ventricule gauche et du ventricule droit.

c. **Caractères distinctifs de la contraction des ventricules droit et gauche.** — Tout en étant synchrones, les systoles des deux ventricules présentent néanmoins quelques caractères distinctifs très nettement indiqués sur les tracés.

La systole du ventricule gauche est plus énergique que celle du ventricule droit. — La différence est en réalité beaucoup plus grande que celle indiquée par l'élévation de la ligne du tracé. En effet, les ampoules des deux instruments placés dans les ventricules ont été sensibilisées proportionnellement aux pressions qu'elles avaient à supporter. Le rapport de 1 à 3 exprime en moyenne et approximativement la force du ventricule droit par rapport au gauche.

L'effort du cœur gauche est plus prolongé que celui du cœur droit. — On le reconnaît à la direction plus longtemps ascendante de la ligne du tracé du ventricule gauche. Le phénomène s'explique par ce fait que les valvules de l'aorte sont soulevées plus difficile-

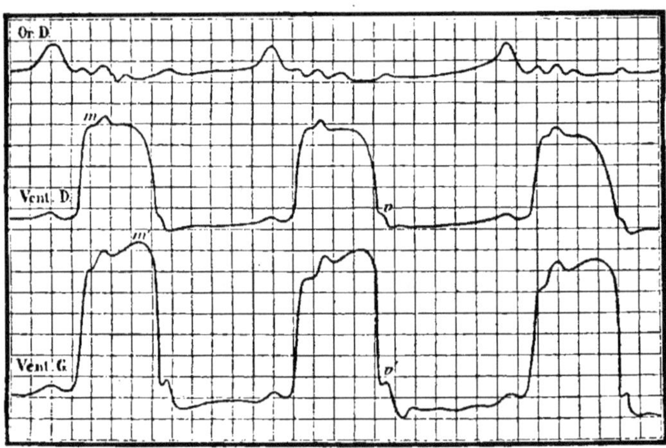

Fig. 12. — *Tracés simultanés de l'oreillette droite* (OD), *du ventricule droit* (Vent. D) *et du ventricule gauche* (Vent. G.), *recueillis sur le cheval* (CHAUVEAU et MAREY).

ment que celles de l'artère pulmonaire. La résistance à vaincre par le ventricule gauche est plus considérable que celle opposée au ventricule droit. La pression du sang dans l'aorte est environ trois fois plus grande que celle qui règne dans l'artère pulmonaire.

d. **Synchronisme des oreillettes.** — Dans chaque groupe de cavités, cœur droit et cœur gauche, les systoles des oreillettes précèdent et entraînent les systoles des ventricules. La preuve de ce synchronisme ne peut pas être donnée par l'exploration directe de la pression dans les deux oreillettes. On ne connaît pas le moyen de pénétrer dans l'oreillette gauche comme on l'a fait pour les trois autres cavités du cœur. On peut cependant être assuré que les mouvements des deux oreillettes sont synchrones comme ceux des ventricules le sont. Dans les deux tracés ventriculaires, on voit immédiatement avant la systole propre du ventricule une légère élévation de la pression. Elle est due à la systole auriculaire qui, à ce moment, fait pénétrer une certaine quantité de sang dans le ventricule. Or, cette présystole est parfaitement synchrone dans les deux tracés ventriculaires, preuve que les deux oreillettes se contractent bien en même temps.

e. **Oscillations secondaires des tracés cardiographiques.** — En plus des grandes oscillations de chaque ligne du tracé dues aux mouvements propres des poches contractiles dont on inscrit les variations de pression, on remarque des oscillations plus petites que nous avons appelées secondaires. Elles résultent de mouvements communiqués à ces poches par ceux des poches voisines.

Dans les deux tracés ventriculaires on voit immédiatement avant la systole propre du ventricule une légère élévation de la pression. Elle est due à la systole auriculaire qui, à ce moment, fait pénétrer une certaine quantité de sang dans le ventricule. On a vu que du synchronisme de cette présystole dans les deux tracés ventriculaires on déduit légitimement celui de la contraction des deux oreillettes.

Le mouvement du ventricule de son côté retentit jusque dans l'oreillette. Bien que le sang ne puisse refluer dans cette cavité à cause du redressement et de l'occlusion des valvules, la forte pression qu'elles ont à supporter les refoule légèrement dans la cavité auriculaire. Les ondulations du plateau systolique du tracé ventriculaire se retrouvent par conséquent sur le tracé auriculaire. Leur origine est du reste différemment interprétée (p. 25, 76).

Un accident important du tracé ventriculaire est celui qui marque la *clôture des valvules sigmoïdes*. Il se trouve au bas de la ligne de descente des ventricules et s'explique ainsi : A la fin de la systole ventriculaire le sang, qui a été chassé dans l'aorte et l'artère pulmonaire, tend à refluer vers le cœur sous l'influence du retrait des parois vasculaires, dont l'élasticité avait été mise en jeu. Les valvules sigmoïdes s'ouvrent et font obstacle à la rentrée du sang dans le cœur. Elles font néanmoins une saillie dans le ventricule et y produisent une légère augmentation de pression qui se traduit sur le tracé. La preuve que telle est bien l'origine de cette ondulation, c'est que, si on supprime les valvules aortiques en les lacérant avec une tige introduite par les carotides, l'inflexion disparaît du tracé du ventricule gauche. L'ondulation qui marque la clôture des valvules sigmoïdes est reproduite non seulement sur le tracé ventriculaire, mais aussi sur ceux de l'oreillette et de la pulsation cardiaque. En effet, d'une part le ventricule communique à ce moment de la révolution cardiaque librement avec l'oreillette, d'autre part la paroi thoracique ne perd à aucun moment d'une révolution cardiaque le contact avec le ventricule, de telle sorte que la *pulsation cardiaque* reproduit fidèlement toutes les variations de la pression qui se produisent dans cette cavité.

4° Généralisation à l'homme des résultats obtenus sur le cheval. — On s'est demandé si l'on est autorisé à conclure des grands quadrupèdes à l'homme. Le rapprochement est devenu absolument licite à partir du jour où on a pu observer des tracés directs de la pulsation de l'oreillette et du ventricule chez l'homme. En 1877, le docteur Klée rencontra, à Colmar, une femme affectée d'une *ectopie du cœur*. Le cœur était placé dans l'abdomen, et grâce à une déchirure de la ligne blanche il était situé immédiatement sous la peau de l'épigastre. Marey et François Franck ont réussi à enregistrer directement de l'extérieur au moyen d'ampoules convenablement disposées les mouvements des différentes poches du cœur. Si l'on compare les tracés obtenus dans ces conditions à ceux recueillis sur le cheval on est convaincu de leur ressemblance.

Discussion des résultats de Chauveau et Marey. — On peut dire que les résultats annoncés dès 1861 par Chauveau et Marey concernant le mécanisme des mouvements du cœur, sont maintenant universellement acceptés. Cependant quelques-uns ont été mis en discussion. Les divergences d'opinions s'expliquent par ce fait que beaucoup de physiologistes ont répété les expériences de Chauveau et Marey dans des conditions défavorables. Au lieu de choisir le cheval pour sujet d'études, on s'est obstiné à expérimenter sur le chien, bien moins favorable à cet ordre de recherches. Enfin beaucoup ont employé des appareils défectueux. Les divergences ont porté principalement :

1° *Sur la forme réelle du tracé ventriculaire.*

2° *Sur l'interprétation des tracés cardiographiques.*

1° Quelques physiologistes ont soutenu que le tracé de pression de la systole du ventricule, tel que l'ont figuré Chauveau et Marey, ne reproduit pas fidèlement la forme générale de la contraction de ce muscle. On a nié l'existence d'un véritable plateau systolique. La forme trapézoïde du tracé ventriculaire recueilli sur le cheval par les physiologistes français, serait due à un défaut d'expérimentation. En réalité, le tracé normal aurait la forme d'une ondulation en forme de colline unique, la ligne de descente faisant suite à la ligne d'ascension (Krehl et V. Frey).

Des expériences de contrôle plus récentes ont donné une preuve irréfutable des faits avancés par Chauveau et Marey. Contejean a pris le tracé hémautographique des variations de la pression sanguine dans le ventricule gauche sur des chiens, à moelle coupée et à thorax ouvert, dont la vie était entretenue par la respiration artificielle. Un tube de verre était introduit dans la cavité du ventricule gauche à travers la paroi ponctionnée avec un gros trocart. Un aide maintenait ce tube incliné d'un angle constant pendant qu'on recueillait sur une bande de papier déplacée d'un mouvement continu le jet du sang qui s'échappait par l'extrémité libre du tube préalablement effilée. On constate dans ces conditions que, pendant la diastole, il ne s'écoule pas une goutte de sang. Le jet recueilli pendant la systole figure nettement un plateau plus ou moins accidenté. Cette expérience est aussi exempte que possible de causes d'erreur. Aucun instrument ne vient fausser les indications obtenues de la sorte.

2° L'interprétation des tracés cardiographiques, telle que Chauveau et Marey l'ont donnée, a été également critiquée sur quelques points. Les discussions ont porté principalement : sur la place de l'ondulation témoin de la fermeture des valvules sigmoïdes ; sur l'interprétation des ondulations du plateau systolique.

a. Chauveau et Marey placent l'*ondulation témoin de la fermeture des valvules sigmoïdes* à la fin de la ligne de descente qui correspond au relâchement du muscle ventriculaire. En effet cette ondulation disparaît si on déchire les valvules sigmoïdes avec une sonde. L. Fredericq, Rolleston, Roy et Adami placent la fermeture des valvules sigmoïdes plus haut, au sommet de la ligne de descente, à la fin du plateau systolique. — L. Fredericq. *Tr. lab.*, p. 460. — Marey, *Circ. du sang*, 1881, p. 253, 674.

b. Les *ondulations du plateau systolique ventriculaire* ont été interprétées différemment. Pour Marey, elles sont dues à des ondes de pression rétrogradant de l'aorte ou de l'artère pulmonaire vers les ventricules gauche et droit. Ces ondulations se retrouvent sur le tracé de l'aorte, des ventricules, de l'oreillette droite et de la pulsation cardiaque. Elles sont parfaitement synchrones. Ce qui fait songer qu'elles prennent naissance dans les artères, c'est qu'on peut faire varier leur forme sur les tracés des cavités du cœur et de la pulsation en faisant varier les ondes artérielles. Marey a institué à cet égard des expériences démonstratives soit sur des schémas, soit sur le vivant (*Circ. du sang*, p. 244).

Pour d'autres auteurs les oscillations du plateau systolique prennent naissance dans le cœur même et traduisent des particularités de la contraction du myocarde. Ainsi pour Fredericq, ces ondulations sont un indice que la contraction du ventricule doit être assimilée non à une secousse simple, mais à un *tétanos* résultant de la fusion incomplète de plusieurs secousses (3 chez le chien). Adami et Roy attribuent ces accidents du tracé à la contraction successive des *différentes* parties du ventricule. — Voyez nature de la *contraction cardiaque*. — L. Fredericq, Dictionnaire Richet, article *Cardiographie*, p. 460, bibliographie.

Cardiographie chez le chien. — Les expériences décisives de Chauveau et Marey ont été faites sur le cheval. Le choix de cet animal a été pour beaucoup dans l'importance des résultats obtenus par ces physiologistes. Toutefois la même méthode a été appliquée à l'étude des mouvements du cœur chez des sujets appartenant à d'autres espèces animales. On a construit dans ce but, sur le modèle des sondes cardiographiques de Chauveau et Marey, des appareils pouvant être introduits dans le cœur du chien (Chauveau, Fr. Franck, L. Fredericq, Gley, Guinard, Hürthle, Meyer, etc.). L'usage de ces appareils peut être utile pour des expériences de contrôle.

Si l'animal est très petit, on peut ouvrir le thorax et pratiquer la respiration artificielle. On introduit ensuite l'une des sondes dans le ventricule droit par le tronc brachio-céphalique veineux, l'autre dans le cœur gauche par l'auricule du côté correspondant ou par une veine pulmonaire.

Quelques physiologistes, au lieu d'enregistrer les variations de la pression dans les cavités du cœur avec des sondes fermées, ont utilisé des manomètres directement mis en rapport avec le sang dans le cœur. L. Fredericq s'est servi à cet effet avec succès du manomètre élastique imaginé par Chauveau sous le nom de sphygmoscope. L'appareil est rempli d'huile au préalable et introduit dans les cavités du cœur par les auricules. L'inscription de la pulsation ventriculaire à l'aide du sphygmoscope conjugué à une sonde cardiaque, expose toutefois à obtenir des tracés défectueux. Deux causes principales interviennent pour fausser les indications : le frottement du liquide dans la sonde retarde la transmission à l'ampoule élastique des variations brusques de pression et la quantité relativement grande de liquide injecté dans le doigt de gant à chaque systole, le distend outre mesure par suite de la force vive acquise (CONTEJEAN).

On a combiné parfois l'étude des variations de la pression dans les différentes cavités du cœur avec celle des changements de volume de ces cavités. A cet effet on dispose, au niveau de chaque poche contractile cardiaque, un tambour explorateur. Chaque tambour est relié d'une part à la paroi musculaire, au moyen de serres-fines ou de leviers appropriés, et d'autre part à un tambour inscripteur (Fr. Franck).

Variations du rythme du cœur. — Les variations du rythme peuvent affecter soit le mode de succession plus ou moins rapide des révolutions cardiaques, soit la durée relative ou le synchronisme des actes constitutifs d'une révolution cardiaque.

I. Modifications du mode de succession des révolutions cardiaques. — Le rythme du cœur peut être *ralenti* ou *accéléré ;* la succession des battements, quelle que soit leur rapidité, peut devenir *irrégulière.*

Un procédé commode et suffisant, dans un grand nombre de cas, pour étudier le mode de succession des révolutions cardiaques consiste à *enfoncer à travers la paroi costale une longue aiguille dans l'épaisseur du ventricule.* A chaque systole l'aiguille subit un mouvement de bascule. Pour faciliter l'observation on fixe un morceau de papier à l'extrémité libre de l'instrument.

Influence de la température. — Chez les animaux à sang froid la température de l'organisme suit à peu de choses près les variations de la température extérieure. Dans ces conditions, la chaleur accélère le rythme du cœur. Le froid le ralentit. Au delà de 50° environ, le cœur s'arrête et perd ses propriétés. Chez les oiseaux et les mammifères, les variations de la température extérieure sont à peu près sans action sur le rythme du cœur, ces animaux pouvant régler leur température propre. (Consulter pour la bibliographie, p. 60, 64, 72.)

Influence des variations de la pression artérielle. — Le cœur bat d'autant plus fréquemment qu'il éprouve moins de peine à se vider (HALES, VIERORDT, GRAVES, MAREY). Il s'accélère après les hémorragies graves qui abaissent momentanément la pression. Il se ralentit si on élève la pression intracardiaque en comprimant l'aorte. Le système nerveux a la plus grande part dans le mécanisme de cette adaptation (MAREY).

Influence de la respiration. — Chez quelques espèces animales, le chien, le cochon et chez l'homme, le jeu normal de la respiration modifie le rythme du cœur. Le cœur s'accélère pendant l'inspiration et se ralentit pendant l'expiration. L'inspiration *forcée,* tout en provoquant l'accélération initiale du cœur, ralentit dans la suite cet organe et peut provoquer l'arrêt de ses battements. CHAUVEAU a constaté sur lui-même qu'une inspiration aussi profonde que possible et soutenue, la glotte largement ouverte, arrête le pouls et le cœur. Les auteurs citent sous le nom d'expérience de J. MÜLLER l'arrêt du cœur provoqué dans des conditions analogues, mais en fermant la glotte.

Les mouvements respiratoires exercent une action sur le rythme du cœur soit *indirectement par l'intermédiaire du système nerveux,* soit *mécaniquement par des modifications de pression provoquées à l'intérieur du thorax.*

a. BROWN-SÉQUARD le premier interpréta les troubles du rythme cardiaque provoqués par la respiration, par une action indirecte nerveuse. L. Frédéricq a confirmé récemment cette hypothèse par l'expérience suivante :

On réséque chez le chien la plus grande partie du thorax. On coupe les nerfs phréniques : les vagues sont respectés. L'animal est maintenu en vie grâce à la respiration artificielle. Si l'on suspend l'insufflation pulmonaire, le chien, au bout de quelques instants, se met à respirer avec son tronçon de thorax, et si l'on inscrit ces mouvements en même temps que les mouvements du cœur on voit qu'au moment de l'inspiration le rythme de cet organe s'accélère comme si l'animal était intact. Or dans ces conditions la respiration ne peut exercer aucune influence mécanique sur la circulation. Fredericq attribue l'accélération cardiaque qui survient pendant l'inspiration à l'association fonctionnelle du centre bulbaire de la respiration et du centre bulbaire modérateur du cœur.

Le ralentissement ou l'arrêt du cœur consécutif à une inspiration forcée a lieu par l'intermédiaire des vagues. En effet, l'atropine paralyse les fibres cardio-modératrices de ce nerf et supprime ces effets de la respiration sur le cœur (Wertheimer et Meyer).

b. La respiration exerce aussi une influence mécanique sur le rythme du cœur. Au moment d'une inspiration profonde, le cœur lutte pour se contracter contre l'aspiration plus grande exercée par le vide pleural. A elle seule cependant cette influence ne suffit pas à arrêter le cœur.

Influence de la déglutition. — Chez l'homme les mouvements de la déglutition provoquent une accélération des battements du cœur (Meltzer) (fig. 13). Par contre chez le chien un mouvement de déglutition même isolé suffit pour ralentir le cœur (Wertheimer et Meyer).

Se reporter à l'étude du pouls pour la détermination de l'influence de l'*âge*, de la *taille*, du *sexe*, etc., p. 175. Pour l'influence de l'*activité musculaire*, p. 267, 269.

Irrégularités du rythme. — Dans les considérations qui précèdent nous avons envisagé principalement les variations de la rapidité de la succession des révolutions cardiaques. On peut se placer à un autre point de vue et rechercher avant tout les irrégularités de la succession de ces révolutions. A cet égard les *intermittences du cœur* sont particulièrement intéressantes. On désigne ainsi l'absence d'une ou plusieurs révolutions cardiaques dans une série qui serait normale ou tout au moins presque régulière. Ces intermittences doivent être cherchées dans le cœur même; on peut en effet observer des systoles, qui n'ont pas une force suffisante pour provoquer une pulsation artérielle, mais qui néanmoins sont perçues au niveau du cœur (*systoles avortées*, intermittences fausses).

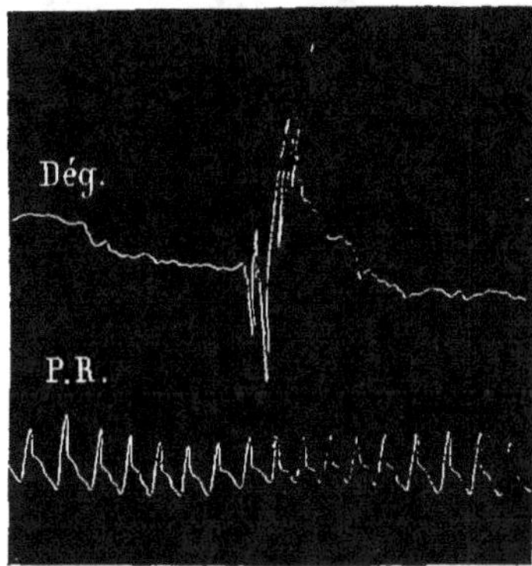

Fig. 13. — *Influence de la déglutition sur le cœur chez l'homme.*

Dég., déglutition ; PR, tracé du pouls radial (d'après Wertheimer et Meyer).

Les influences qui provoquent des intermittences cardiaques sont infiniment nombreuses. En clinique on observe ce phénomène principalement à la suite des émotions vives, dans les maladies caractérisées par des lésions valvulaires ou des lésions du myocarde, dans les troubles fonctionnels de l'estomac et de l'intestin, dans les intoxications par le tabac, par la morphine, dans l'asphyxie. Chez les animaux, les excitations de l'endocarde provoquent également des intermittences du cœur (ARLOING).

La plupart de ces influences s'exercent par l'intermédiaire du système nerveux. La fréquence des intermittences comme conséquence des actions réflexes sur le cœur s'explique par la prédominance des effets modérateurs du vague sur ceux des nerfs accélérateurs. Certaines espèces animales présentent à cet égard une susceptibilité particulière; le chien, par exemple; à tel point que, chez cet animal, les intermittences ont pu être considérées comme un phénomène normal.

II. VARIATIONS DE LA DURÉE RELATIVE ET DU SYNCHRONISME DES ACTES CONSTITUTIFS D'UNE RÉVOLUTION CARDIAQUE. — Ces variations ne peuvent être étudiées qu'à l'aide de la méthode graphique. Les conditions expérimentales, actuellement les plus parfaites, sont réalisées par l'exploration de la pression dans les différentes cavités du cœur du cheval, suivant les procédés de CHAUVEAU et MAREY.

A. *Troubles du rythme portant sur la durée des actes constitutifs d'une révolution cardiaque.* — Lorsque le cœur s'accélère, les systoles augmentent de nombre en se rapprochant aux dépens des pauses. La durée des systoles ventriculaires reste à peu près invariable. Le raccourcissement porte sur la durée de la période du repos (DONDERS et BAXT, ARLOING, CONTEJEAN) (fig. 14). Cependant, si l'accé-

lération devient considérable la durée de la contraction ventriculaire subit une réduction appréciable. Les deux actes fondamentaux de la révolution cardiaque sont alors raccourcis d'une manière absolue, mais, quand on envisage le rapport de ces actes entre eux on s'aperçoit que la durée de la systole est relativement plus longue et celle de la pause relativement plus courte qu'à l'état normal (ARLOING). Dans le ralentissement du cœur les révolutions cardiaques sont moins nombreuses en un temps donné, chacune s'accomplit plus lentement. ARLOING a étudié le phéno-

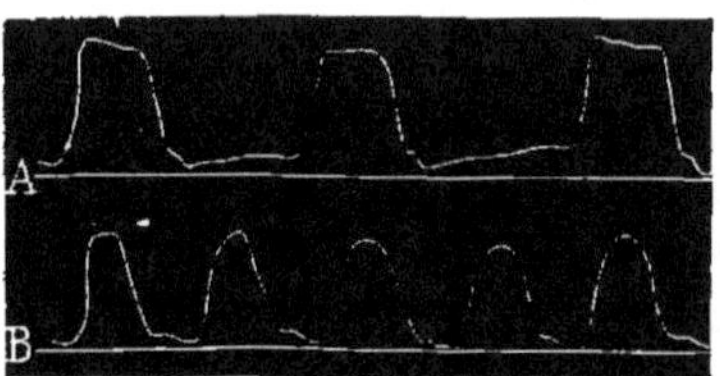

Fig. 14. — *Troubles du rythme portant sur la durée des actes constitutifs d'une révolution cardiaque.*

Raccourcissement de la pause dans l'accélération du cœur provoquée par la section des vagues (d'après ARLOING).

mène en particulier pendant les excitations du bout périphérique des nerfs vagues. Suivant l'intensité de l'influence ralentissante, l'allongement porte sur tous ou seulement sur quelques-uns des actes de la révolution cardiaque. Si l'excitation du vague est légère, l'allongement porte sur les pauses. Si elle est très énergique, l'allongement porte simultanément sur la durée de la systole ventriculaire et celle de la pause.

B. *Troubles du rythme portant sur la place que les actes constitutifs d'une révolution cardiaque occupent dans la représentation graphique des mouvements du cœur.* — Les cavités du cœur sont associées fonctionnellement de deux manières : parallèlement au grand axe dans chaque cœur; perpendiculairement au grand axe dans chacune des masses constitutives de l'organe. Cependant il est des cas rares où le synchronisme et les associations signalées sont rompus. On a observé : 1° la dissociation fonctionnelle de l'oreillette et du ventricule correspondant; 2° la dissociation des deux oreillettes ; 3° la dissociation des ventricules.

1° *Dissociation fonctionnelle de l'oreillette et du ventricule correspondant.* — A l'état physiologique, la systole de l'oreillette et celle du ventricule placé au-dessous sont étroitement associées. Chaque révolution cardiaque comporte une systole auriculaire brève précédant une systole ventriculaire plus longue. Il est possible de provoquer expérimentalement la discordance plus ou moins marquée de ce rythme. Il suffit, sur un cœur de grenouille, de séparer l'oreillette du ventricule au moyen d'une ligature placée au niveau du sillon auriculo-ventriculaire. Les deux organes, dont le jeu était auparavant symétriquement couplé, se mettent à battre en discordance (Stannius, His). L'expérience peut être réalisée sur les mammifères (Tigerstedt). L'excitation du pneumogastrique peut, si elle est de faible intensité, provoquer l'arrêt des contractions des ventricules, tout en ralentissant simplement les battements de l'oreillette (Arloing, François Franck). Au moment de la mort, le ventricule cesse le premier de battre. L'oreillette continue ses battements parfois pendant un temps assez prolongé. Ce sont les contractions de l'oreillette droite qui se continuent le plus longtemps (Galien, Harvey). En clinique, Chauveau a observé dans le service de Bondet un malade dont l'oreillette battait 66 fois par minute et le ventricule 24 fois seulement. Le phénomène était constant. On était sûr qu'il s'agissait du battement de l'oreillette par les caractères du pouls veineux de la jugulaire externe. Le malade était vraisemblablement porteur d'une lésion bulbaire intéressant la région où les vagues ont leur origine. Malheureusement on ne put pas faire l'autopsie.

Les cas où l'oreillette possède un rythme indépendant de celui du ventricule constituent des cas extrêmes. Il peut arriver qu'on assiste à des modifications moins essentielles dans la succession des actes d'une révolution cardiaque. Parfois on observe un écartement anormal entre les systoles auriculaire et ventriculaire. La systole auriculaire, au lieu d'être couplée avec la systole ventriculaire suivante, paraît liée à la révolution précédente. Arloing a observé ce trouble parfois après la section du vague. Chauveau l'a constaté dans l'insuffisance aortique expérimentale. Lépine a cité en clinique des cas comparables.

2° *Dissociation des deux oreillettes.* — Chauveau, a constaté sur le cheval, que le synchronisme des oreillettes est relativement assez souvent en défaut. Et d'abord à l'état physiologique l'oreillette droite commence la systole sensiblement avant l'oreillette gauche. De plus, cette dernière systole a une durée plus longue que la première. Si le rythme du cœur est troublé intentionnellement, surtout par des manipulations extérieures ou intérieures de l'organe mis à nu, on constate que les mouvements de l'oreillette gauche s'altèrent beaucoup plus que ceux de l'oreillette droite. Le plus souvent celle-ci continue à battre, régulièrement ou irrégulièrement, mais toujours en concordance avec le battement ventriculaire. Quant à la systole de l'oreillette gauche, il arrive souvent qu'elle s'éteint entièrement, puis reprend avec la plus grande énergie et alors en discordance plus ou moins complète avec les mouvements ventriculaires. Les tracés cardiographiques montrent même parfois que la systole auriculaire s'effectue pendant la systole ventriculaire.

3° *Dissociation des deux ventricules.* — L'association fonctionnelle des deux ventricules est l'une des plus constantes qu'on trouve dans l'économie (Chauveau et Marey). Cependant il y a des cas exceptionnels où la dissociation a été observée. Chez un cheval, Arloing a constaté après des excitations répétées du vague, que l'un des ventricules était arrêté pendant que l'autre continuait de battre. En clinique on observe parfois le dédoublement de la pulsation et du premier bruit du cœur (*bruit de galop*). Quelques auteurs ont admis que le fait s'explique par le défaut du synchronisme de la systole des deux ventricules (Leyden), d'autres repoussent formellement cette interprétation (POTAIN, FRANÇOIS FRANCK). L'exemple cité par ARLOING sur le terrain de l'expérience montre cependant qu'une telle explication peut trouver sa place, tout au moins dans des cas *très exceptionnels*.

BIBLIOGRAPHIE.

Chronophotographie. — BRAUN, *Wiener klin. Wochensch.*, IX, 1206. — FANO, *Congrès Bâle*, 1889 ; *Arch. ital. biol.*, XIII (Cœur de l'embryon de poulet à la 60ᵉ heure). — MAREY, *C. R. Ac. sc.*, 1892, 486. — *Rev. scientifique*, 1893, I, 11, 321. — *Le mouvement*. Paris, Masson. — ZOTH, Festsch. Rollett, 1893 ; *Centralbl. Phys.*, 1895, 91.

Observation chez les mammifères. — CHAUVEAU et J. FAIVRE, *Gazette médicale de Lyon*, 1855, 301 ; *Gazette médicale de Paris*, 1856, 365. — HARVEY, *Exercit. anat. de motu cordis et sanguinis;* trad. franç. par C. RICHET. Paris, Masson. — Report on the motions and sounds of the heart by the Dublin sub-committee of the medical section (*Fifth Report of the British Association for the advancement of science*, 1835) : ADAMS, LAW, GREENE, etc. — Second report of the Dublin sub-committee (*Sixth Report of the British Association*, 1836) : MACARTNEY, ADAMS, etc. — Report on the motions and sounds of the heart. *British Association*, 1840 : CLENDINNING. — Report of experiments on the action of the heart. *American J. of medical science*, 1839 : PENNOK. — MILNE-EDWARDS, IV, 2. — LABORDE, *Biologie*, 1886, cobaye.

Observation chez l'homme. — CRUVEILHIER, *Gaz. méd.*, IX, 497. — GALIEN, *De anat. administr.*, lib. VII, § 12 et 12 ; édit. de Kühn, p. 631. — R. BRAUN-FERNWALD, *Wiener klin. Wochensch.*, 1894, 279, damsh. centralbl. *Phys.*, X., 833. — ERNST, *Arch. f. path. Anat.*, 1856, 269. — FR. FRANCK, *C. R. lab. Marey*, III, 1877, 311-327 ; *Biologie*, 1888, 765 ; *Arch. de Phys.*, 1889, 70. — OLLIN, *Arch. gén. méd.*, 1850. — HARVEY, *Exercitaciones de generatio animalium;* Londres, 1651. — HERING, *Arch. f. phys. Heilkunde*, 1850. — HUCHARD, *Soc. méd. des hôpit.*, 13 juillet 1888. — HAMERNJK, *Wiener med. Wochensch.*, 1853, nᵒˢ 29, 32. — GROUX, *Fissura sterni congenita*, Hambourg, 1859. — MAREY, *Rapp. Ac. méd.*, 19 oct. 1883. — MITCHELL, *Arch. f. Anat. u. Phys.*, 1846. — R. WILKENS, *Deutchs. Arch. f. klin. Med.*, XII, 234.

Historique de la cardiographie. — CH. BUISSON, *Gaz. méd.*, Paris, 1861, 320; thèse Paris, 1862 (Quelques recherches sur la circulation à l'aide d'appareils enregistreurs). — CHAUVEAU et MAREY, *Gaz. méd.*, Paris, 1861; *Biologie*, 3ᵉ série, t. III; *C. R. Acad. sc.*, 1861, LIII, 622; 1862, LIX, 32. — Rapport par MILNE-EDWARDS, *Ac. de méd.*, 1862 ; *Ac. de méd.*, 1863, XXV, p. 268, 319. — CONTEJEAN, La Mécanique du cœur, *Bibliothèque scientifique des écoles et des familles*, nᵒ 63. — MAREY, *Circulation du sang.* 1881. — UPHAM : Voy. E. GROUX, *Fissura sterni congenita*, Hambourg, 1859, 8.

Examen comparé des avantages de la transmission par l'air ou par un liquide. — CONTEJEAN. Rôle des transformations adiabatiques des gaz dans le fonctionnement des appareils enregistreurs à air comprimé. — HÜRTHLE, *Arch. f. d. ges. Phys.*, Bd. LIII, 281, 1893 ; Bd. LV, 319, 1894. — V. FREY, *Arch. f. A. u. Phys.*, 1890, 31 ; 1893, 1, 17. — KEYT, *Sphygmography and cardiography*, New-York and London, 1887, Putnam. — LANGENDORFF, *Methodik.*, p. 60. — PFLÜGER, *A. f. d. g. Phys.*, XLIX, 91.

Au sujet des **tambours enregistreurs** consulter : HÜRTHLE, *Arch. f. d. ges. Phys.*, LIII, 283, 1893. — KNOLL, *Prager med. Wochensch.*, 1879, 206. — MAREY, *Circ. du sang*, 1881.

Au sujet d'autres **appareils inscripteurs** : ELLIS, *J. of Phys.*, VII, 309. — JOHANSSON et TIGERSTEDT, *Skand. arch. f. Phys.*, I, 345. — HÜRTHLE, *Arch. f. d. g. Phys.*, LIII, 302, 1893.

Rythme et durée relative des actes d'une révolution cardiaque suivant les espèces. — Chez le *cheval* le rythme d'une révolution cardiaque peut être comparé à celui d'une mesure musicale à 4 temps dont les deux premiers occupés par les systoles n'ont pas une valeur égale. Chez le *chien*, l'*homme*, les actes d'une rév. card. se rangent dans une mesure à 3 temps, dont les deux premiers sont occupés de la même manière que chez le cheval. La différence porte sur la durée de la pause. CHAUVEAU et FAIVRE, *Gaz. méd. Lyon*, 1856. — TIGERSTEDT, *Lehrb. d. Kreisl.*, 1893, 127 (bibl.).

Forme du tracé ventriculaire. — BAYLISS et STARLING, *Internation. monatschrift. f. Anat. u. Physiol.*, 1894, XI. — CONTEJEAN, *Arch. de Phys.*, 1894, 822. Centralblatt f. *Physiol.*, 30 juillet 1894. — L. FRÉDÉRICQ, *Centralblatt f. Phys.*, 22 avril 1893 ; *Arch. biol. belges*, XIV, 1895 ; *Dictionnaire* de RICHET, article Cardiographie. — V. FREY,

Centralblatt. f. Phys., 1893, 1. — Hürthle, *Arch. f. d. ges. Phys.*, LV, 319, 1894.
Cardiographie chez le chien. — Dobroklonski, *Wochensch. klin. Zeit.*, 1886 (russe). — Fr. Franck, *Arch. de phys.*, 1890, 816; 1891, 762; 1893, 84. — L. Fredericq, *Trav. lab.*, II, p. 37, 73, 74, 116 (bibliographie complète); *Trav. lab.*, 1886, Procédé nouveau pour l'étude physiologique des organes thoraciques. — V. Frey et Krehl, *Arch. f. Anat. u. Phys.*, 1890. — Gley, *Biologie*, 1894, 445. — Hürthle, *Arch. f. d. ges. Phys.*, 1891, XLIV, 44. — Knoll, *Wiener Akad. Sitzb.*, 8 nov. 1894. — Magini, *Arch. it. biol.*, VIII. — E. Meyer, *Biologie*, 1894, 443; *Arch. de Phys.*, 1894, 692. — Porter, *Journal of exp. med.*, I, 2. — Roy et Adami, *Practitioner*, 1889.
Influence de la charge et de la pression artérielle sur le rythme du cœur. — Asp, *Ber. der sächs. Akad.*, 1867. — Aubert et Rœver, *Arch. f. d. ges. Phys.*, 1868. — Bernstein, *Centralbl. f. med. Wiss.*, 1867. — Bezold et Stezinsky, *Untersuchungen aus dem Lab. in Würtzburg*, 1867. — Dobroklonsky, *Wochentl. klin. Zeitung* (russe, 1886). — Fodera, *Arch. ital. biol.*, 1891, p. 184. — Fr. Franck, *Trav. du lab. de Marey*, III, 1877, p. 273, 289. — Howell et Donaldson, *Philosophical Transactions*, 1883. — Howell et Mactier Warfield, *Studies from the physiolog. laboratory of the John Hopkins University*, 1881. — Johansson, *Arch. f. Anat. u. Phys.*, 1891. — Ph. Knoll, *Sitzungsber. d. Wiener Akad.*, LXVI, 1872. — Konow et Stenbeck, *Arch. skand. Phys.*, 1889. — Lépine, *Biologie*, 1882, 98. — Longet, *Traité*, III, 162. — Ludwig et Luchsinger, *Arch. f. d. ges. Phys.*, 1881, XXV. — Ludwig et Thiry, *Sitzungsber. d. Kais. Akad. d. Wissensch. Math. Naturw.*, 1864. — Lukjanow, *Allgemeine Pathologie des Kreislaufes*, p. 11. — Marey, *C. R. Ac. sciences*, 1873; *Circ. du sang*, Paris, 1881, p. 334, 346, 347, 348 (Influence de la charge et des attitudes). — Martin, *Jahresb. d. Anat. u. Phys.*, 1881, 2, 63. — Mokritzki, thèse, Varsovie, 1873. — Nawrocki, *Beiträge zur Anat. u. Phys.*, Festgabe C. Ludwig, Leipzig, 1875. — Pokrowsky, *Arch. f. Anat. u. Phys.*, 1866. — Shapiro, thèse, Pétersbourg, 1881. — A. Spanbock, *Arch. f. Psych. Neurol.* (russe), 1890. — Stefani, *Arch. it. biol.*, 1896, XXVI, 180. — Tigerstedt, *Lehrb. d. Kreisl.*, 1893, p. 295. — S. T. Tschirjew, thèse, Pétersbourg, 1876. *Arch. f. Anat. u. Phys.*, 1877. — F. W. Tunicliffe, *Journal of Phys.*, XX, 1, 51. — Mc. William, *Proceedings of the Royal Society*, 1888.
Influence de la réplétion ventriculaire. — La réplétion incomplète des ventricules accélère le cœur. — Marey, *Circ.*, 1881, p. 345. — Viehordt, *Die Erscheinungen und Gesetze der Stromgeschwindigkeites d. Blutes*, Frankfort, 1858.
Effets de la compression du cœur dans les épanchements pleuraux et péricardiques. — Fr. Franck, *Gazette hebdomadaire*, 1877; *Trav. du lab. de Marey*, 1877. *Biologie*, 1897. — Marey, *Circ. du sang*, 1881, p. 347. — Stefani, *Arch. it. biologie*, XVIII.
Influence de la respiration. — Aducco (accel. insp. plus marquée pendant le jeûne; elle envahit aussi une partie de la courbe expir.). *Archiv. ital. biol.*, XXI, 412. Action inhibitoire du chlorure de sodium sur les mouvements resp. et sur les mouvements cardiaques des chiens à jeun; *Arch. ital. de biol.*, XXI, 418. — V. Basch, *Arch. f. Anat. u. Phys.*, 1881. — Cl. Bernard, *Leçons sur les effets des substances toxiques et médicamenteuses*, p. 229, 331. — Brown-Séquard, *Arch. de Phys.*, 1858, I, 512; 1889, 610. — Burdon-Sanderson, *Brit. med. J.*, 1867, 411. — Capitan, *Arch. de Phys.*, 1889, 602. — Carpenter, *Human physiology*, 1853, 1103. — Donders, *Zeitsch. f. ration. Medizin*, 1854, 241. — Einbrodt, *Moleschott's Untersuchungen*, 1860. — Fr. Franck, *Gazette hebdomadaire*, 1879. — L. Fredericq, *Arch. de biol. belges*, 1882; 1890. — V. Frey, *Arch. de Müller*, 1845, 220. — Hardy et Behier, *Traité de pathologie int.*, I. — Hering, *Sitzungsber. d. Kais. Akad. d. Wiss. Math. Naturw.*, 1871. — Klemensiewicz, *Sitzungsb. d. Wiener Akad.*, 1876. — Kürschner, *Wagner's Wörterbuch der Phys.*, 1844 (Herzthätigkeit). — Landois, *Traité*, p. 146. — Legros et Griffé, *Bulletin Ac. roy. belge*, 1882. — Ludwig, *Arch. f. Anat. u. Phys.*, 1847, 253. — Marey, *Circ. du sang*, 1881, p. 462, 468. — S. W. Mitchell, *American J. of the medical sc.*, 1854, 387. — Moreau et Lecrenier, *Arch. biol. belges*, 1882. — Pugliese, *Arch. it. biol.*, 1896, 492. — Riegel, *Berliner klin. Wochensch.*, 1876. — Schulmann, thèse Fac. méd., Lille, 1887. — Sommerbrod, *Berlin. klin. Wochensch.*, 1877. — Symonds, *Micellanies*, 1871, 160. — Talma, *Arch. f. d. ges. Phys.*, XXIX, 311. — Weber, *Berichte der sächs. Gesell.*, 1850, 39. *Arch. f. Anat. u. Phys. u. wissensch. Med. v. Müller*, 1851, 85. — Wertheimer et Meyer, *Arch. de Phys.*, 1889, 26, 50. — Zuntz, *Arch. f. d. ges. Phys.*, 1878. — Voyez p. 174, 177, 221.
Influence de la déglutition. — Kirsch, *Wiener med. Presse*, 1889, n° 57, 2013. — Meltzer, *Arch. f. Anat. u. Phys.*, 1883. — Wertheimer et Meyer, *Arch. de Phys.*, 1890, p. 284.

Intermittences. — Arloing, *Arch. de Phys.*, 1894, 90. — Figuet, thèse, Lyon, 1882 (*Trav. du lab. Arloing*). — Tripier et Devic, *Traité de pathologie gén.*, IV.

Asphyxie. — Dastre et Morat, *Arch. de Phys.*, 1884. — Langendorff, *Arch. f. Anat. u. Phys.*, 1893. — Hofmokl (Infl. comp. sur le cœur droit et le cœur g.). *Med. Jahrb.*, 1875. — Laulanié, *Biologie*, 1893. — Johnson, *Lancet*, I, 1889. — Richet, *Arch. de Phys.*, 1894, 653. — Konow et Stenbeck, *Skand. Arch. f. Phys.*, 1889. — Stefani, *Arch. ital. Biologie*, XXIII. — Traube, *B. z. Path. u. Phys.*, 1864, II, 1, 382.

Pulsations en groupes. — Langendorff, *Arch. f. Anat. u. Phys.*, 1884 ; 1893. — Luciani, *Berichte der Sächs. Gesell.*, 1873. — Rossbach, *Berichte der Sächs. Gesell.*, 1874.

Systoles avortées. — Contejean, *Biologie*, 22 déc. 1894. — Fr. Franck, *Gaz. hebd.*, 1877. — L. Fredericq, *Arch. de biol. belges*, 1888. — Laulanié, *Biologie*, 17 juin 1892. — Meyer, *Arch. de Phys.*, 1892. — Rodet, *Arch. de Phys.*, 1896, 206. — Tridon, thèse méd., Paris, 1875.

Troubles du rythme portant sur la durée des actes constitutifs d'une révolution cardiaque. — Arloing, *Arch. de Phys.*, 1894, 83. — Baxt, *Arch. f. Anat. u. Phys.*, 1878. — Contejean, *Mécanique du cœur*, p. 24. — V. Frey, *Die Unters. des Pulses*, Berlin, 1892, 86. — V. Frey et Krehl, *Arch. f. Anat. u. Phys.*, 1890, 49. — Klug, *Arch. f. Anat. u. Phys.*, 1881, 260.

Dissociation du rythme de l'oreillette et du ventricule. — Arloing, *Arch. de Phys.*, 1892 ; 1894. — Chauveau, *Revue de médecine*, 1885, V, 161. *Congrès de l'Association fr. pour l'avancement des sc.*, Grenoble, Ire partie, 202. — Fano, *Carl Ludwig's Beiträge zur Phys.*, 1887. — Fr. Franck, *Biologie*, 1882 ; *Arch. de Phys.*, 1890, 404. — Gley, *Biologie*, 1893. — Harvey, trad. Richet, p. 78, 79. — His, *Congrès de Phys.*, Berne, 1895. — Tigerstedt, *Trav. lab. Ludwig*, 1884. Pickering, *J. of Phys.*, 1893, 427, 429.

Écartement des systoles auriculaires et ventriculaires. — Arloing, *Arch. de Phys.*, 1894, 89. — Chauveau, *Congrès de Grenoble pour l'avanc. des sciences*, 1893, 1re partie, p. 203. — Lépine, *Biologie*, 1882, 27. *Revue de médecine*, 1882.

Dissociation fonctionnelle des deux ventricules. — Arloing, *Congrès de Liège*, 1892. *Arch. de Phys.*, 1894, 163. — Bozzolo, *Arch. p. l. scienze mediche*, 1876. — Charcelay, *Arch. gén. de méd.*, Paris, 1838. — Dareste, *Essais de tératogénie expérimentale*, 2e édit., 363 : Dissociation chez un omphalocéphale des mouvements des deux cœurs. — Hering, *Prager med. Wochenschr.*, XXI, 6, 59. — Gley, *Arch. de Phys.*, 1891, 735. — Knoll, *Verein d. deut. Med.*, Heidelberg, 1889 ; *Sitzungsb. d. Wiener Akad.*, 1890. — Leyden, *Arch. Virchow*, 1868 ; 1875. — Lukjanow, *Allg. Pathol. d. Kreislauf.*, p. 26. — Malbranc, *Deutsch. Arch. f. klin. Med.*, 1877. — Riegel, Wiesbaden, 1891. — Unverricht, *Berliner klin. Wochensch.*, 1880.

Normalement il y a quelques différences légères sous le rapport du début de la systole et de la durée en ce qui concerne les deux ventricules. — Arloing, *Arch. de Phys.*, 1894, 163. — E. Meyer, *Arch. de Phys.*, 1894, 700.

Bruit de galop. — Fr. Franck, *Arch. de Phys.*, 1895, 545. — Potain, *Clin. méd. Charité*, 1894.

C. — SIGNES EXTÉRIEURS DES MOUVEMENTS DU CŒUR.

Les signes extérieurs des mouvements du cœur sont au nombre de deux ; à savoir : la *pulsation cardiaque* et les *bruits du cœur*.

Pulsation cardiaque.

I. **Constatation et importance du phénomène**. — La pulsation cardiaque consiste dans le soulèvement d'une partie de la paroi thoracique à chaque battement du cœur. Ce mouvement s'opérant avec *brusquerie* est facilement perçu à la vue et à la palpation. Chez l'homme la pulsation cardiaque s'observe à son maximum au niveau de la pointe du cœur, dans le quatrième ou cinquième espace intercostal gauche, un peu en dedans du mamelon. Chez les sujets maigres elle est sentie nettement sur une étendue plus grande de la paroi thoracique, à gauche du sternum, au niveau de la zone qui correspond au ventricule gauche.

L'étude de la pulsation du cœur a une grande importance en clinique. Suivant le point où ce mouvement est ressenti et suivant ses caractères, il fournit des renseignements sur le volume du cœur et la circulation du sang à travers cet organe. La pulsation constitue aussi un point de repère pour établir chronologiquement les actes normaux ou modifiés des révolutions cardiaques.

II. **Rapports de la pulsation avec les phases de la révolution cardiaque**. — Harvey avait déjà constaté que la pulsation du cœur se produit au moment de la systole ventriculaire. « On voit à la fois la tension du cœur, le choc de sa pointe contre la

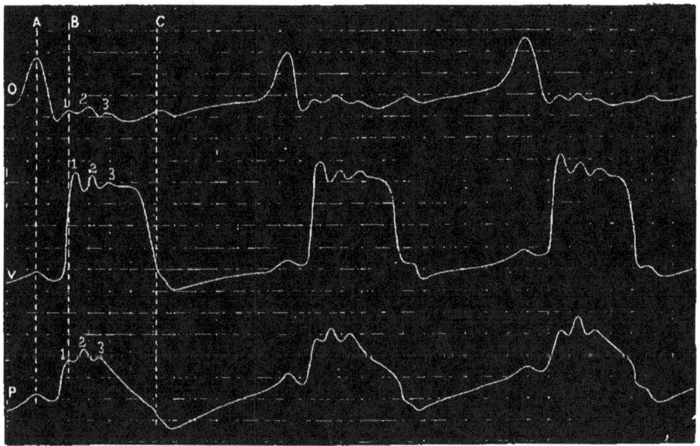

Fig. 15. — *Tracé des mouvements de l'oreillette* O, *du ventricule* V *et de la pulsation du cœur* P (d'après Chauveau et Marey).

paroi thoracique, choc qui peut se sentir à l'extérieur, l'épaississement de ses parois et le jet impétueux du sang, qui primitivement contenu dans les ventricules en est chassé par leur constriction » (*Circulation du sang*, trad. Richet, p. 69, 71).

Ces conclusions n'ont pas toujours été généralement adoptées. Beau a soutenu que la pulsation du cœur coïncide avec la diastole ventriculaire. A la suite des affirmations de cet auteur, il régna quelque temps en médecine la plus grande confusion sur ce sujet. Il ne faut pas trop s'en étonner, car la solution du problème avec les seuls moyens de l'observation était presque impossible. En effet, d'une part, les mouvements du cœur se succèdent avec trop de rapidité pour qu'il soit possible de déterminer à la vue le synchronisme de la pulsation cardiaque avec une phase de la révolution du cœur; autant chercher à retenir les appuis d'un cheval au galop. D'autre part, comment connaître le moment auquel se produit l'ébranlement thoracique en enlevant la paroi costale pour mettre le cœur à nu?

CHAUVEAU et MAREY ont surmonté ces difficultés en employant la *méthode graphique.* Ils ont enregistré sur le cheval, sans mutilation du thorax, simultanément la pression dans les différentes cavités du cœur (oreillette droite, ventricule droit, ventricule gauche), au moyen des sondes cardiographiques. Parallèlement ils inscrivaient la pulsation cardiaque, par l'intermédiaire d'une ampoule manométrique placée sur le thorax au niveau du cœur entre les muscles intercostaux. En comparant les tracés obtenus on constate que *la pulsation cardiaque a lieu au moment où la pression s'élève brusquement à son degré le plus élevé dans le ventricule* (fig. 15). Entre le début de la systole et celui de la pulsation il y a le synchronisme le plus parfait.

Hypothèses anciennes concernant la nature de la pulsation cardiaque. — Avant les expériences décisives de CHAUVEAU et FAIVRE, puis de CHAUVEAU et MAREY, les idées déjà si justes de HARVEY et des médecins des COMITÉS ANGLAIS concernant la nature de la pulsation cardiaque n'étaient pas généralement acceptées en médecine. Deux autres théories principales avaient de nombreux partisans.

I. HYPOTHÈSE D'APRÈS LAQUELLE LA PULSATION SERAIT DUE A LA SYSTOLE AURICULAIRE. — BEAU attribuait la pulsation du cœur à la projection du sang au fond des ventricules sous l'influence de la systole auriculaire.

Les expériences cardiographiques de CHAUVEAU et MAREY ont définitivement ruiné cette théorie en montrant le synchronisme de la pulsation cardiaque avec la systole ventriculaire. Du reste la systole auriculaire est faible et incapable, tout au moins dans les conditions normales, de soulever par la projection du sang dans les ventricules la paroi thoracique d'une façon appréciable à la main. Son action est nulle par rapport à celle de la systole ventriculaire. Sans doute pendant la diastole, le volume du cœur est maximum, mais à ce moment l'organe est mou, flasque, dépressible. Il se laisse distendre et déprimer par les parties voisines du corps (CHAUVEAU et FAIVRE).

Récemment POTAIN, sans revenir à la théorie de BEAU, a soutenu qu'une part notable dans la sensation de soulèvement de la paroi thoracique perçue par la main appliquée à la surface de la région précordiale doit être attribuée dans certains cas à la systole auriculaire. Toutefois cette hypothèse basée sur des observations cliniques ne cadre pas avec les données expérimentales que nous avons fait connaître.

Discussion à l'Académie de médecine entre CHAUVEAU, MAREY et BEAU. Rapport de GAVARET à l'Académie de médecine, 1863. — BEAU, *Arch. gén. de méd.*, 2ᵉ série, IX, 394. — POTAIN, *Clinique médicale de la Charité.* Masson, 1894. — J.-B. HAYCRAFT, *J. of Physiol.*, XII. — ARLOING, art. *Cheval. Dict.* RICHET.

II. HYPOTHÈSE D'APRÈS LAQUELLE LA PULSATION SERAIT LA CONSÉQUENCE D'UN CHOC CONTRE

LA PAROI THORACIQUE PAR SUITE DU RECUL DU CŒUR. — Cette opinion a été soutenue par HIFFELSHEIM. CHAUVEAU a opposé les faits suivants :

1° L'examen des conditions dans lesquelles se produit la pulsation à l'état normal montre que ce phénomène ne peut pas être causé par le recul de la partie inférieure du ventricule. Si la théorie du recul était exacte, la pulsation devrait être sentie exclusivement à la pointe du cœur. Or, chez l'homme, chez les sujets maigres, on constate très bien que toute la partie de la région précordiale qui se trouve à gauche du sternum est soulevée au moment de la systole. Chez les animaux une partie étendue de la paroi thoracique est de même projetée au dehors.

2° Dans la réalité la pointe du cœur ne subit aucun mouvement rétrograde. Elle ne se déplace pas. Pour s'en convaincre il suffit d'explorer le cœur avec la main, introduite par l'abdomen à travers le diaphragme. On sent la pointe

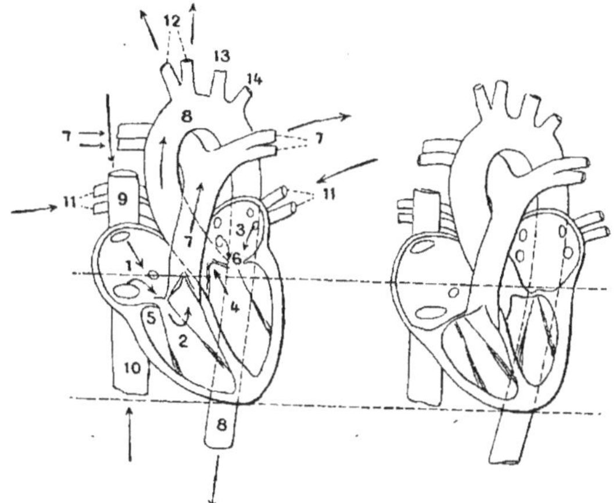

Fig. 16. — *Schéma montrant le recul balistique du cœur et l'aspiration du sang dans les oreillettes* (d'après CONTEJEAN).

1, oreillette droite ; 2, ventricule droit ; 3, oreillette gauche ; 4, ventricule gauche ; 5, orifice auriculo-ventriculaire droit ; 6, orifice auriculo-ventriculaire gauche ; 7, artère pulmonaire ; 8, crosse de l'aorte ; 9, veine cave descendante ; 10, veine cave ascendante ; 11, veines pulmonaires ; 12, tronc brachio-céphalique ; 13, carotide gauche ; 14, sous-clavière gauche.

rester constamment en rapport avec le fond du péricarde. Il doit cependant y avoir un recul du cœur, mais ce mouvement est compensé par la rétraction des ventricules (fig. 16).

a. *Recul du cœur.* — L'effort contractile qui détermine la projection du sang développe sur la surface interne du cœur une pression proportionnelle à l'intensité de la systole. En vertu de la loi physique, cette pression est plus faible au niveau des orifices artériels chargés de donner écoulement au sang. Le point de la paroi opposé à ces orifices, c'est-à-dire la pointe du cœur, supporte un excès de pression qui peut entraîner l'organe dans le sens de son grand axe, c'est-à-dire lui imprimer un mouvement de recul. En effet le cœur est suspendu librement par les troncs élastiques des gros vaisseaux dans le sac fibro-séreux qui l'enveloppe. L'ondée sanguine chassée comme une balle dans un canon de fusil produit donc sur l'appareil qui lui imprime l'impulsion un contre-choc analogue à celui de l'arme à feu. La base du cœur va vers la pointe. On voit à chaque systole ventriculaire la scissure coronaire qui sépare les oreillettes des ventricules s'abaisser vers l'extrémité du cœur pendant que les troncs artériels s'allongent en se courbant davantage (CHAUVEAU).

b. *Raccourcissement du cœur.* — Le mouvement de recul est neutralisé par le raccourcissement du cœur, de sorte que la pointe de l'organe reste où elle est. Pour bien voir ce raccourcissement CHAUVEAU conseille de détacher le cœur de la poitrine d'un chien et de le tenir en suspension au moyen des doigts par les troncs des gros vaisseaux. On constate que pendant tout le temps que dure la contraction des ventricules, le cœur se raccourcit en effectuant un mouvement spiroïde. Si on met la pointe de l'organe en contact avec un plan horizontal, elle s'en éloigne à chaque systole *en se tordant de gauche à droite* et d'arrière en avant.

III. Cause du soulèvement de la paroi thoracique. — Le

soulèvement de la paroi thoracique dépend du **changement de forme** et du **durcissement de la masse ventriculaire** pendant la systole.

1° Les ventricules en se contractant prennent une forme déterminée en rapport avec la disposition de leurs fibres. La portion inférieure qui avoisine la pointe se rétrécit et se raccourcit. Par contre le cœur devient presque circulaire à la base. En ce point l'œil semble même percevoir une dilatation très prononcée. Le cœur tend à devenir **globuleux** (LANCISI, CARLISLE, LUDWIG, CHAUVEAU et FAIVRE, MAREY) (fig. 17). Ces changements de forme du cœur ont été étudiés soit avec le compas, soit au moyen de la méthode chronophotographique.

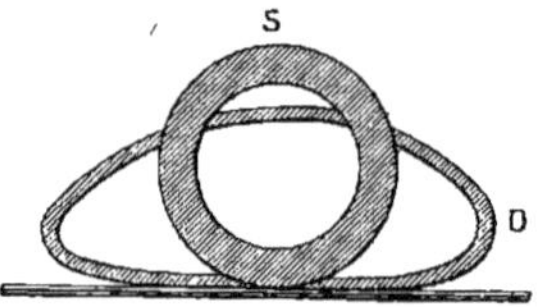

Fig. 17. — *Schéma représentant la forme du cœur pendant la systole* (S) *et pendant la diastole* (D) (d'après LONGET).

2° Le durcissement systolique de la masse ventriculaire est dû à deux causes :

a. Au changement de **consistance de la paroi ventriculaire** pendant la contraction de cet organe; tout muscle qui se contracte devenant dur ;

b. **A la brusque élévation de la pression du sang dans les ventricules sous l'influence de leur contraction.** Cette pression du sang en se distribuant partout contribue à arrondir le cœur et à égaliser les diamètres de cet organe.

HARVEY avait déjà bien observé le changement de consistance du cœur pendant la systole : « Le cœur à l'état de repos est mou, flasque et relâché comme sur le cadavre. *Si on prend dans la main le cœur d'un animal vivant, on sent qu'au moment où il se meut, il devient plus dur,* et ce durcissement est dû à sa contraction. De même qu'en appliquant la main sur les muscles de l'avant-bras on sent qu'ils deviennent plus durs et plus résistants au moment où ils font remuer les doigts » (Trad. RICHET, p. 67, 68). Les MÉDECINS DU COMITÉ DE LONDRES ont montré que *si on pose sur les ventricules d'un animal de grande taille un stéthoscope debout chargé d'un poids de 1 kilogramme, ce poids déprime le cœur pendant la diastole, mais est violemment repoussé pendant la systole.* C'est aussi pendant la systole qu'un cœur de grenouille excisé, dont on enregistre les battements, écarte les mors de la pince cardiographique ou soulève le levier inscripteur du myographe.

Remarquons qu'il n'y a pas à proprement parler choc du cœur contre la paroi thoracique comme le croyait MAGENDIE. Par suite du vide thoracique le cœur est constamment et étroitement appliqué contre les parties contiguës. La paroi thoracique suit le gonflement ou le refoulement de cet organe. A la percussion de la poitrine la matité ne disparaît complètement à aucun moment ni de la systole ni de la diastole. Il vaut donc mieux désigner le phénomène que nous étudions sous le nom de pulsation cardiaque que sous celui souvent usité de choc du cœur.

IV. **Inscription graphique de la pulsation cardiaque**. — On sait que BUISSON le premier eut l'idée de transmettre à distance au moyen de tubes pleins d'air les mouvements du cœur. Pour

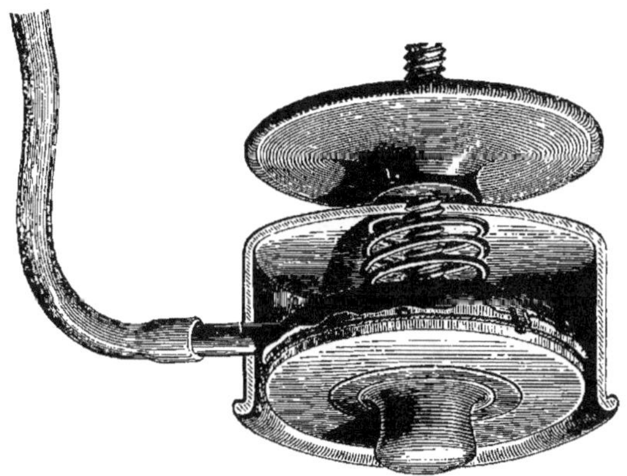

Fig. 18. — *Cardiographe de Marey.*

inscrire la pulsation du cœur il appliquait sur la région précordiale du sujet en expérience un entonnoir et le réunissait à un tambour à levier par un tube de caoutchouc. MAREY imagina les cardiographes tels qu'ils sont maintenant généralement en usage (fig. 18). Ce sont des capsules à air que l'on applique au niveau du battement du cœur et qui transmettent le mouvement à un tambour à levier. La capsule est fermée en bas par une membrane de caoutchouc. Un ressort à boudin fait saillir la membrane en dehors. Celle-ci porte un bouton qu'on enfonce profondément dans l'espace intercostal. L'appareil est maintenu en place avec la main ou attaché avec une ceinture.

Laulanié a présenté au Congrès de Liège, 1892, un nouveau cardiographe spécialement applicable au chien (fig. 19). L'appareil est composé d'une longue aiguille coudée que l'on introduit à travers un espace intercostal, de façon à faire reposer la coudure sur la surface ventriculaire du cœur. A chaque systole l'aiguille est soulevée et actionne un tambour enregistreur fixé sur la poitrine au moyen d'un cadre maintenu par une ceinture enroulée autour du corps de l'animal. Les variations de pression du tambour explorateur sont transmises au moyen d'un tube à un tambour à levier inscripteur.

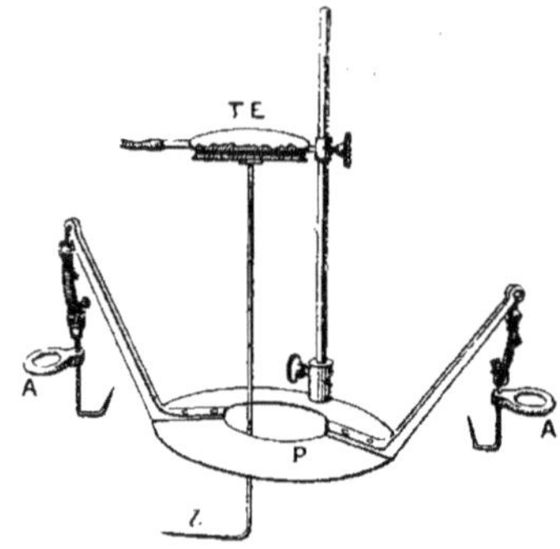

Fig. 19. — *Cardiographe de Laulanie.*

P, plaque métallique destinée à être placée sur le thorax; *l*, aiguille coudée; TE, tambour explorateur; AA, crochets pour maintenir les attaches.

L'*analyse des tracés cardiographiques* montre que dans tout le cours d'une révolution cardiaque la paroi thoracique, pas plus que les parois du cœur lui-même, n'est jamais immuable, mais qu'elle subit une série d'affaissements et de soulèvements plus ou moins prononcés. Ces mouvements de la paroi thoracique sont tous passifs. Ils sont dus à deux causes :

a. A la contraction ventriculaire ;

b. A la réplétion et à la déplétion des cavités du cœur.

La première cause a déjà été étudiée. C'est évidemment la plus énergique. La sensation brute que l'on perçoit à la main doit lui être rapportée tout entière. L'influence des deux autres, au contraire, ne s'apprécie bien que sur des tracés. L'afflux de sang dans le ventricule soulève légèrement la paroi thoracique, soit que le sang coule simplement des veines dans le cœur (troisième temps de la révolution cardiaque), soit qu'il soit poussé dans le ventricule par la contraction de l'oreillette (premier temps de la révolution suivante). La déplétion du ventricule (fin du deuxième temps) s'accompagne d'un affaissement de la paroi thoracique.

Le tracé de la pulsation cardiaque quand il est bien pris indique jusqu'aux plus petites modifications de la pression dans le ventricule. Or on sait que les modifications de pression qui se produisent dans les cavités voisines (oreillettes) retentissent sur la pression ventriculaire. Sur un bon tracé de la pulsation cardiaque on retrouve donc toutes les indications que peut fournir l'exploration de la pression intraventriculaire, concernant soit les mouvements propres de cette poche contractile (début de la systole du ventricule, sa fin marquée par la clôture des valvules sigmoïdes, sa forme), soit ceux de l'oreillette.

Pour étudier le graphique de la pulsation dans de bonnes conditions, il faut recueillir le tracé sur un cylindre animé d'une vitesse suffisante ; sans cela, les détails du phénomène ne seraient pas assez espacés pour être analysés. *En clinique*, si l'on se propose de rechercher les modifications du rythme du cœur provoquées par les maladies, il faut avoir soin d'enregistrer simultanément le pouls artériel et de repérer exactement les tracés. Une telle étude est du reste très délicate, en raison des difficultés qu'on éprouve souvent à obtenir de bons tracés exactement comparables.

Pulsations négatives. — On obtient parfois en explorant la pulsation du cœur au moyen d'un cardiographe, une pulsation négative. Le levier du tambour enregistreur baisse au lieu de monter pendant la systole ventriculaire. Buisson avait déjà constaté ce phénomène. Chauveau et Marey ont montré qu'il est toujours la conséquence d'une application vicieuse de l'explorateur. En effet, la systole ventriculaire ne refoule la paroi thoracique extérieurement qu'au point même où elle est en contact avec elle. En dehors de ces points il se fait au contraire une dépression due à l'aspiration provoquée dans le thorax par la systole même du cœur. En effet, au total le cœur diminue de volume pendant la systole ventriculaire. Le vide relatif est immédiatement comblé par les parties voisines. La paroi thoracique, là où elle n'est pas soulevée par le contact du cœur, est aspirée. L'aspiration est surtout marquée immédiatement sur les côtés de la région du thorax qui est repoussée. Pour éviter de prendre des tracés défectueux, il faut donc appliquer le cardiographe exactement là où le thorax se soulève, et éviter de se servir d'appareils couvrant une surface trop étendue.

Chez certaines espèces animales, en un point donné, la pulsation peut être positive ou négative suivant la position du sujet. En effet, les rapports du cœur ne sont pas absolument fixes et peuvent se modifier suivant les attitudes. Chez le chien en particulier les attaches péricardiques du cœur sont très lâches. Si on fixe l'animal sur le dos dans la gouttière d'opération, le cœur en vertu de son poids tend à s'éloigner de la paroi thoracique. Une lame de poumon vient s'interposer entre le cœur et cette paroi. On obtient généralement dans ces conditions une pulsation négative. Aussi pour prendre un bon tracé faut-il coucher l'animal sur le ventre ou sur le côté gauche et explorer la paroi thoracique gauche. — L. Fredericq, *Tr. du lab.*, II, p. 66.

BIBLIOGRAPHIE.

Choc du cœur. — Buisson, *Gaz. méd.* de Paris, 18 mai 1861 ; thèse Fac. méd., Paris, 1862. — Chauveau et Marey, *C. R. Ac. sc.*, 1861, LIII, 622, et 1862, LIV, 32 ;

Biologie, mém., p. 4, 1861 ; *Gaz. méd.*, Paris, 1861. — L. Fredericq, article « Cardiographie », *Dict. de Physiol.* de Richet ; *Trav. lab.*, II, p. 66. — V. Frey, *Münchener med. Wochensch.*, 1893, 46, 869. — Haller, *Elém. Phys.*, I, 389, 1757. Lausanne. — Haycraft, *Journal of Phys.*, XIII, p. 438, 1891. — Hochhaus, *Arch. f. exp. Path. u. Pharm.*, XXXI. — P. Hilbert, *Zeitsch. f. klin. Med.*, XXII. — Marey, *Circ. du sang*, p. 81, 139 ; *Journal de l'Anat. et de la Phys.*, 1865. — Martius, *Deutsch. med. Wochensch.*, 1893. — *Samml. klin. Vorträge begr. von Volkmann.* N. F. n° 113, nov. 1894. — Müller, *Berliner klin. Wochensch.*, 1895, 35, 757. — Potain, *Clinique médicale de la Charité*, 1894. — A. Schmidt, *Deutsch. med. Wochensch.*, 1891, 4. — Talma, *Arch. f. d. ges. Phys.*, XXXVII, 607.

Place de la pulsation. — Marianini et Namias, *Arch. it. biol.*, 1883, 4, 143 (chez l'homme). — Ransome, *Journ of Anat. a. Phys.*, 1875, 9, 137 (attitudes).

Changements de forme du cœur pendant une révolution cardiaque. — Carlisle, *Brit. Ass.*, Cambridge, 1833, p. 456. — E. Cavazzani, *Arch. it. biol.*, XIX : La courbe cardio-volumétrique dans les changements de position. — Chauveau, *C. R. Ac. sc.*, 1857, XLV. — Chauveau et Faivre, *Gaz. méd.* de Lyon, 1856. *Gaz. méd.* de Paris, 1858, p. 365, 406, 408, 457, 569. — Haycraft, *Congrès de Berne*, 1895 ; *Journal of Phys.*, XII. — Haycraft et Paterson, *Journal of Phys.*, XIX, 5/6, 496. — Lancisi, *De Motu cordis.* Consulter aussi M.-Edwards, *Leçons...*, IV, 19. — Ludwig, *Zeitsch. f. rat. Med.*, 1848, VII, 205. — Potain, Mouvements de surface du cœur, *Clinique médicale de la Charité*, 1894. — Roy et Adami, *The practitioner*, 1890, I, 82.

Changements de forme des cavités du cœur. — Hesse, *Arch. f. Anat u. Phys.*, 1880. — Krehl, *Sächs. Gesell.*, 1891. — Sandborg et Worm-Müller, *Arch. f. d. ges. Phys.*, 1880. — Tigerstedt, *Lehrb. d. Kreisl.*, 1893, p. 75, 77.

Durcissement du cœur. — Bamberger, *Arch. f. path. Anat.*, 1856. — Chauveau, *C. R. Ac. sc.*, 1857, XLV, 371. — Chauveau et Faivre, *Gaz. méd.*, Paris, 1858. — *Comité de Dublin*, 1835. *Comité de Glascow*, 1840 (*Clendinning*). — Milne-Edwards, *Leçons...*, IV, p. 22. — Filehne et Penzoldt, *Centralbl. f. med. Wiss.*, 1879. — Kiwisch, *Viertel Jahres. d. prakt. Heilk.*, 1899. — Marey, *Trav. lab.*, I, 1876, p. 27 ; *C. R. Ac. sc.*, 1892, p. 489.

Choc de la pointe du cœur contre la paroi. — Chauveau et Faivre, *Gaz. méd.*, Paris, 1856, 408 ; 1858, p. 570. — Magendie, *Précis de Physiologie*, II, p. 292. — Ludwig, *Zeitsch. f. rat. Med.*, 1848, 7, 214. — Rollet, *Hermann's Handb. d. Phys.*, IV, 1, p. 182. — Tigerstedt, *Lehr. d. Kreisl.*, 1893, p. 110.

Recul du cœur. — Alderson in Guttmann, *Arch. f. pathol. Anat.*, 1879, 76, p. 534. — Bamberger, *Arch. f. path. Anat.*, 1856, 9, 343. — Chauveau, *C. R. Ac. sc.*, XLV, 1857, 371. — Chauveau et Faivre, *Gaz. méd.*, Paris, 1858, p. 408, 410, 411. — Fenerback, *Arch. f. d. ges. Phys.*, 1877, XIV, 155. — Filehne et Penzoldt, *Centralbl. f. med. Wiss.*, 1879, 482. — Fr. Franck, *Trav. lab. Marey*, 1877, III, 313. Consulter aussi à propos des **mouvements de torsion** du cœur. — Harvey, trad. Richet, p. 87. — Hesse, *Arch. f. Anat. u. Phys*, 1880. — Hiffelsheim, *C. R. Ac. sc.*, 1854, 1855. — Jahn, *Deutsch. Arch. f. klin. Med.*, 1879, 482. — Potain, *C. R. Ac. sciences*, t. XVII, 534. — Robin, *Journal de l'A. et de la Phys.*, 1864, t. I, p. 436. — Rosenstein, *Arch. f. klin. Med.*, 1878. — Skoda, *Abh. ü. Perc. u. Ausc.*, Wien, 1842, 147. — Wilkens, *Deutsch. Arch. f. klin. Med.*, 1874, 13, 313. — Ziemssen, *Deutsch. Arch. f. klin. Med.*, 1882, 30, 274.

Cardiographes. — Bardier, *Biologie*, 1897 ; *Arch. de Phys.*, 1897 ; — Edgren, *Skand Arch. f. Phys.*, 1889. — Hürthle, *Arch. f. d. ges. Phys.*, XLIX, 44, 1891 ; LIII, 281, 1893. — Marey, *Journal de l'Anat. et de la Physiol.*, 1865, 2, 286 ; *Circul. du sang*, 1881. — Martius, *Zeitsch. f. klin. Med.*, XIII, 1888. — V. Ziemssen et V. Maximowitch, *Deutsch. Arch. f. klin. Med.*, XLV.

Bruits du cœur.

I. Caractères et rythme des bruits du cœur. — En appliquant l'oreille sur la région du cœur chez les mammifères on entend deux bruits :

Le *premier* est *sourd, prolongé.* Il a son maximum d'intensité à la *pointe du cœur.*

Le *deuxième* est *clair, bref.* Il a son maximum d'intensité à la **base du cœur** (chez l'homme dans le deuxième ou troisième espace intercostal gauche, très près du sternum).

Le bruit fort est plus rapproché du bruit faible que celui-ci du bruit fort suivant. Entre le premier et le second bruit il s'écoule un temps. C'est le *petit silence*. Entre le deuxième et le premier bruit, il s'écoule deux temps d'une révolution cardiaque, c'est le *grand silence*. Le premier bruit est placé au commencement du second temps et le second bruit au commencement du troisième temps (p. 31).

Chez le *fœtus* les deux bruits du cœur se suivent régulièrement. Ils sont à peu près semblables et scandés par deux périodes silencieuses, l'une intercalaire et l'autre finale, de durée sensiblement égale. La sensation a été comparée au *tic tac* d'une montre.

II. Découverte et importance des bruits du cœur. — On dit qu'Hippocrate connaissait les bruits du cœur; toutefois ils ont été mis en évidence par Harvey le premier. Leur importance clinique a été comprise et développée par Laennec. Comme les bruits sont perceptibles à l'auscultation de la surface de la poitrine, leurs modifications permettent de se rendre compte des troubles du fonctionnement du cœur dans les maladies.

III. Rapports des bruits du cœur avec les phases d'une révolution cardiaque. — Le *premier* bruit, sourd, prolongé, coïncide avec la systole ventriculaire, la pulsation cardiaque et la fermeture des valvules auriculo-ventriculaires **(bruit systolique).**

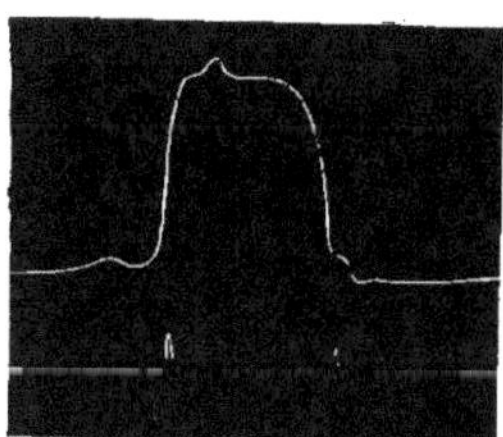

Fig. 20. — *Tracé de la pression ventriculaire d'un cheval.*

Au-dessous, sont les signaux du premier bruit et du second bruit du cœur (Marey, *Circ. du sang*).

Le *second* bruit, clair, bref, coïncide avec la fermeture des valvules sigmoïdes de l'aorte et de l'artère pulmonaire et avec le début de la diastole ventriculaire **(bruit diastolique).**

Les rapports des bruits du cœur avec les phases d'une révolution cardiaque ont été fixés par les méthodes suivantes :

a. Chauveau et Faivre mettaient le cœur à nu sur des chevaux auxquels ils pratiquaient la respiration artificielle; dans ces conditions ils appliquaient un stéthoscope sur l'oreillette droite et exploraient simultanément avec le doigt les cavités du cœur.

b. Chauveau a recueilli sur le cheval le tracé de la pulsation cardiaque pendant qu'il auscultait le cœur. Il notait sur le tracé au moyen d'un signal électrique le moment précis où les bruits étaient entendus (fig. 20).

c. Les deux méthodes précédentes sont passibles d'une objection commune à toutes les estimations faites par nos sens. Nous ne pouvons signaler un phénomène qu'un moment plus ou moins bref après son apparition. Ainsi il faut tenir compte dans le dernier cas de la durée de l'acte psychique qui intervient pour commander le mouvement actionnant le signal électrique. Ce *temps perdu* est variable suivant les observateurs et les conditions dans lesquelles ils se trouvent (*équation personnelle*). Dans le but de supprimer toute erreur provenant de l'appréciation de nos sens, CHAUVEAU a récemment imaginé une sonde cardiographique inscrivant simultanément les variations imprimées aux pressions intracardiaques et intraartérielles par les systoles et les diastoles du cœur et le moment où les valvules ouvrent et ferment les orifices de l'organe. Il ne manque ainsi aucun élément à la détermination autographique des rapports existants entre ces divers phénomènes. La méthode est applicable à l'étude des deux bruits du cœur. Nous nous bornerons à décrire le modèle utilisé pour l'étude du bruit aortique (fig. 21): Une sonde métallique à double courant munie de deux ampoules exploratrices séparées par un intervalle de 3 centimètres est introduite dans le cœur gauche, sur le cheval, par la carotide. L'une des ampoules est poussée dans le ventricule, l'autre reste dans l'aorte. Sur l'étranglement qui sépare les deux ampoules on a placé un contact électrique qui peut être ouvert ou fermé par le jeu d'une petite lame élastique. Si l'orifice aortique est béant, la lame se soulève; le contact est détruit. Si les valvules

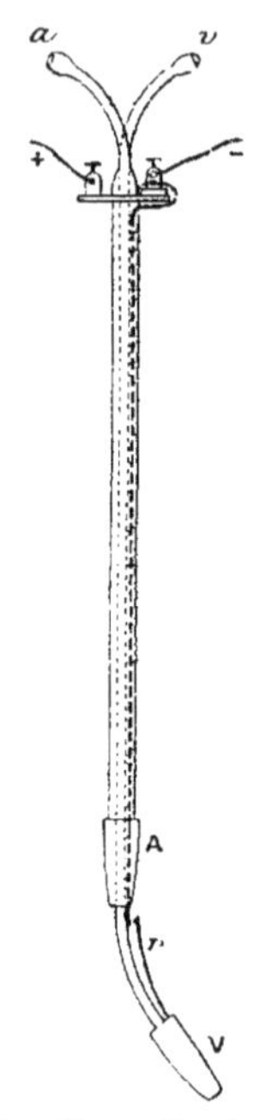

Fig. 21. — *Sondes de Chauveau pour inscrire la fermeture des valvules aortiques.*

A, ampoule destinée à être placée dans l'aorte ; V, ampoule ventriculaire ; *r*, ressort actionné par les valvules sigmoïdes.

sigmoïdes s'abaissent pour fermer l'orifice, le contact se rétablit. On peut recueillir ainsi trois tracés superposés :

1° Celui des systoles et des diastoles du ventricule gauche ;

2° Celui de la pulsation aortique ;

3° Celui des mouvements des valvules sigmoïdes.

La comparaison de ces trois tracés prouve que les valvules sigmoïdes s'abaissent au moment précis où s'opère le relâchement ventriculaire. Or on verra que le deuxième bruit du cœur est dû à l'abaissement et à la tension des valvules sigmoïdes.

Cause des bruits du cœur.

On est très généralement d'accord sur la cause du second bruit. Celle du premier bruit, plus complexe, soulève encore quelques discussions.

1° **Cause du second bruit.** — Le *second bruit* s'explique par les vibrations des valvules sigmoïdes au moment de la systole artérielle qui correspond elle-même exactement à la diastole ventriculaire. Les valvules sont refoulées en bas et déployées sous la poussée du sang de l'aorte ou de l'artère pulmonaire. Elles claquent à la manière des voiles d'un bateau soudainement gonflées par le vent.

Cette explication, entrevue par CARSWELL, a été basée par ROUANET, le premier, sur des preuves expérimentales décisives.

Expérience schématique. — On adapte à l'extrémité supérieure du tronçon de l'aorte qui porte les valvules sigmoïdes un long tube vertical et à l'extrémité opposée du même vaisseau, au-dessous du point occupé par les valvules, un autre tube garni inférieurement d'une vessie pleine d'eau. En pressant sur la vessie on fait pénétrer de l'eau dans l'aorte et le tube qui surmonte cette artère. Au moment où le liquide retombe en fermant les valvules, l'oreille appliquée contre l'appareil perçoit un bruit de claquement. Si on supprime et rétablit successivement le jeu des valvules, on fait disparaître et réapparaître ce bruit. Dans le cas où le bruit normal est supprimé, on entend un souffle.

La théorie de ROUANET a été confirmée par des expériences faites sur l'animal vivant. Les MÉDECINS DES COMITÉS DE LONDRES ET DE DUBLIN ont montré que si on empêche les valvules aortiques ou pulmonaires de se fermer à l'aide d'instruments appropriés, le bruit normal disparaît et se transforme en un bruit de souffle. CHAUVEAU et FAIVRE ont vérifié ces faits dans les conditions expérimentales actuellement les plus parfaites. Ces physiologistes ont opéré sur des chevaux âgés, immobilisés par la section du bulbe, et maintenus en vie par la respiration artificielle. Le cœur de l'animal en expérience était mis à nu. On introduisait dans l'artère pulmonaire de petites érignes, ou dans l'aorte un trocart dissimulant des lames élastiques, de façon à appliquer au moment voulu les valvules sigmoïdes contre les parois du vaisseau. Au cours de ses belles expériences de cardiographie, CHAUVEAU a aussi réussi à obtenir les mêmes effets dans l'aorte sur le cheval debout et intact en garnissant la sonde du cœur gauche de lames élastiques.

2° **Cause du premier bruit.** — WINTRICH a constaté, à l'aide de résonnateurs, que le premier bruit du cœur est formé de deux tons, l'un assez élevé, l'autre plus profond. L'origine de ce bruit est en effet complexe. Il est dû principalement, d'une part, au claquement des valvules auriculo-ventriculaires, d'autre part, aux vibrations moléculaires engendrées par la contraction du myocarde. On discute encore actuellement sur la part qui revient à chacune de ces causes dans la genèse du premier bruit.

a. **Rôle du claquement des valvules auriculo-ventriculaires**. Ce rôle a été mis en évidence par Chauveau et Faivre.

Expérience. — Sur un cheval dont on a sectionné le bulbe et auquel on pratique la respiration artificielle, on enlève un volet costal de façon à découvrir le cœur. Le doigt est introduit dans l'oreillette droite par un petit trou pratiqué à l'auricule. L'hémorragie n'est pas à craindre, car la pression du sang dans l'oreillette est très faible. On sent nettement par le toucher qu'à chaque systole, les valvules auriculo-ventriculaires se relèvent. « Elles s'affrontent par leurs bords et se tendent au point de devenir convexes par en haut de manière à former un dôme multiconcave au-dessus de la cavité ventriculaire. Quand on a senti ainsi la tension des valvules auriculo-ventriculaires, on a entendu avec le doigt le premier bruit. » L'auscultation confirme ce résultat.

Le bruit normal est remplacé par un souffle si, avec un ténotome introduit par l'auricule, on coupe les cordages de la tricuspide. On peut encore introduire par l'orifice un petit anneau métallique monté sur une tige ou un trocart à lames élastiques pouvant s'écarter ou se replier à volonté. Le bruit de souffle apparaît ou disparaît à la place du premier bruit suivant qu'on repousse ou non les valvules.

b. **Bruit rotatoire**. — On sait que la contraction d'un muscle s'accompagne d'un bruit caractéristique désigné par quelques auteurs sous le nom de bruit rotatoire ou encore de bruit de cab, parce qu'il rappelle celui d'une voiture roulant dans le lointain sur le pavé. *Pendant la systole des ventricules, le bruit musculaire s'ajoute au claquement des valvules auriculo-ventriculaires;* c'est pour cela que le premier bruit du cœur est plus sourd et plus prolongé que le second (Comités de Londres et de Dublin, Ludwig et Dogiel, Comité de Philadelphie, etc.).

Expérience. — On ausculte le cœur d'un chien, extrait de la poitrine, pendant les quelques minutes de vie et de mouvement qui lui restent. L'organe battant à vide, les bruits valvulaires disparaissent complètement. Le deuxième bruit de cœur est complètement supprimé, mais on perçoit un son sourd et bas pendant toute la durée de la systole ventriculaire. Pour ausculter le cœur il faut employer le stéthoscope de Constantin Paul. On fixe le cœur à l'instrument par la ventouse, et on le soulève avec l'appareil comme une pierre avec un tire-pavé. On évite ainsi les erreurs provenant des frottements et des glissements inévitables avec la plupart des stéthoscopes (Contejean).

Remarque. — Un troisième élément accessoire intervient encore dans la production du premier bruit. Le frottement du cœur contre la paroi thoracique produit un bruit solidien qui s'ajoute à ceux produits par le claquement des valvules auriculo-ventriculaires et la contraction de la paroi musculaire. MAGENDIE croyait à tort que ce bruit solidien constituait tout le premier bruit et était dû au choc du cœur contre la paroi thoracique. Il n'y a pas choc vrai, mais soulèvement de la paroi thoracique en contact avec le myocarde (p. 38).

Cause des bruits. — BARD, *Lyon médical*, 1896, 142. — BAYER, *Arch. f. Heilkunde*, 1870, Heft 2, 157. — BARRETT, *J. of Anat. a. Phys.*, 1884, 18. — CHAUVEAU, *C. R. Ac. sc.*, 1894, 686 (sondes munies d'un contact électrique). — CHAUVEAU et FAIVRE, *Gaz. méd.*, Paris, 1858. — *Comité de Dublin*, 1835 (MACARTNEY, ADAMS, KENNEDY, GREENE, HART, JOY, NOLAN, LAW, CARLILE'. — *Comité de Londres*, 1836. (WILLIAMS, TODD, CLENDINNING). — CONTEJEAN, *Biologie*, 1896, 1051. — GEIGEL, *Sitzungsb. der Würzburger phys. med. Gesell.*, 1895; — *Arch. f. pathol. Anat.*, CXL, CXLI. — GIESE, *Deutsch. Klinik.*, 1871. — GERALD YEO et BARRETT, *J. of Phys.*, IV, 145. — GUTTMANN, *Arch. f. pathol. Anat.*, 1869, 46. — HAYCRAFT, *J. of Phys.*, 1890, XI; — *Centralblatt f. Phys.*, 1891. — M. HEITLER, *Wiener kl. Wochensch.*, 1894, 939. — HILBERT, *Zeitsch. f. klin. Med.*, 1891. — KAZEM-BECK, *Arch. f. d. ges. Phys.*, 1890. — KREHL, *Arch. f. Anat. u. Phys.*, 1889. — LAENNEC, *De l'auscultation médiate*, 2, 210; Paris, 1819. — LUDWIG et DOGIEL, *Berichte der Sächs. Gesell. d. Wiss. math. Naturw.*, 1868. — MAREY, *Circ. du sang*, 123-138. — MARTIUS, *Zeitsch. f. klin. Med.*, 1887, 1891. — M.-EDWARDS, *Leçons...*, IV. — OSTROUMOFF, Moscou, 1873. — W. PATON, *Transactions of the roy. Soc. of. Edinburgh*, XXXVII, I, 179. — R. QUAIN, *Proceedings of roy. Society*, 1897, n° 375. — QUINCKE, *Berl. kl. Wochensch.*, 1870, 263. — REID, art. Heart : *Todd's Cyclopaedia of Anat. a. Phys.*, II; London, 1839, 614. — ROSENBACH, *Berl. klin. Wochensch.*, 1889. — ROSOLINOS, *Biologie*, 1880, 197. — ROUANET, thèse, Paris, 1832, n° 252, 18. — SANDBORG, *Résumé sur les bruits du cœur;* Christiania, 1881. — S. H. SCHREIBER, *Zeitsch. f. kl. Med.*, XXVII, 5/6, 402. — TALMA, *Arch. f. d. ges. Phys.*, 1885, 607, t. XXXVII (rôle des vibrations du sang). — H. VIERORDT, *Die Messung der Intensität der Herztöne;* Tübingen, 1885. TIGERSTEDT, *Lehrbuch d. Kreisl.*, 1893, p. 62. — VULPIAN, *Bull. Soc. philomath.*, 1866, 135. — WEBSTER, *J. of Phys.*, 1882. — WINTRICH, *Sitz. phys. med. Soc. in Erlangen*, 1875, 7, 51.
Renforcement du premier bruit par l'ébranlement de la paroi thoracique. — CHAUVEAU et FAIVRE, *Gaz. méd.*, Paris, 1858. — MAGENDIE, *C. R. Ac. sc.*, 1858, XIV, 155 ; — *The Lancet*, I, 638, 666. — *Report of 5th meeting of Brit. Associat.*, 1835, 246.

Mécanisme des valvules sigmoïdes et auriculo-ventriculaires pour empêcher le reflux du sang. — Les *valvules sigmoïdes* se mettent en contact par une grande partie de leur surface convexe. On peut s'en rendre compte sur le cheval en perforant avec la pointe d'un bistouri la paroi de l'artère pulmonaire et en introduisant par le trou un doigt dans le vaisseau.

Le mécanisme des *valvules auriculo-ventriculaires* a donné lieu à de nombreuses discussions. PARCHAPPE a soutenu que les muscles papillaires se contractent énergiquement pendant la systole ventriculaire. Les valvules attirées en bas s'accoleraient aux parois cardiaques en même temps que l'orifice auriculo-ventriculaire se resserrerait à la façon d'un sphincter. — Cette interprétation acceptée par M. SÉE repose sur des idées théoriques préconçues et des déductions anatomiques concernant le rôle des cordages. Contrairement à cette hypothèse CHAUVEAU et FAIVRE ont montré expérimentalement sur le cheval, en introduisant l'index dans le cœur par l'auricule gauche, que les valvules auriculo-ventriculaires se relèvent en dôme dans l'oreillette pendant la systole du ventricule. Si on refoule avec le doigt la valvule et si on pénètre dans le ventricule, on sent que les parois de l'orifice se resserrent très faiblement, juste assez pour permettre l'affrontement marginal des valvules.

Arloing, art. *Cheval, Dict.* Richet. — Ceradini, *Der Mechan. der halbmondformigen Klappen*, Leipzig, 1872. — Chauveau et Faivre, *Gaz. méd. de Paris*, 1858, p. 410. — Marc Sée, *Arch. de Phys.*, 1874, 552. — Serpaggi, thèse Fac. méd., Paris, 1877. — Spring, *Mém. de l'Ac. de Belgique*, 1860, 116. — Haycraft, Paterson. *J. of Phys.*, XIX, m. papillaires.

Procédés permettant l'inscription graphique des vibrations sonores qui constituent les bruits du cœur. — Les vibrations sonores produites par la fermeture des valvules du cœur correspondent normalement à une amplitude très petite. Leur perception directe est accessible seulement à l'ouïe, mais pas à la vue, et leur enregistrement graphique difficile. Cependant quelques auteurs ont réussi à combiner des méthodes automatiques pour matérialiser ces vibrations. On applique sur la région précordiale un *microphone*. On intercale l'appareil dans le circuit d'un élément de Daniell (P) ainsi que la bobine primaire du chariot de du Bois-Raymond (AI). En reliant la bobine secondaire de ce chariot à un *téléphone*, on distingue très nettement le premier et le deuxième

bruit (fig. 22). A l'aide d'un dispositif analogue on peut *inscrire* les bruits du cœur. Il suffit d'interposer sur le circuit du trajet secondaire, à la place du téléphone, un électro-aimant disposé en regard de la membrane d'un tambour explorateur (TE). La membrane de caoutchouc du tambour est doublée extérieurement de métal et oscille sous l'influence des variations de l'aimantation provoquées par les courants d'induction qui prennent naissance dans le circuit secondaire (Hürthle). Ces courants d'induction peuvent aussi mettre en mouvement le

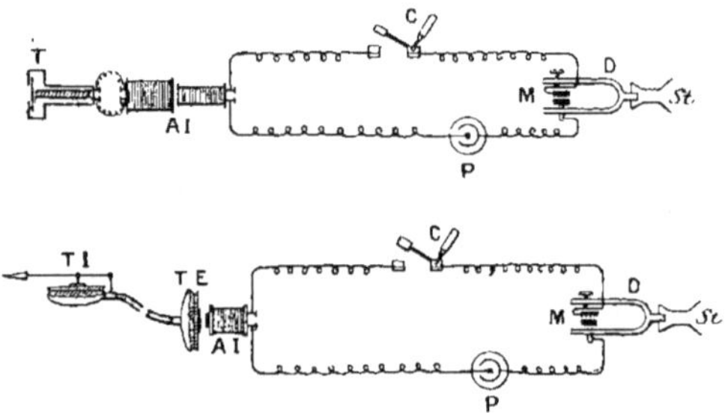

Fig. 22. — *Schéma du dispositif de Hürthle.*

S, stéthoscope destiné à recueillir les vibrations; D, diapason destiné à les transmettre au microphone M ; celui-ci est formé d'un charbon placé en regard d'une pièce en argent dont la surface est dentelée. Ces deux pièces sont montées sur les branches du diapason et traversées par un courant de force électro-motrice constante. Les vibrations du diapason en augmentant ou en diminuant la surface de contact des deux pièces du microphone font varier la résistance du circuit et par suite l'intensité du courant. Les variations de l'intensité agissent sur le téléphone (ou le tambour…).

ménisque mercuriel de l'électromètre capillaire. Les oscillations de ce ménisque sont fixées par la photographie (Einthoven). Enfin si on interpose dans le circuit secondaire le nerf sciatique d'une grenouille, au moment de l'apparition des bruits, les courants induits provoqués excitent le nerf. On peut faire inscrire à la patte la contraction qu'elle éprouve (Hürthle). L'inscription parallèle de la pulsation cardiaque confirme la concordance des deux bruits du cœur avec les phases de la révolution cardiaque indiquée par Chauveau et Marey. Holowinski a employé un appareil qui comprend : un microphone perfectionné appliqué sur la surface du cœur, un téléphone optique excité par le microphone et dont le diaphragme produit les anneaux colorés de Newton, un système optique pour éclairer les anneaux et en réfléchir l'image réelle, inverse et agrandie, par une étroite fente verticale sur un tambour enveloppé d'un papier photographique sensible qui tourne derrière la fente de la chambre photographique.

Einthoven, *Ned. Tyd.*, V, *Geneesk*, 1893, II, 7. — W. Einthoven und M. A. Geluk, *Arch. f. d. ges. Phys.*, LVII, 617, 1894. — Holowinsky, *C. R. Ac. sc.*, 1896, 163. *Arch. de Phys.*, 1896, p. 893. *Zeitsch. f. klin. Med.*, XXIII. — Hürthle, *Congrès de Liège*, 1892. *Deutsch. med. Wochenschrift*, 1893, 4. *Arch. f. d. ges. Phys.*, 1895, 263.

Dédoublements normaux du cœur.

Les deux moitiés du cœur agissent d'une manière synchrone, de telle sorte que les bruits homologues de droite et de gauche se confondent en un seul. Cependant Potain a observé en clinique chez 1/5 environ des sujets sains examinés, le dédoublement normal du premier et du deuxième bruit du cœur. Ces dédoublements sont attribués à l'occlusion prématurée des valvules (sigmoïdes ou auriculo-ventriculaires) du côté gauche et paraissent liés à des variations de la pression du sang sous l'influence de la respiration. — Potain, *Union médicale*, 1866; *Soc. méd. d. hôp.*, 2 juillet 1866.

Bruits de souffle.

En clinique, dans les maladies qui troublent la circulation du sang, on constate parfois des bruits de souffle à l'auscultation du cœur ou des vaisseaux. Le mécanisme de l'apparition de ces bruits a été élucidé principalement par Chauveau. Ce physiologiste a montré l'identité des caractères et du mécanisme des phénomènes acoustiques qu'engendre l'écoulement du sang dans les vaisseaux et celui de l'air dans l'appareil respiratoire. La seule différence importante à signaler, au point de vue des applications à la physiologie normale et pathologique, c'est que la propagation des souffles, provoquée par des veines fluides intérieures le long des tuyaux, est extrêmement limitée s'il s'agit de veines fluides liquides, et très étendue s'il s'agit de veines aériennes. De plus, les veines aériennes se transmettent très bien par des parois molles et par des parois rigides. Inversement les veines liquides se propagent mieux par des parois rigides (à condition que le rétrécissement siège sur la paroi rigide) que par des parois élastiques.

Les premières expériences de Chauveau ont été pratiquées sur l'animal vivant, principalement sur le cheval. Ce physiologiste institua dans la suite des expériences schématiques purement physiques qui permettent de déterminer avec plus de précision les conditions favorables à l'apparition des bruits de souffle. Ces recherches ont été poursuivies dans les conditions les plus variées. Nous nous bornerons à indiquer le dispositif très simple primitivement adopté. Un réservoir de plusieurs litres de capacité est pourvu d'une tubulure inférieure sur laquelle s'ajuste exactement un tuyau en caoutchouc long de 2 mètres. L'extrémité libre de ce tuyau porte un tube métallique à robinet de même diamètre exactement. On remplit d'eau ce récipient. Suivant la hauteur à laquelle on élève ce réservoir, on développe à l'extrémité du tube une pression plus ou moins forte qui détermine l'écoulement plus ou moins rapide du liquide. On peut faire varier le diamètre, la nature et la forme des tubes que l'on ajoute au robinet, ainsi que la nature du liquide qui circule à travers ce système. Pour se rapprocher des conditions de la circulation du sang dans les vaisseaux, on se sert de tubes en caoutchouc à travers lesquels on fait circuler du sang défibriné.

I. Cause essentielle des bruits de souffle. — L'origine des souffles est dans les vibrations des fluides en mouvement. Cette hypothèse émise pour la première fois par CORRIGAN a été vérifiée expérimentalement par CHAUVEAU.

1° A l'état normal le sang circule silencieusement dans les vaisseaux. — Si on ajoute au robinet de l'appareil schématique de CHAUVEAU un tube de caoutchouc de même diamètre il n'y a pas de souffle.

2° Les bruits de souffle ne peuvent pas se produire sans la réalisation d'une condition essentielle : *l'existence d'un changement de calibre du conduit et le passage du liquide d'un endroit rétréci dans un endroit dilaté*. En effet pour qu'il se produise un bruit de souffle il faut intercaler sur le trajet du tube de l'appareil schématique ou du vaisseau une poche anévrysmale artificielle, créer en un mot une dilatation. Pour le prouver on introduit dans l'artère carotide d'un cheval ou le long du tube d'un appareil schématique, sur une certaine longueur, un tube rétréci. On constate à l'auscultation que le bruit de souffle s'entend le mieux immédiatement au-dessus du rétrécissement. Si le tube est suffisamment long, le souffle ne s'entend pas à l'orifice d'entrée du sang. Le bruit s'entend au maximum au-dessus du point de sortie d'où il se propage soit en haut, soit en bas à une certaine distance.

Le rétrécissement des vaisseaux peut aussi s'accompagner d'un bruit de souffle, mais ce n'est point l'entrée du sang de la partie large dans la partie étroite ni le passage de ce fluide à travers la partie rétrécie qui produit le murmure. Celui-ci survient lorsque le sang entre dans la partie du tube vasculaire située immédiatement au delà du rétrécissement. Or cette partie représente *relativement* au rétrécissement qui précède une véritable dilatation. Il s'ensuit que le souffle coïncidant avec un rétrécissement reconnaît encore pour cause essentielle l'entrée du sang dans une partie dilatée du système vasculaire.

3° La production d'un bruit de souffle, quand le sang ou tout autre liquide passe d'une partie rétrécie dans une partie relativement dilatée du système vasculaire, s'explique par la formation à ce point d'une *veine fluide* qui traverse le liquide primitivement contenu dans la dilatation. Or, dans ces conditions, *la veine fluide est composée de particules qui entrent en vibrations*. Ces vibrations se propagent aux parois des vaisseaux ou du cœur et aux organes voisins. Elles provoquent des sensations auditives (souffles) et tactiles (frémissement, thrill).

La question de physique pure a été soulevée et résolue par SAVART. CHAUVEAU a prouvé que les mêmes phénomènes se produisent dans le système clos de la circulation chez l'animal. Voici à titre d'exemple une des expériences de CHAUVEAU :

On sectionne le bulbe à un cheval. On pratique la respiration artificielle pour maintenir l'animal en vie. Le cœur est mis à nu. Un fil est passé autour de l'artère pulmonaire, de façon à pouvoir, à un moment donné, serrer le vaisseau à son origine. Par une petite ouverture pratiquée à l'artère, on entre le doigt dans l'artère. On ne sent pas, dans ces conditions normales, le cours du sang. Par contre, si on exerce une constriction sur l'artère pulmonaire au moyen du fil, le doigt sent nettement les vibrations de la veine fluide qui prend naissance au niveau de l'étranglement. On peut s'assurer que ces vibrations se propagent aux parois de l'artère.

Dans des expériences schématiques variées à l'infini, CHAUVEAU a prouvé qu'il y a un rapport constant entre l'état vibratoire de la veine fluide et l'intensité du souffle. Toutes les fois qu'il y a souffle, on constate une veine fluide vibrante. S'il n'y a pas de vibrations des molécules du liquide, il n'y a pas de souffle. Plus les vibrations sont intenses, plus le souffle est intense.

Nous avons dit que les vibrations des veines fluides donnent des sensations auditives (souffles) et tactiles (thrill). On peut aussi constater ces vibrations à la vue. Une veine fluide vibrante est trouble. Chauveau, en se plaçant dans des conditions particulières, a pu rendre ce trouble évident par la photographie en disposant au-devant de la fente d'un appareil approprié un tube par lequel s'écoulait une colonne d'eau à travers un orifice rétréci (fig. 23).

4° La présence d'une dilatation absolue ou relative est nécessaire pour la production d'une veine fluide et l'apparition du souffle. Elle ne suffit pas cependant. D'autres conditions doivent se trouver réunies :

a. Pour qu'un souffle se produise, il faut que la différence entre le diamètre de la partie dilatée et celui du rétrécissement absolu ou relatif soit assez prononcée. Cependant, il ne faudrait pas croire que plus la différence sera prononcée, plus le bruit engendré aura d'intensité. Lorsque l'entrée de la partie dilatée devient fort petite et ne laisse passer qu'un très mince filet, le souffle, tout en restant net, rude même, perd beaucoup de son intensité et d'autant plus que le filet sanguin est moins volumineux. C'est quand le sang arrive à larges flots dans une large cavité qu'on aura le plus de chance de voir naître un fort bruit de souffle.

Fig. 23. — *Veines fluides formées par une colonne d'eau s'écoulant à travers un orifice rétréci.*

Dans la figure 1, l'eau s'écoule à travers un orifice large. Il ne se produit pas de veine fluide soufflante. Dans la figure 2, l'orifice est suffisamment rétréci pour faire apparaître une veine fluide soufflante. Celle-ci se reconnaît au trouble de la colonne d'eau. Dans la figure 3 l'orifice est très rétréci. La colonne d'eau est non seulement trouble, mais présente un renflement près de sa sortie (d'après une photographie communiquée par Chauveau).

b. Il faut que le sang *pénètre avec une force suffisante* dans la partie dilatée. Chauveau estime que cette force doit au moins être capable de faire équilibre à une colonne de mercure de 5 centimètres environ de hauteur.

c. Si nous faisons abstraction du sang, il faut, pour qu'un souffle se produise, que le liquide circulant soit *mobile* et non visqueux. Dans le cas contraire, la faible mobilité des molécules restreint leur aptitude à vibrer et les rend peu propres à engendrer les veines fluides soufflantes (la glycérine).

II. Conditions qui modifient les caractères des souffles. — Chauveau le premier a envisagé les veines liquides au point de vue de la formation des souffles et des variations de leurs caractères. Nous insisterons sur les causes qui font varier l'intensité des bruits de souffle; toutefois nous signalerons aussi celles qui donnent à ces bruits un caractère musical.

1º *Modifications de l'intensité.* — L'intensité des souffles dépend des caractères de la veine fluide vibrante. Ceux-ci varient principalement suivant deux conditions :

a. La *longueur du trajet des orifices* a une très grande importance. Si le trajet est à peu près aussi long que large, les molécules liquides ont leur maximum de vibrations, la veine est très trouble, le souffle très intense. Si l'orifice est à trajet long, la veine est également trouble et le souffle fort. Si le trajet est court ou percé en mince paroi, les tranches de liquide se détachent en masse sans vibrer.

b. L'intensité des vibrations des veines fluides et, par suite, celle des souffles, dépendent encore de la *vitesse d'écoulement* dans les vaisseaux où se trouvent réunies les conditions matérielles nécessaires à leur formation. *La vitesse d'écoulement dépend elle-même de la différence des pressions* auxquelles est soumis le liquide circulant. Vitesse de l'écoulement, intensité des souffles, ces deux éléments se tiennent étroitement. A cet égard, il convient, ainsi que Chauveau l'a établi, d'éviter une confusion. « La pression d'ensemble est sans influence sur la production des souffles comme sur la vitesse de l'écoulement. Quelle que soit la valeur absolue des pressions sous lesquelles s'effectue l'écoulement, la vitesse mesurée par le débit ne varie pas si la différence des pressions considérée entre deux points de la longueur du tuyau reste la même. » Or, Marey est très porté à admettre, comme Chauveau, qu'il se forme, au point où le souffle s'observe, une veine fluide vibrante, cause immédiate du bruit. Cependant, il ne croit pas que ces vibrations soient dues au changement de calibre des voies circulatoires. Sur ce point, il se sépare de Chauveau. Il admet que la condition première de la production du bruit de souffle, c'est la transition brusque d'une pression sanguine considérable à une pression plus faible. Les autres influences n'agiraient qu'à la condition qu'elles amènent ces changements de tension. L'abaissement de la pression dans les parties du système vasculaire où les souffles se font entendre, constituerait la cause essentielle de ces bruits. Le liquide soumis à une tension faible se trouverait en meilleure condition pour vibrer et produire des souffles. Chauveau considère, contrairement à Marey, que l'existence d'un changement de calibre du vaisseau et le passage du sang d'une partie étroite dans une plus large sont réellement la condition nécessaire à la production du bruit de souffle. Il croit que Marey introduit à tort dans le mécanisme de ces phénomènes un élément tiré de la valeur des pressions absolues auxquelles est soumis le liquide en écoulement, tandis que la seule condition qui intervienne c'est la différence des pressions, c'est-à-dire la hauteur de chute de ces pressions entre deux points donnés. Chauveau a démontré, en effet, qu'en état de tension faible ou forte, liquide ou paroi conservent la même aptitude à produire et à conduire les bruits de souffle. Par cela même, il a écarté les complications introduites par Marey.

Expérience. — « Supposons un écoulement donné à travers un tube présentant un rétrécissement en amont duquel la pression est faible. On entend un souffle produit par le rétrécissement. On élève alors de la même quantité le réservoir et l'orifice d'écoulement. La pression d'ensemble s'élève, mais la pente des pressions reste la même. Le souffle n'est pas modifié. »

Remarque. — D'une part l'intensité des souffles suit dans ses variations la vitesse de l'écoulement, d'autre part la pente de l'écoulement n'est pas proportionnelle à la chute des pressions. Il ne faudrait donc pas croire qu'en doublant, triplant, quadruplant la chute des pressions, on double, triple ou quadruple l'intensité des souffles. L'accroissement de l'intensité des souffles n'est pas proportionnel à l'accroissement de la différence des pressions. Il croît comme la racine carrée de la différence des pressions à l'entrée et à la sortie. Cela veut dire que quand la différence des pressions croît en proportion géométrique, la vitesse de l'écoulement et l'intensité des souffles croissent simplement en proportion arithmétique.

c. Influence de la densité du liquide. — Pour quelques physiologistes la densité du liquide circulant ne serait pas sans influence sur l'intensité des souffles produits. Moins le liquide serait dense plus l'intensité du souffle serait grande et inversement. Que faut-il penser de cette opinion ? Un premier point est certain. L'abaissement de la densité d'un liquide n'est pas en lui-même une cause de souffle (Chauveau). Sans être par lui-même une cause de souffle, l'abaissement de la densité peut-il toutefois constituer une condition favorable à la production de l'état vibratoire des veines fluides et par suite d'un souffle ? Potain a démontré par des expériences schématiques que le sang est d'autant plus apte à produire des bruits vasculaires qu'il contient moins de globules. L'influence de la densité du liquide serait réelle, mais Chauveau la considère comme très secondaire. Elle ne saurait, d'après cet auteur, être prise sérieusement en considération dans l'étude des souffles pathologiques. Dans tous les cas la diminution de densité d'un liquide ne peut favoriser la formation d'un souffle qu'en modifiant la mobilité moléculaire du liquide circulant. En elle-même la densité n'est pas un obstacle à la vibration des veines fluides. Les veines fluides formées par tous les liquides mobiles quelle que soit leur densité jouissent à un haut degré de la propriété soufflante. Le mercure, le plus dense de tous les liquides, et même les métaux en fusion (si à cet état ils ne sont pas pâteux) donnent lieu à des souffles, lorsqu'ils passent d'une partie rétrécie dans une partie dilatée avec une certaine vitesse. Seuls les liquides dont la mobilité moléculaire est très faible, p. e. la glycérine, ne donnent pas lieu à des souffles (Chauveau).

Ces considérations ont une grande importance, car on a voulu, en clinique, expliquer les souffles de l'*anémie* par un appauvrissement du sang devenu moins dense et partant plus mobile. On a cru que par cela seul le sang chez les anémiques acquiert l'aptitude à engendrer des souffles ; or dans l'anémie l'appauvrissement du sang ne saurait constituer qu'une condition favorable à l'apparition des souffles. La condition nécessaire est le passage du sang d'une partie rétrécie dans une partie dilatée. L'application du stéthoscope sur une veine ou une artère peut suffire à réaliser cette condition.

2º *Souffles musicaux.* — En pathologie les souffles sont souvent musicaux. Cette qualité résulte presque toujours des vibrations que les veines sanguines communiquent aux membranes de l'appareil vasculaire, valvules.... (Chauveau).

III. Propagation des souffles. — Les veines fluides liquides vibrantes communiquent leurs vibrations sonores au fluide ambiant contenu dans le tuyau, et du fluide ambiant, elles passent aux parois du tuyau. La constatation de ce fait est facile dans des expériences schématiques ; en auscultant le conduit au voisinage d'une veine fluide vibrante on entend très bien un souffle. Au toucher, on sent un frémissement. Sur le vivant il en est de même. Si par exemple on pratique sur le cheval une petite plaie à l'artère carotide, un mince filet de sang s'échappe avec force par cette ouverture. On entend un bruit de souffle continu sur les parois de l'artère et on y sent un frémissement. Ces deux sensations s'affaiblissent au fur et à mesure qu'on s'écarte des bords de la plaie. Des parois artérielles, les vibrations se propagent aux parties solides voisines. Les souffles se propagent aussi le long des conduits à travers lesquels circule le liquide. En ce qui concerne la circulation sanguine cette propagation est très limitée, les parois artérielles conduisant mal le son. Sur le trajet des vaisseaux les souffles se propagent en amont et en aval du point où ils prennent naissance, mais toujours à une plus grande distance et mieux dans la direction du cours du sang. Les souffles se propagent d'autant plus loin qu'ils sont plus intenses.

IV. Rôle des frottements du sang contre les vaisseaux. — Quelques médecins avaient cru pouvoir attribuer l'origine des bruits de souffle au frottement du sang contre les parois des vaisseaux ou du cœur (LAËNNEC, MARTIN-SOLON, GENDRIN). CHAUVEAU a constaté dans des expériences schématiques que, sans doute, le frottement du liquide contre les parois des tuyaux peut être sonore, mais dans des conditions de vitesse qui n'interviennent jamais en physiologie. Les aspérités qui rendent rugueuse la face interne des vaisseaux sans modifier le calibre de ces conduits ne provoquent pas l'apparition d'un souffle. Ainsi si on brise, avec un fil enroulé autour d'un vaisseau, les tuniques internes de ce conduit, il ne se produit pas de souffle. Il en est de même si on remplace une artère sur une certaine longueur par un tube métallique, de même calibre, dont la surface intérieure est dépolie. (CHAUVEAU.)

V. Classification des bruits de souffle. — Les bruits de souffle peuvent être divisés suivant :

1° Leur siège ;

2° Leurs rapports avec les actes d'une révolution cardiaque ;

3° La nature des lésions qui les produisent.

A ce point de vue, on distingue généralement les souffles en *organiques* et *inorganiques*. On veut dire par là que les lésions qui produisent les premiers sont permanentes et se retrouvent à l'autopsie. Il n'en est pas ainsi pour les seconds. A un certain point de vue on peut évidemment soutenir que les uns et les autres sont organiques, en ce sens que tous supposent une modification réelle du calibre des vaisseaux ou des orifices du cœur, que cette modification soit liée à une lésion permanente du domaine de l'anatomie pathologique ou à un trouble fonctionnel transitoire. Il n'y aurait pas de souffle sans cela.

VI. Souffles cardiaques. — Chez un sujet normal le cœur ne présente pas les conditions nécessaires à la production d'un bruit de souffle. — En effet le passage du sang d'une partie rétrécie dans une partie dilatée est une condition *sine qua non* du phénomène. Or d'une part au moment de la systole des oreillettes les orifices auriculo-ventriculaires sont très largement ouverts, d'autre part la contraction des ventricules chasse le sang non pas d'une partie rétrécie dans une partie dilatée du système circulatoire, mais inversement d'une partie dilatée dans une partie rétrécie. Cette dernière condition ne provoque pas la formation d'une veine fluide vibrante.

Les conditions qui provoquent l'apparition des souffles dans le cœur sont au nombre de deux : les *lésions anatomo-pathologiques des valvules et des orifices* et les *modifications fonctionnelles de ces orifices*.

a. Le plus généralement c'est aux lésions anatomo-pathologiques des valvules que se rattachent dans le cœur l'existence des bruits de souffle (*bruits de souffles cardiaques organiques*). Ceux-ci se produisent quand les altérations siégeant aux orifices du cœur créent aux actes principaux de la révolution cardiaque des détroits au delà desquels le sang se précipite dans une dilatation. Des souffles systoliques se produisent dans le cas où par suite d'altérations pathologiques les orifices auriculo-ventriculaires laissent persister une étroite communication entre les oreillettes et les ventricules (souffles systoliques tricuspidien ou mitral); dans le cas où l'entrée de l'aorte ou de l'artère pulmonaire est rétrécie (souffles systoliques aortique ou pulmonaire). Pendant la diastole des ventricules on peut aussi entendre des souffles : dans le cas de rétrécissement des orifices auriculo-ventriculaires (roulement présytolique du rétrécissement mitral), dans le cas où les valvules aortiques ou pulmonaires sont insuffisantes (souffle diastolique de l'insuffisance aortique). Les souffles systoliques sont généralement plus forts que les souffles diastoliques. Ce fait s'explique par l'énergie plus grande de la contraction des ventricules.

L'instant où se produit un souffle cardiaque, son siège, les caractères tirés de son timbre et de son intensité sont utilisés pour donner une connaissance précise de sa cause. C'est la pulsation cardiaque qui est le repère le plus précieux pour l'auscultation.

b. Des souffles peuvent se produire dans le cœur en l'absence de lésions anatomo-pathologiques des orifices et des valvules, dans le cas de simples troubles fonctionnels de ces orifices (*souffles inorganiques du cœur*). Ces souffles s'observeraient plus spécialement chez les anémiques. Toutefois pour Potain il s'agirait le plus généralement de souffles extracardiaques. (Consulter *Circulation veineuse. Mouvements cardio-pneumatiques.*) Il est probable cependant que tous les souffles anémiques ne reconnaissent pas pour cause des bruits extracardiaques. Dans tous les cas Chauveau a prouvé que sous l'influence de l'anémie vraie par suite de la diminution de la masse du sang il se produit dans le cœur sain (au point de vue anatomo-pathologique) les conditions matérielles nécessaires à la formation d'une veine fluide vibrante et par conséquent d'un souffle. Chez les animaux morts d'hémorragie ou chez lesquels on a diminué la masse sanguine, le cœur et les petites artères se rétractent plus que les gros vaisseaux. De plus, au moment de la systole les valvules sigmoïdes ne se relèvent pas complètement. Ces déformations peuvent entraîner la forme triangulaire des orifices artériels et créer la condition essentielle à l'apparition d'un bruit de souffle, c'est-à-dire le passage du sang d'une partie rétrécie dans une partie dilatée.

Souffles. — ARLOING, art. *Cheval*. Pathogénie des souffles. *Dict.* RICHET (bibl.). — BETTELHEIM, Ents. des 2ten Tones in der Carotis. *Zeitsch. f. kl. Med.*, 504, 1884. — CHAUVEAU, *Soc. de méd. de Lyon*, 1858. *Gaz. méd.* de Paris, 1858, p. 247, 261, 273, 312, 340, 355, 482, 581, 592, 616. *Gaz. méd.* de Lyon, 1858, p. 297. *Cours fait au Muséum*, 1895. *C. R. Ac. sc.*, 1858, p. 841, 933 ; 1894, p. 20, 124, 309. — COLRAT et TOUSSAINT, *Congrès de Lille*, 1874. — COLRAT, in thèse *Fohanno*, Fac. méd. Lyon, Du double souffle intermittent crural et de la circ. chez les vieillards, 1892. — FR. FRANCK, *Arch. de Phys.*, 1889 (souffles artériels et double souffle crural). — MAREY, *Journal de l'Anat.*, 1859, p. 441. *Circ. du sang*, 1881, p. 647, 660. *Physiol. médic. de la circ.*, 1863, p. 466. Paris, Delahaye. — MEINEYER, *Deutsch. Arch. f. klin. Med.*, 1870. — PLATEAU, *Mém. Ac. Belgique*, 1843, 1863 (veines fluides). Stat. des liquides soumis aux seules forces moléculaires. Gand et Paris, 1873. — POTAIN, Des mouvements et des bruits qui se passent dans les veines jugulaires. *Soc. méd. des hôpitaux*, 24 mai 1867. — SAVART, *Ann. de chimie et de phys.*, LIII, 337, 1833. — TALMA, *Deutsch. Arch. . klin. Med.*, 1875. — THAMM, *Königsberg*, 1868. — A. TH. WEBER, *Arch. f. phys. Heilk.*, 1855. — WEIL, Leipzig, 1875.

CHAPITRE II

PHÉNOMÈNES PHYSIOLOGIQUES DE LA CIRCULATION CARDIAQUE.

Les phénomènes physiologiques de la circulation cardiaque ressortissent :

1° A la contraction cardiaque avec ses caractères particuliers ;

2° A l'influence du système nerveux sur les fibres musculaires du cœur.

A. — CARACTÈRES DE LA CONTRACTION CARDIAQUE.

Le cœur est un muscle qui présente, soit dans sa forme et sa structure, soit dans son fonctionnement, un certain nombre de particularités remarquables qui méritent une mention spéciale.

I. — Caractères anatomiques.

Structure du cœur. — Le cœur est formé de *fibres musculaires striées*. Par là, il se rapproche des muscles du squelette. Il se distingue néanmoins de ceux-ci par trois particularités :

a. Les fibres cardiaques ne sont point allongées et parallèles. Leur ensemble forme un *réseau* dont les mailles très serrées s'enchevêtrent les unes dans les autres.

b. Les fibres du myocarde ne sont point formées d'une substance continue, mais *composées de segments aboutés les uns aux autres*. A ce point de vue, elles sont analogues aux cellules des muscles lisses.

c. Chacune de ces fibres striées est pourvue d'un *noyau central*. Ce caractère, comme le précédent, rapproche le cœur des autres organes musculaires de la vie organique.

Remarque concernant les rapports de l'état strié ou lisse des muscles avec la nature volontaire ou involontaire de la contraction. — L'état strié ou lisse de la substance contractile est sans rapport avec la nature volontaire ou involontaire de la contraction, mais seulement avec la rapidité ou la lenteur plus ou moins grande de celle-ci. De même que le cœur, muscle strié, est indépendant de la volonté, de même il existe aussi des muscles striés involontaires (particulièrement chez les invertébrés). La distinction entre les mouvements volontaires ou involontaires s'établit dans le système nerveux et non dans les muscles.

Forme du cœur. — La forme du cœur est caractéristique. Cet organe est le type de tous ces **muscles cavitaires** viscéraux ou de la vie organique participant aux fonctions dites de nutrition. Cette disposition anatomique est en rapport avec la nature du travail que le cœur doit effectuer. Au lieu de tirer sur un poids pour le déplacer par l'intermédiaire d'un tendon, disposé à la manière d'une corde, le cœur lutte contre une pression hydrostatique.

II. — *Caractères fonctionnels.*

Nous envisagerons successivement les conditions expérimentales dans lesquelles les recherches ont été poursuivies et les résultats de cette étude.

1° **Conditions expérimentales**. — L'étude des propriétés du muscle cardiaque a été faite surtout sur la pointe excisée du cœur de la grenouille. On désigne conventionnellement en physiologie sous le nom de *pointe du cœur*, les deux tiers inférieurs du ventricule du cœur de la grenouille. Cette région du ventricule contient des terminaisons nerveuses, comme tout muscle excisé, mais point de ganglions, point de cellules ganglionnaires ; ce qui en fait un réactif assez précieux pour l'étude des propriétés du muscle cardiaque considéré indépendamment de ses centres ganglionnaires intrinsèques. Il ne serait pas exact, cependant, d'attribuer sans réserves toutes les particularités fonctionnelles de la pointe du cœur au muscle cardiaque. Il ne faut pas perdre de vue que la seule fonction bien démontrée de la cellule nerveuse est son rôle trophique à l'égard du neurone dont elle fait partie. *Les régions du système nerveux où l'excitation est modifiée, celles qui jouent le rôle de centres, sont bien plutôt les surfaces de contact des neurones que la masse renflée du protoplasma cellulaire* (MORAT). Il n'est peut-être pas téméraire de penser, en conformité avec cette manière de voir, que la seule présence d'un réseau de fibrilles nerveuses, même en l'absence de toute cellule, peut compliquer dans une certaine mesure les effets de l'excitation de la pointe du cœur et leur enlever le caractère d'un phénomène purement musculaire.

Pour étudier la contractilité de la pointe du cœur, deux méthodes ont été surtout usitées : l'inscription du raccourcissement ou du gonflement du muscle cardiaque et la méthode manométrique.

a. **Inscription du raccourcissement et du gonflement de la pointe du cœur**. — Un muscle qui se contracte ne change pas de densité.

Il ne fait que changer de forme. Il se raccourcit, mais il gagne en largeur ce qu'il perd en longueur. Il est donc indifférent de mesurer le raccourcissement ou le gonflement d'un muscle.

Le *raccourcissement* de la pointe du cœur peut être inscrit en reliant le muscle au moyen d'un crochet très fin à un levier inscripteur (Gaskell, Langendorff, Engelmann).

Généralement on enregistre le **gonflement** de l'organe. Marey a imaginé à cet effet une pince à cuillerons métalliques entre lesquels on introduit le cœur soit détaché de l'animal, soit tenant encore à lui par son pédicule. Les deux leviers s'écartent dans le sens horizontal. La résistance à vaincre est un ressort faible ou un poids attaché à un fil réfléchi sur une poulie. Des fils isolants réunissent les cuillerons à des bornes

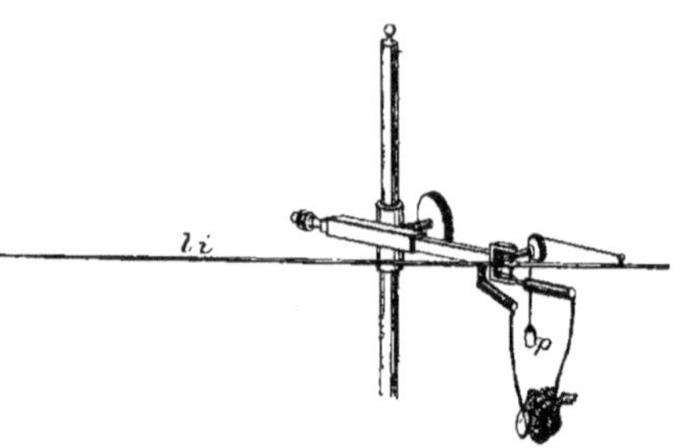

Fig. 24. — *Pince myographique de Marey.*

li, levier inscripteur ; *p*, poids destiné à ramener le cuilleron mobile à chaque diastole.

qui peuvent recevoir les courants électriques pour l'excitation du cœur (fig. 24 et 29). La construction d'un myographe du cœur est du reste des plus simples. Le cœur est disposé sur une planchette de liège. Au-dessus est placé un levier horizontal formé d'une longue paille. Ce levier oscille autour d'un axe qui peut être une simple épingle traversant une chape en bois mince ou en liège.

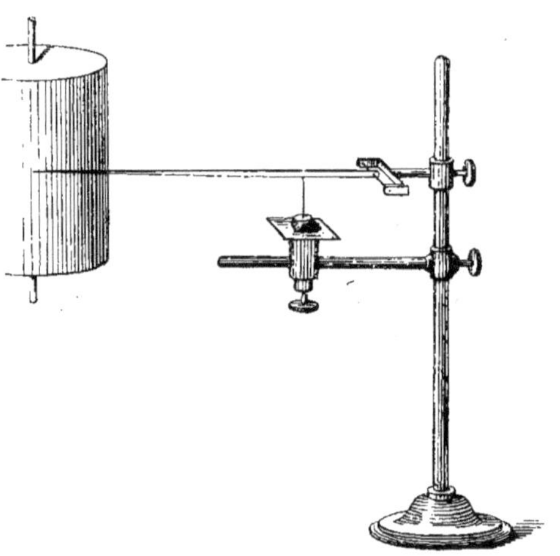

Fig. 25. — *Myographe simple du cœur* (d'après Marey).

Très près de la charnière on pique une autre épingle à travers la paille. Cette épingle repose sur le cœur par l'intermédiaire d'une légère plaque de moelle de sureau. On équilibre convenablement le levier (fig. 25).

b. La **méthode manométrique** consiste à faire porter l'effort du cœur sur un liquide qui le remplit et à enregistrer les oscillations de ce liquide refoulé dans un manomètre. On peut de la sorte mesurer l'effort total du cœur. Ludwig a été l'initiateur de cette méthode ; employée pour la première fois, en ce qui concerne le cœur, par Cyon, elle a été perfectionnée par Kronecker. Ce physiologiste imagina un dispositif permettant de faire passer à travers le ventricule (ou le cœur entier), sans interrompre l'expérience, des liquides de compositions variées (fig. 26, p. 73).

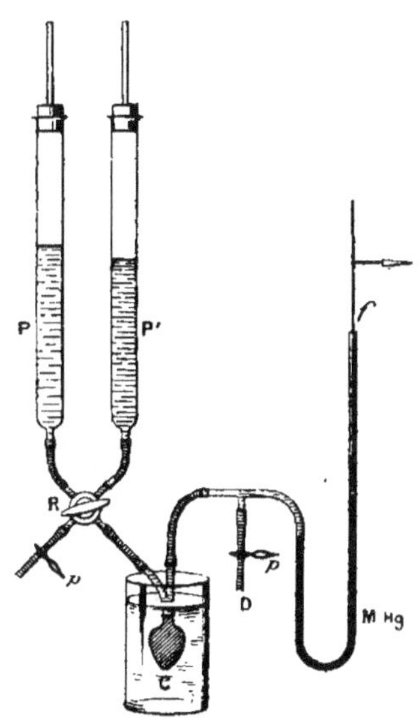

Fig. 26. —. *Schéma de l'appareil de Kronecker.*

P. P', réservoirs contenant les liquides destinés à l'irrigation du cœur ; R, robinet à trois voies ; M Hg, manomètre inscripteur muni du flotteur *f* ; D, tube de décharge ; *p*, pince à pression. Le cœur C est lié sur une canule à double trajet et suspendu dans une atmosphère humide ou dans du sérum dont on peut faire varier la température par l'intermédiaire d'un second réservoir. Des électrodes peuvent être reliés à la canule.

Méthode d'investigation pour étudier les propriétés du muscle cardiaque. — Mesure du raccourcissement de la pointe : Engelmann, *Arch. f. d. ges. Phys.*, 1892, 1894. — *Arch. neerland.*, 1893, 1894, 1895. — Gaskell, *Philos. Transactions*, 1882. — Langendorff, *Arch. f. Anat. u. Phys.*, 1884. *Arch. f. d ges. Phys.*, 1895, LXI, 299 ; 1897, 355. LXVI.

Mesure de l'épaississement du myocarde : Marey, *Circ. du sang*, 1881, 23. — René, *Biologie*, 1887, 177 ; — *Arch. de Phys.*, 1890.

Méthode manométrique : Bowditch, *Ber. der Sächs. Gesell.*, 1873. — Coats, *Ber. der Sächs. Gesell.*, 1869. — Cyon, *Ber. der Sächs. Gesell.*, 1866, 256. — Kronecker et Stirling, *Beiträge zur Anat. u. Phys. als Festgabe C. Ludwig gewidmet*, 1875, 173. — Kronecker. *Vorrichtungen welche im Phys. Institut zu Bern bewährt sind*, 1889. — Luciani, *Ber. der Sächs. Gesell.*, 1873. — Santesson, *Centralbl. f. Phys.*, 1897, 265. — Tigerstedt, *Lehrbuch. d. Kreisl.*, 1893, p. 155. — William, in *Langendorff : Methodik.* — H. White, *Zeitsch. f. Biol.*, XXX, 1897.

2° Propriétés du muscle cardiaque. — Les propriétés du muscle cardiaque sont au fond celles que l'on reconnaît partout au tissu musculaire, mais avec des particularités qui donnent à la contraction cardiaque une physionomie assez spéciale.

a. Une excitation brève et unique d'un muscle strié de la vie de relation provoque, si elle est suffisante, un mouvement brusque de cet organe. La contraction ainsi obtenue est désignée sous le nom de *secousse.* La contraction de la pointe du cœur étudiée graphiquement suivant le procédé que nous avons décrit, montre l'analogie la plus grande avec une secousse élémentaire. Il y a cependant quelques différences. ***La secousse de la pointe du cœur est plus*** *longue* que celle d'un muscle strié ordinaire (1). **Son temps perdu est également plus long ; de plus, la grandeur de la contraction est indépendante de l'intensité de l'excitation.** Autrement dit, l'excitation est ou inefficace ou bien suffisante, et alors la réaction du muscle cardiaque est la plus grande qu'il puisse donner. **La contraction du cœur est maxima**, pourvu qu'une excitation soit suffisante pour produire une pulsation, quelle que soit la force du courant. L'amplitude de la courbe n'augmente pas par une augmentation de l'intensité de l'excitation. Le phénomène peut se caractériser par la formule suivante donnée par RANVIER : « **Tout ou rien** ».

b. L'excitation prolongée ou répétée d'un muscle strié provoque le tétanos de cet organe. Or *la pointe du cœur résiste à la tétanisation*. C'est là un caractère différentiel important qui sépare la contractilité du myocarde de celle des autres muscles. Pour le mettre en évidence, il suffit de comparer l'influence des excitants, généralement usités en physiologie sur les muscles du squelette et sur le muscle cardiaque.

Action de l'électricité. — L'excitant électrique est le plus généralement en usage dans les laboratoires. Il s'emploie surtout sous la forme de courants induits et de courants continus.

Si la pointe du cœur séparée de l'animal reçoit une **excitation induite** simple, elle donne une contraction simple ou secousse (soit à l'ouverture, soit à la fermeture, si le courant est fort ; à l'ouverture seulement, si on affaiblit suffisamment le courant inducteur, car à intensité égale des courants inducteurs, la décharge d'ouverture a un effet excitant prédominant). Si on soumet la pointe à des excitations répétées, elle donne une série de secousses, mais pour peu que ces excitations soient rapprochées les unes des autres, le nombre des secousses n'égale plus celui des excitations. Les systoles restent distinctes.

Si au lieu des courants induits on soumet la pointe du cœur à l'action du **courant continu** on trouve encore qu'elle ne se comporte pas tout à fait comme un muscle ordinaire. Comme ce dernier, elle donnera une secousse à la fermeture du courant, une secousse à la rupture tant que l'intensité ne dépasse pas une certaine limite à partir de laquelle les effets diffèrent. Toutefois, sous l'action d'un courant un peu intense, un muscle du squelette se tétanise, solidarise, fusionne les secousses ; par contre, la pointe du cœur donne une succession de secousses ou contractions rythmées. Elle dissocie les secousses.

_____

(1) Consulter ROLLETT, *Hermann's Handb.*, IV, 350.

Excitations mécaniques. — En général, les excitations isolées ne provoquent qu'une seule contraction de la pointe. Parfois cependant elles entraînent à leur suite une longue série de pulsations. Un excitant mécanique, plus particulièrement adapté à la forme du muscle cardiaque, c'est la **pression excentrique sur la paroi interne** de cet organe. Une élévation de pression, si elle est prolongée quelques instants, provoque non pas le tétanos du cœur, mais une série de secousses.

Expérience. — Une forte constriction est faite à l'union du tiers supérieur avec les deux tiers inférieurs du ventricule pour détruire la continuité physiologique entre la pointe (purement musculaire) et la base (munie de ses ganglions). Dans ces conditions, la pointe du cœur ne bat pas. Si on augmente la pression du sang, la pointe se met à battre d'un rythme particulier indépendant de celui du reste de l'organe. Si on n'établit pas de pression, bien que l'activité nutritive soit entretenue, la pointe ne bat pas (Bernstein, Foster, Gaskell, Aubert, Ludwig et Luchsinger.)

A Dastre on doit d'avoir démontré que la pression agit seulement en tant qu'*agent de distension* sur la pointe du cœur.

Expérience. — On fait pénétrer une canule dans le ventricule du cœur d'une grenouille. La canule est liée sur le ventricule de façon à ne faire communiquer que cette cavité seule avec un manomètre. On fait plonger le cœur dans un vase plein d'huile. Si on fait agir la pression sur l'huile qui presse les parois extérieures du cœur la pointe ne reprend pas ses battements. Pour que la pression ait son effet excitant, il faut qu'elle distende le cœur excentriquement.

Influence de la chaleur envisagée comme excitant. — Si on chauffe un cœur de grenouille isolé on accélère ses battements, ou même on les fait naître quand l'organe est au repos (fig. 27). De prime abord, il paraît naturel d'en conclure que la chaleur agit sur lui comme un excitant. Tous les physiologistes, néanmoins, n'admettent pas que la température puisse (si elle est suffisamment élevée) constituer par elle-même un excitant. Beaucoup supposent que l'action de celle-ci est limitée à une augmentation de l'excitabilité du muscle cardiaque. La chaleur n'exciterait pas à proprement parler la fibre musculaire. Elle la rendrait seulement très sensible aux plus légères excitations. Cette hypothèse nous paraît trop exclusive. Les faits sont en faveur d'un double rôle

Fig. 27. — *Effets de la chaleur* (C) *et du froid* (F) *sur le rythme d'un cœur de grenouille* (d'après Marey).

de la tempéarture. Nous convenons néanmoins qu'il est généralement difficile de faire la part qui revient, soit à une modification de l'excitabilité, soit à une action excitante proprement dite ; mais cette difficulté même motive notre réserve.

Excitations chimiques. — Les excitants chimiques du muscle appliqués ou à la surface externe de la pointe du cœur avec un pinceau ou à la surface interne de l'organe au moyen d'une circulation artificielle, provoquent en lui des mouvements rythmés. On n'obtient pas de tétanos comme s'il s'agissait d'un muscle ordinaire du squelette. Langendorff a constaté les effets sur le cœur des acides ou des alcalis caustiques dilués, des vapeurs d'ammoniaque, du nitrate d'argent, du chlorure de sodium, de la bile, de l'acide lactique, de l'alcool, de la créosote, etc. Un grand nombre d'alcaloïdes agissent de même. Il faut faire ici la même remarque que pour la chaleur. L'action excitante de tels agents est parfaitement admissible en principe, mais elle se complique, surtout en ce qui concerne les alcaloïdes, d'un effet parallèle difficilement isolable sur ces conditions multiples de l'activité des organes et des appareils que nous synthétisons sous le nom empirique d'excitabilité.

Inexcitabilité périodique du cœur. — La résistance du cœur à la tétanisation s'explique en admettant que cet organe présente pendant sa contraction même une phase au cours de laquelle il est inexcitable. Si des courants induits successifs trop rapprochés les uns des autres lui sont adressés, il arrivera forcément que quelques-uns de ces courants l'atteindront pendant sa phase d'inexcitabilité ; ils seront de ce fait pour lui comme s'ils n'existaient pas ; le cœur les récuse en quelque sorte comme excitant. Il suit de là que malgré la succession très rapide de ces courants, l'excitation présentera des lacunes et les contractions resteront distantes les unes des autres. Supposons maintenant que le cœur soit traversé par un courant continu sans coupures d'aucune sorte de la part de l'appareil électrique. L'existence d'une phase d'inexcitabilité qui accompagne nécessairement chaque contraction réalisera elle-même ces coupures en rendant le cœur tantôt réfractaire et tantôt accessible à l'excitation. Au début du courant une systole se produit ; cette systole rend le cœur inexcitable ; la contraction cesse ; le repos le rend de nouveau excitable ; la contraction reprend et ainsi de suite. L'état variable d'où naît l'excitation est alors réalisé par l'organe excité lui-même et, contrairement aux apparences, la loi la plus générale de l'excitation n'est pas violée. Mais il en résulte ce fait paradoxal au premier abord, que tandis que dans le muscle ordinaire les excitants discontinus, suffisamment rapprochés, font naître une contraction continue, dans le muscle cardiaque un excitant continu donne lieu à une contraction discontinue.

BOWDITCH, le premier, constata que si sur un cœur en place et qui bat normalement, on porte une excitation isolée (décharge d'induction) le cœur tantôt y répond par une systole nouvelle anticipée ; tantôt, au contraire, il n'y répond pas. MAREY sut reconnaître les conditions dans lesquelles les excitations provoquent ou ne provoquent pas de mouvement. Il fit rentrer les faits observés par BOWDITCH dans la loi de l'inex-

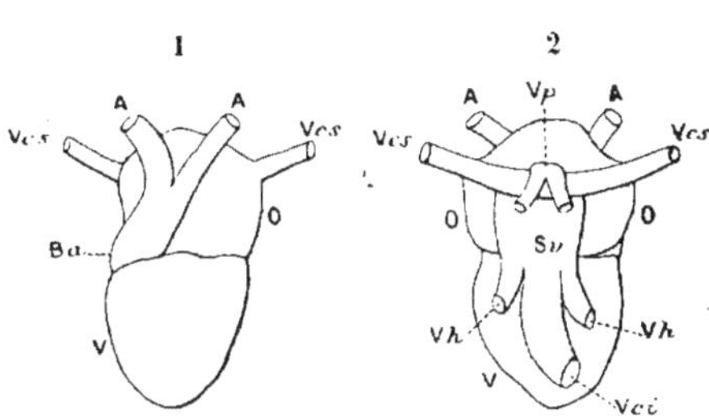

Fig. 28. — *Cœur de grenouille.*

1, face antérieure ; 2, face postérieure ; O, oreillette ; V, ventricule ; A, aorte ; B*a*, bulbe aortique ; S*v*, sinus veineux ; V*c. i*, veine cave inférieure ; V*e. s*, veine cave supérieure ; V*p*, veines pulmonaires ; V*h*, veines hépatiques.

citabilité périodique. Si l'excitation survient pendant la première moitié de la systole elle sera **inefficace**. Si elle survient pendant la seconde moitié de la systole ou pendant le repos de l'organe, elle sera **efficace**. En d'autres termes *le cœur présente des phases d'excitabilité ou d'inexcitabilité régulièrement alternantes comme ses contractions et ses repos.*

Les expériences de MAREY ont été faites sur le cœur entier de la grenouille :

Expérience. — Le cœur est placé entre les mors d'une pince cardiographique.

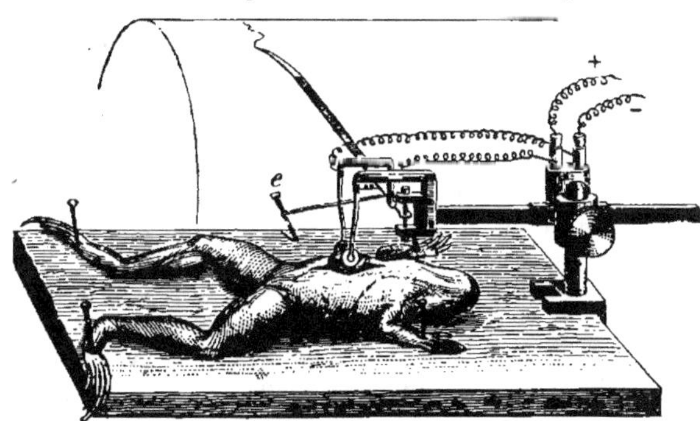

Fig. 29. — *Pince myographique de Marey.*

e, épingle à laquelle est fixée un petit fil de caoutchouc destiné à rappeler le cuilleron mobile de la pince myographique à chaque diastole du cœur.

On dispose d'avance et de la manière convenable des fils métalliques pour exciter l'organe (courant induit de rupture), et un signal électrique pour indiquer le moment exact du début de l'excitation et sa durée ; de plus on enregistre les battements du cœur. Aux phases successives de la révolution cardiaque on lance une excitation. On constate que le cœur ne répond pas à l'excitant électrique quand il est au début de sa phase systolique. Cette phase franchie, le cœur répond d'autant plus vite qu'il est excité dans une phase plus avancée de la diastole.

Un courant d'une intensité donnée sera donc, tantôt efficace, tantôt inefficace suivant la phase de la révolution cardiaque sur laquelle il tombe. — Mais si on augmente cette intensité on augmente en même temps l'efficacité du courant. Pour des courants de plus en plus forts on constate en effet que la période réfractaire se raccourcit de plus en plus. En combinant l'intensité et la fréquence des excitations on rapprochera donc de plus en plus les contractions du cœur ; il y aura tendance au tétanos. Mais il reste vrai qu'autant il est facile de tétaniser un muscle ordinaire, autant il est difficile de tétaniser le cœur.

Dastre *a établi que l'inexcitabilité périodique est une fonction du muscle.* En effet, la loi de Marey se vérifie sur la pointe du cœur (fig. 30). La variation périodique de l'excitabilité du cœur doit donc être considérée comme appartenant en propre au tissu musculaire. Cette propriété est inhérente à la constitution et à la structure anatomique du muscle cardiaque. Il ne faut pas l'attribuer au système nerveux. Telle est du moins l'interprétation à laquelle on est conduit par la logique des faits connus.

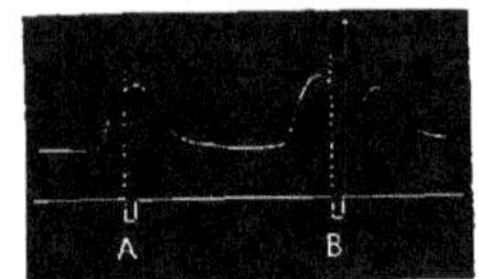

Fig. 30. — *Inexcitabilité de la pointe du cœur pendant la systole.*

Les battements de la pointe sont entretenus en rythme régulier par un courant d'induction à interruptions fréquentes. En A une décharge arrive vers la fin de la période systolique : pas d'effet. En B la même décharge arrive quelque temps après le début de la phase diastolique et provoque une contraction intercalaire (d'après Dastre).

La loi de l'inexcitabilité périodique du cœur a été vérifiée sur les *mammifères*. En raison de la brièveté de la période réfractaire, il faut ralentir les mouvements du cœur, soit par l'emploi des poisons (pilocarpine, chloral), soit par le refroidissement de l'animal, soit par l'excitation du vague (Gley).

Discussion concernant la valeur relative des caractères fonctionnels particuliers de la fibre cardiaque. — Les différences signalées entre la contraction du myocarde et celle des muscles du squelette ne sont que relatives :

1º La *durée de la secousse* ne constitue pas un caractère différentiel important, car elle varie sous l'influence d'un grand nombre de conditions (température, fatigue, etc.), dans le même sens que celle de tout autre muscle.

2º Le fait que la systole du muscle cardiaque est *maximale*, quelle que soit l'intensité de l'excitation, constitue une particularité plus remarquable. Toutefois le phénomène ne s'observe pas dans toutes les conditions. Bowditch a constaté que des excitations électriques, régulièrement espacées, mais d'une intensité constante, provoquent au début de l'expérience des contractions de plus en plus fortes du cœur (*phénomène de l'escalier*). Dastre et Morat ont décrit un fait analogue de sommation ou d'emmagasinement des excitations qui rapproche la contraction du cœur de celle des muscles du squelette. On sait que le courant induit d'ouverture est plus excitant que le courant de fermeture. Dastre et Morat ont montré que si on choisit une intensité du courant un peu inférieure à celle qui est strictement nécessaire pour que la décharge de fermeture elle-même provoque la contraction, on voit la pointe du cœur se contracter au début seulement, au moment de la décharge d'ouverture, puis au bout d'un certain temps également à sa fermeture, et cela sans changer l'intensité du courant. Les choses se passent comme si les premières excitations avaient pour effet d'exagérer l'excitabilité du muscle.

3° La *résistance du myocarde à la tétanisation* ne constitue pas non plus un caractère différentiel absolu. Pour tétaniser le cœur il suffit d'exciter cet organe par des courants induits d'une grande intensité et suffisamment fréquents. Il vient un moment où l'excitation est suffisante pour être toujours efficace (*infaillible*, suivant l'expression de Bowditch). Si les systoles sont suffisamment rapprochées, elles peuvent se fusionner et aboutir à un tétanos vrai. La chaleur en diminuant la durée de la phase réfractaire favorise ce phénomène. Le tétanos du myocarde peut être obtenu non seulement par excitation directe du muscle, mais aussi par l'intermédiaire du système nerveux (voyez p. 100). Selon Reid Hunt, A. Bookmann, M. J. Tierney, le cœur du *Homarus americanus* occuperait une place moyenne entre les muscles du squelette et le cœur des vertébrés. Chez cet animal, le myocarde serait facile à tétaniser. Il serait excitable à tous les stades de la contraction. Chacune de celles-ci ne serait pas maximale. Toutefois l'organe posséderait comme le myocarde ordinaire la propriété de réagir rythmiquement (*Centralbl. f. Phys.*, 1897, 274).

BIBLIOGRAPHIE.

Action de l'excitant électrique. — Bandler, *Arch. f. exp. Pathol. u. Pharmak.*, XXXIV. — Biedermann, *Sitz. Ber. d. Kais. Akad. der Wiss.*, 1884. — *Electrophys.*, Iéna, 1895, I, 219 (Helix pomatia). — Cushny, *Journal of Phys.*, 1897 (cœur des mammifères). — Dastre et Morat, *Biologie*, 1877, 479; *C. R. Ac. sc.*, 1879, LXXXIX, 177, 370; *Revue internat. des sciences* de Lanessan, 10 janvier 1878. — Eckard, *Beiträge zur Anat. u. Phys.*, I, p. 145. — Ehrmann, *Wiener med. Jahrb.*, 1883, Heft 1, 141. — Fonrobert, *Diss. Rostock.*, 1895. — Foster et Dew-Smith, *Journal of Anat. a. Phys.*, 1876, 735. — Fr. Franck, *Congrès Londres*, 1881, II, 253. — Fishel, *Arch. f. exp. Pathol. u. Pharm.*, 1895 (cœur de la Daphniæ). — Heidenhain, *Arch. de Müller*, 1858, p. 490, 494. — Herbst, *Arch. f. exp. Path. u. Pharm.*, XVIII, Heft 5 et 6, 422 (chez l'homme). — Kaiser, *Zeitsch. f. Biol.*, XXXII, 464 (pointe du cœur de la grenouille). — Kronecker, *Beitr. zur Anat. u. Phys.*, 1874, 183. — Lahousse, *Bull. Ac. méd. belge*, 1895. — Langendorff, *Arch. f. d. ges. Phys.*, 1895, LXI, 336. — Marey, *Journal de l'Anat. et de la Phys.*, 1877, 74, 82. — J. W. Pickering, *J. of Phys.*, XVII (Daphniæ), XX (heart of mamalian and chick-embryo, with special reference to action of electric currents). — Ranvier, *Biologie*, 1878, 27. — J. A. Scherley, *Arch. f. Anat. u. Phys.*, 1880, 758. — Schönlein, *Zeitsch. f. Biol.*, 1894 (Aplysia). — Taljanzelf, *Centralbl. f. Phys.*, 1889. — Tigerstedt, *Lehrbuch. d. Kreisl.*, 1893, p. 161.

Excitants chimiques. — Aubert, *Arch. f. d. ges. Phys.*, 1881. — Bowditch, *Ber. der Sächs. Gesell.*, 1871. — Gaskell, *J. of Phys.*, 1880. — Kaiser, *Zeitsch. f. Biol.*, XXXII. — Langendorff, *Arch. f. Anat. u. Phys.*, 1884; *Arch. f. d. ges. Phys.*, LXI, 333, 1895. — Locke, *J. of Phys.*, XVIII. — Lucowicz, *Unters. aus dem phys. Institut der Univ. Halle*, 1890. — Ludwig et Luchsinger, *Arch. f. d. ges. Phys.*, 1881. — Marchand, *Arch. f. d. ges. Phys.*, XVIII. — Merunowicz, *Ber. der Sächs. Gesell.*, 1875. —

H. Ohrwall, *Arch. f. A. u. Phys.*, 1893. — Schively, *A. f. d. ges. Phys.* LV (Animaux marins. Concentration de l'eau salée). — Tigerstedt, *Lehrbuch. d. Kr.*, 1893, 158-161. — Tschistowitsch, *Centralbl. f. Phys.*, 1887.

Influence de la pression. — Aubert, *Arch. f. d. ges. Phys.*, 1881. — Bernstein, *Centralbl. f. med. Wiss.*, 1876, 385, 435. — Bowditch, *Journal of Phys.*, 1878. — Biedermann, *Sitz. Ber. der Wiener Akad. d. Wiss.*, 1881 (Helix pomatia). — Dastre, *Journal de l'Anat. et de la Phys.*, 1882, 433. *C. R. Ac. sc.*, 10 juillet 1882. — Foster et Gaskell, *Journal of Phys.*, 1890, 3, p. 51. — Langendorff, *Arch. f. Anat. u. Phys.*, 1884, p. 22. — Ludwig et Luchsinger, *Arch. f. d. ges. Phys.*, 1881.

Influence de la température. — Aristow, *Arch. f. Phys.*, Leipzig, 1879. — Athanasiu et Carvallo, *Biologie*, 1897, 706; *Arch. de Phys.*, 1897, 789. — Basch, *Sitz. Ber. der Kais. Akad. d. Wiss.*, 1879. — Bowditch, *Ber. der Sächs. Gesell.*, 1871. — Calliburcès, in Cl. Bernard, *Système nerv.*, II, 400; *Gaz. hebd. de méd.*, 1857. — E. Cyon, *Ber. der Sächs. Gesell.*, 1866. *Arch. f. d. ges. Phys.*, 1874, I, 340. — Gaule, *Arch. f. Phys.*, Leipzig, 1878. — Haller, *Mém. sur la nat. sens. et irrit. des parties du corps animal*, I, 73. — Harvey, trad. Richet, p. 80. — Humboldt, in von Bezold, *Arch. Virchow*, 1858, 283. — Ide, *Arch. f. Anat. u. Phys.*, suppl., 1892. — Ph. Knoll, *Sitz. Ber. der Kais. Akad. d. Wiss. math. Naturw.*, CII, 1893. — Kronecker, *Beitr. zur Anat. u. Phys. C. Ludwig gewidmet*, p. 180. — Kronecker et Mc Guire, *Arch. f. Anat. u. Phys.*, 1878, 321. — Langendorff, *Arch. f. Anat. u. Phys.*, 1884, suppl. 33; *Arch. f. d. ges. Phys.*, 1895, 316; 1897, 355 (mammifères). — Lauder-Brunton, *Brit. med. Journal*, 1873. — Luciani, *Ber. d. Sächs. Gesell.*, 1873. — Ludwig et Luchsinger, *Arch. f. d. ges. Phys.*, 1881. — Marchand, *Arch. f. d. ges. Phys.*, XVIII, 518. — Marey, *Journal de l'Anat. et de la Phys.*, 1877, 60; *Circ. du sang*, 1381, p. 47, 48, 332, 597. — Nawrocki, *Thèse Rostock*, 1896 (mammifères). — N. Martin, *Philos. trans. Roy. Soc.*, London, 1883, t. CLXXIV, 663. — *Phys. papers*, Baltimore, 1895 (mammifères). — A. Mosso, *Arch. it. biol.*, XI, 42. — N. Martin et Applegarth, *Stud. f. the biol. lab. of the J. Hopkins Univ.*, 1890, IV, 275 (mammifères). — M.-Edwards, *Leçons....* IV, 122. — R. Flatow, *Arch. f. exp. Path. u. Pharmak.*, XXX, 363. — Sénac, *Traité de la structure du cœur*, I, 322, 328. — Schelske, *Ueber die Verränderungen der Erregbarkeit der Nerven durch die Wärme*. Heidelberg, 1860, et in Meissner's, *Jahresberichte*, 1860, 527. — Schönlein, *Zeitsch. f. Biol.*, 1894. — Tigerstedt et Carlot, *Mitheil. des Phys. Lab. zu Stockholm*, 1888. — Tigges, thèse, Berlin, 1853. — Vulpian in Marey, *Circ. du sang*, 1881, p. 47.

Influence de la température comme agent excitant. — Langendorff, *Arch. f. Anat. u. Phys.*, phys. Abth., suppl., 1884, p. 36.

Influence de la température sur le cœur de l'embryon. — Budge, *Handwört. d. Phys.*, 1846, 3, 2, p. 439. — Faxo, *Lo Sperimentale*, 1885; *Arch. it. biol.*, XIII. — J. W. Pickering, *Journal of Phys.*, XIV, 1893, 393. — Preyer, *Phys. de l'embryon*. — Schenk, *Sitz. Ber. der math. Naturw. Classe d. Wiss.*, Wien, 1867, LVI, IIᵉ partie. III, 115. — Weber, *Handw. d. Phys.*, 1846, 3, 2, p. 36.

Expériences sur la pointe du cœur des poissons. — Kazem-Beck et Dogiel, *Zeitsch. f. Wiss. Zool.*, 1882, XXXVII, 259. — Mills, *Journal of Phys.*, 1886, VII, 91. — Langendorff, *Arch. f. Anat. u. Phys.*, 1884, 57. — Ludwig et Luchsinger, *Arch. f. d. ges. Phys.*, 1881, 247. — William, *Journal of Phys.*, 1885, 197.

Caractères de la secousse de la pointe du cœur. — Bowditch, *Leipziger Berichte*, 1871, p. 687. — Buckmaster, *Arch. f. A. u. Phys.*, 1886. — Kronecker et Stirling, *Beiträge zur A. u. Phys., als Festgabe Carl. Ludwig*, 1874, CLXXIII. — Ranvier, *Leçons d'anat. gén.*, 1877-78; *App. nerv. term. des muscles de la vie organique*, 1880, 175. — Luigi Luciani, *Leipziger Berichte*, 1873, 11. — Rollett, *Hermann's Handb. Phys.*, IV, 243. — Tigerstedt, *Lehrbuch. d. Kreisl.*, 1893, 162. — William, *J. of Phys.*, 1888, 9, 168.

Phénomène de l'escalier et de l'emmagasinement des excitations. — Bowditch, *Ber. der Sächs. Gesell.*, 1871, 687. — Dastre et Morat, *Biologie*, 1877, 480. — Ranvier, *Leçons anat. gén.*, 1877-1878; *Leçons sur les appareils nerveux terminaux*, p. 175. — William, *Journal of Phys.*, 1888, 169.

Tétanos du cœur par excitation directe de la fibre cardiaque. — Dastre et Morat, *C. R. Ac. sc.*, 1879, LXXXIX. — Fr. Franck, *Biologie*, 1897, 113 (exp. sur les mammifères). — Gley, *Biologie*, 1890, 411, 437. — Marey, *Journal de l'Anat. et de la Phys.*, 1877, 60, 74, 82. — Laffont, *Biologie*, 1887, 711. — Ranvier, *Leçons anat. gén.*, cours de 1877-1878; Paris, 1880. — Rollet, *Hermann's Handb.*, IV, 1, 352. — Ch. Rouget, *Arch. de Phys.*, 1894, 397. — Kronecker, *Beitr. zur Anat. u. Phys. als Festgabe f. C. Ludwig*, 1875 (das carakteristische Merkmal der Herzbewegung).

Diastole locale du cœur. — Dans quelques cas l'excitation mécanique du ventricule du cœur provoque un relâchement localisé de ce muscle. — Aubert, *Arch. f. d.*

ges. *Phys.*, XXIV, 358. — B. Luchsinger, *Arch. f. d. ges. Phys.*, XXVIII, 556. — Rossbach, *Arch. f. d. ges. Phys.*, XXV, 181. XVII, 197. — Ranvier, *Leçons d'anat. gén.*, 1880, Paris, 209-213. — Schiff, *Arch. f. phys. Heilkunde*, IX, 1850. *Moleschott's Untersuchungen zur Naturlehre*, X, 1870, 53, 59.

Inexcitabilité périodique. — Bowditch, *Arb. aus der phys. Anst.*, Leipzig, 1872. — Lauder Brunton et J. Cash, *Proceed. of Roy. Soc.*, London, XXXV, 1883, 455. — D. Courtade, *Arch. de Phys.*, 1897. 69. — Dastre, *J. de l'Anal. et de la Phys.*, 1882, 433, 450. — Dastre et Marcacci. *Biologie*, 1882, 208. — Engelmann, *Arch. f. d. ges. Phys.*, t. 59, 309, 453 ; *Arch. neerland.*, 1896, 311. — Fr. Franck, *Transactions of the medical internat. Congress.*, I, 253. — Gley, *Arch. de Phys.*, 1889, 1890. – Hildebrand, *Nord. Med. Arkiv.*, 1877, 2, n° 15. — Kaiser, *Zeitsch. f. Biol.*, 1894. — Meyer, *Arch. de Phys.*, 1893 (oreillette du chien). — Langendorff, *Arch. f. d. ges. Phys*, 1895, 317. — Laulanié, *Biologie*, 1896 (exp. sur le cheval), — Lovén Stockholm, 1886, *anal. in Jahresb.* Hoffmann et Schwalbe, XIV. — Kronecker, *Beitr. zur Anat. u. Phys. C. Ludwig gewidmet*, 1874, 1885. — Marey, *Journal de l'Anal. et de la Phys.*, 1877, 60, 74, 82 ; *C. R. Ac. sc.*, 1876, 1879, *Circ.*, 1881, 49. — Tigerstedt, *Lehrb. d. Kreisl.*, 1893, 164, 165. — Tigerstedt et Strömberg, *Mittheil. v. Phys. Lab. in Stockholm*. 1888. — William, *J. of Phys.*, 1888, 9, 169.

III. — *Explication du rythme du cœur.*

Le cœur ne peut travailler utilement et faire progresser le sang qu'à la condition de se contracter rythmiquement. Il faut qu'il puisse alternativement se vider et se remplir. L'utilité du rythme est évidente. L'explication du rythme par contre est inconnue. Il n'échappe pas en effet au lecteur, que si intéressants et si essentiels que soient les faits relatifs à l'inexcitabilité périodique, ils ne nous laissent pas pénétrer dans le mécanisme intime de leur exécution, qui est au fond celui du rythme lui-même. Ne pouvant expliquer le phénomène, les physiologistes se sont du moins efforcés de le localiser.

1° **Rôle du muscle.** — Un premier fait paraît bien établi : *Le muscle cardiaque possède en lui-même les conditions essentielles du rythme.* L'intervention du système nerveux n'est pas nécessaire.

Dastre et Morat, Ranvier, en s'appuyant soit sur leurs propres expériences, soit sur les expériences antérieures d'Eckhardt et d'Heidenhain, ont été des premiers à faire observer que le rythme du cœur peut s'interpréter comme un fait d'ordre purement musculaire. Engelmann a renchéri sur cette conception en attribuant au muscle cardiaque non seulement le rythme, comme les auteurs précédents, mais la transmission des excitations, chaque élément excité étant par son mouvement une source d'excitation pour l'élément voisin.

Si nous laissons de côté la propagation des excitations, l'importance des propriétés du myocarde dans l'explication du rythme ressort des faits principaux suivants :

a. Chez certains *invertébrés,* céphalopodes, gastéropodes, tuniciers, le cœur est dépourvu de tout élément nerveux, autant du moins que les méthodes histologiques actuelles permettent de l'affirmer ; néanmoins, excisé et isolé de l'organisme, il continue de battre rythmiquement, et en apparence spontanément.

b. Le même phénomène a été constaté sur le *cœur de l'embryon des animaux supérieurs* (Schenk, Faxo). Cet organe (fig. 31), jusqu'à la fin du troisième jour de son développement, ne contient ni nerfs, ni cellules nerveuses, quoique la différenciation morphologique encore rudimentaire à ce moment nécessite de faire sur ce point quelques réserves. Le cœur isolé peut continuer à battre pendant une heure environ s'il est maintenu dans une chambre humide. La contraction se produit en même temps dans toute la masse auriculaire et se transmet avec un léger retard au ventricule. Ce dernier se contracte moins énergiquement et présente une forme de mouvement péristaltique qui se propage de son extrémité veineuse à son extrémité

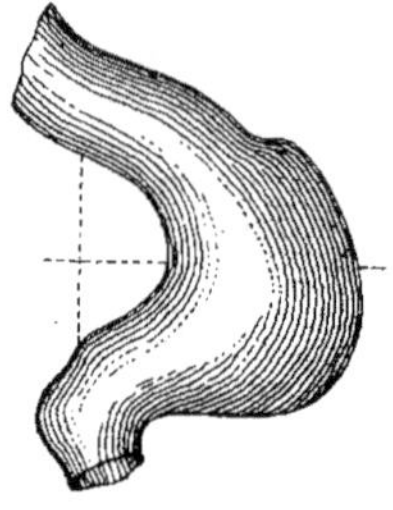

0.05 m.m.

Fig. 31. — *Cœur de l'embryon du poulet* (d'après Faxo).

artérielle. Si on découpe le cœur en morceaux les différentes parties continuent à battre.

c. La *pointe du cœur de la grenouille* est comparable à un muscle séparé de ses centres. Or si elle ne bat pas spontanément, elle a du moins la propriété de répondre par une série de secousses rythmiques à toute excitation continue et de résister à la tétanisation (Dastre et Morat).

Ces exemples montrent en somme que *les choses se passent comme si le muscle était capable de remanier l'excitation à sa façon, une fois qu'il l'a reçue*, soit naturellement de ses nerfs, soit artificiellement de nos courants électriques. Comparée à la contractilité des autres muscles striés, celle du muscle cardiaque se manifeste avec une modalité propre, le rythme. Cette propriété peut se concevoir comme un phénomène purement musculaire.

2° Rôle de l'excitation. — La contractilité du muscle cardiaque a des caractères propres, mais pour qu'elle se manifeste, il faut une excitation. Cette condition ne saurait faire défaut. *Tout protoplasma ne réagit que s'il est excité* (Cl. Bernard). Le muscle cœur ne fait évidemment pas exception à cette loi biologique fondamentale. Il n'y a donc pas de battements du cœur à proprement parler spontanés. Ceux qui sont généralement désignés dans le langage courant comme tels et qui ont été observés sur l'organe excisé de certains animaux inférieurs ou de l'embryon sont eux-mêmes provoqués par des excitations dont la nature, il est vrai, nous échappe.

Il est possible que la mutilation même du cœur par l'instrument tranchant, le contact de l'air ou encore les modifications chimiques qui sont la conséquence de l'activité du cœur constituent des excitations suffisantes pour provoquer dans ces conditions le rythme du cœur. On ne connaît pas beaucoup mieux la nature des excitations qui entretiennent, dans les conditions ordinaires de la circulation, la continuité des battements cardiaques. On sait, cependant, que, indépendamment des excitations qui peuvent venir par l'intermédiaire du système nerveux, les variations périodiques de la pression se produisant réellement dans le cours d'une révolution cardiaque sont aptes à entretenir le rythme du cœur. Le jeu rythmé du myocarde aurait pour cause initiale une variation périodique de la pression dans le système circulatoire ; celle-ci aurait pour conséquence le jeu rythmé de l'organe. La cause deviendrait effet à son tour. Les propriétés du muscle et les alternatives de la pression suffiraient à entretenir les battements du cœur (Dastre).

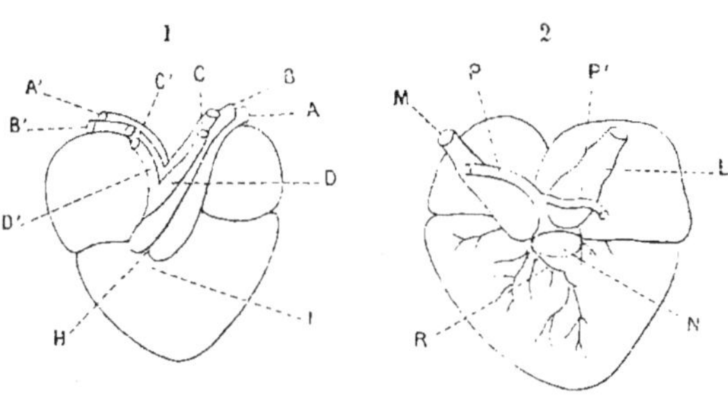

Fig. 32. — *Cœur de tortue.*

1, face antérieure ; 2, face postérieure ; AA' artères pulmonaires ; B, aorte gauche ; B', crosse aortique droite ; DD', artères sous-clavières droite et gauche ; CC, carotides primitives ou communes droite et gauche ; H, demi-anneau bulbaire ; I, sillon intervestibulo-ventriculaire ; PP', veines pulmonaires ; M, veine cave supérieure gauche ; L, veine cave supérieure droite ; N, veine cave inférieure ; R, veine coronaire.

Expérience. — Une canule est placée dans le ventricule d'une grenouille et liée au-dessous des oreillettes de manière à éliminer l'intervention du système nerveux ganglionnaire intracardiaque. D'autre part, un cœur de tortue est relié au ventricule de grenouille par un tube inextensible. La pointe du cœur de la grenouille est au repos tant que la communication est interceptée Si on l'établit, la pointe du cœur de grenouille bat synchrone avec le cœur de la tortue, tandis que la base et les oreillettes ont conservé leur rythme propre. Si on fait varier les battements de la tortue, ceux de la grenouille varieront dans le même sens (Dastre).

Automatisme du cœur. — On désigne quelquefois par cette expression le pouvoir que possède le cœur d'être mis en activité rythmique régulière *par un mécanisme différent de celui des réflexes*, soit par des produits qui prennent naissance dans l'*échange nutritif* de cet organe ou des autres parties du corps, soit sous l'influence des oscillations normales de la *pression*. Langendorff, *Arch. f. Anat. u. Phys.*, 1844, 44. — Tigerstedt, *Lehrb. d. Kreisl.*, 1883, 171.

3° **Rôle du système nerveux**. — De ce que le rythme, dans certaines conditions expérimentales déterminées, nous apparaît comme un phénomène musculaire, il ne s'ensuit pas que, dans la réalité des faits, le système nerveux n'ait aucune part dans sa genèse.

Ainsi que DASTRE le premier l'a fait remarquer, l'influence nerveuse est surajoutée. Le système nerveux est un *appareil de perfectionnement* placé comme intermédiaire entre l'excitation et la fibre cardiaque. Il assure la continuité et la régularité du rythme du cœur, ainsi que l'harmonie du fonctionnement de cet organe avec celui des autres parties du corps.

Pour faire la part de ce qui revient au muscle et au système nerveux dans le mécanisme si particulier de la contraction du cœur, on se fonde sur quelques expériences dont voici les principales : 1° Le cœur (de grenouille) détaché de l'animal, mais muni de ses ganglions, continue de battre; c'est la preuve qu'il contient en lui non pas seulement des nerfs, c'est-à-dire des conducteurs de l'excitation, mais des **centres**, c'est-à-dire des organes nerveux qui peuvent être pour lui une source d'excitation pendant un temps plus ou moins prolongé. — 2° Si pendant que le cœur bat de la sorte sous la sollicitation de son système nerveux, on lui adresse d'autres excitations venues du dehors, ces excitations supplémentaires pourront bien déranger la succession régulière de ses pulsations, mais elles n'augmenteront pas leur nombre total ni la somme de son travail. Soit par exemple une décharge d'induction lancée dans le cœur au commencement de son repos (période pendant laquelle cet organe est très excitable), il y répond par une systole anticipée, mais cette systole venue avant son tour est ensuite, comme l'a vu MAREY, suivie d'un repos plus long, d'un *repos compensateur*, comme l'on dit, qui remet les choses en l'état et soustrait le cœur à ce travail supplémentaire qu'on voulait lui imposer.

Nous voyons par là que le cœur non seulement dispose d'une source en quelque sorte inépuisable d'excitations, mais qu'il a encore le moyen d'ordonner celles-ci en vue d'une fin déterminée. Ces fonctions compliquées réclament pour leur exécution autre chose que de simples conducteurs ou, autrement dit, il faut que ces conducteurs soient eux-mêmes ordonnés en un système. C'est cet ordonnancement qu'on appelle *un centre* ou *des centres*. En ce qui concerne le cœur isolé, on a l'habitude de situer ces centres ou cet arrangement systématique dans les ganglions de sa base, et cette supposition a pour elle un certain nombre de faits.

Ainsi, par exemple, il est admis couramment que l'ablation de ces ganglions ou, ce qui revient au même, la séparation de la base d'avec la pointe du cœur fait cesser les mouvements dans la pointe qui est privée d'éléments ganglionnaires. — DASTRE a également vu que le phénomène du repos compensateur, qui paraît si caractéristique de la présence des centres, fait défaut quand on excite la pointe séparée de la base du cœur. D'après ces faits, le partage d'attributions entre les systèmes nerveux et musculaire du cœur semble facile, aussi bien que la localisation des fonctions toujours multiples du premier de ces deux systèmes. Une fois les ganglions enlevés, il semble (et c'est une comparaison qu'on fait souvent) que la pointe du ventricule soit réduite à la condition d'un muscle ordinaire muni encore de ses terminaisons nerveuses et qui ne se contracte plus qu'autant qu'on lui fournit artificiellement des excitations du dehors. Mais déjà néanmoins on est obligé de reconnaître que ce muscle a une réaction particulière, *rythmée*. Ce rythme ne dépend pas des centres, puisqu'on a enlevé ceux-ci. On l'attribue au muscle, mais on voit cependant qu'il y a une réserve à faire, puisqu'il reste dans ce muscle des terminaisons nerveuses, des conducteurs nerveux. On n'a malheureusement aucun moyen de pousser plus loin la dissociation, car ces nerfs sont réfractaires à l'action du curare. C'est une très grave lacune dans la physiologie du cœur et qui est propre à faire renaître sur bien des points nos incertitudes. SCHIFF avait déjà insisté sur l'importance et les fonctions probablement complexes de ces terminaisons nerveuses intracardiaques dont le rôle lui paraissait sacrifié à tort à ce qu'il appelle d'un mot caractéristique « le *préjugé ganglionnaire* ». (*Rec. d. mém.*, II, p. 125, 705.) Mais en raison de la difficulté qu'il y avait pour les anatomistes à bien démontrer l'existence de ces terminaisons nerveuses, l'alternative pour les physiologistes semblait se poser uniquement entre le muscle et les ganglions ; ce qui n'appartenait pas à l'un semblait devoir revenir aux autres et réciproquement. ENGELMANN en particulier a admis que la propagation des excitations dans le réseau musculaire du cœur se fait sans participation de nerfs et l'expliquait de la façon suivante : Étant donnée une excitation qui atteint une cellule du myocarde et qui la met en état de contraction, cette cellule transmet son excitation à la cellule ou aux cellules adjacentes à travers le ciment intercellulaire qui les sépare et cette excitation diffuse de la sorte d'une extrémité du cœur à l'autre, normalement de la base à la pointe. ENGELMANN appuyait son opinion sur l'expérience suivante :

Le ventricule d'un cœur de grenouille est incisé perpendiculairement à sa direction, alternativement de droite à gauche et de gauche à droite, en ne laissant chaque fois à l'extrémité de l'incision qu'un pont limité de substance musculaire réunissant les parties ainsi incomplètement séparées, de manière à couper tout chemin direct à l'excitation et à l'obliger à suivre ce trajet en zigzag. Or l'excitation naturelle ou artificielle se propage parfaitement à travers ce chemin compliqué et dans un sens comme dans l'autre. ENGELMANN y voit une preuve que cette propagation se fait par la voie musculaire. Cette preuve ne serait valable et décisive que si le réseau musculaire existait seul. Mais justement les recherches de JACQUES et en particulier de HEYMANS ont démontré l'existence d'un réseau nerveux intramyocardique très riche en arborisations anastomotiques. En principe, on ne voit donc pas pourquoi le transport de l'excitation (si singulier et si irrégulier que soit le chemin qu'on lui impose) ne se ferait pas par le réseau nerveux tout aussi bien que par le réseau musculaire.

ENGELMANN a d'autre part observé un fait qui, à le bien interpréter, semblerait se rapporter à l'existence de ce réseau nerveux, bien qu'il lui donne une autre interprétation. Reprenant les expériences de DASTRE sur la pointe du cœur, il voit (en opérant dans des conditions un peu différentes) que l'on peut obtenir le repos compensateur, autrement dit une tendance à la régulation du travail du cœur.

Pour conclure sur ce point, nous dirons : *L'arrangement systématique des éléments nerveux intracardiaques qui leur donne la valeur et la fonction de centres nerveux existe surtout au niveau de la base du cœur à l'endroit où sont ses ganglions; c'est ce que mettent bien en évidence les anciennes expériences faites dans des conditions généralement plus rudimentaires. Mais cet arrangement persiste probablement, bien qu'à un degré moindre, dans le réseau nerveux qui fait suite à ces ganglions; c'est ce qui peut expliquer les résultats parfois si variés obtenus en excitant la pointe du cœur. La question de savoir si le rythme, l'inexcitabilité périodique, le repos compensateur sont des phénomènes musculaires ou nerveux ne peut pas être décidée d'une façon absolue* (MORAT).

4° Conditions nécessaires à la mise en jeu des propriétés du muscle cardiaque. — Pour que le rythme du cœur soit continu, il faut que les propriétés de cet organe soient maintenues intactes. Les conditions auxquelles il doit être pourvu sont, pour le cœur comme pour tous les éléments ou êtres vivants, au nombre de quatre, à savoir :

a. **La présence de l'eau.** — Le cœur cesse de battre dès qu'il commence à se dessécher.

b. **La présence de l'oxygène.** — Placé sous le vide de la machine pneumatique, le cœur s'arrête bientôt. Il repart si on laisse rentrer l'air.

c. **Une température appropriée.** — Les contractions du cœur se ralentissent par le froid, s'accélèrent par la chaleur jusqu'à ce que la température atteigne un certain degré. L'excitabilité du muscle cardiaque croît avec la température. Une excitation insuffisante pour provoquer l'activité du cœur à la température ordinaire du laboratoire suffit si le muscle est échauffé (V. Basch, Langendorff, etc.). Le myocarde de la grenouille paraît atteindre son maximum d'excitabilité à 25° (Kronecker) ; au-dessus de 42° environ la chaleur arrête le cœur et provoque la rigidité de cet organe. A cette température cependant le cœur n'a pas perdu pour toujours son excitabilité. Si on fait circuler à travers cet organe du sang oxygéné et porté à une température favorable les battements reprennent (Heubel, Ide, Athanasiu et Carvallo). Il est possible qu'il se forme dans le muscle, sous l'influence de son fonctionnement exagéré, une accumulation de substances nocives capable de provoquer l'arrêt du cœur. Le contact de l'oxygène neutraliserait ces substances (Ide, Richet). Dans tous les cas, au-dessus de 50° le cœur perd définitivement ses propriétés par suite de la coagulation de sa substance contractile.

d. **La conservation des propriétés du cœur nécessite aussi la présence d'un milieu de composition défini contenant les matériaux de réparation qui doivent faire face à l'usure de la substance contractile.** — Kronecker a constaté que le cœur (de la grenouille) irrigué avec un sérum artificiel (solution de chlorure de sodium à 6 p. 1000) ne tarde pas à s'arrêter, mais recommence à battre quand on lui rend du sang ou du sérum normal.

On a cru pouvoir maintenir l'excitabilité du cœur uniquement avec des solutions salines, mais il est probable que dans ces expériences les réserves accumulées dans les parois du cœur soumis à la circulation artificielle n'avaient pas été préalablement entraînées par un lavage suffisamment prolongé (avec une solution de NaCl à 6 p. 1000). Certains sels minéraux, tels que le chlorure de sodium, le carbonate de sodium, les sels de chaux, sont nécessaires, mais à eux seuls insuffisants, pour assurer la continuité du rythme cardiaque. Le sérum sanguin ne possède cette propriété que s'il n'a pas été privé de ses substances albuminoïdes (Stiénon). Pour les uns cette propriété serait particulière aux sérums-albumines (Martius), pour d'autres elle appartiendrait à un grand nombre d'albumines (albumine de l'œuf, etc.). Le liquide circulant doit aussi être faiblement alcalin et posséder certaines propriétés physiques. Il faut qu'il soit isotonique et présente une certaine viscosité (Albanese).

Circulations artificielles. — Toutes les conditions nécessaires à la conservation des propriétés du cœur sont réalisées d'une façon parfaite (en qualité et en grandeur) seulement dans l'organisme et entretiennent alors la propriété de ses éléments pendant toute la durée normale de leur évolution, sauf en cas de maladies. Ces conditions se trouvent réalisées, mais très imparfaitement, dans le cœur qu'on vient de détacher d'un animal et qu'on laisse exposé à l'air et à la température extérieure. C'est ce qui fait que ce cœur peut battre quelques minutes ou quelques heures, grâce à des réserves nutritives existant dans les interstices de son tissu. On peut les réaliser d'une façon beaucoup plus satisfaisante en faisant une circulation artificielle à travers le cœur d'un animal (Ludwig). Dans ces conditions le cœur des animaux à sang froid peut battre régulièrement pendant plusieurs jours. Le ventricule pousse le sang défibriné ou tout autre liquide nutritif équivalent dans un tube efférent (aorte artificielle) qui l'amène dans un réservoir où il peut s'oxygéner de nouveau (surface pulmonaire). De ce réservoir part un tube afférent qui le ramène à l'oreillette (veine cave artificielle). Des résistances peuvent être intercalées sur le trajet du courant sanguin et la force déployée par le cœur peut être utilisée à mouvoir des leviers enregistreurs qui tracent sur un cylindre tournant le graphique de sa contraction. Cette expérience a une grande signification. Elle nous montre un organe musculo-nerveux d'une organisation déjà complexe, le cœur, vivant d'une façon indépendante grâce à certaines conditions artificielles créées autour de lui, conditions équivalentes à celles qu'il trouve réalisées dans l'organisme lui-même. Il n'y a pas d'exagération à dire que c'est là un exemple de *synthèse physiologique*.

Le rythme du cœur peut être prolongé pendant un temps beaucoup plus long par une circulation artificielle chez les animaux à sang froid que chez les animaux à sang chaud.

BIBLIOGRAPHIE.

Rythme. Articles d'ensemble. — Th. W. Engelmann, *Arch. f. d. ges. Phys.*, LXV, 109, 535 (L'activité du cœur a son origine dans le muscle même et l'excitabilité automatique est une propriété normale des filets nerveux périphériques). — Dastre, *J. de l'Anat. et de la Phys.*, 1882. — Fr. Franck, *Gaz. hebd. de méd. et de chirurgie*, 1881; — *Congrès internat. des sc. méd.*, Londres. 1881. — M. Löwit, *Arch. f. d. ges. Phys.*, XXIII, 313. — J. Meltzer, *New-York med. J.*, 1893, 513. — Pitres, *Revue de méd.*, 1882, 685. — K. Kaiser, thèse, Heidelberg, 1893, *Zeitsch. f. Biologie*, 1894. — O. Roether, *Schmidt's Jahrb.*, 1891, p. 81, 86 ; 1895, p. 7, 81. — R. Schmaltz, *Schmidt's Jahrb.*, 1893, 85.
Mouvements spontanés du cœur privé de ganglions chez les Invertébrés. — Biedermann, *Sitz. Ber. der Kais. Acad. der Wiss. Math. Naturw. Cl.*, 1884. — Fr. Darwin, *Journal of Anat. a. Phys.*, 1876, 506. — Dogiel, *Arch. f. mik. Anat.*, 1877. — Foster, *Arch. f. d. ges. Phys.*, t. V, 1872, 191. — Foster et Dew-Smith, *Proceed. of Roy. Soc.*, 1875, 320. — *Arch. f. mikr. Anat.*, 1877. — Ransom, *Journal of Phys.*, 1885.

Battements rythmiques spontanés de l'embryon du poulet. — Fr. Darwin, *Journal of Anat. a. Phys.*, 1876, 506. — Fano, *Arch. it. biol.*, t. XIII, 414. *Lo Sperimentale*, 1885. — Harvey, trad. Richet, p. 83, 84, 95. — Laborde, *Biologie*, 1876, 285, 289. — Pickering, *Journal of Phys.*, 1893, 383, 1896, 356. — Preyer, *Spec. Phys. d. Embryo.*, Leipzig, 1885. — Schenk, *Sitz. Ber. der Kais. Ak. der Wiss., math. Naturw. Cl.*, 1867, LVI, 2 Abth. III, 115.

Mouvements rythmiques spontanés du sinus et du bulbe aortique de la grenouille. — Engelmann, *Arch. f. d. ges. Phys.*, 1882, 1895. — Tigerstedt, *Lehrbuch. d. Kreisl.*, 1893, 175.

Expériences sur le cœur de la tortue. — Gaskell, *Journal of Phys.*, 1883.

Rôle de l'excitation. — Goltz, *Arch. Virchow*, 1861, 210. — Morat, *Syst. nerv.*

Pause compensatrice. — Botazzi, *Centralbl. f. Phys.*, 1896, 401. *Arch. it. biol.*, 1897. — Dastre, *Journal de l'Anat. et de la Phys.*, 1882, 462. — Engelmann, *Arch. f. d. ges. Phys.*, 1895, LIX, 309. *Arch. neerl.*, 1896, 297. — Gley, *Arch. de Phys.*, 1890, 441. — Kaiser, *Zeitsch. f. Biol.*, 1894, XXX, 279. — Langendorff, *Arch. f. d. ges. Phys.*, 1895, LXI, 317. *Arch. f. Anat. u. Phys.*, 1885, 285. — Marey, *Trav. lab.*, 1876, 74. *Journal de l'Anat. et de la Phys.*, 1877, 60. — Tigerstedt, *Lehr. d. Kreisl.*, 1893, 167.

Systole postcompensatrice. — Renforcement de la systole qui suit la pause compensatrice. Botazzi, Gley, Langendorff, *Arch. f. d. g. Phys.*, 1898, 473.

Substances nécessaires au maintien de la contractilité du cœur. — Albanese, *Arch. it. biol.*, XXV, 309 ; *Arch. f. exp. Pathol. u. Pharmak.*, 1893, XXXII, 3/4, 297 (le liquide d'*Albanese* est constitué par une solution de gomme (2 p. 100) alcalinisée par un peu de carbonate de soude, saturée d'oxygène et rendue isotonique par l'addition de 0,6 p. 100 de chlorure de sodium). — Caldani. Première lettre à *Haller*, in *Mém. sur les parties sensibles et irritables*, Lausanne, 1756, III, 135. — Castell, *Arch. de Müller*, 1848, 1854. — Gaule, *Arch. f. Anat. u. Phys.*, phys. Abth., 1878. — Mc Guire, *Arch. f. Anat. u. Phys.*, phys. Abth., 1878, 321. — Mc Guire et Kronecker, *Journal of Phys.*, XV. — Sophie Handler, *Zeitsch. f. Biol.*, XXVI, 253. — Hedon et Gélis, *Biologie*, 1892 (Reprise des batt. du cœur après arrêt complet de ses batt. sous l'influence d'une injection de sang dans les art. coronaires). — Heffter, *Arch. f. exp. Pathol. u. Pharmak.*, XXIX, 41, 1891. — Heube, *Arch. f. d. ges. Phys.*, 1889 (Influence du sang sur la disparition de la rigidité). — Howell et Cooke, *Journal of Phys.*, XIV, 1893. — Jordi et Kronecker, *Journal of Phys.*, XV. — Kronecker, *Beitr. zur Anat. u. Phys. Festgabe C. Ludwig gewidmet*, 1874. — Kronecker et Popoff; Kronecker et Brinck, *Arch. f. Anat. u. Phys.*, phys. Abth., 1887. — Kronecker et Stirling, *Festgabe f. C. Ludwig*, 1875. — Klug, *Arch. f. Anat. u. Phys.*, phys. Abth., 1879, 435 ; 1883. — Langendorff, *Arch. f. Anat. u. Phys.*, phys. Abth., suppl., 1884 ; 1893. *Arch. f. d. ges. Phys.*, 1895, 325, LXI ; 1897, 355, LXVI. — P. S. Locke, *Journ. of Phys*, XVIII, 332. — Luciani, *Ber. der Sächs. Gesell.*, 1873. — Martius, *Arch. f. Anat. u. Phys.*, phys. Abth., 1882. — Merunowicz, *Ber. der Sächs. Gesell.*, 1875. — F. Oehrn, *Arch. f. exp. Path. u. Pharmak.*, XXXIV, 1894. — Hjalmar Ohrwall, *Arch. f. Anat. u. Phys.*, 1893. — Ott, *Arch. f. Anat. u. Phys.*, phys. Abth., 1883, 1. — W. Pickering, *the Journal of Phys.*, XX, 165. — Ringer, *Journal of Phys.*, IV, VI, VIII, XIII, XIV. — Rossbach, *Ber. der Sächs. Gesell.*, 1874. — Roy, *Journal of Phys.*, 1878, 452. — Saltet, *Arch. f. Anat. u. Phys.*, phys. Abth., 1882. — Schiff, *Arch. f. phys. Heilkunde*, IX. — Stewart, *Journal of Phys.*, 1892. — Stiénon, *Arch. f. Anat. u. Phys.*, phys. Abth., 1878, 263. — Tiedmann, *Arch. de Müller*, 1847, 490. — Tigerstedt, *Skand. Arch. Phys.*, V, I, 71. — A. H. White, *the Journal of Phys.*, XIX, 344. — Yeo, *Journal of Phys.*, 1885. — Yeo, *Journal of Phys.*, VI, 1893 (Essai pour apprécier les échanges gazeux du cœur de grenouille au moyen du spectroscope). — Zuntz, *Deutsch. med. Wochensch.*, 1892.

Influence des gaz sur la contractilité du cœur. — Bernstein, *Arch. f. Anat. u. Phys.*, 1860, 527. — Castell, *Arch. f. Anat. u. Phys*, 1854, 226. — Cyon, *C. R. Ac. sc.*, I, 1049, 1867. — A. v. Humboldt, *Vers. über d. gereizte Muskel. u. Nervenfaser*, II, 273, 1797. — Ringer, *Journ. of Phys.*, 1893, 125. — Tiedmann, *Arch. f. Anat. u. Phys.*, 1847, 490. Consulter aussi : Albanese, Mc Guire, Jordi et Kronecker, Klug, Ohrwald, Yeo, Zuntz, White, etc.

Méthodes pour entretenir les mouvements du cœur isolé chez les animaux à sang chaud. — Bayer, *Amer. Journal of med. sc.*, 1886. — Donaldson, *Arch. f. Anat. u. Phys.*, 1887. — Hallion, *Arch. de Phys.*, 1896, 707. — Howell et Donaldson, *Philosoph. Transactions*, 1884. *Arch. f. Anat. u. Phys*, 1887, 584. — O. Langendorff, *Arch. f. d. ges. Phys.*, LXI, 291, 1895 ; 1897, LXVI, 365. (La circulation artificielle est pratiquée à travers les coronaires). — N. Martin, *J. Hopkin's University*, Baltimore, 1881 ; *Arch. f. Anat. u. Phys.*, phys. Abth., 1887, 584. — Martin et Stef-

FENS, *Studies from the biol. lab. of the J. Hopkins. Univ.*, Baltimore, 1833. — PAWLOV et TSCHISTOWITSCH, *Centralblatt. f. Phys.*, 1; *Arch. slaves de biol.*, IV. — TSCHISTOWITSCH, *Centralbl. f. Phys.*, 1, 133, 1887.

Point de départ et propagation de l'excitation à travers le cœur.

I. — Dans les conditions physiologiques d'un cœur fonctionnant normalement le point de départ est à la base (HARVEY). En se plaçant dans des conditions déterminées il est possible de constater le renversement du sens de cette propagation. L'excitation peut donc se propager indifféremment de la base à la pointe ou de la pointe à la base suivant son point de départ. ENGELMANN a constaté que si on pratique dans la substance d'un ventricule de grenouille ou de tortue plusieurs incisions disposées de manière à laisser des segments reliés entre eux par des ponts très irrégulièrement placés, l'excitation pratiquée à une extrémité (piqûre) se propage à l'extrémité même en suivant le chemin le plus irrégulier (page 71).

II. — Quel que soit le point de départ de l'excitation, par quels éléments se fait sa propagation ? Les cavités du cœur sont associées par des fibres musculaires principalement dans le sens transversal, l'oreillette gauche avec l'oreillette droite, le ventricule gauche avec le ventricule droit. Il existe cependant des ponts musculaires faisant communiquer de chaque côté l'oreillette avec le ventricule correspondant. D'autre part des fibres nerveuses relient les diverses diverses parties du cœur. On discute dans ces conditions pour savoir si la propagation de l'excitation a lieu par le tissu musculaire ou le tissu nerveux. ENGELMANN a maintenu ses premières conclusions et s'est attaché à prouver qu'il s'agit d'une onde musculaire et non d'une onde nerveuse. Il s'appuie en particulier sur la faible vitesse de la propagation, environ 5 centimètres par seconde sur des animaux à sang froid. La propagation nerveuse est en général plus rapide. His a cité un cas de propagation du mouvement de l'oreillette au ventricule alors que toutes les communications étaient coupées, sauf une constituée par un faisceau musculaire que l'examen histologique a démontré dans la suite dépourvu de tout élément nerveux.

Il est possible que dans des conditions particulières la propagation de l'excitation se fasse par le tissu musculaire. Il faut bien admettre qu'il en est ainsi sur le cœur de l'embryon qui bat rythmiquement à un moment où il est encore, paraît-il, dépourvu de tout système nerveux. Toutefois, chez l'adulte le ventricule est sillonné de nerfs qui relient cette partie du cœur aux autres poches contractiles de cet organe. Par suite il est bien difficile de décider si, dans les conditions normales, le mode de propagation de l excitation est nerveux ou musculaire.

BAYLISS et REID, *Proceed. of Royal Soc.*, London, 50. — W. M. BAYLISS et E. H. STARLING, *Journal of Phys.*, XIII. — BURDON SANDERSON et PAGE, *Journ. of Phys.*, 1880. — ENGELMANN, *Arch. Neerland.*, 1875, XI ; 1895, XXVIII, 253 ; 1896. — *Arch. f. d. ges. Phys.*, 1875, II, p. 466, LXI, 275 ; LXII, 543. — FANO, *Arch. ital. biol.*, 1890, XIII, 404. — GASKELL, *Journal of Phys.*, 1893. — FOSTER's et DEW-SMITH's *Journal of Anat. and Phys.*, 1876. — HEYMANS, *Arch. f. Anat. u. Phys.*, 1893. — His (junior), *Abhandl. d. Sächs. math. Phys. Gesell.*, 18, 1. — *Arbeiten aus der med. Klinik zu Leipzig*, 1893. — Congrès Berne, 1895. — His et ROMBERG, *Arb. aus der med. Klinik zu Leipzig herausgeg. v. Prof.* H. CURSCHMANN, 1893. — KREHL et ROMBERG, *Arch. f. exp. Pathol. u. Pharmak.*, XXX, 1892. — MARCHAND, *Arch. f. d. ges. Phys.*, 1877. — PAGLIANI, *Untersuch. zur Naturlehre*, 1876. — E. ROMBERG, *Berl. klin. Wochensch.*, 1893, 12, 13. — ROY et ADAMI, *Practitioner*, 1890. — A. F. STANLEY-KENT, *Journal of Phys.*, 1893, XIV, 233. — TIGERSTEDT, *Lehrb. d. Kreisl.*, 1893, 221-227. — WALLER et REID, *Philos. Transact.*, 1887. — WILLIAM, *Journal of Phys.*, 1888.

A propos du renversement du sens de la propagation de l'excitation, consulter : Pickering, *Journ. of Phys.*, 1893, 427, 429 (bibliographie). — Tigerstedt, *Lehrb. d. Kreisl.*, 1893, 222, 223 (bibliographie).

Nature de la contraction cardiaque.

La contraction musculaire est un acte d'ensemble formé par la fusion d'une série de petits mouvements élémentaires ou *secousses* concourant à former la contraction proprement dite, comme les ondes sonores contribuent à former le son. On peut se demander si dans les conditions physiologiques normales, la systole cardiaque répond à une secousse élémentaire ou à la fusion d'un certain nombre de ces mouvements, c'est-à-dire à un *tétanos* plus ou moins bien caractérisé. Sans doute, d'une part la systole ventriculaire de la grenouille provoquée par l'excitation électrique paraît répondre à une secousse musculaire simple et, d'autre part, ce n'est qu'exceptionnellement qu'il est possible de provoquer expérimentalement le tétanos du cœur, soit par excitation directe, soit par l'intermédiaire des nerfs. On ne saurait cependant pas conclure rigoureusement de ces faits expérimentaux que la systole normale du cœur n'est pas un tétanos. Nous ne pouvons en effet qu'imiter de très loin et très imparfaitement les procédés d'excitation physiologique qui se produisent dans l'organisme.

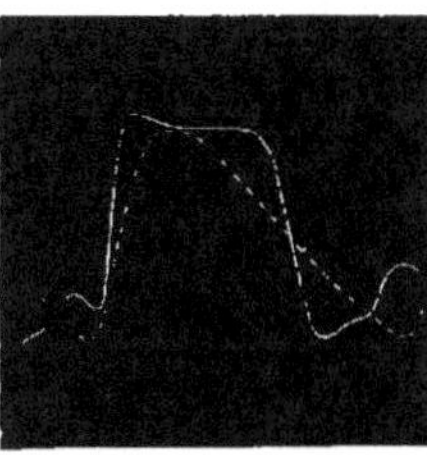

Fig. 33. — *Trace de la systole ventriculaire d'un cœur de grenouille suivant que l'organe est vide de sang* (ligne ponctuée) *ou que la circulation est normale* (ligne pleine).

I. La systole normale du ventricule du cœur chez les *animaux à sang froid* (grenouille, tortue), paraît être une secousse simple. Cette opinion soutenue par Marey est basée sur deux arguments principaux :

a. Chez la grenouille et la tortue, la courbe de la systole ventriculaire est tout à fait comparable à celle de la secousse musculaire. En vue de cette démonstration, le tracé doit être recueilli sur le cœur isolé et vide de sang. La circulation du sang apporte en effet des conditions nouvelles qui se traduisent par une plus grande complication du tracé (Marey, *Circ.*, 1881, 25, 28) (fig. 33).

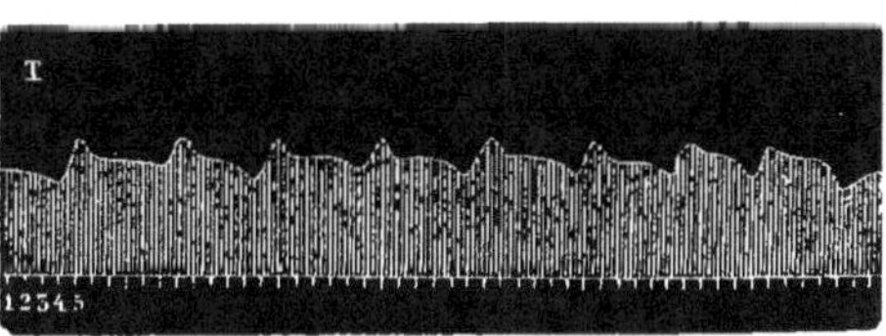

Fig. 34. — *Tracé photographique des variations électriques d'un ventricule de grenouille* (Marey).

b. L'électromètre de Lippmann est formé d'une colonne capillaire de mercure dont les mouvements obéissent à des variations électriques même rapides. Ces mouvements peuvent être inscrits par la photographie ; or, mis en rapport avec le ventricule d'un cœur de grenouille ou de tortue, l'électromètre donne une oscillation simple pour chacune des systoles (fig. 34).

II. Chez les *mammifères*, la systole du ventricule a les caractères attribués au tétanos, et pour plusieurs auteurs ces caractères seraient suffisants pour affirmer sa nature tétanique (L. Frédéricq, Chauveau, Contejean, Stefani). On cite quatre arguments principaux à l'appui de cette hypothèse :

a. Les tracés de pression de la cavité ventriculaire du cœur recueillis au moyen des sondes cardiographiques de CHAUVEAU et MAREY, soit sur le cheval, soit sur le chien, présentent un *plateau systolique ondulé.* Or les trois ou quatre ondulations de ce plateau peuvent être envisagées comme l'indice de la contraction successive des fibres cardiaques du ventricule, c'est-à-dire d'un véritable tétanos formé de secousses en petit nombre, il est vrai, et incomplètement fusionnées (L. FREDERICQ).

b. L'*inscription directe de l'épaississement de la paroi du cœur* pendant la systole au moyen d'une pince myocardique appropriée, donne un tracé qui présente un plateau ondulé, même si le cœur est vide de sang (L. FREDERICQ, CONTEJEAN). L'appareil en usage chez CHAUVEAU se compose essentiellement d'un tambour à ressort intérieur analogue à celui de l'explorateur à coquille. Le bouton d'appui est remplacé par un petit disque qui repose sur la face externe du ventricule. Ce disque est garni de pointes qui s'enfoncent dans le muscle et empêchent tout déplacement. Une tige coudée à angle droit, dont une branche est introduite dans l'intérieur du ventricule par un trou percé dans la paroi, permet de fixer l'appareil de telle sorte qu'une partie du muscle cardiaque se trouve saisie et très légèrement comprimée entre cette branche et le disque d'appui (fig. 35). En reliant l'appareil à un tambour à levier on inscrit facilement le gonflement systolique du muscle.

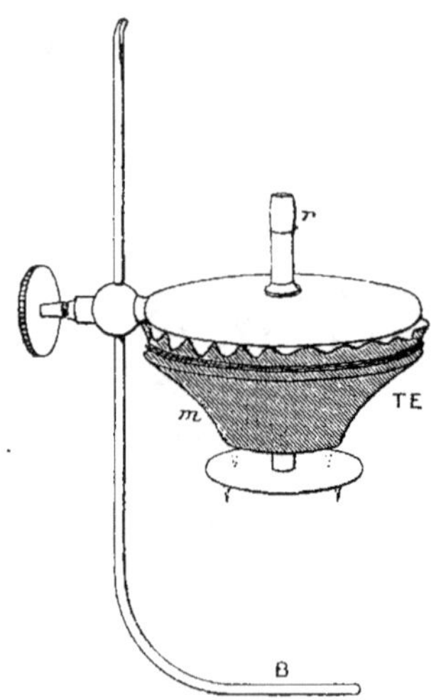

Fig. 35. — *Pince myocardique de Chauveau.*

TE, tambour explorateur; *m*, membrane de caoutchouc; *r*, tube destiné à raccorder le tambour explorateur au tambour inscripteur; B, tige destinée à être introduite dans le cœur.

c. Chez les mammifères la courbe qui représente la *variation électrique* du cœur, sans présenter les variations multiples correspondant au tétanos, n'est cependant pas simple comme celle qui correspond à une secousse. La complexité de cette courbe peut s'expliquer aisément en admettant que la systole ventriculaire résulte de la fusion de plusieurs secousses, chaque secousse s'accompagnant d'un phénomène électrique élémentaire. De même que cette fusion paraît incomplète en ce qui concerne le phénomène mécanique, elle l'est aussi en ce qui concerne la variation négative qui accompagne chaque secousse.

d. Le cœur extrait de la poitrine et vide de sang par conséquent, pendant les quelques minutes de vie et de mouvement qu'il a, donne à l'auscultation un son très bas qui rappelle le *bruit rotatoire.* Or une secousse musculaire seule est aphone et incapable de produire un son que notre oreille puisse percevoir. Donc lorsqu'il se produit pendant la contraction d'un muscle un bruit rotatoire, ce muscle est certainement en tétanos (CONTEJEAN).

Tous les physiologistes ne sont cependant pas d'accord sur la nature de la systole cardiaque des animaux à sang chaud. MAREY a soutenu qu'il s'agissait d'une secousse élémentaire. Les inflexions du plateau systolique du tracé de pression constitueraient un phénomène surajouté à la contraction des parois musculaires. Elles s'expliqueraient par des ondes de pression qui, nées dans l'aorte ou l'artère pulmonaire, feraient vibrer les valvules et les parois du cœur pendant la systole (page 26). A l'appui de cette manière de voir MAREY a montré qu'il est possible d'obtenir sur un cœur de lapin excisé et vide de sang des systoles arrondies. FREDERICQ ne conteste pas que, dans les conditions de vacuité cardiaque, les courbes obtenues puissent être analogues aux courbes de secousses. Il objecte toutefois que cela est vrai seulement pour les dernières pulsations à la suite de l'épuisement du muscle provoqué par la suppression de l'afflux sanguin. Récemment MEYER a fait valoir, à l'appui de l'opinion de MAREY, que toute modification de l'énergie ou du volume de l'ondée ventriculaire amène une modification correspondante dans les inflexions du plateau. Si on prend la précaution de ralentir le rythme du cœur par le refroidissement de l'animal, on constate que les systoles supplémentaires qui suivent les excitations du myocarde, présentent parfois une forme arrondie au lieu de présenter les élevures caractéristiques d'un tracé de pression. En comparant le tracé du cœur avec celui du pouls, on se convainc que la forme normale correspond à un fonctionnement utile du cœur, la forme ronde à un fonctionnement insuffisant, quand le cœur se contracte à vide. Les ondulations du plateau systolique ne dépendraient donc pas des parois ventriculaires, puisqu'il est possible de faire contracter le cœur dans des conditions telles qu'elles ne se produisent pas.

Pour terminer cette discussion, faisons remarquer que les phénomènes sur lesquels on se base pour admettre la complexité de la systole du cœur pourraient aussi s'interpréter, pour une part tout au moins, non pas seulement par la mise en jeu répétée des mêmes fibres du cœur (tétanos), mais par l'activité successive et rapprochée de fibres différentes.

CONTEJEAN, *Biologie*, 1894, p. 831; 1896, p. 1051. — L. FREDERICQ, *Trav. du laborat.*, 1887, 1888. — MAREY, *C. R. Ac. sc.*, 1876; *Trav. lab.*, 1, 47. *La Circ. du sang*, 1881, 25, 27. — MEYER, *Arch. de Phys.*, 1822, 670. — RODET, *Biologie*, 1896, 29. *Arch. de Phys.*, 1826. — STEFANI, *Arch. it. biol.*, XVIII.

Oscillations toniques des oreillettes. — Les oreillettes du cœur de la tortue d'Europe présenteraient deux fonctions rythmiques qui devraient être considérées comme des manifestations de la contractilité auriculaire. L'une d'elles serait la fonction fondamentale par l'action de laquelle le sang est chassé dans les ventricules; l'autre serait constituée par les oscillations rythmiques de la tonicité. Ces deux fonctions se distingueraient entre elles surtout par leur différente manière de ressentir l'influence du nerf vague. Ce nerf n'exercerait aucune action inhibitoire sur les oscillations de la tonicité. Les oreillettes du cœur présenteraient également un tonus électrique dans lequel on peut observer les mêmes oscillations que dans le tonus fonctionnel (FANO).

PH. BOTAZZI, *Journal of Phys.*, XXI. The oscillations of the auricular tonus in the batrachian heart with a theory on the fonction of sarcoplasma in muscular tissues. *Arch. it. biol.*, 1896, 380. — FANO, *Carl Ludwig's Beiträge zur Phys.*, 1887. Sur les variations de tonus des oreillettes du cœur de la tortue d'Europe. — FANO et FAYOD, *Arch. it. biol.*, IX, 143.

Phénomènes électriques accompagnant la contraction du cœur.

Le cœur étant au repos ne présente point comme les autres muscles de courant électrique. Tous les points de sa surface sont à la même tension électrique, à moins qu'ils n'aient été contus, désorganisés (ENGELMANN).

Pendant la contraction du cœur on observe des variations de tension électrique qui donnent naissance à un *courant d'action*. Cette modification électrique a reçu dans les autres muscles le nom de variation négative, parce qu'elle est en sens inverse du courant de repos, toujours plus faible que lui, et que tout se passe comme si le courant de repos diminuait seulement d'intensité. Dans le cœur on ne saurait lui donner le même nom, puisqu'on peut l'observer dans ce muscle alors qu'il ne présente pas de courant de repos.

Dans le cœur, comme dans les autres muscles, les phénomènes électriques de la contraction n'accompagnent pas précisément celle-ci, mais la précèdent immédiatement et s'accomplissent pendant le temps de l'excitation latente. La négativité du cœur débute fréquemment quelques centièmes de seconde avant le début de la systole du ventricule et se termine un peu avant la fin de la contraction de cet organe.

Les méthodes générales usitées pour l'étude des phénomènes électriques des muscles sont applicables au cœur. Si on replie sur cet organe le nerf d'une patte galvanoscopique, la patte éprouve un soubresaut à chaque systole. Chez les mammifères le nerf phrénique peut être facilement mis en contact avec le cœur et excité par lui (Schiff). L'emploi du galvanomètre ou de l'électromètre capillaire de Lippmann permet l'analyse du phénomène électrique. Les indications d'un galvanomètre sensible recueillies en série, à des moments différents de la systole cardiaque, donnent des éléments suffisants pour dresser une courbe. Celle-ci peut être inscrite directement et avec plus de fidélité par la photographie des oscillations de la colonne mercurielle de l'électromètre. La courbe présente quelques différences suivant qu'il s'agit des *animaux à sang froid* ou des *mammifères*. Elle est simple chez les premiers, complexe chez les seconds. Chez ces derniers, entre la phase de début et la phase terminale, on observe une période d'état qui se traduit par un plateau ondulé (page 76).

Dans beaucoup de cas la négativité de la pointe du cœur est précédée par une phase très courte pendant laquelle la pointe est positive par rapport à la base.

Remarque concernant la réaction électrique positive du cœur. — On a prétendu que l'arrêt du cœur provoqué par l'excitation du vague, s'accompagne d'une réaction *positive inverse* de la réaction provoquée par la systole (Gaskell). Ce fait correspondrait pour certains physiologistes à une influence nerveuse spéciale du pneumogastrique. Ce nerf présiderait au travail de reconstitution des réserves dans les muscles. (V. aussi Botazzi, *centrabl. Phys.*, X, 404.) La réaction électrique du cœur serait parallèle à ce phénomène et s'expliquerait par lui.

Le phénomène ne peut en aucun cas avoir cette signification. D'une manière générale, en effet, le système nerveux moteur ne peut intervenir dans le phénomène de nutrition directement qu'en tant que force de dégagement. Il ne tient sous sa dépendance immédiate que les phénomènes de désintégration qui accompagnent le fonctionnement des organes (Morat). Les nerfs d'arrêt restreignent ce fonctionnement et cette désintégration au delà même des limites qui correspondent au repos apparent des organes. C'est ainsi que, comme Dastre et Morat l'ont montré, l'excitation du vague non seulement arrête le cœur, mais abaisse le tonus de cet organe. Jamais cependant un nerf d'arrêt ne peut renverser le sens des phénomènes trophiques et provoquer une reconstitution des réserves des muscles, en un mot, des phénomènes de synthèse. Morat l'a prouvé sur le terrain même de l'innervation du cœur. Par conséquent l'oscillation électrique observée par Gaskell ne peut constituer qu'une modification relative de la variation électrique indiquant non un *renversement* des phénomènes nutritifs cardiaques sous l'influence de l'excitation de vague, mais une simple *diminution* des désintégrations moléculaires qui constituent, poussées à leur summum, l'activité du muscle et à l'état du repos apparent, le tonus (bibl. p. 110).

Action électro-motrice du cœur chez l'homme. — Le cœur au repos est en équilibre électrique ainsi que le corps. Lorsque la systole ventriculaire commence, cet équilibre cesse d'exister ; la pointe du cœur devient négative, alors que la base devient positive. Quand la systole ventriculaire va cesser, cet ordre se renverse. La pointe cardiaque devient positive et la base négative. Lorsque la diastole commence, l'équilibre électrique se rétablit. Tous les changements indiqués pour le cœur ont lieu aussi pour le tronc, la tête et les membres de l'homme. La négativité se montre d'abord au tronc, aux membres inférieurs et au bras gauche, pendant que la tête et le cou des deux côtés et le bras droit montrent de la positivité ; puis l'inverse a lieu à la fin de la systole. Enfin toutes les parties du corps redeviennent neutres pendant la diastole. L'état électrique passif de tout le corps cesse avec le battement du pouls et revient à chaque battement. En somme au début de la systole on constate la négativité de la pointe, c'est-à-dire un changement excitatoire naissant dans cette pointe. Peu avant la diastole on constate l'inverse, c'est-à-dire un changement excitatoire finissant dans cette partie du cœur. Ces déterminations sont dues à Waller. L'auteur s'est servi de l'électromètre de Lippmann et de la photographie.

W. M. Bayliss et E. H. Starling, *Proceedings of the Royal Soc.*, London, 1891. *Internat. Monatschr. f. Anat. u. Phys.*, 1892, IX. — Bernstein, *Arch. f. d. ges. Phys.*, 1, 173 ; *Arch. f. Anat. u. Phys.*, 1886. — Burdon Sanderson et Page, *the Journal of Phys.*, 1880, 1884. — Donders, *Onderzoek phys. Lab.*, Utrecht, 1872. — Engelmann, *Utrechter onderzœkungen*, 111, 1874 et 1875. *Arch. f. die ges. Phys.*, 1878, XVII, 68-100. — Fano, De quelques rapports entre les prop. contractiles et les prop. électriques des oreillettes du cœur. — *Arch. ital. biol.*, 1888, IX, p. 143. — Fano et Fayod, *Arch. ital. biol.*, IX. — L. Fredericq, *Trav. du lab.*, p. 146-152. — Hermann, *Handbuch der Phys.*, I, 200. — Kölliker et Müller, *Würzburger Verhandlungen*, 1856, IV, 528. — Marchand, *Arch. f. d. ges. Phys.*, 1877, XV ; 1878, XVII. — Marey, *C. R. Ac. sc.*, LXXXIII. 278. *Trav. du lab.*, 1, 47. *Méthode graph.*, 1878, p. 326, 331. *Circulation du sang*, 1881, 25. — Martius, *Arch. f. Anat. u. Phys.*, 1883. *Verhandlungen der phys. Gesell.*, Berlin, 1883. — Meissner et Cohn, *Zeitsch. f. rat. Med.*, 1862, 3e série, XV, 27. — Nuel, *Bull. Ac. roy. de Belgique*, 1873, nos 9 et 10. — Schiff, *Arch. des sc. phys. et nat.*, 1877, LIX, 375. — Sanderson et Page. *Journal of Physiology*, 1880, 1884. — A. Waller, *the Journal of Phys.*, 1887. *Philosophical Transactions*, 1887. — Waller et Reid, *Philosophical Transactions*, 1887.

Réaction chez l'homme. — Bayliss et Starling, *Internat. Monatsch. f. Anat. u. Phys.*, 1892. Bd. 0, 256. De Vogel, *Onderzoekingen, Phys. lab. Leiden*, 2e Rœka, I. — Einthoven, *Arch. f. d. ges. Phys.*, 1895, 101, LX. — Waller. *Arch. de Phys.*, 1890, p. 146. — Traité de Phys., trad. par Herzen. *Paris, Masson*, 1898.

Réaction électrique positive. — Gaskell, *Carl Ludwig's Beiträge zur Physiologie*, 1887. *Journal of Physiology*, VII, 451. — Taljanzeff, *Arch. f. Anat. u. Phys.*, 1886. — Wedensky, Phénomènes téléphoniques du cœur pendant l'excitation des vagues. *Centralb. f. d. med. Wiss.*, 1884.

B. — RAPPORTS DU CŒUR AVEC LE SYSTÈME NERVEUX.

Le cœur comme tous les muscles viscéraux se distingue de ceux du squelette par les rapports particuliers qu'il affecte avec le système nerveux. Tandis que ces derniers ont leurs centres dans la substance grise encéphalo-médullaire, les premiers obéissent à des centres placés dans leur voisinage immédiat, centres locaux qui leur dispensent l'excitation qu'eux-mêmes ont reçue de la moelle et du bulbe. On trouve en effet dans le cœur, dans l'intestin, dans tous les organes musculaires analogues, soit des ganglions, soit des plexus ganglionnaires qui représentent les centres immédiats de ces muscles et les provoquent aux mouvements même en dehors de toute action des centres supérieurs.

I. — *Système nerveux intrinsèque du cœur.*

Nous avons parlé déjà plus haut du système nerveux du cœur, mais seulement pour éclairer la fonction du muscle et la séparer de la sienne propre. Nous allons étudier maintenant le système lui-même en distinguant les parties qui le composent et en suivant leur échelonnement successif depuis le muscle jusqu'aux centres supérieurs.

1° **Considérations anatomiques**. — Chez la *grenouille* les ganglions sont distincts et situés à la base du cœur. REMAK en a décrit un au niveau du *sinus veineux* formé par le confluent de la veine cave inférieure et des veines caves supérieures ou jugulaires. BIDDER en a signalé un second dans l'épaisseur de la *cloison interauriculo - ventriculaire* et LUDWIG un troisième dans l'épaisseur de la *cloison interauriculaire* (fig. 36). Ces ganglions ne forment pas des masses bien circonscrites et sont constitués par des groupes plus ou moins condensés de cellules. Les deux tiers

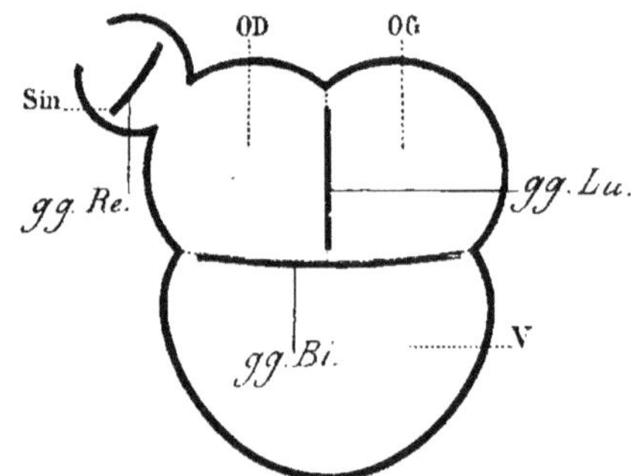

Fig. 36. — *Ganglions du cœur de la grenouille.*

OD. OG, oreillettes droite et gauche; V, ventricule; Sin, sinus veineux; *gg. Re*, ganglion de Remak; *gg.Bi*, ganglion de Bidder; *gg.Lu*, ganglion de Ludwig. Les ganglions inhibiteurs sont figurés par un trait bleu, les ganglions moteurs par un trait rouge.

inférieurs de la pointe du cœur ne contiennent pas d'éléments cellulaires, mais seulement un riche réseau de nerfs dont les fibrilles les plus fines, dépourvues de myéline, se terminent par des nodosités en contact avec la substance contractile nue. Un grand nombre de fibres ont été suivies dans les cellules endothéliales de l'endocarde.

Chez les **animaux à sang chaud** on a décrit un plexus ganglion-

naire important inscrit dans la crosse de l'aorte ; de ce plexus
partent des nerfs qui suivent principalement les ramifications de
l'artère coronaire. D'autres amas ganglionnaires ont été signalés
surtout au niveau de la cloison auriculo-ventriculaire et des oreillettes. Le ventricule contient fort peu de cellules nerveuses. Ces
ganglions sont situés la plupart sous le péricarde : quelques-uns
dans l'épaisseur du muscle. Doguel et Smirnoff ont constaté l'existence d'un grand nombre de nerfs sensitifs sous-endocardiaux et
sous-épithéliaux se ramifiant à l'infini et se terminant par des
plaques. La même disposition a été observée sur le péricarde.

2° **Rôle fonctionnel des ganglions du cœur.** — L'étude des
ganglions du cœur a été faite surtout chez la *grenouille*. Chez cet
animal le cœur excisé perd moins vite ses propriétés que celui des
mammifères. Les ganglions forment aussi des masses plus distinctes
et par suite mieux appropriées à l'analyse.

Un premier fait est bien établi : *chez la grenouille les ganglions
sont à eux seuls suffisants pour entretenir le mouvement du
cœur.*

Expérience. — On excise le cœur d'une grenouille. Après un arrêt plus ou
moins long qui suit fréquemment cette opération, le cœur reprend ses battements
et peut les continuer pendant des heures.

Si on sépare la pointe du cœur du reste de l'organe, la pointe reste inerte,
tant qu'elle n'est pas excitée artificiellement. La base continue spontanément
ses battements réguliers (Volkmann).

On peut faire deux hypothèses pour expliquer le rôle des ganglions : dans la première on suppose que ces organes constituent
un *réservoir* pour les excitations qu'ils dispensent à la fibre cardiaque
au fur et à mesure de ses besoins ; dans la seconde on admet que
les ganglions du cœur sont des *centres réflexes* pouvant transformer les impressions sensitives en incitations motrices. Le mouvement lui-même du cœur deviendrait ainsi une source d'excitation
et de mouvement. Ces deux explications ont très vraisemblablement
une part de vérité. Elles font intervenir des propriétés qui caractérisent un centre nerveux, celle d'emmagasiner les excitations et
celle de les modifier. Or, de plus en plus sur tous les terrains du
champ nerveux, il est prouvé que les ganglions du sympathique
sont de véritables centres fonctionnels. La continuation des battements de la base, alors que la pointe isolée reste immobile, peut être
considérée comme la preuve de l'emmagasinement des excitations
dans les ganglions. Il faut bien admettre aussi par analogie que
les ganglions du cœur ont le pouvoir de modifier les excitations qui

leur parviennent et de les transformer en excitations motrices agissant sur la fibre cardiaque, mais malgré des tentatives nombreuses on n'a pas réussi à mettre en évidence ce pouvoir réflexe (ENGELMANN, MUSKENS).

Les ganglions du cœur auraient, suivant ceux d'entre eux que l'on considère, des fonctions antagonistes. *Les deux ganglions inférieurs situés à la base du ventricule et dans la cloison interauriculaire seraient surtout excitateurs des mouvements du cœur. Le ganglion supérieur situé au niveau du sinus de la veine cave serait surtout modérateur.* C'est la conclusion qui ressort des deux expériences suivantes de STANNIUS :

a. Une ligature pratiquée sur le sinus veineux arrête le cœur en diastole; les trois veines et le sinus veineux continuent à battre (Expérience VII, p. 87, fig. 37).

b. Si après avoir fait une première ligature au point indiqué on en fait aussitôt une seconde un peu plus bas, au niveau du sillon qui sépare les oreillettes des ventricules, en avant et comprenant le bulbe artériel, les battements réapparaissent aussitôt dans le ventricule, les oreillettes restant immobiles (Expérience X, p. 88, fig. 38).

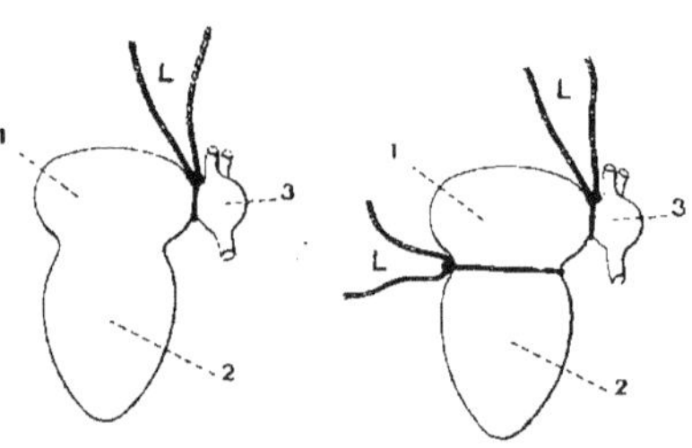

Fig. 37.   Fig. 38.
Ligatures de Stannius.

L, ligature ; 1, oreillette ; 2, ventricule ; 3, sinus veineux.

La distinction des ganglions du cœur en centres modérateurs et centres moteurs peut paraître prématurée. Elle exprime néanmoins des différences très réelles entre le mode d'action de ces ganglions. Toutes les expériences, il est vrai, ne rentrent pas dans le cadre de cette conception. Cela ne doit pas nous étonner. Une vérité peut parfois paraître dans l'ensemble suffisamment dégagée pour apparaître clairement, et cependant la théorie ne pas se vérifier sur tous les points soumis à l'expérience. L'insuffisance de nos moyens d'action et l'enchevêtrement des problèmes qui s'offrent à l'investigation du physiologiste expliquent souvent ces contradictions qui disparaissent quand des progrès plus importants ont été réalisés.

Discussion concernant l'interprétation des expériences de Stannius. — STANNIUS avait déjà admis la distinction des ganglions du cœur en centres moteurs et centres d'arrêt, mais il n'avait pas insisté sur l'interprétation de ses expériences. Les physiologistes qui ont répété ces observations n'ont pas été unanimes sur leur explication. Pour les uns la ligature du sinus veineux équivaut à l'excitation d'un appareil d'arrêt, pour les autres à la rupture des connexions du cœur avec le centre principal qui gouverne les mouvements de cet organe.

I. — Volkmann puis Heidenhain ont fait remarquer que l'arrêt du cœur consécutif à la ligature de Stannius n'est pas définitif. Les battements reprennent spontanément après un temps qui varie de quelques minutes à une demi-heure. Les choses se passent comme si la ligature mettait en jeu un appareil d'arrêt, lequel se fatiguerait comme tout organe dont on provoque le fonctionnement exagéré.

La nature de cet appareil d'arrêt peut toutefois être diversement interprétée. L'arrêt du cœur est la conséquence soit de l'excitation des filets terminaux du nerf vague, soit de la mise en jeu d'un véritable centre nerveux d'arrêt, c'est-à-dire du lieu même du système nerveux où l'excitation est transformée en un phénomène d'inhibition. Les faits suivants peuvent être interprétés en faveur de cette dernière hypothèse. *a.* L'arrêt provoqué par la ligature ou l'excitation du sinus veineux est toujours beaucoup plus persistant que celui obtenu par l'excitation du nerf vague avant sa terminaison dans le cœur. *b.* L'excitation n'est suivie d'effet que si la ligature porte sur un point très limité du sinus veineux particulièrement riche en cellules ganglionnaires. Pour le constater il suffit de découper le sinus en lanières qu'on excite successivement et de comparer les résultats de l'excitation à ceux de l'investigation histologique (Reboul, travail du laboratoire de Morat, Langendorff). Remarquons à ce sujet que l'arrêt du cœur peut être obtenu dans ces conditions aussi bien sous l'influence de l'excitant électrique que de la ligature. *c.* Quelques physiologistes ont soutenu que l'atropine qui paralyse les nerfs cardiaques inhibiteurs n'empêcherait pas l'arrêt du cœur consécutif à la ligature de Stannius. Toutefois Dastre et Morat ont constaté que ce fait n'est pas constant; *d.* Si on coupe les vagues et qu'on lie le sinus après la dégénérescence de ces nerfs on constate néanmoins l'arrêt du cœur. Klug voit dans ce fait la preuve que la ligature agit en séparant le cœur de son principal ganglion moteur, mais le phénomène peut être interprété aussi dans le sens de l'existence d'un centre d'arrêt au niveau du sinus.

II. — Le ganglion de Remak est considéré par le plus grand nombre des physiologistes comme le principal ganglion excitateur du cœur (Bidder, Eckardt, Bezold, Goltz, etc.). Les ganglions de Bidder et de Ludwig seraient des centres inférieurs incapables à eux seuls de soutenir longtemps le rythme cardiaque. Non seulement leurs propriétés seraient limitées, mais il faudrait pour les mettre en jeu des excitations en plus grand nombre ou tout au moins plus fortes que celles qui suffisent à provoquer l'activité du ganglion de Remak. A l'appui de cette conception on cite l'expérience suivante de Goltz : Pour ce physiologiste la reprise du rythme cardiaque qui se produit au bout de quelques instants après la ligature du sinus veineux et la séparation du ganglion de Remak est la conséquence de l'action irritante et prolongée du contact de l'air sur les ganglions de la cloison. Pour éliminer cette excitation l'auteur place le cœur excisé d'une grenouille sous l'huile, puis il pose une première ligature sur le sinus veineux. Le cœur s'arrête. Si ensuite on supprime cette ligature les battements ne reprennent pas, sauf quelques-uns qui seraient la conséquence de l'irritation mécanique produite par l'enlèvement du fil. On pose alors une seconde ligature au niveau du sillon auriculo-ventriculaire. Il se produit, comme l'a montré Stannius, une série de contractions qui cessent si la ligature est enlevée. L'effet de la ligature des ganglions de Bidder et de Ludwig serait manifestement la conséquence d'une excitation, puisque les deux phénomènes se superposent. Par opposition, on conclut que la ligature du sinus agit différemment, en rompant les connexions du cœur avec un centre excitateur, puisque, même alors que le nœud est défait, les battements ne reprennent pas.

D'autres arguments sont encore invoqués à l'appui de cette théorie. Ainsi on fait remarquer que le sinus veineux paraît être le point de départ des mouvements du cœur. La contraction se propage de là aux oreillettes et aux ventricules. D'autre part le sinus, même s'il est excisé, présente des mouvements propres plus persistants et mieux caractérisés que les autres parties du cœur (Tigerstedt et Strömberg, Heinemann, etc.). Ces faits ne sont pas, il est vrai, tous également probants. Dans un certain nombre de conditions les mouvements du cœur n'ont pas leur point de départ dans le sinus. De plus on a cité des cas où l'oreillette bat avec un rythme différent de celui du ventricule. La persistance des mouvements propres du sinus a également une signification relative, puisque des mouvements analogues s'observent sur des organes dépourvus de système nerveux.

Ganglions chez la grenouille. — V. Bezold, *Arch. f. pathol. Anat. Virchow*, 1858. — Bidder, *Arch. de Müller*, 1852, p. 192. — Eckard, *Beiträge zur Anat. u. Phys.*, Heft II, p. 147. — Heidenhain, *Diss. inaug.*, Berolini, 1854. — Heinemann, *Arch. f. d. ges. Phys.*, 1884, XXXIV, 279. — Hofmann, *Arch. f. d. ges. Phys.*, LX. — Gaglio, *Archiv. it. biol.*, XIII. — Ludwig, *Lehrb. d. Phys.*, II, 68. *Müller's Archiv*, 1848. — Ranvier, *Biologie*, 1878, 27. — Stannius, *Müller's Archiv*, 1852, 85-92.

La ligature agissant sur un appareil d'arrêt. — Heidenhain, *Arch. de Müller*, 1858, 479. — Langendorff, *Arch. f. Anat. u. Phys.*, phys. Abth., 1884, suppl., p. 98. — Nawrocki, *Trav. du lab. de Heidenhain*, 1861. Heft 1, 110. — Ranvier, *Leçons*, 1880, p. 131-139.

Effets de la ligature de Stannius après la dégénérescence des vagues. — Klug, *Centralbl. f. med. Wiss.*, 1881. — W. Nikolajew, *Arch. f. Phys.*, 1893, suppl., p. 67.

Influence du curare. — Cyon, cité par Longet, *Traité de Phys.*, III, 106.

Influence de la nicotine. — Rollet, *Handb. Phy. Hermann*, IV, 1, 386.

Rôle excitateur des ganglions de Ludwig et Bidder. — V. Basch, *Sitzungsb. d. Kais. Akad. d. Wiss. math. Naturw.*, 1879. — Bidder, *Arch. f. Anat. u. Phys.*, 1852. — Foster et Dew-Smith, *Journal of Anat. and Phys.*, 1876. — Heidenhain, *Arch. f. Anat. u. Phys.*, 1858, 498. — Goltz, *Arch. f. Anat. u. Phys.*, 1861, 201. — Langendorff, *loco citato*, p. 83. — Lovén, *Mittheilungen vom Phys. Lab. in Stockholm*, 1886, 4, p. 16. — Marchand, *Arch. f. d. ges. Phys.*, 1878, 18, 513. — H. Munk, *Beiträge zum Tagebl. d. Naturforscher. Versamml. zu Speyer*, 1861, 46. — Rosenthal, *Erlangen*, 1875. — Stannius, *Arch. f. Anat. u. Phys.*, 1852.

Ganglion de Remak envisagé comme centre moteur. — V. Bezold, *Arch. f. pathol. Anat. Virchow*, 1858, XIV, 282. — Bidder et Gregory, *Arch. f. Anat. u. Pathol.*, 1866, 20. — Engelmann, *Arch. f. d. ges. Phys.*, t. LXV, 109. — G. Gaglio, *Arch. it. biol.*, XII, 381. — Gaskell, *Philosophical Transactions*, 1882, 227. — Goltz, *Arch. de Virchow*, 1861, XXI. — Heinemann, *Arch. f. d. ges. Phys.*, 1884, 34, 279. — Kaiser, *Congrès de Berne*, 1895. — Klug, *Centralbl. f. d. med. Wiss.*, 1881, 945. — Langendorff, *Arch. f. Anat. u. Phys.*, 1884, suppl., p. 84. — Löwit, *Arch. f. d. ges. Phys.*, 1882. — Ranvier, *Leçons d'Anat. gén.*, 1880, 171, 172. — Rosenthal, *Erlangen*, 1875. — Steiner, *Arch. f. Anat. u. Phys.*, phys. Abth., 1874, 474. — Strömberg et Tigerstedt, *Mittheilungen v. Phys. Lab. in Stockholm*, 1888. — Tigerstedt, *Lehrbuch. d. Kreisl.*, 1893, 203, 209. — Volkmann, *Arch. f. Anat. u. Phys., Müller*, 1844.

Groupes de Luciani. — La ligature du sinus veineux sur une canule, alors que le cours du sang n'est pas interrompu, au lieu de provoquer un arrêt prolongé du cœur est suivie de pulsations irrégulières se succédant par groupes. Gaglio, *Arch. it. biol.*, 1889. — Langendorff, *Arch. f. Anat. u. Phys.*, 1884, suppl. — Luciani, *Ber. der Sächs. Gesell.*, 1873. — Rossbach, *Ber. der Sächs. Gesell.*, 1874.

Étude analytique des ganglions du cœur chez les animaux à sang froid autres que la grenouille. — Chez les poissons : C. E. Hoffmann, *Beiträge zur Anal. u. Phys., d. n. Vagus bei den Fischen n. Meissner's Jahresb.*, 1860. — Kazem, Beck et Dogiel, *Zeitsch. f. Wiss. Zoolog.*, 1882. — Mills, *Journ. of Phys.*, 1886. —

Vignal, *Arch. de Phys.*, 1881. — Mc William, *Journal of Phys.*, 1885. — Chez la tortue : Gaskell, *Journal of Phys.*, 1883. — Mills, *Journal of Anat. and Phys.*, 1887. — Chez les ophidiens ; Mills, *Journal of Anat. a. Phys.*, 1888.

Différence de structure des ganglions. Rapports avec les différences fonctionnelles. — Ranvier, Leçons d'anat. gén. 1880, p. 94, 171, 177. — Vignal, *Biologie*, 1880, 317, 368.

Étude du système nerveux intracardiaque chez les animaux à sang chaud. — Chez les animaux à sang chaud, l'étude des propriétés du système nerveux intracardiaque a donné des résultats qui ne permettent pas encore un groupement systématique. Les faits paraissant bien établis sont les suivants :

I. — Le cœur peut continuer à battre même s'il est excisé et vide de sang ; mais si une circulation artificielle n'est pas pratiquée à travers l'organe les propriétés du muscle et du système nerveux s'épuisent plus rapidement que chez les animaux à sang froid.

II. — Chez les mammifères le cœur présente une très grande sensibilité à l'excitant électrique. Sous l'influence d'un courant de pile ou d'un courant induit les ventricules cessent leurs battements rythmiques et présentent des mouvements violents et irréguliers (délire du cœur, folie du cœur, trémulations ventriculaires) (Ludwig et Hoffa, Vulpian, etc.). Chez le chien, le chat, le cheval, le cœur ne tarde pas à s'arrêter définitivement. Les oreillettes continuent à battre quelque temps encore. Le lapin est moins sensible à cette intervention, mais ce n'est qu'une question de degré (Gley). Kronecker et Schmey ont observé qu'une simple piqûre faite vers la limite inférieure du tiers supérieur du sillon auriculo-ventriculaire chez le chien, ou la plus faible excitation électrique de ce point, suffit à provoquer le délire du cœur et la mort. [L'injection de paraffine fondue dans le torrent circulatoire du cœur fait également cesser les contractions rythmiques régulières et apparaître les trémulations (Kronecker).]

D'après Gley trois séries de faits montrent que la réaction particulière du cœur aux excitations est au moins en partie dépendante d'un appareil nerveux intracardiaque. — *Première série :* L'excitabilité du cœur du chien peut être diminuée par le chloral à haute dose, de telle sorte qu'après une faradisation ayant déterminé les trémulations ventriculaires les battements rythmiques reparaissent comme sur le cœur du lapin. — *Deuxième série :* Le cœur des chiens et des chats nouveau-nés résistent semblablement aux excitations électriques directes. — *Troisième série :* Il en est encore de même chez les animaux refroidis.

Or il n'y a rien de commun, il semble, entre ces trois conditions, sinon que, dans toutes les trois, l'excitabilité des appareils nerveux est affaiblie. Pour toutes ces raisons il convient de penser que dans la production des trémulations il s'exerce réellement une influence d'ordre nerveux (Gley). (Consulter p. 268.)

III. — Woolridge puis Tigerstedt ont tenté l'étude analytique des propriétés des différents ganglions du cœur et pratiqué à cet effet des expériences calquées sur celles faites par Stannius chez la grenouille. Le ventricule, en y comprenant la cloison auriculo-ventriculaire et une petite partie de l'oreillette, paraît avoir en lui tout ce qu'il faut pour battre rythmiquement.

Persistance des battements du cœur chez les animaux à sang chaud. — Arnauld, *Arch. de Phys.*, 1891, 396. — Budin, *Biologie*, 1883, 355 (après dest. du bulbe chez un fœtus). — Czermak et Pietrowsky, *Silzb. Wiener Akad.*, 1857. — Fili, *Riv. cl. Bologne*, embryon humain, quatre mois. — Flourens, *Rech. sur les propr. et fonct. du syst. nerv.*, 1824, 191. — N. Martin, *Philos. Transact.*, 1883. — M.-Edwards, *Leçons…*, IV, 138. — Panum, *Schmidt's Jahrb.*, C. S. 148. — Rawitz, *Arch. f. Anat. u.*

Phys., suppl., 1879. — Regnard et Loye, *C. R. Ac. sc.*, 1887. — Templer, *Philos. Transact.*, 1673, VIII. — Vulpian, *Biologie*, 1858, 8. — Waller et Reid, *Philos. Transact.*, 1887.

Mouvements trémulatoires du cœur. — Einbrodt, *Wiener Sitz. ber.*, 1859. — Gley, *C. R. Ac. sc.*, 1887, en coll. avec G. Sée. *Biologie*, 1890, 1891, 1892. *Arch. de Phys.*, 1891. — R. Fischel, *Arch. f. exp. Path. u. Pharmak.*, 1897. — Laffont, *Biologie*, 1887, 711 : Excit. simultanée du myocarde et des vagues. *C. R. Ac. sc.*, 1887. — Langendorff, *Arch. f. d. ges. Phys.*, 1895, LXI, 318, 1898, 281, bibl. — Ludwig et Hoffa, *Zeitsch. f. rat. Med.*, 1849. — Kronecker, *Congrès de Copenhague. Revue de médecine*, 1884, 827. *Biologie*, 1891, 257. — Kronecker et Schmey, *Sitzungsber. der Berlin. Akad.*, 1884, 87. — *Congrès de Berne*, 1895. — S. Mayer, *Sitzungsb. d. Kais. Akad. d. Wiss.*, 1873. — T. Wesley Mills, *New-York med. Journal*, 1884. — Schiff, *Arch. des sc. phys. et nat.*, 1878. — Schmey, *Sitz. ber. der Berliner Akad.*, 1884. — Sée, Bochefontaine, Roussy, *C. R. Ac. sc.*, 1881. — Towsend Porter, *Arch. f. d. ges. Phys.*, LV, 366. — Vulpian, *Arch. de Phys.*, 1874, 975. — *Biologie*, 1874. — Mc. William, *Journal of Phys.*, 1887. — Chez l'homme : Apterkmann, *Deutsch. Arch. f. klin. Med.*, 1889. — Herbst, *Arch. f. exp. Pathol. u. Pharmak.*, 1884. — Ziemssen, *Deutsch. Arch. f. klin. Med.*, 1882.

Expériences sur les mammifères concernant le système nerveux intracardiaque. — Consulter aussi : Neumann, *Arch. f. d. ges. Phys.*, 1886, XXXIX. — Krehl et Romberg, *Arch. f. exp. Pathol. u. Pharmak.*, 1892, XXX. — Tigerstedt, *Arch. f. Anat. u. Phys.*, phys. Abth., 1884, 497. *Lehrb. d. Kreisl.*, 1893, 215. — Woolridge, *Arch. f. Anat. u. Phys.*, phys. Abth., 1883, 522.

II. — *Système nerveux extrinsèque du cœur.*

Les ganglions du cœur sont réglés dans leur action par des **centres extracardiaques** situés dans l'axe cérébro-spinal et communiquant avec les premiers par deux ordres de nerfs, les uns modérateurs, les autres excitateurs du mouvement.

1° **Caractères généraux des nerfs du cœur.** — Les nerfs modérateurs et accélérateurs du cœur présentent un *caractère anatomique* commun. Ce sont des **nerfs ganglionnaires.** Nous devons les considérer comme formés de neurones placés bout à bout (deux au moins entre le neuraxe et le cœur). Le muscle cardiaque n'est donc pas relié directement par une fibre nerveuse continue aux autres centres cérébro-spinaux. Les ganglions de ces nerfs sont situés soit au contact du tissu même du cœur à leur point de convergence (ganglions cardiaques), soit sur leur trajet, à savoir : les ganglions cervicaux pour le grand sympathique et le ganglion de la fosse jugulaire avec le plexus gangliforme pour le pneumogastrique, ces derniers ayant partiellement les caractères des ganglions spinaux et partiellement ceux des ganglions sympathiques.

Ces caractères anatomiques entraînent des *particularités fonctionnelles* communes aux deux ordres de nerfs, mais les distinguant des nerfs centrifuges de la vie de relation.

a. Il faut pour provoquer l'activité des nerfs cardiaques une excitation plus forte ou plus spécialement adaptée à leur irritabilité propre que pour mettre en jeu les nerfs centrifuges de la vie de relation. C'est ainsi que la plupart des excitants généraux (excitants mécaniques, chimiques, thermiques) sont sans action sur les nerfs du cœur. Un seul excitant, l'*électricité*, met dans les circonstances habituelles facilement en jeu l'activité cardio-modératrice ou accélératrice des nerfs, et ceci encore à la condition de l'employer sous forme de **courants induits** très fréquemment répétés. On peut dire, à ce point de vue, que la découverte de FARADAY a eu sur le développement de la physiologie une influence considérable. C'est parce que les frères WEBER ont employé les courants induits qu'ils ont réussi à mettre en évidence le pouvoir inhibiteur du vague. Si le fait avait échappé à leurs devanciers c'est avant tout parce qu'ils excitaient les nerfs du cœur avec des agents moins bien appropriés à ce but.

b. L'excitation a besoin d'un temps plus long pour parcourir les nerfs cardiaques et arriver à destination. La vitesse de propagation de l'onde nerveuse est plus lente que sur les nerfs de la vie de relation (CHAUVEAU, *Gaz. hebd. méd. et chir.*, 1878). **La période latente est relativement longue**. Il se passe toujours un temps considérable avant que les nerfs du cœur fassent sentir leur action.

Remarque. — Il n'y a toutefois qu'une différence de degré entre l'excitabilité des nerfs cardiaques et celle des nerfs centrifuges de la vie de relation. Ainsi DASTRE et MORAT ont montré qu'en réalité le vague en tant que modérateur du cœur est sensible à tous les excitants mécaniques et chimiques et aussi aux courants isolés d'induction. La tortue se prête particulièrement à cette démonstration. Les mêmes faits peuvent être observés sur les mammifères, à condition de rapprocher ces animaux des conditions des animaux à sang froid.

V. BEZOLD, *Arch. f. path. Anat.*, 1858, XIV, 297. — CZERMAK, *Jenaische Zeitsch. f. Med. u. Naturw*, 1865, 384. — DASTRE et MORAT, *Biologie*, 1877, et in REYNIER, thèse agrég., Paris, 1880. — ECKARDT, *Arch. f. Anat. u. Phys.*, 1851, 205. — DONDERS, *Arch. f. d. ges. Phys.*, 1872. — HEIDENHAIN, *Arch. f. d. ges. Phys.*, 1882. — LEGROS et ONIMUS, *Journal de l'Anat. et de Phys.*, 1872. — PFLÜGER, *Arch. f. Anat. u. Phys.*, 1859. — TARCHANOFF, *Trav. lab. Marey*, 1876, 303.

Fatigue. Mise en jeu de l'ensemble des appareils. — Les appareils modérateur et accélérateur deviennent réfractaires à une nouvelle influence du même ordre quand ils ont été mis en état d'activité par une première excitation rapprochée. Chez les mammifères l'excitation d'un nerf parait mettre en jeu tout l'appareil correspondant. Si par exemple chez les animaux à sang chaud on excite le bout périphérique d'un vague jusqu'à épuisement de son action sur le cœur et si on excite le bout périphérique de l'autre nerf on constate que ce dernier n'est pas capable d'arrêter le cœur.

BEAUNIS, *Nouv. él. de Phys.*, 2ᵉ éd., II, 1861. — ECKARD, *Beiträge zur Anat. u. Phys.*, 1878. — FR. FRANCK, *Dict. encycl. des sc. méd.* Article « Sympathique », 4, 33, 143. *Biologie*, 1879, 270. — GAMGEE et PRIESTLEY, *Journal of Physiol.*, 1878. — TH. HOUGK,

Journal of Phys., XVIII, 3, 161. — Howell, Budgett, Leonard, *Journal o, Phys.*, X, 14, 128. — Hüfler, *Arch. f. Anat. u. Phys.*, 1889. — Marey, *Circ. du sang*, p. 64. — Mills, *Journal of Phys.*, 1885. — Reynier, *Thèse agrég.*, Paris, 1880. — Tarchanoff, *Trav. lab. Marey*, 1876, 288. — Tarchanoff et Puelma, *Arch. de Phys.*, 1875. — Tigerstedt, *Lehrb. d. Kreisl.*, 1893, 242. — Tscherepin, *Jahresb. d. Anat. u. Phys.*, 1881. — Mc William, *Journal of Phys.*, 1885.

Conditions modifiant l'excitabilité des nerfs du cœur. — a. *Influence de la température :* Baxt, *Ludwig's Arb.*, 1875, 1876. — Fr. Franck, *Biologie*, 1883, 13 fév. — Gley, *Biologie*, 1885, 547. — Heidenhain, *Arch. f. d. ges.*, *Phys.*, 1882, XXVII, 395. — Howell, Budgett et Leonard, *Journal of Phys.*, XVI, 228. — Howel, *J. of Phys.*, XVI, 298. — Lépine et Tridon, *Biologie*, Mémoire, 1876, d. 38. — Luchsinger et Ludwig, *Arch. f. d. ges. Phys.*, 1881, XXV, 215, 219. — Meyer, *thèse Lille*, 1886. — Schiff, *Arch. f. d. ges. Phys.*, 1878. — Stewart, *J. of Phys.*, 1892, XII (travail d'ensemble). — Stefani, *Arch. il. biol.*, XXIII, XXIV, 424. Action de la température sur les centres bulbaires du cœur et des vagues. — Klug, *Centralbl. f. med. Wiss.*, 1881, p. 945 (présence d'accélérateurs dans le vague chez la grenouille).

b. *Influence de la pression intracardiaque* : Plus la pression intracardiaque est élevée plus l'excitabilité du vague est atténuée. — Drudufi, *Arch. f. exp. Pathol.*, 1889. — Gaglio, *Arch. il. biol.*, XII, 384. — Ludwig et Luchsinger, *Arch. f. d. ges. Phys.*, 1881, XXV. — Sewall et Donaldson, *Journal of Phys.*, 1882. — Schiff, *Arch. des sc. phys. et nat.*, Genève, 1878. — Sutschinsky, *Untersuchungen aus dem phys. Lab. in Würtzbourg*, 1868. — Stewart, *Proceedings of phys. Society*, 1891 ; *Journal of Phys.*, XII, 1892.

c. *Action du nerf vague sur le cœur déjà ralenti*. — D'une manière générale, l'excitation des vagues ne provoque pas le ralentissement ou l'arrêt du cœur si l'organe est déjà très ralenti, quelque soit le mécanisme de ce ralentissement. — Franck, *Biologie*, 1883. — Gley, *Biologie*, 1885.

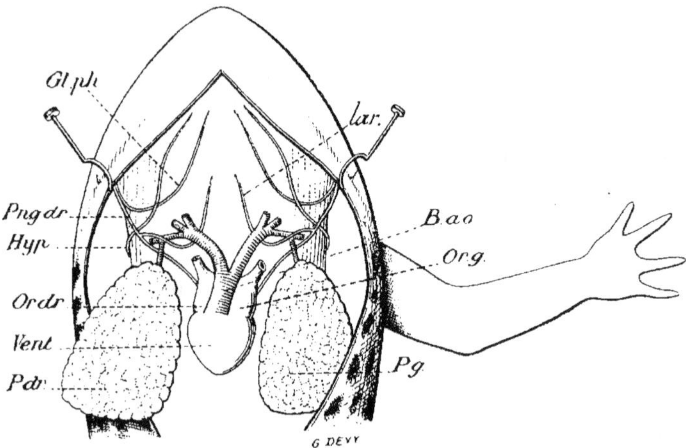

Fig. 39. — *Innervation du cœur chez la grenouille.*

Les rameaux du pneumogastrique destinés à l'estomac et aux poumons ne sont pas figurés.

Anatomie des nerfs du cœur. — Chez le chien : Lim Boon Keng, *Journal of Phys.*, 1893, 466. — Schmiedeberg, *Ber. Sächs. Gesell.*, 1871, 148. — Chez la grenouille : Contejean, *Thèse Fac. sc.*, Paris, Contrib. à la phys. de l'estomac, p. 50. — Ecker. *Anat. de la grenouille.* — Livon, *Manuel de vivisect.* — Chez la tortue : Kazem-Beck, *Arch. f. Anat. u. Phys.*, 1888.

2° Nerfs modérateurs du cœur.

— Les nerfs modérateurs du cœur sont représentés par les **pneumogastriques** (fig. 39, 40 et 49)

Leur influence peut être considérée, pour la commodité de l'analyse, comme portant d'une part sur le rythme et d'autre part sur le tonus du muscle cardiaque.

a. **Influence sur le rythme**. — La *section* d'un seul pneumo-

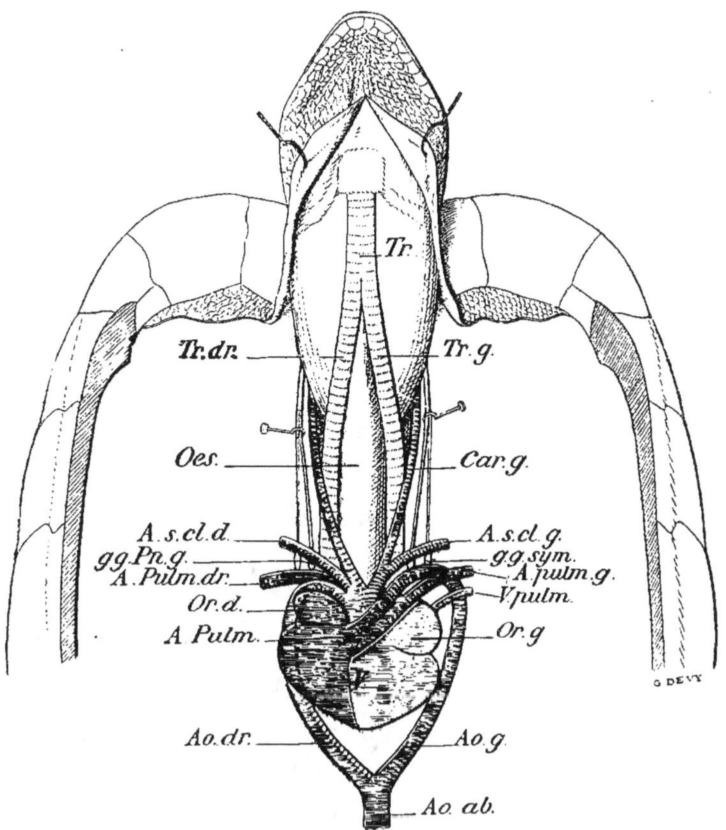

Fig. 40. — *Nerf pneumogastrique de la tortue grecque.*

Tr, tronc trachéal commun; *Tr.g*, trachée gauche; *Tr.dr*, trachée droite; *gg.Pn.g*, ganglion du pneumogastrique; *gg.Sym*, ganglion sympathique; *a.Pulm*, artère pulmonaire; *a.Pulm.g*, art. pulm. gauche; *a.Pulm.dr*, art. pulm. droite; *Ao.ab*, aorte abdominale commune; *Ao.g*, aorte gauche; *Ao.dr*, aorte droite; *Car.g*, carotide ;*A.s.cl.d*; *A.s.cl.g*, artères sous-clavières droite et gauche; *V*, ventricule commun du cœur (le trait médian indique que le mélange des sangs art. et vein. ne s'effectue pas complètement); *Or.d*, oreillette droite; *Or.g*, oreillette gauche; *Oes*, œsophage; *V. pulm*, veine pulm.

gastrique au cou provoque une légère **accélération** du cœur; celle des deux nerfs une accélération très forte, tout au moins chez les mammifères. Le peu de conséquence de la section d'un seul s'explique par la suppléance établie par le nerf du côté opposé.

L'excitation du bout périphérique du nerf coupé entraîne le *ralentissement* du cœur. Si l'excitation est forte, *le cœur s'arrête en diastole* pendant quelques instants, puis il reprend ses batte-

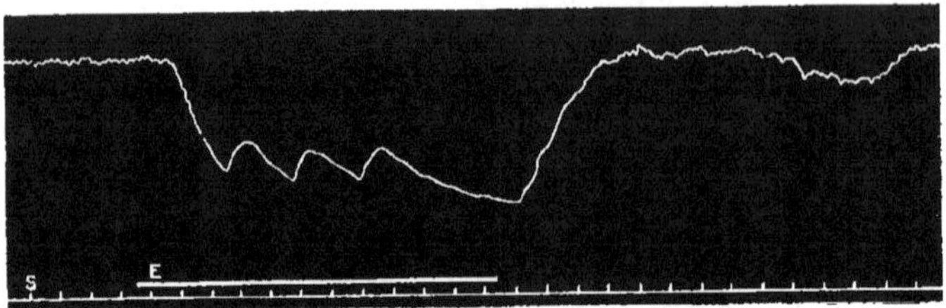

Fig. 41. — *Ralentissement du cœur consécutif à l'excitation du pneumogastrique droit.*

Expérience sur un chien chloralisé (Tracé de la pression artérielle. E = exc. du nerf.)

ments même si l'excitation est continuée. La pression artérielle baisse forcément au même moment pendant le ralentissement et l'arrêt du cœur, puisque cet organe est le facteur originel de cette pression (fig. 41, 42).

Action comparée des nerfs pneumogastriques sur les diverses parties du cœur. — Générale-ment l'excitation du vague avec des courants d'une intensité juste suf-fisante pour produire l'arrêt du cœur provoque la cessation des batte-ments du ventricule, mais laisse persister ceux des oreillettes. Les mouvements de ces poches contrac-tiles sont néanmoins ralentis et s'arrêtent si on prolonge l'excitation ou si on la renforce (ARLOING ; FR. FRANCK). Chez certaines espèces animales on a observé le phéno-mène inverse, les mouvements des oreillettes pouvant être supprimés alors que ceux des ventricules con-tinuent.

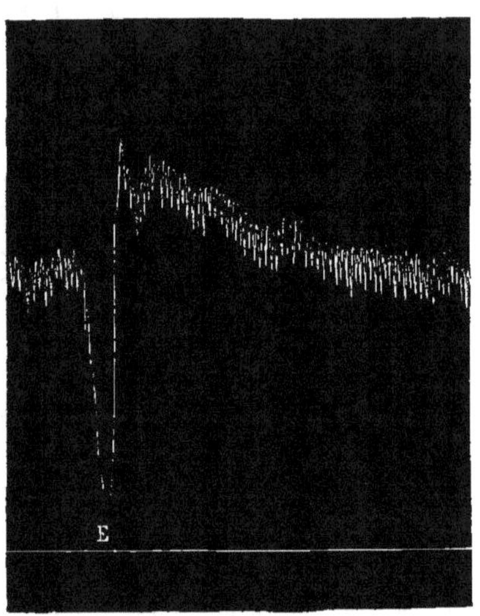

Fig. 42. — *Arrêt du cœur provoqué par l'excitation du bout périphérique du nerf pneumogastrique. Chute de la pression artérielle.*

Origine des fibres d'arrêt du vague. — Les fibres modératrices du vague viennent, chez un grand nombre d'espèces animales (chien, chat), de la branche interne du nerf *spinal* dans laquelle elles sont primitivement contenues. En effet, après l'arrachement du spinal on trouve des fibres dégénérées dans le pneumogastrique et l'excitation électrique de ce dernier nerf n'arrête plus le cœur (A. WALLER). Le fait n'a pas du reste une très grande importance, car la distribution de ces fibres peut varier d'un animal à l'autre dans certaines limites.

Période latente. — A propos des caractères généraux des nerfs du cœur, nous avons dit qu'il s'écoule toujours un temps assez considérable entre le moment de l'excitation et le moment de la réaction. Donders a montré que ce retard varie suivant qu'on excite le vague à tel ou tel instant de la révolution cardiaque. Tarchanoff a soutenu que l'excitation faite pendant la diastole est celle qui produit l'arrêt du cœur avec le minimum de retard. Même dans les cas où le retard de l'arrêt est réduit au minimum une pulsation aurait toujours lieu entre le moment de l'excitation et le moment de l'arrêt. Selon Fr. Franck, la période la plus favorable à la rapidité d'action du pneumogastrique serait à la fin de la systole et au début de la diastole ventriculaire. Quand l'excitation tombe à la fin de la diastole ou au début de la systole l'arrêt se produirait avec le maximum de retard, une pulsation tout entière s'accomplissant entre le début de l'excitation et l'instant d'apparition de l'arrêt. Dans le premier cas (fin de la systole ou début de la diastole) la pause diastolique commencée se prolongerait sans qu'une systole nouvelle vienne s'intercaler entre le moment de l'excitation et son effet modérateur.

Historique. — L'influence modératrice du vague (entrevue par Galvani puis par Volkmann) a été découverte par les frères Weber et annoncée pour la première fois au Congrès des naturalistes italiens à Naples en septembre 1845. Cette découverte a mis en évidence le premier exemple d'une classe de nerfs qu'on a reconnus être très nombreux depuis : les **nerfs d'arrêt**. Successivement, en effet, on a prouvé l'existence de nerfs de ce genre pour les vaisseaux et la plupart des organes de la vie végétative. On n'est même pas éloigné de croire, à l'heure actuelle, que dans la composition du système particulier des nerfs qui gouvernent la fonction de chaque organe, il entre d'une façon constante des nerfs de cette catégorie capables de régler, en la modérant, la fonction de ses nerfs moteurs.

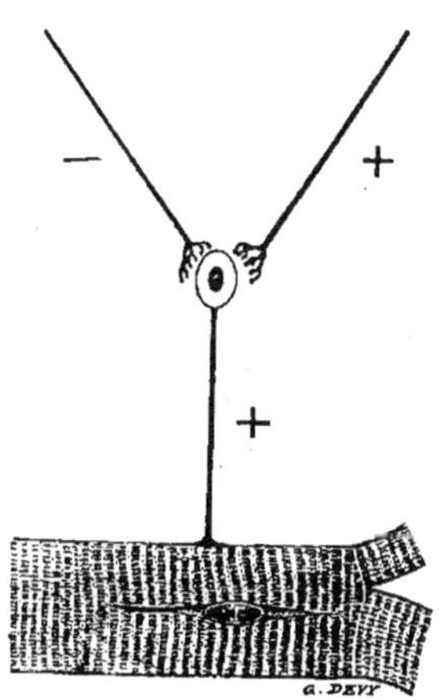

Fig. 43. — *Schéma de l'action des nerfs d'arrêt.*

Lieu où se consomme le phénomène d'arrêt et nature du phénomène. — On a comparé l'action du pneumogastrique et des nerfs d'arrêt en général à celle d'un frein qui bride les mouvements du cœur, d'où l'expression de nerf frénateur assez souvent employée. Mais où est exactement situé ce frein? L'action frénatrice s'exerce-t-elle du nerf au muscle directement ou du nerf dit d'arrêt sur le nerf moteur de l'organe? Tout concourt à nous faire admettre que *l'action d'arrêt est consommée dans le système nerveux* (fig. 43). C'est d'abord la considération théorique de l'économie de force qui en résulte pour le système moteur dans son ensemble. Il est beaucoup plus économique d'arrêter ou suspendre l'excitation qui se rend au muscle que de développer dans celui-ci une force nouvelle antagoniste s'opposant à son mouvement. C'est ensuite l'expérience elle-même. Si, comme l'a fait Morat, on mesure la température du cœur comparativement pendant ses phases de contraction et ses phases d'arrêt (au moment de l'excitation du vague) on voit celle-ci baisser. C'est donc que le myocarde cesse de recevoir l'excitation de ses nerfs accélérateurs. Elle devrait se maintenir ou même augmenter si le conflit des deux forces antagonistes (puissance et résistance) s'opérait dans le cœur même.

En précisant cette idée, Morat localise le phénomène d'arrêt dans les masses nerveuses ganglionnaires des nerfs du cœur et spécialement au niveau des articulations des neurones entre eux, ce lieu lui paraissant le plus apte à servir de théâtre au conflit des excitations venues par des voies différentes, qui, en éteignant l'excitation, aboutissent au repos musculaire.

Connaissant le lieu où se passe le phénomène d'arrêt, on a cherché à pénétrer le **mécanisme de cette action**. Le problème n'est pas résolu, mais une comparaison très heureuse de Claude Bernard explique tout au moins comment on peut concevoir les choses. Cl. Bernard compare l'action d'arrêt au phénomène de l'***interfé-***

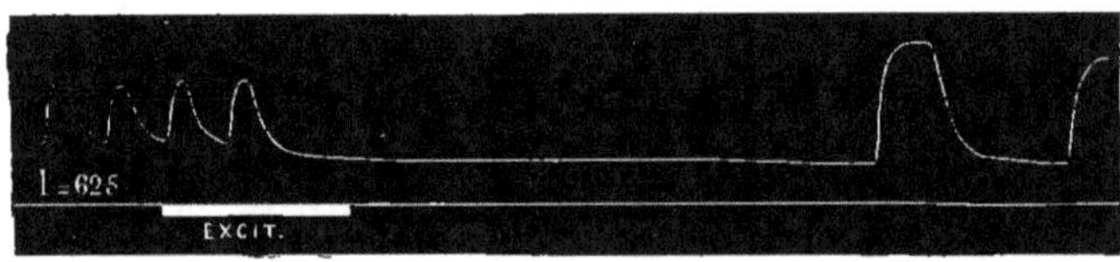

Fig. 44. — *Travail plus grand du cœur après l'arrêt de cet organe provoque par l'excitation du pneumogastrique* (Expérience sur le cœur de la tortue; tracé de Morat).

rence. Lorsque deux rayons lumineux se rencontrent sous une certaine incidence, les vibrations lumineuses qui sont de phases inverses s'annihilent mutuellement; c'est là un cas d'interférence qui aboutit à l'arrêt des vibrations de la lumière. Sans nous dissimuler ce qu'il y a de métaphorique dans la comparaison d'une onde lumineuse avec une onde nerveuse, peut-être se passe-t-il quelque chose d'analogue dans le système nerveux : une onde nerveuse d'excitation rencontre une autre onde nerveuse et les deux ondes s'éteignent mutuellement. Le nerf d'arrêt agit comme s'il empêchait l'excitation qui suit un nerf moteur vrai d'arriver à destination.

Comme l'a fait remarquer Morat, il ne faudrait pas croire cependant à un arrêt définitif de cette excitation. Sans doute elle peut être retenue, emmagasinée au niveau des centres nerveux fonctionnels et retardée dans son passage, mais elle ne peut pas être supprimée. *Dès que le nerf d'arrêt aura épuisé son influence suspensive, l'excitation antérieure s'accusera de nouveau par ses effets* (fig. 44). MORAT cite à l'appui de cette manière de voir un fait bien connu auquel il donne cette signification. Il remarque qu'il est constant qu'après la phase d'arrêt du cœur produit par l'excitation du vague, *les premières systoles qui réapparaissent sont plus fortes (ou plus nombreuses) qu'auparavant et que le travail du cœur est plus grand.*

Discussion concernant l'existence de nerfs cardiaques d'arrêt anatomiquement et fonctionnellement distincts. — Il ne faudrait pas croire que l'existence de cette nouvelle classe de nerfs ait été admise sans contestations. A l'époque des WEBER on croyait que toute activité musculaire est le résultat d'une activité nerveuse motrice. Or dans le cas de l'excitation du nerf vague, on constatait la cessation des mouvements du cœur sous l'influence d'une activité nerveuse.

On a soutenu que les filets modérateurs du vague ne sont que des nerfs moteurs ordinaires se fatiguant ou s'épuisant plus rapidement que les autres, pour ainsi dire d'emblée (BUDGE, SCHIFF, MOLESCHOTT). On se fondait sur ce fait très réel qu'une excitation faible du vague peut accélérer le cœur, tandis qu'une excitation très forte l'arrête. Toutes ces objections ont été réfutées. On sait notamment que l'accélération par les courants faibles est due à la présence d'éléments accélérateurs mélangés aux modérateurs (p. 99).

Toutefois l'idée ancienne reparait de nos jours pour une part sous la plume de WEDENSKY. Ce physiologiste admet il est vrai des actions d'arrêt, mais il nie l'existence de conducteurs spéciaux qui leur seraient affectés. Il admet qu'une même fibre nerveuse peut à volonté livrer passage à une excitation motrice ou d'arrêt. WEDENSKY base son opinion sur l'étude détaillée des influences de l'agent excitateur. Ainsi par exemple, le courant électrique excitateur peut être faible, moyen ou fort. Or si l'on dresse une table des effets produits on voit d'abord qu'il ne se produit rien, puis l'effet apparaît et augmente d'abord parallèlement à l'intensité de l'excitant; il décroît ensuite et disparaît si l'excitant a acquis une intensité trop forte. Il en est de même si l'on envisage non plus l'intensité, mais la fréquence des excitations. Toujours il y a un minimum, un optimum, un pessimum. Or c'est le pessimum que WEDENSKY prend pour de l'inhibition. MORAT s'est préoccupé de dissiper cette erreur. Sans doute il est vrai de dire qu'un excitant doit être approprié en intensité et en fréquence à l'appareil excité. L'oreille, par exemple, n'est pas impressionnée au-dessous de 40 et au-dessus de 40 000 vibrations par seconde. Suivant l'expression de DASTRE, le fonctionnement des appareils de l'organisme est soumis à une loi de *modération physiologique.* L'inhibition est tout autre chose. Elle n'est pas le fait d'une inversion de propriétés des nerfs moteurs. C'est une fonction particulière dévolue à des conducteurs spéciaux. Ce qui prouve bien l'existence de nerfs d'arrêt, antagonistes des nerfs moteurs, c'est que justement pour chacune de ces catégories de nerfs on observe un minimum, un optimum et un pessimum, seulement les deux séries d'expériences ont des effets différents.

b. **Influence suspensive du nerf pneumogastrique sur le tonus du muscle cardiaque**. — L'excitation du vague non seulement ralentit ou arrête le cœur, mais produit un relâchement plus complet que le repos diastolique, comme un surallongement de la fibre musculaire pour la même charge représentée par la pression du sang à l'intérieur de l'organe. DASTRE et MORAT les premiers ont constaté ce fait. Ils ont créé les noms d'*hypotonus* et d'*antitonus*, pour caractériser soit le phénomène produit, soit l'action nerveuse qui l'engendre (fig. 45).

Quelques auteurs ont signalé une diminution de la force des systoles sans que la fréquence soit influencée, c'est-à-dire indépen-

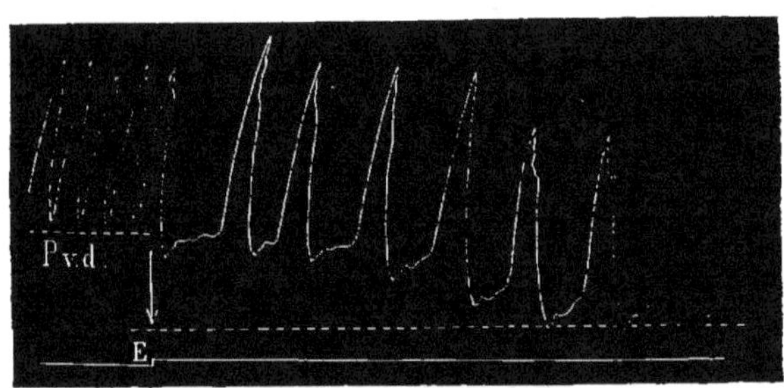

Fig. 45. — *Dépressibilité croissante du myocarde ventriculaire sous l'influence antitonique du nerf vague.*

Le cœur a été au préalable vidé de sang par la compression des veines caves et ses minima diastoliques sont fixés au niveau de l'abscisse pointillée supérieure. — Sous l'influence de l'excitation E du nerf vague la paroi s'est affaissée et sa diminution de résistance est accusée par la chute graduelle des minima diastoliques qui vont rejoindre l'abscisse pointillée inférieure (tracé de FR. FRANCK).

dante de toute modification du rythme. On a même émis l'hypothèse que certaines fibres du vague régleraient les unes, la force, les autres, la fréquence de contraction. PAVLOW, sur le chien, aurait trouvé à la périphérie des nerfs distincts agissant suivant ces deux manières différentes. Beaucoup de physiologistes considèrent néanmoins que cette dissociation n'est pas encore rigoureusement démontrée et qu'en tout cas on n'en a pas une explication suffisante.

3° **Nerfs moteurs du cœur**. — On appelle communément nerfs moteurs du cœur tous ceux dont l'excitation, par opposition aux précédents, influence son mouvement dans un sens positif, cela bien qu'il y ait parmi eux des catégories à établir et que celle précisément qui s'offre communément à notre expérimentation diffère notablement par ses réactions des nerfs moteurs ordinaires ou proprement dits.

Topographie. — Ainsi, considérés en bloc, les nerfs moteurs du cœur ont la disposition suivante : le plus grand nombre sont groupés dans les nerfs sympathiques qui partent chez le chien du premier ganglion thoracique et du deuxième cervical ainsi que des filets qui unissent ces ganglions, contournent l'artère sous-clavière et forment l'anse de VIEUSSENS. Quelques-uns sont mélangés aux fibres cardio-modératrices contenues dans le tronc du vague.

L'origine des premiers est dans la moelle cervicale et dorsale. Ils pénètrent dans la chaîne du sympathique par les *rami communicantes* des 1er, 2e, 3e, 4e et 5e paires dorsales et des 5e, 6e, 7e, 8e paires

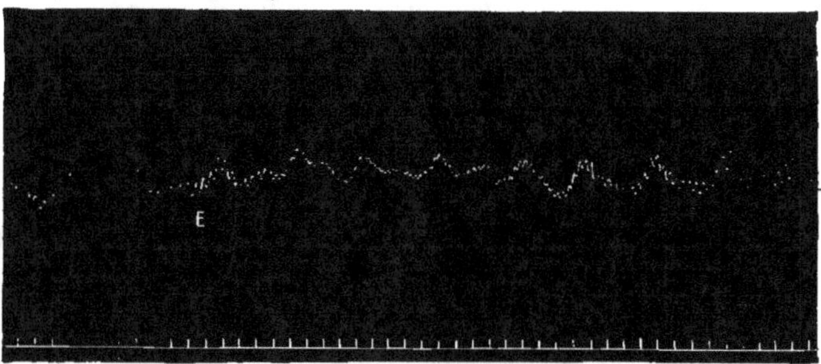

Fig. 46. — *Accélération du cœur sous l'influence de l'excitation de l'anse de Vieussens (chien curarisé).*

cervicales. Ces derniers *rami communicantes* affectent chez le chien une disposition un peu spéciale. Ils se groupent les uns à côté des autres pour se réunir au niveau du ganglion premier thoracique. On les désigne sous le nom de *nerf vertébral* en y comprenant des

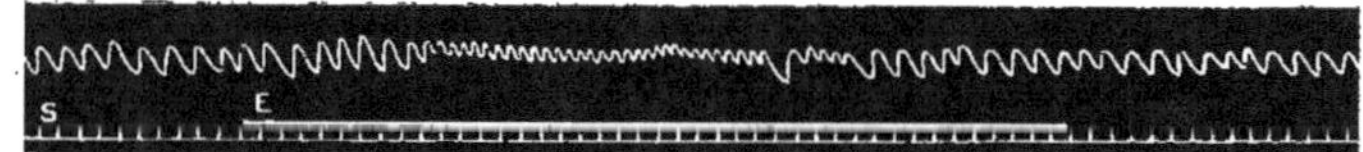

Fig. 47. — *Accélération du cœur consécutive à l'excitation des rameaux cardiaques qui partent de l'anse de Vieussens.*

Expérience sur un chien dont les battements du cœur avaient été très ralentis par le chloral. — Ce graphique est remarquable en ce qu'il montre nettement l'existence d'une période latente relativement longue ainsi que la fatigue des nerfs à la suite d'une excitation prolongée (d'après MORAT).

filets nerveux qui se détachent de ce même ganglion pour suivre l'artère vertébrale dans son trajet ostéo-fibreux. L'origine des fibres motrices du cœur qui suivent le tronc du vague ne paraît pas être la même que celle des fibres d'arrêt de ce nerf. Elles viennent probablement du sympathique et se jettent dans le pneumogastrique peu après sa sortie du crâne (HEIDENHAIN, GASKELL).

Les nerfs moteurs du cœur agissent sur le rythme et sur le tonus cardiaque.

a. **Action sur le rythme**. — *Historique*. — LEGALLOIS, le premier, puis VON BEZOLD ont constaté l'influence motrice de la moelle sur le rythme du cœur. Les frères M. et E. CYON ont déterminé le trajet suivi par l'excitation et découvert l'influence accélératrice des nerfs sympathiques sur le cœur. Ces faits ont été contrôlés par tous les physiologistes et spécialement par FRANÇOIS FRANCK, qui s'est efforcé de fixer la topographie exacte de ces nerfs.

Mode d'action. — D'une manière générale, avons-nous dit, les nerfs moteurs du cœur n'agissent pas à la façon d'un nerf moteur ordinaire. Ce sont, suivant l'expression de MORAT, des nerfs **augmentateurs du mouvement** plutôt que des nerfs moteurs, en ce sens que leur section (dans la région où ils nous sont accessibles) n'a pas pour effet la paralysie immédiate du muscle cardiaque et que leur excitation ne fait que précipiter les battements de celui-ci en se transmettant à des centres propres au cœur lui-même qui sont aptes à les entretenir.

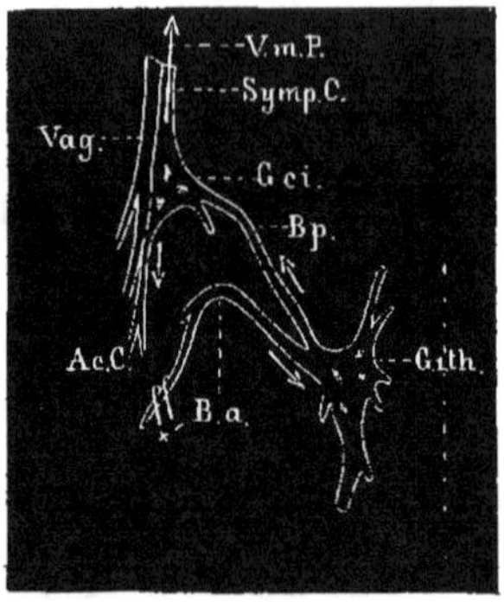

Fig. 48. — *Fonction réflexe du ganglion thoracique supérieur.*

L'excitation centripète de la branche antérieure gauche de l'anneau de Vieussens (*B.a*) se transforme dans le ganglion premier thoracique (*G.1.th*) isolé des centres en une excitation motrice transmise par la branche postérieure de l'anneau (*B.p*). Elle provoque, indépendamment des centres bulbo-médullaires, l'augmentation réflexe de l'action du cœur (*Ac.C.*), la constriction réflexe des vaisseaux du pavillon de l'oreille, de la glande sous-maxillaire et de la muqueuse nasale, et la dilatation de la pupille du côté correspondant *V.m.P*; *G.c.i*, ganglion cervical inférieur; *Vag*, vague; *Symp.C*, sympathique cervical. Expérience sur le chien curarisé (FR. FRANCK).

Expérience. — On pratique sur un chien une incision sur les côtés du cou; on découvre le nerf vague. On le suit jusqu'au niveau de la première côte où l'on découvre assez profondément les filets nerveux qui constituent l'anse de Vieussens et réunissent le ganglion cervical inférieur au ganglion premier thoracique. On charge ces filets sur un excitateur courbe dont les électrodes, soigneusement isolés, sont laissés en place dans la plaie et mis en rapport avec un charriot de Du Bois-Raymond. Sous l'influence des courants induits, le cœur s'accélère. La pression artérielle néanmoins monte peu, car le cœur en raison même de la précipitation de ses mouvements, n'a pas le temps de se remplir entre deux systoles consécutives et lance peu de sang dans l'aorte (fig. 46 et 47).

Les caractères particuliers des nerfs moteurs du cœur s'expliquent soit par les propriétés du muscle cardiaque (p. 58), soit par la présence de ganglions sur le trajet de ces nerfs. Les ganglions sont, en effet, de véritables centres fonctionnels où l'excitation peut être remaniée et modifiée. C'est ce qu'on peut conclure déjà des anciennes expériences de Cl. Bernard sur le pouvoir réflexe du ganglion sous-maxillaire. En ce qui concerne spécialement le cœur, François

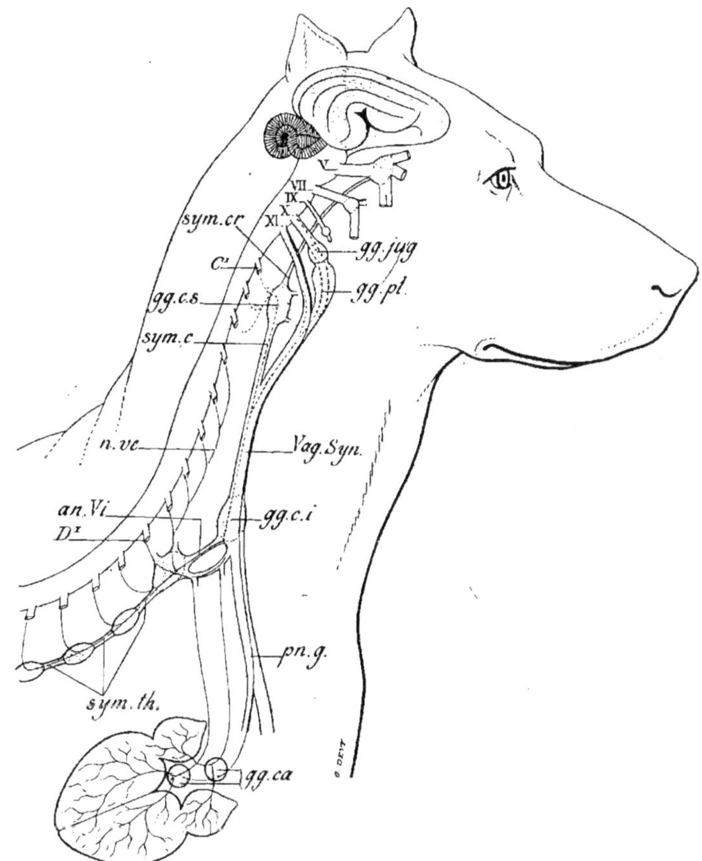

Fig. 49. — *Schéma de l'innervation du cœur chez le chien.*

gg.ca, ganglions cardiaques *n.c,* nerfs cardiaques ; *gg.th,* ganglion premier thora-cique ; *gg.ci,* ganglion cervical inférieur ; *gg.c.s,* ganglion cervical supérieur ; *gg.pl,* ganglion plexiforme ; *gg.jug,* ganglion jugulaire ; *sym.th,* sympathique thoracique ; *an.Vi,* anse de Vieussens ; *pn.g,* pneumogastrique ; *n.ve,* nerf vertébral ; *Vag.sym,* vaguo-sympathique ; *sym.c,* sympathique cervical ; *sym.cr,* prolongement du sympathique dans le crâne ; *C',* première paire cervicale ; *D,* première paire dorsale ; X, origine du pneu-mogastrique ; XI, origine bulbaire du spinal. (Les nerfs inhibiteurs sont indiqués en rouge, les nerfs moteurs en bleu.)

Franck a vu que, sur le chien, l'excitation du bout central du gan-glion thoracique supérieur (après la section de toutes ses relations médullaires) provoque l'accélération du rythme. Le *ganglion tho-*

racique supérieur a donc, à l'égard du cœur, les propriétés d'un centre fonctionnel (fig. 48).

Dissociation des fibres accélératrices et des fibres cardio-modératrices dans le pneumogastrique. — Un nerf, dans le sens anatomique du mot, est formé par la réunion de fibres nerveuses souvent fonctionnellement distinctes et parfois même antagonistes. L'effet de l'excitation du nerf est toujours une résultante. Le sens de la réaction est commandé soit par la proportion plus ou moins grande des fibres de l'une ou de l'autre catégorie, soit par leur inégale excitabilité. Cette loi, bien établie expérimentalement, surtout depuis les travaux de DASTRE et MORAT sur les vaso-moteurs, se vérifie également sur le terrain des nerfs cardiaques (fig. 49).

Le vague, soit chez la grenouille, soit chez les mammifères, contient quelques fibres accélératrices mêlées aux fibres d'arrêt.

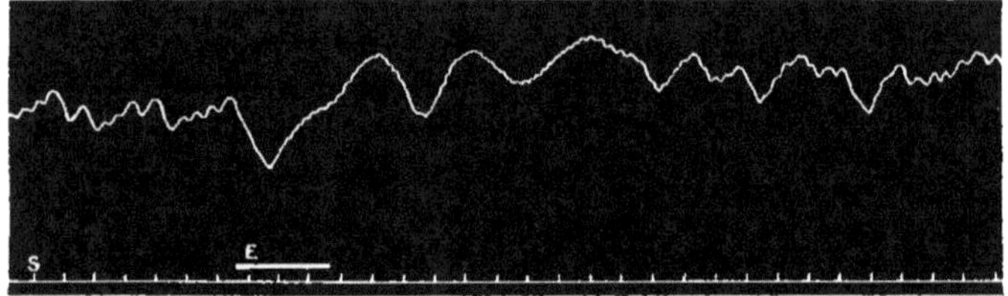

Fig. 50. — *Accélération du cœur consécutive à l'excitation du pneumogastrique gauche en masse avec des courants induits faibles* (sensibles à la langue).

Expérience chez le chien; pression dans la carotide (d'après MORAT).

On ne connaît pas toutes les conditions permettant de mettre les premières en évidence à l'exclusion des autres. On a réussi néanmoins par quelques artifices à opérer cette dissociation. Ainsi des **excitations électriques très faibles** mettent en jeu l'activité des accélérateurs sans provoquer celle des modérateurs (SCHIFF) (fig. 50).

Certains poisons ont une action élective sur les fibres modératrices du vague et laissent intacte, aux mêmes doses, l'excitabilité des accélérateurs, par exemple le curare, l'atropine, etc.

Après la section des nerfs, **les fibres modératrices dégénèrent plus vite que les fibres accélératrices.** Par suite les premières perdent plus rapidement leur excitabilité que les secondes. En appliquant des courants induits sur le bout périphérique du vague plusieurs jours après la section du nerf, on peut parfois obtenir l'accélération du cœur. On peut donc, pendant un certain temps à partir du moment où le nerf modérateur cardiaque a perdu son excitabilité, observer l'indépendance des fibres accélératrices du pneumogastrique (ARLOING).

7*

La **chaleur** supprime plus rapidement les effets modérateurs du nerf vague que ses propriétés accélératrices (Schiff, Lépine et Tridon).

b. **Action des nerfs moteurs cardiaques sur le tonus du muscle.** — Les nerfs accélérateurs du cœur sont cardiotoniques. Sous leur influence l'énergie de la contraction cardiaque est renforcée. Le phénomène s'accuse sur le tracé par l'augmentation d'étendue des courbes systoliques. L'accélération et l'action cardiotonique marchent habituellement de pair, mais ces phénomènes peuvent se dissocier. Il faut se garder cependant, pour le moment, d'admettre

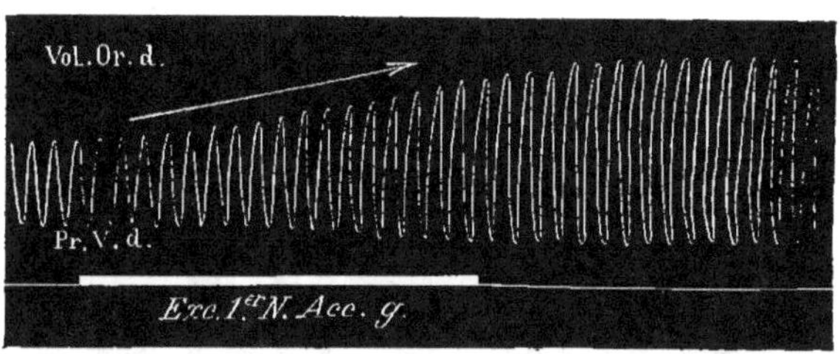

Fig. 51. — *Renforcement des systoles ventriculaires sous l'influence de l'excitation des nerfs accélérateurs.*

Expérience chez le chien ; Pr. V. d, pression dans le ventricule droit (tracé de Fr. Franck). L'indication Vol. Or. d. se rapporte à une ligne du tracé qui n'est pas reproduite.

comme démontrée l'existence de deux ordres de filets anatomiquement distincts (fig. 51).

Nerfs moteurs proprement dits du cœur. — Il se pourrait qu'il y eût, indépendamment des nerfs accélérateurs, une seconde catégorie d'éléments moteurs ordinaires se rendant au myocarde et dont l'influence se traduirait par l'**arrêt du cœur en systole**. Arloing a observé sur des chevaux dont il enregistrait les variations de pression des différentes cavités du cœur, soit la juxtaposition précipitée des systoles ventriculaires, comme il s'en produit au début de la tétanisation d'un muscle ordinaire par un nombre d'excitations juste suffisant pour obtenir cet effet, soit la persistance du resserrement du ventricule et même un tétanos vrai de cet organe. Ces résultats ont été observés à la suite d'excitations portées sur le pneumogastrique. Le cœur paraît donc différer moins qu'on ne le supposait des muscles striés ordinaires et on peut sur lui déterminer des phénomènes tétaniques en excitant les nerfs qui se rendent à cet organe (fig. 52).

Après la section du vague, les fibres modératrices et accélératrices contenues dans ce nerf dégénèrent d'abord. Les fibres motrices proprement dites, seules préservées, resteraient excitables, condition nécessaire pour obtenir la tétanisation du cœur, mais *condition non constante* et *non réalisable à volonté* (Arloing).

Dans les cas observés par Arloing, les choses se passent comme si, entre le point excité des vagues et la fibre cardiaque, il ne se trouvait aucun centre interposé capable de modifier l'excitation. Le fait constaté par quelques auteurs de *lésions trophiques* du cœur en des points *localisés* à la suite des sections des vagues serait à rapprocher d'après Morat des expériences d'Arloing. On peut se représenter les éléments nouvellement dissociés comme des fibres ayant leur centre trophique en dehors du cœur. Fonctionnellement elles sont (d'après Morat) des éléments aberrants du système nerveux intracardiaque;

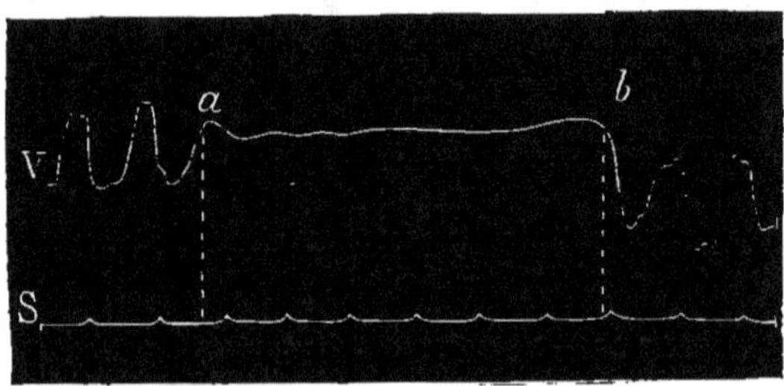

Fig. 52. — *Tétanos du ventricule droit* (d'après Arloing).

Expérience sur le cheval; S, ligne d'abscisse et des secondes; V, tracé cardiographique du ventricule droit; de *a* en *b*, on exerce de légers tiraillements sur le vague gauche pendant que l'on se prépare à le lier; en *b*, on étreint le nerf dans la ligature.

et ce n'est que topographiquement qu'elles se rangeraient dans le système nerveux extracardiaque où le développement les a laissées. (Arloing, *Archives de Physiologie*, 1893, p. 105; 1896, p. 89.)

4° **Influence de l'excitation des nerfs sensitifs sur le cœur**. — Le cœur doit proportionner son effort aux besoins de l'organisme ou plus immédiatement aux résistances que le sang doit franchir dans les vaisseaux. Il faut donc que le système nerveux soit averti des exigences des organes et de l'état de ces résistances. Dans les conditions physiologiques ces indications existent et aboutissent par voie réflexe à une régulation très parfaite des mouvements du cœur.

Expérimentalement on constate le retentissement de toute impression sensitive sur le cœur au point que cet organe peut être considéré comme un esthésiomètre extrêmement sensible.

La propagation des excitations sensitives se fait de neurones en neurones aux centres bulbo-médullaires où elles sont transformées et réfléchies sur les nerfs tant moteurs qu'inhibiteurs du cœur. Dans les excitations artificielles un peu vives telles que nous les prati-

7**

quons sur les nerfs sensitifs, *c'est le réflexe inhibiteur qui prédomine*. La prédominance des effets modérateurs s'observe également quand on applique l'excitant simultanément sur le vague et le sympathique. Pour obtenir l'équilibre entre les deux influences contraires de telle sorte que la tendance à l'accélération balance le ralentissement lors de l'excitation simultanée des deux ordres de nerfs, il faut diminuer considérablement l'intensité des excitations appliquées aux nerfs modérateurs ou augmenter beaucoup celles auxquelles on soumet les accélérateurs.

Les recherches concernant le retentissement des impressions douloureuses ont été étendues à tout le champ sensitif. On a exploré successivement les effets des excitations des nerfs de la sensibilité générale consciente et inconsciente, de la peau, des muqueuses et de la surface des organes internes. Sans entrer dans de trop longs détails, examinons quelques-uns des résultats obtenus. Ils suffiront à faire la preuve des propositions que nous avons formulées. L'excitation électrique du bout central des racines sensitives, des nerfs rachidiens, des nerfs sensitifs de la face, du bout central du vague, provoque le ralentissement du cœur. L'irritation des nerfs sympathiques et en particulier du splanchnique est suivie du même effet, mais plus atténué. Il faut faire une place à part aux *muqueuses nasale* (nerf trijumeau) et *laryngée* (nerf laryngé supérieur). C'est à leur irritation qu'on attribue la mort par arrêt du cœur qui se produit parfois chez l'homme ou chez l'animal au début de l'anesthésie quand on place sous les narines l'éponge imbibée de chloroforme (Dogiel, Holmgren, Marey, François Franck, Kratshmer). La muqueuse pulmonaire peut être, elle aussi, le point de départ d'un réflexe du côté du cœur (Fr. Franck). La distension forcée du poumon provoque l'arrêt du cœur. D'une façon générale, les autres organes viscéraux paraissent dans les conditions normales peu excitables. Cependant, Simanowski a constaté que l'irritation de la vésicule biliaire, du bassinet des reins retentit sur le cœur. Il en serait de même de la distension de l'estomac (Mayer et Pribram).

Il existe certainement un grand nombre d'*associations sensitivo-cardiaques* proprement dites. Il faudrait pour les trouver des excitations moins brutales que celles qu'on emploie en général expérimentalement. On s'adresse à de gros troncs nerveux que l'excitation touche en bloc sans les dissocier. Et puis nous ne savons pas exactement le degré d'excitant, propre aux divers organes, qui met le cœur en jeu. Il est certain, par exemple, qu'il y a des relations entre le foie, l'estomac, l'intestin et le cœur. La clinique le montre (Potain, Teissier). Nous ne les trouvons qu'imparfaitement en physiologie parce que nous ne savons qu'exciter grossièrement et en bloc les organes avec un excitant très certainement peu approprié. (MORAT, in thèse LECREUX.)

D'une manière générale, l'*inflammation* des organes constitue une circonstance très favorable au retentissement réflexe des excitations sensitives. La sensibilité des nerfs sympathiques, généralement très obtuse et inconsciente, devient, sous cette influence, souvent très vive et consciente.

Expérience. — On sort de l'abdomen d'une grenouille ou d'un cobaye quelques anses intestinales. Si on les excite, à ce moment, il ne se produit rien. On les laisse exposées au contact de l'air. Quand ces anses intestinales sont enflammées il suffit de les toucher pour provoquer l'arrêt du cœur. Après la section des vagues cet effet ne peut plus être obtenu (TARCHANOFF).

En *chirurgie*, les interventions sur les régions enflammées de l'abdomen ou de l'intestin exposent particulièrement à l'arrêt du cœur. Pendant la première période de l'*anesthésie* il s'ajoute une prédisposition nouvelle à la syncope, le chloroforme avant de supprimer l'influence inhibitrice des vagues exaltant passagèrement l'excitabilité de ce nerf.

5° **Nerfs sensitifs propres du cœur.** — Il est de toute nécessité qu'un mécanisme de régulation puisse intervenir dans le cas où le cœur ayant à lutter contre une pression trop forte se trouverait à la limite de son action. Non seulement cet organe doit régler son impulsion sur les besoins des parties auxquelles il envoie le sang, ce qui implique un cycle réflexe allant de celles-ci au cœur, mais il faut encore que celles-ci et en particulier les autres segments du système circulatoire règlent leurs exigences sur sa puissance propre, ce qui implique un autre cycle réflexe allant de lui à eux. Ce second mécanisme régulateur nécessite l'existence de nerfs sensitifs propres au cœur, nerfs qui, par les relations qu'ils ont dans les centres avec les vaso-moteurs, sont aptes à régler la contraction artérielle et par là même la pression en proportionnant la résistance des capillaires à l'effort du cœur.

Un des effets de ce genre est maintenant bien connu. Il est obtenu par l'excitation d'un des nerfs sensitifs du cœur, le **nerf dépresseur** de CYON et LUDWIG.

Ce nerf, branche du pneumogastrique, est *anatomiquement distinct chez le lapin.* Il naît, pour une part au moins, au ventricule même, et se jette par deux racines dans le vague, l'une directement, l'autre par l'intermédiaire du laryngé supérieur (fig. 53). Chez la plupart des espèces animales et particulièrement chez le chien, le

7***

nerf dépresseur est confondu sous la même gaine que les autres filets du pneumogastrique.

L'excitation du bout périphérique (cardiaque) de ce nerf n'est suivie d'aucun effet visible, ni connu. **L'excitation du bout central** provoque, d'une part, le ralentissement des battements du cœur, par action réflexe sur les pneumogastriques et, d'autre part, une **chute**

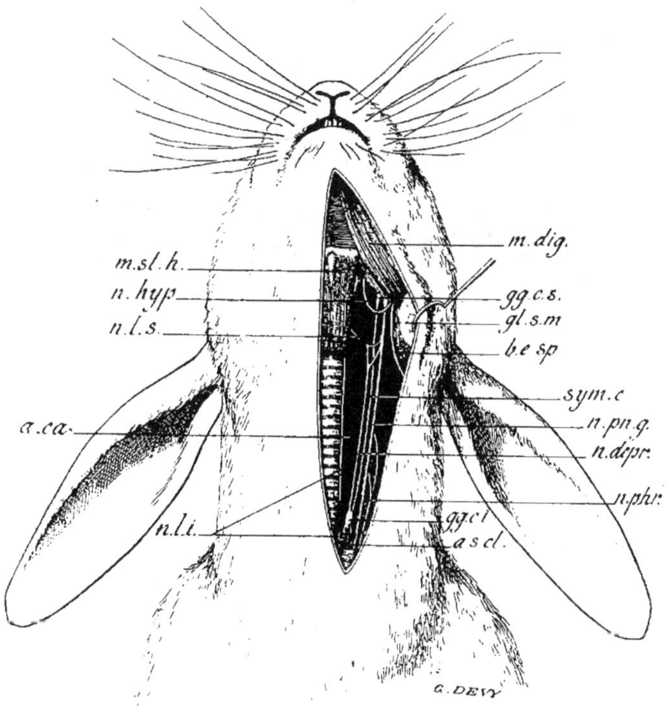

Fig. 53 — *Nerfs du lapin.*

n.pn.g, pneumogastrique; *n.dépr*, dépresseur; *n.l.s*; *n.l.i*, laryngés sup. et inf.; *b.e.sp*, branche externe spinal; *n.hyp*, hypoglosse; *gg.ci*; *gg.cs*, gangl. cervical inf. et gangl. cerv. sup.; *a.ca*, carotide; *gl.sm*, sous maxillaire.

très accusée de la pression artérielle (fig. 54). Le ralentissement cardiaque n'est pas la cause unique ni même principale de la chute de la pression artérielle. Celle-ci est due avant tout à une **vaso-dilatation réflexe**, étendue à une grande partie du système circulatoire. En effet, si par la section des vagues, on élimine l'influence réflexe d'arrêt de l'excitation du bout central du nerf dépresseur on constate néanmoins la chute de la pression. La vaso-dilatation porte principalement sur les vaisseaux de la **masse intestinale**, car

la section des nerfs splanchniques empêche l'abaissement de pression
de se produire avec la même intensité. La preuve que la chute de
la pression artérielle est bien due à un phénomène de vaso-dilatation
est donnée par ce fait que simultanément la pression veineuse

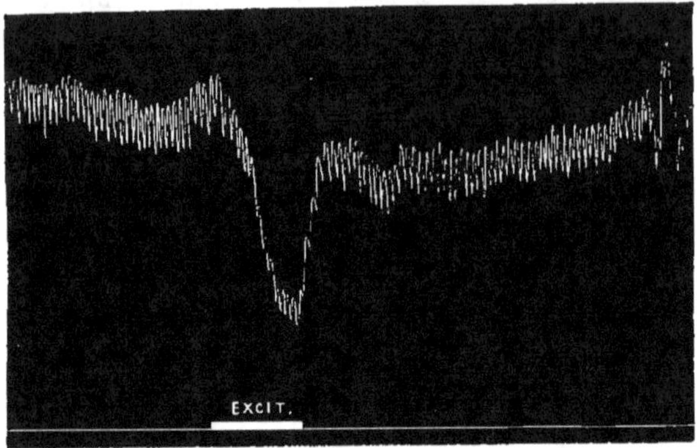

Fig. 54. — *Baisse de la pression artérielle consécutive à l'excitation du bout central
du nerf dépresseur chez le lapin.*

s'élève dans les vaisseaux correspondants, ce qui est bien l'indice
d'une diminution de la résistance des capillaires (MORAT) (fig. 55).
   Si, comme on l'admet, la distension du ventricule par exagération

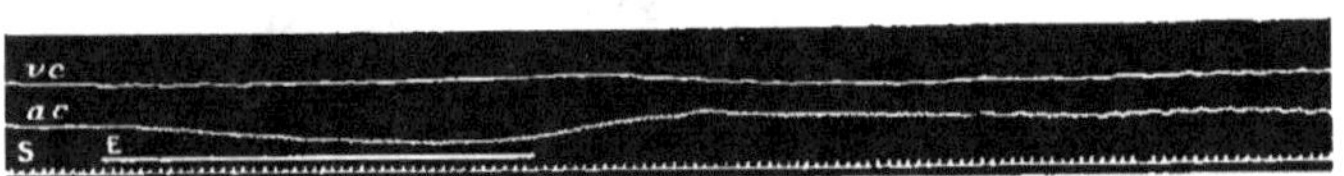

Fig. 55. — *Effets de l'excitation du nerf dépresseur chez le lapin.*

ac, pression dans l'art. crurale ; vc, dans la veine crurale (d'après MORAT).

de la pression excentrique du sang est une source d'excitation
adéquate pour ce nerf, on comprend bien l'effet utile que le cœur
lui-même en retire du fait de l'abaissement réflexe de cette pression
et du dégagement du système artériel à son extrémité. C'est un
réflexe défensif comme on en cite tant et comme les réflexes le sont
tous, sauf altération des conditions à proprement parler physiologiques. C'est en exagérant le jeu des pièces composantes de ce
mécanisme régulateur que l'expérimentateur le met en évidence.
L'excitation sensitive ainsi transportée du cœur au bulbe rachidien
se partage entre les origines de plusieurs nerfs à fonctions différentes,
à savoir : les éléments cardio-modérateurs des vagues, les vaso-
dilatateurs de l'intestin ; il y faut ajouter les vaso-constricteurs

de la peau quand l'excitation est un peu vive. Dastre et Morat ont vu en effet l'excitation du dépresseur produire le resserrement des vaisseaux du pavillon de l'oreille chez le lapin et cette obstruction partielle des vaisseaux cutanés n'empêche pas la chute de la pression artérielle générale, tant l'effet inverse est prédominant du côté de l'intestin en raison de sa puissance et de son étendue. C'est un cas particulier du balancement entre la circulation intestinale et cutanée signalée par ces auteurs.

On n'a pas réussi jusqu'à présent à dissocier topographiquement ou autrement les nerfs vaso-dilatateurs de l'intestin, et c'est une lacune qui reste à combler dans le cycle particulier de l'excitation ci-dessus décrite. Le phénomène d'inhibition qui ouvre ainsi les vaisseaux intestinaux a été tout d'abord, avec Cyon et Ludwig, localisé dans les centres bulbo-médullaires comme s'il était consommé à l'union des nerfs sensitifs du cœur avec les origines des vaso-constricteurs de l'intestin. Depuis que la notion des nerfs vaso-dilatateurs s'est généralisée assez pour qu'on admette en principe leur existence comme liée à toute fonction vasculaire, on transporte volontiers le siège de l'inhibition aux noyaux ganglionnaires des branches intestinales du sympathique, à l'exemple de ce qui a lieu dans les autres phénomènes du même ordre.

Sensations provoquées par les irritations du cœur. — Les irritations du cœur ne donnent lieu en général qu'à des sensations obtuses. Ce fait a été constaté sur des sujets dont le cœur était accessible au toucher par suite d'une malformation ou d'un traumatisme (Harvey, Ziemssen).

Relations fonctionnelles du cerveau avec le cœur.

Les phénomènes psychiques ont une influence certaine sur le cœur. Les émotions, la joie, la douleur provoquent soit l'accélération, soit le ralentissement du cœur. Il en est de même des représentations psychiques agréables ou tristes.

Les mouvements du cœur échappent à l'influence de la *volonté*. Toutefois on cite des cas très rares de sujets capables, par l'action directe de leur volonté, d'accélérer ou de ralentir le rythme cardiaque. On rappelle généralement à ce sujet l'histoire du lieutenant Towsend qui pouvait à volonté arrêter son cœur et sa respiration et tomber dans l'état de mort apparente. Il faut cependant être prévenu d'une confusion possible. Certaines personnes peuvent en effet à volonté ralentir ou accélérer le rythme de leur cœur soit par des représentations psychiques, soit en modifiant leur respiration. D'autres, en contractant violemment les muscles du thorax, de l'abdomen et des extrémités, arrivent à assourdir et à masquer les bruits du cœur par des bruits musculaires et à rendre le pouls imperceptible. Dans toutes ces conditions, l'intervention de la volonté n'est qu'indirecte. Elle s'exerce directement dans des cas plus rares alors qu'il suffit à un sujet de concentrer l'effort de sa volonté sur le cœur pour modifier le rythme de l'organe dans un sens ou dans l'autre, et encore ces cas prêtent-ils à discussion.

Les mêmes restrictions doivent être faites à propos de l'influence accordée par quelques physiologistes (Beaunis, Sgobbo) à la *suggestion* sur le rythme du cœur.

Influence des excitations du cerveau sur les mouvements du cœur. — Les rapports du cerveau avec le cœur sont suffisamment établis pour qu'on puisse s'attendre à ce que l'excitation des centres nerveux supérieurs provoque des modifications du rythme cardiaque. Déjà anciennement on avait prouvé que la compression du cerveau provoque l'arrêt du cœur si les vagues sont intacts. On pouvait, il est vrai, objecter qu'une aggression opératoire aussi brutale retentit mécaniquement sur le bulbe et les origines du pneumogastrique. Schiff, le premier, a montré que l'excitation de l'écorce en des régions déterminées exerce une influence sur le cœur. Lépine a confirmé ces résultats et prouvé que parallèlement aux effets cardiaques il se produit des phénomènes vaso-moteurs. Dans l'état actuel de la science on ne peut pas affirmer cependant qu'il existe des points distincts plus spécialement en rapport avec des modifications univoques du rythme du cœur. On a, en effet, constaté que l'excitation d'une même zone corticale, même très limitée, provoque parfois des effets divergents. Ces variations s'expliquent si l'on songe aux conditions différentes (concernant surtout la nature et l'intensité de l'excitant employé) dans lesquelles les auteurs se sont placés. On a pu toutefois dissocier l'action des excitations de l'écorce sur les battements cardiaques de celle exercée sur les vaisseaux. L'influence du cerveau sur le cœur s'exerce par l'intermédiaire des nerfs vagues et des accélérateurs. La transmission est surtout croisée, mais non exclusivement (Lépine).

Poisons du cœur.

Sous cette désignation commune on range des substances à actions très différentes que l'analyse physiologique doit séparer et catégoriser. Il faut distinguer les poisons *musculo-cardiaques* des poisons *névro-cardiaques;* ces derniers sont de beaucoup les plus nombreux.

Le seul poison *musculo-cardiaque* bien connu et défini est la *vératrine.* Cette substance agit sur la substance musculaire cardiaque (pointe du cœur séparée des ganglions), comme sur les autres muscles striés, en augmentant d'abord son excitabilité pour l'anéantir ensuite complètement. Un courant électrique d'abord insuffisant pour faire contracter la pointe du cœur le devient après l'action de cette substance; cet excitant redevient de nouveau insuffisant, et finalement la pointe du cœur est tout à fait inexcitable (Dastre et Morat, *Biologie,* décembre 1877. — *Revue internationale des sciences* de Lanessan, 1878, p. 58).

Au sujet de l'action de la vératrine sur les muscles consulter : Kölliker, *Arch. Virchow,* X ; Prevost, *Gazette méd. Paris,* 1869, etc...

Les poisons *névro-cardiaques* sont nombreux : un certain nombre ont une action bien définie, tels sont : la *muscarine,* l'*éserine,* la *pilocarpine,* qui arrêtent le cœur ou modèrent ses battements : l'*atropine* qui accélère ses contractions; et enfin, des poisons à action moins bien définie, comme la *digitaline,* qui suivant les conditions ont l'un ou l'autre de ces deux effets.

Pas plus que les poisons musculo-cardiaques ces derniers n'ont d'action absolument spéciale sur le cœur; ils agissent, au contraire, d'une façon analogue sur des appareils nerveux analogues; leur étude pour cette raison doit être faite à propos du système nerveux.

Rappelons cependant les faits les mieux établis. Morat a montré que l'atropine paralyse, rend inexcitables, les éléments modérateurs du cœur et détermine ainsi l'accélération des battements de cet organe. Ce physiologiste a prouvé parallèlement que la pilocarpine qui ralentit les mouvements du cœur paralyse de même les éléments excito-moteurs du sympathique cardiaque. Toutefois, il a observé de plus que la pilocarpine à dose un peu forte paralyse aussi les modérateurs (pneumogastrique). Les deux substances agissent d'une façon inégale sur les deux ordres de nerfs antagonistes. « L'antagonisme est non dans les substances, mais dans l'appareil nerveux du cœur » (Morat, *Biologie*, 1883, p. 518. *Revue scientifique*, 1892. 2, p. 97. — « Antagonisme » in *Dictionnaire* Richet).

Application en chirurgie. — On sait que le principal danger de l'anesthésie chloroformique est « au début » et résulte d'une tendance à la syncope, à l'arrêt du cœur. Cet arrêt du cœur est le fait non de sa paralysie, mais d'une excitation de son nerf modérateur (pneumogastrique cardiaque). L'excitabilité de ce nerf avant d'être diminuée par le chloroforme, comme celle du reste de tous les éléments vivants, est d'abord exaltée momentanément (phase de début). Pour parer au danger de la syncope Dastre et Morat ont recommandé d'administrer, avant l'anesthésique, de l'atropine qui diminue l'excitabilité du vague et rend par cela même la syncope impossible. Il suffit pour obtenir cet effet d'injecter sous la peau un demi-milligramme de cette substance (seule ou associée à la morphine pour rendre l'anesthésie plus calme).

Dastre et Morat, *Biologie*, 1883, 242, 259. — Dastre, Les anesthésiques, Masson, 1890. — Fr. Franck, *Biologie*, 1883, 255. — Morat, *Lyon médical*, LX, p. 137, 1882. — Vulpian, Dastre, *Biologie*, 1883, 259.

Nerfs modérateurs du cœur.

Découverte de l'action d'arrêt du vague sur le cœur. — Budge, *Handw. d. Phys.*, 1846. *Arch. f. phys. Heilkunde*, 1846. — Ludwig et Hoffa, *Zeitschr. f. rat. Med.*, 1849. — Schiff, *Arch. f. phys. Heilkunde*, 1849. — Volkmann, *Müller's Arch.*, 1838, p. 87, 88. — Ernst Heinrich Weber et Eduard Weber, *Congrès de Naples des naturalistes italiens*, 1845. Ed. Weber, *Handb. d. Phys.*, 1846.

Prédominance d'action d'un vague sur l'autre. — Arloing et Tripier ont noté la prédominance habituelle du vague droit sur le gauche pour le cœur.

Arloing et L. Tripier, *Biologie*, 1872, 1876. *Arch. de Phys.* 1872, 1873, 411. — Gaskell, *Journal of Phys.*, 1882. — Masoin, *Bull. Ac. belge*, 1872. — A. B. Meyer, *Das Hemmungsnerven System*. — Mills, *Journ. of Phys.*, 1885. — Tarchanoff, *Trav. lab. Marey*, 1876. — William, *Journ. of Phys.*, VI.

Action comparée des pneumogastriques sur les diverses parties du cœur. — Bayliss et Starling, *Journ. of Phys.*, 13. — Dobroklonsky, *Wochentlische klin. Zeitung*, 1886 (russe). — Eckardt, *Beiträg. zur Anat. u. Phys.*, 1860. — Fano, *Beiträg. zur Phys. C. Ludwig gewidmet*, Leipzig, 1887. — Fano et Fayod, *Arch. ital. biol.*, IX. Sur les oscillations toniques du sinus du cœur de la tortue d'Europe. — Nuel, *Arch. f. d. ges. Phys.*, 1874. — Mills, *Journal of Anat. u. Phys.*, 1886. — Roy et Adami, *Philosophical Transactions*, 1892. — M. William, *Journal of Physiol.*, 6.

Origine des fibres d'arrêt du vague. — Edinger, *Real Encyclopedie der Heilkunde von A. Eulenbourg*, B. XV, Wien und Leipzig, 1883. — Daskiewitsch, *Centralbl. f. med. Wiss.*, 1864. — Fr. Franck, *Biologie*, 1881, 1886. — Gianuzzi, Sienna, 1871, 1872; *Centralblatt*, 1873. — Grossmann, *Arch. f. d. ges. Phys.*, 1895. — Heidenhain, *Studien de Phys. Inst. zu Breslau*, 1865. — H. E. Hering. Anomale Vorkommen von Herzhemmungsfasern im rechten u. depressor Kaninschen, *Arch. f. d. ges. Phys.*, 1894. — Laborde, *Biologie*, 1887, 240, 1888, 428. — Livon, *Biologie*, 1885, 753. — Holm, *Arch. f. path. Anat. u. Phys. f. klin. Med.*, 1893. — Schiff, *Lehrbuch der Phys.*, 1858. — A. Waller, *Gaz. méd.*, Paris, 1856, p. 420.

Divers. — Dogiel et E. Grahe, Wechselwirkung der vagi auf das Herz. *Arch. f.*

Anat. u. Phys., 1895, 3/4, 390. — Münzel, Fréquence du pouls et pression après section des vagues. *Arch. f. Anat. u. Phys.*, 1887. Knoll, *Arch. f. d. g. Phys.*, LXVII.

Période latente. — Czermak, *Arch. f. d. ges. Phys.*, 1868. — Dogiel et Grahe, *Arch. f. Anat. u. Phys.*, 1895, 390. — Donders, *Arch. f. d. ges. Phys.*, 1868-1872. — Fr. Franck, *Gazette hebd.*, 1880, n° 53, 860; *Biologie*, 18 décembre 1880. — Nuel, *Arch. f. d. ges. Phys.*, 1874. — Schiff, *Arch. f. phys. Heilkunde*, 1849. — Pflüger, *Untersuchungen aus dem phys. Laborat. Bonn.*, 1865. — Tarchanoff, *Trav. lab. Marey*, 1876, p. 299. — Tigerstedt, *Lehrb. d. Kreisl.*, 1893, 239 (bibl.).

A propos du mode d'action des vagues. — Brown-Séquard, *J. de la Phys.*, 1862. — Judée, *Biologie*, 1886, 269. — Onimus, *C. R. Ac. sc.*, 1876. — Tigerstedt, *Lehrb. d. Kreisl.*, 1893, 252, 254. — Mc William, *Journal of Physiology*, IX.

Budge, *Handw. d. Phys.*, 1846. — Moleschott, *Unters. zur Naturlehre*, 1860, 62. — Morat, *C. R. Ac. sc.*, 1893; *Arch. de Phys.*, 1894, pages 7 et 208. — Schiff, *Arch. f. phys. Heilk.*, 1849; *Unters. zur Naturlehre*, 1859, 1866. — Wedensky, *Arch. de Phys.*, 1893

Consulter au sujet de l'augmentation d'énergie des pulsations du cœur après la pause provoquée par l'excitation du vague. — Arloing et Tripier, *Arch. de Phys.*, 1872, 593. — Botazzi, *Centralbl. f. Phys.*, 1896, 405. — Brown-Séquard, *Biologie*, 1880, 211. — Coats, *Lab. Ludwig.* — Fr. Franck, *Leçons Collège de France*, 1881. — Gaskell, *Congrès internat.*, *Londres*, 1881. — Heidenhain, *Arch. f. d. ges. Phys.*, 1882, XXVII, 395. — Laborde, *Biologie*, 1886, 381. — Langendorff, *Arch. f. d. ges. Phys.*, 1898, 480. — Laulanié, *Biologie*, 1889, 436. — Ludwig et Hoffa, *Henle und Pfeufer's Zeitsch.*, Bd. 9, 107. — Marey, *C. R. Ac. sc.*, 1873. — Schiff, *Arch. f. phys. Heilkunde*, VIII, 183, 1849.

Action antitonique des vagues. — W. Bayliss et E. Starling, *Journal of Phys.*, 1892. — Botazzi, *Arch. it. biol.*, 1896. — Coats, *Ber. d. Sächs. Gesell.*, 1869, 360. — Dastre et Morat, *Biologie*, 1882, 1894. — Reynier, *Thèse agrégation*, Paris, 1880, Sur les nerfs du cœur. — Faxo, Sur les variations du tonus des oreillettes du cœur de la tortue d'Europe. *C. Ludwig's Beiträge zur Physiol.*, 1887. — Fr. Franck, *Biologie*, 1882. *Arch. de Phys.*, 1891, p. 478, 575. — Heidenhain, *Arch. f. d. ges. Phys.*, 1882, XXVII. *Revue scientifique*, 1882. — Hofmann, *Arch. f. d. ges. Phys.*, LX, 167. — Hoffmeister, *Arch. f. d. ges. Phys.*, 1889. — Gaskell, *Proceed. roy. Soc.*, 1881. *Congrès méd. int. Londres*, 1882. *J. of Physiol.*, IV. *Philosophical Transactions*, 1882. — Johansson et Tigerstedt, *Mittheil v. phys. Labor. in Stockholm*, 1889. — Nuel, *Bull. Ac. roy. belge*, 1873. *Arch. f. d. ges. Phys.*, 1874. — Pawlow, *Centralbl. f. d. med. Wiss.*, 1883, 1885. *Arch. f. Anat. u. Phys.*, 1887. — Roy, *J. of Physiol.*, 1879. — Roy et Adami, *Philosophical Transactions*, 1892. — Serwall et Donaldson, *J. of Phys.*, 1882. — Stefani, *Mém. Ac. de Ferrare*, 1882, 1891. — Mc William, *J. of Phys.*, 1888.

Action d'arrêt chez le nouveau-né. — V. Anrep, *Arch. f. d. ges. Phys.*, XXI. — Bochefontaine, *Biologie*, 1877. — Contejean, *C. R. Ac. sc.*, CIX. — Engström, *Helsingfors*, 1889. — Heinricius, *Zeitsch. f. Biol.*, XXVI, 1889. — Kehrer, *Beiträge zur klin. u. exp. Geburtskunde u. Gynäk.*, 1879. — Langendorff, *Breslauer Arztl. Zeit.*, 1879. — Meyer, *Arch. de Phys.*, 1893, 475. — Soltmann, *Jahresb. f. Kinderheilk.*, 1877. — Tarchanoff, *Biologie*, 1878. *Gaz. méd.*, Paris, 1878.

Chez l'homme. — Besançon, *Biologie*, 1893, 303. — Cardarelli, *Arch. it. biol.*, 1891. — Czermak, *Prager Vierteljahreschr.*, 1868. *Biologie*, 1868, 48. — Fort, *Biologie*, 1890, 260. — Heule, *Zeitsch. f. rat. Med.*, 1852. — Malherba, *Arch. de Phys.*, 1875. — Jouanneau, *Thèse méd.*, Paris, 1890. — Luzet, *Revue de méd.*, 1891. — Merklen, *Soc. méd. des hôpit.*, 1887. — Peter, *France médicale*, 1887. — Taljanzeff, *Arch. f. Anat. u. Phys.*, 1886. — Thanhoffer, *Centralbl. f. med. Wochensch.*, 1875. — Wasilewski, *in Jahresb. d. Anat. u. Phys.*, 1876. — Quincke, *Berl. kl. Woch.*, 1875.

Nerfs du cœur chez les oiseaux (Influence moins marquée que chez les mammifères). — Cl. Bernard, *Leçons sur la phys. du s. nerv.*, II. — Couvreur, *Thèse Fac. sciences*, Paris, 1891, 40. — Dogiel, *Soc. neurol. et de psych.* Kazan, 1895. — Einbrodt, *Arch. f. Anat. u. Phys.*, 1859. — A. B. Meyer, *Das Hemmungsnervensystem des Herzens*, Berlin, 1869. — R. Wagner, *Arch. f. Anat. u. Phys.*, 1859.

Action du vague chez les poissons. — Jolyet, *Biologie*, 1872, 254.

Nerfs du cœur chez les invertébrés. — P. Bert, *Mém. sur la phys. de la Seiche*, *Mém. de la Soc. scientif. de Bordeaux*, 1867, V, 115. — Biedermann, *Sitz. ber. der Kais. Akad. d. Wiss.*, 1881. — Conaut et Clark, Crabe. *Journal of exp. Med.*, I, 2, 341. — Dogiel, *Arch. de Phys.*, 1877, *Zeit. f. mikr. Anat.*, XLIII (crabe). *C. R. Ac. sc.*, 1876. — Foster, *Arch. f. d. ges. Phys.*, 1872. — Foster et Dew-Smith, *Proceed of Royal Society*, London, 1875. — L. Fredericq, Recherches sur la physiol. du poulpe commun, *Arch. de zool. exp. et générale*, VII, 1878, 535. — Fuchs, *Arch. f. d. ges. Phys.*, LX,

200 (*Beiträge zur Phys. des Kreislaufes bei den Cephalopoden*). — HOFFMEISTER, *Arch. f. d. ges. Phys.*, 1889. — JOLYET et H. VIALLANES, *Ann. des sc. nat. Zool.*, XIV, 4/6, 387 (Crabe). — PLATEAU, *Arch. belges de biol.*, 1880. — RANSOM, *J. of Physiol.*, V, 1884, p. 261.

Action directe du vague sur la nutrition du cœur. — GASKELL, *J. of Physiol.*, 1886, 1887. — TIGERSTEDT, *Lehrbuch*, 1893, 255. — BOTAZZI, *Centralbl. Phys.*, X, 404.

Lésions trophiques du cœur consécutives à la section des vagues. — V. ANREP, *Verhandl. v. d. physical Med. Gesell. in Würzburg*, 1880. — BIDDER, *Arch. f. Anat. u. Phys.*, 1868. — EICHHORST, *Centralbl. f. med. Wiss.*, 1879. — FANTINO, *Arch. it. biol.*, 1888. *Centralbl. f. med. Wiss.*, 1888. — HOFMANN, *Arch. Virchow*, CL, 1, p. 161. — KLUG, *Centralbl. f. med. Wissensch.*, 1881. — A. LEWIN, *Thèse Petersburg*, 1888. — TIGERSTEDT, *Lehrb. d. Kreisl.*, 1893, 257 (bibl.). — TIMOFEJEW, *Wöchentl. klin. Zeit.*, 1889 (russe). — *Jahresb. f. Anat. u. Phys.*, 1889. — WASSILIEW, *Zeitsch. f. klin. Med.*, 1881. — ZANDER, *Arch. f. d. ges. Phys.*, 1879.

Nerfs moteurs du cœur.

Action sur le rythme. — ALBERTONI et BUFFALINI, *Arch. de Phys.*, 1876, 830. Sur l'augmentation des pulsat. card. par l'excit. des premières racines dorsales. — V. BEZOLD, *Untersuchungen über die Innervation des Herzens*, 2. Abth. *Ueber ein neues excitirendes Herznervensystem im Gehirn und Rückenmarck der Saügethiere*, Leipzig, 1863 (lapin). — BEVER, *Unters. aus d. Phys. Lab. in Würzburg*, 1867 (lapin). — BOEHM, *Arch. f. exp. Pathol.*, 1875 (chat). — M. et E. CYON, *Centralbl. f. d. med. Wiss.*, 1866. *Arch. f. Anat. u. Phys.*, 1867 (lapin). — FR. FRANCK, *Biologie*, 1878, 140 : Recherches anat. et phys. sur le nerf vertébral. *Trav. du lab. Marey.* 1877, 1878, 1879. *Gaz. hebd. de méd. et de chirurg.*, 1879, 229, 246, 277, 295, 326. *Biologie*, 1879, 257 : Discussion de l'hypothèse erronée concernant le passage de fibres accélératrices par les laryngés supérieurs. *Biologie*, 1871, 270 : Mise en jeu de l'appareil accélérateur terminal par l'excitation d'un seul nerf ; phase réfractaire de cet appareil terminal après une excitation. *Arch. de Phys.*, 1890, 833 : Faits prouvant l'impossibilité d'obtenir l'arrêt systolique en excitant les accélérateurs. *Arch. de phys.*, 1894, 717 : Fonction réflexe du ganglion thoracique supérieur. — LEGALLOIS, *Sur le principe de la vie*, 1812. Paris, 212. — STRICKER et WAGNER, *Wiener. med. Jahrb.*, 1878. — SCHMIEDEBERG, *Ber. der Sächs. Gesell. d. Wiss.*, 1870-1871 (chien, grenouille). — WERTHEIMER, *Biologie*, 1885 : L'hypoglosse, les premiers nerfs cervicaux et les filets médullaires du spinal fournissent-ils des fibres au plexus cardiaque?

Période latente. — BAXT, *Arch. f. Phys.*, 1877, 526. — BOEHM, *Arch. f. exp. Path.*, 1875, 273.

Action cardio-tonique. — BAYLISS et STARLING, *J. of Phys.*, 1892. — FR. FRANCK, *Arch. de Phys.*, 1890, 1893. — HEIDENHAIN, *Arch. f. d. ges. Phys.*, 1882. — GASKELL, *J. of Phys.*, 1884, 1881. — MILLS, *J. of Anat. u. Phys.*, 1886, 554. — ROY et ADAMI, *Phil. Transact.*, 1892.

Tonus des accélérateurs. — STRICKER et WAGNER, *Wien. med. Jahrb.*, 1878. — TIMOFEEW, *Centralbl. f. Phys.*, 1889, 235. — TSCHIRJEW, *Arch. f. A. u. Phys.*, 1877.

Nerfs accélérateurs chez les vertébrés à sang froid et chez les invertébrés. — GASKELL, *Journal of Phys.*, 1884. — GADOW et GASKELL, *Journal of Phys.*, 1885. — HEIDENHAIN, *Arch. f. d. ges. Phys.*, 1882. — HOFMEISTER, *Arch. f. d. ges. Phys.*, 1889. — MILLS, *Journal of Anat. and Phys.*, 1886. — LEMOINE, *Ann. des sc. nat.*, 1868. — PLATEAU, *Arch. belges de biol.*, 1880 (n. accél. chez les crustacés). — RANSOM, *Journal of Phys.*, 1884. — KLUG, *Centralbl. f. med. Wiss.*, 1881, 945. — SCHMIEDEBERG, *Berichte der Sächs Gesell.*, 1870. — WUNDT et SCHELSKE, *Meissner's Jahresb.*, 1859.

Nerfs moteurs proprement dits. — ARLOING, *Arch. de Phys.*, 1893 ; 1896. — CH. ROUGET, *Arch. de Phys.*, VI, 1894.

Mélange des fibres d'arrêt et accélératrices — Emploi de la méthode des dégénérescences : ARLOING, *Congrès de Berne*, 1895. *Arch. de Phys.*, 1896, 82. — KLUG, *Med. Centralbl.*, 1881, 945. — SCHIFF, *Arch. f. d. ges., Phys.*, 1878. Influence de l'intensité des courants : ARLOING et TRIPIER, *Arch. de Phys.*, 1872. — MOLESCHOTT, *Wiener med. Wissensch.*, 1861. — *Arch. de Phys.*, 1862. — MOLESCHOTT et HUFSKIND, *Untersuchungen zur Naturlehre des Menschen und der Thiere*, VIII. — SCHIFF, *Arch. f. phys. Heilkunde*, 1849, VIII, 233. — Emploi des poisons : BOEHM, *Arch. f. exp. Pathol. u. Pharmak.*, 1875 (curare). — HEIDENHAIN, *Arch. f. d. ges. Phys.*, 1882, XXVII, 392, 399. — GIANUZZI, *Ac. Siena*, 1872. — MORAT, *Biologie*, 1883, 518 (atropine). — LÖWIT, *Arch. f. d. ges. Phys.*, 1881, 1882, 1883 (azotate de potasse, chlorure de potasse, etc.). — RUTHERFORD, *Journal of Anat. and Phys.*, 1869 (atropine). — SCHIFF,

Molesch. Unters., 1865, 58; 1873, 199. — *Jahresb. d. Anat. u. Phys.*, 1877, III, p. 45.
— Schmiedeberg, *Berichte der Sächs. Gesell. d. Wiss. zu Leipzig*, 1870, 130 (atropine,
nicotine). — Wundt et Schelske, d'après *Meissner's Jahresb.*, 1859 (curare). — Influence
de l'anémie : Dourdoufi, *Biologie*, 1889. — Laulanié, *Biologie*, 1888. — Influence de la
température : voir p. 89. — Consult. aussi : Gaskell, *J. of Phys.*, 1884.

Prédominance de l'action des vagues sur celle des accélérateurs. —
Bayliss et Starling, *J. of Physiol.*, 1892. — Boehm, *Arch. f. exp. Path.*, 1875. — Baxt,
Ber. der Sächs Gesell. d. Wiss., 1875. — Fr. Franck, *Biologie*, 1879, 259. — Melzer, *Arch.
f. An. u. Phys.*, pyhs. Abth., 1892. — Stricker et Wagner, *Wiener med. Jahresb.*, 1878.

Action des nerfs sensitifs.

Excitation des nerfs de la sensibilité générale. — Cl. Bernard, *Subst.
tox. et médic.*, 232. — Besson, thèse Lyon, 1892 (révulsifs). — Bloch, *Biologie*, 1884,
p. 148. — Fraenkel, *Berliner klin. Wochensch.*, 1888. — Fr. Franck, *C. R. Ac. sc.*,
1876, 1878, 1879. *Biologie*, 1877, 1879. *Trav. Lab. Marey*, 1876, 221; 1878; 1879. — Hack,
Deutsche med. Wochensch., 1886. — Holmgren. *Upsalé Lakache forenings fochandlin-
gar*, 1867. — Lovén, *Ber. der. Sächs. Gesell. d. Wiss.*, 1866. — Kanders, *Zeitsch. f.
klin. med.*, 1892, 21. — Kratschmer, *Sitzungsb. d. Kais. Ak. der Wiss. math. Natur.
Wiss.*, 1870. — Marey, *Cours du Collège de France*, 1876.

Excitation des filets sensitifs du vague et de ses rameaux. — Auber et
Roëver, *Arch. f. d. ges. Phys.*, 1868. — Fr. Franck, *Biologie*, 1879, 293. — *Tr. Lab.
Marey*, 1876, 1880. — *Archives de Physiologie*, 1890. — Hering, *Sitzungsber d. Kais.
Akad. d. Wissensch. math. Natur. Wiss.*, 1871. — Roy et Adami, *Philosophical Transac-
tions*, 1883. — Sommerbhod, *Zeitsch. f. klin. Medizin,*, 1881. — Voyez p. 28.

Excitation des nerfs et des organes viscéraux. — Aubert et Roëver, *Arch.
f. d. ges. Phys.*, 1868. — Asp, *Ber. der Sächs Gesell. d. Wiss.*, 1867. — Bernstein, *Centralblatt*, 1863, n° 52. — *Arch. f. d. ges. Phys.*, 1868. — Barnes, Sur le collapsus ou
état syncopal causé par des affections de l'abdomen. *Journal de la Physiologie*, 1862. —
Fr. Franck, *Biologie*, 1879, 293. — Goltz, *Arch. de Virchow*, XXVI, p. 1, 1864. — Guinard et Tixier, *C. R. Ac. sc.*, 1897, 333. — Lecreux, *Thèse Fac. méd.*, Lyon, 1888. —
Mayer et Pribram, *Sitz. ber. d. Kais. Akad. d. Wiss.*, 1872. — Potain, *Congrès de Paris*,
1878. — Sabbatini, Rapport entre les actions d'inhibition et d'accélération du cœur par
compression de l'abdomen. *Arch. it. biolog.*, 1891, XV, — Simanowsky, *Jahresber. d.
Anat. u. Phys.*, 1881. — Tarchanoff, *Biologie*, 1875, p. 139. — Teissier, *Congrès de
Montpellier*, 1879. *Soc. méd.*, Lyon, 1883.

A propos des cardiopathies réflexes, consulter aussi : Capelle, *Thèse agrég.*,
Paris, 1861. — Ollier, *Congrès de La Rochelle*, 1891. — Potain, *Gaz. hebd.*, 17 mars
1894. *Cliniques de la Charité*, p. 194, 1894. — Pineau, *Thèse Fac. méd.*, Paris, 1877. —
Riberi, *Gaz. des hôpitaux*, 1840.

Excitations sensorielles. — Couty et Charpentier, Excitations des nerfs de la
sensibilité, *Arch. de Phys.*, 1877. *C. R. Ac. sc.*, LXXXV. — Hering, *Arch. f. d. ges.
Phys.*, 1895, LX, 433.

Nerfs sensibles propres du cœur ; nerf dépresseur. — Aubert et Rœver,
Arch. f. d. ges. Phys., 1868. — Bayliss, *Congrès de Liège*, 1892. — *Journal of Physiol.*,
1893. — Bernhardt, *Dorpat*, 1868. — E. Cyon et C. Ludwig, *Berichte der math. Phys.
Cl. d. K. S. Gesell. der Wiss. zu Leipzig*, 1866, p. 353 (lapin). — Cyon, *Bull. Ac. sc.
Pétersbourg*, 1870 (cheval). *C. R. Ac. sc.*, 1897, 1544. *Centralbl. f. Phys.*, 1897. *Arch. f.
d. ges. Phys.*, 1898, 244 (relations avec la glande thyroïde). — Dastre et Morat, *Biolo-
gie*, 1882, 462. *Syst. nerv. vaso-moteur*, 1884, 330. — Finkelstein, *Arch. de His et
Braune*, 1880 (travail d'anatomie sur le cheval, lapin, chien, chat). — Kowalewski et
Adamuk, *Centralblatt f. d. Med. Wiss.*, 1868 (chat). — Kreidmann, *Arch. du Bois-Raymond et His*, 1878. — H. Servall et W. Steiner, *Journal of Phys.*, VI, 162. — Stefani,
Arch. it. biol., 1896. — Tigerstedt, *Lehrbuch d. Kreisl.*, 1893, 278. — Tschirwinski, *Centralbl. f. Phys.*, 1896 (recherches anat., phys. et pharmac., sur le lapin). — Viti, *Arch.
it. biol.*, 1884 (rech. chez diff. espèces animales et chez l'homme).

Nerf dépresseur chez les oiseaux. — Couvreur, *Thèse Fac. sciences*, Paris,
1891. — Dogiel, *Soc. de neurol. et de psych. de Kazan*, 1895. — **Chez les animaux
à sang froid** : Gaskell et Gadow, *Journal of Phys.*, 1885. — Kazam-Beck, *Arch. f.
Anat. u. Phys. Anat. Abth.*, 1888. — Kronecker et Mills, *Journal of Phys.*, 1885. — **Chez
l'homme** : Bekesy, cité d'après le *Centralblatt f. Phys.*, 1888, 176. — Finkelstein,
Arch. f. Anat. u. Phys. Anat. Abth., 1880. — Kreidmann, *Arch. f. Anat. u. Phys. Anat.
Abth.*, 1878. — Viti, *Arch. it. biol.*, 1884.

Connexions bulbaires du nerf dépresseur. — TH. BEER et A. KREIDL, *Arch. f. d. ges. Phys.*, t. LXII, 156. — S. FUCHS, *Arch. f. d. ges. Phys.*, t. LXVII, 117. — GROSSMANN, *Sitz. ber. der Kais. Akad. d. Wiss. in Wien math. Nat. Cl.*. Bd. XCVIII, nov. 1889, 467. — HEIDENHAIN, *Trav. du lab.*, 1868, p. 250. — *Thèse de* A. BURCKHARD, 1867. Halle. — F. SPALETTA et M. CONSIGLIO, *La Sicilia medica*, III, 1891, fasc. 9. — S. TSCHIRWINSKY, *Centralbl. f. Phys.*, IX, 777.

Nerfs sensibles du cœur autres que le dépresseur. — BOCHEFONTAINE et BOURCERET, *C. R. Ac. sc.*, 1877 (excitation du péricarde). — FR. FRANCK, *Biologie*, 1879, 329; 1883, 399. — WOOLDRIDGE, *Arch. f. Anat. u. Phys.*, 1883. — TSCHIRWINSKY, *Centr. Phys.*, X, 65. L'exc. du dépresseur après administration de physotigmine, helleboreine... provoquerait une élévation de la pression.

Nature des sensations provoquées par les irritations du cœur. — BÉRARD, *Cours de Phys.*, III, 653. — V. JIQUISSEN, *Deut. Arch. f. klin. Med.*, 1882. — HARVEY, *De generatione animalium*, LII. — CYON, *Arch. f. d. ges. Phys.*, 1898, 233.

Réflexes provoqués par les irritations du cœur. — BUDGE, *Arch. f. phys. Heilkunde*, 1846, 5. 588. — FOLTZ, *Arch. f. pathol. Anat.*, 1863, 26, 5. — GURBOCKI, *Arch. f. die ges. Phys.*, 1872. — FR. FRANCK, *Tr. labor. Marey.* 1880. — TH. KNOLL, *Ueber die Folgen der Herz Compression. Lotos.* Bd. II, Prag. 1881, 34. — MUSKENS, *Arch. für die ges. Phys.*, 1897 (réflexes à court circuit à travers le cœur).

Relations fonctionnelles du cerveau avec le cœur.

Influences psychiques sur le rythme du cœur. — CL. BERNARD, *Leçons sur les propr. des tissus vivants*, 1866. 465. — BOTKIN, *Klin. Wochenschrift* (en russe), 1881, 10. — CARPENTIER, *Principles of the human Physiology*, 1864, 735. — CYON, *Revue scientif.*, 1873. — JOSEPH FRANCK, *Praxae medical universae precepta Lipsiae*, th. II, Bd II, Abth. II, 373. — GLEY, *Arch. de Physiol.*, 1881; *Arch. de Physiol.*, 1892, 757: Influence de la suggestion sur la fonction cardiaque d'après les recherches de SGOBBO. — KÜRSCHNER, *Herz und Herzthätigkeit, Wagner's Handw. d. Phys.*, 1844, II, 82. — SGOBBO, *Nuova Rivista*, 1892, 1, 1 (influence de la suggestion). — DANIEL HACK TUCKE, *Illustrations of the influence of the mind upon the body in health and disease designed to elucidate the action of the imagination*, London, 1872. — ZICHEN, *Recherches sphygmographiques chez les aliénés*, Jena, 1887.

Influence de la volonté. — BECHTEREW, *Conférence de méd. de la clinique neurologique de Saint-Pétersbourg*, 1896. — *Presse médicale*, avril, 1896. — MUSSEY, *Arch. de Phys.*, 1862, 596. — E. A. PEASE, *Boston medical and surgical Journal*, 1889. — *Revue Hayem*, t. XXXVI, p. 435. — TARCHANOFF. *Arch. f. die ges. Physiol.*, 1885, t. XXXV, 109, 198. — *Revue Hayem*. t. XXV, p. 418. — *Cas du lieutenant Towsend observé par* GEORGE CHEYNE, *The Anglisch malady*, London, 1733, 307. — TH. VAN DE VELDE, *Arch f. d. ges. Phy.*. LXVI, 1897, 232. — WASSILEWSKY, *Krakauer Med. Wochen.*, 1876, n° 31.

Influence des excitations de l'écorce et des autres parties du cerveau. — BALOGH. *Sitz. ber. d. Ungar. Akad. d. Wiss.*, 1876. — *In Hofman's u. Schwalbe Jahresb.*. V, 2, 351, 38. — BECHTEREW, *Arch. slaves de biol.*, III. — BECHTEREW et MISLAWSKY, *Neurol. Centralbl.*, 1886. — BOCHEFONTAINE, *Biologie*, 1875. 387. — *Arch. de Phys.*. 1876; 1883. — DANILEWSKY, *Arch. f. d. ges. Phys.*. 1875. — ECKHARD, *Beiträge zur Ana. u. Physiol.*, 1878. — EULENBURG et LANDOIS, *Centralblatt.* 1876, 260. — FR. FRANCK, *Leçons sur les fonctions motrices du cerveau*, Paris, 1887. — *Biologie Mém.*, 1888, p. 32. — LÉPINE. *Biologie.* 1875, 230, 335. — *Revue de médecine*, 1896. — LÉPINE, BOCHEFONTAINE, TRIDON, *Biologie*, 1875, 230. — PFEIFFER, Centres régul. du cœur cérébraux chez la grenouille. *Thèse Siessen*, 1894. — RICHET, *Thèse agrégat.*, Paris, 1878. — SCHIFF, *Arch. f. experim. Pathol.*, III, p. 178, 179. — TSCHEREWKOW, *Sammlungen Physiol. Beiträge herausgegeben von Danilewsky.* 1891 (russe). *Thèse Charkow*, 1892.

Compression du cerveau. — ENGSTRÖM. *Forlossningens inverkan pa fostrets respiration* (Helsingfors, 1889). — FR. FRANCK, *Trav. lab. Marey*, 1877. — HORSLEY et SPENCER, *Phil. transact.*, 1891. — KEHRER (in HEINRICIUS), *Zeitsch. f. Biol.* 1889. — LEYDEN, *Arch. f path. Anat.*, 1866. — ROY et ADAMI, *Phil. transact.*. 1892. Voir p. 203.

Effets de l'anémie du cerveau — FR. FRANCK, *Trav. lab. Marey.* 1880. — LANDOIS, *Centralbl. f. d. med. Wiss.*, 1865.

CHAPITRE III

FORCE ET TRAVAIL DU CŒUR.

I. — Force du cœur.

La force du cœur est représentée par la pression exercée sur le
sang contenu dans ses différentes cavités au moment de sa contraction.

L'évaluation de cette pression se fait par les moyens manométriques plus haut décrits, à savoir par des manomètres élastiques,
préalablement étalonnés, pour éviter les inconvénients dus à l'inertie
des appareils à mercure. Trois des cavités du cœur sur quatre sont
susceptibles de mesure directe et sans mutilation : l'oreillette droite,
le ventricule droit, le ventricule gauche. CHAUVEAU et MAREY ont
trouvé dans une expérience sur le cheval, les valeurs maxima
suivantes pour la pression des différentes cavités du cœur :

Oreillette droite.......................	$2^{mm},5$ (Hg.)
Ventricule droit....	25 millimètres.
Ventricule gauche	128 —

Il y a donc une très grande différence entre la force déployée
par les ventricules et celle déployée par les oreillettes. La contraction du ventricule gauche est aussi notablement plus énergique
que celle du ventricule droit. Elle se trouve dans le rapport de 5 ou
3 à 1 en moyenne ; mais la force du cœur varie pendant chaque
contraction, aux différents moments de sa systole. Ces variations
mêmes nous interdisent de donner des chiffres autres que les précédents ; mais grâce à l'inscription graphique on peut, tracé en
main, toujours faire cette évaluation pour chaque instant précis ou
chaque accident particulier de la révolution cardiaque. Les grandeurs
de la pression se comptent sur le tracé à partir de la ligne 0 qui
doit être déterminée dans le cours, au commencement ou à la fin
de l'expérience et qui répond à un état de l'appareil dans lequel il
ne subit aucune pression positive ou négative.

Graduation des sondes. — La graduation s'obtient par le procédé suivant (fig. 56) : Toutes les sondes manométriques qui doivent servir dans une
expérience sont introduites dans une haute éprouvette dont elles traversent le
bouchon. On met également en communication avec ce flacon un manomètre à
mercure et un tube qui permettra de refouler de l'air dans l'appareil et de com-

primer cet air sous des pressions variables. On superpose tous les leviers inscripteurs en regard d'un cylindre enregistreur. Le flacon étant en libre communication avec l'air extérieur, toutes les sondes sont soumises à la pression normale et les leviers occupent sur le cylindre une position qui correspond au 0 de la graduation. Si on comprime l'air dans le flacon jusqu'à ce que le manomètre

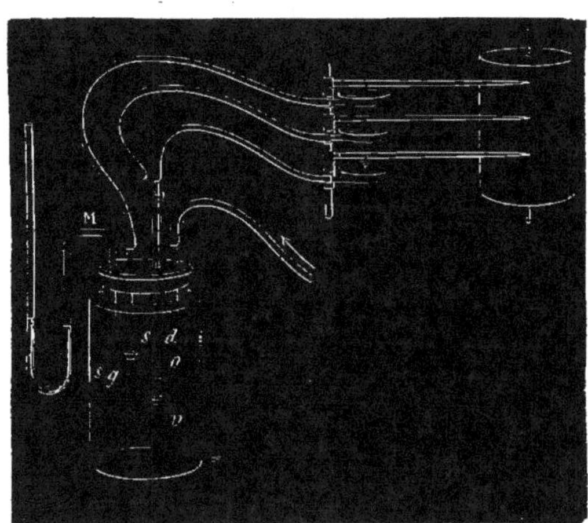

Fig. 56 — *Disposition employée pour graduer les sondes manométriques.*

sd, sg, sondes cardiographiques ; M, manomètre à Hg (d'après CHAUVEAU et MAREY).

à Hg indique une dénivellation de 1 centimètre, les leviers, sous l'influence de la compression des ampoules manométriques, prennent une position nouvelle. On procède de la même manière par degrés successifs. Comme les sondes sont destinées à être placées dans le cœur où la température du sang est voisine de 38°, la graduation de cet appareil est faite dans un vase maintenu à cette température.

Pour la détermination de la ligne 0 sur le tracé, consulter *Circulation veineuse : Pressions négatives dans le cœur*, p. 232.

Le cœur, dans les conditions physiologiques, n'est pas à la limite de son action. La force actuelle n'est pas sa *force possible* ou *maxima*. S'il y a un obstacle, le cœur peut augmenter son effort jusqu'à un effort maximum (MAREY). Le cœur soumis à un effort croissant peut croître lui-même, s'hypertrophier grâce à un développement compensateur. La force possible du myocarde s'augmente ainsi d'une manière parallèle.

Pression totale supportée par le cœur au moment de la systole. — On connaît le principe de PASCAL : « Les liquides en équilibre transmettent intégralement dans tous les sens les pressions supportées. » La pression exercée en un point d'un vase se compose de deux parts :

1° La pression transmise par le liquide ;

2° Le poids du liquide supporté par le point considéré.

Si un manomètre est mis en relation avec ce point de la paroi, il indique la pression totale supportée qui variera avec les différe nts points. Si le poids du liquide supporté est faible par rapport à la pression transmise, on peut n'en pas tenir compte ; et dans ce cas la pression élémentaire sur l'unité de surface est sensiblement l a même en tous les points du liquide et de la paroi du vase. O n admet qu'il en est ainsi dans les cavités cardiaques. Une son de manométrique est plongée dans le cœur. Elle indique une certai ne pression. On suppose que cette pression est la même en tous le s points de la surface cavitaire.

Considérons le cœur (ventricule gauche) aux différents états de sa contraction :

*a. **Au moment de la systole, mais avant l'ouverture des valvules sigmoïdes,*** le cœur se contracte, exerçant une pression dirigée de dehors en dedans. C'est l'action. Une réaction, égale m ais inverse, se produit dirigée de dedans en dehors, due à la résistan ce du liquide à la compression. Il y a équilibre pendant un court ins tant. Un manomètre convenablement placé peut faire connaître la pression développée à cet instant sur l'unité de surface. La pression totale supportée par le cœur ou l'effort total du cœur égale la pression élémentaire P indiquée par le manomètre, multipliée par la surface intérieure du cœur S, abstraction faite des inégalités, piliers, aréoles.... Pression totale $= P \times S$. Quand la contraction augmente P s'élève. Le liquide étant très sensiblement incompressible, le volume pratiquement ne varie pas. Mais la forme de la cavité change et on sait que des volumes géométriques égaux peuvent avoir des surfaces différentes (la sphère ayant la surface maximum). S doit probablement varier, mais sans doute d'une fraction faible. On peut dire qu'en général le produit P. S. augmente jusqu'à un maximum atteint au moment de l'ouverture des sigmoïdes.

*b. **A partir de l'ouverture des sigmoïdes,*** il y a projection du sang, donc P est devenu plus grand que la pression dans l'aorte. Pendant l'écoulement sanguin, P reste approximativement constant, mais S diminue ; donc P.S. diminue, la cavité ventriculaire diminuant.

En résumé, pour connaître la pression totale reçue à un instant quelconque par les parois internes du cœur, il faudrait connaître P dans le cœur et S la surface interne du cœur. P peut être mesuré ; S est inconnue aux différents instants de la contraction du cœur. Même l'évaluation de la surface du cœur relâché n'est possible que d'une façon très approximative ; mais pourtant un moyen (le moins inexact d'après MAREY) serait de mesurer le volume de liquide que peut recevoir un ventricule en diastole et d'attribuer à cette cavité du cœur la surface d'une sphère qui aurait exactement ce volume.

Détermination de la valeur absolue de la force des différentes cavités du cœur. — Chauveau et Faivre, *Gaz. méd. Paris*, 1856. — Chauveau et Marey, *Biologie*, 1862, 151. *Gaz. méd. Paris*, 1863, 169. — Fr. Franck, *Arch. de Phys.*, 1893, 83 (application de la méthode des ampoules conjuguées). — Goltz et Gaule, *Arch. f. d. ges. Phys.*, 1878. — Fick, *Arch. f. d. ges. Phys.*, 1883. — Hales, *Hémostatique*, trad. par Sauvages. — Magini. *Arch. it. biol.*, 1887. — Marey, *Circ. du sang*, p. 72. — De Jager, *Arch. f. d. ges. Phys.*, 1883.
Capacité du cœur. — Colin, *C. R. Ac. sc.*, XLVII, 1858, 254. — Harvey, trad. Richet, chap. IX. — Legallois, *Anat. et Phys. du cœur*, p. 334. *Œuvres*, I. — Marey, *Circ. du sang*, p. 68.

II. — *Travail du cœur.*

La force développée par la contraction du cœur a un effet utile. Elle met en mouvement une certaine masse de sang. Le cœur effectue donc un véritable travail mécanique dans le sens que les mécaniciens attachent à cette expression.

Il ne faut pas confondre la notion force du cœur avec celle de travail mécanique exécuté par cet organe. Le cœur peut développer une force ou une pression considérable sans qu'il y ait travail mécanique effectué. Il suffit pour cela d'empêcher le sang de se déplacer pendant la systole en pinçant l'aorte et l'artère pulmonaire au niveau de l'origine de ces vaisseaux. Pour les mécaniciens, une force n'exécute un travail que si son point d'application se déplace. Le travail est donc le produit de deux facteurs : 1° *une force* ; 2° *le chemin parcouru suivant la direction de cette force*.

On peut prendre pour unité pratique de force le kilogramme et pour unité de longueur le mètre. L'unité de travail mécanique est donc le travail nécessaire pour élever le poids de 1 kilogramme à 1 mètre de hauteur. On lui donne le nom de *kilogrammètre* Une force élevant un poids de 1 kilogramme à 1 mètre de hauteur effectue 1 kilogrammètre. Si elle élève 1 kilogramme à 2 mètres, ou 2 kilogrammes à 1 mètre elle effectue 2 kilogrammètres.

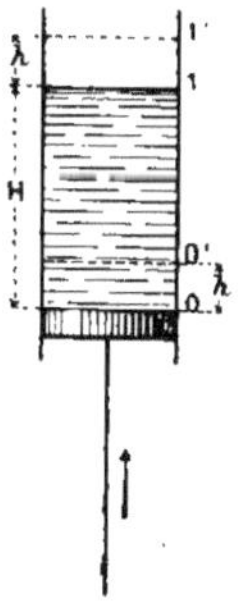

Pour évaluer l'effet utile du cœur on le rapporte au kilogrammètre. Essayons schématiquement de donner une idée du travail du cœur :

Fig. 57.

Considérons un tube cylindrique vertical de section S muni d'un piston et rempli jusqu'en 1 (hauteur H) d'un liquide de densité D (fig. 57).

1° Supposons le système en équilibre : La colonne liquide O1 de volume SH, de poids SHD exerce sur le piston une pression représentée par ce poids : SHD.

Le piston contre-balance cette action. Sa force dirigée en sens inverse de la pesanteur est donc aussi exprimée par les termes SHD.

Il n'y a pas de travail mécanique exécuté, puisqu'il n'y a pas de déplacement de la force.

2° Soulevons le piston de O en O'. En raison des frottements créés par le mouvement, la force du piston sera accrue ; mais si l'on néglige cet effet assez faible, on peut dire que la force du piston est encore exprimée par le terme SHD.

Par suite du déplacement du poids liquide de la hauteur h dans le sens de la force du piston il y a eu production d'un travail mécanique :

Force (SHD) $\times$ chemin parcouru (h) = SHD.h ou encore HD $\times$ Sh.

HD représente la pression supportée par l'unité de surface du piston ; Sh représente : a) la quantité de liquide débitée à travers la section 1 pendant le déplacement du piston ; b) la variation du volume primitif O1.

Par suite la formule HD $\times$ Sh conduit à deux définitions du travail :

1° Le travail = débit $\times$ pression ;

2° Le travail = variation de volume du contenant $\times$ pression.

Ces définitions s'appliquent au cœur. La pression correspondante est la pression ventriculaire à l'ouverture des sigmoïdes. Le débit est la quantité de sang sortant de l'appareil circulatoire à la suite d'une contraction. La variation de volume égale la diminution de la cavité ventriculaire, pendant la période d'expulsion du sang.

On pourrait aussi évaluer le travail total du cœur en écrivant qu'il est égal au travail utile, plus le travail des résistances. On arrive à la formule de Monoyer :

$$T_m = p \left(R + \frac{V^2}{2.g} \right).$$ R = la pression latérale à l'origine de l'aorte, soit environ 2 mètres de sang ; V = vitesse du sang au même niveau ($0^m,50$) ; g = gravité 9,80 ; p = poids du sang qui est lancé dans le système circulatoire à chaque contraction du ventricule gauche, $0^k,180$. Donc : $T_m = 0^{kgm},362$.

On a cherché à déterminer expérimentalement le travail du cœur dans les conditions physiologiques de la circulation, sur les mammifères (chien et lapin). Ces essais sont illusoires. En effet, on se heurte à des difficultés pratiques très considérables pour connaître le débit ou la diminution de volume des cavités du cœur dans des conditions physiologiques. Le cœur ne se vide jamais complètement (Chauveau et Faivre), mais suivant les circonstances. Donc le débit est variable. P est mesurable, mais la pression ventriculaire est réglée par la tension artérielle. Le cœur règle son effort sur la résistance qu'il doit vaincre. Or, cette résistance varie sous un grand nombre d'influences. Une contraction musculaire suffit à faire varier le travail du cœur. Ainsi donc le travail du cœur est variable. Il faudrait mesurer le travail à chaque instant, ce qui est actuellement impossible. En supposant même qu'on obtienne des chiffres moyens suffisamment approximatifs, ils ne pourraient être utilisés qu'à l'évaluation du travail moyen du ventricule gauche et non du travail de toutes les poches contractiles du cœur.

Mesure du débit du cœur chez les mammifères. — On peut enregistrer les changements de volume du cœur (Marey, Fr. Franck). Une autre méthode consiste à endiguer le cours du sang dans l'aorte, seule ou prolongée par une de ses branches principales, en liant les collatérales, et à interposer sur son passage un compteur approprié (Stolnikow, Tigerstedt).

Zuntz a préconisé l'artifice : On arrête le cœur par l'excitation des vagues. On mesure la quantité de sang fournie par le cœur par celle qu'après l'arrêt de l'organe il faut injecter dans l'aorte pour amener le manomètre placé dans une artère à la hauteur indiquée avant l'excitation.

Gréhant et Quinquaud, Zuntz ont mesuré le débit du cœur par une méthode indirecte, basée sur la comparaison de la quantité d'O^2 absorbé au niveau des poumons avec la quantité de ce gaz, qui s'ajoute au sang pendant le passage de ce liquide à travers les vaisseaux pulmonaires.

Stewart a imaginé une autre méthode dont le principe peut être ainsi résumé : Pendant la diastole, on introduit dans le cœur un poids P d'une substance facile à déceler. On suppose qu'il y a mélange intime avec le volume V de sang contenu dans le cœur. Pour déterminer ce volume V on fait, à un instant propice, à une artère de la périphérie une prise d'essai v de sang. Cet échantillon contient un poids p de la substance injectée. Or, si le poids p est contenu dans le volume v, comme le mélange est homogène, P sera renfermé dans V qui $= \dfrac{v}{p} P$ et représente la quantité de sang chassé par une systole.

La quantité de sang lancé par le ventricule gauche, à chaque systole chez l'homme, a été évaluée par Volkmann à 188 grammes, par Vierordt à 180 grammes. Ces chiffres sont vraisemblablement trop élevés. D'après Zuntz et Tigerstedt cette quantité serait de 50 à 100 grammes.

Conditions qui font varier le travail du cœur.

— S'il n'est pas possible, dans l'état actuel de la science, d'arriver à une détermination exacte du travail du cœur dans les conditions normales, on peut cependant étudier les influences générales qui le font varier. Cette recherche peut être faite sur le cœur des animaux à sang chaud (Martin) ou, préférablement, sur celui des animaux à sang froid, en raison de la persistance plus longue des propriétés des tissus de ces derniers. Il est, du reste, vraisemblable que les influences qui modifient le travail du cœur s'exercent dans le même sens chez tous les animaux, et chez l'homme.

Le dispositif est très simple. Une circulation artificielle est pratiquée à travers l'organe. La pression est indiquée au moyen d'un manomètre. Le débit est mesuré soit avec des éprouvettes graduées, soit au moyen d'appareils qui donnent la mesure des phases d'écoulement des liquides (MAREY) (fig. 58).

Nous avons vu que l'expression du travail du cœur est le produit de deux termes : le débit et la pression ventriculaire. Or, pour que le sang passe dans l'aorte, il faut que les sigmoïdes s'ouvrent, c'est-à-dire éprouvent une pression de dedans en dehors, un peu supérieure à la pression artérielle ; donc si la **pression artérielle** augmente, pour que le sang passe dans l'aorte, il faut nécessairement que la pression ventriculaire augmente. Ainsi, le facteur P augmentera avec la pression artérielle. Le cœur se comporte toutefois comme les autres muscles. Le travail atteint son maximum pour une certaine charge moyenne ; mais s'il est soumis à une charge trop forte

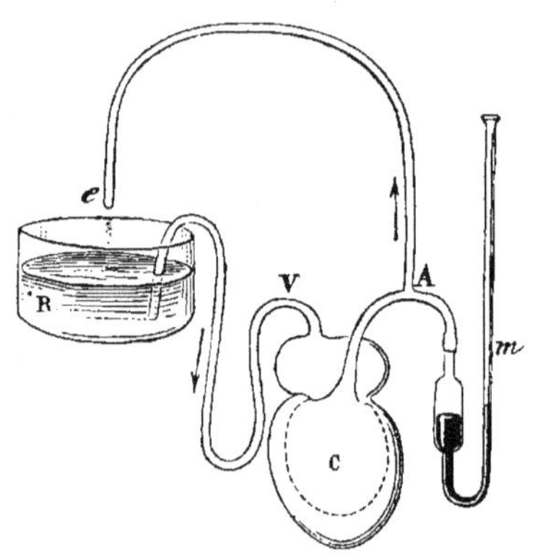

Fig. 58. — *Schéma du dispositif adopté par Marey pour l'étude des variations du travail du cœur de la grenouille et de la tortue.*

C, cœur ; V, tronc veineux commun ; A, aorte ; e, orifice du tube adapté à la branche aortique ; R, réservoir rempli de sérum de sang de bœuf ; m, manomètre Hg.

ou trop faible, le travail est moindre (MAREY). Le travail dépend aussi du deuxième facteur, le débit. Ce dernier est réglé, en partie, par la **pression veineuse**. Sous une charge veineuse trop faible, le cœur ne recevra qu'une quantité insuffisante de sang. Il n'enverra donc qu'une faible ondée (MAREY).

L'**échauffement** amène d'abord une accélération du cœur et augmente le travail, puis le cœur devient trop rapide et n'a plus le temps d'effectuer sa réplétion d'une manière complète. Le travail diminue alors (CYON, MAREY). On peut, dans ces conditions, constater un fait au premier abord paradoxal. MORAT a observé, dans un cas où le cœur était très accéléré, que la faradisation du vague élevait la pression artérielle tout en ralentissant le cœur, contrairement à l'effet ordinaire de cette excitation. C'est que ce ralentissement assez faible en lui-même, ramenait le rythme du cœur près de l'optimum qui lui fait produire son plus grand effet utile, tandis que l'accélération excessive qui régnait avant l'excitation l'éloignait de cet optimum par son exagération même.

Les influences qui modifient le travail du cœur détaché de l'organisme sont limitées par l'intervention régulatrice du système nerveux intracardiaque. La régulation est bien plus parfaite, on le comprend, si le cœur a gardé ses connexions normales avec les centres nerveux bulbo-médullaires. Dans ces conditions *le travail cardiaque tend à rester constant* quelle que soit la résistance à vaincre. Ainsi, par exemple, supposons qu'on élève la pression artérielle. Chaque systole indiquera par son amplitude, une augmentation du travail du cœur, mais elle sera suivie d'un repos compensateur plus long ; le cœur se ralentira. Inversement, si une hémorragie diminue la pression, chaque contraction du cœur représentera un travail moindre. Par contre, le repos consécutif sera moins long ; le cœur s'accélérera. Dans les deux cas, si l'on fait la somme, le travail du cœur, pour une même période de temps, est sensiblement le même (MAREY).

Le cœur est en mesure de régler son travail par le jeu de ses nerfs sensitifs, soit par une action motrice réflexe sur la fibre cardiaque elle-même, par l'intermédiaire de ses nerfs modérateurs et accélérateurs, soit par une action à distance indirecte sur les résistances au niveau des capillaires par l'intermédiaire des vaso-moteurs (DASTRE).

Cycle énergétique du muscle cardiaque. — L'énergie du cœur lui vient, comme pour tous les autres muscles, et d'une façon générale pour tous les tissus, des réactions chimiques qui se passent dans l'intimité de ses éléments. Ces réactions libèrent l'énergie que les réserves du muscle avaient en provision. CHAUVEAU a montré que la source du travail musculaire est principalement dans la combustion du *glycose* du sang (CHAUVEAU, CHAUVEAU et KAUFMANN). Le muscle ne brûle cependant pas directement ce glycose. Au repos il constitue aux dépens de cette substance une réserve de combustible sous la forme d'une substance hydrocarbonée fixe, le *glycogène*. Pendant l'activité musculaire ce glycogène est hydraté, transformé en glycose et oxydé (MORAT et DUFOURT).

De même que la matière, l'énergie est indestructible. L'énergie développée par les muscles est à l'origine une énergie *chimique*. Quels que soient les états intermédiaires elle se retrouve tout entière sous forme de *chaleur* et de *travail mécanique*. Pour le cœur comme pour tout muscle, il est des cas réalisés expérimentalement où l'énergie totale apparaît finalement sous forme de chaleur. Dans le cas habituel, une portion de cette énergie est distraite du total sous forme de travail mécanique positif et utile. Le rapport de ces deux quantités est tel que leur somme demeurant invariable l'une augmente quand l'autre diminue et inversement.

L'énergie qui paraît sous forme de travail utile pour vaincre les résistances que les vaisseaux opposent au passage du sang est à son tour transformée en chaleur dans les vaisseaux (par suite de frottements). Cette chaleur, dont on voit bien l'origine première dans le fonctionnement du muscle cardiaque, est dite pour cela **chaleur restituée**.

L'énergie **électrique** développée dans le muscle pendant sa contraction (voyez: phénomènes électriques qui accompagnent la contraction du cœur, p. 79) ne représente pas une portion de l'énergie totale détournée, mais une forme intermédiaire ou de passage qu'elle affecte avant de se retrouver sous forme de chaleur et de travail mécanique.

Travail du cœur. — Bloch, Etude dynamométrique du cœur dans les affections cardiaques, *Biologie*, 1885, 655. — Borelli, *De motu animalium*, 1743, II, 84. — Chabry, Note sur la formule qui exprime le travail du cœur, *Biologie*, 1890, 497. — Dreser, *Arch. f. exp. Pathol.*, 1887-1888, XXIV. — A. Ferranini, Le travail mécanique du cœur dans les conditions normales et pathologiques. *Riforma medica*, 1890. — Otto Franck, *Zeitsch. f. Biologie*, XXII. — Hales, *Hémostatique*, trad par Sauvages, Genève, 1744. — A. Hasenfels et E. Romberg (insuffisance aortique), *Arch. f. exp. Path.*, XXXIX. — Heidenhain, *Arch. f. d. ges. Phys.*, 1892, 412. — F. Kauders, Ueber die Arbeit des linken Herzens bei verchiedener Spannung seines Inhalts. *Klin. u. exp. Stud. Lab. von Basch*, II, 108. — Klein, *Zeitsch. f. Biol.*, XXXIII. — Benno Levy, *Zeitsch. f. klin. Med.*, Berlin, XXXI. Bd V, 6 Heft, p. 521 (travail du cœur dans les maladies de cet organe). — Marey, *Circ. du sang*, p. 66-78. — Monoyer, applications des sciences physiques aux théories de la circulation, *Thèse agrégation Strasbourg*, 1863, p. 47. — Monoyer, *Traité élémentaire de physique médicale*, par Wundt, trad. française. — Nicolls, *Journ. of Phys.*, XX. — Passavant, De vi cordis, Bâle, 1748.

Débit du cœur. — Dobroklowski, *Centralbl. f. med. Wiss.*, 1886. — Dogiel, *Berichte der sächs. Gesell. d. Wiss.*, 1867. — Fr. Franck, *Trav. lab. Marey*, III, 1877. — Grehant et Quinquaud, *Biologie*, 1886, 159. — Hoorweg, *Arch. f. d. ges. Phys.*, LXVI, 474. — Howell et Donaldson, *Philosophical Transactions*, 1884. — Marey, *Méthode graphique*, p. 214; *trav. lab.*, 189; *Circulation du sang*, p. 75. — Stolnikow, *Arch. f. I. Anat. u. Phys.*, 1886. — Tigerstedt, *Lehrbuch d. Kreisl.*, 1893, 151, 339 (bibl.). — Zuntz, *Arch. f. d. ges. Phys.*, 1894, 521; *Deutsche med. Wochensch.*, 1892, 109. — Volkmann, *Die Hämodynamik*, Leipzig, 1850. — Vierordt, *Die Erscheinungen und Gesetze der Stromgeschwindigkeites des Blutes*. Frankfurt, 1858. — Stewart, *J. of Phys.*, 1897, 159.

A propos de la quantité de sang qui reste dans les ventricules après la systole, consulter : — Chauveau et Faivre. *Gaz. méd.* de Paris, 1858, p. 410. — Harmerjk, *Vierteljahresch. f. d. prakt. Heilkunde Pray.*, 1847, p. 162; 1848, 107. — Johansson et Tigerstedt, *Skand. Arch. f. Phys.*, 1889, 331; 1891, 431. — Newell Martin et W. T. Sedgwick, *the Journal of Phys.*, VIII. — Roy et Adami, *British med. Journal.* 1888, 2, 1321. — Tigerstedt, *Lehrbuch des Kreisl.*, p. 150, 1893.

Influence de la température sur le travail du cœur. — Cyon, *Arch. de Reichert et de Du Bois-Raymond*, 1866. — Ide, *Arch. f. Anat. u. Phys.*, suppl. 1892. — Flatow, *Arch. f. exp. Path. u. Pharmak.*, XXX, 363.

Pression dans le péricarde. — Négative de — 3a — 5mm. Hg. — Adamkiewicz et Jacobson, *Centralbl. med. Wiss.*, 1873. 483. — Cons. aussi : *Circ. veineuse*, p. 241.

DEUXIÈME PARTIE
CIRCULATION ARTÉRIELLE

CHAPITRE PREMIER

FONCTIONS DES ARTÈRES.

Les artères ont pour fonction :

1° *De distribuer le sang à toutes les parties de l'organisme.*

2° *D'uniformiser son débit à travers les canaux qui leur font suite* (vaisseaux capillaires) *et d'économiser ainsi le travail du cœur.*

3° *De régler ce débit proportionnellement aux besoins de chaque organe en particulier.*

Cette triple fonction est en rapport avec la forme et la structure du système artériel. Nous devons donc rappeler en quelques mots cette forme et cette structure.

A. — DISTRIBUTION.

Le système artériel est représenté à son origine par un seul tronc, l'aorte. Cette grosse artère se recourbe sur elle-même et suit la colonne vertébrale. Elle donne chemin faisant des artères volumineuses pour la tête (a. carotide), et pour les deux membres supérieurs (a. sous-clavières), puis une série régulière de branches distinctes aux viscères contenus dans les cavités thoracique et abdominale (a. cardiaques, bronchiques, mésentériques, rénales, etc., etc.). Enfin elle donne naissance à sa terminaison à deux artères volumineuses (a. iliaques) qui se distribuent aux organes contenus dans le bassin et se continuent par deux gros troncs (a. fémorales) destinés aux membres inférieurs. Tous ces troncs se divisent à leur tour en branches et rameaux donnant ainsi naissance à des arborisations de premier, deuxième, troisième ordre, etc.

Les troncs vasculaires d'un certain volume, tantôt forment des

systèmes complètement indépendants, sans communications importantes avec leurs voisins (rein, cerveau, etc.), tantôt, et c'est le cas
le plus fréquent, leurs branches s'anastomosent avec celles des troncs
voisins, et forment ainsi un véritable *réseau* artériel ; ces anastomoses deviennent en général d'autant plus fréquentes qu'on se rapproche davantage de la périphérie. L'existence de ces anastomoses
explique comment après la section d'une artère les deux bouts laissent quelquefois écouler du sang, le bout périphérique, il est vrai,
toujours moins que le bout central.

B. — UNIFORMISATION ET RÉGULARISATION DU DÉBIT.

I. **Structure des artères**. — Les artères sont composées de
trois tuniques superposées, concentriques. L'externe et l'interne
sont formées d'un tissu conjonctif qui est lâche et celluleux pour la
première, dur et aplati en lames pour la seconde, laquelle est revêtue
à sa surface interne d'une couche de cellules endothéliales. La
tunique moyenne est de beaucoup la plus importante au point de
vue du phénomène de la mécanique circulatoire. Elle est formée
de deux éléments :

1° L'élément *élastique* représenté par une sorte de membrane
fenêtrée dont les vides sont comblés par le tissu conjonctif.

2° L'élément *musculaire*. Ce dernier est représenté dans les
artères par des *fibres-cellules* ou *fibres lisses* disposées *circulairement*
autour des vaisseaux (Henle).

Ces deux éléments ne sont pas représentés d'une façon égale ni uniforme sur les artères de différents calibres. Plus on se rapproche du
cœur et plus l'élément élastique domine au détriment de l'élément
musculaire. L'inverse a lieu à mesure qu'on se rapproche de la périphérie. Les muscles deviennent prépondérants tellement que la
couche musculaire qui entoure les petites artères représente une
partie considérable de leur substance. On peut en somme admettre
qu'il existe deux types d'artères, les **artères à type élastique** qui
sont les **grosses artères** et les **artères à type musculaire**, les
petites artères ou **artérioles**.

L'élasticité et la contractilité artérielle expliquent les deux propriétés des artères ; l'élasticité : l'uniformisation du cours du sang ;
la contractilité : la régulation de l'afflux sanguin suivant les besoins
des organes.

II. **Uniformisation et régularisation de l'écoulement du
sang dans les vaisseaux**. — Lorsqu'on ouvre un gros tronc
artériel on voit le sang s'écouler du vaisseau par jets saccadés,

synchrones avec les pulsations du cœur. Si l'artère est petite les saccades sont moins marquées. Lorsque enfin on ouvre le réseau capillaire ou une veine le sang sort d'une façon continue et se répand en nappe. Le mouvement saccadé du cœur s'est donc peu à peu transformé en un mouvement uniforme.

Le phénomène s'explique ainsi :

Quand une masse liquide animée d'une certaine vitesse due à l'action d'un piston ou d'une systole pénètre dans un tuyau élastique plein d'un liquide inerte, une dilatation latérale se produit qui donne naissance à une force élastique de réaction dirigée en sens inverse. Tout se passe, dans ces conditions, comme si le piston au lieu d'exercer une pression instantanée exerçait une pression plus lente représentant la même énergie.

Dans l'organisme l'élasticité artérielle emmagasine la force du ventricule pendant la systole et la restitue pendant la diastole. Elle n'ajoute rien à la somme des forces qui font progresser le sang, mais prolonge en quelque sorte l'action du cœur d'une systole à l'autre. Au moment du début de la systole le système artériel est plein de sang. La contraction du cœur tend à faire pénétrer une nouvelle quantité de ce liquide dans les artères. Les capillaires opposant une résistance à l'écoulement rapide du sang des artères, celles-ci résistent à leur tour à la poussée du cœur. Le ventricule surmonte néanmoins cet obstacle. Son effort aboutit à un double résultat :

1° Il fait passer une certaine quantité de sang des artères dans les veines.

2° Il en emmagasine une autre dans les artères qui sont élastiques, se laissent distendre et font l'office d'un réservoir.

Dans l'intervalle des systoles les artères reviennent sur elles-mêmes. Le sang est refoulé, mais il ne peut progresser qu'à la périphérie à cause des valvules sigmoïdes qui se soulèvent.

Magendie le premier a clairement interprété le rôle de l'élasticité artérielle dans l'uniformisation de la progression du sang. Il a comparé son action à celle de l'air emmagasiné dans le réservoir d'une pompe à incendie. Le jeu alternatif du piston pousse l'eau sous la cloche pleine d'air et crée une force élastique qui réagit sur la surface du liquide et le fait jaillir en un jet continu.

Les phénomènes de dilatation et de resserrement sont évidents sur les grosses artères. Avec un peu d'attention on voit que l'aorte est distendue à chaque systole et revient ensuite à sa forme primitive. Sur les petites artères ces phénomènes sont moins apparents, quoique néanmoins visibles.

Expérience. — On met à découvert sur un chien l'artère et la veine crurales sur une certaine étendue. On passe ensuite derrière ces deux vaisseaux une ligature dont on noue fortement les deux extrémités à la partie postérieure de la cuisse. De cette manière le sang n'arrive au membre que par l'artère crurale et ne retourne au cœur que par la veine. On mesure avec un compas le diamètre de l'artère. Si alors on la presse entre les doigts pour y intercepter le cours du sang on voit l'artère diminuer peu à peu de volume au-dessous de l'endroit comprimé et se vider du sang qu'elle contenait. On laisse ensuite le sang y pénétrer de nouveau en cessant de la comprimer. L'artère se distend et reprend les dimensions qu'elle avait précédemment (MAGENDIE).

L'expérience peut être variée de la manière suivante : Sur un animal vivant on met à découvert l'artère carotide sur une étendue de plusieurs centimètres ; on prend avec un compas la dimension transversale du vaisseau. Puis on le lie en deux points différents. On a ainsi une longueur d'artère pleine de sang. Si on pratique aux parois de cette artère une petite ouverture on voit le sang sortir presque en totalité et même être lancé à une certaine distance. En mesurant ensuite l'artère on constate qu'elle est très rétrécie (MAGENDIE).

Il faut être prévenu qu'en principe les mesures au compas demandent de grandes précautions pour ne pas devenir une cause d'erreur. La moindre pression du compas déprime la paroi des vaisseaux à mesurer.

MAREY a reproduit les effets de l'élasticité artérielle dans un appareil hydraulique. On fait communiquer un réservoir avec deux tubes qui ont le même orifice et qui sont l'un rigide, l'autre élastique.

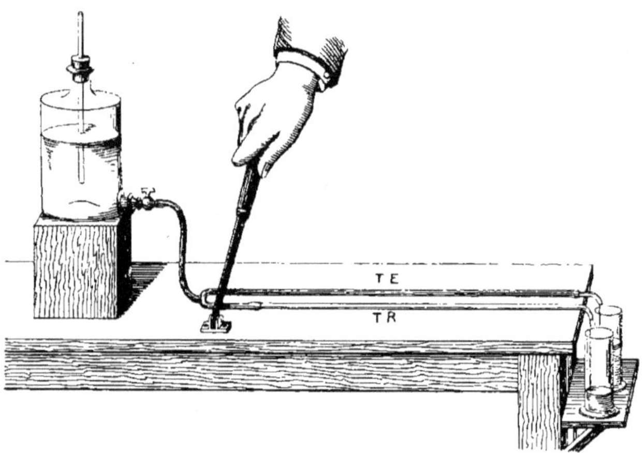

Fig. 59. — *Appareil destiné à montrer comment l'élasticité des artères modifie le mouvement du sang* (MAREY).

T.E, tube de caoutchouc; T.R, tube rigide.

Un robinet permet de simuler le jeu intermittent du cœur. L'écoulement du liquide est intermittent par le tube rigide, mais continu par le tube élastique (fig. 59).

C. — ÉCONOMIE DE LA FORCE DU CŒUR.

Marey a montré par le moyen de son appareil hydraulique que si on exerce un pression intermittente l'écoulement par le tube élastique est non seulement uniforme, mais aussi plus abondant que par le tube rigide. Il est facile de comprendre pourquoi le débit est plus considérable dans le cas d'un tuyau élastique. Chaque impulsion brusque représente une certaine quantité d'énergie que l'on peut diviser en deux :

a) Énergie destinée à vaincre les résistances;

b) Énergie destinée à faire écouler le liquide.

Si le tube est rigide l'inertie constitue une résistance considérable qui absorbe une certaine quantité d'énergie. Lorsque le tube est élastique on a vu que le liquide se mouvait pendant plus longtemps. Par suite, quand une nouvelle impulsion se produit, le liquide n'étant plus en repos, inerte, la résistance opposée tout à l'heure a grandement diminué et l'énergie correspondante, épargnée, servira au deuxième emploi, à l'écoulement du liquide qui nécessairement sera plus abondant. On comprend que dans ces conditions l'élasticité artérielle économise la force du cœur.

La **clinique** montre que dans l'*athérome* des artères le cœur s'hypertrophie pour réaliser évidemment le surcroît d'énergie devenu nécessaire à sa fonction (Marey, *Gazette méd.*, Paris, 1858, p. 416).

Variations et mesure de l'élasticité artérielle. — L'élasticité est la propriété que possèdent certains corps de revenir à leur forme première lorsque la cause extérieure qui a provoqué leur déformation cesse d'agir. Il ne faut pas confondre l'élasticité avec l'*extensibilité*, qui exprime la facilité plus ou moins grande avec laquelle le corps se laisse déformer. Ainsi l'acier et le caoutchouc sont tous les deux très élastiques, mais très inégalement extensibles. La force élastique est la grandeur de la résistance que le corps oppose à la force extérieure qui tend à le déformer.

L'élasticité artérielle change avec l'âge, avec le calibre de l'artère, avec le degré de distension des vaisseaux. Elle s'observe à son maximum chez le jeune et sur les artères de gros calibre, l'aorte surtout. En ce qui concerne le degré de distension des vaisseaux, Marey a vu que la force élastique des artères, c'est-à-dire leur résistance à l'extension, croît plus vite que la dilatation de ces vaisseaux. En supposant qu'il s'agisse de tubes en caoutchouc, pour des accroissements réguliers de la pression intérieure, on obtiendrait une extension de plus en plus grande des tubes, c'est-à-dire une augmentation de la force élastique proportionnelle à la charge. En ce qui concerne les artères, il suffira donc qu'il entre une petite quantité de sang dans le système artériel déjà tendu pour accroître la tension des parois du vaisseau d'une manière notable.

Marey a expérimenté sur des tronçons d'aorte. Le vaisseau est fermé à chaque extrémité par un bouchon. On fait pénétrer à l'intérieur du tronçon un liquide comprimé sous la pression d'un réservoir dont on peut faire varier la hauteur. Le vaisseau est lui-même contenu dans un manchon rempli d'eau mis en communication avec un tube gradué dans lequel s'avance plus ou moins le liquide du manchon sous l'influence de la dilatation de l'aorte. En opérant sous des charges croissantes, Marey a toujours obtenu des dilatations de moins en moins grandes du vaisseau distendu.

Procédé pour apprécier sur l'animal vivant l'influence de l'élasticité des gros troncs artériels sur la régularisation du courant sanguin. — Arloing a cherché pendant combien de temps l'élasticité artérielle peut faire progresser le sang en l'absence des systoles ventriculaires. Cette évaluation est possible dans des conditions déterminées au moyen de l'hémodromographe. On provoque l'arrêt du cœur par l'excitation du vague. La plume de l'hémodromographe continue à être actionnée plus ou moins longtemps par le sang qui coule vers les capillaires. Elle descend lentement vers 0 en traçant une courbe parabolique. Le temps, compté sur l'abscisse, que met le levier de l'hémodromographe à retomber au 0, représente la durée de l'impulsion que l'élasticité des gros troncs artériels communique à la colonne sanguine. Rien, dans l'évaluation en question, ne peut être abandonné au calcul ou à la déduction. Chaque changement des conditions demande une nouvelle expérience. (*Biologie*, 1882, 87. *Rev. de méd.*, 1882)

Élasticité artérielle. — D'Arsonval, *Biol.*, 1893. — Bérard, *Traité P.*, III. — Hamel, *Zeitsch. f. Biolog.*, 1888, t. XXV, p. 474-495. — Kaeffer, *Thèse Dorpat*, 1891. — Levachoff, Influence sur l'élasticité des parois vasculaires de l'augmentation de la pression du sang ; rôle dans l'étiologie des anévrysmes. *Jegened. Klin. Gazeta*, 1884, 5, 6, 7. — Kronecker, *Phys. Anst. Leipsig*, 1871. Infl. des augm. de pression rythmées sur l'écoulement. — Luck, *Dissert. Dorpat*, 1889. — Magendie, *Précis de Phys.*, 1833, II, p. 303, 381, 382, 387, 389, 502. — Marey, *Ann. des sc. nat.*, 4° série. *Zool.*, 8, p. 330, 1858. *Gaz. méd. de Paris*, 1858, 416. *Trav. lab. Marey*, 1880, 178. *Circ. du sang*, 165, 178. — Poiseuille, *J. de Phys. de* Magendie, IX, 44. — C. S. Roy, *J. of Phys.*, 1880, v. 3, n° 2 ; 1888, p. 227. — H. Schwarz, *Zeitsch. f. phys. Chemie*, 1893, XVIII, 5/6, 487 (composition chimique de la substance élastique de l'aorte). — Stefani. Comment se modifie la capacité des territoires vasculaires avec les modifications de pression, *Arch. it. biol.*, 1894, XX. — Thoma et N. Kaefer, *Arch. Virchow*, 1889, 116, p. 9. — E. H. Weber, Annotationes anat. et phys. progr. collecta, Leipzig. — Wertheim, *C. R. Ac. sc.*, 1846. *Ann. de chimie et de phys.*, 1847, 3° série, 21, 385, 414. — Zwardemaker, *Nederlandsch Tijdschrift voor Geneeskunde Tweede Reeks*, 24, 1, p. 61-76, 1888.

D. — LES ARTÈRES PROPORTIONNENT LE DÉBIT SANGUIN AUX BESOINS DES ORGANES.

La quantité de sang nécessaire aux organes varie suivant leur état de repos ou d'activité. Les périodes correspondantes à ces états sont différentes pour chaque organe pris individuellement : cerveau, muscles, glandes, etc.... Il fallait donc qu'une indépendance relative fût assurée aux différents territoires vasculaires.

L'anatomie montre que chaque artère se ramifie de telle sorte que le sang qui parcourt le petit système ainsi formé ne se mélange pas à celui des systèmes voisins avant d'avoir traversé des capillaires et d'être revenu au cœur.

L'observation et l'expérience prouvent que les artères possèdent des mouvements propres grâce à l'existence de fibres musculaires dans les parois de ces vaisseaux. Il en résulte que la quantité de sang qui traverse les artères n'est pas entièrement subordonnée à l'action du cœur. A égalité d'impulsion de la part du ventricule, le débit dans une artère est évidemment, toutes choses égales d'ailleurs, d'autant plus grand que celle-ci est plus large et inversement.

C'est en approchant de la périphérie que l'élément musculaire devient surtout prédominant. C'est là aussi que la fonction du muscle vasculaire trouve surtout à s'exercer pour régler la quantité de sang qui doit entrer dans chaque organe. C'est là également que l'action constrictive régulatrice du muscle s'exerce avec le plus de facilité et le maximum d'effet utile. En effet, plus le vaisseau est petit, plus son resserrement a pour effet de diminuer le débit du sang dans son intérieur.

En résumé, chaque organe de toute partie du corps dépendant d'une même artère possède en quelque sorte une circulation propre, indépendante dans une certaine mesure de la circulation dans les autres parties. L'indépendance de ces **circulations locales** est assurée par la contractilité des artères, surtout des petites artères qui sont plus particulièrement musculaires.

Telles sont, résumées brièvement, les fonctions des artères. En raison des applications à la pathologie, les connaissances sur ce sujet acquièrent une telle importance que nous devons, comme nous l'avons fait pour le cœur, entrer dans quelques détails. Nous étudierons successivement et séparément :

1° *Les actes purement mécaniques* et, 2° *les actes physiologiques qui ont rapport à ces fonctions.*

Canaux anastomotiques artério-veineux. — Il existe dans plusieurs régions de l'économie des anastomoses directes entre les artères et les veines ou entre deux systèmes veineux différents. Claude Bernard a décrit des rameaux de la veine porte qui, au lieu de s'enfermer dans le foie, le circonscrivent et viennent s'anastomoser avec les veines hépatiques. C'est là une voie collatérale par laquelle une partie du sang de la veine porte s'écoule sans avoir traversé les cellules du foie pour arriver directement dans la grande circulation. Ce système accessoire, très peu visible chez l'homme, acquiert un grand développement chez certains animaux, le cheval, etc., où il forme le système veineux de Jacobson. Cette double circulation est évidemment destinée à répondre aux conditions différentes créées par l'intermittence de la fonction. Les voies anastomotiques assurent le passage du sang quand l'organe est à l'état de repos physiologique.

Debierre et Gérard, *Biologie*, 1895, 1. — Gérard, *Arch. de Phys.*, 1895, 597; *Archives des sciences médicales de Bucharest*, 1er janvier 1897, p. 55. — Testut, *Anatomie*, II, 1er fasc., p. 50, 252. — Cl. Bernard, *Leçons sur les liquides de l'organisme*, 11, 160, 190. — *Leçons de physiologie expérimentale*, 1855. 1, p. 170, et t. 11 (chez les oiseaux).

CHAPITRE II

PHÉNOMÈNES MÉCANIQUES DE LA CIRCULATION ARTÉRIELLE.

Le cœur à chaque systole fait pénétrer dans l'aorte une nouvelle ondée de sang qui pousse devant elle les ondées antérieures dans le système artériel. En raison de l'étroitesse progressive de ses ramifications, ce système a de la peine à se vider. Il résiste à l'action du cœur. Pris ainsi entre la puissance du cœur et la résistance des artères le sang contenu dans ces vaisseaux y est constamment soumis à une certaine pression. L'étude de cette **pression** ou **tension vasculaire** est une des plus importantes et des mieux connues qui soient en physiologie. Comme la puissance du cœur est supérieure à la résistance des vaisseaux le sang progresse dans ceux-ci avec une certaine **vitesse**. C'est là un second élément dont nous devons aborder l'étude après avoir traité de la première.

Notions élémentaires concernant l'hémodynamique. — Chaque arbre circulatoire (grande et petite circulation) est schématiquement représenté par deux troncs de cônes opposés par leurs grandes bases au niveau des capillaires. La section augmente depuis l'aorte jusqu'aux capillaires pour décroître ensuite. Pour bien comprendre le mécanisme de la circulation dans un tel système, il est nécessaire d'étudier l'écoulement des liquides dans des cas plus simples. C'est ce que nous ferons rapidement en donnant une idée approximative mais suffisante des phénomènes.

Considérons un vase cylindrique vertical renfermant un liquide dont le niveau est maintenu constant par un dispositif convenable. Supposons une ouverture latérale pratiquée dans la mince paroi du vase. Appelons H la hauteur du fluide au-dessus du centre de gravité de cet orifice. L'écoulement du liquide différera suivant qu'il se fera par l'orifice simple ou par des tuyaux cylindriques, droits uniformes, droits à section variable, coudés ou ramifiés, que l'on adaptera à l'orifice.

I. L'écoulement se fait par l'orifice en mince paroi. — La règle de Toricelli enseigne que la vitesse théorique d'écoulement est $V = \sqrt{2gH}$. (La *vitesse* représentant l'espace parcouru en l'unité du temps.) C'est donc H qui règle la vitesse — on l'appelle hauteur de charge ou force motrice.

II. Un tuyau cylindrique horizontal de section constante est adapté a l'orifice. — La vitesse d'écoulement diminue; le *débit*, c'est-à-dire la quantité de liquide écoulé, diminue également pendant l'unité de temps. En effet : l'analyse démontre que des frottements se produisent entre les molécules liquides assujetties à se mouvoir dans une telle conduite. Ces frottements sont d'autant plus importants que le tube est plus long, la section plus faible, la vitesse plus grande. Ils agissent comme une résistance s'opposant à l'écoulement. Une certaine portion R de la force motrice est employée à vaincre cette résistance. En négligeant, pour simplifier, d'autres causes de diminution de la hauteur de charge, on voit que la force motrice utile à engendrer la vitesse ne sera plus que H — R. Dans ce système où la charge est H, la vitesse ne sera pas plus grande que dans un autre système à charge moindre, H — R, où l'écoulement se ferait par une ouverture en mince paroi.

Comment varie la résistance le long du tuyau?

A l'origine, le liquide a toute la résistance à vaincre.

A l'extrémité du tuyau, l'écoulement se fait dans l'atmosphère, les frottements sont négligeables, la résistance est nulle.

La résistance à vaincre diminue régulièrement de l'origine à la fin du tuyau. La force contre-résistante, la pression contre-balançant ces résistances devra donc diminuer aussi dans le sens de l'écoulement, et c'est ce qui a lieu. Si des tubes verticaux sont branchés sur le tuyau d'écoulement on constate que le liquide s'élève dans ces piézomètres, et d'autant plus que l'on considère un tube plus près de l'origine.

Que représente en un point de la paroi du tube horizontal la hauteur du liquide dans le piézomètre? — La pression, la charge nécessaire pour vaincre les résistances en aval — la force contre-résistante dont nous parlions tout à l'heure. Cette expérience rend tangible ce fait qu'en chaque point du tuyau existe une pression, une charge destinée à vaincre les résistances d'aval. C'est ce que l'on nomme la *pression latérale* ou *tension artérielle* dans le cas de la circulation sanguine.

Donc, en résumé, la présence d'un tuyau :

1° Diminue la vitesse, le débit;

2° Fait apparaître une pression latérale destinée à détruire les résistances à l'écoulement.

Dans les différents points d'une section du tuyau, les molécules liquides sont animées de vitesses différentes. La vitesse croît depuis la paroi jusqu'à l'axe. On appelle *vitesse moyenne* des molécules la vitesse uniforme qu'elles devraient posséder pour produire le même débit à travers la même section.

Dans le tube de diamètre constant, la vitesse moyenne est nécessairement la même tout le long du tube.

III. Un tuyau cylindrique horizontal droit, mais de section variable, est adapté a l'orifice. — Quand le régime régulier sera établi, la même quantité de liquide devra traverser les différentes sections du tube, car s'il en était autrement, le liquide s'accumulerait dans certaines régions.

Par suite, les vitesses moyennes à travers les différentes sections seront en raison inverse des aires de ces sections ou des carrés des diamètres de ces sections.

La vitesse croîtra vers les rétrécissements, diminuera dans les portions renflées.

La pression latérale ne variera plus régulièrement le long du tuyau. Elle croîtra brusquement dans les parties renflées, diminuera de la même façon dans les rétrécissements.

La résistance totale due aux frottements sera-t-elle modifiée? Nous avons vu que cette résistance dépend entre autres choses de la section du tuyau et de la vitesse des molécules. Dans les renflements il y a diminution de la vitesse; la résistance est diminuée. La résistance est accrue par les rétrécissements. L'effet total résultera de ces actions inverses.

En ce qui concerne la dépense totale, les renflements tendent à l'accroître, les rétrécissements à la diminuer. Suivant la résultante de ces deux actions, la dépense sera la même que dans le cas d'un tuyau uniforme de même longueur, ou elle sera plus grande ou plus petite.

IV. On adapte un tuyau uniforme, mais coudé. — Le coude agit comme un rétrécissement. La vitesse augmente vers le coude. La tension latérale y diminue. La résistance totale est accrue; le débit est diminué.

V. On adapte un tuyau ramifié. — Plusieurs facteurs interviennent : le changement de direction (coudes), le changement de calibre (tronc comparé à la somme des sections des branches), le changement des surfaces de frottement.

Un cas particulier intéressant pour les physiologistes est le suivant : Un tronc se subdivise en plusieurs branches dont les sections totalisées surpassent sa section propre. Puis ces branches se réunissent dans un seul canal à section voisine de celle du tronc initial.

Vers la bifurcation, des coudes existent, et la section totale est accrue.

La vitesse moyenne tend à augmenter à cause des coudes; elle tend à être diminuée par l'accroissement du calibre total.

La pression latérale est accrue par l'augmentation du calibre, diminuée par la présence des coudes.

Suivant que ces actions inverses se compenseront ou que l'une d'elles l'emportera, la vitesse et la pression latérale ne changeront pas ou elles varieront dans un sens ou dans l'autre.

Au confluent, la vitesse est accrue par la diminution de la section, et par l'existence des coudes.

La pression latérale est diminuée et par les coudes et par le rapetissement du calibre.

Que devient la résistance totale dans un tel système par rapport à ce qu'elle serait dans un tronc unique de même longueur? Les coudes augmentent la vitesse, et par suite la résistance totale. Vers les branches, la surface totale des parois est augmentée ainsi que les frottements. Ces deux causes tendent donc à augmenter la résistance. Mais du fait de l'élargissement de la voie totale d'écoulement, la résistance tend à diminuer. Donc deux actions inverses : augmentation et diminution de la résistance. Suivant la valeur de la résultante, la résistance totale ne variera pas, ou sera accrue ou diminuée.

La dépense, suivant le cas, ne variera pas, ou sera diminuée, ou sera accrue.

Notons cependant que certaines expériences indiquent qu'en général la ramification d'un tuyau augmente le débit (Jacobson).

En résumé, dans un tel système ramifié, la vitesse moyenne diminue jusqu'aux branches du tronc pour ensuite augmenter à partir du confluent. La pression latérale diminue le long du tube et en général varie brusquement aux points de division du tronc et de réunion des branches.

Dans *l'appareil circulatoire sanguin* où sont les analogies?

Les ventricules du cœur représentent notre vase théorique, le droit pour la petite circulation, le gauche pour la grande. Qu'est la hauteur de charge? La pression intraventriculaire développée par la contraction des parois musculaires. Une partie de cette charge est employée pour donner une certaine vitesse au sang à sa sortie du cœur (droit ou gauche), c'est-à-dire à l'origine des artères pulmonaire ou aorte. Une autre partie importante est destinée à vaincre les résistances à l'écoulement. Elle est mesurée par la tension latérale des vaisseaux dans le voisinage du muscle cardiaque.

En somme le sang s'écoule parce que la pression d'amont est supérieure à la pression d'aval. Tout ce qui augmente cette différence augmente la vitesse d'écoulement. Pour une résistance donnée la vitesse croît avec la pression ventriculaire. Pour une pression ventriculaire donnée la vitesse croît avec une diminution de la résistance. La vitesse du sang diminue dans le système artériel en s'éloignant du cœur. Elle varie peu dans les capillaires et augmente dans les veines des capillaires au cœur.

On emploie, dans le langage physiologique, indifféremment les expressions : *pression artérielle* ou *tension artérielle*. Le sang est soumis à une certaine pression qui se transmet dans tous les sens. Les artères, étant élastiques, sont tendues à la façon d'un ressort par cette pression. Leur tension fait nécessairement équilibre à la pression du sang. L'expression pression artérielle vise plus spécialement la pression du liquide, et celle de tension artérielle la force élastique des artères. Comme ces deux forces se font équilibre, l'une ou l'autre de ces expressions est indifféremment employée.

Écoulement dans les tubes rigides. — J. Aronssohn, *Thèse Strasbourg*, 1854. — Donders, *Arch. f. Anat. u. Phys.*, 1856. — Jacobson, *Arch. f. Anat. u. Phys.*, 1860. — Jæger, *Journ. of Phys.*, 1886. — Volkmann, *Die Hämodynamik.*

A. — PRESSION ARTERIELLE.

1° Origine de la pression artérielle. — Le sang se trouve dans les artères sous une pression assez élevée. Si en effet on pratique une ouverture à l'un de ces vaisseaux il s'échappe par un jet assez fort.

La pression du sang dans le système artériel est le produit de deux facteurs :

1° L'*impulsion du cœur* et,

2° La *résistance des artères à l'écoulement du sang*, par suite de la diminution progressive du calibre de ces vaisseaux.

La force du cœur est l'origine première de la pression dans les artères, seulement elle est distribuée, transformée et se présente avec des caractères nouveaux. Il faut donc en faire une étude spéciale. Cette étude, calquée sur celle du cœur, peut être abordée avec un outillage beaucoup plus simple.

2° Méthode de mesure. — L'étude de la pression artérielle consiste en *mesures manométriques* exécutées à tous les instants et dans toutes les conditions particulières qui peuvent influencer cette pression.

Hales (1744) adaptait au bout central d'une artère un long tube de verre qu'il maintenait verticalement. Il voyait le sang s'élever dans ce tube à une certaine hauteur, 3 mètres environ à partir du point où il communique avec le vaisseau. La hauteur de la colonne sanguine dans le tube mesure exactement la pression artérielle dans ce point. En d'autres termes, la pression artérielle fait équilibre à une colonne de sang de 3 mètres de hauteur.

Le volume un peu encombrant de cette colonne peut être diminué de beaucoup si on fait usage d'un liquide plus dense pour établir la contre-pression dans le tube manométrique. Poiseuille, au lieu de sang, a employé le **mercure** et a adapté à l'artère un manomètre ordinaire en U à air libre. Sur les divisions de ce manomètre on lit directement la pression et ceci d'autant mieux qu'on a coutume d'évaluer généralement cette dernière en centimètres de mercure. La valeur de la pression dans le manomètre en U est mesurée par la dénivellation produite entre les deux colonnes de mercure (fig. 60).

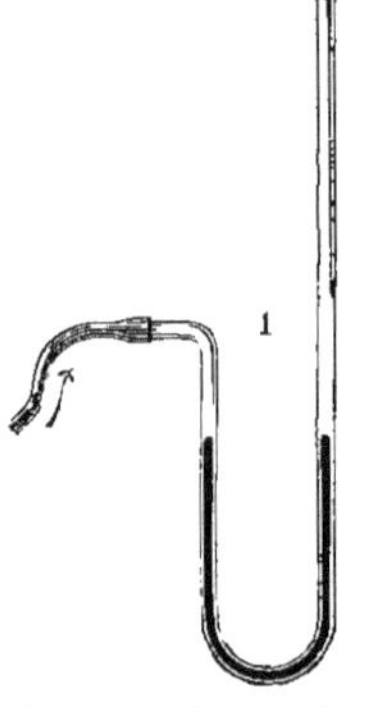

Fig. 60. — *Manomètre de Poiseuille.*

On augmente les facilités de l'observation en s'arrangeant pour que le mouvement du mercure se fasse tout entier dans une seule des branches. A cet effet une des branches du manomètre est très élargie. De ce côté la dénivellation est très peu accentuée. Le déplacement de mercure se produit presque exclusivement dans la branche ascendante. Les choses se passent en somme comme pour un baromètre muni d'un réservoir à large surface (Guettet) (fig. 61).

Le mercure étant très lourd présente une grande inertie. Par cela même il est peu propre à une mesure exacte des variations d'une pression qui change à chaque instant comme est celle des artères. Les oscillations propres du mercure accroissent ou diminuent l'amplitude de ces variations suivant que leur période est ou non en coïncidence avec elles-mêmes. Il est donc préférable de ne pas tenir compte de la valeur absolue des indications du manomètre à mercure, mais seulement de leur **valeur moyenne**. Cependant on se tromperait sur l'es-

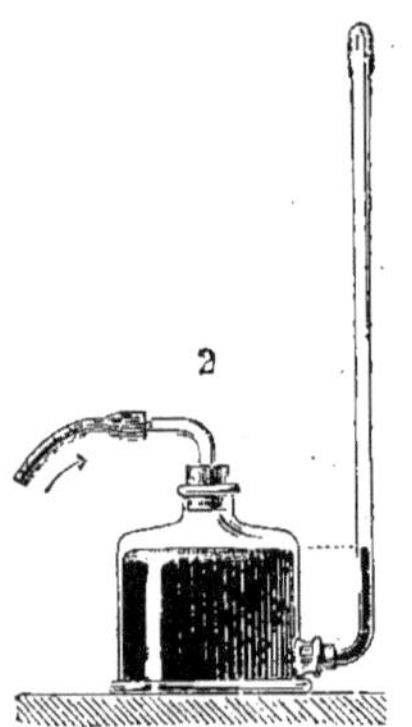

Fig. 61. — *Manomètre de Guettet.*

timation de cette valeur elle-même si on l'estimait en prenant les chiffres moyens entre les maxima et les minima qu'il indique, car si déformées que soient les oscillations de la pression, elles ne sont pas symétriques au-dessus et au-dessous de cette ligne co   nelle. *On peut obliger le manomètre à donner cette moyenn çant sur sa branche ascendante un étranglement* qui ne pe à la colonne mercurielle d'exécuter des mouvements rapid

Cette dernière reste presque immobile entre les maxima et les minima de la pression et donne bien alors la valeur moyenne recherchée (MAREY).

Le premier **appareil inscripteur** appliqué à la circulation a été réalisé par LUDWIG. Ce physiologiste inaugura par cela même l'emploi de la méthode graphique en physiologie. LUDWIG adapta au manomètre de POISEUILLE un flotteur muni d'une tige terminée à sa

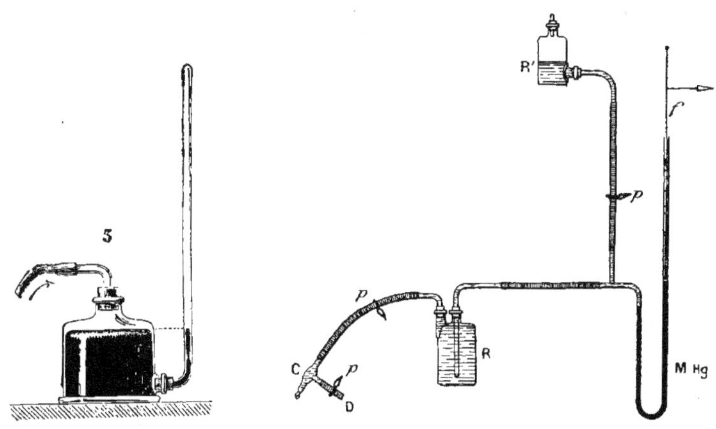

Fig. 62. — *Manomètre compensateur de Marey.*

Fig. 63. — *Manomètre Hg inscripteur* (modèle en usage dans le laboratoire du professeur MORAT) (*).

(*) M.Hg, manomètre à mercure; *f*, tige en verre effilé reposant sur le mercure par une extrémité renflée et supportant à son extrémité supérieure une branche transversale terminée par une plume en aluminium ou en baleine usée à la meule ; C, canule destinée à être introduite dans l'artère ; D, tube permettant de laver la canule en place ; R, réservoir intercalé pour éviter le contact du sang avec le mercure ; R', réservoir destiné à charger l'appareil d'un liquide anticoagulant ; *p*, pince à pression. Pour éviter les déplacements latéraux du flotteur on dispose à l'extrémité supérieure du flotteur un guidon. On maintient la plume contre le cylindre enregistreur au moyen d'un petit fil à plomb suspendu à une potence.

partie supérieure par un style écrivant (fig. 63). La pointe du style suit tous les mouvements du mercure. Qu'une surface se déplace devant lui d'un mouvement régulier perpendiculaire à son propre mouvement et le style laissera une trace écrite de la pression et de toutes les fluctuations, de tous les états qu'elle aura présentés (fig. 64).

Lorsqu'on veut connaître et inscrire les inflexions multiples de la pression et leurs formes variées, c'est aux **manomètres élastiques** qu'il faut demander ces renseignements, c'est-à-dire à des appareils dont la force résistante soit empruntée à des corps ayant peu de masse et partant peu d'inertie (poches de caoutchouc ou métalliques facilement déformables). Le plus simple des manomètres élastiques est le **sphygmoscope**, simple doigt de gant en caoutchouc qui reçoit la pression du sang à son intérieur par l'intermédiaire d'un liquide anticoagulant et qui emprisonné dans une cavité rigide, refoule par sa distension excentrique l'air de cette cavité dans un tube communiquant avec un tambour à levier (CHAUVEAU) (fig. 65, 66). Le manomètre de MAREY en est une variante perfectionnée (fig. 67). La cavité extensible est une caisse d'anaéroïde. La

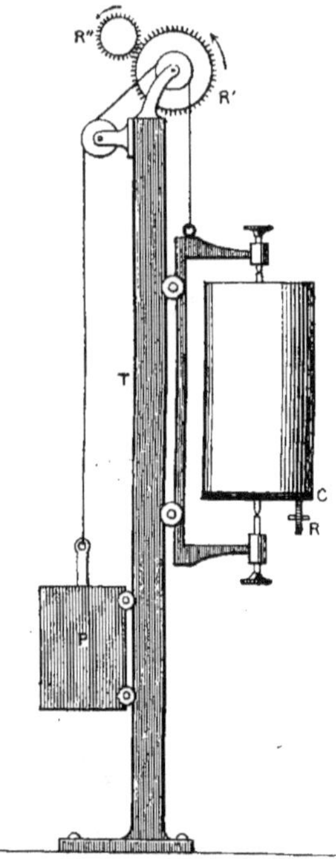

Fig. 64. — *Schéma de l'appareil enregistreur à mouvement lent de Morat* (*).

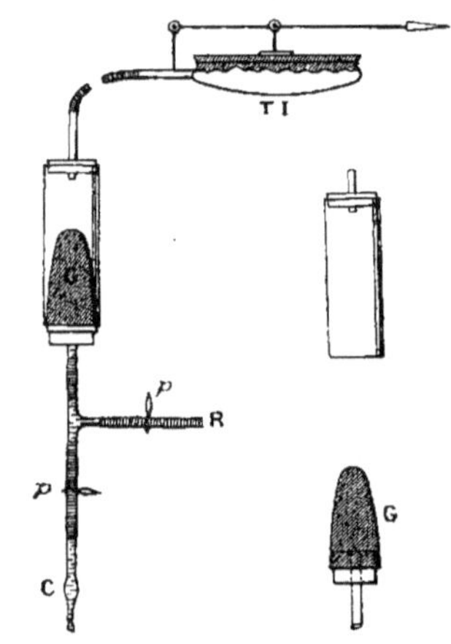

Fig. 65. — *Sphygmoscope de Chauveau* (**).

(*) Le cylindre enregistreur est doublé sur une de ses faces d'une lame de caoutchouc C et entraîné par la roue dentée R d'un mouvement d'horlogerie. Une disposition qui n'est pas figurée permet d'éloigner ou de rapprocher du pivot du cylindre le mouvement d'horlogerie et de modifier ainsi la vitesse de rotation de ce cylindre. Le mouvement de rotation de ce dernier autour de son axe peut être combiné à un mouvement dans le sens vertical. A cet effet, le cylindre est monté sur un chariot mobile le long de l'axe T. Le chariot est équilibré par le poids P et entraîné par un second mouvement d'horlogerie R'', voy., p. 20, app. à mouv. rapide de MORAT et autres enregistreurs.

(**) G, doigt de gant en caoutchouc; C, canule destinée à être placée dans l'artère; TI, tambour à levier; R, tube permettant de remplir l'appareil d'un liquide anticoagulant; *p*, pince à pression.

cavité rigide de forme tronconique (et par là même très stable sur la table d'opération) se termine en haut par un cylindre de verre muni d'un bouchon dont l'orifice reçoit le branchement du tube de transmission qui va au tambour à levier. Les pièces surajoutées consistent d'une part dans un manomètre à mercure de diamètre très fin communiquant avec la cavité de l'anaéroïde (pour donner la valeur absolue de la pression et permettre l'étalonnage de l'appareil), et d'autre part en une colonne liquide qui remplissant la cavité tronconique excentrique monte jusqu'à mi-hauteur de la paroi transparente du cylindre de verre et montre aux yeux les oscillations du pouls.

L'avantage du manomètre à mercure est de rapporter à une

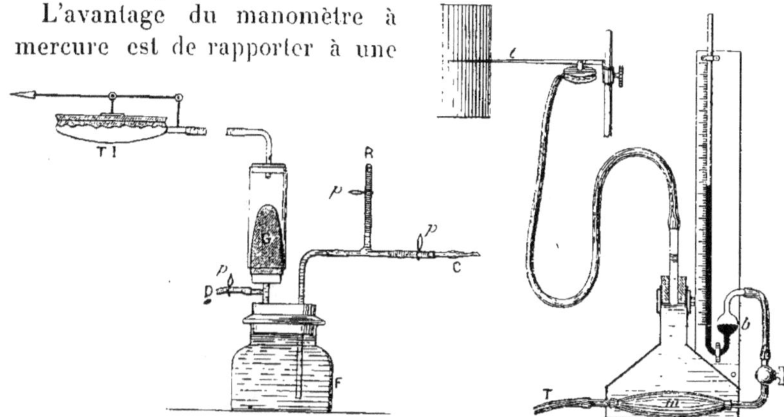

Fig. 66. — *Sphygmoscope de Chauveau* (*).   Fig. 67. — *Manomètre métallique inscripteur de Marey* (**).

(*) Modèle offrant plus de stabilité par suite du flacon F intercalé ; D, tube de décharge permettant d'expurger l'air contenu dans l'appareil ; p, pince à pression.

(**) m, capsule de baromètre anéroïde munie d'un tube afférent T en communication avec l'artère et d'un tube efférent qui se rend à un manomètre à mercure b ; t, tambour à levier.

unité commune, le centimètre de mercure, la pression observée dans des expériences quelconques. Celui du manomètre élastique est, outre sa sensibilité, de traduire fidèlement la moindre inflexion de la pression.

Technique expérimentale. — On dénude une artère de fort calibre (carotide ou fémorale). On place une première ligature sur le vaisseau, à la périphérie, puis on pose une pince à pression 3 ou 4 centimètres au-dessus. Un fil ciré est glissé sous l'artère. La canule du manomètre est engagée par une petite ouverture pratiquée au vaisseau et solidement liée avec le fil préparé à cet effet. On enlève alors la pince qui empêche l'afflux du sang en ayant soin de ne laisser s'établir la pression que graduellement dans l'appareil. Il convient de prendre certaines précautions dont nous indiquerons les principales.

a. Les canules sont généralement en verre et munies d'un branchement latéral permettant de faire sortir au besoin les caillots qui pourraient interrompre la communication avec le manomètre (fig. 68). Elles doivent présenter près de leur extrémité un étranglement de façon à permettre de mieux assurer la ligature. On ramène en arrière les bouts du fil qui a servi à lier l'artère et on les comprend dans une nouvelle ligature placée plus haut dans le but d'éviter plus sûrement que la canule ne soit expulsée du vaisseau sous l'influence de la pression qui règne dans les artères. On peut placer dans l'artère une canule en T de façon

Fig. 68.

à ne pas interrompre le cours du sang. On mesure dans ces conditions la pression latérale du sang dans l'artère où la canule est placée. — Le plus habituellement on opère autrement. Une artère est sectionnée. Une canule du modèle décrit (fig. 68) est placée dans le bout central du vaisseau. Si celui-ci est branché à angle droit sur l'artère dont il émane lui-même le manomètre indiquera la pression latérale dans ce dernier vaisseau.

Au sujet de canules spéciales consulter : LANGENDORFF, *Methodik*, p. 200, canule de LUDWIG et SPENGLER. — BARDIER, *Biologie*, 1897.

b. Les manomètres doivent être proportionnés à la taille des animaux en expériences (fig. 69, 70, 71). Il pénètre en effet dans l'instrument une quantité de sang égale au volume du liquide ou du mercure déplacé.

c. Le sang ne doit pas être mis en contact direct avec le mercure ou les ampoules élastiques. Généralement on interpose une solution saturée de carbonate ou de bicarbonate de soude ou tout autre liquide anti-

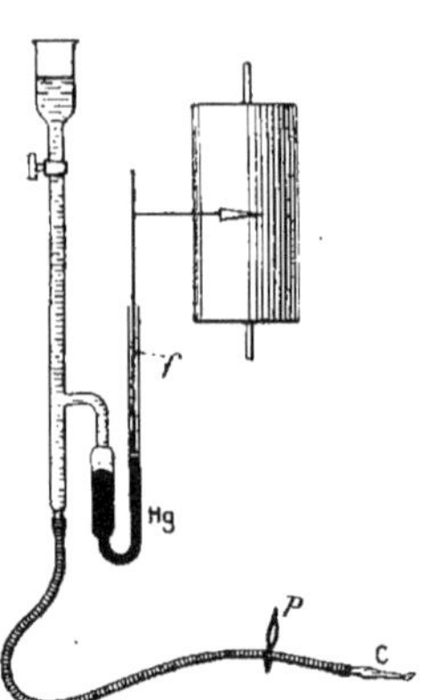

Fig. 69. — *Manomètre de Moral applicable aux petits animaux* (grenouille, tortue, etc.).

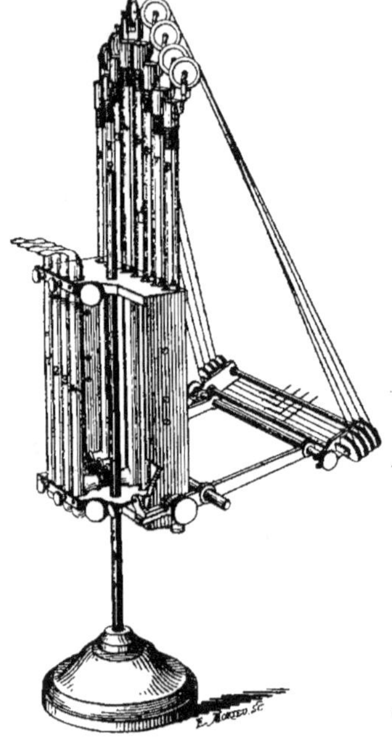

Fig. 70. — *Manomètre Hg inscripteur de Chauveau* (*).

(*) Ce manomètre permet l'inscription des variations de la pression sur un cylindre placé horizontalement. Les tubes 1, 2, 3, 4, 1′, 2′, 3′, 4′ sont les tubes manométriques. Les tubes 5, 6, 7, 8 servent simplement à diriger les poids tenseurs des fils qui soutiennent les plumes. La figure représente plusieurs manomètres montés sur un support.

coagulant (sulfate de magnésie à 25 p. 100 ; solution de peptone à 8 p. 100 ; extrait de sangsues) dans le but d'empêcher la formation des caillots.

d. L'appareil, avant d'être mis en communication avec l'artère, est au préalable chargé au moyen d'un tube en T placé sur le caoutchouc qui relie l'artère au manomètre On établit dans le manomètre une pression ayant une valeur à peu près égale à celle qui règne dans les artères de l'animal en expérience de façon à éviter la pénétration d'une trop grande quantité de sang dans l'appareil.

e. Les inflexions de la courbe du tracé traduisent les variations de la pression.

Pour connaître la *valeur absolue* de ces variations il faut si on utilise un manomètre Hg avoir eu soin de placer avant toutes choses le manomètre, onvert librement, de telle sorte que le niveau du mercure dans la branche munie du flotteur soit sur l'horizontale passant par la partie de la paroi artérielle où se fait la mesure. À ce moment si l'on fait passer le papier du cylindre devant le style du tambour inscripteur celui-ci écrit la ligne de 0. Le manomètre est ensuite chargé et mis en rapport avec l'artère. Le style tracera dans ces conditions au-dessus de la première ligne une seconde ligne correspon-

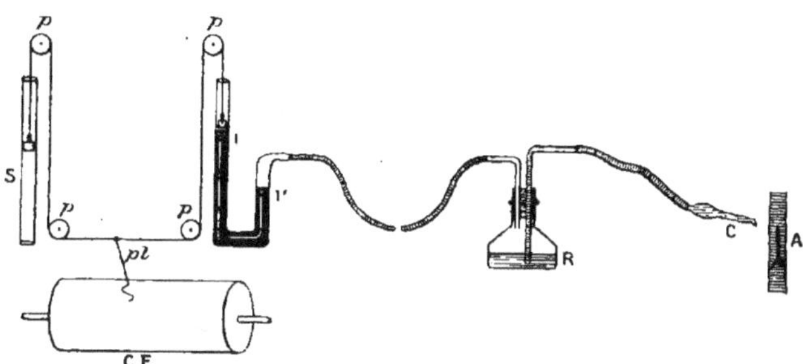

Fig. 71. — *Schéma explicatif du manomètre Hg inscripteur de Chauveau.*

1, 1′, tube manométrique ; p,... poulies soutenant un fil muni à l'une de ses extrémités d'un flotteur et à l'autre d'un poids tenseur S. Ce fil supporte une plume (*pl*) qui inscrit les variations de la pression sur un cylindre (CE). Une disposition qui n'est pas figurée donne à la plume la fixité nécessaire. (La plume porte en arrière un levier qui s'appuie sur un crin de cheval tendu d'une poulie à l'autre.) Le manomètre est en communication avec un réservoir (R) au moyen d'un tube très long de 1 millimètre au plus de diamètre. Le réservoir contient une solution saturée de sulfate de soude jusqu'à un certain niveau, de sorte que le manomètre n'est jamais en contact ni avec le sang ni avec le liquide anticoagulant. Le tube C qui fait communiquer le réservoir avec l'artère A doit être très court (20 centimètres) et assez large (8 à 10 millimètres) afin qu'il contienne une assez grande quantité de sulfate de soude.

dant à la pression exercée. De cette façon on évite les corrections que nécessiterait l'interposition d'une colonne liquide pesante. Cette précaution ne serait pas nécessaire si au lieu d'un liquide on avait interposé un gaz dont le poids est pratiquement négligeable.

Dans beaucoup de cas on se contente de tracer une ligne qui sert à repérer les ondulations du tracé manométrique. En effet souvent ce qu'il importe surtout de connaître ce ne sont pas les valeurs absolues de la pression, mais la comparaison de ses variations dans des conditions différentes et à des moments déterminés.

Mesures de la pression chez l'homme. — I. — Chez l'homme quelques expérimentateurs ont mesuré la pression dans une grosse artère avec les appareils usuels en physiologie. Il s'agissait, bien entendu, de malades auxquels on devait pratiquer l'amputation du membre dont on explorait l'artère (FAIVRE, ALBERT). Dans un cas la pression était de 120 millimètres Hg dans l'artère fémorale. Dans un autre elle oscillait de 120 à 115 millimètres Hg dans l'artère humérale.

II. — En clinique, le problème est de mesurer de l'extérieur, sans mutilation, la pression du sang dans les artères de l'homme.

1° Les tentatives pour mesurer la tension artérielle des artères à l'aide de *poids* ou de *ressorts* d'une force connue sont condamnées d'avance, car l'effort exercé par une artère contre le poids ou le ressort qui la presse dépend non seulement de la pression du sang dans cette artère, mais aussi de l'étendue de la portion de vaisseau qui porte l'appui du poids ou du ressort (MAREY). La pression exercée sur le ressort est égale à la pression latérale dans le vaisseau multipliée par la surface pressée qui varie suivant les conditions de l'expérience.

Les *sphygmographes* en particulier ne peuvent donc en aucun cas donner la valeur absolue de la pression. Ils donnent toutefois une idée approximative des variations de la pression. MAREY a montré que plus la pression artérielle est élevée : moins l'amplitude du pouls est grande, plus la ligne d'ascension est oblique et moins le dicrotisme est accentué. Toutefois, même limités à ce point de vue, ces caractères n'ont pas en clinique une grande valeur et ne constituent qu'un indice général, mais non constant, car le mode d'application de l'appareil, le degré de pression sur l'artère modifient considérablement le tracé (POTAIN).

Si l'on comprime extérieurement un vaisseau par l'intermédiaire d'un *fluide* soumis à une certaine pression, la pression nécessaire pour effacer le vaisseau et pour arrêter la progression des ondes intravasculaires est très sensiblement égale à celle qui détermine la progression de ces ondes, c'est-à-dire à la pression intravasculaire elle-même.

Ce procédé de mesurer une pression intérieure par une contre-pression au moyen d'un fluide a été appliqué par MAREY, le premier, sur un membre plongé dans un milieu comprimé. VON BASCH réalisa un progrès important en imaginant un appareil permettant de mesurer la tension artérielle dans la radiale à travers la peau. La contre-pression était exercée par un liquide et mesurée avec un manomètre à Hg.

POTAIN rendit l'instrument mieux approprié aux recherches cliniques (fig. 72). Il substitua l'air à l'eau pour établir la contre-pression et un manomètre métallique au manomètre à Hg. Il relia le manomètre métallique à une ampoule de caoutchouc formée de trois secteurs collés ensemble : deux résistants, un mou destiné à être placé sur l'artère. Un robinet permet de charger l'appareil d'air à 3 ou 4 centimètres Hg. Avec l'ampoule on écrase l'artère pour y arrêter les pulsations. On juge que le calibre du vaisseau est effacé quand on cesse de percevoir les battements au delà de l'ampoule qui la comprime. On lit sur le mano-mètre l'indication de la pression qui existe dans l'ampoule à ce moment. On peut de là déduire avec une assez grande approximation la pression maxima qui se produit dans l'artère à chacune de ses pulsations. L'ampoule doit être placée de pré-férence sur la radiale. On pèse de l'index d'une main sur l'ampoule; de l'autre main avec l'index on

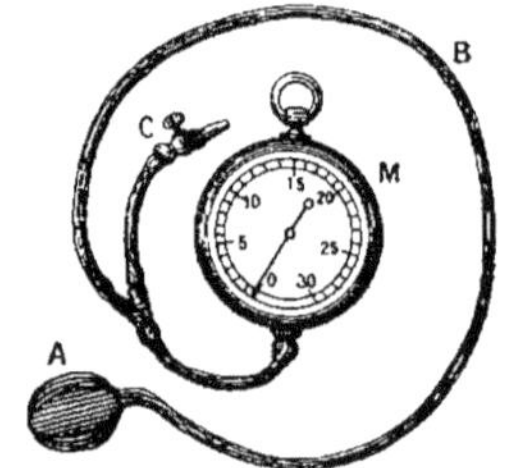

Fig. 72. — *Appareil de Potain.*

A, ampoule de caoutchouc; B, tube de communication avec le manomètre M; C, tubulure munie d'un robinet permettant de charger l'appareil avec de l'air.

sent si les battements de la radiale au-dessous de l'ampoule cessent. Avec le médium de la même main on comprime énergiquement l'artère au-dessous pour éviter le retour du sang par l'arcade palmaire.

2° Une autre méthode imaginée par MAREY est basée sur le principe suivant : La pression interne du sang est représentée dans sa valeur par la contre-pression externe qui donne aux parois des vaisseaux sanguins le maximum de leur mobilité. En effet, chaque pulsation des artères est limitée par la résistance qu'elle rencontre et la tension élastique des parois artérielles. Si au moyen d'une force externe, pression d'eau par exemple, on arrive à contre-balancer la pression latérale qui distend les vaisseaux, les oscillations des artères acquièrent le maximum d'ampleur lorsque la pression interne est égale à la pression externe. A ce moment les vaisseaux sont détendus. Leurs parois flottent pour ainsi dire indifférentes entre la pression intérieure du sang et la pression extérieure de l'eau. Les choses se passent alors comme si la pression du sang était appliquée directement au manomètre. (MAREY.) Appliquant ce principe, Mosso mesure la contre-pression qu'il prend pour valeur de la pression intra-artérielle en enfermant les doigts annulaire et médius de chaque main dans des manchons métalliques pleins d'eau en communication avec un manomètre

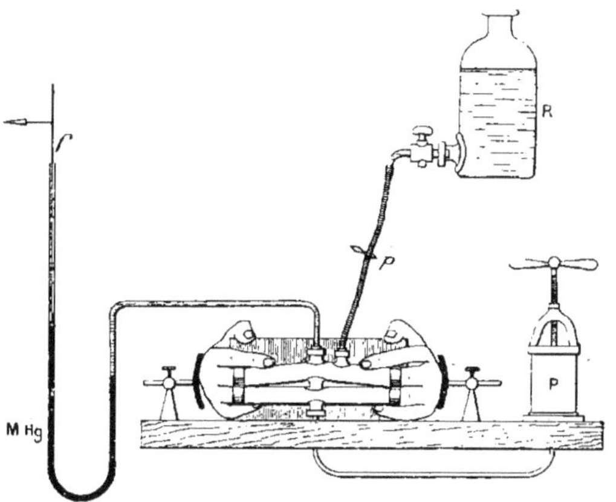

Fig. 73. — *Appareil de Mosso.*

R, réservoir permettant de charger l'appareil d'eau ; P, piston au moyen duquel on gradue la contre-pression externe; MHg, manomètre.

à Hg (fig. 73). La pression de l'eau est augmentée jusqu'à ce que les oscillations de la colonne mercurielle enregistrées atteignent leur plus grande ampli-tude.

3° Récemment HÜRTHLE a imaginé une troisième méthode dans laquelle l'enre-gistrement de la pression s'effectue comme dans le cas où le manomètre est en rapport avec une artère ouverte. C'est la pression sanguine qui élève elle-même le manomètre à la hauteur de la pression artérielle. On anémie un membre au moyen de la bande d'ESMARCH, puis on place ce membre dans un espace clos qu'on remplit d'eau et qu'on relie à un manomètre à Hg. La pression est au 0 dans le membre anémié et dans l'appareil. On lâche alors la bande d'ESMARCH. Le sang pénètre dans le bras, mais en même temps (le manchon étant rempli d'un liquide incompressible), il élève la pression dans l'appareil. Le sang ne pénètre pas par suite dans tout le membre. La pénétration cesse au moment où la pression du liquide dans l'appareil fait équilibre à celle du sang dans les artères. Par suite on peut prendre la valeur de la pression du liquide de l'appa-reil pour mesure de celle du sang artériel (fig. 74).

Remarque critique. — Toutes les méthodes de mesure directe de la pression chez l'homme sont passibles d'une même objection. Si la pression extérieure s'exerçait sur une artère nue ces méthodes seraient à peu près correctes, mais elles s'exercent par l'intermédiaire de tissus qui suivant leur nature et leur état de tension peuvent ne pas transmettre également et entièrement la pression reçue. Il y a donc incertitude quant à la valeur exacte des résultats. En clinique l'appareil de Potain doit être préféré aux autres en raison de la facilité de son application. Les méthodes de Marey, Mosso et de Hürthle permettent, il est vrai, l'inscription des variations de la pression. Toutefois la première nécessite à chaque changement brusque de tension un contrôle à l'aide du critérium que nous avons indiqué. De plus, la fraction

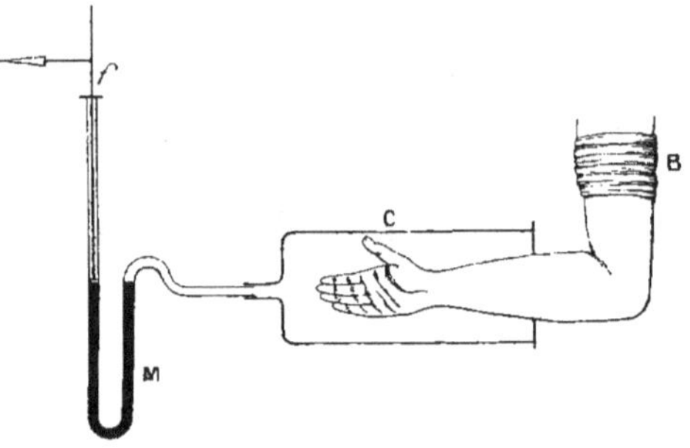

Fig. 74. — *Appareil de Hürthle.*

B, bande d'Esmarch ; C, espace clos rempli d'eau ; M, manomètre Hg, inscripteur.

de la contre-pression optima est souvent impossible à déterminer dans un grand nombre de tracés. Enfin les effets de la contre-pression varient dans des proportions énormes suivant qu'on emploie des pressions croissantes ou des pressions décroissantes, suivant qu'on fait changer la pression lentement ou vite (Binet). La méthode de Hürthle permet seule l'inscription prolongée des variations de la pression.

3° Répartition de la pression dans le système artériel.

— La pression change peu de valeur du ventricule au voisinage des capillaires. Cependant elle décroît graduellement à mesure qu'on s'éloigne du cœur. Il ne peut pas en être autrement, puisque le sang coule des artères dans les veines. Le sens du mouvement d'un liquide est déterminé par la différence des pressions en amont et en aval, et plus cette différence est grande plus la vitesse de l'écoulement est rapide. Au voisinage des capillaires la pression baisse rapidement par suite des résistances opposées à l'écoulement du sang.

Fig. 75. — *Élément constant et élément variable de la pression artérielle.*

L'élément constant correspond à la hauteur qui sépare le 0 du manomètre du point minimum auquel s'arrêtent les oscillations du mercure (PC). L'élément variable correspond à la hauteur PV, c'est-à-dire à l'amplitude des oscillations (Marey).

4° Élément constant et élément variable de la pression.

— Les phases de la pression diffèrent considérablement dans le cœur et dans l'aorte pendant le cours d'une révolution cardiaque. *Dans le cœur* la pression au moment de la systole atteint et dépasse légèrement le chiffre de la pression artérielle maxima, puis elle retombe à zéro et même parfois au-dessous de zéro. *Dans les artères* la pression subit le contre-coup de l'action du cœur. Elle atteint pendant la systole de cet organe un maximum qui n'est jamais supérieur à celui de la pression cardiaque. *Pendant le repos du cœur la pression artérielle reste à un niveau relativement élevé. A aucun moment elle ne tombe à zéro* (fig. 76).

Expérience. — Sur le cheval on introduit une ampoule élastique dans le ventricule gauche par la carotide. On recueille un tracé de pression ventriculaire. On constate que la pression part de zéro, monte, puis redescend au niveau

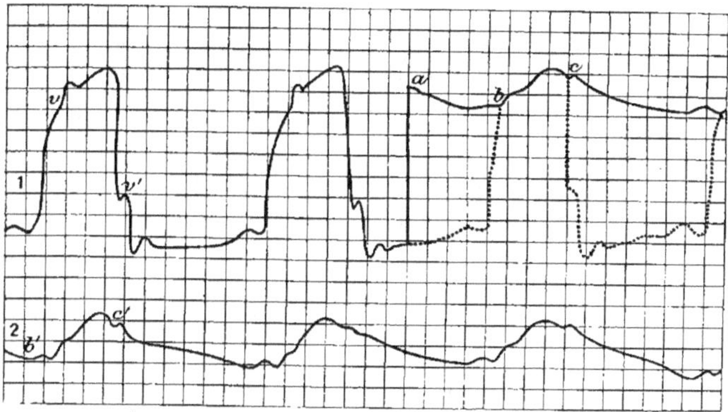

Fig. 76. — *Tracés de la pression dans le ventricule gauche et dans l'aorte.*

Ligne 1, une sonde manométrique est dans le ventricule gauche; après deux révolutions du cœur on la fait passer dans l'aorte en *a*. Ligne 2, tracé fourni par une autre sonde manométrique maintenue en permanence dans l'aorte (d'après MAREY, *Circ. du sang*).

primitif et même parfois au-dessous. A un moment de l'expérience on retire brusquement la sonde cardiographique du cœur pour laisser l'ampoule à demeure dans l'aorte. On constate dans ces conditions que les maxima du nouveau tracé (aortique) sont à peu de chose près les mêmes que précédemment. Par contre les minima sont beaucoup plus élevés. (CHAUVEAU) (fig. 76, ligne 1).

Pour bien se rendre compte des causes qui maintiennent la pression élevée dans les artères, malgré le repos du cœur, il faut se rappeler que ces vaisseaux sont élastiques. Or nous avons montré que la systole ventriculaire a un double effet. Elle déplace une certaine quantité de sang à travers les capillaires et en fait pénétrer une autre en provision dans les artères. L'élasticité de ces vaisseaux est mise en jeu et emmagasine une partie de la force du cœur. Au moment de la diastole ventriculaire les artères reviennent sur elles-mêmes et restituent la force du cœur. Les valvules sigmoïdes aortiques et pulmonaires se ferment sous la poussée du sang. Ce liquide ne peut s'échapper que par les capillaires, mais en raison de l'étroitesse de ces canaux l'écoulement est plus ou moins lent, de telle sorte que la pression se maintient toujours élevée dans les artères.

Relations entre l'élément variable et l'élément constant de la pression. — L'élément variable et l'élément constant de la pression sont entre eux dans des rapports définis, bien vus déjà par Claude Bernard, mais plus longuement développés et mieux systématisés par Marey.

a. **Les valeurs comparées de la pression constante et de la pression variable sont dans un rapport inverse.** — En effet la résistance des artères à l'extension (force élastique) croît plus vite que leur dilatation. Pour une charge double il ne se produit pas une extension double de ces vaisseaux. Donc plus le système artériel est déjà rempli et distendu, et plus petite est l'ondée que le cœur réussit à y faire pénétrer.

b. **L'amplitude et la fréquence des variations de la pression sont dans un rapport inverse.** — Quand les systoles du cœur deviennent rares et distantes les unes des autres, l'amplitude des oscillations de la pression variable prend une importance plus grande et inversement. En effet, dans le premier cas le système artériel a le temps de désemplir. La pression y baisse de plus en plus pour se relever ensuite brusquement lors de la pulsation suivante. Or le cœur provoque un effet d'autant plus apparent que la systole trouve un système artériel plus détendu.

c. **A mesure qu'on s'éloigne du cœur l'élément variable de la pression disparaît graduellement.** — L'élément constant persiste seul. La disparition de l'élément variable est l'effet de l'élasticité des artères et équivaut à l'uniformisation plus parfaite de l'écoulement du sang à l'extrémité de l'arbre artériel.

5° **Variations de la pression artérielle.** — Les lignes qui unissent les maxima et celles qui unissent les minima de la pression sont assez exactement parallèles. Elles ne sont jamais cependant des lignes parfaitement droites.

Variations respiratoires. — Lorsqu'on examine soit l'une soit l'autre on voit qu'elle-même présente des ondulations qui représentent elles aussi des variations de la pression artérielle, mais d'un ordre différent des premières et tenant à une autre cause. Ces oscillations qui interfèrent avec les pulsations coïncident exactement avec les mouvements respiratoires.

Différents types ont été recueillis par les auteurs. Ludwig a constaté une baisse de pression coïncidant avec l'inspiration. Vierordt une hausse de pression pendant l'inspiration. Einbrodt un type mixte caractérisé par un abaissement d'abord, puis une élévation de la pression artérielle pendant les inspirations lentes. Ces divergences ne doivent pas surprendre, car plusieurs causes antagonistes tendent à modifier la pression pendant les phases de la respiration. *L'effet est une résultante* dont le sens dépend de la prédominance de l'une ou de l'autre de ces causes et varie suivant l'espèce à laquelle appartient l'animal et chez un même sujet suivant un grand nombre de conditions.

Les mouvements respiratoires modifient la pression artérielle, soit directement par une action mécanique, soit indirectement par l'intermédiaire des nerfs.

L'action *mécanique* ne s'exerce d'une façon appréciable que si les mouvements respiratoires ont une grande amplitude ou dans des conditions déterminées.

Une *inspiration* forte tend dans une première phase à faire baisser la pression artérielle et dans une seconde période à la relever. Le premier effet est la conséquence de l'aspiration exercée par le thorax sur les gros vaisseaux artériels contenus dans cette cavité et sur les capillaires pulmonaires. La béance de ces canaux est augmentée et le sang des artères appelé à leur intérieur. L'élévation de pression peut avoir pour cause la compression de l'aorte abdominale par suite de l'abaissement du diaphragme souvent combiné avec une légère contraction des muscles abdominaux. Les modifications de la pression artérielle dues à l'influence mécanique de l'inspiration peuvent être constatées chez un chien auquel on a lié la trachée et qui fait de violents efforts d'inspiration, ou chez un animal que l'on fait respirer dans un gazomètre où l'air est raréfié (d'Arsonval). Des modifications de pression comparables sont observées dans les artères, chez l'homme qui fait un effort d'inspiration après avoir fermé la glotte. Les effets de l'aspiration thoracique s'observent de préférence dans les cas d'obstacle au passage de l'air dans les voies respiratoires. Si l'obstacle fait défaut c'est l'air qui comble la différence de pression créée par les mouvements du thorax.

L'*expiration* forcée élève au début la pression artérielle, puis elle l'abaisse. Ces effets sont dus à l'augmentation de la pression intrathoracique. L'élévation de la pression artérielle du début est la conséquence de l'expulsion du sang contenu dans les poumons et les troncs artériels situés dans le thorax. L'abaissement de la pression provient de la moindre quantité de sang qui passe du cœur droit dans le cœur gauche et l'aorte par suite de l'oblitération des capillaires pulmonaires. Expérimentalement ces effets peuvent être constatés sur un chien que l'on fait respirer dans un gazomètre où l'air est comprimé (d'Arsonval. — Gréhant et Quinquaud. — Rollett, *Handb. d. Phys.* Hermann, IV, 190, bibl.).

La résultante de l'action mécanique multiple de chaque phase respiratoire dépend en partie de la rapidité avec laquelle ces phases se succèdent. Le ralentissement du rythme suffit à produire le type mixte d'Einbrodt en laissant aux effets successifs de chaque mouvement respiratoire la possibilité de se manifester. Comme il faut un certain temps pour que l'inspiration ou l'expiration fasse sentir ses effets, les modifications constatées ne correspondent pas toujours exactement au mouvement qui les produit, mais à la phase suivante.

Les mouvements de la respiration exercent aussi sur la pression artérielle une action indirecte par l'intermédiaire du système nerveux. — Les modifications qui se produisent dans ces conditions sont subordonnées à celles du cœur. Chez le chien, le porc (et aussi chez l'homme), le cœur s'accélère pendant les inspirations moyennes et tend ainsi à relever la pression (FREDERICQ). (Voir influence de la respiration sur le rythme du cœur et sur le pouls, p. 27 et 176.)

Oscillations vaso-motrices. — Si on joint par un trait les maxima ou les minima des ondulations respiratoires et qu'on suive le trait sur une certaine longueur de tracé, on verra que lui-même ne figure pas une ligne droite, mais une ligne ondulée, dont les sinuosités très développées représentent un troisième ordre de variations

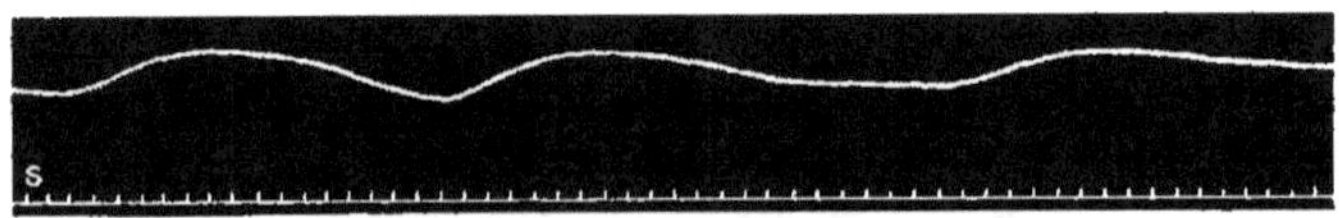

Fig. 77. — *Grandes oscillations de la pression artérielle observées chez un chien curarisé maintenu en vie par l'insufflation pulmonaire* (d'après MORAT).

de la pression qui interfèrent avec les deux autres (fig. 77). On n'est pas fixé sur l'origine et le mode de production de ces oscillations lentes de la pression artérielle. On les attribue assez volontiers à des mouvements propres aux vaisseaux eux-mêmes. De fait, l'inspection directe de certaines artères visibles par transparence (l'artère auriculaire du lapin par exemple) démontre l'existence de mouvements rythmiques et lents de constriction et de dilatation. La constriction des muscles artériels en exagérant les résistances au passage du sang a pour effet nécessaire d'augmenter la pression ; le relâchement de ces muscles a de même un effet inverse. Ce rythme lent particulier aux vaisseaux résulterait de l'action antagoniste des deux ordres de nerfs qui les gouvernent, les uns tantôt l'emportant, tantôt les autres.

Oscillations de Traube-Hering. — Les centres vaso-moteurs présentent parfois un rythme isochrone avec celui des centres respiratoires. TRAUBE et HERING ont décrit des oscillations de la pression, isochrones avec les mouvements respiratoires et s'effectuant dans les limites d'un seul. On les observe sur le *chien* morphiné (ou curarisé), dont on a ouvert la poitrine et le ventre et coupé les phréniques et les vagues. Si on suspend la respiration artificielle qui entretient la vie de l'animal, la pression baisse pendant les efforts d'inspiration et monte pendant l'expiration. Pour FREDERICQ ces effets seraient la conséquence d'une association des centres vaso-moteurs avec ceux de la respiration.

Variations suivant les espèces animales. — Chez les mammifères il ne paraît pas y avoir de rapport déterminé entre la taille des animaux et la valeur de la pression, autant du moins qu'on a pu s'en rendre compte malgré les causes nombreuses qui font la différence des conditions expérimentales. La pression est en moyenne de 14 à 16 centimètres Hg chez le chien, de 8 à 12 centimètres chez le lapin. Elle est beaucoup plus faible chez le *fœtus* (55 à 83 millimètres dans les artères de fœtus de brebis).

Chez les animaux *hibernants*, un abaissement notable de température coexiste avec une diminution de la pression pendant l'hiver. Chez les *oiseaux* la pression est relativement un peu plus élevée que chez les mammifères (JOLYET). Chez les *vertébrés* à *sang froid* le sang qui circule dans le système vasculaire est aussi soumis à une certaine pression. Cette pression est plus basse que chez les animaux à sang chaud et varie avec la température. JOLYET a constaté que chez la grenouille la pression du sang prise dans l'artère iliaque varie entre 20 et 52 millimètres Hg, avec des oscillations de 1/2 à 1 millimètre en plus à chaque contraction ventriculaire. Sur une tortue en hiver la pression a varié entre 29 et 32 millimètres Hg. Chez une couleuvre au printemps, la pression était environ de 60 millimètres; chez une anguille, 55 millimètres; chez le varan, 6 centimètres Hg (BLANCHARD et REGNARD). Chez les *céphalopodes*, la pression est relativement élevée. Elle peut atteindre 80 millimètres Hg. Elle ne descend guère au-dessous de 25 millimètres Hg (FREDERICQ, FUCHS).

Influence de l'âge. — POTAIN a constaté chez l'homme à l'aide de son sphygmomanomètre, que la pression s'élève au fur et à mesure que l'on avance en âge. Chez le vieillard il faut toutefois tenir compte de la rigidité de la paroi artérielle si fréquente à cet âge. En moyenne la pression maxima oscille entre 14 1/2 à 20 1/2 c. Hg chez les jeunes gens bien constitués et âgés de vingt et un à vingt-quatre ans. La pression diminue à un âge avancé si le sujet est très affaibli.

Influence de la pesanteur. — On constate chez les animaux et chez l'homme des variations de la pression d'une artère à l'autre suivant la déclivité des organes et suivant les attitudes. Les différences constatées sont voisines de celles qui pourraient résulter de la différence de poids de la colonne sanguine représentée par le changement de niveau.

Influence de la digestion. — Pendant la digestion la pression s'abaisse en général un peu, en même temps que le pouls s'accélère et devient plus ample. Il y a cependant de grandes variations à signaler suivant l'abondance du repas et la nature des aliments. Un repas très copieux provoque en général une élévation de la pression (POTAIN).

Influence des maladies. — D'une façon générale, l'état pathologique abaisse la pression artérielle. La diminution est surtout accusée dans la tuberculose et la fièvre typhoïde et dans les cachexies cancéreuses. Dans les maladies infectieuses, la fièvre tend à relever momentanément la pression et à contre-balancer l'influence de l'infection. (POTAIN, Observations sur l'homme à l'aide du sphygmomanomètre.) Dans l'insuffisance aortique expérimentale la pression moyenne baisse immédiatement après la destruction des valvules (CHAUVEAU et MAREY). Si l'animal est conservé et observé, on constate que la pression se relève plus tard, se rapproche de sa valeur normale et même la dépasse par suite d'une vaso-constriction réflexe à la périphérie et de l'augmentation de l'énergie des battements du cœur (FR. FRANCK). POTAIN a vérifié ces faits sur le terrain clinique. Il faut aussi, bien entendu, tenir compte de l'étendue des lésions des valvules sigmoïdes.

Influence des variations de la pression extérieure sur la circulation en général et en particulier sur la pression. — Il convient de distinguer deux cas : Dans le premier, le corps entier est soumis aux variations de la pression extérieure. Dans le second, une partie limitée de l'organisme seulement.

I. Dans le cas où le corps entier est soumis aux variations de la pression extérieure celles-ci sont sans influence sur la circulation et la pression, car les tissus étant incompressibles, les pressions s'égalisent en tous les points de l'organisme. La pression extérieure se transmet donc à l'intérieur des vaisseaux. La pression totale dans les vaisseaux est égale à la somme de la pression apportée par l'extérieur et de ce qu'on appelle la tension artérielle. Si la pression extérieure varie, la pression dans le vaisseau variera de la même quantité, mais le terme tension artérielle n'aura pas changé. La valeur de la tension artérielle paraît donc indépendante des variations de la pression extérieure.

On a constaté toutefois dans certaines conditions des modifications dans la circulation. Marey a indiqué le mécanisme de quelques-unes de ces variations. Ainsi ce physiologiste a montré que des congestions sanguines peuvent se produire en certains points sous l'influence d'une augmentation de la pression extérieure. A l'état normal les vaisseaux sont plus comprimés dans l'abdomen que dans les autres parties du corps par suite de la présence des gaz intestinaux qui sont soumis dans les conditions ordinaires à une pression de 4 ou 5 cent. Hg. Au moment où le sujet est soumis à une augmentation de pression extérieure ces gaz diminuent de volume. Les vaisseaux des viscères abdominaux sont moins comprimés et les intestins se congestionnent.

Marey a également cité le cas intéressant des plongeurs qui s'enfoncent à 30, 40 mètres dans la mer. Toute la surface du corps subit également cette pression augmentée. Il se produit pourtant des hémoptysies. Ces accidents s'expliquent de la manière suivante : La glotte se ferme pour empêcher l'introduction de l'eau dans les voies respiratoires. La pression extérieure ne se fait donc pas sentir au même degré que sur les autres parties du corps à la surface interne des poumons. Le sang chassé de partout gagnera les poumons. Si la compression atteint certaines limites il pourra se produire des hémoptysies.

Indépendamment de ces observations un grand nombre de constatations ont été faites soit sur l'homme soit sur les animaux. Elles ont abouti à des résultats qui ne sont pas tous univoques et dont, pour la plupart, nous n'avons pas l'explication. Dans l'air comprimé Vivenot a constaté que l'amplitude du pouls est diminuée. Le tracé présenterait tous les caractères d'une tension artérielle exagérée. Paul Bert a confirmé ces observations par des évaluations directes de la pression sur le chien. La pression du sang maxima, minima et moyenne augmenterait dans l'air comprimé. L'oscillation due à l'influence respiratoire augmenterait aussi notablement. Les modifications dues à la dépression seraient les suivantes : Le pouls s'accélère, surtout au moindre mouvement. P. Bert a évalué directement la pression artérielle chez le chien et constaté une faible diminution. Il faudrait, selon cet auteur, aller très loin pour obtenir chez les animaux de notables différences. Regnard n'a constaté aucun effet. Par contre Lazarus et Shirmunski ont constaté un abaissement de la tension artérielle sous l'influence de la diminution de la pression barométrique. Potain a constaté sur l'homme, à l'aide du sphygmomanomètre que les changements de la pression atmosphérique amènent pendant une première période assez courte un changement en sens inverse dans la pression artérielle. Signalons encore une observation curieuse de Regnard. Si on comprime une grenouille vers 600 atmosphères, c'est-à-dire assez pour que ses muscles tombent en rigidité absolue, les capillaires contenus dans la membrane natatoire ne sont plus le siège d'aucune circulation. Ils sont gonflés, et les globules qui les remplissent sont complètement arrêtés. Les muscles contractés violemment sur les vaisseaux effacent leur calibre et empêchent la circulation en retour. Le cœur mieux protégé n'arrête pas ses battements.

II. Si une *partie limitée de l'organisme* est soumise aux variations de la pression extérieure, le sang pressé de toutes parts s'accumule là où existe une dépression (mécanisme de la ventouse).

Influence des excitations sensitives. — Ces excitations peuvent modifier la pression par une double action réflexe sur le cœur et les vaisseaux. L'effet est

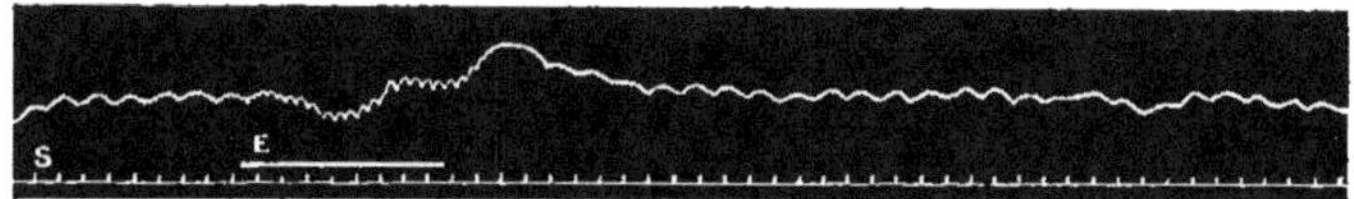

Fig. 78. — *Baisse puis élévation de la pression artérielle. Effets consécutifs à l'excitation du vague droit en masse.*

Expérience sur un lapin curarisé et maintenu en vie par l'insufflation pulmonaire (d'après Morat).

toujours une résultante (fig. 78). Les excitations sensitives provoquent en général une élévation de la pression artérielle; parfois, mais plus rarement, une baisse. Un seul nerf sensitif amène *sûrement* une baisse d'emblée de la pression dans les artères. C'est le nerf dépresseur de Ludwig et Cyon. D'après Kleen, l'excitation des muscles provoquerait aussi toujours une baisse (*Skand : Arch. f. Phys.*, 1889). Pour *affirmer l'origine vaso-motrice* d'une modification de la pression artérielle

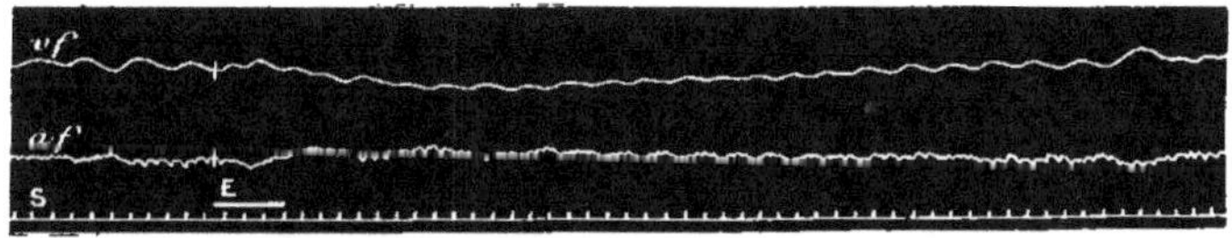

Fig. 79. — *Effets de l'excitation du nerf crural sur les pressions artérielle et veineuse.*

Expérience sur le chien ; *v.f*, pression dans la veine fémorale ; *a.f*, pression dans l'artère fémorale ; canules en T ; E, excitation du nerf (d'après Morat).

générale il faut recueillir parallèlement un tracé dans une artère et dans une veine de la région correspondante (fig. 79).

Kohler, *Viertelj. f. d. prak. Heilk.*, Prague, 1873 (*Action des amers*).

Dans l'**effort**, la pression artérielle s'élève s'il est de courte durée (Marey, Fr. Franck). Si l'effort se prolonge, on voit s'intercaler entre deux phases pendant lesquelles la pression dépasse le niveau normal, une période pendant laquelle, suivant Hallion et Comte, elle subit un abaissement. (Voy. p. 243.)

BIBLIOGRAPHIE.

Appareils servant à la mesure de la pression chez les animaux. — Fr. Franck, *Trav. lab. Marey*, IV, 449. *Biologie.* 1880, 127 ; 1883, 388. — Hales, *Statique.* — Hürthle, *Arch. f. d. ges. Phys.*, 1888, XLIII, 403, 426 ; 1891 ; 1894. — Guettet, *C. R. Ac. sc.*, 1850, XXX. — Ludwig, *Arch. f. Anat. u. Phys.*, 1847. — R. Magnus, Ueber die Messung des Blutdruckes mit dem Sphygmographen (description d'un appareil applicable aux animaux). *Zeitsch. f. Biologie*, 1896, — Marey, *Ann. des sc. nat. Zoologie*, 1858. *Trav. lab.*, II, 201 ; III, 329. *Circ. du sang*, 177. — M.-Edwards, *Leçons*, IV, 105 (historique). — Poiseuille, Recherches sur la force du cœur aortique. *Thèse Paris*, 1828. — *Journal de Phys.* de Magendie, VIII. — Volkmann, *Die Hämodynamik*.

Manomètre compensateur et pression moyenne. — Fick, *Die medic. Physik*, 1866, Brunswick. — V. Kries. *Arch. f. Anat. u. Phys., Phys. Abth.*, 1878. — Marey, *Circ. du sang*, p. 169. — Setchenow, *Zeitsch. f. ration. Med.*, 1861.

Manomètres élastiques. — Ansiaux, *Bull. Ac. roy. Belgique*, 1892. Remarques critiques sur le sphygmoscope de Chauveau. — Fick, *Arch. f. An. u. Phys.*, 1864 ; *Arch. f. d. ges. Phys.*, Bd 30, 597 ; *Verhandl. d. 5. Congr. f. inn. Med.*, § 9, 2. — Fredericq, *Trav. lab.*, III, 1889-90, p. 97. — V. Frey, *Arch. f. Anat. u. Phys.*, 1890, 31 ; 1893, 1, 17. — Gad, *Centralbl. f. Phys.*, 1889, 318. — Gad et Cowl, *Arch. f. Anat. u. Phys.*, 1890, 564. — Hürthle, *Arch. f. d. ges. Phys.*, Bd 43, 399 ; Bd 53, 281, 323, 325 ; Bd 55, 319. — Marey, *Trav. lab.*, II, 201. *Circ. du sang*, 179. — Sewal, *Journal of Phys.*, 1887.

Mesure chez l'homme. — Albert, *Med. Jahrb.*, 1883, 248. — V. Basch, *Wiener med. Zeitsch. f. klin. Med.*, II, 1. — A. Binet et V. Vaschide, *C. R. Ac. sc.*, 1897, 44. Influence des processus psychiques sur la pression chez l'homme (emploi du sphygmomanomètre de Mosso. Examen critique des données obtenues avec cet appareil). — Bloch, *Biologie*, 1888, 456 ; 1896, 745. — Faivre, *Gaz. méd.*, Paris, 1858, 727. — V. Frey, *Centralbl. f. Phys.*, 1896, 666. — Hill, *J. of Phys.*, 1898. — Homolle, *Revue de méd.*, 1881. — Hürthle, *Deutsch. med. Wochensch.*, 1896, n° 36. — Kiesow, *Arch. it. biol.*, XXIII, 198 (app. de Mosso). — V. Kries, *Ber. der Sächs. Gesell.*, 1875, 149. — Lépine, *Revue mensuelle*, 1877, 624. — Marey, *Trav. Lab. Marey*, 1876, 309, 318 ; 1880, 253, 257. — *Circ. du sang*, 1881, 221. — Mosso, *Arch. it. biol.*, XXVIII, 177. — Potain, *Arch. de Phys.*, 1889, 556 ; 1890, 300, 681. — Philadelphien, *Biologie*, 1896, 199. — Tigerstedt, *Lehrb. d. Kreisl.*, 1893, 331. — Vierordt, *Die Lehre vom Arterienpulses*, Braunschweig, 1855. — Waldenburg, *Die Messung des Pulses und des Blutdruckes am Menschen*, Berlin, 1880. — Zadeck, *Zeitsch. f. klin. Med.*, 1881 (variations diurnes, infl. des repas...). — V. Ziemssen, *Münchener med. Wochensch.*, XLI, 43, 841.

Pression dans les différentes artères. — Cl. Bernard, Leçons sur la phys. et la path. du syst. nerveux, 1858, I, 282. — Fick, *Festsch. zur dritten Säcularfeier d. Univ. Würzburg*, 1882. — Hürthle, *Arch. f. d. ges. Phys.*, t. XLVII, 32. — Poiseuille, Recherches sur la force du cœur aortique, 1828. *Thèse Paris*. — V. Schulten, *Arch. f. klin. Chir.*, 1885. — Volkmann, *Hämodynamik*, 168.

Influence de la respiration. — Arloing, *Arch. de Phys.*, 1894, 90. — V. Basch, *Med. Jahrb.*, 1876, 431 ; *Arch. f. Anat. u. Phys.*, 1881. — Blake, *Biologie*, 1887. — D'Arsonval, *Thèse méd.*, Paris, 1877. — Einbrodt, *Sitzungsb. d. Wiener Akad.*, 1860. — Fr. Franck, *Trav. lab. Marey*, 1876. — Article « Encéphale », *Dict. Dechambre*, 336. — L. Fredericq, *Arch. biol. belges*, 1882. — Funke et Latchenberger, *Arch. f. d. ges. Phys.*, 1877 ; 1878. — Ch. Gauthier, *Thèse méd.*, Paris, 1876. — Hamburger, *Arch. f. Anat. u. Phys.*, 1896, 2, 322 (pression intraabd.). — Hering, *Sitz. ber. d. Wiener Akad.*, 1869. — Klemensiewicz, *Sitz. b. d. k. Ak. d. Wiss.*, 1876. — Kowalewsky, *Arch. f. Anat. u. Phys*, 1877. — Knoll, *Arch. f. exp. Pathol.*, 1878. — V. Jager, *Arch. f. d. ges. Phys.*, 1882 ; 1883 ; 1885, *J. of Phys.*, 1886. — Löwy, *Arch. f. Anat. u. Phys.*, 1894, 535. — *Arch. f. d. ges. Phys.*, 1894, 409. — Löwit, *Arch. f. exp. Pathol. u. Pharmak.*, 1879. — Ludwig, *Müller's Arch.*, 1847. — Magendie, *J. de phys. expér.*, 1821, I, 137. — Marey, *Circ. du sang*, 1881, p. 454, 456, 462, 468. — Mislawsky, in *Jahresb. d. Anat. u. Phys.*, 1878. — Mosso, *Arch. it. biol.*, V et XXIII. — *Ueber den Kreislauf de Blutes im menschlichem Gehirn*, Leipzig, 1881, XI. — Riegel, *Berl. klin. Wochensch.*, 1876. — Schreiber, *Arch. f. exp. Pathol.*, 1879. — Talma, *Arch. f. d. ges. Phys.*, 1882. — Wertheimer, *Arch. de Phys.*, 1889, 403. — Wertheimer et Meyer, *Arch. de Phys.*, 1889, 24. — Zuntz, *Arch. f. d. ges. Phys.*, XVII, 374, 1878.

Oscillations de Traube-Hering. — Anrep et Cybulski, *Arch. f. d. ges. Phys.*, XXXIII. — Fredericq, *Arch. f. Anat. u. Phys.*, 1887, p. 351 ; *Trav. laborat.*, 1888, p. 195. — Traube, *Centralblatt f. die Med.*, 1865, p. 180. — E. Hering, *Wiener Sitzungsberichte*, 1869, LX, 829, 856. — Wertheimer, *Arch. de Phys.*, 1889, 393 ; 1895, 760 : contractures rythmiques des membres synchrones aux oscillations de la pression.

Oscillations vaso-motrices. — Cyon, *Arch. f. d. g. Phys.*, 1898, 262. — S. Mayer, v. Fredericq, 1888, *Trav. lab.*, p. 195. — Wertheimer, *Arch. de Phys.*, 1894, 1895, p. 165.

Variations suivant les espèces. — Blanchard et Regnard, *Biologie*, 1880, 260. — Fredericq, *Arch. de zool. exp. et générale*, VII, 1878, 535. Recherches sur la phys. du poulpe commun. — Sig. Fuchs, *Beiträge zur Phys. des Kreislaufes bei den Cephalo-*

poden. *Arch. f. d. ges. Phys.*, LX, 185. — HOFFMEISTER, *Arch. f. d. ges. Phys.*, 1889, 360 (serpent, crapaud). — JOLYET, *Biologie*, 1872, 254. *Cours de méd. exp.*, Bordeaux, 1880. *Soc. scientifique et zoologique d'Arcachon, Trav. lab.*, p. 325. — JOLYET et LEGEROT, *Biologie*, 1872, 131. — ROLLETT, *Handb. d. Phys. Hermann*, IV, 1, 242. SCHÖNLEIN et WILLEM, *Zeitsch. f. Biol.*, XXXII, 511 (poissons). — TIGERSTEDT, *Lehrbuch d. Kreisl.*, 1893, 325. — VOLKMANN, *Die Hämodynamik*, 1850.

Chez le fœtus. — COHNSTEIN et ZUNTZ, *Arch f. d. ges. Phys.*, 1884, 173.

Influence de la pesanteur, des attitudes. — BLUMBERG, *Arch. f. d. ges. Phys.*, XXXVII, 467, 1885. — E. CAVAZZANI, *Arch. it. biol.*, XIX, 395. — CYBULSKI, *St-Petersburg med. Wochensch.*, 1878, 11. — *Centralbl. f. Phys.*, 1891. — FRIEDMANN, *Med. Jahrb. d. Gesell. d. Aertze in Wien*, 1882, 197. — HERMANN, *Arch. f. d. ges. Phys.*, 1885, 1886. — L. HILL, *J. of Physiol.*, XVIII, 1/2, 15. — HILL et BARNARD, *J. of Phys.*, 1897 ; 1898 (chez l'homme), XXII. — KLEMENSIEWICZ, *Sitz. b. d. K. Akad. d. Wiss.*, 1887. — MAREY, *Circ. du sang*, 1881, 192, 438, 440. — SALATHÉ, *Trav. lab. Marey*, III, 1877. — SHAPIRO in *Referal von Navrocki Jahresb. über Anat. u. Phys.*, 1881, 1, 60. — SPRENGEL, *Arch. Müller*, 1854. — WAGNER, *Arch. f. d. ges. Phys.*, 1886, XXXIX, 371, 1886.

Influence des maladies. Toxines. — E. BIHLER, *Deutsch. Arch. f. klin. Med.*, LII, 281 (chlorose). — CHARRIN et TEISSIER, *C. R. Ac. sc.*, CXVI (toxine pyocyanique). — FÉRÉ, *Biologie*, 1889 (épilepsie). *Biologie*, 1893, 102 (hémiplégie hystérique). — J.-H. FRIEDMANN, *Jahrb. f. Kinderheilk.*, t. XXXVI, p. 50 (diphtérie chez l'enfant). — HAIG. *Brit. med. Journal*, 1889, I (influence d'Hg). — C. LUDERITZ, *Zeitsch. f. klin. Med.*, XX, 4-6 (sténose aortique). — OUGRIOUMOFF, *Vratch*, 1892 (chez le vieillard). — VAQUEZ et NOBECOURT, *Presse médicale*, 1896 (éclampsie). — ENRIQUEZ et HALLION, *Biol.*, 1894 (dipht.). — GUINARD et ARTAUD ; GUINARD et RABIEAUX, *Biol.*, 1895, 1897, malléine, tuberculine. Dans l'insuffisance aortique : FR. FRANCK, *Biologie*, 1882, 109 ; 1883. — DE JAGER, *Arch. f. d. ges. Phys.*, 1883. — MAREY, *Circ. du sang*, p. 675. — OTT. ROSENBACH, *Arch. f. exp. Pathol. u. Pharmak.*, 1878.

Influence de la pression extérieure. — E. ARON, *Arch. Virchow*, CXXXXIII, 2, 399. — P. BERT, *Pression barométrique*, p. 239, 342, 355, 415, 435, 442, 455, 494, 510, 514, 716, 761, 838, 840. — CYON, *Arch. f. d. ges. Phys.*, t. 69. — HELLER, MAYER, H. V. SCHRÖTTER, *Arch. f. d. ges. Phys.*, t. 67. — LAZARUS et SHIRMUNSKI, *Zeitsch. f. klin. Med.*, 1884, 299. — MAREY, *Circ. du sang*, 443-447. — PANUM, *Arch. f. d. ges. Phys.*, 1868, I. — POISEUILLE. *C. R. Ac. sc.*, 1835, p. 70 ; *Mém. Ac. sc., savants étrangers*, VII, 155 (*Circ. capillaire*), — PRAVAZ, *Essai sur l'emploi médical de l'air comprimé*, Paris, 1850. — REGNARD, *La vie dans les eaux*, p. 178 ; *Cure d'altitude*, p. 93, 717. Masson, 1897. — SPALITTA, *Arch. it. biol.*, 1892. — SPALLANZANI, *Expériences sur la circulation*, trad. de TOURDES, p. 299 (*Circ. capillaire*). — VIVENOT, *Arch. Virchow.*, 1865, XXX, 126. — Cons. : *Pouls ; Circ. pulmonaire*.

Influence de l'asphyxie. — KONOW et STENBECK. *Skand. Arch. f. Phys.*, 1889. — IDE, *Arch. f. Phys.*, 1893, 401.

Influence de la quantité de sang contenue dans les vaisseaux. — COHNSTEIN et ZUNTZ, *Arch. f. d. ges. Phys.*, 1888. — DASTRE et LOYE, *Arch. de Phys.*, 1889. — FRANCK, *Gaz. des hôpit.*, 1894, 863. *Ac. de méd.*, 1896. — GOLTZ, *Virchow's Archiv*, XXIX, 394. — GROSGLIK, *Arch. de Phys.*, 1890. — KLEMENSCIEWICZ, *Sitz. b. d. K. Akad. d. W.*, 1887. — LESSER, *Arb. phys. Anst. zu Leipzig*, 1875. — MAGENDIE, *C. R. Ac. sc.*, 1838. — MAREY, *Circ.*, 192, 193. — WORM. MÜLLER, *Arb. phys. Anst. zu Leipzig*, VIII, 159 ; *Ber. d. Sächs. Gesell.*, 1873. — PAWLOW, *Arch. f. d. ges. Phys.*, 1878 ; 1879. — REGECZY, *Arch. f. d. ges. Phys.*, 1885. — STOLNIKOW, *Arch. f. d. ges. Phys.*, 1882 ; *Arch. f. A. u. Phys.*, 1886. — TAPPEINER, *Arb. aus der Phys. Anstall zu Leipzig*, VII, 193 ; *Ber. d. Sächs. Gesell.*, 1872. — TIGERSTEDT, *Lehrbuch. d. Kreisl.*, 1893, 348. — VINAY, *Thèse agrég.*, Paris, 1880. — WEBER, *Ber. d. Sächs. Gesell.*, 1850. — Voir p. 202, 224.

Rôle de la suspension et de l'extension de la colonne sur la pression artérielle. — W. Y. COWL et Q. JOACHIMSTHAL, *Centralbl. f. Phys.*, 1895, VIII, n° 24. — Q. JOACHIMSTHAL, *Arch. f. klin. Chirurg.*, XLIX, 2, 460. — SLIUNIN, *Thèse Pétersbourg*, 1891.

Influence de la ligature des membres. — BROWN-SÉQUARD, *Leçons sur les nerfs vaso-moteurs, sur l'épilepsie*, 1872, 155. — FÉRÉ, *Biologie*, 1889, 377. — NANTANSOM, *Arch. f. d. ges. Phys.*, 1886, t. XXXIX, 386. — STROUJENSKY, *Wratch*, n° 47, 1895. — GAMGÉE, *Brit. med. J.*, 1876.

Influence des courants de haute fréquence. — MOUTIER, *C. R. Ac. sc.*, 1897.

Influence de la musique. — DOGIEL, *Arch. f. Anat. u. Phys.*, 1880, 425.

Action des produits de secrétion organiques. Voir p. 214.

Mesure de la pression nécessaire pour déterminer la rupture des artères. — GREHANT et QUINQUAUD, *Biologie*, 1885, 160, 205. *C. R. Ac. sc.*, 1885. — HALES, *Hémostatique.*

B. — VITESSE DE LA CIRCULATION ARTÉRIELLE.

Problèmes posés au physiologiste concernant la vitesse du sang. — Pour apprécier la vitesse du sang on peut se placer à trois points de vue :

a. On peut chercher à connaître le *temps nécessaire pour qu'une molécule de sang prise dans un point quelconque du sang veineux accomplisse le cycle complet qui la ramène à son point de départ.* Cette détermination ne tient aucun compte des modifications que la vitesse présente sur une partie quelconque du trajet des vaisseaux.

b. Au lieu de considérer la vitesse du sang dans l'appareil circulatoire en entier, on peut rechercher cette vitesse *dans une artère déterminée.* Deux cas se présentent :

Dans le premier on veut connaître dans l'artère la *vitesse moyenne* du sang, abstraction faite de toutes les saccades que produit dans le cours de ce liquide l'action intermittente du cœur, de la respiration... Cette détermination est comparable à celle qui a pour but de fixer la vitesse moyenne (de régime) d'un train de chemin de fer entre deux stations, sans qu'il soit tenu compte pour cela des accélérations ou ralentissements imposés par les rampes.

Dans le deuxième cas on envisage les *variations incessantes* de la vitesse du sang.

Difficultés des évaluations de la vitesse du sang. — Il serait facile de mesurer la vitesse ou le débit du sang à l'air libre. Il suffirait de recueillir ce liquide dans des éprouvettes graduées pendant un temps exactement connu. Malheureusement des mesures faites dans ces conditions ne sont pas applicables à l'écoulement du sang dans les artères, car elles ne permettent pas de tenir compte des résistances que l'écoulement du sang rencontre dans les vaisseaux et qui diminuent sa rapidité. Il faut avoir recours à des artifices.

I. **Détermination du temps qu'une molécule sanguine met à parcourir complètement le circuit vasculaire.** — HERING a cherché le premier à résoudre ce problème. Il a employé à cet effet la méthode suivante :

On injecte dans un vaisseau (veine jugulaire) une substance reconnaissable et on note le temps qui s'écoule jusqu'au moment où cette substance apparaît de nouveau dans le même vaisseau. Il faut un artifice pour reconnaître la substance ainsi introduite dans la circulation. On se sert habituellement du *ferro-cyanure de potassium* qui donne une réaction bleue avec le perchlorure de fer. On recueille des échantillons de sang à des intervalles très rapprochés et au bout d'un moment on en trouve un dans lequel la réaction colorante commence à se manifester. On constate ainsi que la substance introduite est revenue à son point de départ.

Le temps écoulé a été trouvé chez le cheval égal à trente secondes, chez le chien égal à quinze secondes et chez le lapin égal à sept secondes. Mais il faut observer que la substance introduite dans le vaisseau jugulaire se divise dans l'arbre aortique entre les différentes artères de la circulation générale et que les cercles que parcourent ces différentes fractions sont très inégaux en étendue. La fraction qui réapparaît la première a évidemment suivi l'un des trajets les plus courts. Ces chiffres sont donc plutôt des minima et sont au-dessous de ceux qui représenteraient la valeur moyenne de ces différents parcours.

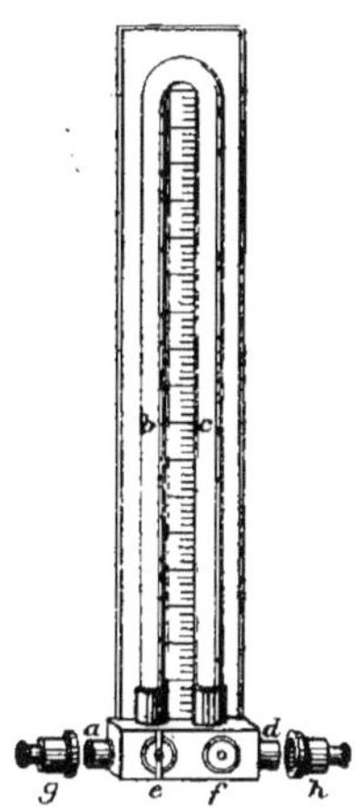

Fig. 80. — *Hémodromomètre de Volkmann.*

bc, tube de verre rempli d'eau ; *gh*, ajutages auxquels on lie les extrémités de l'artère divisée. Ces ajutages s'ajoutent aux extrémités *ad* d'un tube rectiligne sur lequel est adapté le tube courbe *bc* ; *e*, *f*, robinets à trois voies permettant de laisser passer le sang suivant l'axe du tube rectiligne ou de l'envoyer à travers le tube recourbé.

HERMANN a préconisé l'emploi du ferro-cyanure de sodium en remplacement du ferro-cyanure de potassium qui est très toxique. Au lieu de recueillir le sang par échantillons successifs dans des verres de montre, il introduit une canule dans un vaisseau et dirige le jet de sang contre un cylindre enregistreur entouré d'un papier à filtrer. C'est sur ce papier une fois desséché que la réaction du ferro-cyanure avec le perchlorure de fer et l'acide chlorhydrique est recherchée.

MEYER injecte de la méthémoglobine dans le sang. Le passage de cette substance est reconnu au spectroscope grâce à un dispositif spécial permettant même de projeter le spectre caractéristique sur un écran devant les élèves.

II. Détermination de la vitesse moyenne du sang dans une artère.

— Pour déterminer la vitesse moyenne du sang dans une artère, il faudrait pouvoir reconnaître à travers la paroi de l'artère une tranche ou un index liquide et le suivre sur une certaine longueur du vaisseau. Connaissant le temps mis par l'index à parcourir une longueur donnée du vaisseau, on pourrait déterminer ainsi la vitesse du sang dans cette artère.

Pour faire cette détermination VOLKMANN a eu recours au moyen suivant :

Il a rendu la paroi artérielle transparente en la remplaçant par un tube de verre. Ce tube est doublé sur lui-même pour augmenter sa longueur. Les deux extrémités du tube communiquent avec les deux bouts de l'artère. L'index est formé par une colonne d'eau, de sérum ou d'huile (fig. 80). On note successivement et très exactement le moment où cet index apparaît à l'une ou à l'autre extrémité du tube, et le temps employé à parcourir cette distance. On en déduit la vitesse, et, connaissant le calibre du tube, le débit.

VOLKMANN a trouvé que la vitesse du sang par seconde est de 205 à 357 mm. dans la carotide du chien.

LUDWIG a perfectionné l'appareil de VOLKMANN : Au lieu d'un tube ayant à peu près le calibre de l'artère il a employé un réservoir plus grand en forme de double ampoule dont la capacité est connue. Une disposition spéciale permet, en faisant pivoter l'instrument sur lui-même, d'invertir les rapports des deux bouts de l'artère avec les ampoules et de diriger le sang et l'index mobile alternativement de l'une à l'autre, ce qui permet de multiplier les épreuves (fig. 81). On note le temps pendant lequel a duré l'expérience et le nombre de tours effectués par l'appareil. Connaissant la capacité des ampoules on détermine le débit moyen de l'artère. Il est facile d'en déduire la vitesse moyenne du sang dans ce vaisseau.

Les valeurs trouvées par DOGIEL avec l'appareil de LUDWIG pour la vitesse du sang dans la carotide du chien ont varié entre 1/2 cent. cube et 2 cent. cubes par seconde. Supposons que l'appareil ait donné un débit de 90 cent. cubes par minute. Cela fait 1^{cc},5 par seconde. Si la section de l'artère était de 5 millimètres la vitesse était donc de $\dfrac{1,5}{0,05}$

= 30 centimètres par seconde.

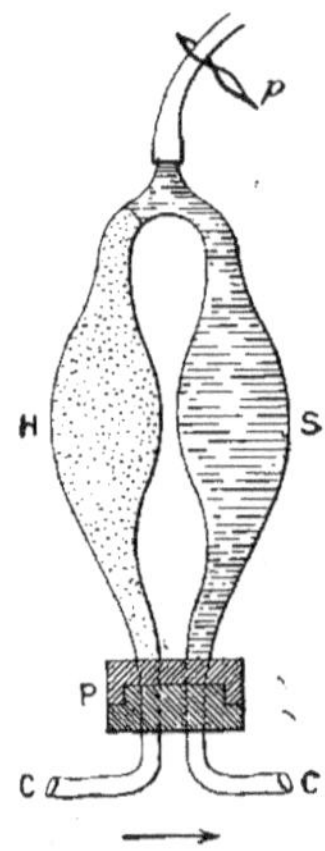

Fig. 81. — *Appareil de Ludwig pour la mesure de la vitesse du sang* (*Stromuhr*).

H, huile ; S, sérum ; P, pivot sur lequel tournent les deux ampoules ; *p*, pince à pression ; *cc*, canules placées dans l'artère.

L'appareil de LUDWIG présente sur celui de VOLKMANN deux avantages :

a. On a plus de temps pour observer le déplacement de l'index, les récipients situés sur le passage du sang ayant une capacité plus grande que celle des tubes de VOLKMANN.

b. L'épreuve, grâce au mouvement de pivot de l'appareil, peut être recommencée plusieurs fois tant qu'il ne se forme pas de caillot.

III. **Mesure des variations de la vitesse du sang dans**

les artères aux différentes phases d'une révolution cardiaque. — Nous examinerons successivement les méthodes employées pour cette détermination et les résultats obtenus :

1. **Méthodes**. — Pour apprécier les variations de la vitesse correspondant aux différentes phases de la révolution cardiaque et à certaines conditions déterminées, comme celles dont nous avons analysé l'action sur la pression, le physiologiste dispose de deux méthodes :

a. CHAUVEAU a constaté que, si on enfonce une aiguille dans une artère, perpendiculairement à l'axe du vaisseau, on voit la partie extérieure de cette aiguille s'incliner sous l'action du sang et présenter de plus des oscillations régulières synchrones aux battements du cœur. Sur cette donnée d'observation, CHAUVEAU a construit un instrument qui donne d'excellentes mesures de la vitesse et de ses variations *(hémodromomètre)*. Il suffisait à cet effet de remplacer l'artère au niveau du point d'implantation de l'aiguille par un tube rigide de même diamètre que le vaisseau ; d'articuler l'aiguille sur le tube au moyen d'une membrane élastique tendue au-dessus d'un trou pratiqué à la paroi de celui-ci ; et de souder au tube un cadran divisé en degrés pour mesurer avec exactitude l'étendue des déviations de l'aiguille. On lit sur ce cadran divisé en degrés les inclinaisons de l'aiguille, mais il est mieux encore de les faire s'inscrire sur un papier qui se déroule *(hémodromographe)*. L'inscription peut se faire directement ou par une transmission à l'aide d'un tambour à levier (fig. 82). Généralement l'instrument porte en plus un ajutage auquel on adapte un sphygmoscope de manière à obtenir un double tracé parallèle de la vitesse et de la pression.

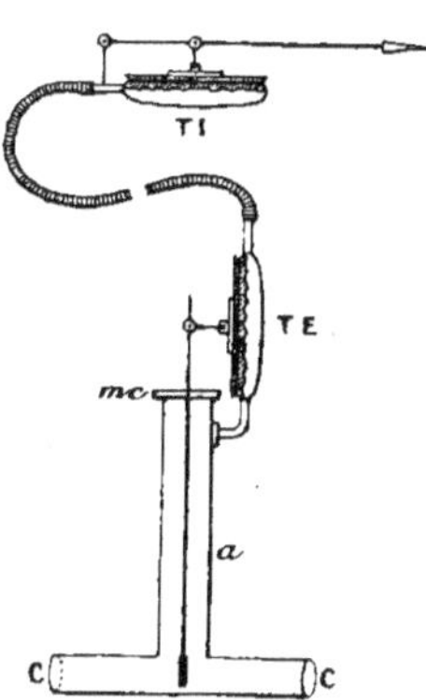

Fig. 82. — *Schéma de l'hemodromographe de Chauveau.*

C,C, canules placées dans l'artère ; *a*, aiguille munie à son extrémité inférieure d'une palette ; *mc*, membrane de caoutchouc ; TE, tambour explorateur actionné par l'aiguille *a* ; TI, tambour inscripteur.

Le zéro de vitesse est obtenu en comprimant l'artère en un point quelconque. Si la compression est faite en amont de l'appareil conjugué en vue de l'étude des pressions et des vitesses on a le zéro de pression et celui de vitesse.

Pour graduer l'hémodromographe il suffit de faire traverser l'appareil par une série de courants de vitesse croissante et de noter les déviations qu'éprouve l'aiguille. CHAUVEAU, *Journ. de Physiol.*, 1860, p. 699.

La vitesse moyenne de la circulation carotidienne chez le cheval a été évaluée à l'aide de cet appareil par Chauveau, Bertolus et Laroyenne à 52 centimètres pendant la pulsation du cœur, à 22 centimètres pendant la pulsation secondaire ou sigmoïde, à 15 centimètres à la fin de la période de repos des ventricules (par sec.).

b. Une deuxième méthode consiste à remonter aux causes mêmes de la vitesse et à les mesurer pour en déduire la vitesse elle-même. On sait que si deux tubes coudés plongés dans le courant sont orientés l'un dans son sens, l'autre en sens contraire, ils indiquent des différences de pression qui varient comme la vitesse (**tubes de** Pitot) (fig. 83).

Cette méthode a été employée par Marey dans des expériences hydrauliques de contrôle. Ce physiologiste réunissait les deux tubes chacun à un tambour inscripteur

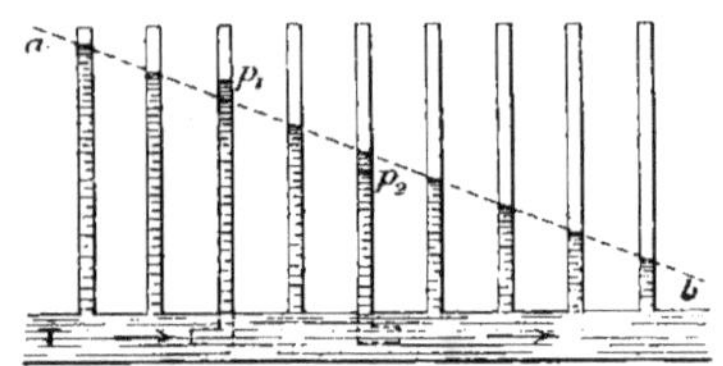

Fig. 83. — *Changements de niveau dans les tubes de Pitot, suivant leur orientation par rapport au courant du liquide* (d'après Marey).

par leur extrémité libre. La différence de pression était inscrite au moyen d'un fléau qui s'incline plus ou moins de façon à comprimer ou à décomprimer la membrane d'un troisième tambour. Ce dernier agit lui-même sur un quatrième tambour muni d'un levier inscripteur.

Cybulski a appliqué cette méthode sur l'animal vivant. Pour ne pas être obligé de donner une longueur trop considérable aux tubes et pour rendre l'appareil plus pratique, Cybulski réunit l'extrémité supérieure des tubes de Pitot par un tube en U rempli d'air et muni au sommet de la courbure d'un robinet. On laisse le liquide mis au contact avec le sang s'élever jusqu'à une certaine hauteur dans les tubes, puis on ferme le robinet. Les tubes de Pitot représentent alors un manomètre à air dans lequel la différence de niveau dans un tube et dans l'autre est nettement marquée. Cette différence varie sous l'influence de la systole du cœur et de la respiration. On photographie à l'aide d'un dispositif spécial ces variations de niveau sur une plaque animée d'un mouvement régulier de rotation.

Tous les appareils permettant l'étude des variations de la vitesse du sang sont difficilement applicables sauf chez les grands animaux, le cheval en particulier. La méthode la plus précieuse est certainement la méthode de Chauveau, en raison de la sensibilité de l'appareil employé et de la facilité de son application.

2. Élément constant et élément variable de la vitesse du sang. — L'étude de la vitesse du sang faite dans ces conditions présente des traits communs avec celle de la pression. Nous y retrouvons un élément variable et un élément constant (fig. 84). Même pen-

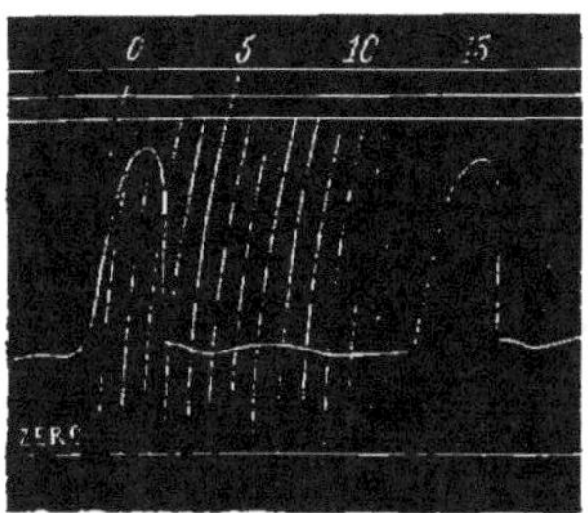

Fig. 84. — *Tracé de la vitesse du sang dans la carotide d'un cheval.*

Cette courbe est fournie par l'hémodromographe de CHAUVEAU (d'après MAREY).

dant le repos du cœur le sang a une certaine vitesse. L'aiguille éprouve en effet une certaine déviation à ce moment. La systole du cœur provoque un renforcement de la vitesse. Cependant si l'on compare un tracé de pression avec un tracé de vitesse obtenu avec l'hémodromographe de CHAUVEAU on remarque de suite une grande différence. Dans un tracé de vitesse l'élément variable a une grande importance comparée à celle de l'élément constant. C'est l'inverse dans un tracé de pression. Il ne s'ensuit pas cependant que la vitesse constante soit très faible dans les artères, car le déplacement de l'aiguille de l'hémodromographe n'est pas proportionnel à la vitesse du sang, mais au carré de cette vitesse (MAREY) (fig. 85). En fait, les appareils sont construits

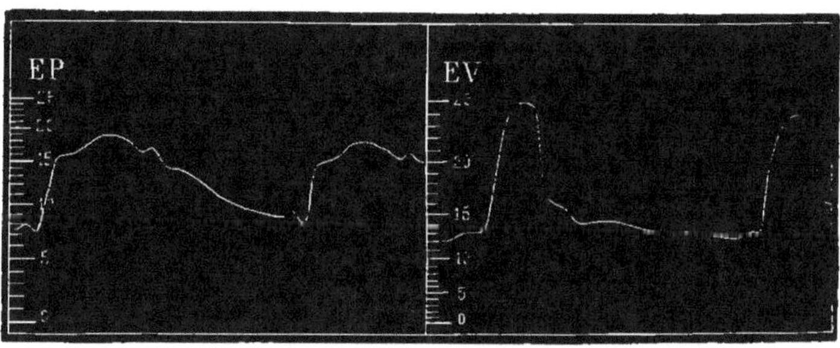

Fig. 85. — *Cette figure représente en EV un tracé de la vitesse du sang dans la carotide du cheval avec l'échelle de l'instrument ; à côté en EP sont inscrites les variations de la pression carotidienne* (d'après MAREY).

de telle sorte que l'hémodromographe favorise l'élément variable de la vitesse et le sphygmoscope l'élément constant de la pression.

La vitesse constante et la vitesse variable se modifient ou ensemble ou séparément ou à l'inverse l'une de l'autre, suivant l'état de l'artère explorée, l'état du cœur ou des capillaires.

L'élément variable de la vitesse diminue dans les petites artères éloignées du cœur, puisque le cours du sang y devient sensiblement uniforme. Plus on se rapproche du cœur, plus l'élément 'variable est accusé, plus l'importance du cœur en effet est sensible (Chauveau).

L'accroissement ou la diminution de la force du cœur modifient parallèlement l'élément constant et l'élément variable de la vitesse, mais en sens inverse. Quand il y a hémorragie l'accélération systolique si évidente dans les artères fermées est complètement insignifiante (Chauveau).

3. **Modifications comparées de la vitesse et de la pression dans les artères.** — La comparaison de la vitesse et de la pression dans une même artère est particulièrement intéressante. Les principaux cas qui peuvent se présenter sont contenus dans les formules suivantes que la théorie faisait prévoir, mais qui ont été vérifiées par l'expérience :

a. Toute perturbation de la pression et de la vitesse, à la fois simultanée et de même sens, a son origine dans une modification de la force impulsive du cœur.

b. Toute perturbation de sens contraire a son origine dans une modification de la résistance capillaire.

Chacun de ces deux cas peut lui-même se subdiviser en deux, suivant que la modification dont il s'agit est augmentative ou diminutive. Donc si la force impulsive du cœur augmente, la pression et la vitesse du sang augmentent simultanément dans les artères. Elles baissent simultanément si cette force diminue. Si ce sont les résistances capillaires qui augmentent, la pression monte, mais la vitesse s'amoindrit dans les artères. Inversement, la pression baisse et la vitesse s'accroît lorsque les résistances diminuent.

Ces lois ont été vérifiées par Marey, expérimentalement, avec un appareil schématique destiné à reproduire les phénomènes de la circulation du sang, en agissant à coup sûr pour augmenter ou diminuer tantôt la force impulsive du cœur, tantôt la résistance opposée par les petits vaisseaux. Les conditions de l'expérience étaient donc plus favorables que celles qu'on rencontre dans les vivisections. Chauveau avec Bertolus, Laroyenne, Lortet a aussi largement utilisé les méthodes hémodromographique et manométrique associées pour l'étude de la circulation artérielle. L'inscription comparée de la vitesse et de la pression a fourni encore une méthode précieuse pour l'étude des vaso-moteurs et a été utilisée dans ce sens par Dastre et Morat.

Citons quelques-unes des influences qui font varier la vitesse et la pression du sang soit en modifiant la résistance que le courant sanguin éprouve en avant du point exploré, soit en provoquant des changements de la force impulsive. Une hémorragie augmente la vitesse du sang et diminue la pression. La compression d'une artère supprime ou diminue la vitesse et augmente la pression dans cette artère. Le relâchement des petits vaisseaux (tel qu'il se produit par exemple à la suite de la section du sympathique au cou) accroît la vitesse du sang et diminue la pression. La section de la moelle entre l'atlas et l'occipital est suivie des mêmes effets par suite de la suppression de l'action des nerfs vaso-moteurs constricteurs qui produit le relâchement des vaisseaux. La constriction des petits vaisseaux (excitation du sympathique cervical) augmente la pression en amont et diminue la vitesse (DASTRE et MORAT). L'activité tétanique d'un muscle agit de même en comprimant les capillaires. Par contre, un muscle alternativement contracté et relâché produit au contraire une plus grande abondance de l'écoulement du sang ; la pression baisse. CHAUVEAU, LAROYENNE et BERTOLUS l'ont constaté sur le cheval, lors des mouvements de mastication de l'animal. L'excitation du vague ralentit le cœur. La pression et la vitesse diminuent parallèlement.

Application de l'étude comparée de la vitesse et de la pression dans l'artère coronaire pour prouver la pénétration du sang dans la paroi ventriculaire pendant la systole. — Le principe énoncé plus haut trouve un grand nombre d'applications. Il en est une qui constitue un cas particulier intéressant. Il a trait à la circulation propre des vaisseaux du cœur (artères coronaires). On a parfois con-

Fig. 86. — *Tracés simultanés de la pression* Pr *et de la vitesse* Vi, *dans une artère coronaire du cheval.*

Les lettres *aa*, *bb* correspondent à des instants synchrones.

testé que le sang pénètre dans les parois du cœur pendant la systole au même moment que dans l'aorte (BRÜCKE). Les artères coronaires naissent près de l'orifice de l'aorte. On a soutenu que les valvules en se relevant ferment l'orifice de ces artères et constituent ainsi en quelque sorte une porte à double effet. On avait bien observé, il est vrai, que la section d'une artère coronaire est suivie d'un jet de sang à chaque systole (HALLER, HYRTHL). Néanmoins on n'était pas d'accord sur le moment de la révolution cardiaque pendant lequel le sang pénètre dans les parois du ventricule.

Pour résoudre cette question, REBATEL, dans le laboratoire de CHAUVEAU, a placé un hémodromographe associé à un sphygmoscope dans l'artère coronaire du cheval. Si on superpose les tracés de vitesse et de pression on constate : Qu'ils se ressemblent au commencement et à la fin. Au début de la systole la pression monte, la vitesse augmente. Dans une seconde phase la pression est élevée et la vitesse nulle. Enfin, pression ét vitesse augmentent parallèlement un peu (fig. 86). L'interprétation des tracés est la suivante : Au début de la systole le sang pénètre dans les artères coronaires et les remplit. A un moment l'effort du cœur devient très grand, les capillaires sont comprimés, la vitesse baisse, mais la pression augmente. Ainsi donc, de par le tracé obtenu, on sait exactement comment le sang pénètre dans le cœur. On est assuré que l'obstacle est au niveau des capillaires, puisque pression et vitesse sont en raison inverse. Bien entendu, l'obstacle est extérieur aux capillaires eux-mêmes et non plus, comme cela est le cas le plus ordinaire, la conséquence d'une action vaso-motrice. C'est la systole même qui crée cet obstacle au niveau des petits vaisseaux. A la fin de celle-ci le sang achève dans les vaisseaux coronaires son cours un instant interrompu.

Mesure des variations de la vitesse du sang de l'homme. — La mesure des variations de la vitesse du sang dans les artères périphériques chez l'homme a été tentée, mais les méthodes usitées à cet effet sont très imparfaites. Fick a proposé l'artifice suivant : Ce physiologiste établit une relation entre la vitesse du sang et les variations de volume d'un membre. Au moyen du plétysmographe il mesure les variations de volume ; puis il en déduit les vitesses d'écoulement aux différents instants. On admet, ce qui du reste n'est pas démontré, que le courant veineux est uniforme. Sur ce principe V. Kries a construit le *tachographe à gaz* : Le bras ou la jambe est placé dans un cylindre en verre rempli d'air. Le cylindre est mis en rapport avec un brûleur alimenté par un courant constant de gaz. Les variations de volume du membre font entrer l'air du réservoir en mouvement. A chaque augmentation de volume l'air est chassé dans le brûleur et la flamme augmente. Inversement la flamme diminue quand le membre diminue de volume et aspire l'air. La hauteur que la flamme atteint ne dépend que de la rapidité avec laquelle le gaz s'échappe du plétysmographe ; rapidité qui dépend elle-même de la vitesse du sang dans les artères afférentes. Les indications de l'appareil sont photographiées.

BIBLIOGRAPHIE.

Méthode de Hering. — Ainser et Lohe, *Zeitsch. f. rat. Med.*, XXXI. — Hering, dès 1821, *Naturforscher Versamml.* Stuttgart, 1834 ; Wiesbaden, 1852 ; Freiburg, 1838 ; Turin, 1869. *Zeitsch. f. Physiol. von Treviranus*, 1829. — Hermann, *Corresp. bl. f. Schweizer Aertze*, 1884, n° 3, p. 64. *Arch. f. d. ges. Phys.*, 1884, XXXIII, 169. — Meyer, *Biologie*, 1892, 923. — Poiseuille, *Ann. des sc. nat. Zool.*, 1843. — Vierordt, *Die Ersch. u. Stromgeschw. Gesetze d. Blutes.* Frankfort, 1858. — *Arch. f. phys. Heilkunde*, 1858.
Méthode de Volkmann. — Volkmann, *Hämodynamik.* — Huttenhain, Diss. Halle, 1846. *Observationes de sanguinis circulatione hæmodromometrie ope institutæ.*
Méthode de Ludwig. — Bohr, *Skand. Arch. f. Phys.*, 1890. — Dogiel, *Berichte der Sächs. Gesell. d. Wiss.*, 1867. — V. Frey, *Biologie*, 1886. — Hoorweg, *Arch. f. d. ges. Phys.*, 1897, 474. — Nicolaides, *Arch. f. Anat. u. Phys.*, 1882. — Pawlow, *Arch. f. Anat. u. Phys.*, 1887. — Stolnikow, *Arch. f. Anat. u. Phys.*, phys. Abth., 1886. — Tigerstedt, *Skand. Arch. f. Phys.*, 1891. — *Lehrbuch d. Kreisl.*, 1893, p. 354. — Tigerstedt et Landergreen, *Skand. Arch. f. Phys*, 1893. Bd. 4, 241 (quantité de sang qui passe à travers les reins).
Méthode de Chauveau. — En 1858, Vierordt avait imaginé sous le nom d'hé-

motachomètre un instrument basé sur l'emploi du pendule hydrostatique dont les ingénieurs se servent pour mesurer la vitesse des cours d'eau. L'auteur, qui venait d'inventer le sphygmographe, voulut inscrire les variations de ce pendule, mais son appareil, en raison de l'inertie des organes de transmission, était très peu sensible et difficilement applicable (*Die Erscheinungen und Gesetze der Stromgeschwindigkeiten des Blutes.* Franckfurt am Mein, 1858).

Chauveau, Bertolus et Laroyenne, *J. de la Phys.*, 1860, p. 695. — Chauveau, *C. R. Ac. sc.*, 1860, LI, p. 948. — Lortet, *Annales des sc. naturelles*, VII, 1867. — Marey, *Méthod. graphique*, 1881, p. 235, 635. *Phys. méd. de la circ.* Arloing, art. *Cheval*, *Dict.* Richet.

Méthode des tubes de Pitot. — Cybulski. *Arch. f. d. ges. Phys.*, 1885, t. XXXVII, 375. — Marey, *Méthode graphique*, p. 230, 237.

Travaux divers. — Méthodes applicables à l'étude de la vitesse du sang : Thomas, *Biologie*, 1890, 461. — Stewart, *J. of Phys.*, XI. — Zuntz, *Congrès Berne*, 1895. — Fr. Franck, *J. de l'Anat. et de la Phys.*, 1880.

Modifications comparées de la vitesse du sang et de la pression dans les artères. — Chauveau, Bertolus et Laroyenne, *Journal de la Phys.*, 1860, p. 712. — Dastre et Morat, *Le syst. nerv. vaso-moteur*, Paris, Masson, 1884. — Lortet, *Recherches sur la vitesse du sang*, 1867 (*Annales des sciences naturelles*). — Marey, *La méthode graphique*, p. 381. *Trav. du Lab.*, 1875, p. 66. *Circ. du sang*, p. 315, 1881.

Vitesse chez l'homme. — Abeles, *Arch. f. Anat. u. Phys.*, 1892, 22. — Hoorweg, *Arch. f. d. ges. Phys.*, 1890, 47; 1892, 52. — V. Kries, *Arch. f. Anat. u. Phys.*, 1887, 279. — Fick, *Untersuchungen aus dem phys. Laborat. d. Zürich. Hochschule*, 1869. — *Die Drukscurve u. d. Geschwindigkeitscurve in der Art. radialis des Menschen.* Würtzburg, 1886. — Tigerstedt, *Lehrbuch. d. Kreisl.*, 1893, 362.

Pénétration du sang dans les artères coronaires pendant la systole du cœur. — Bohr et Enriquez, *Skand. Arch. f. Phys.*, V, 233. *Revue de méd.*, 1894, 269. *Bulletin Ac. sc. Copenhague*, 1893 (coefficient d'irrigation du cœur). — Brücke, *Sitz. B. d. Kais. Akad. d. Wiss.*, 1855. *Der Verschluss der Kreuzschlagadern durch die Aortenklappen.* Wien, 1855. — Ceradini, *Der Mechanismus der halbmondformigen Klappen*, Leipzig, 1872. — Endemann, *Beitrag zur Mechan. des Kreislaufes im Herzen.* Marburg, 1856. — Fr. Franck, *Conditions mécaniques de la circ. veineuse dans les parois du cœur. Biologie*, 1883. — Haller, *Elementa physiologiæ*, Paris, MDCCLXIX, li 70. — Hyrtl, *Sitz. Ber. d. Kais. Akad. d. Wiss.*, 1855. *Ueber die Selbsteuerung des Herzens.* Wien, 1855. — Martin et Sedgwick, *Journal of Physiology*, 1882. — Kleefeld, *Arch. f. pathol. Anat.*, 1862. — Klug, *Centralblatt f. d. med. Wissensch.*, 1876 (ligature du cœur pendant la systole et la diastole. Examen comparé de la quantité de sang contenue dans les parois). — Mierswa, *Der Mechanismus valvularum semi-lunarum.* Greifswald, 1858. — Perls, *Arch. f. path. Anat.*, 1867. — Rebatel, *Recherches expérimentales sur la circulation dans les artères coronaires*, Paris, Thèse Fac. méd., 1872. — Rüdinger, *Ein Beitrag zur Mechanik der Aorten-und Herzklappen*, Erlangen. 1859. — A. Taliantzeff, *Arch. russes de pathol., de méd. clin. et de bact.*, 1896, 1, 4. — V. Wittich, *Allgem. med. Centralzeitung*, 1857. Consulter : *Circ. musculaire.*

Conditions faisant varier la vitesse du sang. Influence de la saignée. — Arloing, *Revue de médecine*, 1882. — Vinay, *Thèse agrég.*, Paris, 1880.

Vitesse du sang chez les hibernants. — R. Dubois, *Physiologie comparée de la marmotte*, Masson, Paris, 1896, p. 31. — Marès, *Biologie*, 1892. — Serbelloni, *Atti Acc. fis. med. statis. di Milano*, 1886, XXII, 86. — Valentin, in Moleschott, *Untersuchungen zur Naturlehre der Menschen und der Thiere*, 1857, 1865.

C. — SIGNES EXTÉRIEURS DU MOUVEMENT DU SANG DANS LES ARTÈRES.

Les signes extérieurs du mouvement du sang dans les artères sont :

1° Les *mouvements des artères.*
2° Le *phénomène du pouls* ;
3° Les *bruits artériels.*

I. — *Mouvements des artères.*

Les artères éprouvent sous l'influence des variations de la tension dans leur intérieur des mouvements de locomotion et de dilatation.

1° **Locomotion des artères**. — La locomotion peut avoir lieu dans le sens longitudinal, si par exemple l'artère a été liée au moignon d'un amputé ou si elle présente un éperon qui fasse obstacle au sang. Elle peut avoir lieu dans le sens transversal, soit que l'effort du sang exagère les courbures du vaisseau, soit qu'il les redresse (crosse de l'aorte). Le mouvement dépend de la place des points d'appui que l'artère trouve dans les tissus avoisinants (aponévroses). L'allongement de l'artère est forcé de s'accomplir entre ces points. Dans tous les cas la déformation de l'artère provient de ce que le sang faisant effort sur la paroi artérielle tend à l'entraîner dans le sens primitif de son mouvement. Il s'y ajoute d'autre part une cause de déformation tenant à ce que la pression du sang à l'intérieur du vaisseau recourbé agit proportionnellement à l'étendue des surfaces. La pression tend dans ce cas à redresser les courbures comme dans le manomètre élastique de BOURDON.

MAGENDIE, *Précis de Phys.*, II, 383. — MAREY, *Circ. du sang*, p. 196. — M.-EDWARDS, *Leçons...*, IV, 179.

2° **Dilatation des artères**. — Les artères sont dilatées par le sang à chaque systole ventriculaire. Le phénomène est difficile à démontrer, sauf sur les gros vaisseaux où il est assez apparent. *Sur les artères moyennes ou petites, la dilatation est très faible.* Pour l'observer *il faut recourir à un appareil amplificateur.* L'artère isolée sur une certaine longueur est enfermée dans une petite caisse formée de deux compartiments s'adaptant exactement sur elle sans la comprimer. On remplit d'eau le vide qui sépare l'artère des parois de la caisse. Cette eau monte librement dans un tube capillaire ajusté verticalement sur le côté supérieur de la caisse (fig. 87). Par cet artifice on totalise la dilatation de l'artère dans un tube de faible calibre.

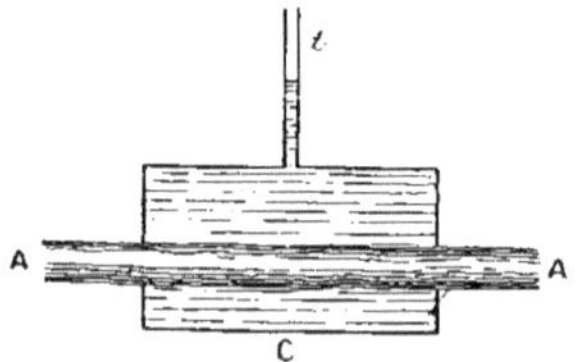

Fig. 87. — *Schéma du dispositif de Poiseuille.*

A chaque battement du cœur on constate que l'eau monte dans le tube, accusant ainsi la dilatation dont le segment de l'artère est le siège à ce moment. (POISEUILLE.) Cette méthode est fondée sur le même principe que les appareils à déversement qui ont été employés depuis pour l'étude du pouls des organes et de la circulation capillaire sous le nom de **pléthysmographes**.

FLOURENS, *Ann. des sc. nat.*, 1837, VII, 106. — MAGENDIE, *Précis de Phys.* — POISEUILLE, *Journal de Phys.* de MAGENDIE, 1829, IX, 46. — SPALLANZANI, *Exp. sur la circ.*, trad. par TOURDES, p. 146.

II. — Pouls des artères.

1° Constatation et explication du phénomène. — Le pouls a été bien interprété pour la première fois par HARVEY : « Au moment où le cœur se tend, se contracte et choque la poitrine, en un mot au moment de la systole, répond le moment de dilatation, de pulsation, de diastole des artères. Le pouls que nous sentons aux artères n'est autre chose que l'impulsion du sang chassé par le cœur. » (HARVEY, trad. RICHET, p. 74, 87.)

Le phénomène consiste en une *perception tactile de soulèvement des doigts, lorsque ceux-ci sont appliqués sur une artère et la compriment contre un plan résistant.* L'artère, de molle et compressible qu'elle était, *durcit* et *tend à reprendre sa forme* par suite de l'augmentation de pression du sang provoquée par la systole ventriculaire. La sensation est due aux différences de tension qui règnent dans l'artère d'une systole du cœur à l'autre. Elle résulte du passage d'un minimum de pression à un maximum, et traduit l'élément variable de la pression artérielle, c'est-à-dire l'élément surajouté à la pression constante des artères par chaque systole du cœur.

La pulsation artérielle est un phénomène essentiellement comparable à la pulsation du cœur. Si, en effet, on met cet organe à nu, et si on le comprime avec le doigt on le sent se durcir ; le doigt est soulevé. Qu'il s'agisse de l'artère ou du cœur la sensation est due à la même cause : une brusque augmentation de la pression du sang. Il s'y ajoute seulement en ce qui concerne le cœur le durcissement dû à la contraction propre de l'organe au moment de la systole. En dehors de la surface plus grande du cœur qui augmente son effort contre la paroi avec laquelle il est en contact, la différence entre les deux phénomènes consiste surtout en ceci : Le cœur pendant la diastole épouse normalement la forme de l'espace angulaire qu'il occupe entre le diaphragme et les côtes ; au moment de la systole il imprime à cet espace la forme sphérique qu'il tend à prendre lui-même. L'artère au contraire, maintenue sans contrainte dans un interstice celluleux, garde pendant la diastole et pendant la systole la même forme cylindrique et sensiblement le même volume : pour que le doigt perçoive les changements de tension qui se produisent dans son intérieur *il faut nécessairement que l'artère soit déformée, comprimée, aplatie sur un obstacle.* Dans ces conditions, **à chaque augmentation de la tension l'artère effacée tend à reprendre ses dimensions antérieures et sa forme première.** Elle passe de la forme d'un tube aplati à celui d'un cylindre régulier. *La sensation du pouls n'est donc pas due au mouvement normal d'expansion de l'artère à chaque systole du cœur sous l'influence de l'introduction d'une nouvelle quantité de sang.* La dilatation des artères est en effet à peine sensible sur un vaisseau isolé. D'ailleurs, si le pouls était dû à la dilatation normale de l'artère il suffirait pour le percevoir d'effleurer le vaisseau avec le doigt. Or il n'en est rien. Il faut pour sentir le pouls déformer l'artère, la comprimer.

2° **Méthodes d'investigation.** — Le pouls est généralement perçu à la palpation en comprimant l'artère sous le doigt, mais ce procédé pratique et expéditif ne nous donne pas toujours les renseignements que nous demandons à l'étude de la pulsation artérielle. En effet les sensations perçues par nos sens varient avec l'éducation tactile de l'observateur et sont entièrement subjectives, chacun apportant une appréciation variable du phénomène, de son intensité et de sa durée (*équation personnelle*). De plus, un phénomène est perçu par nos sens avec d'autant plus d'intensité qu'il se manifeste plus brusquement. De ce fait nous sommes exposés à des erreurs d'appréciation si les phénomènes qui se produisent sont lents. C'est ainsi qu'on peut être tenté de qualifier le pouls de faible, alors qu'en réalité il a une grande amplitude, si l'augmentation de pression se produit avec une grande lenteur. Il était donc de toute nécessité de chercher à augmenter la *matérialité* du pouls. Dans ce but on a construit des appareils qui permettent chez les animaux et chez l'homme l'inscription autographique et l'amplification du phénomène.

Chez les **animaux**, le procédé qui permet l'étude du pouls dans les conditions les plus favorables est l'emploi du **sphygmoscope**. Cet appareil est ainsi nommé parce qu'il traduit aux yeux directement les changements de tension de l'artère, le pouls, par l'expansion que prend sa membrane à chaque systole cardiaque (σφυγμὸς, pouls, σκοπεῖν, examiner). Relié à un tambour à levier par un tube à transmission aérienne, il manifeste les mêmes phénomènes par les oscillations du levier inscripteur. Préalablement étalonné il devient un manomètre inscripteur qui non seulement dessine sans altération les inflexions de la pression variable, autrement dit la forme du pouls, mais la mesure en grandeur absolue et peut encore nous donner la valeur de la pression constante. Sa supériorité sur le manomètre à mercure pour l'inscription de la forme du pouls lui vient de son peu de masse qui supprime les altérations dues à l'inertie du mercure.

Chez l'**homme**, on emploie des appareils auxquels on a donné le nom de **sphygmographes**.

Vierordt imagina le premier un instrument de ce genre. Sans insister sur le modèle de ce physiologiste, disons qu'il consiste essentiellement en un double levier équilibré par un contrepoids. Une charge additionnelle servait à comprimer l'artère. L'instrument avait un défaut capital : par suite de son inertie, il déformait les mouvements communiqués un peu à la façon d'un manomètre à mercure dont les oscillations ne seraient pas compensées par l'existence d'un étranglement sur l'une des branches de l'appareil.

Marey a modifié le sphygmographe de Vierordt et l'a rendu pratique. Il a supprimé l'inertie de l'appareil en l'allégeant dans ses parties mobiles. Au lieu de comprimer l'artère au moyen d'un poids additionnel placé sur le levier, il employa un ressort dont une vis de réglage peut faire varier la pression sur le vaisseau. Un levier (en bois très léger) actionné par ce ressort amplifie les mouvements de l'artère et les inscrit sur une plaque enfumée entraînée par un mouvement d'horlogerie (fig. 88). Cet appareil peut être facilement transformé et adapté en vue de la transmission des pulsations à distance à un tambour à levier. Marey a très heureusement appliqué dans ce but la transmission par tubes à air introduite en physiologie par Buisson.

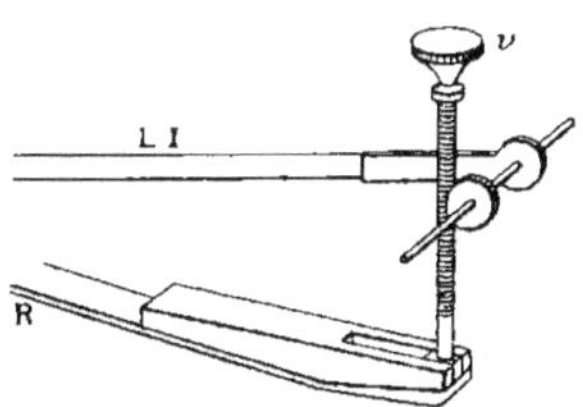

Fig. 88. — *Détail de la construction du sphygmographe de Marey.*

Moyen de transmettre le mouvement du ressort R au levier LI.

Chez l'homme, on explore surtout le pouls à *l'artère radiale* en raison de la situation superficielle de ce vaisseau.

Inertie du levier. — Dans l'inscription du pouls avec le sphygmographe la forme aiguë du sommet peut dans certains cas être attribuée à l'inertie du levier. Celui-ci se laisse projeter avec trop de facilité et dépasse le point où le portait le ressort en vertu de la vitesse acquise. Cette cause d'erreur est évitée dans le sphygmographe de Marey par l'emploi d'un ressort pour comprimer l'artère et la solidarité parfaite qui est établie entre ce ressort et le levier inscripteur. Dans les premiers appareils de Marey, cette solidarité était moins étroite et le levier pouvait être plus facilement projeté trop en haut en vertu de la vitesse acquise. Buisson avait imaginé un moyen ingénieux pour contrôler cette cause d'erreur dans les cas douteux. Quoique cette recherche n'aie plus sa raison d'être si l'on emploie les modèles actuels de Marey, nous décrirons néanmoins le procédé de Buisson, car il constitue un modèle des moyens qu'on peut employer pour contrôler le fonctionnement d'un appareil enregistreur et s'assurer qu'il est à l'abri des effets d'inertie. On place au-dessous du levier une cale qui l'empêche de descendre. Graduellement on avance la cale, obligeant ainsi le levier à ne subir que la dernière phase du soulèvement du pouls. Si on compare un tracé pris dans ces conditions au tracé normal et si dans les deux cas le sommet atteint la même hauteur, il est évident que l'inertie du levier n'est pour rien dans le phénomène. Marey, *Circ. du sang*, p. 215-218.

Méthodes diverses pour l'étude du pouls. — Czermack a imaginé une méthode permettant d'employer pour inscrire la pulsation un levier sans pesanteur. On fixe sur la peau au-dessus de l'artère un très petit *miroir* susceptible d'exécuter des mouvements de bascule sous l'influence des pulsations artérielles. On fait tomber sur ce miroir un faisceau de lumière qui est réfléchi et projette son image à grande distance sur un écran. Cette image peut être recueillie sur une plaque photographique. Bernstein, *Fortschritte der Medizin*, 1890. — Czermack, *Sitzungs. ber. d. Kais. Akad. d. Wien. math. Naturverein.*, cl. 1863. — Stein, *Das Licht*, Leipzig, 1877.

On a aussi imaginé des appareils qui en modifiant l'alimentation d'une flamme de gaz rendent ainsi visibles les phases de la pulsation artérielle (*sphygmographe à gaz*). — Landois, *Centralbl. f. d. med. Wiss.*, 1870. — Rollett, *Handbuch der Physiologie Hermann*, IV, 263.

On peut transformer la sensation tactile que donne le phénomène du pouls en *sensation auditive*. A cet effet Boudet de Paris a appliqué un microphone sur le trajet de l'artère comprimée. Le microphone remplace le doigt de l'explorateur. En intercalant sur le circuit d'une pile le microphone et un téléphone on peut entendre un bruissement continu qui présente des renforcements. Le bruissement continu est dû à la veine fluide produite par la compression de l'artère. Les renforcements ont pour cause les ondes primaires et principales qui constituent le pouls et les ondes secondaires qui compliquent normalement ce phénomène. *Rev. de méd.* 1881, 849.

3° Caractères du pouls. — Les caractères du pouls varient suivant un grand nombre de conditions et suivant l'artère explorée.

a. **Fréquence.** — Il y a subordination complète des pulsations artérielles aux contractions cardiaques. Cependant il peut se produire des systoles ventriculaires trop faibles pour provoquer une augmentation de pression dans les artères situées à la périphérie.

b. **Retard.** — Si l'on explore simultanément le pouls de plusieurs artères situées à des distances différentes du cœur, on remarque que le début de la pulsation ne se produit pas dans toutes ces artères au même moment. Ce début retarde d'autant plus sur la pulsation cardiaque que l'artère est plus distante du cœur.

Expérience. — Les graphiques de la pulsation cardiaque, de la pulsation carotidienne et de la pulsation fémorale sont exactement superposés. On inscrit au-dessous un graphique de la division des temps. Le 100ᵉ de seconde est nécessaire. On se sert à cet effet d'un diapason actionné par le courant d'une pile. On obtient d'une part le retard de la pulsation carotidienne sur la pulsation cardiaque, et d'autre part le retard de la pulsation fémorale sur la pulsation cardiaque. La différence indique le retard entre les pulsations carotidienne et fémorale. On mesure la distance du point de la fémorale observé au cœur et de la carotide au cœur. On a ainsi les éléments du calcul de la vitesse de transmission du pouls (fig. 89).

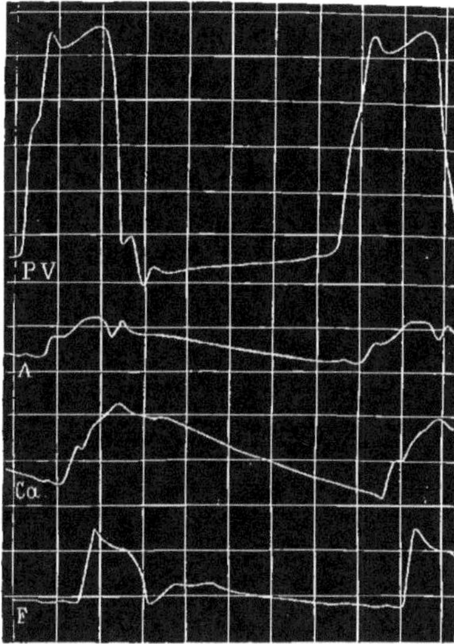

Fig. 89.

PV, courbe de la pression intraventriculaire sur le cheval; A, pouls aortique; Ca, pouls carotidien; F, pouls fémoral. Les divisions du temps comptées dans le sens transversal correspondent chacune à un dixième de seconde (d'après MAREY).

Le *retard de la pulsation aortique* sur le début de la systole du ventricule gauche est dû à ce que la systole ventriculaire n'acquiert pas dès son début une force suffisante pour soulever les valvules sigmoïdes de l'aorte. *Pour les autres artères* le retard de leur pouls sur celui de l'aorte dépend de ce que la transmission du mouvement du sang a lieu sous forme de transport d'une **onde**, qui met un certain temps pour arriver du cœur aux extrémités du système artériel.

c. **Forme**. — La pulsation inscrite ressemble beaucoup à une **secousse musculaire**. Elle représente en effet la contraction du cœur. *Les dissemblances s'expliquent par les modifications apportées à l'influence du ventricule par l'élasticité des artères.* Aussi la forme du pouls varie-t-elle avec l'artère explorée. Le pouls aortique présente le plus d'analogie avec la pulsation ventriculaire. Plus on s'éloigne du cœur, moins le pouls conserve les caractères qui dépendent de l'impulsion cardiaque. De même, plus l'élasticité des artères sera modifiée, altérée (en pathologie), plus la forme de la pulsation se rapprochera de celle de la systole ventriculaire, quel que soit l'éloignement de l'artère. C'est ce qui arrive chez le vieillard jusqu'au niveau de l'artère radiale dans l'athérome.

Indépendamment des modifications qui résultent de la mise en jeu de l'élasticité artérielle, il faut encore tenir compte de ce fait que des ondes plus ou moins nombreuses et marchant en sens inverse se forment dans les vaisseaux artériels. Certaines altérations du pouls résultent de l'influence soit des capillaires, soit du cœur lui-même. Enfin les variations pathologiques du calibre de l'orifice du cœur sont une cause très efficace de déformation de la pulsation artérielle.

d. **Amplitude.** — L'amplitude de la pulsation répond assez bien à ce que, en clinique, on appelle couramment la *force du pouls*. Elle est proportionnelle au volume de l'ondée sanguine lancée par la systole du cœur dans les vaisseaux, et varie en raison directe de l'étendue des oscillations de la pression artérielle. *Elle dépend par suite étroitement de l'état de réplétion ou de déplétion des vaisseaux.* C'est ainsi que le pouls d'une artère fortement tendue a nécessairement une faible amplitude et inversement.

L'état de réplétion ou de déplétion des artères dépend lui-même de deux facteurs :

La résistance des vaisseaux à l'écoulement du sang.

L'énergie et la fréquence des systoles cardiaques.

La *résistance des vaisseaux* est la condition qui intervient le plus souvent et avec le plus d'efficacité pour modifier l'amplitude du pouls. Toutes choses égales du côté du cœur, plus la résistance à l'écoulement du sang augmente par suite de la constriction des petits vaisseaux, plus l'amplitude du pouls diminue. Plus cette résistance diminue par suite du relâchement de ces vaisseaux, plus l'amplitude augmente. C'est qu'en effet la constriction des vaisseaux élève la tension artérielle, le relâchement des vaisseaux l'abaisse. Or, nous avons montré que la pression variable est en raison inverse de la pression constante. Par suite, plus la tension artérielle est déjà élevée, plus le cœur a de la peine à augmenter sa valeur, et inversement.

L'amplitude du pouls varie aussi suivant l'*énergie* et la *fréquence des systoles*. Lorsque les systoles sont rares, espacées, distantes les unes des autres, on voit leur amplitude augmenter, car dans l'intervalle de deux systoles espacées, la pression artérielle a le temps de baisser. Celle-ci baisse d'autant plus que l'intervalle est plus grand. Par suite, la systole suivante provoque une augmentation de pression d'autant plus forte que la pression artérielle est plus basse. Toutefois l'augmentation de l'énergie de la systole n'est qu'apparente. L'amplitude du pouls est donc en raison inverse de la fréquence du pouls et en raison directe de sa durée.

Analyse du mouvement des ondes liquides. — Il ne faut pas confondre le transport d'un mouvement vibratoire « *onde* », avec celui de la matière elle-même, « *ondée* ». Les faits suivants prouvent que le soulèvement de l'artère comprimée n'est pas dû au passage de l'ondée sanguine lancée par la dernière systole :

a. La vitesse du sang est en moyenne de $0^m,280$ par seconde dans la carotide.

Or le pouls radial retarde de 1/5 de seconde sur la pulsation cardiaque. Supposons que la distance du cœur au point exploré de l'artère radiale soit de 60 centimètres. En admettant que le pouls soit dû à l'ondée le retard serait de

$$\frac{1 \times 600}{280} = 2 \text{ secondes } 14 \text{ au lieu de } 1/5 \text{ de seconde.}$$

b. Le pouls se sent très bien dans une artère liée et terminée en cul-de-sac. L'ondée sanguine lancée à chaque systole du cœur ne parcourt évidemment pas toute la longueur du tube.

Pour donner une idée d'un mouvement ondulatoire il suffit de rappeler ce qui se passe lorsqu'une pierre tombe dans de l'eau au repos. Il se forme au point où la pierre est tombée une série d'ondes successives qui se propagent dans tous les sens. Si un objet flotte à la surface de la nappe d'eau il sera agité d'un balancement dans le sens vertical, mais sans progresser lui-même.

Quand on fait arriver dans un tube rigide déjà plein de liquide une nouvelle quantité de ce liquide sous une certaine vitesse et d'une façon intermittente, il se produit un mouvement ondulatoire analogue à celui qu'on observe à la surface de l'eau quand on y jette une pierre. Des tubes verticaux embranchés sur le tube horizontal permettent de suivre les modifications de la pression sur la longueur de celui-ci. Si ce tube au lieu d'être rigide est élastique, telle que l'est en réalité une artère, l'élasticité des parois intervient dans le phénomène et le modifie. Sous l'influence de la brusque augmentation de pression qui constitue l'onde positive, le tube ou l'artère est sollicité à se distendre. La paroi du vaisseau réagit par son élasticité et détermine ainsi la production d'une onde nouvelle qui à son tour tend à modifier plus loin la forme de l'artère, et ainsi de suite.

La propagation de l'onde liquide et de la distension partielle de la paroi le long des tubes élastiques a été étudiée par MAREY à l'aide du dispositif suivant (fig. 90) : On place une série de tambours explorateurs le long d'un tube élastique en différents points de sa longueur. Ces tambours sont reliés à d'autres tambours à levier inscripteur disposés verticalement le long d'un cylindre enfumé. Le tube est plein

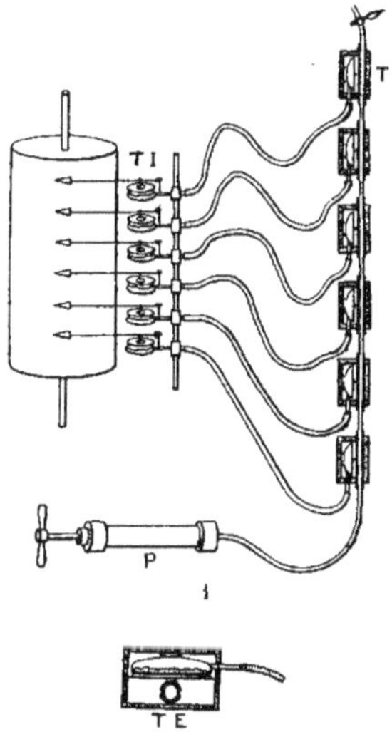

Fig. 90. — 1. *Disposition complète de l'appareil pour inscrire le mouvement des ondes liquides.* 2. *Explorateur du passage de l'onde suivant la longueur d'un tube élastique* (d'après MAREY).

d'eau. A l'une des extrémités est une pompe; à l'autre un ajutage d'écoulement que l'on peut tenir ouvert ou fermé. Au moyen de la pompe on injecte brusquement dans le tube quelques centimètres cubes d'eau. Le gonflement du tube s'opère successivement aux différents points de sa longueur. Les leviers entrent en mouvement, mais successivement (fig. 91).

MAREY a ainsi formulé ses conclusions :

I. — Lorsqu'un liquide pénètre avec vitesse et d'une manière intermittente dans un conduit élastique déjà plein, il se forme dans la colonne liquide tout entière des ondes positives qui se transportent avec une vitesse indépendante du mouvement de translation du liquide. Ces ondes semblent soumises aux lois générales des mouvements ondulatoires; des appareils spéciaux permettent de les étudier.

II. — La vitesse du transport d'une onde est proportionnelle à la force élastique du tube; elle varie en raison inverse de la densité du liquide employé; elle diminue graduellement pendant le parcours de l'onde; elle croît avec la rapidité d'impulsion du liquide.

III. — L'amplitude de l'onde est proportionnelle à la quantité de liquide qui pénètre dans le tube et à la brusquerie de sa pénétration; elle diminue peu à peu pendant le parcours de l'onde.

IV. — Quand un afflux de liquide dans le tube est bref et énergique, il peut se faire sous l'influence de cette impulsion unique une série d'ondes successives qui marchent les unes à la suite des autres. Ces ondes secondaires formées suivant les lois du mouvement vibratoire ont des amplitudes graduellement décroissantes; en outre elles peuvent être suivies plus ou moins loin sur le trajet du tube; les dernières formées, étant les plus faibles, s'éteignent les premières.

V. — Quand une onde est suivie d'ondes secondaires, on peut mesurer la longueur de chacune d'elles d'après l'intervalle qui sépare deux sommets consécutifs. La longueur d'une onde augmente quand diminuent sa vitesse et son amplitude.

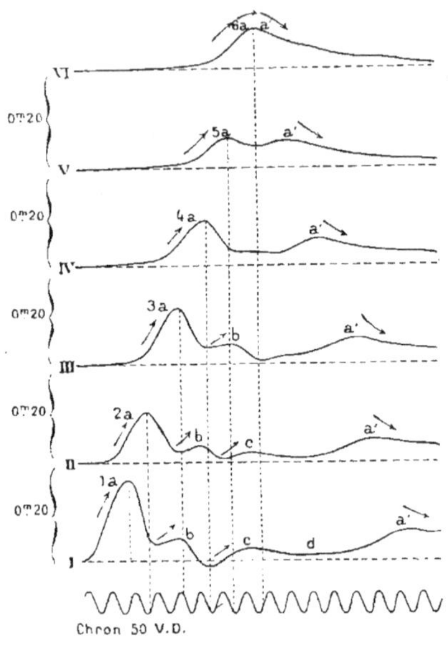

Fig. 91. — *Transport des ondes positives dans un tube élastique* (d'après MAREY).

Cette figure représente les formes que revêt le changement de volume du tube élastique en six points différents de sa longueur sous l'influence d'une brusque introduction de liquide par l'une de ses extrémités. 1a, 2a, 3a,... 6a, onde primaire directe; b, onde secondaire; c, onde tertiaire; a', onde réfléchie.

VI. — Si au lieu d'introduire du liquide dans le tube on en retire au contraire une petite quantité, il se forme une onde négative qui est soumise aux mêmes lois que l'onde positive et peut être suivie d'ondes négatives secondaires.

VII. — Lorsque le tube dans lequel se forment les ondes est fermé ou suffisamment rétréci à son extrémité, il se forme des ondes réfléchies qui suivent un trajet rétrograde et reviennent à l'origine du tube. Ces ondes réfléchies se distinguent des ondes directes en ce que la compression du tube en aval du point exploré augmente l'intensité des ondes directes et supprime les ondes réfléchies. Au lieu où se fait la réflexion l'amplitude des ondes augmente ainsi qu'on l'observe à la surface du bassin quand les ondes viennent en frapper les bords.

VIII. — Si le liquide pénètre avec une grande rapidité dans un tube à parois peu extensibles, on voit se former ce qu'on pourrait appeler des vibrations harmoniques ; elles sont surajoutées aux ondes. Ces harmoniques n'apparaissent pas à l'orifice d'entrée du tube, mais seulement un peu plus loin ; elles disparaissent vers l'extrémité opposée.

IX. — Quand le liquide pénètre dans le tube en grande quantité et pendant assez longtemps, son afflux prolongé s'oppose à l'oscillation rétrograde qui fait naître les ondes secondaires. Toutefois celles-ci peuvent apparaître à une certaine distance de l'orifice d'entrée du tube.

X. — Dans les tubes branchés, de calibres et d'épaisseurs semblables, il se fait un mélange très compliqué d'ondes qui passent d'un tube dans l'autre. Mais dans les conditions de la circulation du sang, l'aorte ne permet pas le passage des ondes d'une artère dans une autre. L'aorte a ses propres ondes qu'elle envoie dans toutes les artères où elles se transforment plus ou moins, mais elle éteint et absorbe, comme un réservoir élastique, les ondes que chaque artère lui apporte et ne les envoie point aux autres.

XI. — Quand de petits tubes de longueurs inégales sont branchés sur un tube plus gros, comme les artères le sont sur l'aorte, chacun de ces tubes est le siège d'ondes qui lui sont propres, qui se forment à son intérieur et dont la longueur varie avec celle du tube.

La systole du cœur détermine dans le système artériel la formation d'ondes comparables à celles qui se produisent sous l'influence de la poussée du piston dans l'appareil schématique de MAREY. Ces ondes rendent compte des caractères de la pulsation artérielle.

Analyse des phases d'un tracé du pouls. — La forme de la pulsation a été comparée à celle de la secousse musculaire.

On lui distingue comme à celle-ci trois parties : l'ascension, le sommet, la descente.

Phase systolique du pouls. — La systole du cœur correspond non seulement à la ligne ascendante du tracé du pouls, mais à une partie de la ligne descendante (fig. 92). En effet, l'augmentation de pression dans les artères dure pendant tout le temps que le ventricule maintient son effort. Elle cesse seulement au moment où le cœur se relâche. Ce phénomène coïncide avec la fermeture des valvules sigmoïdes de l'aorte. Il est indiqué sur la ligne de descente du pouls par une inflexion, connue sous le nom de rebondissement du pouls ou dicrotisme, et traduit une seconde pulsation. Malgré l'effort ventriculaire, la pression baisse dans

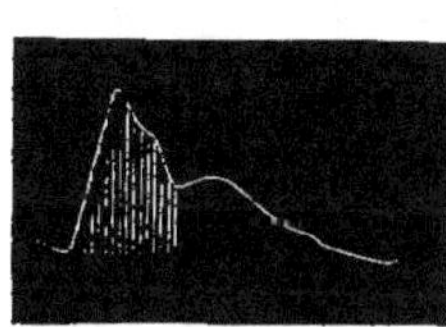

Fig. 92. — *La phase systolique du pouls est teintée de hachures* (d'après MAREY).

les artères à partir d'un certain moment, parce que l'écoulement du sang à travers les capillaires ne tarde pas à compenser et au delà l'action du cœur.

Le *dicrotisme* est un élément normal et constant du pouls (CHELIUS, BOUILLAUD, BUISSON). On ne le sent pas toujours au doigt, mais il se retrouve dans tous les cas sur le tracé sphygmographique (Marey). Il en est de même sur les tracés hémautographiques recueillis en dirigeant le jet d'une artère coupée sur une feuille de papier blanc qu'on déplace rapidement à la main dans le sens horizontal (Landois) (fig. 93).

Le dicrotisme est dû à une onde de pression secondaire qui se produit à l'origine de l'aorte au moment de la clôture des valvules sigmoïdes. Les parois artérielles distendues sous l'influence de la systole ventriculaire, re-

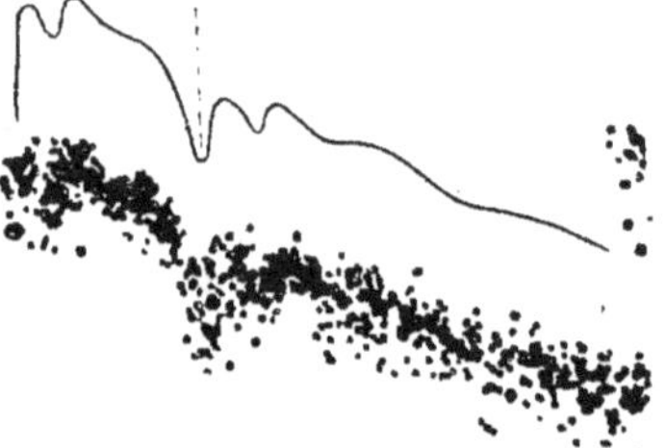

Fig. 93. — *Tracé hémautographique* (d'après Contejean).

viennent sur elles-mêmes pendant la diastole par suite de leur élasticité. Le sang est refoulé non seulement vers la périphérie, mais aussi vers le cœur. Les valvules sigmoïdes se déploient et ferment l'orifice aortique. Il se passe un phénomène analogue à celui qui se produit sur une conduite d'eau au moment de la fermeture brusque d'un robinet. Il se fait une série de vibrations dans les tubes qui sont violemment ébranlés sous le coup de la colonne liquide (coup de bélier des hydrauliciens) (Buisson). La preuve que le dicrotisme est dû au rebondissement du sang sur les valvules sigmoïdes, c'est que, après la destruction de ces membranes, cette ondulation du pouls manque à toutes les artères. C'est le cas dans l'insuffisance aor-

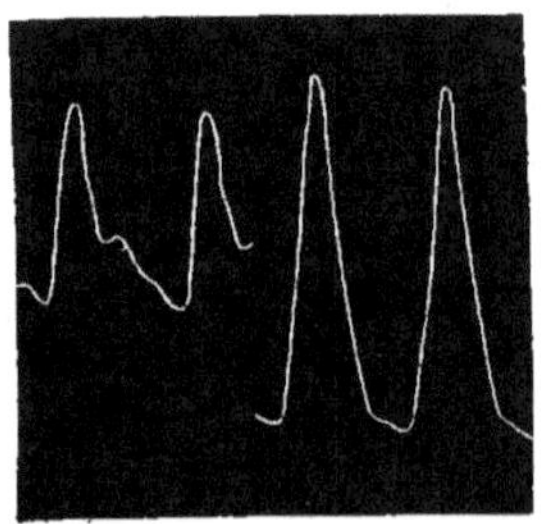

Fig. 94. — *Modifications du pouls artériel par l'insuffisance aortique.*

Artère faciale du cheval A, avant ; B, après la production de l'insuffisance (d'après Chauveau et Marey).

tique observée soit cliniquement soit expérimentalement (Chauveau et Marey) (fig. 94).

Le dicrotisme s'exagère sous toutes les influences qui favorisent la production des ondes secondaires. Il est d'autant plus marqué que la pression est plus faible dans le système artériel ; que la vitesse d'impulsion du liquide est plus grande ; que l'ondée est moins volumineuse et que les artères sont plus extensibles (Marey). Dans l'exercice musculaire généralisé, le dicrotisme s'accentue quand la pression artérielle baisse (Chauveau). En clinique,

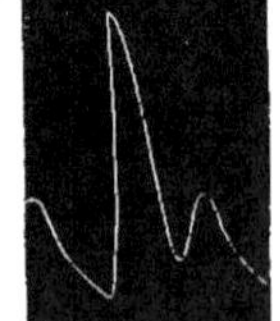

Fig. 95. — *Dicrotisme très prononcé du pouls* (d'après Marey).

le dicrotisme s'observe surtout dans la fièvre typhoïde (fig. 95).

On considère dans la **ligne d'ascension** son degré plus ou moins prononcé d'obliquité. Une élévation brusque est l'indice que le sang pénètre facilement dans les artères. L'inflexion de la ligne d'ascension prouve une pénétration difficile, et cela quelle que soit la cause du phénomène.

Le degré de facilité de pénétration du sang dans les artères dépend :

Des caractères de la systole ventriculaire ;

De l'état des orifices du cœur ;

De l'état de la pression artérielle ;

De la résistance opposée par les capillaires à l'écoulement du sang ;

De l'élasticité plus ou moins grande des parois artérielles.

Il faut surtout tenir compte des deux facteurs de la pression artérielle, à savoir : *la force du cœur et la résistance des vaisseaux* et de leurs combinaisons possibles. Quand le cœur a toute sa force, si la pression artérielle est faible, l'ondée sanguine pénètre facilement dans l'aorte. Par exemple, dans l'insuffisance aortique, il se produit sous l'influence du reflux du sang artériel dans le ventricule, une chute profonde de la pression du sang dans les artères. La période d'ascension est tellement rapide que le trait qui l'exprime est presque vertical (Chauveau et Marey : Production d'insuffisance aortique expérimentale). Il peut en être de même après une hémorragie. Si le cœur n'a pas la force nécessaire, la ligne d'ascension est infléchie. S'il a toute sa force, mais si les capillaires sont très largement ouverts, de telle sorte que le système artériel se vide aisément, l'obliquité de la ligne d'ascension peut être cependant encore très grande. L'augmentation de pression résultant de l'onde systolique est en effet diminuée du commencement à la fin de la phase systolique par la chute de la pression due à l'écoulement.

Il peut arriver que la ligne d'ascension présente deux parties : la première, s'élevant brusquement, la seconde, plus infléchie (*pulsation saccadée*) (fig. 96). Le phénomène s'observe quand l'écoulement du sang subit un brusque temps d'arrêt, dans l'athérome des artères, par exemple. L'élasticité de ces vaisseaux est dans ce cas très diminuée ; par suite, ils deviennent très peu extensibles dès qu'ils ont reçu une partie de l'ondée que projette le ventricule. La pulsation aortique est normalement saccadée. Dans l'aorte, en effet, l'écoulement n'est pas encore réglé par l'élasticité artérielle. La colonne sanguine lancée par le ven

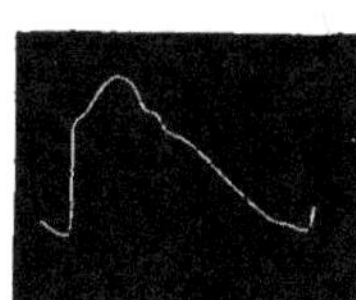

Fig. 96. — *Ascension saccadée de la pulsation* (d'après Marey).

tricule, subit brusquement un arrêt dans sa pénétration, par suite des résistances qui s'opposent à l'effort du cœur. Ce n'est que gra duellement, après avoir parcouru une large étendue de vaisseaux, que le pouls prend une période d'ascension plus lente.

Le *sommet* de la pulsation est tantôt une ligne courbe, tantôt une pointe aiguë, tantôt un véritable plateau.

Généralement le sommet de la pulsation est représenté par une ligne courbe. Il est impossible de délimiter exactement le moment où finit l'ascension du tracé et celui où commence la descente. L'entrée et la sortie du sang se balancent réciproquement et insensiblement.

Parfois le sommet est un véritable plateau (fig. 97). Le plateau se termine généralement avec la partie oblique ou surbaissée de la ligne d'ascension. Il se confond avec elle et indique un obstacle plus ou moins brusque opposé à l'impulsion du cœur. Générale-ment, cet obstacle vient du défaut d'élas-ticité des artères (athérome). Celles-ci ne se laissent pas distendre pas l'ondée sanguine. Le sang ne peut pas s'accumuler et il en part à chaque systole une quantité égale à celle qui entre. Si le plateau est ascendant,

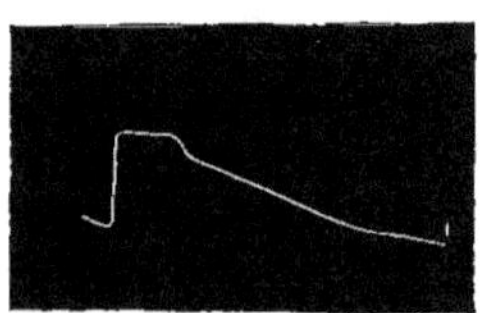

Fig. 97. — *Forme en pla-teau du sommet de la pulsation* (d'après MAREY).

c'est un signe que l'afflux du sang prédomine sur l'écoulement. Si le plateau est descendant, c'est l'effet inverse.

Le sommet peut être très aigu, brusque : cela indique une pénétration très rapide du sang dans les artères. On l'observe quand la tension artérielle est faible, par exemple, dans l'insuf-fisance aortique.

Le sommet peut être arrondi : c'est quand le sang pénètre avec lenteur dans un système artériel souple et extensible, par exemple, dans le rétrécissement aortique ou encore dans le ralentissement du cœur qui accompagne le sommeil ou le refroidissement alors que la phase systolique du pouls présente une grande durée. On l'observe aussi dans la combinaison du pouls fréquent associé à une grande perméabilité du système capillaire. Il n'y a plus en effet aucune saccade dans la pénétration du sang (MAREY, *Circulation*, p. 271).

Discussion concernant l'origine du dicrotisme. Hypothèse d'une onde de pression rétrograde. — Quelques physiologistes admettent que le dicro-tisme du pouls est produit par la réflexion de l'onde systolique, c'est-à-dire primitive, à l'extrémité des artères ou au niveau des éperons de bifurcation de gros vaisseaux (V. FREY, KREHL, V. KRIES).

Cette hypothèse n'est pas soutenable, car si on comprime l'artère immédiate-ment au-dessous du point d'application du sphygmographe, le dicrotisme n'en existe pas moins. L'inflexion qui traduit le phénomène sur le tracé occupe la même place sur la ligne de descente. Or, si le phénomène s'expliquait par une onde rétrograde, dans l'exemple précité, la réflexion se faisant au lieu même où l'artère est explorée, il n'y aurait plus de séparation entre l'onde centrifuge et l'onde centripète. On aurait une onde unique simplement plus haute qu'à l'état normal (MAREY).

Ondulations secondaires du tracé sphygmographique. — Au point de vue clinique, on ne tient compte que d'un seul soulèvement, le dicrotisme. En réalité, sur le tracé du pouls, on remarque encore d'autres ondulations.

Celles de la *phase systolique* ont leur origine dans le cœur. On peut les considérer soit comme des ondes secondaires accompagnant l'onde de pression systolique primitive, soit comme la conséquence de la nature tétanique de la contraction du cœur (FREDERICQ). Rappelons aussi que l'effet mécanique de l'oreillette est transmis normalement jusqu'aux artères. CHAUVEAU et MAREY ont constaté sur le tracé du pouls de l'aorte du cheval un soulèvement dû à la systole de l'oreillette.

LANDOIS a décrit un type de pulsation artérielle caractérisé par un véritable dicrotisme initial : le pouls *anacrote*. Ce type rappelle beaucoup la pulsation saccadée telle qu'elle est observée normalement dans l'aorte. On a décrit le pouls anacrote en clinique dans des cas où les artères avaient perdu leur élasticité, dans le mal de Bright, l'artério-sclérose, l'insuffisance et la sténose aortiques.

Dans la *phase diastolique* du pouls, les ondulations sont dues à des ondes secondaires qui accompagnent celle qui constitue le dicrotisme.

Le nombre des ondes secondaires est subordonné à la fréquence du pouls. Si celui-ci est très fréquent, elles n'ont pas le temps de se produire. D'une façon générale ces ondes s'épuisent dans les artères lointaines par le jeu de l'élasticité des parois vasculaires.

Modifications du pouls.

Influence de la respiration. — Chez l'homme, particulièrement chez les sujets jeunes, et chez certains animaux, le pouls présente des irrégularités et des inégalités périodiques rythmées avec la respiration. Pendant

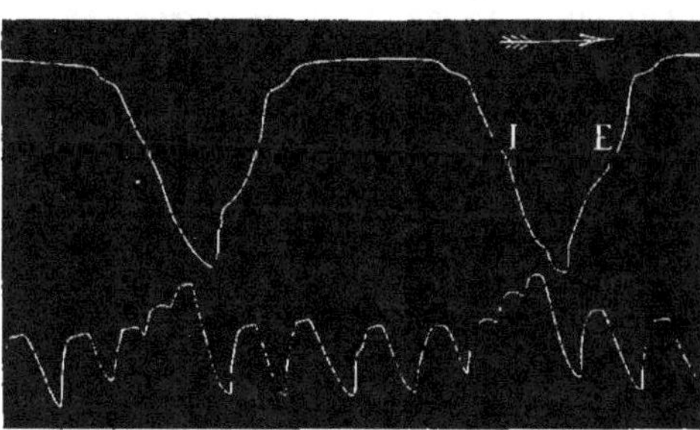

Fig. 98. — *Augmentation de la fréquence des pulsations et élévation de la pression carotidienne pendant l'inspiration chez le chien* (d'après WERTHEIMER).

l'inspiration, le pouls est plus rapide et présente une amplitude moindre que pendant l'expiration (fig. 98). Les modifications respiratoires de la fréquence du pouls sont directement subordonnées à celles du rythme cardiaque. Les variations de l'amplitude de la pulsation artérielle seraient, d'après quelques auteurs, la conséquence de celles du rythme, en ce sens que si le pouls est plus petit à l'inspiration et plus ample à l'expiration, c'est parce qu'il est plus fréquent dans la première phase que dans la seconde. Dans les inspirations profondes, on peut observer l'absence complète du pouls (Voy. *Infl. de la respirat. sur le rythme du cœur*, p. 27)

La disparition plus ou moins complète de la pulsation radiale pendant l'inspiration a été signalée en clinique particulièrement dans les cas de symphyse cardiaque et toutes les fois qu'il se produit un obstacle à l'entrée de l'air, comme par exemple dans le croup. Ce type de pulsation a été décrit sous le nom de pouls *paradoxal*. Ce n'est, en somme, que l'exagération d'un phénomène normal.

L'expiration forcée provoque aussi parfois l'arrêt du cœur et la suppression du pouls. WEBER a observé que si on ferme la glotte après une inspiration forcée et si on fait agir les muscles expirateurs ou si on comprime le thorax, il se produit dans les poumons un excès de pression positive qui s'oppose à l'entrée du sang veineux dans le thorax. WEBER supposait que dans ces conditions le cœur peut battre à vide et le pouls devenir imperceptible. TRIPIER et DEVIC ont observé maintes fois une disparition complète du pouls durant les quintes de toux chez des gens qui avaient des troubles marqués de la circulation pulmonaire, tels que les emphysémateux avec bronchite chronique.

Influence de l'air comprimé et de l'air raréfié. — Une *augmentation* de la pression atmosphérique provoque une diminution de fréquence du pouls (VIVENOT, PANUM). Une *diminution* de la pression accélère le cœur. L'effet est surtout accusé si la diminution de la pression atmosphérique est combinée à celui de l'exercice musculaire (P. BERT). Non seulement le pouls devient plus évident, mais le dicrotisme apparaît plus visible (LAZARUS et SCHIRMUNSKI). Dans le mal des montagnes, les effets attribués à la raréfaction de l'air sont dus, dans bien des cas, en grande partie à la fatigue musculaire et à la baisse de la pression artérielle qui en est la conséquence (CHAUVEAU et LORTET).

Influence de l'âge. — D'une façon générale, il existe une tendance au ralentissement des mouvements du cœur depuis la première enfance jusqu'à l'âge adulte, mais la courbe qui représente ces différences n'est pas régulière.

Ages.	Nombre moyen de pulsations	Ages.	Nombre moyen de pulsations.
0 à 1	134	6 à 8	93 à 94
1 à 2	111	8 à 14	89 à 87
2 à 4	108	14 à 19	82 à 77
4 à 5	103	19 à 80	75 à 70
5 à 6	98	80 et plus	79

Influence de la taille chez les animaux à sang chaud. — La rapidité avec laquelle le cœur est destiné à fonctionner paraît liée d'une manière intime au volume de l'organisme, non seulement chez les individus d'une même espèce, mais chez les espèces différentes. Ainsi, l'éléphant aurait de 27 à 28 pulsations par minute ; le cheval de 36 à 50 ; le chien de 100 à 120 ; le lapin 150, etc.

Influence du sexe. — Dans les premiers moments de la vie, il ne paraît y avoir aucune différence notable entre la fréquence du pouls chez les enfants des deux sexes ; mais une certaine inégalité ne tarde pas à se manifester, et depuis le bas âge jusqu'à la vieillesse, le pouls est plus rapide chez la femme que chez l'homme.

Influence des attitudes. — La fréquence du pouls va en augmentant à mesure que le sujet, en quittant la position horizontale, se rapproche davantage de l'attitude verticale. L'influence de l'attitude sur le pouls semble se rattacher à des changements de la tension artérielle.

BIBLIOGRAPHIE.

Influence des attitudes. — AZOULAY, *Biologie* 1892, 393. — BINET et COURTIER, *Biologie*, 1895. déc. — V. FREY, *Die Untersuchung des Pulses*. — HALES, Hémostatique, 15.

— V. Kries, *Studien der Pulslehre*. — Guy, *Guy's hospital Reports*, III, 92. — Graves, *Dublin hospital Reports*, V, 561. — Marey, *Circ.*, 333, 340, 341 , 439, 442.

Influence de l'asphyxie. — Landois, *Allg. med. Zeitsch.*, 1864. — Traube, *ibidem*, 1863-1864.

Espèce animale. — Angerstein, *Berl. Arch.*, 1880. — M.-Edwards, *Leçons...*, IV, 63. — Ellinger (an. domestiques). *Arch. f. wiss. u. prakt. Thierheilk.*, XXI, 17. — Colin, *Traité de Phys.*, 1888. — Martin, *Deutsch. Zeitsch. f. Thiermed* , 1888. — Arloing, art. Cheval. *Dict.* Richet.

Influence de la tension artérielle sur l'amplitude du pouls. — Marey, *Circ. du sang*, p. 288.

Variations de fréquence et d'amplitude du pouls après la saignée. — Arloing, *Revue de méd.*, 1882, 104. — Arloing et Tripier, *Arch. de Phys.*, 1872. — Carville, *Biologie*, 1869, 328, — Marey, *Circ. du sang*, p. 335.

Influence de la température. — Fourrier, *Thèse Paris*, 1854. — Marey, *Circ. du sang*, 332. — M.-Edwards, *Leçons...*, IV, 77.

Influence de la digestion. — Lichtenfels et Fröhlich, *Mém. Ac. Vienne*, III, 2e partie. — M.-Edwards, *Leçons...*, IV, 79.

Variations diurnes. — Bleuler et Lehmann, *Arch. f. Hygi.*, 1885. — M.-Edwards, *Leçons...*, IV, 84. — Marey, *Circ.*, 350. — Prompt, *Arch. gén. de méd.*, 1867.

Variations individuelles. — M.-Edwards, *Leçons...*, IV, 89. — Tournesco, *Thèse Paris*, 1853, n° 99.

Influence de la musique. — Dogiel, *Arch. f. Anat. u. Phys.*, 1880. — Mentz, *Philo. Stud.*, XI, Hefte, 1, 3, 4, 1895 (influence des exc. auditives). — Patrizi, *Rivista musicale*, III, 1896.

Influence du travail intellectuel. — Bleuler et Lehmann, *Arch. f. Hygiene*, 1885, 231. — Binet, *Revue des sciences*, 1896. — Binet et Courtois, *Biologie*, 1895. — Gley, *Arch. de Phys.*, 1881, 750. — Mac Dougall, *Psycholog. Review*, mars 1896, 158. — Mosso, *Die Diagnostik des Pulses*, Leipzig, 1879, 2.

Influences diverses. — Caparelli, Modifications du pouls et du cœur après application de la bande d'Esmarck. *Congrès de Bâle*, 1889. — Skoujensky, L'act. de la compr. des extr. inf. dans les cas d'œdème sur le pouls, la pression, la compos. du sang, la resp., *Vratch.*, 1895.

Pouls dans les maladies. — Marey, *Circ. du sang*. — Brissaud, *Presse méd.*, 1891, 21 nov. — Vaquez et Bureau, *Biologie*, 1893, pouls lent permanent. — Wertheimer, *Dict. sc. méd.* — Dechambre, *Paris, Masson.*

Retard. — Czermak, *Prager med. Wochen.*, 1864. — Edgren, *Skand. Arch. f. Phys.*, 1889. — V. Frey, *Die Unters. des Pulses.* — Grashey, *Die Wellenbewegung elastischer Röhren.* Leipzig, 1881. — Grünmach, *Arch. f. Anat. u. Phys.*, 1879 ; 1888. — Hoorweg, *Arch. f. d. ges. Phys.*, 1889. — Hürthle, *Arch. f. d. ges. Phys.*, 1890, XLI, 31. — Keyt, *Sphygmogr. a. Cardiography.* New-York, 1887. — Landois, *Die Lehre vom arterien Pulses*, 1872. — Marey, *Circ. du sang*, 1881, p. 118, 220, 290, 631, 634. — Moens, *Die Pulscurve.* — Felix, *Thèse Paris*, 1882. — Tigerstedt, *Lehrbuch d. Kreisl.*, 1893, 384. — Tripier et Devic, *Traité de pathol. générale*, IV. — E. H. Weber, *Annotationes anatomicae et physiologiae. Ac. de Leipzig*, 1834 ; *Arch. f. Anat. u. Phys.*, 1851. — Josius Weitbrecht, *Commentarii Ac. imp. Petropolitanis*, 1740. — Anévrysmes : Fr. Franck, *Journal de l'Anat.*, 1878. Thèse Bermont, Paris, 1885. — Marey, *Circ.*, 1881, 641. Insuf. aortique : Fr. Franck, *Biol.*, 1878, 115 ; 1883, 31. — Roque, *Thèse Lyon*, 1886.

Sphygmographes. — Baker, *Brit. med. Journal*, 1867. — V. Basch, *Zeitsch. f. klin. Med.*, 1881. — Béhier, *Bull. Ac. méd.*, 1868. — Brondel, *Arch. de méd. nav.*, 1879. — Brondgeest, *Onderzoek. Ged. in het. phys. lab. d. Utrechtsche Hoogschool.* Derde Reeks, 1873. — Burdon-Sanderson, *Handbook of the sphymograph.*, London, 1867. — W. Cowl, *Arch. f. Anat. u. Phys.*, 1890, 564. — Sphyg. de Dudgeon : consulter Schliep, *Berl. kl. Wochensch.*, 1880. Spengler, *Diss. Zurich*, 1887. Laine, *Thèse Nancy*, 1888. Langendorff, *Physiologische Graphik*, 1891, 229. — Edgren, *Skand. Arch. f. Phys.*, 1889. — Foster, *Journal of Anat. a. Phys.*, 1867. — V. Frey, *Arch. f. Anat. u. Phys.*, 1893, 17. — Garrod, *Journal of Anat. a. Phys.*, 1872. — Grünmach, *Berl. klin. Wochensch.*, 1876. — Hallion et Comte, *Biologie*, 1896, 7 nov. — A. Jaquet, *Zeitsch. f. Biol.*, 1891, XXVIII, 29. — *Biologie*, 1890. — Keyt, *Sphygmography a. Cardiography*, New-York, 1887. — Klemensiewicz, *Sitz. ber. d. Kais. Akad. d. Wiss.*, 1876. — Knoll, *Prager med. Wochensch.*, 1879. — Landois, *Die Lehre vom Arterienpuls.* Berlin, 1872. — Longuet, *Bull. Ac. de méd.*, 1868, 33, 962. — Magnus, *Congrès de Berne*, 1895. — Marey, *Gaz. méd.*, Paris, 1860. *Circ. du sang*, 1881, 213, 222, 257, 700. — Mach, *Sitz. ber. d. Kais. Akad. d. Wiss. math. Naturv.*, Cl. 47, 1863. — Mathieu et Meurisse, *Arch. de*

Phys., 1875. — P. V. d. Mühl, *Deutsche Arch. f. klin. Med.*, XLIX, 348. — Philadel-phien, *Biologie*, 1896, 190. — Rollet, *Handb. der Phys. Hermann*, IV, I, 257. — Som-merbrodt, *Ein neuer Sphygmograph*, Breslau, 1876. — Thanhoffer, *Zeitsch. f. Biol.*, XV, 1879. — J. Trautwein, XII, *Congrès de médecine.* — Vaughan, *Brit. med. Journal-*1888, 1379. — Vierordt, *Die Lehre vom arterien Pulses.* Brunswick, 1855. — Weiss, *Biologie*, 1896, p. 57, 239 ; 1897, 359.

Dicrotisme. — Bernstein, *Ber. über die Sitz. der Naturforsch. Gesell. zu Halle*, 1889. — Buisson, *Thèse Fac. med.*, Paris, 1862. — Chelius, *Praguer Vierteljahreschr.*, 1850. — Fick, *Verhandl. phys. med. zu Würzburg*, N. 4. Bd. 30. — Fr. Franck, *Gaz. hebd.*, 1877. — V. Frey, *Congrès Bâle*, 1889. — V. Frey et Krehl, *Arch. f. Anat. u. Phys.*, phys. Abth., 1890, 31. *Centralbl. f. Phys.*, 1890-1891, IV. — Hoorweg, *Arch. f. d. ges. Phys.*, 1890, XLVII. — Hürthle, *Arch. f. d. ges. Phys.*, 1890, XLVII. — V. Kries, *Studien zur Pulslehre. Arch. f. Anat. u. Phys.*, 1887. — Marey, *Gaz. méd.*, Paris, 1860. *Circ. du sang*, 1880, p. 241, 252, 255, 274. — Meyer, *Arch. de Phys.*, 1894. — Pick, *Arch. f. d. ges. Phys.*, XLIX. — Tigerstedt, *Lehrb. d. Kreisl.*, 1893, 395.

Hämautographie. — Landois, *Arch. f. d. ges. Phys.*, 1874, IX, p. 71.

Dicrotisme après la saignée. — Arloing, *Revue de méd.*, 1882, 105. — **Dans les maladies.** — Chrétien, *Biologie*, 1893. *Revue de méd.*, 1894, 325.

Ondulations secondaires du tracé sphygmographique. — Hürthle, *Arch. f. d. ges Phys.*, XLIII, 428, 1888 (infl. de la résistance périphérique sur la forme du pouls et les ondulations du tracé). — Landois, *Arch. de Du Bois-Raymond*, 1864. *Centralbl. f. med. Wissensch.*, 1865, 30. — *Berl. klin. Wochenschr.*, 1870, n° 8, p. 98 et n° 28. *Traité de Physiologie*, p. 135, trad. fr. — Lorrain, *Étude de méd. clin. faite à l'aide de la meth. graphique*, 1870. — Marey, *Circ. du sang*, p. 272, 276. — Merce-reaux, *Thèse Paris*, 1895. — Potain, *Bull. et mém. de la Société méd. des hôpit.*, 1896.

Irrégularités du pouls. — R. Funke, *Zeitsch. f. Heilk.*, XIV, 1893. — Lukjanoff, *Allg. Pathol. d. Kreisl.*, 4e leçon. — J. Schreiber, *Arch. f. exp. Path. u. Pharmak.*, 1887, 317. — Mari, *Le pouls bigéminé et son origine. Lo Sperimentale*, 1890, LXVI.

Étude des ondes. — V. Frey, *Die Untersuchung. des Pulses. Studien zur Pulslehre.* Freiburg, 1892. — Grashey, *Die Wellenbewegung elastischer Röhren.* Leipzig, 1881. — E. Grünmach, Relations entre la courbe d'extensibilité des tubes élastiques et la vitesse de propagation du pouls. *Arch. f. Anat. u. Phys.*, 1888, 129. — Hoorweg, *Arch. f. d. ges. Phys.*, 1889 ; 1892. — Korteweg, *Ann. der Physik u. Chemie*, 1878. — V. Kries, *Festsch. d. Naturforscher. Gesell. zu Freiburg*, 1883. — Landois, *Die Lehre vom arterien Puls.*, Berlin, 1872. — G. v Liebig, *Arch. f. Anat. u. Phys.* phys. Abth., 1882 ; 1883. — Marey, *Trav. du lab.*, 1876. — *Circ. du sang*, 1881, 226. — Moens, *Die Pulscurve.* Leyde, 1878. — Resal, *Journal des mathémat.*, 1876. — Tigerstedt, *Lehrbuch. d. Kreisl.*, 1893, 364, 385. — E. H. Weber, *Ber. der Sächs Gesell.*, 1850, 164. — W. Weber, *Ber. der Sächs. Gesell.*, 1866.

Influence de la respiration. — Binet et Courtois, *Biologie*, 1895. — Brown-Séquard, *Arch. Phys.*, 1889. — Capitan, *Arch. Phys*, 1889. — Einbrodt, *Unters. zur Naturlehre.* — Fr. Franck, *Congrès de l'Assoc. franç.*, Paris, 1878. — *Biologie*, 1878, 342 ; 1885 ; 1886, 6. — *Gazette hebd. de méd. et de chirurg.*, 1879, p. 49. — Hering, *Sitz. b. d. Kais. Akad. d. W.*, 1871. — H. Hirschmann, *Arch. f. d. ges. Phys.*, LVI, 389. (Essais de Valsalva et Müller). — Ph. Knoll, *Arch. f. d. ges. Phys.*, LVII, 406, 1894. (Essais de Valsalva et Müller). — Ludwig, *Arch. f. Anat. u. Phys.*, 1847. — Marey, *Circ. du sang*, 1881, 462, 464, 468. — Martini, *Verhandl. der Phys. Gesell. zu Berlin*, 1890, 91. — *Arch. f. Anat. u. Phys.*, 1891. — Rollett, *Handb. d. Phys. Hermann.*, IV, I, 298. — Tenetz, *Vratch*, 1892. — Tripier et Devic, *Traité de pathol. générale*, IV, p. 309. — Weber, *Arch. gén. med.*, 1853, I, 399. — Wertheimer et Meyer *Arch. de Phys.*, 1889, 24. — Zuntz, *Arch. f. d. g. Phys.*, 1878.

Influence des variations de la pression extérieure. — P. Bert, *La pression barométrique*. 1870, p. 455, 716, 840. — Chauveau, *Revue scientifique*, 24 mars 1894. — Lazarus et Shirmunski, *Zeitsch. f. klin. Med.*, 1883. — Q. v. Liebig, *Sitz. ber. d. Gesell. f. Morphol. u. Phys.*, IX. — Loewy, *Arch. f. d. ges. Phys.*, 1877, 519, 527. — Lortet, Deux ascensions au Mont Blanc en 1869. Recherches physiologiques sur le mal des montagnes, *Lyon médical*, 1869, p. 94. — M.-Edwards, *Leçons...*, IV, 78. — Panum, *Arch. f. d. ges. Phys.*, 1868, I. — Pozzi, *Biologie*, 1885, 106. — Rollett, *Handb. d. Phys. Hermann*, IV, I, 293. — Tabarié, *C. R. Ac. sc.*, 1838, 1840. — Vivenot, *Arch. Virchow*, 1865, XXX. Voyez : *Pression artérielle*, p. 147.

Influence de l'âge. — Guy. Article *Puls. Cycl. Todd's*, IV, 184. — M.-Edwards, *Leçons...*, IV, 57. — Tigerstedt, *Lehrbuch d. Kreisl.*, 1893, 31. — Volkmann, *Die Hä-modynamik.* Leipzig, 1850.

Influence de la taille. — M.-Edwards, *Leçons*, IV, 63. — Rameaux, *Bull. Ac. méd.*, Bruxelles, 1839, 121 ; 1857, XXIX. — Tenetz, *Vratch*, 1892. — Volkmann, *Hämodynamik*, Leipzig, 1850. — Vierordt, *Die Lehre vom arterien Pulses.* Brunswick, 1855.

CHAPITRE III

PHÉNOMÈNES PHYSIOLOGIQUES DE LA CIRCULATION ARTÉRIELLE.

Sous cette dénomination nous comprenons tout ce qui concerne l'action des muscles et des nerfs sur les vaisseaux. Magendie a réagi contre l'idée de Bichat que les phénomènes de la vie seraient d'une essence spéciale et dégagés par cela des lois qui régissent les êtres inorganisés, et il a pris en particulier ses exemples dans la circulation qu'il montre soumise aux lois ordinaires de l'hydraulique, mais à son tour il va trop loin quand il pense tout expliquer dans le système artériel par l'élasticité. Il oublie ou méconnaît les phénomènes, comme la contraction musculaire et l'action nerveuse, que nous appelons *physiologiques* parce que tout en ressortissant encore dans leur mécanisme intime de la physico-chimie ils lui échappent du moins par quelque côté et dépassent ses lois actuellement connues.

Claude Bernard a mieux compris les choses et a fait faire un progrès considérable à la physiologie comme à la philosophie de son temps, en nous montrant que le système nerveux en réalité gouverne la fonction des vaisseaux, mais que son action dominatrice et régulatrice ne peut s'exercer que par l'application étroite des lois physiques ordinaires. *Naturæ non imperat nisi parendo.*

A. — DÉCOUVERTE DE LA CONTRACTILITÉ ARTÉRIELLE ET DES VASO-MOTEURS.

L'ancienne physiologie et l'ancienne médecine invoquaient à chaque instant la contractilité des artères et des capillaires, mais sans base anatomique et avec une idée préconçue fausse. C'est ainsi qu'on supposait généralement que les artères exercent une action propulsive destinée à accélérer le mouvement du sang du côté des veines (Bordeu, Sénac, etc.).

I. **Les précurseurs.** — C'est à Hunter qu'est due la première démonstration un peu précise de la contractilité des artères. Ce chirurgien observa les faits suivants :

1° Lorsque sur le vivant on irrite mécaniquement par le grattage continu le tronc d'une artère de moyen ou de petit volume on la voit se resserrer et rester contractée pendant un temps assez long, après quoi elle reprend son volume normal ou même un volume un peu plus grand.

2° Les artères, peu de temps après la mort, se resserrent considérablement, surtout les artères de petit volume, voisines de la périphérie. Si préalablement on les soumet à une dilatation forcée elles ne présentent pas au même degré ce resserrement *post mortem*. Celui-ci est donc dû à la contractilité et non à l'élasticité, propriété physique qui ne se laisserait pas modifier par la distension. La force en vertu de laquelle une artère se rétablit dans son état naturel est d'autant plus grande qu'on examine le vaisseau plus près du cœur. Elle diminue à mesure qu'on s'éloigne de cet organe.

Henle a rassemblé les résultats des constatations et des expériences faites par les divers physiologistes. Le premier il prouva la présence d'*éléments anatomiques musculaires* dans les parois des artères. Avant lui on parlait d'une tunique musculaire, mais cette dénomination traduisait une simple vue de l'esprit. Il traça le tableau des caractères de la contractilité des vaisseaux et montra nettement le rôle des muscles de leurs parois. Il vit que le mouvement du sang dépend du cœur mais, que sa répartition est dépendante de la tunique musculaire des vaisseaux.

Henle avait admis que le système nerveux exerce une action sur les muscles des artères. Ce fut Stilling qui, à la même époque (1840) vit les nerfs et les plexus qui entourent les artères. Il donna à ces nerfs le nom de **vaso-moteurs** qui est resté dans la science. Le rôle de ces nerfs ne fut véritablement bien compris qu'à partir des expériences de Claude Bernard. Ce physiologiste ouvrit la période expérimentale vraiment féconde qui a abouti à la conception scientifique actuelle des phénomènes vaso-moteurs. Avant Claude Bernard il n'existait que des faits isolés, sans liens les uns avec les autres, et des spéculations qui ne pouvaient être admises qu'à titre d'hypothèses plus ou moins téméraires.

Les conditions actuellement les plus favorables pour constater la contractilité des artérioles ont été indiquées par Ranvier. Le terrain anatomique choisi par cet expérimentateur est la *membrane périœsophagienne* de la grenouille. Cette membrane est très mince; elle possède un riche réseau vasculaire et ses seuls éléments musculaires sont ceux qui, sous la forme de fibres-cellules sont annexés aux vaisseaux sanguins. La membrane, placée sur le disque de la chambre humide dans une ou deux gouttes de sérosité péritonéale, est régulièrement étendue et maintenue en extension au moyen d'un anneau métallique. On dispose ensuite des électrodes de papier d'étain et l'on recouvre la préparation d'une lamelle de verre que l'on fixe avec de la paraffine. Sous l'influence du courant électrique, les fibres musculaires se contractent. Leur contraction peut être assez forte pour faire disparaître la lumière du vaisseau. — Ranvier, *C. R. A. sc.*, t. CXVI, p. 84.

II. **Découverte des nerfs vaso-constricteurs**. — Claude Bernard répéta en 1851 l'expérience de Pourfour du Petit. Il coupa le sympathique cervical et observa parallèlement à la constriction pupillaire, du côté correspondant de la tête, les effets suivants :

L'ouverture palpébrale, se reserre ; le globe de l'œil se rétracte

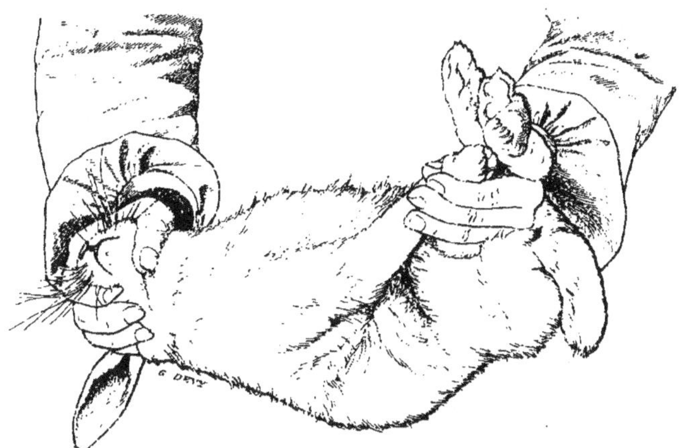

Fig. 99. — *Contention simple du lapin par les deux mains d'un seul aide.*

vers le fond de l'orbite ; la troisième paupière fait saillie et s'avance de dedans en dehors au devant de l'œil ; la température de la peau et du cerveau augmente en même temps que la circulation y devient plus active.

En excitant le nerf, il détermina des effets diamétralement opposés à ceux dus à la section :

La pupille s'élargit ; l'ouverture des paupières s'agrandit ; l'œil fait saillie hors de l'orbite ; d'active qu'elle était, le circulation devient faible ; la température baisse.

Pour analyser en détail l'action du grand sympathique sur la circulation il faut expérimenter sur un lapin de pelage blanc et observer l'oreille (fig. 99 et 100).

Expérience. — Le nerf sympathique découvert et isolé au cou est sectionné. Si on considère du côté correspondant le pavillon de l'oreille on voit ses artères et ses veines augmenter de volume et se laisser distendre par le sang. Les petits vaisseaux tout à l'heure invisibles sont devenus apparents. Toute la région a pris une teinte rosée due à l'afflux beaucoup plus considérable de sang dans les capillaires. Cette congestion est durable et évidemment liée à la suppression de l'action du nerf sympathique sur les vaisseaux de la région auriculaire. — Si on lie le bout céphalique du cordon cervical et qu'on l'excite, on voit des phénomènes exactement inverses se passer du côté de l'oreille. Les vaisseaux se contractent. L'artère devient filiforme; la région se vide de sang.

Ainsi le nerf grand sympathique agit sur la température locale des régions auxquelles il se distribue (premier fait); il agit sur l'état des vaisseaux et de la circulation locale de cette région (deuxième fait). Quelle relation y a-t-il entre ces deux constatations?

Claude Bernard au début ne fit pas con-

Fig. 100. — *Circulation dans l'oreille du lapin.*

naître très clairement son opinion sur ce sujet. Sans méconnaître les effets circulatoires ce physiologiste était porté à croire que le nerf sympathique agit sur les éléments anatomiques pour augmenter ou restreindre *par une action directe* la chaleur produite par eux. Waller en Angleterre, Brown-Séquard en Amérique ont eu le mérite d'appeler particulièrement l'attention sur les *modifications circulatoires* que le nerf sympathique détermine par sa section et aussi par son excitation, ainsi que sur *les rapports étroits et nécessaires qui existent entre ces modifications et les variations de la température locale* constatés en premier lieu par Claude Bernard. Il passe en effet plus ou moins de sang à travers les artères suivant que celles-ci sont plus ou moins contractées. Or le sang qui vient de la profondeur du corps est généralement plus chaud que celui qui circule à la périphérie, les organes centraux étant mieux protégés contre la déperdition de chaleur. Il en résulte donc un transport de chaleur des régions chaudes à la région froide paralysée dans ses vaisseaux. C'est là toute l'explication de l'échauffement local qui suit la paralysie du sympathique.

Le nom de Brown-Séquard mérite encore d'être associé à celui de Claude Bernard dans la découverte des vaso-moteurs, parce que l'un des premiers et à peu près en même temps que Claude Bernard il eut l'idée de faire la contre-épreuve de son expérience en excitant le nerf sectioné.

III. Découverte des nerfs vaso-dilatateurs. — A Claude Bernard est due la découverte du premier nerf vaso-dilatateur, la *corde du tympan* (1858).

Ce petit nerf est primitivement contenu dans le facial. Il s'en

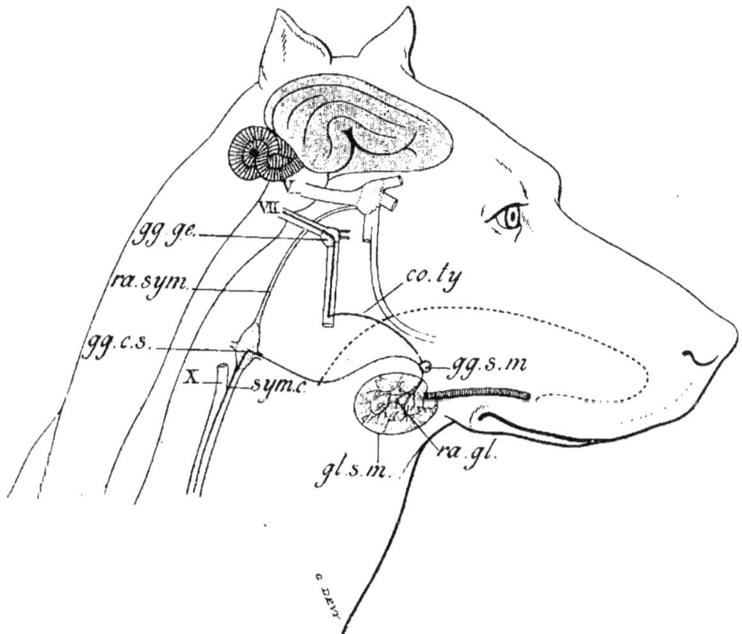

Fig. 101. — *Innervation vaso-motrice de la glande sous-maxillaire.*

gl.s.m, glande sous-maxillaire avec son canal excréteur ; *gg.s.m*, ganglion sous-maxillaire ; *gg.c.s*, ganglion cervical supérieur ; *gg.ge*, ganglion géniculé ; *ra.gl*, ramifications intraglandulaires ; *ra.sym*, symp. cranien ; *sym.c*, sympathique cervical, *co.ty*, corde du tympan ; VII, facial. (Constricteurs en bleu, dilatateurs en rouge.)

détache pour s'accoler au lingual et se rendre, en partie à la muqueuse de la partie antérieure de la langue, en partie à la glande sous-maxillaire (fig. 101).

Sur le chien, si on isole la corde et qu'on excite le bout périphérique du nerf sectionné on détermine un écoulement abondant de salive par le canal de Wharton et une activité circulatoire considérable dans la glande. A la loupe les petits vaisseaux qui n'étaient pas visibles le deviennent. Si l'on met à nu le tronc veineux principal qui ramène le sang de la veine, cette veine se dilate, se gonfle. Le sang (examiné par transparence) contenu dans cette veine était sombre. Il devient plus clair, plus rouge, analogue à du sang artériel. Bientôt la veine est animée de battements conformes avec ceux de l'artère. Si la veine est sectionnée, le sang s'écoule rouge, très vite, par jets saccadés et abondamment.

BIBLIOGRAPHIE.

Brown-Séquard, *Philadelphia medical Examiner.* 1852. *Gaz. hebd.*, 1854. — Cl. Bernard, *Biologie*, 1851, 1852, 1856. 29. *C. R. Ac. sc.*, 1852. — Dastre, *Revue des Deux Mondes*, 1884, 1er août, p. 666. — Dastre et Morat, *Biologie*, 1880. *Arch. de Phys.*, 1881, 1882. Rech. exp. sur le système nerveux vaso-moteur, Masson, Paris, 1884. — Henle, *Wochenschrift f. d. ges. Heilkunde*, 1840, 329, 336. *Allgemeine Anatomie.* Leipzig, 1841, 512, 526. — Hunter, Traité du sang et de l'inflammation, *trad.* Richelot, II, p. 183, 194, 195. — J. Jegorow, *Arch. f. Anat. u. Phys.*, 1892. *Neurol. Centralbl.*, XII. — Johansson, *Arch. f. Anat. u. Phys.*, 1891, 103. Die Reizung der Vaso-motoren nach der Lähmung der cerebro-spinalen Herznerven. — Lépine, *Arbeiten aus der Phys. Anstalt zu Leipzig*, 1870. — *Revue de médecine*, 1896. — Minervini, *Estratto dal Bolletino della Societa di Na. in Napoli*, 1892. — Schiff, *Gaz. hebd.*, 1854. *Recueil mém.*, 1, 248. — Stilling, *Physiol. Untersuchungen über die Spinal irrit.*, Leipzig, 1840, 164. — Vulpian, *C. R. Ac. sc.*, 1873, 20 janvier, 10 mars. *Leçons sur les vaso-moteurs*, 1875. — Waller, *C. R. Ac. sc.*, 1853. — E. H. Weber, *Ber. d. Sächs. Gesell.*, 1836, III, 91.

B. — GÉNÉRALISATION ET SYSTÉMATISATION DES NERFS VASO-MOTEURS.

Le premier des deux faits découverts par Claude Bernard portait en lui-même sa généralisation. Tout le monde comprit dès le début que le grand sympathique dans son ensemble était par nature le nerf moteur proprement dit des vaisseaux (celui qui les contracte quand il est actif). Cette fonction nouvelle du grand sympathique éclipsa toutes les autres qu'on lui connaissait et tendit même à les absorber.

Le second fait, d'une explication plus difficile et d'un mécanisme plus obscur, n'eut pas à beaucoup près le même retentissement, ni la même créance. Et tandis que l'expérimentation apportait tous les jours quelque vérification ou extension nouvelle des nerfs vaso-constricteurs dans le champ du sympathique, la corde du tympan restait un exemple isolé de cette nouvelle espèce de nerfs que Claude Bernard proclamait néanmoins générale comme la première.

Cet auteur proposa la systématisation suivante qui fut acceptée, et dirigea les recherches des névro-physiologistes pendant une vingtaine d'années. Des deux grandes divisions en lesquelles se partage le système nerveux, l'une, le grand sympathique, fournit aux vaisseaux leurs nerfs constricteurs, l'autre, le système cérébro-spinal, leur fournit les nerfs dilatateurs.

ECKARDT découvrit les *nerfs érecteurs*, qui sont, au fond, des nerfs de cette catégorie. LÉPINE vit sur la grenouille que le glosso-pharyngien est dilatateur de la partie postérieure de la langue ; ce

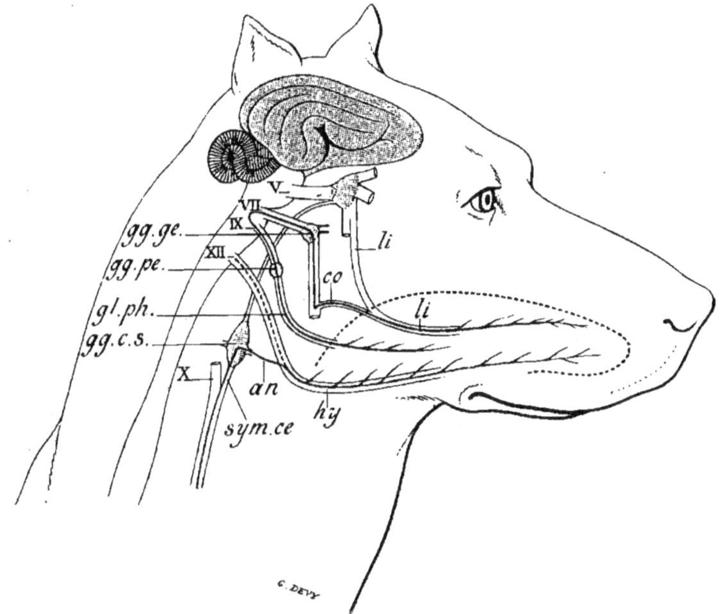

Fig. 102. — *Innervation vaso-motrice de la langue.*

gg.ge, ganglion géniculé du facial (VII), *gg.pe*, ganglion pétreux du glosso-pharyngien (*gl.ph*) ; *gg.c.s*, ganglion sympathique cervical supérieur ; *sym.ce*, sympathique cervical ; *an*, anastomose du ganglion sympathique avec l'hypoglosse *hy* ; *li*, lingual ; *co*, corde du tympan. (Nerfs constricteurs en bleu, dilatateurs en rouge.)

qui fut observé ultérieurement par VULPIAN sur les mammifères. Cet auteur avait d'autre part constaté que la corde tympanique, par quelques-uns de ses rameaux qui suivent le lingual, agit de même sur la région antérieure (fig. 102). JOLYET et LAFFONT voient que le nerf maxillaire supérieur a une action du même genre (vaso-dilatatrice) sur la lèvre supérieure. Ces faits semblaient confirmer la systématisation proposée par CLAUDE BERNARD.

La question en était à ce point, quand DASTRE et MORAT produisirent des expériences, une surtout, qui ruinait cette conception, en même temps qu'elle ouvrait aux recherches un champ nouveau et jusque-là inexploré à l'étude des nerfs vaso-dilatateurs. Frappés du vague de cette doctrine et plus encore des lacunes expérimentales qu'elle laissait subsister, ces physiologistes, à l'encontre de ceux qui les avaient précédés dans cette étude, eurent l'idée de rechercher d'une façon systématique les dilatateurs vasculaires dans le grand sympathique, en se guidant, il est vrai, sur une conception tout autre, soit de ce système particulier, soit du système nerveux en général.

En répétant purement et simplement l'expérience ancienne de Pourfour du Petit et celle de Claude Bernard sur le sympathique cervical du chien ils virent le fait suivant qui, au point de vue particulier de la systématisation des nerfs vaso-moteurs, est fondamental : Si, après l'avoir coupé, on excite le bout supérieur de ce cordon nerveux, on constate :

1° Les effets bien connus énumérés plus haut, à savoir : la dilatation de la pupille, la protraction du globe oculaire, la *constriction des vaisseaux de l'oreille, de la langue, de l'épiglotte, des amygdales, du voile du palais,* en même temps que l'abaissement local de la température.

2° Des effets d'un autre ordre qui avaient passé jusqu'ici inaperçus, savoir : la *dilatation congestive des vaisseaux des lèvres supérieure et inférieure, des gencives, des joues, de la voûte palatine, de la muqueuse nasale, des régions cutanées correspondantes,* en même temps que l'augmentation de la température et du volume de ces parties (fig. 103).

Ainsi les nerfs vaso-dilatateurs ne sont pas exclus du grand sympathique comme on avait paru le croire ; ils y sont au contraire contenus. Ce tronc nerveux n'est pas une simple collection de fibres parallèles d'action semblable pour une fonction donnée ; c'est bien un *système* au sens précis et rigoureux du mot. Mais nous sommes prévenus par là même que lorsque nous agissons sur lui, nous nous attaquons à quelque chose de compliqué au milieu de quoi les effets recherchés ou soupçonnés ne peuvent être dégagés souvent que par une analyse expérimentale bien conduite. En excitant le grand sympathique, soit dans sa partie cervicale, soit partout ailleurs, nous excitons très généralement les vaso-moteurs, c'est-à-dire tout à la fois les constricteurs et les dilatateurs qui correspondent à telle ou telle région vasculaire en particulier. Nous mettons en état d'activité forcément tous les éléments nerveux qui entrent dans sa constitution.

Pour ceux de ces éléments qui gouvernent quelques fonctions, parallèles, sécrétoire ou viscéro-motrice, nous les distinguons par

leurs effets à la fois parallèles et distincts, c'est-à-dire par la localisation de ces effets à des organes différents. Quant à ceux au
contraire qui par le conflit de leur activité gouvernent une seule et

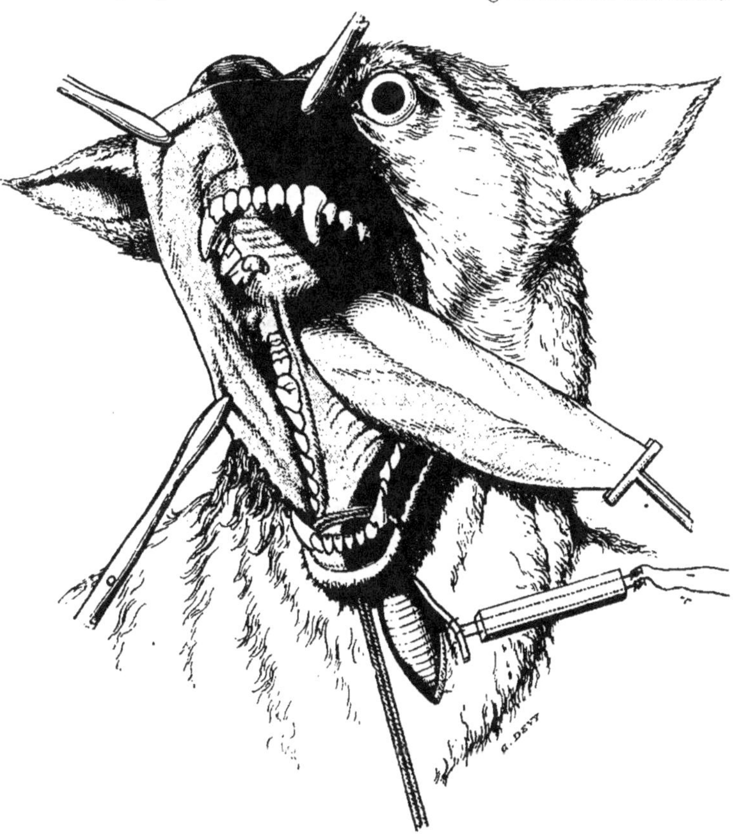

Fig. 103. — *Effets vaso-moteurs (dilatateurs d'une part, constricteurs de l'autre) de
l'excitation du sympathique cervical chez le chien, observés dans la région bucco-
faciale.* (Expérience de DASTRE et MORAT.)

L'excitation porte sur le bout céphalique du tronc commun du vague et du sympathique
au cou. Le vague a été coupé préalablement à la base du crâne pour éliminer les effets
vaso-moteurs qui peuvent lui appartenir. L'excitation peut également être faite sur le
sympathique dans le point où il est séparé du vague, soit au-dessous du ganglion cervical supérieur, soit au niveau de l'anse de Vieussens. — Pâleur de la langue sur la moitié
de celle-ci correspondant au nerf excité (effet constricteur). Vive rougeur des lèvres
et des gencives et de la voûte palatine du même côté (effet dilatateur). — Dilatation de
la pupille et saillie du globe oculaire (effets dits oculo-pupillaires).

même fonction en particulier (soit dans l'espèce la contraction des
vaisseaux) il est clair que leur activité ne peut être décelée par
cette excitation qu'autant qu'elle communique aux uns une activité
qui prime celle qu'elle communique aux autres dans le même

moment. Le bon sens indique en effet qu'un vaisseau ne peut à la fois être dilaté et resserré, qu'il ne peut obéir aux dilatateurs qu'à la condition de ne pas obéir aux constricteurs qui le sollicitent en sens opposé et réciproquement.

Suivant certaines conditions particulières, dont toutes ne nous

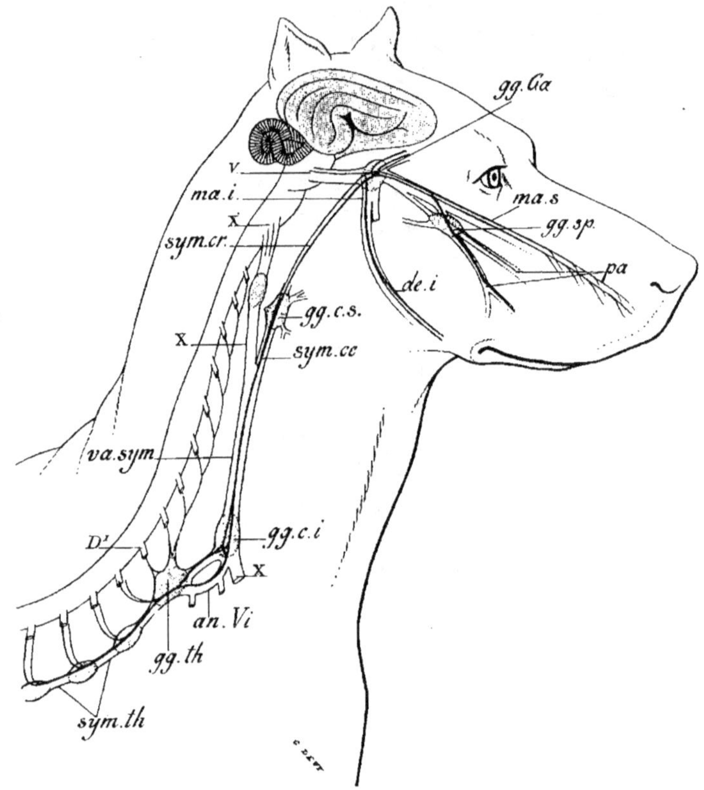

Fig. 104. — *Innervation vaso-motrice de la région bucco-faciale*. (D'après DASTRE et MORAT.

gg.sp, ganglion sphéno-palatin ; *gg.Ga*, ganglion de Gasser ; *gg.c.s*, ganglion cervical supérieur ; *gg.c.i*, ganglion cervical inférieur ; *gg.th*, ganglion premier thoracique ; *ma.s*, nerf maxillaire supérieur ; *pa*, nerfs palatins ; *ma.i*, nerf maxillaire inférieur ; *de.i*, dentaire inférieur ; *sym.ce*, sympathique cervical ; *sym.cr*, son prolongement cranien allant au ganglion de Gasser ; *va.sym*, tronc commun du vague et du sympathique ; *an.Vi*, anse de Vieussens ; *sym.th*, sympathique thoracique avec ses rameaux communicants originaires des paires dorsales ; *V*, origine du trijumeau ; *D'*, première paire dorsale. (Filets constricteurs en bleu, dilatateurs en rouge.)

sont pas exactement connues, tantôt la résultante des deux activités ainsi réveillée par l'excitation du tronc commun qui renferme ces éléments opposés se traduit par l'élargissement des vaisseaux, tantôt par leur resserrement. Elle peut se traduire tout à la fois par leur resserrement et leur dilatation, mais dans des régions distinctes, voire même contiguës, entre lesquelles se partagent les fibres d'un même cordon nerveux ; comme il arrive pour la région bucco-faciale du chien lors de l'excitation du sympathique cervical (fig. 104). La confrontation des résultats divergents de l'activité des deux ordres d'éléments vaso-moteurs rend cette expérience très saisissante et très démonstrative.

Il peut encore se faire qu'entre ces zones très voisines, une zone intermédiaire d'abord indécise apparaisse, surtout au début de l'excitation, montrant par sa présence comment se fait la transition dans le partage et la distribution de ces éléments nerveux opposés par leur fonctionnement (moteurs et inhibiteurs vasculaires).

La loi qui règle ce partage a été recherchée par DASTRE et MORAT, en vérifiant expérimentalement la conception suivante qu'ils se font du système vaso-moteur et du système sympathique en général. *Les éléments constricteurs et dilatateurs (moteurs et inhibiteurs) naissent des centres bulbo-médullaires en nombre sensiblement égal, avec tendance à une prédominance d'activité des dilatateurs à l'origine. Ces derniers se terminent et s'épuisent graduellement le long des relais ganglionnaires situés soit sur la chaîne sympathique, soit sur les branches qui en partent, soit au contact des organes près de leurs terminaisons dernières dans ceux-ci. Plus on se rapproche des origines médullaires, plus les effets dilatateurs prédominent ; plus on se reporte vers la périphérie plus ils s'atténuent et tendent à disparaître et à laisser le champ libre à l'action désormais exclusive des constricteurs.*

Les faits vont se multipliant de jour en jour qui appuient cette manière de voir. L'un des plus nets est celui que les précédents auteurs ont eux-mêmes fait connaître sur le lapin. Chez cet animal l'excitation de la chaîne *thoracique* du grand sympathique (dans sa partie supérieure) fait dilater au maximum les vaisseaux du pavillon de l'oreille : inversement l'excitation de la chaîne *cervicale* fait resserrer ces vaisseaux jusqu'à l'effacement comme l'ont vu CLAUDE BERNARD et BROWN-SÉQUARD. Le point à partir duquel se produit cette inversion si caractéristique est marqué par la présence des ganglions de la base du cou.

Les expériences premières qui avaient antérieurement attiré l'attention sur les nerfs vaso-dilatateurs, montrent les rapports de ces nerfs sous un jour en apparence quelque peu autre. L'inhibition vasculaire qui suit l'excitation de la corde, des nerfs érecteurs et, par assimilation, du vague sur le cœur, semble se consommer à la périphérie et pour beaucoup elle s'y consommerait réellement. En réalité elle ne dépasse pas les masses ganglionnaires qui sont au point de convergence des deux nerfs antagonistes ; c'est de ces masses, véritables noyaux moteurs des vaisseaux, que partent les éléments à proprement parler vaso-moteurs, les fibres sus-jacentes étant assimilables à des fibres dites de projection ou intercentrales qui les relient à des centres hiérarchiquement superposés (MORAT).

L'échelonnement variable ou irrégulier de ces noyaux moteurs depuis la chaîne jusqu'au contact des organes, suivant l'animal ou la région considérée, peut nous expliquer les résultats variables ou contrastants de l'excitation du sympathique donnant lieu chez celui-ci à la constriction et chez celui-là à la dilatation, ou simultanément à ces deux effets dans deux régions voisines comme il en est des exemples.

En somme ces expériences donnent le preuve de ce qu'on avait pu avant elles soupçonner, mais non démontrer : c'est que *l'inhibition est consommée dans le système nerveux*, tantôt plus près, tantôt plus loin des organes, mais toujours à une certaine distance de ceux-ci. Ce que l'on peut encore exprimer de la façon suivante : *Les deux ordres de nerfs vaso-moteurs non seulement sont contenus dans des troncs similaires et souvent dans le même tronc nerveux, mais s'influencent les uns les autres en vue d'une fonction déterminée, ce qui est la caractéristique d'un système.*

C. — CARACTÈRES FONCTIONNELS GÉNÉRAUX DES NERFS VASO-MOTEURS.

Les nerfs vaso-moteurs ont les mêmes caractères fonctionnels généraux que tous les nerfs moteurs sympathiques. Ces caractères sont : *excitabilité apparente moindre que celle des nerfs moteurs squelettiques ; lenteur de la réaction motrice ; valeur considérable du temps de latence et du temps d'accroissement de l'effet moteur ; disparition lente de ces mêmes effets : nécessité de* **sommer** *l'excitation en la répétant, d'où la presque nécessité de l'emploi de courants induits alternatifs.*

On a signalé des différences entre les caractères fonctionnels des constricteurs et ceux des dilatateurs. Toutefois nous ne connaissons pas avec certitude les moyens de mettre en jeu l'excitabilité des uns de ces nerfs à l'exclusion des autres.

Caractères différentiels des dilatateurs. — ANREP et CYBULSKI, *Jahresb. d. Anat. u. Phys.*, 1882. — BERNSTEIN, *Arch. f. d. ges. Phys.*, 1877. — BOWDITCH et WARREN, *Journal of Phys.*, 1886. — BRADFORD, *Journal of Phys.*, 1889. — EDGREN, *Nordiskt. medi. Arkw.*, 1880. — DZIEDZIUL, *Jahresb. d. Anat. u. Phys.*, 1880, 2, p. 68. — KENDALL et LUCHSINGER, *Arch. f. d. ges. Phys.*, 1896. — OSTROUMOFF, *Arch. f. d. ges. Phys.*, 1876. — PIETROWSKI, *Centralbl. f. Phys.*, 1887, 1892. — TIGERSTEDT, *Lehrb. d. Kreisl.*, 1893, p. 500.

Action de la température sur les vaisseaux. — Athanasiu et Carvallo, *Arch. de Phys.*, 1897 (inj. dans les vaisseaux). — Sarah Amitin, *Zeitschrift. f. Biolog.*, XXXV, 1897. — Breitenstein, *Arch. f. exp. Pa. u. Ph.*, XXXVII (bains chauds). — Bunzel, *Arch. exp. Pa. u. Ph.*, XXXVII. — Gärtner, *Wiener med. Wochenschr.*, 1884. Heft. 1, 43. — Grünhagen, *Centralbl. f. Phys.*, 1893, VI, n° 10. — Lui, *Arch. it. biol.*, XX, 1894. — Knoll, *Arch. f. exp. Path,*, XXXVI, 3/4, 293. — Magendie, Des phéno-mènes physiques de la vie, III, 221, 239. Injections dans les veines. — Marey, *Circ. du sang*, Paris, 1ʳᵉ éd., 1863, p. 318. — Mosso, *Arch. it. biol.*, XII, 346. — Pietrowsky, *Centralbl. f. Phys.*, 1893, VII, n° 8. — Stefani, *Arch. it. biol.*, XXI, p. 248, 416 ; XXIV, 414.

D. — MÉCANISME DE L'ACTION DES VASO-MOTEURS.

L'action des nerfs ***vaso-constricteurs*** se comprend d'elle-même. Ces nerfs commandent à des muscles annulaires qui étreignent les vaisseaux et empêchent le sang de circuler dans leur intérieur.

L'action des nerfs ***vaso-dilatateurs*** est plus difficile à interpréter. On ne connaît pas en effet de muscles disposés de telle sorte que leur contraction puisse élargir les vaisseaux. C'est donc par un tout autre mécanisme que ces derniers nerfs modifient le calibre des vaisseaux et le cours du sang dans leur intérieur. La dilatation des artères ne peut s'expliquer que par le relâchement des muscles circulaires de la paroi artérielle, puisque seuls ces muscles existent. L'activité du nerf dilatateur est comparable à celle des vagues sur le cœur. La vaso-dilatation se rattache ainsi, comme il a été dit, à cette catégorie d'effets connus sous le nom d'***actions d'arrêt, d'inhibition***, d'***actions suspensives ou modératrices***.

Qu'il s'agisse des vaisseaux ou du cœur la nature du phénomène nous est inconnue. Pour fixer les idées, Claude Bernard a invoqué une comparaison très heureuse. Il rappelle que des ondes lumi-neuses ayant des périodes contraires peuvent s'annuler en quelque sorte. L'action inhibitrice des nerfs serait comparable à ce phéno-mène d'***interférence*** physique. On suppose que dans l'état de repos le nerf constricteur conduit au muscle une excitation soutenue moyenne (tonus nerveux) qui entretient cet organe dans un état de contraction modérée (état tonique du muscle). Si l'on excite les nerfs constricteurs les excitations motrices sont augmentées en nombre ou en intensité ; le tonus musculaire s'exagère ; le phéno-mène aboutit à la contraction vraie. L'excitation du nerf dilatateur agirait en arrêtant les excitations qui parviennent au muscle vascu-laire par l'intermédiaire des nerfs constricteurs. Or le protoplasma différencié ou non ne manifeste son activité propre que s'il est excité ou irrité. C'est une loi générale en biologie bien mise en évidence par C. Bernard. Si donc les muscles vasculaires ne re-çoivent plus d'excitations motrices, ils se relâchent. Dans ces con-ditions, comme l'ont fait remarquer Dastre et Morat, il n'est donc pas absolument exact de dire que les nerfs dilatateurs dilatent les vaisseaux. *Ces nerfs provoquent simplement le relâchement des parois vasculaires qui se dilatent alors passivement sous la poussée du sang.*

Surdilatation. — Les vaisseaux sous l'influence de l'activité des nerfs dilatateurs *se relâchent plus même qu'ils ne le sont pendant leur période de repos apparent.* Dastre et Morat ont caractérisé cet état en disant que les vaisseaux sont en surdilatation. Le parallèle entre l'action des dilatateurs sur les vaisseaux et celle du vague sur le cœur se poursuit même à ce point de vue. En effet, l'excitation du vague non seulement arrête le cœur, mais provoque un relâchement de cet organe plus accentué que celui qui existe pendant la diastole normale du cœur (action antitonique des vagues).

Si l'on excite un nerf constricteur, il arrive souvent que l'effet initial est dépassé en sens inverse, de sorte qu'à la constriction provoquée par l'excitation succède une dilatation qui doit être rapportée à un effet de fatigue ou d'épuisement de l'appareil vaso-moteur. Il est probable que le phénomène dépend de ce que les excitations employées par les physiologistes sont des agents relativement grossiers qui ne ménagent pas au même degré que l'agent nerveux physiologique l'excitabilité des nerfs (Morat, *Province médicale*, 1888). (Voyez : tracé p. 209.)

E. — CENTRES VASO-MOTEURS FONCTIONNELS.

Les mouvements des vaisseaux comme ceux de la plupart des organes de la vie de nutrition se font sans participation de la volonté, ils sont de nature réflexe, c'est-à-dire déterminés par des excitations qui leur viennent de la périphérie par la voie des nerfs sensitifs. L'excitation est réfléchie au niveau des points du système nerveux où les vaso-moteurs prennent contact avec les neurones sensitifs. Ces régions du système nerveux prennent le nom de **centres vaso-moteurs.** Ces centres ont la propriété de tous les centres nerveux fonctionnels, limités à une action sur le muscle vasculaire. Ils recueillent les excitations soit pour les mettre en réserve, soit pour les transformer. La transformation aboutit à un mouvement ou à un phénomène d'arrêt.

1. **La moelle envisagée comme centre vaso-moteur.** — La moelle dans son ensemble et chaque segment transversal de cet organe possède les propriétés d'un centre vaso-moteur, le contact de deux neurones créant de par lui même des conditions suffisantes pour que l'excitation soit modifiée. L'ablation de la moelle diminue, au moins pour un temps, considérablement le tonus vasculaire On a la preuve de ce fait dans l'abaissement considérable de la pression artérielle consécutif à cette opération. Les choses se passent comme si la moelle avait la propriété de constituer une provision d'excitations et de les envoyer continuellement aux vaisseaux de façon à

maintenir ces derniers d'une manière permanente dans un état de demi-contraction. On exprime cette propriété en disant que la moelle exerce un **pouvoir tonique** sur les muscles des vaisseaux.

La moelle a aussi le pouvoir **de modifier les excitations et de les réfléchir sur les vaisseaux**. Toutes les régions de l'organisme ne se prêtent pas également bien à cette démonstration. Il est néanmoins quelques exemples bien connus qu'il suffit de rappeler :

Lorsque après avoir placé un manomètre dans une grosse artère on excite le bout central d'une racine sensitive ou plus simplement d'un nerf sensitif, on voit la pression générale s'élever sensiblement (Magendie, C. Bernard). Dans cette élévation de pression interviennent divers facteurs, mais le plus important est évidem-

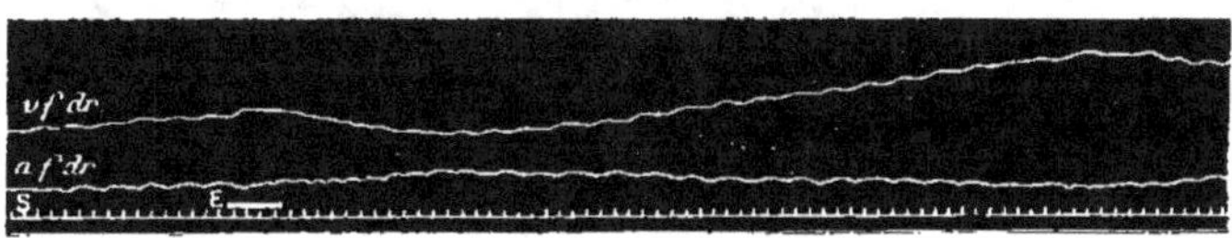

Fig. 105. — *Effets de l'excitation du nerf crural sur les pressions artérielle et veineuse*

Expérience sur le chien ; E, excitation du nerf crural gauche ; *v.f.dr*, *a.f.dr*, pression prise dans la veine fémorale et dans l'artère fémorale du côté droit par l'intermédiaire de canules en T (d'après Morat).

ment la contraction des vaisseaux qui, pressan de toute part sur le sang, le refoule dans le manomètre et soulève la colonne de mercure (fig. 105).

Si l'on plonge une main dans de l'eau très froide, un thermomètre tenu de l'autre main indique bientôt un abaissement notable de la température.

On a longtemps concédé à la moelle le **pouvoir d'arrêter au passage les excitations** qui sont portées aux vaisseaux par les nerfs constricteurs et de produire la dilatation vasculaire. On en citait les exemples suivants :

Si on excite chez le lapin un rameau des nerfs pneumogastriques

Fig. 106. — *Excitation du dépresseur chez le lapin. ac, vc* ; art. vein. crurales (Morat).

(nerf dépresseur) on voit la pression artérielle baisser (Ludwig et Cyon) (fig. 106). Les facteurs qui interviennent dans la production de ce phénomène de dépression sont multiples, mais la part principale revient à la dilatation d'un grand nombre de vaisseaux, notamment ceux de l'intestin (Voy. p. 104).

L'excitation du bout central du nerf auriculaire du plexus cervical détermine soit la constriction, soit la dilatation des vaisseaux de l'oreille, suivant l'intensité du courant excitateur.

L'excitation du bout central du nerf dorsal du pied amène la dilatation de l'artère saphène (LOVÉN).

L'excitation du bout central des vagues ou de ses rameaux pulmonaires détermine la congestion des vaisseaux d'une grande partie de la face, lèvres, joues, muqueuses nasale et palatine (DASTRE et

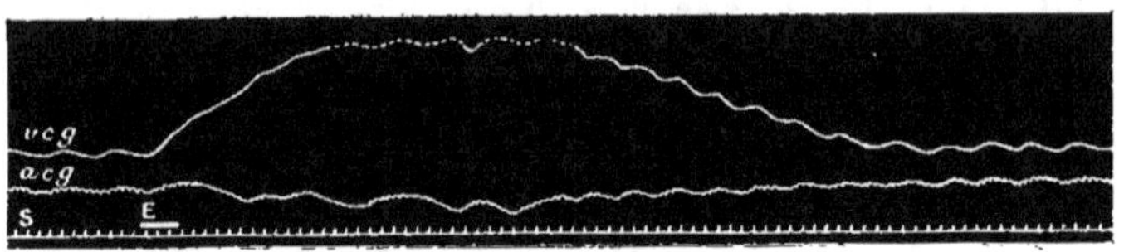

Fig. 107. — *Effets de l'excitation du nerf crural sur les pressions artérielle et veineuse.*

Expérience sur un chien dont la moelle avait été coupée au niveau de la septième vertèbre cervicale ; E, excitation du nerf crural droit ; *v.c.g*, pression dans la veine crurale gauche ; *a.c.g*, pression dans l'artère crurale gauche ; canules en T. (d'après MORAT).

MORAT). C'est probablement à ce mécanisme qu'est due la rougeur des joues dans les pneumonies et les affections tuberculeuses du poumon.

La vaso-dilatation de l'oreille et de la face peut être obtenue par l'excitation de certains nerfs sensitifs cutanés.

Dans tous ces exemples l'excitation fournie au système nerveux, s'adressant à un nerf sensitif, passe nécessairement par les centres bulbo-médullaires (dans l'espèce par la moelle) et elle aboutit à une inhibition vasculaire. Mais où se fait l'inhibition ? Est-ce dans la moelle elle-même ? On l'a cru autant de temps que l'on a ignoré les nerfs dilatateurs (spécialement inhibiteurs des vaisseaux), mais depuis que leur existence générale n'est plus mise en doute l'explication de ces faits s'est un peu modifiée. Dans la moelle elle-même, au point de contact du nerf centripète et du nerf centrifuge il y a simple réflexion, sans arrêt de l'excitation, mais partant sans inhibition. Du centre médullaire l'excitation descend dans un centre ganglionnaire, et c'est là que grâce à la forme particulière qu'elle affecte à l'égard des fibres qui relient ce ganglion aux vaisseaux, elle donne lieu au phénomène de dilatation, d'arrêt.

L'inhibition est donc ganglionnaire quant à son siège d'une façon certaine. Si elle est médullaire pour une part, c'est un effet qui nous échappe et que nous ne savons pas démêler pour le moment.

MORAT et DOYON. — Physiologie.   III-13

Centres vaso-moteurs bulbaires. — La section du bulbe provoque la dilatation de tous les vaisseaux du corps. En effet, sur un chien qui a subi cette opération et dont la vie est entretenue par la respiration artificielle, la pression baisse considérablement dans les artères en même temps que la vitesse du sang augmente dans ces vaisseaux. Anciennement, ces faits étaient expliqués par l'existence dans le bulbe d'un centre vaso-moteur unique (Schiff). Il est possible qu'il y ait au niveau du bulbe un centre supérieur pouvant commander aux centres médullaires échelonnés au-dessous. Tout ce que l'on peut affirmer toutefois, c'est que les lésions du bulbe provoquent *temporairement* l'inhibition de l'ensemble des centres sous-jacents (paralysie des membres, arrêt de la respiration, vaso-dilatation généralisée, etc.).

II. Les ganglions sympathiques envisagés comme centres vaso-moteurs.

— Les ganglions sympathiques sont des centres vaso-moteurs qui jouent par rapport aux vaisseaux un rôle analogue à celui qui est dévolu aux ganglions du cœur. Ce sont les centres immédiats des organes placés sous la dépendance du grand sympathique. Les centres bulbo-médullaires représentent des centres éloignés, hiérarchiquement superposés aux précédents.

Le *pouvoir tonique* des ganglions ressort des faits suivants :

a. Après la section de tous les nerfs de l'oreille sur le chien, cet organe présente une rougeur d'une intensité moyenne. Si alors on enlève le ganglion cervical supérieur de côté correspondant, l'oreille se colore avec une intensité sensiblement plus grande (Morat).

b. Les chiens auxquels on a enlevé la presque totalité de la moelle et qui ont survécu à cette opération récupèrent au bout de quelques mois le pouvoir de régler leur température interne. Le tonus vasculaire est à ce moment rétabli chez ces animaux (Goltz et Ewald).

L'*action réflexe* des ganglions sympathiques, prouvée déjà par Claude Bernard pour le ganglion de la sous-maxillaire, a été confirmée sur le terrain des vaso-moteurs. François Frank a montré que l'excitation centripète d'un filet cardio-

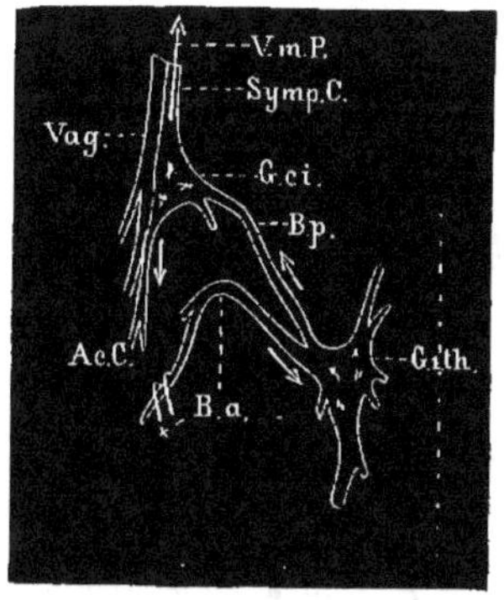

Fig. 108. — *Fonctions réflexes du ganglion thoracique supérieur.*

L'excitation centripète de la branche antérieure gauche de l'anneau de Vieussens (*B.a*) se transforme dans le ganglion premier thoracique (*G.1.th*) isolé des centres en une excitation motrice transmise par la branche postérieure de l'anneau (*B.p*). Elle provoque, indépendamment des centres bulbo-médullaires, l'augmentation réflexe de l'action du cœur (*Ac.C.*), la constriction réflexe des vaisseaux du pavillon de l'oreille, de la glande sous-maxillaire et de la muqueuse nasale, et la dilatation de la pupille du côté correspondant *V.m.P* ; *G.c.i*, ganglion cervical inférieur ; *Vag*, vague ; *Symp.C*, sympathique cervical. Exp. sur un chien curarisé (Fr. Franck).

pulmonaire du ganglion thoracique supérieur du chien, bien isolé des centres supérieurs médullaires et des ganglions de la chaîne située au-dessous, provoque, en outre de la dilatation unilatérale de la pupille, du côté correspondant : l'accélération avec renforcement de l'action du cœur, la constriction des vaisseaux de l'oreille, de la glande sous-maxillaire et de la muqueuse nasale du même côté (fig. 108).

Le *pouvoir inhibiteur* des ganglions résulte de ce fait que l'excitation d'un même cordon. nerveux donne lieu à des effets vaso-moteurs *inverses* suivant qu'elle est pratiquée en *amont* ou en *aval* des *ganglions* situés sur son trajet. (Dastre et Morat.)

Expérience. — Le sympathique d'un lapin est préparé dans la région thoracique. On ramasse ensemble tous les filets d'origine au point où ils convergent vers le premier ganglion thoracique. On les soulève sur les électrodes d'un appareil à induction.

L'effet de l'excitation est à peu près invariablement une dilatation considérable des vaisseaux de l'oreille (Dastre et Morat).

Au contraire, quand on s'adresse au cordon cervical l'effet est en règle générale une constriction des mêmes vaisseaux.

Le pouvoir réflexe et inhibiteur des ganglions n'a pu encore être mis en évidence que pour un petit nombre de ceux-ci, mais il est probable qu'il s'agit d'une propriété commune à tous.

Centres trophiques des vaso-moteurs. — 1. — Le sympathique reçoit des fibres vaso-motrices de l'axe cérébro-spinal par l'intermédiaire des *rami-communicantes* qui représentent des anastomoses répétées tout le long de la chaine entre le grand sympathique et les autres nerfs de l'économie. Les centres trophiques de ces fibres vaso-motrices sont situés dans la moelle. En effet, la section des *rami-communicantes* entraine la dégénérescence d'un certain nombre de fibres nerveuses dans le bout périphérique du nerf et la disparition des effets vaso-moteurs consécutifs à l'excitation de ce tronc nerveux (Waller).

Les vaso-moteurs abandonnent la moelle, pour la plupart, par les racines antérieures. Quelques-uns suivent cependant la voie des racines postérieures, particulièrement au niveau de la région sacrée. Stricker montra le premier que l'excitation mécanique ou électrique du bout périphérique des racines postérieures du sciatique (sixième et septième lombaire et première sacrée) est, dans certaines conditions, suivie d'élévation de la température dans le territoire de ce nerf. Morat reprit l'étude de cette question et confirma les expériences de Stricker au moyen d'une méthode plus précise : la constatation *de visu* de la vaso-dilatation. Il montra de plus que les fonctions de ces nerfs sont modifiées par la dégénérescence qui suit la séparation du centre trophique, prouvant définitivement que ce centre trophique situé dans la moelle singularise par cela même les fibres vaso-motrices de la racine postérieure au milieu de celles qui ont leur centre trophique placé dans le ganglion spinal. La dégénérescence des fibres vaso-motrices est très lente. Elle peut manquer cinquante jours après la section et se montrer partiellement après soixante-quatre jours (Morat).

De la chaine du sympathique, les fibres vaso-motrices vont aux vaisseaux des organes, soit directement en suivant les branches du sympathique, soit indirectement en remontant de nouveau les rami-communicantes dans un sens inverse du premier pour retrouver les troncs mixtes et suivre leur trajet jusqu'à la périphérie. Quelques fibres remontent jusqu'aux enveloppes de la moelle.

L'origine des vaso-moteurs est échelonnée sur toute la longueur de l'axe cérébro-spinal. Le plus grand nombre des vaso-moteurs prend naissance au niveau de la *région dorsale de la moelle* (fig. 109). Il est à remarquer à ce sujet que pour une région donnée, les nerfs moteurs et les nerfs vaso-moteurs naissent en général dans des points relativement fort éloignés de l'axe gris encéphalo-médullaire. Ainsi, les nerfs moteurs de la tête proviennent du bulbe et les nerfs vaso-moteurs de cette partie du corps naissent en majorité de la région cervico-thoracique, autrement dit beaucoup plus bas que les premiers. Les nerfs moteurs de la jambe proviennent de la région sacrée. Les vaso-moteurs de cette région ont leur origine principale dans la région dorso-lombaire de la moelle. Le *bulbe* et le *renflement lombaire* forment des points de renforcement importants. Dans le bulbe, les nerfs vaso-moteurs émergent au niveau des origines des nerfs craniens (corde, trijumeau, vague) et suivent le trajet de ces nerfs. Au niveau du renflement lombaire, les *nerfs érecteurs* qui sont des nerfs dilatateurs suivent dès le début le trajet des racines sacrées.

II. — Beaucoup de fibres vaso-motrices ont leur centre trophique dans les *ganglions* situés soit le long de la chaine du sympathique, soit à la périphérie. La preuve de ce fait a été donnée par WALLER, mais surtout plus récemment par MORAT, à l'aide de la méthode des dégénérescences. WALLER coupa le cordon du sympathique et examina le nerf au delà du ganglion. Il constata la présence de fibres dégénérées au delà du ganglion. MORAT a montré qu'une partie des nerfs vaso-constricteurs de la langue contenus dans l'hypoglosse ont leur centre trophique dans le ganglion cervical supérieur. Les autres fibres proviennent de la moelle (fig. 102). En effet, dans les conditions normales sur le chien, la vaso-constriction de la langue est provoquée soit par l'excitation de l'hypoglosse, soit par celle du cordon sympathique cervical. Or, si on sectionne le sympathique au cou et si on attend le temps nécessaire pour que ce nerf dégénère, l'excitation de ce tronc nerveux ne provoque plus la pâleur de

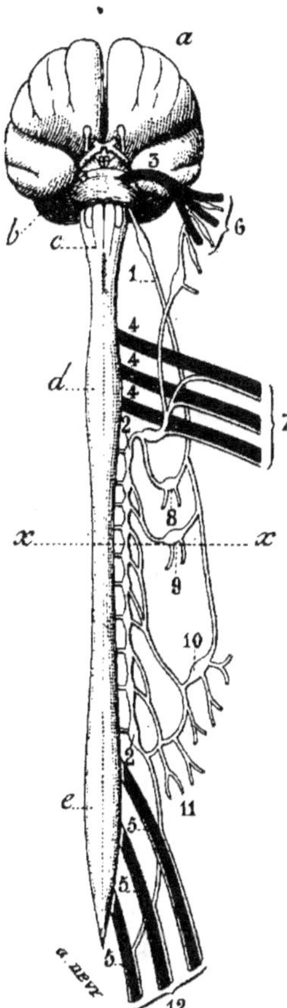

Fig. 109. — *Schéma destiné à montrer par l'exemple des nerfs les plus caractérisés la disposition d'ensemble des deux systèmes nerveux (de la vie animale et de la vie végétative), leurs principaux lieux d'origine dans les centres et les points de renforcement de ces origines dans la moelle et dans le bulbe* (d'après MORAT; figure empruntée au *Traité d'anatomie* de TESTUT).

Les nerfs de la vie animale (*en rouge*) sont représentés par le trijumeau, le plexus brachial et le plexus lombo-

la langue, alors que l'excitation de l'hypoglosse est toujours suivie d'un effet positif. Les nerfs vaso-moteurs contenus dans l'hypoglosse ont leur centre trophique dans le ganglion cervical supérieur et non pas dans le bulbe. En effet, si on enlève ce ganglion et si on attend quelques jours, l'excitation du nerf hypoglosse devient à son tour négative. Autre exemple : Après la section intra-cranienne du facial chez le chien, la plus grande partie des fibres vaso-motrices dégénèrent au bout de six à vingt-six jours. Cependant, si on excite la corde, on provoque encore une légère vaso-dilatation de la glande. Évidemment, le ganglion géniculé doit être considéré comme un centre trophique pour ces fibres (MORAT).

Effets vaso-moteurs des excitations du cerveau. — LÉPINE le premier a constaté que l'excitation du gyrus sigmoïde chez le chien provoque des effets vaso-moteurs.

Ces phénomènes coexistent habituellement avec des attaques d'épilepsie, mais ils sont indépendants des convulsions, car ces dernières peuvent être supprimées par le curare sans que les troubles circulatoires cessent de se produire (FRANÇOIS FRANCK).

Le premier effet vaso-moteur observé paraît être le plus généralement une *constriction généralisée* suivie après l'attaque d'une réaction inverse des vaisseaux. Cette *vaso-dilatation consécutive* avait exclusivement attiré l'attention des premiers expérimentateurs. Il ne faut pas s'en étonner, car d'une part pour bien se rendre compte de la succession des effets vaso-moteurs, il faut utiliser les procédés de la méthode graphique (encore peu répandus à l'époque des premiers travaux sur ce sujet) et d'autre part la vaso-dilatation est généralement plus marquée et plus persistante que la constriction.

On n'a pas réussi à délimiter des centres vaso-moteurs correspondant aux centres dits moteurs des membres.

La nature des points de l'écorce dont l'excitation provoque des effets vaso-moteurs n'est pas élucidée. On admet le plus généralement que l'écorce joue le rôle de point de départ de réactions vaso-motrices comme le ferait une surface sensible.

L'indépendance des effets cardiaques et vasculaires se déduit d'une série de preuves. C'est ainsi que la pression artérielle peut s'élever malgré le ralentissement du cœur ou en l'absence de tout effet cardiaque (après la section des vagues ou l'empoisonnement de l'animal par l'atropine). La comparaison entre la pression directe et la pression récurrente dans une même artère, l'opposition des courbes de la pression artérielle et des changements de volume d'un organe apportent des arguments plus décisifs encore à l'appui de cette distinction (FR. FRANCK).

Influence de la suggestion. — ARLOING, dans le service de PONCET, à Lyon, a observé une femme hystérique présentant nettement des troubles vaso-

---

sacré. Les nerfs de la vie végétative (*en blanc*) sont représentés par le pneumogastrique et le grand sympathique. — *a*, cerveau; *b*, cervelet; *c*, bulbe rachidien; *d*, renflement cervical de la moelle; *e*, renflement dorso-lombaire; 1, nerf pneumogastrique; 2, chaîne du sympathique avec ses racines spinales ; 3, nerf trijumeau; 4, branches constitutives du plexus brachial; 5, branches constitutives du plexus lombo-sacré; 6, nerfs de la face; 7, nerfs du membre supérieur; 8, nerfs du cœur (plexus cardiaque); 9, nerfs des poumons (plexus pulmonaire); 10, nerfs des organes abdominaux (plexus solaire); 11, nerfs des organes du petit bassin (plexus lombo-aortique); 12, nerfs du membre inférieur. — La ligne ponctuée *xx* indique la limite séparative des origines des nerfs sympathiques du membre supérieur et de ceux du membre inférieur.

moteurs sous l'influence de la suggestion. La malade était herboriste et très intelligente. Elle connaissait un peu d'anatomie et la signification du mot vaso-moteur. Elle présentait tous les stigmates classiques de l'hystérie. Si on plaçait un thermomètre dans chaque main du sujet et si on lui suggestionnait qu'une de ses mains se glaçait, la malade affirmait ressentir une sensation de refroidissement et voir sa main pâlir. De fait, le thermomètre baissait du côté correspondant. Consulter aussi : Action vaso-motrice de la suggestion chez les hystériques hypnotisables. — DUMONTPALLIER, *Biologie*, 1885, 434.

BIBLIOGRAPHIE.

Centres vaso-moteurs bulbaires. — BROWN-SEQUARD, *J. de la Phys. de l'homme et des an.*, I, 1858, 209. — CYON, *anal. in Centralblatt*, 1871, 407. — DITTMAR, *Berichte der Sächs. Gesell.*, 1870. — *Phys. Anst.*, Leipzig, 1873. — LIÉGEOIS, *Biologie*, 1862, 71. — OWJANNIKOW, *Arbeiten aus der phys.. Anst. zu Leipzig*, 1871, 21. — VULPIAN, *Leçons sur les vaso-moteurs*, I, 208, 261, 266, 285.

Centres médullaires. — ADUCCO, *Arch. it. biol.*, 1890, XIV. — BOCHEFONTAINE, *Arch. de Phys.*, 1876. — BROWN-SÉQUARD, *Journal de la Phys.*, I, 1858, p. 209. — COUZOT, *Ac. roy. de méd. belge*, 1897. — GOLTZ, *Arch. f. path. Anat.*, 1864. *Arch. f. d. ges. Phys.*, 1874, 1875. — HALLION et COMTE, *Arch. de Phys.*, 1895. — KABIERSKI, *Arch. f. d. ges. Phys.*, 1877. — NUSSBAUM, *Arch. f. d. ges. Phys.*, 1875. — USTIMOWITSCH, *Arch. f. Anat. u. Phys.*, 1887. — SCHLESINGER, *Med. Jahrb.*, 1874. — SMIRNOW, *Centralbl. f. d. med. Wiss.*, 1886. — STRICKER, *Med. Jahrb.*, 1878, 1886.

Sur les réflexes vaso-moteurs bulbo-médullaires dans quelques maladies nerveuses. — GLEY, *Biologie*, 1889, 110. *Arch. de Phys.*, 1894, 714. — GOLTZ, *Arch. f. d. ges. Phys.*, 1874, IX, 189. — GOLTZ et EWALD, *Arch. f. d. ges. Phys.*, 1896. — MARAGLIANO et LUSONA, *Arch. it. biol.*, XI, 1891, 195, 246. — W. ROSCHANSKY, *Centralbl. f. med. Wiss.*, 1889. — QUEIROLO, *Arch. it. biol.*, V, 1884, 224. — SMIRNOW, *Centralbl. f. med. Wiss.*, 1886. — STRICKER, *Wiener med. Jahrb.*, 1881. — E. THAYER et J. PAL, *Wiener med. Jahrb.*, 1888. — VULPIAN, *Leçons sur les vaso-moteurs*, I, 1875, 197, 286. — WERTHEIMER, *Arch. de Phys.*, 1889, 388.

Réflexes vasculaires. — ASP, *Arb. aus der phys. Anst. zu Leipzig*, 1867. — CL. BERNARD, *Syst. nerveux*, I, p. 271 et suivantes. — BROWN-SÉQUARD, *Journal de Brown-Séquard*, I, 1858, 502, 505. — BESSON, *thèse Lyon*, 1892 (révulsifs). — BROWN-SÉQUARD et LOMBARD, *Arch. de Phys.*, 1868, p. 688. — CALLENFELS, *Zeitsch. f. ration. Med.*, 1855, VII, 121. — DASTRE et MORAT, *Biologie*, 1881. *C. R. Ac. sc.*, XCV, 1882. *S. nerveux vaso-moteur*. MASSON, 1884. — FR. FRANCK, *Trav. lab. Marey*, 1876. — HEIDENHAIN et GRÜTZNER, *Arch. f. d. ges. Phys.*, 1877. — HUNT, *Journal of Phys.*, XVIII. — LAISCHENBEROER et DEAHNA, *Arch. f. d. ges. Phys.*, 1876. — LOVÉN, *Arch. f. d. ges. Phys.*, 1882. — MOSSO, *Circolazione nel cervello del l'uomo*, p. 47. — NAUMANN, *Arch. f. d. ges. Phys.*, 1872.

OWJANNIKOW et TSCHIRIEW, *analy. in Arch. de Phys.*, 1873, 90. — PUTZEYS, *Bull. Ac. belge*, 1874. — RANVIER, *C. R. Ac. sc.*, 1893. — SNELLEN, *Arch. f. d. Holland. Beiträge*, 1858. — THOLOZAN et BROWN-SÉQUARD, *Biologie*, 1851. — TSCHIRWINSKI, *Centr. Phys.*, IX, 65, dépresseur. — TIGERSTEDT, *Lehrbuch des Kreisl.*, 1893, p. 516. — VAQUEZ, *Phlébite traumatique de la jambe droite. Œdème réflexe de la jambe gauche. Biologie*, 1893, p. 167. — VULPIAN, *Leçons sur les vaso-moteurs*, I, p. 331 et suivantes. — WALLER, *Proceedings of. Roy. Soc.*, 1862. — WERTHEIMER, *C. R. Ac. sc.*, CXVI, p. 595 (action du froid sur la circ. viscérale). *Arch. de Phys.*, VI, 3, 724 (infl. de la réfrigération de la peau sur la circ. des membres). Réflexes à point de départ **pulmonaire** : DASTRE et MORAT, *Biologie*, 1881. — GUBLER, *Bull. Soc. méd. des hôp.*, 1857, n° 6. — LÉPINE, *Biologie*, 1867, 134, *Mémoire*; 1869, 347.

Centres trophiques des nerfs vaso-moteurs. — BONNE, *Thèse Lyon*, 1897. — MORAT, *C. R. Ac. sc.*, 1897. — VULPIAN, *Leçons sur les vaso-moteurs*, 1875, I, p. 186.

Trajet des vaso-moteurs à travers les racines rachidiennes. — ADUCCO, *Arch. it. biol.*, XIV, 1891, 373. — W. M. BAYLISS et J. R. BRADFORD, *J. of Phys.*, XVI, 1|2, 10. — BONNE, *Thèse*, Lyon, 1897, 39. — BONUZZI, *Wiener med. Jahrb.*, 1885, 473. — COSSY, *Arch. de Phys.*, 1876. — DASTRE, *Revue des sc. médicales*, 1878, XII, 296. — DASTRE et MORAT, *Syst. nerv. vaso-moteur*, 1884, 327. — GÄRTNER, *Congrès de Bâle*, 1889. *C. R. Ac. sc.*, Vienne, 1890. — HASTERLICK et A. BIEDE, *Wiener kl. Wochensch.*, 1893. — LANGLEY, *J. of Phys.*, XII. — MORAT, *Arch. de Phys.*, 1890, 473; 1892, 689. *C. R. Ac. sc.*, CXIV, p. 1499 et 1812. — STRICKER, *Sitzungsb. d. Wiener Akad. d. Wiss.*, 1876.

Anzeiger des K. K. Gesellsch. der Aertze in Wien, 8 nov. 1877. — Verziloff, *Centralbl. f. Phys.*, 1896. — Vulpian, *Arch. de Phys.*, 1878. — H. Waters, *J. of Phys.*, VI.

A propos du trajet des vaso-moteurs dans la moelle. Consulter : B.-Séquard, *Journ. de la Phys.*, 1, p. 213. — Nicolaïdes, *Arch. f. Anat. u. Phys.*, 1882. — Vulpian, *Leçons sur les vaso-mot.*. I, 201.

Action tonique des ganglions sympathiques sur les vaisseaux. — Dastre, *Biologie*. 1891, p. 879. *Arch. de Phys.*, 1892, 170. — Dastre et Morat, Le syst. nerv. vaso-mot.. Masson, 1884, 4° mémoire. — Fr. Franck, *Biologie*, 1879, 247. *Arch. de Phys.*, 1894. — Gergens et Werber, *Arch. f. d. ges. Phys.*, 1876. — Goltz, *Arch. f. d. ges. Phys.*, 1875. — Goltz et Ewald, *Arch. f. d. ges. Phys.*, 1896. — Langendorff, *Centralbl. f. Phys.*, 1891, V, 129. — Langley et Anderson, *Journal of Phys.*, 1894. — Langley et Dickinson, *Journal of Phys.*, XI. 123, 205, 509. *Proceedings of Royal Soc.*, XLVI, 423, XLVII, 379. — Morat, *Arch. de Phys.*, 1889. — Roschansky, *Centralbl. f. med. Wiss.*, 1889. — Ustimowitsch, *Arch. f. Anat. u. Phys.*, 1887. — Vulpian, *Arch. de Phys.*, 1874, 177. *Leçons sur les vaso-moteurs*, I, 813.

Pouvoir réflexe sur les vaisseaux. — Fr. Franck, *Arch. de Phys.*, 1894. — Roschansky, *Centralbl. f. med. Wiss.*, 1889.

Pouvoir inhibiteur. — Dastre et Morat, Syst. nerv. vaso-mot., 1884, p. 209. *C. R. Ac. sc.*, 1882.

Recherches sur les actions vaso-motrices de provenance périphérique. — Gley, *Arch. de Phys.*, 1894, 702. — Wertheimer, *Arch. de Phys.*, 1891.

Centres vaso-moteurs cérébraux. — Bechterew et Mislawsky, *Neurol. Centralbl.*, 1886. — Bochefontaine, *Biologie*, 1875, 387. *Arch. Phys.*, 1883, 876. — Brown Séquard, *Biol.*, 1875 (poumon, thymus, rate). (Exc. base.). — Budge, *Arch. f. d. ges. Phys.*, 1872. — Danilewsky, *Arch. f. d. ges. Phys.*, 1875. — Eckardt, *Beitr. zur Anat. u. Phys.*, 1873. — Eulenburg et Landois, *Centralbl.*, 1876, 260. — Fr. Franck, *Biologie*, 1888, p. 32; mémoire. Leçons sur les fonctions motrices du cerveau, 1887, Doin. — Feniberg, *Zeitsch. f. klin. Med.*, VII, 282, 1883. Réaction des centres vaso-moteurs du cerveau sous l'influence de courants appliqués sur le crâne. — Lépine, *Biologie*, 1875, 230. — *Revue de médecine*, 1886, 283. — Lépine, Bochefontaine et Tridon, *Biologie*, 1875, 230. — Richet, *Str. d. circ. cer.*, Thèse agrég. Paris, 1877. — Stricker, *Wiener med. Jahrb.*, 1886. — Tscherevkoff, *Recueil phys. de W. et A. Danilewsky*, 1891.

F. — PHÉNOMÈNES PLACÉS SOUS LA DÉPENDANCE DES NERFS VASO-MOTEURS.

Nous distinguerons les phénomènes placés directement sous la dépendance des nerfs vaso-moteurs et ceux placés indirectement sous cette influence.

I. Phénomènes placés sous la dépendance directe des nerfs vaso-moteurs. — Les nerfs vaso-moteurs, par l'intermédiaire de la contractilité des artères, règlent directement la répartition de la pression dans le système circulatoire, et par cela même l'afflux de sang qui parvient aux organes.

1° Régulation de la répartition de la pression. — La progression du sang se fait d'après les mêmes lois que le mouvement de tous les liquides. La cause de cette progression est constituée par la différence de pression du sang dans les divers segments du circuit vasculaire. Il y a décroissance de pression dans le sens où se fait le courant.

Une expérience de Bernouilli montre cette décroissance graduelle dans les conduits.

Supposons un tube horizontal calibré. Tout le long du tube sont placés d'autres tubes verticaux, sortes de manomètres ou piézomètres. A l'orifice du tube horizontal est un réservoir. A une autre extrémité est un robinet fermé. On remplit le réservoir d'eau, le liquide se répand dans l'appareil et tous les niveaux des piézomètres se trouvent sur une ligne horizontale qui atteint la hauteur du réservoir lui-même.

Ouvrons le robinet, l'écoulement se produit. Les niveaux des piézomètres s'échelonnent suivant une pente régulière (fig. 110).

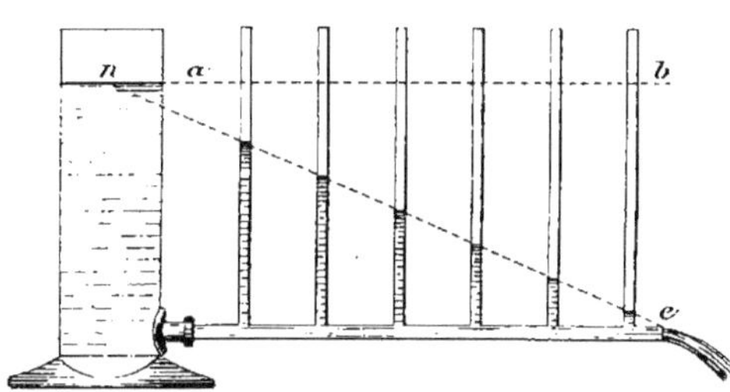

Fig. 110. — *Décroissance de la pression dans les conduits de calibre régulier* (d'après MAREY).

Pourquoi le liquide s'élève-t-il moins haut dans un piézomètre que dans le réservoir? C'est qu'une résistance a détruit une partie de la charge ou pression de l'eau. Cette résistance est due au frottement du liquide dans les conduits; ce frottement pour un tube bien calibré est proportionnel à la longueur du tube.

Si les résistances ne sont pas égales à tous les points de la longueur du tube comme dans le cas que nous venons de supposer, la décroissance des niveaux cessera d'être régulière. Soit un rétrécissement : la pente de la ligne des niveaux est plus faible au-dessus comme au-dessous de l'obstacle. La décroissance de la pression est diminuée. Au niveau du rétrécissement il se fait une grande chute de pression. En somme tout rétrécissement tend à faire monter la pression en amont et à la faire baisser en aval. Toute dilatation agit en sens inverse, dans la mesure où elle tend à faire cesser le rétrécissement.

Ces considérations s'appliquent au mouvement de progression du sang dans les tubes ramifiés qui constituent l'arbre circulatoire. La force motrice est le cœur. La pression mesurée par les piézomètres est la pression sanguine. Le schéma qui représente la circulation sanguine est le suivant :

Les veines représentent une dilatation du tube, car pour une artère il y a en général deux veines. Les capillaires représentent un rétrécissement ; mais ceci demande explication. Sans doute la section de tous les capillaires réunis est plus grande que celle des troncs artériels et surtout que celle de l'aorte. Si donc on n'envisageait que cette condition, on devrait représenter les capillaires sous la forme d'une dilatation permettant un écoulement plus abondant de sang. Mais cette section est représentée par la réunion d'un nombre immense de petits tubes. La surface de frottement est considérablement augmentée par rapport à celle qui existe dans l'aorte. La force adhésive des parois s'exerce par conséquent sur une masse beaucoup plus grande du liquide circulant, et crée une résistance à l'écoulement.

La pression dans l'appareil circulatoire se répartit donc ainsi :

La ligne des niveaux est une ligne brisée. Si l'on adapte des manomètres à des artères de plus en plus éloignés du cœur, ces instruments n'accusent d'abord que des différences peu sensibles, ce qui avait même fait croire à POISEUILLE que la pression est la même dans toute l'étendue d'une même artère. A mesure qu'on s'approche du système capillaire les différences apparaissent et s'accusent de plus en plus dans les vaisseaux de petit calibre. La pression baisse rapidement et progressivement. Sans doute de telles mesures ne sont pas directement réalisables dans les capillaires, mais elles le redeviennent dans les veines où le manomètre indique une pression très amoindrie, ne représentant plus qu'une portion minime de celle qui règne dans les artères et qui va encore en diminuant progressivement jusqu'aux oreillettes.

On représente graphiquement cette distribution de la pression dans l'étendue du système vasculaire par une ligne à inclinaisons diverses

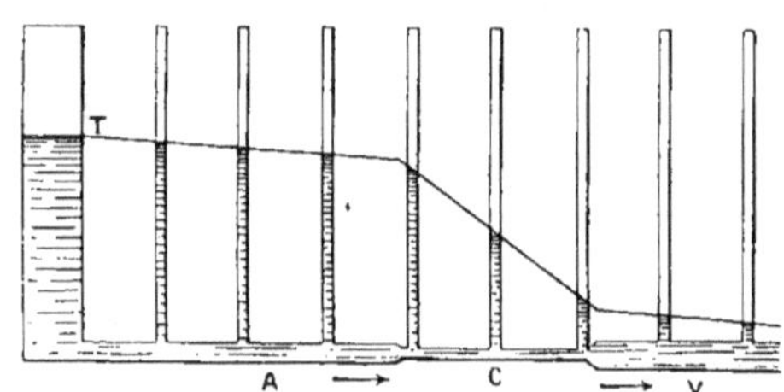

Fig. 111. — *Décroissance graduelle de la pression dans une partie étroite C occupant une assez grande longueur d'un conduit* (d'après MAREY).

dont les pentes les plus fortes correspondent aux régions où cette pression décroît le plus rapidement (fig. 111).

Le ralentissement représenté par les capillaires peut être augmenté ou diminué suivant que les vaso-moteurs interviennent (fig. 112). La répartition de la pression est modifiée. Si les artérioles se ferment la pression monte dans le système artériel et baisse dans le système veineux. Inversement, si les capillaires se dilatent la pression monte dans les veines, et baisse dans les artères. On se rapproche dans ces conditions de la ligne droite du premier schéma de BERNOUILLI.

L'obstacle créé par les vaso-constricteurs comporte deux éléments :

a. Une diminution de diamètre des capillaires, en comprenant sous cette appellation tous les vaisseaux de petit calibre. Or la relation entre l'écoulement du sang et le diamètre de ces petits tubes est telle que pour de faibles changements des seconds le premier augmente ou diminue considérablement.

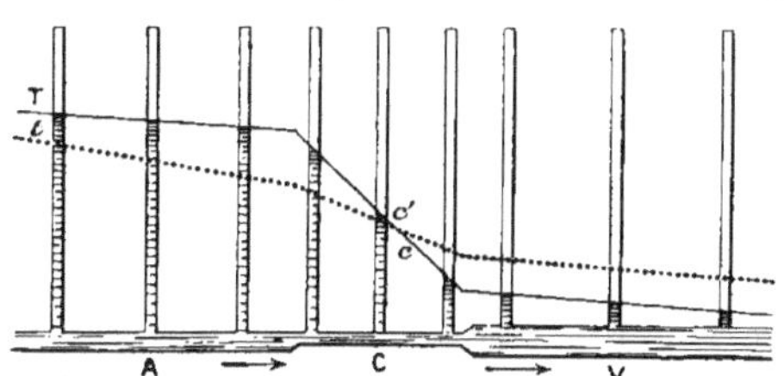

Fig. 112. — *Changements inverses de la pression dans les capillaires artériels et dans les capillaires veineux sous l'influence d'un resserrement ou d'une dilatation de ces vaisseaux* (d'après MAREY).

b. Une longueur plus grande donnée au système capillaire qui empiète ainsi peu à peu sur les artères et les veines. (Voy. les **Lois de Poiseuille,** p. 218.)

2° Régulation de l'afflux sanguin. — Les nerfs vaso-moteurs en modifiant la distribution de la pression règlent par cela même l'afflux du sang aux organes. La régulation est automatique et s'établit par voie réflexe, grâce aux connexions des nerfs vaso-moteurs avec les nerfs sensitifs des organes ou des vaisseaux eux-mêmes (HEGER ; DELEZENNE).

Nerfs sensitifs des vaisseaux. — L'existence des nerfs sensitifs vasculaires est nettement démontrée par les expériences suivantes :

a. Si l'on excite l'intérieur des vaisseaux par des substances toxiques (nicotine) injectées dans un membre ne tenant plus au tronc que par ses nerfs, on constate une modification de la pression aortique (HEGER).

b. On peut réaliser aussi l'excitation de la surface interne des vaisseaux mécaniquement par une pression excentrique dans les vaisseaux du membre ne tenant plus au sujet que par ses nerfs, mais dont les vaisseaux fémoraux ont été mis en relation avec les vaisseaux homologues d'un autre sujet par une circulation croisée. L'augmentation de la pression aortique dans le sujet fournisseur du sang, en se transmettant au membre expérimenté de l'autre, fait monter la pression aortique dans le tronc qui communique seulement par ses nerfs avec ce membre (DELEZENNE).

Les phénomènes de régulation interviennent à chaque instant, soit pour proportionner l'afflux sanguin aux besoins des organes, soit pour lutter contre l'influence apportée par la pesanteur ou les changements d'attitude aux conditions de la circulation. Dans la station verticale par exemple, le sang, obéissant aux lois de la pesanteur tend à s'accumuler dans les parties déclives du corps. Le système circulatoire n'étant pas rigide, céderait à la pression dans les parties déclives sans la présence des muscles vasculaires qui luttent contre cette pression (MAREY).

La régulation, si elle est généralement rapide, n'est cependant pas instantanée. Tous les médecins connaissent les troubles circulatoires qui se produisent sur les sujets qui sont restés au lit pendant long-temps, lorsqu'on leur fait prendre sans transition l'attitude verticale. Les jambes se congestionnent, tandis que la face pâlit et que l'anémie cérébrale peut aller jusqu'à la syncope (MAREY). Chacun a pu observer sur soi que parfois au lever du lit les chaussures qu'on porte généralement sans peine, paraissent à ce moment plus étroites. Ce résultat est dû à ce que dès les premiers pas la régulation des pressions vasculaires n'est pas encore parfaite (MAREY). LISTER a donné un exemple en sens inverse. Le cheval est toujours debout. Or, si on couche cet animal sur le côté et si on coupe l'artère métacarpienne, le sang ne coule pas immédiatement, parce que la contractilité se maintient provisoirement très forte, au point de dépasser pendant un temps la mesure nécessaire.

Balancement circulatoire. — Comme une modification un peu importante de la circulation retentirait forcément sur la distribution générale des pressions dans le système artériel il s'établit toujours par l'intermédiaire des vaso-moteurs un véritable balancement tel qu'une dilatation un peu considérable dans une région s'accompagne généralement d'une constriction dans d'autres parties du corps. DASTRE et MORAT les premiers ont fait connaître des faits de ce genre.

L'asphyxie provoque parallèlement : la vaso-dilatation de la peau, des muscles (HEIDENHAIN, ZUNTZ, DASTRE et MORAT), de la muqueuse buccale (DASTRE et MORAT), du cerveau (FALKENHEIM et NAUNYN) de la rétine (DOYON), et la vaso-constriction des vaisseaux de la masse abdominale. *L'excitation du nerf de* CYON détermine de la vaso-constriction à la périphérie et de la vaso-dilatation viscérale (DASTRE et MORAT). *L'application du froid sur la peau* resserre les capillaires cutanés et rénaux et congestionne ceux de la majorité des organes internes et des muscles des membres (DOHRING, MOSSO, WERTHEIMER). Le *travail psychique* dilate les vaisseaux cérébraux et anémie les membres (MOSSO). La congestion viscérale due à la *digestion* s'accompagne d'un phénomène de constriction à la périphérie (PAWLOW).

Ces faits expliquent pourquoi la pression artérielle ne varie pas sensiblement, au moins dans la limite de l'activité moyenne des organes. Ils éclairent aussi le mécanisme de la régulation de la pression dans les cas où celle-ci tend à être modifiée sous l'influence de la saignée ou de la pléthore. Toutefois il est probable qu'il faut dans ces conditions faire intervenir aussi des phénomènes moins bien connus — tels que l'appel de lymphe ou la transsudation, suivant le cas.

II. Phénomènes placés sous la dépendance indirecte des vaso-moteurs et de la contractilité artérielle. — Les vaso-moteurs ont une influence sur la température des organes, sur les sécrétions et l'apparition de l'œdème.

1° **Influence sur la température.** — L'appareil vaso-moteur participe à la régulation de la température chez les animaux. Les organes profonds présentent dans les conditions normales une température plus élevée que les organes superficiels, parce qu'ils sont mieux protégés contre le rayonnement. Si le sang est dirigé en plus grande abondance vers une région superficielle exposée à une température extérieure un peu basse, la suractivité circulatoire d'origine vaso-motrice aura pour effet l'échauffement de cette région par suite du **déplacement du calorique** des organes profonds vers cette partie plus froide. Le déplacement est en raison de l'activité circulatoire de la région dont on excite les vaso-dilatateurs. La température tend à s'égaliser avec celle des régions internes, mais ne s'élève jamais plus haut que la température centrale de l'animal. Elle reste même un peu au-dessous. Inversement, lorsqu'on excite le bout périphérique du nerf coupé on donne aux muscles vasculaires leur maximum d'action. L'artère se resserre ; le passage du sang s'y restreint de plus en plus ; la source chaude qui réchauffait sans cesse l'organe se tarit. Celui-ci reste livré sans compensation aux causes extérieures de refroidissement. La température tend alors à s'équilibrer non plus avec celle des organes centraux, mais avec celle du milieu ambiant. Dans ce sens l'abaissement n'a pas de limite autre que la température même de ce milieu. Les modifications thermiques déterminées par la section ou l'excitation des nerfs vaso-moteurs ne sont donc pas proportionnelles aux modifications circulatoires. Elles peuvent même être de sens inverse. Tout dépend de la température extérieure.

Ces phénomènes s'observent avec le plus de facilité sur l'oreille, surtout chez le lapin, en raison de la situation superficielle et de la minceur des parois de cet organe. Il peut arriver que l'écart entre la température externe et la température centrale soit suffisant pour que la différence thermique puisse être appréciée à la main. Par contre si la température externe est très voisine de celle des organes centraux la différence est nulle.

Quelques physiologistes, tout en admettant la subordination possible d'un phénomène thermique à un phénomène circulatoire,

croient, en plus, à la possibilité de phénomènes calorifiques qui seraient sous la dépendance directe du sympathique, sans rapport
nécessaire avec l'état de la circulation. C'était là du reste l'idée première de Claude Bernard quand il découvrit les effets circulatoires
et thermiques de la section du sympathique au cou. Ce physiologiste
n'était pas loin d'admettre que le sympathique contient parallèlement aux nerfs vaso-moteurs des nerfs pouvant produire sur
place soit de la chaleur soit du froid. Ce n'est pas ici le lieu de
discuter l'existence des *nerfs thermiques* (*calorifiques* et *frigorifiques*).
Disons cependant que rien ne confirme l'opinion de Claude Bernard.
La chaleur est le résultat de réactions chimiques qui se passent au
sein des organes. Ces réactions sont concomitantes du fonctionnement de ces organes. Tout nerf moteur est donc un nerf thermique
dans le vrai sens du mot. *En dehors des nerfs moteurs, qui agissent
en produisant la chaleur sur place, on ne conçoit pas d'autres nerfs
thermiques que les vaso-dilatateurs qui agissent indirectement en
déplaçant la chaleur du centre à la périphérie* (Morat).

2° **Influence sur les sécrétions**. — Anciennement on admettait
une étroite dépendance entre les sécrétions et la circulation. On
n'était pas loin de considérer les sécrétions comme la conséquence
d'une simple filtration des éléments du sang. Sous l'empire de ces
idées on plaça l'activité des glandes sous l'action immédiate des
nerfs vaso-moteurs.

La dissociation des deux phénomènes (sécrétoire et vasculaire)
est maintenant bien établie, néanmoins ils ont entre eux une
relation. Si la sécrétion est due à l'activité propre des éléments
glandulaires, il est certain néanmoins que certains éléments du
sang peuvent filtrer mécaniquement à travers les capillaires. Or le
resserrement ou la dilatation des capillaires, suivant surtout le
lieu où se produisent ces modifications de calibre, peut exercer une
influence sur cette filtration. Dans le rein, par exemple, l'appareil
sécréteur a une disposition telle qu'il doit se produire de grandes
différences dans l'élimination de l'eau et des sels solubles de l'urine
suivant que les capillaires se contractent en amont ou en aval du
glomérule. Il ne faut pas oublier aussi que le sang est nécessaire
à la conservation des propriétés des éléments glandulaires et que
les besoins de ceux-ci varient incessamment suivant leur état d'activité ou de repos.

3° **Influence sur l'apparition de l'œdème**. — La cause prochaine
de l'œdème dans toutes les conditions n'est pas la même. Le
système nerveux a une influence sur l'écoulement et la formation
de la lymphe. L'augmentation de pression dans le système capillaire

peut être suffisante pour déterminer à travers la paroi mince des vaisseaux qui le composent la transsudation des liquides du sang avec ou sans diapédèse des globules. Cette augmentation de pression au niveau des capillaires peut résulter soit d'un obstacle en aval (oblitération des veines), soit d'une diminution de l'obstacle en amont. Cette diminution peut résulter elle-même soit de la paralysie des vaso-constricteurs, soit de l'excitation des vaso-dilatateurs. MARCACCI, OSTROUMOFF ont constaté qu'à la suite de l'excitation forte et prolongée du nerf lingual qui contient les dilatateurs destinés à la partie antérieure de la langue, cet organe, même après la rougeur disparue, reste plus volumineux dans la moitié correspondante au nerf excité. A la coupe il laisse suinter plus de liquide. DASTRE et MORAT, en excitant, soit le sympathique cervical du chien, soit d'une façon générale les dilatateurs, ont eu l'occasion d'observer des faits de même genre. *Il y a donc des œdèmes correspondants non seulement à la paralysie, mais à l'état d'excitation d'éléments nerveux.*

Influence des nerfs vaso-moteurs sur la nutrition. — Il y a eu en physiologie à la suite de la découverte de ces nerfs, une période où les vaso-moteurs expliquaient tout, par voie indirecte, par anémie ou congestion. On supposait que par cela seul qu'un organe reçoit plus ou moins de sang, les échanges augmentent ou diminuent. Si par exemple le sang afflue à une glande, il s'ensuivrait nécessairement une sécrétion plus active et inversement. Une application de cette théorie consiste à expliquer le sommeil par une diminution de la circulation cérébrale. Une telle manière de voir est manifestement une erreur. En effet, d'une part les organes constituent des réserves, en sorte que l'énergie des combustions n'est pas à la merci de l'afflux sanguin. D'autre part, pour que l'activité d'un organe se manifeste, il faut une condition nouvelle : une force de dégagement sans laquelle l'énergie, en tension dans l'organe, n'est pas libérée. Dans l'économie, ladite force de dégagement est apportée par les nerfs moteurs. C'est l'*excitation*. Toujours les modifications circulatoires sont secondaires. Ce sont les organes qui, par l'intermédiaire de leurs nerfs sensitifs, provoquent le phénomène vaso-moteur destiné à proportionner la circulation aux besoins créés par le fonctionnement. Le fait est très manifeste en ce qui concerne par exemple la circulation cérébrale dans ses rapports avec le travail psychique. Sur des sujets présentant une perforation du crâne, on a constaté, au moyen des procédés qui permettent d'enregistrer le volume du cerveau, qu'un acte psychique provoque la vaso-dilatation cérébrale seulement au bout de quelques instants. De même, le phénomène vaso-moteur persiste longtemps après la cessation de l'acte psychique.

BIBLIOGRAPHIE.

Nerfs sensitifs des vaisseaux. — DELEZENNE, *C. R. Ac. sc.*, 1897, 700. — P. HEGER, *Beiträge zur Phys. C. Ludwig gewidmet*, Leipzig, 1887. — HUNT, *The Journal of Phys.*, XVIII, 5/6, 381. — SPALITTA et CONSIGLIO, *I nervi vaso-sensitivi*. Palerme, 1896. — STEFANI, *Arch. it. biol.*, 1896, XXVI, 173. — R. THOMA, *Virchow's Arch.*, 1889.
Régulation de la pression artérielle. — ARLOING, *Revue de médecine*, 1882,

98. — Dastre et Loye, *Arch. de Phys.*, 1888 ; 1889. — Fr. Franck, *Ac. de méd.*, 1896. *Gazette des hôpit.*, 1896 (Procédés de défense de l'organisme contre les écarts anormaux de la pression artérielle). — Johansson et Tigerstedt, *Skand. Arch. f. Phys.*, 1889. — Lesser, Ueber die Anspannung der Gefässe an grossen Blutmengen. *Leipziger Arbeiten*, 1874, p. 50-89. — Regeczi, *Arch. f. d. ges. Phys.*, 1885, t. XXXVII, p. 73. — Stolnikow, *Arch. f. d. ges. Phys.*, 1882. — Tappeiner, *Leipziger Arbeiten*, 1872. — Worm Müller, Die Abhängigkeit des arteriellen Druckes von der Blutmenge. *Arbeit. aus der Phys. Anstalt. zu Leipzig*, 1873, p. 159.

Régulation de la pression et de la répartition du sang dans les changements d'attitude : Lister, *Bull. de l'Ac. de méd.*, 18 juin 1878. — Marey, *Annales des sc. nat.*, 4ᵉ série, IX, 1858. — *Circ. du sang*, 1881, p. 382. — Mosso, *Arch. it. biol.*, 1884.

Phénomènes de balancement. — Brown-Séquard, *Biologie*, 1885, 246. — Dastre et Morat, *Biologie*, 1879 ; 1884. *Arch. de Phys.*, 1884. — Syst. nerv. vaso-moteur, 1884, 5ᵉ mémoire. — Heidenhain, *Arch. f. d. ges. Phys.*, 1870 ; 1872 ; 1877. — Heidenhain et Grützner, *Arch. f. d. ges. Phys.*, 1878, XVI, 20. — Ostroumoff, *Arch. f. d. ges. Phys.*, 1876, XII, p. 25. — Owjamikow et Tschiriew, *Bull. Ac. imp. de St-Petersburg*, 1872, XVIII, p. 28, *analyse in Arch. de Phys.*, 1873, p. 90. — Pawlow, *Arch. f. d. ges. Phys.*, 1878, XVI, 266. — Snellen, *Arch. f. d. Holl. Beitrage zur Naturw.*, 1858, Bd 1, 212 — Wertheimer, *Arch. de Phys.*, 1891, 547 (sur quelques faits relatifs au balancement entre la circ. superf. et la circ. viscérale. — 1894. Infl. de la réfrigération sur la circ. des membres et du rein). — Zuntz, *Arch. f. d. ges. Phys.*, 1877.

Influence du système nerveux vaso-moteur sur la température. — Cl. Bernard, *Biologie*, 1851. *C. R. Ac. sc.*, 1852. *Leçons sur la chaleur animale*, 1876, 326. *Revue des cours scientifiques*. 1871. — Brown-Séquard, *The medical Examiner.*, 1852, 489. — Heidenhain, *Arch. f. d. ges. Phys.*, V, p. 78. — Morat, *Province médicale*, 1888, p. 375. *Revue scientifique*, 1895. — Schiff, *Arch. de Tübingue*, 1854. — *Mém. de la Soc. hist. nat.* Berne, 1856. — Vulpian, *Leçons sur les vaso-moteurs*, II, 175, 260. — Budge et Waller, *C. R. Ac. sc.*, 1883, XXXVI, 378.

Action des vaso-moteurs sur la nutrition. — Morat, *Province médicale*, 1888. — Tangl, *Arch. f. d. ges. Phys.*, 1895, LXI, 563. — Vulpian, *Leçons sur les vaso-mot.*, II, 282. — Bizzozero et Sacerotti, *Arch. it. biol.*, XXVI, 88, 1896.

Dissociation des nerfs vaso-moteurs et sécréteurs. — Heidenhain, *Arch. f. d. ges. Phys.*, 1872, V.

Influence du système nerveux vaso-moteur sur la production des œdèmes. — Boddaert, *Bull. Ac. belge*, 1875 ; 1892 ; 1895. — Brown-Séquard, *Biologie*, 1870, 140. — Laycock, *anal. in Gaz. hebd.*, 1865, 401. — Marcacci, *Arch. it. biol.*, IV, 3. — Morat, *Province médicale*, 1888, 463. — Ostroumoff, *Pathol. gén. de Cohnheim.* — Ranvier, *C. R. Ac. sc.*, 1869, 20 déc. *Biologie*, 1870, 6. — Roger et Josué, *Biologie*, 1895, 614. — Schiff, *Leçons sur la phys. de la digestion*, II, 213. — Teissier et Lecreux, *Province médicale*, 1887. — Theaulon, Thèse Fac. méd., Lyon, 1897. — Vaquez, *Biologie*, 1893, 167 (œdème réflexe). — Vulpian, *Leçons sur les vaso-moteurs*, 1875, II, 379.

Œdème pulmonaire. — Bettelsheim, *Zeitsch. f. klin. Med.*, XX, 1892. — Brown-Séquard, *Biologie*, 1870, 124 ; 1871, 101. — Michaelis, Thèse Berlin, 1893.

Méthodes d'investigation applicables à l'étude des vaso-moteurs et conditions de l'expérience.

Pour la recherche des effets vaso-moteurs, il faut se placer dans des conditions déterminées. Celles-ci concernent soit l'animal en expérience, soit le procédé d'excitation des nerfs, soit enfin la méthode applicable à la constatation des résultats.

I. **Conditions concernant l'animal en expérience.** — L'animal doit être immobilisé. A cet effet, le mieux est d'employer le *curare*. Ce poison à dose moyenne paralyse uniquement les nerfs moteurs de la vie de relation sans diminuer l'excitabilité des nerfs centrifuges sympathiques. Pour curariser l'animal à cette dose, Morat recommande d'injecter dans l'extrémité d'une patte de l'animal en expérience une solution de curare à 1 p. 100 en quantité jugée approximativement suffisante pour provoquer l'empoisonnement. Dès que l'animal est paralysé et que la respiration cesse, on pose au-dessus du point où l'injection a été faite une ligature très serrée avec un lien de caoutchouc. On pratique alors la respiration artificielle pour entretenir la vie du sujet. Il vaut mieux renoncer aux anesthésiques pour immobiliser les animaux sur lesquels on recherche des effets vaso-moteurs ou tout au moins limiter l'emploi de ces poisons aux opérations préliminaires de découverte des nerfs. En effet, ces agents abaissent plus ou moins l'excitabilité des vaso-moteurs.

II. **Procédés d'excitation des nerfs.** — La simple section d'un nerf n'entraîne souvent aucune conséquence bien nette en raison des suppléances exercées par les autres nerfs de la même région et de l'action tonique des ganglions périphériques (Voir PYE-SMITH, *Journ. of Phys.*, 1887, à propos de la persistance des effets vaso-moteurs).

L'excitation doit être pratiquée sur le bout périphérique du nerf sectionné et bien isolé pour éviter tout effet réflexe. Cette précaution est, dans quelques cas, insuffisante par suite de la présence des fibres sensitives récurrentes, mêlées aux fibres centrifuges du nerf. Ainsi, le nerf sympathique cervical qui contient les fibres vaso-motrices de la tête est accolé chez le chien sur la plus grande partie de son trajet au pneumogastrique et chemine sous la même gaine. Or, le pneumogastrique contient des nerfs sensitifs dont l'excitation peut arrêter le cœur. Pour mettre en évidence le rôle vaso-moteur du sympathique cervical, il faut éliminer l'influence possible de l'excitation sur les fibres sensitives du vague. On y parvient, comme DASTRE et MORAT l'ont montré, en sectionnant le vague là où il est isolé, au niveau du ganglion cervical supérieur, très près de la bulle osseuse (apophyse mastoïde). C'est pour avoir négligé cette précaution que certains physiologistes avaient cru pouvoir nier l'influence vaso-dilatatrice du sympathique cervical sur la muqueuse des lèvres, des gencives et de la voûte palatine. L'effet du nerf vaso-moteur était masqué par l'arrêt réflexe du cœur.

L'excitant qui paraît le mieux approprié pour mettre en jeu l'activité des nerfs vaso-moteurs c'est, ainsi que nous l'avons déjà fait remarquer, l'électricité employée sous la forme des courants induits très fréquemment inversés. Quand l'excitation électrique ne peut pas être appliquée, soit que le nerf ne puisse pas être abordé sans des mutilations trop grandes, soit qu'on se propose d'exciter les fibres qu'il contient à leurs origines mêmes, on a recours à l'*excitation asphyxique* (DASTRE et MORAT). Le sang asphyxique est, en effet, un excitant de tous les tissus, mais à des degrés divers. Il exerce une action élective sur les origines bulbo-médullaires des nerfs (BROWN-SÉQUARD). Les expériences consistent en des sections nerveuses ayant pour effet de supprimer isolément et alternativement les voies nerveuses en recherchant, dans chaque cas, si les effets habituels de l'excitation sont conservés.

Une bonne méthode pour déterminer la topographie vaso-motrice d'une région consiste à combiner l'excitation des nerfs avec la méthode des *dégénérescences*. Il peut arriver en effet qu'un nerf reçoive ses fibres vaso-motrices de deux sources différentes. Ainsi le nerf trijumeau contient des vaso-moteurs qui lui viennent les uns du sympathique cervical par l'intermédiaire d'une anastomose qui relie le ganglion de GASSER au ganglion cervical supérieur, les autres des origines du trijumeau. Pour opérer la dissociation on sectionne le sympathique au cou. On attend que les fibres vaso-motrices contenues dans ce tronc nerveux aient dégénéré. On excite alors le trijumeau. En opérant par éliminations successives on arrive à déterminer exactement le trajet des vaso-moteurs (MORAT).

III. **Méthodes d'observation.** — La constatation des effets vaso-moteurs

peut être faite à l'aide de méthodes nombreuses que l'on peut diviser en méthodes directes et indirectes.

Les méthodes *directes* sont :

1° La méthode coloriscopique ;

2° La méthode manométrique ;

3° La mesure du débit des vaisseaux et de la vitesse du sang ;

4° La mesure de l'augmentation de volume des organes ou méthode plétysmographique.

Une méthode *indirecte* fréquemment usitée est la méthode thermométrique.

La *méthode colorisco-pique* est la plus directe de toutes en ce que l'on apprécie le phénomène lui-même de la dilatation vasculaire ou de la constriction sans intermédiaire. Elle suppose une région accessible, une surface extérieurement visible non pigmentée ou glabre. Si c'est un vaisseau d'un certain calibre, artère ou veine, qui doit fixer l'attention on suivra à la vue simple les phases de son resserrement ou de son expansion. S'il s'agit d'un réseau vasculaire à mailles plus ou moins serrées, c'est la teinte plus ou moins pâle rosée ou rouge vif qui nous renseignera sur la quantité du sang qui y circule. On apprécie alors la circulation capillaire, non pas précisément dans le sens anatomique et précis du mot, mais dans l'acception physiologique. Il convient pour certaines régions de la peau de laver soigneusement au préalable la région (pulpe digitale chez le chien). —

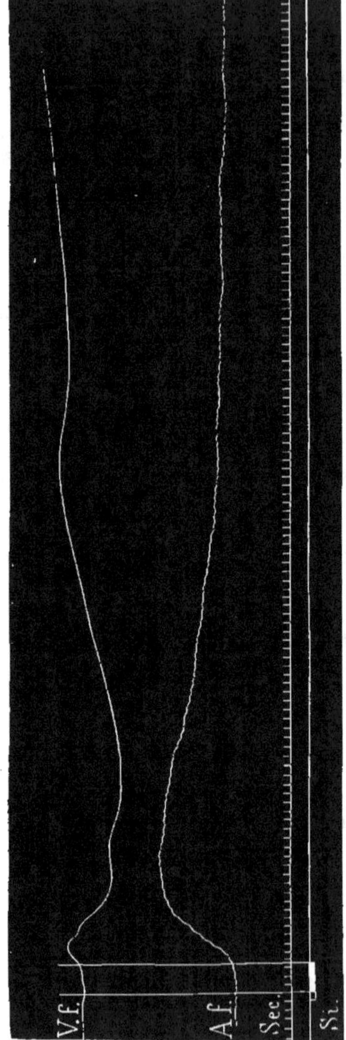

Fig. 113. — *Excitation du bout périphérique du cordon sympathique au cou chez le cheval.*

Si, signal électrique indiquant par un trait élargi le moment et la durée de l'excitation ; *Sec*, ligne des secondes ; *Af*, artère faciale, bout périphérique ; *Vf*, veine faciale. — Ce tracé montre : 1° l'effet immédiat de l'excitation, c'est-à-dire la surélévation passagère de la pression veineuse traduisant (pendant quatre secondes) la décharge brusque des petits vaisseaux dans la veine ; 2° l'effet connu de constriction, abaissement de la pression dans la veine, élévation dans l'artère ; 3° la *survdilatation* visible surtout par l'élévation de pression dans la veine (d'après Dastre et Morat).

Cette méthode est applicable même aux organes internes, mais pour éviter les inconvénients de leur exposition à l'air, on maintient l'animal dans un bain formé d'une solution de chlorure de sodium à 6 p. 1000, sorte de sérum artificiel dépourvu de propriétés irritantes à l'égard des organes avec lesquels il est mis en contact.

La *méthode manométrique* consiste à évaluer à la fois la pression artérielle et la pression veineuse dans les départements correspondant au nerf excité. Ces deux renseignements se complètent et se contrôlent l'un par l'autre. Leur comparaison permet de distinguer dans les modifications circulatoires, celles qui sont d'origine centrale, de celles qui sont d'origine périphérique. Nous savons en effet que toute modification de cause centrale ou cardiaque se traduit par des changements de même sens dans les deux vaisseaux. Toute modification périphérique du réseau capillaire interposé entre eux se traduit par des changements en sens inverse. La méthode manométrique a été appliquée dans ces conditions par Dastre et Morat les premiers, à l'étude systématique des effets vaso-moteurs des nerfs (fig. 113).

Les variations propres aux petits vaisseaux peuvent aussi être étudiées, quoique avec moins de précision, par l'inscription simultanée des variations de la pression dans le bout périphérique d'une artère de l'organe correspondant et dans le bout central d'une artère quelconque. L'artère dont on explore le

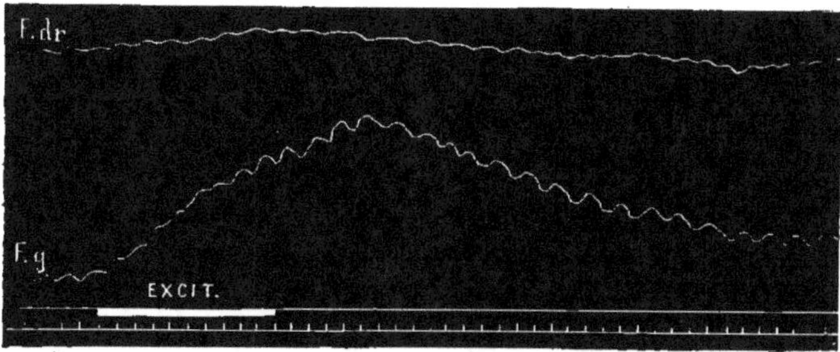

Fig. 114. — *Effets de l'excitation du bout périphérique du sciatique gauche.*

F.*dr*, pression dans la fémorale droite ; F.*g*, pression dans le bout périphérique de l'artère fémorale gauche. Expérience sur le chien (d'après Morat).

bout périphérique est sans doute toujours solidaire des variations de la pression générale par suite des anastomoses qui la relient à la circulation générale, mais si un réseau périphérique se resserre ou se dilate d'une façon indépendante, ces modifications s'accusent sur le manomètre correspondant avec des caractères particuliers suffisants (Chauveau, Fr. Franck) (fig. 114).

Mesure du débit et de la vitesse du sang. — On peut encore apprécier le degré de constriction ou de dilatation vasculaire dans une région, par la quantité de sang qui s'écoule d'une incision faite à une veine ou à la peau. Cette méthode peut s'appliquer soit sur le vivant, soit dans des expériences de circulations artificielles. Claude Bernard a découvert par cette méthode l'influence vaso-motrice de la corde tympanique. — Au lieu de mesurer le débit, on peut enregistrer la vitesse du sang dans l'artère afférente (Arloing). Il vaut mieux cependant contrôler les indications de la vitesse du sang dans l'artère par celles de la pression prise dans le même vaisseau. Suivant que les variations de pression ou de vitesse sont de même sens ou de sens inverse, on peut conclure qu'elles sont d'origine cardiaque ou périphérique (Chauveau et Marey, Dastre et Morat).

Méthode plétysmographique. — Cette méthode consiste à apprécier les changements de volume des organes sous l'influence des variations de l'afflux sanguin

placées sous la dépendance des nerfs vaso-moteurs. A cet effet l'organe est enfermé dans un appareil inextensible rempli d'un fluide dont le déplacement est mesuré ou inscrit (*appareils à déversement, plétysmographes*). Le principe de cette méthode est dû à Poiseuille qui l'appliqua à la mesure de la dilatation des artères. Piégu, en 1846, imagina le premier appareil approprié à l'étude de l'expansion de la totalité d'un membre. Les procédés de cet auteur ont été successivement utilisés et perfectionnés par : Chelius, Fick, Buisson, Marey, François Franck, Mosso, Roy, Hürthle, Hallion et Comte, etc.

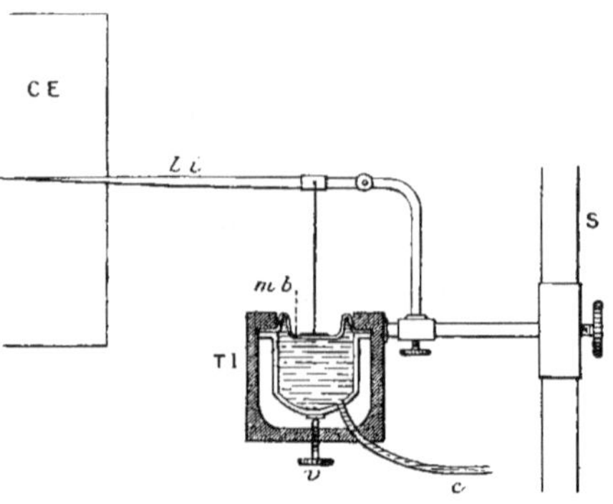

Fig. 115. — *Tambour à eau pouvant inscrire les indications du plétysmographe* (d'après Roy).

TI, tambour inscripteur ; *m.b*, membrane de caoutchouc ; *c*, tube de communication avec le plétysmographe ; *v*, vis de réglage ; *Li*, levier inscripteur ; C.E, cylindre enregistreur ; S, support du tambour.

Le dispositif expérimental varie suivant la conformation de l'organe. S'agit-il du

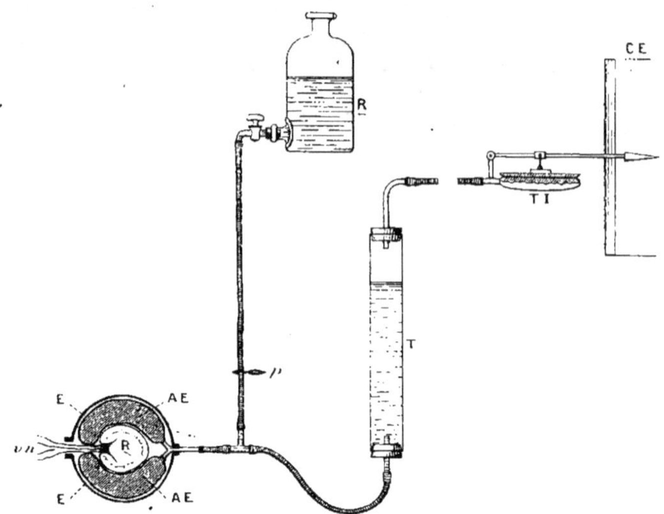

Fig. 116. — *Schéma d'un appareil plétysmographique.*

AE, ampoule exploratrice ; E, calotte inextensible ; R, rein ; *vn*, vaisseaux et nerfs du rein ; T, réservoir intercalé sur le trajet du tube de communication ; TI, tambour inscripteur ; CE, cylindre enregistreur ; R, réservoir destiné à charger l'appareil ; *p*, pince à pression.

rein, de la rate ou de tout autre organe pédiculé, on l'enferme dans une boîte rigide formée de deux valves qui l'emprisonnent comme une noix dans sa coquille.

Une échancrure suffisante est ménagée sur ces valves au niveau du hile pour qu'il n'y ait pas compression des vaisseaux. Dans l'intervalle compris entre l'organe et la paroi métallique est un sac membraneux disposé comme un sac de séreuse. Il est mis par un tube en communication avec un tambour de MAREY ou un tambour à eau, qui inscrit les variations de niveau du liquide (fig. 115, 116). L'abaissement de la ligne du tracé correspond à une diminution du volume de l'organe. L'élévation indique au contraire sa turgescence. Des appareils du même genre sont applicables à certaines régions du corps chez l'homme. Ainsi on peut introduire les membres dans des manchons de verre de forme appropriée. Une forte membrane de caoutchouc ferme en haut l'appareil et s'oppose à l'écoulement de l'eau dont il est rempli (fig. 117).

Mosso a imaginé un dispositif ingénieux pour obtenir la valeur absolue de l'expansion des organes. Le liquide interposé est déversé dans une éprouvette équilibrée par une petite masse à laquelle elle est reliée par l'intermédiaire d'une poulie. L'éprouvette plongeant dans de l'eau alcoolisée va s'enfoncer chaque fois que le volume du membre immergé dans le cylindre viendra à augmenter. Elle émergera au contraire quand le volume du membre diminue, et ce double mouvement d'abaissement et d'élévation de l'éprouvette, commandé par le déversement ou la rentrée d'une quantité variable de l'eau du cylindre, déterminera à son tour l'ascension ou la descente d'un contrepoids qui lui fait équilibre. Une plume adaptée au contrepoids, qui est mobile dans le sens vertical, inscrit sur un cylindre enregistreur les variations de volume du membre. Celles-ci sont évaluées en comparant les hauteurs successives des ordonnées d'une courbe obtenue dans une expérience ; sachant au préalable à quel volume d'eau déplacée correspond telle élévation de la courbe et, réciproquement, quelle quantité d'eau a dû être soustraite à l'éprouvette flottante pour que la courbe s'abaisse de telle sorte ou telle valeur.

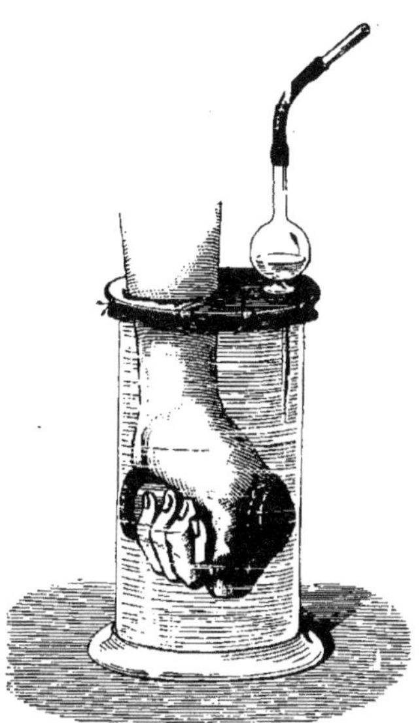

Fig. 117. — *Appareil plétysmographique applicable à l'homme* (d'après FR. FRANCK).

Méthode thermométrique. — La méthode thermométrique consiste à apprécier les changements qui se produisent dans la circulation des organes par les modifications de température qui en sont la conséquence. On se sert soit du thermomètre électrique, soit du thermomètre à mercure. Les variations thermiques peuvent être enregistrées. A cet effet on utilise des thermomètres à éther qui consistent simplement en un tube contenant quelques gouttes d'éther, fermé à une de ses extrémités et relié par l'autre à un tambour inscripteur.

Critique des méthodes employées pour l'étude des phénomènes vaso-moteurs. — Toutes ces méthodes ont une valeur très inégale, quelques-unes sont réellement mauvaises et leur emploi irraisonné est cause en partie des contradictions nombreuses qui existent dans la science au sujet des nerfs vaso-moteurs. Parmi les méthodes bonnes en elles-mêmes, toutes ne sont pas applicables indifféremment. Dastre et Morat ont fait à ce double point de vue une étude comparée très instructive.

Les méthodes indirectes sont à condamner, particulièrement la méthode thermométrique. Quel que soit le procédé auquel on ait recours, il est difficile de maintenir le thermomètre dans une situation invariable en contact toujours identique avec la même région de l'animal. De plus l'effet thermique n'est pas la mesure exacte de l'effet vasculaire. L'excitation d'un nerf provoque souvent un phénomène de constriction passager suivi d'une dilatation persistante produite par la fatigue des nerfs constricteurs (p. 194). Or les modifications vasculaires de peu de durée ne s'accompagnent pas d'effets thermiques appréciables. Le phénomène de dilatation sera donc seul accusé par le thermomètre (Dastre et Morat).

Il est de toute nécessité de recourir aux méthodes directes. Ces dernières n'ont pas toutes une valeur égale. Les deux meilleures sont les méthodes coloriscopique et manométrique. La méthode coloriscopique est évidemment la plus précieuse, mais elle n'est pas applicable dans tous les cas. La méthode manométrique est d'une grande rigueur. Elle permet de mesurer l'intensité du phénomène (constriction ou dilatation), d'en apprécier exactement le début et les phases successives, mais encore faut-il que l'on ait à sa disposition un vaisseau dont le calibre permette l'introduction de la canule d'un manomètre. Il faut aussi être prévenu que les indications obtenues par cette méthode expriment généralement une résultante. Il peut y avoir par exemple vaso-constriction des parties profondes de l'organe et vaso-dilatation de la peau ou des muqueuses ; dans ces conditions l'association de la méthode coloriscopique à la méthode manométrique donnera seule des indications complètes.

La mesure du débit sanguin est facile ; exacte en principe, elle est sujette à quelques incertitudes dans l'application. Elle présente un inconvénient sérieux, la coagulation du sang dans le bout des vaisseaux sectionnés. La mesure de la vitesse donne également des indications utiles, mais en somme difficiles à recueillir.

L'emploi exclusif de la méthode plétysmographique ne permet pas de conclure à une action vaso-motrice, l'augmentation ou la diminution de volume des organes pouvant s'expliquer par une influence cardiaque. Cette méthode est en quelque sorte le complément de la méthode manométrique, car elle ajoute à la notion du sens de la variation vasculaire celle de la quantité de sang qui arrive en plus ou en moins aux organes. — Dastre et Morat, *Rech. exp. sur le syst. nerv. vaso-mot.*, 1884, p. 57, 237 (article d'ensemble).

BIBLIOGRAPHIE.

Plétysmographes. — Basch, *Wiener med Jahrb.*, 1876. — Bowditch, *Proc. of the american. Acad.*, 1879. — Ch. Buisson, Thèse Fac. méd., Paris, 1862. — Chelius, *Praguer Viertelj.*, 180. — Ellis, *Journal of Phys.*, VI (exp. sur la grenouille). — Fano, *Sui movimenti riflessi dei vasi sanguini*. Genova, 1885. — Fick, *Unters. a. d. Lab. Zürich.* Wien, 1869. — Fr. Franck, *Congrès de l'Assoc. fr. de Nantes*, 1875. C. R. lab. Marey, 1876. *Biologie*, 1881, 25 juin. *Journal de l'Anat. et de la Phys.*, 1877, 84. Thèse de Suc, 1878, Paris. *Arch. de Phys.*, 1889 ; 1890, p. 118, 1894. — Hallion et Comte, *Arch. de Phys.*, 1894, 381 ; 1897, 96. — Louviot, Thèse Nancy, 1892-1893 (rein). — Mosso, *Ber. d. sächs. Gesell.* — *Die Diagnostik des Pulses.* Leipzig, 1879. *Arch. de Phys.*, 1876. *Arch. it. biol.*, 1884, 130, 143. — Piégu, *C. R. Ac. sc.*, 1846. — Pietrowsky, *Arch. f. d. ges. Phys.*, LV, 240. — René, *Arch. de Phys.*, 1894, 35 (rein). — Sewall et Sandford, *Journal of Phys.*, 1890, XI, 179. — Wertheimer, *Arch. de Phys.*, 1893, 297 ; 1894, 308 (rein).
Méthode manométrique. — Fr. Franck, *Biologie* 1878, 317.

Méthode hémodromographique. — Arloing, *Arch. de Phys.*, 1889, 115. — Hürthle, *Arch. f. d. ges. Phys.*, 1889, 598.

Méthode thermométrique. — Marey, *Méth. graphique*. p. 312.

BIBLIOGRAPHIE COMPLÉMENTAIRE.

Modifications de la composition du sang d'origine nerveuse. — J. Cohnstein et N. Zuntz, *Arch. f. d. ges. Phys.*, XLII, 303. — Malassez, *Biologie*, 1889, 129. — Féré, *Biologie*, 1889, 164. — Omeliansky, *Arch. des sc. biol., Institut de méd. exp.*, Saint-Pétersbourg, III, 2, 131. — Krüger, *Zeitsch. f. Biol.*, 1890.

Action des vaso-moteurs sur l'infection. — Charrin et Gley, *Arch. de Phys.*, 1890; 1891. — Roger, *Biologie*, 1890.

Vaso-dilatations passives et adaptations de la capacité des différents territoires vasculaires aux modifications de la pression artérielle. — Fr. Franck, *Arch. de Phys.*, 1893, 729. — Stefani, *Arch. it. biol.*, XX. *Atti del R. inst. Venet. di scienze, lett. et art.*, IV, ser. VII, 1892-93.

Influence de l'asphyxie. — Dastre et Morat, *Recherches exp. sur le syst. nerv. vaso-mot.*, Masson. 1884. *Biologie*, 1878; 1884. *Bull. Soc. philomath.*, 1879; 1880. *Arch. Phys.*, 1884. — Konow et Stenberg, *Skand. Arch. f. Phys.*, 1889. — Kowaleswsky et Adamuk, *Centralbl. f. d. med. Wiss.*, 1868. — Schlesinger, *Arch. f. d. ges. Phys.*, 1878.

Poisons vaso-moteurs. — Action de la strychnine : Delezenne, *Arch. de Phys.*, 1894, p. 628. — Wertheimer, *Arch. de Phys.*, 1891. *Congrès de Liège*, 1892. *Biologie*, 1894. — Action de la peptone : — Gley et Camus, *Biol.*, 1896. — Grosjean, *Trav. lab. de l'Univ. de Liège*, IV, 1891; 1892. — Schmidt-Mülheim, *Arch. f. Anat. u. Phys.*, 1880. — Thompson, *Arch. de Phys.*, 1897, 116.

Colas, *Action de la nicotine*, *Biologie*, 1890. — Morat, nitrite d'amyle. Congestion capillaire. — Bowditsch, Sedgwick, Minot, *Boston med. a surg. J.*, 1874. — Dastre, Les anesthésiques. *Paris, Masson*, 1890. — Filehne, *Arch. f. d. g. Phys.*, IX. Nitrite d'amyle. Bibl. — Marey, Circ. du sang, 1881, p. 489. — Fr. Franck, *Biologie*, 1879, 137. *Action des anesthésiques et du nitrite d'amyle*.

Poisons microbiens : Arloing, *C. R. Ac. sc.*, 1891, 7 sept. — Charrin et Gley, *Arch. de Phys.*, 1890; 1891. *Biologie*, 1891, 705. — J. Courmont, Précis de Bactériologie, 1877. *Paris, Doin*, p. 278. Bibl. — Caczinski, *Hygien. Rundschau*, 1898, 77. — Massart et Bordet, *Biologie*, 1891, 705. — Morat, *Arch. de Phys.*, 1892, 386. — Morat et Doyon, *Lyon médical*, 1891.

Extraits d'organes. — Tigerstedt, *Congrès Moscou*, 1897. *Presse méd.*, 1897, p. 138. Action vaso-const. de la rénive, substance extraite du rein. Consulter aussi p. 150.

Phénomènes vaso-moteurs dans les maladies. — Brown-Séquard, *Arch. de Phys.*, 1892, 2 (Hémorragie d'origine nerveuse apparaissant spontanément dans des parties homologues des deux côtés du corps comme dans l'asphyxie ou la gangrène locale de Raynaud). — Fano, *Sui movimenti riflessi dei vasi sanguini*. Genova, 1885. — Hallion et Comte, *Arch. de Phys.*, 1895, 90 (sur les réflexes vaso-moteurs bulbo-médullaires dans quelques maladies nerveuses). — Maragliano et Lusona, *Archi. it. biol.*, XI, 246 (phén. vaso-mot. chez les fébricitants). — Krauss, *La méd. mod.*, 1894. *Des phénomènes vaso-moteurs dans la fièvre*. — Lépine, *Biologie*, 1867, 134. *Mémoire. Sur l'existence de troubles vaso-moteurs des membres dans quelques affections fébriles et spécialement dans la pneumonie*. Consulter aussi : *Biologie*, 1869, 347. — Vulpian, *Leçons sur les vaso-moteurs*, 1875.

Action des produits de sécrétion organique. — Oliver et Schafer, *J. of Phys.*, XVIII, 1895. — Tigerstedt, *Congrès Moscou*, 1897. — Livon, *Biologie* 1898. — Gley, *Biologie*, 1898, 109 (bibl.). — Langlois, thèse Fac. sc., Paris, 1897 (caps. surr.)

TROISIÈME PARTIE
CIRCULATION CAPILLAIRE

I. **Définition**. — Le mot capillaire a plusieurs significations. Il désigne *pour les anatomistes*, un ordre de vaisseaux réduits à une paroi très mince revêtue d'un endothélium ; *pour les physiologistes*, tous les vaisseaux à calibre étroit capables d'opposer une grande résistance au cours du sang dans leur intérieur (artérioles, veinules, capillaires proprement dits).

II. **Découverte de la circulation capillaire**. — HARVEY avait affirmé l'existence de vaisseaux établissant une communication entre les artères et les veines, mais les méthodes de recherches dont on disposait à cette époque ne permettaient pas de constater directement l'existence du réseau capillaire. La preuve directe du passage du sang des artères dans les veines fut donnée plus tard par MALPIGHI, non pas que cet auteur vit le sang circulant dans le réseau capillaire, mais il sut donner la preuve de la continuité du système circulatoire des artères aux veines. Il fit cette importante constatation sur le poumon de la grenouille. Il faisait l'expérience en deux temps ; premièrement, il portait une ligature *peu serrée* sur le pédicule de cet organe de manière à y accumuler le sang en distendant ses vaisseaux par compression prédominante des veines ; puis, serrant davantage, il excisait l'organe, le faisait sécher et suivait ensuite *à la loupe*, sur sa surface, les vaisseaux artériels. Ceux-ci se montrent en continuité avec un réseau plus fin (les *capillaires*) qui communique avec les veines.

III. **Caractères du mouvement du sang dans les capillaires**. — Pour observer la circulation capillaire, *on choisit soit le mésentère, soit le poumon, soit la membrane interdigitale ou encore la langue de la grenouille* (fig. 118). L'animal est fixé sur une plaque de liège au moyen d'épingles ou bien immobilisé par le curare. La plaque est percée d'un trou au-dessus duquel on tend la membrane à observer, puis disposée sur la platine d'un microscope. Après quelques tâtonnements on trouvera bientôt dans le champ du microscope deux vaisseaux parallèles dans lesquels le sang se meut en sens inverse. L'un à parois plus épaisses est l'artère. L'autre la

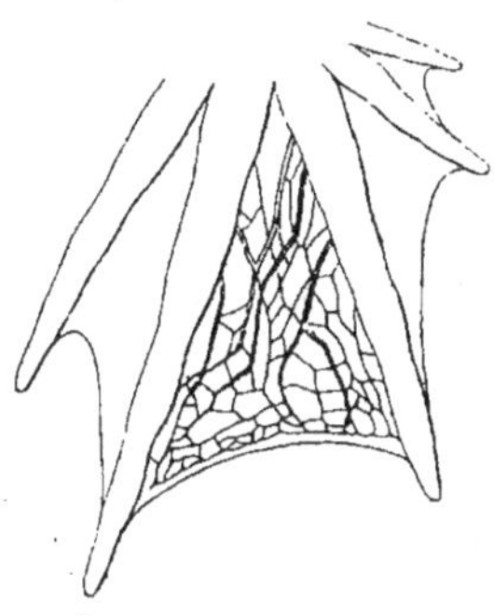

Fig. 118. — *Circulation capillaire de la membrane interdigitale de la grenouille* (d'après MAREY).

veine. On se rend compte de la direction du cours du sang par le mouvement rapide imprimé aux globules qu'il tient en suspension.

a) Dans les **capillaires moyens** *le mouvement du sang est uniforme* par suite de l'action de l'élasticité artérielle dont les effets se manifestent ici à leur maximum.

Les globules et le sérum n'occupent pas uniformément tout le calibre de ces vaisseaux. *Les globules forment une colonne centrale séparée de la paroi par un espace que le sérum occupe seul.* Cette séparation des éléments du sang est une conséquence du mouvement de celui-ci.

En effet, l'épaisseur de la couche de sérum, toute chose égale d'ailleurs, devient beaucoup moindre quand la vitesse des globules

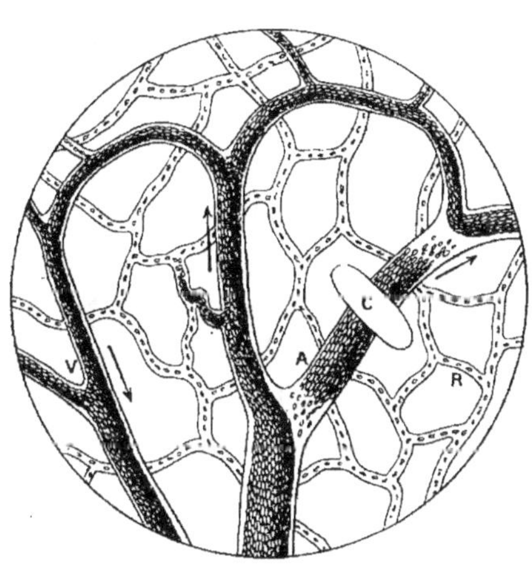

Fig. 119. — *Aspect de la circulation capillaire au microscope* (d'après POISEUILLE).

C, poids placé sur un vaisseau où le courant est artériel ; V, vaisseau dans lequel le courant est veineux.

est plus petite, de telle sorte qu'elle diparaît quand la vitesse est nulle. Si l'on place un poids en un point sur le trajet d'une artère les globules se répartissent dans toute l'étendue du vaisseau. Si on enlève ce poids les globules entrent en mouvement dans la partie moyenne du vaisseau où la vitesse est plus grande, et la couche de sérum reparaît aussitôt (POISEUILLE, *Mémoires des savants étrangers*, p. 144) (fig. 119).

b) Dans les **capillaires proprement dits** (au sens anatomique du mot) la circulation change un peu de caractères. Comme les canaux sont trop fins pour que le partage puisse se faire entre la partie liquide et les éléments solides du sang, les globules se trouvent obligés de se succéder un à un. Ils avancent par saccades et parfois s'accumulent en un point si l'un d'eux fait obstacle. D'autres fois ils changent quelque peu de forme pour franchir un étranglement.

Remarque. — D'une façon générale dans les capillaires, soit moyens, soit proprement dits, le courant général du sang se fait toujours dans les conditions normales des artères aux veines. Néanmoins *dans chaque capillaire en particulier le cours du sang est jusqu'à un certain point indéterminé*. Il suffit d'un obstacle sur une artère voisine pour que le courant change de sens. Grâce aux anastomoses qui unissent les vaisseaux artériels terminaux le sang fait très facilement le tour de l'obstacle.

IV. Résistance opposée par les capillaires à l'écoulement du sang. — Nous avons montré que la pression est assez élevée dans les artères et décroît lentement du cœur aux artères de calibre moyen. Dans les veines la pression est très faible et quelquefois même négative. Par conséquent *il y a une chute notable de la pression dans le système capillaire*. Les capillaires offrent, en effet, une résistance très grande au cours du sang. On pourrait s'en étonner, car si on totalise les petites artères la somme de leurs sections réunies est plus grande que celle de l'aorte. En se ramifiant, l'arbre circulatoire s'élargit considérablement. Cette capacité croissante du système artériel à mesure qu'il gagne la périphérie peut assez exactement être représenté par un cône. Les résistances opposées à l'écoulement du sang augmentent néanmoins à la périphérie, car la section totale des capillaires est représentée par la juxtaposition d'un nombre immense de tout petits tubes. Or au contact du sang et de la paroi des vaisseaux il existe une couche de sérum immobile retenue par adhérence à cette paroi qu'elle mouille. Cette couche agit de même sur la couche voisine plus rapprochée de l'axe et la ralentit. Le sang a sa vitesse maxima à une certaine distance de la paroi.

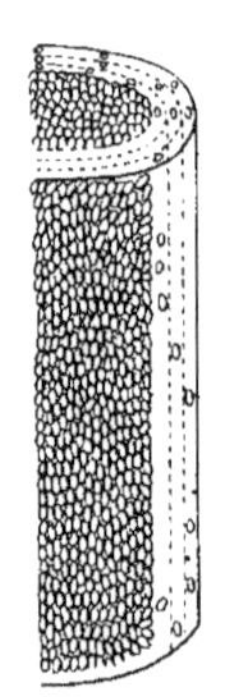

Fig. 120. — Schema de la répartition des globules dans un petit vaisseau (d'après POISEUILLE).

On constate facilement ces faits si l'on examine le cours du sang dans un vaisseau dont le diamètre permette le passage de plusieurs globules de front. La vitesse des globules est la plus grande dans l'axe des vaisseaux. Elle diminue de plus en plus en s'approchant de la couche de sérum. De plus, dans l'axe et dans son voisinage les globules n'ont qu'un mouvement de translation. Près de la couche de sérum ils ont un mouvement de translation et de rotation. Ce dernier mouvement est d'autant plus prononcé que les globules s'approchent plus de la couche de sérum. Les globules qui la touchent roulent pour ainsi dire sur elle et offrent un mouvement de translation beaucoup moins rapide que ceux de l'axe du vaisseau. A un examen prolongé il semble que quelques globules, heurtés par leurs voisins, sont laissés plus ou moins profondément dans la couche transparente, car ceux qui occupent les parties les plus externes de cette couche sont en repos, lors même qu'ils ne touchent pas les parois du vaisseau (fig. 120).

Quoi qu'il en soit, *la force d'attraction des parois vasculaires ne s'exerce dans les canaux de large section que dans une proportion relativement très faible sur le liquide qui traverse ces canaux : car en raison du large diamètre de ceux-ci la couche adhérente constitue une quantité négligeable par rapport à leur masse. Il n'en est plus de même dans les tubes capillaires : là au contraire la force attractive ou adhésive exercée par les parois reste constante et fait sentir son action sur la totalité du liquide.*

Lois de la circulation dans les tubes capillaires. — Dans les tubes de petit calibre la force adhésive des parois au liquide qui circule à travers les tubes prend une importance particulière et modifie les conditions de l'écoulement. Les formules ordinaires de l'hydrodynamique (loi de Toricelli) ne s'appliquent pas. Poiseuille a établi expérimentalement les lois qui régissent la circulation dans les tubes capillaires. Elles sont exprimées par les formules suivantes :

I.
$$Q = K \frac{Hd^4}{l}.$$

II.
$$V = K' \frac{Hd^2}{l}.$$

Q, le débit ou la dépense; V, la vitesse; H, la pression ou la charge; d, le diamètre des tubes; l, la longueur des tubes; K ou K' est une constante ou coefficient particulier pour chaque liquide.

Ces formules doivent se lire ainsi :

Le débit est directement proportionnel à la pression, inversement proportionnel à la longueur des tubes, et proportionnel à la quatrième puissance de leur diamètre.

La vitesse est proportionnelle à la pression, inversement proportionnelle à la longueur et proportionnelle au carré du diamètre des tubes capillaires.

Dans les **capillaires anatomiques** il est encore une autre cause de résistance au mouvement du sang fort importante. Les globules ne les traversent qu'avec difficulté, et parfois en se déformant, avec des frottements. Cette résistance ne peut être calculée, mais il est évident qu'elle modifie la circulation capillaire et que la loi de Poiseuille ne s'applique pas exactement à ces petits vaisseaux.

Mesure directe de la pression et de la vitesse. — I. — Sur l'animal on peut mesurer approximativement la *pression* au niveau des capillaires. Le principe de la méthode consiste à mesurer la valeur de la pression qui est capable de vaincre celle qui règne dans les capillaires. A cet effet on se sert d'appareils qui compriment les tissus et les anémient. On juge le phénomène par la décoloration des tissus. On suppose (ce qui n'est pas exact) que l'appareil compresseur n'éprouve pas d'autre résistance que la pression du sang à l'intérieur des vaisseaux.

II. — Pour mesurer la *vitesse* du sang dans les capillaires, on peut observer au microscope avec un oculaire micrométrique le temps nécessaire à un globule sanguin déterminé pour parcourir une certaine longueur. Il faut tenir compte de ce fait que le microscope grandit les espaces parcourus et que la vitesse subit une ampliation pareille. Ces déterminations sont du reste sans grand intérêt, car les valeurs trouvées ne correspondent qu'au mouvement des globules que l'on peut suivre isolément dans les capillaires de petit calibre. Dans les capillaires de gros calibre le courant est beaucoup trop rapide pour que les mouvements des globules puissent être suivis. Du reste le sang se meut dans un même capillaire avec des vitesses très différentes. Dans l'axe des vaisseaux le courant est plus rapide que sur ses bords.

V. **Rôle de la circulation capillaire**. — Il convient de faire une distinction suivant que le physiologiste envisage les petites artérioles ou veinules pourvues d'une couche de substances musculaires ou les capillaires proprement dits.

Les capillaires contractiles règlent la circulation du sang dans le département circulatoire qu'ils commandent, en ce sens qu'ils en modifient le débit en le proportionnant à l'état présent de l'activité fonctionnelle de l'organe correspondant.

Les capillaires anatomiques sont passifs. Sauf à l'*état embryonnaire* ils ne possèdent pas de mouvements propres. C'est à leur niveau que se passent les *échanges nutritifs* entre le sang et les tissus, échanges qui, en définitive, sont la raison d'être de toute la circulation. La quantité de sang qui sort d'un organe par ses veines est bien dans l'ensemble sensiblement la même que celle qui y entre par les artères, mais sa composition a été changée. Il a laissé certaines substances et en emporte d'autres. Le système vasculaire, clos de toutes parts, est, à ce niveau, sinon ouvert, du moins perméable. Les liquides le traversent avec les corps qu'ils tiennent en dissolution. Il y a même plus, les globules (surtout les globules blancs) ont le pouvoir d'éroder ses parois pour en sortir, phénomène auquel on a donné le nom de **diapédèse** (Cohnheim). Ce phénomène acquiert une grande intensité particulièrement dans l'empoisonnement par le *curare*.

Mouvements rythmés des vaisseaux. — Les vaisseaux présentent des mouvements spontanés. Le fait s'observe le mieux sur l'artère centrale et les veines marginales de l'oreille du lapin albinos (Schiff). Des constatations de même ordre ont été faites sur les vaisseaux de la salamandre (Spallanzani) et de la chauve-souris (Wharton Jones), sur les artères du mésentère de la grenouille (Riegel). Chez les mammifères, Brown-Séquard a observé des mouvements rythmiques des artères coronaires. D'ailleurs sur les tracés de pression artérielle on constate des variations qui ne peuvent s'expliquer que par des oscillations vaso-motrices en apparence spontanées.

Quelques physiologistes ont supposé que les vaisseaux doués de mouvements rythmés possédaient une action propulsive sur le sang et agissaient à la manière de cœurs accessoires (Bichat, Schiff). Cette hypothèse est inadmissible. En effet, pour que les mouvements rythmés des vaisseaux puissent aider à la progression du sang il faudrait que les contractions des vaisseaux soient péristaltiques, c'est-à-dire qu'elles se propagent successivement d'un point à un autre. Le sang chememinerait alors en quelque sorte à la manière du bol alimentaire dans l'œsophage par suite d'une onde de progression. Or, d'une part, quand un vaisseau se contracte c'est dans son ensemble d'un bout à l'autre; d'autre part, la contraction d'un vaisseau dénué de péristaltisme ne peut faire progresser le sang que s'il existe des valvules comme dans les veines.

VI. **Signes extérieurs de la circulation capillaire**. — Sur les régions glabres de la peau et sur les muqueuses accessibles au regard, on peut juger de l'état de la circulation capillaire par la **coloration** de ces parties. Lorsque, soit par l'arrêt du cœur, soit par la constriction de ses vaisseaux, le sang abandonne les capillaires d'une région, celle-ci devient pâle. Elle rougit au contraire quand le sang y circule avec abondance, grâce à la dilatation de ces vaisseaux.

Ces changements de coloration sont en rapport avec des modifications parallèles de la **température** et du **volume** de ces régions.

Les vaisseaux et les organes étant élastiques se laissent distendre par le sang. Sur un vaisseau isolé, le phénomène est très peu apparent. Il le devient sur un organe entier si on totalise les changements de volume de son arbre vasculaire au moyen d'un appareil à déversement (**plétysmographe**).

Les changements de volume des organes sont sous la dépendance du cœur, de la respiration et des vaso moteurs.

A chaque systole du cœur, les organes se dilatent. Il sort, en effet, moins de sang par les veines qu'il n'en pénètre tout d'abord par les artères, en raison de la résistance opposée par les capillaires à l'écoulement. Ce sang distend donc les vaisseaux avant d'avoir acquis son plein écoulement par les veines correspondantes. La dilatation d'un organe à chaque systole du cœur constitue le **pouls de cet organe**. La pulsation peut être rendue plus accentuée en établissant une contre-pression, qui agit concentriquement sur la partie du corps renfermée dans le plétysmographe. Cette pression extérieure a sa plus grande action au moment de la diastole du cœur. Au moment de sa systole, elle est vaincue à son tour et l'artère, d'abord vidée, se remplit à nouveau, passant ainsi alternativement de l'état de vacuité à l'état de plénitude et inversement. *Les oscillations sont maxima, quand il y a équilibre de pression entre l'extérieur et l'intérieur* (MAREY).

La **respiration** modifie différemment le volume des organes, suivant la prédominance de l'action exercée par les mouvements du thorax sur la circulation artérielle ou veineuse de ces organes.

Les modifications de volume, d'origine **vaso-motrice**, ont une durée plus longue que celles qui sont dues au cœur ou à la respiration. Le sens de la variation est en rapport avec l'activité de l'une ou de l'autre catégorie des nerfs vaso-moteurs.

BIBLIOGRAPHIE.

Régions où la circulation capillaire peut être facilement observée. — HOLMGREN, *Beiträge zur Anat. u. Phys., Festgabe f. C. Ludwig*, 1874, 33, 50. — HUETER. *Centralbl. f. d. med. Wiss.*, 1879. — MALPIGHI, *De pulmonibus epistola*, 1661; *Opera omnia.* Leyde, 1687. — ROLLETT, *Handb. d. Phys. Herman*, IV, 1, 309.
Décroissance de la pression dans les capillaires. — FICK, *Arch. f. d. ges. Phys.*, t. XLII. — GAD, *Centralblatt f. Phys.*, 1888.
Conditions physiques de la circulation capillaire. — ASCHERSON, *Arch. f. Anat. u. Phys.*, 1837. — CAMPBELL, *Lancet*, 1894, 1, 10, 594. — DUNCAN et GAMGEE, *Journal of Anat. and Phys.*, 1871. — C. A. EWALD, *Arch. f. Anat. u. Phys.*, 1877. — HARO, *C. R. Ac. sc.*. 1886. — B. LÉVY, *Die Reibung des Blutes. Arch. f. d. ges. Phys.*, LXV, 47. — POISEUILLE, *C. R. Ac. sc.*, 1835. *Mémoires des savants étrangers*, VII, XI, 433. *Annales de chimie*, 3e série, 1847, XXI. *C. R. Ac. sciences*. 1843, XVI. — REGNAULT, *Rapport sur le mémoire de Poiseuille. Annales de chimie et de physique*, 3e série, VII, 50. — SPALLANZANI, *Exp. sur la circ.*. p. 284. — A. STEFANI, *Arch. it. biol.*, XXI, 245. — E. WEBER, *Arch. f. Anat. u. Phys.*, 1837; 1838.
Évaluation de l'aire des capillaires comparée à celle de l'aorte : DONDERS, *Phys. des Mensch.*, 1, 131. — VIERORDT, *Die Ersch. u. Gesetze der Stromg. d. Blutes*, p. 72.
Inégale vitesse des globules blancs et des rouges du sang. — DONDERS, *Physiol. des Menschen.* 1859, 1. 135. — GUNNING, *Arch. f. d. Holland. Beiträge zur Naturlehre u. Heilkunde.* Utrecht, 1858. — HAMILTON, *Journal of Physiol.*, 1884, 66. — MAREY, *Circ. du sang.* 1881, 356. — MOLESCHOTT, *Wiener med. Wochensch.*, 1854. — SCHKLAREWSKY, *Arch. f. d. ges. Phys.*. 1868, 130. — TIGERSTEDT, *Lehrbuch d. Kreisl.*, p. 419, 1893.
Évaluation directe de la pression dans les capillaires. — BLOCH, *C. R. Ac. sc.*, CXXIII, 20, p. 835; *Biologie.* 1896, 745. — MAREY, *Circ. du sang*, p. 360, 362, 363. — NATHANSON, *Arch. f. d. ges. Physiol.*, 1886. — ROY et BROWN, *Journal of Physiology.* 1879. — V. KRIES, *Ber. der. Sächs. Gesell. d. Wiss. math. Phys. Classe*, 1875, 148.
Évaluation directe de la vitesse. — HALES, *Statique du sang.* Halle, 1748, p. 66. — MAREY, *Circ. du sang.* p. 362. — POISEUILLE, *Ac. des sc.. Mémoire des savants étrangers*, IX, 1846, 433. — TIGERSTEDT, *Lehrb. d. Kreisl.*, 1893. p. 422. — VALENTIN, *Lehrbuch der Phys.*. 1844. 1, 469. — VIERORDT, *Arch. f. phys. Heilkunde*, 1848; *Die Erscheinungen und Gesetze der Stromgeschwindigkeit. des Blutes.* Frankfort, 1858. — VOLKMANN. *Hämodynamik*, 1850, 184. — E. H. WEBER, *Arch. f. Anat. u. Phys.*, 1838.
Influence pouvant modifier le pouls capillaire. — BINET et COURTIER, *Biologie.* 1895, p. 806, 819; 1896, p. 279. *Année psychologique.* 1896. *C. R. Ac. sc.*, 1896, 505 (influence des repas. des exercices physiques, des émotions, des attitudes, du travail cérébral). — BINET et SOLLIER, *Arch. de Phys.*. 1895, 719. — BLOCH, *Arch. de Phys.*, 1873 (traumatismes). — FR. FRANCK, *Congrès de l'avanc. des sciences de Nantes*, 1875; *Trav. du lab. de Marey.* II. 1876; *Biologie.* 1881. 25 juin. *Arch. de Phys.*, 1890, 118. — HALLION et COMTE, *Arch. de Phys.*. 1894, 381 (infl. des excitations sensitives, des ingestions d'eau froide, etc.) *Arch. de Phys.*. 1897, 96 (forme du pouls total, influence des variations de la pression veineuse, de la pression artérielle, du volume de l'ondée projetée, de la position du membre exploré). — MAREY, *Ann. hist. nat.*, IX ; *Circ. du sang.*

p. 367. — Mosso, *Die Diagnostik des Pulses.* Leipzig, 1879. *Arch. it. de biol.*, 1884, V, 130. — Sewall et Sandford, *Journal of Physiol.*, 1890. — Suc, Thèse Fac. méd., Paris, 1878.

Influence du travail intellectuel. — Binet, *Revue des sciences*, 1896, 63. — Binet et Courtier, *loco citato.* — Dumas, *Revue philosophique*, 1896. — Féré, *Biologie*, 1886, 399. — Hallion et Comte, *Arch. de Phys.*, 1895, 98 (exp. sur une hystérique). — Kiesow, *Philosophical Stud.*, XI, 41, 61. — Mosso, *Temperat. del cervello.*

Variations de volume des membres liées à la respiration. — Binet et Courtier, *C. R. Ac. sc.*, 1895, juillet; *Année psychologique*, 1896. — Binet et Sollier, *Arch. de Phys.*, 1895, 726. — Fr. Franck, *Tr. lab. Marey.* — Hallion et Comte, *Arch. de Phys.*, 1896, 216. — Mosso, *Die Diagnostik des Pulses.* Leipzig, 1879; *Archiv. ital. de biol.*, V; *Temperatura del cervello.* — Tigerstedt, *Lehrbuch des Kreislauf.*, 1893, 459. — Wertheimer, *Arch. de Phys.*, 1895, 735.

Diapédèse. — Arnold, *Arch. f. path. An. u. Phys.*, LVIII. Anal. in *Rev.* — Hayem, III, 354. — Cohnheim, *Arch. Virchow*, XL, 1867, 1. — Hering, *Sitz. ber. Wiener Akad.*, 1867. — Lortet, Pénétr. des leucocytes dans l'int. des membr. org., *C. R. Ac. sc.*, 1868, 1714. — Ranvier, *Traité technique hist.*, 1875, 607. — Stricker, *Sitz. ber. Wiener Akad.*, 1866. — Tarchanoff, infl. du curare. *Biologie*, 1874. *Gazette méd. Paris*, 1875.

Contractilité des capillaires embryonnaires. — Fr. Franck, *Gaz. hebdom.*, 1880. — Golubew, *Arch. f. mikrosc. Anat.*, 1869. — Marey, *Circ. du sang*, 1881, 373. — Rouget, *C. R. Ac. sc.*, 1879. — Roy et Brown, *Journal of Phys.*, 1879. — Stricker, *Sitzungsber. d. K. Wiener Akad. Wiss.*, 1865; 1866; 1876. *Untersuchungen zur Naturlehre*, 10. — Tarchanoff, *Arch. f. d. ges. Phys.*, 1874.

Mouvements rythmés des vaisseaux. — Bérard, *Cours de Phys.*, III, 774. — Bichat, *Ana.. gén.*, 1801, I, 509. — Brown-Séquard, *Biologie*, 1880, 384. — Cadiat, *Biologie*, 1879, 191 (*Expériences sur la Seiche*). — Milne-Edwards, IV, p. 218. — Ranvier, *C. R. Ac. sc.*, t. 116. p. 84. — Schiff, *Recueil des mém. phys.*, I, 131, 139. — Bricon, *thèse Strasbourg*, 1876. Rôle des mouv. des vais. dans la progression du sang.

QUATRIÈME PARTIE
CIRCULATION VEINEUSE

A. — CARACTÈRES PARTICULIERS DES VEINES.

Structure. — Les veines ont une structure assez analogue à celle des artères. Leurs parois sont formées de trois tuniques, mais celles-ci sont moins bien délimitées, notamment les deux externes. Comme les artères, les veines renferment des *éléments musculaires* et *élastiques*, mais en quantité beaucoup moindre.

La présence de **valvules** sur le trajet des veines constitue une disposition particulière à ces vaisseaux. Les valvules ont été bien décrites, déjà anciennement, principalement par FABRICE D'AQUA-PENDENTE. Elles ont la forme de clapets semi-lunaires, situés généralement deux en face l'un de l'autre. Elles s'ouvrent du côté du cœur et se ferment du côté des capillaires. Les valvules font défaut dans la veine porte, la veine rénale, les veines utérines, les veines pulmonaires, les veines du crâne. On n'en trouve pas non plus dans les petites veines ayant un diamètre inférieur à deux millimètres. Elles sont surtout nombreuses dans les veines des membres, et particulièrement (chez l'homme) dans celles des membres inférieurs.

Extensibilité et résistance des veines. — La paroi veineuse est beaucoup moins épaisse que celle des artères correspondantes. Cependant les veines présentent une très grande résistance. Leurs parois ne se rompent que si la pression atteint plusieurs atmosphères. La résistance des veines est comparativement légèrement supérieure à celle des artères. Les veines sont aussi *plus extensibles*.

B. — FONCTIONS DES VEINES.

Les veines ont deux fonctions : 1° *Elles ramènent le sang au cœur* et ferment ainsi le cycle parcouru par ce liquide. 2° *Elles constituent un réservoir* qui règle la quantité de sang contenu dans les artères.

I. — *Étude du système veineux considéré en tant que réservoir pour le sang.*

La **capacité** du système veineux est de beaucoup supérieure à celle du système artériel. Pour une artère, on compte généralement deux ou plusieurs veines, et encore de calibre habituellement supérieur. En plus il y a des lacis veineux, par exemple, au niveau des reins, à la surface de la peau, etc. On s'explique ainsi que les veines soient non seulement des conduits destinés à ramener le sang au cœur, mais puissent servir en quelque sorte de **réservoir** et de lac sanguin. C'est en les distendant que l'excès de liquide introduit par l'absorption fuit les artères et corrige l'élévation de pression qui tend à se produire dans ces vaisseaux. Dastre et Loye ont constaté que la pression artérielle ne varie sensiblement que si la masse du sang est augmentée d'un huitième. De même dans les hémorragies, la pression artérielle baisse moins qu'elle ne le ferait si les veines ne se vidaient d'une partie du sang qu'elles contiennent afin de rétablir la tension artérielle momentanément déséquilibrée. Arloing a constaté que pour obtenir une chute de pression artérielle égale au 1/5 ou 1/6 de la pression normale, il faut extraire un tiers environ de la masse du sang. La pression artérielle est donc indépendante dans une certaine mesure de l'état de réplétion du système vasculaire. Il devait en être ainsi, car le système artériel a pour fonction d'être toujours semblable à lui-même en vue d'assurer la continuité de la nutrition. Les veines assurent cet équilibre et représentent un réservoir où l'excès de sang peut être emmagasiné. *La* **régulation** *est assurée par l'intermédiaire du système nerveux.* Dastre et Loye ont constaté en effet qu'elle ne se produit pas chez les animaux soumis à l'anesthésie. Il en est de même chez les animaux nouveau-nés, chez lesquels les mécanismes régulateurs sont d'une façon générale très peu développés. Les vaso-moteurs ont probablement un rôle prépondérant.

Ces faits ont conduit Dastre et Loye à une méthode rationnelle de lavage du sang et des tissus dans les maladies. Il est possible en effet de faire pénétrer dans le sang un liquide sous pression qui n'enlève point d'éléments essentiels à la constitution de l'organisme et s'échappe par le rein chargé seulement de produits solubles nuisibles à l'économie. — Dastre et Loye, *Archives de Physiologie*, 1888, p. 93 ; 1889, p. 253. — *Biologie*, 1889, p. 261. — Consulter : discussions, *Biologie*, 1896. — *Lejars*. Paris. Masson, 1897 (travail d'ensemble).

II. — *Progression du sang dans les veines.*

Césalpin, de Pise, a constaté le premier que les veines ramènent le sang au cœur. Il remarqua que les veines se gonflent quand on applique une ligature sur ces vaisseaux et que ce gonflement a toujours lieu au-dessous du point comprimé, jamais au-dessus. Césalpin ne paraît toutefois avoir eu qu'une idée vague de la circulation générale, c'est-à-dire du passage continu du sang dans un système de vaisseaux formant un cercle complet. La démonstration de ce fait ne fut donnée que par Harvey.

Les conditions générales qui assurent la progression du sang dans les vaisseaux sont ici les mêmes dans leur ensemble. Nous aurons en plus à faire la part de certaines conditions particulières. ***L'action propulsive du cœur suffit à ramener le sang au cœur.*** Indépendamment de cette influence principale, il en est d'autres adjuvantes, ce sont : *l'aspiration exercée par le cœur sur le sang veineux ;* la *contraction musculaire ;* la *pesanteur ;* les *mouvements respiratoires....*

1° Action propulsive du cœur. — Harvey a montré que la cause première du mouvement du sang dans les veines est dans la systole ventriculaire. Toutefois, quelques physiologistes ont soutenu que l'action du cœur a des limites, et s'épuise là où le sang artériel se transforme en sang veineux. Pour Bichat, le retour du sang est assuré par l'activité propre des capillaires. Ce physiologiste admettait une espèce d'oscillation, de vibration insensible, des petites artères. Plus tard, quand on eut démontré que ces vaisseaux étaient contractiles, on invoqua les contractions rythmiques de ces organes pour expliquer la progression du sang veineux (Schiff). Bichat, à l'appui de son opinion, montrait que si on comprime l'artère d'un membre, après avoir fait une plaie veineuse, le sang de la veine continue à couler quelque temps encore, bien que l'action du cœur ne puisse plus se faire sentir. Magendie combattit l'interprétation de Bichat et prouva que le fait peut s'expliquer par le retrait élastique des parois artérielles. Ce retrait n'a lieu que parce que l'artère a été au préalable dilatée par le sang sous l'influence de la systole cardiaque. Il est donc illusoire d'invoquer une force nouvelle. Celle du cœur explique tout. Une partie est emmagasinée pendant la systole et restituée pendant la diastole (Voy. p. 124 ; 142).

2° Influence aspiratrice du cœur. — L'influence aspiratrice du cœur sur la progression du sang veineux est accessoire, comparée à l'action propulsive des ventricules. Le mécanisme de cette aspiration est complexe.

a. **Force aspiratrice intrinsèque du cœur.** — Le cœur possède une force aspiratrice intrinsèque. Le muscle cardiaque est à la fois une pompe aspirante et foulante.

Expérience. — On place un manomètre dans la veine jugulaire d'un cheval dont on a ouvert le thorax et sur lequel par conséquent on a supprimé toute influence possible de la dépression thoracique. On constate qu'à chaque battement du cœur il se produit une aspiration du liquide contenu dans le manomètre (Chauveau).

La méthode graphique montre :

1° Que l'aspiration du cœur s'exerce *pendant la systole du ventricule*, et,

2° Que cette aspiration *résulte de l'agrandissement de la cavité auriculaire sous l'influence de cette systole*.

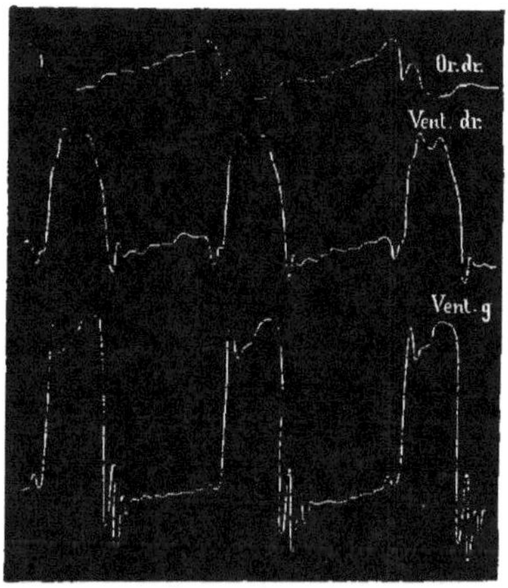

Fig. 121. — *Place de l'aspiration dont la cavité auriculaire est le siège* (d'après Chauveau).

Expérience faite sur un cheval se trouvant dans des conditions absolument physiologiques ; *Or.dr*, tracé des mouvements de l'oreillette droite ; *V.dr*, tracé des mouvements du ventricule droit ; *V.g*, tracé des mouvements du ventricule gauche.

Expérience. — Si on explore au moyen des sondes cardiographiques la pression simultanément dans l'oreillette droite et dans le ventricule droit d'un cheval, on constate que les plumes auriculaire et ventriculaire donnent des tracés inverses qui se rapprochent et s'éloignent continuellement. La courbe auriculaire s'abaisse brusquement immédiatement après le début de la systole ventriculaire, et se relève au moment où le relâchement du muscle est tout à fait accompli. Ce phénomène indique un agrandissement de l'oreillette qui doit avoir pour conséquence l'aspiration du sang veineux (fig. 121).

Quand l'animal a subi une perte considérable de sang, les battements du cœur se précipitent afin de maintenir la tension artérielle normale. A cause de la quantité relativement petite de sang qui se trouve alors dans les veines, l'aspiration ventriculaire se fait sentir avec une violence inaccoutumée (Chauveau).

L'inspection du cœur permet d'élucider le mécanisme de l'agrandissement de la cavité auriculaire indiqué par l'emploi des sondes cardiographiques. Les ventricules en se contractant se raccourcissent, mais la pointe du cœur ne se déplace pas, grâce au recul hydro-

dynamique. Par contre, la base des ventricules s'abaisse vers la
pointe du cœur. Les valvules tricuspide et mitrale étant relevées

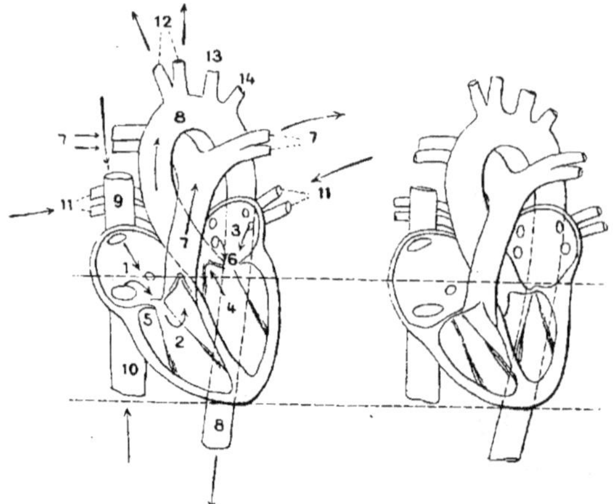

Fig. 122. — *Schéma montrant le recul balistique du cœur et l'aspiration du sang dans
les oreillettes* (d'après CONTEJEAN).

1, oreillette droite ; 2, ventricule droit ; 3, oreillette gauche ; 4, ventricule gauche ;
5, orifice auriculo-ventriculaire droit ; 6, orifice auriculo-ventriculaire gauche ; 7, artère
pulmonaire ; 8, crosse de l'aorte ; 9, veine cave descendante ; 10, veine cave ascendante ;
11, veines pulmonaires ; 12, tronc brachio-céphalique ; 13, carotide gauche ; 14, sous-
clavière gauche.

à ce moment sont entraînées avec le ventricule. Il en résulte que
le plancher des cavités auriculaires s'abaisse sensiblement (CHAUVEAU
et FAIVRE) (fig. 122) (p. 36).

L'aspiration propre du cœur s'exerce surtout par le ventricule
droit sur le sang des veines caves ; mais il est vraisemblable que
le cœur gauche exerce une influence analogue, quoique peut-être
moins forte, sur celui des veines pulmonaires.

b. **Influence aspiratrice de la diminution de volume du cœur.** —
Sur un sujet normal le thorax constitue une cavité close. Or, quand
les ventricules du cœur se contractent, leur volume diminue
du volume du sang expulsé dans les artères. Il en résulte nécessairement un certain vide qui renforce la pression négative intrathoracique qui existait déjà. Les poumons, la paroi thoracique et
le diaphragme sont aspirés, entraînés vers le cœur. Les organes
obéissent à cette aspiration dans la limite de leur mobilité. Ils
prennent une partie de la place laissée libre. Au moment de la diastole
ils reviennent, par suite de leur élasticité, à leur position primitive.
Ils tirent à leur tour sur les parois du cœur et des veines qui s'y
abouchent, exerçant ainsi une sorte de succion sur le sang veineux.

La force adjuvante qui attire ainsi le sang dans l'oreillette est empruntée au cœur au moment de sa contraction, emmagasinée dans le tissu élastique des poumons et dans les organes voisins, et restituée dans l'intervalle du repos du cœur.

Ce mécanisme indiqué déjà par Hunter a été nettement formulé en 1858 par Chauveau. De nombreuses expériences ont prouvé qu'il intervient dans la progression du sang veineux. Il s'en faut cependant qu'il ait l'importance que quelques auteurs ont voulu lui attribuer. En abaissant le plancher auriculo-ventriculaire, la systole des ventricules exerce une influence aspiratrice bien autrement accentuée et efficace (Chauveau).

L'aspiration exercée à la surface externe des ventricules par le retrait élastique des organes voisins, se traduit sur les tracés de pression dans les expériences cardiographiques de Chauveau et Marey par un abaissement de la ligne au-dessous de celle du zéro, ce qui indique un vide relatif dans le ventricule. Ce *vide postsystolique* ne dure qu'un instant très court, précisément parce que l'afflux de sang vient aussitôt satisfaire l'aspiration intraventriculaire (p. 230).

Remarque concernant l'activité supposée de la diastole. — La dilatation du cœur se fait avec une telle énergie que beaucoup de physiologistes ont pensé qu'elle résulte d'une propriété vitale particulière des parois ventriculaires. La diastole serait active et due à l'action de fibres musculaires présentant une disposition appropriée. Harvey avait déjà combattu cette supposition : « On commet généralement une erreur en disant que le cœur, par son mouvement ou sa dilatation, attire le sang dans sa cavité ; car lorsqu'il se meut et se contracte, il chasse le sang ; quand il n'agit plus, quand il se relâche, le sang afflue dans ses cavités. » L'examen du cœur avec l'œil et avec le doigt prouve que *la diastole est passive.* Le cœur à ce moment est mou (p. 35). *La dilatation des oreillettes et des ventricules est due à un simple retour des fibres contractées à leur longueur de repos par l'effet de leur élasticité.* Il s'agit plutôt d'une véritable détente élastique que d'une dilatation active. Les choses se passent comme si le cœur était une poire de caoutchouc qui pressée et relâchée peut se dilater et aspirer (Voy. p. 131).

Mesure des changements de volume du cœur. — La diminution de volume subie par le cœur pendant la systole peut être mesurée et inscrite en appliquant à cette étude la méthode plétysmographique.

Chez les *animaux à sang froid* le cœur excisé est suspendu dans un réservoir (plein d'huile p. e.) en communication avec un tambour de Marey. Une circulation artificielle est pratiquée à travers le muscle de telle sorte que cet organe puisse se vider à l'extérieur (fig. 123). Chez les *mammifères* on fixe sur une ouverture pratiquée au péricarde un tube en communication avec le tambour inscripteur. Chaque systole se traduit par un abaissement du levier inscripteur, chaque diastole par un mouvement d'ascension de ce levier (fig. 124).

Vérification expérimentale des effets des changements de volume du cœur. — Les effets des changements de volume du cœur, déduits du raisonnement, ont été vérifiés par l'expérience. Si on enferme un cœur de tortue complet, avec une sorte de poumon artificiel, formé d'une mince ampoule de caoutchouc à demi insufflée, le ventricule en se contractant crée une aspiration qui provoque chaque fois l'expansion de l'ampoule et des cavités auriculaires (Fr. Franck). Chez les mammifères la diminution de volume du cœur est rendue manifeste par la pulsation négative obtenue si on applique le cardiographe sur les régions du thorax qui ne sont pas directement en contact avec les ventricules. La percussion montre aussi que

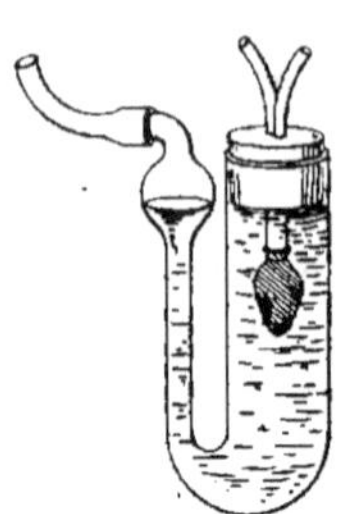

Fig. 123. — *Mesure des changements de volume du cœur de la grenouille.*

le poumon recouvre plus le cœur pendant la systole que pendant la diastole. Le phénomène peut être suivi à l'aide des rayons Rœntgen (Potain) (p. 16). Enfin en enregistrant les battements du cœur par l'intermédiaire de la trachée reliée à un tambour de Marey, sur un chien dont la respiration est arrêtée (par la section du bulbe), on constate que la diastole provoque une expiration, la systole une inspiration d'air (P. Bert). L'exploration manométrique bucco-pharyngienne pratiquée chez l'homme pendant une suspension des mouvements respiratoires conduit aux mêmes résultats. Cependant, dans le cas où la glotte est fermée, les indications de changements de volume ne sont plus transmises. Le tracé ne traduit plus que les pulsations des artères bucco-pharyngiennes (Chauveau, Mosso). En Allemagne, on a désigné sous le nom de *mouvements cardio-pneumatiques* ce double courant d'air dans les voies respiratoires à chaque révolution du cœur.

Souffles extracardiaques. — Dans certaines conditions le double courant d'air qui se produit à chaque révolution

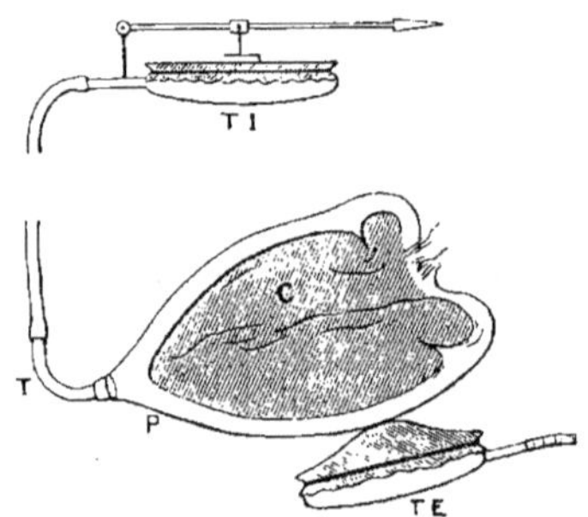

Fig. 124. — *Mesure des changements de volume du cœur sur le chien par l'intermédiaire d'une fistule péricardique.*

C, cœur; P, péricarde; T, tube introduit à travers la fistule du péricarde; T.I, tambour inscripteur; T.E, tambour explorateur destiné à recueillir parallèlement la pulsation du cœur (d'après Fr. Franck).

cardiaque dans les voies pulmonaires peut donner naissance à des souffles. L'importance de ces souffles extracardiaques en clinique a été montrée par Potain. Leur mécanisme a été élucidé expérimentalement surtout par Chauveau. Le cœur au début de la systole change de forme. Par suite des lames pulmonaires placées sur les côtés ou au-devant du cœur se développent et peuvent donner naissance à un souffle. De plus en se vidant et en projetant le sang en dehors de la poitrine le cœur diminue de volume et augmente le vide pleural. Il provoque ainsi l'irruption de l'air dans les poumons et l'apparition de bruits de souffle. Les souffles extracardiaques peuvent aussi se produire pendant la diastole. En effet au moment où le cœur change de forme, au début de la systole, il permet bien le développement de certaines lames pulmonaires, mais il en comprime d'autres suivant que ces lames sont situées là où le ventricule diminue de volume ou là où il s'épaissit. Pendant la diastole les lames pulmonaires comprimées reviennent à leur développement primitif et peuvent ainsi donner naissance à un souffle. D'après Chauveau, chez les animaux que l'on fait mourir d'hémorragie, il arrive un moment où l'on perçoit un souffle systolique. Ce souffle peut être d'origine extracardiaque et comparable à ceux observés en clinique chez les anémiques. L'influence de l'hémorragie s'expliquerait ainsi. Les changements de volume du cœur deviennent plus accentués. Par suite l'appel exercé par le cœur sur les poumons est plus caractérisé.

Pression négative dans le cœur. — C'est un fait d'expérience que la pression dans les cavités du cœur, et principalement dans l'oreillette, peut devenir *négative* à certains moments de la révolution cardiaque. Ce fait est mis hors de doute par l'artifice suivant dû à Chauveau et Marey : La sonde cardiaque ordinaire est remplacée par une autre dont la lanterne terminale (c'est-à-dire le squelette métallique qui porte la membrane élastique déformable) est remplacée par une olive simplement percée de trous. Ceux-ci sont assez fins pour empêcher la membrane qui coiffe l'olive, sans tension, d'être déformée dans le sens des pressions positives, mais assez larges néanmoins pour laisser passer l'air en sens inverse et distendre la membrane dans le cas de pression négative. Dans le tracé ainsi obtenu, tous les sommets des pulsations (c'est-à-dire les parties de ces pulsations qui répondent à une pression positive) sont tronqués et remplacés par une ligne horizontale qui représente le zéro de la pression. Pour déterminer la place de ce zéro dans un tracé quelconque, il faut remplacer cette sonde spéciale par la sonde ordinaire et superposer, en quelque sorte, les deux tracés en se guidant sur leurs accidents principaux pour faire la comparaison. On peut également employer le procédé suivant plus simple, mais qui n'est correct qu'autant qu'on tient compte de certaines conditions accessoires et, en particulier, de la température inégale de la sonde dans l'air extérieur et dans le cœur : L'appareil manométrique dans son entier (sonde conjuguée au tambour à levier) représente, avant son introduction, un système clos qui est à la pression de l'atmosphère. On lui fait tracer par la plume de son tambour une ligne sur le cylindre inscripteur, et après un tour complet on arrête le mouvement de rotation de celui-ci. La sonde est alors introduite dans la cavité cardiaque dont on veut explorer la pression ; une fois en place le cylindre est de nouveau mis en marche : toute la partie du tracé ainsi pris, qui est au-dessus de la ligne horizontale tracée d'avance, représente des pressions supérieures à celles de l'atmosphère, et toutes celles au-dessous des pressions inférieures à la pression atmosphérique, c'est-à-dire négatives.

La pression peut être négative non seulement dans l'oreillette, mais aussi dans le ventricule ; et soit dans celui-ci soit dans celle-là, elle l'est plus à certains moments qu'à d'autres. C'est ainsi, par exemple, que pendant le mouvement *inspiratoire* qui tend à dilater toutes les cavités contenues dans la poitrine, la valeur négative de la pression intracardiaque tend à s'exagérer : inversement, pendant le mouvement *expiratoire*, qui représente une pression positive exercée extérieurement sur le cœur, cette valeur négative diminue, mais néanmoins il peut se faire que la pression intracardiaque reste alors au-dessous de zéro, même dans le ventricule. Il y a donc des forces aspiratrices agissant pour appeler le sang dans l'intérieur de toutes les cavités du cœur.

Au sujet de la valeur de ces forces il y a lieu de faire une remarque : Chez un animal debout sur ses pieds, le système circulatoire peut être comparé à un tube dressé verticalement dans lequel, en dehors de toute pression des parois, une seule tranche de liquide est à la pression de l'atmosphère, à savoir : celle qui est à la partie tout à fait supérieure du système, et qui répond aux vaisseaux de la tête dans l'animal vivant. Partout ailleurs il faut, pour avoir la pression réelle, ajouter à la somme des pressions (positives ou négatives) en ce point, une charge équivalente à la hauteur de la colonne liquide à partir de ce point jusqu'à son sommet. Le cœur subit certainement une charge de cette nature, plus forte dans le ventricule que dans l'oreillette, ainsi que le montrent les mesures manométriques exécutées comparativement dans les deux cavités. Cette charge, qui est à ajouter à la somme des pressions positives, lutte d'une façon constante contre les pressions négatives que le manomètre accuse, de sorte que pour avoir la valeur vraie de la force aspiratrice du cœur il faut, en changeant son signe, l'ajouter à ces pressions elles-mêmes.

La détermination de la nature de ces forces aspiratrices est un des points les plus délicats de la mécanique cardiaque. Si nous laissons de côté le rôle des muscles inspirateurs dont il a été question plus haut, ce mécanisme varie quelque peu d'une cavité à l'autre. Pour l'*oreillette*, en particulier, on peut invoquer l'agrandissement passif qui lui est communiqué par l'abaissement de la cloison auriculo-ventriculaire au moment de la systole du ventricule ; la pointe du cœur, comme on sait, ne quittant jamais l'espace angulaire compris entre le diaphragme et les côtes (Chauveau) (p. 226). Pour le *ventricule*, on ne peut plus invoquer (la respiration toujours mise à part) une action extérieure du même genre ; c'est donc sa propre paroi qui, après s'être resserrée au moment de la systole, se dilate tout à coup excentriquement, de manière à faire appel sur le sang en tendant à le soustraire à la pression atmosphérique. Cette dilatation est active en ce sens qu'elle consomme une certaine quantité d'énergie (sans laquelle elle ne se comprendrait pas, du reste) et que cette énergie est d'origine musculaire et même d'origine cardiaque. Mais il faudrait se garder d'y voir la preuve de l'existence dans le muscle du cœur d'un phénomène d'allongement *actif* de ses fibres, comme quelques-uns l'ont prétendu. La dépense d'énergie qui produit la dilatation ventriculaire ne se fait pas pendant la diastole, mais pendant la systole. Le ventricule, en se contractant dans un espace clos, la cage thoracique, comparable à une cavité rigide, en même temps qu'il expulse le sang contenu dans son intérieur, emploie une partie de son énergie à dilater une cavité élastique voisine, le poumon, et c'est cette énergie emmagasinée qui intervient au moment de la diastole pour le dilater à son tour. En d'autres termes, la systole ventriculaire augmente l'aspiration thoracique ; la diastole ventriculaire profite ensuite de cette augmentation pour remplir le ventricule. On peut comprendre ainsi que la systole ventriculaire, agissant sur l'élasticité propre du tissu du cœur, déforme le ventricule au delà d'une position moyenne qu'il tend à reprendre au moment du repos diastolique (p. 227). — Telle est, jusqu'à plus ample informé, l'explication la plus probable de l'existence, mise hors de doute par l'expérience, des pressions négatives dans les cavités du cœur. Consulter : Marey, *Physiologie générale de la circulation*, 1863, p. 94. — *Circ. du sang*, 1881, p. 111.

Rôle de la systole de l'oreillette dans le remplissage des ventricules. — Dès la fin de la systole les cavités du cœur se gonflent graduellement sous l'influence de l'arrivée du sang que le système veineux y déverse, ainsi que le prouve l'obliquité ascendante de la ligne des tracés intraauriculaire et intraventriculaire et de la pulsation cardiaque pendant la diastole. Au moment de la systole de l'oreillette le courant du sang vers le ventricule acquiert plus d'énergie. En effet, HARVEY ayant ouvert la pointe du cœur vit qu'à chaque systole auriculaire le jet du sang subit un renforcement. L'exploration de la pression dans les cavités du cœur avec une sonde cardiographique montre aussi qu'au moment de la systole auriculaire il se produit une brusque élévation de pression ventriculaire qui s'accuse même par un léger choc présystolique (CHAUVEAU et MAREY). FR. FRANCK, au moyen de deux palettes hémodrographiques fixées l'une dans le ventricule, l'autre dans l'oreillette s'est assuré que le courant sanguin est réellement renforcé pendant la systole de l'oreillette.

L'action de l'oreillette peut acquérir dans certains cas une grande importance fonctionnelle. CHAUVEAU et ARLOING citent un cas de calcification ventriculaire où évidemment la contraction de cet organe était supplée par celle de l'oreillette. Toutefois l'oreillette n'est pas indispensable au remplissage des ventricules. La circulation n'est pas sensiblement modifiée quand on arrête le mouvement de l'oreillette par des excitations locales. Il en est de même dans les cas rares où l'oreillette suit un rythme absolument différent de celui du ventricule (CHAUVEAU).

3° **Influence adjuvante des mouvements des muscles**. —

La contraction des muscles situés au voisinage des veines aide à la propulsion du sang veineux. En effet, les muscles qui se contractent augmentent d'épaisseur et expulsent ainsi le contenu des veines en aplatissant ces vaisseaux.

Deux conditions sont nécessaires pour que l'action de la contraction musculaire s'exerce d'une manière favorable, à savoir: la *présence des valvules* sur le trajet des veines et l'*alternance des temps d'activité et de repos des muscles*.

L'influence de ces deux conditions se comprend d'elle-même. Il est possible qu'elles expliquent pourquoi, chez les facteurs qui marchent beaucoup, on n'observe jamais de varices. Chez les imprimeurs et les blanchisseurs qui restent debout sans marcher, la stase veineuse et l'œdème des jambes sont par contre fréquents.

L'alternance des temps d'activité et de repos des muscles favorise l'écoulement du sang veineux, non pas exclusivement par suite de l'action mécanique que nous avons signalée, mais aussi en donnant passage au niveau des capillaires à une plus grande quantité de sang. Il passe en effet plus de sang à travers un muscle qui se contracte rythmiquement qu'à travers un muscle tétanisé ou au repos (p. 266). C'est pour cette double raison qu'il est rationnel dans l'opération de la saignée, de recommander au patient d'exécuter des mouvements de la main.

BRAUNE a montré également que les mouvements alternatifs d'extension et de relâchement des membres provoquent des modifications dans le calibre et la longueur des veines et créent, par suite de l'aspiration exercée ainsi sur le sang veineux, une condition favorable à la progression de ce liquide. *Ber. d. sächs. Gesell.*, 1870.

4° Influence de la pesanteur. — La progression du sang dans les veines est favorisée ou retardée suivant les régions du corps et les attitudes par la pesanteur.

Ainsi les vaisseaux sus-cardiaques (artères et veines) forment siphon. Le poids de la colonne artérielle est équilibré par celui de la colonne veineuse. Le cœur n'a pas à s'imposer un surcroît d'activité pour faire monter le sang à la tête.

Dans les vaisseaux sous-cardiaques le siphon est renversé. Le cœur ne gagne rien à ce que le sang s'écoule dans les artères par l'action de la pesanteur, puisqu'il doit ensuite remonter dans les veines. C'est du moins ce qui se passerait dans un système rigide dépourvu de valvules et sans intermittences dans son écoulement. Les *valvules* empêchent le poids de la colonne de sang représentée par la hauteur du membre de peser tout entier sur les radicules veineuses, ce qui gênerait l'arrivée du sang nouveau. Mais pour cet effet il ne faut pas que les veines soient remplies complètement, sans cela les valvules flotteraient dans la colonne liquide sans en interrompre la continuité. Il faut que, grâce aux pressions exercées de temps en temps par les muscles du voisinage, certains troncs vasculaires soient vidés. Dès lors la colonne de sang est fragmentée ; des espaces presque vides placés sur le trajet des veines permettent aux valvules de se fermer sous la charge des tronçons veineux remplis de sang situés au-dessus d'elles (MAREY).

Les changements de position, *les mouvements alternatifs d'élévation et d'abaissement des membres* peuvent aider puissamment à la progression du sang veineux en faisant intervenir favorablement la pesanteur. Ainsi, s'agit-il du membre supérieur, la colonne sanguine au moment de l'élévation est sollicitée par la pesanteur et descend rapidement du côté du cœur. Au moment de l'abaissement elle repose sur les valvules, qui se ferment devant elles, sans rien perdre du chemin qu'elle avait parcouru.

5° Influence de l'expansion des artères. — L'expansion des artères favorise l'issue du sang veineux toutes les fois que l'organe est enfermé dans une enveloppe peu extensible. Les veines sont vidées de leur contenu par suite de la pression qu'elles subissent à chaque systole nouvelle du cœur. Il en est ainsi dans le cerveau, dans l'œil et aussi dans le sinus caverneux par suite de ses rapports avec la carotide. Il peut aussi arriver que les veines satellites soient influencées par les pulsations rythmiques d'une artère (OZANAM).

6° Influence de la dépression thoracique et des mouvements respiratoires.

— La pression atmosphérique s'exerçant sur la surface interne des poumons par l'intermédiaire de la trachée applique ces organes sur la paroi costale. L'élasticité pulmonaire lutte contre la pression atmosphérique et tend constamment à décoller les deux feuillets de la plèvre l'un de l'autre. Cette force élastique de rétraction des poumons s'exerce sur tous les organes contenus dans la poitrine. Elle tend à distendre les parois du cœur et des gros vaisseaux et contribue à maintenir la béance des veines du thorax, créant par cela même une condition favorable au remplissage du cœur droit.

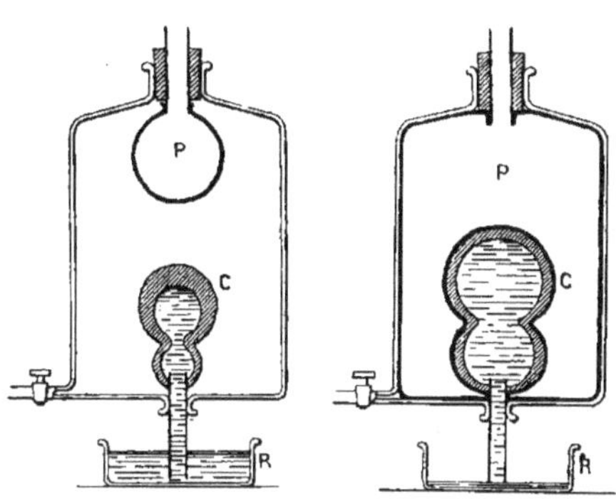

Fig. 125 (d'après Hermann).

Un flacon figure la cage thoracique. Il communique avec l'extérieur par un robinet et contient deux vessies élastiques ; l'une représente le poumon P et communique avec l'air extérieur par un tube, l'autre représente le cœur C et communique avec un réservoir R rempli d'eau (système veineux). Si (fig. 2) par l'intermédiaire du tube muni d'un robinet on fait le vide dans le flacon les deux vessies se distendent et s'accolent l'une à l'autre jusqu'à ce qu'elles aient rempli le flacon. La distension est au maximum pour les poumons. Le cœur est soumis à sa face interne à une pression égale à la pression atmosphérique exercée par l'intermédiaire du liquide du réservoir. La face externe de l'organe subit une pression égale à la pression atmosphérique (intrapulmonaire) diminuée de la valeur de l'élasticité pulmonaire.

La dépression thoracique s'exagère pendant l'inspiration par suite de l'agrandissement de la poitrine et diminue pendant l'expiration lorsque la cavité thoracique revient sur elle-même. L'appel du sang veineux suit des variations parallèles. Il présente un maximum au moment de l'inspiration et un minimum au moment de l'expiration (fig. 125 et 128).

Déjà VALSALVA et MORGAGNI avaient remarqué qu'en mettant à nu la veine jugulaire d'un chien on la voyait s'affaisser à chaque inspiration et reprendre son volume au moment de l'expiration. Toutefois l'influence des mouvements respiratoires a été bien mise en évidence surtout par BARRY.

Expérience. — On introduit et on lie dans l'une des grosses veines voisines du cœur d'un cheval l'extrémité supérieure d'un tube coudé dont le bout opposé plonge dans un baquet contenant un liquide coloré. A chaque inspiration exécutée par l'animal, le liquide monte dans la branche verticale du tube, tandis que pendant les mouvements d'expiration il redescend plus ou moins bas (BARRY).

L'appel du sang résultant du jeu des puissances respiratoires peut se faire sentir assez loin hors du thorax, à une condition, c'est que la paroi des veines soit soutenue, maintenue béante et ne puisse s'aplatir sous la pression atmosphérique. Cette condition est réalisée en particulier dans la région du cou, grâce à la présence d'une aponévrose et même d'un muscle (peaucier) qui soustrait les veines de la base du cou et de l'aisselle à la pression latérale de l'air extérieur en empêchant leurs parois de s'accoler (Bérard). Wertheimer a constaté que chez le chien l'aspiration thoracique pouvait faire sentir ses effets jusque dans la saphène interne.

Par la radioscopie Bouchard a pu faire chez l'homme, dans des cas favorables, la démonstration de l'ampliation que provoque dans l'oreillette droite la diminution de pression qui se produit dans le thorax pendant l'inspiration (p. 16).

Si la pression dans le thorax, de négative devient *positive* et acquiert une certaine valeur, ce fait peut créer un obstacle à l'entrée du sang veineux dans la poitrine. On peut réaliser ces conditions sur soi-même en fermant la glotte après une inspiration profonde et en comprimant le thorax, et, au degré près, dans l'*effort* (Weber).

Contractions des veines. — Waleus, Lancisi ont observé la contraction des veines caves sur le cheval. Certaines petites veines de la périphérie, veines de l'oreille interne du lapin, veines de l'aile des chauves-souris, présentent aussi des contractions rythmées. Ces contractions rappellent celles observées sur les artérioles, mais pas plus que ces dernières elles ne peuvent aider à la progression du sang. Les muscles vasculaires lisses à contraction lente ont pour unique fonction de régler le débit et le tonus des vaisseaux et nullement d'aider à la progression du sang (voy. p. 199; 219). Il faut peut-être faire exception pour certaines veines (veines caves) pourvues de muscles striés et présentant de véritables contractions rythmiques semblables à celles du cœur.

Vaso-moteurs des veines. — Les effets des vaso-moteurs sur les veines ont été peu étudiés. Ranvier a constaté que si on comprime avec l'ongle la veine marginale externe d'un lapin contre le cartilage de l'oreille, la veine se dilate au-dessus du point comprimé. Ce résultat est attribué par Ranvier à la paralysie des faisceaux nerveux qui sont dans le voisinage immédiat de la veine et qui auraient été atteints par l'action mécanique. La veine résiste, mais les nerfs plus fragiles sont coupés.

Pression et vitesse du sang dans les veines. — La *pression* veineuse est faible, néanmoins elle est positive sauf dans les veines avoisinant le thorax où elle tend vers 0 et peut même devenir négative. Les manomètres à mercure ne conviennent pas pour la mesure des pressions veineuses. Il faut se servir de manomètres à eau chargés de carbonate de soude ou de toute autre substance anticoagulante. Il faut aussi, à cause de la présence des valvules, employer de préférence des canules en T. Sans cette précaution on empêcherait le cours du sang et on obtiendrait des valeurs trop élevées.

La *vitesse* du sang dans les veines est forcément moindre que dans les artères.

C'est une conséquence de ce fait que pour une artère il y a habituellement plusieurs veines plus larges qu'elle-même. La vitesse est en raison inverse de la section.

C. — SIGNES EXTÉRIEURS DE LA CIRCULATION VEINEUSE.

Le signe extérieur principal de la circulation veineuse est le *pouls veineux*. On comprend, du reste, sous ce nom plusieurs phénomènes bien distincts. Deux sont particuliers aux veines jugulaires externes et visibles sans précautions spéciales. Un troisième peut s'observer dans les veines de la périphérie lorsque, d'une façon quelconque, on peut mesurer la pression du sang dans leur intérieur.

1° **Pouls des jugulaires**. — Le pouls des jugulaires consiste en une dilatation de ces vaisseaux nettement perceptible à la vue. L'effort du sang qui produit ce mouvement n'est pas assez considérable pour être senti à l'extrémité des doigts comme le pouls des artères, mais il peut néanmoins soulever un levier très léger, de sorte qu'on peut l'inscrire. L'inscription simultanée des pulsations de ces veines, du cœur et des artères montre à quel moment de la révolution cardiaque se produit le pouls veineux et quelle en est la cause.

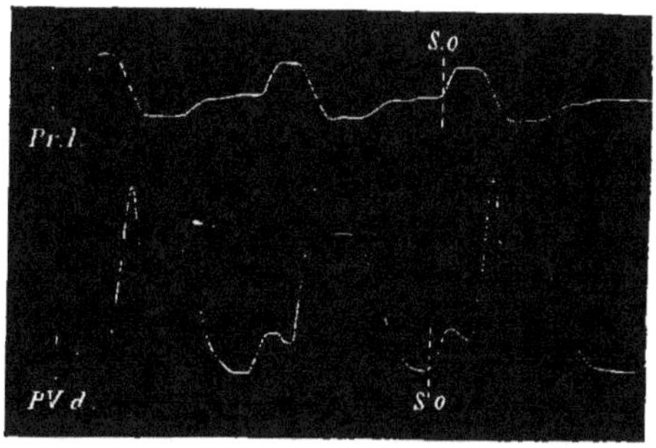

Fig. 126. — *Pouls jugulaire normal.*

Expérience sur un chien. *Pr.l*, pression latérale dans la jugulaire ; *P.V.d*, pulsation du ventricule droit ; *S.O*, systole de l'oreillette (d'après MAREY).

a. **Pouls jugulaire normal**. — Au moment de la systole de l'oreillette on observe un soulèvement de la jugulaire externe. Ce soulèvement est dû au reflux du sang dans les veines caves au moment de la contraction de l'oreillette en raison de ce que celle-ci ne possède pas de valvules du côté des veines. Ce reflux se fait sentir de proche en proche jusque dans les vaisseaux du cou.

Au soulèvement de la jugulaire coïncidant avec la systole auriculaire fait suite un affaissement correspondant à la systole du ventricule droit (POTAIN) (fig. 126). Cet affaissement a été diversement expliqué. CHAUVEAU a démontré qu'il est dû à la contraction du ventricule droit qui abaisse la cloison auriculo-ventriculaire et produit ainsi dans l'oreillette droite un vide relatif qui aspire le sang veineux (CHAUVEAU, in Thèse LEFÈVRE ; FREDERICQ, *Tr. lab*, III, p. 103).

b. **Pouls jugulaire pathologique**. — En clinique on peut encore observer sur la jugulaire un pouls veineux coïncidant avec la systole des ventricules. Il est dû à la contraction du ventricule droit et se produit dans le cas d'insuffisance de la valvule tricuspide.

Exploration du pouls jugulaire. — L'étude du pouls jugulaire peut être pratiquée chez l'homme et chez les animaux. Chez l'homme on peut enregistrer le phénomène, soit avec un entonnoir relié à un tambour de MAREY (POTAIN), soit au moyen de petits tambours explorateurs spéciaux (FR. FRANCK. — FREDERICQ, *Tr. Lab.*, III, p. 97).

2° Pouls veineux résultant de la propagation des pulsations artérielles. — Le pouls veineux peut résulter accidentellement de la propagation des pulsations artérielles. Le phénomène se produit dans deux conditions :

a. La transformation du mouvement intermittent du sang dans le cœur et les artères en un mouvement continu dans les veines ne s'opère d'une façon complète qu'autant que les capillaires sont plus ou moins resserrés. *Si les capillaires sont largement dilatés, les saccades du pouls artériel se font sentir jusque dans les veines.* Ces pulsations sont à peu près synchrones avec celles des artères sur lesquelles pourtant elles retardent légèrement. CL. BERNARD a observé le premier que si l'on excite sur le chien la corde du tympan, non seulement il y a sécrétion plus abondante de salive sous-maxillaire, mais le sang qui s'échappe des veines de la glande coule plus abondant, rouge et par saccades. Ces phénomènes s'expliquent par ce fait que la corde est à la fois un nerf sécréteur et un nerf vaso-dilatateur. Des phénomènes circulatoires analogues s'observent non seulement à la suite de l'excitation des vaso-dilatateurs, mais aussi après la section des constricteurs. DASTRE et MORAT ont constaté ce pouls veineux dans l'anesthésie, et à la suite de certaines intoxications, p. e. sous l'influence du nitrite d'amyle.

b. Indépendamment de cette poussée de fond (*vis à tergo*) qui se communique des artères aux veines par l'intermédiaire des capillaires, il peut y avoir, quand les artères avoisinent les veines d'une façon immédiate, une *poussée latérale* qui s'exerce des premières aux secondes de telle façon que la réplétion et la distension de l'artère amènent un affaissement par compression du côté de la veine en la vidant du sang qu'elle contient et la préparent à recevoir le sang artériel et capillaire. Certains organes représentent une cavité close à parois résistantes et inextensibles. *Or l'ondée artérielle ne peut pénétrer dans une cavité à paroi rigide et remplie de tissus et de liquides incompressibles, qu'en poussant au dehors de la cavité par les veines convergentes une ondée veineuse équivalente. Ce cas constitue une seconde variété de pouls veineux par communication des pulsations artérielles.* On l'observe sur les veines qui sortent de la cavité cranienne, sur celles du globe de l'œil, sur les veines latérales qui convergent du sabot (chez le cheval). C'est aussi sans doute par un mécanisme analogue qu'il faut expliquer les pulsations des veines de l'avant-bras et du pli du coude au cours de la saignée. La ligature placée sur le bras permet l'afflux du sang artériel. L'avant-bras et la main se distendent sous la pression croissante du sang qui continue à affluer. A un moment donné les téguments jouent vis-à-vis des tissus sous-jacents le rôle de la capsule inextensible qui n'admet le sang artériel dans son intérieur qu'autant que les veines dégorgent une ondée sanguine équivalente (Fr. Franck, *Biologie*, 1882; 1889, p. 603. — L. Fredericq, *Tr. lab.*, III, p. 87).

Entrée de l'air dans les veines. — L'entrée de l'air dans les veines est un accident à redouter lors des interventions sur le thorax, le crâne, le rachis, et chez le cheval spécialement pendant l'opération du niquetage qui consiste à couper les tendons des muscles abaisseurs de la queue afin que l'animal porte bien cet appendice et ait meilleure apparence.

1° L'entrée de l'air se produit généralement lors d'une inspiration profonde par suite de l'aspiration thoracique et s'accompagne d'un sifflement. Cet accident est rendu possible toutes les fois que les veines sont à l'abri de l'influence de la pression atmosphérique, qu'elles soient maintenues béantes par des aponévroses (veines de la base du cou, de l'aisselle, région hépatique), ou qu'elles soient logées dans des espaces ostéo-fibreux ou musculaires (veines vertébrales, veines des os du crâne…).

2° L'entrée de l'air dans les veines peut provoquer la mort. Ce gaz est appelé dans le cœur où il est brassé et réduit en bulles. De là il est poussé par les artères, dans les capillaires. Il y forme des chapelets de bulles d'air et de sang qui produisent un *arrêt mécanique de la circulation*. En effet, une colonne liquide ainsi fragmentée est très difficile à faire progresser. Sur des bulles arrondies les pressions se décomposent suivant le parallélogramme des forces, la résistance au courant croit proportionnellement au nombre des index qui se suivent dans un même vaisseau capillaire et la force du cœur devient insuffisante à faire progresser le sang. Les bulles d'air forment des embolies surtout dans les capillaires pulmonaires. En admettant même que quelques-unes arrivent à franchir cet obstacle, elles s'arrêtent ensuite dans les organes placés en bordure des capillaires de la grande circulation, notamment dans le cerveau. C'est l'*azote* seul qui est la cause de ces accidents, car il ne peut se dissoudre dans le sang que dans des proportions très faibles et suivant la loi de Dalton.

Condition particulière à la circulation dans la veine porte.

Le fait de traverser successivement deux systèmes capillaires, le premier dans l'intestin, le deuxième dans le foie, est une condition très désavantageuse pour la marche du sang dans la veine porte, car les résistances capillaires sont ainsi doublées. Ce désavantage est racheté par la différence de pression qui existe en deçà et au delà du réseau capillaire hépatique. Dans la veine porte le sang est soumis à une pression positive constante de la part des organes qui l'entourent. Grâce à l'élasticité des parois abdominales et des gaz intestinaux, la pression est égalisée dans tout l'abdomen (application du principe de Pascal). Dans les veines sus-hépatiques, au contraire, il règne une pression négative due à l'appel du sang qui s'exerce jusque dans ces vaisseaux par l'intermédiaire de la veine cave sous une double influence : celle du vide thoracique (par le fait de l'élasticité pulmonaire), celle de l'aspiration propre du cœur. Les veines sus-hépatiques restent en effet toujours béantes, par suite de l'adhérence de leurs parois au tissu hépatique. Elles constituent en quelque sorte une véritable dépendance de la cavité thoracique. On peut les comparer à un système de canaux rigides qui débouchent dans le thorax.

Rosapelly a constaté que la pression dans les veines portes équivaut à $+7$ à $+12^{mm}$Hg ; dans les veines sus-hépatiques à -7^{mm}Hg. Les deux influences s'ajoutent et ces quelques millimètres suffisent à faire passer le sang à travers les capillaires. Le même auteur en mesurant le débit des veines hépatiques par la méthode de Hering, a constaté que cette circulation se faisait dans de bonnes conditions.

L'influence des *mouvements respiratoires* se fait sentir également et en sens inverse sur ces deux ordres de vaisseaux. Pendant l'inspiration, la pression diminue dans les veines sus-hépatiques et augmente dans la veine porte et l'inverse se produit pendant l'expiration (fig. 127). La contraction du diaphragme a en effet pour double résultat l'agrandissement de la cavité thoracique qui se traduit par une exagération de la dépression thoracique et la diminution de la cavité abdominale qui a pour effet l'augmentation de la pression dans cette cavité. Le relâchement du diaphragme aura un effet inverse. Cette influence du diaphragme sur la pression abdominale se traduit nettement en clinique dans le cas de fistule à l'abdomen ou au bassin. Quand le muscle s'abaisse, l'écoulement du pus par la fistule est augmenté.

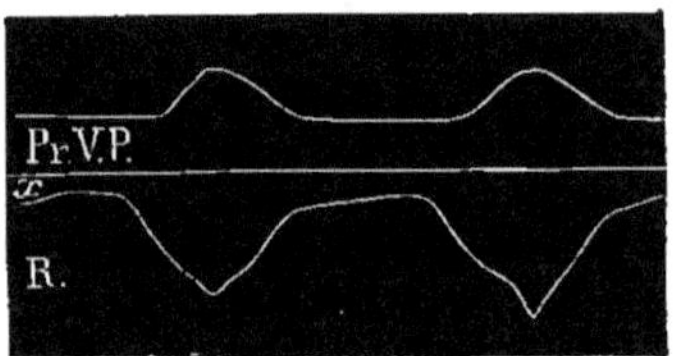

Fig. 127.

Pression dans la veine porte, *Pr.V.P.* Respiration inscrite au pneumographe, R. Les deux courbes varient en sens inverse l'une de l'autre (d'après Rosapelly).

Vaso-moteurs du foie. — Les vaso-constricteurs de foie viennent du *splanchnique* et abordent l'organe en suivant le canal cholédoque. François Franck et Hallion ont essayé de dissocier dans les effets vaso-moteurs des nerfs, la part qui revient au réseau capillaire artériel ou veineux. A cet effet, ils ont comprimé tantôt la veine porte, tantôt l'artère hépatique. Dans les cas favorables on constate que la compression de l'un ou de l'autre de ces vaisseaux n'empêche pas l'effet vaso-moteur hépatique de se produire. Les vaso-moteurs du foie agissent donc simultanément sur les branches intrahépatiques de l'artère hépatique et de la veine porte.

Les capillaires du foie jouent un rôle important de protection vis-à-vis du cœur droit. Ils règlent dans une certaine mesure la quantité du sang que cet organe reçoit et empêchent qu'il ne soit surchargé (Stolnikow).

Les *méthodes* les plus variées ont été employées pour étudier l'influence des nerfs sur la circulation du foie, ce sont :

1° *L'examen des changements de couleur du foie* (VULPIAN, HAIFFTER). — Cette méthode excellente en elle-même laisse à désirer en ce qui concerne son application au foie en raison surtout de la pigmentation de cet organe.

2° *La méthode plétysmographique* (ROY, FR. FRANCK et HALLION). — Cette méthode est relativement facile à appliquer tout au moins à un lobe du foie, le lobe gauche. Il suffit de modeler deux valves sur ce lobe et d'interposer entre cette partie du foie et les valves une ampoule de caoutchouc reliée de la manière ordinaire à un manomètre à eau et à un tambour inscripteur. Nous utilisons généralement des valves en plomb dont l'écartement est maintenu fixe au moyen d'une pince spéciale. Des ballons plats de caoutchouc suffisent pour doubler ces valves et enregistrer les variations de volume du foie. On peut englober dans un appareil de ce genre non seulement le lobe gauche, mais le foie en entier.

3° *La méthode manométrique.* — Cette méthode, théoriquement, devrait comporter l'exploration de la pression simultanément dans la veine porte, dans l'artère hépatique et dans les veines sus-hépatiques. Dans ces conditions seulement on pourrait affirmer, le cas échéant, une action vaso-motrice locale. En raison des conditions variées qui influent sur le cours du sang, dans les veines sus-hépatiques, l'exploration de la pression dans ces veines ne serait guère démonstrative à ce point de vue. C'est pourquoi FRANÇOIS FRANCK et HALLION se sont bornés à enregistrer les modifications de la pression dans la veine porte et dans l'artère hépatique en associant à ces moyens d'investigation l'exploration volumétrique du foie.

4° Quelques auteurs ont tenté d'appliquer à la recherche des influences vaso-motrices des nerfs sur le foie, la méthode des circulations artificielles (CAVAZZANI, MOSSO, HEGER, BETZ). — Cette méthode est très imparfaite en ce sens que les conditions de l'expérience sont évidemment trop anormales. — CYON et ALADOFF, *Bull. de méd.*, Saint-Pétersbourg, VII, 1861. — CAVAZZANI et MANCA, *Archivio per le Scienze mediche*, 1894.

Vaso-moteurs de l'intestin.

La section des *splanchniques* provoque la dilatation des vaisseaux de l'intestin. L'excitation du bout périphérique de l'un des splanchniques avec des courants induits provoque la constriction de ces vaisseaux. Les vaso-dilatateurs ne peuvent être mis en évidence que par action réflexe (excitation du nerf de LUDWIG et CYON).

Les *méthodes* employées pour l'étude des influences nerveuses vaso-motrices exercées par l'intestin sont :

a. L'examen direct des changements de coloration de l'organe. — Quelques auteurs recommandent de placer l'animal en expérience dans un bain d'eau salée chauffée à une température convenable (CL. BERNARD, BUAGE, PINCUS, VULPIAN, SANDERS, EZN, ZUNTZ, DASTRE et MORAT).

b. La méthode plétysmographique. — FR. FRANCK et HALLION conseillent le dispositif suivant : Une anse intestinale munie de son mésentère flotte dans un bain d'eau salée contenu dans un large récipient. Celui-ci est hermétiquement fermé à la partie inférieure au moyen d'un collier de caoutchouc souple légèrement serré par une pince et porte en haut un bouchon laissant passer un tube de remplissage et un tube de déversement. Les deux extrémités de l'anse intestinale sont ouvertes dans le liquide. Un thermomètre indique la température du bain. Les changements de volume des vaisseaux sont indiqués par l'intermédiaire d'un tube qui communique avec une caisse à air réservée au-dessus du niveau du bain liquide.

BIBLIOGRAPHIE.

Valvules. — Fabrice d'Aquapendente, 1574. *De venarum ostiolis. Opera omnia anat. et phys.*, ed. 1738. Consulter pour l'historique de la découverte des valvules, G. Romiti, *Archiv. it. biol.*, III, 385, 1883.

Élasticité des veines. — Bardleben, *Jenaische Zeitsch.*, 1878. — Braune, *Beiträge zur Anat. u. Phys., Festschrift f. C. Ludwig*, 1874. — Roy, *Journal of Physiol.*, 1881.

Résistance à la pression. — Hales, *Hémastatique*, p. 136. — Gréhant et Quinquaud, *Journal de l'Anat. et de la Phys.*, 1885. — Wintringham, *Experiments inquiry on some parts of the animal structure*, 1840.

Abaissement de la cloison auriculo-ventriculaire. — Chauveau, dès 1860, exp. consignées en 1863 dans les expériences cardiographiques faites en collab. avec Marey. Thèse Lefèvre, Lyon, 1884. — Contejean, *La mécanique du cœur. Biblioth. scientifique des écoles et des familles*, p. 24.

Activité de la diastole. — Bérard, *Phys.*, III, 609. — Brachet, *Dissert. inaugurale*, 1813, n° 18, p. 18. — Filhos, *Inductions pratiques et physiologiques*, Thèse Paris, 1833, 132, p. 8. — Fr. Franck, *Biologie*, 1882, 4 fév. — V. Frey, *Die Untersuchung des Pulses*, p. 94. — V. Frey et Krehl, *Arch. f. Anat. u. Phys.*, 1890, p. 42. — Germe, *C. R. Ac. sc.*, 1895, 110. — Goltz et Gaule, *Arch. f. d. ges. Phys.*, 1878, 118. — Harvey, *Trad.* Richet, p. 79. — Luciani, *Giorn. f. riv. clin.*, Bologna, 1874. — Magendie, *Précis de Phys.*, II, 289, 291. — Marey, *C. R. Ac. sc.*, 1882, 489. — Mosso et Pagliani, *Giorn. f. riv. clin.*, Bologna, 1876. — Jager, *Arch. f. d. ges. Phys.*, 1883, 491, 509. — Pitres, *Revue des sc. médicales*, 1877 (revue générale). — J. Porter, *Journal of Phys.*, XIII, 513. — Rolleston, *J. of Phys.*, 1887, p. 253 (infl. de l'afflux du sang dans les artères coronaires à la fin de la systole). — Rollett, *Handb. der Phys. Hermann's*, IV, 1re partie, 180. — Spring, *Mém. Ac. méd. Belgique*, 1861, t. 33, 78. — Stefani et Callerani, *Arch. it. biol.*, XII, 1889. — Stefani, *Arch. it. biol.*, XVIII, 119, 128. *Ac. de Ferrare*, 1878, 1882 (action du pneumogastrique), 1891. — T. W. Tunicliffe, *J. of Phys.*, XX, 1, p. 51.

Mesure des changements de volume du cœur. — Blasius, *Verhandl. d. Phys, Med. Gesell. zu Würzburg*, 1872. — Dreser, *Arch. exp. f. Pathol.*, XXIV, 1887-88. — Fr. Franck, *C. R. Trav. lab. Marey*, III, 1877. — *Biologie*, 1882. — Gaskell, *Philos. Transact.*, CCXXIII, 1882. — Marey, *C. R. Trav. lab.* 1875. — Roy, *Journal of Physiol.*, 1878. — Roy et Adami, *British med. Journal*, 1888. — *Philosoph. Transactions*, 1892. Obs. à l'aide des rayons Roentgen. Voyez p. 16.

Fistule péricardique. — Fr. Franck, *Trav. lab. Marey*, 1877. — Stefani, *Arch. it. biol.*, XVIII. *Ac. Ferrare*, 1877. — Johansson et Tigerstedt *Mittheil. v. Phys. Lab. in Stockholm*, 1889.

Changements de volume du cœur suivant les attitudes. — Capitan et Mlle Pokrychkine, *Biologie*, 1897, 642 (infl. de la course). — E. Cavazzani, *Arch. it. biol.*, XIX. — Huntz et Schumburg, *Arch. f. Phys.*, 1896 (infl. de l'activité musculaire; de l'exp. de Müller...).

Pulsations positives dans les voies respiratoires. — Buisson, *Gaz. méd.*, Paris, 1861. — Landois, Résumé in *Centralblatt*, 1877, n° 5. — Mosso, *Die Diagnostik des Pulses.* Leipzig, 1877, p. 49. — P. Regnard, *Revue mensuelle*, 1877, p. 333.

Vérification expérimentale des effets des changements de volume du cœur. — Bamberger, *Arch. f. pathol. Anat.*, 1856, 345. — Buisson, *Gaz. méd.*, Paris, 1861. — P. Bert, *Leçons sur la Resp.*, 1870, 1863, p. 92, 123. — Brücke, *Physiol.*, 1875, I, 166. — Ceradini, *Verhandl. d. Naturw. med. Verein.* Heidelberg, 1869. — Chauveau. Études sur les murmures veineux. *Gaz. méd.*, Paris, 1858, et in Thèse Lefèvre, Lyon, 1884. — Ernst, *Arch. f. klin. pathol. Anat.*, 1856. — Fr. Franck, *Trav. lab. Marey*, 1877. — Haycraft et Edie, *Journal of Phys.*, 1891, 438. — Hunter, *Trad.* Richelot. Paris, 1843, III, 258. — Klemensiewicz, *Jahresb. f. Anat. u. Phys.*, 1877, 2, 56. — Landois, *Centralbl.*, 1877, n° 5. — Lovén, *Nord med. Ark.*, 1870. — Martius, *Zeitsch. f. klin. Med.*, 1888. — Marey, *Physiol. médicale de la circ.*, 338. — Mosso, *Die Diagnostik des Pulses.* Leipzig, 1879. — Potain, *Revue de médecine*, 1877. *Cliniques de la Charité*, 1894. — P. Regnard, *Revue mensuelle*, 1877, 323. — A. Terné van der Heul, *Nederland. Archief. voor genees en naturk.* Utrecht, 1867, 137. — Voit, *Zeitsch. f. Biol.*, I, 1865.

Morat et Doyon. — Physiologie. III-16

Rôle de la systole des oreillettes dans le remplissage des ventricules. — Chauveau et Arloing, *Dictionnaire Dechambre*, art. *Cœur*, p. 332. — Fr. Franck, *Biologie*, 1878, p. 177. — *Arch. de Phys.*, 1890, p. 347; 1891, p. 395, 401. — Harvey, *Tr.* Richet, p. 79. — Marey, *Circul. du sang*, 1881, p. 679.

Contractions et mouvements des veines. — Colin, *C. R. Ac. sc.*, 1862; 1874. — Lancisi, *De motu cordis et anevrysmatibus.* — Lauder-Brunton et J. Fayrer, *Proceed. of the Royal Soc.*, XXV, 174, 1876. — Luchsinger, *Arch. f. d. ges. Phys.*, 1881. — Marey, *Circ. du sang*, p. 407, 1881. — Walæus, *Lettre à Bartholin*, in *Bartholini Anat.*, éd. 1673, 738. — Wharton Jones, *Philos. Transactions*, 1852.

Influence de l'expansion des artères. — Ozanam, *C. R. Ac. sc.*, 1881.

Influence des mouvements. — Cl. Bernard, *Leçons sur la phys. et la pathol. du s. nerv.*, I, 285. — Magendie, *Leçons sur les phén. phys. de la vie*, 1837, III, 154. — Mogk, *Zeitsch. f. rat. Med.*, 1845, III.

Influence des mouvements respiratoires. — D'Arsonval, Thèse Fac. méd., Paris, 1877. — D. Barry, *Recherches exp. sur les causes du mouv. du sang dans les veines.* Paris, 1825. — Donders, *Zeitsch. f. rat. Med.*, 1853. — De Jager, *Journal of Phys.*, 1886. — Kornfeld, *Zeitsch. f. klin. Med.*, 1892. — Klemensiewicz, *Sitzungsb. d. Kais. Akad. d. Wiss. math. Naturw. Cl.* 1886. — Mosso, *Arch. it. biol.*, 1884, V, 137. — Poiseuille, *Journal univ. et hebd. de méd. et de chirurg.*, 1, p. 289; III, p. 97. — Valsalva, *Morgagni*, lettre XIX. — Weber, *Ber. der sächs. Gesell.*, 1850, 31. — Wertheimer, *Biologie*, 1894. *Arch. de Phys.*, VII. (*Infl. de la resp. sur la circ. des membres inférieurs*).

Entrée de l'air dans les veines. — Bégouin, *Arch. clin. Bordeaux*, 1898. *Biologie*, 1898. — Bérard, *Arch. méd.*, 1830, XXIII, 169. — Bichat, *Recherches physiol. sur la vie et la mort*, 1805, 166. — Couty, *Biologie*, 1876, 17. Thèse Paris, 1876. *Arch. de Phys.*, 1876. — Fr. Franck, *Biologie*, 1881, 198. — Hare, *N. Y. Medical Journal*, 1889. — Hauer, *Zeitsch. f. Heilkunde*, II, 1890. — Jurgensen, *Deutsch. Arch. f. klin. Med.*, 31, 453, 1882. — Laborde et Muron, *Biologie*, 1873, p. 57, 58, 84, 93, 131, 136. Discussion avec Cl. Bernard, P. Bert. — Marey, *Circ. du sang*, 1881, 412. — Mercier, *Gaz. méd.*, 1839. — Nysten, *Recherches de phys. et de chimie pathol.*, Paris, 1811. — Passet, *Arb. aus dem. Pathol. Institut, zu München*, 1886. — Poiseuille, *Gaz. méd.*, 1839. — Picard, *Biologie*, 1876, 251. — Ferrari, *Arch. it. biol.*, XI, 184.

Pouls veineux. — Fr. Franck, *Gaz. hebdom. de méd. et de chirurgie*, 1882. — *Biologie*, 1881; 1882, p. 48, 62; 1889, 603. *Arch. de Phys.*, 1889. *Biologie*, 1889, 618 (analyse d'un cas de pulsations de la veine saphène sans insuffisance tricuspidienne). *Biologie*, 1882 (influence des expansions artérielles sur la progression du sang dans les veines, pouls veineux par pression latérale). — L. Fredericq, *Bull. Ac. roy. Belgique*, 1890. *Trav. lab.*, 1890. — Friedreich, *Deutsch. Arch. f. klin. Med.*, I. — E. Gottwald, *Arch. f. d. ges. Phys.*, XXV, 1881. — King, *Guy's Hospital Reports*, 1837, II, 107. — Livon, *Revue de méd.*, 1883, 788 (revue). — J. Mackensie, *Edinb. Med. Journal*, June 1894, 1100. — Marey, *Circ. du sang*, 1881, 419, 422. Mosso, *Arch. p. le scienze mediche*, II, 1878. *Die Diagnostik des Pulses*, 1879, 42, 65. — Potain, *Recherches sur les mouv. et les bruits qui se passent dans les veines jugulaires. Mém. Soc. méd. des hôpit.*, 1868, IV. — R. Tripier et Devic, *Traité Pathologie générale*. IV. — Riegel, *Deutsch. Arch. f. klin. Med.*, XXXI, p. 1, 470. — Wedemeyer, *Untersuchungen über den Kreislauf des Blutes.* Hannover, 1828. — Weyrich, *De cordis aspiratione experimenta.* Dorpat, 1853.

Pulsation œsophagienne. — L. Fredericq, *Arch. biol. belges*, VII, 1887. — E. Sarolea, *Bull. Ac. roy. belge*, XVIII. *Trav. lab. Fredericq*, 1890.

Pression dans les veines. — W. M. Bayliss et E. H. Starling, *The Journal of Physiol.*, XVI, 159, 1894. — C. Delezenne, *Arch. de Phys.*, 1895, 170, 315. — Hofmokl, *Stricker's Jahr.*, 1875. — Jacobson, *Arch. Virchow*, 1866, X, XXVI, 80. *Arch. f. Anat. u. Phys.*, 1867, 226. — Ludwig et Mogk, *Zeitsch. f. rat. Medizin*, 1844. — Klemensiewicz, *Sitzungsb. d. Kais. Akad. d. Wiss.* Wien, 1886, XCIV, I, II. — Poiseuille, *Recherch. sur les causes du mouv. du sang dans les veines.* Paris, 1830. — Rollett, *Handb. d. Phys. Hermann*, IV, 1, 335. — Weyrich, *De cordis aspiratione experimenti.* Dorpat, 1853. — Wertheimer, *Arch. de Phys.*, 1894, 308. — Cohnstein et Zuntz, *Arch. f. d. ges. Phys.*, 1884, 219 (chez le fœtus). — Schiff, *Arch. f. exp. Path.*, 1874.

Vitesse. — Cyon et Steinmann, *Mélang. biol., Bull. Acad. imp. Pétersbourg*, 1871. — Volkmann, *Hämodynamik.* — François Franck, *J. de l'Anat. et ds la Phys.*, 1880.

Pression dans les veines après la ligature des artères afférentes. — Après la ligature d'une artère la pression baisse dans la veine correspondante, mais ne tombe pas à 0. Elle s'équilibre avec la pression qui règne dans la veine où la première débouche. La pression loin de baisser peut même s'élever. Ainsi la ligature des artères afférentes provoque finalement la tuméfaction du cerveau, de la rate, des reins, par suite de l'accumulation du sang veineux. — Fr. Franck, *Biologie*, 1882. — Moreau, *Biologie*, 1868, 59. — Klemensiewicz, *Sitz. ber. d. Kais. Akad. d. Wiss. math. Naturw. Cl.* 1886. — Prompt, *Biologie*, 1868, 233.

Circulation rétrograde du courant sanguin dans les veines. — Fr. Franck, *Biologie*, 1881. *Gaz. hebdom.*, 1882. *Arch. de Phys.*, 1890, 347. — Thomayer, *Biologie*, 1889, 475.

Vaso-moteurs des veines. — Goltz, *Arch. f. path. Anat.*, 1864. — Mall, *Arch. f. Anat. u. Phys.*, 1892 (veine porte). — Ranvier, *C. R. Ac. sc.*, t. CXX, 19. — Thompson, *Arch. f. Anat. u. Phys.*, 1893 (veines de la peau).

Conditions particulières à la circulation dans la veine porte et le foie. — Bayliss et Starling, *Journal of Phys.*, t. XVII, 120. — Beck, *Congrès de Phys.*, Berne, 1895 (vitesse). — Gad, *Thèse Berlin*, 1873. — Hallion et Fr. Franck, *Arch. de Phys.*, 1896. — H. Koppe, *Muskeln u. Klappen in der Pfortader. Arch. f. d. Anat. u. Phys.*, suppl., 1890, 168. — Mall, (inf. veine porte sur répart. du sang), *Arch. f. Anat u. Phys.*, 1892, 409. — Medzwiedzki, *Centralbl. f. allg. Path. u. pathol. Anat.*, V, 12, 505. — Rosapelly, *Thèse Fac. méd.*, Paris, 1873 (Recherches théoriques et exp. sur les causes et le mécanisme de la circulation du foie). — Stolnikow, *Arch. f. d. ges. Phys.*, 1882. — Tappeiner, Sur l'état de la circ. après la ligature de la veine porte. *Arb. aus. der phys. Anstalt*, Leipzig, 1872. — Tigerstedt, *Lehrbuch d. Kreisl.*, 1893, 442. — Consulter aussi sur ce sujet : Basch, *Ber. sächs. Gesell.*, 1875. — Ludwig et Thiry, *Wiener Akad.*, 1864. — A propos de l'**artère hépatique**, consulter : Dominicis (ligature), *Arch. it. biol.*, XVI, 28. — Rattone et Mondino (mode de distribution), *Arch. it. biol.*, IX, 1888, 13.

Vaso-moteurs du foie. — Betz, *Kais. Akad. d. Wiss. Sitz. b.*, 1862. — E. Cavazzani, *Arch. it. biol.*, XXV, 1896, 135. — Cavazzani et Manca, *Arch. it. biol.*, XXIV, 1895-33. — Eckardt, *Beitr. z. Anat. u. Phys.*, 1867, 1873. — Haffter, *Henle's u. Pfeiffer's Zeitsch.*, IV. — Hallion et Fr. Franck, *Arch. de Phys.*, 1896, 909, 923. — Heger, *Congrès intern. de méd.*, 1875. — Laffont, Thèse méd., Paris, 1880. *Biologie*, 1880, p. 130, mémoire 3. — Mall, *Arch. f. Anat. u. Phys., phys. Abth.*, 1892, 409. — Mosso, *Arb. aus der phys. Anst. Leipzig*, 1875. — Pavy, *Proceed. royal Soc. London*, 1859, X. — Samuel, *Journal de la Phys.*, 1860. — Stolnikow, *Arch. f. d. ges. Phys.*, 1882, 28, 255. — Thompson, *Arch. f. Anat. u. Phys., phys. Abth.*, 1893, 102. — Vulpian, *Biologie*, 1858. — *Leçons sur les vaso-moteurs*, 1875. I, 560.

Vaso-moteurs de l'intestin. — Arthaud et Butte, *Le nerf pneumogastrique*, 1892, Paris. — Asp, *Ber. der. Sächs. Gesell. d. Wiss.*, 1867. *Ludwig's Arb.*, 1868. — V. Basch, *Ludwig's Arb.*, 1875. — V. Bezold et Bonsen, *Neue Würzburger Zeitung.*, 1866. — V. Bezold, *Verhandl. d. phys. Med. Gesell.*, Würzburg, 1867. — Rose Bradford et Dean, *Journal of Phys.*, 1889, X. — Budge, *Anat. in Canstatt's*, 1856. — Dastre et Morat, *Recherch. sur le s. nerv. vaso-moteur*, 1884, 224, 305. — Hallion et Fr. Franck, *Arch. de Phys.*, 1896, 478, 493. — Grützner et Heidenhain, *Arch. f. d. ges. Phys.*, XVI. — A. Moreau, *Arch. de Phys.*, 1871-1872. — Pawlows, *Arch. f. d. ges. Phys.*, XVI. — Pincus, *Dissert.* Breslau, 1856. — Vulpian, *Biologie*, 1858, 3, *Gaz. hebd.*, 1873, 21. *Leçons sur les vaso-moteurs*, 1875. — Horscraft Waters, *Journal of Phys.*, 1885, VI. — Action du vague : Boehm, *Arch. f. exp. Pathol.*, 1875, IV, 368. — Fr. Franck, *Arch. de Phys.*, 1895, 481, 508. — Rossbach, *Arch. f. d. ges. Phys.*, X, 439. — Nerfs dilatateurs : Rose Bradford et Dean, *Journal of Phys.*, 1889, X, 390. — Horscraft Waters, *Journal of Phys.*, 1885, VI, 460. — Johansson, *Bihang till K. sv. Vet. Akad. Handl.*, 1890. — Action de l'asphyxie : Belfield, *Arch. f. Anat. u. Phys.*, 1882. — Dastre et Morat, *Arch. de Phys.*, 1882, 225. *Recherches sur le syst. nerv. vaso-moteur*, 1884, p. 294. — Sanders Ezn, *Med. Centralblatt*, 1871, 479. — Zuntz, *Arch. f. d. ges. Phys.*, XVII, 374, 412.

Circulation dans l'effort. — Bloch, *Biologie*, 1896. — Hallion et Comte, *Biologie*, 1896. — François Franck, *Biologie*, 1879, 1881. *Lab. Marey*, 1877. *Gaz. hebd. méd. et chir.*, 1881. 50. — Marey, *Circ. du sang*, 414, 464, 534. — Milner Fothergill, *Brit. med. J.*, 1873, 148.

CINQUIÈME PARTIE
CIRCULATIONS PARTICULIÈRES

CHAPITRE PREMIER
CIRCULATION PULMONAIRE.

I. **Historique**. — Galien supposait qu'une partie du sang était dirigée du cœur droit vers les poumons d'où il revenait mêlé à de l'air. L'autre partie passait directement, selon cet auteur, dans le ventricule gauche par des pertuis percés à travers la cloison intra-ventriculaire.

Cette doctrine régna pendant des siècles. Realdo Colombo osa un des premiers (1559) secouer le joug de la tradition et enseigner que dans les sciences médicales « une dissection et une expérience apprennent plus en un jour que trois mois de lecture de Galien ». Il constata que la cloison interventriculaire ne possède pas de pertuis et que le sang passe en totalité par l'artère et les veines pulmonaires (1). Déjà, il est vrai, Michel Servet avait décrit dans un livre de polémique religieuse dès 1553 la circulation pulmonaire en ces termes : « La communication des deux cœurs ne se fait pas à travers la cloison moyenne des ventricules comme on se l'imagine, mais par un long et merveilleux détour, le sang est conduit à travers le poumon où il devient jaune (*flavus*) et passe de l'artère pulmonaire dans la veine pulmonaire. » Cependant, ainsi que le remarque Dastre, cette antériorité de date dans la publication de l'ouvrage, qui paraît tout d'abord une preuve convaincante en faveur de Servet, cesse d'en être une si on se reporte aux usages du temps où la vulgarisation des données scientifiques se faisait par l'enseignement

---

(1) Realdo Colombo, XV, p. 177, 1559, Venise. « Inter hos ventriculos septum adest, per quod fere omnes existimant sanguini a dextro ventriculo ad sinistrum aditum patefieri; id ut fiat facilius, in transitu ob vitalium spirituum generationen tenuem reddi; sed longa errant via. Nam sanguis per arteriosam venem ab pulmonem fertur, ibique attenuatur; deinde cum aere una per arteriam venalem ad sinistrum cordis ventriculum defertur : quod nemo hactenus aut animadvertit aut scriptum reliquit. »

oral et non exclusivement par le livre comme de nos jours. Servet, théologien et non expérimentateur, est vraisemblablement l'écho de Colombo dont il a pu suivre ou connaître l'enseignement.

C'est donc par la constatation de la circulation pulmonaire que s'inaugure la série de découvertes sur lesquelles Harvey fondera sa doctrine quelque quatre-vingts ans plus tard (1628). C'est sur ce même terrain que Malpighi (1661) donne la démonstration de l'existence des capillaires (p. 215).

II. **Raison d'être de la circulation pulmonaire.** — La circulation pulmonaire a pour fonction de faire passer le sang veineux provenant des différents organes à travers le poumon où il redevient artériel.

Le mot circulation ne vise que l'ensemble des phénomènes mécaniques qui font progresser le sang. Mais une circulation n'existe pas pour elle-même. Les anciens croyaient autrefois que le but de la circulation pulmonaire est de rafraîchir le sang. Cette idée est exacte en un sens, car au niveau des poumons il se fait une exhalaison de l'eau contenue dans le sang, phénomène qui ne peut pas se produire sans destruction de chaleur. Le rôle véritable de la circulation pulmonaire est toutefois plus général et plus important. Les poumons sont des organes différenciés chez les animaux supérieurs en vue de renouveler la provision d'oxygène du sang aux dépens de celui de l'air et d'éliminer les produits de déchets gazeux de l'organisme. Cet échange (**hématose**) se produit au niveau des capillaires et constitue en définitive la véritable raison d'être de la petite circulation.

III. **Notions anatomiques.** — Du cœur droit part l'artère pulmonaire qui se divise et donne naissance aux capillaires pulmonaires. Ces derniers partent des artérioles à la manière des doigts de la main. Ils se réunissent de même pour former les veines pulmonaires qui débouchent au nombre de quatre dans l'oreillette gauche.

Les cellules de revêtement des alvéoles affectent par rapport aux capillaires une disposition spéciale. On leur distingue deux parties, l'une, plus granuleuse, contenant le noyau, s'insinue entre les vaisseaux; l'autre, plus mince, plus transparente, les recouvre à la manière d'un pont, de sorte que l'espace qui sépare l'air du sang est à peine mesurable.

Le champ de l'hématose est considérable. On peut très approximativement et pour fixer les idées, évaluer la moyenne chez l'homme de la surface pulmonaire à 200 mètres carrés. Il est vrai que les vaisseaux n'occupent pas cette surface tout entière, mais seulement les deux tiers environ. Quoi qu'il en soit, on a calculé qu'il passe approximativement 20 000 litres de sang par vingt-quatre heures à travers les poumons.

En dehors des artères et veines pulmonaires et du réseau capillaire interposé entre ces vaisseaux, il y a les *artères et veines bronchiques*. Ce système n'a aucune relation avec l'hématose. Il assure la nutrition des éléments des poumons. Il ne communique pas, sauf rarement, à la périphérie avec le système précédemment décrit.

IV. **Caractéristique de la circulation pulmonaire**. — La circulation pulmonaire ou petite circulation est calquée sur la grande circulation dans tout de qu'elle présente d'essentiel ; mais la situation de l'organe dans lequel elle s'effectue crée pour elle des conditions particulières. Les différences principales que nous présente la circulation pulmonaire comparée à la circulation générale sont relatives surtout à la fonction même du poumon, c'est-à-dire à la respiration. Ce n'est plus en effet une portion seulement des gros troncs vasculaires, mais le système tout entier des vaisseaux de la petite circulation qui est soumis à des augmentations et à des diminutions de pression à chaque mouvement de la cage thoracique.

V. **Valeur de la pression**. — Tout ce qui a été dit sur l'origine et la répartition de la pression dans les vaisseaux de la grande circulation trouve ici son application. Toutefois nous avons montré à propos du travail du cœur que *la systole du ventricule droit est en moyenne trois fois moins énergique que celle du ventricule gauche* (CHAUVEAU et MAREY).

Au point de vue de sa valeur, la pression dans l'artère pulmonaire comparée à celle de l'aorte est dans le même rapport que celle qui règne dans le ventricule droit comparée à celle du ventricule gauche. Le cœur proportionne, en effet, son effort à la résistance que lui oppose la pression du sang dans l'artère à laquelle il fournit. CHAUVEAU et FAIVRE ont confirmé expérimentalement cette donnée théorique en explorant directement la pression dans l'artère pulmonaire sur le cheval ou l'âne au moyen d'un trocart enfoncé à travers la paroi thoracique. L'expérience ainsi pratiquée a une importance particulière, car l'ouverture de la poitrine modifie complètement la valeur de la pression dans l'artère pulmonaire en supprimant l'influence de la dépression thoracique sur les organes de la petite circulation.

L'inégalité de l'énergie de la contraction des deux ventricules ainsi que la différence de pression qui règne dans l'artère pulmonaire et dans l'aorte doivent être rapprochées de ce fait que, chez l'adulte, les parois du ventricule droit sont trois fois moins épaisses que celles du ventricule gauche. Chez le *fœtus* il n'en est pas ainsi. Les ventricules ont la même épaisseur. Cela tient à ce qu'ils ont à déployer le même effort, le cœur n'envoyant pas encore de sang aux poumons.

VI. **Vitesse du sang**. — On peut déterminer par des mesures directes, tout au moins approximativement, *le temps que met une molécule de sang pour aller du cœur droit au cœur gauche en passant par le poumon.*

Jolyet et Tanziac ont employé à cet effet la méthode de Hering. Deux sondes sont introduites, l'une dans le cœur droit, l'autre dans le cœur gauche. Par la première, on injecte le prussiate de potasse, par la seconde, on recueille le sang pour les épreuves au sel de fer. Jolyet et Tanziac ont trouvé que la circulation pulmonaire s'effectue environ quatre fois plus vite que la grande circulation. D'où il résulte que la masse du sang contenu dans le poumon est quatre fois moindre que celle que renferme la masse du corps.

Gréhant et Quinquaud ont employé une autre méthode. Ces auteurs prennent simultanément dans le cœur droit avec une sonde et dans la carotide d'un chien, deux volumes égaux de sang, qui sont injectés dans deux récipients vidés d'air par deux pompes à mercure. On extrait CO_2. Il y a une plus grande quantité de ce gaz dans le sang veineux. On la mesure. On rapporte le volume à 100 centimètres cubes de sang. On a donc le poids de CO_2 perdu par 100 centimètres cubes de sang en traversant les poumons. On détermine ensuite le poids de CO_2 exalé par l'animal en une minute. On divise ce poids par le premier. On obtient le nombre par lequel il faut multiplier 100 centimètres cubes pour avoir le volume de sang qui traverse les poumons en une minute.

La vitesse du sang *dans un segment donné* de la petite circulation ne peut être évaluée qu'à l'aide de déductions. On admet généralement qu'elle est la même dans l'artère pulmonaire et dans l'aorte, les deux vaisseaux ayant la même section.

VII. **Influence de la respiration sur la circulation pulmonaire**. — La cage thoracique figure une grande ventouse dans laquelle le poumon est attiré et où il est maintenu par la pression atmosphérique (Donders ; d'Arsonval). Le tissu pulmonaire, étant élastique, tend à reprendre sa forme en se rétractant. Il le ferait si sa force élastique était capable de surmonter la pression atmosphérique qui s'exerce à son intérieur. Il s'en faut de beaucoup qu'il en soit ainsi, mais la résistance que le poumon oppose à sa dilatation crée une tendance au vide entre les deux feuillets de la plèvre. Cette tendance au vide se manifeste si on fait une ouverture à la paroi thoracique. Elle s'accuse en aspirant la colonne d'eau d'un manomètre mis en communication avec la cavité pleurale. On désigne le vide relatif ainsi produit sous le nom de **vide pleural**.

Dans l'*inspiration*, le diaphragme s'abaisse et les parois de la poitrine se dilatent. Par suite, les diamètres vertical et latéraux du thorax sont augmentés, ainsi que la valeur du vide pleural. Le phénomène inverse se produit dans l'*expiration*.

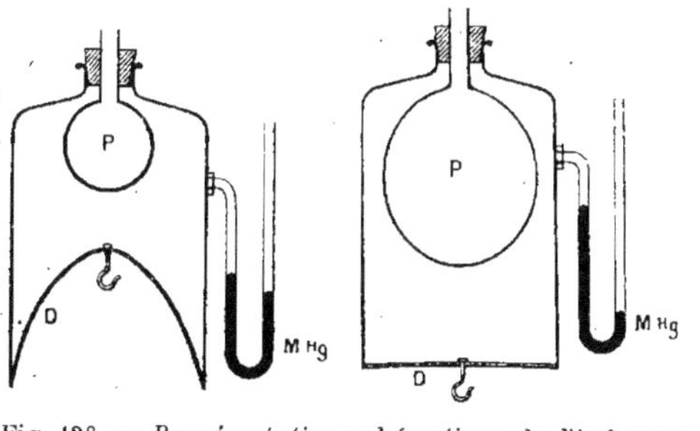

Fig. 128. — *Représentation schématique de l'influence de l'inspiration sur le vide pleural* (d'après Funke).

La cloche représente la cage thoracique ; P, poumon ; D, diaphragme ; MHg, manomètre ; 1, thorax en expiration ; 2, thorax en inspiration.

Cependant, dans les conditions physiologiques, le vide pleural n'est jamais nul (fig. 128).

Conséquences au point de vue de la circulation pulmonaire. — Ainsi que d'Arsonval l'a fait remarquer, tout ce qui se trouve en dehors des alvéoles est plongé dans le vide pleural et en subit l'influence. Or, tous les réseaux artériels ou veineux des poumons sont dans ce cas, à l'exception du réseau intraalvéolaire ou aérien qui est soumis à la pression atmosphérique. La surface externe des vaisseaux pulmonaires est donc plongée dans un espace raréfié, qui les force à se dilater et les maintient béants. Pendant l'inspiration, le mouvement d'expansion n'est pas borné aux alvéoles. Les espaces interalvéolaires et les capillaires qui y sont logés se dilatent aussi. Le réseau vasculaire intraalvéolaire lui-même n'échappe pas à l'aspiration excentrique. En effet, au moment de l'inspiration, un vide partiel se produit dans l'intérieur du poumon ; car la glotte ne suffit pas immédiatement au débit des poumons et l'égalisation de la pression dans ces organes avec la pression extérieure atmosphérique n'est pas instantanée (Bert). De plus, le poumon est ainsi construit que lorsqu'il se dilate, le volume des capillaires augmente comme celui des alvéoles. Au moment de l'expiration, c'est l'inverse qui se produit. Les parois des vaisseaux tendent à se rapprocher comme les parois des alvéoles. *Par conséquent pendant l'inspiration, la résistance à l'écoulement doit diminuer dans le système pulmonaire et la circulation s'accélérer. Pendant l'expiration, cette résistance doit augmenter et la circulation se ralentir.*

Vérification expérimentale. — La vérification expérimentale de ces données théoriques a été faite soit à l'aide d'expériences schématiques, soit sur l'animal vivant.

Les **expériences schématiques** ont pour but d'instituer une circulation artificielle à travers le poumon, et de mesurer le débit du sang dans des conditions rappelant celles, soit de l'inspiration, soit de l'expiration. On réalise ainsi, en quelque sorte, la synthèse du phénomène :

Les poumons détachés de l'animal avec les vaisseaux et la trachée sont placés dans une cloche. Le diaphragme est simulé par une membrane de caoutchouc, disposée à l'ouverture inférieure de la cloche. A travers l'orifice supérieur, on laisse passer la trachée et les vaisseaux afférents et efférents des poumons. L'artère pulmonaire reçoit du sang défibriné d'un réservoir. Les veines pulmonaires laissent écouler ce sang dans une éprouvette graduée après son passage à travers les poumons. Un robinet est placé latéralement sur la cloche (HEGER).

Une première expérience consiste à vérifier que le poumon affaissé laisse passer moins de sang que le poumon dilaté. Pour réaliser cette dernière condition on ouvre le robinet latéral de la cloche. On aspire l'air qui s'y trouve entre ses parois et les poumons. On voit alors les poumons s'étaler sur les parois de la cloche et le diaphragme se bomber, sa convexité tournée en haut. A ce moment on ferme le robinet. On a ainsi réalisé dans la cloche une tendance au vide qui permet d'assimiler très exactement l'appareil à la cavité thoracique. Or le débit du sang sous charge constante est plus grand qu'il ne l'était alors que les poumons n'étaient pas dilatés.

Une deuxième expérience est alors instituée. On exécute des mouvements alternatifs du diaphragme en caoutchouc pour imiter les ampliations et les retraits du poumon dans la respiration. Or à chaque mouvement correspondant à une inspiration le débit est augmenté.

Chacun des effets retarde légèrement sur la cause qui le produit. Au début de l'inspiration l'écoulement sanguin à travers les vaisseaux pulmonaires se ralentit légèrement avant de s'accélérer. De même au début de l'expiration cet écoulement subit une certaine accélération avant d'être retardé. Le premier effet de l'expiration est évidemment d'exprimer des vaisseaux pulmonaires une certaine quantité de sang avant de comprimer ces canaux et de gêner leur débit. Le premier effet de l'inspiration est inversement, avant de faire appel sur le sang, de le retenir dans les capillaires avant d'ouvrir largement ceux-ci pour faciliter son écoulement.

D'ARSONVAL a réalisé une expérience du même genre sur le poumon en place. Ce physiologiste prend un chien qu'il sacrifie par hémorragie en ouvrant une artère et sectionnant le bulbe. Cela fait on ouvre l'abdomen en respectant la cavité thoracique sur laquelle le manomètre pleural est appliqué. Le sang de l'animal est recueilli et défibriné. On oblitère tous les vaisseaux allant à la tête en serrant le cou dans un écraseur de CHASSAIGNAC. Les intestins étant écartés, on ouvre la veine cave inférieure dans laquelle on introduit un gros tube de verre allant jusque dans l'oreillette droite. La veine est liée fortement sur ce tube entre le foie et le diaphragme. On fait la même opération sur l'aorte abdominale en poussant la sonde jusque dans la crosse. Le sang défibriné est mis dans un flacon de MARIOTTE, sous pression constante, et relié au tube de la veine cave inférieure. Le liquide pénètre successivement dans l'oreillette droite, le ventricule droit, l'artère pulmonaire, les veines pulmonaires, l'oreillette gauche, le ventricule gauche et ressort par l'aorte abdominale.

Dans ces conditions, si on tire sur le diaphragme, on met le poumon en inspiration. Le vide pleural augmente. Un moment après, l'écoulement par le tube aortique augmente considérablement. Donc en inspiration, l'écoulement à travers le poumon est plus facile. Au début, l'écoulement s'arrête pour permettre aux capillaires pulmonaires de se remplir. Si, le diaphragme étant fixé en inspiration, on produit en aspirant par la trachée une diminution de pression dans l'intérieur des alvéoles, l'écoulement par l'aorte faiblit ou s'arrête un instant pour recommencer aussitôt après avec plus de force. La même chose a lieu si on cherche à produire l'inspiration la trachée étant fermée, en tirant sur le diaphragme. En effet, si l'air est empêché de venir c'est autant de gagné au point de vue de la béance des capillaires qui se produit. L'aspiration est utilisée complètement à dilater les capillaires. Inversement si on lâche le diaphragme qui remonte en expiration, le vide thoracique diminue. Les vaisseaux pulmonaires diminuent eux-mêmes de volume de telle sorte que tout d'abord le sang est projeté dans l'aorte, puis le débit diminue.

Remarque concernant la respiration artificielle. — GRÉHANT et QUINQUAUD ont observé que *si on insuffle l'air dans la trachée sous une pression suffisante* on peut arrêter la circulation pulmonaire. C'est là au degré près un des inconvénients de l'*insufflation* dans la respiration artificielle. Il y a donc une opposition entre la respiration artificielle ainsi pratiquée et la respiration naturelle au point de vue de leur influence sur le cours du sang. Dans la pratique médicale il faut donc employer des procédés dans lesquels on fait varier la capacité thoracique (GRÉHANT, *Biologie*, 1870, 49. — GRÉHANT et QUINQUAUD, *C. R. Ac. sc.*, 1884).

On pourrait objecter à ces expériences qu'il s'agit de circulations schématiques à l'air libre. Or pour que la comparaison soit légitime il faudrait que la charge soit à l'intérieur de la cavité qui représente le thorax. Cette objection n'a pas une bien grande valeur, car en supposant que l'action du cœur soit affaiblie pendant l'inspiration, cet affaiblissement est compensé par deux actions synergiques : la diminution de résistance au passage du sang à travers les capillaires pulmonaires et l'appel du sang veineux dans les veines du thorax et l'oreillette droite. D'ailleurs les constatations faites sur l'***animal vivant*** confirment les résultats obtenus à l'aide des appareils schématiques. Sur le vivant il est possible d'observer directement le changement de coloration des poumons et de déterminer la quantité de sang contenu dans ces organes aux différentes phases de la respiration. Les *changements de coloration* peuvent être constatés facilement sur le lapin. On enlève d'un côté l'extrémité postérieure de deux ou trois côtes en ménageant avec soin la plèvre pour ne pas supprimer le vide thoracique. On constate à travers la séreuse décollée que le poumon devient plus rosé pendant l'inspiration. La preuve que le poumon se congestionne réellement à ce moment est fournie par la *mesure directe de la quantité de sang*. CLAUDE BERNARD a montré que chez le lapin on peut établir une fistule péricardique en ouvrant le médiastin antérieur sans perforer la plèvre et par suite sans interrompre la respiration naturelle. Profitant de cette disposition, HEGER et SPEHL ont réussi à passer autour des vaisseaux de la base du cœur une forte ligature. En serrant celle-ci on emprisonne le sang qui se trouve dans les poumons, soit pendant l'inspiration naturelle, soit pendant l'expiration. Si on détermine la quantité de sang, on constate que pendant l'inspiration naturelle les poumons contiennent plus de sang que pendant l'expiration.

Adaptation des conditions mécaniques de la circulation pulmonaire à la fonction de l'hématose. — Pour accomplir leur fonction d'hématose, il importait que les capillaires pulmonaires aient des parois minces. Or les conditions spéciales dans lesquelles s'effectue la circulation pulmonaire expliquent pourquoi ces capillaires, quoique très ténus, sont suffisamment résistants. La pression du cœur dans l'artère pulmonaire est faible. L'effort du cœur est peu énergique, et cependant ces forces suffisent à faire franchir au sang les poumons. Les muscles inspirateurs sont des auxiliaires du cœur et épargnent l'énergie de cet organe. Il est vrai que l'instant d'après le mouvement d'expiration fait reperdre ce bénéfice et agit en sens contraire. On fait seulement à ce propos remarquer que l'air et le sang sont appelés en même temps sur le lieu de leur conflit dans les alvéoles du poumon. Une autre condition existe qui économise la force du cœur et qui, celle-ci, est permanente : c'est le vide pleural dont l'effet est, comme on l'a vu, de maintenir la béance des voies pulmonaires (capillaires et alvéoles). L'inspiration augmente l'importance de cette influence favorable, l'expiration la restreint, mais néanmoins la laisse subsister. *En comparant les capillaires généraux aux capillaires de la petite circulation, on voit que le sang est obligé de distendre les premiers pour s'y frayer un passage, tandis qu'il trouve les seconds tout ouverts d'avance ;* c'est là le secret de la grande différence dans la force des deux ventricules et dans la pression qu'ils sont obligés de développer.

VIII. **Vaso-moteurs pulmonaires.** — On connaît bien surtout les nerfs *vaso-constricteurs* pulmonaires. Ceux-ci sont contenus principalement, chez le chien, dans le *sympathique thoracique.* Ils viennent de la moelle dorsale. On les retrouve dans l'anse de Vieussens et dans les nerfs qui en partent pour se diriger vers les bronches (Brown-Séquard, Fr. Franck, R. Bradford et Dean).

Chez certaines espèces animales le *vague* paraît en contenir une certaine proportion. Pour étudier l'action de ce nerf sur la circulation pulmonaire il faut éliminer les effets cardiaques par l'emploi de l'atropine. Couvreur a observé l'effet vaso-constricteur du vague chez la grenouille. Henriquez, Doyon ont observé, chez les mammifères, que sous l'influence de l'excitation du nerf vague la pression s'élève dans l'artère pulmonaire.

Actions réflexes. — La clinique avait soulevé la question à propos du retentissement produit sur le cœur droit par certaines irritations douloureuses des viscères abdominaux (Potain). Morel, sous la direction d'Arloing, a poursuivi expérimentalement cette étude. Il vit que chez les animaux subissant des irritations des viscères abdominaux la pression s'élève dans l'artère pulmonaire. Bradford et Dean constatèrent que l'excitation des principaux nerfs sensitifs généraux et viscéraux produit le même résultat. Fr. Franck étendit ces recherches et précisa les conditions les meilleures pour l'apparition du phénomène en éliminant toutes les causes d'erreur. D'une façon générale on peut dire que *la vaso-constriction pulmonaire est la conséquence de toute excitation sensitive, qu'il s'agisse d'une irritation des viscères abdominaux, des nerfs de la sensibilité générale ou de ceux qui partent des poumons ou de l'aorte.*

Rôle correcteur de la pression artérielle. — Le spasme réflexe des petits vaisseaux du poumon empêche l'arrivée d'une nouvelle surcharge de sang dans le ventricule gauche et par conséquent dans l'aorte. Combiné à la vaso-dilatation d'autres organes, par exemple des muscles et de la peau, il peut corriger l'élévation de la pression artérielle.

Influence sur le cœur droit. — On observe souvent en pathologie dans les affections douloureuses de l'abdomen la dilatation du cœur droit. La constriction réflexe des capillaires pulmonaires constitue une condition favorable à la genèse de cette lésion (Potain). François Franck croit cependant que la dilatation ventriculaire avec insuffisance triscupidienne ne se produit que si l'action dépressive antitonique des nerfs modérateurs du cœur est simultanément mise en jeu. Le cœur ne pourrait plus résister à l'excès de pression intérieure par suite de la diminution de tonicité de ses parois (p. 96).

Méthodes d'investigation appliquées à l'étude des vaso-moteurs pulmonaires. — La recherche des vaso-moteurs pulmonaires présente une difficulté spéciale par suite du retentissement sur les poumons des effets produits sur le cœur et la circulation aortique par les excitations.

Les méthodes qui ont été utilisées pour cette étude sont les mêmes que celles en usage pour tous les autres organes.

La *méthode coloriscopique* est très facile à appliquer à la grenouille (Couvreur). Chez les mammifères elle est difficilement applicable dans les circonstances ordinaires en raison des mouvements de va-et-vient des poumons. Pour éviter cet inconvénient, Morat et Doyon ont employé l'artifice suivant : On curarise l'animal à la dose limite, c'est-à-dire sans pousser l'intoxication jusqu'à la paralysie des nerfs sympathiques, et on pratique la respiration artificielle par l'intermédiaire d'un seul poumon. L'autre poumon est modérément insufflé au moyen d'une canule introduite dans la grosse bronche correspondante. Dans ces conditions il est possible d'étudier parallèlement les variations de pression qui se produisent dans le poumon ainsi isolé en les enregistrant et de les comparer aux modifications circulatoires constatées *de visu*. (Doyon, *Arch. de Phys.*, 1897.)

L'exploration des effets que produit sur la *pression en amont et en aval* du poumon l'excitation des nerfs centrifuges donne de bons résultats. Fr. Franck a apprécié parallèlement la pression dans l'artère pulmonaire et dans l'oreillette gauche. Henriquez a utilisé le même procédé. Rose Bradford et Dean ont recherché les variations de la pression dans l'artère pulmonaire et dans une branche de l'aorte.

La *méthode volumétrique* a été expérimentée par Fr. Franck. On ne peut accorder, dans ce cas particulier, à cette méthode aucune confiance, l'influence de la réplétion plus ou moins grande des troncs artériels pouvant prédominer sur la réaction vasculaire du tissu pulmonaire.

On a encore essayé de pratiquer des *circulations artificielles* à travers les poumons sur le cadavre ou à travers un lobe sur l'animal vivant. On mesurait le débit dans les différentes conditions de l'expérience (Cavazzani). Cette méthode est passible d'une façon générale d'objections assez sérieuses.

Vaso-moteurs du larynx. — Nous rapprocherons des vaso-moteurs pulmonaires ceux du larynx. On ne connaît avec certitude que l'existence de nerfs vaso-dilatateurs pour cet organe. Ils sont contenus dans le nerf laryngé supérieur (Hédon).

Expérience. — L'expérience est réalisée sur le chien curarisé et soumis à la respiration artificielle. L'examen du larynx est pratiqué par la voie buccale. Il n'est pas besoin de laryngoscope. Il suffit de faire écarter largement les mâchoires de l'animal, de maintenir la langue tirée dehors, et de rabattre l'épiglotte à l'aide d'une spatule. Dans ces conditions *l'excitation du bout périphérique du nerf laryngé supérieur provoque la congestion de la muqueuse qui revêt le cartilage aryténoïde et la région interaryténoïdienne du côté correspondant.* L'épiglotte participe à la vaso-dilatation.

Influence de l'asphyxie sur la circulation pulmonaire. — On sait depuis longtemps que chez les animaux axphyxiés le cœur droit et l'artère pulmonaire sont gorgés de sang. Haller pensait pouvoir attribuer cette stase à une cause purement mécanique. En effet, dans l'expiration, les capillaires sont aplatis, coudés ; par conséquent la circulation est gênée. Sans doute, l'expiration gêne la circulation et l'inspiration la favorise. Mais on peut asphyxier un animal en maintenant le poumon dilaté, en liant la trachée. La congestion des cavités droites se produit également dans ces conditions. Il en est de même quand un animal est placé dans un milieu irrespirable, dans l'azote, par exemple, bien que les mouvements respiratoires continuent à s'exercer. Il est donc possible que la suppression de l'hématose provoque une constriction des vaso-moteurs pulmonaires. — Brouardel et Loye (submersion), *Arch. de Phys.*, 1889, 449. — Haller, *Éléments physiologiques*, 111, p. 243. — Germe, *Anal. in Presse médicale*, 1895. — Marey, *Circ.*, 426. — Milne-Edwards, IV, 354.

BIBLIOGRAPHIE.

Historique. — Dastre, *Revue des Deux Mondes*, 1er août 1884. — Harvey, *Trad.* Richet, p. 97, 101. — Malpighi, *De pulmonibus epistola*, II, 1661. *Oper. omnia*, Leiden, 1687, 2, 227. — Rochette, *Thèse Fac. méd.*, Paris, 1894. — M. Servet, *Christianismi Restitutio*, 1553, exemplaire de la galerie Mazarine à Paris, p. 171. — Vésale, *De corporis humani fabrica*, lib. VI, XV.

Pression dans l'artère pulmonaire. — Beutner, *Zeitsch. f. rat. Med.*, 1852. — Bradford et Dean, *Proceed. of the royal Society*, 1889. — Chauveau et Faivre, *Gaz. méd. de Paris*, 1856. — Colin, *Bull. Ac. méd.*, 1874. — Hofmokl, *Stricker's Jahrb.*, 1875. — Lichtheim, *Die Störungen des Lungen-Kreislaufes*. Berlin, 1876. — Openchowski, *Arch. f. d. ges. Phys.*, 1882, XXVII, 223. — Knoll, *Sitz. ber. d. Kais. Ak. math. Naturwiss.*, 1888. *Congrès Bâle*, 1889.

Vitesse. — Jolyet et Tanziac, *Biologie*, 1880. — Gréhant et Quinquaud, *Biologie*, 1886, 159.

Influence de la respiration. — D'Arsonval, *Thèse de Paris, Fac. méd.*, 1877, p. 56, 58. — Cl. Bernard, *Leçons sur les subst. toxiques et médic.*, Paris, 1857, 229. *Leçons sur la phys. et la pathol. du s. nerveux*, II, 367. — Bert, *Leçons sur la respiration*, 1870, 337. — Beutner, *Zeitsch. f. rat. Med.*, 1852, 109. — Bowditch et Garland, *Journal of Phys.*, 1879. — Ceradini, *Tr. du lab. de Ludwig*, 1870. — Funke et Latschenberger, *Arch. f. d. ges. Phys.*, 1877, XV, 416; 1878, t. XVII, 557. — Gréhant et Quinquaud, *C. R. Ac. sciences*, 1884. — Heger, *Thèse Bruxelles*, 1873. *Rapports sur les circ. artificielles. Congrès de Bruxelles*, 1875, 463. *Annales de l'Université*, 1880, 1881. — Heger et E. Spehl, *Arch. de biol. belges*, II. — Kowalewsky, *Arch. f. Anat. u. Phys., Phys. Abth.*, 1877, 423, 431, 432. — De Jager, *Arch. f. d. ges. Phys.*, 1879, XX, 426; 1882, t. XXVII, 160. — Lichtheim, *Die Störungen des Kreislaufes*. Berlin, 1876. — Mislawsky, *in Jahresb. d. Anat. u. Phys.*, 1878, 2, 68. — Mosso, *Ueber den Kreislauf des Blutes im menschl. Gehirn*. Leipzig, 1881. — Openchowski, *Arch. f. d. ges. Phys.*, 1882, t. XXVII. — Poiseuille, *C. R. Ac. sc.*, 1855, XLI, 1072. — Rollett, *Handb. d. Phys.* Hermann, IV, 1, 276 (bibliogr.). — Quincke et Pfeiffer, *Arch. f. Anat u. Phys.*, 1871, p. 90. — Spehl, *De la répartition du sang circulant dans l'économie*, Bruxelles, 1883. — Talma, *Arch. f. d. ges. Phys.*, 1882, XXIX, 324. — Spalitta, *Arch. it. biol.*, 1892, XVII. — Tigerstedt, *Lehrbuch des Kreislaufes*, 1893, p. 448. A propos de la quantité de sang contenu dans les poumons, consulter aussi : Abeges, *Diss. inaug. Vratislaw*, 1841. *De capacitate art. et ve. pulm.* — Menicanti, *Zeitsch. f. Biol.*, 1894, 439.

Respiration dans l'air comprimé. — Drosdorff, Botschetskaroff, *Centralbl.*, 1875. — Duroq, *Rev. Hayem*, VII, 36. — D'Arsonval, *l. c.* — Rollett, *l. c.* (bibl.). — Voir aussi p, 147, 150, 250.

Vaso-moteurs pulmonaires. — Badoud, *Verhandl. Würzburg Phys. med. Gesell.*, 1874. — Rose Bradford et Dean, *Proc. roy. Soc.*, 1889, XLV. *J. of Phys.*, 1894, XVI, 34, 96. — Brown-Séquard, 1870-1873, in Henocque, *Gaz. hebd. de méd. et de chir.*, 1879, 581. *Biologie*, 1871, 101. — Bokai, *in Jahresb. d. Anat. u. Phys.*, 1880, 2, 71. — Cavazzani, *Riforma medica*, 1891. *Arch. it. biol.*, 1891, IV, V. *Dissert. p. Laurea*, Padoue, 1891. — Couvreur, *Biologie*, 1889, 731. — Doyon, *Arch. de Phys.*, 1893, 101. — Fr. Franck, Thèse Lalesque, Paris, 1881. *Arch. de Phys.*, 1895, 745, 817 (travail d'ensemble). *Biologie*, 1880, 231. — V. Henriquez, *Ac. roy. dan.*, 1891. *Skand. Arch. f. Phys.*, 1892. — Hofmokl, *Wiener med. Jahrb.*, 1875, 315, 318. — Lichtheim, *Die Störungen d. Lungen-Kreislaufes*, Berlin. Hirchwald, 1876. *In Jahresb. Anat. u. Phys.*, 1876, V, 73, 74. — Openchowski, *Arch. f. d. ges. Phys.*, 1883, XXVII. *Zeitsch. f. klin. Med.*, XVI, 201, 221, 404, 1889. — Réflexes: — Rose Bradford et Dean, *l. c.* — Fr. Franck, *Arch. de Phys.*, 1896, p. 178, 193. — Lees, *Lancet*, I, 1889. — Morel, *Thèse Fac. méd.*, Lyon, 1880.

Rôle correcteur de la pression. — Fr. Franck, *Arch. de Phys.*, 1896, 205. *Ac. méd.*, 1896. — Waller, *Arch. f. Anat. u. Phys.*, 1888, 925.

Influence de la constriction des capillaires pulmonaires sur la dilatation du cœur droit. — Destureaux, *Thèse doct.*, Paris, 1878. — Ducastel. *Arch. gén.*

méd., 1880. — Fr. Franck, *Gaz. hebd. méd. et chirurg.*, 1880. — *Arch. de Phys.*, 1896, 201. — Morel, *Thèse Lyon, Fac. méd.*, 1880. — Mossé, *Thèse agrég.*, Paris, 1880. — Potain, *Cyr. traduct. des Mal. de foie de Murchinson*, 1878. — Pitres, *Thèse agrég.*, Paris, 1878. — J. Teissier, *Congrès Assoc. française*, Montpellier, 1879.

Vaso-moteurs du larynx. — Hédon, *C. R.*, 1896. *Presse médicale*, 28 nov. 1896. — Spiess, *Arch. f. Anat. u. Phys.*, 1894, 503.

Expériences concernant les effets de la compression de l'artère pulmonaire ou de ses branches. — Lichtheim, *Die Störungen des Lungenkreislaufes.* Berlin, 1876. — Landgraf, *Centralbatt f. Phys.*, 1890, 4, 476. *Zeitsch. f. klin. Med.*, 20 1892, 181. — Tigersteut, *Lehrbuch. d. Kreisl.*, 1893, p. 449.

CHAPITRE II

CIRCULATIONS CÉRÉBRALE ET OCULAIRE.

En raison des analogies qu'elles présentent nous réuniront dans un même chapitre les circulations cérébrale et oculaire.

I. — CIRCULATION CÉRÉBRALE.

1° Notions anatomiques. — La circulation *artérielle* du cerveau est assurée par les deux carotides internes et les deux vertébrales qui forment à la base de cet organe le polygone de Willis. De ce système partent des artères qui vont soit à l'écorce soit aux corps opto-striés et *s'anastomosent peu* entre elles.

Les *veines* du cerveau se déversent dans des sinus, vastes réservoirs, situés à la surface de l'organe dans l'épaisseur de la dure-mère, pouvant recevoir un surcroît de sang veineux. Contrairement à ce qui se passe pour les artères les veines s'anastomosent très fréquemment entre elles.

L'existence de communications directes entre les artères et les veines de la pie-mère cérébrale est certaine, mais il faut considérer ces canaux artério-veineux comme de simples accidents morphologiques (Testut, *Anatomie*, II, 2ᵉ fasc., p. 583).

Effets de la ligature des artères du cerveau. — Chez le *chien* on peut lier les quatre artères *afférentes* du *polygone* de Willis sans que la pression dans le système descende à zéro. Il se produit momentanément une baisse de pression, mais bientôt la pression se relève jusqu'à revenir à peu près à son niveau primitif (Q. Corin). Dans la majorité des cas on ne constate parallèlement aucun trouble fonctionnel, sauf parfois un peu de dyspnée. Chez le *lapin* la fermeture des vertébrales et des carotides provoque souvent l'asphyxie (Kussmaul et Tenner). L'absence de troubles circulatoires s'explique par l'existence de branches collatérales autres que les vertébrales et les carotides. Le développement de ces collatérales est plus complet chez le lapin. (Consulter au sujet de la régulation de la circulation dans le polygone de Willis, Corin, *Trav. lab. de Fredericq*, III, 185-194).

L'obstruction *des artères qui émanent de l'hexagone* provoque l'anémie et même la mortification dans le territoire de distribution correspondant par suite du petit nombre des anastomoses dans ce dernier système.

2° Condition caractéristique de la circulation cérébrale.

— Le cerveau est situé dans la cavité cranienne dont les parois *inextensibles* sont assimilables à celles des appareils à déversement décrits sous le nom de *plétysmographes*. Ce fait crée pour le cerveau une circonstance particulière qui modifie les conditions de sa circulation.

Comme tous les organes, le cerveau se laisse forcément distendre par l'ondée sanguine qui pénètre dans ses artères à chaque systole. Mais son mouvement d'expansion est atténué par suite du déplacement d'un liquide, de sorte que la compression des cellules nerveuses n'est pas à craindre. Dans les conditions physiologiques, la pénétration du sang artériel dans le cerveau s'accompagne d'une sortie d'une certaine quantité de sang veineux. Les veines du cerveau sont comprimées et cette compression latérale a pour effet de les vider de sang et d'expulser celui-ci hors du crâne. Si en effet, sur un chien on place un premier manomètre dans les veines du crâne ou dans les jugulaires et un second dans la carotide, on constate dans les veines l'existence de pulsations synchrones avec celles de l'artère (Mosso).

La pénétration du sang dans le crâne s'opère surtout aux dépens du sang veineux. Le déplacement du liquide céphalo-rachidien est cependant possible, car d'une part le passage du crâne au canal rachidien est libre et suffisant et d'autre part ce dernier conduit est partiellement composé de parties molles et extensibles (RICHET, 1857). Dans tous les cas le déplacement de ce liquide ne s'étendrait pas très loin dans le rachis (FR. FRANCK).

Le degré d'expansion du cerveau dépend de la différence qui existe entre l'entrée du sang artériel et la sortie du sang veineux et du liquide céphalo-rachidien du crâne. Il ne faut donc pas confondre ce mouvement avec le pouls des artères afférentes. Il n'y a pas nécessairement identité entre ces deux phénomènes (FREDERICQ, *Tr. lab.*, I, 71).

3° Mouvements du cerveau.

— Les mouvements du cerveau s'observent : chez l'*enfant*, pendant les premiers mois de la vie au niveau des fontanelles et chez les *malades* ou chez les *animaux* qui ont subi des *pertes de substance du crâne*.

La perte de substance ou l'état membraneux des parois dans un point du crâne a pour effet de faciliter l'expansion du cerveau de ce côté, le déversement du liquide se faisant toujours plus aisément par un orifice libre ou contre une paroi molle que dans la colonne rachidienne ou dans les vaisseaux veineux du cou.

Les mouvements du cerveau peuvent être constatés *de visu* ou au toucher sans appareil amplificateur. On peut aussi les *inscrire* à l'aide de la méthode graphique. Sur le malade il suffit d'appliquer au niveau de la perte de substance du crâne un appareil explorateur formé d'un entonnoir dont on ferme le pavillon par une membrane de caoutchouc et qu'on remplit en partie d'eau. Les oscillations de la colonne d'eau sont transmises à un tambour enregistreur. Chez les animaux, on pratique dans la paroi latérale du crâne un trou dans lequel, après section de la dure-mère, on visse une petite caisse métallique remplie d'une solution physiologique de chlorure de sodium et reliée à un tambour de MAREY (SALATHÉ). A défaut d'appareil spécial on peut se contenter de fixer avec de la cire à l'orifice osseux un fort tube de verre se terminant en haut par une partie rétrécie (WERTHEIMER).

Les tracés des mouvements du cerveau présentent n ormalement des ondulations en rapport avec les battements du cœur, avec les phases de la respiration et avec l'activité des vaso-moteurs.

La **contraction du cœur** se propage au cerveau à la fois par les artères et par les veines. L'ondulation artérielle principale correspond à la contraction du ventricule gauche. Les ondulations veineuses correspondent à la systole auriculaire droite et au pouls négatif des jugulaires causé par l'aspiration propre du cœur (FREDERICQ).

L'influence de la respiration n'est pas toujours univoque, et dépend des effets de celle-ci sur la pression artérielle et veineuse.

Chez l'homme en général le cerveau s'affaisse pendant l'inspiration et s'élève au contraire pendant l'expiration. Les oscillations sont très peu marquées quand la respiration est calme, mais elles s'accusent quand elle est laborieuse. L'affaissement du cerveau pendant l'inspiration est due à l'influence combinée de deux facteurs ; à savoir : la baisse de la pression artérielle et l'aspiration exercée par le thorax sur le sang veineux.

Si, contrairement au cas que nous avons supposé, la pression artérielle augmente pendant l'inspiration, elle tend à faire gonfler le cerveau. En général cependant l'influence veineuse antagoniste prédomine, de telle sorte que le volume du cerveau tend néanmoins à diminuer.

On peut constater chez les animaux que l'ouverture du thorax supprime l'aspiration thoracique du sang veineux pendant l'inspiration et par suite l'affaissement du cerveau qui aurait cette seule origine. Quand on pratique chez les animaux la respiration artificielle par insufflation, la pression peut devenir positive dans le thorax. Chaque insufflation refoule alors le sang dans les veines et peut provoquer ainsi le soulèvement du cerveau.

L'augmentation du volume du cerveau se produit d'une façon générale quand il existe un obstacle au cours du sang veineux. Par exemple, après la ligature ou la compression de la veine cave postérieure. Il en est de même dans certaines attitudes quand la pesanteur retient le sang dans le cerveau et aussi dans l'effort, la toux, et après le repas. La compression des carotides diminue l'apport du sang dans les vaisseaux cérébraux et provoque ainsi une diminution du volume de l'organe et un affaiblissement des pulsations.

Les **ondulations vaso-motrices** se groupent en oscillations d'une durée relativement longue. On les attribue au resserrement et au relâchement alternatif des petits vaisseaux et au retrait ou à la dilatation du cerveau qui en sont la conséquence.

4° **Circulation capillaire**. — Dans l'étude de la circulation du cerveau il y a lieu de ne pas négliger la contractilité propre des capillaires artériels et veineux et les influences vaso-motrices qui les mettent en jeu.

Les *nerfs constricteurs* du cerveau sont contenus dans le sympathique cervical (CLAUDE BERNARD), et dans les nerfs qui accompagnent l'artère vertébrale (FR. FRANCK). Le sympathique cervical contiendrait aussi des nerfs pouvant provoquer la *dilatation* des capillaires cérébraux. CAVAZZANI a pu mettre ces fibres en évidence en expérimentant sur le cerveau privé de sa circulation normale,

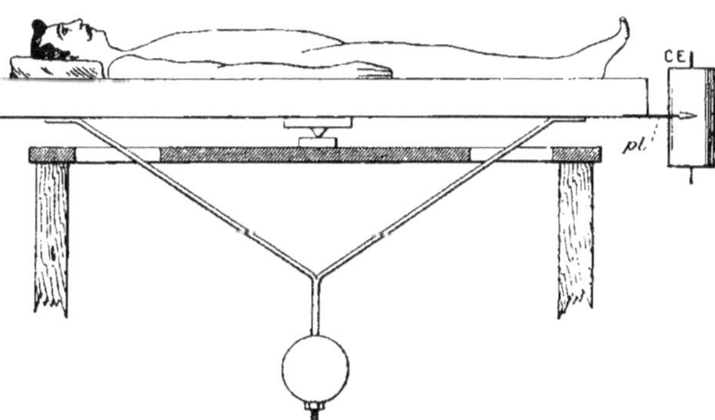

Fig. 129. — *Balance plétysmographique de Mosso.*

mais soumis à l'irrigation artificielle. Elles seraient moins excitables et résisteraient mieux à la fatigue. La double action du sympathique cervical sur la circulation cérébrale ne doit pas nous surprendre, car DASTRE et MORAT ont depuis longtemps prouvé qu'un même nerf contient généralement les deux ordres de fibres antagonistes et qu'il est possible, par certains artifices, de les dissocier fonctionnellement.

Méthodes d'investigation utilisées pour la recherche des vaso-moteurs cérébraux. — Les méthodes les plus usitées pour la recherche de l'influence vaso-motrice des nerfs sur le cerveau sont les suivantes :

a. La méthode coloriscopique. — DONDERS le premier, en 1850, eut l'idée de remplacer sur un animal trépané la partie d'os enlevée par une paroi transparente à travers laquelle on peut observer ce qui se passe. Dans ces conditions, la circulation du cerveau peut être considérée comme normale, la paroi inextensible du crâne étant rétablie dans son intégrité.

b. La méthode plétysmographique qui consiste à enregistrer les changements du volume du cerveau suivant les procédés que nous avons indiqués.

c. Mosso a employé sur l'homme une méthode très ingénieuse. Il utilise une *bascule* sur laquelle on étend le sujet et que l'on équilibre ensuite avec soin. Il est évident qu'un afflux de sang dans le cerveau se traduit par l'augmentation du poids de l'organe et inversement. L'appareil est facilement rendu inscripteur. Des plétysmographes placés en d'autres points du corps permettent d'inscrire, parallèlement aux modifications circulatoires du cerveau, celles d'autres régions (fig. 129).

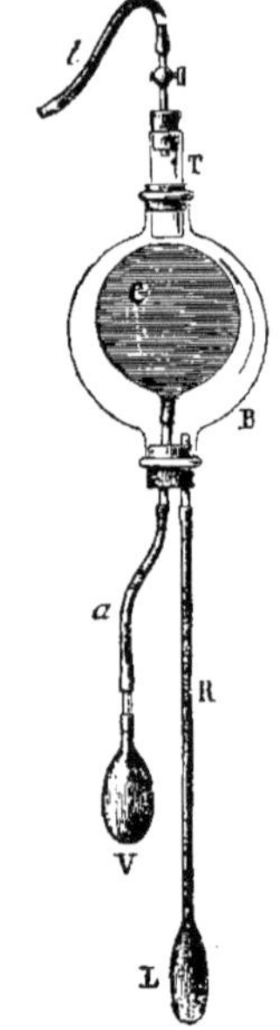

Fig. 130. — *Schéma de la disposition du cerveau et du rôle du liquide céphalo - rachidien* (d'après SALATHÉ).

Influence du travail psychique. — Le cerveau se congestionne et augmente de volume pendant son état d'activité (émotion, acte de réflexion, calcul, acte psychique quelconque...) (Mosso). C'est du reste une loi générale que *la circulation se proportionne à l'effort.* L'hyperhémie du cerveau n'est donc pas la cause, mais l'effet de l'activité psychique (p. 208).

5° Antagonisme de la circulation cérébrale avec la circulation des autres organes. — Dans certaines conditions il s'établit un équilibre entre la circulation des organes internes et celle de la peau. DASTRE et MORAT ont montré que dans l'asphyxie les vaisseaux des viscères se contractent et ceux de la peau se dilatent. D'après SCHÜLLER et WERTHEIMER, le cerveau se congestionne dans ces conditions. Le même équilibre se produit dans l'empoisonnement par la strychnine et à la suite des excitations très vives des nerfs sensitifs ou du froid. *Le cerveau varie en sens inverse des viscères.*

Rôle du liquide céphalo-rachidien. — Le liquide céphalo-rachidien est situé dans les espaces sous-arachnoïdiens (MAGENDIE). FOLTZ a émit l'idée qu'il a pour fonction principale de soutenir le cerveau. Cet auteur comparait le rôle du liquide céphalo-rachidien à celui d'un ligament suspenseur. L'idée est très juste. Le cerveau flotte en quelque sorte dans le liquide céphalo-rachidien, et échappe ainsi aux chocs et aux ébranlements accidentels. Le liquide céphalo-rachidien constitue un admirable moyen de protection du cerveau.

Marey a fait remarquer aussi avec raison que le liquide céphalo-rachidien atténue l'effet de la pesanteur sur la circulation cérébrale. Dans l'attitude verticale ce liquide s'accumule dans l'axe spinal et exerce une aspiration dans la cavité cranienne. Or c'est dans cette attitude que le cours du sang artériel est entravé par la pesanteur. Cette action défavorable au cours ascendant du sang est compensée par l'influence aspiratrice du liquide céphalo-rachidien. Il résulte de là que les vaisseaux du cerveau éprouvent à un moindre degré que ceux de la face, l'influence des changements d'attitude qui amènent de si grandes modifications dans la coloration du visage. Salathé a construit un appareil qui reproduit d'une manière très simple les déplacements du liquide céphalo-rachidien. Soit un ballon de caoutchouc C représentant le cerveau relié par un tube à une ampoule de caoutchouc V qui répond au ventricule du cœur. L'ampoule C est renfermée dans un ballon de verre plein d'eau, de même que le cerveau est renfermé dans la boîte cranienne remplie de liquide céphalo-rachidien. Ce ballon B communique avec un tube R terminé lui-même par une ampoule de caoutchouc. Ce tube et cette ampoule représentent le canal vertébral avec son élasticité. Enfin en haut du ballon une large tubulure imite lorsqu'elle est ouverte les conditions d'une trépanation du crâne. Nous supposons cette tubulure fermée par un bouchon. Il est facile de comprendre que l'eau tend à s'accumuler dans le réservoir L et exerce une aspiration.

BIBLIOGRAPHIE.

Effets de la ligature des artères du cerveau. — Adducco, *Arch. it. biol.* XIV. — Brown-Séquard, *Arch. de Physiologie*, 1858, p. 201. — *Biologie*, 1892, 607. — Cavazzani, *Arch. it. biol.*, 1881, XVI, 1. — G. Corin, *Bull. de l'Ac. de Belgique*, 3e série, XIV, n° 7, 1887. — Couty, *Arch. de Phys.*, III. *Biol.*, 1876. — Dewèvre, *Circ. des art. vertébrales. Rev. de méd.*, 1892, 341. — Gitay, *Trav. lab. Fredericq*, V, 113. — *Arch. biol. belges*, XIV. *Centralblatt. f. Phys*, 1894. — L, Hill et B. Moore, *British Med. Journal*, 1894. — Hürthle, *Arch. f. d. ges. Phys.*, 1889, 598. — A. Kussmaul et A. Tenner, *Untersuchungen z. Naturlehre d. Menschen u. der Thiere von Moleschott*, 1857. — S. Mayer, *Sitz. b. d. K. Ak. Wiss.*, Wien, LXXXIII. — Schiff, *Congrès de phys. de Bâle*, 1889. — Steiner, *Grundriss der Phys. des Menschen*, Leipzig, 1883.

Circulation cérébrale pendant l'épilepsie. — Brown-Séquard, *Leçons sur les nerfs vaso-moteurs et sur l'épilepsie*, etc. Paris, Masson, 1872. *Arch. de Phys.*, 1889, 333. — Fr. Franck, *Leçons sur les fonct. motrices du cerveau*, 1887. — Gutnikow, *Arch. f. d. ges. Phys.*, 1891. — Kussmaul et Tenner, Voyez *Journal de la phys. de l'homme et des animaux*, 1858, 201. — Ch. Richet, *Dict. de Physiologie*, II, f. 3, p. 774. — Todorsky, *Vratsch*, 1891. — Vulpian, *Leçons sur les vaso-moteurs*, 1875, II, 99-163.

Méthode pour inscrire les changements de volume du cerveau. — Fr. Franck, *Journal de l'Anat. et de la Phys.*, 1877, 280. — L. Fredericq, *Trav. du lab.*, I, p. 68, 104. *Arch. biol. belges.* VI, 65, 1887. — Mosso, *R. Acc. dei Lincei.* Roma. 1879-1889. — Roy et Sherrington, *Journal of Phys.*, 1890, XI, 1, 2. — Salathé, *Trav. lab. Marey*, II, 1876. — Wertheimer, *Arch. de Phys.*, 1893, 298 ; 1895, 736.

Mouvements du cerveau. — Althaun, *Beiträge zur Phys. u. Path. d. Circ.* Dorpat, 1871. — A. Binet, *Revue des sciences*, 1896. — Binet et Sollier, *Arch. de Phys.*, 1895, 719. — Bochefontaine, *Biologie*, 1878, 65. — Brown-Séquard, *Arch. de Phys.*, 1889, 333. — Bussières, *Thèse Bordeaux*, 1895. — A. et E. Cavazzani, *Arch. it. biol.*, XVIII. — Carle et Musso, *Rivista clin. di Bol.*, 1886, 1. — Donders, *Onderzoek. Ged. in. h. phys. labor.*, Utrecht, 1850. — Dumas, *Biologie*, 1896, 190. — Ecker, *Phys. Untersuch. über die Bewegungen des Gehirns u. Rückenmarks*, Stuttgart, 1843. — Falkenheim et Naunyn, *Arch. f. Path. u. Pharm.*, 1887. — Fick, *Untersuchungen aus. d. Phys.*

lab. d. Züricher Hochschule, H. 1. — Fr. Franck, Recherches critiques et exp
sur les mouv. alternatifs d'expansion et de resserrement du cerveau dans leurs
rapports avec la circulation et la respiration. *Journal de l'Anat. et de la Phys.*,
1877. *Dictionnaire encycl. des sc. médicales*, article « *Encéphale* ». *Biologie*, 1880, 1881,
1882, 1885. — Fr. Franck et Brissaud, *C. R. lab. Marey*, III, 1877 (exp. sur une malade).
— L. Fredericq, *Arch. de biol. belges*, 1882, *Trav. lab.*, I. — Geigel, *Arch. f. path. Anat.*,
1890-1891. — H. Granducheau et J. Bussières, *Biologie*, 1895, 747. — H. Grashey, *Expe-
rimentelle Beiträge zur Lehre von der Blutcirculation in der Shädel-Ruckgratshöhle.
— Festschrift zur Feier des Prof. Büchner*, 1892. — Knoll, *Sitzungsb. d. K. Akad.
d. Wiss. zu Wien*, 1886, XCIII. — Jolyet, *Biologie*, 1893, 716, 765. — Léwy, *Arch. f.
exp. Pathol. u. Anat.*, CXXII. — Longet, *Traité de Phys.*, 3e éd., III, 308 (historique). —
Magendie, *Journal de physiol. exp.*, I, 132. — Marey, *Circ. du sang*, p. 532, 535. —
Mays, *Virchow's Arch.*, Bd. 88, H. 1, 1882, p. 125, 599 (chez l'homme). — Morselli
et Bordoni Uffredissi, *Arch. di psychiatria*, 1884 (chez l'homme). — Mondini, *Giornale
della R. Accad. di medicina di Torino*, 1882 (étude du pouls cérébral chez un sujet
atteint d'une perte de substance de l'os frontal). — Mosso, *Sulla circul. d. sangue
nel cerv. dell' uomo*, 1880. — *Atti della R. Acad. dei Lincei*, 1879. — *Arch. it. biol.*,
XII, 346. — *Temperatura del cervello*, Milan, 1894. — Musso et Bergeno, *Rivista sper.
di fren. e. di medi. leg.*, 1885. — Infl. des applications d'eau froide (exp. sur un sujet
présentant une perte de substance du crâne). — C. Paul, *Acad. de méd.*, Paris, 1884.
— Patrizi, *Rivista musicale italiana*, III, 2, 1896. *Riv. sperim. d. frenatria*, 1897, (sommeil, exc. psych. et sensorielles). *Arch. di psichiatria, scienze penali ed antropologia
criminale*, 1896 (influence de la musique chez l'homme). — A. Richet, *Traité pratique
d'anat. chirurgicale*, 1860. — Rummo et Ferannini, *Arch. ital. biol.*, 1889, XI, 272 (chez
l'homme). — Salathé, *Trav. lab. Marey*, II. *Thèse Fac. med.*, Paris, 1877. — Sarlo et
Bernardini, *Arch. it. biol.*, 1892 (chez l'homme). — Schwalbe, *Lehrbuch d. Neurol.*, 1881.
Erlangen. — Ch. Richet, *Dictionnaire de physiologie*, 1897, t. II, fasc. 3, p. 752 (bibliographie complète). — Suc. *Thèse Paris*, 1878. — Trollard, *Revue de méd.*, 1883. — Vaillard,
Revue mensuelle de méd. et de chirurgie, 1880. — Wertheimer, *Arch. de Phys.*, 1895, 736.

Vaso-moteurs du cerveau. — Afanasieff Bolnitchnaja, *Gazetta Botkina*, 1892.
Recherches expérim. sur l'action des exc. méc. et thermiques sur la pression intra-
cranienne. — Bayliss, Hill, Gulland, *Journal of Phys.*, XVIII. — Cl. Bernard, *Leçons
sur la phys. du s. nerv.*, 1858, 2, 493. — De Boek et Vorhoogen, *Jahresb. f. d. Fortschritte d. Anat. u. Phys.*, 1890, 2e Abth., 71. — Cavazzani, *Arch. it. biol.*, XVI ; XXIII,
1891 ; 1893. *Centralbl. f. Phys.*, VIII, 1894, 3, 73. *Congrès de Rome.* — Callenfels,
Zeitsch. f. rat. Med., 1855. — Donders, *Onderz. ged. in het Phys. labor. d. Utrechtsche
Hoogeschool*, 1850. — Fr. Franck, *Trav. lab. Marey*, 1875, 306. *Biologie*, 1878, 10 août.
— L. Fredericq, *Manipulations de Phys.*, 1892, 274. — Gärtner et Wagner, *Wiener
med. Wochensch.*, 1887, n° 19 et 20. — Goujon, *Journal de l'Anat. et de la Phys.*, 1867.
— Hürthle, *Arch. f. d. ges. Phys.*, XXXVI, 561, 1887 ; XLIV, 382, 1889 (bibliographie).
— Mosso, *Arch. it. de biol.*, 1884, V, 130. — Nothnagel, *Arch. f. path. Anat.*, 1867. —
Prevost et Waller, *Biologie*, 1871, 142. — Roy et Sherrington, *Journal of Phys.*, 1890,
XI. — Knoll, *Sitz. b. d. Kais. Akad. d. Wiss. Wien*, 1886. — Vulpian, *Leçons sur les
vaso-mot.*, I, 109 ; II, 122. — Schüller, *Deutsch. Arch. f. klin. Med.*, 1874, XIV, 574. —
V. Schulten, *Arch. f. Ophthalmol.*, 30 Abth., 4, 89, 1884. — Wertheimer, Antagonisme
entre la circ. cérébrale et celle de l'abdomen, *Arch. de Phys.*, 1893, 297. — Consulter aussi Spehl, De la répartition du sang circulant dans l'économie. *Thèse Bruxelles*,
1883.

Variétés. — Albert, La circulation cranienne après la commotion cérébrale. *Soc.
de méd. de Vienne*, 1887. — Istamanoff, Rapports de la température du crâne et de
l'oreille avec les modifications circulatoires du cerveau. *Arch. f. d. ges. Phys.*, XXXVIII,
p. 105, 1886. — Ferrari, Oblitération exp. des sinus de la dure-mère. *Arch. it. biol.*, XI,
171, 1889.

Influence de la gravitation. — Barichpolski, De la circ. cérébrale pendant la
giration dans un cercle horizontal. *Conférence des méd. de la clin. neurol. de Saint-
Pétersbourg*, 1896. — Brown-Séquard, Influence de la position de la tête sur les propriétés des prétendus centres moteurs et sur les manifestations morbides des cerveaux
lésés, *Biologie*, 1887, 607. — Ch. Richet, Influence de l'attitude sur l'anémie cérébrale.
Biologie, 1891, 35. *Dict. de Phys.*, II, 1, p. 762, bibl. — Salathé, De l'anémie et de la
congestion cérébrale provoquées mécaniquement chez les animaux par l'attitude verticale ou par un mouvement giratoire. *Trav. lab. Marey*, III, 251 (bibliographie).

Compression du cerveau. — Adamkiewicz, Pression cérébrale et pathologie de
la compression du cerveau d'après des recherches sur les animaux et des observations

de malades. *Sitzungsb. der Kais. Akad. der Wiss.*, LXXXVIII, II. — BASTGEN, *Verhandl. d. phys. med. Gesell. in Würzburg*, 1881. — BONNOT, *Thèse Paris*, 1882. — CYBULSKI, *Centralblatt f. Phys.*, 1890. — ENGSTRÖM, *Forlossningen inverkau pa forstrets respiration.* Helsingfors, 1889. — FALKENHEIM et NAUNYN, *Arch. f. exp. Pathol. u. Pharm.*, XXII. — FR. FRANCK, *Trav. lab. Marey*, 1877. — HORSLEY et SPENCER, *Philosoph. Transactions*, 1891. — LEYDEN, *Arch. f. path. Anat.*, 1865. — LANDOIS, *Centralblatt f. d. med. Wiss.*, 1867. — KEHRER, *Beiträge zur klin. u. exp. Geburtskunde u. Gynäk.*, 1879. — NAUNYN et SCHREIBER, *Arch. f. exp. Path. u. Pharmak.*, XIV. — PAGENSTECKER, *Exp. u. St. über Gehirndruck.*, Heidelberg, 1869. — REINER et SCHMITZLER, *Wiener klin. Woch.*, 1895. — ROY et ADAMI, *Philosoph. Transactions*, 1892. — CH. RICHET, *Dict. de Phys.*, II, 1, p. 779, bibl. — SCHULTEN, *Arch. f. exp. Path. u. Pharmak.*, XIV. — ZIEGLER, *Arch. f. klin Chir.*, LIII.

Influence des substances toxiques. — MOSSO, *R. Ac. d. Lincei*, Roma, 1880, CH. RICHET, *Dict. de Phys.*, II, 1, p. 765. — RUMMO et FERRANINI, *Arch. il. biol.*, XI. — ROY et SHERRINGTON, *J. of Phys.*, XI, SARLO et BERNARDINI, *Riv. sperm. di frenatria. Reggio Emilia*, XVII. — WERTHEIMER, *Arch. de Phys.*, 1893.

Rapports avec le sommeil. — MILNE-EDWARDS, XIV. — CH. RICHET, *Dict. de Phys.*, II, 1, p. 770, bibliographie complète. — SERGUÉYEFF, *Le sommeil et le système nerveux*, Paris, 1890.

Mouvements du liquide céphalo-rachidien. — MAGENDIE, *J. de phys. exp. et prat.*, 1825, 1827, 1828. Rech. phys. et chim. sur le liq. céphalo-rach., 1842. — CH. RICHET, *Dict. de Phys.*, II, 1, p. 751, 758 (bibliogr.).

II. — CIRCULATION OCULAIRE.

L'œil étant compris dans une enveloppe inextensible (la sclérotique et la cornée) la circulation de cet organe présente de grandes analogies avec celle du cerveau.

1° Il règne dans les milieux de l'œil une certaine *pression* qui peut être évaluée en moyenne à 2 ou 3 centimètres Hg. A chaque systole du cœur répond une légère augmentation de pression.

Mesure de la pression intraoculaire. — Pour mesurer la pression intraoculaire chez les animaux on utilise un manomètre à mercure à colonne très fine. Une aiguille de PRAVAZ enfoncée dans les milieux de l'œil sert de canule. On peut très facilement enregistrer les variations de la pression. Il suffit de fixer par la photographie les niveaux de la colonne mercurielle aux différentes phases du phénomène. On y parvient en disposant le manomètre dans la fente d'une chambre noire dans l'intérieur de laquelle se déroule un papier photographique (BELLARMINOFF).

Plusieurs facteurs peuvent faire varier la pression intraoculaire; à savoir : la pression artérielle, les influences vaso-motrices locales et la glande de l'humeur aqueuse (NICATI). Beaucoup de poisons modifient dans un sens ou dans l'autre la valeur de la pression intraoculaire. La nicotine provoque une élévation considérable de pression (HIPPEL et GRÜNHAGEN).

2° Dans le cas d'augmentation considérable de la pression intraoculaire, comme le fait se produit si l'on comprime l'œil avec le doigt ou dans le glaucome, on observe des mouvements du sang décrits sous le nom de *pulsations veineuses*. A l'ophtalmoscope on constate que les veines rétiniennes se vident en partie de leur contenu à chaque systole cardiaque et que leurs branches d'origine deviennent invisibles (p. 265).

La compression du globe de l'œil a pour effet de vider en partie

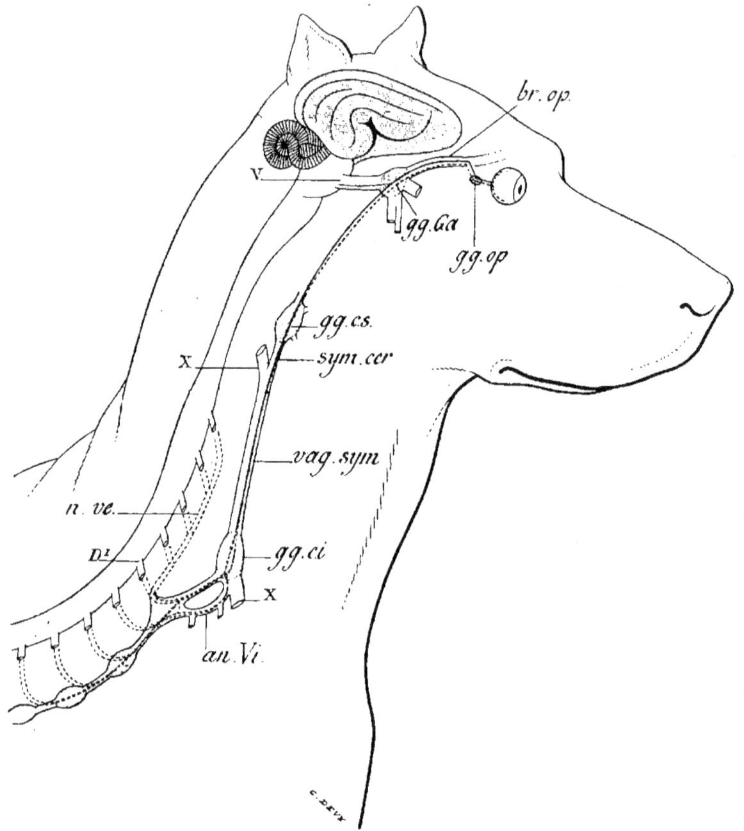

Fig. 131. — *Innervation vaso-motrice de la rétine* (d'après Morat et Doyon).

gg.op, ganglion ophtalmique ; *gg.Ga*, ganglion de Gasser ; *gg.c.s*, ganglion cervical supérieur ; *gg.c.i*, ganglion cervical inférieur ; *n.ci*, nerf ciliaire ; *br.op*, branche ophtalmique de Willis ; *Symp.cr*, prol. cranien du sympathique ; *Symp.cer*, sympathique cervical ; *Vag.symp*, tronc commun du vague et du sympathique ; V, origine du trijumeau : D', origine de la première dorsale ; *an.Vi*, anse de Vieussens ; *n.ve*, nerf vertébral. (Nerfs dilatateurs en rouge ; nerfs constricteurs en bleu.)

les veines. A chaque systole cardiaque le gonflement des artères aplatit complètement les veines presque vides et chasse le sang veineux de l'enveloppe inextensible qui contient l'œil. De là ces alternatives de coloration et de décoloration veineuse (Donders).

3° On observe aussi dans quelques cas des **pulsations artérielles** dans le fond de l'œil. Supposons que la pression intraoculaire suffise à effacer complètement les veines d'une façon permanente et même à entraver légèrement la circulation dans les artères du fond de l'œil de telle sorte que ces dernières ne puissent recevoir du sang que dans les maxima de la pression artérielle. Il se produira des battements artériels synchrones avec les pulsations cardiaques. Dans l'insuffisance aortique on observe le même fait. Les pulsations s'expliquent dans ce cas par les très grands écarts que subit la pression artérielle entre les minima et les maxima. Si la pression s'élève trop dans les milieux de l'œil l'organe s'anémie complètement et tout battement cesse.

4° Les vaisseaux de l'œil éprouvent des changements de volume sous l'influence du cœur et de la respiration. Ils en éprouvent aussi de plus importants à connaître qui dépendent de leur contractilité propre et de l'action des **nerfs vaso-moteurs**.

Morat et Doyon ont déterminé pour chaque département vasculaire, pour chaque membrane de l'œil (rétine, iris, sclérotique, conjonctive), la source ou les sources principales de l'innervation vaso-motrice de ces régions ainsi que les points remarquables du trajet de ces nerfs. Les vaso-moteurs de l'œil paraissent contenus exclusivement dans le *sympathique cervico-thoracique* et dans le *trijumeau* (fig. 131). Le grand sympathique cumule à l'égard des vaisseaux du fond de l'œil la double fonction de nerf constricteur et de dilatateur des vaisseaux rétiniens. Le trijumeau paraît exclusivement dilatateur des vaisseaux des deux segments antérieur et postérieur de l'œil. La convergence des éléments venus du sympathique et du trijumeau se fait en des points différents pour les nerfs des deux segments oculaires ainsi considérés. Elle se fait loin des centres pour les vaso-moteurs de la partie antérieure, beaucoup plus près de ces centres au niveau même du ganglion de Gasser pour les vaso-moteurs rétiniens. Les expériences de ces auteurs ont été faites sur le chien, le chat et le lapin. Les animaux étaient immobilisés par le curare; la circulation rétinienne étudiée à l'ophtalmoscope.

Vérification anatomique. — Elison, sous la direction de Mislawsky (Kasan), a constaté par la méthode des dégénérescences qu'il y a dans le nerf optique un grand nombre de fibres centrifuges qui entrent dans la rétine et qui sont d'origine sympathique. Après l'extirpation du ganglion ciliaire chez le chien on trouve dans le nerf optique un grand nombre de fibres dégénérées. Il en est de même après l'extirpation du ganglion cervical supérieur. Après la section du sympathique au cou, on en trouve aussi, mais en moins grand nombre. Mislawsky rapproche les résultats obtenus par Morat et Doyon de ceux d'Elison et aussi des constatations histologiques de Ramon y Cajal qui a décrit au milieu des éléments de la rétine, des fibres qui se terminent librement dans les couches de cette membrane pourvues de vaisseaux sanguins. On peut supposer qu'une grande partie des fibres décrites par ELISON et CAJAL sont spécialement destinées à l'innervation des vaisseaux de la rétine.

BIBLIOGRAPHIE.

Pression intraoculaire. — BELLARMINOFF, *Anwendung der graphischen Methode bei Untersuchungen des intra-ocularen Druck. Arch. f. d. ges. Phys.*, 1886, t. XXXIX, 449. — FICK, *Messung des Druckes im Auge. Arch. f. d. ges. Phys.*, 1886, t. XLIII, 86. — HIPPEL et GRÜNHAGEN, *Ueber den Einfluss der Nerven auf die Höhe des intra-ocularen Druckes. Arch. f. Ophth.*, XV, 1º, 69. — LEPLAT, *Annales d'ocul.*, CI. — NICATI, La glande de l'humeur aqueuse, *Arch. Ophtalmologie*, 1891. — RICHET, *Dict. de Phys.*, II, f. 3, p. 782. — V. SCHULTEN, *Arch. f. klin. Chirurgie*, 1885.

Pouls des vaisseaux rétiniens. — Le pouls veineux est fréquemment constaté, même dans les conditions normales. E. ROLLET, *Traité d'ophth.*, Masson, 1898. — DU BOIS-RAYMOND, *Arch. f. Anat. u. Phys.*, 1893, 303. — MAREY, *Circ.*, 1881, p. 543.

Examen de la circulation rétinienne sur soi-même. — HELMHOLTZ, *Handb. d. phys. Optik.*, 1867. — BARÉTY, *Biologie*, 1872, 205. — MEISSNER, *Beiträge zur Phys. d. Sehorganes*, d'après ROLLET, *Handb. d. Phys.* Hermann, IV, 311. — J. MÜLLER, *Handb. der Phys.*, 1837, 2, 390. — PURKINJE, d'après ROLLET, *Handb. d. Phys.* Hermann, IV, 310. — ROOD, *American Journal of sciences and arts*, 1860, 2e sér., 30, 264. — VIERORDT, *Die Erscheinungen und Gesetze der Stromgeschw. des Blutes.* Frankfurt, 1858, 41.

Vaso-moteurs de l'œil. — BELLARMINOFF, *Arch. f. d. ges. Phys.*, XXXIX. — DOYON, *Arch. de Phys.*, 1890; 1891. — MORAT et DOYON, *Arch. de Phys.*, 1892. — ELISON, *Biologie*, 1896. — FICK, *Arch. f. d. ges. Phys.*, XLII. — MISLAWSKI, *Biologie*, 1896.

CHAPITRE III

CIRCULATION MUSCULAIRE.

Méthodes d'investigation. — On a appliqué à l'étude de la circulation musculaire les diverses méthodes qui ont été décrites à propos de la circulation artérielle ou veineuse. Tantôt on a envisagé plus spécialement le phénomène de pression, tantôt la vitesse ou le débit du sang.

I. *Exploration comparée de la pression et de la vitesse du sang.* — Cette méthode d'investigation consiste à explorer parallèlement dans les artères afférentes d'un groupe musculaire la vitesse et la pression du sang au moyen de l'hémodromographe et du sphygmoscope de CHAUVEAU. Les expériences ont été faites sur le cheval. On choisit une région dont les mouvements sont spontanés ou faciles à provoquer isolément dans des conditions normales. Le masséter et le releveur de la lèvre supérieure conviennent particulièrement à cet effet. Il suffit de présenter de l'avoine à un cheval pour provoquer chez cet animal des mouvements de préhension et de mastication. Comme les artères afférentes et les veines des muscles masséter et releveur sont suffisamment volumineuses, on peut au lieu de placer les appareils de mesure dans la carotide, explorer la pression en amont et en aval des muscles (CHAUVEAU et ses élèves LAROYENNE, BERTHOLUS, LORTET, KAUFMANN).

II. *Circulation artificielle.* — LUDWIG et SCHMIDT ont opéré sur des muscles soumis à la circulation artificielle. Ces auteurs faisaient arriver par l'artère du sang défibriné sous pression constante. Ils mesuraient le débit de la veine correspondante. Leurs expériences ont été faites chez le chien sur le biceps fémoral dont la circulation peut être facilement isolée par des ligatures qui oblitèrent les vaisseaux artériels étrangers à ce muscle. On conserve l'hypogastrique et la poplitée pour recevoir des canules destinées à apporter au muscle du sang défibriné. Deux autres canules sont appliquées aux veines pour recueillir le sang qui aura traversé le muscle.

Le procédé des circulations artificielles présente quelques inconvénients. L'excitation du nerf ou du muscle par les moyens dont nous disposons dans le laboratoire met en jeu indistinctement et au même degré des éléments divers, par exemple des fibres vaso-constrictives et dilatatrices.

III. *Méthode plétysmographique.* — Cette méthode est applicable à l'étude de la circulation musculaire. Mosso en a tiré le meilleur parti. Elle peut être utilisée même chez l'homme. (Mosso, Athanasiu et Carvallo.)

1° ***Influence de la contraction permanente***. — La contraction permanente est un obstacle au cours du sang à travers les muscles.

Chauveau a constaté que la vitesse du sang diminue dans ces conditions dans l'artère afférente. Ludwig et Schmidt ont vu que la circulation s'arrête dans un muscle tétanisé soumis à une circulation artificielle.

2° ***Influence de la contraction rythmée***. — Cette contraction intervient le plus ordinairement dans l'état physiologique. Elle favorise au total la circulation à travers les muscles.

C'est un fait banal que dans la saignée les mouvements rythmés de la main accélèrent l'écoulement du sang veineux. Chauveau a observé que la vitesse du sang augmente dans la carotide sur le cheval quand l'animal se livre à des mouvements de mastication (fig. 132). Ludwig et Schmidt ont vu de même que si les courants qui excitent le muscle sont assez éloignés les uns des autres pour que

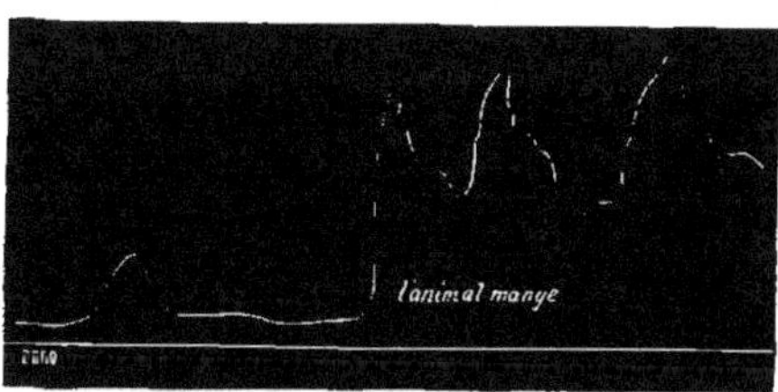

Fig. 132. — *Augmentation de la vitesse du sang dans la carotide sous l'influence des mouvements de la mastication* (d'après Chauveau).

le membre passe par des alternatives de raccourcissement et de relâchement, le cours du sang est plus rapide que dans l'organe au repos.

3° ***Coefficient d'irrigation du muscle***. — Chauveau et Kaufmann ont fixé la valeur moyenne de l'augmentation de la circulation dans un muscle en activité. Ils ont vu qu'il s'écoule 5 fois plus de sang pendant l'activité que pendant le repos du muscle. La quantité de sang qui passe en une minute à travers le tissu musculaire en état d'inactivité équivaut à 0,175 du poids du muscle, et à 0,850 en état d'activité physiologique. Ces déterminations ont été faites sur le releveur de la lèvre supérieure chez le cheval. Ce muscle convient particulièrement à cet ordre de recherches, car il ne reçoit qu'une artère et n'émet qu'une veine. Ces chiffres n'expriment pas des valeurs absolues, mais seulement approximatives et moyennes. Chaque cas particulier est sujet à présenter des variations.

4° Analyse des phénomènes circulatoires dans un muscle qui se contracte rythmiquement. — L'influence favorable de la contraction rythmée sur l'écoulement du sang à travers les muscles s'explique si l'on analyse les faits. Le sang s'écoule en nappe par la veine, si le muscle est au repos, par saccades si le muscle est actif, chaque secousse des muscles s'accompagnant d'une compression des capillaires. Dans l'intervalle des secousses, les capillaires sont largement dilatés. L'effet de cette vaso-dilatation prédomine dans l'ensemble sur le resserrement par compression. En effet, si on provoque des mouvements réguliers de mastication chez un cheval, la pression s'abaisse dans la carotide en même temps que la vitesse augmente dans ce vaisseau (CHAUVEAU, BERTOLUS, LAROYENNE). Or, toutes les fois que, dans une artère, la pression et la vitesse ont des variations de sens inverse, c'est que la cause de ces variations est à la périphérie, au niveau des capillaires ; les conditions particulières de l'expérience indiquent si ces vaisseaux sont actifs ou seulement passifs. La prédominance de la vaso-dilatation est aussi rendue très manifeste si l'on enregistre simultanément la pression dans l'artère afférente des masséter et du releveur et dans la veine efférente. On constate que la pression s'élève dans la veine et baisse dans l'artère (KAUFMANN). ATHANASIU et CARVALLO ont vérifié sur l'homme, à l'aide du plétysmographe, que la vaso-dilatation d'un membre devient considérable après l'activité des muscles et qu'elle dure un certain temps.

5° Retentissement de la contraction musculaire rythmée sur la pression artérielle. — La contraction des muscles en favorisant le passage du sang des artères dans les veines aurait pour effet d'abaisser la tension artérielle si son action n'était compensée très rapidement par l'accélération réflexe des battements du cœur.

Expérience. — Si l'on enregistre la pression et la vitesse dans la carotide du cheval pendant la mastication, on constate qu'au début la pression baisse pendant que la vitesse du sang augmente, ce qui indique la vaso-dilatation des muscles masticateurs et aussi des glandes voisines comme la parotide. Si l'expérience est prolongée, on constate dans une deuxième phase, que pression et vitesse du sang dans la carotide augmentent parallèlement. Ces variations de même sens de la vitesse et de la pression ne peuvent relever que d'une cause centrale. Elles indiquent évidemment que le sang est lancé plus abondamment vers la tête. (CHAUVEAU, BERTOLUS, LAROYENNE.)

Lorsqu'un grand nombre de muscles travaillent, la compensation représentée par l'augmentation de fréquence et d'énergie des battements cardiaques ne peut plus suffire. La pression artérielle baisse. Le phénomène a été vérifié sur des chevaux qu'on avait fait au préalable marcher sur place (MAREY). Chez l'homme, CHAUVEAU a constaté pendant une ascension au mont Blanc un dicrotisme très marqué du pouls, symptomatique d'un abaissement de la pression artérielle provoqué bien plus par la fatigue musculaire que par la dépression atmosphérique.

Circulation du muscle cardiaque.

Effets de la ligature des coronaires. — Chez les animaux à sang chaud la ligature des artères coronaires provoque en général des contractions fibrillaires du cœur et l'arrêt immédiat des battements de cet organe. Sur le chien la ligature des coronaires amène l'arrêt irréparable du cœur après deux minutes environ. Chez le lapin les suites de l'expérience sont moins graves. Le cœur peut reprendre ses battements si la ligature est enlevée.

On admet généralement que la rapidité des accidents et la mort définitive du cœur sont dues aux *lésions des nerfs* qui accompagnent les artères. LANGENDORFF a pratiqué des circulations artificielles sur le cœur des mammifères à travers les coronaires et constaté que dans ces conditions la suppression du liquide nourricier pendant quelques instants ne compromet pas à jamais l'activité de cet organe. TIGERSTEDT a réussi à suspendre pendant 2 minutes 1/2 toute circulation dans les ventricules du cœur au moyen d'une pince comprimant le sillon auriculo-ventriculaire, sans produire le délire du cœur et sans compromettre le fonctionnement ultérieur de l'organe. Toutefois quelques auteurs admettent que l'anémie suffit à provoquer très rapidement la mort définitive du cœur. C'est l'opinion de PORTER qui a vu le fait se produire après la suppression momentanée de l'afflux sanguin par l'intermédiaire de baguettes de verre introduites dans les artères coronaires.

La ligature d'une des branches des coronaires provoque des thromboses et des mortifications (PORTER). Il en est de même à la suite des embolies observées en pathologie.

La ligature des coronaires provoquerait également une tendance à l'œdème pulmonaire.

Au sujet de la *Pression* et de la *Vitesse* du sang dans les vaisseaux du cœur consulter page 160.

BIBLIOGRAPHIE.

Circulation musculaire. — CL. BERNARD, *Leçons sur les liquides de l'organisme,* I, 325. — CHAUVEAU et KAUFMANN, *C. R. Ac. sc.,* 1887. *Arch. de Phys.,* 1892. — HUMILEWSKI, *Arch. f. Anat. u. Phys.,* 1886. — LAUDER BRUNTON et TUNNICLIFFE, *Journal of Phys.,* t. XVII, 364 (infl. du massage). — LUDWIG et SCHMIDT, *Arb. aus der Phys. Anstalt zu Leipzig,* 1869. — MAGGIORA, *Arch. il. biol.,* 1891. XVI. 225, act. du massage. — MAREY, *Circ. du sang,* p. 525. — RANKE, *Die Blutvertheilung,* Leipzig, 1871 (quantité de sang contenue dans les muscles au repos ou en activité). — RANVIER, *Arch. de Phys.,* 1874, 448. — SADLER, *Arb. aus der Phys. Anst. zu Leipzig,* 1869, 77. — SPEHL, De la répartition du sang circulant dans l'économie. Thèse agrég., Bruxelles, 1883. — STEFANI, *Arch. il. biol.,* XX, 1894 (les vaisseaux musculo-cutanés constituent une espèce de magasin de dépôt pour le sang qui est expulsé des organes viscéraux). — TENGWALL, Réflexes provoqués par l'excit. des nerfs sensitifs des muscles. *Skand. Arch. f. Phys.,* 1895.
Pression artérielle dans le travail musculaire. — CHAUVEAU, BERTOLUS, LAROYENNE, Consulter *Vitesse du sang.* — CHAUVEAU, *Revue scientifique,* 24 mars 1894.

— Kaufmann, *Arch. de Phys.*, 1892, p. 279, 495. — Marey, *Circ. du sang*, p. 343, § 222. — Maximowitch et Rieder, *Deutsch. Arch. f. klin. Med.*, 1890.

Influence du travail musculaire sur la fréquence des battements du cœur. — Chauveau, Laroyenne, Bertolus, *Arch. de Phys.*, 1860. — Christ, *Deutsch. Arch. f. klin. Med.*, LIII. — H. E. Hering, *Centralblatt f. Phys.*, VIII, 1894. *Arch. f. d. ges. Phys.*, 1895, LX, 3. — J. Jacob, *Arch. f. Anat. u. Phys.*, 1893, 304. — J. E. Johansson, *Skand. Arch. f. Phys.*, V, 1893, 20. — M.-Edwards, *Leçons...*, IV, 68. — Staehelin, Thèse Bâle, 1897. — Jaquet, *Schweizer Aertze*, 1894.

Influence sur le pouls. — Chauveau, *Revue scientifique*, 24 mars 1894. — Féré, *Biologie*, 1888, 253. — Guy, article *Puls* in *Todds Cyclopædia of Anat. and Phys.*, 1852. — Lichtenfels u. Fröhlich, *Denkschrift. d. Kais. Akad. d. Wiss. math. Naturw.*, 1852. — Marey, *Circ. du sang*, p. 342.

Vaso-moteurs musculaires. - Athanasiu et Carvallo. *Biologie*, 1898. 268. *Arch. de Phys.*, 1898. — Cl. Bernard, *Journal de la Phys.*, 1862, 5, p. 396. — Dogiel, *Arch. f. d. ges. Phys.*, 1870. — Gaskell, *Arb. aus der Phys. Anst. zu Leipzig*. 1876. *Journal of Phys.*, 1878 (mesure du débit de la veine afférente). — Grützner et Heidenhain, *Arch. f. ges. Phys.*, 1877, 16, 1. *Jahresb. Hoffmann und Schwalbe*, 1878. — Hafiz, *Berichte der Sächs Gesell. d. Wiss. math. Phys. Cl.* 1870, 225. — Heidenhain, *Arch. f. d. ges. Phys.*, 1877, 16, 43. — Heidenhain, Alexander, Gottstein, *Jahresb. Hoffmann und Schwalbe*, 1878. — Langley, *Journ. of Phys.*, 1823, IV. — Ludwig et Hafiz, *Arb. aus. der Phys. Anst. zu Leipzig*, 1870. — Mosso, *Sulla variazione locale del polso nel antibracio de l'uomo. Lab. di farmacologia sperimentale dell'Universita di Torino*, 1878. — Sadler, *Berichte der Sächs. Gesell. d. Wiss. math. Phys. Cl.* 1869. — Vulpian, *Leçons sur les vaso-moteurs*, II, 164. — Wertheimer, *Arch. de Phys.*, 1894, 724.

Effets de la ligature ou de l'obstruction des artères coronaires. — K. Bettelheim, *Zeitsch. f. klin. Med.*, XX, 1892. — V. Bezold, *Trav. du lab. de Würzburg*, 1867, I, p. 256. — V. Bezold et Bergmann, *Lab. de Würzburg*, 1867. — J. Cohnheim et Schulten-Rechberg, *Arch. f. path. Anat. de Virchow*, 1881, LXXXV, p. 503. — Erichsen, *London med. Gaz.*, 1842, II, 261. — Fenoglio et Zagari, *Arch. it. biol.*, 1888, IX, 49. — Fenoglio et Drogoul, *Arch. it. biol.*, 1887. — M. V. Frey, *Zeitsch. f. klin. Med.*, XXV, 1/2, 158. — Martin et Sedgwick, *Journal of Phys.*, 1882. — Michaelis, *Zeitsch. f. klin. Med.*, XXIV, 270, 1894. Thèse Berlin, 1893. — Langendorff, *Arch. f. d. ges. Phys.*, 1895, LXI, 320. — Leyden, *Zeitsch. f. klin. Med.*, 1884, 459. — Panum, *Arch. f. path. Anat. Virchow*, 1862, XXIII, p. 433. — W. T. Porter, *Centralblatt f. Phys.*, VIII, p. 189; IX, p. 481, 641; X, 1896, 516. *Journal of Physiology*, XV, 1893. *The journal of exper. med.*, I, 1. — *Amer. journal of Phys.*, 1898 : the recovery of the heart from fibrillary contractions. — F. H. Pratt, *The nutrition of the heart through the vessels of Thebesius and the coronary veins. Amer. j. of. Phys.* — Rebatel, *Recherches sur la circ. dans les artères coronaires*. Thèse Paris, 1872. — Samuelsohn, *Med. Centralblatt*, 1880, n° 12. *Arch. f. pathol. Anat.*, 1881, t. LXXXVI, 539. — Sée, Bochefontaine, Roussy, *C. R. Ac. sc.*, 1881. — Sénac, *Traité de la structure du cœur*, Paris, 1877, II. 134. — Schiff, *Arch. f. phys. Heilk.*, IX. — Tigerstedt, *Skand. Arch. f. Phys.*, V, 1, 71. *Lehrbuch d. Kreisl.*, 1893, p. 191. — Mc William, *Journal of Phys.*, 1887. — Wooldridge, *Arch. f. Anat. u. Phys.*, 1883.

Infarctus produits par la ligature des branches de la coronaire. — A. Kolster, *Skand. Arch. f. Phys.*, IV, 1893, 1. — Liouville, *Biologie*. 1868, 59, 64. — Magnan et Boucheron, *Biologie*, 1867, 82. — Porter, *Arch. f. d. ges. Phys.*, 1893, LV, 366.

Vaisseaux nourriciers du muscle cardiaque. — Hyrtl, *Sitzungsb. d. Kais. Akad. d. Wiss.*, 1858, XXXIII, 572. — Heinemann, *Arch. f. Phys.*, 1896, 5/6, 252. — H. Martin, *Biologie*, 1893. 754. *Recherches anat. et embryol. sur les art. du cœur chez les vertébrés*. Paris, 1895. Steinheil. — Sabatier, *Étude sur le cœur dans la série des Vertébrés*, Montpellier, 1873. — Schiff, *Arch. f. phys. Heilkunde*. 1850, 39.

Innervation vaso-motrice du cœur. — Brown-Séquard, *Experim. Research. applied to Physiol. a. Pathologie*, 1853. *Biologie*, 1853. — *Mouv. rythmiques des artères coronaires.* *Biologie*, 1881. — Gaglio, *Arch. it. biol.*, XII, 1889. — Porter, *The Boston med. a surg. journal*, 1896, 9 janv.

Vaso-moteurs du péricarde. — Brown-Séquard, *Biologie*, 1878, 371 (hémorragie du péricarde suite de lésions du corps strié). — Pianese, *Giornale internazionale delle scienze mediche*. 1893. — Schiff, *Recueil des mém. phys.*, I, 273.

Coefficient d'irrigation du cœur. — Bohr et Enriquez, *Bull. Ac. de Danemark*. 1893.

SIXIÈME PARTIE

CIRCULATION LYMPHATIQUE

I. **Raison d'être**. — Dans son ensemble le système des canaux lymphatiques constitue une voie de dérivation du sang qui a été conduit aux capillaires. Il représente un véritable appareil de drainage des tissus. Au niveau du tractus intestinal il prend une importance particulière en raison des fonctions qui lui sont dévolues dans l'absorption des aliments.

Nous étudierons exclusivement l'ensemble des phénomènes qui ont pour conséquence le transport de la lymphe à travers l'organisme.

II. **Découverte des lymphatiques**. — GASPARD ASELLI de CRÉMONE découvrit en 1622 les chylifères qu'il appela « veines lactées ». Ce physiologiste comprit que ces canaux servent à l'absorption et montra que pour les bien voir il faut que l'animal en expérience soit en digestion. Les observations d'ASELLI furent faites sur des chiens, des chevaux, des chats, des agneaux, des porcs et des vaches. On les répéta sur des condamnés à mort auxquels un repas copieux avait été servi avant le supplice.

Environ au milieu du seizième siècle, EUSTACHI avait découvert un canal rempli d'une humeur aqueuse s'ouvrant dans la veine sous-clavière par un large orifice. PECQUET retrouva (1649) à nouveau cette disposition et en montra toute l'importance. Il réunit les deux extrémités de la chaîne aperçues isolément avant lui et décrivit les chylifères, la citerne qui porte son nom et le canal thoracique.

On reconnut bientôt que les conduits chylifères et le canal thoracique dont ils sont les racines ne forment qu'une petite portion d'un vaste appareil hydraulique qui s'étend dans tous organes. (RUDBECK en Hollande, BARTHOLIN à Copenhague, JOLYFFE à Cambridge, 1651.)

III. **Topographie**. — Le système lymphatique, tel qu'il est constitué chez les vertébrés, peut être considéré comme un perfectionnement du système lacunaire qui coexiste avec l'appareil sanguifère chez certains invertébrés. Il se perfectionne dans la série en se canalisant et en se centralisant et suit pour cela les mêmes étapes que le système circulatoire lui-même (Milne-Edwards).

Chez l'homme et les animaux supérieurs tous les lymphatiques se déversent dans deux troncs principaux : le *canal thoracique* qui aboutit à la veine sous-clavière gauche et la *grande veine lymphatique* qui aboutit à la veine sous-clavière droite. Ces deux troncs échappent à la loi de la symétrie. Le premier reçoit les lymphatiques des membres inférieurs, des organes contenus dans le bassin et des viscères. Le second ceux de la tête, du cou, et d'une partie des organes contenus dans le thorax.

Sur le trajet des lymphatiques on trouve des *ganglions* formés d'une coque fibreuse d'où partent des tractus conjonctifs qui englobent des follicules et des cordons folliculaires. Ces formations sont le lieu de production des globules blancs. Autour des follicules et des cordons existent des sinus cloisonnés, remplis de globules blancs, ou la lymphe circule lentement.

Il ne paraît pas exister de communication entre les lymphatiques et les espaces du tissu conjonctif ou les séreuses (Ranvier). Toutefois, comme les capillaires sanguins, les capillaires lymphatiques peuvent donner passage aux globules (*diapédèse*).

IV. Causes de la progression de la lymphe. — Suivant la conception adoptée concernant l'origine de la lymphe on est conduit à envisager d'une façon différente les causes qui font progresser ce liquide.

1° Subordination de la circulation lymphatique à la circulation sanguine. — Ludwig et ses élèves ont admis, d'une façon générale, que la lymphe est le produit d'une filtration pure et simple des éléments du sang à travers une membrane représentée par les parois des capillaires et assimilée à la membrane inerte d'un dialyseur. Dans cette hypothèse la cause principale de la propulsion de la lymphe doit être cherchée dans les *forces physico-chimiques qui régissent les phénomènes d'osmose*, et se réduire à des différences de pression et de composition chimique des liquides.

L'opinion de Ludwig était basée sur ce fait que dans une certaine mesure les variations de la circulation sanguine entraînent des variations de même sens dans la circulation lymphatique. De fait la ligature des veines augmente l'écoulement de la lymphe. (Tomsa Paschutin, Emminghaus.) Les changements de la pression artérielle paraissent avoir moins d'influence. Mais d'une manière générale on peut dire que la ligature des artères entraîne une diminution de l'écoulement de la lymphe.

2° La lymphe envisagée comme un produit de sécrétion. — Actuellement sous l'influence des travaux de HEIDENHAIN on tend à considérer la lymphe comme un véritable produit de sécrétion. La quantité et la composition de ce liquide seraient réglées par l'activité élective des cellules des capillaires. Dès lors il convient de considérer la force développée par ces cellules comme une des causes principales de la progression de la lymphe. HEIDENHAIN a appuyé ses conclusions sur un grand nombre d'observations. Ainsi il est certain que la quantité de lymphe produite n'est pas toujours en rapport avec la valeur de la pression sanguine. Il n'y a pas parallélisme rigoureux entre l'apport de sang artériel d'une part et la production et l'écoulement de la lymphe d'autre part (PAS-CHUTIN, EMMINGHAUS). La lymphe peut même continuer à couler plusieurs heures après la mort à travers une fistule pratiquée sur le canal thoracique. (HEIDENHAIN, WERTHEIMER.) On a constaté aussi que le passage de certaines substances du sang dans la lymphe ne se fait pas dans tous les cas suivant les lois de l'osmose.

Les travaux de HEIDENHAIN ont été confirmés principalement par HAMBURGER. La pression développée par l'activité cellulaire des capillaires a donc un rôle certain dans l'origine et la progression de la lymphe. Actuellement cependant on n'est pas encore en situation de connaître exactement l'importance de ce facteur et de faire la part des forces physico-chimiques qui ont leur origine en dehors de la paroi vasculaire.

Fistules lymphatiques. — Les variations de la circulation lymphatique dans un membre peuvent être étudiées à l'aide de fistules pratiquées sur des vaisseaux de fort calibre ou sur le canal thoracique. Chez le chien un bon procédé consiste à isoler la veine dans laquelle débouche ce canal en liant toutes les collatérales et d'y introduire la canule. Il serait souvent impossible de pousser l'instrument dans le canal lui-même.

3° Rôle de la contractilité des vaisseaux lymphatiques. — La contractilité des vaisseaux lymphatiques contribue à la progression de la lymphe. Chez les *vertébrés inférieurs*, il existe sur le trajet des lymphatiques des réservoirs contractiles qui ont reçu le nom de ***cœurs lymphatiques*** parce qu'ils exécutent des mouvements rythmiques.

Cœurs lymphatiques. — Les cœurs lymphatiques des *tortues* sont situés sur les côtés de la colonne vertébrale, derrière l'articulation coxale, près du bord postérieur de la carapace. Chez les *ophidiens* ils sont logés dans une cage osseuse à droite et à gauche de la colonne vertébrale au niveau du cloaque. Chez la *grenouille* les cœurs lymphatiques sont au nombre de quatre. Deux sont sous-cutanés et situés de chaque côté de l'extrémité inférieure du coccyx. Les deux autres sont antérieurs et placés sous l'angle postérieur de l'omoplate qui les recouvre.

Chez les *vertébrés supérieurs* il n'existe pas de réservoirs contractiles sur le trajet des lymphatiques, mais certains de ces vaisseaux sont animés de **mouvements rythmés**. HELLER a observé des contractions de ce genre sur le mésentère de très jeunes cobayes; COLIN sur les chylifères du bœuf. Il faut avouer cependant que même à une observation attentive les changements spontanés et rythmés du calibre des lymphatiques ne sont généralement pas perceptibles. Quoi qu'il en soit, on conçoit que la contraction des parois des lymphatiques puisse avoir une efficacité réelle sur la progression de la lymphe en raison de la présence des **valvules**. Celles-ci donnent à ces vaisseaux leur aspect moniliforme et les rapprochent des veines.

Action du système nerveux. — Les premières expériences concernant l'action du système nerveux sur les lymphatiques chez les vertébrés supérieurs sont dues à P. BERT et LAFFONT. Ces auteurs ont vu que sur un animal en digestion l'excitation provoque, suivant qu'elle est appliquée sur les nerfs mésentériques ou sur les nerfs splanchniques, dans le premier cas la constriction, dans le second la dilatation des chylifères. Chez les animaux curarisés l'excitation des nerfs mésentériques, comme des nerfs splanchniques, déterminerait toujours la dilatation de ces vaisseaux.

MARCACCI puis LEWATCHEW ont constaté plus tard que la section de l'hypoglosse augmente dans la langue l'écoulement de la lymphe. L'excitation du nerf produit l'effet inverse. Le lingual aurait des propriétés opposées à celles de l'hypoglosse. Mais comme l'hypoglosse est le nerf vaso-constricteur et le lingual le nerf vaso-dilatateur de la langue et que, en somme, les variations de l'écoulement de la lymphe sont parallèles aux variations vaso-motrices, on pouvait à la rigueur mettre en doute une action directe sur la circulation lymphatique (LEWATCHEW).

Une preuve nouvelle plus directe qu'il y a des nerfs agissant directement sur les canaux lymphatiques a été donnée par GLEY et CAMUS. Les expériences de ces auteurs ont été faites sur le chien, et limitées à l'étude de l'influence du système nerveux sur le canal thoracique et la citerne PECQUET. La méthode employée est celle imaginée par MORAT pour l'étude des mouvements des canaux excréteurs des glandes et appliquée par DOYON aux voies biliaires. Un liquide neutre est dirigé sous une pression constante à travers un vaisseau lymphatique. On se place dans des conditions telles que les variations du débit ne puissent relever que d'une variation dans le calibre des vaisseaux. Dans ces conditions l'excitation directe des nerfs qui se rendent aux voies lymphatiques (sympathique thoracique et nerfs splanchniques) provoque généralement la dilatation, parfois cependant la constriction, de la citerne de Pecquet et du canal thoracique. La présence de fibres constrictives, mêlées aux dilatatrices, peut être mise en évidence d'une façon constante au moyen de l'asphyxie. L'excitation électrique des nerfs sensitifs provoque en général la dilatation du canal thoracique et de la citerne de Pecquet.

Sur la grenouille la destruction de la moelle arrête les cœurs antérieurs quand elle atteint le niveau de la troisième vertèbre, et les cœurs postérieurs si elle s'étend jusqu'au niveau de la huitième. L'irritation de la peau, de l'intestin, du cœur, agit par voie réflexe sur les battements des cœurs lymphatiques, tantôt les accélérant, tantôt les retardant. Les cœurs lymphatiques possèdent des éléments nerveux ganglionnaires qui représentent sans doute des centres nerveux propres à ces organes.

4° **Influence des variations de la pression intrathoracique et de la respiration.** — Le renforcement inspiratoire de l'aspiration thoracique, dont l'action est constante, contribuerait surtout à appeler la lymphe dans le thorax, puis au moment de l'expiration, les parois du canal thoracique dilatées subiraient un retrait élastique. Enfin il est possible que l'abaissement inspiratoire du diaphragme puisse dans certaines conditions (par exemple si l'estomac est rempli) comprimer la citerne de Pecquet et en vider le contenu à la manière d'un poids placé sur le ventre (Camus). Quoi qu'il en soit, l'influence des mouvements respiratoires n'est pas nécessaire à la progression de la lymphe, puisque celle-ci a lieu même après la mort de l'animal.

5° **Influence de la contraction musculaire.** — La contraction musculaire, surtout les mouvements rythmés et très accentués, augmente l'écoulement de la lymphe. Le mécanisme de cette action est sans aucun doute très complexe. Indépendamment d'une action purement mécanique d'expression des canalicules lymphatiques, il est possible que la contraction musculaire active la progression de la lymphe soit directement, soit indirectement par suite de l'apparition de substances qui agiraient sur la production du liquide (Hamburger, expériences sur le cheval).

V. **Vitesse de l'écoulement de la lymphe**. — La vitesse de l'écoulement de la lymphe est très variable et dépend d'une série de conditions. Une expérience élégante de Ranvier montre la rapidité de l'écoulement dans les conditions normales.

Expérience. — Si on injecte dans l'épaisseur du derme de la face interne de l'oreille d'un lapin, à 0^m,02 à peu près de son extrémité, un peu de bleu de Prusse dissous dans de l'eau, il suffit d'une légère pression pour remplir du liquide bleu d'abord une partie du réseau capillaire lymphatique et ensuite un des petits troncs lymphatiques qui accompagnent l'artère auriculaire. Les petits troncs lymphatiques remplis de bleu de Prusse se voient bien par transparence chez l'animal vivant. Or, au bout de deux ou trois minutes la coloration bleue des troncules a disparu par suite de l'écoulement de la lymphe. Si on sacrifie l'animal, le bleu primitivement contenu dans le lymphatique injecté se trouve dans l'intérieur du ganglion de la base de l'oreille au sein de la parotide.

BIBLIOGRAPHIE.

Découverte de la circulation lymphatique. — G. ASELLI, *De lactibus seu lacteis venis, quarto vasorum mesaraicorum genere novo invento*, in-4. Basileæ, 1628. — TH. BARTHOLIN, Consulter la *Bibliothèque anatomique de Mangel*, II, 692. — B. EUSTACHI, *Tractatus de vena quæ azygos græcis dicitur. Antigramma*, 13, p. 279-280. *Opuscula anatomica*, éd. de 1707. — GALIEN, *An sanguis in arteriis natura contineatur*. J. ROTA, interprete, cap. v (*Opera*, éd. de Venise, 1609, t. I, p. 61). *De usu partium corporis humani lib.* IV, XIX. *Opera*, t. I, p. 141. — JOLYFFE, Consulter SPRENGEL. *Histoire de la médecine*, IV, 210. — MILNE-EDWARDS, *Leçons...*, IV. — J. PECQUETI DIEPÆI, *Experimenta nova anatomica quibus incognitum hactenus chyli receptaculum et ab eo per theoracem in ramos usque nubilavios vasa lactea deteguntur*, in-4. Parisiis, 1651 (?). — OLAUS RUDBECK, *Nova exercitio anatomica exhibens ductus hepaticos aquosos et vasa glandularum serosa*, in-4, 1653, reproduit dans la *Bibliothèque anat. de Mangel*, II, 700. — TIGERSTEDT, *Skand. Arch. f. Phys.*, V, 89.

Relations des lymphatiques avec les séreuses. — ANDEER, *Ac. de méd.*, 1er juin, 1897. — DYBOWSKI, *Ber. der Sächs. Gesell.*, 1866, 191. — SCHWEIGGER-SEIDEL et DOGIEL, *Ber. der Sächs. Gesell.*, 1866, 247. — RANVIER, *C. R. Ac. sc.*, t. CXX, p. 132; t. CXXI, p. 859; t. CXXIII, p. 923, 928, 1038.

Influence des variations de la pression sanguine sur l'écoulement de la lymphe. — CHABBAS, *Arch. f. d. ges. Phys.*, XVII, 1878, 143. — EMMINGHAUS, *Ludwig's Arb.*, 1873. *Arch. f. Heilkunde*, 1874, 387. Exp. sur la patte du chien. La lymphe augmente quand le courant veineux est arrêté. L'augmentation atteint le maximum quand les parois artérielles sont paralysées. — HAMBURGER, *Zeitsch. f. Biologie*, 1893, XXX, 155, 164, 1895, travail d'ensemble. — HEIDENHAIN, *Arch. f. d. ges. Phys.*, 1891, 1894. — Q. S. HOPKINS, *Transact. of the americ. microsc. Soc.*, 1895. — H. NASSE, art. *Lymphe*, in *Handwörterbuch f. Phys.*, II, 263. — LAMBERT, *Revue des sciences*, 1894 (revue générale). — LUDWIG et KRAUSE, *Zeitsch. f. ration. Med.*, 7. — LUDWIG et TOMSA, *Sitzber. d. Wiener Ak.*, 1881 (lymphe du testicule. Influence de la ligature des veines). — PASCHUTIN, *Berichte der Sächs. Gesell.*, 1873, 94. Exp. sur la patte du chien. Infl. de la ligature des veines, de la pression artérielle, de l'exc. des centres et des vaso-moteurs. L'écoulement ne dépend pas de la pression artérielle. — POPOFF, *Centralbl. f. Phys.*, 1895, 52. — STARLING, *J. of Physiol.*, XIV, 224. — THÉAULON, Thèse Fac. méd., Lyon, 1896. — W. TOMSA, *Sitzungsb. d. Wiener Akad.*, Bd 46. — WEISS, *Arch. Virchow*, XII, 555. En ce qui concerne la **sécrétion de la lymphe**, consulter *Lymphe*.

Effets de la ligature de l'aorte. — La ligature de l'aorte anémie certains organes et en congestionne d'autres placés en bordure de collatérales situées au-dessus de la ligature. L'effet constaté sur l'écoulement du canal thoracique est une résultante. — Consulter : CAMUS, *Arch. de Phys.*, 1894, 678. — COLSON, *Arch. de biol. belges*, 1890. — HEIDENHAIN, *Arch. f. d. ges. Phys.*, 1891, 209. — STARLING, *Journal of Phys.*, 1894, XVII, 46.

Influence de la saignée. — HOCHE, *Arch. de Phys.*, 1896, 446. — A. TSCHEREVKOFF, *Arch. f. d. ges. Phys.*, LXII, 304.

Persistance de l'écoulement de la lymphe après la mort. — HAMBURGER, *Zeitsch. f. Biol.*, XXX. — HEIDENHAIN, *Arch. f. d. ges. Phys.*, 1891. — WERTHEIMER, *Arch. de Phys.*, 1893, 751.

Cœurs lymphatiques. — ECKARDT, *Zeitchs. f. rat. Med.*, 1849, VIII, 211. — GOLTZ, *Centralblatt*, 1863, 17, 497. — J. MÜLLER, *Poggendorff's Ann.*, 1832. *Philos. Transactions*, 1833, 92. — *Mém. de l'Ac. de Berlin*, 1839, 31. — *Arch. de Müller*, 1840. — OEHL, *Arch. it. de biol.*, 1891, XV (influence de la t°). — PANIZZA, *Sopra il sistema limfatico dei Rettili*, Pavie, 1833. — PRIESTLEY, *J. of Phys.*, 1. — RANVIER, *Leçons d'anat. gén. faites au Collège de France*. Paris, 1880, I, 326. — SCHIFF, *Zeitsch. f. rat. Med.*, 1850, IX, 259. — SCHERLEY, *Arch. f. Phys.*, 1879. — STANNIUS, *Arch. de Müller*, 1843. — VALENTIN,

Arch. de Müller, 1839, 176. — VOLKMANN, *Arch. de Müller*, 1844, 418. — WALDEYER, *Zeitsch. f. rat. Med.*, 1864, XXI, 103. — *Studien der phys. Anst. zu Breslau*, III, 71. — WEBER, *Arch. de Müller*, 1835, 535. — DE WITTICH, *in Hermann's Handb. d. Phys.*, V a, 325.

Contractilité des lymphatiques. — DITTRICH, GERLACH, HERZ, *Prager Viertel-jahreschr. f. d. prakt. Heilk.*, 1851, XXXI, 72. — KÖLLIKER et VIRCHOW, *Verhandl. des Phys. Med. Gesell. in Würzburg*, 1850, I, 319. — TARCHANOFF, *Arch. f. d. ges. Phys.*, 1874, IX, 407.

Mouvements rythmés des lymphatiques chez les mammifères. — COLIN, *Traité de Physiol. comparée des animaux domestiques*, II, 88 (observ. sur les vaisseaux lactés du bœuf). — HELLER, *Centralbl. f. d. med. Wiss.*, 1869, 545. — PHILIPPEAUX, *Arch. de Phys. normale et path.*. 1869, 779. — DE WITTICH, *in Hermann's Handb. d. Phys.*, V a, 324.

Rapports du système nerveux avec les lymphatiques. — CL. BERNARD, Liq. de l'organ., II (action du vague). — P. BERT et LAFFONT, *C. R. Ac. sc.*, 1882. — BODDAERT, *Bull. Ac. méd. belge*, 1875, 1892, 1895. — CAMUS, Thèse Fac. méd. Paris, 1895. — CAMUS et GLEY, *Arch. de Phys.*, 1894, 454. — DOURDOUFFI, *Centralbl. f. med. Wiss.*. 1887, 787. — GOLTZ, *Arch. f. d. ges. Phys.*. 1871, IV, 147. — JANKOWKY, *Arch. Virchow*, XCIII, 1883, 259. — LEVACHEW, *C. R. Ac. sc.*, 1886. — MARCACCI, *Archiv. it. biol.*, IX, 234. *Lo sperimentale*, 1883, II, 270. — OSTROUMOFF, *Conheim's Allg. Pathol.*, 1882. — PECKELHARING et MENSONIDÈS, *Arch. neerland.*, XXI, 69, 1. — QUENU et DARIER, *Biologie*, 1887, 529 (travail anatomique). — RANVIER, *C. R. Ac. sc.*, LXIX, LXXIII. — ROGOWITZ, *Arch. f. d. ges. Phys.*, t. XXXVI, 252. — SENATOR, *Arch. Virchow*, III, 253. — TARCHA-NOFF, *Arch. f. d. ges. Phys.*, 1874, IX, 407. — THÉAULON, Thèse Fac. méd. Lyon, 1896, p. 37.

Influence de la respiration sur l'écoulement de la lymphe. — CAMUS, *Arch. de Phys.*, 1894, 669. — COLIN, *Traité de Phys. comparée*. — LESSER, *Ber. der Sächs. Gesell.*, 1878.

Influence des mouvements sur l'écoulement de la lymphe. — CAMUS, Thèse Fac. méd. Paris, 1894, p. 55. — COLIN, *Traité de Phys. comparée*, II, p. 230. — GENERISCH, *Berichte der Sächs. Gesell.*, 1870, 142. — HAMBURGER, *Zeitsch. f. Biol.*, XXX, 1893, 162. — HEIDENHAIN, *Arch. f. d. ges. Phys.*, 1891, 216. — LESSER, *Berichte der Sächs. Gesell.*, 1878, p. 22. — LUDWIG et SWEIGGER-SEIDEL, DYBOWSKI, *Berichte der Sächs. Gesell.*, 1866, 91. — NOLL, *Zeitsch. f. ration. Med.*, IX, 52. — PASCHUTIN, *Berichte der Sächs. Gesell.*, 1873.

Pression de la lymphe. — NOLL et LUDWIG, *Zeitsch. f. rat. Med.*, IX, 52. — W. WEISS, *Arch. Virchow*, XXII, 526.

Vitesse de l'écoulement de la lymphe. — BIDDER, *Müller's Arch. f. Anat. u. Phys.*, 1845, 46. — COLIN, *Phys. comparée des an. domest.*, II, 101. — *C. R. Ac. sc.*, 1858. — W. KRAUSE, *Zeitsch. f. rat. Med.*, 1835, VII, 148. — LESSER, *Ber. der Sächs. Gesell.*. 1871, 590. — RANVIER, *C. R. Ac. sciences*, CXIX, 26, 1175. — S. TSCHIRWINSKY, *Central-blatt. f. Phys.*, 1895. — WEISS, *Arch. Virchow*, XXII, 538. Infl. du curare : LESSER, PASCHUTIN.

Diapédèse. — TARCHANOFF, *Biol.*, 1874. *Gaz. méd. Paris*, 1875 (curare). Voy. p. 222.

CALORIFICATION

Les animaux sont producteurs de chaleur. D'une façon continue ils rayonnent de la chaleur dans le milieu qui les entoure. C'est sous cette forme qu'ils lui restituent la plus grande partie de l'*énergie* qu'ils en ont reçue. La chaleur est le témoin le plus invariable de leur activité, celui que nous retrouvons toujours alors que les autres feraient défaut. L'intuition populaire en a fait depuis longtemps le signe de la vie. Mais la chaleur, qui est un *signe* de l'activité vitale, est aussi une *condition* de cette activité: Si son excès entraîne le malaise et la mort, son défaut ralentit et supprime les réactions et les manifestations des êtres vivants.

Chez les vertébrés supérieurs, la plénitude de l'exercice des fonctions est liée à un **degré thermométrique** déterminé, à un niveau particulier de leur température propre. En présence de la variabilité pourtant incessante de la température de son milieu, l'animal s'est assuré cette constance, il règle sa température ; il sait conserver sa chaleur quand le froid extérieur le menace d'un abaissement, la déperdre activement ou même la détruire sur place dans la circonstance inverse. Son système nerveux (autant vaut dire sa sensibilité) lui sert d'avertisseur et de régulateur thermique.

La chaleur, en effet, est non seulement un *résultat* ou un témoin de l'activité vitale, et non seulement une *cause* ou un facteur de cette activité, elle est encore quelque chose de plus, un *excitant* du système nerveux, lequel influencé par elle et l'influençant à son tour est en mesure de la régler. Tels sont les trois points de vue principaux de la fonction de calorification : 1° origines de la chaleur chez les animaux et conditions de sa production ; 2° action de la chaleur sur les êtres ou tissus vivants ; 3° mécanisme de la régulation thermique.

Cette partie de la physiologie a pris de grands développements qu'elle ne comportait pas autrefois. Faire l'histoire de la chaleur animale c'est faire nécessairement et pour une bonne part celle de l'*énergétique* de l'être vivant.

NOTIONS PRÉLIMINAIRES.

Nous rappelons ici sommairement les principes fondamentaux qui régissent la mesure des températures et des quantités de chaleur ainsi que ceux concernant l'équivalence de chaleur et du travail mécanique.

A. — THERMOMÉTRIE.

Le premier thermomètre dont on ait fait usage est un *thermomètre à air*. Une ampoule de verre vide et munie d'un tube vertical descendant ouvert à son extrémité inférieure était chauffée pour produire la dilatation de l'air, puis trempée dans un liquide coloré qui montait plus ou moins haut dans le tube lorsque l'appareil se refroidissait. On attribue l'invention de cet appareil selon toute vraisemblance à Galilée.

A cet appareil par trop incommode l'Académie *del Cimento* substitua le thermomètre actuellement en usage, fondé sur la dilatation d'une masse liquide enfermée dans une ampoule transparente. Santorio Santori, médecin physiologiste à Venise, s'en servit pour apprécier l'intensité de la fièvre, d'où le nom de *thermomètre de Sanctorius* ou encore *thermomètre de Florence* sous lequel il fut longtemps connu.

Bien que déjà rendu pratique, ce thermomètre conservait un grave défaut : Les degrés étaient arbitraires, soit comme valeur des divisions, soit comme point de départ de celles-ci. Les instruments n'étaient pas comparables entre eux.

I. **Thermomètre à air à volume constant et à pression variable.** — Les données fondamentales sur lesquelles repose la construction d'appareils thermométriques comparables entre eux sont dues à Amontons (1702). Telle qu'il les a formulées elles sont directement applicables au thermomètre à air.

1° *Lorsqu'on chauffe deux masses d'air en maintenant invariables leurs volumes, les pressions de ces masses d'air demeurent entre elles dans un rapport constant.* Ce qui revient à dire que ces pressions sont elles-mêmes proportionnelles aux températures de ces masses d'air et peuvent leur servir de mesure.

2° *La température de l'eau bouillante est invariable* (à la condition que la pression de l'atmosphère garde sa même valeur).

Soit, en effet, un thermomètre à air plongé dans l'eau bouillante, il marque une pression P. Toutes les fois que sur un semblable thermomètre nous lirons cette même pression, nous saurons qu'elle répond à la température de l'eau bouillante. Soit le même appareil plongé dans de l'eau à une température inconnue et différente de celle de l'eau bouillante, il marque une pression P' ; soit T la température de l'eau bouillante et T' la température inconnue qui est à déterminer.

$$\frac{T'}{T} = \frac{P'}{P}.$$

Cette formule nous permettra, étant donné un premier thermomètre à air gradué arbitrairement et sur lequel chaque pression répond à une température donnée, d'en construire en toute circonstance un semblable, sans même avoir le premier sous les yeux.

En effet, si nous construisons un second thermomètre en l'obligeant à marquer la même pression P à la température de l'eau bouillante, il marquera également la presion P' à la température T' ; ses degrés sont exactement superposables à ceux du premier, et évalués par le même nombre de centimètres ou millimètres de mercure. Mais nous ne sommes pas astreints à cette condition, et si nous supposons que la pression à la température initiale de l'eau bouillante soit multipliée par le coefficient 2.3. etc... ou 1/2, 1/3, etc..., chacun des degrés, sur l'échelle de ce nouveau thermomètre, sera multiplié lui-même par le même coefficient. Nous n'avons qu'à établir notre échelle suivant cette proportion : il nous suffit de connaître le rapport existant entre les pressions initiales de chacun de ces thermomètres, quand ils sont plongés dans l'eau bouillante.

II. Thermomètre à air à pression constante et à volume variable. — Nous pouvons, d'autre part, construire un thermomètre à air fondé sur une autre application de l'action de la chaleur sur les gaz, mais moins pratique que la précédente, à cause des corrections plus nombreuses qu'elle implique et qui a font généralement abandonner.

Nous pouvons faire qu'une masse d'air en s'échauffant augmente son volume sans modifier sa pression, en déplaçant par exemple un index de mercure dans un tube horizontal. Le volume de cette masse d'air s'accroît proportionnellement à la température. Le point de départ de la graduation peut être pris de même ici à la température de l'eau bouillante. Quant à la valeur individuelle de chaque degré en particulier, elle est ici fixée par le rapport qui existe entre le volume de la masse d'air et l'accroissement que prend celle-ci à mesure que la température monte, ou inversement. Admettons que la valeur de 1 degré corresponde à un déplacement de l'index équivalant à 1/273 du volume de la masse d'air. Connaissant ce volume, qui est celui du récipient qui la contient, et divisant ce récipient ou tout au moins le tube qui le prolonge en parties équivalentes à cette fraction, nous aurons encore un thermomètre comparable à tout autre construit dans ces conditions.

La température de l'eau bouillante est notée sur les thermomètres usuels 100° et celle correspondante à la glace fondante 0°. Ces chiffres résultent l'un et l'autre d'une *convention arbitraire* qu'il était nécessaire d'établir pour la pratique. Seulement le second semblerait au premier abord indiquer que la température de la glace fondante est la plus basse qu'on puisse obtenir. Or, chacun sait que la température des corps peut descendre beaucoup au-dessous de 0°. C'est ce qui oblige à une double graduation, l'une de la température au-dessus de 0° qui se reconnaît au signe + placé devant le chiffre qu'il exprime, l'autre au-dessous de 0° à laquelle on affecte le signe —.

III. Zéro absolu. — Il est évident que ces signes sont ici privés de leur sens habituel et que le symbole — 20° ne désigne d'aucune façon un phénomène thermique qui serait par quelque côté l'inverse de celui désigné par le symbole + 20°. Étant données les idées qu'on se fait de la nature de la chaleur, quelque théorie que l'on adopte, il ne saurait y avoir de température négative. Mais la chaleur étant considérée comme une quantité susceptible d'accroissement et de décroissement, on peut admettre qu'un corps donné (soit un gaz) puisse être complètement privé de chaleur. L'état de ce corps correspond au zéro qu'il conviendrait d'admettre pour l'échelle thermométrique, c'est-à-dire à ce qu'on appelle le *zéro absolu*.

La valeur d'un degré étant par convention la 1/100e partie du changement apporté à la pression (si le volume est constant) ou au volume (si la pression est constante) de la masse gazeuse contenue dans le thermomètre, on peut se demander de combien de degrés il faudra abaisser la température de ce gaz pour que toute chaleur y ait disparu et qu'il soit réellement et non plus conventionnellement à la température 0. — Or nous savons par expérience que la pression restant constante, le volume des gaz diminue (ou augmente) de $1/273^e$ chaque fois que sa température varie d'un degré en moins (ou en plus). Cette quantité est ce qu'on appelle le *coefficient de dilatation des gaz*. Elle est très sensiblement la même pour tous les gaz, ne varie d'une façon un peu marquée qu'aux approches des changements d'état, et ne varierait pas dans le cas purement théorique et irréalisable d'un *gaz parfait*. — Si donc nous supposons un gaz parfait, ramené par la diminution de la température à ne plus occuper aucun espace, ce gaz sera à la température du zéro absolu, lequel équivaut par conséquent à la température —273° du thermomètre ordinaire. Tandis que si on prend cette température pour 0° le point de fusion de la glace répond à 273° et celui de vaporisation de l'eau à 373°.

IV. **Thermomètre à mercure.** — Mais le thermomètre à air, en raison de son volume encombrant et des corrections qu'il nécessite du fait des variations de la pression, est peu pratique et l'usage s'est répandu du thermomètre *à esprit-de-vin* d'abord et ensuite du thermomètre *à mercure* dans lesquels la température est mesurée par la dilatation apparente d'un liquide contenu dans une ampoule de faible volume surmontée d'un tube fin qui porte la graduation.

RÉAUMUR le premier en 1730 avait observé qu'un thermomètre plongé dans l'eau qui se congèle atteint un degré qui reste fixe pendant toute la congélation. On se sert aujourd'hui de préférence de la température de fusion de la glace. Si des divisions sont tracées sur le tube et qu'elles représentent chacune une partie aliquote du volume occupé par le liquide à cette température dans le thermomètre, elles pourront exprimer des degrés qui n'auront plus rien d'arbitraire et être reproduits les mêmes sur tous les thermomètres semblables, c'est-à-dire construits avec les mêmes substances. Pour plus de précision on astreint les thermomètres à marquer non pas une, mais deux températures fixes (celle du point de fusion de la glace et celle de l'eau bouillante), entre lesquelles on trace un certain nombre de degrés (100 dans le thermomètre centigrade) et on prolonge la division au-dessus et au-dessous. L'écart de 100° entre les deux températures répondant aux changements d'état physique de l'eau a été proposé par CELSIUS, le zéro correspondant à l'eau bouillante et 100 degrés à la glace fondante. C'est LINNÉ qui renversa cet ordre en donnant au thermomètre centigrade sa forme actuelle.

Le thermomètre à mercure est susceptible de prendre un assez grand nombre de formes, dispositions particulières et variées suivant les expériences à réaliser. On peut utiliser en physiologie les thermomètres à *minima* et surtout à *maxima*. KRONECKER a eu l'idée d'enfermer des thermomètres de ce genre de très petite dimension dans des étuis métalliques susceptibles d'être avalés par les animaux (voire par l'homme) et qui se retrouvent dans les fèces. On a construit encore des thermomètres dits *métastatiques* à graduation arbitraire munis d'un réservoir placé en haut du tube, un peu en dehors de son axe, où est une provision de mercure qu'on peut faire tomber en partie dans la tige, par quelques secousses appropriées, tantôt plus, tantôt moins, selon la hauteur qu'il convient de donner à la colonne mercurielle.

B. — CALORIMÉTRIE.

La calorimétrie est la mesure des quantités de chaleur, comme la thermométrie est la mesure des températures. Les calorimètres sont fondés sur des principes qui diffèrent suivant les appareils. Les effets de la chaleur sur les corps sont en effet multiples; il suffit que ces effets soient mesurables pour qu'en nous reportant à ce qui a été dit plus haut, nous puissions mesurer la chaleur elle-même. De ces effets distinguons-en pour le moment deux ordres : d'une part, les effets de la chaleur *sensible* tels que modifications de volume ou de pression et, d'autre part, les modifications intérieures ou changements d'état des corps tels que fusion ou volatilisation qu'on rapporte à la chaleur dite *latente*. Les uns et les autres peuvent servir de mesure à la quantité de chaleur dégagée par un corps.

I. **Unité de chaleur. — Calorie.** — L'unité de chaleur est la *calorie*. Elle est représentée par *la quantité de chaleur qui est nécessaire pour élever un kilogramme d'eau de 1 degré centigrade*.

Le thermomètre, contrairement à ce que son nom pourrait faire supposer, ne mesure pas (au moins tel qu'on l'emploie d'habitude) la quantité de chaleur, mais seulement la température, c'est-à-dire, d'après les théories modernes, la force vive du mouvement moléculaire des corps chauds. Mais la température est néanmoins une donnée qui entre dans l'évaluation de la quantité de chaleur. Celle-ci est, en effet, le produit de trois facteurs : 1° la température du corps; 2° sa masse; 3° sa chaleur spécifique. Aussi le thermomètre entre-t-il le plus souvent dans la construction de l'appareil qui sert à mesurer les quantités de chaleur et que pour le distinguer de lui on appelle *calorimètre*.

II. **Chaleur spécifique.** — A masse égale, une même quantité de chaleur n'élève pas au même degré la température des différents corps, chacun d'eux a sa *spécificité* à l'égard de la chaleur. L'eau est le corps auquel il faut fournir le plus de chaleur pour élever sa température de 1 degré. Comme il n'y a pas de mesure absolue, ni de la température, ni de la masse, ni de la quantité de chaleur, cette spécificité est évaluée par une comparaison, par un rapport. La chaleur spécifique d'un corps est le *rapport de la quantité de chaleur nécessaire pour élever de 1 degré ce corps à la quantité nécessaire pour élever de 1 degré le même poids d'eau*.

III. **Calorimètre de glace.** — Le calorimètre de LAVOISIER et LAPLACE a été employé aux premières recherches de calorimétrie physiologique.

Cet appareil est composé de trois enceintes concentriques formées de feuilles minces de cuivre. La plus intérieure reçoit l'animal ou l'objet, source de chaleur; l'espace entre elle et la seconde est rempli de glace fondante dont l'eau de fusion se recueille, à l'aide d'une tubulure traversant la troisième enceinte, dans un vase placé au-dessous. *La quantité d'eau recueillie répond à la quantité de chaleur dégagée par le corps ou l'animal et lui sert de mesure.*

La relation entre la quantité Q de chaleur rayonnée et le poids P de glace fondu est donné par la formule :

$$Q = 79{,}25 \ P.$$

L'espace entre la seconde et la troisième enceinte est lui-même rempli de glace fondante, afin qu'aucune quantité de chaleur, autre que celle de l'animal ou du corps, ne soit communiquée à la glace contenue dans l'enceinte précédente.

Pour permettre l'introduction de l'animal, l'appareil est ouvert par le haut, mais muni d'un double couvercle répétant la même disposition que le corps du calorimètre. Le premier et le plus intérieur de ces couvercles contribue à la mesure de la chaleur et pour cela s'égoutte dans la première chemise de glace.

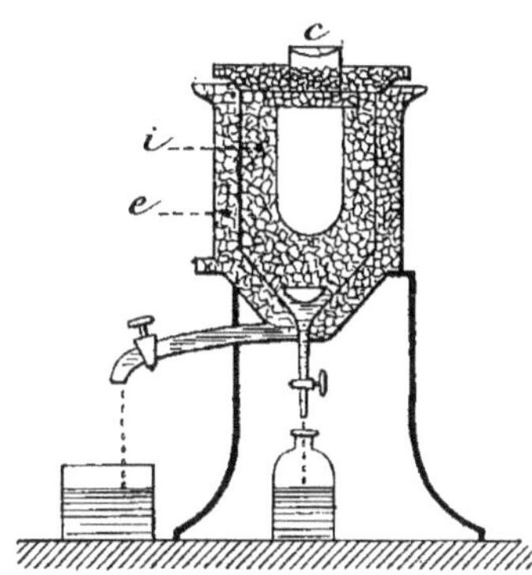

Fig. 133. — *Calorimètre de Lavoisier et Laplace.*

i, enceinte de glace intérieure dont l'eau de fusion mesure la chaleur rayonnée par le corps chaud placé dans le calorimètre; *e*, enceinte extérieure de glace également fondante qui protège la première contre la chaleur du dehors; *c*, couvercle avec double paroi de glace dont l'inférieure s'égoutte dans l'enceinte intérieure pour contribuer à la mesure de la chaleur et dont la supérieure, simplement protectrice de la première, s'égoutte dans l'enceinte extérieure.

Le plus extérieur s'égoutte dans la seconde chemise de glace et remplit le même office protecteur contre la chaleur extérieure.

Défectuosités. — Au point de vue physique le principal reproche qu'on puisse faire à ce calorimètre, c'est qu'une partie de l'eau fondue adhère à la glace et fausse quelque peu la mesure de la chaleur dégagée. J. HERSCHEL a proposé de remplir les interstices de la glace avec de l'eau à zéro et d'estimer la quantité de glace fondue par la contraction que le volume subit.

Au point de vue physiologique, le calorimètre de glace a un autre inconvénient : c'est, en obligeant l'animal à vivre dans un milieu de température beaucoup plus basse que celle à laquelle il se trouvait avant l'expérience, de changer les conditions de sa production de chaleur et de le rendre à la fin de l'expérience dans un état qui n'est pas rigoureusement équivalent à ce qu'il était au commencement. En effet l'animal, peut-on dire, est construit en vue non pas de rayonner les mêmes quantités de chaleur, mais de garder la même température au moins dans ses organes profonds, c'est-à-dire dans ceux qui remplissent les fonctions les plus importantes. Déplacé d'un milieu à 15° dans un autre à 0°, il change sa thermogenèse et les chiffres obtenus ne sont rigoureusement valables que pour un animal vivant dans un air à 0°. — Il y a plus : l'animal non seulement change sa thermogenèse, mais change aussi, dans le même but de régulation, la distribution de la chaleur dans ses tissus. Pour sauvegarder les fonctions de ses organes profonds qui sont les plus essentiels, il la concentre à son intérieur et abandonne au froid les téguments qui feront office de couche protectrice contre le rayonnement. Cet abaissement de la température des régions périphériques représente une certaine quantité de chaleur soustraite à l'animal *en plus* de celle qu'il a produite dans le cours de l'expérience et dont on se propose la mesure; elle augmente par conséquent dans une proportion inconnue ou difficile à évaluer la quantité de glace fondue.

On pourrait corriger cet inconvénient en interposant entre le calorimètre et l'animal une enceinte protectrice peu perméable à la chaleur et dont la fonction serait de créer autour de ce dernier un milieu à une température déterminée (constatable par le thermomètre) et qui suivant son épaisseur porterait cette température au chiffre voulu par l'expérience.

Le calorimètre de glace, grâce à quelques perfectionnements de ce genre, est peut-être destiné à revenir en faveur. — Son principe permet de l'employer à la mesure de toute quantité de chaleur qui est dégagée par un corps, que cette chaleur soit une provision qui s'épuise peu à peu sans être renouvelée, ou qu'elle prenne naissance dans une réaction qui cesse au bout d'un certain temps, ou qu'elle soit engendrée par une source continue à débit plus ou moins constant, comme c'est le cas dans les mesures qui sont faites sur les animaux en physiologie.

Parmi les calorimètres dont il va être question, il en est plusieurs qui ne sont susceptibles de donner que cette dernière mesure. La question posée dans les problèmes de calorimétrie physiologique est en effet le plus souvent la suivante : *Quelle est, pour un temps donné et dans telle circonstance déterminée, le nombre de calories rayonnées par un animal d'une façon sensiblement constante?*

IV. **Calorimètres à air.** — Dans la plupart des autres calorimètres la mesure des quantités de chaleur est demandée, non pas à la valeur d'un changement d'état

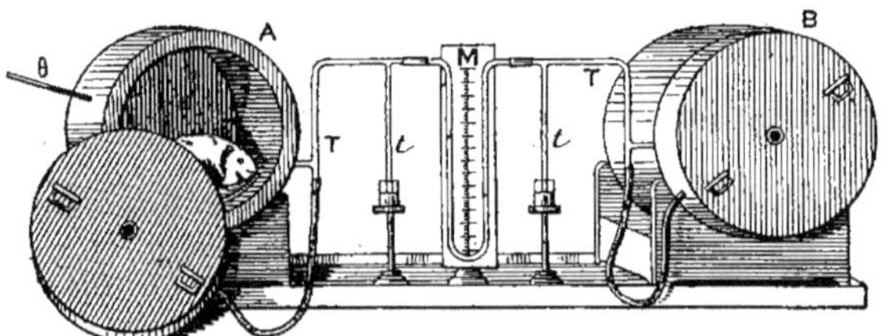

Fig. 134. — *Calorimètre à air de d'Arsonval.*

A, enceinte calorimétrique contenant l'animal et dont le couvercle est ouvert; θ, thermomètre donnant la température de l'enceinte; B, appareil compensateur pour éviter les corrections relatives à la température extérieure et à la pression barométrique; TT, tubes faisant communiquer les deux enceintes calorimétriques avec un manomètre différentiel M, indiquant leur différence de pression; *tt*, tubes plongeant dans des vases à mercure faisant office de fermetures commodes à supprimer et à replacer dans le réglage de l'appareil (cette modification est due à L. Frédéricq).

(*chaleur dite latente*), mais aux effets ordinaires de la chaleur sensible tels qu'ils sont observés dans le thermomètre (*changements de volume ou de pression*).

Le thermomètre à air ci-dessus décrit peut devenir un calorimètre si nous lui donnons certaines dispositions particulières. Supposons qu'au lieu qu'il soit plongé dans la masse échauffée, ce soit au contraire cette dernière qui soit enveloppée par lui de tous cotés grâce à l'existence d'une cavité disposée à son centre et indépendante de la cavité propre qui contient l'air dilatable emprisonné. Ce thermomètre satisfera à l'une des conditions essentielles du calorimètre, qui est de recevoir toute la chaleur rayonnée par le corps à expérimenter. — Seulement les divisions du thermomètre à air ne peuvent plus servir pour l'instrument ainsi transformé en calorimètre et il faut en établir de nouvelles. En effet, si d'une part la chaleur rayonnée par le corps (dans l'espèce par un animal) est bien communiquée tout entière à la masse d'air dilatable du thermomètre à travers sa paroi tournée en dedans, d'autre part la paroi tournée en dehors rayonne cette même chaleur dans l'espace froid environnant. Cet espace étant maintenu à une même température constante, le liquide contenu dans le tube manométrique de l'appareil s'élève peu à peu et prend une *position fixe* à partir du moment où autant de chaleur est perdue par la paroi extérieure qu'il en est fourni à la paroi intérieure.

Cette position fixe correspond à un certain *débit* de chaleur qu'on se propose de connaitre. La graduation de l'appareil se fait empiriquement en mettant à la place de l'animal une source de chaleur dont la puissance soit connue d'avance, soit par exemple une lampe dont la chaleur de combustion de l'huile est connue, ou une bougie, ou une résistance électrique connue parcourue par un courant d'intensité également connu. La relation entre le nombre Q de calories rayonnés en une heure, l'intensité I et la résistance R du courant est donnée par la formule :

$$Q = \frac{I^2R}{9,81 \times 425} \times 360 = I^2R \times 0,863.$$

Les calories rayonnées dans un temps donné sont proportionnelles à la hauteur du manomètre. Le mieux est de faire cet étalonnage pour un certain nombre de divisions de l'échelle du calorimètre ainsi constitué.

Modèles divers. — D'Arsonval a construit un calorimètre de ce genre (fig. 134). Sa forme est cylindro-sphérique pour se prêter à la forme allongée des animaux (petit chien, lapin, cobaye) qu'il peut contenir. L'animal est supporté par une grille dans l'axe de l'appareil. Pour permettre son introduction, le calorimètre est formé d'un corps et d'un couvercle qui s'emboitent et dont les masses d'air intérieures, reliées entre elles par un tube de caoutchouc rigide, communiquent avec le manomètre qui porte la graduation. Pour éviter d'avoir à faire la correction relative aux changements de la pression barométrique extérieure, le tube en U du manomètre est relié avec un autre calorimètre exactement semblable, mais inoccupé, qui, subissant les mêmes influences, est destiné à les compenser. L'appareil devient ainsi un *thermomètre différentiel* et indique l'excès de température du calorimètre sur le milieu ambiant, ce qui est la quantité à mesurer.

L'appareil peut être rendu *enregistreur*. Pour cela les branches T T' du tube en U ayant été séparées et étant maintenues fixes par des supports indépendants

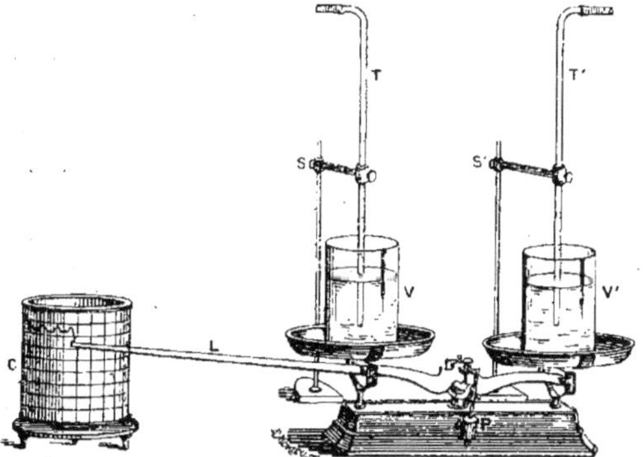

Fig. 135. — *Balance enregistrante adaptée au calorimètre à air.*

TT', branches séparées du tube manométrique du calorimètre ; V V', vases contenant de l'eau, dans lesquels elles plongent et qui sont équilibrés sur les plateaux d'une balance dont le levier L inscrit la différence de niveau des deux colonnes d'eau sur le cylindre tournant C mû par un mouvement d'horlogerie placé dans son intérieur.

plongent dans deux vases d'eau V V' portés sur les plateaux d'une balance dont la fléau est prolongé par un levier traçant. L'eau a été aspirée dans chacun d'eux jusqu'à mi-hauteur. La balance inscrit la différence de hauteur des colonnes manométriques.

RosenthaL a décrit un calorimètre employé par lui, qui a la plus étroite ressemblance avec l'appareil de d'Arsonval, mais avec cette imperfection notoire qu'il n'est pas tenu compte de la chaleur qui est rayonnée dans la direction de l'orifice d'entrée de l'appareil, le couvercle qui bouche cet orifice étant quelconque et non plus disposé comme dans l'appareil précédent.

Le calorimètre de Richet est composé de deux hémisphères réunis par un charnière formant une sphère qui contient l'animal quand la partie supérieure est rabattue sur l'inférieure. Dans chacune d'elles la cavité thermométrique est celle d'un tube métallique enroulé dont les tours de spire amenés au contact forment la paroi de l'appareil. Ces tubes, remplis d'air et conjugués ensemble, sont reliés à un vase contenant de l'eau dont le déplacement mesure les calories. La pression de l'air due à sa dilatation expulse du vase cette eau qui est mesurée dans une éprouvette graduée.

On a reproché à cet appareil de ne pas totaliser la chaleur rayonnée et d'en laisser perdre par conduction métallique, qui n'influence pas l'air contenu dans le tube.

D'autres fois, comme dans les calorimètres de Hirn et de Kaufmann, l'appareil totalisateur est distinct du thermomètre lui-même, lequel est soit un thermomètre à mercure, soit un thermomètre enregistreur. — L'animal est placé dans une chambre métallique parfaitement close et suffisamment grande pour qu'il puisse y respirer pendant le temps de l'expérience, sans être incommodé par les gaz de l'expiration. La température s'élève peu à peu dans l'enceinte, jusqu'à ce que la chaleur rayonnée par elle égale celle qui lui est fournie par la source ; à partir de ce moment elle est fixe, et si l'appareil a été étalonné, cette température correspond à un certain nombre de calories dégagées pendant un temps donné.

V. Anémocalorimètre. — D'Arsonval a proposé pour la clinique un calorimètre fondé sur la mesure du déplacement de l'air dans une enceinte munie d'une cheminée quand une source de chaleur est placée dans cette enceinte. Cette source est le sujet même dont on veut mesurer le nombre de calories dégagées dans l'unité de temps. La chambre calorimétrique est une sorte de guérite légère de $1^m,70$ de hauteur, 1 mètre de largeur et 70 centimètres de profondeur, avec une paroi vitrée. La paroi supérieure est munie d'un tuyau cylindro-conique de 10 centimètres de section à son extrémité libre. L'air peut pénétrer librement par la partie inférieure de cette chambre ; en sortant par la cheminée, il actionne les ailettes d'un anémomètre, qui est lui même relié à un compteur de tours, qu'on peut au moment voulu embrayer et désembrayer. Enfin le graphique de la vitesse de l'anémomètre peut être obtenu, si on le désire, en reliant électriquement l'anémomètre à un style inscripteur qui, à chaque tour, monte d'un cran, sur le papier d'un enregistreur. Entre la chaleur dégagée par le sujet expérimenté et la vitesse du courant d'air indiquée par l'anémomètre il y a une relation telle que la première est proportionnelle au carré de la seconde, c'est-à-dire au carré du nombre des tours de l'appareil.

Il faut, bien entendu, étalonner l'appareil avant de s'en servir, en plaçant dans la chambre une source connue de chaleur telle que résistance électrique, bougie, veilleuse ; chaque tare étant particulière à l'instrument. Dans un appareil ayant les dimensions ci-dessus on trouvera par exemple que 4 800 tours de moulinet en une heure correspondent à un courant de 5 ampères, soit 21,6 grandes calories par heure, ou encore 1200 tours en un quart d'heure ou 80 tours en une minute. Dans ces mêmes conditions, avec une bougie de l'Étoile de huit à la livre, le moulinet donne 2500 tours en un quart d'heure et avec quatre bougies semblables, 5008 tours en un quart d'heure : soit un nombre de révolutions sensiblement double pour une source d'intensité calorifique quadruple, ce qui vérifie la loi énoncée ci-dessus.

Calorimétrie par convection dans l'air. — Dans cette méthode, qui est une de celles imaginées par Lefèvre et qui a quelque analogie avec la précédente, le déplacement de l'air n'est plus dû simplement à son échauffement par le sujet en expérience, mais rendu beaucoup plus rapide par l'adjonction de moyens mécaniques, et cela dans le but d'augmenter intentionnellement le départ de la chaleur et la tendance au refroidissement du sujet. Celui-ci est placé au milieu d'une longue caisse de ventilation ; un aspirateur à la sortie déplace 300000 litres d'air à l'heure. Des anémomètres placés sur les orifices d'entrée donnent, par leur section et leur vitesse, la grandeur du débit. A l'entrée et à la sortie, des thermomètres garantis par des écrans font connaître avec l'échauffement de l'air le nombre des calories.

VI. **Calorimètre à eau**. — Despretz plaçait l'animal dans une caisse à double paroi contenant, non plus de l'air, mais de l'eau, et le gain de chaleur éprouvé par cette eau servait de mesure à la quantité déperdue par le sujet en expérience. Ce calorimètre à eau représente un type qui n'a pas beaucoup été employé. Après Despretz, Senator et ensuite Wood paraissent être les seuls qui en aient fait usage. Plus récemment Laulanié lui a rapporté des perfectionnements. Dans l'appareil de Dulong l'eau était remplacée par du mercure.

Calorimétrie par les bains. — Liebermeister et ses élèves, Kerniz et Hattwig, ont fait sur l'homme sain et malade des essais calorimétriques par la méthode des bains. Tantôt mettant le sujet dans un bain plus froid que lui-même ils calculent par son échauffement la quantité de chaleur perdue par le sujet pendant la durée du bain. Tantôt le plaçant (pendant un temps très court) dans un bain ayant sa température même, ils estiment la quantité de chaleur produite pendant ce temps par le sujet, en tenant compte de l'élévation de sa température propre, de son poids et de sa capacité calorique. — Ces procédés sont passibles et ont été l'objet de nombreuses objections. Néanmoins dans ces dernières années, Lefèvre a entrepris de justifier cette méthode des critiques portées par Winternitz et la plupart des auteurs contre la technique de Liebermeister. Il lui apporte du reste de notables perfectionnnements. Il rend, par le mélange, la température de l'eau homogène, lit des thermomètres étalonnés mis à poste fixe, avec une lunette à micromètre appréciant le 1/500 de degré ; suit le temps sur un chronomètre qui bat le 1/5 de seconde et réduit la masse d'eau à 70 litres. — On peut employer deux procédés : l'un *analytique*, dans lequel le débit est mesuré à chaque minute par la lecture à l'œil nu des thermomètres plongés dans l'eau ; l'autre, *synthétique*, dans lequel on réunit en un tableau douze expériences de 1, 2,... 12 minutes ; procédé plus précis, parce que dans chaque expérience individuelle la mesure des températures, faite seulement avant et après le bain dans l'eau très bien mélangée à l'agitateur, est exécutée à la lunette ; mais à la condition, néanmoins, que d'une expérience à l'autre toutes les circonstances expérimentales et l'état physiologique du sujet restent comparables. L'auteur règle les détails techniques et le régime diététique du sujet par une étude expérimentale préalable.

VII. **Calorimètre compensateur.** — D'Arsonval, qui a fait une étude particulière de la calorimétrie dirigée en vue des recherches physiologiques, résume
ses travaux sur ce sujet en ramenant à deux les méthodes qu'il s'est efforcé de
perfectionner, pour les rendre applicables à la mesure de la chaleur dégagée par
les animaux.

C'est, d'une part, la *calorimétrie par compensation* et, d'autre part, la *calorimétrie
par déperdition ou rayonnement*. De ces deux méthodes, la première a pour but
d'éviter un inconvénient qui n'est pas toujours très grand dans la pratique, mais

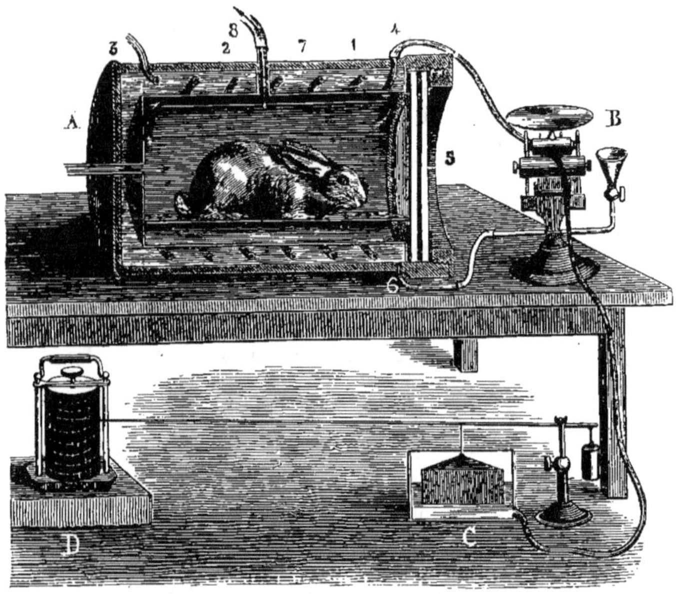

Fig. 136. — *Calorimètre compensateur.*

A, corps du calorimètre avec sa double paroi, sa cavité intérieure contenant l'animal, sa cavité annulaire remplie d'un liquide très dilatable (pétrole) et mise en communication par le tube 6 avec le régulateur d'écoulement B ; 1, 2, tours de spire d'un
serpentin noyé dans le liquide dilatable ; 3, tube d'amenée de l'eau glacée ; 4, tube
d'écoulement dont le débit est réglé automatiquement en B ; C, flotteur enregistreur
des calories ; D, cylindre inscripteur ; 5, double paroi transparente mobile ; 8, tube
laissant échapper le gaz de la respiration (d'après D'Arsonval).

qui ne laisse pas cependant parfois d'être gênant. C'est la modification apportée
par les calorimètres du deuxième type à la température du milieu dans lequel
est placé l'animal, modification qui a sa répercussion nécessaire sur la fonction
régulatrice thermique de ce dernier et partant sur les quantités mêmes qu'on se
propose de mesurer.

En effet si, comme dans le calorimètre de Lavoisier et Laplace, l'animal est
placé dans une enceinte de glace, cela revient à l'obliger à vivre dans un milieu
à 0° et son pouvoir régulateur s'exerce à maintenir sa température propre par
les moyens dont il dispose, et parmi ceux-ci il fait appel à la suractivité de sa
thermogenèse. Si, de plus, l'expérience se prolonge, il peut arriver que son

pouvoir régulateur est excédé et alors sa température s'abaisse. S'il est placé dans une enceinte solide contenant entre ses deux parois de l'air ou du liquide, c'est l'inverse qui arrive ; il est alors protégé contre le rayonnement et tend à se réchauffer outre mesure par sa propre chaleur ; son pouvoir régulateur s'exerce en sens contraire et les conditions normales de sa fonction thermique se trouvent modifiées.

Le desideratum à atteindre serait donc que la mesure des calories se fît *sans*

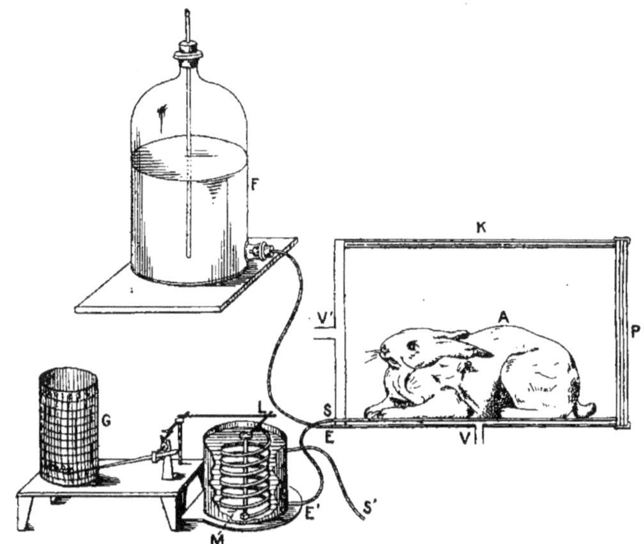

Fig. 137. — *Calorimètre compensateur à circulation d'eau à la température ordinaire.*

Le corps du calorimètre K est ici formé, pour remplacer le serpentin, par une double paroi dans laquelle circule l'eau d'un flacon F, qui entrant en E sort en S, après avoir contourné la surface de la chambre A, qui contient l'animal. — Cette eau entre en E′ dans un thermomètre enregistreur M qu'elle quitte finalement par le tube S′. Son échauffement par un jeu de levier L s'inscrit sur le cylindre G. — La double paroi du calorimètre est contournée autour de l'espace A, non pas une fois, mais deux fois, d'où quatre parois en tout, indiquées par quatre traits. Entre la deuxième et la troisième est un espace également annulaire, indépendant de celui où circule l'eau, mais communiquant avec la chambre A et ouvert au dehors en V et V′ pour la circulation de l'air qui, après avoir été respiré par l'animal, laisse toute sa chaleur à l'eau qui circule en sens inverse. P est une double paroi de verre mobile permettant l'introduction de l'animal (d'après d'Arsonval).

changement de température du calorimètre. On y peut arriver en faisant que la chaleur dégagée soit enlevée à mesure qu'elle se produit par une source de froid compensatrice, qui précisément en donne la mesure.

L'enceinte calorimétrique à double paroi contient dans sa cavité centrale le sujet de l'expérience, et dans sa cavité annulaire un liquide très dilatable (pétrole) dans lequel baigne un serpentin traversé par un courant d'eau glacée qui emporte la chaleur cédée au calorimètre, et le ramène ainsi constamment à la température ambiante. Cette compensation s'effectue *automatiquement* en plaçant sur le tube d'écoulement du serpentin (formé au moins en ce point par une substance élastique telle que le caoutchouc) un poids compresseur qui en produit l'écrasement limité, de manière à restreindre le débit d'eau froide ou à l'activer en se laissant soulever, et dont la manœuvre est commandée par la dilatation et la contraction du liquide de l'enceinte annulaire. Par un mécanisme qu'il est facile d'imaginer, la dilatation du pétrole, qui est proportionnelle à la chaleur rayonnée par l'animal, soulève le poids compresseur et augmente proportionnellement le débit de l'eau glacée ; sa contraction le laisse retomber et restreint de même proportionnellement le courant régulateur. Les calories sont estimées par le volume d'eau recueillie (après étalonnage de l'appareil). On peut rendre ce calorimètre inscripteur, en plaçant sur la surface de l'eau un flotteur qui actionne un levier muni d'un style inscripteur.

Un autre serpentin qui débouche d'une part dans la cavité centrale et de l'autre à l'extérieur de l'appareil, sert de passage aux gaz de la respiration afin de donner à ceux-ci la température du calorimètre. La relation entre la quantité de chaleur rayonnée et le poids d'eau glacée qui a circulé dans l'appareil, en y prenant une certaine température, est exprimée par la formule :

$$Q = Pt.$$

Un autre moyen plus simple et plus pratique de mesurer les calories consiste à faire circuler dans le serpentin de l'eau à la température ambiante (au lieu d'eau glacée) sous un débit uniforme et à mesurer l'échauffement de cette eau à chaque instant de l'expérience : ou mieux à l'inscrire en plongeant dans le réservoir qui la recueille un thermomètre enregistreur (fig. 137).

C. — CHALEUR ET TRAVAIL MÉCANIQUE. — LEUR ÉQUIVALENCE.

La chaleur spécifique des gaz n'est pas la même suivant que le gaz, pendant son échauffement, est maintenu à la même pression, c'est-à-dire libre de se dilater (*chaleur spécifique à pression constante* avec variation de volume) ou que le gaz est maintenu au même volume, la pression s'élevant proportionnellement à la température (*chaleur spécifique à volume constant* avec variation de la pression). Cette donnée est à rapprocher de la suivante : Lorsqu'un gaz est comprimé dans un espace clos il s'échauffe. Cette chaleur, communiquée d'abord aux parois, s'égalise peu à peu sur les objets voisins et le gaz reprend sa température primitive. De même un gaz subitement dilaté se refroidit et ce n'est que peu à peu que les objets voisins lui restituent la chaleur qu'il a perdue.

Bien que, dans la pratique, cette égalisation de la chaleur finisse toujours par se réaliser, parce qu'il n'est pas de corps qui soit absolument imperméable à la chaleur, nous devons néanmoins distinguer ce qui se passe immédiatement après la compression (ou la raréfaction) et ce qui a lieu quand l'équilibre thermique s'est établi. Ou mieux, nous distinguerons théoriquement : 1° le cas où cette chaleur ne pourrait en aucune façon quitter le gaz comprimé (ou envahir le gaz raréfié) ; 2° le cas où cette chaleur passe librement pour quitter le gaz ou l'envahir. La première de ces deux opérations (modification du volume du gaz sans transport de chaleur) est dite *adiabatique* (α privatif, διά, à travers, βαίνω, je marche) ; la seconde est dite *isothermique* (ἴσος, égal, θερμός, température).

La première correspond aux conditions dans lesquelles on pratique habituellement l'expérience de Mariotte, et dans ce cas, ainsi qu'on sait, *le volume du gaz est inversement proportionnel à la pression qui lui est communiquée.* (Sa densité lui est directement proportionnelle.)

La seconde crée une condition qui modifie les résultats de l'expérience de Mariotte. Le volume du gaz ne décroît alors pas proportionnellement à la pression, mais plus faiblement que cette proportion (ou inversement dans le cas d'expansion). — Les choses se passent comme si l'obstacle opposé au passage de la chaleur créait une résistance à la pression exercée sur le gaz. La conséquence en est que, si, ayant comprimé un gaz adiabatiquement, nous voulons l'amener à n'occuper que le même volume qu'un gaz comprimé isothermiquement à la même pression, il faut lui enlever une certaine quantité de chaleur ; ou si, ayant décomprimé un gaz adiabatiquement, nous voulons l'amener à occuper tout le volume qu'occuperait ce même gaz décomprimé isothermiquement avec la même valeur donnée à la dépression, il faut lui fournir une certaine quantité de chaleur.

I. Équivalence du travail mécanique et de la chaleur. — Cette quantité de chaleur qui, suivant qu'elle est absente ou présente, donne (pour la même pression) à une masse de gaz un volume plus petit ou plus grand, est très importante à connaître. C'est sur sa connaissance que repose la notion de *l'équivalence de la chaleur et du travail mécanique*. Nous pouvons faire apparaître cette relation de la façon suivante :

Soit une masse d'air d'un litre à la température de la glace fondante, nous chauffons cette masse d'air jusqu'à 273° sous la pression constante d'une atmosphère ; elle occupera à 273° un volume de 2 litres et absorbera dans cette modification une quantité de chaleur égale à 273 fois son poids multiplié par la chaleur spécifique de l'air sous pression constante. Nous notons ce nombre, nous reprenons la même masse d'air d'un litre et nous la laissons se détendre jusqu'à ce qu'elle occupe 2 litres tout en maintenant sa température constante. Elle produit pendant ce temps un *travail* facile à mesurer (poids multiplié par la hauteur du soulèvement) et en se détendant à cette température maintenue constante, elle absorbe une *quantité de chaleur* que nous dirons être équivalente au travail produit. C'est cette quantité de chaleur qu'il importe de connaître. Nous y arrivons par un détour. Nous chauffons cette masse de gaz de manière à élever sa température de 0° (glace fondante) à 273° tout en maintenant son volume invariable ; elle absorbe alors une nouvelle quantité de chaleur qui, celle-ci, est égale à 273 fois son poids multiplié par la chaleur spécifique de l'air sous volume constant. La chaleur totale absorbée dans ces deux dernières opérations représente une somme de deux quantités, l'une inconnue, l'autre connue ; somme qui d'autre part se trouve égale à la quantité de chaleur absorbée dans la première opération. Car de deux manières nous avons fait passer la même masse d'air d'un même état initial (1 litre à 0°), à un même état final (2 litres à 273°). La quantité de chaleur que nous cherchons est égale à 273 fois le poids du gaz multiplié par l'*excès* de chaleur spécifique sous pression constante sur la chaleur spécifique sous volume constant. Ce raisonnement pour être rigoureusement démonstratif exigerait, il est vrai, que le cycle soit fermé sur lui-même ; mais nous nous contenterons de cette méthode de démonstration qui est celle employée primitivement par Mayer.

On admet que chaque unité de chaleur équivaut à un travail de 425 kilogrammètres et réciproquement.

II. Absorption de chaleur par les travaux intérieurs (chaleur latente). — Lorsque les corps changent d'état physique, comme pour passer de l'état liquide à l'état gazeux ou inversement, ils absorbent ou dégagent une certaine quantité de chaleur qui n'a pas d'autre effet que de produire le changement d'état : c'est ainsi qu'un kilogramme d'eau absorbe 537 unités de chaleur uniquement pour se vaporiser. C'est cette chaleur qu'on appelle *latente* ou cachée ; en réalité la chaleur ainsi absorbée n'existe plus en tant que chaleur, mais elle a été consommée en *travaux intérieurs* durant le changement d'état.

Il y a donc dans la chaleur qu'un corps est susceptible d'absorber trois parts à faire, savoir : 1° la *chaleur sensible* à nous-mêmes ou au thermomètre et qui sert à accroître la force vive du mouvement moléculaire des corps ; 2° la chaleur qui est consommée en *travail intérieur* ; 3° celle qui est consommée en *travail extérieur*.

III. Cycles énergétiques. — Un corps, comme l'eau par exemple, peut subir une série de transformations chimiques ou physiques. Lorsque le corps après avoir subi ces modifications est ramené à son état initial, autrement dit lorsqu'il est reconstitué avec tous ses attributs premiers, on dit qu'il a parcouru un *cycle*, sorte de chaîne de transformations fermée sur elle-même. En ce qui concerne la chaleur, les trois parts que nous venons de distinguer n'ont pas la même façon de se comporter. La chaleur sensible est ramenée au même degré, les travaux intérieurs qui ont été accomplis pendant le cycle sont nuls, en ce sens que les travaux positifs sont compensés par des travaux négatifs égaux ; mais le travail accompli contre les forces extérieures est positif, nul ou négatif suivant le cas. Si le travail extérieur est nul, il y a égalité entre les quantités de chaleur absorbée et dégagée par le corps pendant ses transformations : s'il est positif, il y a perte équivalente de chaleur par le corps ; il y a gain s'il est négatif.

Si dans une série de transformations le corps n'est pas amené à son état initial, s'il s'arrête à un état final différent de celui qu'il avait au début, la quantité de chaleur absorbée ou dégagée par les travaux intérieurs pourra être rigoureusement déterminée. Elle sera la même, quel que soit l'ordre de succession des transformations ; mais il n'en sera pas ainsi du travail extérieur dont le signe et la valeur pourront varier suivant cet ordre de succession.

Dans le cas particulier des moteurs thermiques, le travail extérieur est dû à ce que le corps qui subit la transformation prend de la chaleur à un corps et la cède à un autre ; le cycle, un des plus simples qui soit (cycle de Carnot), s'accompagne d'un transport de chaleur prise à un corps et cédée à un autre ; à la fin du cycle, tout dans le moteur a repris le même état, sauf la chaleur transportée et le travail produit. — Mais le cycle peut s'opérer en deux sens différents, d'après la direction suivant laquelle la chaleur est transportée. Il est *direct* lorsque la chaleur est *prise* à un corps *chaud* qu'on appelle le foyer, et *cédée* à un corps *froid* qu'on appelle le réfrigérant. Et dans ce cas, le moteur fait un travail *positif* contre les forces extérieures dont le travail résistant est négatif. Il est *inverse* quand la chaleur est *prise* à un corps *froid* (le réfrigérant) pour être *transportée* à un corps *chaud* (le foyer), et alors le moteur fait un travail *négatif* contre les forces extérieures dont le travail est positif.

La grandeur du travail produit dépend de la différence des températures du foyer et du réfrigérant, mais n'est pas proportionnelle à cette différence. — Les quantités de chaleur empruntées au foyer et cédées au réfrigérant (ou inversement) sont entre elles comme les températures absolues du foyer et du réfrigérant ; — pour un même écart entre les températures du foyer et du réfrigérant, le travail est d'autant plus grand que les nombres qui les expriment sont pris dans une région plus basse de l'échelle du thermomètre absolu.

Lorsque le cycle est direct la transformation se fait d'elle-même comme par une chute de la température d'un lieu élevé à un lieu plus bas. La machine est *motrice* dans le sens propre et ordinaire du mot et fait un travail positif contre les forces extérieures (poids à soulever, résistance à vaincre, etc.). Lorsque le cycle est inverse, nous n'avons plus affaire à un moteur, mais à un *frigorifique*, cas auquel non seulement la machine ne fournit pas de la puissance motrice, mais en consomme; si, en effet, la chaleur peut passer d'elle-même d'un corps chaud à un corps froid, l'action des forces extérieures est, au contraire, nécessaire pour la transporter d'un corps froid à un corps chaud.

IV. Machine théorique de Carnot. — La transformation de la chaleur en travail mécanique et la notion de leur équivalence sont rendues très claires à l'aide d'un artifice d'analyse imaginé par S. Carnot. Cet artifice consiste à représenter une machine idéale, pratiquement irréalisable, mais dont le fonctionnement se comprend très bien, grâce à certaines conventions, et dans le jeu de laquelle on peut suivre le *cycle entier* des transformations de l'énergie jusqu'à ce que le corps où elle s'opère soit ramené à son état initial.

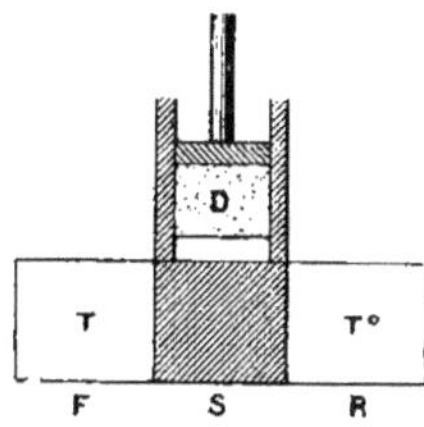

Fig. 138. — *Machine théorique de Carnot.*

Cylindre, avec son piston, contenant un corps déformab'e D (gaz); F, foyer à une température T; R, réfrigérant à une température T° inférieure à la première; S, support. Les parties représentées avec des hachures sont imperméables à la chaleur; les parties en clair sont au contraire perméables à la chaleur.

Soit deux corps F et R, le premier à une température T, le second à une température T° inférieure à la première. Ils représentent deux pièces essentielles de la machine de Carnot, à savoir l'un le *foyer*, l'autre le *réfrigérant*. Soit ensuite un cylindre muni de son piston et rempli d'un gaz; il représentera l'appareil *transformateur* dans lequel ce gaz supposé parfait fait office de corps déformable D. Il faut, d'autre part, supposer que les parois du cylindre moins le fond, ainsi que le support intermédiaire au foyer et au réfrigérant (qui sont figurés avec des hachures), jouissent de la propriété de ne se laisser aucunement traverser par la chaleur, tandis que les parties figurées en blanc, notamment le fond du cylindre, se laissent traverser par celle-ci avec la plus grande facilité.

Supposons que le cylindre soit placé d'abord sur le foyer et que le gaz qu'il renferme y soit à la température T du foyer et à une certaine pression. Ce gaz va se détendre en soulevant la charge qui pèse sur le piston. En se détendant, il devrait se refroidir, mais comme le fond du cylindre est perméable à la chaleur, celle-ci passe du foyer au cylindre de manière à maintenir le gaz à la même température pendant l'élévation du piston. Cette première opération est dite pour cette raison *isothermique*, parce qu'elle se fait sans changement de la température du corps qui subit la déformation et qui est ici un gaz : elle s'accompagne d'un travail positif de celui-ci. Elle a pour effet de faire absorber par le gaz une certaine quantité Q de chaleur à la température T provenant du foyer.

Plaçons alors le cylindre sur le support intermédiaire; le gaz qui conserve une certaine pression continuera de se détendre; mais comme il est cette fois dans une cavité complètement imperméable à la chaleur il se refroidira : nous arrêtons son expansion lorsqu'il atteint la température T° du réfrigérant. Cette deuxième opération est dite *adiabatique* parce qu'elle se fait sans aucun passage de la chaleur à travers le cylindre : elle s'accompagne d'un certain travail positif qui s'ajoute au précédent ; elle a pour effet d'amener la température du gaz à celle du réfrigérant.

Pendant ces deux opérations, une certaine charge a été soulevée à une certaine hauteur. Une partie de la charge sera laissée à cette hauteur et l'autre partie servira à ramener le gaz à son volume primitif en le comprimant et en lui faisant subir un travail négatif moindre que le travail positif précédent.

Pour cela, le cylindre est placé sur le réfrigérant ; la charge qui, laissée sur le piston, comprime le gaz, tendrait à l'échauffer par cette compression, mais l'échauffement n'a pas lieu parce que la chaleur se communique à mesure au réfrigérant. Cette opération est de nouveau isothermique : elle s'accompagne d'un travail négatif et elle a pour effet de faire passer du gaz au réfrigérant une certaine quantité de chaleur Q^o à T^o.

Enfin le cylindre est placé sur le support, et la charge, continuant sa compression, ramène le gaz à son volume primitif ; mais comme la chaleur ne peut plus traverser le fond du cylindre, il y a échauffement du gaz et lorsque cet échauffement l'a ramené à la température T du foyer, le cycle est accompli dans son entier.

Lorsque les choses sont ainsi ramenées en l'état, il se trouve qu'une certaine quantité Q de chaleur a été empruntée au foyer et une quantité plus petite Q^o cédée au réfrigérant. Il y a, par conséquent, une quantité $Q - Q^o$ qui a disparu en tant que chaleur : c'est celle qui a été transformée en travail mécanique et qui équivaut à la différence entre le travail positif des deux premières opérations et le travail négatif des deux dernières.

Ce cycle, qui est des plus simples et qui a été le premier connu, a pour cette raison servi de modèle à tous les autres. On peut en imaginer de semblables pour toutes les formes connues de l'énergie et leur transformation en travail mécanique. A la chaleur comme énergie initiale, on peut substituer l'électricité, par exemple, et dans des cycles d'aimantation et de désaimantation successifs et alternatifs, suivre sa transformation équivalente à la fois en travail et en chaleur. On peut également compliquer ces cycles les uns par les autres en faisant intervenir plusieurs formes de l'énergie d'une façon parallèle ou successive et en modifiant leur phase et leur durée ou ensemble ou isolément : la méthode d'analyse, au fond, reste la même.

Ce sont des complications de ce genre qui rendent si difficile l'étude des transformations de l'énergie dans l'être vivant, surtout si on ajoute à cela que les appareils transformateurs y sont de grandeur moléculaire ou approchant, en tout cas extrêmement réduits et intérieurs à la cellule.

BIBLIOGRAPHIE.

Chaleur : ouvrages à consulter. — Duhem, Les théories de la chaleur, *Revue des Deux Mondes*, 1895. — Imbert, *Phys. biologique*. — Cl. Maxwell, La chaleur, Leç. élém. trad. par G. Mouret, Paris, Tignol. — Wundt. *Traité de physique médicale*, trad. Monoyer.

Chaleur animale : ouvrages d'ensemble. — Cl. Bernard, *Leçons sur la chaleur animale*, 1876. — Berthelot (Chaleur des êtres vivants) dans *Essai de mécanique chimique fondé sur la thermochimie*, t. 1, p. 89. — Lavoisier, *Œuvres complètes*, impr. impér., Paris. — Gavarret, De la chaleur produite par les êtres vivants, Paris, 1855 ; *Dictionn. de Dechambre*, art. Chaleur animale. — Ch. Richet, La chaleur animale, Paris, Alcan, *Bibl. sc.*, 1889. — Rosenthal, Die Physiologie der thierische Wärme, *Hermann's Handb. d. Physiol.*, IV, 2e part., 289, 1882.

Thermométrie. — Boyé, Thermographie clinique, *thèse de Bordeaux*, 1884. —

Bury, Thermométrie plane, *Biologie*, 1883, p. 446. — Dallest, Chronothermométrie clinique, *thèse Montpellier*, 1896. — Henry, Princip. grad. therm. physiol., *Biologie*, 1890, p. 71. — Grasset, Vitesse ascension colonne therm…, *Montpellier médical*, 1885, et *Congrès Ass. franç.*, Nancy, 1885. — Gréhant, Thermomètre à air, *Biologie*, 1887, p. 55. — Laborde, Thermom. pour temp. d. muscles, *Biologie*. 1870, p. 98. — Ladame, Therm. au lit du malade…, *Bulletin Soc. sc. nat. Neuchâtel*, 3 mai 1866, p. 78. — Mossé, Thermométrie médicale, *Dict. Dechambre*, 1887. — Redard, Traité de thermom. méd., Paris, J.-B. Baillière.

Thermographie. — Voy. Marey, La méthode graphique, p. 314. — Stein, App. enreg. électr. pour therm. méd., *Wien. med. Presse*, 1884.

Calorimétrie. — D'Arsonval, Nouvelle méthode calorimétrique, *Gaz. médic.*, Paris, 1881. — Calorimétrie locale, *Biologie*, 1881, p. 25. — Calorimètre à eau, *Biologie*, 1877, p. 456 ; 1881, p. 214. — Calorimétrie par rayonnement, *Biologie*, 1884, p. 641-763 ; 1885, p. 50-55. — *Lumière électrique*, 1884. — Calorimètre enregistreur différentiel, *Biologie*, 1886, p. 104. — Mensur. instant. chez l'anim., *Biologie*, 1886, p. 274. — Calorim. enregistr. applic. à l'homme, *C. R. Ac. sc.*, 1885, p. 1400. — Rech. de calorim., *Journ. de l'Anat. et de la Physiol.*, 1885, p. 113. — Cal. (chlor. d'éthyle), *Biologie*, 1888, p. 401. — Rech. de calor. anim., *Arch. de physiol.*, 1890, p. 610-781. — Calorimètre compensateur à tempér. fixe, *Arch. de physiologie*, 1890, p. 612. — L'anémo-calorimètre (calorimétrie humaine), *Arch. de physiologie*, 1894, p. 360 ; *Biologie*, 1894, 27 janv. — Perfectionnements nouveaux (thermom. différent. enregist.), *Biologie*, 1894, p. 155. — Mesure du travail en thermodynamie animale, *Biologie*, 1895. — Calorimétrie et courants d'air, *Biologie*, 1898, 444. — Berganzini, Sur la man. d'évaluer la quantité de chaleur émise par une région du corps, *Arch. ital. de biologie*, XXII, 1894. — Butte et Deharbe, Mesure de la chaleur produite par un animal (étalonnage de l'appareil), *Biologie*, 1894, p. 694. — Desplats, Nouv. méth. pour l'étude de la chaleur animale, *Journ. de l'anat. et de la physiol.*, 1886, p. 216. C. R. Ac. sc., 1886. — Despretz, *Ann. chim. et phys.*, t. I, XXVI, p 327. — Dulong, *Ann. chim. et phys.*, t. I, p. 440. — Henrijean, Calorimétrie animale. *An. Soc. med. chir. de Liège*, XXIX, 345, 1890. — Hirn, *Rev. scient.*, 1887. — Kaufmann, *Arch. de phys.*, 1896. — Lefèvre, Nouv. méth. de calorimétrie animale…, thermogenèse dans les courants d'air, *Arch. de phys.*, 1895, p. 443. — Calorimétrie par les bains, *Arch. de phys.*, 1896, p. 32, 436. — *Biol.*, 1895 et suiv. — Liebermeister, *Deutsch. Arch…* Analyse in Lorain, *Études de médecine clinique*, t. I, p. 434. — Leyden, *Deutsch. Arch.*, V, 1869. p. 273. — Langlois, Contrib. à l'ét. de la Calor. chez l'homme, *Trav. labor. Richet*, t. I, 1893, avec *Revue analytique.* — Laulanié, Emploi du calorimètre à eau dans la mesure de la chaleur animale, *Biologie*, 1898, 432. — Richet, Calorimètre à siphon, *Biologie*, 1884, p. 655-707, 1885, p. 98. — Rech. de calorimétrie, *Arch. de physiol.*, 1885. — Rosenthal, Calorimètre à air, *Arch. f. An. und Phys.*, 1886, 1889. — Détermination de la temp. par l'électricité. *Sitz. d. Phys. med. Soc. Erlangen*, 1876. — Calorim. Untersch. Nachträge zur Theorie der Calorimeter, *Arch. f. Phys.*, 1894, p. 223. — Calorimétrie physiologique, *Berliner klin. Wochen*, 1893. — *Arch. ital. de biologie*, XXI, 423, 1894. — Mesure thermo-électrique tempér., *Arch. f. Phys.*, 1895. — Rübner, Calorim. Methodik, *Beitrag. zur Physiol. Marburg*, 1891. — Ein Calorim. f. physiol. und hygien. Zwecke, *Zeitsch. f. Biol.*, XXV, 400, 1888. — Senator, *Arch. f. An. und Phys.*, 1872, p. 1. — Winternitz, De la calorimétrie (lettre à Liebermeister), *Arch. f. path. An. und Phys.*, LXVI. — Infl. fonctions de la peau sur temp. du corps, *Wien. med. Jahrbuch*, 1875, p. 1. — Wood, *Smithson. Contributions*, t. XXIII, 1880.

PREMIÈRE PARTIE
ORIGINE DE LA CHALEUR CHEZ LES ANIMAUX

CHAPITRE PREMIER
LES PHÉNOMÈNES QUI LUI DONNENT NAISSANCE.

Pour les anciens, la chaleur propre aux animaux était d'origine et d'*essence vitale*. — Lorsque la physique commença de pénétrer dans l'être vivant avec les iatromécaniciens, c'est naturellement par comparaison avec les phénomènes alors connus qu'on tenta d'expliquer la production de la chaleur chez les animaux; on l'attribua aux *frottements* des parties solides ou liquides et à toutes les destructions analogues de mouvement qui se produisent dans l'exercice des fonctions. Les iatrochimistes de leur côté l'avaient attribuée à des *effervescences* telles que celles qu'on remarque dans les *fermentations*. Mais ces mots étaient alors dépourvus du sens précis qu'ils ont pris de nos jours; aussi toutes ces explications n'ont-elles plus pour nous qu'un intérêt historique, et il n'y a pas lieu d'y insister.

A. — LA CHALEUR DES ANIMAUX EST D'ORIGINE CHIMIQUE.

Depuis Lavoisier, nous comprenons que la chaleur animale est d'*origine chimique* et qu'elle s'engendre dans les réactions mutuelles des particules des corps. Nous croyons être arrivés au dernier terme, sinon de son explication, du moins de sa localisation, parce que nous ne connaissons pas d'éléments plus irréductibles à l'analyse que les éléments chimiques auxquels nous donnons communément le nom d'atomes. La chaleur des êtres vivants n'est donc pas d'une nature particulière autre que celle de toute chaleur quelconque : sa condition prochaine est dans un changement de la composition chimique des corps qui la dégagent, tel que dislocation de substances complexes, fixation d'eau et surtout d'oxygène sur ces substances ou d'autres plus simples. Au dedans comme en dehors de l'être vivant, chacune de ces substances pour opérer sa décomposition ou sa combinaison avec l'oxygène dégagera la même *quantité* de chaleur, ce dont on peut s'assurer par des mesures calorimétriques, et, cette chaleur une fois produite, il n'est aucun instrument qui soit capable de distinguer si elle procède d'un être vivant ou d'un corps dénué de vie. Seulement, ce qui paraît particulier à l'être vivant c'est le procédé employé par lui pour opérer le changement chimique qui donne naissance à la chaleur, procédé en général plus économique, plus parfait, plus adéquat au but à obtenir.

Les notions de substance et d'énergie. — Pour connaître l'origine de la chaleur, il fallait savoir au moins la distinguer de la substance aux transformations de laquelle son apparition est liée. Les bases de cette distinction, il n'est pas exagéré de dire qu'on ne les connaissait pas avant Lavoisier. Pour les physiciens ses prédécesseurs et ses contemporains, le *feu*, c'est-à-dire la chaleur, était un *élément de la nature* avec l'eau, l'air et la terre. Quelque ébranlées que fussent déjà ces notions, les savants, jusqu'à lui, n'osaient pas rompre franchement avec elles.

Comme le remarque Berthelot, la partie philosophique de l'œuvre de Lavoisier consiste surtout à avoir distingué le pondérable et l'impondérable, ce que nous appelons, nous, la substance et l'énergie. La base de son système, la notion philosophique insoupçonnée jusqu'à lui, en tout cas non formulée jusqu'alors, c'est la **constance de la masse**, l'invariabilité du poids des corps, circonstance qui permet de les retrouver au milieu de leurs transformations, à la condition de ne rien laisser perdre dans les réactions qui s'opèrent des uns aux autres. C'est en recueillant les gaz qui se dégagent dans ces réactions et en additionnant leur poids à celui des solides et des liquides qui n'ont aucune tendance à s'échapper, qu'il arrive à établir cette notion vraiment fondamentale, base essentielle de la science chimique.

La notion des trois états des corps. — La terre n'est plus le support de la *solidité*, l'eau celui de la *liquidité*, ni l'air celui de la *gazéité*. Cette notion des propriétés essentielles des corps fait place à celle des **trois états** : *solide, liquide, gazeux*. Quant à la chaleur, elle prend une place à part, et en dehors de ces substances et de ces catégories : elle est l'*impondérable* par opposition à la matière dont la caractéristique est d'être pondérable. Son rôle n'en est pas moins essentiel dans les transformations tant physiques que chimiques des corps. C'est elle qui, suivant la quantité qui en est fournie à chaque substance en particulier, lui donne l'état de solide, de liquide ou de gaz. A une température suffisamment basse tous les corps seraient solides, et les moyens dont dispose actuellement la physique lui permettent de réaliser des froids assez intenses pour liquéfier tous les gaz. A une température suffisamment élevée tous finiraient par se volatiliser. C'est une des caractéristiques qui les distinguent les uns des autres, que de subir ces changements d'état à des températures qui sont particulières pour chacun d'eux.

I. **Méthode de démonstration.** — La méthode employée par Lavoisier et Laplace pour démontrer l'origine chimique de la chaleur chez les animaux est bien connue. Dans ses traits essentiels elle est exactement la même que celle que nous employons encore aujourd'hui. Elle consiste à mesurer aussi exactement que possible la grandeur des phénomènes *thermiques* de l'animal (la chaleur dégagée par lui en un temps donné) et parallèlement la grandeur des réactions *chimiques* qui s'opèrent en lui. Par un calcul théorique nous établissons la valeur de l'effet thermogène de ces réactions (la chaleur qui serait dégagée par elles si nous les opérions artificiellement dans le calorimètre). Si les deux chiffres concordent exactement ou seulement d'une façon suffisante, c'est la preuve de l'origine chimique de la chaleur animale. S'ils diffèrent par trop l'un de l'autre nous resterons libres de chercher hypothétiquement, parmi tous les phénomènes qui sont sources de chaleur, ceux qui engendrent la chaleur chez les animaux.

Expérience. — Un animal de petite taille (un cochon d'Inde) est placé pendant dix heures dans le calorimètre de glace. Chaque kilogramme de glace fondue accuse un dégagement de 79 calories 2 par le sujet, chaleur employée à fondre le kilogramme de glace. Après dix heures de séjour de l'animal on trouve une quantité de glace fondue égale à $402^{gr},27$. Seulement il y a à observer que l'animal a subi un certain *refroidissement de ses tissus périphériques*, il a cédé non seulement la chaleur qu'il faisait au cours de l'expérience à mesure de sa production, mais, si on peut dire, celle qui imprégnait ses tissus périphériques et qui provient d'opérations chimiques antérieures à l'expérience. De plus, des vapeurs exhalées par lui se sont condensées et mises en équilibre de température avec le milieu ambiant ; double cause capable d'agir sur le calorimètre indépendamment de la thermogenèse de l'animal. LAVOISIER et LAPLACE ont cru pouvoir évaluer à $61^{gr},19$ de glace fondue les effets représentatifs de cette double cause, ce qui réduirait à $341^{gr},06$ le chiffre correspondant à la chaleur produite par le cochon d'Inde pour se maintenir pendant toute la durée de l'expérience à sa température normale.

Telle est, après correction, la valeur de la première des deux grandeurs que l'on veut comparer. Comment estimer la seconde, celle des réactions chimiques qui sont soupçonnées donner naissance à cette chaleur ? Nous avons un double témoin des réactions chimiques intraorganiques facile à interroger : Ce témoin, c'est d'une part l'*oxygène* consommé par le même animal, dans le même laps de temps. C'est d'autre part l'*acide carbonique* exhalé par les poumons de cet animal. Ce second témoin nous donne par sa composition l'indication de la substance qui a fixé sur elle l'oxygène pour se comburer : cette substance c'est le *carbone*. Il se passe donc dans le corps de l'animal vivant ce qui se passe quand nous brûlons certaines substances organiques mortes telles que le bois ou les huiles : *il y a fixation d'oxygène sur le carbone de ces corps, avec dégagement de chaleur*.

Si donc préalablement nous avons mesuré dans le calorimètre la quantité de chaleur qui est dégagée par la combustion du carbone ; si nous savons quelle est la quantité de cette chaleur qui correspond à un poids de carbone brûlé, ou d'oxygène consommé, ou d'acide carbonique produit, ce qui revient au même ; si nous avons également déterminé par l'expérience la quantité d'oxygène et d'acide carbonique qui est échangée, dans les poumons de l'animal, pendant un temps donné, nous avons tous les éléments du calcul théorique sur lequel doit porter notre comparaison.

Résultat. — LAVOISIER et LAPLACE ont réalisé toutes ces expériences qu'on peut considérer comme les premiers fondements de la thermo-chimie et de la thermophysiologie. En mesurant l'acide carbonique exhalé par un cochon d'Inde, LAVOISIER trouve que cet animal brûle en 10 heures $3^{gr},333$ de carbone et que la chaleur dégagée par cette combustion est capable de faire fondre $326^{gr},75$ de glace. Le rapport du chiffre théorique au chiffre donné par l'expérience est donc $\frac{326,75}{341,08} = 0,96$, c'est-à-dire un nombre très voisin de l'unité.

II. Restrictions. — Les auteurs de ces mémorables expériences se doutaient bien que ces nombres ne répondaient qu'à une première approximation. Les chiffres théoriques et les chiffres expé-rimentaux se rapprochent suffisamment les uns des autres, pour que la relation existant entre la production de la chaleur et l'oxydation du carbone, dans l'animal, ne puisse pas être méconnue. Mais il ne leur échappe pas que le problème, par certain côté, n'est pas suscep-tible de vérification à la fois directe et complète, et que sa solution laisse une place à l'arbitraire.

Et d'abord les mesures de l'oxygène absorbé et de l'acide carbo-nique exhalé par l'animal leur font voir que *l'oxygène employé n'est pas fixé tout entier sur le carbone de l'acide carbonique*. Une partie, minime à la vérité, et que les expériences ultérieures montre-ront être variable suivant les circonstances, semble avoir un autre emploi, et comme les substances organiques contiennent de l'*hydro-gène*, ils supposent que l'excédent disponible du gaz comburant se fixe sur lui pour faire de l'*eau*. Ils le supposent d'autant plus volontiers que la vapeur d'eau est mêlée aux gaz exhalés du poumon. Malheureusement la quantité qui est censée formée par la combus-tion de l'hydrogène échappe à toute mesure directe, parce qu'elle est elle-même comprise dans celle qui provient des tissus humides et du sang par l'évaporation pulmonaire.

Ceux qui reprendront la question après Lavoisier s'inspireront encore pendant longtemps de son idée directrice, sans lui imprimer de modification digne d'être notée, et en s'attachant seulement à perfectionner l'instrumentation et la méthode de recherches, ainsi qu'à fixer avec plus d'exactitude les coefficients thermiques qui doivent servir de bases à leurs calculs. Tels furent les travaux de Dulong et ceux de Despretz dont nous jugeons inutile de faire ici une analyse détaillée.

B. — RECTIFICATIONS APPORTÉES AUX PRINCIPES QUI SERVENT DE BASE AU CALCUL.

Non seulement l'expérience de Lavoisier et Laplace sur la mesure de la chaleur animale était à perfectionner dans ses détails d'exécution, mais l'hypothèse qui lui a servi de point de départ a dû subir elle-même d'importantes rectifications. Berthelot a, le premier, fait remarquer que *l'oxygène consommé n'est pas proportionnel à la chaleur produite par l'animal et ne peut pas lui servir de mesure exacte*, même si on tient compte de l'acide carbonique produit (pour l'évaluation du carbone oxydé) et de la part (évaluée par différence pour la formation de l'eau) qui revient à l'hydrogène. En effet, en dehors des oxydations, il y a dans l'organisme d'autres réactions thermogènes qui consistent en *hydratations* et *dédoublements*. — L'acide carbonique et l'eau ne sont pas les seuls produits des transformations opérées dans l'économie : il y a en plus l'*urée* et les corps congénères, qui représentent la forme d'élimination de l'*azote* ou, si l'on aime mieux, le produit principal résultant de la transformation des albuminoïdes, par une série de réactions elles-mêmes thermogènes. Et même en faisant abstraction des réactions hydratantes ou dédoublantes qui interviennent dans tous ces changements, un même poids d'oxygène peut dégager des quantités de chaleur différentes, quand il est employé à oxyder des substances différentes (suivant le régime alimentaire de l'animal), ou quand, s'adressant à la même substance, il l'amène à des degrés plus ou moins avancés d'oxydation.

L'acide carbonique produit peut correspondre de son côté à des quantités très différentes de chaleur dégagée, pour des raisons analogues. Enfin, considération très importante, l'état initial et l'état final de la réaction qui absorbe l'oxygène et dégage l'acide carbonique peuvent n'être pas suffisamment déterminés par la connaissance des *ingesta* et des *excreta*, autrement dit des aliments (oxygène compris) et des produits d'élimination, parce que dans le cours de l'expérience la composition des tissus a pu changer, fixer certaines substances provenant de l'alimentation, en éliminer certaines autres provenant des tissus.

I. **Réactions exothermiques et endothermiques.** — Il n'est même pas inutile de remarquer que les réactions qui se passent dans un animal ne dégagent pas toutes de la chaleur. A côté des oxydations et des hydratations qui en dégagent il y a des réductions et des déshydratations qui en absorbent. Il est vrai que, en vertu du principe de l'état initial et de l'état final, ces transformations inverses opérées sur une même substance se compensent le plus souvent : dans le calcul théorique elles disparaissent alors comme étant égales et de signe contraire : dans la pratique elles sont comme si elles n'existaient pas, puisque le calorimètre n'en est pas influencé. Au point de vue où nous nous plaçons ici, et comme exemple, peu importe en effet que le glycose passe directement à l'état d'acide carbonique, ou après s'être transformé en glycogène ; peu importe que le pigment sanguin soit réduit dans les capillaires, puisque celui des muscles va s'oxygéner. Mais tout cela n'est qu'à la condition que les deux ordres de réactions inverses s'opèrent au même moment, suivant la même proportion ; si l'un des deux est en retard sur l'autre et que ce retard coïncide avec le temps de l'expérience, le total de la chaleur indiqué par le calorimètre en sera modifié.

II. **Les corps qui servent de combustible.** — En somme, ce n'est pas du carbone qui s'oxyde dans l'animal, ni de l'hydrogène, et encore moins de l'azote, mais des *principes immédiats* (soit ceux des aliments, soit ceux du sang et des tissus) qui se transforment, et par une série de métamorphoses, aboutissent à la production de l'acide carbonique, de l'eau et de l'urée. Ces réactions, d'autre part, ne se poursuivent pas parallèlement et d'une façon indépendante pour chaque substance alimentaire en particulier, mais se compliquent mutuellement. Elles ne sont pas réalisées directement par passage immédiat des *ingesta* aux *excreta*, mais par voie indirecte : les aliments remplaçant, dans le sang et les tissus, les substances de déchet éliminées par ceux-ci.

Ces circonstances compliquent extrêmement le problème physiologique de l'origine de la chaleur et de la détermination exacte de ses sources chimiques ou autres. Cette complication est à la fois d'ordre pratique quand il s'agit de fixer les conditions d'une expérience instituée en vue de procéder à de telles déterminations, et d'ordre théorique quand à l'aide du raisonnement on cherche à dégager une à une les inconnues du problème. — Il faut avoir bien présents à l'esprit les principes généraux de la thermochimie, afin d'en faire une application correcte à chaque cas particulier. — Le physiologiste doit se pénétrer également d'un certain nombre de théorèmes, qui s'appliquent plus particulièrement aux substances qui réagissent dans l'organisme et à l'enchaînement des réactions qui s'y opèrent.

III. Connaissances préalables; chaleurs de formation et de combustion. — Une base indispensable pour l'étude physiologique de la thermogenèse, c'est la connaissance des chaleurs de formation et des chaleurs de combustion, soit des principes immédiats des aliments et des tissus, soit des produits d'élimination qui en proviennent. Ce n'est donc plus la quantité de chaleur, le nombre de calories dégagées par un poids donné de carbone ou d'hydrogène (ou par l'équivalent chimique de ces corps) qui nous suffit comme base du calcul théorique de la chaleur dégagée par les animaux. A ces données tout à fait élémentaires et insuffisantes il faut substituer la liste la plus complète possible des substances organiques dont on a déterminé les chaleurs de combustion, d'hydratation, de dédoublement ou la chaleur de formation à partir des éléments, tous ces nombres étant susceptibles d'être utilisés dans la solution des problèmes de calorimétrie animale, ou dans les raisonnements qui peuvent y conduire ou seulement nous en rapprocher.

IV. Principes immédiats de l'organisme. — Quelque nombreux et changeants que soient les corps qui réagissent dans l'économie, on peut pourtant ramener ceux d'où procède la chaleur à trois catégories, qui sont: les **albuminoïdes**, les **graisses**, les **hydrates de carbone**. Ce sont là les trois ordres fondamentaux de principes immédiats contenus dans l'économie; ce sont aussi les trois classes en lesquelles on répartit les substances alimentaires. Très inégalement représentées dans le régime ou l'alimentation des animaux, aucune n'en est absolument exclue, bien que dans l'alimentation purement carnivore les hydrates de carbone soient en proportion si faible qu'on peut sensiblement en faire abstraction. C'est même la disproportion si marquée entre la quantité qui en existe dans les aliments et celle qui est incessamment consommée dans l'organisme, qui a mis sur la voie des substitutions qui s'opèrent entre ces diverses substances, pour les ramener par voie de transformations successives au type sensiblement uniforme de la composition chimique des tissus, malgré la différence des espèces animales auxquelles ils appartiennent.

V. Sources immédiates et sources lointaines de l'énergie. — En attendant que l'expérience prononce d'une façon définitive, on a dû faire des hypothèses sur les substitutions possibles de ces principes immédiats les uns aux autres, au cours de leur évolution à travers l'organisme. Celle qui a présentement le plus de faveur est que *la source immédiate la plus importante de la chaleur dégagée par les organes* (ou plus généralement de l'énergie qu'ils emploient) *est dans l'oxydation des hydrates de carbone* : les deux autres catégories de principes immédiats étant susceptibles d'être ramenés, par voie de transformation intraorganique, à la composition de ces substances hydrocarbonées, et cela au cours de réactions qui dégagent également de la chaleur.

On peut exprimer la même idée en disant qu'il est des réactions qui *préparent* les hydrates de carbone et des réactions qui les *emploient* et que les unes et les autres sont susceptibles de dégager de la chaleur. Les premières sont variables suivant l'espèce animale (carnivore ou herbivore) et changeantes suivant le régime du moment (animal ou végétal) ; les secondes sont considérées comme beaucoup plus fixes, ainsi que l'est également le mode réactionnel de chaque tissu ou de chaque élément pris en particulier. Ce sont les premières qui apportent la plus grande complication dans l'étude de la chaleur animale. Ce sont les secondes qui donnent aux mesures calorimétriques leur relative fixité.

VI. **Deuxième approximation**. — La première approximation par laquelle on a cherché à évaluer le taux de cette chaleur a donc été remplacée par une seconde, aux termes de laquelle le corps désigné comme servant de combustible n'est plus le carbone envisagé comme corps simple, mais un composé carboné, le sucre du sang, avec les corps hydrocarbonés de composition plus ou moins voisine qui en dérivent (glycogène). C'est lui la source la plus considérable et la plus fixe de l'énergie des animaux, mais il n'est pas néanmoins la seule, car s'il peut partiellement provenir de l'alimentation d'une façon directe, il provient aussi de la transformation des autres principes immédiats par le fait de réactions qui engendrent aussi de la chaleur.

VII. **Résumé**. — Ainsi 1° *La nature des réactions thermogènes n'est pas univoque*, car en plus des oxydations il y a des hydratations, et nous n'avons pas même le moyen pratique de mesurer la quantité d'eau qui est employée à ces réactions, parce que cette eau ne se reconnaît pas d'avec celle qui dilue la masse du sang ou qui humecte les tissus. — 2° A supposer que l'on puisse tourner cette première difficulté et que nous ne tenions compte que de la chaleur dégagée par les oxydations, *le calcul ne doit pas se faire comme s'il s'agissait de deux corps simples*, le carbone et l'hydrogène brûlés directement en présence de l'oxygène dans le calorimètre, car les substances qui brûlent dans l'organisme ne sont pas des corps simples, mais des composés (sucres et graisses) dont la formation à l'aide de leurs éléments a déjà dégagé une certaine quantité de chaleur : *la chaleur de combustion d'un composé est inférieure à la somme des chaleurs de combustion de ses éléments de toute la chaleur de formation de ce composé.* — 3° Les réactions qui s'opèrent dans l'organisme ne sont pas directes et ne se font pas en un seul temps, comme celles que le chimiste réalise dans le calorimètre : *ces réactions sont indirectes et se font en plusieurs temps* (deux au moins pour simplifier). Dans un premier temps, les corps combustibles (aliments) s'incorporent aux tissus et cette incorporation a pour but de *constituer les réserves de l'organisme.* Au point de vue de la thermogenèse, ces réactions d'incorporation sont, les unes positives, les autres négatives, quelques-unes sensiblement neutres. Dans un second temps, ces réserves entrent en conflit avec l'oxygène et donnent naissance aux produits ultimes, acide carbonique et eau, avec dégagement dans ce second temps d'une quantité importante de chaleur.

Tandis que le chimiste fait tenir la réaction qu'il étudie dans une seule équation :

Corps combustible + Oxygène = Produits de la combustion,

le physiologiste, lui, doit en considérer en réalité deux qui sont successives :

[1]   Corps combustibles, c'est-à-dire aliments = Réserves intraorganiques.
[2]   Réserves intraorganiques + Oxygène = Produits de la combustion.

Ces deux équations, il les synthétise assez souvent en une seule de la façon suivante :

Aliments + Oxygène = Produits de la combustion.

Et cela d'autant que les quantités pondérables qui lui sont données par l'expérience sont les aliments et l'oxygène d'une part, et les produits de la combustion de l'autre, les réserves étant en quelque sorte intangibles du commencement à la fin de l'expérience. Pour que cette dernière équation soit légitime il faut que l'équation [1] soit rigoureuse ; il faut que l'égalité existe réellement entre les aliments et les réserves ; il faut que les uns remplacent régulièrement les autres sans augmentation ni diminution. C'est ce que l'on veut exprimer lorsque l'on dit que *l'état final de l'animal doit être* (à la fin de l'expérience) *rigoureusement équivalent à son état initial* (au commencement de celle-ci) ; ce qui peut s'obtenir par l'usage de la *ration* dite d'*entretien*.

4° *L'énergie libérée par les réactions thermogènes n'apparaît pas tout entière sous forme de chaleur* sensible au calorimètre, mais une partie de cette énergie est transformée en travaux de divers ordres : à savoir en travaux mécaniques extérieurs à l'animal (marche, déplacement, lutte contre des résistances extérieures), plus en travaux moléculaires pour l'évaporation des excrétions pulmonaire et cutanée. Ces deux ordres de travaux peuvent du reste être réduits au minimum pendant l'expérience calorimétrique.

NOTIONS COMPLÉMENTAIRES.

L'étude de la chaleur animale n'est pas scientifiquement abordable sans la connaissance des lois qui régissent la façon de se comporter de la chaleur dans les réactions chimiques : nous résumerons ici brièvement l'exposé de ces lois.

Principes de thermochimie.

Ces principes fixés ou formulés pour la première fois par BERTHELOT sont au nombre de trois :

I. **Principe des travaux moléculaires.** — *La quantité de chaleur dégagée dans une réaction quelconque mesure la somme des travaux chimiques et physiques accomplis dans cette réaction.*

II. **Principe de l'état initial et de l'état final.** — *Si un système de corps simples ou composés pris dans des conditions déterminées éprouve des changements physiques ou chimiques capables de l'amener à un nouvel état, la quantité de chaleur dégagée ou absorbée par l'effet de ces changements dépend uniquement de l'état initial et de l'état final du système : elle est la même quelles que soient la nature et la suite des états intermédiaires.* C'est l'application à la chimie du principe des forces vives Étant donné un état primitif d'un système et un état final également déterminé, la somme des travaux effectués dans la transformation doit toujours rester la même, quelle que soit la route suivie pour arriver au résultat final.

III. **Principe du travail maximum.** *Tout changement chimique accompli sans l'intervention d'une énergie étrangère tend vers la production du corps ou du système de corps qui dégage le plus de chaleur.*

Ce principe a pour corollaire :

Toute réaction chimique susceptible d'être accomplie sans le concours d'un travail préliminaire et en dehors de l'intervention d'une énergie étrangère à celle des corps présents dans le système, se produit nécessairement si elle dégage de la chaleur.

Ce corollaire s'applique à un nombre limité de réactions chimiques de l'organisme, par exemple à la combinaison de l'oxygène de l'air avec l'hémoglobine du sang, laquelle se fait, soit *in vitro*, soit dans le poumon, par le seul mélange des deux corps. Il ne s'applique pas à la réaction de l'oxygène sur les hydrates de carbone pour les transformer en acide carbonique et eau, laquelle, bien que dégageant de la chaleur comme la précédente, nécessite l'intervention d'une énergie étrangère qui est ici fournie par le système nerveux. Les substances en présence et prêtes à réagir n'entrent en combinaison qu'à la sollicitation de celui-ci ; c'est par là qu'il tient sous sa dépendance et la chaleur animale et l'activité des organes.

Importance du deuxième principe. — Le deuxième principe est très important pour nous et ne doit jamais être perdu de vue en physiologie, lorsqu'on veut faire la part de ce qui, dans la chaleur totale dégagée par l'animal, revient à chaque substance en particulier.

De ce principe on peut donner des exemples très simples ; par exemple le suivant, pris, il est vrai, en dehors de l'organisme :

Soit une réaction qui parte des mêmes éléments, l'oxygène et le carbone, pour aboutir au même composé, l'acide carbonique.

Faisons la réaction en un seul temps :

$C + O^2 = CO^2$; la réaction dégage $+47$ calories pour 6 grammes carbone, 16 grammes oxygène.

Faisons la réaction en deux temps :

1° $C + O = CO$; la réaction dégage $+12^{cal},9$.

2° $CO + O = CO^2$; la réaction dégage $+34^{cal},1$.

La chaleur totale dégagée est $12^c,9 + 34^c,1 = 47$ calories comme dans le premier cas.

Ces trois réactions peuvent s'opérer dans le calorimètre, mais supposons que l'une des réactions partielles, la formation de l'oxyde carbone (1°) ou sa transformation en acide carbonique (2°), ne puisse pas s'y réaliser, nous pourrons néanmoins connaître la chaleur qu'elle dégage en procédant par différence : $47 - 34,1 = 12,9$ pour (1°) ; $47 - 12 = 34,1$ pour (2°).

« *Si on opère deux séries de transformations en partant de deux états initiaux distincts pour aboutir au même état final, la différence des quantités de chaleur dégagées dans les deux cas sera précisément la quantité dégagée ou absorbée, lorsqu'on passe de l'un de ces états initiaux à l'autre.* »

« *Si on opère deux séries de transformations en partant d'un même état initial pour aboutir à deux états finals différents, la différence entre les quantités de chaleur dégagées dans les deux cas sera précisément la quantité dégagée ou absorbée, lorsqu'on passe de l'un de ces états finals à l'autre.* »

« *Si un corps se substitue à un autre dans une combinaison, la chaleur dégagée par la substitution est la différence entre la chaleur dégagée par la formation directe de la nouvelle combinaison et par celle de la combinaison primitive.* »

Travaux physiques. — Il faut prendre garde d'autre part que la chaleur dégagée ou absorbée dans une réaction, le plus souvent, n'est pas d'origine exclusivement chimique, mais que pour une part elle peut correspondre à des travaux physiques intérieurs ou extérieurs, tels que changement d'état, condensation ou expansion des gaz, travail mécanique, qui peuvent l'augmenter ou la diminuer, suivant le sens dans lequel ils s'opèrent. — Pour l'évaluation des quantités de chaleur d'origine physique, le principe des états initial et final trouve encore son application ; seulement il faut distinguer le cas où il y a du travail *extérieur* produit. Si dans une suite de transformations on part d'un état initial donné pour aboutir à un état final également donné (sans travail extérieur produit), la quantité de chaleur dégagée ou absorbée est la même, quelles que soient la nature et la suite des états intermédiaires. Si au contraire du travail extérieur est produit dans la série des transformations qui d'un même état initial amènent le système au même état final, la quantité de chaleur dégagée ou absorbée ne sera plus la même, mais diminuera ou s'accroîtra d'une quantité équivalente, suivant que ce travail est positif ou négatif.

Dans les réactions effectuées par l'être vivant, il y a le plus souvent aussi à tenir compte, en plus de la chaleur d'origine chimique, d'une certaine quantité de chaleur physique due à des travaux tant intérieurs qu'extérieurs : dissolution de gaz dans l'eau du sang, vaporisation de ceux-ci sur les surfaces libres, évaporation de l'eau, etc. L'évaluation de la quantité de chaleur absorbée par le travail extérieur des muscles a, de son côté, suscité déjà de nombreuses recherches de la part des physiologistes.

Examen théorique des cas principaux.

Théorème I. — **Énergies totales.** — « *La chaleur développée par un être vivant pendant une période quelconque de son existence, accomplie sans le concours d'aucune énergie étrangère à celle de ses aliments (oxygène et eau compris) est égale à la chaleur produite par les métamorphoses chimiques des principes immédiats de ses tissus et de ses aliments, diminuée de la chaleur absorbée par les travaux extérieurs effectués par l'être vivant.* »... « *L'entretien de la vie ne consomme aucune énergie qui lui soit propre.* »

Théorème II. — **Chaleurs de formation.** — « *La chaleur développée par un être vivant qui n'effectue aucun travail extérieur pendant une période donnée de son existence, accomplie sans le concours d'aucune énergie étrangère à celle de ses aliments, est égale à la différence entre les chaleurs de formation (depuis les éléments) des principes immédiats de ses tissus et de ses aliments réunis, au début de la période envisagée, et les chaleurs de formation des principes immédiats de ses tissus et de ses excrétions à la fin de la même période.* »

Théorème III. — **État d'entretien.** — « *La chaleur développée par un être vivant qui ne reçoit le concours d'aucune énergie étrangère à celle de ses aliments et qui n'effectue aucun travail extérieur, pendant la durée d'une période à la fin de laquelle l'être se retrouve identique à ce qu'il était au commencement, est égale à la différence entre les chaleurs de formation de ses aliments (oxygène et eau compris) et celle de ses excrétions (eau et acide carbonique compris).* »

Théorème IV. — **Travaux extérieurs.** — « *La chaleur développée par un être vivant qui effectue des travaux extérieurs, toujours sans le concours d'une énergie étrangère à celle de ses aliments, et sans éprouver de changement appréciable dans sa constitution chimique, peut être calculée d'après la différence qui existe entre la chaleur de formation de ses aliments et celle de ses excrétions diminuée d'une quantité équivalente au travail accompli.* »

Théorème V. — **Oxydations indirectes.** — « *Les oxydations exercées dans les êtres vivants par l'oxygène déjà combiné, ne dégagent pas la même quantité de chaleur que les oxydations par l'oxygène libre ; la différence est égale à la chaleur dégagée (ou absorbée) lors de la première combinaison.* »

Exemple : Oxydation indirecte des tissus par l'oxygène des globules du sang, chaleur locale moindre de la quantité qui correspond à la chaleur dégagée dans le poumon par l'hématose.

Théorème VI. — **Oxydations totales.** — « *L'oxydation totale d'un principe immédiat au moyen de l'oxygène libre, c'est-à-dire sa transformation intégrale en eau et en acide carbonique, dégage une quantité de chaleur égale à la différence entre les chaleurs de combustion de ses éléments et sa propre chaleur de formation depuis les mêmes éléments.* »

THÉORÈME VII. — **Oxydations incomplètes**. — « *L'oxydation incomplète d'un principe immédiat par l'oxygène libre dégage une quantité de chaleur égale à la différence entre la chaleur de combustion du principe et celle des produits actuels de sa transformation.* »

Différence très grande dans les chaleurs dégagées par la fixation d'une même quantité d'oxygène, suivant les corps, ou dans le même corps suivant la condensation de la molécule.

THÉORÈME VIII. — **Hydratations**. — « *Lorsque l'eau se fixe sur un principe immédiat, la chaleur dégagée ou absorbée est égale à la différence entre la chaleur de formation de ce principe par les éléments et celle des composés résultants, diminuée de la chaleur de formation de l'eau.* »

THÉORÈME IX. — **Déshydratations**. — « *Lorsque l'eau s'élimine aux dépens d'un système de deux principes organiques, ou même d'un principe unique, la chaleur absorbée ou dégagée est la différence entre les chaleurs de formation du système initial par les éléments et celle du système final, accrue de la chaleur de formation de l'eau.* »

THÉORÈME X. — **Dédoublements**. — « *En général, lorsqu'un principe organique se dédouble en deux autres substances (ou un plus grand nombre), la chaleur dégagée ou absorbée est égale à la différence entre la chaleur de formation des produits et celle du principe initial* ». Voy. Essai de mécanique chimique fondée sur la thermochimie par M. BERTHELOT.

C. — LA GLYCOGÉNIE ET LA THERMOGENÈSE.

Les rapports de la glycogénie avec la thermogenèse ont été depuis longtemps soupçonnés, mais pour les physiologistes ils sont mis hors de doute par certains faits d'expérience, en particulier par ceux-ci qu'on doit à CHAUVEAU : Si on met un animal à l'inanition, sa température malgré le défaut d'alimentation ne baisse que faiblement, sauf près de la fin où elle subit une chute brusque ; celle-ci coïncide avec le moment où le sucre disparaît du sang. — Les organes où il se fait le plus de chaleur sont ceux où il se consomme le plus de glycose. — Enfin, dans chaque organe en particulier on voit les oscillations de la thermogenèse y suivre celles de la consommation du glycose.

I. **Réactions thermogéniques principales**. — *Les réactions thermogéniques par excellence sont donc bien indiquées par l'expérience comme étant celles qui emploient le glycose du sang*, réserve essentiellement mobile, terme de passage entre le glycogène du foie et celui des éléments cellulaires en général (muscles notamment). Ce glycogène, dont la somme est beaucoup plus variable que celle du glycose, constitue, lui, la réserve proprement dite des hydrates de carbone de l'animal ou réserve immédiatement disponible de son énergie. Ces réactions elles-mêmes consistent en une combustion dont les phases successives paraissent très rapides (toujours en en jugeant d'après le muscle) et qui aboutit pendant l'activité de l'organe à la formation d'acide carbonique et d'eau. Telles sont les réactions simplifiées qui emploient les hydrates de carbone.

Quant à celles qui les préparent et qui ajoutent une certaine somme de chaleur à celle qui résulte de leur combustion, elles sont plus indécises, variables du reste et cela forcément d'un animal à l'autre ou d'une condition à l'autre chez le même animal. — C'est un problème en effet qui s'est présenté dès le début des recherches sur la glycogénie, que de savoir d'où provient exactement le glycogène du foie et d'une façon indirecte le glycose du sang, et ce problème n'a pas reçu encore de solution définitive, bien qu'il soit posé à l'heure actuelle d'une façon beaucoup plus nette et qui nous fait entrevoir sa solution.

II. Évolution des idées. — Les stades principaux par lesquels a passé l'opinion des physiologistes et qui représentent l'évolution des théories de la nutrition sont les suivants : Anciennement on attribuait l'origine des principes immédiats constitutifs de l'organisme à une *transposition directe* dans les tissus des principes immédiats équivalents de l'alimentation. Cette conception simpliste, peu à peu ébranlée par les recherches de la chimie physiologique, a été définitivement ruinée par Cl. BERNARD, et cela grâce à la preuve irrécusable apportée par lui de l'existence d'une *fonction glycogénique en vertu de laquelle les hydrates de carbone sont formés incessamment chez les animaux, alors que ceux-ci n'en reçoivent point par les aliments ou ne reçoivent même pas d'aliments pendant un certain temps.*

Comme néanmoins toute la substance de l'animal lui vient en somme de ses aliments, il faut que l'origine première des hydrates de carbone chez l'animal qui n'en reçoit pas du dehors soit dans l'une des deux autres (ou dans l'une et l'autre) catégories des principes immédiats qui composent ces aliments, à savoir : les graisses et les albuminoïdes. Le foie, placé sur le trajet des substances alimentaires entre le lieu de leur première élaboration digestive et leur entrée définitive dans le sang et les tissus a pour fonction d'opérer la transformation des unes aux autres et d'assurer au sang, aux tissus et aux éléments de l'organisme leur fixité de composition, en regard d'une alimentation variable suivant les espèces, changeante dans le même animal, ou même simplement mal réglée.

Le cycle des transformations des trois ordres de substances commence dans l'intestin et finit dans les éléments cellulaires des tissus après avoir traversé le système circulatoire. Théoriquement un seul tour de la circulation y suffit ou à peu près. Une des étapes les plus importantes est le foie où un commencement d'équilibre s'établit entre les trois catégories de principes immédiats ; les substances quaternaires azotées peuvent par leur décomposition donner naissance aux substances ternaires et principalement aux hydrates de carbone suivant les besoins. Telle est la façon dont on arrivait à se rendre compte de l'unité de la vie élémentaire des tissus en présence des variations des conditions offertes par le milieu extérieur.

III. Tendance actuelle. — La tendance actuelle est à considérer cette explication comme encore trop simple. Aux cycles *parallèles* des substances alimentaires s'influençant dans leurs décours tout en convergeant finalement vers les réactions ultimes de la vie cellulaire, on a proposé de substituer des cycles *successifs* dont l'accomplissement nécessite des oscillations, des allers et retours se faisant du foie aux tissus, pour l'achèvement complet des transformations (CHAUVEAU). Cette évolution est surtout saisissable sur l'animal à jeun et encore mieux à l'inanition, c'est-à-dire en dehors de la période d'absorption des aliments et loin d'elle. On y voit bien que la réserve de glycogène contenue dans le foie serait insuffisante à fournir le sang, puis les muscles, puis tous les organes, des hydrates de carbone qu'ils consomment incessamment, si cette réserve elle-même n'était reconstituée à chaque instant. Et comme alors rien ne vient du dehors, elle ne peut l'être que par des prélèvements sur la substance des organes, sur la graisse (SEEGEN) tant qu'il en existe et finalement sur l'albumine des tissus.

C'est l'usure incessante de cette albumine qui fournit, d'une part, l'urée dont l'excrétion persiste chez l'animal inanitié et, d'autre part aussi, les matériaux à l'aide desquels le foie continue à élaborer le glycogène et le glycose emporté par le sang et utilisé par les organes. Et lorsque l'alimentation vient de nouveau combler les déchets de la période d'inanition, il est à supposer que le type de la nutrition n'en est pas changé ; la même succession d'opérations continue avec cette circonstance, qui est une complication pour l'analyse, que les substances alimentaires livrées par l'intestin remplacent les déchets des organes et réédifient ceux-ci après leur usure partielle.

Chimiquement, le cycle va de l'albumine (quand ce n'est pas de la graisse ou du sucre) des aliments au glycogène des tissus, en passant par des transformations qui incorporent d'abord cette albumine à ces tissus mêmes, avant de la disloquer en deux corps principaux, l'un immédiatement éliminé (l'urée), l'autre encore utilisable (le glycose).

Topographiquement, le cycle part de l'intestin, suit le trajet circulatoire du sang jusqu'aux capillaires généraux et aux éléments cellulaires, revient sur lui-même jusqu'au foie, d'où il repart pour finir en aboutissant de nouveau aux capillaires généraux et aux cellules constituantes des tissus.

IV. **Rôle de l'albumine**. — L'aliment par excellence, celui qui peut remplacer les autres en les tirant de sa propre substance, et que les autres ne peuvent remplacer, c'est donc l'*albumine*. Les hydrates de carbone dont l'organisme a besoin, il peut les lui fournir, non pas toujours économiquement, mais l'essentiel est que l'organisme n'en manque pas. — Son rôle, peut-on dire, est double et apparaît sous ses deux aspects successifs dans le cycle complexe esquissé plus haut. Tout d'abord, elle est la substance même dont se compose la machine vivante : mais cette machine subit une évolution intérieure, qui remplace moléculairement ses organes les plus délicats, à mesure de leur usure ou élimination ; seulement parmi les déchets de cette usure, il en est qui, au lieu d'être éliminés en totalité, sont susceptibles d'être utilisés comme combustible dans cette machine elle-même. Si ces expressions n'avaient déjà reçu une signification reconnue erronée, on pourrait dire que l'albumine est l'aliment *plastique* et l'hydrate de carbone l'aliment *respiratoire* ; comme on voit, le second peut provenir du premier.

V. **Rôle des graisses**. — Quel est le rôle des *graisses*? Il ne paraît pas être aussi essentiel que celui des deux substances précédentes ; mais il est utile également en ce qu'il augmente encore notablement l'élasticité laissée aux conditions de la vie en présence des variations extérieures du milieu. On les considère (quand elles ne viennent pas directement du dehors) comme représentant entre les albuminoïdes et les hydrates de carbone un terme de passage qui n'est réalisé qu'autant que l'alimentation est surabondante : l'animal se constitue alors une réserve d'énergie à laquelle il fait appel dès que l'alimentation est redevenue moindre et insuffisante. La graisse, dans cette hypothèse, n'aurait qu'une destination, mais elle peut avoir trois provenances. Elle est *destinée* à être employée finalement comme combustible sous forme d'hydrate de carbone (forme commune à laquelle est ramené le potentiel énergétique des animaux); elle peut *provenir* soit de la graisse alimentaire, soit des hydrates de carbone de l'alimentation, soit enfin des albuminoïdes eux-mêmes. Ces transformations se font toutes par des réactions oxydantes et exothermiques, sauf le passage des hydrates de carbone à la graisse qui est une réaction réductrice et endothermique.

VI. **Rôle des hydrates de carbone**. — Les hydrates de carbone peuvent faire défaut dans l'alimentation sans que l'organisme perde pour cela la faculté d'en avoir en réserve dans son foie, dans son sang et dans ses tissus. Il sait en effet les faire par transformation de l'albumine et de la graisse.

L'animal, suivant ses nécessités, ses goûts propres ou son genre de vie habituelle, leur donne donc une importance très variable dans son alimentation (carnivore, omnivore, herbivore). Les aliments hydrocarbonés, non plus que les autres, ne se consomment pas tels quels dans les tissus, mais se déposent d'abord à l'état de réserve, d'une part dans le foie (réserve somatique) et, d'autre part, dans ces tissus eux-mêmes (réserve cellulaire), de sorte que leur combustion n'est pas directe, mais se réalise après une série plus ou moins compliquée de transformations préparatoires consistant surtout en hydratations et déshydrations successives et alternantes, au cours des étapes qu'ils ont à franchir pour arriver au lieu de leur consommation.

Si ces corps prédominent dans l'alimentation, s'ils sont en surabondance, une fois ces différentes réserves hydrocarbonées constituées, ils passent alors, en vertu d'une réaction réductrice et endothermique, à l'état de graisses pour former une réserve énergétique plus lointaine, réserve qui sera susceptible d'être utilisée par une transformation inverse de ces graisses à l'état d'hydrates de carbone, quand le besoin s'en fera sentir.

D. — LA CALORIMÉTRIE INDIRECTE.

Par tout ce qui précède on voit combien le problème posé pour la première fois par Lavoisier et Laplace s'est compliqué. Il s'agit toujours de deux quantités à comparer : l'une exprimant le nombre de calories *indiqué* par le calorimètre pendant un temps déterminé que dure l'expérience, l'autre le nombre de calories *calculé* d'après les réactions supposées qui s'opèrent pendant le même temps dans l'économie, afin de voir si ces deux nombres concordent. L'exactitude du premier de ces chiffres est subordonnée à la valeur de la méthode calorimétrique et à la perfection des appareils employés ; celle du second dépend d'un grand nombre de conditions et devient par cela seul beaucoup plus difficile à garantir.

Ce second chiffre, en effet, est une somme très complexe dont le détail est difficile à faire, car, ce détail, l'expérience elle-même ne nous le livre pas et force nous est de le dégager péniblement du résultat brut de celle-ci par artifice et par raisonnement.

I. **Témoins des réactions**. — Les témoins des actes chimiques qui se perpètrent dans l'organisme sont l'oxygène absorbé, l'acide, carbonique exhalé, l'urée produite, à quoi nous pouvons ajouter si nous voulons, les aliments consommés ; en d'autres termes, les *ingesta* d'une part, les *excreta* de l'autre. L'expérience peut établir rigoureusement, si elle le veut, la qualité et le poids de ces différents corps, fournis à l'organisme ou recueillis de lui pendant un temps déterminé. Les ingesta ont des chaleurs de combustion connues comme les excreta ont des chaleurs de combustion également connues, ces dernières nulles ou moindres que celles des ingesta. Il semble de prime abord qu'il n'y ait qu'à soustraire les secondes des premières pour trouver le chiffre cherché : il n'en est rien, au moins le plus souvent, c'est-à-dire sauf des cas très particuliers. Il faut discuter les conditions de l'expérience pour en tirer des conclusions légitimes.

II. **Calcul d'après les ingesta**. — Les ingesta sont les aliments d'une part et l'oxygène de l'autre : les premiers représentent le **combustible**, le second est le **comburant**. La chaleur dégagée par la réaction n'est pas attachée particulièrement à celui-ci ou à ceux-là, mais elle naît de leur conflit. Il suit de là que le nombre qui exprime cette chaleur dégagée peut être rapporté indifféremment à la quantité pondérale du corps comburant, c'est-à-dire de l'oxygène, ou à la quantité pondérale du corps comburé, mais à la condition (qu'il ne faut jamais oublier) de connaître : *a*) la nature du corps comburé (son état initial), *b*) le degré plus ou moins profond d'oxydation (état final ou produit de la réaction).

III. **Réactions multiples**. — Il faut tout de suite remarquer qu'en transportant cette manière de faire dans l'animal, une difficulté se présente, que le chimiste évite instinctivement, mais que nous ne pouvons, nous, éliminer. Dans son calorimètre, le chimiste ne fait brûler qu'une seule substance ; dans l'organisme animal, ce sont des corps multiples qui brûlent en consommant l'oxygène. Pour ne parler que des aliments et en les réduisant à leurs espèces principales, nous avons trois catégories de corps, ayant leur chaleur de combustion propre à chacune d'elles en particulier ; d'où il suit que la connaissance du poids d'oxygène consommé ne nous dispense pas de connaître les quantités pondérales de chacun de ces corps, ou tout au moins de leurs espèces, ces poids étant, comme les chaleurs de combustion, variables de l'une à l'autre.

IV. **Réactions indirectes**. — Mais autre difficulté : l'oxygène, ainsi qu'il a été dit déjà, n'attaque pas ou n'attaque que très partiellement les substances alimentaires elles-mêmes. Autrement dit, son action comburante ne s'exerce sur ces substances qu'après qu'elles ont subi les transformations préalables qui les ont constituées à l'état de réserves somatiques ou cellulaires incorporées aux différents organes ou tissus.

L'oxygène que l'animal respire en un temps donné (dans le cours d'une expérience même longue) n'est pas celui qui se fixera sur les aliments que l'animal peut avoir reçu au cours de cette expérience. La raison en est que les aliments et l'oxygène, le combustible et le comburant, procèdent avec des vitesses très inégales dans leur marche progressive depuis l'extérieur jusqu'aux tissus. Les premiers y arrivent par étapes souvent longues à franchir; ces étapes étant marquées, encore une fois, par les réserves que l'animal tient à s'assurer; le second y parvient, sinon directement, du moins très rapidement, ses provisions dans le sang et les tissus étant minimes en raison de sa présence constante dans un milieu ambiant où l'organisme le puise directement.

C'est ce que l'on exprime en disant que *la réaction de l'oxygène sur les aliments est indirecte*. Les quantités pondérales de l'un ou des autres ne sont donc pas tenues de se correspondre étroitement à chaque moment, mais seulement dans l'ensemble et pour une longue période de temps.

V. **Réactions successives**. — Ce n'est encore pas tout. Après avoir dit que l'oxygène laisse les aliments pour se porter sur les réserves intraorganiques et intracellulaires, il nous reste à ajouter que l'attaque de ces réserves n'est pas non plus de son côté une opération simple. — Non seulement ces réserves sont, comme les aliments d'où elles proviennent et qu'elles répètent plus ou moins, de nature diverse (réserves d'albumines, de graisses, d'hydrates de carbone), mais elles sont susceptibles de se transformer les unes dans les autres (la première en les deux autres, et ces deux dernières de l'une à l'autre réciproquement).

Ainsi, d'une part, la connaissance des aliments ne nous garantit pas la connaissance des réserves ni en poids ni même absolument en qualité, l'animal ayant pouvoir de se constituer des substances propres par transformation des aliments, et d'autre part l'oxydation de ces réserves n'a pas pour effet unique de les détruire en les amenant à l'état d'excreta, mais aussi, suivant les cas, de les convertir, en les transformant l'une dans l'autre. On voit quelle complication en résulte pour l'analyse des sources chimiques de la chaleur chez les animaux. Dans le chiffre de l'oxygène employé par eux, il y a toujours une forte part qui est attribuable à la destruction définitive des réserves, mais il y a une autre part, moindre, il est vrai, mais variable et incertaine, qui est dévolue à l'oxydation incomplète de certaines substances (les graisses par exemple pour leur transformation en sucre). Cette seconde part peut devenir nulle par l'effet de certaines compensations; elle peut devenir négative dans le cas où certaines substances désoxydées, réduites dans l'organisme, cèdent de l'oxygène au lieu d'en emprunter au sang (les sucres pour se transformer en graisses).

VI. **Calcul par les excreta**. — Les excreta sont d'une part l'urée et les corps congénères de l'urine (azote total), d'autre part l'acide carbonique et l'eau. Les fèces, dont il faut tenir compte aussi, sont à défalquer des aliments ou ingesta.

Nous n'avons pas de moyen à la fois direct et pratique de reconnaître l'eau de combustion de celle qui est simplement exhalée par les surfaces cutanée et pulmonaire. Il nous reste l'acide carbonique qui est un témoin de la combustion des trois espèces de principes immédiats que nous avons à considérer; l'urée (et l'azote total de l'urine) nous renseigne sur la quantité d'albumine qui est détruite au cours de l'expérience. Elle nous renseignerait du même coup sur la quantité d'acide carbonique qui revient à la destruction de l'albumine si nous pouvions être certains que cette destruction est totale, c'est-à-dire jusqu'à l'état d'urée, d'acide carbonique et d'eau. Mais il peut se faire que cette destruction ne soit que partielle. En tout cas, l'acide carbonique reste indivis entre l'albumine, les graisses et les hydrates de carbone.

Remarquons que le carbone de cet acide carbonique non seulement provient de corps divers, mais que ces corps peuvent être à divers états de transformation depuis les aliments jusqu'à la substance des tissus.

Le calcul par les excreta n'est donc lui-même aussi qu'une approximation. Nous verrons, il est vrai, qu'en le confrontant avec le calcul par les ingesta on peut en tirer certaines indications qui nous rapprochent quelque peu de la précision à laquelle nous tendons sans l'atteindre.

VII. **Sûreté du principe**. — La conclusion à laquelle nous sommes amenés, c'est que le problème posé par Lavoisier et Laplace est insoluble d'une façon rigoureuse; il n'est soluble que par approximation. Mais nous pouvons dire que cette démonstration, au point de vue du principe tout au moins, importe peu à l'heure qu'il est. Il n'y a pas de doute (il ne peut y en avoir) sur la nature chimique de la chaleur des animaux et de tous les êtres vivants. La loi de la conservation de la force nous interdit de supposer que cette chaleur puisse venir d'autre chose que de quelque énergie antérieure plus ou moins transformée. Et, dans le système isolé que forme un être vivant, on ne voit pas d'autre énergie que l'énergie chimique d'où elle puisse dériver.

Du reste les nombres donnés par l'expérience sont suffisamment approchés pour qu'on puisse, à défaut d'autre argument, s'autoriser d'eux. Ces nombres sont d'autre part susceptibles de prendre une rigueur croissante, à mesure qu'on ajoute quelque perfectionnement à la méthode.

La cause principale d'incertitude et d'erreur c'est, nous l'avons vu, l'*échelonnement des réactions* de l'oxygène et de l'eau sur les aliments et les réserves pour la transformation des uns dans les autres ; c'est, en d'autres termes, l'*emmagasinement d'une énergie potentielle* qui fait que la chaleur mesurée ne correspond pas au combustible absorbé par l'animal pendant son dégagement, mais à un combustible absorbé par lui-même à une époque antérieure. C'est, enfin, la faculté précieuse pour l'animal (mais gênante pour nous) qui lui est laissée d'absorber ce potentiel énergétique par provisions massives et discontinues, aussi bien que de l'emprunter à des sources variées, changeantes et oscillantes pour l'écouler d'une façon lente et irrégulière ; c'est tout cela qui gêne ou fausse la comparaison des chiffres fournis par la calorimétrie *directe* d'une part et *indirecte* de l'autre.

VIII. **Conditions théoriques**. — Il est clair que si nous pouvions avoir d'un côté la mesure de la chaleur dégagée par un animal dans le cours de son existence ou d'une fraction notable de celle-ci et, de l'autre, celle de ses ingesta et de ses excreta fidèlement déterminés pendant tout ce temps, ces éléments nous permettraient d'établir des chiffres rigoureusement concordants, parce que, réparties sur un si long espace de temps, les oscillations dans l'apport ou la dépense des réserves disparaîtraient alors en s'annulant les unes les autres dans leur somme totale. Mais pour ne pas prolonger l'expérience pendant un temps qui la rend pratiquement irréalisable, nous pouvons chercher à annuler ces oscillations et à uniformiser l'apport et la dépense par un autre moyen.

IX. **Ration d'entretien**. — Ce moyen consiste dans l'emploi de ce qu'on appelle la *ration d'entretien*. L'animal expérimenté est soumis à un régime alimentaire qui est exactement en qualité et en quantité celui qui convient à son espèce et son genre de vie habituel. Ce régime est essayé préalablement avant l'expérience, pendant quelque temps, afin de déterminer par tâtonnement quelles sont les quantités absolues et relatives des divers aliments qui lui conservent son poids sans augmentation ni diminution. L'expérience est conduite de manière que sa fin coïncide exactement avec la période fonctionnelle à laquelle elle a commencé. Les conditions relatives à la dépense énergétique (température extérieure, travail, etc.) sont maintenues aussi égales que possible. On peut admettre que, dans ces circonstances, les aliments d'une part étant toujours fournis en même quantité et, d'autre part, remplaçant exactement les réserves à mesure de leur destruction, ces aliments, disons-nous, correspondent à un état initial des substances comburées qui, comparé à leur état final sous forme de déchets, présente une base sérieuse pour le calcul de la chaleur animale.

Si nous sortons de ces conditions idéales ou typiques, l'incertitude commence : nous ne savons plus à quoi exactement est employé l'oxygène ; s'il brûle telle substance plutôt que telle autre ; s'il la brûle complètement ou incomplètement ; ni le degré d'oxydation auquel il la prend ; ni celui auquel il l'amène ; ni enfin la part totale ou partielle qu'il prend dans la production de la chaleur.

Sur des animaux soumis à la ration d'entretien et dans des expériences d'une durée de vingt-quatre heures, ROSENTHAL a vu que *la somme des chaleurs dégagée au calorimètre égale celle des chaleurs de combustion des aliments ingérés*. Mais cette égalité ne se retrouve plus dans les fractions successives de la durée de l'expérience. La production de chaleur subit en effet des variations périodiques provoquées par l'ingestion des aliments. Le maximum se place après la première heure suivant le repas pour diminuer ensuite lentement et s'égaliser.

Le rapport entre d'une part la chaleur produite et d'autre part l'oxygène consommé et l'acide carbonique exhalé varie également à chaque instant d'une digestion à l'autre. Les réactions liées à la digestion dégagent relativement plus d'acide carbonique qu'elles ne produisent de chaleur,

Dans l'inanition, d'après le même auteur, la production de chaleur après s'être maintenue fixe pendant les deux ou trois premiers jours, descend et atteint un minimum vers le sixième jour. Si alors l'animal reçoit de nouveau des aliments, la production de chaleur ne reprend pas d'emblée son taux primitif, mais seulement à partir du troisième jour.

X. Problème inverse. — Mais ce qu'il nous importe de connaître, ce n'est plus précisément ce qu'on a cherché jusqu'ici, à savoir si le nombre fourni par la calorimétrie directe est égal à celui fourni par la calorimétrie indirecte (cette égalité nous l'admettons *a priori*), mais c'est bien plutôt de connaître le détail de la somme des quantités de chaleur qui reviennent individuellement à chacune des réactions particulières (indirectes, successives ou parallèles) qui s'opèrent dans l'organisme et qui sont totalisées par le calorimètre d'une part dans la méthode directe, par la comparaison des ingesta et des excreta d'autre part dans la méthode indirecte.

Pour établir cette somme, nous savons qu'il y a de très grandes difficultés. Le chiffre relevé sur le calorimètre peut donc nous servir de contrôle et même de guide dans la discussion des différentes hypothèses qui peuvent être faites. Pour réduire autant qu'il est possible le nombre de ces hypothèses, nous nous aiderons de différents artifices en confrontant de diverses façons tous les témoignages qui peuvent nous être fournis par l'expérience. C'est ainsi qu'on utilise souvent comme une indication utile le *rapport de l'oxygène absorbé à l'acide carbonique exhalé*, rapport variable suivant les conditions, ce qu'on appelle du nom de **quotient respiratoire**. On le désigne abréviativement par le symbole QR ou par le rapport $\dfrac{CO^2}{O}$ ou encore $\dfrac{CO^2}{O^2}$.

XI. Quotient respiratoire. — Pour chacune des trois substances fondamentales ce quotient respiratoire prend une valeur particulière. Cette valeur elle-même est susceptible de changer suivant la transformation que subit la substance considérée. Il faut donc distinguer les cas principaux.

Dans le cas d'oxydation complète des *hydrates de carbone*, ce quotient est égal à l'unité. Dans le cas d'oxydation complète des *graisses*, il est égal à 0,70. Dans le cas de transformation complète de l'*albumine* jusqu'à l'état d'urée, d'acide carbonique et d'eau, il affecte la valeur intermédiaire de 0,85. On en peut tirer déjà cette conclusion que dans l'animal vivant, le quotient respiratoire peut prendre toutes les valeurs intermédiaires, suivant la nature du régime de l'animal, et cela même en se limitant au cas théorique où les trois substances seraient transformées complètement.

Si maintenant nous tenons compte des transformations incomplètes équivalant à des substitutions de chacun de ces principes à un autre, le rapport de l'oxygène absorbé à l'acide carbonique exhalé (le quotient respiratoire) affecte de nouvelles valeurs que nous pouvons encore fixer pour chacune d'elles.

Pour la transformation totale des graisses et de l'albumine en glycose, il n'y a pas d'acide carbonique produit, mais seulement de l'oxygène absorbé; ce qu'on exprime en faisant le rapport égal à zéro. Pour la transformation des hydrates de carbone en graisses de réserve, la réaction est réductrice et dégage de l'oxygène au lieu d'en absorber. Il convient de remarquer qu'à chacune des réactions précédentes est attaché un nombre de calories dégagées ; toutes ces réactions sont exothermiques, sauf la dernière qui est endothermique, c'est-à-dire accompagnée d'une absorption de chaleur.

Étant donnés les chiffres d'oxygène absorbé, d'acide carbonique exhalé, d'azote excrété, de calories rayonnées, quelle est la substance qui, en plus de l'albumine correspondant à l'urée éliminée, a été comburée et en quelle quantité? Tel est le problème. On le résout en recherchant quelle est la substance dont la chaleur de combustion et le quotient respiratoire concordent le mieux avec les chiffres trouvés, défalcation faite de ce qui revient à l'albumine : cela au moins pour les cas les plus simples.

XII. **Postulats**. — D'après ce qui précède, on voit que le nombre des hypothèses à examiner, dans le calcul théorique de la chaleur animale, serait en quelque sorte illimité (surtout en y faisant intervenir encore d'autres termes de passage entre les hydrates de carbone et leurs produits ultimes de combustion), si le physiologiste n'acceptait certains postulats en vue de restreindre le nombre des solutions possibles. Ces postulats sont les suivants : 1° *Les hydrates de carbone sont un terme commun auquel sont ramenés les deux ordres de substances* (y compris les hydrates de carbone de l'alimentation quand ils ont été transformés eux-mêmes en graisses de réserve). 2° *Les hydrates de carbone* (hors le cas où ils deviennent des graisses de réserve) *sont transformés totalement et en une seule fois en acide carbonique et eau*, comme paraissent l'indiquer les mesures faites sur les organes en état d'activité. Ajoutons que les nombres trouvés par l'expérience, ceux déduits par le calcul, ainsi que les réactions intraorganiques auxquelles on les rapporte, ne constituent aux yeux du physiologiste lui-même qu'une deuxième approximation plus exacte que celle de LAVOISIER et LAPLACE, mais qui n'est encore qu'une approximation.

Le tableau ci-joint donne les chaleurs de combustion des principaux types de substances pouvant entrer dans l'alimentation ou la composition du sang et des tissus. Les nombres en sont empruntés à BERTHELOT et à GAUTIER.

SUBSTANCES.	FORMULES.	POIDS MOLÉCULAIRES.	CHALEURS DE COMBUSTION EN GRANDES CALORIES.		
			Calories pour le poids de la molécule, la combustion étant totale.	Calories pour 1 gramme de matière, la combustion étant totale.	Calories pour 1 gramme de matière, en tenant compte de l'urée formée
Alcools ; hydrates de carbone.					
Alcool vinique.............	C^2H^6O	46	324,5	7,054	»
Glycérine (liquide).........	$C^3H^8O^3$	92	392,5	4,261	»
Glycose et isomères........	$C^6H^{12}O^6$	180	673	3,739	»
Inosite...................	$C^6H^{12}O^6$	180	666,5	3,702	»
Amidon	$n(C^6H^{10}O^5)$	n 162	n 685	4,227	»
Glycogène................	—	—	678,9	4,187	»
Dextrine.................	—	—	667	4,117	»
Cellulose.................	$C^6H^{10}O^5$	162	682	4,209	»
Saccharose et isomères.....	$C^{12}H^{22}O^{11}$	342	1355	3,962	»
Éthers ; corps gras.					
Trioléine.................	$C^{57}H^{104}O^6$	884	8718	9,862	»
Tristéarine...............	—	—	—	—	»
Substances azotées.					
Urée.....................	CH^4Az^2O	60	161,0	2,690	»
Acide urique.............	$C^5H^4Az^4O^3$	168	461,4	2,747	1,040
Albumine d'œuf.....	Inconnue.	Inconnu.	Inconnue.	5,687	4,857
Fibrine du sang	—	—	—	5,529	4,749
Gluten	—	—	—	5,994	5,245

E. — VALEUR ISODYNAME ET ISOTROPHIQUE DES ALIMENTS.

La *valeur thermogène* des aliments est mesurée par leur chaleur de combustion. Vu ce que l'on sait sur l'équivalence de la chaleur et du travail mécanique ou, pour mieux dire, sur l'équivalence de toutes les formes de l'énergie entre elles, cette valeur thermogène des aliments se confond avec leur *valeur énergétique*.

Chaque aliment, à poids égal, a une valeur thermogène ou énergétique propre (déterminée par la connaissance de sa chaleur de combustion) ou, ce qui revient au même, **à chaleur de combustion égale, chaque aliment a un poids isothermogène ou isoénergétique propre.**

L'observation et l'expérience nous apprennent de plus que ces principes immédiats peuvent se substituer les uns aux autres dans l'alimentation et même s'engendrer réciproquement. De la connaissance de ces faits est née l'idée que ces substances sont équivalentes non seulement au point de vue de la chaleur dégagée par elles ou de l'énergie qu'elles contiennent, mais aussi quant à leur rôle physiologique ou *nutritif* dans l'être vivant, et qu'elles peuvent se remplacer d'après cette équivalence même dans la ration d'entretien. C'est ce que l'on veut dire quand on parle de leur *valeur isodyname*, expression synonyme dans la pensée des auteurs de *valeur isotrophique* ou à peu près.

Exception est faite, bien entendu, pour l'albumine en tant qu'elle contient de l'azote que les autres substances ne peuvent fournir à l'organisme. Mais, cette condition du remplacement de l'azote étant supposée satisfaite, les trois ordres de principes immédiats seraient *isodynames*, voire *isotrophiques*. Les graisses, les hydrates de carbone et l'albumine pourraient se substituer dans la ration d'entretien d'après l'équivalence suivante, selon Rubner :

100 gr. de graisse = 243 gr. de viande sèche = 232 gr. d'amidon ou 256 gr. de glycose.

Quelques-uns ont été jusqu'à admettre que cette isodynamie s'étend à toute substance quelconque dégageant de l'énergie dans l'organisme, cette énergie pouvant économiser celle demandée à la consommation des aliments véritables : comme substances de ce genre on a cité les acides lactique, butyrique, acétique, etc... (Zuntz, von Mering, I. Munk, Mallevre).

I. **Fausse conception de cette valeur isodyname**. — Chauveau, Contejean, se sont élevés contre cette manière de voir qu'ils repoussent au nom du raisonnement et de l'expérience. — Les partisans de la théorie isodyname semblent croire que les éléments cellulaires peuvent emprunter leur potentiel énergétique à toute substance contenant de l'énergie et qu'ils peuvent utiliser celle-ci intégralement, dans sa totalité. Pour le muscle en particulier, qui tient une si large place dans la consommation de cette énergie, il serait, au point de vue de la qualité, indifférent de lui offrir de la graisse, de l'albumine ou du glycose, et au point de vue de la quantité il y aurait, suppose-t-on, économie notable à lui fournir de la graisse, parce que la chaleur de combustion de cette substance est notablement supérieure à celle des deux autres. — Il n'en est rien ; cette vue est erronée : la substance directement utilisable par le muscle, celle qui forme sa réserve énergétique immédiate, n'est pas la graisse, ni même l'albumine, mais un hydrate de carbone (le glycogène), ainsi qu'on sait. C'est cette substance dont la chaleur de combustion mesure sa puissance énergétique et non les deux autres.

II. **Définition plus exacte**. — Il est vrai que si cette substance fait défaut dans les aliments, l'organisme saura la réaliser par la transformation soit de l'albumine, soit de la graisse, et le muscle n'en sera pas privé pour cela. Mais cette transformation ne peut se faire qu'aux prix, pour l'albumine, d'une hydratation et, pour la graisse, d'une oxydation partielle qui ramènent, soit l'une soit l'autre, à l'état d'hydrate de carbone et qui s'accompagne d'une première perte d'énergie dont le muscle ne profite pas. Le calcul de l'équivalence entre les différentes substances alimentaires, au point de vue de leur utilisation par le travail musculaire, ne doit donc pas prendre pour base la comparaison de leurs chaleurs de combustion à poids égal, mais la comparaison des poids de graisse et d'albumine avec les poids de glycogène qui en proviennent par transformation (oxydante et hydratante) de ces substances en hydrate de carbone. Lors donc qu'on substitue les hydrates de carbone à l'albumine ou à la graisse dans la ration d'entretien, c'est d'après le rapport des poids de ces hydrates de carbone à ceux des substances albuminoïdes ou graisses d'où ils proviendraient que doit se faire la substitution, pour que l'animal n'en souffre pas. S'ils sont trop faibles ce dernier accusera leur insuffisance par une diminution de poids ou même à la longue d'énergie musculaire.

III. Poids isotrophiques. — Les *poids isotrophiques* des différentes substances alimentaires ne sont donc pas les mêmes que leurs poids *isothermogéniques* ou *isoénergétiques*. C'est ainsi que :

100 gr. de graisse (en fixant de l'oxygène pour se transformer en hydrate de carbone) = 161 gr. de glycose ou 152 gr. de saccharose au lieu de 251 gr. de glycose ou 237 gr. de saccharose ou encore 232 gr. d'amidon ;

comme l'indiquerait la comparaison fruste de leur chaleur de combustion. Ceci revient à dire que l'aptitude nutritive de ces principes est mesurée par leur aptitude glycogénétique — autrement dit ***les poids isotrophiques des aliments se confondent avec les poids isoglycogénétiques.***

Ce sujet si important au point de vue de la pratique et de l'hygiène appelle encore les remarques suivantes : La dépense d'énergie qui se fait ainsi en deux temps successifs, le premier pour hydrater ou oxyder une première fois, le second pour comburer complètement les substances alimentaires, a pour théâtre des organes très distincts, ressortit à des fonctions d'ordres assez différents. La deuxième de ces fonctions est générale ou *cellulaire*, et si elle nous paraît localisée dans le muscle, cela tient à la masse et à l'activité prépondérante de ce tissu parmi tous les autres. La première est *somatique*, si on peut ainsi s'exprimer; elle est dévolue à l'intestin et au foie qui sont des organes interposés entre le milieu extérieur et le sang, pour assurer l'uniformité de composition de ce second milieu dans lequel les éléments vivent directement.

La seconde présente donc pour ces raisons une fixité que n'a pas la première, qui est au contraire une fonction d'adaptation de l'animal aux conditions variées et changeantes de son milieu. Par là a été résolu le problème, en apparence insoluble, d'assurer au sang et aux tissus une composition fixe, en regard d'une alimentation diverse et changeante.

Chaque espèce, il est vrai, s'est adaptée à un régime particulier (carnivore, omnivore, herbivore, avec ses nuances), régime en rapport avec ses mœurs ou son organisation, mais chaque individu dans une même espèce, suivant les circonstances ou sa volonté, peut faire varier ce régime dans de certaines limites. Il y a des espèces comme des individus qui se nourrissent plus économiquement les unes que les autres.

L'alimentation des carnivores, dans laquelle l'albumine est en grand excès, constitue un véritable gaspillage d'énergie, comparée à l'alimentation des herbivores. Le défaut d'économie y provient non seulement de ce que l'aliment est lui-même d'un prix plus élevé, mais de ce qu'une partie de son énergie est dépensée en pure perte dans la transformation préparatoire qui doit ramener l'albumine à l'état de la substance (généralement hydrate de carbone) qui fait défaut et qu'elle doit remplacer.

IV. **Alimentation hydrocarbonée.** — Pour les moteurs animés les hydrates de carbone ont une importance particulière, puisque le rendement musculaire peut se calculer d'après la quantité qui en est fournie aux muscles par l'alimentation. Aussi voyons-nous les herbivores être employés avantageusement, c'est-à-dire économiquement, comme *bêtes de somme*. L'idée qui a été émise de substituer les graisses aux hydrates de carbone dans l'alimentation de l'homme qui travaille n'est pas heureuse et a contre elle la théorie, l'observation et, on peut dire, l'expérience. Mais s'il est illogique de demander à l'alimentation par la graisse de l'*énergie-travail*, il est au contraire rationnel de lui demander de l'*énergie-chaleur* lorsqu'il s'agit de lutter contre le froid extérieur. On sait que les substances grasses tiennent une large place dans l'alimentation des habitants des pays froids avoisinant les régions polaires, par exemple des Esquimaux. — L'oxydation préalable, qui transforme la graisse en hydrate de carbone, a alors un effet utile et ne mérite plus le nom d'énergie gaspillée qu'on peut lui donner dans d'autres circonstances.

Cette chaleur supplémentaire, qui est indispensable à l'habitant des pays froids et qui est inutile à l'habitant des régions tempérées ou chaudes, cette chaleur supplémentaire, disons-nous, ajoutée à toute celle qui n'est pas transformée en travail mécanique, est considérée généralement comme devant être simplement déperdue à partir du moment où le niveau thermique de l'organisme est atteint et garanti ; en tout cas on ne lui voit pas d'emploi. Nous ignorons cependant si une partie de cette chaleur ne serait pas susceptible d'être transformée par l'organisme pour être employée en travaux intérieurs de diverses catégories ou si, en d'autres termes, elle n'entre pas dans des cycles successifs avant d'être rayonnée extérieurement.

V. Espèces et individualités physiologiques. — La ration d'entretien étant celle qui fournit à l'animal juste la quantité d'aliments qui lui est nécessaire pour maintenir son poids, cette ration est elle-même variable et plus ou moins économique suivant la part proportionnelle qui est faite à chacun des principes immédiats qui la constituent. Les bases du calcul d'après lequel ces principes peuvent être interchangés ont été fixées plus haut, mais les limites dans lesquelles peut se faire cette substitution ne peuvent pas non plus être considérées comme générales et absolues. Il faut dans la question tenir compte de la constitution particulière du sujet et même de ses habitudes antérieures.

Le calcul des poids isotrophiques des aliments suppose naturellement que ceux-ci ont été absorbés en totalité par l'intestin. Or ceci implique qu'ils ont subi les transformations digestives d'une façon suffisamment complète, ce qui n'est possible qu'autant que l'*appareil digestif* lui-même est constitué en vue de ces transformations. Enfin il n'est pas jusqu'au *système nerveux* lui-même dont il n'y ait à tenir compte, les aliments pour être acceptés devant non seulement posséder les qualités chimiques nécessaires à l'accomplissement de leur rôle trophique, mais encore ne pas déplaire au goût. L'aliment agit non seulement comme substance de remplacement des réserves énergétiques ou plastiques, détruites par l'évolution fonctionnelle ou nutritive, mais encore comme excitant de la nutrition. Les condiments, les aliments dits d'épargne, agissent de cette façon ; les préparations culinaires compliquées auxquelles l'homme soumet ses aliments n'ont guère d'autre but.

BIBLIOGRAPHIE.

Chaleur de combustion des substances alimentaires. — ALBERTONI et NOVI, Ueber die Nahrungs und Stoffwechselbilanz der italienischen Bauers. *Arch. f. d. ges. Phys.*, LVI, 1894, p. 213. — BERTHELOT, Glycogénie et thermogenèse, *Revue scientif.*, 1897. — *Thermochimie*, Paris, Gauthier-Villars. — BERTHELOT et ANDRÉ, Chaleur de combustion des principaux composés azotés contenus dans les êtres vivants et son rôle dans la production de la chaleur. *Ann. de chimie et de physique*, XXII, 1891, p. 25. — DANILEWSKY, Ueber die Kraftvorräthe der Nahrungstoffe. *Arch. f. d. ges. Phys.*, XXXVI, 1885, p. 230. — A. GAUTHIER, *Leç. ch. biol.*, Paris, Masson. — FRANKLAND, *Rev. scientif.*, 1867, p. 81. — KAUFMANN, Méthode pour l'étude des transform. chimiques organiques et l'origine immédiate de la chaleur dégagée par l'homme ou les animaux. *Arch. de Physiol. et Biologie*, 1896 — RÜBNER, Chaleur de combust. des aliments. *Zeitsch. f. Biologie*, XXX, p. 250. — LAMBLING, Aliments, *Encyclopédie chimique*. — LAPICQUE et RICHET, Aliments, *Dict. de physiol.* — VON RECHENBERG in C. VON NOORDEN, *Pathol. d. Stoffwechsel*, Berlin, 1893. — VAN DER LINDEN, Sur les fonct. therm. de l'alimentation, *Arch. méd. belges*, Bruxelles, 1890, XXXVII, p. 73. — WOLFF, Alimentation des animaux domestiques (trad. fr. par DANREAUX), Paris, Masson. — ZUNTZ, HOPPE-SEYLER, *Physiol. chimie*. p. 949.

Ration d'entretien. — **Valeur isotrophique et isodyname.** — BOUSSINGAULT,

An. chim. et phys., t. LXI, p. 128, 1839, 3ᵉ série, p. 433, 1844. — Chauveau, *C. R. Ac. sc.*, 1898. — Contejean, *Arch. de physiol.*, 1896. — Hanriot, *Arch. de phys.*, 1893. — Lapicque, *Arch. de physiol.*, 1894 (bibliographie). — Lapicque et Richet, article Aliments, *Diction. de physiol.* — Lambling, *Encyclopédie chimique*, aliments, éch. nutritifs, ration d'entretien, revue (bibliographie). — Von Noorden, *Pathol. d. Stoffwechsels.* — Pflüger, *Arch. f. d. ges. Physiol.*, t. L, 1891. — Rübner, *Zeitsch. f. Biol.*, 1833 et suivantes. — Voit, *Physiol. d. allg. Stoffwechsels (Herman's Handbuch d. Physiol.).*

F. — LA CONSTITUTION DES RÉSERVES PAR LES ALIMENTS ET SON ROLE DANS LA PRODUCTION DE LA CHALEUR.

L'animal, a dit Cl. Bernard, se nourrit de ses réserves et non de ses aliments du jour. De ces réserves, la plus fixe est l'*albumine* ; la plus mobile est le *sucre* ; la plus oscillante est la *graisse*. Les albuminoïdes forment un fonds qui n'est pas susceptible de s'épuiser en totalité, la mort survenant auparavant ; les hydrates de carbone sont sans cesse consommés et sans cesse remplacés ; les graisses peuvent s'accumuler en grande quantité ou s'épuiser complètement suivant les conditions.

L'origine des réserves est dans les aliments. Ces aliments sont de trois sortes également, répondant aux trois classes de substances sus-énoncées. Mais le rapport des aliments aux réserves n'est pas direct ou du moins n'est pas nécessairement direct. Des réserves de glycogène peuvent se constituer sans féculents et sans sucres, des réserves de graisses peuvent se constituer sans graisse. Seule l'albumine ne dérive pas des deux autres aliments : elle peut faire graisse et sucre. La graisse peut faire le sucre et le sucre la graisse. Toutes ces transformations, à l'exception de la dernière, se font avec dégagement de chaleur.

Ces substitutions ont été établies expérimentalement dans l'être vivant, mais d'autre part les chimistes, en se fondant sur la constitution de ces corps, se sont attachés à fixer leurs équations de transformation et, par divers artifices, ont pu établir les quantités de chaleur qui en résultent. La connaissance de ces faits offre au physiologiste une base des plus sérieuses pour l'étude des réactions et transformations si multiples d'où provient la chaleur.

Albumine.

L'albumine est un corps qui appartient à la classe des *amides*, c'est-à-dire des composés résultant de l'union de l'ammoniaque et des principes oxygénés par simple élimination de l'eau, et c'est sous la forme d'amides également (urée, acide urique et hippurique) que l'azote est éliminé de l'organisme. Il résulte de là que « l'azote contenu dans l'économie s'y trouve entièrement ou presque entièrement sous la forme de dérivés ammoniacaux et que les produits éliminés par combustion ou hydratation conservent le même caractère.... *L'oxydation de l'albumine porte non sur l'azote, mais sur le carbone et l'hydrogène excédant des composés amidés....* L'acide carbonique libre, dégagé dans l'économie par l'oxydation de l'albumine, ne saurait dépasser les 7/8 de celui que produirait la combustion totale de ce principe; 1/8 environ étant éliminé sous forme d'urée » (BERTHELOT).

L'albumine est rattachée aux hydrates de carbone par des substances azotées intermédiaires qui sont susceptibles de fournir des glycoses par des réactions purement chimiques; telles sont la chondrine, la tunicine, la chitine surtout qui répondrait à peu près, d'après sa composition centésimale, à une combinaison d'albumine et de glycose à poids égaux :

Albumine..	$C = 52,5$	$H = 6,5$	$Az = 16,5$	$O = 24,5$	Chal. de combustion.	$59^{cal},91$
Glycose....	$C = 40,0$	$H = 6,7$	$Az = 0,0$	$O = 53,3$	— —	$37^{cal},62$
Moyenne...	$C = 46,25$	$H = 6,6$	$Az = 8,2$	$O = 38,9$	— —	$47^{cal},26$
Chitine.....	$C = 46,8$	$H = 6,8$	$Az = 7,8$	$O = 38,6$	— —	$46^{cal},65$

Équations de transformation de l'albumine.

Transformation en urée, acide carbonique et eau.

100 albumine + 139,2 oxygène = 35,4 urée + 37,2 eau + 166,5 acide carbonique.

Dans cette réaction, pour 1 gr. albumine il se dégage $4^{cal},6$, l'urée restant dissoute.
pour 1 gr. oxygène   — $3^{cal},3$ —

$$\text{Le rapport } \frac{CO^2}{O} = 0,90.$$

Transformation en urée et glycose.

100 albumine + 18 oxygène + 30,9 eau = 35,4 urée + 113,5 glycose.

Dans cette réaction, pour 1 gr. albumine il se dégage $0^{cal},3$ l'urée et le glycose restant dissous
pour 1 gr. oxygène   — $1^{cal},6$

$$\text{Le rapport } \frac{CO^2}{O} = 0.$$

Remarque. — Au point de vue énergétique qui nous occupe ici, il est très important de remarquer que chez les animaux les termes ultimes de la décomposition de l'albumine sont l'eau, l'acide carbonique et l'*urée*, mais jamais l'azote libre (sauf des quantités négligeables provenant des fermentations intestinales et qui, comme telles, se distinguent des déchets proprement dits de la nutrition). L'urée représente la forme principale (et, si l'on confond avec elle quelques corps similaires moins importants, la forme exclusive) de l'élimination de l'azote de l'organisme. Or l'urée est elle-même du *carbonate d'ammoniaque* moins de l'eau ou, autrement dit, elle contient une certaine quantité d'acide carbonique qui résulte de l'action de l'oxygène sur la molécule d'albumine et qui, au lieu de s'éliminer à l'état gazeux par le poumon, s'élimine par l'urine avec le corps amidé (urée) qui le retient en combinaison.

L'oxygène, en attaquant la molécule d'albumine, se porte donc sur son hydrogène et sur son carbone, de manière à donner naissance à de l'eau et à de l'acide carbonique libre, plus à une certaine quantité d'acide carbonique qui reste uni à l'ammoniaque, mais nullement sur l'azote, qui lui n'est pas oxydé : de sorte que « *l'azote combiné, introduit par les aliments, traverse ainsi l'organisme en conservant toute son énergie calorifique, par opposition à ce qui arrive pour le carbone et l'hydrogène de ces mêmes aliments* » (BERTHELOT).

Graisses.

Les graisses ont la fonction éther; ce sont des *éthers de la glycérine*, laquelle y joue le rôle d'alcool. Les acides de ces éthers sont les acides *butyrique*, *caproïque*, *caprylique*, *caprique*, en petites quantités et guère ailleurs que dans les excrétions ou sécrétions (lait, sueur, fèces, eau), mais ce sont surtout les acides *palmitique*, *stéarique* et *oléique* qui, unis à la glycérine, forment la majorité des corps gras, végétaux ou animaux, à savoir la *tripalmitine* $C^3H^5.(C^{16}H^{31}O^2)^3$ fusible à 62°; la *tristéarine* $C^3H^5(C^{18}H^{35}O^2)^3$ fusible à 71°; la *trioléine* $C^3H^5(C^{18}H^{33}O^2)^3$ liquide à la température ordinaire.

Ces corps *non solubles dans l'eau*, *non diffusibles*, hormis s'ils sont décomposés, ayant une chaleur de combustion très considérable, sont aptes par conséquent à constituer une réserve d'énergie très importante. La réserve en graisses déposée dans divers organes (foie, tissu cellulaire, moelle osseuse, etc.), peut varier de plus du simple au double, montrant bien ainsi la part adventice qu'elle prend dans la dépense énergétique de l'organisme.

Par dédoublement, hydratation et oxydation, ces corps peuvent subir des mutations de divers ordres, depuis celles très simples qui commencent à les transformer dans le tube digestif, jusqu'à celles qui les amènent à l'état ultime d'acide carbonique et d'eau. Pour l'intelligence des phénomènes de la thermogenèse, il suffit que nous donnions ici l'équation de leur transformation ultime et totale et celle intermédiaire de leur transformation en glycose, en prenant la formule de l'un de ces corps, la stéarine :

Équations de transformation des matières grasses (stéarine).

Transformation en acide carbonique et eau.

$$C^{57}H^{110}O^6 \;+\; 87\tfrac{1}{2}\,O^2 \;=\; 57\,CO^2 \;+\; 55\,H^2O \qquad 9^{cal},6 \begin{cases} 3^{cal},28 \text{ p. 1 gr. oxygène.} \\ 3^{cal},4 \text{ p. 1 gr. } CO^2. \end{cases}$$

1 gr.	2ᵍʳ,930	2ᵍʳ,508	0ᵍʳ,990
Stéarine.	Oxygène.	Acide carbonique.	Eau.

Transformation en glycose.

$$C^{57}H^{110}O^6 \;+\; 24\tfrac{1}{2}\,O^2 \;=\; 2\,H^2O \;=\; 9\tfrac{1}{2}\,C^6H^{12}O \qquad 2^{cal},4 \begin{cases} 1^{cal},4 \text{ p. 1 gr. oxygène.} \\ \text{Pas d'acide carbonique.} \end{cases}$$

1 gr.	0ᵍʳ,881	0ᵍʳ,040	1ᵍʳ,921	
Stéarine.	Oxygène.	Eau.	Glycose.	Soit $3^{cal},8$ p. 1 gr. de glycose.

La glycérine est également susceptible de se transformer en glycose d'après l'équation suivante :

Transformation de la glycérine en glycose.

$$2(C^{57}H^{110}O^6) \;+\; 157\,O^2 \;=\; C^6H^{12}O^6 \;+\; 108\,CO^2 \;+\; 104\,H^2O.$$

Lécithines. — On désigne parfois sous le nom de *graisses phosphorées* des corps dans lesquels l'acide phosphorique, uni à la glycérine, forme un composé (*acide phosphoglycérique*) qui uni lui-même aux acides gras forme un nouveau composé (*acide distéaro*, *dioléo* ou *dipalmito-phosphoglycérique*), lequel uni à son tour à la *choline* (corps azoté) donne alors une *lécithine* (*lécithine distéarique*, *dioléique*, *dipalmitique*, suivant la nature de l'acide gras). Ces corps existent en petite quantité dans la plupart des éléments cellulaires : ils sont en grande abondance dans le jaune d'œuf des ovipares ainsi que dans le cerveau et les nerfs de tous les vertébrés.

Quand ces corps existent dans les aliments, la digestion les ramène à l'état de corps gras plus simples et de savons, mais que les aliments les contiennent ou non, il n'est pas douteux que l'organisme ait le pouvoir de les réaliser par synthèse avec les principes plus simples qui les constituent. Il n'est pas douteux non plus qu'une fois constitués dans l'intérieur des éléments (nerveux surtout) ils n'y subissent l'évolution destructive commune à toutes les substances assimilées par ces éléments, pour être ramenés à l'état de corps plus simples azotés et phosphorés, ainsi que d'acide carbonique et d'eau finalement éliminés par le rein et le poumon.

Le cycle des lécithines est, comme on voit, beaucoup plus complexe que celui des graisses ordinaires, dans lequel il est impliqué en bloc et comme première approximation. Cette complexité résulte de la présence dans ces substances et de l'intervention dans les réactions de deux corps supplémentaires absents des graisses ordinaires, le *phosphore* d'une part, l'*azote* de l'autre. Les lécithines marquent un stade en quelque sorte culminant dans l'évolution du phosphore : dans l'évolution de l'azote elles marquent un stade intermédiaire entre l'albumine et les matières grasses. Il est remarquable que les dégénérescences dites graisseuses qui frappent le foie, le rein, les muscles, etc., dans certains empoisonnements et certains états pathologiques sont dues en grande partie à la formation de corps de cet ordre dans les différents parenchymes : *la dégénérescence dite graisseuse est une dégénérescence lécithique.*

Si l'on songe que les lécithines existent dans presque toutes les cellules et qu'elles sont en quantité considérable dans le système nerveux ; si on réfléchit d'autre part qu'elles y existent en quantité fixe, tandis que les graisses simples sont en proportion éminemment variables, on est conduit à attribuer un rôle bien plus important aux premières qu'aux secondes, et on peut même admettre que la raison de la présence des graisses simples, tant dans les réserves que dans l'alimentation, est en partie subordonnée à la formation des lécithines auxquelles elles fournissent à la fois leur acide gras et de la glycérine. De ce point de vue particulier on pourrait dire que le cycle des graisses est inclus dans celui plus compliqué des lécithines plutôt qu'inversement.

Hydrates de carbone.

Les hydrates de carbone sont des composés organiques qui renferment avec le carbone, de l'hydrogène et de l'oxygène exactement dans la même proportion que l'eau. Ceux d'entre eux auxquels revient le rôle le plus actif dans l'alimentation sont les *sucres* proprement dits (*saccharose* $C^{12}H^{22}O^{11}$, *glucose* $C^6H^{12}O^6$, *maltose* $C^{12}H^{22}O^{11}$,... *lactose* $C^{12}H^{22}O^{11}$, *galactose* $C^6H^{12}O^6$...) et les substances amylacées (*amidon* $C^6H^{10}O^5$, *dextrine* $C^6H^{10}O^5$, *cellulose* $C^6H^{10}O^5$...).

Dans l'animal, une fois l'intestin franchi, nous n'avons guère à tenir compte que du glucose du sang ainsi que du glycogène du foie et des muscles qui forment l'un et l'autre les réserves de l'organisme en hydrates de carbone.

Ces substances sont susceptibles de se transformer les unes dans les autres par hydratation et dédoublement et inversement par déshydratation et condensation. Exemple :

$$C^6H^{10}O^5 + H^2O = C^6H^{12}O^6.$$
Amidon.   Eau.   Glycose.

ou inversement

$$C^6H^{12}O^6 = C^6H^{10}O^5 + H^2O.$$
Glycose.   Glycogène.   Eau.

Mais elles sont de plus liées à l'évolution des albuminoïdes et des graisses, car, ainsi qu'on a vu, les hydrates de carbone peuvent provenir des premiers de ces corps par hydratation et des seconds par oxydation incomplète. Les graisses à leur tour peuvent provenir des hydrates de carbone par voie de réduction ou de synthèse.

I. **Alimentation azotée (constitution des réserves).** —

« Lorsque pendant l'absorption digestive il pénètre dans le sang une grande quantité d'albumine, celle-ci se dédouble rapidement et fournit de la graisse. Cette graisse a généralement trois destinations immédiates: une partie éprouve aussitôt une oxydation complète en passant par la phase glycose et fournit l'énergie nécessaire au travail physiologique général de l'organisme ; une autre partie ne s'oxyde qu'incomplètement conformément à l'équation de M. Chauveau, et se transforme en matière hydrocarbonée qui reste en réserve sous forme de glycogène ; et enfin une troisième partie de cette graisse reste intacte et, en se déposant en nature, sert à l'accroissement de la réserve graisseuse. » (Kaufmann.) Sur l'animal pauvre en glycogène la graisse non oxydée se transformera surtout en glycogène ; sur l'animal abondamment nourri antérieurement la graisse non oxydée se dépose en nature.

Autrement dit, une alimentation abondante exclusivement albuminoïde fournie à un animal sortant d'inanition donne lieu, quand l'albumine pénètre dans le sang, à des réactions complexes et échelonnées que l'on peut schématiser ainsi :

ALIMENTS.	RÉSERVES		DÉCHETS.
	A CONSERVER.	A DÉPENSER.	
Albumine (+ *eau*) =	+ Graisse (+ *oxygène*) =	....	Urée.
	+		Eau.
	+		Acide carbonique.
		+	Eau.
		+	Acide carbonique.
		+ Hydrate de carbone (+ *oxygène*) —	Eau. Acide carbonique.
	+ .... Hydrate de carbone (+ *oxygène*) =		Eau. Acide carbonique.
Réaction dédoublante à peu près neutre au point de vue thermique.	Réactions oxydantes dégageant de grandes quantités d'énergie.		

Si l'albumine, au lieu de réactions successives et ainsi ménagées, avait été comburée directement, totalement, en une seule fois, la quantité de chaleur dégagée n'eût pas été très différente du total des quantités dégagées par ce procédé en cascade. Mais ce qui est différent dans les deux cas, c'est la répartition dans le temps du phénomène thermogène. Dans le procédé par étapes, c'est vers la fin que se place le dégagement de chaleur; la réaction du commencement a pour but de faire un sort provisoire à l'albumine en excès et les réactions successives l'approchent de la forme où elle sera employée à un acte défini.

De nouveau, en comparant les nombres qui représentent, pendant une période donnée, l'azote urinaire, les échanges respiratoires, la chaleur dégagée par l'animal dans le calorimètre, on pourra, d'après KAUFMANN, désigner la source à laquelle s'alimente la chaleur pendant cette période. — L'azote urinaire indique la quantité d'albumine qui a été détruite, soit $9^{gr},325$ dans une expérience prise en particulier. On calcule la chaleur qui lui revient en suppposant qu'elle ait été comburée directement. Le nombre de calories trouvé par le calcul est $45^{cal},0$: il est comparé avec celui trouvé dans l'expérience, $30^{cal},6$. Il se trouve qu'il est trop fort. De même la quantité d'oxygène réclamée pour cette combustion complète ($9^l,745$), excède celui que l'animal a absorbé ($5^l,953$). De même la quantité d'acide carbonique exhalé, $9^l,745$ contre $6^l,767$.

C'est donc que des réserves se sont constituées dans l'organisme par des réactions hydratantes et dédoublantes. L'albumine a-t-elle été alors uniquement employée à faire une réserve de graisse, suivant la formule de sa transformation en graisse par l'oxygène ? Non, car les chiffres théoriques d'oxygène et d'acide carbonique, calculés d'après cette réaction, sont trop faibles comparés à ceux donnés par l'expérience, il y a un excédent de $CO^2 = 1^l,499$ et d'$O^2 = 2^l,282$, soit :
$\dfrac{CO^2}{O^2} = \dfrac{1,499}{2,282} = 0,66$. Ce quotient est intermédiaire entre 0,70 qui se rapporte à une oxydation complète des graisses, et 0,27 qui se rapporte à la transformation des hydrates de carbone. C'est donc qu'il y a simultanément oxydation complète et oxydation incomplète des graisses.

$$\text{Faisons l'excédent d'acide carbonique} \dots\dots\dots \quad 1,499 = a + b$$
$$\text{et l'excédent d'oxygène} \dots\dots\dots \quad 2,282 = c + d$$

soit a l'acide carbonique provenant de la combustion complète de la graisse ; c l'oxygène nécessaire à cette combustion, on aura $\dfrac{a}{c} = 0,70$ par définition ; soit d'autre part b l'acide carbonique provenant de la combustion incomplète de la graisse avec formation de sucre et d'oxygène nécessaire à cette réaction, on aura :
$\dfrac{b}{d} = 0,27$.

En déterminant les valeurs de a, b, c, d, on trouve :

$$a = 1^{lit},437 \qquad b = 0^{lit},062 \qquad c = 0^{lit},052 \qquad d = 0^{lit},230$$

$$a + b = 1,437 + 0,062 = 1,499$$

$$c + d = 2,052 + 0,230 = 2,283$$

$$\frac{a}{c} = \frac{1,437}{2,052} = 0,70 \qquad \text{et} \qquad \frac{b}{d} = \frac{0,062}{0,200} = 0,27.$$

La répartition des gaz se fait de la manière suivante dans l'expérience : L'animal a absorbé $6^l,767$ d'oxygène qui a été utilisé comme suit :

1° Dans la transformation de l'albumine en graisse $\dots\dots\dots$ $4^{lit},485$
2° Dans la combustion complète de la graisse $\dots\dots\dots$ $2^{lit},052$
3° Dans la transformation de la graisse en sucre $\dots\dots\dots$ $0^{lit},230$

Total $\dots\dots\dots$ $6^{lit},767$

L'animal a éliminé : acide carbonique 5^{l},953. Cet acide carbonique dérive :

1° De la transformation de l'albumine en graisse..... ...... 4^{lit},454
2° De la combustion complète de la graisse........... .... 1^{lit},437
3° De la transformation de la graisse en sucre............. 0^{lit},062

         Total................. 5^{lit},953

D'où l'on déduit :

Stéarine formée aux dépens de l'albumine.................. 2^{gr},574
  —   complètement brûlée..................... 1^{gr},004
  —   transformée par oxydation en hydrate de
        carbone .... 0^{gr},273
  —   totale disparue......................... 1^{gr},277   1^{gr},277

Graisse en nature qui reste déposée dans l'organisme. ...... 1^{gr},297

II. **Alimentation hydrocarbonée (constitution des réserves)**. — Dans l'alimentation par les hydrates de carbone, le quotient respiratoire s'élève et prend une valeur voisine de l'unité qui est le quotient théorique des sucres. Tant que la ration n'excède pas les besoins de l'animal ou qu'elle leur est inférieure, ce quotient reste à une certaine distance de l'unité. Cela tient à la désassimilation parallèle de l'albumine qui tend à l'abaisser. Mais si la dose des hydrates de carbone devient massive et que leur absorption soit rapide, le quotient respiratoire dépasse l'unité et dénonce ainsi un excès d'acide carbonique procédant d'une autre source que la combustion. « Cet excès se rattache à la transformation du sucre alimentaire en graisse par voie de dédoublement avec dégagement d'acide carbonique et de vapeur d'eau.... Une partie du sucre alimentaire est soustraite à la combustion et va se jeter dans les réserves adipeuses. » (LAPLANIÉ.)

Équation de la formation de la graisse aux dépens du sucre (HANRIOT).

$$13(C^6H^{12}O^6) = \begin{cases} C^{55}H^{104}O^6...... & 0^{kg},370 \\ \quad \text{Graisse.} \\ + 23\,CO^2...... & 0^{kg},430 \\ + 26\,H^2O...... & 0^{kg},200 \end{cases} \quad \begin{array}{l}\text{Réaction anaérobie neutre au} \\ \text{point de vue thermique.}\end{array}$$

$$\text{1 kilogr.} \qquad\qquad 1^{kg},000$$

Mais cette réserve adipeuse est destinée à être utilisée à son tour. Elle le sera après retransformation en glycose. Elle est donc retransformée en glycose.

Équation de la formation du sucre aux dépens de la graisse (CHAUVEAU).

$$\begin{array}{l} C^{57}H^{110}O^6(0^{kg},370) \\ + 67\,O^2(0^{kg},472) \end{array} \Big\} = \begin{cases} 8(C^6H^{12}O^6)..... & 0^{kg},619 \\ \quad \text{Glycose.} \\ + 9\,CO^2........ & 0^{kg},170 \\ + 7\,H^2O........ & 0^{kg},053 \end{cases} \quad \begin{array}{l}\text{Réaction qui dégage} \\ \text{1334 calories.}\end{array}$$

$$0^{kg},842 \qquad\qquad 0^{kg},842$$

La réserve adipeuse provenant des hydrates de carbone est redevenue de la sorte une réserve d'hydrate de carbone, — matériaux d'utilisation immédiate. Elle va se consommer par le procédé ordinaire et définitif d'après l'équation suivante :

Équation de la combustion du glycose.

$$8(C^6H^{12}O^6) \quad + \quad 48\,O^2 \quad = \quad 48\,CO^2 \quad + \quad 48\,H^2O \quad \text{Réaction qui dégage 2314 calories.}$$

Glycose.	Oxygène.	Ac.carbonique.	Eau.
0ᵏᵍ,619	0ᵏᵍ,660	0ᵏᵍ,906	0ᵏᵍ,373

Ainsi 1 kilogramme de glycose absorbé dans le sang a donné par dédoublement 0ᵏᵍ,370 de graisse par élimination d'acide carbonique et d'eau. Cette graisse a reconstitué, à un moment donné, près de 0ᵏᵍ,600 de sucre par oxydation. Puis ce sucre a été brûlé définitivement.

Par ce procédé de double transformation, l'organisme animal a trouvé le moyen d'utiliser l'aliment hydrocarboné en excès, plutôt que de l'éliminer directement par les urines. Remarquons que les deux transformations ne sont pas exactement inverses, pas plus qualitativement que quantitativement. Chaque fois il y a élimination d'eau et d'acide carbonique. Il y a dégagement d'énergie en quantité croissante du commencement jusqu'à la fin.

Si on fait le calcul des quantités de chaleur dégagées d'un côté par un kilogramme de glycose brûlé directement et complètement, et de l'autre, par un kilogramme de glycose qui a subi ces transformations successives, on trouve qu'elles ne sont pas très différentes dans le premier et le second cas. En effet en brûlant directement, le kilogramme de sucre eût dégagé 3739 calories, chiffre voisin de la somme :

$$1334 + 2314 = 3648$$

La graisse formée dans la première transformation contient à peu près toute l'énergie du glycose. Mais si on suppose que ces deux réactions se répartissent en une journée par exemple, en se faisant graduellement dans deux calorimètres séparés, les quantités ne seront pas égales aux mêmes heures et les calorimètres ne donneront pas les mêmes nombres aux mêmes moments.

L'animal en constituant sa réserve adipeuse fait donc réellement provision d'énergie et de chaleur ; il crée son potentiel énergétique et le dépense ensuite suivant les besoins. La graisse est pour l'animal une substance avantageuse à ce point de vue, parce qu'elle peut s'accumuler facilement dans les tissus en quantité beaucoup plus considérable que le glycogène. Ce dernier ne parait pas avoir les mêmes facilités et n'atteint jamais un taux bien élevé.

Le glycogène est une réserve constamment *mobile* qui doit toujours être présente et se reconstitue à mesure de la dépense en quantité variable, mais jamais en surabondance. La graisse est précisément destinée à être cette réserve *dormante* quand l'alimentation excède le besoin de l'organisme. Elle affecte cette fonction à l'égard des trois ordres de substances alimentaires, à savoir les graisses elles-mèmes, les hydrates de carbone et les albuminoïdes.

III. État de jeûne. — Destruction des réserves ; son rôle dans la production de la chaleur. — Dans l'état de jeûne prolongé, c'est-à-dire équivalant à l'inanition, les aliments sont naturellement mis hors de cause, et ce sont uniquement les réserves

qui font les frais de la combustion qui entretient la chaleur animale. Quelles sont ces réserves, prochaines ou éloignées, et quelle est la part de chacune d'elles ? — La réserve prochaine est bien toujours le glycogène, terme d'aboutissement des transformations des substances formant le potentiel énergétique, mais ce glycogène ne compte alors plus dans les réserves éloignées qui constituent la provision durable que l'organisme peut dépenser. Cette provision, au bout de peu de jours de jeûne, après lesquels le glycogène est entièrement dépensé, est représentée par l'albumine et les graisses. Celles-ci, par leur hydratation et leur oxydation, sont alors transformées en hydrates de carbone qui peuvent jouer le rôle ordinaire de combustible approprié au fonctionnement cellulaire (surtout musculaire). Le calcul de l'énergie dépensée et de la chaleur totale produite peut alors se faire comme si l'une et l'autre provenaient d'une oxydation complète et simultanée de l'albumine et de la graisse.

A titre d'exemple pratique, citons l'expérience suivante empruntée à un travail de KAUFMANN :

Données expérimentales. — Chien en état de jeûne (quinzième jour).

1° Échanges respiratoires par heure :

$$\text{Acide carbonique produit} \ldots \quad \frac{4^l,494}{5^l,992} = \text{QR} = 0,75.$$
$$\text{Oxygène absorbé} \ldots$$

2° Excrétion azotée par heure :

Azote total $\ldots$ $0^{gr},1983$ Albumine correspondante. $1^{gr},2683$

3° Chaleur dégagée au calorimètre, $27^{cal},9$.

Hypothèse directrice. — Les calculs sont faits d'après l'hypothèse de l'*oxydation complète et simultanée de l'albumine et de la graisse.* Faisons d'abord la part de l'albumine.

A. *Transformation de l'albumine jusqu'à l'état d'urée.* — $1^{gr},2683$ d'albumine pour se transformer en urée réclament :

Acide carbonique $\ldots$ $0,872 \times 1,2683 = 1^l,1059$
Oxygène $\ldots$ $1,045 \times 1,2683 = 1^l,3254$
Chaleur $\ldots$ $4,857 \times 1,2683 = 6^{cal},2$

Voilà ce qui est réclamé en gaz et en chaleur pour la transformation de l'urée par oxydation de l'albumine.

En comparant ces nombres avec ceux qui sont donnés par l'expérience on trouve qu'ils sont beaucoup plus faibles :

L'excédent d'acide carbonique exhalé est.. $4^l,494 - 1^l,1059 = 3^l,388$
— d'oxygène absorbé est $\ldots$ $5^l,992 - 1^l,3254 = 4^l,666$
— de chaleur dégagée est $\ldots$ $27^{cal},9 - 6^{cal},2 = 21^{cal},7$

Il y a donc un autre corps au moins qui a été brûlé en même temps que l'albumine et nous soupçonnons que ce corps est de la graisse.

B. *Oxydation de la graisse.* — Dans la combustion de la stéarine chaque litre de CO^2 répond à $6^{cal},647$ et chaque litre d'O absorbé à $4^{cal},650$.

La chaleur correspondant à l'excédent d'acide carbonique, dans le cas où cet excédent provient de l'oxydation de la graisse, devra donc être :

$$6^{cal},647 \times 3,388 = 22^{cal},5$$

Celle correspondant à l'excédent d'oxygène devra être de son côté :

$$4^{cal},666 \times 4,650 = 21^{cal},69$$

nombre que nous considérons (vu les causes d'erreurs inhérentes à l'expérience) comme identique au précédent, ce qui doit être, puisque c'est la même chaleur que nous mesurons en la rapportant soit à l'acide carbonique produit, soit à l'oxygène dépensé.

Et d'autre part, ces deux nombres établis par le calcul sont également sensiblement identiques au nombre $21^{cal},7$ qui représente l'excédent de chaleur trouvé au calorimètre.

Cette concordance nous paraît suffisante pour admettre que le corps qui est brûlé dans l'animal à l'état de jeûne en plus de l'albumine est la graisse.

Ainsi théoriquement la chaleur totale calculée d'après l'acide carbonique exhalé est :

$$6^{cal},2 \text{ pour l'albumine} + 22^{cal},5 \text{ pour la graisse} = 28^{cal},7$$

celle calculée d'après l'oxygène absorbé est :

$$6^{cal},2 \text{ pour l'albumine} + 21^{cal},89 \text{ pour la graisse} = 28^{cal},09$$

chiffres très voisins, dont la différence rentre dans les limites des erreurs possibles dans la mesure des gaz et dont la moyenne est $28^{cal},4$. Or, ce chiffre est lui-même sensiblement voisin de celui de $27^{cal},9$ trouvé directement au calorimètre, ce qui justifie l'hypothèse faite plus haut sur l'origine de la chaleur dans le cas particulier de cette expérience et autorise l'emploi d'une telle méthode d'évaluation de la chaleur.

Observation. — Mais si la chaleur totale dégagée par un animal à l'inanition s'explique par la combustion des graisses et de l'albumine de cet animal, quelle part ferons-nous aux *hydrates de carbone,* au glycose notamment que l'expérience nous montre se détruisant incessamment jusqu'à la fin de la vie pour entretenir le jeu des muscles (de la circulation et de la respiration tout au moins)? Cette part ne doit pas être oubliée : seulement il ne faut pas la faire *à côté* de celle des deux autres substances, mais dans le détail des transformations de celles-ci, et cela en raison de ce que les hydrates de carbone chez l'animal à l'inanition ne sont pas une réserve *fixe,* comme l'albumine et la graisse, s'épuisant peu à peu ; mais une réserve *mobile* extrèmement faible qui se constitue sans cesse à leurs dépens et se détruit sans cesse en égale quantité. Les hydrates de carbone ne sont qu'une phase de la transformation des substances précédentes dans le total des réactions qui les font aboutir à l'acide carbonique et à l'eau. En d'autres termes, l'état initial est l'albumine et la graisse ; l'état final, l'acide carbonique et l'eau, en passant partiellement par les hydrates de carbone. Leur chaleur de destruction n'est pas absente, mais se trouve comprise dans le total, et pour l'en dégager il faut conduire l'expérience et le raisonnement d'une autre façon.

IV. **Condition complexe**. — **Action du vernissage de la peau**. — *Les animaux dont la peau a été revêtue d'un enduit imperméable ne tardent pas à succomber*. — Le fait a été vu pour la première fois par FOURCAULT en 1838, et confirmé depuis par tous les expérimentateurs. Il y a toutefois des différences à établir entre les espèces animales. Les lapins, les chevaux succombent fatalement et assez rapidement, les premiers au bout de trois à six jours (LAULANIÉ), les seconds au bout de huit à dix jours (BOULEY). Les chiens résistent beaucoup mieux et peuvent échapper à la mort.

Les animaux ainsi vernis éprouvent un abaissement considérable de la température centrale, ainsi que l'ont constaté VALENTIN d'une part, et BECQUEREL et BRESCHET, de l'autre. La température rectale peut s'abaisser jusqu'aux environs de 28° à 21°; mais parfois aussi elle s'arrête à des chiffres moindres, tels que 36° chez l'animal près de mourir. Si l'abaissement de la température est constant, la mort, comme on voit, ne se produit pas toujours à un degré thermométrique invariable ni même bien fixe.

Dans tous les cas, l'abaissement de la température chez les animaux vernis est corrélatif d'une augmentation considérable du rayonnement calorique de l'animal : c'est-à-dire de la déperdition de sa chaleur par la peau dont le pouvoir émissif apparent se trouve considérablement augmenté. Ce fait, qui ressort déjà de preuves plus ou moins indirectes, devient évident lorsqu'on met l'animal dans un calorimètre. D'après D'ARSONVAL, qui le premier a fait cette mesure, le dégagement de chaleur peut aller jusqu'à quadrupler. D'après LAULANIÉ, qui a refait cette expérience, la déperdition de chaleur (ce que cet auteur désigne sous le nom de coefficient thermique) s'accroît de 4 calories à 7 calories et demie en chiffres ronds.

Pendant que la thermodéperdition s'exagère ainsi, que devient la thermogenèse chez l'animal verni ? L'auteur précédent en cherche la mesure dans celle de la consommation d'oxygène faite au même moment. Il constate que *la consommation d'oxygène augmente parallèlement à la déperdition calorique*. D'après ses moyennes, le coefficient respiratoire monte de 1 à 1,92 pendant que le coefficient thermodéperditeur monte de 1 à 1,82. Cela revient à dire que chez l'animal verni, la déperdition calorique est compensée par l'exagération de la thermogenèse, ce qui, au premier abord, surprend, puisque la température baisse.

Mais il faut remarquer que *l'abaissement de la température centrale de l'animal ne commence à se dessiner franchement que vers les approches de la mort (comme dans l'inanition du reste)*. Les températures prises chaque jour se succéderont par exemple avec les valeurs suivantes : 38°,4 ; 36°,5 ; 35°,5 ; 28°,3 (valeurs moyennes). — Comme dans l'asphyxie, comme dans l'inanition, comme dans toute perturbation essentielle de l'équilibre des fonctions physiologiques, il y a une *phase de lutte* plus ou moins longue et une *phase de déroute*. L'abaissement de la température chez l'animal verni correspond à cette seconde phase, tandis que les chiffres forts par lesquels s'exprime l'exagération parallèle de la thermogenèse et de la déperdition, appartiennent à la première. Vers la fin, ces chiffres faiblissent à leur tour, surtout ceux qui expriment la consommation d'oxygène. Le coefficient respiratoire s'abaisse parallèlement avec la température centrale.

Tous ces faits s'enchaînent logiquement d'après les lois physiques et physiologiques connues. Le vernissage augmentant le pouvoir émissif de l'animal, celui-ci gaspille sa chaleur, étant dans l'incapacité de la conserver. Menacé d'un abaissement de sa température centrale, il fait appel aux moyens compensateurs qui lui restent, à savoir l'augmentation de ses combustions. C'est un cas particulier de la résistance au froid. Le milieu extérieur, lui, n'a pas changé, mais l'organe déperditeur a augmenté son débit et il est devenu incapable de restreindre la déperdition.

Le système nerveux qui veille à la conservation de l'organisme est averti du danger ; il y pare en augmentant la thermogenèse. Par quelle de ses parties le système nerveux reçoit-il l'avertissement ? par la périphérie ou par les centres ? où est le point de départ du réflexe thermogène ? c'est ce qu'il est difficile de dire exactement. C'est un cas particulier de la régulation de la température, mais avec cette circonstance périlleuse pour l'animal qu'il est privé précisément d'un de ses moyens les plus efficaces, celui qui consiste à conserver et économiser sa chaleur, et condamné à exagérer d'autant ses combustions.

Dans sa lutte contre le froid il faut qu'il soit secouru par une *suralimentation*, et ce moyen lui-même peut n'être pas suffisant pour le préserver de la mort. Il l'est pour le chien dans de certaines conditions : il ne l'est pas pour le lapin, et même pour cet animal, il arrive ce fait inattendu que lorsqu'il est verni il s'alimente moins qu'à l'ordinaire, de sorte qu'il est dans l'état d'un animal inanitié, mais dont les phases de l'inanition se succèdent avec une rapidité exagérée, du fait même de l'exagération de ses pertes de chaleur et de sa consommation de combustible (LAULANIÉ).

C'est ce qui explique, d'après le même auteur, pourquoi cette mort d'inanition arrive avec une perte de poids final moindre que dans la privation simple d'aliments (17 p. 100 dans un cas ; 35 p. 100 dans l'autre) et aussi avec un abaissement de température souvent moindre, en tout cas inégal, inconstant. — L'accélération chez l'animal verni « des dépenses chimiques nécessitées par les effets physiques du vernissage » est cause que « la résolution alimentaire de ses propres tissus » n'a pas eu le temps de se faire assez complète pour épuiser les réserves à la fois présentes et possibles qui prolongent la vie d'un animal non alimenté dans les conditions ordinaires.

En somme, *les animaux vernis mourraient non de froid, mais d'inanition*; l'un n'est que la conséquence de l'autre. Il reste à trouver la relation particulière, jusqu'ici insoupçonnée, existant entre le système cutané et le système digestif, et qui, dans le cas particulier du vernissage, aboutit à cet effet paradoxal que l'organisme au moment qu'il augmente ses pertes en chaleur et en substances thermogènes, renonce à couvrir celles-ci par le moyen mis à sa portée de la suralimentation et même de l'alimentation.

L'explication de la mort par asphyxie ne mérite pas même d'être discutée, tant la respiration cutanée est chose négligeable dans le total du phénomène respiratoire chez les mammifères. — L'intoxication de l'animal verni par la rétention de produits sécrétés par la peau n'a pas contre elle de fin de non-recevoir, mais elle demeure hypothétique tant qu'on n'aura pas établi non seulement qualitativement, mais encore quantitativement l'existence de ces produits toxiques et déterminé leur mode particulier d'action. — La modification particulière imprimée aux fonctions cutanées du fait du vernissage et qui devient le point de départ d'un désordre si grave dans l'équilibre de la nutrition, nous reste inconnue. C'est de ce côté que l'imagination peut se donner carrière jusqu'à ce que quelque fait précis nous l'ait dévoilée.

INFLUENCES PERTURBATRICES PRINCIPALES S'EXERÇANT SUR LA THERMOGENÈSE. — Quelque variées que soient les solutions entre lesquelles nous avons le choix pour la détermination des réactions originelles de la chaleur, il n'en est pas moins intéressant de connaître expérimentalement les quantités totales de chaleur qui sont dégagées par l'animal (ou plus généralement par l'unité de poids de l'animal) en concordance avec les variations des conditions extérieures ou intérieures principales de son genre de vie. Ces déterminations acquièrent un intérêt de plus quand elles sont faites parallèlement avec celles des échanges respiratoires dans le même temps et les mêmes conditions. Des mesures de ce genre ont été faites par LAULANIÉ.

Cet auteur s'est préoccupé de connaître les variations parallèles de la thermogenèse et des échanges respiratoires dans les circonstances suivantes qui sont relatives à *l'état du tégument*, à *l'inanition*, au *régime* (végétal ou animal), au *travail musculaire*. — Il donne le nom de *coefficient* aux chiffres exprimant les quantités (en substance ou en énergie) qui représentent la consommation ou la dépense, et le nom de *quotient* aux rapports entre ces quantités. Il distingue *deux coefficients respiratoires* (l'un en oxygène, l'autre en acide carbonique), *un coefficient thermique* et *deux quotients thermiques* (l'un par rapport à l'oxygène, l'autre par rapport au carbone de l'acide carbonique). Ces quotients mesurent les *rendements thermiques* de l'oxygène et du carbone.

A. Conditions relatives à la protection exercée par le tégument. — Variation des rendements thermiques de l'oxygène et du carbone en fonction de la tonte. — L'animal est le lapin. *Le résultat constant du défaut de protection contre la radiation qui suit la tonte est un abaissement très notable des* *rendements thermiques*. L'accroissement de la thermogenèse qui suit la tonte est beaucoup moins considérable que l'accroissement des échanges respiratoires.

Caractéristiques biologiques.	État normal.	Après la tonte.
Coefficient respiratoire en O...............	$0^{lit},613$	1,173
— — en CO^2......	$0^{lit},587$	1,032
— thermique.............. ..	$4^{cal},006$	6,079

Accroissement de :

Consommation d'O......................................	1 à 1,91
Exhalation de CO^2....................................	1 à 1,75
Radiation de chaleur.................................. .	1 à 1,51

Rendement thermique.	État normal.	Après la tonte.
A l'oxygène..............................	4,552	3,640
Au carbone	12,922	10,970

Sous l'influence de la tonte, l'intensité des échanges respiratoires et celle de la thermogenèse s'accroissent simultanément, mais non proportionnellement. L'accroissement dans l'intensité des échanges respiratoires l'emporte sur l'accroissement dans l'intensité de la thermogenèse. Le quotient respiratoire subit un abaissement immédiat pour se relever lentement. Il en résulte que les rendements thermiques de l'oxygène et du carbone sont affectés d'une diminution très sensible de (1/3° environ); plus grave pour celui de l'oxygène par la raison que la consommation de l'oxygène l'emporte sur celle de l'acide carbonique (fig. 140, 141).

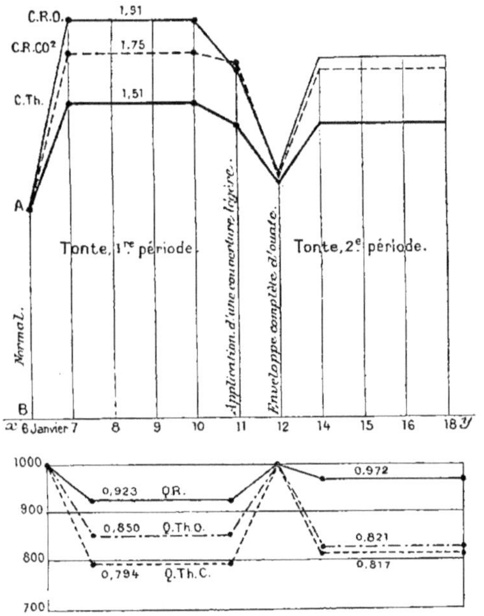

La production de chaleur chez les animaux tondus ne se fait pas économiquement. Ou bien elle s'alimente à des réactions nouvelles moins thermogènes que les accoutumées ou bien celles-ci se compliquent de réactions endothermiques.

B. **Influence de l'inanition**. — L'inanition détermine un *abaissement disproportionné* de la thermogenèse et de la respiration.

Fig. 139 et 140. — *Modifications des caractéristiques biologiques par la tonte.*

C.R.O., coefficient respiratoire en oxygène; C.R.CO², coefficient respiratoire en acide carbonique; C.Th., coefficient thermique.

Q.R., quotient respiratoire; Q.Th.O., quotient thermique de l'oxygène; Q.Th.C., quotient thermique du carbone de CO². Accroissements inégaux des trois coefficients. Abaissement des rendements thermiques.

Au point de vue de la vitesse de leur chute, les coefficients se placent dans l'ordre décroissant suivant :

1° Le coefficient thermique qui, en moyenne, subit une réduction de 1/5.

2° Le coefficient respiratoire en oxygène qui tombe au 1/4 de sa valeur première.

3° Le coefficient respiratoire en acide carbonique qui est réduit au 1/3.

Ces changements entrainent des variations corrélatives et inverses dans le quotient respiratoire qui est diminué et dans les quotients thermiques qui sont augmentés.

Le quotient thermique de l'oxygène s'élève en moyenne de 0,15 et celui du carbone de 0,25 de sa valeur normale.

La production économique de la chaleur, qui résulte ainsi de l'inanition, entraine cette conséquence que les réactions attachées au chimisme respiratoire sont plus thermogènes que les réactions accoutumées.

L'expression graphique de ce fait revêt des formes variables caractéristiques d'autant de types.

Type descendant : loi de l'inégale vitesse dans son expression la plus simple.

Type convexe : loi de l'inégale vitesse n'intervenant que que dans la deuxième période.

Type concave : relèvement final des courbes respiratoires.

Ces types divers laissent subsister l'effet le plus saillant de l'inanition, à savoir : la *production économique de chaleur*.

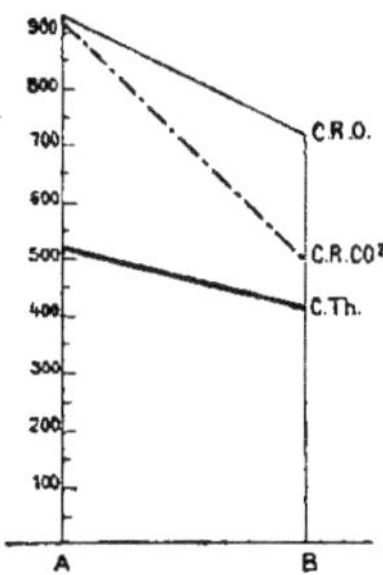

Fig. 141. — *Modifications des caractéristiques biologiques par l'inanition. Type moyen.*

Mêmes significations des symboles que plus haut. Les coefficients seuls sont ici représentés et non les quotients. Abaissement des coefficients ; augmentation des rendements thermiques ; production économique de chaleur.

	Début.	Fin.	Moyenne.
Coefficient respiratoire en O............	$0^l,926$	$0^l,716$	$0^l,786$
— — en CO^2.........	$0^l,918$	$0^l,500$	$0^l,617$
— thermique.................	$5c,191$	$4c,183$	$4c,634$
Quotient respiratoire..................	0,991	0,698	0,785
— thermique en O..............	3,878	4,100	4,137
— — en C..............	10,446	15,608	14,030

Abaissement de :

Consommation d'O.................................... 1 à $0^l,771$

Production CO^2.................................... 1 à $0^l,544$

Radiation de chaleur............................... 1 à $0c,805$

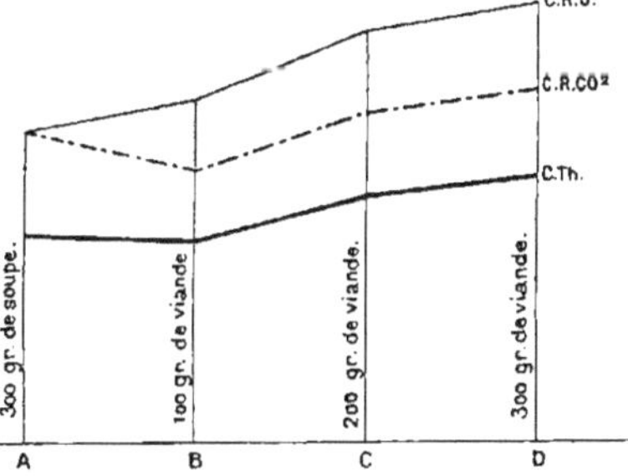

De A à B, ration de composition différente, mais équivalente.

De B à D, ration de même composition, mais en quantité croissante.

Fig. 142. — *Influence de la composition et de la quantité de la ration sur les caractéristiques biologiques. Marche des coefficients.*

De A à B, divergence des coefficients en O et en CO^2, mais même rendement thermiques. — De B à D, accroissement des coefficients ; mais moins rapide que celui de la ration. Gaspillage d'énergie.

C. Influence de l'alimentation. — *a.* **Influence de la quantité.** — *Sous l'influence d'une ration croissante de viande la calorification et les échanges gazeux s'accroissent proportionnellement. Leur accroissement est beaucoup moins rapide que celui de la ration.* Il y a gaspillage d'énergie.

Valeurs réelles des coefficients en fonction d'une ration croissante.

Ration de viande	100 grammes.	200 grammes.	300 grammes.
Coefficient respiratoire en O...	$0^l,763$ $1^{gr},09$	$0^l,915$ $1^{gr},31$	$0^l,970$ $1^{gr},39$
— — en CO^2.	$0^l,600$ $C = 0^{gr},322$	$0^l,729$ $C = 0^{gr},392$	$0^l,770$ $C = 0^{gr},414$
— thermique	4,479	5,429	5,890

Valeurs proportionnelles des coefficients en fonction d'une ration croissante.

	Accroissement de		
La ration	1	2	3
Coefficient respiratoire en O....	1	$1^l,221$	$1^l,271$
— — en CO^2..	1	$1^l,215$	$1^l,283$
— thermique	1	1C,212	1,c315

La conséquence est une constance des trois quotients :

Ration	100 grammes.	200 grammes.	300 grammes.
Quotient respiratoire	0,786	0,796	0,793
— thermique O	4,119	4,144	4,207
— — C	13,909	13,773	14,226

b. **Influence de la nature des aliments.** — *Le passage du régime non azoté au régime azoté a pour effet de produire l'abaissement du rendement thermique de l'oxygène et l'élévation de celui du carbone.* Les variations du quotient respiratoire produites en fonction du régime sont suivies de variations de même sens dans le rendement thermique de l'oxygène et de sens inverse dans le rendement thermique du carbone.

« Chez un animal soumis au régime azoté les relations de la thermogenèse avec les échanges respiratoires dénoncent un excédent d'oxygène et de chaleur sur le carbone dépensé et rejeté sous forme d'acide carbonique. Or la source prochaine et immédiate de l'acide carbonique est (dans tous les cas) le glycose. Dès lors on pourrait penser que parmi les réactions qui accompagnent l'alimentation azotée, celles qui engagent l'albumine dans la glycogénie peuvent rendre compte de l'excédent d'oxygène et de l'excédent de chaleur que ces recherches nous révèlent dans la nutrition des carnivores. »

ALIMENTATION...............	NON AZOTÉE.	AZOTÉE.	
		100 GR. VIANDE.	200 GR. VIANDE.
Coefficient respiratoire en O...	$0^l,696$	$0^l,763$	$0^l,970$
— — en CO² .	$0^l,693$	$0^l,600$	$0^l,770$
— thermique.........	$4c,541$	$4c,479$	$5c,890$

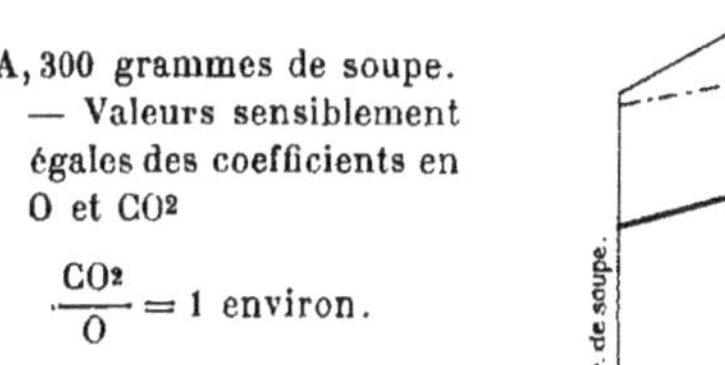

A, 300 grammes de soupe.
— Valeurs sensiblement égales des coefficients en O et CO²

$$\frac{CO^2}{O} = 1 \text{ environ.}$$

B, 300 grammes de viande.
— Valeurs inégales des coefficients (supériorité absolue de la ration).

$$\frac{CO^2}{O} = 0{,}80 \text{ environ.}$$

Fig. 143. — *Influence de la nature des aliments pris sous des poids égaux.*

Passage du régime végétal au régime animal à rations égales en poids ; valeurs différentes du rendement thermique de l'oxygène et du carbone. — Inégalité thermogène des deux régimes.

D. Influence de la contraction musculaire. — En fait, la contraction provoquée par l'électricité modifie très peu les quotients thermiques (chez le lapin). La faible diminution constatée est due à la douleur. Il est à présumer que l'activité normale des muscles ne change pas notablement la nature des réactions chimiques de la vie. Cela au moins tant que les hydrates de carbone ne font défaut dans l'alimentation.

E. Conditions relatives à la respiration. — La valeur respiratoire du sang et la température animale. — E. MEYER et G. BIARNÈS ont observé que *lorsque par divers procédés on fait baisser la valeur respiratoire du sang la température baisse également.* Le procédé le plus élégant et le plus correct consiste à faire respirer à l'animal un mélange titré d'air et d'oxyde de carbone (2 p. 100 par exemple) en quantité limitée et par inhalations répétées. A chaque inhalation on détermine sur un échantillon de sang la capacité respiratoire de celui-ci, en même temps qu'on prend la température dans le cœur. Ces auteurs notent que l'abaissement de la température n'est pas immédiat (bien que la capacité respiratoire commence à se réduire évidemment dès les premières inhalations), ceci tient à ce que la quantité d'oxygène qui est mise par le sang à la disposition des tissus est toujours, sur l'animal normal, supérieure à ses besoins immédiats. Cet excès est du reste variable suivant maintes circonstances tenant au sang et aux tissus. Mais, une fois cette provision supplémentaire épuisée, on voit à chaque fois que le champ respiratoire globulaire est rétréci par une nouvelle inhalation, la température baisser et cela d'une façon assez régulière. Chez le lapin qui élimine l'oxyde de carbone beaucoup plus facilement que le chien on assiste, en laissant cet animal respirer à l'air libre après la série des inhalations, à un relèvement rapide de la température.

BIBLIOGRAPHIE.

Thermogenèse. — D'Arsonval, à propos de la concordance entre la chaleur dégagée et les déchets organiques, *C. R. Ac. sc.*, 1881. — Product. de chaleur des mammifères et des oiseaux, *Biologie*, 1881, p. 203. — Œuf en incubation, *Biologie*, 1881, p. 208. *C. R. Ac. sc.* — Calorimétrie locale, *Biol.* — Infl. de la digestion, *Biol.*, 1880, p. 142. — Infl. de la taille, du milieu ambiant, de la pression barom., de la composit. gazeuse du milieu ambiant, de la digestion, du jeûne, de la lumière, du vernissage, *Biol.*, 1884, p. 721. — Nouv. rech. de calorimétrie animale, *Biol.*, 1888, p. 404. — Température et irritation cutanée (douche éther; eau froide...), *Biol.*, 1881, p. 244 ; 1884, p. 766. — Bergonié, Nouvel'es mesures calorim. sur l'homme, *Médecine moderne*, Paris, 1896, VII, p. 236. — A. Crawford, Exper. and observ. on animal heat and the inflammation of combustible bodies, being and attempt to resolve these phenomens into a general law of nature, 1779. — Lavoisier, *Exp. sur la resp. des anim.*, 1777. — Bouley, *Recueil de méd. vétér.*, 1850, p. 5 et 805. — Becquerel et Breschet. *C. R. Ac. sc.*, t. XIII, 1841. — Berthelot, Mém. sur la chaleur animale, *Journ. anat. de Robin*, 1865. — Chauveau, La vie et l'énergie, Paris, Asselin et Houzeau, 1894. — Edenhuizen, *Zeitschr. rat. Med.*, t. XXII. — Erler, Rapports entre l'élimination de CO^2 et les variations de la chaleur animale (section du bulbe, refroidiss., vernissage, immobilité), *Arch. f. Anat., Phys. u. wiss. Med.*, 1875. — Fourcault, Infl. enduits imperméables... sur temp. propre, *C. R. Ac. sc.*, 1843. — Rech. temp. anim., *Gaz. méd. d. Paris*, 1848. — Gad, Korperwärme Arbeit und Klima, Hambourg, Richter, 1887. — Fredericq, *Trav. lab.*, Liége, t. I, 1888. — Kaufmann, Méth. calorim. — Transf. intraorg. — Orig. de la graisse, *Arch. de physiol.*, 1896. — Lambling, *Encyclopédie chimique*, t. IX, 1897, et *Nord médical*, 1897 et 1893. — Laulanié. *Biol. et Arch. de physiol.*, année 1892 et suivantes. — Lavoisier et Laplace, Mémoire sur la chaleur dans *Mém. de l'Acad. d. sc.*, 1790, et *Œuvres complètes*, t. II, p. 283. — Pflüger, Temp. et éch. nutr. des mammif., *Arch. f. d. g. Phys.*, XII, 1876. — Regnault, Théorie de la chaleur animale, *Mém. Ac. des sc.*, 1872. — Langlois, Calorimétrie chez les enfants malades, *C. R. Ac. sc.*, CIV, 12, 860. — Rech. de calorimétrie chez l'homme, *Journ. anat. et phys.*, 1887, *Thèse de Paris*, 1887. — Contrib. à l'étude de la calorimétrie chez l'homme, *Trav. lab.* de Ch. Richet, 1892. — E. Meyer, Sur les rapports de la capacité respiratoire avec la température animale, *Biol.*, 1892, p. 784 — E. Meyer et Biarnes, *Arch. de physiol.*, 1893, p. 740, et 1894, p. 481. — J. Ott, Human calorimetry, *New-York med. Journal*, 1890. — Reichert, Heat phenomena in normal animals. Univ. med. ma. *Philadelphie*, II, p. 173, 225, 345. — Richet, Mesure des combustions respiratoires chez le chien, *Arch. de phys.*, 1890, p. 17. — Infl. du chloral sur les activités chimiques resp. chez le chien, *Arch. de phys.*, 1890, p. 221. — De la mesure des combustions respirat. chez les oiseaux, *Arch. de phys.*, 1890, p. 483. — Rosenthal, Versuche über Wärmeproduct. bei Saugenthieren, *Biol. Centralblatt Erlangen*, XI, 1891, p. 488. — Rübner, Die Quelle der thierischen Wärme, *Zeitsch. f. Biologie*, 1892. — Sigalas, Rech. calorim. animale... Rad. calorique et comb. respiratoire, Paris, Doin, 1890. — Socoloff, *Centralblatt*, 1872. *Arch. de Botkin*, 4e vol. — Senator, *Arch. f. Phys.*, 1874 ; *Arch. f. d. ges. Phys.*, 1877, XV. — Tschechichin; Zur Lehre von der thierisch. Wärme, *Arch. f. Phys.*, 1866, p. 151. — Wurtz, Prod. chal. ch. êtres organ., *Th. agr.*, 1847.

CHAPITRE II

DISTRIBUTION TOPOGRAPHIQUE DE LA CHALEUR CHEZ LES ANIMAUX.

La différence de coloration entre le sang artériel et le sang veineux a été depuis longtemps soupçonnée comme devant être liée à une différence parallèle dans la chaleur des deux sangs. Aux yeux de beaucoup, l'excès de température semblait devoir appartenir au sang artérialisé, comme étant le seul apte à entretenir la vie. La question s'est précisée seulement depuis que Lavoisier a montré que le phénomène de la respiration est un acte chimique qui dégage de la chaleur. Le lieu où il s'opère doit être celui où le sang s'échauffe ; de cet endroit la chaleur est transportée par le courant sanguin dans les autres régions du corps où cette chaleur s'égalise et se disperse, et d'où ce courant revient plus froid pour aller s'échauffer de nouveau au foyer respiratoire.

D'après ces idées, le gain comme la perte de chaleur ne peut se faire que dans l'un ou l'autre système capillaire, celui de la grande ou celui de la petite circulation. Le cœur n'est qu'un lieu de passage pour le sang et ne concourt pas essentiellement à son échauffement comme l'avaient cru les anciens. La mesure des températures comparées des deux sangs, le sang noir et le sang rouge, devient un moyen de savoir où est précisément ce foyer d'action chimique exothermique. Si l'excès est en faveur du sang artériel, c'est le poumon comme on a pu le croire : si c'est le sang veineux il faut transporter la source de chaleur à l'autre extrémité du système circulatoire, dans le système capillaire général ou tout au moins à son contact. De là l'intérêt qui s'attache à cette détermination.

A. **Température comparée du sang artériel et du sang veineux dans les différents segments du système vasculaire**. — Au point de vue expérimental, la question s'ouvre par deux expériences sommairement relatées par Haller et se continue par les recherches de nombreux observateurs parmi lesquels nous trouvons Crawford, Davy, Becquerel et Breschet, Astley Cooper, Autenrieth, Collard de Martigny et Malgaigne, Magendie, Hering, Liebig fils, Heidenhain et Korner.

Claude Bernard a consacré à l'examen de cette question de nombreuses expériences et c'est lui rendre une justice méritée que de dire qu'il a fixé les parties essentielles de ce chapitre important de l'histoire de la chaleur chez les animaux. — Il fait une revue et une critique exacte des expériences antérieures et montre les causes des divergences dans les résultats obtenus : il précise la méthode et la conduite de l'expérience ; il en dégage les résultats avec une grande sagacité et beaucoup de mesure.

Les points à examiner et à établir sont :

1° Température comparée dans le cœur droit et le cœur gauche ;

2° Température comparée dans les différents et principaux segments du système artériel et du système veineux ;

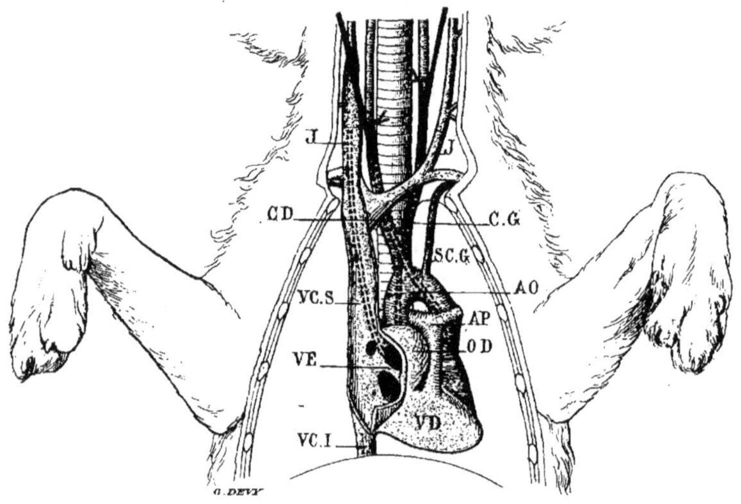

Fig. 144. — *Cathétérisme du cœur et des gros vaisseaux du cou.*

VD, ventricule droit ; OD, oreillette droite ; AP, artère pulmonaire ; VCI, veine cave inférieure ; VCS, veine cave supérieure ; J, jugulaire ouverte à droite ; le double trait pointillé indique le trajet de la sonde pour pénétrer dans l'oreillette droite et de là dans le ventricule droit. En tournant le bec courbé de la sonde en dehors on la dirigerait tout aussi facilement dans la veine cave inférieure VCI ; VE, valvule d'Eustachi ; AO, crosse de l'aorte ; SCG, artère sous-clavière gauche ; CD et CG, artère carotide droite et artère carotide gauche naissant d'un tronc brachio-céphalique commun. Deux sondes sont engagées une dans chacun de ces vaisseaux ; les doubles traits pointillés indiquent comment on pénètre, par la carotide droite, dans l'aorte descendante, et, par la carotide gauche dans l'aorte ascendante et dans le ventricule gauche (d'après CL. BERNARD).

3° Température comparée des différents points, soit du système artériel soit du système veineux.

I. Température comparée dans le cœur droit et le cœur gauche. — L'instrument qui sert à mesurer la température du sang contenu dans ces organes doit être introduit en évitant toute mutilation capable de les refroidir ou de les réchauffer (telle que mise à nu du cœur ou perforation de ses parois, jet de sang reçu sur le thermomètre !). La voie la plus convenable consiste à engager

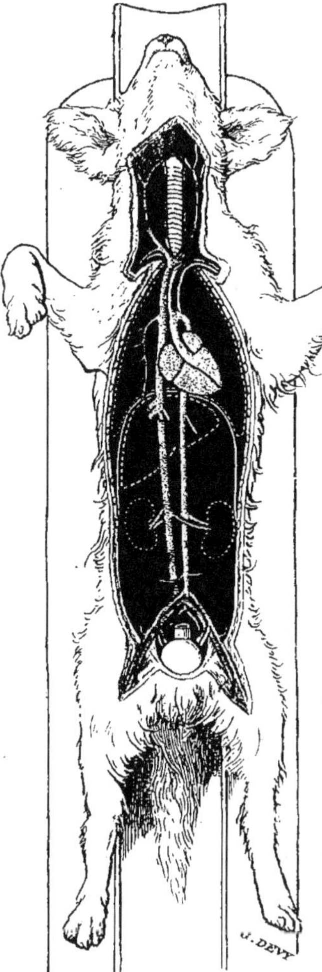

Fig. 145. — *Ensemble du système circulatoire (artériel en rouge, veineux en bleu) chez le chien.*

Les sondes thermo-électriques engagées par les vaisseaux cervicaux ou fémoraux peuvent le parcourir dans toute l'étendue des deux grandes cavités du tronc, pour explorer la température au niveau des principaux organes (cœur, foie, rein, etc.) (d'après Cl. Bernard).

la tige thermométrique dans les vaisseaux du cou, à savoir d'une part dans la veine jugulaire par laquelle on pénètre dans l'oreillette, puis dans le ventricule droit ; d'autre part, dans l'artère carotide par laquelle on pénètre dans la crosse aortique et le ventricule gauche. De longs thermomètres en verre peuvent convenir pour ces expériences, soit chez les grands animaux, soit même chez le chien. L'usage s'est répandu d'employer un thermomètre différentiel semblable à la pile de Melloni et construit spécialement pour l'exploration du système vasculaire. Sa sensibilité est aussi grande qu'on le désire et sa commodité lui vient de ce qu'étant formé de tiges métalliques longues, fines et flexibles, l'introduction dans les cavités à explorer n'offre aucune difficulté pratique.

D'une façon constante la température du sang contenu dans le cœur droit l'emporte sur celle du cœur gauche. — La différence est souvent très faible : elle se réduit parfois à un dixième de degré. Elle est le plus souvent de deux dixièmes de degré et monte rarement à un demi-degré. Si faible soit-elle, elle est constante : c'est ce qui fait son intérêt.

II. **Température comparée dans le système veineux et le système artériel**. — Si nous engageons les deux soudures du thermomètre de Melloni, l'une dans la veine crurale, l'autre dans l'artère crurale et les maintenons au même niveau, nous constatons une différence au profit du sang artériel qui, en ce point, est plus chaud que le sang de la veine correspondante. En poussant de la même quantité les tiges qui portent ces soudures, nous pouvons explorer successivement les différents points du système veineux, comparativement au système artériel, et nous constatons les modifications suivantes :

L'écart de température s'atténue d'abord et disparaît au niveau des vaisseaux rénaux où il y a égalité entre le sang artériel et le sang veineux ; c'est le point de croisement des courbes de la température des deux sangs. — Au-dessus de ce point, cet écart se renverse au profit du sang veineux. — Il présente un maximum au niveau du diaphragme à l'embouchure des veines sus-hépatiques. — Il va ensuite en décroissant légèrement et se maintient dans toute l'étendue de la veine cave jusqu'au niveau des oreillettes. — Si les soudures sont poussées l'une jusque dans la veine cave supérieure et l'autre jusque dans la crosse de l'aorte, on trouve un nouveau point d'égalité et finalement le sang veineux devient moins chaud que le sang artériel.

Si l'on suppose les indications ainsi recueillies tracées sous la forme de deux lignes continues, celles-ci présenteront deux points de croisement au niveau desquels elles se couperont et en dehors desquels nous pouvons admettre qu'elles se ferment sur elles-mêmes. — Seulement comme notre instrument ne nous indique que des différences, nous ne savons pas quelle est la forme exacte de chacune de ces lignes : et c'est ce que nous allons rechercher par les expériences suivantes :

III. **Température des différents points du système artériel**. — Nous divisons l'artère crurale et nous mettons l'une des soudures dans son bout périphérique et l'autre dans son bout central ; nous constatons une différence au profit de ce dernier. — Vers ses extrémités dans les membres, le système artériel présente une température qui va décroissant. — Si maintenant, laissant fixe la soudure engagée dans le bout périphérique, nous poussons l'autre de plus en plus profondément dans l'iliaque et ensuite dans l'aorte jusqu'à la crosse, l'écart des deux températures n'augmente que très faiblement. *La température du système artériel peut donc être représentée par une ligne horizontale sensiblement droite, infléchie en bas vers ses deux extrémités.*

IV. **Température des différents points du système veineux**. — Même opération sur la veine crurale dans le bout périphérique de laquelle nous engageons une soudure à poste fixe, tandis que l'autre voyagera en remontant de plus en plus haut dans la veine iliaque et les veines caves inférieure et supérieure. L'écart des températures ira ici en progressant d'une façon graduelle jusqu'à un maximum qui est atteint au niveau des veines sus-hépatiques, puis s'atténuera jusqu'à disparaître quand la soudure mobile sera parvenue dans la veine cave supérieure. *La température du système veineux peut être représentée par une ligne inflexe construite comme un arc dont la ligne de température artérielle serait la corde.* Les intersections de ces deux lignes sont les points de croisement des températures des deux systèmes ; entre ces points l'écart est au profit du sang veineux, en dehors d'eux il est au profit du sang artériel. Aux deux extrémités ces lignes après s'être coupées s'infléchissent l'une vers l'autre pour former une boucle qui les réunit.

En donnant à ces lignes elles-mêmes la forme grossière du système artériel, du système veineux et du système pulmonaire chez les vertébrés, en y ajoutant leurs rapports avec les principaux viscères, on obtient une figuration assez expressive de l'état habituel

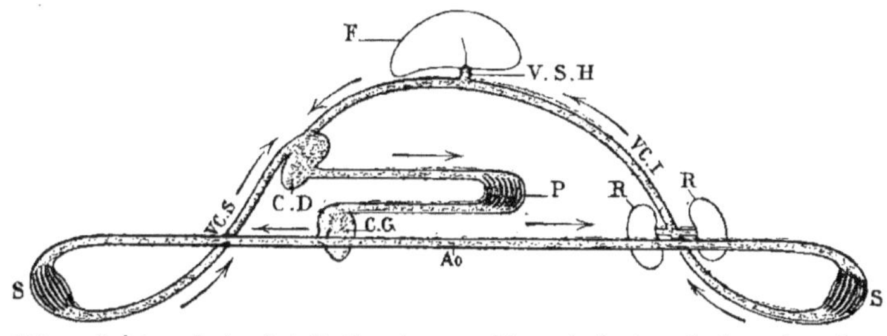

Fig. 146. — *Schéma de la distribution topographique de la température dans les gros vaisseaux.*

Le degré de température de ceux-ci est exprimé en chaque point par sa hauteur au-dessus d'une abcisse conventionnelle qui est ici l'aorte. — Ao, aorte (température sensiblement égale) ; CG, cœur gauche ; P, poumon ; CD, cœur droit ; R, rein ; F, foie ; VCS, veine cave supérieure ; VCI, veine cave inférieure ; S, surfaces les plus exposées au froid (membres et face) (d'après Cl. Bernard).

de la température dans la grande et la petite circulation, avec les différences les plus caractéristiques de celle-ci dans les principaux segments artériels et veineux. Il nous faut maintenant dégager la signification de ces différences en les rapportant à leurs véritables causes.

· B. **Interprétation de ces résultats. Conclusions à en tirer.** — Ainsi qu'il était facile de le préjuger, on voit par ces expériences que la température de l'un et de l'autre sang n'a rien d'absolument fixe, excepté la légère supériorité que l'un possède généralement sur l'autre. L'excès ou le défaut tiennent aux conditions particulières de la région.

I. **Parties superficielles.** — Dans les membres où les artères sont profondes et les veines superficiellement placées, le sang, à supposer qu'il s'échauffe dans les capillaires, est exposé à son retour à de telles causes de refroidissement que sa température est abaissée au-dessous de celle du sang artériel. Ce sont en effet les endroits par où la chaleur se déperd le plus activement ; témoin la tendance qu'ont les extrémités à se refroidir lors des grands abaissements de la température extérieure.

II. Organes profonds. — Dans des organes, comme le foie, très profondément situés, la chaleur créée par eux se conserve facilement, protégés qu'ils sont contre le refroidissement par les tissus qui les entourent ; aussi leur température est-elle relativement élevée et l'écart du sang veineux sur le sang artériel y atteint son maximum.

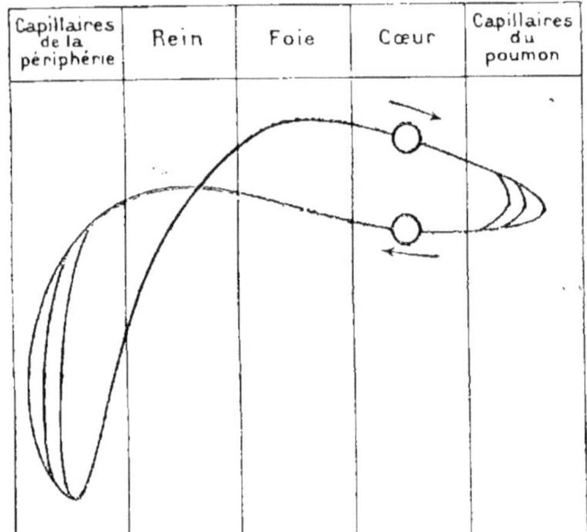

Fig. 147. — *Schéma de la topographie de la température* (d'après Bergonié).
Comparaison des circulations cutanée et pulmonaire.

La tête chez les animaux se comporte comme les membres, en raison de la prédominance qui est réservée chez eux à la face comparativement au cerveau. C'est le sang de la face qui fournit ce courant froid qui abaisse la température du sang veineux dans la veine cave supérieure. Il est à présumer que chez l'homme, en raison de la grande masse du cerveau et aussi de son activité, le point de croisement, à la partie supérieure, doit être reporté beaucoup plus haut.

III. Totalisation dans chaque cœur. — Le sang veineux qui afflue par les veines caves est de la sorte un mélange de sangs à températures très diverses, les uns froids venant des régions superficielles, les autres chauds venant des organes profonds et qui se totalisent dans le ventricule droit, où ils sont tous représentés proportionnellement au moment de son passage à ce niveau. C'est une fonction du cœur droit sur laquelle on n'insiste peut-être pas assez, qu'il est un *mélangeur* des sangs de diverses provenances si différents les uns des autres au point de vue des substances et de la chaleur.

IV. Comparaison possible des deux systèmes capillaires.

— Le sang artériel qui suit l'aorte n'a, lui, qu'une source unique, le poumon qui lui a donné sa température propre. La température des cavités gauches du cœur n'est autre que la température du poumon lui-même très sensiblement ; celle de ses cavités droites est la moyenne des températures des différents organes pénétrés par les capillaires de la circulation générale. Contrairement à ce qu'on avait longtemps supposé *a priori*, **le sang qui revient des capillaires généraux est plus chaud que celui qui revient des capillaires pulmonaires**. Le foyer où le sang s'échauffe n'est donc ni le cœur, comme le supposaient les anciens

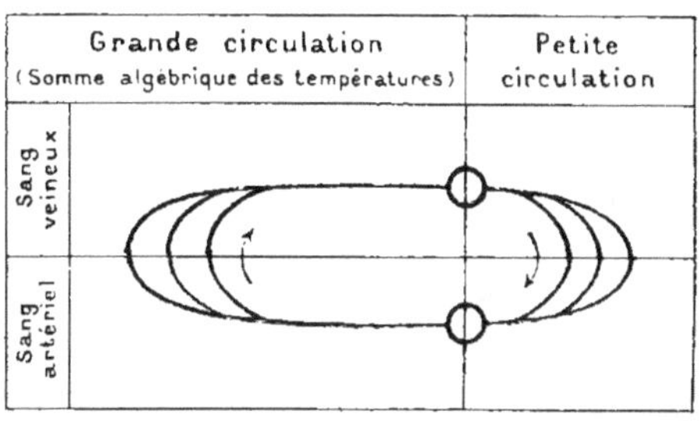

Fig. 148. — *Schéma exprimant la totalisation des températures dans les systèmes veineux et artériel.*

sans raison bien valable ; ni exclusivement le poumon, comme on pouvait logiquement l'admettre, en voyant cet organe absorber de l'oxygène et exhaler de l'acide carbonique ; ce foyer ne nous paraît pas unique ni à action égale et continue, mais au contraire dispersé dans l'organisme et s'activant ou s'atténuant tantôt ici et tantôt là à tour de rôle, mais en somme ne s'éteignant jamais complètement nulle part.

V. Restrictions.

— Seulement en déplaçant le lieu d'origine de la chaleur animale il faut prendre garde de ne pas tomber dans une exagération contraire à celle qui est condamnée par les résultats de l'expérience. — Il faut se garder de mettre en opposition absolue les deux extrémités du système circulatoire. Il n'est pas plus vrai de dire avec ARISTOTE que le sang se refroidit dans le poumon, que de dire avec LAVOISIER qu'il s'y réchauffe, car la première affirmation n'est que partiellement vraie et la seconde n'est pas fausse de tout point.

VI. Somme des causes d'échauffement et de refroidissement.

— a) *Dans la grande circulation.* — Dans les capillaires généraux le sang trouve des causes d'échauffement et de refroidissement qui sont un peu plus faciles à indiquer, parce qu'elles se présentent associées à notre observation. L'échauffement est dû à l'activité des organes, aux combustions qui fournissent l'énergie nécessaire à la manifestation de cette activité, la contraction musculaire, la sécrétion glandulaire etc... Le refroidissement est dû partiellement au contact des objets et de l'air froid, mais surtout au rayonnement dans l'espace environnant, lorsque, comme c'est le cas habituel, le milieu extérieur est à une température inférieure à la nôtre. La surface cutanée laisse de la sorte s'échapper la plus grande partie de la chaleur créée en nous. A celle que la peau laisse ainsi déperdre, par simple rayonnement ou échange avec les objets extérieurs, il faut ajouter la chaleur détruite sur place par l'évaporation de la sueur. Le tube digestif est de son côté, bien que d'une façon intermittente, une surface au niveau de laquelle le sang perd une partie de sa chaleur pour l'échauffement des aliments et des boissons, mais ce refroidissement tend à être partiellement compensé de son côté par la chaleur dégagée par les actes de la digestion.

b) *Dans la petite circulation.* — Dans les capillaires pulmonaires le sang trouve de même des causes de refroidissement et des causes d'échauffement, seulement les unes et les autres agissant d'une façon continue et dans le voisinage immédiat les unes des autres il en résulte que le sang artériel à partir du poumon conserve sa température égale sur tout son parcours. Le refroidissement est dû à ce que le sang cède à l'air froid du dehors de la chaleur, et en plus de cette chaleur cédée par courant à l'air extérieur il faut encore compter celle qui est absorbée soit par la vaporisation de l'eau exhalée par la surface pulmonaire, soit par l'expansion du gaz carbonique à sa sortie du sang. Ces trois causes de refroidissement ne sont ni égales entre elles ni même proportionnelles dans leurs variations, mais peuvent au contraire s'augmenter ou s'atténuer isolément, comme il sera expliqué plus tard à propos de la régulation de la chaleur. Enfin il faut encore remarquer que la chaleur ainsi cédée surtout par contact ne vient pas uniquement du sang pulmonaire, mais également pour une part du sang de la grande circulation, tout le long des voies respiratoires, au niveau des capillaires du nez ou de la bouche, du larynx et des bronches.

VII. **Chaleur due à l'hématose**. — L'échauffement du sang au niveau du poumon est très réel ; il ne se limite pas à la faible somme qui peut revenir à l'activité (de nature inconnue) de l'épithélium pulmonaire ou encore à celle de ses éléments contractiles (fraction absolument négligeable) ; il reconnaît une cause qui ne relève pas de l'énergie propre de l'organe lui-même, mais bien de l'activité des éléments du sang qui est ici, à l'intérieur même des vaisseaux, le siège d'une réaction exothermique, d'une oxydation, d'une combustion dans le sens exact du mot.

L'oxygène absorbé par le poumon ne réagit pas dans ses éléments propres ou tout au moins la part qui est à faire à leur activité est inconnue et on la considère comme minime, mais c'est seulement après les avoir traversés qu'il réagit au contact des globules rouges du sang, en formant avec l'hémoglobine une combinaison définie dont la formation dégage de la chaleur. A ce point de vue, l'idée émise par Lavoisier est exacte : le sang respire, et les capillaires pulmonaires sont un foyer de chaleur.

Il est vrai que cette combinaison oxyhémoglobique est destinée à se défaire dans les capillaires généraux ; en se défaisant elle absorbe évidemment autant de chaleur qu'elle en a dégagé au niveau du poumon ; mais à peine l'oxygène a-t-il quitté le pigment sanguin qu'il se fixe sur le pigment des muscles, et cette combinaison, de même nature que celle qui se fait dans le poumon, dégage à nouveau du fait de cette oxydation la chaleur nécessitée par la réduction qui l'a immédiatement précédée.

En somme l'oxygène quittant l'hémoglobine du sang pour la myoglobine du muscle n'absorbe ni ne dégage sensiblement de chaleur dans cette double opération de la nature des substitutions.

De cette recherche comparative sur les températures du sang artériel et du sang veineux, la conclusion qui se dégage la plus importante c'est que *les sources de la chaleur au lieu d'être condensées en un seul foyer sont multiples* et que pour les connaître il faut interroger isolément les différents organes ou plus généralement tous les éléments de l'organisme au point de vue des réactions thermogènes qu'ils peuvent présenter.

Thermomètre électrique. — Dans les expériences de physiologie, particulièrement celles relatives à la distribution topographique de la chaleur, on fait souvent usage d'un thermomètre électrique construit d'après le principe de l'appareil de Melloni. Il comprend en effet : 1° une *pile thermo-électrique* d'une forme spéciale pouvant être introduite dans les parties profondes des animaux presque sans mutilation ; 2° un *galvanomètre* dont les déviations servent à connaître et mesurer la température.

La pile est formée par deux métaux étirés en fils très fins et soudés à leurs extrémités. On choisit des métaux d'une différence électrique assez grande, tels que fer-maillechort, fer-nickel, fer-cobalt, et on donne au circuit une forme particulière pour que les soudures puissent être profondément engagées dans les tissus ou dans les vaisseaux de gros ou de moyen calibre : pour cela les deux fils s'accompagnent parallèlement à partir de la soudure sur une assez grande longueur, isolés seulement l'un de l'autre par une petite enveloppe de fils de soie. Pour les rendre solidaires on les engaine dans une sonde de gomme de petit calibre, qui offre de plus l'avantage de les préserver du contact direct des liquides organiques, d'où le nom de *sondes thermo-électriques* qui leur est quelquefois donné. Sur la surface extérieure et lisse de la sonde sont des divisions en centimètres qui servent de point de repère à l'opérateur pour les enfoncer plus ou moins.

Dans le cas où la soudure doit pénétrer non plus dans les vaisseaux, mais dans l'épaisseur même des tissus, on lui donne la forme d'une aiguille piquante dont le métal est recouvert d'un vernis isolant à la gomme laque fondue. La couche isolante est destinée à empêcher les courants hydro-électriques qui pourraient naître du contact de deux métaux différents avec les liquides de l'organisme capables de les attaquer inégalement. D'Arsonval, pour supprimer cette couche surajoutée qui rend l'échauffement plus lent, a eu l'ingénieuse idée d'engainer l'un des métaux dans l'autre en plaçant la soudure à l'intérieur, de manière à n'avoir qu'un des métaux en contact avec les liquides organiques.

Le galvanomètre sur lequel est fermé le circuit de cette pile est un galvanomètre à gros fil, dont l'équipage est muni d'un miroir sur lequel se réfléchit un

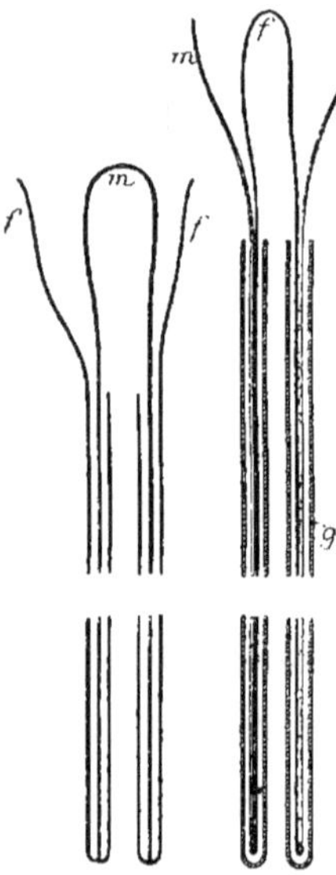

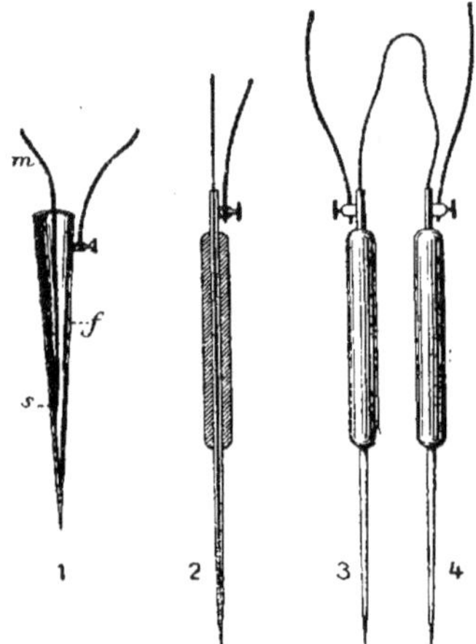

Fig. 149. — *Sondes thermo-électriques.*

Fig. 150. — *Aiguilles thermo-électriques.*

m, f, fil de métaux différents (maillechort et fer). Dans le modèle de gauche l'un des deux métaux engaine l'autre et la soudure est à l'intérieur du tube engainant; dans le modèle de droite les fils sont protégés par une sonde de gomme, *g.* Grosseur naturelle, longueur 50 à 60 centimètres pour le chien (d'après CL. BERNARD).

f, tube effilé de fer à l'intérieur duquel est soudé un fil de maillechort; 1, métal nu; 2, même disposition de la soudure, mais avec une gaine d'ébonite pour pouvoir toucher l'instrument sans trop l'échauffer; 3, 4, aiguilles couplées (d'après CL. BERNARD).

rayon lumineux, qui après sa réflexion va former image sur une règle ou échelle transparente portant des divisions. Ce rayon lumineux forme une sorte de levier sans pesanteur qui permet d'amplifier la déviation autant qu'on veut en sensibilisant d'autant l'appareil. Chaque division de l'échelle a une valeur qui a été déterminée par un étalonnage préalable.

L'appareil dans son ensemble est un *thermomètre différentiel.* Lorsque les deux soudures sont à des températures différentes, il se développe dans le circuit un courant électrique qui est proportionnel à la différence des deux températures, et il est telles expériences où on se contente de cette indication lorsqu'il s'agit, par exemple, de savoir quel est le plus chaud du sang artériel ou du sang veineux.

Pour que l'instrument marque la température réelle, il faut mettre l'une des deux soudures à une température fixe, l'autre soudure étant placée dans le corps ou la région dont on veut connaître le degré thermométrique.

Lefèvre, à l'aide de moyens de ce genre, en plaçant des soudures thermométriques à la surface de la peau, au-dessous de celle-ci et dans la profondeur des muscles, a étudié la topographie de la température dans les couches successives du corps des animaux homéothermes. — De plus il a relevé le degré thermique de ces différentes couches pendant qu'il faisait agir à la surface du sujet des moyens plus ou moins actifs de réfrigération (bains froids, courants d'air) afin de voir quel est le degré de résistance au froid de chacune de ces couches. Cette question ressortit au problème de la régulation de la chaleur et sera examinée avec elle.

BIBLIOGRAPHIE.

Températures locales. — Assaky, Temp. des abcès chauds, *Biol.*, 1881, 316. — Albert et Stricker, Temp. du cœur et des poumons, *Stricker's med. Jahrb.*, 1873, Heft I. — D'Arsonval et Charrin, Les températ. viscérales, *Biologie*. — Austin, Unilat. temper. *Lancet*. London, 1891. — Brebion, Topogr. de la chal. ; paroi thorac., *Biol.*, 1880. — E. Cavazzani, Temp. du foie, *Arch. it. biol.*, XXIII, 13, 25. — De la Chapelle, Variat. therm. constat. c. la rég. plantaire, *Thèse Bordeaux*, 1895. — Chatelet, Étud. sur la temp. locale du sein après l'accouch., *Thèse Paris*, 1884. — Colin, Temp. superf., *Bull. Ac. méd.*, 1879. — Couty, Tempér. comparée de l'aisselle et de la main, *Biolog.*, 1876. — Rech. sur la temp. périph., *Arch. Phys.*, 1880, 82. — A. Chelmonski, Variat. temp. Estomac sous l'infl. d'excit. externes, *Gaz. lekarska*, 1894. — Cl. Bernard, Top. chal. animale, *Biolog.*, 1877, 179. Leçons sur la chaleur. — Dobroklonsky, Invers. des ventricules du cœur dans leur relation av. la tempér., *Wratsch. Petersb.*, 1888, 158. — Edgren, Contrib. à la conn. des variat. d. temp. des org. périph., analyse in *Jahresb. d. Phys.*, IX, 94, 1880. — Fiari Graziadei, Temp. axill. et des esp. intercost. dans les mal. de poitrine, *Arch. p. la Scienze med.*, III. — Gassot, Des tempér. locales dans l'économie, *Th. Paris*, 1873. — Grijns, Tempér. sang rénal et urine excrétée, *Arch. f. Phys.*, 1893, 78. — Hankel, Temp. de la peau, *Arch. f. Heilkunde*, 1873. — Heidenhain, Températ. du sang dans les ventr. du cœur, *Arch. f. d. ges. Phys.*, 1871, IV. — Hunkiarbeyendian, Temp. locales, *Thèse Paris*, 1881. — Hogges, Tempér. rectale chez les animaux, *Arch. f. Exp. Path. und Pharm.*, XIII, 354 ; XIV, 113. — Lefèvre, Topographie, comparaison et marche des températ..., *Arch. de phys.*, 1898. Voyez également page 469.

CHAPITRE TROISIÈME

LES ÉLÉMENTS THERMOGÈNES : LE SANG ET LES TISSUS.

« Lorsque Lavoisier eut reconnu que la chaleur animale est due principalement à un phénomène de combustion, il se posa aussitôt la question de savoir si cette combustion a lieu dans le poumon lui-même au lieu précis où l'oxygène est absorbé et l'acide carbonique dégagé, ou bien si elle se produit seulement dans l'ensemble de l'économie, l'absorption de l'oxygène ayant lieu en vertu d'une première action opérée aux dépens du sang. L'opinion de Lavoisier, varia à cet égard plusieurs fois. Après avoir posé en 1777 l'alternative précédente, il crut ensuite dans son travail sur la chaleur animale publié avec Laplace, en 1783, pouvoir affirmer que la combustion avait lieu dans le poumon même ; mais quelques années après, dans les recherches sur la respiration exécutées avec SÉGUIN, il retomba dans ses doutes primitifs. Depuis la question a été tranchée par la découverte de l'action propre des globules du sang sur l'oxygène et de l'aptitude de l'hémoglobine à former avec ce gaz, dans le poumon, un composé défini peu stable, qui transporte ensuite l'oxygène au sein des tissus et le cède aisément aux diverses substances oxydables de l'économie. Les découvertes de CL. BERNARD sur le composé analogue, formé par l'union de l'oxyde de carbone et de l'hémoglobine, ont assigné au rôle chimique des globules un caractère encore plus précis. Mais la question fondamentale de la localisation et du partage de la production de chaleur entre le poumon et les tissus est restée indécise, faute de données expérimentales. » (BERTHELOT, *C. R. Ac. sc.*, 1889.)

A. — LE SANG, L'HÉMATOSE.

Ces données sont établies dans le travail même auquel l'historique si précis reproduit ci-dessus sert de préambule. On y fixe la chaleur d'oxydation du sang à $+ 15^{cal},2$ pour $O^i = 32$ grammes : « Ce chiffre notable est comparable à la chaleur de formation des composés oxygénés véritables, formés en vertu d'affinités faibles.... C'est à peu près le septième de la chaleur d'oxydation du carbone amorphe par le même poids d'oxygène $(+ 97^{cal},65)$; chaleur d'oxydation qui fournit, d'après les faits connus, une première estimation approchée de la chaleur animale. »

Chaleur dégagée par l'action de l'oxygène sur le sang. — La détermination calorimétrique à réaliser consiste essentiellement à *faire réagir sur un poids connu de sang un poids également connu d'oxygène*, en notant l'élévation de température de la masse de sang. *Le nombre de calories dégagées dans la réaction est égal à l'accroissement de température multiplié par le poids de la masse échauffée et par sa chaleur spécifique.*

L'opération est loin d'être aussi simple que l'indique ce bref énoncé. Il y intervient des précautions particulières et des corrections multiples.

Le sang pris au sortir des vaisseaux est défibriné et recueilli dans un flacon bouché à l'émeri, complètement rempli, puis laissé au repos pendant vingt-quatre heures à la température de la chambre (9° environ) ; cette précaution a pour objet : 1° de ramener le sang à la température des appareils avec lesquels se fera la mesure ; 2° de faire diminuer dans le sang l'oxygène qui y est contenu et qui se transforme peu à peu en acide carbonique par un phénomène de respiration *in vitro* propre au sang lui-même. Ce dernier est devenu noir, mais n'est pas altéré.

L'appareil calorimétrique est une fiole de verre placée en dedans d'une double enceinte (de métal d'abord, d'eau ensuite) pour le protéger contre le rayonnement des objets voisins et celui des mains de l'opérateur. Le bouchon qui ferme cette fiole porte deux tubes : l'un adducteur plongeant près du fond, l'autre abducteur ne dépassant pas la partie inférieure du bouchon, plus un thermomètre très sensible plongeant dans son intérieur.

Pour que la quantité d'oxygène qui doit réagir puisse être exactement connue et n'intervienne qu'au moment voulu, la fiole est préalablement remplie d'azote sec (en le faisant circuler par les tubes) et pesée dans cet état. Puis le sang y est introduit, en le déplaçant par une pression d'azote, du vase où il a été maintenu dans la fiole qui est débouchée pour cela et rapidement rebouchée, non sans avoir rempli sa tubulure au-dessus du sang par une circulation d'azote.

Une première pesée donne le poids du sang (déduction faite du poids de la fiole), soit 655^{gr},340 (chiffre emprunté comme les suivants à l'une des expériences de M. Berthelot).

Il semble qu'il n'y ait plus qu'à faire passer l'oxygène pour réaliser la réaction, mais ce passage d'un gaz à travers le sang pendant un certain temps déplacera (mécaniquement) l'acide carbonique qui y est contenu en grande quantité et entraînera de la vapeur d'eau, deux phénomènes d'ordre physique qui absorberont une certaine quantité de chaleur, dont il y a à tenir compte. On peut d'autre part se demander si l'absorption de l'oxygène par le sang ne sera pas accompagnée, pendant la réaction même, de la formation d'acide carbonique, phénomène, celui-là, d'ordre chimique, réaction supplémentaire, qui, si elle existait, ajouterait encore à la chaleur dégagée par la formation de l'oxyhémoglobine. Autrement dit, en plus de la chaleur chimique de la réaction, il y a à compter avec : 1° une chaleur physique qui est positive ou négative suivant les cas, et, 2° une chaleur chimique liée à une réaction parallèle, non recherchée, mais pouvant à la rigueur se produire.

Opération préliminaire; passage d'un gaz inerte. — Pour avoir les données nécessaires à ces corrections on fait passer tout d'abord à travers le sang un courant d'un gaz inerte, l'azote, saturé d'humidité, qui à sa sortie traverse un premier tube à ponce sulfurique, pour retenir la vapeur d'eau, puis un second à chaux sodée, pour retenir l'acide carbonique ; pendant ce temps la fiole est agitée continuellement et la température notée de minute en minute. La fiole est ensuite pesée de nouveau ; on pèse également le tube à ponce et le tube à chaux. On a de la sorte tous les nombres qui devront servir à évaluer les quantités de chaleur qui seront à ajouter ou à soustraire de la quantité brute obtenue au moment de la réaction de l'oxygène sur le sang : quantités qui seront tirées de la comparaison de ces nombres avec ceux obtenus dans les mêmes conditions lors du passage de l'oxygène dans le sang, à savoir : 1° chaleurs de vaporisation de l'acide carbonique et de l'eau entraînés pendant le passage du gaz ; 2° réchauffement léger dû au rayonnement d'objets extérieurs ou à diverses causes, composant ensemble les chaleurs d'origine physique qui

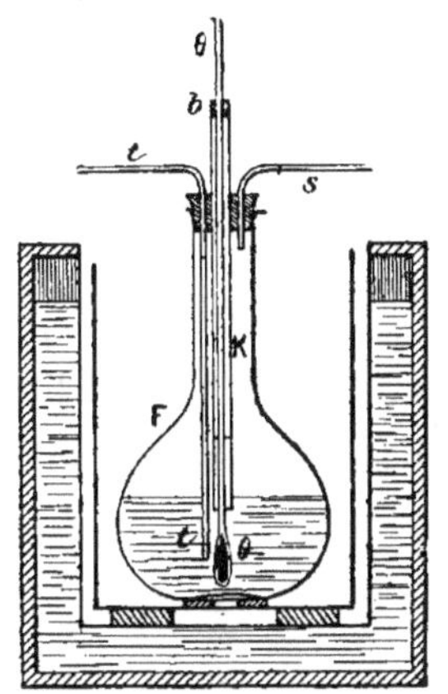

Fig. 151. — *F, fiole calorimétrique contenant le sang et placée dans une double enceinte.*

t t, tube adducteur; *s*, tube abducteur (pour le passage des gaz); θ, thermomètre calorimétrique, maintenu dans un tube K, par un petit bouchon *b*.

sont à ajouter ou à déduire ; 3° réaction supplémentaire de l'oxygène sur des corps autres que l'hémoglobine qui (l'expérience le démontre) est nulle à la température basse à laquelle on opère et dont il n'y aura pas à tenir compte.

Réaction proprement dite ; passage de l'oxygène. — On fait alors passer un courant d'oxygène *sec* à travers le sang dans des conditions très semblables au courant d'azote (sauf que ce dernier était saturé d'humidité) pendant un temps à peu près égal (15 minutes).

On agite de même continuellement la fiole dans son enceinte calorimétrique (en la tenant avec des pinces garnies de liège) et on note la température qui s'élève peu à peu. Le sang redevient rutilant ; on arrête le courant d'oxygène sans cesser d'agiter et de faire les lectures ; la température monte encore un peu par l'action de l'oxygène contenu dans le col de la fiole ; on soulève alors le bouchon pour remplacer cet oxygène par un courant d'azote pur et on le remet aussitôt. On a de même remplacé l'oxygène par de l'azote dans les tubes à ponce et à chaux sodée. On pèse la fiole et les tubes.

$$
\begin{aligned}
&\text{Accroissement de poids de la fiole (brut)} \dots\dots\dots\dots\dots\dots\ 0^{gr},118 \\
&\qquad - \qquad\quad - \quad\ \text{du tube à ponce (eau)} \dots\dots\dots\dots\ 0^{gr},0162 \\
&\qquad - \qquad\quad - \qquad - \ \text{à chaux sodée (acide carbo-} \\
&\qquad\qquad\qquad\qquad\qquad\qquad\qquad \text{nique)} \dots\dots\dots\dots\dots\ 0^{gr},0385 \\
&\qquad\qquad\qquad \text{Somme} \dots\dots\dots\dots\dots\dots\dots\dots\ 0^{gr},1727
\end{aligned}
$$

En restituant au poids de la fiole la vapeur d'eau et l'acide carbonique entraînés, on trouve donc $0^{gr},1727$ d'oxygène représentant 125 centimètres cubes, c'est-à-dire $20^{vol},2$ p. 100 volumes de sang, nombres voisins de ceux répondant à la saturation du sang par l'oxygène.

Telle est la quantité d'oxygène qui a réagi.

La réaction a duré en tout 21 minutes pendant lesquelles la température s'est accrue de $+0^{o},227$, mais il faut déduire de ce chiffre le réchauffement dû à diverses causes et qu'on fixe à $0^{o},112$, chiffre qu'on tire d'une proportion établie avec la durée (15 minutes) et la valeur ($0^{o},08$) du réchauffement pendant le passage de l'azote.

L'effet dû à l'oxygène serait donc, sauf corrections ultérieures, $0^{o},227 - 0^{o},112 = +0^{o},115$.

Telle est l'élévation de la température pendant la réaction.

Calcul de la chaleur dégagée. — La masse échauffée se compose de : 1° le sang ; 2° la fiole ; 3° la partie de tube plongée dans la fiole ; 4° le thermomètre. Il faut prendre non leur poids réel mais leur poids *réduit en eau*, c'est-à-dire leur poids multiplié par leur chaleur spécifique déterminée par BERTHELOT qui est $0^{gr},872$, ce qui donne pour la condition de l'expérience actuelle : $655^{gr},34 \times 0^{gr},872 = 571^{gr},5$; celle de la fiole est 21 grammes, celle de la partie de tube plongeant dans la fiole $4^{gr},1$, celle du thermomètre $1^{gr},6$. La masse échauffée serait donc :

$$
\begin{aligned}
&\text{Sang réduit en eau} \dots\dots\dots\dots\ \dots\dots\dots\ \dots\dots\dots\ \dots\ 571^{gr},5 \\
&\text{Fiole} \qquad - \qquad \dots\dots\dots\dots\dots\dots\dots\dots\ \dots\ \dots\dots\ 21^{gr},0 \\
&\text{Partie de tube réduit en eau} \dots\dots\dots\dots\dots\dots\dots\dots\ 4^{gr},1 \\
&\text{Thermomètre} \qquad - \quad \dots\dots\dots\dots\dots\dots\dots\dots\ 1^{gr},6 \\
&\qquad\qquad \text{Masse échauffée} \dots\dots\dots\dots\dots\ \dots\dots\ 598^{gr},2
\end{aligned}
$$

Le nombre des calories dégagées $= 598,2 \times 0,115 = 68^{cal},79$. Mais ce nombre est trop faible de toute la quantité de chaleur qui a été absorbée par la vaporisation de l'eau et le déplacement de l'acide carbonique pendant le passage de l'oxygène à travers le sang.

Corrections. — La quantité d'*eau vaporisée* par le courant d'oxygène (dû au surplus non absorbé) est indiquée par l'accroissement de poids du tube à ponce sulfurique, soit $0^{gr},0162$, ce qui répond d'après la chaleur de vaporisation de l'eau déterminée par REGNAULT ($606^{cal},5 - 0,7 \times t$ entre $0°$ et $100°$ pour 1 gramme) à $9^{cal},71$ absorbées.

L'*entraînement de l'acide carbonique* par l'oxygène donne lieu également à une absorption de chaleur dont on peut tenir compte. Notons d'abord que si les conditions dans lesquelles se font le courant d'azote et le courant d'oxygène étaient rigoureusement égales en durée et en quantités, la correction relative à l'acide carbonique se trouverait faite. En effet, nous avons noté une modification de la température du sang du commencement à la fin du passage du gaz, et cette modification tenait à des causes variées, toutes physiques du reste, une intérieure, la vaporisation de l'acide carbonique qui, si elle eût agi seule, eût déterminé un abaissement ; les autres extérieures ou même intérieures, qui ont été suffisantes pour élever la température et se trouvent totalisées dans le chiffre qui marque le déplacement de l'échelle du thermomètre. Les mêmes agissent pendant le passage de l'oxygène et avec la même intensité sur la température pour une quantité égale et pour une durée égale. L'azote ayant déplacé en 15 minutes $0^{gr},021$ d'acide carbonique, en aurait déplacé en 20 minutes $0^{gr},029$; or pendant ce temps l'oxygène ayant déplacé $0^{gr},0385$ d'acide carbonique, il n'y a lieu de tenir compte dans la correction complémentaire que de la différence : soit $0^{gr},0095$; la chaleur absorbée, répondant à cette quantité, doit être égale à celle qu'il dégagerait en sens inverse en se dissolvant dans l'eau et qui est $1^{cal},21$.

Nous trouvons donc :

Chaleur dégagée sensible............................... $+ 68^{cal},79$
   —   absorbée par vaporisation de l'eau............... $9^{cal},71$
   —   par dégagement de l'acide carbonique.......... $1^{cal},21$

           Chaleur totale répondant à la réaction... $79^{cal},71$

pour $0^{gr},1727$ d'oxygène absorbé.

Si nous rapportons ce chiffre à 16 grammes d'oxygène, poids de l'équivalent, nous trouvons $+ 7^{cal},481$ ou pour le poids moléculaire $O^4 = 32$ grammes,... $+ 14^{cal},96$.

Il n'y a pendant le même temps pas d'autre réaction appréciable de l'oxygène donnant de l'acide carbonique, on peut le prouver par la comparaison de ce qui a lieu pendant le passage de l'azote et le passage de l'oxygène.

Épreuves de contrôle. — Des expériences parallèles ont montré que les quantités d'acide carbonique et de vapeur d'eau, entraînées par le courant gazeux, sont proportionnelles entre elles et proportionnelles à ce courant gazeux. Toutes les fois que nous aurons l'une de ces trois quantités, nous pourrons estimer les deux autres sensiblement. — Or en comparant les quantités de vapeur d'eau et d'acide carbonique entraînées soit pendant le passage de l'azote, soit pendant le passage de l'oxygène, nous voyons que la proportion indiquée existe réellement. Il n'y a donc pas plus d'acide carbonique déplacé dans le cas de l'oxygène que dans le cas de l'azote.

Le courant d'azote et le courant d'oxygène ont été faits, l'un avec un gaz saturé de vapeur d'eau, l'autre avec un gaz sec. — Dans le second cas, c'est pour ne pas avoir à tenir compte de la vapeur d'eau condensée pendant le passage. Dans le premier cas, le gaz étant saturé, l'azote apporte autant d'eau qu'il en emporte, condense autant de vapeur qu'il en fait naître ; tous les effets concernant la vapeur d'eau (y compris l'absorption et le dégagement de chaleur) sont compensés; l'azote lui-même sort en même quantité qu'il entre. La perte de poids de la fiole s'est trouvée en effet, dans l'expérience, égale au gain du tube de chaux sodée, ce qui est bien la preuve qu'il n'y a ni entraînement de l'azote du sang, ni fixation de celui-ci.

Une seconde détermination a donné le chiffre 15^{cal},32.

On peut donc admettre comme moyenne de deux expériences que *la chaleur dégagée par la fixation d'oxygène sur la matière colorante du sang pour* $O^4 = 32$ *grammes est de* $+ 15^{cal}$,19.

L'*oxyde de carbone*, qui se fixe sur le sang, en déplaçant l'oxygène volume à volume, a été l'objet de la part du même auteur d'une détermination tout à fait semblable à la précédente et qui a donné pour $C^2O^2 = 28^{gr},... + 18^{cal}$,66.

Variation de la température du sang dans le poumon. Sa valeur approximative. — Le chiffre qui exprime la chaleur d'oxydation du sang étant connu, nous pouvons maintenant l'employer à rechercher quel est le sens et la valeur du changement de température éprouvé par le sang, pendant sa traversée dans le poumon. — Cette modification de température du sang dans les capillaires de la petite circulation dépend, ainsi qu'il a été dit, de plusieurs facteurs qui opèrent en sens inverse les uns des autres. Ces facteurs sont : *a*) l'échauffement du sang par l'action de l'oxygène ; *b*) son refroidissement par le départ de l'acide carbonique ; *c*) son refroidissement par l'évaporation de l'eau pulmonaire ; *d*) son refroidissement encore par la chaleur qu'il cède à l'air inspiré. De toutes ces quantités la première est positive, les trois autres sont négatives. C'est leur somme algébrique qui exprime la valeur du changement, lequel sera positif ou négatif suivant le signe affecté par la somme elle-même. Ce renseignement, obtenu par le calcul, peut être intéressant à rapprocher de celui qui est fourni directement par l'expérience en suivant la méthode de Cl. Bernard.

a) **Échauffement du sang**. — Si nous supposons absentes les causes de refroidissement énumérées plus haut, et dont il va être question plus loin, nous pouvons déduire l'élévation de la température prise par le sang dans le poumon de certaines données qui sont en notre possession. Ces données sont la *quantité* de chaleur dégagée par la réaction d'un poids déterminé d'oxygène sur le sang ($Q = 15^{cal}$,2 pour 32 grammes d'oxygène); la chaleur spécifique du sang($C = 0,872$); la masse du sang qui traverse le poumon pendant la réaction des 32 grammes d'oxygène ($M = 243^{kg}$,15). Cette dernière quantité, il est vrai, ne nous est pas donnée directement, mais nous la tirons très facilement d'autres données qui nous sont connues.

En effet, nous savons qu'un litre de sang absorbe (quand il en a été entièrement privé) 220 centimètres cubes d'oxygène à 37°. Seulement le sang de l'artère pulmonaire (le sang veineux), bien qu'appauvri en oxygène, en contient encore moitié environ de cette quantié ; ce qui fait que chaque litre qui traverse le poumon en absorbe environ 110 centimètres cubes ou en poids $0^{gr},1389$, d'où on peut conclure que les 32 grammes absorbés répondent à $230^{lit},38$ représentant une masse de $243^{kg},50$ de sang (pour une densité de 1,057).

Or dans une réaction de ce genre on sait que les relations entre la quantité de chaleur dégagée, la masse échauffée, la chaleur spécique et l'élévation de la température sont exprimées par la formule suivante :

$$Q = M.c.\,(t - t')$$

$t - t'$ est ici la quantité inconnue à déterminer, nous écrivons :

$$t - t' = \frac{Q}{M.c.} = \frac{15^{cal},2}{243,53 \times 0,872} = 0°,071.$$

b) **Refroidissement par la réduction en gaz de l'acide carbonique dissous.** — Le volume de l'acide carbonique exhalé étant sensiblement égal à celui de l'oxygène absorbé et correspondant au poids de 44 grammes, d'autre part la quantité de chaleur absorbée par la vaporisation de l'acide carbonique étant $5^{cal},6$, ce chiffre, transporté dans l'équation ci-dessus, donne $0°,026$ comme première quantité à déduire du chiffre $0°,071$.

Le sang éprouverait donc encore malgré cela un échauffement de $0°,045$.

Ce serait ce qui arriverait pour un sujet respirant dans un air ayant la même température que le sang (37°) et *entièrement saturé* de vapeur d'eau. Et comme dans ces conditions l'évaporation cutanée serait elle-même réduite à zéro, le sang subirait un échauffement graduel montant de $0°,045$ à chaque fois qu'il aurait absorbé 32 grammes d'oxygène, c'est-à-dire d'heure en heure à peu près.

c) **Refroidissement par l'évaporation de l'eau pulmonaire.** — Si nous supposons toujours l'air atmosphérique à la température 37°, égale à celle du sang mais *complètement sec*, les conditions changent et cessent d'être menaçantes pour l'entretien de la vie. — Nous supposons d'autre part que cet air sec inspiré ressort du poumon complètement saturé de vapeur d'eau ; quelle est la chaleur aborbée par la vaporisation de cette eau pendant la fixation par le sang de 32 grammes d'oxygène ?

Appelons p le poids de cette vapeur (à déterminer). La quantité de chaleur nécessaire pour vaporiser à 37° ce poids p d'eau est donnée par la formule de Regnault :

$$Q = p\,(606,5 - 0,7 \times 37°) = 580,6\,p.$$

chaleur prise au sang et qui tend par conséquent à abaisser sa température.

Mais quel est le poids p ? — C'est le poids de la vapeur qui sature à 37° le volume d'air qui a fourni au sang 32 grammes d'oxygène.

Quel est ce volume d'air ? — Quel est d'abord le volume occupé par les 32 grammes d'oxygène fixés pendant la réaction ? — A 37° le volume des 32 grammes d'oxygène $= 22$ litres $\times\,(1 + \alpha\,t) = 24^{lit},93$.

Si nous admettons que l'air cède au sang 4/100 de son volume d'oxygène (remplacés par un volume approximativement égal d'acide carbonique), $24^{lit},93$ représentent les 4/100 du volume inspiré ou expiré.

$$24^l,93 = \frac{4}{100}\,V ; \quad \text{d'où} \quad V = \frac{24,93 \times 100}{4} = 623^l,2$$

p est le poids de la vapeur d'eau qui à 37° sature le volume $623^{lit},2$, c'est donc le poids de 623^{lit},2 de vapeur d'eau à 37° sous la pression F 37 (F 37 étant la tension maxima de la vapeur d'eau à cette température, F 37 = 46^{mm},647 Hg).

Entre le poids p, le volume V, la densité d, la température t, et la pression h d'un gaz ou d'une vapeur existe la relation suivante :

$$p = Vd \times 1,293 \times \frac{h}{760} \times \frac{1}{1 + \alpha t}$$

V = 623^{lit},2 ; d = 0,622 à la température 37° et sous la tension maxima 46^{mm},647 (puisque la vapeur est saturante).

D'où
$$p = 623,2 \times 0,622 \times 1,293 \times \frac{46,647}{760} \times \frac{1}{1 + 0,0036 \times 37} = 27^{\text{gr}},44.$$

En transportant cette valeur de p dans la formule de Regnault on a :

$$Q = 27,44 \times 580,6 = 15^{\text{cal}},74$$

quantité de chaleur soustraite à la masse du sang indiquée plus haut. L'abaissement de température en résultant serait :

$$\frac{15.74}{213,53 \times 0,872} = 0^{\text{o}},074.$$

[Si la vapeur n'était pas saturante, si son état hygrométrique était E par exemple, la tension de cette vapeur serait E $\times$ F 37 = f qui correspondrait alors à la valeur de h dans la formule.]

d) **Refroidissement du sang par échauffement de l'air respiré.** — Supposons l'air inspiré à la température 0° et l'air expiré à 37°. La quantité d'air correspondant au poids de 32 grammes d'oxygène pur est ainsi définie :

32 grammes d'oxygène représentent un volume de 22 litres, soit les 4/100 du volume d'air nécessaire à 0°. Ce volume d'air est donc $\frac{22 \times 100}{4}$ = 550 litres, mesuré à 0°

Quel en est le poids ? il est 1.293 $\times$ 550 = 711^{gr},15.

La quantité de chaleur absorbée dans l'élévation de 0° à 37° de cette masse gazeuse est donnée que la relation :

$$Q = \text{M.c.}(t - t') \qquad \text{soit} \qquad Q = 711,15 \times 0,23741 \times 37 = 6^{\text{cal}},2.$$

De ce fait la température du sang correspondant à ces données s'abaisse de $\frac{6,2}{243,53 \times 0,872} = 0^{\text{o}},029.$

Conclusion. — En totalisant ces différents résultats, nous avons :

+ 0°,071	—	0°,026	—	0°,074	—	0°,029	=	— 0°,058
Oxydation du sang.		Volatilisation de l'ac. carb.		Évaporation de l'eau.		Échauffement de l'air.		Refroidissement du sang.

L'air extérieur n'est le plus souvent ni absolument sec ni complètement saturé. La température extérieure est le plus souvent moyenne entre 37° et 0°. Enfin l'échauffement de l'air inspiré n'est jamais total jusqu'à prendre exactement la température du sang, et sa saturation par la vapeur d'eau n'est probablement pas parfaite non plus. — Mais néanmoins, les chiffres ainsi obtenus nous sont utiles comme limites et ils nous permettent, en les modifiant en divers sens, d'estimer avec une approximation suffisante les causes d'échauffement et de refroidissement du sang, dans sa traversée à travers le poumon.

En somme, dans les conditions de notre vie ordinaire, l'avantage reste aux causes de refroidissement; mais ce refroidissement est très faible, les calculs ci-dessus lui assignent une valeur inférieure même à $1/10^e$ de degré qui est celle trouvée dans les expériences de topographie exécutées sur le chien.

B. — LES TISSUS, LEURS RÉACTIONS THERMOGÈNES; LE MUSCLE PRODUCTEUR DE CHALEUR.

Les anciens, qui croyaient à une chaleur innée d'essence vitale, propre aux animaux, en plaçaient généralement le foyer dans le cœur, organe central de la circulation; cette opinion était comme le corollaire de cette autre, longtemps régnante, que la vie est dans le sang. Nous savons maintenant que la vie est dans les tissus et dans les éléments qui les composent. Le sang n'est qu'un tissu subalterne, moins rattaché que les autres à la vie générale de l'ensemble, et qui leur sert d'auxiliaire ou de milieu.

En principe nous devons admettre que tout élément quel qu'il soit possède une activité thermique. Nous savons que tous respirent et c'est déjà une preuve de cette affirmation. Pour certains d'entre eux la démonstration expérimentale de leur activité calorifique est facile à donner. On la fait facilement pour le muscle et pour la glande; on s'est efforcé de donner la même démonstration pour le système nerveux, mais le plus souvent avec moins de bonheur.

I. **L'échauffement du muscle.** — L'échauffement du muscle pendant son travail a été constaté par BECQUEREL et BRESCHET en 1835. Ces auteurs observaient le phénomène sur l'homme, au moyen d'une pile thermoélectrique en forme d'aiguille fine, enfoncée à travers la peau dans un muscle du bras. Le membre étant soumis à un exercice violent (comme de scier du bois), on voyait la température du muscle s'élever de plus d'un degré.

Une constatation du même ordre a été faite par HELMHOLTZ en 1852 sur les animaux à sang froid avec un dispositif expérimental très semblable au précédent. Dans deux muscles symétriques d'une grenouille, on engage les soudures d'un appareil thermoélectrique; pour augmenter la sensibilité on met le muscle en contact avec trois soudures de chaque côté (couple fer-maillechort). La contraction de l'un des muscles est provoquée par l'excitation électrique de son nerf, l'autre étant laissé au repos ; il y a déviation de l'aiguille du galvanomètre indiquant un échauffement du muscle contracté.

L'expérience faite sous cette forme ren-force la preuve donnée par la précédente, parce qu'elle élimine une cause d'erreur et une objection relatives au déplacement possible de la chaleur dans un muscle qui a conservé sa circulation et dont les vaso-moteurs peuvent intervenir au moment de son travail. Chez les animaux à sang froid un tel déplacement n'est pas à objecter, puisque l'animal a la température du mi-lieu extérieur : du reste on peut agir sur des muscles privés de circulation après les avoir isolés avec leurs nerfs.

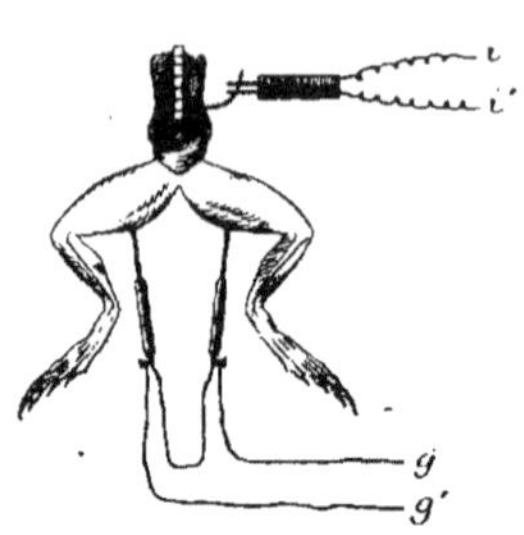

Fig. 152. — *Échauffement du muscle de grenouille par la contraction.*

ii', fils d'un induit dont les courants excitent les nerfs du plexus lombaire de l'une des pattes, l'autre restant au re-pos; *gg'*, fils reliant à un galva-nomètre des aiguilles thermo-électriques implantées dans deux muscles symétriques, l'un devenant actif pendant que l'autre reste au repos pendant l'excitation.

II. **Problèmes divers**. — Après cette constatation purement qualitative d'un dé-gagement de chaleur par un muscle qui fonctionne, il était naturel qu'on cherchât à la réaliser en y introduisant la mesure de la quantité de cette chaleur dégagée et cela dans les différentes circonstances sous les-quelles se présente l'activité musculaire. Quel rapport existe-t-il entre ces quantités et celle du travail extérieur du muscle ? Quel rapport entre ces quantités prises dans leur ensemble et les transformations de substances qui s'opèrent dans le muscle et qui s'accusent d'une façon directe par l'usure de ses réserves (de son glycogène notam-ment) ou d'une façon plus indirecte, mais encore très prochaine des altérations de la composition du sang (en glycose et en gaz)? Toutes ces questions ont été soumises déjà à l'analyse expérimentale et, malgré les difficultés inhérentes à cet ordre de recherches, on peut dire qu'elles approchent de leur solution.

III. **Importance thermogénétique du système musculaire**. — Elles ressortissent à la physiologie propre de l'élément musculaire et elles nécessitent des mesures de *calorimétrie partielle* très déli-cates à exécuter dont nous avons exposé les principes. L'ensemble des résultats obtenus tend à nous faire considérer le système musculaire comme une source, non seulement considérable, mais la plus impor-tante dans la production de la chaleur chez l'animal. Cette prédo-minance au point de vue thermogénétique, le système musculaire la doit d'une part à sa masse considérable, il représente en poids à lui seul au moins la moitié de l'organisme, et d'autre part à son activité si manifeste. L'échauffement du corps tout entier par l'exercice musculaire est un fait de connaissance vulgaire.

L'évaluation exacte de la part qui revient au système musculaire dans la thermogenèse est difficile à faire; les bases sur lesquelles on pourrait établir les calculs sont trop restreintes pour que ceux-ci ne soient pas entachés d'erreur. Du reste cette part est changeante et cela suivant les circonstances les plus diverses (le travail des muscles se réglant lui-même suivant que la température intérieure du corps tend à baisser ou à s'élever), autrement dit suivant les climats, les saisons, les heures de la journée, les habitudes du sujet, son genre d'alimentation, l'espèce animale à laquelle il appartient; sans parler même des modifications apportées par l'état pathologique.

IV. Nature de la réaction thermogène du muscle. — L'indication tout au moins des substances chimiques qui dans l'élément musculaire fournissent l'énergie qu'il libère sous la double forme de travail et de chaleur est devenue facile à donner. *Cette énergie procède de l'oxydation des hydrates de carbone*. Nous pouvons même dire qu'elle procède essentiellement, tout au moins pour la plus grande part, de l'oxydation de sa réserve propre de *glycogène*. Comme celui-ci procède du glycose du sang par déshydratation et condensation, c'est en somme comme si le glycose livré au sang par le foie était directement brûlé par le muscle d'après l'équation :

$$C^{12}H^{24}O^{12} + 24\,O = 12\,CO^2 + 12\,H^2O.$$

Ou, si on tient compte du passage préalable du glycose du sang en glycogène du muscle, suivant les deux opérations représentées par les équations :

$$1^o\ C^{12}H^{24}O^{12} - 2\,H^2O = \qquad C^{12}H^{20}O^{10}$$
$$\text{Glycose.} \qquad \text{Eau.} \qquad \text{Glycogène.}$$

$$2^o\ C^{12}H^{20}O^{10} + 24\,O = 12\,CO^2 + 10\,H^2O.$$

Le témoin le plus reconnaissable et le plus considérable de l'activité musculaire, c'est donc l'acide carbonique dont la production augmente parallèlement avec la chaleur musculaire, ce que nous voyons par l'analyse du sang qui sort du muscle contracté, ou par celle des gaz de la respiration, quand c'est le système musculaire dans son ensemble qui fournit quelque effort un peu grand.

Il est presque superflu de faire observer que, si les termes extrêmes et essentiels de l'opération chimique de la fonction du muscle sont bien ceux des équations ci-dessus, l'opération en elle-même ne saurait être réduite à une aussi grande simplicité, accompagnée qu'elle est de réactions accessoires, ou tout au moins de moindre importance au point de vue particulier de la chaleur, et où peuvent intervenir d'autres substances que les hydrates de carbone : sans compter les travaux internes (de faible valeur également comparés au précédent) qui assurent la rénovation incessante de la composition du tissu musculaire tout en maintenant sa forme histologique ; double travail d'*histolyse* et d'*histopoïèse* indépendant du travail extérieur musculaire et qui ne peut pas être nul au point de vue de l'absorption ou du dégagement de chaleur.

1. Hypothèse de Liebig. — Une conception qui fut un moment régnante en physiologie, mais qui n'a du reste dû sa vogue qu'à la réputation de son auteur, fut celle de Liebig, qui attribuait la production de la chaleur à la combustion des substances ternaires (graisses et hydrates de carbone), et celle du travail ou énergie musculaire à la destruction des substances quaternaires azotées exclusivement. L'énergie libérée par l'être vivant aurait eu de la sorte deux sources chimiques bien distinctes, au lieu de l'origine indivise que nous lui reconnaissons couramment aujourd'hui. D'après cette théorie, la destination des aliments était fixée d'avance par leur nature ; les uns (substances ternaires) étaient appelés *respiratoires* comme étant uniquement dévolus à servir de combustibles ; les autres (substances quaternaires) étaient appelés *plastiques* comme étant destinés à entrer dans la composition du muscle pour faire face à l'usure produite par son fonctionnement.

Il est incontestable qu'il y a dans la science des théories vraies et à côté d'elles des théories fausses, mais il convient peut-être de remarquer qu'il est presque aussi rare de voir bâtir des théories complètement fausses que d'en édifier d'absolument vraies. Leur fausseté ou leur vérité relative dépend du point de vue particulier duquel on les considère, et de l'importance que ce point de vue prend aux yeux des savants d'une époque, dans la lente évolution des sciences. Ce qu'on peut sauver de l'idée exagérée de Liebig, et ce que nous admettons pleinement aujourd'hui, c'est que *le chimisme d'où procède l'énergie musculaire est intracellulaire et non intravasculaire*, comme on l'a cru longtemps. Lorsqu'il nous arrive, encore souvent aujourd'hui, de dire que le muscle use sa substance, nous ne prétendons pas autre chose que cela, et nous voulons seulement indiquer par là que la substance combustible, le glycogène, est incorporée à la fibre contractile, peut-être même à son protoplasma comme d'aucuns le prétendent. Mais si le travail de la fibre musculaire au moment de la contraction détruit en elle une réserve qu'elle s'était incorporée, il respecte non seulement sa structure histologique, mais même l'arrangement chimique des organes moteurs intracellulaires ou intrafibrillaires, comme il semble bien résulter des données recueillies sur le chimisme de la contraction du muscle.

Le point de vue qui domine présentement est donc celui que J.-R. Mayer opposait déjà à Liebig, mais en l'exagérant lui aussi de son côté. « Le foyer dans lequel la combustion se produit, dit-il, est l'intérieur des vaisseaux sanguins ; le sang, un liquide brûlant lentement, est l'huile de la flamme de la vie..., un muscle est seulement un appareil au moyen duquel la transformation des forces s'effectue, mais ce n'est pas la substance par le changement chimique de laquelle l'effet mécanique se produit. »

Pour Mayer, le foyer de la machine animale est dans le système vasculaire et le transformateur dans le système musculaire, la séparation des deux s'accuse en quelque sorte anatomiquement ; pour nous le foyer et le transformateur sont dans l'élément contractile, et leur séparation ne peut s'accuser qu'histologiquement, si les moyens d'analyse deviennent jamais assez puissants pour cela.

La théorie de Liebig ne tomba en discrédit que lorsque les faits eurent franchement prononcé contre elle, et c'est ce qui arriva en 1865 à la suite de l'expérience restée célèbre de Fick et Wislicenus. Cette expérience a gardé un intérêt plutôt historique : elle mérite néanmoins d'être rappelée comme modèle primitif de celles nombreuses, plus précises et plus analytiques, qui ont été poursuivies depuis dans le même ordre d'idées.

2. **Expérience de Fick et de Wislicenus.** — Son plan est des plus simples et sa conception des plus logiques. Il s'agit de vérifier si, comme l'affirmait Liebig, la source du travail musculaire est dans la combustion des albuminoïdes exclusivement. Or ces substances, en se détruisant, laissent de leur destruction un témoin facile à constater et à doser, c'est l'*azote* éliminé par l'urine sous forme presque exclusive d'urée. Le *travail* de nos muscles est également chose que nous pouvons faire varier d'une façon considérable, presque du tout au tout, et mesurer d'une manière suffisamment exacte en kilogrammètres. Il s'agit en somme de comparer deux nombres ; l'un fourni par la mesure directe du travail effectué ; l'autre fourni par la mesure également directe de l'énergie chimique dépensée pour la formation de l'urée. S'ils concordent, ce sera la justification de l'hypothèse ; s'ils s'écartent trop l'un de l'autre, ce sera sa condamnation.

Mesure du travail accompli. — Les deux expérimentateurs firent l'ascension du Faulhorn en partant du lac de Brienz, soit 1956 mètres de hauteur. Pour Fick, dont le poids était 66 kilogrammes, le travail de l'ascension est 129 096 kilogrammètres, et pour Wislicenus, dont le poids était 76, il égale 148 656 kilogrammètres, mais chacun de ces nombres est loin d'exprimer toute la dépense d'énergie motrice faite par les deux ascensionnistes. En effet, il faut distinguer dans cette dépense deux sortes de travaux, les uns *intérieurs* exécutés par le cœur et les muscles de la respiration, par conséquent indépendants de l'élévation en hauteur et plutôt exagérés par elle ; les autres *extérieurs* par lesquels s'effectue le déplacement de la masse du corps, et qui à eux seuls excèdent déjà les chiffres ci-dessus indiqués. On admet bien, il est vrai, en mécanique, que le travail dépensé pour soulever un poids est mesuré par la hauteur de soulèvement de ce poids suivant la verticale, quel que soit le chemin parcouru, mais c'est à la condition que la résistance à vaincre soit représentée uniquement par le poids à soulever ce qui, dans l'espèce, n'est nullement le cas. La marche en pays plat a déjà à surmonter des résistances qui sont loin d'être négligeables ; *a fortiori*, la marche dans des sentiers de montagnes suscite, pour le seul déplacement horizontal, une dépense d'énergie assez forte, indépendamment du soulèvement du corps, à une altitude donnée.

Pendant les cinq heures et demie que dura l'ascension, Fick avait par minute 120 pulsations du cœur et 25 respirations. En évaluant (d'après Fick) à $0^{km},64$ le travail correspondant à chaque systole, et (d'après Donders) à $0^{km},63$ chaque inspiration, on obtient le nombre 30 541,5 kilogrammètres qui est à ajouter à celui de 129 096 concernant Fick, soit un total de 159 637 kilogrammètres, nombre encore certainement beaucoup trop faible en raison de ce qui a été dit plus haut. — Pour Wislicenus, le travail du cœur et de la respiration n'a pas été évalué, mais on peut le supposer proportionnel à celui de Fick.

Mesure de l'albumine détruite et de l'énergie libérée par sa transformation en urée. — Pour que l'azote éliminé serve de mesure à l'albumine détruite par le fonctionnement musculaire, il faut que cet azote ne puisse pas provenir d'une autre source, comme serait celui qui provient de la digestion d'un excès de substances protéiques. Pour éliminer cette cause d'erreur, Fick et Wislicenus adoptèrent dès la veille de l'ascension un régime sensiblement exempt d'azote (gâteaux d'amidon frits dans la graisse, thé sucré, bière et vin) et le continuèrent pendant l'ascension (soit 36 heures durant). — D'autre part, comme l'élimination de l'urée formée par la désassimilation corrélative du fonctionnement musculaire peut ne pas coïncider avec la durée même de ce fonctionnement, mais se continuer après lui encore un certain temps, Fick et Wislicenus ajoutèrent à l'urée éliminée pendant les cinq heures et demie de l'ascension, celle des six heures suivantes, ce qui constitue certainement une majoration considérable du chiffre de l'albumine détruite pendant le fonctionnement, sinon par lui.

Fick avait détruit $37^{gr},17$ d'albumine qui donne $162^{cal},36$, Wislicenus 37 grammes d'abumine qui donne $161^{cal},62$.

Comparaison du travail mécanique effectué et de l'énergie chimique libérée par les substances protéiques. — L'énergie chimique libérée par Fick pour ramener l'albumine de ses tissus à l'état d'urée, soit pendant la montée de Faulhorn, soit pendant un temps égal, après est égale à $162^{cal},36$ dont l'équivalent en travail mécanique est $162,36 \times 425 = 69\,003$ kilogrammètres. Celle de Wislicenus est égale à $161^{cal},62$ qui équivalent à $68\,688$ kilogrammètres.

Ces deux chiffres mis en regard des $129\,096$ kilogrammètres de Fick et des $159\,637$ kilogrammètres de Wislicenus, représentent une différence moyenne de 50 p. 100, entre les nombres calculés et ceux exprimant le travail utile effectué.

Mais cet écart, déjà si grand, ne représente certainement qu'une faible partie de celui qui existe réellement. En effet, d'une part, le nombre calculé (le plus petit des deux) est encore trop fort, puisqu'il a été évidemment et à dessein, majoré. — D'autre part, le nombre exprimant le travail réel effectué (le plus fort des deux) est beaucoup trop petit, puisqu'il faut y ajouter les travaux intérieurs des organes présidant à la nutrition, et les travaux extérieurs employés à surmonter les résistances autres que la pesanteur. En tenant compte de ces diverses circonstances, on arriverait facilement à réduire l'énergie chimique représentée par la formation de l'urée au quart du travail mécanique réellement produit.

De sorte que l'hypothèse de Liebig d'une origine exclusivement azotée du travail musculaire, aussi bien que l'hypothèse corrélative d'une séparation complète des sources de ce dernier d'avec celles de la chaleur, se trouvent absolument condamnées par cette expérience.

V. **La substance qui fournit l'énergie musculaire**. — Tous les documents rassemblés par les physiologistes, soit que leurs expériences visent directement la production de l'urée (Pettenkofer et Voit, Fick et Wislicenus), soit qu'ils fixent la ration d'entretien des animaux herbivores (Boussingault), soit surtout qu'ils étudient l'alimentation dans ses rapports avec la production de travail (travaux de la station de Hohenheim, sous la direction de Wolf..., O. Kellener. Travaux de Muntz, de Grandeau et Leclerc), tous ces documents concordent en somme à *exclure les albuminoïdes du nombre des substances dont la destruction directe et immédiate fournit au système musculaire l'énergie nécessaire à son fonctionnement*.

Chauveau et Contejean en comparant pendant le repos et pendant le travail les quantités d'urée ou d'azote total qui témoignent de la destruction des substances albuminoïdes, ont établi de leur côté que ces quantités ne varient pas sensiblement de l'un de ces états à l'autre. Pendant le repos et pendant le travail, les quantités d'albumine détruites restent égales. Ni le *jeûne*, dans lequel cette excrétion azotée est réduite à un minimum, ni la *digestion* d'un repas de viande, qui fait monter cette excrétion à un chiffre élevé, n'ont pour effet de rompre cette égalité, qui se montre constante à l'état de repos et à l'état d'activité, ce qu'on peut encore exprimer en disant que les variations de l'azote urinaire dépendent de la nature et de la quantité de l'alimentation, mais non de l'activité musculaire.

En somme on peut dire que *ni les albuminoïdes des humeurs et des tissus (animal à jeun) ni ceux qui sont directement livrés à l'animal par l'alimentation (digestion) ne concourent directement à la dépense d'énergie du tissu musculaire.*

La substance immédiatement disponible qui fait face à cette dépense est un hydrate de carbone et cet hydrate de carbone, à mesure qu'il se détruit chez l'animal non alimenté qui travaille, est reconstitué par une oxydation rudimentaire des graisses. Cette oxydation fixe sur la molécule du corps gras beaucoup plus d'oxygène qu'il n'en passe dans l'acide carbonique, résultant de cette oxydation incomplète ; c'est ce dont témoigne du reste la marche du quotient respiratoire.

Zuntz, qui plus récemment a institué des expériences analogues, conclut de même à la non-utilisation de l'albumine par le travail musculaire, mais avec des réserves sur la valeur des hydrates de carbone considérés comme l'aliment le plus immédiatement et le plus économiquement disponible en tant que producteur d'énergie.

C. — CALORIMÉTRIE MUSCULAIRE.

Constater qu'un organe, comme le muscle, dégage de la chaleur est déjà assurément par soi-même un renseignement d'une grande importance, mais, dans la voie ouverte par cette constatation, on ne peut faire de progrès sérieux qu'en introduisant la mesure des quantités de chaleur dégagée, à côté de celle des degrés thermométriques acquis par le muscle en fonction. Il faut donc procéder pour le muscle pris en particulier comme pour l'organisme entier et faire sa *calorimétrie*.

I. **Principe de la méthode.** — C'est ce que l'on a essayé déjà et bien que les résultats obtenus ne puissent être considérés encore que comme une première approximation ils doivent nous servir d'exemple pour exposer le principe de la méthode applicable dans ces recherches, en attendant qu'elle ait subi les perfectionnements qui la rendront plus rigoureuse.

Le muscle est par lui-même source de chaleur ; mais on sait que d'autre part il est traversé, comme tout tissu, par un courant liquide, le sang, qui est lui aussi à une certaine température et avec lequel il tend à échanger sa chaleur, pour peu qu'il y ait de différence thermique entre eux deux. Soit un muscle profond à l'abri des variations de la température superficielle du corps ou qu'on a préservé de celles-ci par un enveloppement suffisant, et supposons pour un instant que ce muscle ne soit le siège d'aucune réaction thermogène, ce muscle conserve la température du courant sanguin qui le traverse et celui-ci sort de la veine efférente avec la même température exactement qu'il avait dans l'artère afférente.

Que le muscle ensuite à un moment donné entre en fonction et que par lui-même il dégage de la chaleur ; celle-ci fournie à sa masse, après l'avoir élevée d'un certain degré, tendra à se communiquer au sang qui circule dans son intérieur ; ce qui a lieu aisément et promptement, en raison de la large surface de contact de celui-ci avec le tissu musculaire dans l'intérieur du réseau circulatoire. Il suit de là que l'accroissement de température du sang qui sort du muscle (la différence de température des sangs artériel et veineux de cet organe) pourrait servir de mesure à la chaleur dégagée par celui-ci, à la condition de multiplier cet accroissement par la chaleur spécifique du sang et en second lieu par la quantité de sang qui traverse le muscle pendant le temps de l'expérience. Le premier de ces deux facteurs est invariable, mais il n'en est pas de même du second et les valeurs obtenues seraient absolument faussées si on négligeait d'en tenir compte.

En principe le muscle (et avec lui tout organe irrigué par le sang) est un calorimètre à certain point de vue très parfait et semblable au calorimètre à compensation de D'ARSONVAL. L'utilisation des dispositions organiques du système constitue la méthode *autocalorimétrique* de CHAUVEAU. Mais dans la pratique, il est facile de prévoir les difficultés qui attendent l'expérimentateur et les influences perturbatrices qui résultent de ces difficultés. Même en choisissant un muscle convenable, suffisamment accessible et volumineux, la mesure des températures serait difficilement faisable dans la veine et surtout dans l'artère. — La mesure du débit sanguin est délicate et ne se fait pas non plus sans difficulté en raison des coagulations du sang dans les vaisseaux ou dans les tubes qu'on y adapte. On est obligé de procéder en deux temps et d'établir à part le coefficient de la circulation à travers le muscle au repos et pendant son activité. Toutes ces mesures ne peuvent se rapporter à la masse entière du muscle expérimenté et même au tissu musculaire d'une façon générale qu'autant que le système circulatoire propre de ce muscle est suffisamment indépendant de celui des muscles voisins et surtout des organes non musculaires, comme la peau ou les glandes, faute de quoi cette indépendance devrait être assurée par des ligatures placées sur les vaisseaux de communication.

II. Coefficient d'échauffement du muscle en fonctionnement stérile. — Chauveau et Kaufmann, dans les déterminations qu'ils ont tentées des quantités de chaleur émise par le muscle au moment de son travail, ont cherché à tourner les difficultés de l'expé-

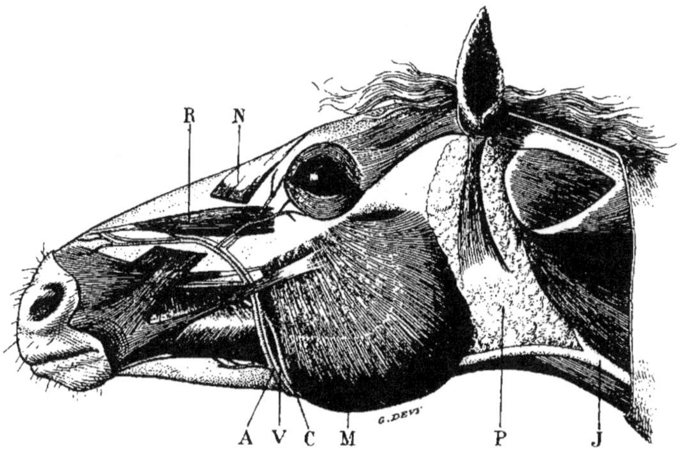

Fig. 153. — *Face latérale de la tête du cheval montrant les organes utilisés pour les mesures calorimétriques directes ou indirectes.*

M, masseter. — R, releveur propre de la lèvre supérieure (ou sus-maxillo-labial). — N, sus-naso-labial (coupé). — A, artère faciale. — V, veine faciale. — C, canal parotidien. — P, parotide. — J, veine jugulaire.

rience par l'artifice suivant : Les couples thermoélectriques, représentés par de fines aiguilles, sont implantés non pas dans l'artère et la veine du muscle choisi pour la recherche, mais dans deux muscles symétriques (releveurs de la lèvre supérieure du cheval), dont l'un est condamné au repos par la section de son nerf moteur. Lorsque l'autre entre en travail (pendant la mastication provoquée par les aliments offerts à l'animal) on constate à son profit un *accroissement* de température qui doit être sensiblement égal à celui qui existe au même moment entre le sang qui entre dans le muscle et celui qui en sort et qui peut fournir un des facteurs du produit cherché. On se fonde, pour établir cette égalité, sur ce que le sang et les muscles en raison de la grande surface de contact établie entre eux se mettent rapidement en équilibre de température. En effet, la température du muscle inactif n'est autre que celle du sang artériel du sujet, qui le traverse sans échauffement, et la température du muscle actif est celle même qu'il communique au sang, qui sort de son réseau capillaire et veineux. L'échauffement, constaté par la déviation de l'aiguille d'un galvanomètre étalonné, ayant été dans une expérience de $0°,47$ pour un muscle de $22^{gr},50$ traversé par $132^{gr},5$ de sang pendant dix minutes ; si nous négligeons de tenir compte de la chaleur spécifique, le produit de cet échauffement par la masse échauffée est :

$$0°,47(132^{gr},5 + 22^{gr},5) = 0°,47 \times 0^{kg},155 = 0^{cal},07285$$

soit pour une minute et 1 kilogramme de muscle $0^{cal},323$ représentant l'excédent de chaleur dégagée par le muscle en activité sur celle qu'il produit à l'état de repos. Étant donnée la faible valeur de cette deuxième quantité, la première se trouve voisine de la quantité totale de chaleur émise par le muscle actif, et nous pouvons également dire de la quantité totale d'énergie libérée par lui à ce moment, en raison des conditions particulières imposées à la contraction.

III. Absorption de chaleur par le travail mécanique. — Ces chiffres représentent en effet la chaleur dégagée par un muscle se contractant à vide, *sans travail mécanique extérieur* après section de son tendon. Si on rattache les deux extrémités du tendon coupé, on obtient (pendant la contraction) le chiffre suivant :

$$0°,42 \times 0^{kg},155 = 0^{cal},0651$$

soit pour une minute et 1 kilogramme de muscle $0^{cal},289$.

La différence de ces deux produits $(0,0728 - 0,0651 = 0,0077)$ exprime la chaleur équivalente au travail musculaire accompli : soit pour 1 gramme de muscle en une minute $0^{cal},322 - 0^{cal},289 = 0^{cal},034$.

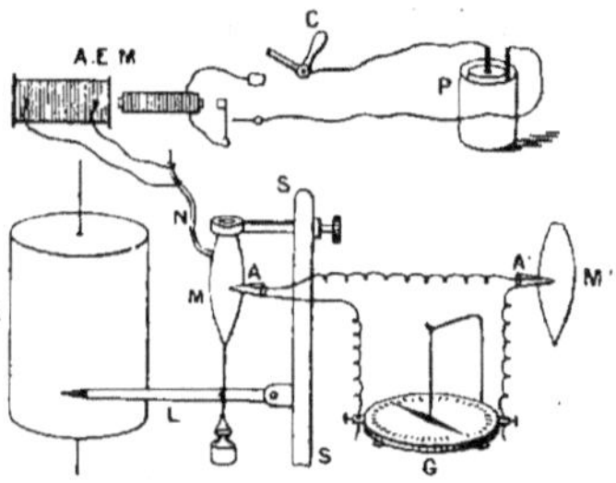

Le muscle n'absorbe, comme on voit, qu'une faible partie de l'énergie mise en jeu pour son travail mécanique, mais ajoutons tout de suite que le *rendement* du muscle est chose très variable et que le chiffre ci-dessus n'exprime qu'un cas particulier.

Fig. 154. — *Dessin schématique destiné à représenter la mesure simultanée du travail mécanique et de l'échauffement du muscle pendant sa contraction.*

M, muscle isolé de grenouille avec son nerf, N, excité par un appareil d'induction, AEM, actionné par une pile P dont un levier-clef C ferme le courant ; S, support qui porte le muscle et le myographe dont le levier L inscrit les contractions sur un cylindre enregistreur, CE ; A et A', soudures thermoélectriques reliées à un galvanomètre, G, et engagées l'une dans le muscle actif, l'autre dans une masse musculaire ou autre à température invariable.

IV. Comparaison de cette quantité avec le travail produit. — Tout en n'accordant à ces nombres qu'une valeur approximative, ils sont significatifs et vérifient les prévisions de la théorie, au moins en ceci : *le travail mécanique dans le muscle vivant, comme dans les autres machines, est corrélatif d'une absorption de chaleur.* Il est instructif de les comparer à ceux qui représentent le travail extérieur du muscle dans les mêmes conditions. Pour obtenir un nombre qui exprime, en fractions de kilogrammètre, le travail du muscle exécuté pendant le même temps, dans les mêmes conditions, il faut placer à l'extrémité du tendon coupé de ce muscle une résistance, comme poids à soulever, ressort dynamométrique ou dynamographique. Sans entrer ici dans la technique d'une expérience qui rentre dans l'étude proprement dite du tissu musculaire, nous pouvons donner les nombres trouvés par Chauveau et Kaufmann. Sur un second sujet, le travail musculaire établi en multipliant le poids moyen soulevé par chaque contraction ($76^{gr},17$), par la hauteur moyenne du soulèvement ($0^m,0\text{&0},^m0$) le produit est 1 grammètre,873, lequel multiplié par le nombre de contractions en une minute (162), donne $303^{gm},42$. Comme le muscle pesait $31^{gr},35$, le travail accompli est pour 1 gramme de muscle une minute $14^{gm},21$ et pour 1 kilogramme de muscle $14^{kgm},21$, c'est-à-dire en équivalence calorique :

$$\frac{14^{kgm}21,}{425} = 0^{cal},031$$

chiffre très approché de celui de $0^{cal},034$ représentant le déficit de chaleur du muscle en travail utile sur celui du muscle fonctionnant à vide.

V. Comparaison des résultats fournis par les méthodes calorimétriques directe et indirecte. Énergie chimique, énergie thermique. Équivalences. — Si nous remontons à la source de cette énergie dépensée (chaleur et travail mécanique réunis), nous la trouvons dans l'oxydation d'une substance carbonée en constante provision dans le muscle, le glycogène; comme ce glycogène dérive par déshydration et concentration du glycose du sang nous en avons une triple mesure, par l'évaluation de ce glycose disparu pendant la traversée du sang à travers le muscle, par celle de l'oxygène du sang employé à son oxydation, par celle de l'acide carbonique produit.

En nous en tenant ici aux échanges gazeux dans le muscle, 1 gramme de celui-ci absorbe en une minute, pendant le travail, plus de ce qu'il consomme au repos, $0^{gr},12$ d'oxygène qui produira pposant que cet oxygène se combine en entier avec du carbone pour faire de l'acide carbonique, $0^{cal},365$, chiffres voisins de ceux por donnés pour les mesures calorimétriques ci-dessus exposées.

D. — LE TRAVAIL MUSCULAIRE ET LA CHALEUR.

Lorsqu'on eut démontré en physique la relation existant entre le travail mécanique et la chaleur, la question se posa de savoir si dans le vivant cette relation se retrouve et suit les mêmes lois que les moteurs inanimés. La question a été étudiée tout d'abord par Béclard, par Hirn et dans ces derniers temps par Chauveau avec des moyens différents et des méthodes plus ou moins parfaites.

Position de la question. — L'intérêt fut d'abord de vérifier à cet ordre d'idées, l'extension proclamée générale des lois physiques à l'être vivant. Vue de ce point de vue, la question peut paraître avoir perdu de son intérêt, tant le principe physique qu'elle se propose de contrôler est accepté aujourd'hui avec une entière confiance. Mais ces expériences ont eu le mérite de montrer, par leurs difficultés mêmes, combien (en acceptant la validité du principe) sont lointaines et grossières les analogies d'abord établies comme point de départ, entre les moteurs animés et les moteurs industriels actuellement connus. Et elles ont obligé, par là même, les physiologistes à faire une analyse et un classement plus exacts des phénomènes qu'ils prétendaient comparer, d'une façon fruste, à ceux mieux connus dont le physicien étudie les transformations dans des conditions déterminées.

C'est cette analyse, qui sur beaucoup de points reste fort théorique, que nous essaierons de présenter ici en synthétisant, autant que cela présentement possible, les données éparses dans les nombreux travaux publiés sur cette question.

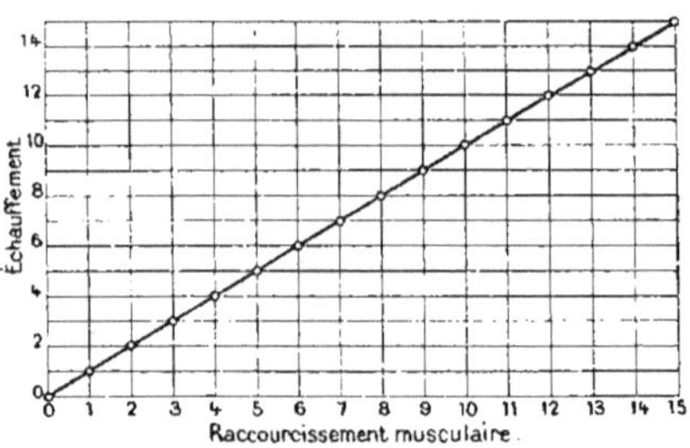

Fig. 155. — *Schéma exprimant que l'échauffement du muscle croît proportionnellement à son raccourcissement.*

Le raccourcissement est le rapport entre la hauteur du déplacement de l'extrémité mobile du muscle et la longueur normale du muscle au repos (d'après Chauveau).

Heidenhain, A. Fick, Danilewsky, N., J. Beclard et tant d'autres cherché par différentes méthodes à définir les relations existant la chaleur dégagée par le muscle et la contraction de celui-ci envisagée sous ses différents aspects; problème qui comprend nécessairement la transformation de l'énergie chaleur (ou autre) en travail mécanique et réciproquement.

Chauveau s'est efforcé de démontrer les lois de la thermodynamique musculaire sur l'homme même. Il utilise pour cela les muscles de la région antérieure du bras (biceps et brachial antérieur) agissant sur les os de l'avant-bras comme levier mobile, pendant que le bras lui-même est fixé. Une charge variable est appliquée sur ce levier au niveau du poignet. Le raccourcissement ou l'allongement musculaire est évalué par la grandeur de l'angle que fait l'avant-bras, par rapport à une position moyenne qui répond à celle où il fait l'angle droit avec le bras. A partir de cette position, qui est désignée conventionnellement sous le nom d'angle 0°, les angles faits par l'avant-bras sont affectés du signe + quand ils exagèrent la flexion et du signe — quand ils se font dans le sens de l'extension (— 20° = 70° ; — 10° = 80° ; 0° = 90° ; + 10° = 100° ; + 20 = 110°).

1. Définition du raccourcissement musculaire. — Sous le nom de *raccourcissement musculaire* il faut entendre non pas le déplacement de l'extrémité mobile du muscle en valeur absolue, mais le *rapport de ce déplacement à la longueur première du muscle*. Il est important de remarquer que la valeur de ce rapport dépend de cette longueur initiale du muscle qui entre comme dénominateur dans la fraction qui exprime le rapport. C'est ainsi que, pour un muscle, d'une part complètement étendu et pour un muscle d'autre part déjà contracté, un raccourcissement d'un dixième, c'est-à-dire égal dans les deux cas, représentera un déplacement plus grand pour le premier que pour le second. Autrement dit : à raccourcissement égal la hauteur du soulèvement de la charge est plus grande dans un muscle étendu que dans un muscle déjà partiellement raccourci.

La dépense d'énergie du muscle est proportionelle à son raccourcissement (et non à la valeur absolue du déplacement de son extrémité mobile).

La dépense d'énergie du muscle est proportionnelle, d'autre part, *à la charge soulevée*.

Pendant la contraction dite *statique*, c'est-à-dire consistant dans le soutien d'une charge, on peut vérifier en effet que, *à égalité de charge, l'échauffement croît comme le raccourcissement musculaire*, et que, *à égalité de raccourcissement musculaire, l'échauffement croît comme la charge. L'échauffement est en somme proportionnel au produit de la charge par le raccourcissement* (Chauveau).

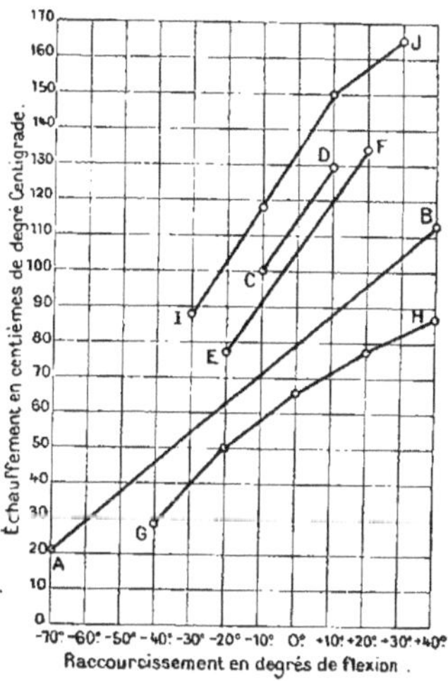

Fig. 156. — *Muscle biceps de l'homme.*

Charge constante, *raccourcissement variable*. — Variations de l'échauffement en fonction du raccourcissement estimé d'après les degrés de flexion de l'articulation du coude. Chaque ligne (AB..... IJ), exprime la comparaison de deux ou plusieurs contractions (marquées par des points) exécutées par le même sujet en soulevant une même charge (AB ; CD ; EF ; IJ, cinq kilos ; GH, deux kilos) pendant le même temps (deux minutes) à des hauteurs différentes (d'après Chauveau).

2. La contraction dite tétanique ou statique. — La contraction dite statique se prête mieux que toute autre à la vérification de ces formules, parce que, ne s'accompagnant d'aucun travail mécanique positif ou négatif capable d'absorber ou de restituer de la chaleur, *toute l'énergie libérée apparaît alors sous forme de chaleur sensible au thermomètre.*

La mesure correcte de cette chaleur demanderait qu'on établît sa quantité Q et non pas seulement son degré T, ce qui est difficile à réaliser sur les muscles de l'homme. Mais, comme la masse du muscle (biceps brachial) et sa chaleur spécifique ne changent pas, les valeurs de T peuvent se substituer aux valeurs de Q sans inconvénient dans la proportion.

Non seulement par la mesure de l'échauffement, c'est-à-dire en somme par un procédé de calorimétrie directe, on peut vérifier les précédentes formules, mais on les trouve encore exactes quand on appelle en témoignage les échanges gazeux respiratoires (CHAUVEAU et TISSOT). On voit en effet *l'oxygène absorbé et l'acide carbonique exhalé croître proportionnellement au raccourcissement d'une part et à la charge de l'autre, autrement dit au produit du premier par la seconde.*

Chez l'homme la mesure des gaz ne peut naturellement pas se faire d'une façon directe dans les vaisseaux du muscle, comme chez les animaux ; la mesure porte sur l'accroissement que subissent les échanges pulmonaires comparativement à l'état de repos et pendant le soutien d'une charge plus ou moins forte et à une hauteur plus ou moins grande, pendant des temps égaux.

L'état de contraction d'un muscle qui soutient une charge à une hauteur donnée représente un des cas les plus simples de la transformation de l'énergie à l'intérieur du muscle. Ainsi que tendent à le démontrer les expériences ci-dessus, *la forme initiale de cette énergie est tout entière représentée par les réactions chimiques du muscle en contraction, et sa forme finale tout entière représentée par la chaleur dégagée par le muscle.* Cette transformation de l'énergie pendant tout le temps qu'elle dure, en gardant son intensité, a pour effet de communiquer au muscle une déformation, un raccourcissement d'une valeur donnée, équilibrant une charge également donnée.

Cette dépense continue d'énergie, employée pour assurer l'immobilité d'un organe dans une position fixe, est si en dehors des usages et exemples journaliers de la physique qu'elle surprend d'abord et

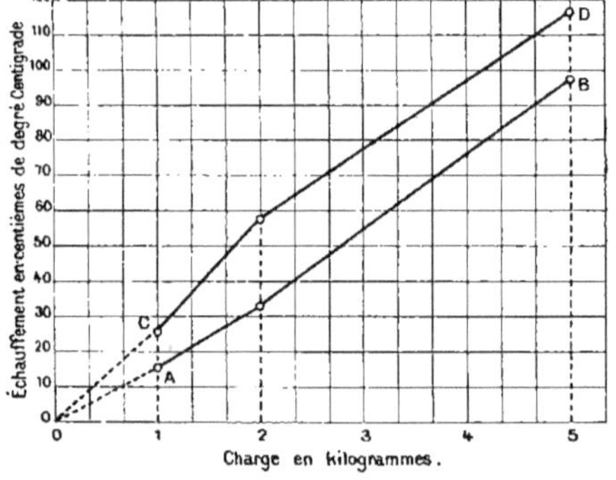

Fig. 157. — *Muscle biceps de l'homme.*

Raccourcissement musculaire constant, *charge variable.* — Variations de l'échauffement en fonction de la charge estimée en kilos. — Chaque ligne (AB ; CD) exprime la comparaison de trois contractions marquées par des points, soutenues pendant le même temps (deux minutes pour AB ; quatre minutes pour CD), exécutées par le même sujet avec le même degré de raccourcissement (avantbras à angle droit).

paraît paradoxale. Mais le paradoxe disparaît si nous portons notre attention sur les détails de ce phénomène en somme très compliqué.

Tout d'abord le travail mécanique, qui, ici, paraît absent, en réalité ne fait pas défaut, mais il se place au commencement et à la fin de la contraction statique. En effet le muscle, en passant de sa position de repos à sa forme contractée, a soulevé la charge et produit un travail mécanique positif, de même qu'en la laissant retomber, à la fin, il produira un travail négatif de même grandeur. Ces deux travaux s'annulent et on peut se dispenser de les isoler dans l'expérience : mais il n'en existe pas moins comme dans toute déformation.

Mais, de plus, pendant son état de contraction dite soutenue ou statique, le muscle, sous son immobilité apparente, cache un état d'agitation extrêmement rapide de ses éléments contractiles dont les déformations élémentaires, par leur sommation, leur alternance et leur succession, arrivent à maintenir sa masse dans sa nouvelle position d'équilibre. Le détail de ces opérations élémentaires de leur association dans la contraction d'ensemble est évidemment très compliqué. On s'en fait néanmoins une idée simplifiée en se fondant sur les faits d'expériences qui démontrent le caractère explosif de la contraction musculaire élémentaire.

3. **La secousse ou contraction élémentaire.** — On sait qu'à une excitation isolée le muscle répond par une secousse isolée, c'est-à-dire par un raccourcissement suivi aussitôt d'un retour à sa longueur première. Si une charge lui est attachée, celle-ci sera d'abord soulevée, puis retombera à sa position première. Pendant la phase de montée il y a travail positif; pendant la phase de descente, travail négatif. Ces travaux sont rigoureusement équivalents et se compensent exactement. Les conditions étant ainsi, il suit de là que dans une secousse isolée, comme dans une série de secousses répétées à la suite les unes des autres, ou même fusionnées en une contraction soutenue, l'expérience, dans son résultat fruste, traduira toujours en entier sous forme de chaleur l'énergie dépensée par la contraction.

Si l'on veut rendre sensible l'absorption d'énergie par le travail mécanique de soulèvement de la charge ou la restitution de celle-ci par le travail négatif de sa chute, il faut faire intervenir des conditions différentes de celles ci-dessus énoncées. Comme la secousse musculaire est l'élément primitif de toutes les autres formes de contraction, c'est sur elle qu'il faut faire cette analyse.

Les deux phases ; raccourcissement, relâchement. — La secousse ou contraction élémentaire peut être idéalement partagée quant à sa durée en deux moitiés à peu près symétriques : l'une répondant à la contraction proprement dite (déformation progressivement croissante), l'autre à la décontraction ou relâchement (déformation décroissante).

Déterminer exactement la nature et la somme des énergies qui apparaissent dans le muscle dans chacune des deux phases, tel est le problème.

Au point de vue purement mécanique, tant que la même charge reste fixée à l'extrémité mobile du muscle ces deux phases s'équivalent rigoureusement : la seconde restitue autant d'énergie-chaleur que la première en absorbe. Quel moyen emploierons-nous pour rendre sensible cette absorption de chaleur par le travail positif (de montée) et la restitution de celle-ci par le travail négatif (de descente)? S'il nous était possible de recueillir d'une façon séparée les quantités de chaleur émises par le muscle dans chacune des deux phases, nous pourrions, en enlevant sa charge et en la lui restituant, voir par comparaison ce que cette charge prend à la première phase et restitue à la seconde. Mais un tel moyen de dissociation nous fait défaut, nos appareils n'étant capables d'évaluer d'une façon suffisamment rigoureuse que la quantité de chaleur émise pendant la durée totale d'une secousse.

4. **Absorption de chaleur par le travail positif.** — Fick, Danilewsky ont tourné la difficulté de la façon suivante : Au lieu de chercher à dissocier le phénomène thermique ils ont dissocié le phénomène mécanique qu'il s'agit de lui comparer, ce qui est beaucoup plus facile. Ils opéraient sur des muscles isolés de

grenouilles. Dans une première contraction le muscle soulève, puis laisse retomber une charge ; la quantité de chaleur est notée. Dans une seconde contraction le même muscle soulève la même charge, mais un dispositif particulier empêche cette charge de retomber (supprimant ainsi le travail négatif de la descente). La quantité de chaleur dégagée, dans cette seconde épreuve, est moindre que dans la première de toute la quantité qui a été absorbée par le travail positif de la montée de la charge et que nous supposons égale à celle qui, dans la première expérience, est restituée par le travail négatif de la descente.

On fait de la sorte la preuve que le travail mécanique positif fourni par le muscle, et d'une façon générale par l'être vivant, est susceptible d'absorber de l'énergie. On a cherché de même à donner la démonstration que le travail négatif peut lui en restituer (sous forme également de chaleur), question du reste connexe de la précédente.

J. Béclard, Hirn, et plus récemment Chauveau, se sont efforcés de donner cette démonstration. Pour être faite d'une façon rigoureuse elle rencontre dans la pratique expérimentale des difficultés considérables; aussi beaucoup d'entre ces expériences sont-elles passibles d'un certain nombre de critiques.

5. **Restitution de chaleur par le travail négatif.** — Chauveau s'est servi de l'artifice suivant qui a quelque analogie avec celui employé par Fick et par Danilewsky : Dans la contraction dite statique ou soutenue (c'est-à-dire sans travail mécanique) l'échauffement dépend de deux facteurs : à savoir la charge, d'une part, et le raccourcissement musculaire de l'autre, ainsi qu'il a été dit plus haut. On peut donc, en modifiant en sens inverse la charge et le raccourcissement, réaliser deux contractions statiques, parfaitement équivalentes au point de vue de la chaleur dégagée, dont la première soulève une petite charge à une grande hauteur et dont la seconde soulève à peine (ou à une hauteur nulle) une forte charge (excédant légèrement l'énergie du muscle). L'échauffement, qui est le même dans les deux cas, ayant été noté, on réalise une troisième contraction dans laquelle le muscle, après avoir soulevé une petite charge à une grande hauteur (comme dans la première), est ramené par une surcharge additionnelle (légèrement excédente) à un raccourcissement minimum ou nul, en produisant par conséquent un travail négatif. Or l'échauffement noté dans ce dernier cas est notablement plus fort que dans les deux premiers. *L'excès de chaleur correspond au travail négatif produit.*

L'artifice consiste, comme on voit, à réaliser deux contractions statiques témoins, qui dégagent la même quantité de chaleur, mais qui soient très différentes quant aux déformations acquises et conservées par le muscle pendant leur durée : puis, dans une troisième contraction, l'action croissante de la charge faisant décroître le raccourcissement du muscle, celui-ci passe ainsi d'une de ces déformations à l'autre en produisant le travail mécanique négatif dont on recherche l'effet sur l'échauffement. Les durées des trois expériences étant égales, on peut comparer les échauffements produits pendant chacune d'elles.

II. **Rendement du moteur musculaire.** — Le *rendement* d'une machine est le *rapport de la quantité de chaleur convertie en travail à la quantité totale de chaleur dépensée* ou plus généralement de la quantité d'énergie convertie en travail extérieur à la quantité totale d'énergie dépensée, la chaleur servant dans tous les cas de mesure à cette énergie.

On a essayé de diverses manières de donner une évaluation du *rendement musculaire*. C'est ainsi qu'il est estimé suivant les auteurs à 1/3, 1/4, 1/5, etc. Le plus souvent, de telles évaluations sont fondées sur des mesures indirectes comme celle qui résulterait de la comparaison (autant qu'on peut la faire), entre l'énergie totale dépensée par un ouvrier, en la mesurant par ses aliments ou par ses échanges respiratoires, et le travail mécanique produit par lui. C'est à la fois un chiffre moyen englobant tous les muscles du corps, très inégalement actifs dans le travail, et un maximum indiquant l'effort soutenu, le plus grand possible pendant un certain temps.

Si l'estimation porte sur un muscle en particulier, ce rendement peut affecter des valeurs extrêmement différentes, ainsi que le fait remarquer CHAUVEAU. — Pendant la contraction statique, c'est-à-dire pendant le soutien d'un poids à une hauteur fixe, il est nul, bien qu'il y ait une grande dépense d'énergie, laquelle se retrouve tout entière sous forme de chaleur. Dans l'élévation d'un poids à la même hauteur, mais par des contractions de durées successivement décroissantes, ce rendement va au contraire en croissant, c'est-à-dire qu'à charge égale et à raccourcissement égal il est inversement proportionnel à la durée de la contraction. Pour des contractions de même durée il varie avec le degré du raccourcissement musculaire et il est inversement proportionnel à ce raccourcissement. Il a sa plus grande valeur possible lorsque la contraction ayant une durée la plus courte possible, le raccourcissement est le plus petit possible, en partant de l'allongement donné au muscle par la plus grande extension normale des leviers : il tend alors vers l'unité. Lorsque les contractions se répètent coup sur coup et que la fatigue apparaît, ce rendement diminue.

III. Sur la nature du moteur musculaire. — C'est une question souvent débattue que celle de savoir à quel genre de moteur appartient le muscle ou mieux à quelle machine motrice actuellement connue il est comparable. Comme nous ne pouvons, à l'heure qu'il est, malgré les progrès de la connaissance histologique des tissus, nous faire aucune idée du mécanisme intime qui fait office de transformateur de l'énergie dans la cellule musculaire, c'est sur des analogies nécessairement lointaines que sont fondées les opinions diverses qui ont cours à cet égard et ces opinions sont influencées elles-mêmes, de temps à autre, par la vogue ou les perfectionnements des machines industrielles.

Le muscle a été comparé pendant longtemps à un *moteur à feu*. On croyait y reconnaître les traits essentiels d'une machine à vapeur utilisant de l'énergie calorique pour la transformer en travail mécanique. Aujourd'hui, on voit plus volontiers en lui un *moteur électrique* et cette opinion se fonde tant sur les ressemblances, qu'on lui reconnaît avec les appareils connus, producteurs d'électricité, que sur les différences apparentes de son fonctionnement avec les machines thermiques.

L'objection la plus forte qui est faite contre la théorie thermique de la contraction musculaire est tirée du principe de CARNOT, d'après lequel le rendement d'un moteur à feu dépend de la *chute* de température, dans ce moteur, pendant son fonctionnement; chute de température qui dans le muscle, ou bien n'existe pas, ou est très faible, puisqu'on ne peut pas la constater, et partant est insuffisante à rendre compte du travail réellement produit.

Un moteur à feu dans le genre de la machine à vapeur comprend, en plus de la machine transformatrice elle-même, un *foyer* et un *réfrigérant*, et la condition essentielle de son fonctionnement est un transport de chaleur du foyer au réfrigérant. Dans le muscle, le foyer devrait être au point où s'opère la combustion du glycogène (réserve combustible du muscle). Le réfrigérant ne peut être que le courant sanguin, qui emporte la chaleur du muscle à mesure de sa production, pour l'égaliser dans le corps et la déperdre à l'extérieur. La chute de température de l'un à l'autre, si on s'en rapporte aux nombres donnés par les expériences de thermométrie et calorimétrie musculaire, est extrêmement limitée et tout à fait insuffisante à rendre compte du travail produit. Quant à l'écart des températures qui serait nécessité par le fonctionnement d'un moteur thermique, il paraît incompatible avec la vitalité du muscle lui-même.

Le rendement d'une machine thermique est exprimé par la formule

$$R = \frac{T - T^o}{T}$$

dans laquelle R est le rendement, T la température du foyer (la plus haute par conséquent); T^o, la température du réfrigérant (c'est-à-dire la plus basse), prises l'une et l'autre sur l'échelle du thermomètre absolu. Faisons le rendement $R = \frac{1}{5}$; faisons $T^o = 273 + 37^o$ en chiffres du thermomètre absolu, et dégageons la valeur de T qui est ici l'inconnue.

$$\frac{1}{5} = \frac{T - (373 + 37)}{T^o}$$

d'où nous tirons

$$T = 273 + 104^o,5.$$

Ce qui signifie qu'il y aurait quelque part dans le muscle ou mieux dans l'élément musculaire, des points où la température atteindrait $104^o,5$ du thermomètre centigrade ordinaire avec un écart de 67° degrés entre les deux températures entre lesquelles s'accomplit le cycle de la transformation (BERGONIÉ).

On peut inversement prendre T comme quantité connue égale à $273 + 37°$, ce qui donne, en faisant le rendement égal à $\frac{1}{5}$, comme plus haut, un écart de 46° et une température de $-9°$ centigrades pour la plus basse des deux (A. Gautier).

Le muscle comparé aux moteurs thermiques. — Que le muscle soit un moteur thermique, c'est ce dont on peut fortement douter ; mais, une fois cette réserve faite, la comparaison de l'un avec l'autre peut devenir un moyen d'analyse avantageux, parce que dans le moteur thermique la relation de la chaleur au travail est mieux connue dans ses détails ou différentes phases. Seulement, parmi les moteurs à feu, la machine à vapeur n'est pas celui qui convienne le mieux pour cette comparaison. Une différence essentielle consiste en ce que si, dans la machine à vapeur, l'énergie est *distribuée*, comme dans le muscle, d'une façon *rythmée* à chaque coup de piston, elle est *créée* d'une façon *continue* dans le générateur, ce qui n'est plus le cas du muscle où elle est créée périodiquement comme elle est employée, c'est-à-dire à chaque secousse musculaire.

Moteur à gaz. — Une machine qui se rapprocherait davantage du muscle à ce point de vue ce serait le *moteur à gaz*, ou d'une façon idéale, la *machine de Carnot*, dans laquelle le foyer, au lieu d'être une source constante d'énergie, s'allumerait subitement pour s'éteindre de même à chaque coup de piston, comme si ce foyer devenait soudainement réfrigérant et réciproquement. Une machine idéale de ce genre nous permet mieux qu'une autre de faire l'analyse de ce qui se passe dans le muscle au moment de sa contraction élémentaire ou composée, dans le cas de travail positif, négatif ou nul.

Mouvement alternatif. Oscillation avec ses deux phases. — Le piston, en montant à une certaine hauteur et en redescendant ensuite, simule ce que nous appelons une contraction simple ou élément de contraction ou encore secousse musculaire. Cet élément est lui-même décomposable en deux phases (montée, descente ; raccourcissement, relâchement). La montée du piston (due à l'expansion du gaz) équivaut au raccourcissement du muscle (à sa déformation spécifique) ; la descente du piston équivaut au relâchement du muscle. La montée du piston et le raccourcissement musculaire, en soulevant une charge, fournissent un travail positif ; la descente du piston et le relâchement musculaire, en laissant retomber une charge, fournissent un travail négatif. Si c'est la même charge qui est ainsi soulevée et abaissée (par le piston ou par le muscle), le travail négatif à la descente est égal au travail positif à la montée et par conséquent le travail accompli par une oscillation complète du moteur ou par une secousse musculaire est nul. Si au contraire la charge soulevée est plus forte que la charge abaissée ou, autrement dit, si une partie de la charge reste à la hauteur de soulèvement et qu'une partie seulement retombe en suivant le piston ou le muscle, la différence entre ces deux charges mesure le travail positif produit par le moteur dans une oscillation, ou par le muscle dans une contraction. Si grande que puisse être cette différence entre les charges soulevée et abaissée, la charge abaissée n'est jamais nulle, représentée qu'elle est toujours pour le poids du piston ou le poids du muscle et des leviers qui lui sont attachés.

Fonctionnement du moteur. — Le moteur, pour soulever sa charge, emprunte une quantité d'énergie (chaleur) $= Q$ à T à son foyer. La charge qui s'abaisse restitue une quantité d'énergie (chaleur) $= Q°$ à $T°$ au réfrigérant. Si cette seconde charge est plus faible que la première, autrement dit s'il y a du travail positif produit dans l'oscillation du moteur, la quantité Q^o est plus faible que la quantité Q et la différence des deux exprimée en unités de chaleur, puis multipliée par le chiffre 425, est égale au travail produit. Si au contraire les charges sont égales à la montée et à la descente, autrement dit si le travail est nul dans une oscillation du moteur, la quantité $Q^o = Q$; de la chaleur est transportée du foyer au réfrigérant sans que le moteur en retienne rien sous forme de travail. Ce dernier cas, sur lequel nous insistons, est intéressant pour le physiologiste en raison des applications qu'on en peut faire au muscle.

Fonctionnement du muscle. — Soit en effet un muscle qui soulève un poids pour le laisssr retomber (dans une secousse musculaire), accomplissant de la sorte un travail positif, puis un travail négatif de même valeur (la somme des deux équivalant du reste à un travail nul pendant la durée totale de la contraction) : si un tel muscle travaille dans un calorimètre, comment l'affectera-t-il dans la première phase et dans la seconde phase ? Pendant son raccourcissement (soulèvement du poids), il absorbe de l'énergie (chaleur), il devrait se refroidir : pendant son relâchement (descente du poids) il restitue de l'énergie (chaleur), il devrait s'échauffer. L'expérience indique plutôt le contraire : le raisonnement montre qu'il en doit être ainsi.

Comparaison au point de vue thermique. — En effet, si nous pouvions, dans le muscle, isoler le corps déformable, transformateur de l'énergie, pour le mettre en contact avec un thermomètre ou un calorimètre, nous le verrions se refroidir dans la première phase, celle du travail positif, et s'échauffer dans la seconde, celle du travail négatif ; mais ce que nous plaçons dans le calorimètre quand nous y mettons un muscle en contraction, c'est un moteur entier avec son foyer et son réfrigérant, ce qui change complètement les conditions de l'observation. Si ce moteur était une machine à vapeur, c'est-à-dire à foyer constant, comme son réfrigérant, il n'y aurait dans le cas particulier que nous examinons ni échauffement ni refroidissement du calorimètre à aucun moment, si court soit-il. Si ce moteur est une machine à gaz (et nous admettons que c'est plutôt le cas du muscle), il y aura échauffement au début de la première phase, c'est-à-dire pendant le travail positif. C'est qu'en effet la quantité $Q = Q^o$ de chaleur qui est cédée à travers le corps déformable par le foyer au réfrigérant, ou chaleur transformable en travail mécanique, n'est qu'une partie de la chaleur produite par le foyer ; or l'excédent beaucoup plus considérable agira sur le calorimètre et cela tout à fait au début, et ainsi s'explique que ce soit pendant la phase qui répond au travail positif qu'un tel moteur dégage le maximum de chaleur.

Discontinuité dans la création de la puissance motrice. — Le muscle procède de cette façon : L'excitation nerveuse qui l'atteint joue en lui le rôle de l'étincelle qui enflamme le mélange explosif de la machine à gaz ; elle provoque la combustion d'un corps hydrocarboné, le glycogène. Chaque excitation nerveuse, au commencement de chaque secousse musculaire, met en liberté une certaine quantité d'énergie dont une part notable contribue d'emblée à l'échauffement du muscle et dont une part moindre, un tiers pour fixer les idées, est absorbée par le travail positif de la montée (première phase), puis cette énergie est restituée sous forme de chaleur par le travail négatif de la descente (deuxième phase).

Inégalité des deux phases au point de vue de la chaleur : Égalité au point de vue du travail. — En somme, dans le cas d'une secousse musculaire qui soulève un poids pour le laisser redescendre (ce qui exprime un travail total nul), toute l'énergie libérée apparaît bien sous forme de chaleur dans la durée de la secousse totale, mais elle est repartie en deux lots, l'un à la montée qui en représente les deux tiers (totalité moins un tiers absorbé), et l'autre à la descente un tiers seulement (restitué). *Le muscle dégage plus de chaleur à la montée qu'à la descente.*

Inégalité dans le travail. — Supposons maintenant que notre muscle ou notre moteur soulève une charge à la montée, mais qu'il n'en laisse retomber qu'une partie à la descente. Dans la phase de la montée les choses se passent encore de même ; toute l'énergie est libérée et convertie en chaleur, moins un tiers absorbé par le soulèvement de la charge, mais à la descente, la charge qui retombe étant moindre, c'est moins d'un tiers qui sera restitué : Q cesse en effet ici d'être égal à Q°, et la différence entre les deux est proportionnelle au travail total effectué par le muscle dans la durée d'une secousse musculaire.

Analyse théorique. Difficulté de la vérification. — Ce mode d'analyse, pour distinguer ce qui revient au travail positif et au travail négatif dans l'échauffement des organes moteurs, est tout théorique, car il serait extrêmement difficile d'évaluer séparément les quantités de chaleur qui apparaissent au calorimètre pendant la phase de raccourcissement et celle de relâchement du muscle. Aussi procède-t-on par voie détournée pour arriver à cette fin. Un des artifices employés a consisté à faire exécuter par un moteur animé le travail de soulèvement de son propre poids, à une certaine hauteur, en gravissant par exemple un escalier ; puis comparativement le travail de soutien de ce même poids à la descente de la même hauteur, en mesurant l'échauffement des masses musculaires qui effectuent ce travail dans les deux cas, et en opérant avec toutes les précautions possibles pour égaliser les conditions. Or l'expérience a montré que l'échauffement est moindre à la descente qu'à la montée, malgré que le travail soit positif dans la première et négatif dans la seconde (CHAUVEAU).

Mais il n'a pas échappé aux expérimentateurs que malgré les précautions prises, les conditions de l'expérience, telle qu'on peut la réaliser, restent en réalité très différentes des conditions toutes théoriques examinées précédemment.

Dans l'analyse précédente la comparaison portait entre les deux phases inverses (de raccourcissement et de relâchement) d'une secousse musculaire unique ou contraction simple. Ici les contractions ou secousses se répètent un même nombre de fois à la montée et la descente, mais, de plus, il y a cette différence très particulière que si dans la montée l'activité du muscle (sa dépense d'énergie) se fait bien toujours pendant sa phase de raccourcissement, dans la descente cette activité ou dépense d'énergie est transposée à la phase de relâchement, le muscle cédant alors lentement au poids du corps pour ralentir son mouvement de chute. Dans les secousses de la montée le muscle est actif pour produire un travail positif ; dans les secousses de la descente le muscle est actif encore pour donner au travail négatif du corps qui tombe, la même durée qu'au travail positif du corps qui s'élève.

Le travail négatif est rigoureusement égal au travail positif, cela va de soi. Mais l'énergie dépensée pour l'élévation du corps à la montée est-elle égale à celle dépensée pour le soutien à la descente ? Évidemment non ; plus les mouvements de montée et de descente seront lents, plus ces quantités tendront à devenir égales sans y parvenir néanmoins ; plus ces mouvements seront rapides et plus au contraire la différence s'accroîtra entre les quantités d'énergie dépensées dans les deux cas. Un moteur mécanique qui s'élève le long d'une rampe avec une vitesse uniforme dépense évidemment plus de charbon que s'il redescend cette même rampe avec la même vitesse, en luttant seulement contre l'accélération que lui imprimerait la pesanteur. Le muscle qui élève notre propre corps dépense, lui aussi, plus de glycogène que lorsqu'il le laisse redescendre de la même hauteur. Il y a plus de chaleur dégagée à la montée qu'à la descente ; il est vrai qu'une partie de cette chaleur qui est absorbée par le travail positif à la montée, peut-être restitué à la descente ; mais cette quantité peut n'être pas suffisante pour couvrir la différence entre les deux dépenses. Et c'est ce qui paraît arriver, comme le montre l'expérience.

IV. **Remarque.** — Les partisans de la théorie thermique, tels que Engelmann, Pflüger, etc., objectent néanmoins que les températures prises dans le muscle et dans le sang, si elles peuvent nous renseigner sur la quantité de chaleur totale dégagée par les réactions musculaires, sont impuissantes à nous éclairer sur l'écart réel de température qui existe à un moment donné entre le foyer et le réfrigérant, supposés existant dans l'organe musculaire. Le thermomètre plongé dans le muscle ne peut indiquer qu'une température moyenne entre toutes ses parties. Le glycogène (c'est-à-dire la substance combustible), qui ne forme que quelques millièmes de la masse musculaire, et qui ne se combure que petit à petit par fractions extrêmement minimes, s'oxyde au contact de l'oxygène en des points eux-mêmes très limités du muscle, dont la température peut être portée très haut pendant un très court instant, avant de s'égaliser avec celle des parties voisines et du sang, de sorte que l'objection principale contre la théorie thermique ne serait pas elle-même décisive.

Ces remarques ne rendent pas néanmoins beaucoup plus vraisemblable l'hypothèse en question, mais elles nous font voir sur quel terrain nous devons nous placer pour tenter des analyses de ce genre. *Au lieu que dans un moteur construit de nos mains, chacun de ses organes est grossi proportionnellement à la puissance qu'il doit avoir, au contraire dans le muscle, dans le nerf, dans tout tissu vivant le transformateur d'énergie est plus que microscopique ; il est de grandeur moléculaire (ou approchant) et l'organe tire sa puissance de la répétition parallèle d'un grand nombre de moteurs élémentaires semblables.* Nos méthodes actuelles ne nous donnent aucun moyen de décomposer et recomposer des machines semblables autrement qu'en imagination et par analogie supposée avec les machines industrielles créées en application des principes de physique et de mécanique connus. C'est un problème analogue à celui que les physiciens se posent lorsque, avec les théorèmes de la mécanique générale, ils cherchent, à l'aide d'hypothèses auxiliaires, à pénétrer les conditions de l'équilibre moléculaire des corps sous leurs différents états.

Travail physiologique. — La langue usuelle ne présente pas de mot qui permette de désigner d'une façon compréhensive l'ensemble des phénomènes ressortissant à l'activité musculaire, ou plutôt elle n'offre qu'un mot qui a déjà reçu un sens précis dans les sciences mécaniques et qu'on est amené à déposséder de sa signification pour l'employer en physiologie; c'est le mot *travail*. Il faut donc être bien prévenu de la signification différente que cette expression prend dans les ouvrages de physique et de physiologie et même dans les différents ouvrages de physiologie comparés entre eux.

Pour CHAUVEAU et pour plusieurs physiologistes « le mot TRAVAIL employé seul ou l'expression TRAVAIL MUSCULAIRE seront toujours pris dans un sens général et s'appliqueront indifféremment à tous les mouvements énergétiques de la contraction musculaire.

« Le TRAVAIL INTÉRIEUR comprendra toutes les manifestations confinées dans l'intimité du tissu musculaire, c'est-à-dire :

« *à*. Les *métamorphoses chimiques*, source d'activité physiologique de ce tissu.

« *b*. L'*activité* ou le *travail physiologique* du muscle, consistant dans la substitution de la force élastique de contraction à l'énergie chimique originelle.

« *c*. La *transformation de ce travail physiologique en chaleur sensible*, transformation totale ou partielle : *totale*, si la contraction ne donne lieu à aucun travail positif; *partielle*, quand le muscle produit extérieurement du travail positif.

« Le TRAVAIL EXTÉRIEUR désignera l'effet utile, *quel qu'il soit*, résultant de la contraction musculaire.

« *a*. Le *travail statique* ou travail de soutien des charges, ne détournant rien de l'énergie employée au travail intérieur concomitant.

« *b*. Le *travail mécanique*, ou *travail vrai* des mécaniciens : tantôt *positif* et absorbant alors une partie plus ou moins grande de l'énergie productrice du travail intérieur; tantôt *négatif* et restituant au contraire au tissu musculaire, sous forme de chaleur sensible, une quantité d'énergie équivalente à la force vive représentée par la hauteur de chute de la masse en mouvement » (CHAUVEAU, *Le travail musculaire et l'énergie qu'il représente*, Introduction, p. XVII).

Seule l'expression *travail mécanique* ne prête à aucune équivoque, car elle est employée en mécanique et en physiologie toujours dans le même sens, celui d'une résistance vaincue et déplacée, *la valeur du travail étant égale au produit de la résistance par le chemin parcouru dans la direction de la force*.

BIBLIOGRAPHIE.

Production de chaleur par les muscles. — D'ARSONVAL, *Biologie*, 1886. — BECQUEREL et BRESCHET, Mémoire sur la chaleur animale, *Annales de chimie et de physique*, 1835. — E. CALBERLA, Ascension de montagnes, *Arch. d. Heilkunde*, 1875. — CHARCOT et BOUCHARD, Variat. temp. centr. affections convulsives; distinction entre convuls. toniq. et convuls. cloniq., *Biologie*, 1866. — CHOUPPE et PINET, Intoxic. p. strychnine, *Biologie*, 1887. — DANILEWSKY, *Arch. f. d. ges. Phys.*, XXI, 1880. — R. DUBOIS, Sur le réchauffement automatique de la marmotte dans ses rapports avec le tonus musculaire, *Biologie*, 1893. — Sur le frisson muscul. chez l'hibernant qui se réchauffe, *Biologie*, 1894. — FICK, Myotherm. Unters., 1889. — *Verhandl. d. phys. med. Gesel. Würzburg*, 1885, N. F. B. 19. — *Arch. f. d. ges. Phys.*, XVI, t. LI, 1892. — *Centralbl. f. d. med. Wiss.*, 1885. — FUCHS, *Arch. f. d. ges. Phys.*, XV, 1877. — FREDERICQ (L.), *Revue scientif.*, 1887, n° 15. — HEIDENHAIN, Mech. Leist. Wärmeentw., *Leipzig*, 1864. — HERZEN, *Revue scientifique*, 1887, n° 14. — LABORDE, *Biologie*, 1880, 17;

1886, 296; 1887, 304. — Laulanié, Infl. de la contraction musculaire sur les échanges respirat. et la thermog., *Biologie*, 1892, *Arch. de phys.*, 1896. — Lukjanow, *Arch. f. Anal. u. Phys.*, 1876. — Lecercle (L.), Variat. temp. sous infl. immobil. et électricité; mod. composit. urine, *Montpellier médical*, 1, 863, 1892. — Likhatscheff (A.), Calorif. en rapport av. échange des gaz chez l'homme... *Arch. ital. biologie*, XXII. *Congrès de Rome*, 1892. — Lortet, Deux ascensions au mont Blanc, 1869, *Lyon médical*, 1869. — Quinquaud, *Biologie*, 1886. — Marcet, Temp. du corps pend. ascension., *Arch. des sc. phys. nat. de Genève*, XIV, 523, 1885. — Mendelsohn, *Biologie*, 1889. — Muron, *Biologie*, 1873. — Nawalichin, *Arch. f. d. ges. Phys.*, XIV, 1877. — A. Porel, Exp. temp. corps. humain dans ascension, *Genève, Georg*, 1874. — Regnard et Brissaud, *Biologie*, 1880, 13-17, 41. — A. Richet, Frisson comme app. régul. therm., *Biologie*, 1892. — *Arch. de Phys.*, 1893, *Trav. lab.*, III, 1. — Sanson, *Revue scientif.*, 1887, nᵒˢ 10, 16. — Schenk, Ueber d. Wärmeentwick. d. thätigen Musk. b. verschieden. Temp., *Arch. f. d. ges. Phys.*, 1894. — Infl. de la tension sur la prod. de chaleur du muscle, *Arch. f. d. ges. Phys.*, 1892. — J. Seegen, Die Kraftquelle für die Arbeitsleitung der Thierkörper; *Wien. klin Woch.*, X, 305, 1897, et *Arch. d. f. ges. Phys.*, L, 319, 1897. — D. Valin, Chaleur animale et son équivalent mécanique, *Chicago med. Journ. and Examin.*, 1883. — Villari, Variat. temp. chez l'homme pendant le mouvement, *C. R. Ac. sc.*, 1881. — N. Zuntz, Ueber die Wärmeregulirung. bei Muskelarbeit, *Berlin. klin. Woch.*, XXXIII, 709, 1896. — Einwirkung der Muskelthätigkeit auf den Stoffverbr. d. Menschen, *Arch. f. Phys.*, 367, 1890.

Le travail musculaire et la chaleur. — J. Béclard, De la contraction musculaire dans ses rapports avec la température animale *Arch. gén. de médecine*, 1861, et *Arch. de phys.*, 1862. — Blix, *Zeits. f. Biol.*, Bd 21, NF. III. — — Chauveau, Le travail musculaire et l'énergie qu'il représente, Paris, Asselin et Houzeau, 1891. — Chauveau et Kaufmann, *C. R. Ac. sc.*, 1886 et années suivantes, 4 janv. — Danilewski, *Pfluger's Archiv.*, Bd 21, 1880. — A. Fick, Myothermische Unters. aus d. phys. Labor. zu Zurich und Würzburg... Wiesbaden, Bergmann, 1889. — A. Fick et K. Harteneck, *Pfluger's Arch.*, Bd 16, 1878. — Heidenhain, Mecan. Leist. Warmeentwickl. Stoffumsatz bei der Muskelhãtigkeit. Ein Beitrag zur der Theorie der Muskelkrafte, *Leipzig*, 1864. — Hirn, Rech. s. l'équival. méc. de la chaleur, 1868. — Réfl. critiq. sur les exp. concernant la chal. humaine, *C. R. Ac. sc.*, LXXXIX, 687, 883, 1879. — La thermodynamique et le travail chez les êtres vivants, *Rev. scientif.*, 1887. — Meyerstein et Thiry, *Henle und Pfeufer's Zeitsch.*, XX, 45.

Chaleur spécifique du sang et des tissus. — **Sang** : Berthelot, *An. chim. et phys.*, t. XX, 6ᵉ série, 1890, p. 178. — **Tissus** : Rosenthal, *Arch. f. Anat. u. Phys.*, 1878, p. 215.

Chimisme de la contraction musculaire. — Th. Chandelon, Glycog. des muscles, *Arch. de Pflüger*, 1876. — Chauveau et Kaufmann, Glycose, glycogène, glycogénèse, chaleur animale et trav. mécanique, *C. R. Ac. sc.*, t. CIII, p. 974, 1057, 1153; 1886. — Chauveau et Contejean, Trav. muscul. n'emprunte rien aux albuminoïdes, *C. R. Ac. sc.*, CXXII, 420, 1896. — Chauveau et Tissot, *C. R. Ac. sc.*, 4 janv. 1897. — Fick et Wisclicenus, *Vierteljahresch. d. Zurich. Natur forsch. Gesell.*, t. X. — A. Gautier, *Leç. chim. biol.*, p. 282, Paris, Masson. — Krauss, Glycog. d. muscles après neurotomie et ténotomie, *Arch. de Virchow*, 1888. — Manche, *Zeitsch. f. Biol.*, t. XXV, 1889. — Marcuse, *Arch. de Pflüger*, 1886. — Morat et Dufourt. Consommat. du glycogène par le muscle actif. — Origine du glycogène musculaire, *Archives de physiol.*, avr. et juillet 1892. — Mac Munn, Pigment musculaire myohématine, *Journ. of phys.*, t. VIII. — O. Nasse, *Arch. de Pflüger*, t. II, 1869. — Pflüger, Sur la force musculaire, *Arch. de Pflüger*, t. XLVI, 1892. — Ranke, Tetanos, 1865. — Seegen (discussion), *Arch. de Pflüger*. — Weiss, Statique du glycogène, *Maly's Jahresb.*, t. I, 1871. — Moritz Werther, Consomm. du glycog., *Arch. de Pflüger*, t. XLVI, 1890. — Zuntz, *Arch. f. Anal. u. Phys.*, p. 535, 1897.

Travail musculaire et ration alimentaire. — Arloing, Article Cheval, *Diction. physiol.* — Grandeau et Leclerc, Etud. exp. sur alim. chev. d. trait., Paris, 1882. — Muntz, Rech. sur l'alim. et la prod. de travail, *Ann. Instit. agronomiq.*, 1877-1881. — Wolff, Funk, Kreuzhage, Kellener, *Landwirthschaftliche Jarbücehr*, 1877 à 1881. — Zuntz, Lehmann et Hagemann, Unters. ub. d. Stoffwechsel des Pferd. b. Ruhe un Arbeit., *Landwir. Jahrb.*, 1889, 3.

E. — LES GLANDES ORGANES PRODUCTEURS DE CHALEUR.

Le tissu musculaire est le plus *homotype* des tissus organisés. Ses deux grandes divisions se laissent facilement ramener, à quelques nuances près, aux mêmes descriptions générales. Il n'en est pas ainsi des glandes : chacune d'entre elles voudrait une étude ou une mention particulière.

En ce qui concerne la chaleur, on peut pour plusieurs d'entre elles faire la preuve que *l'échauffement des glandes se produit, comme celui des muscles, au moment de l'activité de ces organes.*

I. **Foie**. — Le sang le plus chaud de l'organisme est celui qui sort des veines sus-hépatiques, ce qui ne tient pas seulement à la situation profonde de la veine cave et du foie (de ce fait protégés contre le refroidissement), mais aussi à ce que le sang s'échauffe réellement dans les capillaires du parenchyme hépatique, en vertu du chimisme particulier correspondant à l'activité de ses éléments.

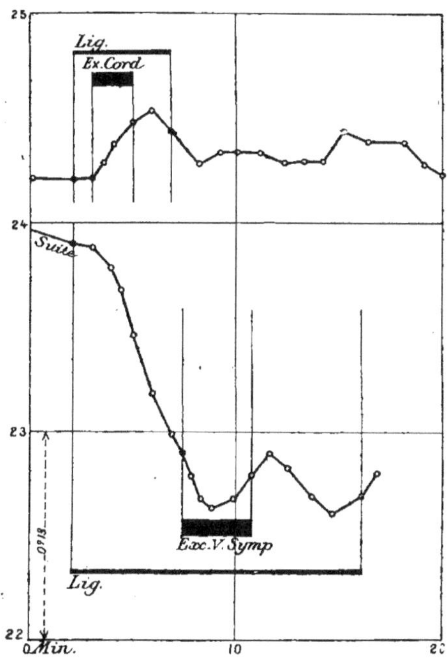

Fig. 158. — *Graphique exprimant (chez le chien) l'échauffement de la glande sous-maxillaire à la suite de l'excitation de la corde tympanique (ligne supérieure) et du vaso-sympathique (ligne inférieure).*

Les déplacements de chaleur imputables aux effets vaso-moteurs de ces troncs nerveux sont annihilés par la ligature temporaire de tous les gros troncs artériels de la tête. Les divisions de la ligne des ordonnées valent individuellement 0°,13, celles de la ligne des abcisses valent 10 minutes chacune.

II. **Rein**. — D'après Cl. Bernard, le sang de la veine rénale est plus chaud que celui de l'artère correspondante et c'est lui qui commence à relever la température du sang veineux de la veine cave, refroidi par celui qui revient des réseaux superficiels du membre inférieur.

III. **Sous-maxillaire**. — Les précédentes glandes, surtout la seconde, ont un fonctionnement continu : d'autres, comme les glandes salivaires, ont des intermittences beaucoup plus mar-

quées et leurs nerfs plus accessibles nous permettent de provoquer ce fonctionnement à notre gré. En plaçant des aiguilles
thermoélectriques dans les deux sous-maxillaires et en excitant le
nerf sécréteur de l'une des deux, on constate une notable élévation
de la température du côté correspondant à l'excitation. Seulement
le déplacement de la chaleur interne, au profit de la glande superficiellement placée, est ici une cause perturbatrice beaucoup plus
à craindre encore que pour le muscle, surtout dans ces conditions
d'excitation artificiellement provoquée. Car, comme on sait, les
vaso-dilatateurs de la glande sont contenus dans le même rameau
nerveux (la corde du tympan), que les nerfs sécréteurs proprement
dits.

On peut, comme pour le muscle, éliminer cette perturbation en
supprimant radicalement le passage du sang; *la glande* de même
*est susceptible de manifester son activité sécrétoire encore pendant un
certain temps après l'arrêt complet de toute circulation.* En faisant
l'expérience dans ces conditions, j'ai pu observer un léger
échauffement de la sous-maxillaire en excitant la corde tympanique
et également (bien qu'à un degré moindre) en excitant le sympathique cervical qui influence aussi sa sécrétion (fig. 158).

IV. **Preuves indirectes**. — D'autres preuves moins directes,
mais valables néanmoins, peuvent être données de l'activité
thermogénique des glandes, les salivaires en particulier, désignées
qu'elles sont comme objets de choix pour toutes les expériences sur
le tissu glandulaire. L'excitation de leur nerf secréteur (qu'elle
soit provoquée par un acte fonctionnel d'ensemble comme celui de
la mastication ou qu'elle le soit artificiellement par l'électricité)
augmente d'une façon constante la consommation d'oxygène et la
production d'acide carbonique de ces organes. Il est vrai que cette
augmentation de la respiration intime des éléments sécréteurs est
masquée par une exagération telle de la circulation locale qu'elle
donne, si l'on n'y prend garde, l'illusion d'un phénomène inverse,
c'est-à-dire d'une diminution des combustions. Le sang veineux
traverse la glande avec une telle rapidité dans des capillaires si
largement ouverts, qu'il sort rouge, chargé encore d'une assez forte
quantité d'oxygène et pas très riche en acide carbonique.

Mais si, en dépit de ces apparences, on fait la mesure de la quantité
d'oxygène retenue par la glande et d'acide carbonique éliminée par
elle pendant son repos et pendant son fonctionnement, on trouve
une augmentation réelle dans ce dernier cas. Non seulement de
l'oxygène disparaît du sang artériel pour être remplacé par de
l'acide carbonique dans le sang veineux, mais ce dernier accuse une

teneur moindre en glycose, de sorte qu'on peut admettre que la glande, pour faire sa chaleur et son travail particuliers, puise aux mêmes sources que le muscle et use la même substance.

Mise en regard de celle du muscle, l'activité thermogénique de la glande paraît bien moindre, ainsi qu'on l'a vu en comparant la parotide avec le muscle masséter.

V. **Analogie entre la glande et le muscle**. — L'analogie entre le muscle et la glande, pour n'être pas évidente au premier abord, n'en est pas moins réelle et les faits qui précèdent contribuent à la faire ressortir. L'organe glandulaire est au fond nécessairement un organe de mouvement, puisqu'il expulse au dehors un produit formé dans sa substance. Ce travail purement moteur fait appel naturellement aux mêmes sources d'énergie partout où il s'accomplit, il brûle du glycose du sang (ou du glycogène tenu en réserve) dans la glande comme dans le muscle. — Mais la glande, au lieu de se contenter, comme le muscle, d'échanger des substances avec le sang, détourne au dehors, par son canal excréteur, tout ou partie des produits élaborés par son chimisme intérieur, et c'est la variété de ces produits (mucus, acides biliaires, acide chlorhydrique, ferments, etc.), qui donne aux glandes tant d'aspects particuliers et de fonctions différentes. La question serait de savoir quelle part revient aux réactions concomitantes qui font apparaître ces produits dans la production de la chaleur, à côté de l'oxydation du glycose à laquelle nous en attribuons naturellement la plus grande quantité.

VI. **Calorimétrie indirecte sur la glande parotide**. — On n'a pas fait sur les glandes de déterminations calorimétriques dans le genre de celles exécutées sur les muscles. On sait seulement d'une manière générale et approximative que la production de chaleur est moindre dans le tissu glandulaire que dans le tissu musculaire. On voit d'autre part que le travail extérieur y est réduit à celui qui est nécessaire pour expulser le liquide sécrété à travers les canaux glandulaires, c'est-à-dire à fort peu de chose. Mais on a déterminé avec autant de rigueur que possible les échanges de la glande en gaz acide carbonique et oxygène et sa consommation en glycose, et cela soit pendant le repos de l'organe, soit pendant son activité. Pour faire cette comparaison une précaution aussi indispensable pour la glande que pour le muscle, c'est, comme on opère sur des volumes fixes de sang pour l'extraction des gaz et pour le dosage du glycose, de tenir compte du débit sanguin à travers les vaisseaux de l'organe pendant un temps donné, le même dans les deux cas.

CHAUVEAU et KAUFMANN ont fait cette détermination sur la

parotide. Pour avoir l'organe à l'état actif, il suffisait de présenter des aliments à l'animal qui aussitôt mettait en jeu spontanément tout son appareil masticateur, muscles et glandes. Une première comparaison était ainsi rendue possible entre un muscle et une glande voisins l'un de l'autre (le masséter et la glande parotide), participant à la même fonction, et recevant de ce fait du système nerveux des excitations proportionnelles. Qu'il s'agisse des échanges gazeux ou de la consommation de glycose, cette comparaison montre que, de la glande au muscle, le rapport est à peu près de un à cinq, à l'état de repos.

BIBLIOGRAPHIE.

Production de chaleur dans les glandes. — W. M. Bayliss et S. Hill, On the formation of heat in the salivary glands. *Journ. of Physiol.*, XVI, 351, 1894. — Cl. Bernard, Leçons sur la chaleur animale, p. 166. — Chauveau et Kaufmann, *C. R. Ac. sc.*, t. CIII, 1886. — Morat, *Arch. de physiol.*, juillet 1893. — Waymouth Reid, On the question of heat product in glands upon excitation of their nerves, *J. of Phys.*, XVIII.

F. — LE SYSTÈME NERVEUX; SA PART DANS LA PRODUCTION DE LA CHALEUR.

Si, par sa constitution particulière, par les rapports de ses différentes parties et par ses fonctions d'ensemble, le tissu nerveux prend une place tout à fait à part au milieu des autres, au point de vue de ses fonctions élémentaires il leur est tout à fait semblable, en tout cas absolument comparable. Si compliqué qu'il soit et si intimement mêlé qu'on le voie à l'activité des autres systèmes, on le ramène néanmoins par l'analyse à n'être composé que d'éléments dont les variétés nuancées ressortissent à un type sensiblement uniforme. Ces éléments sont, en tout cas ont été primitivement, des cellules. Ils ont les fonctions générales des éléments cellulaires ; ils absorbent de l'oxygène et restituent de l'acide carbonique ; ils respirent en un mot ; donc ils doivent dégager de la chaleur ; *ils doivent avoir le rôle commun, la fonction banale de produire de la chaleur, indépendamment de celle plus élevée, plus importante que remplit le système nerveux, d'exciter les réactions thermogènes des autres tissus et de régler l'économie de ces réactions.*

L'action thermogénique élémentaire du tissu nerveux ne fait doute pour personne dans l'esprit des physiologistes, et pourtant la constatation directe, la démonstration péremptoire de cette action thermogénique est entourée de grandes difficultés. Les insuccès de cet ordre de recherches sont imputables à des raisons qui apparaissent bien quand on entre dans le détail des expériences. Celles-ci ont été faites les unes sur les cordons nerveux périphériques, les *nerfs* proprement dits, groupements de fibres parallèles et semblables entre elles ; les autres sur les masses nerveuses de structure compliquée auxquelles on donne le nom de *centres*.

I. **Expériences sur les nerfs périphériques**. — Lorsqu'il s'agit d'échauffements aussi faibles que ceux qu'on constate dans les tissus vivants du fait de leur activité, la principale cause d'erreur dont il y a à se préoccuper c'est le déplacement de la chaleur dû à une variation soit accidentelle, soit fonctionnelle concomitante de la circulation dans l'organe expérimenté et qui peut être, comme on sait, très considérable. C'est pour éliminer d'une façon absolue cette perturbation qu'on choisit de préférence les animaux à sang froid ayant la température même du milieu très sensiblement, ou leurs organes détachés chez lesquels cette égalisation peut être parfaite, et cela sans qu'il en résulte grand dommage pour leur aptitude à réagir, en raison de la persistance plus grande de l'excitabilité après la mort chez ces animaux.

Ainsi a procédé HELMHOLTZ pour constater l'échauffement du muscle pendant sa contraction, en se servant comme l'avaient fait BECQUEREL et BRESCHET sur l'homme, d'appareils thermoélectriques très sensibles, mis en contact avec les muscles. Le même auteur a appliqué ce procédé à la recherche de l'échauffement des nerfs pendant leur activité. L'appareil, composé de trois paires de soudures et sensible au millième de degré, était mis en contact d'un côté avec un tissu à température fixe, de l'autre avec un nerf de grenouille séparé de ses connexions à la périphérie, mais tenant encore à la moelle épinière. Celle-ci était excitée électriquement pour mettre le nerf en état d'activité. *On ne put constater aucune déviation du galvanomètre.*

SCHIFF, CL. BERNARD et plusieurs autres ont fait des expériences du même genre qui ont donné par contre des résultats positifs. Mais de l'aveu même souvent des auteurs, ces expériences ne fournissent pas la démonstration demandée d'un échauffement qui soit corrélatif de l'activité fonctionnelle du nerf, parce que l'échauffement, toujours très faible, peut y être interprété par des actions physiques tenant aux conditions mêmes de l'application de l'excitant, lequel ne peut guère être ici que l'électricité. C'est ainsi, par exemple, que la résistance du nerf au passage du courant excitant peut l'échauffer localement, et cet échauffement se propager suivant sa longueur jusqu'au point en contact avec les soudures si la distance n'est pas suffisante. On peut accuser de même le développement de l'électrotonus.

Insuffisance des méthodes. — Il n'y a donc pas à insister sur ces expériences, elles ne donnent pas la démonstration cherchée. D'un autre côté, ces insuccès ne peuvent cependant pas être interprétés comme étant la preuve que les éléments nerveux se distinguent des autres en ce qu'ils ne seraient pas thermogènes. Ces éléments comme tous les autres sont en échange avec le sang qui les irrigue; ils sont le siège de transformations chimiques; ces transformations ne peuvent pas être neutres au point de vue thermique; et d'autre part on ne voit pas qu'il y ait dans le système nerveux aucun travail d'aucune sorte qui puisse absorber de la chaleur. Il faut donc au contraire admettre, comme le remarque CHAUVEAU, que *toute l'énergie développée par les réactions internes du nerf doit apparaître finalement sous la forme dernière de chaleur.*

Mais cette énergie représente une somme extrêmement faible et elle n'a pas besoin d'avoir une grande valeur pour donner naissance aux plus grands effets, puisqu'elle est une force de dégagement. N'admet-on pas que la partie véritablement fonctionnelle, c'est-à-dire spécifiquement active d'une fibre nerveuse, est réduite à son cylindraxe ? Et dans celui-ci la quantité des substances combustibles détruites par le fonctionnement est encore elle-même extrêmement réduite par rapport à sa masse totale.

Recherches sur l'échauffement des nerfs. — HEIDENHAIN, dans un travail sur la réaction chimique du tissu nerveux, étudie en même temps la question de l'échauffement des nerfs déterminé par leur activité et conclut comme HELMHOLTZ pour la négative.

Par contre VALENTIN, ŒHL, SCHIFF concluent à une production de chaleur par le nerf en activité.

La question a été reprise successivement par ROLLESTON, par STEWART et par DE BŒCK. Ces auteurs substituent à la pile thermoélectrique ordinaire un nouvel appareil électrique pouvant mesurer la chaleur, le *bolomètre.*

Méthode bolométrique. — Le bolomètre est fondé sur le principe suivant : Tout circuit métallique oppose au passage du courant électrique une résistance qui varie selon la nature du métal, selon les dimensions et selon la température du circuit, toutes choses restant égales d'ailleurs. La résistance augmente proportionnellement à l'échauffement du circuit et décroît proportionnellement à son refroidissement. L'instrument désigné par CALLENDAR sous le nom de *thermomètre à résistance électrique* consiste en un fil de platine très pur, d'une longueur de 5 centimètres, de 25 µ de diamètre, ayant une résistance électrique de 8 ohms à 0° centigrade. Ce fil est enroulé sur une plaque de mica de très faible épaisseur et de 3 millimètres carrés de surface; il est isolé électriquement en le recouvrant sur ses deux faces avec de la cire; ses extrémités sont soudées à de fines électrodes de cuivre. Le poids total de l'appareil n'est que de 4 milligrammes environ.

Cet appareil est intercalé dans l'un des bras d'un pont de WHEATSTONE dont l'autre bras correspond à un appareil identique et le tout est relié au galvano-mètre. Cette précaution d'un appareil témoin similaire, si usuelle dans les expériences de physiologie, permet ici d'éliminer par compensation pure et simple les modifications de température d'origine extérieure. On obtiendrait ainsi le 1/2300 et même le 1/5000 de degré.

Le fil ainsi enroulé sur lui-même dans une substance isolante constitue la masse (très faible) qu'il faut échauffer ; il a la même fonction que le réservoir dans le thermomètre à mercure ou tout thermomètre ordinaire : c'est en quelque sorte l'*appareil récepteur* de la chaleur, comme la soudure de la pile de MELLONI. Le galvanomètre sert par sa déviation (elle-même amplifiée) à lire les degrés de variations de la température, il fait fonction d'*appareil mesureur*. — Le nerf est mis en rapport avec la partie réceptrice en enroulant sur elle une partie de sa longueur de manière à augmenter les contacts en les multi-pliant. — Tantôt le nerf complètement séparé se trouvera libre de toute attache avec la moelle et les muscles ; tantôt il restera en relation soit avec l'une, soit avec les autres. — Dans tous les cas on choisit pour y pratiquer l'excitation un point du nerf aussi éloigné que possible de celui dont on mesure la tempéra-ture, et l'excitation doit être aussi localisée que possible, ce qui s'obtient en rapprochant beaucoup les électrodes du courant d'induction qui est employé pour cela.

On choisit des courants induits alternatifs très brefs et très rapprochés, pour limiter, autant qu'on peut, les effets électrotonisants qui résultent forcément du passage de l'électricité dans la région située entre les deux pôles excitants, pour de là s'étendre en décroissant d'intensité dans le reste de la longueur du nerf. Enfin des expériences comparatives sont faites préalablement, pour s'as-surer que les effets d'induction dus au passage de ces courants ne retentissent pas dans le circuit du thermomètre électrique et que l'échauffement local du point excité ne se communique pas à lui, de manière à l'échauffer lui-même sensiblement.

Une autre cause d'échauffement à distance par rayonnement purement phy-sique pourrait encore résulter de la chaleur développée dans le muscle auquel se transmet l'excitation du nerf, quand ce muscle est laissé à l'extrémité de celui-ci, et il y a à prendre quelque précaution pour empêcher cette propa-gation.

Résultats. — ROLLESTON conclut de ses recherches que, dans le cas d'excita-tion électrique des nerfs, il ne se produit aucune modification de la température dans le tronçon nerveux qui transmet une excitation, ou une modification inférieure en tout cas à 1/5000 de degré. — Mais par contre, *dans le nerf qui meurt*, il a vu parfois se développer une quantité de chaleur capable d'élever la température de 1/700 de degré.

STEWART a utilisé une méthode et un appareil un peu moins sensible (les variations de température décelées répondent en moyenne à 1/2800 de degré), mais construit d'après le même principe : le fil dont la résistance variable avec la température sert à mesurer l'échauffement est enroulé sur un manchon iso-lant évidé à l'intérieur et dans la gouttière duquel on glisse le nerf à étudier.

C'est tantôt le sciatique du chien ou du lapin après anesthésie ou curarisation de l'animal mis en contact *in situ* avec la partie réceptrice du bolomètre, et cela des deux côtés symétriquement, en pratiquant l'excitation d'un seul côté. Celle-ci était localisée à l'extrémité supérieure du nerf avec les courants élec-triques. — D'autres fois, il opère sur des tronçons nerveux enlevés à des animaux artificiellement refroidis, ou encore sur des tronçons de moelle dorsale ou lombaire.

Dans aucun cas Stewart n'a observé d'élévation de la température quand toutes les précautions étaient prises contre le déplacement du nerf. — Contrairement à Rolleston, il ne l'observe même pas pendant la mort du nerf. — Il recherche d'autre part les raisons théoriques qui établissent l'impossibilité d'un échauffement du nerf pendant son activité.

De Boeck a fait à l'Institut Solvay à Bruxelles, en 1890, de nouvelles expériences sur ce sujet. Son travail contient un exposé historique et critique très complet et très lucide de la question. — Ses expériences se distinguent des précédentes par un perfectionnement nouveau apporté aux conditions *physiologiques* de l'expérience. L'auteur se préoccupe d'éliminer l'excitant électrique qui, s'il est très puissant d'une part, se complique d'autre part d'influences physiques supplémentaires, qui toutes agissent dans le sens d'un développement local de chaleur et d'une transmission de cet échauffement par radiation, par conduction, par polarisation électrotonique, etc., etc. Le nerf est laissé en place avec ses connexions physiologiques normales et l'excitation qui l'atteint est aussi semblable que possible à celle qui, normalement, lui est distribuée par ses centres.

Sa conclusion est également qu'on ne peut pas déceler d'échauffement dans le nerf ainsi excité.

Conclusion. — Schiff, qui résume à son tour cette question dans le Recueil de ses mémoires, émet une conclusion que tout le monde peut admettre : « Il est évident, dit-il, que le nerf irrité *peut* produire une petite quantité de chaleur, mais d'accord avec Rolleston, Stewart et Boeck, nous devons admettre que cette quantité de chaleur est probablement trop petite pour se manifester avec nos instruments. »

II. **Expériences sur les centres**. — Les nerfs périphériques

sont dissociés parmi les autres tissus, par contre le système nerveux central se présente à nous sous forme de masses compactes et volumineuses dont l'échauffement, si minime soit-il, doit finir par agir sur les appareils thermométriques. Aussi a-t-on songé à y transporter les expériences de ce genre. Mais une difficulté d'un nouveau genre surgit. Pour pouvoir constater et mesurer dans un organe l'échauffement qui revient à son activité propre, il faut que nous soyons maître de produire cette activité à notre gré, et pour cela il faut que nous puissions préalablement le mettre à l'état de repos. Dans le nerf cela nous est facile, dans le nerf moteur tout au moins, qui est celui sur lequel nous faisons toutes les constatations relatives à la physiologie générale du système nerveux ; nous n'avons pour cela qu'à le séparer des centres d'où lui viennent exclusivement les excitations à l'état normal. Dans les centres, cela nous est à peu près impossible d'une façon aussi absolue.

Il ne suffirait pas en effet, même si l'opération était pratiquement réalisable, de couper tous les cordons nerveux sensitifs qui mettent ce centre en relation avec la périphérie. Le centre, par sa nature même de centre, a recueilli et contient une *provision* abondante et comme inépuisable d'excitations qui continueront de s'en écouler plus ou moins; il sera malgré nous toujours actif. Tout ce que nous pourrons faire, ce sera, par des excitations artificielles pratiquées sur les nerfs sensitifs, d'augmenter son état actuel d'excitation propre : encore n'aurons-nous point de preuve que cette augmentation d'activité soit proportionnelle à l'action de nos excitants. Car c'est encore une des caractéristiques de sa fonction, que de coordonner entre elles et répartir, comme à son gré, ces excitations reçues en provision.

Déplacement possible de la chaleur. — Ce n'est pas tout. Les masses nerveuses à la fois considérables et actives que nous nous proposons d'expérimenter n'existent guère que chez les animaux à sang chaud, et leur activité est chez eux assez étroitement dépendante de l'irrigation sanguine. De ce fait nous avons de nouveau à compter avec les déplacements possibles de la chaleur qui peuvent compliquer les actions thermogènes dues à l'excitation.

Il suit de là que parmi toutes les expériences qui ont été faites sur le développement de chaleur corrélatif de l'activité des centres, il en est un bien petit nombre qui légitiment réellement les conclusions qu'en ont tirées leurs auteurs, et encore n'ont-elles que la valeur de simples inductions. On peut admettre, sans grande chance d'erreur, que le système nerveux dégage de la chaleur par son activité : c'est tout ce que nous pouvons dire pour le moment.

Recherches sur l'échauffement des centres. — Schiff a fait de très nombreuses et très laborieuses expériences sur l'échauffement du cerveau à la suite de l'excitation des nerfs de sensibilité générale ou spéciale.

L'*instrumentation* de Schiff était celle qui sert le plus ordinairement aux recherches de ce genre.

L'appareil récepteur était une pile de Melloni de forme et de dimensions adaptées à l'organe expérimenté; l'appareil mesureur, un galvanomètre très sensible. Sa méthode consistait à enfoncer les soudures disposées en forme d'aiguilles ténues, symétriquement ou asymétriquement, suivant les cas, dans des parties plus ou moins éloignées du cerveau, ou encore dans des segments différents de l'encéphale tels que cerveau et cervelet.

Les *excitations* consistaient le plus souvent en excitations mécaniques sur les parties sensibles du tégument cutané (sensibilité générale et tactile) ou en impressions spécifiques telles que vibrations sonores très aiguës (sens de l'ouïe), passage brusque de l'obscurité à la lumière blanche ou colorée (sens de la vue), présentation de substances odorantes (sens de l'odorat), parfois mastication d'aliments (sens du goût).

Les *moyens de contrôle* consistaient en excitations adressées comparativement à des régions sensibles (tactiles) pourvues de leurs nerfs ou paralysées par la section du tronc nerveux au-dessus du point excité, afin de voir si la déviation galvanométrique appartient bien au phénomène physiologique de l'excitation ou à quelque cause fortuite d'échauffement apportée par les manipulations de l'expérience, ou en manipulations préalables avec absence d'excitation (sens supérieurs).

Les *animaux* étaient le chien, le lapin, le chat, le cobaye, le pigeon, la poule. — Les sujets étaient parfois curarisés, mais peu profondément, et soumis à l'insufflation pulmonaire, ou bien morphinés, cas auquel la dose limite favorable est difficile à atteindre et à ne pas dépasser, ou préférablement soumis à l'intoxication alcoolique, ou encore indemnes de tout agent toxique modificateur. — Les aiguilles de l'appareil étaient implantées extemporanément ou bien placées plusieurs jours à l'avance dans les régions encéphaliques choisies.

Incertitude des résultats. — Une des difficultés de l'expérience, c'est la différence constante de température des points choisis pour y implanter les aiguilles portant les soudures et les oscillations du galvanomètre qui durent souvent une ou deux heures. C'est encore ce fait que l'excitation, pratiquée sur une des moitiés du corps de l'animal (l'extrémité postérieure d'un côté, par exemple), ne retentit pas sur un seul côté du cerveau, mais sur les deux hémisphères, il est vrai inégalement; ce qui permet à l'auteur de conclure à une différence de température engendrée par l'excitation : et cette excitation n'affecte même pas d'une façon constante le même hémisphère, mais tantôt l'un et tantôt l'autre, et le fait de l'inégalité de la modification thermique observée lui suffit encore pour motiver sa conclusion.

Aussi place-t-il les soudures de son appareil souvent sur deux points quelconques du même hémisphère. Il arrive à trouver que l'échauffement correspond, en général, à une certaine zone moyenne qui représenterait de préférence la région affectée par les excitations. Mais ultérieurement, il revient sur cette conclusion et se demande si ce n'est pas simplement la protection plus efficace accordée à cette partie par les autres régions du cerveau, qui lui vaut cette prédominance dans l'échauffement.

N'ayant pas le moyen de disposer d'une température fixe égale à celle de l'animal pour y placer une des soudures, il tourne la difficulté en plongeant l'une de celles-ci dans le cervelet qui, d'après lui, ne présente pas de variations thermiques à la suite de l'excitation des nerfs sensitifs ou sensoriels. Elle lui sert souvent de point fixe, et c'est par là qu'il juge que les variations observées dans le cerveau sont dues à un échauffement inégal de ses parties et non à un refroidissement inégal, qui aurait les mêmes effets apparents impossibles à discerner l'un de l'autre; puisque, d'une part, la région cérébrale échauffée est quelconque ou que, d'autre part, la pile de Melloni n'indique qu'une différence entre la température de ses deux soudures.

Objection. — Pour éloigner de ses expériences le reproche le plus grave et le plus difficile à écarter, à savoir celui que les variations de température observées peuvent tenir à des modifications réflexes de la circulation tant générale que locale, Schiff observe que ces modifications circulatoires doivent produire des déplacements de température très faibles dans un organe profondément placé comme le cerveau : ce qui est vrai, mais n'élimine pas l'objection, puisque les variations thermiques observées sont faibles elles-mêmes et que l'appareil mesureur est très sensible. — Il fait remarquer que, d'après cette hypothèse, elles devraient faire défaut dans le cervelet, où on ne note pas de dénivellation de la température par excitation sensitive, ce qui est juste en soi, mais ne résout pas non plus la difficulté, car rien n'empêche de supposer que ces modifications circulatoires réflexes sont liées à l'activité cérébrale en question, ayant par conséquent la même localisation un peu incertaine qu'elle-même, mais masquant forcément, par le déplacement de chaleur qu'elles produisent, le phénomène thermogénique nerveux qui est supposé et recherché.

Excitations *post-mortem*. — Schiff se réclame, d'autre part, d'expériences plus radicales et plus démonstratives, consistant dans l'observation de la persistance de ces effets thermiques plusieurs minutes après l'arrêt de la circulation. Il cite notamment, à cet égard, des expériences faites après décapitation des animaux en excitant directement la peau de la face ou la pointe de la langue électriquement ou mécaniquement, et dans lesquelles ces excitations sont encore suivies d'une déviation du galvanomètre.

III. **Les variations de la température du cerveau.** — Mosso, qui a étudié la physiologie du cerveau à tant de points de vue différents, s'est préoccupé également de la question de la température de cet organe, et a profité pour le faire des occasions cliniques qui s'offraient à lui, en même temps qu'il expérimentait d'autre part sur les animaux.

Chez ces derniers, il introduisait un thermomètre très fin divisé en 50es de degré entre les hémisphères ou même dans leur substance.

— Chez une femme il a pu faire pénétrer ce thermomètre par une perte de substance du crâne à 8 centimètres de profondeur dans la scissure de Sylvius. Il résume ces observations cliniques et expérimentales de la façon suivante :

1° Le cerveau rayonne d'assez grandes quantités de chaleur ; on peut cependant lui trouver une température moindre que celle du rectum.

2° Excité mécaniquement, le cerveau s'échauffe localement.

3° Généralement, la température du cerveau est supérieure à celle du sang aortique. Il y aurait donc une augmentation locale de température dans le cerveau, indépendamment de la chaleur apportée par le sang des parties profondes du corps. *La dépense calorique n'est pas toujours en rapport avec la fonction psychique et motrice du cerveau.* Et, à cet égard, l'auteur distingue comme probables un processus nutritif et un processus fonctionnel dans cet organe. L'hypothèse n'a évidemment rien de nécessaire, car nous n'avons pas de mesure directe, ni même de bonne mesure indirecte, des processus psychiques en particulier. Ajoutons que si l'accroissement de la température du sang lors de sa traversée dans le cerveau (lorsqu'elle est bien constatée) est en faveur d'un processus thermique cérébral, nous n'avons aucune garantie que les irrégularités de la température constatées ne soient pas dues aux variations de la circulation intracérébrale dont la part dans le phénomène total est inconnue.

4° Le cerveau s'échauffe sous l'influence de courants induits surtout si on excite la zone motrice et même si on empêche les mouvements par le curare. Ici, on n'échappe pas à l'objection que cet échauffement peut être dû à des causes physiques locales engendrées par l'excitant (résistance des tissus au passage de l'électricité).

5° L'arrêt de la circulation cérébrale augmente la température à la fois du cerveau et du rectum. Cet arrêt circulatoire agit évidemment à son début comme un excitant très actif. L'augmentation de la température centrale du corps de l'animal est la traduction de l'effet excitateur du système nerveux sur les organes ; elle est due, en effet, au retentissement sur eux de cette excitation par la voie des nerfs moteurs, et la chaleur ainsi produite par eux s'égalise entre eux par la voie de la circulation. Quant à *l'échauffement du cerveau* lui-même, *il est dû certainement à un processus thermique local*, puisque cet organe est hors du champ circulatoire. Cette expérience est une des plus probantes de celles qui sont à l'actif de l'échauffement fonctionnel des centres nerveux. Les résultats plus nets en sont dus sans doute à ce que l'excitation asphyxique est une excitation totale des éléments du cerveau et du système nerveux dans son ensemble.

L'activité mentale donne des résultats beaucoup moins nets, sans doute parce qu'elle est beaucoup plus localisée et que les processus conscients, les seuls dont nous puissions à peu près tenir compte, y tiennent une place restreinte, comparée à l'activité inconsciente qui y règne parallèlement.

Chez le singe, des impressions douloureuses ne produisaient pas de modifications thermiques bien sensibles. Et les mouvements spontanés ou provoqués des membres n'élevaient pas la température de la zone motrice.

6° Sur une femme, l'auteur a constaté que, pendant le sommeil, il y a refroidissement du cerveau et du rectum. La température remonte, si, pendant le sommeil, des excitations sont faites du dehors ou si le sujet rêve à haute voix.

Le cerveau peut s'échauffer sans qu'il y ait augmentation de température dans le rectum.

Le rétablissement de la conscience après le réveil ne s'accompagne pas d'un développement de chaleur dans le cerveau. L'auteur en conclut que *les accroissements de température paraissent plutôt dus à de simples conflagrations produites par l'excitation des nerfs sensitifs*.

Nous ferons à ce propos la même remarque que plus haut. Un phénomène nerveux *inconscient* peut développer autant de chaleur qu'un phénomène nerveux conscient. Les actes conscients sont la minorité dans la somme considérable et complexe des actes nerveux, même cérébraux : la chaleur cérébrale ne se mesure donc pas à eux.

Chez un enfant idiot, après trépanation, on trouva que les cris et les mouvements ne s'accompagnaient d'aucune élévation de température dans la scissure de ROLANDO.

G. — LE BILAN ÉNERGÉTIQUE DANS L'ESPÈCE HUMAINE.

Nous venons de passer en revue les sources, au moins principales, de la chaleur. Il nous reste maintenant à rechercher la valeur de leur somme totale, pour avoir une idée approchée du courant énergétique, qui traverse l'organisme dans un temps donné. Dans la pratique, l'hygiéniste et le médecin ont besoin, à titre d'indication, d'un chiffre non pas rigoureux, mais *moyen*, représentant comme le type uniformisé de la consommation d'énergie faite par l'organisme humain. On a cherché à dégager ce chiffre de la connaissance de la ration moyenne des aliments consommés par une agglomération humaine pendant un temps donné, ou de tout autre renseignement analogue, comme la ration fixe du soldat. On suppose, pour simplifier, que ces aliments aboutissent tous à l'état d'urée, d'acide carbonique et d'eau, et on néglige forcément le gaspillage qui s'en fait, soit dans le tube digestif (par le passage direct dans les matières fécales), soit même avant l'ingestion (comme substances non utilisées) ; ce qui tend à donner au chiffre de la chaleur produite et dégagée une valeur plutôt supérieure à la réalité. — C'est ce qu'on appelle les *calories brutes*, c'est-à-dire correspondant à la ration telle qu'elle est ingérée et non telle qu'elle est absorbée. On peut avec RÜBNER estimer à 8 p. 100 environ le *déchet* dû à la partie non absorbée de la ration.

I. **Établissement de ce bilan approximatif**. — Le calcul est des plus simples : il consiste, pour chaque espèce alimentaire, à multiplier son poids par sa chaleur de combustion (rapportée à 1 gramme de la substance) et à totaliser ces nombres dans une somme commune pour avoir le bilan énergétique des vingt-quatre heures. D'après A. GAUTIER, l'alimentation moyenne d'un habitant de Paris est exprimée par les tableaux suivants :

Albuminoïdes	108 gr. $\times 4^{cal},6 =$	497	calories.
Graisses	49 $\times 9$,3 =	455	—
Hydrates de carbone	403 $\times 4$,1 =	1652	—
Soit pour les 24 heures		2604	calories.

Ce qui pour un adulte du poids moyen de 62 kilos donne 42 calories brutes par kilogramme de poids vif.

La dépense d'énergie occasionnée par un travail manuel tel que celui qu'exige en moyenne l'exercice de la plupart des professions, nécessite un surcroît d'alimentation dont le tableau suivant (d'après A. Gautier) donne la valeur approximative :

Albuminoïdes............. $(108 + 42 = 150) \times 4,6 = 690$ calories.
Graisses .... $(49 + 11 = 60) \times 9,3 = 558$ —
Hydrates de carbone....... $(403 + 160 = 563) \times 4,1 = 2308$ —

Soit pour 24 heures $(2604 + 952) = 3556$ calories.

Ce qui donne 57 calories brutes par kilogramme de poids vif.

D'autre part, le travail utile produit serait de 60 à 70 000 kilogrammètres, mais pourrait s'élever jusqu'à 250 ou 270 000 kilogrammètres quand il atteint la fatigue. Gautier a décomposé de la façon suivante le travail total d'un homme pompant de l'eau à une hauteur donnée pendant huit ou dix heures :

Remplissage d'un foudre de 150 hectolitres en portant
de l'eau à 10 mètres de hauteur...................... 150.000 kgm.
Élévation de la moitié du corps (35 kilos) à chaque coup
de piston, pour 7500 coups de piston................   52.750   —
Travail pour vaincre le frottement de la pompe, environ.   9.450   —
   —   de systole du cœur pour 48.000 pulsations en 10 h.   30.700   —
   —   de soulèvement de la cage thoracique, en 10 h.   7.800   —

Total du travail produit................. 250.700 kgm.

Le surcroît d'aliments est alors plus fort que dans l'exemple précédent.

Ration minima d'albumine. — Indépendamment de la latitude et de l'altitude qui, en modifiant la température extérieure, réagissent forcément sur la thermogenèse et l'alimentation, de grandes différences existent entre les populations diverses du globe, quant à la quantité d'aliments consommés et plus ou moins utilisés pour la production de l'énergie et cela surtout en ce qui concerne l'*albumine*.

Parmi ces populations, il en est dont on peut dire que strictement « elles mangent pour vivre », tandis que d'autres, parmi lesquelles les populations européennes, surtout des villes, absorbent une quantité d'aliments excédant leurs besoins.

Lapicque, qui a étudié l'alimentation des Abyssins, estime la valeur de leur ration journalière de la façon suivante : albumine, 50 grammes ; amidon, 360 grammes ; graisse, 30 grammes ; ce qui donne en calories :

Albumine...................................... $50 \times 4,5 = 225$ calories (1)
Amidon.. $360 \times 4,5 = 1620$ —
Graisse .... $30 \times 9,1 = 273$ —

Total..............(Environ) 2100 calories.

Soit, pour un Abyssin adulte du poids de 52 kilos, 40 calories brutes par kilogramme de poids vif ; l'albumine fournissant un peu plus du dixième de ce total.

La quantité d'albumine qui entre dans ce régime est bien plus faible que celle qu'on supposait nécessaire d'après les expériences de Voit qui la portait à 118 grammes. Le chiffre fixé par cet auteur avait du reste été déjà abaissé par Hirschfeld, Kumagawa, Klemperer. Les observations de Lapicque sont d'autre part confirmatives de celles faites sur les populations japonaises par B. Scheube, Y. Mori et Kellener. — La ration de l'albumine peut donc suivant les habitudes, les conditions et les climats subir des oscillations allant de 1 gramme à $1^{gr},5$ et même 2 grammes par kilogramme de poids vif du sujet, chez l'adulte.

Richet, sur deux hystériques, a trouvé que l'une ne dépensait que 12 calories 60 par kilogramme et par vingt-quatre heures et la seconde 9 calories par kilogramme et par vingt-quatre heures, tandis que chez l'ouvrier le plus mal nourri, cette dépense ne reste guère au-dessous de 40 calories.

Le cas des hystériques mis à part, il suit de là que l'alimentation est généralement chez nous surabondante, mais il n'en faudrait pas conclure que nous puissions être ramenés du jour au lendemain à une alimentation restreinte sans· souffrances et sans troubles de la nutrition. Ici encore l'habitude crée le besoin.

II. **Recettes et dépenses ; articles séparés**. — Le bilan énergétique de l'organisme présente donc un côté recette et un côté dépense ; l'un et l'autre a ses articles séparés. Le côté *recette* a, au point de vue purement chimique, trois articles principaux, répondant aux trois espèces de substances alimentaires qui entrent dans la ration ordinaire et moyenne : au point de vue topographique de la thermogenèse, comme au point de vue chronologique de la succession de ses actes, on pourrait établir également des divisions particulières avec d'innombrables subdivisions. — Le côté *dépense* présente lui aussi des articles séparés. Ces 2 600 calories qui quittent l'organisme humain dans l'espace de vingt-quatre heures, n'ont ni la même porte de sortie ni la même façon de disparaître. Une

---

(1) Les chaleurs de combustion des aliments sont estimées à des taux légèrement différents par les différents auteurs qui ont cherché à les déterminer ou qui s'en rapportent à telle détermination plutôt qu'à telle autre. De là des différences qui apparaissent dans les calculs qui ont ces déterminations pour base.

partie de l'énergie que cette somme représente est, ou a été, préalablement transformée en travaux, les uns mécaniques, les autres moléculaires, pendant que la plus notable portion quitte l'organisme directement sous forme de chaleur.

Les *travaux mécaniques* sont ceux effectués par les muscles, soit des fonctions de relation (marche, efforts plus ou moins considérables...), soit des fonctions de nutrition (mouvements respiratoires, contractions du cœur...), ces derniers cotés en général à un taux trop élevé, car on oublie que la plus grande partie de la dépense énergétique du cœur employée à vaincre la résistance des capillaires est retransformée en chaleur à leur niveau. — Les *travaux moléculaires* sont ceux de l'évaporation cutanée et pulmonaire, qui représentent à eux seuls un chiffre assez élevé.

La chaleur qui quitte l'organisme en tant que chaleur, forme deux parts inégales, l'une *rayonnée* dans l'espace par la surface cutanée, l'autre *communiquée* aux objets en contact avec le corps, notamment l'air et les aliments. A. Gautier donne les chiffres suivants, relativement au partage de la chaleur dépensée dans l'état de repos par un adulte :

Rayonnement par la peau............................	1700 calories.
Évaporation de la sueur........................	370　—
—　　　pulmonaire.............................	190　—
Échauffement de l'air inspiré........................	80　—
—　　des aliments et boissons..............	45　—
Travail modéré (par différence).....................	215　—
Total................(Environ)	2600 calories.

Comme le niveau de la température du corps humain reste invariable, nous en concluons avec rigueur que la quantité de chaleur déperdue par lui est, pendant tous les instants, égale à la quantité produite. D'après le chiffre ci-dessus, que certains estiment un peu élevé, ce serait donc environ 100 calories par heure qu'un adulte produirait, quantité suffisante pour élever son corps de 2° à chaque heure de la journée si cette chaleur s'accumulait en lui, et de le porter à la température de l'eau bouillante si cette accumulation pouvait durer un jour et demi.

Les aliments dits d'épargne. — Leur pouvoir thermogène et énergétique. — L'*alcool* des boissons fermentées, la *caféine* du café et de la kola, la *théobromine* du cacao, la *cocaïne* de la coca sont les types les plus usuels et les plus connus des principes actifs de ces substances soi-disant alimentaires. — En *fait* il est d'observation courante que l'ingestion de ces substances, en l'absence des aliments véritables, calme la faim et atténue la faiblesse résultant de l'inanition, au point de rendre momentanément possible une somme de travail considérable. D'où l'*hypothèse* que ces substances, chimiquement différentes des principes alimentaires proprement dits, diminueraient par un mécanisme particulier le métabolisme organique, empêcheraient la dénutrition, augmenteraient en un mot le rendement énergétique des aliments vrais.

En *réalité* rien ne prouve que les choses se passent ainsi, bien au contraire. Le réconfort que ces substances nous apportent provisoirement dépend à peu près exclusivement de leur action sur le *système nerveux* auquel elles donnent, suivant l'expression de Lapicque et Richet, « l'illusion » d'un repas. Elles n'apportent à l'organisme guère que des *excitations*, analogues à celles qui proviennent de l'ingestion des aliments et qu'une habitude de tous les jours a transformées pour nous en un besoin physique des aliments eux-mêmes.

L'alcool néanmoins, lorsqu'il est pris dans certaines limites, en se détruisant dans l'organisme libère une certaine provision d'énergie qui est loin d'être négligeable.

1 litre de vin à 10 p. 100 d'alcool donne 700 calories.

La question a été débattue si la valeur thermique de l'alcool est *isodyname*, c'est-à-dire *isotrophique* d'une valeur égale en graisse ou en sucre. — Elle ne l'est sûrement pas au moins d'une façon absolue ou pour mieux dire en dehors de conditions très particulières et tout à fait contingentes. L'alcool en effet n'est pas directement utilisable par les organes comme réserve d'énergie à la façon du sucre ou de la graisse et il n'est pas transformable en ces substances. Il n'est donc pas susceptible de fournir du « travail physiologique », mais seulement de la chaleur (énergie dégradée) et ne serait utile qu'au cas où l'organisme en manquerait.

BIBLIOGRAPHIE.

Bilan énergétique. — Breisacher, *Deutsche med. Wochensch.*, 1891. — Hirschfeld, *Arch. f. d. ges. Phys.*, 1887. — Lambling, *Encycl. chimique* (aliments). — Lapicque et Marette, *Biol.*, 1894. — Lapicque et Richet, *Dict. de physiol.* (aliments). — C. Meinert, *Armee u. Volksernährung*, Berlin. 1880, t. 1, p. 286. — Mori, Oï et Ihisima, *Maly's Jahresb.*, t. XXI, p. 38. — Muneo Kumagawa, *Arch. de Virchow*, 1889. — J. Munk, *Arch. de du B.-Reym.*, 1893. — Rübner, *Lehrbuch der Hygiene*, 4ᵉ édition, 1892. — C. V. Voit, in *Handb. d. Physiol. de Hermann*, t. VI.

Bilan énergétique chez le nouveau-né. — Johannessen et Wang, *Zeitsch. f. phys. Chemie*, 1898, 482.

CHAPITRE QUATRIÈME

LE SYSTÈME NERVEUX ET LA CHALEUR.

Il ne suffit pas d'indiquer que les éléments cellulaires des tissus vivants font en général de la chaleur. Le point de vue physiologique de la question exige que l'on précise les **conditions** dans lesquelles cette chaleur apparaît, car dans chaque tissu considéré individuellement cette chaleur n'apparaît pas nécessairement, mais seulement sous l'influence de circonstances dont la présence peut la déchaîner tout d'un coup ou l'absence conserver intacte, pendant un temps indéfini, la réserve de potentiel d'où elle dérive. Cette condition c'est l'**excitation** : chez les animaux supérieurs, elle est dévolue à un système particulier, le *système nerveux*; elle est du reste caractéristique de l'être vivant, qu'il ait ou non des organes différenciés pour la remplir.

A. — L'ÉNERGIE ET L'EXCITATION.

Il faut, en effet, distinguer dans la question deux points de vue bien différents, faute de quoi on est conduit aux plus inextricables confusions.

I. **Force efficiente**. — De l'un de ces points de vue, nous considérons la chaleur comme une forme de l'énergie, dérivant d'autres formes connues de celle-ci (énergies chimique, électrique, etc.) et dont les transformations sont réglées par les lois de la conservation des forces à laquelle l'être vivant ne saurait se soustraire. La voyant apparaître en dernier lieu, comme un terme final ou comme la forme définitive sous laquelle elle quitte l'organisme pour se disperser autour de lui, nous remontons de proche en proche à ses origines premières, nous décrivons ses métamorphoses antérieures dont chacune représente une force rigoureusement équivalente à elle-même. Nous suivons l'évolution d'une chose qui est au fond toujours la même, mais dont chaque modalité procède d'une modalité antécédente, tellement que cette chose ne peut, ni se créer de toutes pièces, ni s'anéantir en totalité ou en partie. C'est une des faces de la notion dite de *causalité*. **La cause du phénomène présent est dans un phénomène immédiatement antécédent égal en quantité, sinon semblable d'aspect.**

II. **Force de dégagement**. — Mais d'un autre point de vue, nous voyons également ceci qui a une importance tout aussi grande dans les explications que nous donnons de l'être vivant. Les états sous lesquels réside l'énergie sont de deux ordres bien distincts. Tantôt cette énergie, à la façon d'un ressort buté par un cran dans un équilibre très instable, est prête à agir, mais n'agit pas, et tantôt au contraire elle se dépense librement. La première est ce qu'on appelle une *tension*, une *réserve de force*, un *potentiel énergétique* : la seconde est ce qu'on appelle une *force vive*, une *énergie cinétique*. L'une est conciliable avec le *repos*, l'autre répond à l'état *d'activité* de l'être vivant. Le muscle immobile cache dans ses éléments des provisions considérables d'énergie à l'état de tension : le muscle contracté les dépense ; par là, nous nous expliquons que le mouvement y puisse apparaître tout d'un coup comme si une énergie s'y créait. Elle ne s'y crée pas : elle y préexistait et elle se manifeste.

Mais si instable que soit l'équilibre qui conserve la force à l'état de réserve ou de tension, il n'a aucune raison de se rompre de lui-même, si quelque force, à la vérité très petite et étrangère au système où cet équilibre existe, n'intervient pas pour le troubler. *Le passage du repos à l'activité ne se fait pas de lui-même dans le muscle, mais sous l'influence d'un léger ébranlement qui lui est communiqué par son nerf :* c'est cet ébranlement (force de dégagement) que nous appelons l'*excitation*. C'est un deuxième aspect sous lequel se présente à nous la notion de causalité.

Qu'on lui donne le nom de *cause* ou de *condition*, ou que pour éviter de parler de cause, on ne veuille y voir qu'une condition d'un ordre particulier, les noms au fond n'importent pas essentiellement. Mais la distinction à établir entre les deux ordres d'idées importe beaucoup. L'une de ces deux choses ne saurait jamais dispenser de l'autre, celle-ci et celle-là étant également nécessaires. *Entre les deux conditions, il n'y a pas incompatibilité, ni exclusion, ni double emploi : l'une n'a d'effet que par l'autre et non autrement.*

III. Confusion des deux points de vue. — BRODIE, CHOSSAT se sont préoccupés de savoir si la chaleur dépend du système nerveux, et ont institué des expériences en vue de répondre à cette question. Leur manière d'opérer n'était pas assez précise, ni les résultats obtenus assez à l'abri des objections, pour que les faits observés par eux emportassent la conviction ; mais ils ne se trompaient pas dans leur conclusion. *La chaleur des animaux est subordonnée en très grande partie à l'action du système nerveux* sur les tissus organisés. Celle qu'il fait par lui-même dans ses propres éléments est ici hors de cause ; il s'agit de celle qu'il fait apparaître dans les éléments placés à sa portée et distincts de lui-même. Or ces éléments ont leur activité thermogénétique subordonnée à son action, ou pour mieux dire à son excitation, en ce sens qu'ils ne font de la chaleur qu'autant que le système nerveux les incite à en faire.

Mais lorsque ces auteurs et, plus encore qu'eux-mêmes, ceux qui ont dans la suite interprété leurs expériences, opposent cette origine *nerveuse* (ce qui signifie à leurs yeux *vitale*) de la chaleur à l'origine *chimique* démontrée par LAVOISIER, ils se méprennent absolument, car ils supposent d'une façon gratuite une incompatibilité qui n'existe pas entre les deux ordres de phénomènes. Le nerf ne tire point de chaleur de son propre fonds pour en céder aux tissus ; mais il a le pouvoir de faire apparaître celle qui y est dissimulée sous la forme d'une énergie chimique accumulée en eux.

B. — NERFS CALORIFIQUES OU THERMIQUES.

Parmi tant de fonctions que nous lui attribuons, le système nerveux a donc, en premier lieu, la fonction thermique, et il importe de bien préciser nos idées sur cette question qu'on rencontre à chaque pas en physiologie tant normale que pathologique. **L'élément nerveux**, agissant en tant qu'élément et en ne considérant que ce qui se passe en lui, **n'a à proprement parler qu'une fonction : celle de transmettre une excitation** sur sa longueur, de son origine à sa terminaison : mais cette excitation retentissant sur quelque élément musculaire ou autre avec lequel il prend contact, entraîne à son tour l'activité de cet élément (beaucoup plus visible que la sienne propre) et par une métaphore dont nous ne nous rendons pas toujours bien compte, nous transportons au nerf l'activité de cet élément. C'est ainsi que nous avons fait les *nerfs moteurs*, les *nerfs sécréteurs* qui ne meuvent ni ne sécrètent, mais qui *excitent le mouvement* et *la sécrétion* dans des éléments, eux, réellement moteurs et sécréteurs.

I. **Fonction directe**. — Mais si le muscle et la glande se distinguent l'un de l'autre en ce que l'un se contracte et l'autre sécrète, ils se ressemblent entre eux et ressemblent à tous les autres tissus actifs en ce qu'ils dégagent de la chaleur par le fait de leur activité. La fonction thermogénique est comme le fonds commun de toutes les fonctions diversifiées des éléments. **Tout nerf moteur ou sécréteur est donc un nerf thermique**, dans le sens de nerf *excitateur de la thermogenèse des tissus*. A considérer les choses de ce point de vue, il y a une relation *prochaine* entre l'état d'activité du nerf et l'apparition de la chaleur.

II. **Fonction indirecte**. — Mais le muscle à son tour ou la glande, dans de certaines conditions particulières, pourra contribuer à quelque acte dont le résultat *éloigné* sera relatif à la chaleur, à sa distribution, à sa conservation, à sa destruction. Les muscles des vaisseaux cutanés en refoulant le sang dans les organes profonds, restreignent la déperdition de la chaleur, tout en faisant baisser la température locale des régions anémiées ; les glandes sudoripares en évaporant leur sécrétion sur la surface de la peau, au contact d'un air sec, détruisent sur place cette même chaleur. Comme on voit, ces muscles et ces glandes, en dehors de leur fonction thermique intrinsèque et commune à tout élément actif, en ont une autre plus éloignée qui s'exerce par répercussion, et c'est cette fonction lointaine que nous attribuons parfois aux nerfs vaso-moteurs (et cela non sans confusion) quand nous les appelons eux aussi des nerfs thermiques.

C. — NERFS SOI-DISANT FRIGORIFIQUES
(NERFS THERMO-INHIBITEURS).

La chaleur que le système nerveux fait apparaître dans les tissus et qu'il ne leur fournit point y prend naissance, avons-nous dit, d'une réserve d'énergie qui s'y est peu à peu accumulée. Comment cette réserve s'établit-elle ? Et le système nerveux qui a le pouvoir de la faire se dépenser a-t-il aussi celui de la faire se reconstituer ?

Ce pouvoir lui fait certainement défaut. Le système nerveux ne peut que hâter ou suspendre la destruction de nos organes ou tout au moins de leurs réserves énergétiques : il est impropre à les édifier. Non pas qu'il soit inutile à leur conservation, car le mouvement de désassimilation qu'il entretient, quand il n'est pas exagéré, retentit sur l'assimilation en la rendant plus active, et cette dernière est au contraire entravée, quand il se supprime, par défaut d'action des nerfs. Mais de fonction inverse à son action thermogène s'exerçant directement sur les tissus on ne lui en connaît point.

Prenons un tissu en particulier, le muscle. Sa réserve d'énergie est dans une substance combustible, le glycogène. En s'oxydant jusqu'à l'état d'acide carbonique, cet hydrate de carbone libère de l'énergie sous forme de chaleur, et c'est cette oxydation que le nerf sait opérer par un procédé qui nous est inconnu. Cette substance une fois détruite, comment pourrait-on la reconstituer ?

I. **Reconstitution des réserves énergétiques**. — On pourrait réduire le carbone de l'acide carbonique et l'unir à l'eau dans la proportion où ces deux corps sont dans le glycogène. La plante sait réaliser cette synthèse, le muscle y est impuissant. — Le muscle reçoit du sang, toute prête, la substance qu'il doit brûler, et avec cette substance elle-même l'énergie qu'elle tient en réserve, dans sa molécule énorme et condensée. Toutefois le muscle ne tire pas du sang le glycogène, mais le glycose, substance plus hydratée, moins condensée et dont la chaleur de combustion est légèrement moindre. Il ne sait point faire un hydrate de carbone à partir des éléments, mais il sait déshydrater le glycose pour en tirer du glycogène. C'est déjà une *synthèse*, c'est une réaction endothermique. C'est, en un mot, une réaction qui non seulement ne fournit pas d'énergie, mais en emprunte au milieu environnant, si peu que ce soit. Cette énergie, la plante l'emprunte à la radiation solaire pour élaborer ses hydrates de carbone ; le muscle de son côté utilise quelque énergie disponible dont la nature et la provenance sont mal connues, mais à coup sûr il ne l'emprunte pas au nerf. La force de quantité infime transmise au muscle par ce dernier n'est pas une énergie efficiente, mais une *force de dégagement*, suivant l'expression très juste et très caractéristique d'HELMHOLTZ.

Le système nerveux, auquel nous attribuons une fonction thermogénésique véritablement incontestable, est donc par contre dépourvu de la fonction inverse endothermique. Il fait apparaître la chaleur dans les tissus ; il ne saurait y exciter de réaction engendrant du froid. **Tous les nerfs sont calorifiques, aucun n'est frigorifique.** Ces formules sont déduites d'un raisonnement qui a pour base l'ensemble des faits connus de la physiologie nerveuse bien plutôt que les mesures directes de chaleur faite sur les organes après excitation de leurs nerfs. Des mesures de ce genre visant le fait particulier d'une absorption possible de la chaleur sont du reste entourées de complication et de causes d'erreur dont il est utile de montrer au moins une qui a un intérêt particulier.

II. **Interprétation des faits**. — Si pendant qu'on mesure la température d'un muscle à l'aide d'appareils très précis, on excite les différents nerfs qui gouvernent de près ou de plus ou moins loin le mouvement de ce muscle, on pourra voir, en portant l'excitation sur certains d'entre eux, cette température baisser. Cela ne prouvera pas néanmoins que ce muscle absorbe de la chaleur, qu'il fait du froid en un mot ; cela tiendra simplement à ce que son activité thermogénique, qui est très ralentie à certains moments mais qui n'est jamais nulle, s'abaisse à ce moment, conséquence forcée de l'entrée en jeu de certains éléments nerveux ; ceux que nous appelons les nerfs *inhibiteurs*.

Soit en effet un muscle, comme le cœur, dont l'activité

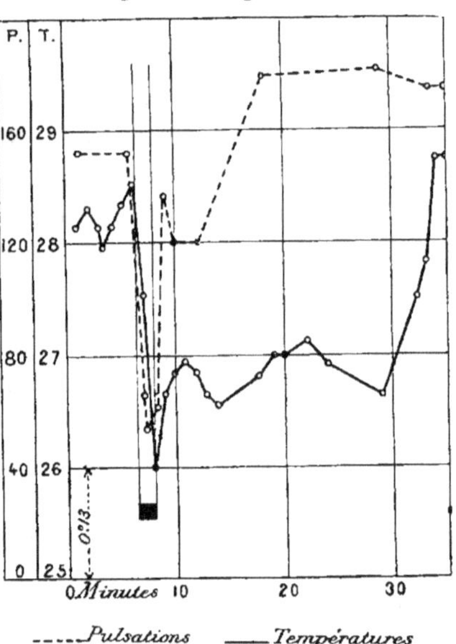

Fig. 159. — *Effets inhibiteurs de l'excitation du pneumogastrique à la fois sur les mouvements et la température du muscle cardiaque.*

La place et la durée de l'excitation sont marquées par le trait noir.

est continue, représentée en tout cas par des mouvements réguliers se succédant à bref délai. Sa température est en rapport avec le degré de cette activité. Après une première mesure de cette température nous excitons ses nerfs accélérateurs, nerfs moteurs particuliers qui renforcent son mouvement ; une nouvelle lecture nous montre que cette température s'est élevée au-dessus de la normale, ce que l'on pouvait prévoir. Excitons ensuite ses nerfs modérateurs contenus dans le tronc des vagues : une troisième lecture nous montre la température du cœur très notablement abaissée au-dessous du premier chiffre pris comme normale. Par l'excitation d'un nerf, nous avons de la sorte abaissé la température d'un muscle, résultat très curieux en lui-même et qui nous renseigne sur les aspects multiples de l'action du système nerveux ; mais nous ne sommes nullement en droit d'en conclure que cet abaissement soit le signe d'une destruction sur place de la chaleur du muscle, que celui-ci absorberait pour faire les frais d'une réaction endothermique provoquée par le nerf excité.

Le pneumogastrique n'agit pas autrement sur la fonction thermique du muscle cardiaque qu'il n'agit sur sa fonction motrice ; il les abaisse parallèlement toutes deux. Le thermomètre nous traduit simplement sa fonction inhibitoire ou frénatrice ; comme le manomètre ou le myographe que nous lui appliquerions à ce même moment. Pour nous servir d'une comparaison qui rend les choses plus claires, le bilan de l'énergie musculaire, chaleur comprise, comporte un côté *recette* et un côté *dépense*. **La recette d'énergie s'opère par les forces de la nutrition cellulaire d'une façon continue et en dehors de toute intervention de la part du système nerveux. Celui-ci n'agit que sur la dépense ; par ses nerfs moteurs il l'active ; par ses nerfs inhibiteurs il la suspend.** — Il se comporte de même à l'égard de tous les éléments qui sont directement soumis à son influence.

D. — NERFS THERMODÉPERDITEURS ET THERMO-CONSERVATEURS.

Mais si le système nerveux, en raison même de son action purement excitatrice sur les éléments cellulaires, n'a pas le pouvoir d'y faire naître (directement du moins) des réactions endothermiques, on ne peut lui dénier la possibilité de réaliser par des moyens indirects des conditions de *réfrigération* très active. **La chaleur chez l'animal est d'origine chimique, le froid, par contre, y est d'origine physique.** L'eau des boissons excrétée du sang par les poumons et surtout par les glandes de la sueur à la surface de la peau se vaporise et ce changement d'état physique absorbe sur place une grande quantité de chaleur, rare exemple chez l'animal d'une énergie extérieure absorbée à son profit, et encore l'effet qui en résulte, la vaporisation de l'eau, lui reste-t-il extérieur bien qu'il en soit le bénéficiaire.

1. Fonction thermique du grand sympathique. — C'est le système nerveux, par la voie du grand sympathique, qui dirige vers les glandes cutanées l'excitation qui doit régler leurs efforts excréteurs et par lui la déperdition de chaleur qui en résulte et qui doit être proportionnée aux besoins de la régulation thermique.

Ses deux procédés. — C'est le système nerveux également, qui par la même voie encore, celle du grand sympathique, règle la quantité de sang qui doit être dérivée du courant d'ensemble vers les vaisseaux de la peau pour y apporter le liquide vaporisable qui doit faire les frais de cette excrétion. Mais la déperdition de chaleur qui se fait à la surface du tégument cutané y prend deux formes différentes qui ressortissent à l'action bien distincte de *deux systèmes séparés*, commandés eux-mêmes par deux catégories de nerfs longtemps confondus en une seule, mais nettement distingués par l'expérimentation. *C'est, d'une part, les glandes de la sueur qui agissent*, comme il vient d'être dit, *en absorbant la chaleur par un changement d'état physique de leur sécrétion. C'est, d'autre part, les vaisseaux du réseau cutané superficiel, qui en s'ouvrant largement au sang échauffé qui vient des régions profondes, déperdent activement par ce phénomène de convection circulatoire la chaleur gagnée par le sang dans la profondeur.*

Par ce second procédé la chaleur est simplement *déperdue* tout à la fois par convection, contact et radiation, au profit des corps plus froids. Par le premier, elle est non seulement déperdue, mais *détruite* en tant que chaleur, en faisant les frais des travaux intérieurs d'ordre moléculaire par lesquels s'opère la vaporisation. Dans les deux cas, les systèmes vasculaire et glandulaire cutanés par qui s'opère cet abaissement de la température et les nerfs particuliers qui leur commandent ont une fonction qui tend au même but, débarrasser l'organisme de la chaleur qui y est en excès : fonction indirecte, contingente, qui est dérivée par artifice de leur fonction élémentaire primordiale de nerfs excitateurs des glandes et de nerfs inhibiteurs vasculaires, qui est celle qu'il ne faut jamais perdre de vue. Elle est utile à rappeler néanmoins et il est indispensable de la bien définir, tant elle a porté et porte encore à confusion.

Sa définition. — En voyant la température s'élever dans un organe à la suite de la paralysie de certains nerfs (comme aussi à la suite de l'excitation de certains autres) on s'est demandé quelle relation pouvait exister entre ces nerfs (qui appartiennent les uns et les autres au grand sympathique) et la chaleur. Cette relation est tout *indirecte*, bien différente par conséquent de celle qui a été examinée plus haut à propos des nerfs moteurs considérés en général. — En effet, à part un effet thermogénique qui, vu la masse infime des muscles vasculaires ou des petits organes glandulaires mis en activité, est vraiment négligeable, la modification de la température dans l'organe correspondant est toute imputable à un *déplacement*, à un transport de la chaleur ou mieux d'un corps chaud, le sang, d'une région de l'organisme à une autre : elle est sous la dépendance immédiate de la modification de calibre des vaisseaux et de l'activité circulatoire qui en est la conséquence.

On voit encore exprimée assez souvent l'opinion que l'élévation de température locale qui suit la paralysie du sympathique est due à une exagération des combustions (locales également) qui serait la conséquence de l'augmentation de l'afflux sanguin, ou inversement lors de son excitation. Cette opinion est tout à fait erronée. Nous avons mille preuves pour une que l'activité des organes n'est pas proportionnelle à la quantité de sang qui les traverse, pas plus que l'activité générale du corps n'est proportionnelle à la quantité d'aliments qui traverse le tube digestif ; que cette quantité soit suffisante, c'est tout ce qui est réclamé. Qu'en fait elle se proportionne à l'activité du fonctionnement local des éléments cellulaires, c'est encore ce qui est vrai ; mais elle se règle sur elle, loin de la régler.

Condition d'action. — La relation existant entre le grand sympathique et la chaleur (toujours dans le cas particulier d'un organe superficiel comme la peau) est non seulement indirecte, mais elle est *contingente*. La modification de la température cutanée qui est du fait de la paralysie ou de l'excitation du grand sympathique, ou mieux encore du fait de l'excitation des éléments vaso-dilatateurs et vaso-constricteurs qui y sont contenus, *cette modification augmentative dans un cas, restrictive dans l'autre, est subordonnée à la condition préalable qu'il y ait une différence de température entre le milieu extérieur et l'animal lui-même,* et elle sera d'autant plus considérable que l'écart sera plus grand, ainsi que CL. BERNARD l'avait bien vu. Les troubles circulatoires qui affectent des régions tout à fait profondes n'en modifient pas la température, à moins que les organes n'aient été préalablement exposés à l'air froid, ce qui les met dans les conditions d'une région superficiellement placée.

Toutes les fois qu'un écart notable de température existera entre l'intérieur du corps et l'air extérieur, la chaleur des organes profonds tendra toujours à se déperdre en se portant autant qu'il lui sera

possible des parties chaudes aux parties froides. Mais si nous supposons pour un moment la circulation arrêtée ou n'existant pas, cette
déperdition sera réduite à se faire uniquement par conduction traversant une couche après l'autre ; elle sera alors très lente. Si nous
supposons la circulation supprimée dans l'épaisseur du seul revêtement cutané, la chaleur s'égalisera facilement dans tous les organes
du corps hors ce revêtement lui-même, et arrivée à lui le traversera
par conduction, couche par couche, c'est-à-dire encore lentement en
ce qui le concerne et il prendra une température d'autant plus voisine de celle de l'extérieur que sa circulation sera plus languissante
ou plus réduite. Si nous supposons enfin la circulation très active
dans ce revêtement lui-même, principalement dans son réseau
superficiel, la chaleur des régions profondes l'envahit promptement
et, arrivée à lui, aura toutes les facilités pour se déperdre au dehors.

Mécanisme. — C'est que *dans ces différents cas, au procédé de
déperdition de la chaleur par la seule conduction s'est substitué
un autre procédé incomparablement plus actif, à savoir par
convection, c'est-à-dire par transport d'un corps chaud, au lieu
de l'échauffement de proche en proche des couches de tissus les
unes par les autres*. L'entrée en jeu des vaso-dilatateurs de la peau
augmente à son profit la *convection circulatoire ;* celle de ses vaso-
constricteurs la restreint aux parties profondes et la supprime plus
ou moins dans le tégument.

L'action des vaso-moteurs sur la chaleur se réduit donc à la *déplacer* en usant d'un procédé qui rend ce déplacement très rapide, ou
pour mieux dire elle modifie la rapidité et l'intensité avec lesquelles
se fait le déplacement continuel qui tend à s'en faire de la profondeur du corps à la périphérie. Les vaso-constricteurs le restreignent,
les vaso-dilatateurs l'exagèrent. — Ce déplacement exagéré au
moment où il commence à se produire, a pour premier effet d'égaliser la chaleur entre les régions profondes et les régions superficielles, d'où il suit que ces dernières gagnent de la chaleur ; on voit
alors leur température s'élever notablement, et au point de vue
particulier de la région cutanée à laquelle commandent ces nerfs la
fonction de ceux-ci peut sembler être de les échauffer. Mais ce déplacement a une autre conséquence immédiatement dépendante de la
première, qui est, en créant une grande différence entre la température de la peau et celle de l'extérieur, d'accroître proportionnellement à cette différence le rayonnement à la superficie en vertu de
la loi bien connue dite de Newton.

Au point de vue de leur fonction générale qui est la plus importante, les vaso-dilatateurs cutanés sont donc des nerfs *thermodéper-*

diteurs. — Leurs antagonistes constricteurs pourraient être appelés pour la même raison *thermoconservateurs.* Ces désignations ne sont du reste ici employées que dans un but d'analyse et d'explication des phénomènes ; ils ne désignent, ainsi qu'il a été dit plus haut, qu'une fonction contingente ; la véritable fonction des uns et des autres c'est de gouverner la contraction des muscles vasculaires, par le double mécanisme très général de l'excitation motrice et de l'inhibition.

La fonction *frigorifique* des *nerfs sudoripares* est de même une fonction contingente. Versée dans une cavité profonde comme l'estomac ou l'intestin, la sécrétion aqueuse d'une glande y est sans emploi pour la modification de la température du corps : mais versée à la surface de celui-ci, elle est susceptible d'absorber de grandes quantités de chaleur quand les conditions hygrométriques de l'air s'y prêtent. De ce fait les nerfs sécréteurs des glandes aqueuses de la peau acquièrent eux aussi la fonction thermodéperditrice, et la conservent pour toutes les températures du milieu extérieur, ce qui n'a pas lieu pour les nerfs précédents.

11. **Fonctions multiples du grand sympathique**. — En somme le grand sympathique, par ses rameaux de distribution cutanée (vasculaires et glandulaires), a une part considérable dans la fonction thermique générale. Cette fonction est relative au départ ou à la conservation de la chaleur : elle est très importante, mais ce serait mal comprendre l'action du grand sympathique lui-même que de la rattacher d'une façon exclusive à la déperdition thermique. Si, en ce qui concerne la peau spécialement, son pouvoir thermogène, représenté par l'activité de muscles et de glandes minuscules, est chose infime et comme perdue dans les quantités de chaleur qu'il contribue à éliminer ou à conserver, il n'en est plus de même lorsqu'on envisage dans leur ensemble les organes auxquels il distribue l'excitation et dont quelques-uns, comme le cœur, le foie, et d'une façon générale les viscères, apportent par leur masse et leur activité fonctionnelle un contingent sérieux à la fonction thermogénique. Il forme donc en soi un système plus complet que celui des nerfs moteurs squelettiques ; *il fait naître de la chaleur et il est susceptible d'en régler le taux dans l'organisme par différents moyens.*

E. — CENTRES THERMIQUES.

En prenant le système nerveux à la périphérie, c'est-à-dire à son contact direct avec les organes, nous voyons qu'il a des façons multiples d'agir sur la chaleur. D'une façon tantôt prochaine, tantôt éloignée, il la fait apparaître, ou la dirige avec le sang, la refoule à l'intérieur du corps, ou la déperd à sa surface, ou l'absorbe par l'évaporation de la sueur, et par toutes ces actions habilement combinées et compensées, il obtient ce résultat fait d'abord pour surprendre du maintien de la température du corps à un degré à peu près invariable au milieu de tous les changements extérieurs.

Pour atteindre à une telle précision, les éléments nerveux eux-mêmes ont besoin de coordination. Cette coordination est établie par ce que nous appelons les *centres* du système nerveux. La notion qu'on se fait d'habitude de l'action de ces centres thermiques repose sur des idées théoriques et sur des faits d'expérience.

I. **Ancienne conception. Son insuffisance**. — De même qu'on a souvent et pendant longtemps distingué des nerfs à fonction thermique spéciale indépendants des autres nerfs, de même on a supposé à leurs origines des noyaux spéciaux de substance grise préposés au gouvernement exclusif de la chaleur, et la question au point de vue expérimental semblait être uniquement de déterminer leur localisation exacte dans le myélencéphale. Ces conceptions simplistes appellent quelques réformes et corrections.

Il est bien clair que parmi les noyaux échelonnés tout le long de la moelle épinière ou allongée, noyaux d'où partent directement les nerfs centrifuges, il n'y a pas à en distinguer qui soient de fonction spécialement thermique. Tout noyau moteur est de ce fait un centre thermique si on le prend lui-même pour un centre, puisque l'activité thermogénique se confond avec l'activité motrice de manière à n'en pouvoir pas être distinguée.

Mais si, remontant au delà de ces premiers centres, nous cherchons à préciser la fonction thermique du système nerveux et à dégager le rôle qu'y jouent ses différentes pièces, nous y éprouvons quelque difficulté. En dehors des principes généraux applicables à l'étude de toute fonction, nous ne savons là-dessus rien de certain.

— Nous savons, il est vrai, que les nerfs moteurs (que nous pourrions tout aussi bien appeler thermogéniques) reçoivent l'excitation d'autres nerfs plus haut situés qui la leur communiquent par l'intermédiaire des centres échelonnés dans la moelle épinière et allongée. Nous savons aussi que cette excitation ne saurait naître d'elle-même dans aucun élément, fût-il de nature nerveuse; il faut donc qu'elle soit apportée de la périphérie, en entendant par cette expression non seulement la surface cutanée directement exposée aux variations de la température, mais l'ensemble des éléments cellulaires, superficiels ou profonds qui sont à l'extrémité des ramifications des nerfs sensitifs, parmi lesquels il en est qui sont aptes à recueillir les impressions de chaud et de froid.

II. **Les cycles d'excitation**. — Ces impressions en arrivant dans les centres sont distribuées d'après certaines règles non seulement aux nerfs moteurs directement thermogéniques, mais encore à d'autres nerfs (vaso-moteurs et sudoripares) qui agissent sur la distribution et la déperdition de la chaleur et qui, en combinant leur action avec les premiers, contribuent à maintenir la température à ce taux fixe qu'elle garde chez les animaux à sang chaud. Tel est le *cycle d'excitation* que nous retrouvons dans toute fonction réglée par le système nerveux et toutes le sont chez les vertébrés supérieurs. Le système nerveux surtout par ses parties profondes est l'organe de la conscience plus ou moins obscure de la fonction, tandis que les organes placés en contact avec ses ramifications périphériques en sont les exécutants serviles. C'est, en effet, en utilisant sa *sensibilité*, que les excitations qui lui arrivent du dehors se coordonnent en lui par une série de conflits et une suite de transformations et font retour à la périphérie, dans l'ordre qui est propre à l'exécution des actes de cette fonction.

III. **Pénétration et dépendance réciproque de ces cycles**. — Mais aucune fonction n'est isolée dans l'organisme animal ; toutes se prêtent un mutuel appui et concourent au même but, l'entretien de la vie ; toutes sont l'expression du ***vouloir vivre*** qui est la caractéristique de l'être organisé. Par conséquent le cycle d'excitation qui règle une fonction ne saurait être isolé à côté des autres et indépendant de ceux-ci. Aussi ces cycles se pénètrent-ils mutuellement ; les excitations se partagent entre eux, tout en prenant pour règle les besoins généraux de l'organisme.

Dès que nous abordons l'étude du système nerveux les phénomènes dont nous avons forcément à tenir compte sont de deux sortes, les uns *psychiques* ressortissant à ce phénomène de sensibilité qui échappe à toute constatation extérieure et toute expérimentation directe et qui ne nous est connu, chez les êtres autres que nous-mêmes, que par les effets qui en résultent ou les actions qui le préparent ; les autres *physiques*, les seuls qui soient abordables à l'expérience et qui dans les nerfs se réduisent au transport d'une onde d'excitation, avec les modifications qui sont apportées à cette transmission, quand l'excitation passe d'un élément nerveux à un autre. Pour commencer, c'est donc un problème de ***localisation*** ; comme il en est tant d'autres dans l'étude du système nerveux et dont on sait toutes les difficultés, non seulement expérimentales, mais même théoriques, dans la position de la question à résoudre. On peut s'en faire une idée d'après ce qui vient d'être dit.

Et néanmoins les physiologistes ont essayé déjà à plusieurs

reprises d'aborder la solution de cette question : étant donnée telle action excitatrice ou telle mutilation portée sur telle région déterminée du système nerveux, quelles modifications de la température en sont la conséquence ?

IV. Faits expérimentaux. Section de la moelle épinière. — Citons tout d'abord une expérience très connue de Cl. BERNARD. On coupe la moelle épinière au niveau de la septième vertèbre cervicale, soit à la limite de ses régions cervicale et dorsale. La température centrale de l'animal s'abaisse progressivement et peut en quelques heures descendre chez le lapin à 21°. On admet que *cet abaissement à la fois rapide et considérable de la température est dû tout à la fois*, pour des parts sans doute inégales, *à la paralysie vaso-motrice cutanée qui augmente la déperdition thermique et à la paralysie d'un grand nombre de muscles ou autres organes producteurs de chaleur, qui abaisse la thermogenèse.* La section de la moelle épinière, dans une région aussi élevée du névraxe, a pour effet une rupture d'équilibre presque aussi grande que possible du système nerveux, en séparant de ses centres inférieurs (moelle et ganglion) des centres supérieurs (ceux de l'encéphale) qui s'emploient à coordonner leur action en vue de la régulation de la chaleur.

NAUNYN et QUINKE proposent une interprétation singulière des effets de la section de la moelle épinière. D'après ces auteurs, elle donne lieu à deux ordres de phénomènes parallèles, mais inégaux, et dont l'un masque l'autre. C'est, d'une part, une augmentation de la production de chaleur et, d'autre part, une augmentation plus considérable encore du pouvoir déperditeur du tégument de l'animal, de telle sorte que le premier de ces deux effets passerait inaperçu. Ils s'efforcent de montrer que lorsqu'on met l'animal à l'abri du rayonnement, il y a élévation de la température centrale. Ils interprètent dans ce sens les observations anciennes de BRODIE, BILLROTH, SIMON, FRERICHS dans lesquelles les lésions de la moelle épinière (contusions ou écrasements) ont été suivies d'hyperthermie considérable. Dans l'observation de BRODIE où il s'agissait d'une plaie de la moelle cervicale, la température est montée à 43°,9, quarante-deux heures après l'accident, alors que les muscles des membres et du tronc étaient paralysés. — Leur opinion a été contredite par RIEGEL, ROSENTHAL, POCHOY, PARINAUD. Ce dernier discute la possibilité, dans ces cas de lésions médullaires, d'une infection possible amenant l'inflammation de la moelle et la fièvre à sa suite,

La radiation calorique après les traumatismes de la moelle épinière. — P. LANGLOIS s'est proposé de mesurer la quantité de chaleur déperdue par les animaux auxquels on a fait des sections complètes ou incomplètes de la moelle épinière, généralement à la partie supérieure de la région dorsale. L'animal (cobaye ou lapin) est placé dans un calorimètre successivement avant et après la mutilation. L'effet constant est une augmentation (qui est parfois considérable) du nombre des calories rayonnées. Cette constatation une fois faite, on peut se demander si cette augmentation du rayonnement traduit simplement une augmentation de la déperdition de chaleur (par exagération de la circulation cutanée), ce qu'au premier abord il parait rationnel d'admettre, puisque la température propre de l'animal baisse au même moment. Mais il y a place néanmoins pour deux autres hypothèses : 1° cette chaleur mesurée au calorimètre pourrait provenir tout à la fois d'une production et d'une déperdition inégalement exagérées (cette dernière plus que la première), ce qui se concilierait également avec l'abaissement de la température ; 2° cette chaleur serait due à une déperdition plus grande coïncidant avec une production moindre, ce qui serait encore une fois compatible avec la baisse de la température de l'animal. Ajoutons que dans certains cas il peut y avoir une élévation passagère.

L'auteur s'efforce d'établir, dans chaque condition particulière, quelle est celle des trois suppositions qui est conforme à la réalité, et cela en tenant compte en même temps des indications du calorimètre (quantités de chaleur rayonnée) et de celles fournies par le thermomètre rectal (variations de la température propre de l'animal). Sur un animal dont on mesure les pertes de chaleur et dont la température reste invariable, la quantité rayonnée par lui en un temps donné égale rigoureusement et par définition celle qu'il produit au même moment et lui sert de mesure : sur un animal, au contraire, dont on mesure les pertes de chaleur et dont la température change, la quantité de calories réellement produites par lui est donnée par la formule

$$C = \frac{Q \pm (t - t')P\delta}{P},$$

Q étant la quantité de calories indiquées par le calorimètre, $t - t'$ la variation de température, positive ou négative, P le poids de l'animal, δ la chaleur spécifique du corps. On a pris pour cette dernière le chiffre 0,83 ; et on admet que l'écart entre les températures moyennes des tissus est représenté par celui observé entre les températures rectales.

Par cette méthode on voit que si généralement le rayonnement calorique est exagéré par la mutilation de la moelle épinière, l'activité de la thermogenèse a des façons différentes de se comporter. Dans les cas d'hémisection il y a tantôt exagération, tantôt abaissement de la thermogenèse ; dans le cas de section complète il y a abaissement de l'activité thermogénique coïncidant avec l'accroissement de la déperdition. Les recherches de calorimètrie indirecte de Hanriot et Richet indiquent également que, chez les chiens à moelle coupée, la production d'acide carbonique se réduit d'une façon considérable.

Suppression de la moelle épinière. — Une variante de la même expérience c'est celle qui a été réalisée par Goltz et Ewald, consistant en ablations particlles et successives de la moelle épinière de façon à supprimer celle-ci dans sa totalité en ne laissant subsister que l'encéphale et la partie ganglio naire du système grand sympathique, mais avec ce perfectionnement important que ces auteurs ont réussi, par des soins appropriés, à assurer à l'animal une *survie indéfinie*. Au point de vue de la température les résultats sont les mêmes, au moins immédiatement. L'animal est menacé de mort prompte et cela surtout par *abaissement de la température* ; on pare à ce danger en le maintenant pendant un certain temps dans une étuve bien réglée au moyen d'une circulation d'eau chaude.

Au bout de quelques semaines on assiste à un phénomène de restitution de fonction très remarquable, bien que partiel. L'animal peut de nouveau régler sa température à 38°. Il peut être retiré de l'étuve et vivre dans un milieu à température variable et oscillante. *Toutefois son régulateur a perdu en puissance, sinon en précision* : il ne conserve la température à son niveau fixe qu'entre certaines limites. Si l'air extérieur descend à 0°, l'animal succombe fatalement et bientôt.

Chez un tel animal privé de sa moelle épinière ou à peu près, le lieu de la production de chaleur ne peut plus guère être les muscles, puisque non seulement ceux-ci sont paralysés, mais que leurs nerfs moteurs dégénèrent et qu'eux-mêmes s'atrophient, sauf ceux du thorax et de la tête. En tout cas leur part est singulièrement restreinte, et ce fait est de nature à donner quelque crédit à l'opinion de ceux qui voient dans les grosses glandes telles que le *foie* des *foyers thermiques* d'une certaine importance.

V. **Lésions bulbo-protubérantielles**. — Les mutilations sur la moelle allongée sont évitées pour des raisons faciles à comprendre, la nécessité en particulier de ne pas supprimer ni même troubler trop profondément les actes de la respiration. — La partie du mésocéphale, qui correspond à l'union du bulbe rachidien et de la protubérance, a été désignée par quelques expérimentateurs comme ayant une action considérable sur la température de l'animal et vraisemblablement sur sa thermogenèse.

Les expériences méthodiques faites sur cette région des centres sont en premier lieu celles de Tschetschichins en 1866. Cet auteur faisait une section de la moelle allongée immédiatement au-dessous du pont de Varole et constatait, comme résultat immédiat et constant, une élévation très notable de la température centrale. Sa conclusion était que les parties antérieures et sus-jacentes de l'encéphale jouent le rôle de centres modérateurs par rapport à la thermogenèse.

Niés ou contredits par Lewitsky, les résultats obtenus par Tschetschichins furent admis généralement par les expérimentateurs qui reprirent la question, mais avec quelques modifications ou variantes dans l'interprétation.

Au lieu de procéder par sections franches on s'est attaché depuis à limiter la lésion autant que possible, à l'aide de piqûres d'aiguilles bien localisées, faites par de petits orifices. Ainsi fit Schreiber qui constata en toute circonstance une *élévation de la température lorsque les piqûres portent sur la limite de séparation du bulbe et de la protubérance* : tandis que, en cas de piqûres du cerveau, du cervelet, des pédoncules cérébraux, de la protubérance elle-même, cette hyperthermie ne se montre qu'autant qu'on préserve les animaux des pertes de chaleur.

Ainsi font également Bruck et Gunther (sous la direction de Heidenhain). Ils observent que les élévations de température peuvent être obtenues à la suite de simples piqûres, et dans ce cas plus sûrement qu'après la section des mêmes parties ; les piqûres répétées avec intervalle de temps entre elles amènent chaque fois une nouvelle élévation. L'excitation électrique a les mêmes effets. *La lésion agit donc par sa nature irritative bien plus que par destruction.*

VI. **Lésions du corps strié**. — Une autre localisation a été indiquée par Aronsohn et Sachs et par Girard. Ces auteurs affirment pouvoir *obtenir l'hyperthermie à volonté à la condition de produire une lésion irritative du corps strié et des parties sous-jacentes de la base du cerveau.* Elle est surtout très nette quand ces dernieres sont en jeu. La lésion doit atteindre le centre du corps strié ; elle est sans effet quand elle le côtoie ou qu'elle porte sur ses bords. Les auteurs entrent dans des détails sur la manière de procéder pour localiser le traumatisme aux régions sus-indiquées. — Ils se servent également de l'excitation électrique, en laissant l'aiguille en place, pendant que l'autre pôle du courant est placé sur quelque autre région n'importe laquelle : et ils obtiennent de même l'élévation de la température centrale. Girard en particulier note une *augmentation concomitante de l'oxygène absorbé, de l'acide carbonique exhalé et de l'azote éliminé.*

Dans le même sens déposent les expériences de W.-H. White qui attribue parallèlement un rôle du même genre au pédoncule cérébral, de I. Ott qui désigne également le corps strié comme excito-thermogène et qui, en portant les mêmes excitations sur les tubercules quadrijumeaux, obtient des résultats variables suivant les espèces, de Reichert également qui désigne le corps strié et la protubérance comme les lieux dont l'excitation produit une élévation de température très sensible.

Par contre Richet s'élève contre des localisations aussi précises et signale une élévation de température consécutive aux lésions irritatives des parties antérieures du cerveau tant superficielles que profondes, mais reconnaît néanmoins que les lésions profondes ont un effet thermogène plus considérable et que la piqûre doit atteindre des régions déterminées, en dehors desquelles l'hyperthermie ne se produit pas. — Il constate au calorimètre une radiation très augmentée, dans la proportion en moyenne de 150 à 100; il note de plus l'allure plus éveillée et l'excitabilité particulière des animaux ayant subi ces lésions (lapins).

Horsley a noté des élévations de température localisées à un seul côté du corps, dans le cas de lésions encéphaliques portant sur le corps strié et les parties qui existent entre lui et la circonvolution frontale ascendante, et seulement dans ces cas.

Eulenburg et Landois produisaient, par l'excitation d'un lobe cérébral, une dilatation vasculaire dans le membre du côté opposé, avec élévation notable de la température de ce membre, mais sans s'enquérir de ce que devenait la température centrale.

G. Corin et A. Van Beneden ont étudié la régulation de la température chez des pigeons auxquels ils avaient enlevé les hémisphères cérébraux ; ils ont vu que chez ces animaux la température se maintient normale et que sa régulation se fait par les mêmes procédés que chez l'animal sain. En effet, les pigeons privés de leurs hémisphères cérébraux rayonnent au calorimètre la même quantité de chaleur qu'avant l'opération et ils excrètent la même quantité d'acide carbonique, pour une même température extérieure donnée. Cette température extérieure allait dans les expériences de ces auteurs depuis — 7° jusqu'à + 15°.

La critique ne s'exerce pas facilement sur des résultats obtenus dans des conditions forcément imprécises, manquant d'identité d'une expérience à l'autre et prêtant si peu à l'analyse exacte des phénomènes. On est réduit provisoirement à les cataloguer en attendant mieux. — Ce qu'on poursuit ici c'est un problème de *localisation fonctionnelle* et, dans l'espèce, de *localisation nerveuse*. Entre le système nerveux et la chaleur, nous savons qu'il existe des relations de dépendance réciproque. *Le système nerveux excite la production de chaleur dans nos tissus et il est excité par elle à son tour* : à l'agitation moléculaire qui dans le langage physique a nom chaleur correspond au fond de nous une sensation particulière dite aussi de chaleur, et cette sensation en retour règle et maintient en nous, dans de justes limites autant qu'elle le peut, cette agitation moléculaire, condition essentielle de la vie. La fonction de calorification, comme toute autre, a deux faces : l'une physique, l'autre psychique. Tout à la périphérie du système nerveux, nous ne saisissons bien que la première de ces deux faces, tant la seconde y est voilée et dégradée à nos yeux ; des phénomènes physiques, elle a le déterminisme rigoureux ; elle ressortit tout entière à l'expérimentation. Tout en haut du même système les choses, par une pente insensible, ont changé : les lois de la physique y gouvernent avec la même rigueur le mouvement des atomes ; mais des faits (ne disons même plus des phénomènes) s'y dévoilent que les formules de la physique, non seulement n'expliqueraient pas, mais ne nous auraient même pas laissé soupçonner, n'était le sentiment intérieur que nous en avons. Ils font partie intégrante de la fonction comme les premiers ; ils caractérisent l'être vivant ; il est impossible de les abstraire systématiquement de son étude, mais ils introduisent dans cette étude des difficultés singulières, car ils font naître des questions que le physicien s'interdit, lui, par définition.

VII. **Conclusion expérimentale**. — En réponse à la question localisatrice qui a suscité les expériences précédentes, voici ce que ces expériences elles-mêmes nous apprennent prises dans leur ensemble. *Il est des parties du système nerveux qu'on peut retrancher de lui sans porter atteinte* (ou sans porter une atteinte sérieuse) *à la régulation de la chaleur chez les animaux. Il en est d'autres qui y jouent un rôle essentiel.*

Le système nerveux chez les vertébrés supérieurs nous apparaît composé de deux étages superposés de substance grise dont le supérieur est relié à l'inférieur par des fibres de projection et l'inférieur relié aux organes par un second système de fibres du même genre. Ce sont comme deux êtres dont le premier a l'autre à son service pour les manifestations de son activité, mais dont il dépend à son tour pour l'entretien des conditions de son existence. Le second seul peut avoir, après dissociation, une existence indépendante; il l'a en effet, comme l'expérience le prouve. On peut découronner le système nerveux, enlever l'écorce du cerveau, sans compromettre absolument les fonctions nécessaires à la vie. Il serait de toute impossibilité de faire l'expérience inverse.

Mais le système inférieur, à son tour, n'est pas sans présenter des superpositions du même genre; il a aussi ses étages et un couronnement qui est représenté par les corps opto-striés, appareils de centralisation, c'est-à-dire commandant à des actes et même à des fonctions d'ensemble. Nous avons vu justement que c'est la place que l'expérimentation désigne pour les lésions diverses qui agissent le plus énergiquement sur la thermogenèse. La fonction thermique symbolise du reste ici l'ensemble des conditions de la vie cellulaire, ne pouvant se dissocier absolument d'avec d'autres fonctions dont elle dépend et qui dépendent d'elle très étroitement.

En fait de localisation, c'est à peu près tout ce que nous pouvons faire, séparer un système nécessaire au gouvernement de la chaleur. Mais lorsqu'il s'agit de pénétrer dans ce système lui-même aussitôt que, quittant ses racines profondes dans les tissus, nous essayons de le suivre dans ses étages successifs, pour en décomposer le mécanisme, les moyens d'analyse nous manquent.

BIBLIOGRAPHIE.

Influence du système nerveux et en particulier des nerfs sur la chaleur. — CL. BERNARD, *C. R. Ac. sc.*, 1851 et 1856, *Gaz. méd.*, 1856. — CHOSSAT, Infl. syst. nerv. sur chal. anim., *An. chimie*, t. XCI, 1820. — DASTRE et MORAT, Système nerveux vaso-moteur, Paris, Masson. — R. DUBOIS, Physiol. comp. de la thermog., *Biologie*, 1893, 182. — Infl. du syst. nerv. abd. et des muscles thoraciques sur le réchauff. de la marmotte, *Biol.*, 1894. — EVERARD HOME, On the infl. of nerv. and gangl. in product. animal heat, *Philosoph. transact.*, t. CXV, 1825. — LÉPINE, Excit. du b. périph. nerf sciat. temp. du membre corresp., *Biologie*, 1876. — MARÈS, Exp. sur l'hibernation, *Biol.*, 1892. — MORAT, Les nerfs thermiques, *Revue scientifique*, 1895. — TÉRILLON, Infl. des lésions traumat. des nerfs mixtes sur la calorification, *Biologie*, 1877, 88.

Influence de la moelle. — Aronsohn, Piq. 4me ventricule, temp. du foie et temp. centrale, *Deuts. med. Wochens.*, 1884. — D'Arsonval, Rayonnem. apr. sect. moelle épinière, *Biologie*, 1881. — Cl. Bernard, Leçons sur la chal. animale. — Bokai, Infl. syst. nerv. cent. s. temp., *Pester med. chir. Presse*, 1882. — Bufalini, Oscill. temp. extrém. paralysées et ext. saines, *Arch. phys.*, 1876. — Couty, Troubles vaso-mot. et therm. dans compress. moelle, *Biologie*, 1876, 245. — R. Dubois, Méc. calorif. hibernants, *Biologie*, 1893, 156. — Influence comparée destruct. et section moelle, *Biologie*, 1893, 209. — Physiol. comp. de la thermog., 1893, 182. — Langlois, Radiat. calor. conséc. traumat. moelle, *Biologie*, 1897, 798, *Arch. phys.*, 1894, 343, et *Trav. lab. Richet*, III, 415. — Lépine, Variat. temp. membr. paralysés et sains, *Biologie*, 1868 et 1872. — Lewitzky, *Arch. f. path. Anat.*, XXXXVII, 357. — Naunyn et Quinke, *Reichert's et du Bois-Reymond Arch.*, 1869. — Pembrey, Sect. moelle, *J. of Phys.*, XXI, n° 213. — Rosenthal, *Centralbl.*, 1872. — Rottenbiller, Tempér. paral., *Centralb. f. Nerven Heilk.*, XII, 1 et 2, 1888. — Schiff, Temp. des parties paralysées, *Lo sperimentale*, 1875. — Schroff, Élév. temp. apr. sect. moelle, *Sitz. d. K. Akad. Wien*, 1876. — Tsetschichins, *Arch. f. Anat. u. Phys.*, 1866, 151. — Vulpian, Leçons sur l'app. vaso-mot , I, 198, *Biologie*, 1872, 32, 156, 1878, et *Gaz. méd.*, 1872.

Influence du cerveau sur la température. — J. G. Adami, Heat centres in the nervous system., *Lancet*, 14 mars 1891. — Ed. Aronsohn et J. Sachs, Die Beziehungen des Gehirns zur Korperwärme und zum Fieber, *Arch. f. d. ges. Phys.*, XXXVII, 232, 625. — Baculo, Centres therm. et c. vaso-mot., *Riforma medica*, 1892. — Ess. expér. centres therm. q. q. poïkilothermes, *Arch. it. biol.*, XXII, *Congr. intern. Rome*, 1895. — A. Bokai, D. Einfluss. d. central nerv. Syst. aüf d. Wärmeregul. d. Thierköpern, *Jahresb. f. Phys.*, 1882. — Brown-Séquard, *Biologie*, 1871. — Cl. Bernard, *Biologie*, 1871. — M. Bourneville, Ét. de thermométrie clinique dans hémorragie cérébr. et q. q. autres maladies de l'encéphale, *Thèse Paris*, 1870. — Bruck et Gunther, Versuche über den Einfluss der Verletzung gewissen Hirntheile auf die Temperatur, *Arch. f. d. ges. Phys.*, III, 578, 1870. — Charcot, Température centrale dans l'apoplexie liée à l'hémorragie et au ramollissement, *Biologie*, 1867, 92, et 1871, 7, 100. — Corin et Van Beneden, Rech. sur la régul. de la temp. chez les pigeons privés d'hémisph. cérébr., *Arch. de biol. belges*, VII, 2, p. 266, et *Trav. lab. Fredericq*. — Christiani, Ueber Wärmecentren im Gehirn, *Arch. f. Phys.*, 1885. — Denoir, Local. de la sensation de température, *Arch. f. Phys.*, 525, 1894. — Doyon (Revue), *Province médicale de Lyon*, VI, 222. — R. Dubois, *Biologie*, 1894. — Eccles, Tempér. en rapp. avec les blessures de la tête, *St-Barth. hosp. rep.*, XXIX, 225. — Enlenburg et Landois, *C. R. Ac. sc.*, 1876, LXXXII, 564, *Arch. f. path. Anat.*, Bd 68. — L. Frederiq, Nerven System u. Warmeproduct., *Arch. f. d. ges. Phys.*, XXXVIII, 291, 1885. — Gierke, *Arch. f. d. ges. Phys.*, VII, 5. — Girard, Infl. du cerveau sur la chal. animale et sur la fièvre, *Arch. de phys.*, 1886, 281 ; 1888, 312. — Action de l'antipyrine sur l'un des centres thermiques encéphaliques, *Revue méd. de la Suisse romane de Genève*, 1887. — Guyon, Contrib. à l'étude de l'hyperth. centrale consécut. aux lésions de l'axe cérébro-spinal, en partic. du cerveau, *Thèse Paris*, 1891. — Horsley, Diff. de temp. entre les deux côtés du corps dans le cas de lésions encéphaliques, *Brit. med. Journ.*, 89, I. — C. Hatin, De la temp. dans l'hémorr. cérébr. et le ramoll.. *Thèse Paris*, 1877. — Landois, *Deut. med. Wochens.*, 1888. — Lawadowski, *Centralbl. f. d. med. Wiss.*, 1888. — J. Marès, L'abaissement de la temp. de l'homme après la perte de la sensibilité pour le froid et le chaud suggérée dans l'état hypnotique, *Biologie*, 1889. — U. Mosso, Infl. du syst. nerv. sur la tempér. anim., *Arch. f. path. Anat.*, CVI, et *Arch. ital. biol.*, VII, 306, 1886. — La doctrine de la fièvre et les centres thermiques cérébraux, act. des anespyrétiques, *Arch. ital. de biologie*, XIII, 451, 1890. — J. Ott, Relat. syst. nerv. et tempér., *Journ. of nerv. and mental diseases*, XI, avril 1884 et 1892. — Ein Warmecentrum im cerebrum, *Centralbl. f. med. Wiss.*, 1885. — Heat centre in man, *Brain*, 1889. — Human Calorimetry, *N. York med. Journ.*, XLIX, 1889, et *Centralbl. f. med. Wiss.* — The heat centres of the cortex cerebri and pons Varolii, *Journ. of nerv. and ment. diseases*, N. Y., XIII. — The antipyretics, *ibid.*, 1888. — Thermotaxis in birds, *ibid.*, XX, 1892. — Effect of section of the vagi upon temperature, *Med. bullet. Phila.*, XVIII, 1896. — Centres de temp. dans le cerveau, *Journ. of nerv. and ment. dis.*, XIV, 150, 1887. — Régulation temp. chez les oiseaux tub. quadrijumeaux, *ibid.*, 1893. — J. Ott et Carter, Contr. phys. path. of nerv. syst., *Easton Pensylvania*, 1887. — J. Pochoy, Rech. exp. sur les centres de temp., *Thèse Paris*, 1870. — Raudnitz, Ueber d. therm. Centr. d. Grosshirn..., *Arch. f. Phys.*, 1885. — E. R. Reichert, Thermog. centres with spec. ref. to automatic centres, *Univ. med. Magaz. Philadelphie*, V, 406-

420, 1893. — Cн. Richet, Infl. lés. cerveau sur temp., *Biologie*, 1884, 189, 209. — Fièvre traumat. nerv. infl. lés. cerveau sur temp. gen., *Revue scientifique*, 1884, p. 445. — Hyperthermie cons. aux lésions du cerveau, *Biologie*, 1886, 304. — Poisons et tempér., *Rev. sc.*, 1886. — Infl. syst. nerv. sur calorif., *C. R. Ac. sc.* 1885. — Riegel, *Arch. f. d. ges. Phys.*, 1872, V. — Rosenthal, *Thèse Berlin*, 1877. — Rousseau, Du refroidissement dans les attaques apoplectiques de l'encéphale. — Sakovitch, Infl. du tuber cinereum. *Clin. mal. nerv. et ment. de St-Pétersb.*, 1897. — Schreiber, *Arch. f. d. ges. Phys.*, VIII, 576. — Sawadowski, Localis. d. Wärmeregulir. Centren im Gehirn... Wirkung des Antipyrins..., *Centralblatt f. d. med. Wiss.*, XXVI, 145, 161, 178, 1888. — Schreiber, Einfluss d. Gehirns auf die Körper Temper., *Arch. f. d. ges. Phys.*, 1874. — H. Sternber, Ueber abnorm. niedrige Temper. beim Menschen und deren Beziehungen zur Centralnervensyst., *Dissert. Freiburg*, 1890. — Stewart, *Studies from the physiol. Lab. of Owen College, Manchester et Centralblatt f. Phys.*, 1892. — *Journ. of phys.*, XII. — Zangl, Centres thermiques chez le cheval, *Arch. f. d. ges. Phys.*, 1895, Bd 61. — *Deutsch. Zeits. f. Thiermed*, XXI, 45. — Vergez Honta, Rech. sur l'hyperth. d'orig. cérébr., *Th. Paris*, 1886. — Wittkowsky, Ueber die Zusammensetzung der Blut-gase d. Kaninschen bei der Temperaturerhöhung durch den Wärmestich, *Arch. f. exp. Path. und Pharm*, XXVIII, 281, 1891. — W. H. White et J. W. Washburn, Relat. temp. du cerv. et du rectum après destruct. de l'écorce, *Journ. of Phys.*, XII, 1891. — H. White, Temper. lésion du corps strié et de la couche optique, *Brit. med. Journ.*, 1889, et *J. of Phys.*, 1890. — Théorie d'un centre calorique au point de vue clinique, *Guy's Hosp. rep.*, 1884. — Position et valeur des lésions cérébr. produisant une élév. de temp., *Journ. of Phys.*, 1891.

DEUXIÈME PARTIE

ACTION DE LA CHALEUR SUR LES ÊTRES VIVANTS

Nous suivons la chaleur chez les animaux depuis son origine jusqu'à sa fin. Nous la voyons naître en eux par transformation d'une autre énergie (l'énergie chimique développée par certaines réactions), puis les quitter sous la forme même de chaleur pour rayonner dans l'espace environnant ou se communiquer aux objets par contact ou s'absorber par la vaporisation de l'eau à leur surface. En d'autres termes, les animaux, après l'avoir créée, s'en débarrassent comme s'il s'agissait d'un déchet inutilisable.

Son apparition dans les éléments vivants qui la produisent semble marquer la fin des transformations par lesquelles ils manifestent leurs propriétés tant physiques que physiologiques. Elle est, avec le travail mécanique, la forme dernière de ces transformations successives qu'affecte le courant énergétique qui traverse incessament l'animal. Et, comme telle, elle est dans un certain ordre d'idées comparable à ces substances mortes, ou tombées en indifférence chimique, qui représentent l'état sous lequel la substance des tissus s'échappe de l'organisme, après avoir subi son évolution à travers lui. De là le nom d'*énergie dégradée* qu'on donne parfois à la chaleur.

Ainsi envisagée elle nous apparaît comme un *effet* de l'activité des éléments composants, de l'organisme animal. Mais à son tour elle-même est *cause* ou *condition* de cette activité.

C'est en modifiant à son gré, par excès, ou par défaut, les diverses conditions de la vie que l'expérimentateur peut analyser leur mode d'influence. Ainsi en agit-il avec la chaleur : tantôt, autour de l'être vivant, il élève méthodiquement et graduellement la température, tantôt il l'abaisse ; pendant que d'autre part il suit attentivement les modifications intraorganiques qui en résultent. De là les deux divisions naturelles de cette étude.

CHAPITRE PREMIER

EFFETS DU CHAUD ; RÉSISTANCE DE L'ORGANISME.

Soit que nous voulions recueillir la chaleur qui sort de l'être vivant, soit qu'il s'agisse de celle que nous prétendons lui fournir, il nous faut des instruments de mesure, autant que possible précis. Dans le premier cas cet instrument est le *calorimètre*, dans le second c'est l'*étuve* réglée à une température déterminée.

Les modèles d'étuve peuvent varier, comme forme, grandeur, disposition intérieure, etc., pour ainsi dire avec chaque genre d'expérience, de même que le mécanisme du régulateur qui maintient fixe leur température. La figure ci-contre reproduit un modèle dû à d'Arsonval dans lequel le régulateur fait corps avec l'étuve elle-même. Un matelas d'eau compris dans une double paroi rigide entourant l'étuve (sauf au niveau de la porte) fait l'office de corps dilatable. Lorsque la température tend à s'élever la dilatation déprime une membrane élastique m qui en se rapprochant du tube t diminue le débit du gaz allant aux brûleurs b, b' ; pour le cas inverse où la température tend à baisser une action également inverse augmente ce débit ; d'où baisse ou élévation compensatrice instantanée de la température de l'eau qui est ainsi maintenue à température très sensiblement fixe (fig. 160).

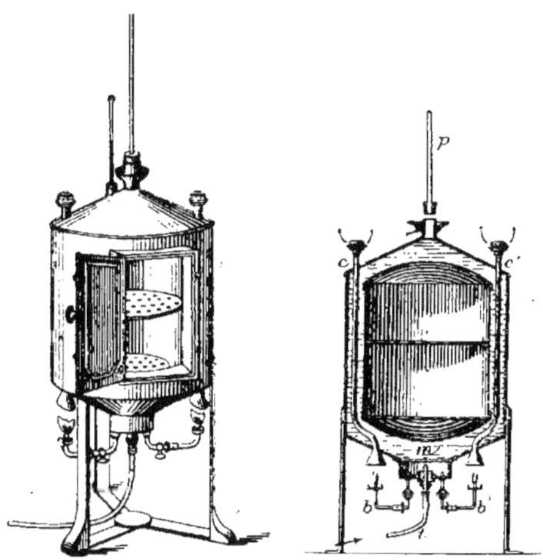

Fig. 160. — *Étuve de d'Arsonval à régulateur fixe.*

c, c', cheminées chauffant un matelas d'eau compris dans la double paroi rigide de l'étuve ; *m*, membrane élastique qui se déforme proportionnellement à la dilatation de l'eau ; *t*, tube d'amenée du gaz qui débouche normalement à la membrane à une faible distance d'elle ; *b, b'*, becs ou brûleurs dont la flamme est réglée par la déformation de la membrane *m* ; *p*, tige fermant le matelas d'eau ou tube dans lequel l'eau s'élève en augmentant la pression sur la membrane.

Dans beaucoup d'étuves le régulateur est indépendant. Le corps dilatable (le plus souvent du mercure) est contenu dans un réservoir allongé de fer ou de verre qui plonge dans la cavité de l'étuve et agit par un mécanisme compensateur semblable au précédent pour régler le débit du gaz, en vue d'une température constante d'une valeur déterminée. Par la position initiale que prend le corps dilatable suivant qu'il est en plus ou moins grande quantité dans le réservoir, l'étuve est réglée pour telle ou telle température donnée qu'on peut ensuite modifier pour avoir une autre température, non souvent sans quelques tâtonnements.

Dans le modèle ci-joint, très pratique, un tube placé en dérivation sur le courant gazeux régulateur empêche que la flamme s'éteigne jamais, en assurant à l'écoulement du gaz un passage indépendant qu'on restreint à volonté par un jeu de robinet (fig. 161).

BIBLIOGRAPHIE.

Étuves, régulateurs, réfrigérants. — D'Arsonval, Étuve à temp. constante, *Biol.*, 1876, 692 ; 1882, 275 ; 1883, 421 ; 1888, 530. — Action thermorégulatrice du vide sec, *Biol.*, 1888, 136. — Dumontpallier, Appareil à réfrigérer, *Biol.*, 1879, 347, 1880, 130, 210. — Fr. Franck, App. à réfrigérer, *Biol.*, 1879, 150. — Grünhagen, Das Thermotonometer, *Arch. f. d. ges. Phys.*, 1884, t. 33, 59. — P. Gibier, Appareil pour obtenir des températures basses pouvant être graduées à volonté, *Biol.*, 1882, 409. — Remy Saint-Loup, Régulat. électroautomat., *Biol.*, 1890, 503. — Roux, *An. Inst. Pasteur*, 5, 158. — Tissot, Régulat. étuves et appareils à pétrole, *Biol.*, 1er avril 1898. — Wignal, Chambre chaude à régul. pour le microsc., *Biol.*, 1885, 255 ; 1886, 110.

A. — LA CHALEUR CONDITION GÉNÉRALE DE LA VIE.

Par le soin qui est pris chez les animaux supérieurs pour la régulation de la température à un niveau fixe et autant que possible invariable et par ce qui se passe chez ceux qui n'ont pas le moyen d'obtenir cette fixité, nous sommes avertis de l'importance que prend la chaleur comme *condition primordiale* des manifestations de la vie. Chez l'animal à sang froid, à mesure qu'autour de lui la température s'abaisse nous voyons les fonctions se ralentir, il est engourdi et comme inerte, ses mouvements deviennent extrêmement lents, son cœur n'a que de rares et faibles pulsations, la vie se réduit chez lui à un minimum. En le réchauffant, on peut assister au retour de ses fonctions à leur activité première. On a obtenu ce double changement en sens inverse, d'abord en lui enlevant de la chaleur et ensuite en lui restituant de la chaleur et rien autre.

Cl. Bernard s'est efforcé de dégager cette influence de la chaleur

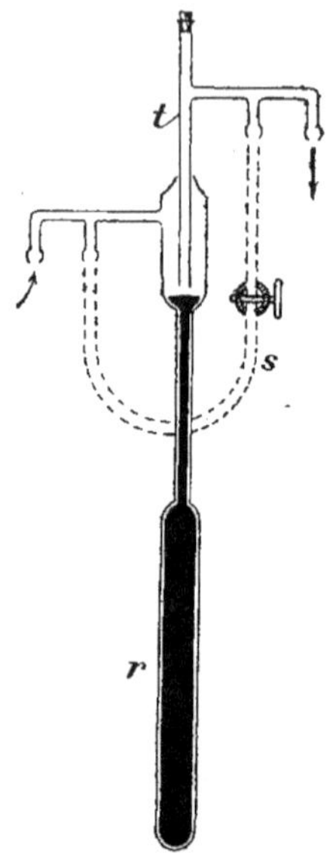

Fig. 161. — *Régulateur indépendant pour étuve* (modèle d'Arloing).

r, réservoir qui plonge dans l'étuve et dont le mercure, en se dilatant, restreint le débit du gaz dans le tube *t* proportionnellement à l'accroissement de la température ou inversement quand celle-ci tend à baisser. Un tube *s* placé en dérivation sur le trajet du gaz et muni d'un robinet de réglage incomplètement fermé, ménage un passage constant au gaz et empêche l'extinction du brûleur, en cas de dilatation trop prompte du mercure obturant le tube *t*. Le réglage à telle ou telle température s'obtient par tâtonnements, en enlevant ou remettant du mercure.

comme condition générale de la vie et d'en montrer la généralité. *Chez les animaux à sang chaud* comme chez les précédents, *lorsqu'on leur soustrait la chaleur d'une façon lente et graduée*, on voit leurs fonctions se comporter de même ; *tous les phénomènes de la vie subissent chez eux un ralentissement de plus en plus marqué qui les fait ressembler aux animaux à sang froid* pendant la saison d'hiver. Ce ralentissement porte, d'une part, sur chacun des actes physiologiques, chacun des phénomènes élémentaires pris en particulier, et il porte, d'autre part, sur l'ensemble de ces actes pris soit dans leur simultanéité, soit dans leur succession évolutive.

C'est ainsi que chez l'animal refroidi, chaque battement du cœur est devenu beaucoup plus lent et qu'il est séparé du suivant par une pause plus allongée : mais de plus si nous détachons le cœur d'un animal refroidi, il battra beaucoup plus longtemps que celui d'un animal maintenu à sa température ordinaire, en quoi il ressemble au cœur d'un animal à sang froid. Ce qui s'explique en somme assez facilement si on songe que, dans les deux cas, l'organe épuise une réserve intérieure ; lentement dans un cas (lorsqu'il est à basse température), rapidement dans l'autre (quand il a sa température habituelle).

Optimum de température. — Des faits innombrables nous montrent cette action de la chaleur sur tous les êtres vivants sans exception, animaux, végétaux, microbes, germes, spores, ferments, etc... Pour la chaleur, comme pour l'oxygène, comme pour toutes les conditions qui entretiennent la vie en fournissant à l'être soit la substance, soit l'énergie, soit l'excitation, il y a un **optimum**, variable pour chacun et auquel correspond sa plus grande activité possible ; au-dessous cette activité se ralentit ; au-dessus elle est également compromise. C'est une application entre tant d'autres d'une des lois les plus caractéristiques de la vie, celle qu'on appelle la loi de **modération physiologique**.

Pour procéder d'une façon méthodique et positive, il faut donc dans une première étude, fixer avec le plus d'exactitude possible dans chaque cas particulier l'influence de la chaleur ou, pour mieux dire, l'influence sur les êtres vivants des **variations de la température**, dans le sens croissant ou décroissant, en notant la succession des effets obtenus en regard des températures employées. — Cette étude comporte de très nombreuses divisions relatives à la nature particulière de l'être vivant étudié, à l'espèce animale à laquelle il appartient ou mieux à son genre de vie habituel, à son âge, aux modifications que lui apportent certaines conditions tant extérieures qu'intérieures.

Méthode générale d'analyse. — Lorsqu'on aura déterminé de la sorte, d'une façon empirique, l'action de la chaleur sur l'animal ainsi considéré comme un réactif total, on procédera d'une façon plus analytique en étudiant cette action sur chacun de ses tissus ou organes pris en particulier, et les résultats de cette seconde étude devront nous donner, dans la mesure où elle pourra être réalisée, l'explication des perturbations que les modifications de la température impriment à l'organisme dans son ensemble. Ce plan de recherches est calqué sur celui qui est suivi dans l'étude de tous les réactifs de la vie, de tous les poisons que le physiologiste a l'occasion d'expérimenter, et qui consiste dans tous les cas en une analyse des effets, d'une part, physiologiques, et d'autre part, toxiques de chacun de ces agents.

Mais cette étude n'est encore qu'une *localisation* plus exacte des effets de la chaleur sur les différents tissus ; elle ne nous explique les pertubations apportées par elle, qu'autant que nous connaissons déjà les fonctions particulières de ces tissus et le jeu spécial de chacun d'eux, dans le fonctionnement d'ensemble de l'organisme. Elle nous apprend seulement le degré spécial de susceptibilité de chacun d'eux à l'égard de l'agent perturbateur que nous faisons intervenir ; elle nous dit lequel est frappé d'abord et celui par le défaut duquel l'organisme est condamné à périr.

Une étude beaucoup plus importante et dont les résultats auraient un haut prix pour nous, serait celle qui nous ferait pénétrer dans le mode particulier d'action de la chaleur à l'égard de chaque élément, comment elle intervient dans ces réactions dont dépend la vie, pour les maintenir, les exalter ou les supprimer suivant le degré de son action. Malheureusement ce côté de la question est présentement encore à peu près complètement ignoré et les données positives de l'ordre le plus élémentaire y font défaut.

B. — ACTION DE LA CHALEUR SUR L'ORGANISME CONSIDÉRÉ DANS SON ENSEMBLE.

Il faut distinguer entre les animaux à *sang froid* et les animaux à *sang chaud*. — Les uns et les autres sont susceptibles d'être influencés par les variations de la température ; mais tandis que les premiers les suivent assez étroitement, les seconds ont dans de certaines limites le pouvoir de se soustraire à ces variations : il y a pour eux une marge plus ou moins espacée dans l'étendue de laquelle ils peuvent résister au chaud ou au froid. Il serait intéressant de pouvoir fixer pour chacun ou tout au moins pour les types principaux parmi les espèces, soit la valeur de cette marge, soit la place exacte de ses limites supérieure ou inférieure ; mais ces déterminations en dehors des espèces usuelles en physiologie sont encore à faire. Par quelques exemples on sait néanmoins que ces limites peuvent être très éloignées les unes des autres. On cite à cet égard les observations du capitaine Parry qui, dans les glaces du Nord, a constaté la température de 41°,1 sur un renard, par une température extérieure de — 35°,6.

I. Variations de la température extérieure et des climats. — L'homme, par le fait de la variation locale des climats qu'il habite combinée avec ses déplacements volontaires à la surface du globe, est ainsi exposé à vivre à des températures dont l'écart est très considérable, plus grand que pour toute espèce animale donnée dont l'habitat est généralement circonscrit entre certaines limites de la latitude et de l'altitude.

Téguments. — Mais aux moyens de défense que possèdent les animaux pour résister au chaud et au froid, l'homme en ajoute de nouveaux tendant aux mêmes fins que lui a fait découvrir son intelligence. Par sa constitution il est un animal à peau nue, auquel les régions chaudes avoisinant l'équateur conviendraient de ce fait préférablement. Néanmoins les régions *tempérées* sont celles où la race humaine a pris le plus de développement et atteint le plus haut degré de civilisation, celles où toutes ses facultés ont pris leur plein épanouissement. C'est que s'il est constitué pour les régions chaudes, il lui est d'autre part plus facile de se défendre contre les basses températures que contre l'excès de chaleur. Son industrie lui a suggéré des moyens de lutter très efficacement contre le froid ; moyen qu'il approprie à la variation des climats et aux changements de saison et il acquiert de la sorte le bénéfice de pouvoir vivre sans souffrance au fort de l'été comme au gros de l'hiver.

Mue des animaux. — Les animaux dont la peau est généralement pourvue de poils, de duvet ou de plumes ne participent que dans une mesure plus limitée à cette adaptation aux températures extérieures et cela par le phénomène de la *mue*, qui renouvelle la partie protectrice de leur tégument au moment des changements de saison.

Écarts extrêmes de la température extérieure. — Si, dans les expéditions au voisinage du pôle Nord on a noté des températures de — 50° au-dessous de zéro, auxquelles les explorateurs ont pu vivre et se maintenir en bonne santé, sinon sans souffrance, par contre dans le Sénégal, sous les tropiques, on a noté des températures de + 40° et même + 50° au soleil auxquelles également des hommes ont pu vivre.

Si on limite le temps d'exposition à la chaleur à quelques minutes au lieu d'heures entières ou de journées, on voit que l'organisme humain peut supporter des températures encore bien plus élevées et qu'à premier examen on serait tenté de déclarer contestables s'il ne s'agissait de faits parfaitement constatés. BERGER a pu supporter pendant 7 minutes une température de 109°,48. BLAGDEN antérieurement avait supporté une température de 127°,77 pendant 8 minutes dans des étuves. Enfin, antérieurement à ces expérimentateurs, TILLET avait communiqué à l'Académie des sciences de Paris l'observation qu'il avait faite dans un voyage en Angoumois de trois jeunes filles attachées au four banal de Larochefoucault et qui pouvaient rester 10 minutes dans l'intérieur de ce four, quoiqu'il fût encore assez chaud pour cuire de la viande et des pommes, à une température constatée de 132 degrés centésimaux et pendant 5 minutes à une température supérieure encore à celle-là.

II. Mode de défense de l'organisme. — L'explication du fait en apparence paradoxal que l'homme et les animaux peuvent résister sans se laisser envahir par elles, à des températures aussi élevées a été donnée par FRANKLIN. Elle est dans cette circonstance qu'*une évaporation active de la sueur à la surface de la peau absorbe la chaleur en excès* et peut être suffisante à produire un refroidissement compensateur, à la condition toutefois que l'exposition à la chaleur ne dure pas trop longtemps. — *Cette évaporation n'est possible, et partant la sudation efficace, qu'autant que l'atmosphère ne contient pas ou contient peu de vapeur d'eau;* si elle en est saturée, les résultats seront tout autres. Les étuves dans lesquelles BERGER, BLAGDEN et d'autres ont supporté ces hautes températures étaient des étuves *sèches*. Dans une étuve saturée, dont la température variait de 41°,25 à 53°,75 BERGER ne put rester que 12 minutes. Dans des conditions à peu près semblables, BLAGDEN supporta pendant 15 minutes une température qui monta de 48°,33 à 54°,44. — Dans l'eau liquide la résistance à la chaleur est encore plus limitée : LEMONNIER constata sur lui-même, aux eaux de Barèges, qu'il ne pouvait rester que 8 minutes dans un bain de 44°,44; il avait perdu 76^{gr},20, en une minute par la transpiration : cette dernière est portée à son summum d'activité, mais inutilement dans ces conditions.

Ses limites. — Ainsi l'homme, et avec lui les animaux qui ont son organisation, ont la possibilité de vivre dans un milieu très notablement plus chaud qu'eux-mêmes; cela par le moyen susindiqué de faire du froid d'une façon suffisante, pour conserver leur température propre. Mais ce moyen est limité, et son action protectrice s'épuise d'autant plus vite que la température est plus élevée. C'est un délai qui est accordé à l'organisme animal pour échapper à une cause d'altération et de mort ; ce n'est pas un régime qui puisse subsister normalement et indéfiniment. C'est une question de temps. Chaque fois que le degré s'élève, le délai diminue et finit par devenir très court. La lutte prolongée est fatalement suivie de la défaite de l'organisme qui est envahi par la chaleur. C'est ce que montrent les expériences sur les animaux ; témoin les chiffres suivants extraits du travail de Delaroche.

| ANIMAUX. | TEMPÉRATURE | | | DURÉE DE L'EXPÉRIENCE. |
	AVANT.	APRÈS.	DE L'ÉTUVE.	
Lapin.....................	40°	43°	40°,7	52 minutes.
Pigeon....................	41°,9	45°	40°,7	40 —
Grenouille................	—	27°,8	27°.2	50 —

Cl. Bernard, qui attachait une si grande importance à l'étude de la chaleur animale, a repris ces expériences et en a confirmé les résultats en les complétant. Il a vu entre autres choses que pour des animaux comparables de la même classe la mort survient d'autant plus rapidement que la masse est plus grande. D'autre part les oiseaux sont plus sensibles à l'action toxique de la chaleur que les mammifères :

ANIMAUX.	ÉTUVE SÈCHE. — TEMPÉRATURE.	DÉLAI JUSQU'A LA MORT.
Pigeon......	90°	6 minutes.
—	90°	6,5 —
Chien ....•...............	90°	24 —
Cobaye..........................	100°	5 —
—	100°	6 —
Lapin...........................	100°	10 —
Chien...........................	100°	18 —

Si l'étuve est humide, la marche du phénomène est beaucoup plus rapide et survient à des températures plus basses.

ANIMAUX.	ÉTUVE HUMIDE. — TEMPÉRATURE.	DÉLAI JUSQU'A LA MORT.
Lapin...........................	80°	2 minutes.
. —	60°	3 —
—	45°	10 —

Enfin on peut disposer l'expérience de manière que l'animal, introduit par une ouverture pratiquée à sa taille dans la paroi de l'étuve, ait tantôt la tête en dedans et le corps en dehors, tantôt inversement, la tête en dehors et tout le corps en dedans. C'est un moyen de faire la part respective qui revient à la surface cutanée et à la surface pulmonaire dans l'échauffement total de l'animal placé dans l'étuve. Le délai de survie est dans ce cas naturellement plus long, et le plus long des deux est lorsque l'air chaud arrive par la surface pulmonaire : la voie cutanée est plus rapide pour la pénétration de la chaleur.

LAPIN. *Tête en dedans de l'étuve.*	LAPIN. *Corps en dedans de l'étuve.*
Température normale.......... 40°	Température normale........ 39°,5
— après 5 min...... 40°	— après 4 min.... 42°,0
— — 10 — ...... 40°	— — 10 — ... 43°,0
— — 15 — .... 41°	— — 15 — .... 41°,0
— — 20 — .... 41°	— — 20 — .... 45°,0 mort
— — 25 — ...... 43°	
— — 30 — ..... 43°	
— — 38 — .... 43° mort	

Règle générale. — Parmi toutes ces variations un fait reste constant : **les animaux homéothermes ou à sang chaud** (Mammifères et oiseaux), **meurent quand leur température est portée d'une façon durable à 5 degrés environ au-dessus de leur température normale** (CL. BERNARD).

BOERHAAVE rapportait l'origine de la chaleur à une fermentation dont le siège était placé par lui dans le poumon ; mais, à l'inverse de ce qui a été admis depuis, l'air de la respiration n'intervenait pas pour activer soit cette fermentation, soit la chaleur qui devait s'en dégager : tout au contraire, BOERHAAVE lui assignait, comme les anciens, le rôle d'un rafraîchissant du sang. Sa fonction était de débarrasser l'économie d'une chaleur qui aurait pu lui devenir nuisible ; qu'elle vînt à cesser, et le sujet mourait par hyperthermie. Pour vérifier l'exactitude de cette idée, il fit instituer par FAHRENHEIT des expériences consistant à faire respirer à des animaux de l'air chaud, pour voir si la mort s'ensuivrait par rétention de la chaleur. C'est bien ce qui arrive, comme on l'a vu et comme l'avait constaté FAHRENHEIT, mais le résultat de cette expérience ne saurait être invoqué comme une preuve de la justesse de la conception qui l'avait inspirée. *Le rôle rafraîchissant de l'air n'est qu'un des côtés accessoires de la fonction de respiration* : de plus, il peut être suppléé largement par la peau ; l'homme et l'animal peuvent vivre dans une atmosphère qui a la température du sang, et qui, par conséquent, ne le rafraîchit plus. Enfin, comme le remarque CL. BERNARD, la pénétration de la chaleur externe se fait plus efficacement par la surface cutanée que par la surface pulmonaire.

Dans le court espace de temps qui sépare la mise du sujet dans l'étuve et sa mort, on voit celui-ci présenter les symptômes suivants : *l'animal devient anxieux ; sa respiration s'accélère et peu à peu devient tumultueuse ; il présente une courte période d'agitation, puis tombe et meurt.*

Si on ouvre le cadavre des animaux qui viennent de succomber à l'action de la chaleur, aussitôt après la mort, on constate généralement un arrêt des battements du cœur, une coloration noire du sang dans les artères et les veines, parfois des taches ecchymotiques analogues aux taches de purpura sur la peau. La rigidité cadavérique survient avec une grande rapidité. Ces signes rappellent ceux des *poisons musculaires* ou *poisons du cœur*.

Mort par la chaleur. — Insolation. — La mort par la chaleur peut s'observer chez l'homme dans les cas dits d'*insolation*. Si, avec HÉRICOURT, on met à part le *coup de soleil* dont l'action locale se borne à un érythème cutané fugace ; et si, comme il le fait, on distingue également les cas moins graves d'insolation dans lesquels l'épuisement par la marche complique l'action d'une chaleur extérieure qui peut n'être pas excessive, l'insolation proprement dite se présente avec les caractères suivants : d'une façon brusque, la peau pâlit et devient sèche ; il y a de l'anxiété précordiale et des envies fréquentes d'uriner. Puis survient de l'accablement, la face est livide, la peau brûlante, les pupilles contractées, la vue s'obnubile et l'homme tombe la face en avant. La mort peut survenir après quelques secousses convulsives. Ces accidents s'observent surtout par un temps clair, en plein soleil, quand le thermomètre marque à l'ombre 30°-36°. La température axillaire de l'individu ainsi frappé d'insolation peut être de 42° à 44° (HÉRICOURT).

L'accord n'est pas fait sur l'explication à donner de la mort par la chaleur et de la mort par insolation. Plusieurs récusent l'explication de CL. BERNARD, d'une paralysie musculaire frappant soit la respiration soit le cœur, soit les deux à la fois, et objectent que le cœur, notamment lorsqu'il est isolé, résiste à des températures supérieures à celles qui amènent la mort de l'individu. D'autre part la question s'est déplacée avec ceux qui admettent que l'action de la chaleur peut n'être pas directe, mais entrainer par l'exagération des fonctions qu'elle provoque des désordres secondaires susceptibles d'agir réellement et non plus métaphoriquement à la façon des substances toxiques.

BIBLIOGRAPHIE.

Températures compatibles avec la vie. — BASTIAN-CHARLTON, Evolution and the origin of life, London, 1874. — BORDIER, *Géographie médicale*, Paris, 1884. — J. COHN, Beiträge zur Physiologie der Pflanzen, Breslau, 1870. — L. CUÉNOT, L'infl. du milieu sur les animaux, Paris, Masson, 1894. — CUMBERLAND, Sur les poissons trouvés dans une eau thermale, *Bibl. univ.*, Genève, 1839. — DARWIN, *Œuvres compl.*, trad. fr. — DAWENPORT et CASTLE, Acclimatat. of organism. to high temp., *Arch. f. Entwick. Mec.*, 11, 227, 1895. — EHRENBERG, *Monat. d. Acad. d. Wissen*, Berl., 1858, 473. — M.-EDWARDS, De l'infl. des agents physiques sur la vie, Paris, 1824. — FLOURENS, *C. R. Ac. sc.*, XXIII, 434, 846. — J. FRENZEL, Temp. maxima für Seethiere, *Arch. f. d. ges. Phys.*, 1885, 458. — W. GRABER, Thermisch. exp. auf der periplan. Oriental., *Arch. f. d. ges. Phys.*, 1887, 240. — W. HOFMEISTER, Die Lehre von der Planzenzellen, 53, 1873. — HOPPE-SEYLER, Ueber die obere Temperaturgrenze des Lebens, *Arch. f. d. ges. Phys.*, XI, 113, 1875. — K. KNAUTHE, Maximal Temperaturen bei welchen Fische aus Leben bleiben, *Biol. Centralbl.*, XV, 752, 1995. — W. KOCHS, Kann die Contin. d. Lebens vorg. Zeitweilig völlig unterbrochen werden ? *Biol. Centralbl.*, 1890, 22. — PFLUGER, Die allgem. Lebensersch., Bonn, 1889. — CH. RICHET, Qq. temp. élevées... animaux marins, *Arch. de zool. expér.*, n° 1, 1885. — SCHNELTZER, Résist. végétaux, *Arch. sc. phys. et nat.*, XXI. 240, 1889. — M. SCHULTZE, Das Protopl. d. Rhizop. und d. Planzenzell., Leipsig, 1863. — TRIPIER, Obs. sur les sources therm. de Hamman Meskoutin, *C. R. Ac. sc.*, IX, 1839. — DE VARIGNY, Temp. extrêmes dans la vie d. espèces anim. et

végét., *Rev. scient.*, 1893. — J. Wimann, Obs. and exp. on living organ. in heated water, *American Science*, XLIV, 152, 1867.
Mort par hyperthermie. — Arndt, Zur Pathol. der Hirtzchlages, *Arch. f. path. Anat. Virchow*, LXIV, 1875. — Atkey, Case of sever Heat-stroke, Recovery. *Lancet*, 1896. — Cl. Bernard, Leçous sur la chaleur animale, Paris, J.-B. Baillière, et *Revue scientifique*, 1871. — P. Bert, Influence de la chaleur sur les animaux inférieurs, *Biologie*, 1876. — Blagden, Exp. and obs. in a heated room. London, 1808. — Boerhaave, Elementa Chemiæ, ch. xii, 1, 148. — Bonnal, Du mécanisme de la mort sous l'infl. de la chaleur, *Nice médical*, XII, 17, 1887, et *C. R. Ac. sc.*, t. CV, p. 82, 1887. — Bienfait, Une température anormale, *Gaz. Méd. de Liège*, VIII, p. 76, 1895. — Capparelli, Ricerc. sul. iperterm. negli animali, *Atti d. Acc. di sc. nat. in Catania*, 1897. — Delaroche, Exp. sur les effets qu'une forte chaleur produit sur l'économie animale, *Thèse de Paris*, 1806. — Ducastel, Des tempér. élevées dans les maladies, *Thèse d'agrég.*, Paris. — Flandin, De la chaleur et du froid : explic. physique de certains phénom. physiologiques, *Bulletin Soc. Anthrop.*, Paris, III, p. 97, 1862. — Finkler, Beiträge zur Lehre von der aufpassung der Wärmproduction an dem Wärm everlurt bei Wärmblutern. *Arch. f. d. ges. Phys.*, XV, 603, 18, 1870. — Frank (F.), De l'hyperthermie en général et de la fièvre typhoïde en particulier, *Gaz. hebd. d. Méd. et de Chir.*, 1883. — J. Héricourt, Étude critique sur les accidents causés par la chaleur, Paris, 1885. — Hiller, Le coup de chaleur frappant les troupes en marche, Bruxelles, 1887. — Hoppe-Seyler, Des plus hautes températures auxquelles la vie est possible, *Arch. f. d. ges. Phys.*, 113, 122, 1875. — Kelsch, *Bul. Ac. méd.*, 1895. — Kostiourine, Effets des hautes températures sur les animaux, *Wratch*, 1883. — Laveran et Regnard, Rech. expér. sur la pathogénie du coup de chaleur, *Bulletin de l'Acad. de méd.*, XXXII, 1894. — Lorentzen, Elév. de températ. de 44°,9 av. guérison, *Klin. Med.*, 1889. — Magendie, Leçons sur la chaleur animale, *Union médicale*, 1850. — Moriggia, Q. q. exp. sur les têtards et les grenouilles, *Arch. ital. de biologie*, XIV, 142, 1891. — Myrdaiz, Du coup de chaleur dans les armées, *Allg. mil. Zeit.*, 1875. — Obernier, Der Hitzschlag, Bonn., 1867. — Raillères et Richet, Mort par la chaleur, *Biologie*, 1888. — Raillères, *Thèse de Paris*, 1888. *Trav. lab. Richet*, Paris, 1893. — Richet, Temper. maxima observées chez l'homme, *Biologie*, 1894. — Saint-Hilaire, Infl. tempér. org. sur l'act. des q.q. subst. toxiques, *Trav. lab. Richet*, Paris, 1893. — Speck, Tod durch Mässig erhöhte Temperat., *Vierteljahrsch. f. ger. Med. Berlin*, XXI, 249, 1874. — Schleich, Infl. de l'élév. estiv. de la temp. du corps sur la prod. de l'urée, *Arch. f. exp. Path. und Pharm.*, 4° Bd, 1 et 2 Heft. — Sihler, Dyspnée par la chaleur, *Journ. of Phys.*, II, 191. — Strasser, De l'alcalinité du sang et de l'acidité de l'urine par l'action thermique, *Centralb. f. med. Wiss.*, 1896. — Vallin, Rech. expérim. sur les accid. prod. par la chal., *Arch. de méd.*, 1871, 1872. — Vincent, Effets de l'hyperthermie sur les animaux à sang chaud, *Thèse de Bordeaux*, 1887. — Werchowski, Action de l'élév. de la temp. sur l'organisme, *Ziegler's Ber. zur pathol. Anat.*, XVIII, 72. — Wunderlich, Des températures dans les maladies, Paris, 1870. — Zunber, Note sur le coup de chaleur, *Union médicale*, 1880.

C. — ACTION DE LA CHALEUR SUR LES TISSUS.
ACTION SUR LE MUSCLE.

La chaleur lorsqu'elle est en excès paraît avoir en effet une action toxique élective sur les muscles. — Parmi les tissus, le musculaire est un de ceux qu'elle atteint l'un des premiers, sinon peut-être le premier; en tout cas notoirement avant plusieurs autres. A mesure qu'elle monte, les réactions musculaires deviennent plus promptes et plus exagérées, sous des sollicitations égales tant normales qu'artificielles. — Cela peut se voir sur les muscles détachés quand on les excite, eux ou leurs nerfs moteurs, d'une façon méthodique : aussi la température est-elle toujours une condition à noter soigneusement dans les expériences de myographie. — Le *cœur* détaché (soit qu'il épuise ses dernières réserves, comme quand il bat à vide ; soit qu'on entretienne sa vie par une circulation artificielle), est très favorable à cette analyse. Le graphique de ses contractions présente des variations qui suivent fidèlement les variations concomitantes de la température. A mesure que celles-ci augmentent, celles-là deviennent plus nombreuses et plus rapides à la fois.

Le cœur est ici pris comme type de tous les **muscles dits de la vie organique**. — Pareillement l'*estomac*, l'*intestin*, l'*utérus*, les *réservoirs contractiles* et les *canaux expulseurs* annexés aux glandes, les *vaisseaux*, etc..., présentent des modifications de leur activité sous l'influence de la chaleur. Mais une fois de plus, la marche d'ensemble qui traduit ces variations, ne suit pas d'une façon étroitement parallèle, l'augmentation de la température, sauf dans les régions basses. Celle-ci croissant régulièrement et indéfiniment, les réactions musculaires croissent d'abord comme elle, en fréquence et en rapidité, puis atteignent un maximum, puis rapidement rediminuent et deviennent nulles par altération de la substance du muscle.

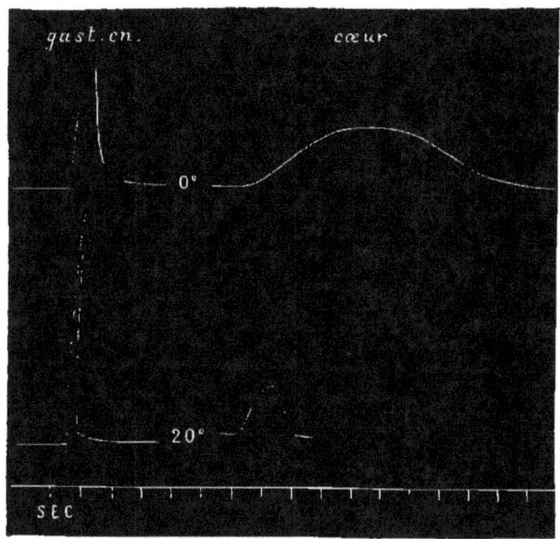

Fig. 162. — *Influence de la température sur le graphique de la contraction musculaire.*

Quatre contractions musculaires prises sur le même animal (grenouille) avec la même vitesse de rotation du cylindre (temp. divisé en secondes). mais différant deux par deux, de droite à gauche par la nature du muscle (gastro-cnémien ; cœur) ; de haut en bas par la température (zéro degré ; vingt degrés).

Rigidité musculaire. — L'hypothèse qui rattachait la rigidité musculaire à la coagulation d'une substance définie du muscle, la *myosine*, tend à être de plus en plus abandonnée, en raison du défaut de concordance entre les degrés thermiques auxquels se produisent la rigidité d'une part et cette coagulation de l'autre. Du reste, la rigidité thermique est un phénomène complexe qui comporte des nuances et des tempéraments ou pour mieux dire encore des stades.

Le muscle de grenouille, qui a surtout servi à ces études, vers 28° se rétracte, mais reste susceptible d'allongement s'il est refroidi de nouveau (SCHMULEWITSCH) ; vers 35°, il se produit une nouvelle rétraction qui n'est pas non plus définitive, si la chaleur est éloignée de nouveau à temps. Vers 45°-50°, troisième rétraction (Gotschlich). Ces modifications ainsi produites par échelons mériteraient plutôt le nom de *contracture* que celui de *rigidité thermique*. A partir de 50° et surtout vers 60°-70° cette dernière se produit d'une façon définitive et sans retour possible des propriétés musculaires, même quand l'organe est soustrait à la chaleur : elle correspond bien, celle-là, à une coagulation des substances albuminoïdes du muscle qui est à peu près totale, vers 70°.

L'abaissement de la température du muscle jusqu'à 0° et au-dessous, a pour conséquence un état de rigidité ou de congélation qui coïncide avec le maximum d'allongement du muscle et qui ne détruit pas ses propriétés.

Explication de la mort. — Cette action élective de la chaleur sur le tissu musculaire, a été considérée par Cl. Bernard comme fournissant l'explication de la mort, qui survient par élévation de la température, ou tout au moins, ce qui est essentiel pour cette explication. — *La mort survient alors*, selon lui, *par paralysie du cœur et de la respiration*. S'il est en effet bon nombre de muscles, dont nous n'ayons pas un besoin immédiat pour l'entretien de la vie cellulaire, il en est d'autres, comme le diaphragme et le cœur, qui ne peuvent pas cesser leur mouvement sans compromettre immédiatement une des conditions les plus importantes de la vie cellulaire, et une de celles qui souffre le moins de délai : la fonction d'oxygénation. Par là ils tiennent la vie d'ensemble de l'organisme sous leur étroite domination. Leur paralysie équivaut à la mort.

Deux actions différentes de la chaleur suivant les muscles. — La façon de se comporter du cœur, et des autres muscles de la vie organique d'une part, et des muscles de la vie de relation d'autre part, diffère en ceci : sous l'influence de la chaleur le cœur réagit en apparence spontanément. La chaleur semble pour lui un excitant et ses mouvements croissent d'abord (quitte à rediminuer finalement), proportionnellement à l'intensité de cet excitant ; sous la même influence les muscles squelettiques deviennent aptes à réagir plus énergiquement, mais ne paraissent pas en recevoir d'excitation ; car pour juger de ce changement, il faut leur fournir cette excitation : c'est ce qu'on traduit par l'expression synthétique, *augmentation d'excitabilité*. — A ce point de vue particulier, c'est-à-dire suivant que la chaleur augmente leur mouvement actuel, ou seulement leur excitabilité, on a divisé les muscles en deux classes, les uns ***thermosystaltiques*** (m. *de la vie végétative*), les autres ***athermosystaltiques*** (m. *de la vie de relation*) (Calliburcès). — Mais la différence n'est vraisemblablement pas dans la réaction des deux classes de muscles à l'égard de la chaleur ; elle réside dans ce que les deux systèmes ne sont en réalité pas comparables entre eux.

Système complexe. — Le cœur est plus qu'un muscle, même en supposant celui-ci muni de ses terminaisons nerveuses. Séparé de l'animal il emporte avec lui ses centres, c'est-à-dire sa provision d'excitation, ce qui nous dispense de lui en fournir. Il bat spontanément; soumis à l'influence d'un agent qui, comme la chaleur, facilite ses réactions (qui, comme on dit, augmente son excitabilité), ses réactions (à intensité égale de ses excitations intérieures), croissent et se modifient avec le degré de la température. — Pour avoir les deux systèmes organiquement comparables que nous cherchons, il faut séparer le muscle cardiaque de ses centres en le réduisant à la partie inférieure de son ventricule. Il se comporte alors comme un muscle squelettique et cela à certaines différences près de ses réactions.

Toutefois, si nous ne pouvons douter que la chaleur atteint le cœur en tant que muscle, il est certain que cette action ne saurait être exclusive d'une action parallèle sur ses éléments nerveux, mais seulement prépondérante, c'est-à-dire élective dans le sens relatif et non pas absolu du mot. Mais nous n'avons guère le moyen de pousser cette analyse beaucoup plus loin, et d'étudier l'action de la température sur les centres ganglionnaires cardiaques. Il ne suffit pas en effet, pour en être quitte avec eux, de les avoir mis hors de cause, par une section sur le tissu du cœur. En tant que centres, eux-mêmes ils sont des systèmes complexes, et il faudrait établir quelle est l'action de la chaleur sur leurs éléments composants. Mais leur petitesse et l'incertitude qui règne encore sur leur structure anatomique nous interdisent de tenter sur eux des distinctions de ce genre.

L'action de la chaleur sur le cœur, tant des animaux à sang chaud que des animaux à sang froid, a été très étudiée, en opérant le plus souvent sur des cœurs isolés, soumis ou non à la circulation artificielle. Ces expériences tendent à relever quelque peu le chiffre de 43° à 44° donné par Cl. Bernard comme le maximum de la température supportée par le cœur chez les mammifères ; en faisant agir, il est vrai, la chaleur sur l'organisme total. Les chiffres trouvés sont, du reste, variables d'un expérimentateur à l'autre et jusque dans les expériences d'un même auteur. Cela tient à ce que, indépendamment des conditions extrinsèques dont l'opérateur est maître et qu'il choisit à sa guise, la réaction du cœur à la chaleur et sa résistance à cet agent dépendent de conditions intrinsèques, liées à son état antérieur, qui nous échappent. C'est ainsi qu'on voit, par exemple, le cœur, soumis à deux reprises différentes à des élévations de température non mortelles, réagir d'une façon différente à la première et à la seconde fois.

Pour le cœur de la grenouille, les limites extrêmes seraient comprises entre 0°—4° d'une part, et 40° de l'autre, d'après Cyon. Pour les mammifères, Newel Martin les place entre + 16° et 45°. Nawrocki et Langendorff les donnent entre

$+6°+7°$ et 45°, 47°. Athanasiu et Carvallo par des injections chaudes faites dans les veines ont pu porter le cœur de la tortue à 50° — 51° sans le tuer.

BIBLIOGRAPHIE.

Influence de la chaleur sur le système musculaire. — Adamkiewitsch, Die Wärmeleitung des Muskels, *Arch. f. Phys.*, 1875. — W. Biedermann, Beiträge zur allgem. Nerv. und Muskel. Physiol., *Sitz. d. Wiener Ak.*, LXXXIX, III Abth., 19, 1884, XCIII, 29, 1885, et XCIII, 56, 1886. *Electrophysiologie*, Iéna, 1895. — Brunton et Cash, Infl. of heat and cold upon muscles poisonned by veratrin. *J. of Phys.*, I, 1. — Engelmann, Ueber d. Ursprung d. Muskelkraft, *Arch. f. d. ges. Phys.*, LIV, 124, 1894. — Kuhne, Unters. üb. Beweg. u. Veründl. d. contract. Subst., *Arch. f. Phys.*, 1859, 788. — Bernstein, Unters. aus d. phys. Inst. d. Univ. Halle, II Heft, 160, 1890. — Cl. Bernard, Leçons sur les subst. toxiques, Paris, *Rev. scient.*, 1871, 117 et 132. — Boudet de Paris, De l'élasticité musculaire, *Th. Paris*, 1880. — Brodie et Richardson, Muscles striés, chaleur, *J. of Phys.*, XXI, 353. — Bienartch, Mouv. de l'iris par variat. de temp., *Dissert. Leipzig*, 1897. — Brusche, Ueber die Ursache der Todtenstarre, *Müller's Arch.*, 1842. — Dubois-Raymond, De fibræ muscularis reactione.... *Monatsb. d. Berlin. Akad.*, 1859. Unters. üb. thieris. Electr., Berlin, 1860. — Edwards, The infl. of Warm upon the irritab. of frog's muscle and nerven, *Stud. from the biol. labor. John Hopkins Univ.*, Baltimore, IV, 19, 1887. — Fick, Myotherm. Fragen u. Versuche; *Würzburger Abhandlungen*, XVIII, 301. — Untersuch. u. Muskeln, 1867. — Ueber die Ænderung d. Elastic. des Muskels Wärend der Zuckung, *Arch. f. d. ges. Phys.*, IV, 301, 1871. — Vergl. Phys. d. irritab. Subst., 1863. — Mechanische Arbeit und Wärme Entwickelung, *Wurzburg*, 1882. — Mechanische Unter. d. Wärmestarre des Muskels, *Verhandl. d. phys. med. Gesel. z. Wurzburg*, XIX, 1. — Gad et Heymans, Ueb. d. Einfl. d. Temper. auf die Leitungsfähigkeit d. Muskel Substanz, *Arch. f. Phys. Abth.*, 59. — Goth et Macdonald, Tempér. et excitabilité, *Journ. of Phys.*, XX, 247. — E. Gotschlich, Ueber d. Einfl. d. Wärme auf Länge und Dehnbarkeit der elastischen Gewebes u. der quergestreifen Muskels, *Arch. f. d. ges. Phys.*, LIV, 124, 1893. Einfl. der Wärme auf den todtenstarren Muskel, *Arch. f. d. ges. Phys.*, LV, 339, 1894. — E. Gerlach, Zur Kentniss d. Muskelstarre, *Arch. f. d. ges. Phys.*, LV, 481, 1894. — Grünhagen, Rapp. entre temp. extension musculaire, *Centralb. f. Phys.*, 1893, VII. — H. Helmholtz, Messung. üb. d. zeitlich. Verlauf. d. Zukung...., *Arch. f. Phys.*, 276, 1850. — L. Hermann, Versuche üb. d. Einfl. der Temp. auf d. Nerven und Muskelstrom, *Arch. f. d. ges. Phys.*, IV, 163, 1871. — Limite infér. de temp. de rigid. du muscle. Infl. de temp. sur courant muscul. Rigidité sous infl. du froid, IV, 1871. — Horwath, Ueb. d. Verhalt. des Frosch. und deren Musk. gegenüber der Kälte, *Verhandl. der phys. med. Gesel. z. Wurzb.*, IV, 12, 1873. — Kuhe, Chal. et froid sur tissus irrit., *Thèse Berne*, 1884. — Lautenbach, Act. temp. s. muscle, *Journ. of Phys.*, II. — Malinstrom, Ueb. d. Einfl. d. Temp. auf d. Elast. des ruhenden Muskels. *Skand. Arch.*, VI, 230, 1895. — Marey, La méthode graphique, Paris, 1878, 520. — Du mouv. dans les fonct. de la vie, Paris, 1868, *Journ. de l'An. et de la Phys.*, V, 27. *C. R. Ac. sc.*, LXVIII, 936. — Morriggia, Hyperthermie, act. sur les fibres musculaires, *Arch. ital. de biol.*, 1889. — J. Pal, Ueb. d. Einfl. der Temp. auf die Erregb. des Darmes, *Wiener klin. Woch.*, VI, 1892. — Patrizi, Oscill. quotid. du trav. muscul. en rapp. av. temp. du corps, *Arch. ital. biol.*, 1892. — Act. chal. et froid sur fat. des mlcesus chez l'homme, *ibid.*, 1893. — Pfrals, Muscles lisses, temp. excit. électr. *Dissert.*, Leipzig, 1882. — Pickford, Unters. üb. die Wirk. des Wärme, *Zeitsch. f. nat. Med.*, I, 335, 1851. — Pompilian (Mlle), La contract. muscul. et les transform. de l'énergie, *Th. de Paris*, 1897 (bibliographie), et *C. R. Ac. sc.* — Ch. Richet, Physiol. des nerfs et des muscles, Paris, 1882. — F. Rohmann, Saüerbild. im Muskel bei der Todtenstarre, *Arch. f. d. ges. Phys.*, LV, 589, 1894. — Rubner, Versuche üb. d. Einfl. d. Temp. auf die Resp. des ruhenden Muskels, *A. f. Phys.* — Quinquaud, Infl. froid et chal. s. phén. chim. resp. et nutrit. élém., *J. de l'Anat. et de la Phys.*, XXIII, 327, 1887. — Samkowsky, Einfl. d. Temp. auf Dehnungzustand quergest. und glatt. Musculat. versch. Thierklassen, *Arch. f. d. ges. Phys.*, IX, 399, 1874. — Einfl. Temper. grad. auf die Eigensch. d. Nerv. u. Muskels, Berlin, 1875. — Schenck, Infl. de la temp. sur l'act. du muscle, *Arch. f. d. ges. Phys.*, t. LII et LV. — Schuz, Infl. diff. agents, lum. chal. sur dilat. pupill., *Zeitsch. f. anat. Med.*, XXXII, 373, 1875. — Schmulewitch, Étud. sur physiol. et physiq. des muscles, *Centralb. f. med. Wiss.*, 1867, 21, et 1870, 609. — Schultz, Einfl. d. Temper. auf die Leitungsfahigkeit der langestreift. Musk. der Wierbelth., *A. f. Phys.*, 1897. — Steiner,

Infl. temp. sur cour. électr. des nerfs, sur cour. électr. des muscles *Arch. f. Phys.*, 1876. — Stokwis, Donders Jubileum, 1888. — Tigerstedt, Temps de latence de la contr. muscul. condit. diverses, *Arch. f. Phys.*, 1885, 253. — Tissot, Étude des phénom. de survie dans les muscles après la mort générale, *Th. Paris*, 1895. — Titus Verney, Infl. temp. sur act. org. mouvements, *Arch. f. Phys.*, 1893, 505. — Wundt, Die Lehre von der Muskelbewegung, *Th. Berlin*, 1874. — Yeo, On the norm. durat. a. signif. of the latent period. of excit. in muscle contr., *J. of Phys.*, IX, 425.

Action sur le cœur. — Athanasiu et Carvallo, *Biol. et Arch. d. physiol.*, 1897. — Bowditch, *Arbeiten... Anstalt zu Leipzig*, 1872. — Cyon, *Sächs. Gesells. d. Wiss.*, 1866. — Voy. p. 60, 65, 72.

Action sur les organes musculaires lisses. — Calliburcès, Mouv. de l'intestin et de l'utérus, *C. R. Ac. sc.*, 1857. — Doléris et Doré, Hyperthermie... femelles en gestation, *Biol.*, 1883. — Gartener, Contraction des vaisseaux, *Med. Jahrb... Wien*, 1884. — Mosso (U.), Act. froid et chaud... vaisseaux, *Arch. ital. biol.*, 1889. — Oser et Schlesinger, Mouv. utérus, *Med. Jahrb. von Stricker*, 1872. — Runge, *Arch. f. Gynäkol.*, 1878 et 1885. — Voy. p. 190.

D. — ACTION DE LA CHALEUR SUR LES NERFS.

Les centres nerveux par eux-mêmes ne nous sont pas connus. Peut-être même faut-il les considérer non pas comme des éléments, comme des objets, mais comme des abstractions, des surfaces, des lieux particuliers, où les éléments véritables du système nerveux contractent certains rapports spéciaux, qui modifient la forme de l'excitation dans son passage à leur niveau. En tout cas ce que nous pouvons connaître d'eux expérimentalement, ce sont les prolongements qui en partent (éléments centrifuges ou moteurs), ou qui s'y rendent (éléments centripètes ou sensitifs). Il y a donc à établir d'une façon comparative, quelle est la susceptibilité des uns et des autres à l'égard de la chaleur ; question assez délicate et complexe qu'on n'abordera qu'après la solution de cette autre : Quelle est à l'égard du même agent la susceptibilité comparée du nerf moteur et du musle ?

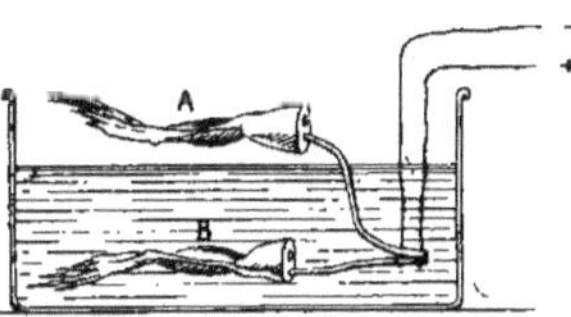

Fig. 163. — *Deux pattes de grenouille avec leurs nerfs; l'une, B, plongée complètement (nerf et muscle); l'autre, A, ayant son nerf seulement plongé dans un liquide inoffensif chauffé à une température de 40° à 50°.*

Les deux nerfs sont excités simultanément : contraction dans une seule patte, celle dont les muscles n'ont pas été chauffés.

Expérience. — Cl. Bernard, auquel on doit tant de modèles d'analyse expérimentale, nous en a donné une qui s'applique à ce cas particulier. — Soit deux muscles symétriques détachés de l'animal avec chacun leur nerf moteur, ou dans la pratique deux membres de grenouilles, deux **pattes galvanoscopiques**, suivant l'expression usuelle. Ces deux systèmes comparables sont disposés de la façon suivante : L'un (système B), est plongé horizontalement, nerf et muscles, dans une petite cuve rectangulaire contenant un liquide inoffensif (sérum ou huile), qu'on peut porter à une température déterminée : l'autre (système A), est disposé de manière que son nerf soit plongé parallèlement au nerf du précédent dans le liquide, mais les muscles sont laissés en dehors. — Une même excitation est fournie aux deux nerfs, par des fils qui plongent dans le liquide convenablement échauffé (37° à 54°) ; on voit alors les muscles du système A se contracter, pendant que ceux du système B restent immobiles.

Raisonnement. — Les deux nerfs sont à la même température et l'expérience nous montre qu'ils sont l'un et l'autre excitables à cette température puisque l'excitation parvient aux muscles de A. Cette excitation commune aux deux nerfs est certainement transmise aux muscles B. Si donc ce muscle B est immobile, c'est que lui seul a perdu ses propriétés et non son nerf ; et cette perte de propriété ne peut être due qu'à l'action de la chaleur.

Conclusion. — **Donc les muscles sont paralysés à une température qui laisse persister les propriétés des nerfs moteurs.**

SCHMULEWICH a observé que, si on refroidit le muscle auquel la chaleur a fait perdre sa propriété contractile, cette dernière peut réapparaître.

Comparée aux nerfs moteurs, la partie sensitive du système nerveux est beaucoup plus sensible aux effets de la chaleur. On peut le démontrer par une expérience analogue à la précédente, mais modifiée en ceci que l'excitation envoyée aux muscles est réflexe et non plus directe.

Expérience. — Sur une grenouille on coupe la moelle au niveau du bulbe pour se débarrasser des mouvements volontaires. On plonge une des jambes dans l'eau chaude à + 36° pendant environ cinq minutes, en laissant l'autre à l'air. — On la retire et on excite la surface cutanée des deux membres (surtout des doigts), pour provoquer des réflexes. — Sur la patte chauffée, cette excitation est sans effet ; sur la patte laissée à sa température propre, cette excitation provoque son retrait par action réflexe et, si l'action de la chaleur n'a pas été trop prolongée, ce réflexe s'étend à la patte chauffée elle-même. Le meilleur excitant pour les terminaisons sensitives cutanées de la grenouille, est, comme on sait, l'eau légèrement acidulée dans laquelle on trempe alternativement une patte ou l'autre, pour produire des excitations comparatives aussi égales que possible.

Raisonnement. — De la peau aux muscles, il n'y a pour l'excitation d'autre chemin que les nerfs sensitifs d'abord et les nerfs moteurs ensuite, par l'intermédiaire de la moelle épinière. —

L'excitation de la patte non chauffée est pour nous assurer que le pouvoir réflexe de la moelle n'est pas altéré. — Elle nous prouve d'autre part que les nerfs moteurs de la patte chauffée et même ses muscles sont excitables. — Si donc, l'excitation de la patte chauffée est sans effet réflexe, c'est que l'excitation est arrêtée quelque part le long du système centripète ou sensitif.

Conclusion. — Donc **les nerfs sensitifs sont paralysés à une température qui laisse intacts les nerfs moteurs**.

Remarque. — Les nerfs sensitifs (peut-être simplement leurs terminaisons cutanées) se montrent d'après cette expérience au moins aussi susceptibles vis-à-vis de la chaleur que les muscles, sinon légèrement plus. En effet, nous voyons le nerf sensitif insensible alors que le muscle répond encore aux excitations dans la patte chauffée à 36°. Mais il faut remarquer d'autre part que la comparaison a pour base des conditions inégales ; le muscle plus profond subit moins directement l'action de la chaleur que l'extrémité périphérique du nerf sensitif.

En tout cas, dans la mort par la chaleur, il y a à faire la part du système sensitif qui est paralysé un des premiers.

Vitesse de transmission et variation négative. — Il n'y a aucun doute que, à l'égard de la chaleur, le nerf moteur a une résistance plus grande que le muscle, et, comme nous venons de le voir, plus grande que celle du nerf sensitif. Ceci une fois admis, le nerf moteur présente, lui aussi, une échelle particulière de modifications de son activité correspondant aux différents degrés de l'échelle thermométrique. C'est ainsi que *la vitesse de transmission de l'excitation s'abaisse avec le froid et s'exalte avec la chaleur jusqu'à un maximum* (HELMHOLTZ et BAXT) *et que la variation négative est modifiée de la même façon que la secousse musculaire*. Mais on a observé ce fait curieux que la réception des excitations par le nerf, ce que nous appelons son *excitabilité locale* ou *en un point*, n'est pas modifiée quand le refroidissement est localisé sur la partie excitée.

Actes réflexes et fonctions des centres. — Le système nerveux étant composé d'articles nombreux, les uns superficiels, les autres profonds, la question de sa résistance à la chaleur n'est pas épuisée par les expériences faites sur les nerfs moteurs ou même sensitifs. Il y a même tout une partie et des plus importantes de ses manifestations et de ses réactions (toutes celles qui ne sont pas de l'ordre réflexe ordinaire) qui échappent à une analyse expérimentale rigoureuse. Parmi les actions réflexes elles-mêmes, on n'a guère étudié d'une façon suffisante que les plus simples d'entre elles. Ces lacunes introduisent forcément quelques restrictions dans l'interprétation de la mort par la chaleur et dans la place prépondérante qu'on y attribue au système musculaire.

Action locale sur les différents centres. — Plusieurs auteurs, par différents moyens, se sont efforcés de faire agir localement le chaud ou le froid sur des régions déterminées des centres tels que la moelle épinière ou allongée.

D'après LÉON FREDERICQ, le refroidissement du bulbe ralentit la respiration, tandis que le réchauffement l'accélère. D'après STEFANI l'effet est inverse pour le cœur que le refroidissement du bulbe accélère, tandis que son réchauffement le ralentit par action exagérée des vagues. D'après STEFANI également, le refroidissement de la moelle accélère le cœur, tandis que son échauffement le ralentit.

LUCHSINGER a vu de même que l'échauffement de la moelle fait sécréter abondamment les glandes de la sueur et qu'inversement cette hypersécrétion fait défaut quand la chaleur agit localement sur la peau, ou quand, étant généralisée à tout l'organisme, les conducteurs nerveux sudoripares sont coupés, soit dans les racines médullaires, soit dans la chaîne sympathique, soit dans les troncs mixtes qui se répartissent aux membres. C'est donc une mauvaise façon de s'exprimer que de dire que la chaleur agit sur les glandes (sudoripares en particulier). Elle agit sur leur système nerveux dans des conditions déterminées. Ces conditions ne sont même pas faciles à préciser, car, dans l'état de fièvre, alors que la température centrale est déjà surélevée, il y a un stade pendant lequel la peau est sèche, la sudation ne se produisant que vers la fin de l'accès, ce qui implique que si la température centrale est une condition nécessaire ou tout au moins habituelle, cette condition n'est pas par elle-même suffisante pour exciter la sécrétion.

Action anesthésique de la chaleur. — A titre d'exemple expérimental, en ce qui concerne l'action de la chaleur sur le *système sensitif*, on peut citer le fait suivant : En saison d'été, si on prend une grenouille dans la main et qu'on l'y garde quelques instants, elle devient inerte et paraît comme morte ; il n'en est rien. Elle est simplement *anesthésiée*, et si on la jette dans l'eau fraîche, elle se remet bientôt à nager. ***Cet effet anesthésique est dû évidemment à la chaleur***. (Cl. BERNARD.)

Action sur les nerfs sudoripares et vaso-moteurs cutanés. — L'action de la chaleur sur les principaux systèmes de nerfs et les sous-systèmes en lesquels eux-mêmes se divisent est en quelque sorte indéfinie. Il n'en est point qui puissent être indifférents à l'influence de la chaleur : mais leur sensibilité à son action est inégale et apte à changer avec son degré même. Les plus intéressants d'entre eux sont ceux qui participent le plus directement à la fonction de régulation thermique, comme ceux qui régissent la sécrétion sudoripare ou la circulation cutanée.

Rien de plus facile que de constater l'*influence de l'élévation de la température sur la fonction vasculaire et sécrétoire de la peau*, et rien de plus aisé à comprendre que le profit que l'organisme retire de cette relation harmonique de cause à effet. L'expérience a établi que dans un cas comme dans l'autre, c'est-à-dire qu'il s'agisse des glandes de la sueur ou des vaisseaux de la surface du corps, l'action de la chaleur ne les atteint que par l'intermédiaire du système nerveux. C'est surtout facile à démontrer pour les glandes de la sueur. Soit un animal qui sue facilement comme le chat. Si d'un côté, on coupe les nerfs qui vont à l'un de ses membres et qui contiennent les éléments sécréteurs destinés à ces glandes et qu'ensuite on le soumette à la chaleur d'une étuve, son corps se couvre bientôt de sueur à l'exception du membre ainsi énervé. *La chaleur, pour mettre en activité le système nerveux sudoripare, doit l'atteindre par ses centres, par la moelle épinière ; elle est sans action sur ses extrémités terminales.*

Les choses se passent autrement pour ce qui concerne la circulation cutanée. L'application d'un corps froid sur la surface de la peau la fait pâlir localement ; la chaleur fait l'inverse et on ne peut guère douter que ce ne soit dans tous les cas par l'intermédiaire des nerfs. Des actions de ce genre ne dépassent pas les limites du fonctionnement normal. Si la température du corps appliqué localement croît toujours, les effet se renversent de nouveau. Sous l'influence d'un courant d'eau à 50°, les vaisseaux se resserrent et c'est un moyen employé pour combattre certaines hémorragies.

BIBLIOGRAPHIE.

Influence de la température sur le système nerveux. — AFANASIEFF, Untersch. über d. Einfl. d. Wärme und d. Kälte auf d. Reizbarkeit der motorichen Froschnerven, *Arch. f. Phys.*, 1865. — ALONZO, Sulle alterazioni delle fibre nervose in seguito al congelam. d. tessuti soprastanti, *Arch. p. l. sc. med.*, VIII, 1889. — BROWN-SÉQUARD et TOLOZAN, Rech. sur q.q. des effets du froid chez l'homme, *Arch. de phys.*, I, 497, 1850. — A. BROCA et CH. RICHET, Vitesse des réflexes chez le chien et ses variations avec la temp., *Biologie*, 1897. — Période réfract. et nerv., *Arch. phys.*, 1897. — EDWARD (CH.), The influence of warm upon the irritab. of frog's muscle and nerve, *John Hopkins University, Biol. Laborat.*, 1887. — CYON (E.), Ueber den Einfl. d. Temper. Ander. auf d. centralen Enden der Herznerven, *Arch. f. d. ges. Phys.*, VIII, 340, 1873. — FOSTER, Infl. élev. temp. sur les mouv. réflexes de la grenouille, *Journ. of anat. and phys.*, 1873. — FREDERICQ (L.), Exp. sur l'innerv. resp. excit. du pneumogastrique chez les anim. à bulbe refroidi, *Arch. f. Phys.*, suppl., 1883. — FRIEDMANN, Ueber Einwirk. therm. Reize auf die Sensibilität beider Körperkälften, *Badartz. Wien.*, 1880. — GRÜTZNER, *Arch. f. d. ges. Phys.*, XVII, p. 215, 1878. — GOLDSCHEIDER et FLATEAU, Beiträge z. Pathol. der Nervenzelle, *Fortsch. d. Med.*, XX, 241, 1897. — GOTCH et MACDONALD, Temp. et excitabilité, *Journal of phys.*, XX, 247. — HARLESS (E.), Ueber d. Einfl. d. Temper. und ihrer Schwankung. auf die mot. Nerven, *Zeits. f. rat. Med.*, VIII, 122-185, 1850. — HELMHOLTZ et BAXT, *Monatsb. d. Berlin. Acad.*, 1870. — HARVEL (W. H.), The effect of stimul. and chang. in temp. up. the irritab. and conduct. of nerve-fibres, *Journ. of phys.*, XVI, 298, 1894. — LAUTENBACH, Effets de la chal. sur les mouv. réfl. de la grenouille, *Journ. of physiol.*, II. — LEVY-DORN, Beitrag. zur Lehre von d. Wirkung verschied. Temp. auf die Schweissabsond. insbesond. deren Centren., *Arch. f. Phys.*, 198, 1895. — MORIGGIA, L'hyperthermie, les fibres musculaires et les fibres nerveuses, *Arch. ital. de biol.*, XI, 379, 1889. — OEHL, Infl. de la chaleur sur la vélocité de la transmission de l'excitat. dans les nerfs sensitifs de l'homme, *Arch. ital. de biol.*, XXI, 401, XXIV, 230, 1895. — RICHARDSON (B. W.), On the influence of extreme cold on nervous function, *Med. Times and Gazette*, London, et *Gaz. hebdomadaire*, 1867. — SCHELSKE, Ueber die Veränderung. d. Erregbarkeit der Nerven durch die Wärme, *Habilitationschrift. Heidelberg*, 1860. — SOBIERANSKI, Die Aenderung in die Eigenschaften d. Muskelnerven mit dem Wärmgrad, *Arch. f. Phys.*, 244, 1890. — STEFANI, Sur l'action vaso-motrice réflexe de la température, *Arch. ital. biol.*, 414, 1895. — TITUS-VERVEJ, Ueber die Thätigkeits vorgänge ungleich Temperat. motorisch. Organ., *Arch. f. Phys.*, 504, 1893. — TROITZ (A.), Ueber die Bestim. d. Fortpflanz. geschwin. d. Reizung in Froschnerven bei versch. Temper. grad., *Arch. f. d. ges. Phys.*, VIII, 599, 1873.

E. — ACTION DE LA CHALEUR SUR LES TISSUS ÉPITHÉLIAUX.

L'action de la chaleur sur les *glandes* est assez peu connue. Non pas que l'élévation de la température (et en sens inverse son abaissement) n'ait pas un retentissement très évident sur la plupart des sécrétions, notamment sur celles de la peau, du rein, etc. : mais c'est par l'intermédiaire du système nerveux que cette répercussion se produit et nous n'avons le plus souvent pas de moyen de dissociation, ni bien pratique, ni suffisamment précis, qui nous permette de séparer l'élément sécréteur des nerfs qui lui commandent, tel que nous l'avons pour le système musculaire.

A côté des **épithéliums sécréteurs**, il en est qui ont des fonctions **motrices** d'un ordre très particulier : ce sont ceux qui sont munis de cils **vibratiles** pour le transport des petits corps déposés à leur surface, soit qu'il faille les rejeter au dehors, comme dans les voies respiratoires où ils ont été introduits par l'air inspiré, soit qu'il s'agisse du transport d'éléments histologiques d'une haute destination, comme il arrive dans les organes génitaux. *Ces mouvements vibratiles persistent après la mort, par conséquent après que le cœur et la respiration ont été arrêtés. Le froid les ralentit, la chaleur les exalte,* et certainement il est un degré de la température auquel ils cessent à leur tour, quand elle s'élève d'une façon continue. Dans la mort par la chaleur, on peut constater qu'ils persistent encore après la cessation de la respiration et de la circulation. Ils sont paralysés après les muscles.

BIBLIOGRAPHIE.

Influence de la température sur les sécrétions et excrétions. — Chabrié et Dissard, La sécrétion urinaire chez les animaux soumis aux basses tempér., *Biol.*, 1893, 897. — Delezenne, De l'influence de la réfrigération de la peau sur la sécrétion urinaire, *Arch. de phys.*, 1894, 446, et *Biol.*, 1894, 46. — Erismann, Zur Phys. der Wasserverdunstung von der Haut, *Zeitschrift. f. Biol.*, XI, 1875. — Fr. Franck, art. Sueur, *Dict. encyclop. de Dech.*, 1884. — Lambert, De l'infl. du froid sur la sécrét. urinaire, *Arch. phys.*, 1, IX, 122, 1897. — Meissner, De sudoris secretione, Lipsiæ, 1859. — Luchsinger, Die Erregbarkeit der Schweissdrüssen als Function ihrer Temperat., *Arch. f. d. ges. Phys.*, XVIII, 1878. — Pudzinowitsch, Zur Haut-perspiration bei Fieberkranken, *Centralb. f. med. Wiss.*, XIV, 211, 1871. — Reinhard, *Zeitsch. f. Biol.*, 1869. — Röhrig, *Deutch. Klinik*, n° 23, 24, 25, 1872. — Ringer, Chal. animale, urée et sels de l'urine, *Arch. de phys.*, 1862. — Schierbeck, Die Kohlensäure und Wasserausscheid. der Haut bei Temperat. zwischen 30° u. 39°, *Arch. f. Phys.*, 116, 1893. — Senator, Ueber Einige Wirk. d. Erwärm. auf die Kreislauf. die Athmung und Harnabsonderung (A. P. suppl.), *Arch. f. Phys.*, 1883. — Schleich, Élimination de l'urée, *Arch. f. exp. Path. u. Pharm.*, Bd 4. — Schneider, Unters. üb. die Salzsäuresecret. — Weyrich, Die immerkliche Wasserdünst. der Haut., Leipsig, 1862.

F. — ACTION DE LA CHALEUR SUR LE SANG.

Sur les cadavres des animaux qui viennent de succomber à l'action de la chaleur, on trouve les muscles rigides et le sang noir le plus souvent. Il ne faudrait pas croire pour cela que les animaux sont morts d'asphyxie et il ne faudrait pas en inférer que cette teinte noire est la couleur du sang chez l'animal vivant pendant que la chaleur agit sur lui. — Le témoignage de l'autopsie à cet égard (comme souvent du reste) est trompeur. *Jusqu'au moment où la température croissante amène la mort, le sang est rouge dans les vaisseaux ;* c'est ce qu'on peut voir au niveau des muqueuses qui conservent leur couleur rosée alors que l'animal est près de succomber (Cl. Bernard).

Teneur en gaz. — *a) Pendant la vie.* — Sur un chien maintenu dans une étuve à 38° et dont la température s'était élevée de 39° à 42°, Vincent a trouvé pour le sang artériel et pour le sang veineux

$$100 \text{ centimètres cubes (sang artériel)} \dots \dots \left\{ \begin{array}{l} CO^2 = 24^{cc},25 \\ O = 17^{cc},75 \end{array} \right.$$

$$100 \text{ centimètres cubes (sang veineux)} \dots \dots \left\{ \begin{array}{l} CO^2 = 34^{cc},5 \\ O = 10^{cc},5 \end{array} \right.$$

quantités de gaz très voisines de celles que l'animal renfermait avant l'expérience.

Mais aussitôt que la mort arrive, c'est-à-dire que le cœur et la respiration s'arrêtent, le sang prend dans les vaisseaux cette coloration foncée avec une extrême rapidité. Lorsque l'ouverture des organes est faite assez tôt, il arrive certaines fois que l'on trouve *le sang rouge dans le ventricule gauche et noir dans le ventricule droit, ce qui indique que dans ces cas, le cœur s'est arrêté avant la respiration.* Mais, plus souvent le sang est noir partout, ce qui, dans l'espèce, ne prouve pas sûrement que la respiration se soit arrêtée avant le cœur, à cause de l'aptitude extraordinaire du sang à devenir aussitôt veineux.

b) Après la mort. — L'analyse du sang avec la pompe à gaz le montre très pauvre en oxygène et moyennement chargé d'acide carbonique, comme le montrent les chiffres suivants :

$$100 \text{ centimètres cubes sang} \dots \dots \dots \dots \left\{ \begin{array}{l} CO^2 = 37^{cc},2 \\ O = 1^{cc},0 \\ Az = 3^{cc},4 \end{array} \right.$$

C'est donc un effet de la chaleur d'exalter la propriété qu'a le sang de devenir veineux en consommant son oxygène, autrement dit de respirer. Et ce qui est remarquable, c'est que cette transformation se fait même dans les gros vaisseaux où il est difficile d'attribuer à l'activité respiratoire elle-même exaltée des tissus cette consommation si prompte d'oxygène. La chaleur exagérerait un phénomène qui normalement se passe lentement, mais qui n'en est pas moins réel, à savoir la transformation dans le sang lui-même de l'oxygène en acide carbonique.

Si on prend ce sang noir et qu'on l'agite au contact de l'air, promptement il redevient rutilant. Il n'a pas perdu sous l'action de la chaleur la propriété de s'oxygéner. Examiné au spectroscope, il montre les deux bandes d'absorption caractéristiques de l'oxyhémoglobine.

Voilà ce qui se passe (et ce qui est susceptible de se passer) dans le sang à la température où l'animal succombe. Si on élève autour de ce sang la température de 6 ° ou 70°, on assiste alors à la mort réelle des éléments du sang. Subitement le liquide devient noir et se coagule. Si on l'agite de nouveau avec l'air ou l'oxygène, il ne reprend plus sa couleur rouge.

BIBLIOGRAPHIE.

Influence de la température sur le sang. — Cl. Bernard, *Leç. s. la chal.* — L. Brasse, Infl. de la temp. sur la val. de la tension de dissociation de l'oxyhémoglobine, *Biologie*, 1888, 660. — Klebs, Die Formveränderrungen d. roth. Blutkörperch. bei Saugethieren, *Centralbl. med. Wiss. Berlin*, n° 54, 1863. — Henoque, Températ. et activ. de réduction dans la. f. typhoïde, *Biol.*, 1888, 165. — Manassein, Dimens. des glob. rouges sous div. infl., *Tubingen*, 1872. — Mathieu et Urbain, Gaz du sang, *Arch. Phys.*, 1872, 461. — Rollett, Versuch. und Beob. aus Blute, *Sitz. d. Ak. in Wien*, 46, 1864. — M. Schultze, Einheizbarer object. und seine Verwendung bei Untersch. der Blutes, *Arch. f. mikrosc. Anat.*, I, 1, 1864. — Strauer et Kutny, Ueber Alkal. d. Blutes und Acid. d. Harne bei therm. Einwirk., *Cent. f. med. Wiss.*, XXXIV, 66, 1896.

G. — LA CHALEUR COMME EXCITANT.

La chaleur dépensée par l'activité de nos organes n'est donc pas absolument perdue pour eux. Nous avons la preuve qu'elle est réemployée par eux de quelque manière dans ce fait mis hors de doute par l'expérience, qu'elle est condition de leur activité même. Si, pour beaucoup de nos tissus, cette influence est dissimulée, il en est un au moins pour lequel elle est évidente, le système nerveux. Il existe pour nous une *sensation de chaleur*. Pour certains de nos nerfs (ou mieux pour les appareils terminaux de certains d'entre eux) la chaleur est un *excitant* : nous avons un *sens de la température*. Suivant que les corps qui sont dans notre voisinage ou à notre contact sont plus ou moins chauds, ces nerfs spéciaux sont affectés d'une façon plus ou moins vive qui, par gradation insensible, peut passer du bien-être à la souffrance. Dans des limites, du reste assez étroites, cette sensation particulière, ou comme on dit *spécifique*, croît proportionnellement à la marche de la température, à la montée du liquide dans l'échelle thermométrique. C'est ainsi qu'on peut avec un peu d'attention ou d'habitude, évaluer à la main des différences d'un degré, ou même beaucoup moins, entre deux corps chauds. Mais cette proportionnalité cesse rapidement d'exister aussitôt que la température s'éloigne du degré moyen qui est celui de notre température propre.

Non seulement alors cette proportionnalité a cessé d'exister, mais la sensation devient pour nous si différente que nous lui donnons un autre nom. A une température basse, nous donnons le nom de *froid*, qui dans notre esprit s'oppose à celui de *chaud*, en raison de la sensation particulière qui en naît et qui, à mesure qu'elle devient de plus en plus basse devient de plus en plus intolérable, comme dans le sens inverse. Il y a évidemment **deux sensations** et il n'y a **qu'un seul agent physique** apte à les provoquer. Cet agent physique en croissant ou en décroissant d'une façon régulière, s'éloigne dans les deux sens d'un **optimum physiologique**, suivant en cela une loi qui est commune à tous les excitants. Pendant long-temps, on a admis que les sensations pour nous opposées de chaud et de froid qui résultent de l'excès ou de défaut de chaleur, agis-saient sur les mêmes parties terminales du système nerveux, les terminaisons spécifiques des nerfs de la chaleur. Depuis quelques années, l'opinion s'est accréditée dans l'esprit de beaucoup de physiologistes, de l'existence de deux espèces de nerfs, les uns aptes à être excités par la chaleur à basse température, les autres par la chaleur à haute température. Pour certains, il y aurait donc des nerfs pour le chaud et des nerfs pour le froid.

BIBLIOGRAPHIE.

Sensibilité thermique. — EULENBURG, *Monatshefte f. prak. dermat.*, 1885. — EULENBURG et LANDOIS, *Centralblatt f. med. Wiss.*, 1884. — HEINZMANN, Effets des variations graduelles de la température comme agent d'excitation des nerfs sensitifs, *Arch. f. d. ges. Phys.*, 1872. — LABORDE, Antithermiques et antipyrétiques, leur action sur le système nerveux, en particulier sur le système sensitif, *Biologie*, 1888, 436. — E. CAVAZZANI, Sur la différenciation des organes de la sensibilité thermique d'avec ceux du sens de pression, *Arch. ital. biol.*, t. XVII, 413, 1892. — GLEY, Températures limites pour la sensibilité thermique, *Méd. moderne*, 1890. — GOLDSCHEIDER, *Arch. f. d. ges. Phys.*, XXXIX, p. 56, *Berl. klin. Woch.*, 1886. — HERZEN, Sens thermique, *Revue scientif.*, 1885, *Lo sperimentale*, 1879. — HENRY, Relat. de la sensib. therm. avec la temp., *C. R. Ac. sc.*, 1896. — KLUG, *Arb. aus der phys. Anst. zu Leipsig*, 1878. — NOISZEWSKI, Topo-thermanesthesiometer, *Gaz. lek. Warsawia*, IX, 204. — PREYER, *Arch. f. d. ges. Phys.* XXV, 1881. — RILEY, Sens de la température, *J. of nerv. dis.*, 1894. — VINTSCHGAU et STEINACH, Reactzeit von Temperatur-Empfindungen, *Arch. f. d. ges. Phys.*, XLIII, 152, 1888.

CHAPITRE DEUXIÈME

ACTION DU FROID SUR LES ANIMAUX. — RÉSISTANCE A L'ABAISSEMENT DE LA TEMPÉRATURE.

L'homme a des moyens artificiels que ne possèdent pas la plupart des autres animaux, même homéothermes, de résister aux grands abaissements de la température. NANSSEN dans la relation de son récent voyage note vers le 80ᵉ degré parallèle le 11 mars soir 1894, la température de — 51°,2. Il dit textuellement : « Nous ne sommes nullement incommodés par cette basse température. Tout au contraire elle nous semble très agréable. Nous nous sentons seulement froid au ventre et aux jambes ; mais il suffit de battre la semelle pour se réchauffer. » Il ajoute qu'en Norvège par un froid de — 20° il s'abstient de sortir. Ailleurs il note encore que par — 37°,6 et même — 41° lui et ses compagnons entrent en sueur sous leurs vêtements fourrés lorsqu'ils se donnent du mouvement.

Cet exemple peut servir à montrer comment l'homme peut s'adapter à des températures très variées et comme il y est aidé par les moyens de défense qu'il a su se créer par son industrie.

Lorsque la température s'abaisse progressivement et indéfiniment autour d'eux, les animaux quels qu'ils soient finissent par se mettre en équilibre avec leur milieu. Leur température propre s'abaisse. Chez les uns cet abaissement se fait d'emblée (animaux à sang froid). Chez les autres il y a une période de lutte pendant laquelle l'animal conserve sa température fixe ; il sait se défendre contre le froid comme il se défend contre le chaud (animal à sang chaud).

Si l'abaissement de la température dépasse certaines limites la vie de l'animal sera compromise, il mourra de froid, de même qu'il peut mourir de chaleur. Mais 1° la limite imposée à l'abaissement de température est beaucoup plus étendue pour le froid que pour le chaud ; 2° cette limite est d'autant plus reculée que l'abaissement se fait plus lentement : 3° cette limite enfin est très variable suivant les êtres et, chez les animaux à sang froid, elle peut descendre à des abaissements surprenants.

En somme, si on néglige la valeur des termes très différente dans les deux cas, l'être vivant se comporte à l'égard du froid comme à l'égard du chaud. Son existence n'est possible qu'entre certaines limites de l'échelle thermométrique. Les êtres les mieux doués ont restreint, autant qu'ils ont pu, les excursions que leur température propre serait tenue de faire dans cette échelle ; tout en se maintenant dans le voisinage des chiffres supérieurs, là où leur activité peut battre son plein. Mais en même temps, ils se sont armés pour la double lutte contre le chaud et contre le froid, plus contre l'un ou plus contre l'autre, suivant le climat qu'ils habitent et ils se sont rendus indépendants de leur milieu, tant que lui-même ne varie que dans les limites prévues par leur organisation. Ils résistent au chaud, mais peuvent mourir de chaud ; ils résistent au froid, mais peuvent mourir de froid. Il y a donc une étude à faire de la mort par le froid.

A. — LIMITES INFÉRIEURES DE LA TEMPÉRATURE PROPRE CHEZ L'HOMME.

CURRIE a constaté chez l'homme des températures de 31°,2 et de 29°,5 après le bain froid, suivies de réchauffement. DIDAY a observé la température de 26° suivie d'un réchauffement au cours duquel la température montait de 1° par demi-heure. REINTRE a observé la température de 24° suivie également de réchauffement.

Chez les mammifères que l'on refroidit artificiellement, on peut produire des abaissements qui dépassent ces chiffres, et qui oscillent autour de 20°, compatibles avec le réchauffement : on peut observer des températures plus basses encore, et on ne peut guère assigner de limite fixe à l'abaissement, car il est lui-même fonction de diverses conditions, mais surtout de la *lenteur* avec laquelle il est amené.

I. **Mort par le froid.** — La mort par la chaleur survient par paralysie du cœur et de la respiration. On peut hésiter à se prononcer sur la question de savoir si le cœur s'arrête le premier, tant les phénomènes se déroulent avec rapidité. D'autre part, nous avons vu que le système nerveux, malgré le degré dé grande résistance de certaines de ses parties, est lui-même profondément touché, témoin les anesthésies dues à la chaleur. On a attribué la mort par le froid à une *asphyxie* due également à un *arrêt de la respiration*. Cette opinion s'appuyait principalement sur l'observation que la respiration artificielle contribue au réchauffement des animaux, ou des personnes menacées de mourir de froid.

Pour CL. BERNARD la mort surviendrait par *anémie cérébrale*, c'est-à-dire par altération fonctionnelle du système nerveux. Cette opinion est appuyée par les expériences de G. ANSIAUX, qui a fait une analyse expérimentale assez complète des effets du froid sur les différentes fonctions chez les mammifères, particulièrement sur la circulation et la respiration. Il s'agit d'un refroidissement obtenu assez rapidement par aspersion d'eau froide sur la peau des animaux.

II. — **Marche des phénomènes**. — Trois courbes représenteront : l'une la marche décroissante de la température, l'autre celle de la pression artérielle, la troisième celle des pulsations du cœur. Ces deux dernières se ressemblent assez, sans être superposables ; elles diffèrent au contraire par quelques accidents de celle de la température ; toutes trois se ressemblent en ce qu'elles s'abaissent ensemble, cette dernière d'après un module qui rappelle la marche du refroidissement d'un corps suivant la loi de NEWTON. Quant à la respiration, elle suit une marche plus indépendante et plus irrégulière. Les premières atteintes du froid la régularisent en la ramenant (chez le chien), à un chiffre moyen d'environ 100 à la minute. Dans toute la première partie du refroidissement, la ventilation pulmonaire augmente donc du fait de l'activité des mouvements respiratoires à la fois accélérés et plus profonds. Par la suite, à mesure que la température baisse elle se ralentit et le type des respirations change. Celles-ci sont coupées par des pauses qui font défaut dans la respiration ordinaire, de plus, il y a prédominance de l'inspiration sur l'expiration à l'inverse de ce qui est normal. Le froid agit comme s'il diminuait la résistance du centre de l'expiration à l'excitation. Le froid localement appliqué sur le bulbe fait prédominer l'arrêt en expiration dans l'excitation du vague.

III. **Consommation de l'oxygène**. — Cette marche de la ventilation pulmonaire concorde avec ce que PFLÜGER nous a appris sur la *marche de la consommation de l'oxygène* chez l'animal refroidi. Les deux phénomènes vont de pair ; à une augmentation succède une diminution dans le cours du refroidissement progressif. Sur un animal abaissé à la température de 21°, le sang contenait pour 100 volumes 23^v,1 d'oxygène et seulement 24^v,3 d'acide carbonique (MAYER). Ces nombres, si différents des chiffres normaux du sang artériel, s'expliquent par ce fait que l'abaissement de la température a réduit les oxydations intracellulaires d'où provient l'acide carbonique à un minimum, tandis qu'il favorise l'absorption de l'oxygène par le sang.

Les pauses séparent tantôt chaque respiration individuelle, tantôt des groupes entiers. Elles vont en s'allongeant de plus en plus, ce qui donne à la respiration un type rémittent ou intermittent, comme on l'observe avec certains poisons tels que le chloral.

Mais *la respiration, loin de s'arrêter la première, persiste après la cessation de toute circulation;* alors que la pression artérielle est tombée à 0°. Cette persistance est de plusieurs minutes (deux à six et plus dans les expériences de réfrigération par l'eau). — *Dans la mort par le froid le cœur s'arréte donc avant la respiration. Cet arrêt du cœur détermine une anémie cérébrale d'où dépend en définitive l'arrêt final des fonctions.*

IV. **Persistance des propriétés des tissus refroidis.** — La perte des propriétés de tissus chez l'animal refroidi, est loin d'être aussi rapide qu'elle le serait à sa température ordinaire. Le système nerveux lui-même qui meurt un des premiers, puise encore dans ses réserves de quoi fournir à son activité ralentie, témoin la persistance des mouvements de la respiration pendant plusieurs minutes après l'arrêt de la circulation ; ceci contraste avec les résultats obtenus chez l'animal normal dans l'anémie cérébrale qui suit la ligature de ses carotides et de ses vertébrales.

On sait qu'il en est de même chez les cholériques d'après les observations de Magendie et de Doyère; pendant la phase d'hypothermie, on peut constater chez eux une quasi suppression de la circulation et néanmoins l'activité des sens et du cerveau est conservée « le moribond entend, voit et parle ».

B. — ACTION DE LA TEMPÉRATURE ET NOTAMMENT DU FROID SUR LE DÉVELOPPEMENT.

On cite l'exemple du **Protococcus nivalis** comme celui d'un des êtres se développant à la température la plus basse, il peut végéter comme son nom même l'indique dans des terrains glacés. La *levure de bière*, dont les cellules sont analogues à celles de cette algue, est au contraire arrêtée dans son développement par la glace, et réclame, pour se faire, avec le maximum d'activité, une température dans le voisinage de 40°.

L'œuf du *ver à soie* pondu pendant l'été doit passer l'hiver pour n'entrer en évolution qu'au printemps prochain. Faute de cette action préparatrice très singulière du froid, la chaleur serait sans action sur son développement. Mais si on l'expose pendant vingt-quatre heures à l'influence d'un froid artificiel qui remplace l'hiver, son évolution devient possible, ainsi que l'a vu Duclaux.

Les œufs de *poissons* se développent dans l'eau à des températures d'environ 5°: une température plus élevée peut accélérer leur éclosion au point que le développement est réduit de un mois à huit jours.

Pour les **Batraciens**, la limite inférieure est à 12°; à 20° et 25° se place le maximum d'accélération ; au-dessus de ce dernier chiffre, il y a ralentissement. La lumière est en même temps que la chaleur une condition indispensable du développement des têtards (Martin Saint-Ange).

Cette élasticité de la température du développement chez les animaux à sang froid est en rapport avec celle de leurs fonctions à l'état adulte. Par contre la fixité de la température de l'état adulte implique une condition analogue pour le développement.

Chez les *oiseaux*, la marge laissée aux oscillations de la température compatible avec le développement est très restreinte. Chez la *poule* elle est comprise entre 38° et 42°, soit 4° au maximum. Cette fixité est obtenue chez les oiseaux par l'incubation. Chacun sait qu'une chaleur artificielle, maintenue à température fixe par les procédés de réglage des étuves, peut suppléer la chaleur de la mère et que ce moyen est usité scientifiquement pour l'étude même du développement des oiseaux et même industriellement pour leur élevage. Les *couveuses* sont des étuves spécialement construites à cette fin. Certains oiseaux utilisent pour le développement de leurs œufs une chaleur extérieure à eux-mêmes, c'est-à-dire un moyen analogue à celui de l'étuve ou de la couveuse artificielle.

La **Talegalle** d'Australie ne couve pas sa ponte, mais dépose dans le fumier ses œufs et les abandonne au mâle ; celui-ci, constamment occupé, suivant le changement de la température, à augmenter ou à diminuer la couche de détritus en fermentation qui les recouvre. Le régulateur est ici évidemment le système nerveux de l'animal capable d'apprécier les variations de 1° à 2° (Cl. Bernard).

Chez les **Mammifères**, l'œuf est nécessairement à la température de la mère qui est fixe elle-même.

Action des basses températures réalisées artificiellement sur la vie des êtres. — R. Pictet a (d'une façon, il est vrai, encore sommaire) étudié les effets sur les êtres vivants des très basses températures qu'il réalise avec ses appareils appelés par lui *puits de froid*, où la température peut être portée à — 50°, — 100° et jusqu'à — 200° au-dessous de zéro.

Des animaux ou êtres divers sont placés au centre du puits en les protégeant de tout contact direct avec la paroi. La température est maintenue *constante* pendant le temps nécessaire.

Vertébrés. — Un **chien** a vécu un peu moins de deux heures à la température de — 92°. On a noté au début de l'expérience une accélération de la respiration et des battements du cœur, ainsi qu'un réveil très marqué de l'appétit. Au point de vue particulier de la température de l'animal, on constate tout à fait au début une élévation passagère d'un demi-degré ; après quoi, retour à l'état normal, puis refroidissement des extrémités avec conservation ou à peu près de la température centrale. Ce n'est que tout à fait vers la fin de l'expérience que la respiration se ralentit, le cœur devient fuyant (arrêt du cœur) et la température baisse rapidement à + 22°.

En somme, l'animal a résisté à l'abaissement de la température et les effets du froid se sont manifestés tout d'un coup comme dans la mort par la chaleur. Il eût été intéressant de rechercher chez cet animal quel était l'état des réserves en glycogène du foie et des muscles, sucre du sang, etc.

Les **poissons** d'eau douce (tanche) peuvent être amenés (à la condition de procéder lentement) à la température de — 15°. Ils peuvent être cassés comme la glace qui les enserre. Dégelés au contraire lentement, ils se remettent à nager.

Les **grenouilles** peuvent être refroidies à — 28° et survivre.

Ophidiens. — Un serpent a supporté la température de — 25°.

Mollusques. — Des escargots ont supporté — 110° à — 120° pendant plusieurs jours.

Les **œufs d'oiseaux** peuvent être refroidis à — 1° sans empêcher leur développement.

Les **œufs de grenouille** supportent un refroidissement lent de — 60°.

Invertébrés. — Les **œufs de fourmis** pendant la saison chaude sont très sensibles au froid ; ils meurent entre 0° et — 5° ; plus avancés en développement, ils meurent à + 5°.

Les **œufs de vers à soie** peuvent être refroidis à — 40°, et ce traitement les préserve en général des maladies parasitaires qui entravent leur développement.

Les **Infusoires** (rotifères) ont supporté la température de — 60°.

Les **germes**, graines, spores, bacilles, diatomées, microcoques, se sont tous développés après avoir été maintenus à des températures de — 200°.

Les **cils vibratiles** du pharynx de la grenouille ont perdu leurs mouvements vers — 90°.

Vaccins. — Quant aux *vaccins* ils deviennent stériles et se montrent beaucoup moins résistants que les ferments dits figurés.

Ferments solubles. — D'Arsonval a constaté, qu'exposés à des froids de — 55° à — 60° produits par l'évaporation du chlorure de méthyle, ni la levure de bière, ni son ferment soluble ne sont altérés. En portant le froid à — 100° par l'évaporation simultanée de cet éther et de la neige d'acide carbonique, la levure de bière maintenue pendant une heure à cette température était encore vivante ; mais son ferment soluble (refroidi à part en solution glycérique) avait perdu sa propriété de dédoubler le sucre de canne.

BIBLIOGRAPHIE.

Action du froid. — Ansiaux, Infl. de la temp. extér. sur product. chal. chez animaux à sang chaud, *Arch. de biol. Gand*, XI, 1, 1891. — La mort par le refroidissement, *Trav. du laborat. de Fredericq ;* III (index bibliogr.), 1890. — Afanassieff, Ueber Erkältung, *Centralbl. med. Wiss.*, 1877, 628. — D'Arsonval, Action des très basses températ., *Biol.*, 1892. — Aubas de Monfaucon, Expéd. Djebel-Boutaleb, 1847. — Cl. Bernard, Chaleur animale, liquidés de l'organisme, *Rev. des cours scient.*, 1871, 1873 ; *Leç. de physiol. expérim.*, 1854. — Aubert, Infl. des bains de mer sur la temp. du corps, *Rev. sc. méd.*, XXI, 510, 1883. — P. Bert, Quelques phénomènes du refroidissement, *Biologie*, 1876. — Refroidissement rapide, *Biol.*, 1883 et 1885. — Berlioz, Observ. de congélation, *Journ. Soc. méd. et pharm. de l'Isère*, Grenoble, III, 121, 1878. — Beek, Ueber der Einfluss der Kälte, *Deutsche Klinik*, 1868 (analys. in *Schmidts Jahrbücher* CXL). — Becquerel, *Traité élémentaire d'hygiène*. — Bottey, Action et réact. en hydrother., Paris, 1888. — Bourneville, Abaissem. consid. de temp., *Biol.*, 1871. — Billroth, Handbuch der allg. und spec. Chirurg. — Boll, Einfl. d. Temper. auf den Leitungswiderstand und die Polarisation thierischen Theile, *Dissert. Königsberg*, 1887 (analyse in *Jahrb. Phys.*). — Br.-Séquard et Tholozan, Effets du froid chez l'homme, *Journ. de physiol.*, 1858. — Catut, Les froids polaires et leurs effets sur l'organisme, *Thèse Paris*, 1887. — Couty et Guimaraes, Infl. du froid prolongé, *Biol.*, 1883. — Colin, Act. des froids excessifs sur les animaux, *C. R. Ac. sc.*, CXII, 397, 1891. — Crachia, Della morte per freddo, *Morgagni et Ann. d'hygiène*, XXIX, 436. — Colin, Refroidissement et échauffement du corps dans divers milieux, *Bulletin Ac. méd.*, 1879-1880. — Coleman et Kendrik, Effets des basses tempér. sur les processus de la putréfact. et q.q. phén. vitaux, *Journ. of Anat. and Phys.*, 1885. — Colasanti, Einfl. der umgebenden Temper. auf den Stoffwechsel der Warmblüter, *Arch. f. d. ges. Phys.*, 1877, XIV, 92. — Durrbeck, Die Wärmeprodukt. der Kaninchen bei verschiedenen Umgebungstemper., *Sitz. d. phys. med. Soc. zu Erlangen*, München, fasc. 21, 17, 1890. — Dumontpallier, Sur le refroid. du corps humain, *Bull. Ac. méd.*, Paris, 2e série, IX, 187, 1880. — Effets du froid et du chaud sur les hystériques, *Biol.*, 1878, 294. — Eulenburg, *Real Encyclop.* (article Erfrierung). — Edwards (W.), De l'influence des agents physiques sur la vie, Paris, Crochard, 1824. — Fr. Franck, Tempér. périph. et prof. pend. le refroid., *Biol.*, 1880-1883. — Féré, Effets du froid sur l'homme, *Biol.*, 1889. — Fick, Ueber Erkaltung, *Habilitationsrede*, Zurich, 1887. — Fremmert, Beitrage zur Lehre von den Congelationen, *Arch. f. klin. Chir. Berlin*, XXV, 1, 1880. — Ganz, Dangers des boissons froides, *Arch. f. d. ges. Phys.*, III, 1870. — Gavarret, Congélation, *Diction. Encycl. sc. méd.*, Paris, 1876. — Gabiel, Froid, *Dict. Encyclop. méd.*, 1880. — Gendre, Einfl. der Temper. auf einige Thierisch. Electrische Erschein., *Arch. f. d. ges. Phys.*, XXXIV, 1883. — Grandis,

Infl. de la temp. sur la dimin. de poids de l'organ. et la prod. d'acide carb. chez les an. à s. chaud, *Arch. ital. biol.*, XII, 236, 1889. — Hocks, Kann ein zu Eisklumpen gefrornes Thier wider lebendig werden? *Biol.*, c. XV, 372, 1895. — Horwath, Refroidissem. chez les animaux à sang chaud, *Arch. f. d. ges. Phys.*, XII, 1876. — Krajewski, Des effets d'un grand froid sur l'économie animale, *Gaz. des hôp.*, 1860, 559. — Kriege, Ueber hyaline Veranderung der Haut durch Erfrierung, *Arch. f. path. Anat. Virchow*, CXVI, 1889. — Knoll, Act. du froid sur les animaux à sang chaud, *Arch. f. exp. Pathol.*, XXXVI, 3. — La Corbière, Traité du froid, action, emploi, hygiène, médecine, chirurgie, Paris, Cousin, 1893. — Lacassagne, De la mort par la chaleur et par le froid exter., *Tribune médicale*, Paris, X, 196, 208, 238, 261; 1877. — Laveran, Art. Froid, *Diciionn. Encyclop. sc. méd.* — Landowski, Le froid, son infl. sur l'organisme, *Alger médical*, VII, 14, 38, 80, 133; 1879. — Lefèvre, Étude sur la résistance de l'organisme au froid, act. de l'eau froide sur la thermogen., *Biol.*, 1894, 372. — Variat. temp. interne lorsque le corps est soumis au froid, *Biol.*, 1894. — Variat. du pouv. réfrig. de l'eau en fonct. de la temp. et du temps, étude sur l'homme, *Arch. de Phys.*, IX, 7, 1897. — Rech. calorim. sur les mammif., lois génér. de la réfrig. par l'eau, *Arch. de Phys.*, IX, 317, 1897. — Résist. de l'organ. humain aux réfrigér. de longue durée, *Biologie*, 1896, 654. — Luderitz, Exper. Unters. üb. das Verhalt. der Darmbewegung..., *Arch. f. pathol. Anat. Virchow*, CXVI, 49, 1889 (index bibliograph.). — A. Levy, Einfl. der Abkühlung auf der Gaswechsel des Menschen, *Arch. f. d. ges. Phys.*, XLVI, 189, 1889. — Madeuf, De l'action du froid avec ou sans pression sur les êtres inférieurs, *Th. Paris*, 1889. — Magendie, Leçons sur les phénom. phys. de la vie, 1842. — Infl. du refroid. sur les animaux, *Union médicale*, 1850. — Meyer, Recherches expér. sur la réfrigération des mammifères, Bigot, Lille, 1886. — Naunyn, Fieber und Kaltwasserbehandlung, *Arch. f. exp. Path. und Phar.*, XVIII, 49. — F. J. M. Page, Infl. of the surrounding temperat. on the discharge of carb. acid on the dog, *Journ. of Phys.*, II, 228, 1879. — M. S. Pembrey, Temperat. et ac. de carbonique, *Journ. of Phys.*, XVIII, 363, 1895. — Pembrey-Warren, Réponse du poulet avant et après l'incub. aux changem. ext. de temp., *Journ. of Phys.*, XVII. — Parrot, Du coup de froid, *Progrès médical*, Paris, VIII, 201, 1880. — Pouchet, Rech. sur la congél. des anim., *Journ. de l'An. et de la Phys.*, 1866. — Pictet, La vie et les basses températures, *Revue scientif.*, 1893. — Regnard, Action des très basses tempér. sur les anim. aquat., *Biol.*, 1895, XLVII, 652. — Quinquaud, Act. du froid sur org. viv., *C. R. Ac. sc.*, CIV, 1887. — Schultze, Act. locale de la glace sur l'org. anim., *Deutsch. Arch. f. klin. Med.*, XIII. — Senator, Action du refroidissement, *Arch. f. An. und Phys.*, 1874. — Sigalas, Bains froids... temp. centr... combust. respir..., *Biol.*, 1894, 44. — Urschinsky, Wirkung der Kalte auf verschiedenen Gewebe, *Ziegler's Beiträge z. path. Anat.*, XII, 115, 1893. — Weir-Mitchell, *Arch. de Phys.*, 1868. — Welten, Act. du froid sur anim. à sang chaud, *Arch. f. d. ges. Phys.*, XXI. — Wertheimer, Infl. de la réfr. de la peau sur la circul. du rein, *Arch. de Phys.*, 1894, 308. — Sur la circul. des membres, *ibid.*, 1894, 724. — Winternitz, *Medic. Jahrb. Striker*, 1875. — Vergleich. Versuche über Abkühlung und Firnissung, *Arch. f. exper. Path. u. Pharm.*, 1893-1894, XXXIII. — Wood (H.-C.), Fever, a study in morbid and normal physiol., *Washington, Smiths Institut*, 1880. — Wiiers Moore, Mécanisme de la chaleur fébrile, *Brit. med. Journ.*, 1884. — Wunderlich (A.), Das Verhalten der Eigenwärme in Krankheiters, 2e éd. — Tamassia et Schlemmer, Marche de la températ. d'après les morts violentes, *Rivista di frenatia e di med. legale*, 1876.

CHAPITRE TROISIÈME

LA CHALEUR ET LES FERMENTS.

Si la chaleur est chose aussi indispensable à l'être vivant; si l'animal a dirigé en quelque sorte tout son perfectionnement évolutif en vue de la régler à un taux fixe et invariable; s'il fait de telles dépenses de combustible, pour l'avoir en quantité suffisante, quand il risque de la perdre, et s'il la gaspille ou s'en débarrasse si activement, quand il est menacé de son excès, il faut donc qu'elle ait quelque rôle de tout premier ordre et d'une absolue généralité à remplir dans les réactions élémentaires qui entretiennent la vie, en donnant à celle-ci son activité et sa valeur maxima. C'est ce rôle que nous ne savons pas préciser, ni même définir convenablement. Nous sommes réduits à constater que tel degré est utile, tel autre supportable et tel autre nuisible ; mais nous n'en pouvons pas donner la raison.

Il semble toutefois que nous puissions rattacher cette donnée à la notion encore si vague de **fermentation**. La fermentation est le procédé chimique par excellence de l'être vivant, la fermentation caractérise la vie ; *la vie est une fermentation*.

A. — COMMENT LE FERMENT FAIT NAITRE LA CHALEUR.

Toute fermentation suppose en présence deux choses : 1° une substance susceptible de transformations chimiques, qui dégagent de l'énergie, c'est la *substance fermentescible ;* elle peut être en quantité indéfinie ; elle s'épuise au fur et à mesure de la fermentation ; celle-ci s'arrête nécessairement si elle vient à manquer. — 2° le *ferment* agent de la transformation de cette substance ; il peut être en quantité infime ; la réaction qui s'opère ne l'épuise pas ; si comme il est probable, il y prend part en substance, il se régénère au cours de celle-ci. — *Le ferment a donc le caractère le plus général des êtres vivants : il modifie son milieu dans un sens déterminé, sans disparaître lui-même, c'est-à-dire en se conservant.* En ce faisant, il suscite des réactions thermogènes.

Non seulement il ne disparaît pas dans la réaction, mais il y augmente quand il est susceptible de multiplication, auquel cas il n'y a pas de doute sur sa nature animée, la fonction de génération étant un attribut déjà élevé de l'être vivant (ferments figurés) ; — mais même alors que la fonction de reproduction lui manquerait, que sa petitesse serait assez grande pour nous cacher ses caractères morphologiques, ou même qu'il n'aurait pas les formes arrêtées des représentants de la vie, tels que nous nous les figurons par comparaison avec les plus supérieurs d'entre eux, il n'y a guère de doutes à conserver qu'il se relie à eux par une gradation continue (ferments solubles) ; tant il paraît de plus en plus certain que la forme cellulaire n'est pas le dernier terme élémentaire de l'être doué de vie.

Qu'il soit soluble en réalité ou en apparence, ou qu'il soit figuré, le ferment a, vis-à-vis de la chaleur, une façon de se comporter qui reste la même et qui justifie le rapprochement que nous faisons de ses divers représentants. *Son activité est fonction de la température*. Il est actif entre certaines limites de l'échelle thermométrique. En se rapprochant de zéro, il perd son pouvoir de transformation à l'égard du milieu qui l'entoure : au-dessus de 100°, et parfois même au-dessous, il est détruit. Ces caractères ne sont-ils pas ceux de l'être vivant?

B. — COMMENT LA CHALEUR AGIT SUR LE FERMENT.

Nous nous trouvons ramenés à notre question première à la fois simplifiée et généralisée. Comment donc agit la chaleur sur l'être vivant le plus élémentaire (en tout cas l'un des plus élémentaires), qui nous soit connu, sur le ferment dit soluble? — La fermentation est source de chaleur et les aliments de celle-ci ne peuvent être que des substances possédant de l'énergie intérieure à l'état potentiel, et c'est en détruisant ces corps qu'ils font apparaître cette énergie sous forme de chaleur (fermentation vient de *fervere*, bouillir). Mais tout en étant aptes à faire apparaître cette chaleur dégagée par la décomposition des substances fermentescibles, ils réclament eux-mêmes une condition pour pouvoir entrer en jeu et procéder à l'attaque de ces substances, et cette condition c'est précisément la chaleur.

Condition essentielle de la fermentation. — On le voit bien, lorsqu'on met en présence un ferment et une substance fermentescible à la température de zéro ou au-dessous. — L'énergie ne fait pas défaut dans ce mélange des deux corps, elle y est même en quantité considérable, mais elle y est à l'état de réserve potentielle et, si instable que puisse être l'équilibre moléculaire qui maintient la composition du corps apte à fermenter, le ferment qui ne possède par lui-même aucune énergie est inerte et incapable de l'ébranler et de le détruire.

Mais que la chaleur soit fournie au ferment en quantité même infime, et même à basse température, pourvu que celle-ci excède par exemple quelque peu la température de zéro : aussitôt le ferment peut entrer en action, et commencer son rôle destructeur de la substance et libérateur de l'énergie qu'elle contient. Cette chaleur créée sur place et mise à sa disposition par sa création même, lui permet de continuer et d'augmenter son action d'autant. Si par sa masse la substance est protégée contre le rayonnement extérieur, on la voit s'échauffer d'une façon parfois considérable, comme il arrive dans la fermentation industrielle et vinicole, et celle-ci prend une intensité très grande.

Ainsi la chaleur seule, fournie à une substance fermentescible, n'a pas sur elle d'action décomposante; le ferment seul n'a pas davantage d'influence. Mais le ferment aidé de la chaleur a ce pouvoir à un haut degré. *Comme tout être vivant il n'a rien par lui-même, il tire tout du dehors, la substance qu'il s'incorpore et qu'il rend aussitôt, l'énergie qu'il transforme et restitue.* La chaleur paraît entrer dans une sorte de cycle, dont les stades nous sont inconnus, mais qui est caractéristique de l'être vivant, en ce sens que de petites quantités d'énergie en font apparaître de grandes quantités, ce qui est dû à ce que le ferment joue à l'égard de la substance fermentescible, le rôle d'une force de dégagement : et cette force paraît être précisément la chaleur. Elle nous apparaît ici avec la fonction de ce que nous appelons dans le langage physiologique un *excitant*.

Si infime que soit une force de dégagement par rapport aux forces mêmes qu'elle dégage, elle représente cependant une certaine quantité d'énergie dont l'intervention est absolument nécessaire. Cette énergie doit avoir non seulement la quantité, mais la qualité, ou nature requise pour l'opération (chimique dans l'espèce) qui est à effectuer. Parmi les réactions chimiques telles que oxydations, hydratations, dédoublements qui ont lieu dans nos organes, il en est que les chimistes savent réaliser avec leurs moyens et agents usuels ; toutes sont probablement réalisables en dehors des ferments et des cellules animales, grâce à certains détours ou artifices que la pratique peut faire découvrir peu à peu.

Le ferment est un tranformateur d'énergie. — Mais suivant la remarque déjà ancienne de Cl. Bernard, ces moyens seraient inemployables dans l'être vivant, à cause des conditions de température, de pressions élevées ou d'acidité de milieu qu'ils nécessitent. Il y a même plus, *ils sont incompatibles les uns avec les autres.* Dans une même cellule qui contient des hydrates de carbone, des graisses, des albumines, les conditions physico-chimiques de la décomposition de ces substances artificiellement employées dans les laboratoires ne pourraient *coexister* sans se gêner. Pourtant ces réactions s'opèrent côte à côte activement. Cela ne peut être qu'autant que *quelque agent contenu dans les cellules est apte à transformer une énergie banale comme la chaleur en des modalités d'énergie adéquates à la réaction qui doit être obtenue* C'est le rôle du ferment; c'est par excellence un transformateur d'énergie. Cette indication d'ordre général sur sa manière d'agir ne nous éclaire en rien sur le mécanisme intime de son action, qu'il faudrait définir dans chaque cas particulier : elle nous met toutefois sur la voie dans laquelle il convient de chercher.

Influence de la température de l'organisme sur le développement des germes infectieux. — *Charbon*. — Pasteur observa que le microbe du charbon ne se cultive pas quand il est soumis à une température de 44° ; il vit également que les poules inoculées ne deviennent pas malades. Leur température est de 41° à 42°, légèrement inférieure pourtant à la précédente, une certaine résistance propre de l'organisme vivant à la culture des germes s'ajoute ici à celle de la chaleur et compense ce qu'elle aurait d'insuffisant, réduite à elle seule. L'influence de la chaleur est néanmoins de beaucoup prépondérante. Pasteur la mit hors de doute en démontrant que si on refroidit la poule, elle succombe comme le ferait un mammifère. Pour cela, après l'avoir inoculée, il la maintint les pattes dans de l'eau à 25°. Sa température propre s'abaissa entre 37° et 38°. Au bout de quarante-huit heures elle était morte et son sang était rempli de bactéries charbonneuses.

Si d'autre part une poule ainsi inoculée, maintenue dans l'eau et présentant les signes de l'infection, est réchauffée à temps et placée dans une étuve à 35° on la voit peu à peu reprendre ses forces et, si alors on la sacrifie, elle ne présente pas la moindre trace de bactéridies charbonneuses.

Tétanos. — Courmont et Doyon ont observé un fait qui montre sous un jour nouveau et différent cette influence de la température sur ce qu'on appelle la *réceptivité* de l'organisme. Pendant l'été de 1892, par une température extérieure de 28° à 30°, les grenouilles auxquelles ils injectaient des cultures complètes ou filtrées du bacille de Nicolaïer étaient sans exception atteintes de tétanos typique. Au contraire les grenouilles injectées de même pendant l'hiver de 1893 à la température de 5° à 8° survivaient toutes, sans présenter aucun symptôme de tétanos.

Ces auteurs ont montré que ce fait observé d'une saison à l'autre peut être reproduit à volonté. Si l'on choisit deux lots de grenouilles bien portantes, sous la peau desquelles on introduit 1 centimètre cube d'une même culture *filtrée* de tétanos, les grenouilles du premier lot laissées dans un bocal dont la température ne dépasse pas 20° ne paraissent ressentir aucun effet de l'injection et survivent indéfiniment sans symptôme tétanique. Celles du second lot placées dans une chambre-étuve chauffée à une température uniforme de 30° à 34° au bout de six jours en moyenne deviennent très excitables et au bout de huit jours présentent les symptômes du tétanos (convulsions spontanées ou provoquées, opisthotonos) et leur mort survient plus ou moins rapidement. — Les grenouilles du premier lot, autant de temps que la température restera inférieure à 20°, ne présenteront disons-nous, aucun des symptômes du tétanos. Mais lorsque la chaleur montera de nouveau autour d'elles, soit par le retour de la saison chaude, soit par la volonté de l'opérateur, ces symptômes apparaîtront *même après un délai de plusieurs mois* écoulés depuis le moment de l'injection ; et cette apparition se fera cinq à huit jours après le retour de la chaleur, c'est-à-dire au bout du temps d'incubation nécessaire au développement du tétanos.

Il y a ici trois faits dignes d'attention qui sont : 1° la nécessité de la présence de la chaleur ; 2° la persistance de la condition (substantielle ou énergétique) introduite dans l'animal par l'injection du liquide filtré ; 3° le délai d'incubation réclamé par le développement du tétanos à partir du moment où toutes ces conditions sont présentes.

Diphtérie. — Courmont et Doyon ont vu de même que l'action de la toxine diphtérique sur les éléments musculaires et nerveux réclame comme condition nécessaire la température habituelle des animaux à sang chaud. La grenouille y est réfractaire au-dessous de 23°. — En maintenant des grenouilles à l'étuve (+ 38°) ils ont constaté, au bout de deux mois environ, chez les animaux injectés, de la paralysie, de l'atrophie musculaire, des névrites périphériques parenchymateuses sans myélite et dans un cas de la myosite parenchymateuse.

Atténuation des virus par la chaleur.— *Les virus sont, sous certaines conditions, transformables en vaccins* et aujourd'hui tout le monde sait ce que ces expressions signifient. Pasteur reconnut le premier ce fait si gros de conséquences. Le mérite de Toussaint fut de comprendre que la chaleur pouvait être une de ces conditions. En 1880, il démontra la possibilité d'atténuer les bacilles contenus dans le sang charbonneux par l'emploi de la chaleur. Il vaccinait contre le charbon en inoculant du sang charbonneux défibriné, chauffé pendant dix minutes à + 55°. En 1883, Chauveau a préconisé un procédé consistant à chauffer la culture du *Bacillus anthracis* à + 43°,5 pendant vingt-quatre heures, puis à + 47° pendant trois heures.

Spores. — Arloing, Cornevin et Thomas préparent leur vaccin contre le charbon symptomatique en chauffant les cultures ou les humeurs contenant les *spores* du *Bacillus Chauvæi*, microbe déjà sporifère dans la sérosité des malades. 1° Dessèchement de la sérosité à + 30° + 35° ce qui donne aux spores une résistance plus grande qu'à l'état frais. 2° Broyage, humectation et chauffage pendant quelques heures entre + 60° + 110 (cette marge plus grande est un des avantages du procédé). 3° Un premier vaccin est obtenu en chauffant pendant six heures à + 100° et un second à + 85°. On vaccine en injectant sous la peau de la région caudale du bœuf 1 centigramme de poudre délayée dans 1 centimètre cube d'eau.

Races de vaccins. — Par l'action combinée du degré de température et du temps d'exposition à la chaleur on peut donc, comme avec d'autres procédés, limiter l'activité d'un virus à des degrés déterminés, qui permettent de les employer préventivement comme vaccins. Mais ce qui est remarquable c'est que ces caractères une fois acquis peuvent être communiqués à la race et devenir transmissibles de génération en génération. Pour créer des races de microbes à atténuation transmissible, Chauveau opère de la façon suivante : 1° Culture d'une goutte de sang charbonneux dans du bouillon léger à + 42°,5 pendant vingt-quatre heures (pas de spores) ; 2° chauffer à + 47° pendant trois heures ; 3° ensemencer du bouillon neuf et mettre à + 35°, + 37° (spores au bout de sept jours) ; 4° chauffer cette culture sporogène de sept jours à + 80° pendant une heure à une heure et demie. Les cultures filles conservent l'atténuation de la culture chauffée. Deux vaccins sont obtenus en chauffant à + 84° et à + 82° pendant une heure.

Action de la température sur les enzymes. — C'est principalement sur les *diastases* que cette action a été étudiée. L'optimum est plus élevé que pour les bactéries; il se place entre 40° et 50° en général, pour l'invertine il est voisin de 60°. En deçà et au delà de ces limites la fermentation se continue avec une activité décroissante. Elle commence dans le voisinage de 0° et peut se poursuivre très affaiblie jusque vers 70° (amylase) ou même 80° (pepsine).

Au sein de l'eau, à la température d'ébullition, l'action diastasique disparaît définitivement, le ferment est détruit et perd tout pouvoir. A l'état sec la plupart des diastases supportent la température de 100° sans modification appréciable. La résistance au froid des ferments solubles est assez grande : moindre cependant que celle des microbes, si on en juge par l'invertine, qui d'après d'Arsonval à — 100° perd son activité.

Influence de la température sur la végétabilité des microbes. — Raulin en cultivant l'*Aspergillus niger* dans des vases de porcelaine contenant 700 centimètres cubes d'eau et 19 grammes de sucre a dressé une table du poids des récoltes en fonction de la température. C'est cette table que nous traduisons en graphique. La courbe est caractéristique et rappelle de plus ou moins près les courbes par lesquelles on exprime les différents phénomènes de la vie (simples ou compliqués) en fonction des diverses conditions générales qui les gouvernent. Elle rappelle surtout les courbes obtenues en faisant agir d'une façon méthodique et graduée la chaleur sur les différents éléments, organes, systèmes ou organismes, en prenant pour témoins leurs manifestations fonctionnelles (excitabilité, contractilité, etc.).

A un point de vue pratique on peut avec Chauveau distinguer des températures *eugénésiques*, *dysgénésiques* et *agénésiques*, suivant qu'elles favorisent, ralentissent ou suppriment la végétation. Et c'est en faisant intervenir artificiellement les unes et les autres que cet auteur a pu créer des races de vaccins ainsi qu'il l'a fait pour le *Bacillus anthracis*, pour lequel la température 42° à 43° est dysgénésique et la température 47° agénésique.

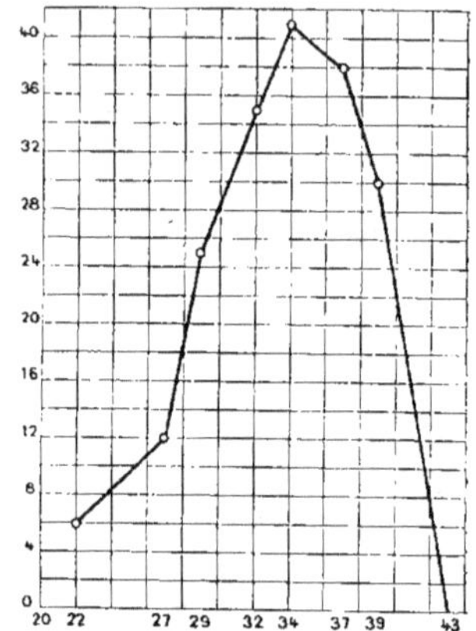

Fig. 164. — *Développement de l'Aspergillus niger en fonction de la température.*

Sur la ligne des abcisses sont marquées les températures auxquelles ont été faites les cultures et sur la ligne des ordonnées les poids des récoltes en centigrammes.

Chaque microbe a son échelle ou courbe particulière de températures appropriées. Forster a trouvé sur des poissons morts un bacille phosphorescent qui se cultive à 0°. Fischer a trouvé quatorze espèces qui se cultivent à 0°.

Destruction des microbes par la chaleur. — Les microbes ne résistent pas à une température supérieure à + 100°. Sauf de rares exceptions les *microcoques* sont tués entre + 50° et + 60°. Les *bacilles* entre + 70° et + 100°.

Si les microbes renferment des *spores* ou des *arthrospores* ils ne sont tués qu'entre + 110° et + 125°. Ce fait si important est mis en évidence par une curieuse expérience de Tyndall. *Trois heures* d'ébullition consécutives ne stérilisèrent pas une infusion de foin dans laquelle plusieurs germes étaient sporulés ou à l'état de spores. Par contre *trois minutes* d'ébullition répétée pendant *trois jours* consécutifs, une fois par jour, suffirent à en assurer la stérilisation. Cela tient à ce que, dans l'intervalle des ébullitions, les spores germaient et passaient à l'état de mycélium moins résistant à la chaleur. En trois jours tout avait germé.

Action thérapeutique de la température. — Puisque la chaleur est une condition aussi essentielle de la vitalité des microbes et des actions fermentatives en général il était logique de chercher à l'employer en thérapeutique pour combattre et enrayer ces actions.

AUBERT (de Lyon) traitant des bubons consécutifs aux chancres simples par des bains de siège prolongés à la température de 40° à 42° aurait transformé ces accidents au point d'éviter la terminaison par suppuration.

Cette méthode consiste, comme on voit, en une application locale d'une chaleur surélevée suffisamment pour avoir sur les germes infectieux une action destructive ou limitante de leur action et qui, en raison de sa localisation, reste sans danger pour l'organisme. Le problème inverse s'est posé pour certaines affections générales et notamment la fièvre typhoïde dont la surélévation thermique constitue un des principaux dangers. Le traitement de la dothiénentérie par le froid est entré dans la pratique et malgré la diversité des méthodes (bains froids à 18° ou au-dessus, affusions froides, lavements froids), le principe, soutenu par BRAND et par GLÉNARD, en a été accepté et est demeuré d'une application courante.

BIBLIOGRAPHIE.

La chaleur et les organismes élémentaires. — DUTROCHET, Observ. sur le Chara flexilis, *C. R. Ac. sc.*, 1837, 775. — ENGELMANN, Phys. d. Protoplasma und Flimmerbeweg, in *Hermann's Handb. d. Physiol.*, 1, 1879. — FLEMMING, Infl. temp. sur la color. des larves de Salamandre. *Arch. f. mikr. Anat.*, XLVIII. — HERTWIG (O.), La cellule et les tissus, trad. de l'allemand, Paris, 1894. — HENNEGUY, La cellule, Paris, 1895. — HUGOUNENQ, *Précis de chimie physiologique*, 40, Doin, 1897. — R. KOCH, Ueber Desinfection, *Mitheil. aus. d. Kais. Gesundheitsamte*, I, 234, 1881. — W. KÜHNE, Unters. üb. das Protopl. u. die Contractilität, Leipzig, 1864. — LEBEDEF, Contrib. à l'étude de l'act. de la chal. sur les organismes inför., *Arch. f. d. ges. Phys.*, IX, 175, 1882. — MADENT, Act. du froid avec ou sans pression sur êtres inför., *Thèse Paris.* 1889. — NÆGLI, Die Bewegung im Planzenreiche ; *Beitr. z. Wiss. Botanik*, 1860. — PICTET, Action du froid sur les microbes, *C. R. Ac. sc.*, XCVIII, 747, 1884. — Emploi méthod. de basses temp. en biol., *Arch. des sc. phys. et nat.*, Genève, XXX, 293, 1893. — ROSSBACH, Mouv. rythmique et agents physiq. et médicam., *Arb. d. zool. Inst. Wurzburg*, 1871. — SCHULTZE, Das Protoplasma d. Rhizopod. und d. Pflanzzellen, Leipzig, 1863. — STRASBURGER, Wirk. d. Lichts und d. Wärme auf die Schwärmsporen, Iéna, 1878. — M. VERWORN, *Allg. Physiol.*, Iéna, 1895. — M. WOLFF, Ueb. die Desinfect. durch Temperaturhöhung, *Arch. f. path. Anat. Virchow*, 11, 81, 1885.

Action de la température sur les organismes inférieurs. — GRÉHANT et QUINQUAUD, Respir. de la levure de gr. à diff. tempér., *Biologie.* 1888, 398. — PFLÜGER, Ueb. Wärme und Oxydat. der lebendig Materie, *Arch. f. d. ges. Phys.*, 1878, 18. — W. VELTEN, Ueber Oxyd. im. Wärmebl. bei subnorm. Temp., *Arch. f. d. ges. Phys.*, XXI, 1880.

Influence de la chaleur sur les animaux inférieurs. — HERM. AUBERT, Infl. de la temp. sur excrét. de CO_2 et persist. vit. des grenouilles en l'absence d'O ; *Arch. f. d. ges. Phys.*, XXVI. — P. BERT, Importance des transitions, *Biolog.*, 1876, 168. — Mort des animaux à sang froid par la chaleur, 1872, 73. PFLÜGER, Influence de la temp. sur les animaux à sang froid, *Arch. f. d. ges. Phys.*, XIV. — SCHULTZ, Échanges et tempér. des amphibies, *Arch. f. d. ges. Phys.*, XIV, 1877.

Influence de la température sur les intoxications. — GAGLIO, Action de la température dans les empoisonnements par la strychnine et le curare, *Arch. ital. biolog.*, 1889, XI, 104. — LANGLOIS et RICHET, Influence de la temp. int. sur les convulsions, *Arch. de Phys.*, 1889, 184. — RICHET, Infl. de la temp. sur l'intoxicat. des poissons, *Biologie*, 1883, 587. — Action toxique suivant la tempér., *Biologie*, 1885, 239. — Poisons et tempér., *Revue scient.*, 1885, *Arch. de physiol.*, 1888, et *Trav. lab.*, II, 1893, p. 263. — SAINT-HILAIRE, *Trav. lab. Richet*, 1, 1893, 390, *Th. de Paris*, 1888.

Travail psychique et température. — GLEY, *Biologie.* 1884, 265 ; *Rev. scient.*, 1895, n° 20, p. 625. — MOSSO, La temp. du cerveau, Milan, 1894, *Arch. ital. biol.*, VIII, p. 181, 1897.

Influence de la température sur les infections et sur la virulence. — S. ARLOING, Les virus. — COURMONT et DOYON, Tétanos de la grenouille, *Congrès de physiol. de Liège*, 1892, *Arch. de physiol.*, 1893, 1897 ; *Province médicale*, 1893 ; *Biolog.*, mars, juin, 1893, et avril 1898. Intoxic. diphtér. — COURMONT, DOYON et PAVIOT, *Arch. de phys.*, 1896, 322. — COURMONT, *Précis de Bactériologie.* Paris, Doin, 1897. — P. GIBIER,

Possibil. de faire contract. le charbon aux animaux à sang froid en élevant leur températ., *Biol.*, 1882, 481, 509. — Lebedeff, Act. de la chal. et du desséchem. sur virulence des liq. sept. et sur organ. infér., *Biol.*, 1882, 192. — Mentchikoff, Contrib. à l'étude de la vaccin. charbon., *Ann. Inst. Past*, 1891, v. 156.

Influence adjuvante des antiseptiques. — Arloing, *Biol.*, 1885, 275. — Arloing et Chauveau, *Bull. Ac. méd.*, 1884. — Courboulès, *Th. Lyon*, 1883. — Truchot, *Th. Lyon*, 1884. — Richet, *Biol.*, 1885.

TROISIÈME PARTIE
RÉGULATION DE LA TEMPÉRATURE CHEZ LES ANIMAUX

Parmi les animaux les uns ont, comme nous-mêmes, la faculté de conserver une température propre et fixe, indépendante des écarts, parfois très grands, de la température extérieure : on les appelle communément *animaux à sang chaud*. Les autres, et c'est le plus grand nombre, subissent le contre-coup des variations thermiques extérieures : on les appelle *animaux à sang froid*. Ces désignations longtemps consacrées par l'usage, ne sont pas exactes; ce qui caractérise les seconds par rapport aux premiers, c'est moins l'abaissement de leur température en chiffre absolu que la variabilité de celle-ci. En réalité il y a des *animaux à température fixe* et des *animaux à température variable* (Cl. Bernard). L'habitude commence à se répandre d'appeler les premiers *homéothermes* et les seconds *poïkilothermes* ou *hétérothermes*.

Entre les homéothermes et les poïkilothermes, établissant entre eux comme une transition, se place au point de vue de la température une troisième classe d'animaux, qui dans de certaines conditions de leur existence, en saison chaude, règlent très exactement leur température, et sont alors homéothermes; mais qui en saison froide, ou lorsque les conditions premières viennent à faire défaut, laissent leur température s'abaisser jusqu'autour de 8° ou 10°, entrent en torpeur, comme le font les êtres refroidis, et deviennent de la sorte poïkilothermes pendant une partie de l'année. Ce sont les animaux dits *hivernants*.

CHAPITRE PREMIER

ANIMAUX A TEMPÉRATURE VARIABLE.

Les animaux dont la température est susceptible d'éprouver des variations considérables en rapport avec celle du milieu, sont donc, d'une part, les animaux dits communément à *sang froid* ou *poïkilothermes*, et d'autre part les *hibernants* qui forment à côté de ceux-ci une catégorie très particulière. Les premiers ne règlent pas leur température, les seconds la règlent partiellement ou incomplètement, et nous acheminent vers les animaux qui la règlent d'une façon rigoureuse, animaux dits à *sang chaud* ou *homéothermes*.

A. — ANIMAUX A SANG FROID (POIKILOTHERMES PROPREMENT DITS).

Les animaux à *sang froid* comprennent tous les animaux autres que les mammifères et les oiseaux, c'est-à-dire une bonne partie des vertébrés et tous les invertébrés. — Le caractère physiologique de ces animaux qui zoologiquement diffèrent extrêmement entre eux, autant que parfois ils se rapprochent de ceux que nous appelons à sang chaud (comme les reptiles des oiseaux), est de subir les variations de la température extérieure, à l'inverse des homéothermes, que leur organisation rend indépendants de leur milieu. Ils sont à cet égard comme la plante qui suspend sa vie en hiver, et la reprend au retour de la saison chaude.

Au point de vue de la physiologie, cette différence est capitale et fournit la division par excellence à établir entre les animaux, voire entre les êtres. Et nous voyons aussi par là le rôle de premier ordre qui est dévolu à la chaleur, comme condition de la vie elle-même ainsi que de sa puissance et de son intensité.

Variations parallèles de la température chez l'animal et dans le milieu. — Si on prend la température du milieu extérieur (air ou eau), et parallèlement la température d'un poïkilotherme, d'une façon successive et régulière, par heures, par jours ou par saisons, on voit que ces températures se suivent à quelques écarts près. Ces écarts sont dus à deux causes : 1° à ce que l'animal étant source de chaleur, tend d'une façon constante, bien que faiblement, à élever sa propre température au-dessus de celle du milieu ; 2° à ce que les variations de la température du milieu, pour peu qu'elles soient un peu brusques, ne se communiquent pas immédiatement à l'animal, mais demandent pour cela un certain temps. De telle sorte que si on prenait la moyenne de toutes les températures d'une part de l'animal, et d'autre part du milieu, cette moyenne pour l'animal serait légèrement excédante ; mais si on confronte les chiffres isolés qui les expriment, l'excès est tantôt du côté de l'animal, tantôt du côté du milieu. Les courbes exprimant la marche des températures auraient un même nombre d'inflexions, mais celles-ci seraient plus accusées pour le milieu que pour l'animal.

Variations concomitantes de l'activité et de la dépense. — Chez l'animal ou l'être vivant hétérotherme, ce n'est pas seulement sa température qui dépend du milieu, mais avec elle l'activité de ses tissus et l'allure générale de toutes ses fonctions. Sa vie se ralentit ou s'accélère suivant l'état de la température extérieure. C'est ce qui se voit bien chez un animal à sang froid, mis en état d'inanition, par la simple mesure de sa perte de poids, faite comparativement à température basse et à température haute. La différence est saisissante. La perte de poids mesure la *désassimilation;* mais l'*assimilation* marcherait de pair avec elle, si on laissait l'animal s'alimenter.

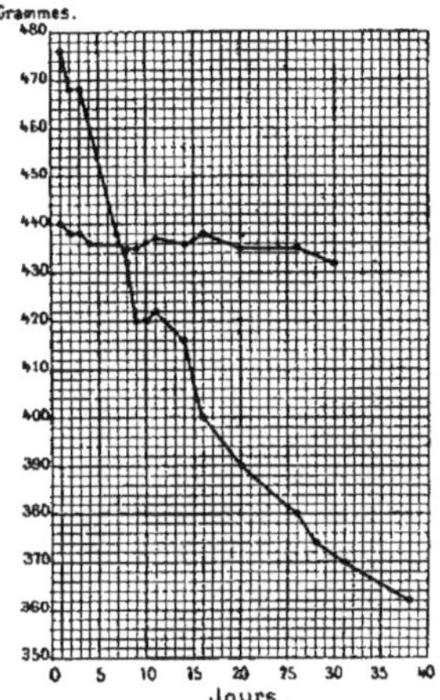

Fig. 165. — *Perte de poids d'un animal à sang froid* (non alimenté) *exprimée en fonction du temps et de la température.*

Deux tortues semblables pendant le même temps (30 jours) perdent l'une 8 grammes à la température de 33°, et l'autre 104 grammes à la température de 4° (d'après Richet).

L'excès de la température de l'animal poïkilotherme sur celle du milieu est lui-même changeant et ses variations peuvent tenir à plusieurs causes. Il dépend de la **puissance thermogénique** de l'animal, suivant l'*espèce* à laquelle il appartient, et suivant les *conditions physiologiques* du moment. On cite à cet égard l'observation de Valenciennes qui a constaté sur un *boa* une température de 41°,5, pendant l'incubation à l'endroit qui touchait les œufs, dans une chambre ayant 20°. Il dépend d'autre part de la **conductibilité du milieu** dont l'influence se combine avec le **pouvoir émissif de la surface**. On a cru souvent constater chez des poissons venant d'être pêchés, un excès de température de plusieurs degrés sur celle de la mer qui paraît fixe. Et néanmoins si on place un poisson dans un calorimètre il rayonne peu de chaleur (Marey). S'il n'y a pas d'erreur dans la constatation de la température de l'eau, comme celle qui peut résulter de la profondeur des couches, ceci indiquerait que son tégument le protège contre les pertes de chaleur plus efficacement qu'on ne se le figurerait *a priori*.

Chez les *Batraciens*, tels que la grenouille placée dans l'eau, cet excès de température est plus difficilement constatable et se compte par fraction de degré (0°,7 à 0°,2). La grenouille en particulier présente une grande résistance à l'échauffement en raison de l'évaporation extrêmement active qui se fait par sa peau, ainsi que le montre l'expérience suivante due à DELAROCHE : Dans une étuve sèche ayant 36°,5 on avait placé une grenouille et deux éponges; la grenouille après une heure avait une température stationnaire de 28° et les éponges, l'une 27°,9, l'autre 27°,6. Dans une étuve humide, saturée de vapeur d'eau, à la température de 25°,6, une grenouille avait pris la température de 26°, un peu supérieure à celle du milieu.

La *tortue* terrestre suit encore plus étroitement les variations de la température extérieure et on peut constater chez cet animal avec quelle rapidité la chaleur s'égalise entre lui et son milieu.

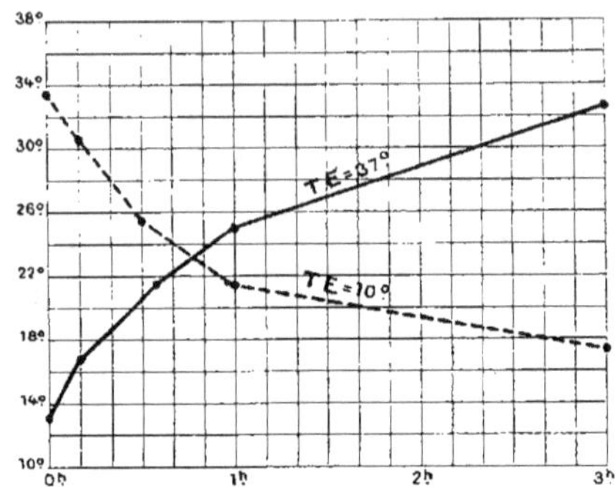

Fig. 166. — *Variations de la température d'un animal à sang froid d'après celle de son milieu.*

Ligne pleine : tortue dont la température propre initiale est 13°, placée brusquement dans un milieu à la température de 37°. Marche du réchauffement. — Ligne de traits : tortue dont la température initiale est 33°, placée brusquement dans un milieu à la température de 10°. Marche du refroidissement (d'après RICHET).

Si brusquement on crée un écart de 25° environ entre l'un et l'autre, l'égalisation peut se faire dans un délai de trois ou quatre heures. Elle se fait sans résistance aucune de la part de l'animal et d'une façon semblable à ce qui se passe entre deux corps quelconques qui sont à des températures initiales différentes. L'échauffement ou le refroidissement très rapide au début, va s'atténuant progressivement, ce qu'on exprime en disant qu'il est proportionnel à la différence des deux températures.

Invertébrés. — Les *invertébrés* représentés par des individus de petite masse subissent les oscillations thermiques du milieu dans lequel ils vivent. Les *animaux parasites*, il est vrai, tout en étant eux-mêmes dépourvus d'un mécanisme thermo-régulateur peuvent se conserver à la température fixe des animaux qui leur servent de milieu. Les vers intestinaux vivent et se reproduisent à la température même des sujets qu'ils habitent. — Les *Insectes* suivent les oscillations de la température de l'air et du sol, qu'ils excèdent quelque peu. Des expériences anciennes ont montré la corrélation qu'il y a, chez ces petits êtres, entre l'activité musculaire et la production de chaleur. Un bourdon en volant s'échauffe d'une façon sensible et cet échauffement, qui peut aller jusqu'à 10°, est surtout confiné au niveau du thorax, c'est-à-dire, au niveau des muscles dont les contractions très intenses et très rapides communiquent leur mouvement aux ailes.

Végétaux. — La thermogenèse des végétaux n'est pas aussi réduite qu'on le suppose d'ordinaire, et leur température n'est pas toujours et n'est même jamais exactement celle du milieu ambiant. Elle peut monter notablement au-dessus, elle peut aussi tomber au-dessous, par l'évaporation active de l'eau à leur surface, ce qui est une preuve de plus qu'à égalité de température avec son milieu, le végétal peut dégager des quantités très notables de chaleur.

Dutrochet en se servant d'appareils thermo électrique constata qu'entre deux tiges semblables, dont l'une a été tuée par la chaleur et dont l'autre est vivante, il y a constamment une différence de température au profit de cette dernière, il note que cet excès de température à un paroxysme quotidien. Chez les Crassulacées, cette différence peut être assez grande pour que la chaleur soit sensible à la main. Sur le cactus (*Echinopsis multiplex*), on a noté des élévations de température de 23° à 40°,5 et même à 45°,5, le milieu extérieur étant à 24°,5 (Detmer, 1890).

Floraison. — Ces élévations de température sont liées à l'apparition des phénomènes physiologiques les plus actifs de la plante, la floraison, la germination, les mêmes, du reste, dans lesquels on voit la plante dépenser ses réserves en sucre et amidon ou encore en graisse. L'*Arum maculatum* présente un excès de 10°,4, au moment de son épanouissement, d'après Dutrochet, et l'*Arum cordifolium*, un excès de 25° sur le milieu extérieur, d'après Hubert.

P. Bert a esquissé une sorte de topographie thermique de la sensitive en montrant que les renflements qui passent pour les organes moteurs des branches ont une température plus élevée que la tige.

W. Louguinine (1896) a constaté entre les espèces d'arbres des différences thermiques parfois très notables, 6°,9 dans un cas entre un sapin et un bouleau. La température plus élevée du premier serait due à la profondeur de ses racines par comparaison avec la disposition plus superficielle de celles du second; ce qui indique un transport ou une communication de chaleur de la racine à la tige, qui reçoit ainsi une partie de la chaleur des parties profondes du sol.

Germination. — Sur des graines en *germination*, G. Bonnier a fait des mesures calorimétriques. 1 kilo de grains de pois a donné par minute 59,62 microcalories, soit par heure environ 3^{cal},600. Le blé a dégagé en germant une quantité de chaleur trois fois moindre. Le même auteur remarque que cette chaleur dégagée s'accroît dans une certaine mesure avec la température du milieu.

Les *fermentations microbiennes*, ainsi que le prouvent des exemples communs (fermentation vinicole) sont susceptibles de dégager de grandes quantités de chaleur. Le fait suivant observé par Cohn et cité par Richet (*Dictionnaire*) montre comment ces fermentations peuvent compliquer les phénomènes précédents. Des graines d'orge peuvent en germant atteindre la température de 64°,5 qui tue les plantes. Mais cet excès de chaleur devrait être rapporté au développement de l'*Aspergillus fugimatus* à qui cette haute température est favorable. Le traitement des graines par la solution de sulfate de cuivre supprime l'*Aspergillus* et la *germination de l'orge* ne fait plus monter la température qu'à 40°.

BIBLIOGRAPHIE.

Chaleur des vertébrés à sang froid et des invertébrés. — Dutrochet, *Ann. sc. natur.* (Zool.), 3e série, t. XIII, p. 5. — M. Girard, Étude sur la chaleur libre dégagée par les animaux invertébrés. *Th. Fac. sciences.* Paris, n° 311, Masson. — Hubert, Nouv. observat. sur les abeilles, t. 1, p. 305 (2e édit.). — Hunter, Œuvres (trad. Richelot), Chal. des animaux, t. I, p. 344. — Ch. Martins, *Ann. sc. nat.* (Zool.), 3e série, 1846, t. V, p. 187. — Newport, *Philos. Transact.*, 1837, part. II, p. 259. — Spallanzani, Opuscules de phys. — Valancienne, *C. R. Ac. sc.*, t. XIII, p. 127.

Œufs en incubation. — Baudrimont et Martin Saint-Ange, *Études anat. et physiol.*

sur le développement, 1846.— HUNTER, *loc. cit.*— MOITESSIER, D'ARSONVAL, *C. R. Ac. sc.* 1881.
Chaleur dégagée par les végétaux. — C. ARCANGELI, Sulla svillupa di calore dovuto alla respirat. nei recettacoli di funghi, *Nuovo giorn. bot. ital.*, XXI, 3, 465, 1889. — G. BONNIER, Sur la quantité de chaleur dégagée par les végétaux pendant la germination, *Bull. Soc. bot.*, 14 mai 1880. — Sur la chaleur végétale, *Ann. sc., bot.*, VIII, 1893. — DE CANDOLLE, *Physiologie végétale*, t. II, p. 551. — F. COHN, Ueber Wärmeerzeugung durch Schimmelpilze und Bakterien... Ueber thermog. Wirkung von Pilzen. Analyse in *Jahresb. üb. Gährungsorganismen. Braunschweiz.*, 1, 40-41, 1890; *Natur. Rundsch.*, VI, 320, 1891. — W. LOUGUININE, Marche comparat. des tempér. dans le bouleau, le sapin et le pin, *Arch. des sc. phys. et nat. de Genève*, 1896. — H. L. RUSSEL, Observ. on the temper. of trees ; *Bot. Gaz.*, XIV, 216, 1889. — E. WELDEMANN, Rech. infl. temp. sur marche, durée et fréq. de la karyokinèse dans règne végét., *Ann. Soc. belge de microsc.*, Bruxelles, XV, 5, 1891.

B. — ANIMAUX HIVERNANTS.

Parmi les mammifères sujets à l'hivernation, il faut distinguer entre les *vrais* et les *faux hivernants*.

Faux hivernants. — L'Ours brun, le Blaireau, l'Écureuil, le Castor appartiennent aux faux hivernants dont l'abaissement de température est moindre, et le sommeil toujours léger.

Vrais hivernants. — Les vrais hivernants se rencontrent exclusivement chez les *Insectivores* (Hérisson d'Europe), les *Chiroptères* (Chauve-Souris), et les *Rongeurs* (Marmotte, Loir, Lérot, Muscardin, etc.). — La Marmotte est le type le plus souvent étudié et le mieux connu des animaux hivernants.

1. **Le sommeil hivernal.** — Le sommeil hivernal, variable du reste suivant les espèces et les circonstances, peut durer une bonne moitié de l'année, en général depuis la fin de novembre jusqu'au commencement de mai. — Il présente ceci d'intéressant qu'il n'est pas continu, mais coupé de périodes de réveils pendant lesquelles l'animal sort de son terrier, et se débarrasse de ses excréments. D'autre part, l'état de torpeur qui envahit l'animal, n'est pas proportionnel au froid extérieur. Ce froid maintenu dans les limites de $+5°$ à $+10°$ est la condition la plus favorable à l'état hivernal, mais vers $0°$, il devient un excitant qui réveille l'animal.

Poïkilothermes et hivernants. — On voit par là toute la différence qui existe entre les homéothermes hivernants, et les poïkilothermes purs et simples. Ces derniers sont à la merci complète des variations de la température extérieure qu'ils suivent assez étroitement, surtout dans le sens de l'abaissement. Les premiers nous font plutôt l'effet d'*homéothermes à deux degrés*, c'est-à-dire ayant deux manières de régler leur température : l'une pour la saison chaude, à un taux qui est le même et aussi fixe que chez les autres mammifères, et qui correspond pour ces êtres à leur pleine activité vitale et nerveuse; l'autre pour la saison froide à un taux moins fixe, mais qui a ses limites en bas comme en haut, et qui correspond à une phase de repos prolongé et de profond sommeil de l'animal, lui évitant de la sorte, par l'économie de force qui en résulte, une lutte pénible contre l'âpre climat qu'il a choisi comme habitat.

L'action engourdissante du froid, et excitante de la chaleur, contrairement aux apparences, n'agit pas de la même façon chez le poïkilotherme et chez l'hibernant. ***Dans une grenouille en torpeur, c'est par le sang que la chaleur pénètre*** ; ***chez un hibernant, c'est par son système nerveux qu'elle le réveille***. On en fait la preuve de la façon suivante : Si on plonge dans l'eau tiède la patte d'une grenouille en torpeur, le réveil a lieu à condition que les vaisseaux soient intacts, les nerfs étant coupés : si c'est la patte d'un hibernant (loir), le réveil a lieu à condition que les nerfs soient intacts, les vaisseaux étant liés (CL. BERNARD).

II. **Phase d'établissement du sommeil hivernal**. — Vers

la fin de l'été, l'animal augmente notablement de poids par l'accumulation de ses réserves nutritives, parmi lesquelles principalement la graisse. Celle-ci s'amasse dans l'abdomen, sous la peau, mais surtout dans la *glande hivernale*, qui est une *réserve adipeuse*, dont les cellules contiennent une substance grasse qui en disparaît peu à peu pendant le sommeil hivernal (R. DUBOIS). Celui-ci s'établit progressivement par anticipation des sommeils quotidiens qui dépassent bientôt les veilles; puis la torpeur devient continue, coupée seulement par quelques réveils durant vingt-quatre ou quarante-huit heures, dans le cours de la saison. L'animal en profite pour évacuer ses urines et ses fèces. L'abaissement de la température se fait d'abord dans l'extrémité postérieure, puis gagne de là le reste du corps.

Ralentissement des fonctions. — Toutes les fonctions sont très abaissées; la respiration est très ralentie; le sang ne pénètre plus qu'en très petite quantité le réseau capillaire et reste confiné dans le cœur et les gros vaisseaux. Les lymphatiques sont vidés de leur contenu, par contre le péritoine contient de la lymphe. — *La thermogenèse est très réduite;* des thermomètres placés dans les muscles, le cœur, le foie, le rectum, la bouche font constater cet abaissement qui est général, le cerveau lui-même est froid (VALENTIN).

D'après REGNAULT et REISET, la Marmotte endormie consomme 30 fois moins d'oxygène qu'à l'état de veille. Suivant VALENTIN, 41 fois moins. VOIT, R. DUBOIS et plusieurs autres ont donné des chiffres analogues. *Le quotient respiratoire est* lui-même *très abaissé*. REGNAULT et REISET l'ont vu descendre à 0,4; en même temps, d'après HORWATH, la quantité d'eau éliminée augmente et devient égale à peu près à celle de l'acide carbonique éliminé.

Abaissement du quotient respiratoire. — L'abaissement du quotient respiratoire est rattaché avec vraisemblance à la nature particulière des substances de réserve qui font en ce moment les frais de la combustion respiratoire ; à savoir, les graisses qui, pauvres en oxygène, réclament un excès de ce gaz pour brûler leur hydrogène. — Le sucre est absent du sang, mais en revanche le glycogène s'accumule dans le foie.

Perte de poids. — Pendant la durée du sommeil hivernal, l'animal perd un quart environ de son poids, ce qui est considérable d'une façon absolue, mais ce qui est peu pour un animal en complète inanition. Malgré l'absence complète d'aliments, il peut parfois augmenter très légèrement de poids pendant un espace de temps limité, augmentation qui ne peut être attribuée qu'à une absorption momentanément exagérée d'oxygène ou à l'hydration des tissus cornés de l'animal, quand l'état hygroscopique de l'air vient à changer (VALENTIN, R. DUBOIS).

Les tissus qui font surtout les frais de cette perte de poids sont en première ligne le *tissu adipeux* et la *glande hivernale*, puis le *foie*, et à un degré moindre les *organes respiratoires* y compris le diaphragme et enfin la *peau*. — Par contre les muscles y compris le cœur, le squelette et le tube digestif ont subi des pertes beaucoup moindres, ce qui fait que le poids relatif de ces derniers organes a augmenté par rapport au poids total, pris à la fin du sommeil, bien qu'ils aient participé, néanmoins, d'une façon absolue à l'amaigrissement général. D'après l'estimation de VALENTIN, pour un animal ordinaire, *la perte de graisse serait de près de 1 gramme par jour en moyenne.* Ce même auteur faisant un parallèle entre la Marmotte pendant son sommeil hivernal et le Pigeon mis à l'inanition, trouve que ce dernier consomme 40 fois autant de tissu musculaire que l'hivernant engourdi et relativement peu de graisse, à l'inverse de la Marmotte qui vit presque exclusivement sur cette réserve. Il remarque à cette occasion, très justement, combien le procédé de l'hivernant est plus économique et moins destructeur des tissus, ce qui tient à ce que l'hivernation est une fonction régulière, tandis que le procédé de nutrition d'un animal à l'inanition est un pis aller. L'excrétion de l'azote est faible chez l'hivernant, l'urine est acide comme chez les carnivores et les animaux qui consomment leur substance, tandis qu'elle est alcaline à l'état de veille comme chez les herbivores.

Résistance vitale. — Ce qui est également remarquable, c'est que, à ces basses températures + 10° à + 5°, ces animaux ont acquis la résistance vitale des poïkilothermes, ce que ne font pas au même degré les homéothermes même quand ils sont refroidis lentement. Chez les Lapins, par exemple, à ces températures les fonctions ne pourront plus s'exercer ; ses muscles se tétanisent ; l'animal est mort. — Chez une Marmotte engourdie on pourra reproduire toutes les expériences qui se font d'ordinaire sur la Grenouille ou la Tortue et *les manifestations de la vie y auront la lenteur qu'elles ont chez ces vertébrés inférieurs* (lenteur des contractions musculaires et des transmissions nerveuses, exagération du temps de latence, etc.), mais tout cela observé sur des tissus n'ayant subi nulle altération de la part du froid ou de ses conséquences sur les fonctions.

Un autre point de rapprochement, c'est l'*aptitude augmentée aux phénomènes de rédintégration* (LEGROS), qui sont du reste favorisés par le froid chez tous les animaux (P. BERT).

III. Conditions de la production du sommeil hivernal.

— L'hivernation est en rapport avec la température du milieu, mais indirectement par le système nerveux. Trop élevée la température maintient l'animal éveillé, trop abaissée (à 0° par ex.), elle le réveille ; mais comprise entre certaines limites, elle est une indication pour lui de dormir d'une façon prolongée. Les limites thermométriques du sommeil hivernal sont élastiques, variables suivant l'espèce, l'individu ou les circonstances, mais ce sommeil correspond dans tous les cas à la saison la plus froide du pays. Le Tanrec, contrairement à l'opinion de Cuvier, n'hiverne pas dans les mois secs et chauds, mais bien pendant l'hiver (juin à novembre) des pays qu'il habite (îles Maurice, Réunion, Madagascar), ainsi que l'a constaté Brown-Séquard.

Le sommeil, chez des hivernants de nos climats, peut du reste survenir à des températures relativement élevées ou manquer à des températures qui sont habituellement suffisantes ; cela peut dépendre des excitations que l'animal reçoit ou de celles qu'il a reçues antérieurement et en raison desquelles le repos est tantôt impossible et tantôt nécessaire. *Le sommeil hivernal*, c'est un point sur lequel R. Dubois insiste beaucoup, *est très semblable au sommeil ordinaire, dans sa cause, dans ses conditions, dans son mécanisme.* De même que la nuit venue, le sommeil nous prend, de même pour l'hivernant, la saison froide arrivée, le sommeil qui est pour lui et son espèce une habitude, survient, mais peut aussi faire défaut, dans un cas comme dans l'autre. Marés, qui a également étudié l'hivernation, l'explique par un fait d'atavisme, qui rapproche certains mammifères des poïkilothermes. On abuse peut-être de l'atavisme ; de telles opinions sont incontrôlables, comme celle, par exemple, qui ferait procéder les hivernants d'espèces accoutumées aux nuits polaires.

En admettant, comme condition déterminante du sommeil hivernal, l'habitude et le besoin d'un repos exagéré, quel est le mécanisme par lequel il survient chez ces animaux, autant vaudrait dire chez tous les animaux ? et, deuxième point, comment s'accompagne-t-il d'un aussi grand abaissement de la température ? On peut hésiter encore sur les explications proposées. R. Dubois rattache *l'anesthésie hivernale à la présence d'une quantité exagérée d'acide carbonique dans le sang.*

IV. **Phase de réveil**. — Si d'une façon générale le réveil est guidé par le retour de la belle saison, équivalant à l'élévation de la température, il ne se règle pas sur elle d'une façon étroite comme la montée du thermomètre : il dépend de l'état particulier du système nerveux, et des excitations antérieures que celui-ci a pu recevoir.

Lorsqu'il s'annonce, les fonctions jusque-là languissantes et presque annihilées prennent une *suractivité considérable* et atteignent pendant le réveil même un maximum, au-dessous duquel elles retomberont légèrement, à l'état de veille confirmée. La circulation, la ventilation pulmonaire, les phénomènes chimiques de la respiration du sang et des tissus, la calorification qui en est la conséquence prennent une grande intensité.

De plus, en passant du sommeil à la veille, il se produit des inversions très remarquables dans le chimisme de l'animal. Le glycogène qui s'était lentement accumulé se dépense tout à coup et disparaît du foie, le sucre apparaît dans le sang, mais ne s'y accumule pas, car il n'excède guère jamais le chiffre de 2 p. 1000. Le quotient respiratoire qui oscillait autour de 0,5 tend alors vers l'unité, la dépasse même passagèrement pour se maintenir de nouveau vers elle, la quantité d'eau exhalée diminue proportionnellement à celle de l'acide carbonique.

Le réchauffement est très rapide, *la température centrale s'élève d'une trentaine de degrés en trois ou quatre heures* ; il faut quatre ou cinq fois plus de temps pour qu'elle s'abaisse de la même quantité au moment de l'établissement du sommeil. Le graphique de ce réchauffement est très significatif, il a la forme générale d'un *S* allongé ; c'est-à-dire, qu'il va s'accélérant peu à peu pour se ralentir de nouveau, il commence par le foie et se complète principalement par l'activité des muscles cardiaque et respiratoires dont le fonctionnement s'exagère beaucoup à ce moment. La température de la partie antérieure du corps s'élève davantage que celle de la moitié postérieure et plus vite ; l'œsophage s'échauffe plus que le foie et celui-ci plus que les muscles (R. Dubois).

De même que parmi les organes nerveux (organes excitateurs) on peut enlever le cerveau supérieur et toute la moelle inférieure, de même parmi les organes splanchniques (organes élaborateurs) on peut en supprimer certains sans compromettre le réveil ; la rate et (chose plus curieuse) la *glande hivernale* sont de ce nombre. La soustraction par ponction des liquides assez abondants contenus dans l'estomac, l'intestin, la vessie, le péritoine, gêne considérablement le réveil. Il existe chez la Marmotte un réflexe vésico-respiratoire très accusé ; les fistules vésicales en empêchant la réplétion de la vessie paraissent priver l'animal d'une source d'excitation qui contribue à le ramener à l'activité (R. Dubois).

Quelle est la cause prochaine du réveil ? Pour l'auteur dont nous citons ici les travaux ce serait la même que celle du sommeil, à savoir, l'accumulation de l'acide carbonique dans le sang. En devenant excessive cette accumulation agirait dans le même sens que le froid lui-même, qui, à un premier degré, engourdit l'animal et à un degré plus fort peut l'éveiller.

V. **Résumé**. — En somme l'hivernant pendant son sommeil ressemble beaucoup à un animal qu'on a mis à l'inanition. *Il vit sur ses réserves*. Mais comme l'hivernation est une fonction ordonnée, il n'en résulte pas le même trouble que chez un mammifère du type ordinaire. En effet, d'une part il a préalablement accumulé des réserves, surtout en graisse. Depuis son réveil, jusqu'à son sommeil, il constitue cette réserve avec le surplus de son alimentation : puis pendant tout son sommeil il la consomme. D'autre part, sa consommation pendant le sommeil est extrêmement réduite, et pour la maintenir à ce taux minimum l'animal a changé son niveau thermique ; il s'est réglé pour la vie à température basse. Chez les homéothermes proprement dits, la balance entre les *ingesta* et les *excreta* ne subit que des oscillations horaires ou quotidiennes liées à l'alimentation, et qui sont comme noyées dans le total des aliments et des réserves, sur une période un peu longue de leur existence. Chez l'hivernant, ces oscillations quotidiennes sont supprimées pendant le sommeil, elles n'existent plus qu'à l'état de veille, et elles se greffent en quelque sorte sur des phases annuelles qui n'ont que peu d'importance chez les homéothermes, mais qui en ont une très grande chez lui. *L'animal hibernant n'est ramené à son état initial qu'après une année écoulée*, d'un réveil à un réveil, d'un sommeil à un autre sommeil, ou de telle période de sa veille et de son sommeil à telle période suivante correspondante. Pendant la durée d'une phase complète, il est continuellement ou en croissance ou en décroissance.

BIBLIOGRAPHIE.

Thermogenèse chez les animaux hibernants. — CL. BERNARD, *Biol.*, 1871, 100. — R. DUBOIS. Infl. du foie sur le réchauf. autom. de la Marmotte, *Biol.*, 1893. — Infl. de l'eau cont. dans org. hibern. sur thermogenèse, *Biol.*, 1894. — Frisson muscul., *Biol.*, 1894. — Physiol. comparée de la marmotte; MASSON, 1896. — DUTTO, Qq. rech. calor. sur une Marmotte, *Arch. it. biol.*, XXVII, 210, 1897. — HORWATH, Beitr. z. Lehre üb. d. Winterschl., *Verh. d. phys. med. Ges. Würtzburg*, XII, 139. et XIII, 60. *Centralb.*, 1872. — PASTRÉ, Exposé des opinions émises sur l'hibern., *Mém. Soc. linnéenne*, Paris, VI, 121, 1827. — PEMBREY et H. WHITE, Heat regul. in hybernat. anim., *J. of Phys.*, XVIII, XIX. — QUINCKE, *Arch. f. exp. Path. u. Pharm.*, XV, 1, 1881. — SAISSY, Rech... anim. mammif. hibernants... Paris, 1808. — VALENTIN, Beitr. z. Kentniss d. Winterschlafes der Murmelthiere, *Moleschott's Unters.*, II, 222, 246; III, 195; IV, 58; V, 11, 259; VII, 39; VIII, 121; IX, 129, 227, 632 ; X, 265, 526, 590.

Températures centrales et périphériques ; conditions diverses. — KUNCKEL., Ueb. die Temp. der menlisch. Haut, *Sitz. d. phys. med. Ges. zu Würtzburg*, 1886, et *Zeitsch. f. Biol.*, XXV, 55, 1888. — LABORDE, Temp. suiv. les organes, *Biol.*, 1870, 126, 130. — LEREBOULET, Temp. périph., *Gaz. méd. et chir.*, 1880. — LEROY DE LANGEVENIÈRE, Temp. morb. estom. interprét. clin., *Thèse Paris*, 1888. — MAREY, Temp. du sang, *Biol.*, 1860, 20. — MONDON, Temp. locales et phtisie pulm., *Th. Paris*, 1884. — MORTIMER GRANVILLE, Temp. de la peau, *Biol.*, 1880, 262. — MEEH, Oberflachemessung des menlisch. Körpers, *Zeitsch. f. Biol.*, XV, 425, 1879. — MOTS, Temp. comp. aisselle et main, *Gaz. méd.*, Paris, 1878, et *Biolog.*, 1878. — MAXIMOW, Chal. des foy. inflammat., *Wien. med. Jahrb.*, 1886. — PARIZOT, Essai sur temp. dans affect. chir., *Th. Paris*, 1881. — QUINCKE, Ueb. Temp. und Wärme angleich. im Magen, *Arch. f. exp. Path. und. Pharm.*, XXV, 375, 1889. — REDARD, Temp. de la peau, temp. du thorax, mal. de poitrine, *Biol.*, 1880, 262, 300, et 1882, 294. — ROMER, Temp. périph. hum. norm. *analyse*, in *Centralb. f. med. Wiss.*, 1891. — SCHULEIN, Rapp. ent. temp. centr. et temp. périph. dans fièvre, *Arch. f. path. An. und Phys.*, LXVI. — H. E. SCHWARZ, Temp. périph. du corps humain, *Th. Zurich*, 1886. — W. SQUIRE, T. périph., *Practitioner*, 1878. — WURSTER, Temp. verhält. d. Haut, *Centralb. f. Phys.*. II, 1888.

CHAPITRE DEUXIÈME

ANIMAUX A TEMPÉRATURE FIXE (HOMÉOTHERMES).

Les *homéothermes* sont représentés par les *oiseaux* et les *mammifères* (hivernants mis à part). Ces êtres tiennent de leur organisation une propriété très remarquable. Ils conservent une température fixe malgré les changements parfois très considérables de la température extérieure; ceci ils le peuvent dans un milieu notablement plus froid qu'eux-mêmes; ils le peuvent également dans un milieu qui excède leur température propre; ils résistent au froid et au chaud, sans se laisser envahir ni par l'un ni par l'autre. Cette résistance n'est pas **totale**, en ce sens que les parties les plus superficielles du corps qui servent de tégument aux autres participent nécessairement dans une certaine mesure aux oscillations de la température du milieu avec lequel elles sont en contact. Elle n'est pas non plus **absolue**, en ce sens que les écarts les plus considérables de la température extérieure se traduisent dans la température propre des homéothermes, par de légères inflexions de même sens qu'elle ; elle n'est pas **indéfinie**, en ce sens que si les variations extérieures dépassent certaines limites d'intensité, ou si ces variations, sans être extrêmes, sont trop longtemps prolongées, le pouvoir régulateur des homéothermes devient insuffisant, et le froid ou le chaud les envahit à l'égal des poïkilothermes, mais avec des conséquences en général beaucoup plus graves que pour ces derniers.

A. — COMPARAISON ENTRE LES POIKILOTHERMES ET LES HOMÉOTHERMES.

Il n'est pas de loi plus importante que celle qui règle la différence de réaction des homéothermes et des hétérotherme à l'égard de la chaleur et du froid extérieurs. — L'animal hétérotherme ou poïkilotherme prend la température de son milieu qu'il suit étroitement. Cela tient à deux causes, l'une toute physique, qui veut que, comme tout corps quelconque, il tende à égaliser sa chaleur avec les objets voisins ; l'autre d'ordre déjà plus particulier qui fait que le froid éteint en lui les sources de la production de chaleur. **L'être vivant**, en effet, **n'est capable de faire de la chaleur qu'à la condition qu'on lui en fournisse une première provision pour** *amorcer ses réactions thermogènes ;* c'est ce que montre très bien en particulier l'exemple des fermentations.

Conditions communes. — L'homéotherme est, lui aussi, soumis à ces deux mêmes lois, ainsi que le montre l'étude analytique de ses éléments ou tissus séparés, lesquels réglant leur activité sur la chaleur extérieure, une fois isolés de lui, n'ont individuellement aucun moyen de se soustraire à ses variations. Mais, réunis dans l'organisme d'un animal à sang chaud, ces éléments ont trouvé, par leur coopération, le moyen, non pas de violer ces deux lois fondamentales, mais d'échapper à leurs conséquences. Ce résultat est dû à un perfectionnement du système nerveux dont l'action restée simplement excitatrice chez l'animal à sang froid est devenue chez l'animal à sang chaud *directrice* et *régulatrice* de l'activité des éléments et des fonctions d'ensemble ; de sorte que l'action différente de la chaleur et du froid sur les homéothermes et les poïkilothermes se résume en somme en une action différente sur leurs systèmes nerveux eux-mêmes différents.

Différence des systèmes nerveux. — Sur le système nerveux moins parfait de l'hétérotherme la chaleur agit comme sur tous les autres tissus, en exaltant ses propriétés et ses réactions et le froid en les abaissant ; ce qui condamne une fois de plus cet être à suivre la température de son milieu. Chez l'homéotherme, à cette action qui ne peut pas faire défaut, s'en surajoute une autre qui devient chez lui prépondérante ; c'est l'effet de la chaleur agissant non plus comme *énergie efficiente* (ou préparante) de la réaction thermogène, mais comme une *énergie excitatrice*, et qui, par un enchaînement d'excitations répercutées et transformées à travers le système nerveux plus parfait de l'homéotherme, arrive à faire du chaud et du froid des *excitants spécifiques* de celui-ci. Le premier concourant par différents moyens à déperdre la chaleur et à abaisser le niveau thermique, le second étant employé à exagérer la thermogenèse et à limiter la déperdition ; il s'ensuit que dans l'homéotherme, grâce à la perfection de son organisation, *la chaleur extérieure devient cause de froid intérieur et le froid cause de chaleur interne.*

Cette réaction de mutuelle dépendance entre la cause et l'effet, établie en vue d'une fin qui est la conservation de l'organisme, est caractéristique de l'être vivant. Nous la retrouvons dans toutes les grandes fonctions. Il reste seulement entendu qu'elle a des limites hors desquelles l'équilibre devient impuissant à se conserver ou à se rétablir.

Résistance comparée à la chaleur. — Au point de vue de

la résistance, non plus à l'envahissement de la chaleur, mais à l'action de la chaleur qui les envahit, les poïkilothermes ne jouissent d'aucun privilège particulier. En général, ils succombent à des températures que des homéothermes supporteraient. Les poissons ne supportent pour la plupart guère une température avoisinant 40°. Poïkilothermes et homéothermes sont sujets à vivre à des températures en somme peu distantes de celles qui menacent leur vie. Quant aux homéothermes la zone thermique qu'ils ont choisie pour régler leur température propre avoisine perpétuellement celle où ils succombent. L'écart possible dans ce sens est de 5° à 6°.

Résistance au froid. — Mais au point de vue de la résistance à l'action du froid, quand celui-ci gagne les tissus, la différence est très grande. Les animaux homéothermes meurent de froid pour des abaissements thermométriques qui répondent à des températures relativement élevées des poïkilothermes. Pour ces derniers, dans les conditions ordinaires des saisons, il n'y a pour ainsi dire pas de mort par le froid.

Différences fondamentales. — L'homéotherme et le poïkilotherme diffèrent entre eux en tant qu'*individus* et ils paraissent différer également en tant qu'*éléments*. — L'homéotherme lutte contre le froid avant d'être envahi, exagère sa thermogenèse, fait d'autant plus de chaleur qu'il y en a moins autour de lui. Le poïkilotherme se laisse envahir sans défense; loin d'être exagérée, son activité fonctionnelle s'amoindrit dès le début; son système nerveux participe à la léthargie de tous ses tissus et l'abaissement de sa température suit une pente régulière. La différence entre les deux consiste donc surtout en une sensibilité particulière et spécifique du premier à l'égard de la chaleur. La lutte de l'homéotherme, lorsqu'elle ne se termine pas à son avantage, aggrave les conséquences de sa défaite. Les tissus également refroidis de deux animaux, l'un à sang chaud et l'autre à sang froid, ne sont pas équivalents. Il est impossible de refroidir le premier sans lui faire violence, le second se laisse refroidir sans réaction d'aucune sorte.

Résistance individuelle et résistance élémentaire. — Lorsqu'un homéotherme a eu sa température ainsi abaissée malgré lui, jusqu'à un certain degré, *il meurt;* c'est dire que, à partir d'un certain moment, même si on le réchauffe, l'enchaînement de ses fonctions est détruit et ses tissus périssent un à un. Cet enchaînement, moins rigoureux ou plus élastique chez le poïkilotherme, persiste au contraire chez lui dans les mêmes conditions d'abaissement thermique; lorsque la chaleur s'élève de nouveau autour de lui ses tissus manifestent leur activité première et l'animal est redevenu comme avant. *L'un* (l'homéotherme) *résiste à l'envahissement du froid dans la mesure où ses moyens lui permettent de faire de la chaleur, mais une fois envahi résiste mal aux causes de destruction qui procèdent du froid; l'autre* (le poïkilotherme) *ne résiste aucunement à l'envahissement du froid, mais résiste efficacement aux altérations des tissus qui en sont la conséquence chez le premier;* c'est ce qu'on veut dire quand on parle de sa *résistance vitale.*

Adaptation. — La différence qui semble exister entre les éléments de l'un et de l'autre est du reste plus apparente que réelle. Un moyen de montrer que cette différence n'est pas essentielle, c'est de procéder lentement dans l'abaissement de la température des animaux à sang chaud ; la résistance vitale de leurs tissus s'accroît alors et se manifeste par la survie beaucoup plus longue de leur propriété : *on peut dans une certaine mesure transformer l'animal à sang chaud en un animal à sang froid*, comme l'a montré Cl. Bernard.

B. — INFLUENCE DE LA TEMPÉRATURE EXTÉRIEURE SUR LA THERMOGENÈSE.

Le chiffre de 37°, température centrale ordinaire des mammifères (ou tout chiffre approchant dans chaque espèce donnée), est un *optimum* si avantageux pour le plein exercice des fonctions de l'animal, que celui-ci oriente en quelque sorte toute son évolution en vue de se l'assurer, quelque sacrifice qui en résulte pour lui. Son organisation est également dirigée en vue de maintenir ce taux constant, en face des variations thermiques du milieu dans lequel il vit. Si artificiellement nous faisons monter ou descendre la température autour de lui, un thermomètre plongé dans ses régions profondes nous montre, en effet, que ce chiffre optimum n'a pas changé sensiblement chez lui. Mais pendant que la température extérieure subit ces grandes variations, il est intéressant de voir ce que devient sa thermogenèse et avec quelle économie relative ou quels moyens particuliers elle parvient à se maintenir. C'est encore au calorimètre que nous devons demander ces renseignements.

Quantité de chaleur rayonnée suivant la température du milieu. — Soit donc un animal donné autour duquel nous faisons varier à notre gré et méthodiquement la température de l'air par exemple depuis 28° ou 30° jusqu'à 0°. Quel est pour chaque degré du milieu extérieur le nombre de calories rayonnées par l'animal?

D'après Léon Fredericq *il existe un minimum de radiation calorifique chez tous les animaux;* chez l'homme habillé, il le place à 18°. Toute température supérieure ou inférieure a pour effet d'augmenter les combustions intraorganiques, cela, il est vrai, par des mécanismes différents. Quand la température extérieure baisse, l'organisme augmente ses combustions, et par là, il se défend de l'envahissement du froid; quand

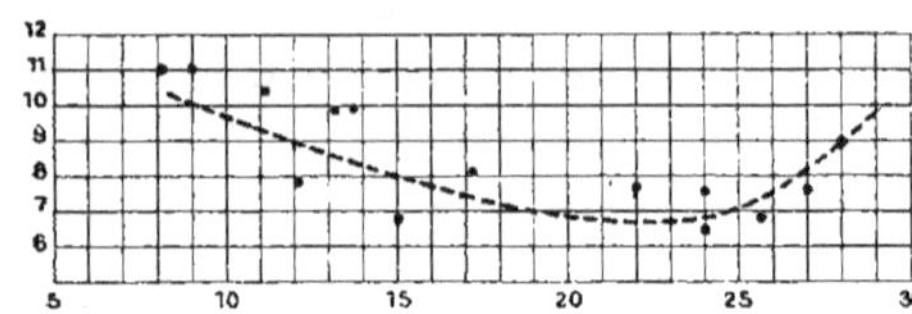

Fig. 167. — *Courbe exprimant la marche du rayonnement calorique* (chez le cobaye) *pendant que la température extérieure s'élève de 8° à 28°. Radiation* minima *entre* 20° *et* 25° (d'après Léon Fredericq et Ansiaux).

elle s'élève, il n'a pas au même degré le pouvoir inverse de diminuer son activité thermogénique; celle-ci tend même au contraire à s'élever, et il est réduit pour se préserver des effets qui en seraient la conséquence à augmenter d'autant sa déperdition.

Ansiaux, en expérimentant sur le *cobaye*, est arrivé aux mêmes conclusions, sauf que le minimum est légèrement déplacé et se trouve entre 20° et 25°.

Contrôle par la calorimétrie indirecte. — Ces résultats sont en accord sensiblement avec les chiffres d'acide carbonique produit, tels qu'ils ont été trouvés par Voit et par Page, et, d'une façon générale, avec le bilan des échanges respiratoires. Le chiffre de l'acide carbonique est en effet, comme on sait, un témoin plus variable que l'oxygène des combustions intraorganiques, et ce dernier lui-même n'en est pas une mesure absolue, mais néanmoins déjà suffisamment approximative.

D'après Richet, le nombre des calories rayonnées suivrait une marche précisément inverse de celle qui vient d'être indiquée et présenterait non plus un minimum, mais un maximum vers 14° pour les lapins, vers 11° pour les cobayes, vers 18° pour les enfants (Langlois). Ces résultats sont considérés par leurs auteurs mêmes comme difficilement explicables.

Sigalas en étudiant parallèlement la radiation calorique et la consommation d'oxygène sur le lapin, dans un milieu dont la température décroit de 20° à 7°, a vu également cette radiation présenter un maximum vers 15°, tandis que l'absorption d'oxygène va croissant, au contraire, régulièrement avec le froid extérieur. — Par contre, chez le Canard, la radiation a présenté un accroissement régulier en présence d'un abaissement de la température extérieure depuis 21°,5 jusqu'à 7°, en même temps qu'une absorption également croissante d'oxygène.

Il reste à expliquer comment dans certaines conditions s'établit une discordance entre les indications de la calorimétrie directe et indirecte.

Enfin d'après Lefèvre le débit de chaleur chez les animaux exposés aux différentes températures ne présenterait ni maximum ni minimum, mais suivrait une pente régulière s'accélérant quand la température extérieure baisse, se réduisant au contraire proportionnellement quand celle-ci monte.

Loi de Newton sur le rayonnement. — *La perte (débit) de chaleur d'un corps placé dans une enceinte ayant une température inférieure à la sienne est sensiblement proportionnelle à la différence des températures du corps et de l'enceinte, quand l'écart ne dépasse pas 20°.* — D'après cela la température des animaux étant fixe, lorsque celle du milieu va décroissant régulièrement, la perte de chaleur ou débit calorique de l'animal devrait croître d'après une pente régulière et c'est sur ce point que les expérimentateurs sont en désaccord : les uns admettant qu'il en est ainsi, les autres niant la proportionnalité du débit, auquel ils donnent des expressions différentes représentées par des courbes inverses (FREDERICQ et ANSIAUX, RICHET). Les résultats obtenus par ces derniers sont parfois interprétés en disant que la loi de NEWTON ne s'applique pas aux animaux.

En principe, cette loi est applicable à tout corps quelconque, vivant ou non, mais elle supppose (ce que l'on se dispense de mettre dans son énoncé) que ce corps est homogène et que toutes choses dans l'expérience restent semblables à l'exception de la chaleur ; ce qui est loin d'être le cas pour les animaux dans lesquels on voit varier, du fait même de la température extérieure, le pouvoir émissif, la conductibilité, la convection circulatoire et, d'une façon générale, toutes les conditions qui règlent le départ de la chaleur ou, en un mot, son pouvoir déperditif.

C. — INFLUENCE DE LA SURFACE EN RAPPORT AVEC LE POIDS OU LE VOLUME.

Chez les animaux (homéothermes), lorsque leur poids, leur volume ou leur taille va croissant ou décroissant, la production comme la dépense de chaleur n'est pas simplement proportionnelle au poids ou au volume, mais, dans le premier cas, croît moins vite et, dans le second cas, décroît moins vite que celui-ci ; ce qu'on peut exprimer en disant que : *pour l'unité de poids ou de volume un petit animal dépense plus qu'un gros et inversement.*

Exemple : Un chien de 6 kilogrammes rayonne 2.640 microcalories par kilogramme-heure, un rat de 125 grammes en rayonne 11 830 et un moineau de 25 grammes, 35 000 par kilogramme-heure.

I. **Loi physique.** — Ce fait constaté expérimentalement et de diverses manières par RICHET, RÜBNER et d'autres, est la conséquence d'une loi physique très simple. Assimilons le corps de l'animal à une sphère et augmentons graduellement son rayon, *les poids croissent comme les cubes, tandis que les surfaces croissent comme les carrés.* — Or, la déperdition de la chaleur étant proportionnelle à la surface, à mesure que cette surface croît relativement à son poids, l'animal sera dans la nécessité d'augmenter sa production, d'activer sa thermogenèse. Et c'est là une condition à laquelle il ne peut rien changer, ou assez peu de chose, au moins en ce qui concerne la *déperdition moyenne ;* car si à égalité de surface le rayonnement peut augmenter ou diminuer, suivant les cas, dans de certaines limites ; l'animal est néanmoins tenu, dans sa condition moyenne, de ne pas se rapprocher trop de ces limites elles-mêmes, pour ne pas se priver d'un moyen très précieux de régulation thermique.

Rayonnement par unité de surface. — L'expérience a montré que *l'unité de surface* (soit le décimètre carré) *rayonne des quantités de chaleur, sinon égales du moins pas très différentes chez les différents animaux de tailles très différentes* (entre 350 et 500 calories par heure en moyenne). Du reste, ces surfaces à égalité de dimension sont loin d'être équivalentes entre elles, suivant les animaux les uns à peau nue, les autres recouverts d'un tégument, naturel ou artificiel. C'est ainsi que l'homme nu rayonne, toutes choses égales, presque le double, que recouvert de ses vêtements.

II. **Influence de l'âge**. — L'*âge*, en tant qu'il modifie la taille par le *développement* et qu'il modifie le rapport de la surface au poids, influe considérablement sur la thermogenèse. L'enfant rayonne pour l'unité de poids plus de chaleur, et partant consomme plus d'aliments que l'adulte, non pas seulement pour acquérir et retenir en lui la substance de son accroissement, mais pour compenser la chaleur qu'il déperd et maintenir le niveau de sa température.

Cette influence de la surface sur la thermogenèse fait atteindre à la production de chaleur chez les tout petits animaux un maximum qu'elle ne peut

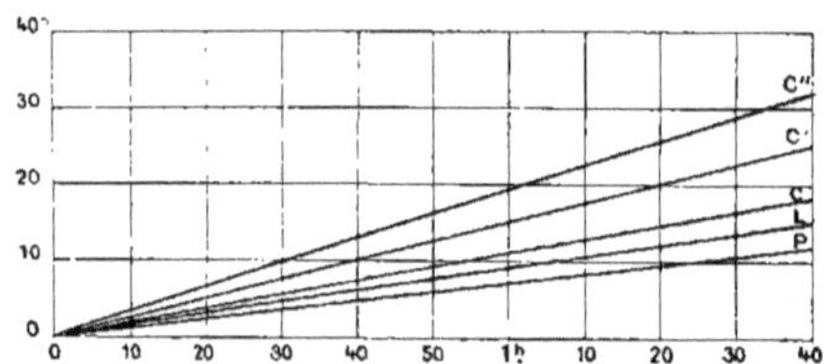

Fig. 168. — *Représentation graphique des quantités de chaleur rayonnées comparativement par des animaux d'espèce différente et de poids semblable ou différent* (d'après d'Arsonval).

P, poule (1ᵏ,400) ; L, lapin (1ᵏ,925) ; C, chat (3ᵏ,600) ; C', chien (2ᵏ,700) ; C'', cobaye (1ᵏ,950).

dépasser, et qui limite la taille des homéothermes à certaines dimensions minima. L'oiseau-mouche est le plus petit d'entre eux, et encore n'habite-t-il que les pays chauds (RICHET). Les poïkilothermes ne connaissent pas cette limitation de leur taille, n'étant pas astreints à conserver fixe leur température.

Le rapport de la surface au poids d'un corps n'est régi par des formules simples qu'autant que ce corps a une forme géométrique régulière (sphère, cylindre, etc.) ce qui n'est pas le cas des animaux. On a adopté la formule empirique suivante (MEEH) :

$$S = K \sqrt{P^{\frac{2}{3}}}$$

dans laquelle S est la surface, P le poids et K un coefficient qu'on fait égal à 12 pour les mammifères (11,16 pour les Lapins).

Influence de l'espèce. — Chaque espèce animale paraît avoir, indépendamment de la taille ou de la surface, un coefficient particulier de dépense calorique. D'après D'ARSONVAL la poule malgré sa température élevée a un rayonnement à peu près semblable à celui du lapin; celui-ci comparé au cobaye a un rayonnement sensiblement moins fort.

Mesure du rayonnement calorifique. — D'ARSONVAL a imaginé un *thermogalvanomètre* pouvant servir à la mesure de la chaleur rayonnée par une surface.

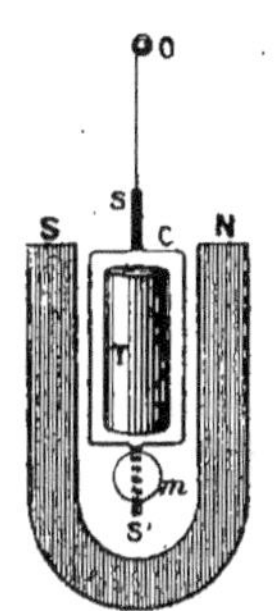

Fig. 169. — *Thermogalvanomètre servant à mesurer la chaleur rayonnante.*

SN, aimant en fer à cheval; T, tube de fer doux; C, cadre métallique formé de deux métaux différents (argent, palladium) réunis par des soudures SS', dont l'une, S', porte un miroir *m* et dont l'autre, S, reçoit les rayons calorifiques. Le cadre suspendu librement en O, oscille dans le champ magnétique sous l'influence du courant thermoélectrique qui le parcourt (d'après D'ARSONVAL).

Le principe en est le même que celui de l'appareil de MELLONI; seulement *la pile et le galvanomètre sont un seul et même appareil.* Le champ magnétique est donné par un aimant fixe NS en fer à cheval, avec un fer doux T entre les branches. Le cadre C est mobile dans ce champ. Ce cadre représente un circuit formé de deux métaux différents (argent et palladium) présentant deux soudures SS', l'une en haut, l'autre en bas. Cette dernière porte un miroir *m* pour la mesure de la déviation, d'après le procédé ordinaire. Sur la première laissée à nu on concentre les rayons calorifiques émanés d'une surface donnée dont on veut mesurer le pouvoir sensitif; la déviation galvanométrique est proportionnelle à la quantité de chaleur rayonnée.

Méthode bolométrique. — L'appareil de MELLONI peut ainsi servir à la mesure soit de la température d'un corps soit du rayonnement d'une surface. Pour la première de ces mesures la soudure réceptrice est mise *en contact direct* avec le corps chaud; pour la seconde elle est placée *à une certaine distance* de la surface rayonnante. — Le *bolomètre* que nous avons vu plus haut employé à l'estimation des températures (notamment des nerfs) peut servir également à celle de la chaleur rayonnée par une surface et cela également suivant que la chaleur agit sur lui par contact ou à distance. MASJE, puis STEWART s'en sont servis pour étudier la distribution de la température dans les différentes régions de la peau, ainsi que le rayonnement de ces différentes régions (tantôt mises à nu, tantôt couvertes de vêtements. Même sur la peau nue les quantités rayonnées diffèrent sensiblement d'une région à une autre et de la comparaison de ces quantités avec les températures de ces régions on fixe des conclusions sur la variation du pouvoir senstif et le mécanisme de la régulation de la chaleur.

D'ARSONVAL avait déjà noté qu'*à surface égale la peau rayonne inégalement dans ses différentes régions* et que ce rayonnement change d'un instant à l'autre: il a vu également qu'*à température superficielle égale ce rayonnement peut varier du simple au double*; le pouvoir émissif de la peau étant modifié selon lui surtout par la sécrétion cutanée.

Pouvoir émissif; pouvoir déperditeur. — Dans le cours de cet ouvrage j'évite l'emploi de l'expression « pouvoir émissif » que je remplace par celle de « pouvoir déperditeur de la chaleur »; j'entends par cette dernière l'*ensemble des* *conditions* qui, en modifiant la circulation et la sécrétion cutanées, ou en faisant intervenir tout mécanisme encore inconnu, assure le départ de chaleur, qui, sans cela, tendrait à s'accumuler dans l'organisme; conditions parmi lesquelles le pouvoir sensitif des corps, qui entrent dans la constitution de la peau, intervient comme facteur individuel.

Rayonnement; contact; convection. — La quantité totale de chaleur qui quitte l'organisme est habituellement comptée comme chaleur rayonnée, et c'est effectivement par radiation que la plus grande partie de cette chaleur lui est enlevée. Mais cette façon abréviative de s'exprimer ne doit pas faire oublier que (outre la quantité absorbée par l'évaporation) une partie est cédée non seulement aux objets solides, mais à l'air lui-même pour les échauffer. — Lorsque l'air est agité, cette part devient beaucoup plus grande. Le transport et la dispersion de la chaleur par convection dans l'air sont une circonstance qui complique les mesures calorimétriques et qui a préoccupé plus ou moins tous ceux qui se sont livrés à ces études. Stewart estime qu'une part notable doit être faite à la dispersion par convection aux dépens de celle qu'on rapporte habituellement à la radiation.

D. — TEMPÉRATURE NORMALE DE L'HOMME.

La température de l'homme est une des plus basses de celles appartenant aux mammifères. Cette température est sensiblement, mais pas absolument fixe : elle subit au contraire des oscillations perpétuelles autour d'un chiffre moyen, qui est celui qu'on veut désigner, quand on parle de la température de l'homme. La difficulté est précisément de s'entendre sur la valeur qu'il convient de donner à ce chiffre moyen.

l. **Chiffre moyen**. — Ce chiffre moyen est-il réel, c'est-à-dire constant, ou bien n'a-t-il lui-même qu'une valeur changeante? D'après les observations de Jürgensen, il aurait au moins pour chaque individu donné une certaine constance. Cet observateur ayant pris pendant trois jours consécutifs, avec des thermomètres à demeure, la température de trois individus en relevant les chiffres toutes les cinq minutes, a vu que la somme de ces températures est à peu près constante; les variations semi-quotidiennes ou horaires ou quelconques se compensant assez exactement. Chaque individu aurait de la sorte son *coefficient thermique*.

Ce chiffre moyen des températures successives étant établi pour un certain nombre d'individus, quelle est la moyenne la plus approchée de la température humaine? Le tableau qui suit donne les chiffres adoptés par quelques auteurs parmi ceux qui se sont le plus occupés de cette question :

Jürgensen	37°,7
Wunderlich	37°,35
Jäger	37°,13
Hartmann	37°,19
Redard	37°,65

Soit comme moyenne générale 37°,45, chiffre adopté par Richer.

Oscillations nycthémérales. — Les oscillations de la température centrale ne sont pas toutes accidentelles ou d'ordre imprévu ; il en est d'importantes auxquelles on peut assigner des causes et des temps déterminés dans la succession quotidienne des actes physiologiques. *Le maximum de la température est vers quatre heures du soir ; le minimum vers quatre heures du matin environ*. De sorte que la température d'un individu peut toucher en haut de l'échelle 38° et en bas 36° sans sortir des limites physiologiques.

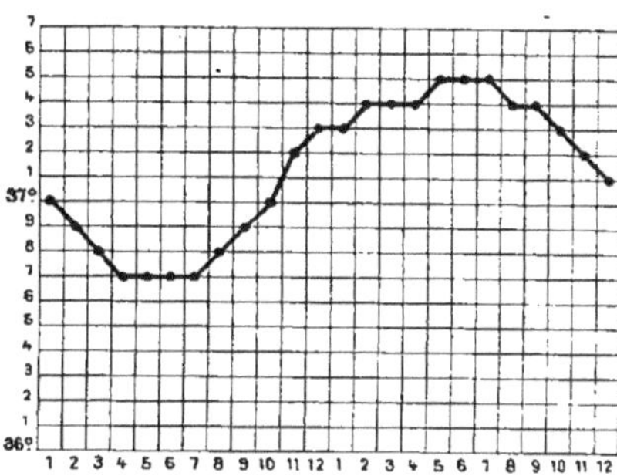

Fig. 170. — *Oscillations nycthémérales de la température*, de minuit à minuit (d'après JURGENSEN).

Le moment du *minimum* est marqué par la *sédation* la plus profonde du système nerveux et musculaire correspondant au repos prolongé du sommeil. Celui du *maximum* répond à l'instant de la journée où les *excitations* de ces systèmes les ont portés à leur plus grande activité. Mais l'ordre de ces grandes oscillations pourrait être interverti chez les individus exerçant des professions qui les obligent à faire de la nuit le jour et réciproquement (mineurs, boulangers, etc.).

D'autres causes correspondant à des actes physiologiques habituellement fixes, comme la *digestion*, peuvent avoir leur traduction sur cette courbe quotidienne, mais sans en modifier le sens général.

Oscillations d'après le milieu et les saisons. — DAVY a le premier constaté que lorsqu'on se déplace d'un climat froid vers un climat chaud (d'Angleterre à Ceylan), la température centrale subit une élévation, qui peut dépasser un degré et même approcher de deux degrés. Ce fait a été contrôlé depuis par nombre d'observateurs.

La surélévation ainsi acquise n'est peut-être pas durable, car les moyennes des températures centrales recueillies dans les pays chauds ne diffèrent pas beaucoup des nôtres. — Mais le fait de la tendance de la température du corps à suivre celle du milieu dans ses plus grands déplacements a été confirmé par FOREL, qui, au moyen de nombreux relevés de sa température propre, l'a vue excéder légèrement en été les chiffres recueillis en hiver. La moyenne de toutes les températures de l'année étant prise pour base, on constate de septembre à mars une baisse de — 0°,12 et en juillet et août un excès de + 0°,5.

II. Température du fœtus. — La température du fœtus, à en juger par celle de l'enfant qui vient de naître, est supérieure à celle de la mère ainsi que l'a vu H. Roger. La température du fœtus a été trouvée de 37°,81 par Bærensprung sur une moyenne de 37 sujets et en excès de 0°,04 sur celle de la mère. Ce fait a été vérifié par Schæffer, Wurster, Lépine. L'explication courante de cette *supériorité thermique du fœtus* est la suivante : Le fœtus, producteur de chaleur, est de plus protégé très efficacement contre le refroidissement, par l'utérus et les parois abdominales. Il y a donc tendance à un léger excès de sa température propre sur celle des tissus qui le protègent et qui ont à peu près la température du rectum de la mère. — Il est dans la situation d'un organe profondément situé et partant des plus chauds de l'organisme maternel. La température rectale, la plus fixe et la plus élevée à la fois de celles que nous pouvons commodément constater, n'est pas la plus élevée de l'organisme ; elle est inférieure à celle du foie, par exemple, et il est fort probable que le fœtus n'est pas plus chaud que le foie de la mère.

Chute initiale. — De ce point de départ au moment même de la naissance, on voit la température du fœtus baisser rapidement dès les premières minutes, descendre à 36°, puis 35°,5 et, malgré l'enveloppement, tomber à 35°, parfois 34° après trois ou quatre heures. Mais dès le lendemain ou même avant, suivant d'autres, la température revient à la normale et conserve un type qu'elle garde sensiblement jusqu'à la mort (H. Roger, Schnetz, A. Raudwitz, Mignot, Finlayson, Guéniot, etc., etc.).

Relèvement. — Cette chute initiale suivie de relèvement semble indiquer que le mécanisme régulateur de la chaleur (dont le système nerveux forme la pièce la plus importante et la plus sensible), surpris en quelque sorte par la brusquerie de sa nouvelle fonction, s'y montre tout d'abord quelque peu insuffisant, mais s'y adapte néanmoins très rapidement.

III. Température aux différents âges. — Dès la première année, la température de l'enfant est ce qu'elle sera plus tard dans l'adolescence et à l'âge adulte. La température du vieillard d'après Charcot reste la même. Le tableau suivant emprunté à Richet résume les moyennes générales des différents âges :

Naissance....	38°,8
Demi-heure après	36°,6
Dix jours suivants	37°,6
Enfance et adolescence	37°,6 à 37°
Age adulte	37°,0
Vieillesse	37°,1

Animaux nouveau-nés. — Chez les animaux nouveau-nés la température est susceptible de s'abaisser beaucoup plus que chez l'enfant dans les mêmes conditions et cela pendant plusieurs jours après la naissance. C'est ce qu'on peut constater facilement et rapidement, si on les retire de dessous leur mère qui les protège contre le refroidissement pendant le temps nécessaire. Mis à l'air à une température extérieure moyenne, quelques heures après la naissance, de petits lapins présentent une *baisse de température* de plus de 15°. Sur des petits oiseaux âgés de plusieurs jours cette baisse peut dépasser 20° (W. Edwards).

Les causes de ce défaut de résistance, ou tout au moins celles qui l'aggravent, peuvent être recherchées dans la petitesse de la taille et l'exagération relative à la surface déperditrice, ainsi que dans l'absence d'un tégument protecteur (plume, poil, fourrure), lequel ne se développe que plus tard; mais elles sont surtout dans l'*imperfection du développement de l'animal* (W. Edwards) *et principalement de son système nerveux* (Richet) dont certaines régions des plus importantes, et notamment les centres supérieurs, sont encore dépourvues d'excitabilité, à ce moment. W. Edwards fait justement remarquer que, parmi les jeunes mammifères, ceux qui ont le plus besoin de cette protection extérieure contre le froid sont ceux dont les yeux sont encore fermés à la naissance, c'est-à-dire moins avancés en organisation. Du fait de cette imperfection temporaire qui du reste disparaîtra promptement « les uns, dit-il, naissent pour ainsi dire animaux à sang froid et les autres animaux à sang chaud ».

L'enfant né à terme est à ce point de vue plus développé que la plupart des mammifères, mais s'il naît avant terme, avant sept et six mois, par exemple, il se trouve dans les mêmes conditions et pour un temps assez long. De là, l'indication des *couveuses artificielles* employées dans les services de maternité et dont on a reconnu les heureux résultats pour abaisser la mortalité des nouveau-nés.

Température des mammifères. — Le tableau qui suit donne (d'après Richet) la température des principaux mammifères sur lesquels le physiologiste peut avoir occasion d'expérimenter. A l'exception du singe et du cheval, cette température est plus élevée que celle de l'homme de 2 degrés environ :

	Nombre d'observations.	Température moyenne.
Chien	162	39°,25
Lapin	204	39°,35
Cobaye	128	39°,17
Mouton	39	39°,50
Veau	4	39°,50
Bœuf	16	39°,70
Porc	13	39°,70
Singe	5	38°,10
Cheval	78	37°,75

Température du cheval. — La température normale habituelle du cheval est 37°,5 à 38°, mais elle est susceptible même en temps ordinaire de variations qui, chez l'homme, passeraient pour pathologiques. — Nocart affirme que le cheval exposé à la pluie, au vent, au brouillard, peut se refroidir de 1°, 1°,5 et parfois 2°. — Exposé directement au soleil, sa température s'élève au contraire de la même quantité. — Humber a constaté que l'ingestion des aliments et des boissons entraîne un chute de la température; sur des juments en gestation, la variation diurne était de 1° à 2°. — D'après Comexy les animaux à robe noire ont une température plus élevée que les sujets à robe claire. — Manotzkow a observé sur deux chevaux de selle qu'après une allure vive la température s'élevait de 37°,5 à 41° (soit 3°,5) pendant que le pouls triplait de fréquence et que la respiration quadruplait. — La température extérieure était de 26°.

Température des oiseaux. — La température des oiseaux est très élevée et se maintient d'une façon normale à des chiffres qui seraient mortels pour l'homme et même les autres mammifères. MARTINS a recueilli un grand nombre de températures sur les *Palmipèdes*. — Sur les canards domestiques, la moyenne est de 42°,2; elle est notablement moindre chez les *Palmipèdes plongeurs et longipennes*, où elle égale 40°,6. Chez les *Gallinacés* et les *Pigeons*, elle est de 42°,2, chiffre autour duquel oscillent les températures particulières et moins étudiées de bon nombre d'oiseaux, moineau, grive, perdrix, corbeau, etc.

IV. Influences diverses agissant sur la température.

— **Sexe**. — Le *sexe* n'a pas d'influence reconnaissable. La *menstruation* est précédée d'une légère élévation pendant cinq jours qui est suivie d'un retour à la normale commençant pendant la menstruation même (RIEHL). L'élévation menstruelle serait d'environ 0°,3 d'après WUNDERLICH.

Race. — L'influence de la *race* a été admise, puis contestée, et il est difficile à son sujet de se faire une opinion ferme; ce qui prouve au moins que la différence est de l'ordre de celles qu'on peut sensiblement négliger, cette différence ne portant que sur des moyennes très générales et ne donnant pas d'indication pour chaque individu en particulier.

Travail musculaire. — En dehors de ces variations liées à des états plus ou moins périodiques ou permanents, il en est d'autres d'une nature plus accidentelle et contingente, mais dont l'effet est

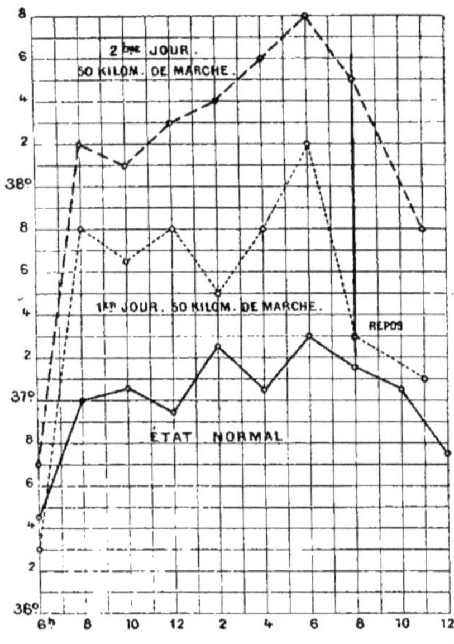

Fig. 171. — *Influence du travail musculaire* (marche forcée de 100 kilomètres) *sur la température*.

Ligne inférieure : état normal, 1ᵉʳ jour ; ligne moyenne : 2ᵉ jour, 50 kilomètres ; ligne supérieure : 3ᵉ jour, 50 kilomètres.

très évident ; c'est en premier lieu le *travail musculaire* ou tout effort guidé par le système nerveux. — DAVY, JURGENSEN, WUNDERLICH, FOREL et beaucoup d'autres ont constaté après l'exercice musculaire, la marche, la course, des élévations de la température rectale ou axillaire de 1/2, 1 et près de 2 degrés.

U. Mosso a étudié méthodiquement sur lui-même l'influence d'une marche forcée de deux jours par comparaison avec la température normale prise aux mêmes heures.

Travail cérébral. — L'*activité psychique* lorsqu'elle est intense et soutenue est accompagnée d'une légère élévation (DAVY, SPECK, GLEY, etc.). Le surcroît de chaleur produit dans ce cas, assez léger du reste, a sa source au moins pour partie directement dans le tissu nerveux ; c'est du moins ce que l'on cherche à prouver et ce que l'on admet communément. Mais il n'est pas aussi facile qu'on le croit de se livrer à un travail intellectuel qui ne soit l'occasion d'aucune suractivité musculaire. ***Toute lecture même mentale, toute représentation un peu vive d'un acte, a tendance à se traduire immédiatement par les mouvements propres à la réalisation de cet acte*** ; tendance qui n'est pas sans amener un léger degré de tension dans les muscles, lequel peut avoir aussi sa part dans la production de l'excès de chaleur constaté.

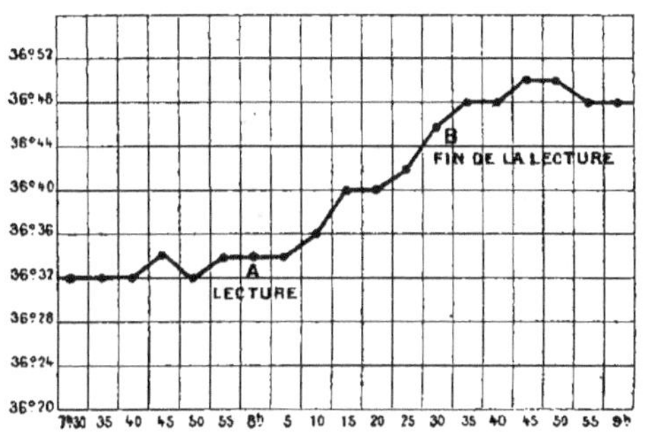

Fig. 172. — *Influence du travail psychique sur la température* : légère élévation (d'après GLEY).

Émotions. — Les *passions* ou *émotions morales* ont une action moins problématique sur la température. « La chaleur, dit BURDACH, augmente par l'effet de l'espérance, de la joie, de la colère, de toutes les passions excitantes. Au contraire la crainte, la frayeur, le chagrin la diminuent. MARTIN a vu la température monter de 35°,5 à 37°,5 dans un violent accès de colère et descendre à 33°,75 sous l'empire de la frayeur, mais se relever bientôt jusqu'à 36°,25. » Mosso a fait des observations du même genre.

E. — LIMITES EXTRÊMES DE LA TEMPÉRATURE OBSERVÉES CHEZ L'HOMME.

Si on élimine les chiffres douteux ou fantaisistes, on peut assigner les limites suivantes aux températures observées dans l'espèce humaine : 44° d'une part et 24° de l'autre, soit un écart de 20°.

Limite supérieure. — Les hyperthermies les plus élevées ont été constatées dans la *fièvre typhoïde*, la *scarlatine*, le *rhumatisme* *articulaire*. On a noté 44°,6 dans le *rhumatisme cérébral* (LIOUVILLE), 44°,75 dans le *tétanos* et 45°,37 après la mort (WUNDERLICH).

On a noté des chiffres avoisinant ceux-ci dans les cas de fracture de la colonne vertébrale (région cervicale surtout).

Dans l'*insolation*, on a vu de même 44° et 45° une demi-heure après la mort (ZUBER).

Quant à assigner un chiffre exact et invariable à la température compatible avec la vie, cela n'est pas possible, parce que *l'élévation thermique tire sa gravité non seulement de son exagération, mais également de sa prolongation*. Le chiffre de 44° atteint dans la fièvre intermittente, a pu être observé chez des sujets qui ont survécu.

Limite inférieure. — La limite inférieure, compatible avec la survie, est encore plus élastique et plus difficile à fixer approximativement, et elle dépend elle aussi, de la rapidité du changement de température, mais plutôt d'une façon inverse. Chez les animaux, elle peut descendre au-dessous de 20°, dans le voisinage de 15° avec quelques précautions expérimentales.

A l'inverse de l'hyperthermie, *l'algidité s'observe dans les affections déprimantes nerveuses ou autres* ; tels sont le *sclérème*, *l'atrepsie des enfants*, la *cyanose congénitale*, l'*inanition*, l'*asphyxie lente*, l'*empoisonnement par le phosphore*, la *démence*, l'*hydrocéphalie*, les *traumatismes des centres nerveux* (fractures de la colonne), lorsqu'au lieu d'exciter ceux-ci ils paralysent leurs fonctions.

Élévation de la température après la mort. — Après la mort, l'être vivant cessant de produire de la chaleur se met en équilibre de température avec les objets environnants. Il perd graduellement celle qu'il avait en excès sur eux. Cette chute de température ne se fait pas avec la régularité que lui assigneraient les lois physiques. Parfois même elle est précédée d'une surélévation thermique avant de commencer à se produire. *Il peut y avoir élévation de température après la mort* et cela non seulement dans les tout premiers instants, mais pendant une heure ou deux.

Ces cas d'*hyperthermie post mortem* ont été observés dans le *tétanos*, la *méningite*, l'*épilepsie*, la *rage*, les *fièvres infectieuses*, les *traumatismes des centres nerveux*, etc. On peut admettre en principe que la cause du phénomène est dans un état exagéré d'excitation des centres nerveux au mo-

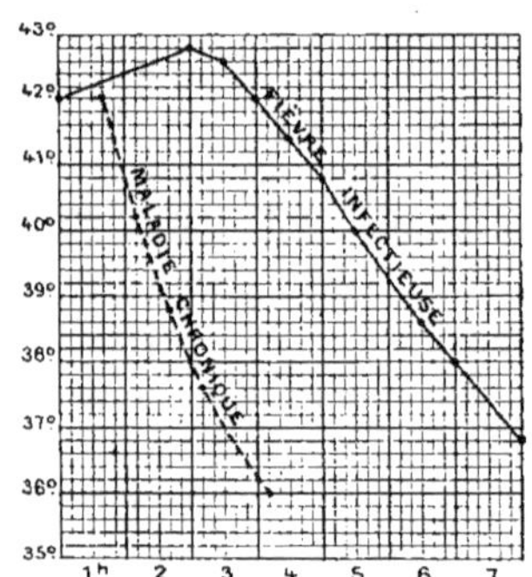

Fig. 173. — *Comparaison de la marche de la température après la mort suivant les maladies.*

Maladies chroniques ; abaissement d'emblée. — Dans certaines affections aiguës, possibilité d'une élévation *post-mortem* de la température précédant le refroidissement (d'après RICHET).

ment même de la mort. Les éléments cellulaires thermogènes (ils le sont tous du plus au moins) contiennent une réserve dernière d'oxygène et de combustible qui se dépense ainsi sous la sollicitation du système nerveux, alors que toute circulation et toute respiration ont cessé. Les causes qui donnent à cette excitation ultime une intensité supérieure à celle qu'elle avait pendant la vie sont mal connues. — *Dans les maladies chroniques, où la mort se fait par épuisement, l'abaissement de la température du corps se fait au contraire régulièrement à partir de la mort,* par défaut soit d'une réserve combustible qui a été lentement épuisée, soit d'une excitation que les nerfs sont impuissants à donner aux tissus.

Durée du refroidissement. — On peut le calculer, d'après les bases suivantes : En supposant une température extérieure de 10°, une température organique de 38°, il demandera environ vingt-quatre heures, soit en moyenne 0°,8 par heure, dans les conditions ordinaires (Richet).

BIBLIOGRAPHIE.

Température de l'homme. — Boileau, The temp. of human body, *Lancet*, 1878. — Casey, Temp. normale, *Lancet*, 1873. — Clemow, Case of hysteric. hyperpirexia, *Med. press. and circul.*, London, XLIV, p. 518, 1887. — J.-P. Cable, A case with a temp. of 110°,8, *Clinique Chicago*, XIII, 61, 1892. — J. Davy, *Ann. chimie et physique,* 2e série, t. XXII, p. 434, et 3e série, t. XIII, p. 182. — De Sa, Quatro casos de temper. exagger... *Clinica Brasil med.*, Rio de Jan., IV, 210, 1889. — Davis, Tempér. dans l'enfance, *Thèse de Berne*, 1878. — On the temp. of man, *Philosoph. Transact.*, 1845 et 1850. — Eydoux et Souleyet, Variat. temp. suiv. climats, *C. R. Ac. sc.*, t. VI, p. 456. — Galbrailh, A remarkable case of extraord. high temper., *J. am. med. Ass. Chicago*, XVI, 407, 1891. — Glogner, Beitrage zu den Abweich. v. Physiol. bei den in den Trop. lebende Europ., *Centralblatt f. Physiol.*, IV, 102, 1891. — J. A. Glaser, Zwei ungewöhnliche temp. Curven., *Deutsch. med. Wochen.*, XV, 921, 1889. — Handford, Temp. norm., *Practitioner*, 1888. — Kelynack, A note on the norm. temp. of old. aiz., *Med. Chr., Manchester*, XV, 289, 1891. — H. Jager, Ueber die Korperwärme der gesunden Menschen, *Deut. Arch. f. klin. Med.*, 1881, XXIX, 516, *Th. Leipzig*, 1881. — V. Janssen, Ueber submormale Körpertemp., *Deutsch. Arch. f. klin. Med.*, LIII, 247, 1894. — Jousset, Traité de l'acclimatement, Paris, Doin, 1884. — Jurgenssen, Die Körperwärme des gesunden Menschen, Leipzig. Vogel, 1873. — Jones, A case of wunderfull temp., *Memph. med. Monthly*, XI, 253. — High temperature, 150 F. XI, 445, 1891. — Ladame, Le thermomètre au lit du malade. — Rech. phys. et path. sur la temp. de l'homme, *Bulletin de la Soc. des sc. naturelles*, Neuchâtel, 1866. — Löw, Ueber der Verhalten des Körpers in einem sehr heissen Klima, *Jahresb. f. Phys.*, 272, 1878. — Leegard, Sensib. therm. méthode pour la déterm. au lit du malade, *Deutsch Arch. f. klin. Med.*, XLVIII. Lorentsen, Eine Temper. ger. b. 44°,9, *Centralb. klin. Med.*, Leipzig, X, 569, 1889. — Luciani, Fisiol. del dig. Stud. sull. uomo. Firenze. Lemonnier, in-8°, 1889. — Lorain, Étude de méd. clinique. La temp. du corps humain et ses variations dans les div. maladies, Paris, Baillière, 1877. — Maurel, Infl. des climats et de la race sur la temp. de l'homme, *Bull. de la Soc. d'Anthropol.*, Paris, 1884. — Exp. sur les variat. nyctémérales de la temp. normale, *Biologie*, 1884, p. 588. — Rech. sur les causes de l'exagér. vespérale de la temp. normale, Paris, Doin, 1889, et *Bullet. Ac. méd.*, XIII, n° 37, *Gaz. méd.*, Toulon, 1889. — Monin et Maréchal, Stefano Merlatti, Histoire d'un jeûne célèbre, Paris, Marpon et Flammarion, 1888. — Mossé et Ducamp, La températ. normale des vieillards, *Revue sc. méd.*, XXIX, 21, 1886, *Gaz. hebd.*, Montpell., 1886. — Mosso, Rech. sur l'inversion des oscillat. diurnes de la temp. chez l'homme normal, *Arch. ital. de biol.*, VIII, 177, 1887. *Giorn. d. r. Ac. d. med. Torino*, 1886. — Missale, Sul. variaz. d. temper. e sul. med. norm., *Riforma med. Napoli*, XI, 1895. — B. Pailhas, Les élév. de la temp. périod. à long intervalle, à l'état norm. et dans les maladies, 1886. — Oertmann, Temp. de l'urine, *Arch. f. d. ges. Phys.*, XVI. — Richet, Temp. normale, *Revue scientif.*, 1885. — Temp. maxima observées chez l'homme, *Biol.*, 1894. — H. Roussel, Températ. élevées et temp. simulées, *Thèse de Paris*, 1885. — Séguin, Medic. thermom. and hum. temp., New-York, W. Wood. — Stokston-Hough, Sexe, age, *Med. Record*, N.-York, 1873. — Thornley,

Infl. du séjour dans les pays chauds, *Lancet*, 1878. — Van-Dyke, A case of unusually high temp. in a child…, *Med. Record*. New-York, 1891.

Travail psychique et température. — Gley, *Biologie*, 1884, 264 ; *Rev. scient.*, 1895, n° 20, p. 625. — Mosso, La temp. du cerveau, Milan, 1894, *Arch. ital. biol.*, VIII, p. 181, 1897.

Émotions. — Burdach, *Traité de physiol.*, trad. Jourdan, t. IX, p. 645.

Le sommeil et la chaleur. — D'Arsonval, Production de chaleur pendant le sommeil, *Biologie*. 1881, p. 208. — Anesthésiques et thermogenèse, *Biologie*, 1886, p. 274. — Bonnal, Température pendant le repos et le sommeil chez l'homme, *C. R. Ac. sc.*, 1879. — Barr, Relat. of sleep to temperature, *Med. Rec.*, New-York, XXXVIII, p. 664, 1890. — Richet, Influence du chloral sur les activ. respir. chez le chien, *Arch. de phys.*, 1890, p. 221. — Rumpf, Narcotique, *Berlin. klin. Wochen.*, 1883. — Untersch. über die Wärmerregul. in der Narkose u. im Schlaf, *Arch. f. d. ges. Phys.*, XXXIII, 1, 1884.

Température des nouveau-nés. — H. Roger, *Arch. g. de méd.*, 4° série, 1845, t. IX, p. 266. — Raudnitz, *Zeitsch. f. Biol.*, 1887 (analyse bibliograph.).

Température du corps après la mort. — Fadeuille, Durée du refroidissement, *Thèse* Lyon, 1896. — Guillemot, Le refroidissement cadavérique. — Quincke et Brieger, Postmortale temper., *D. Arch. f. kl. Med.*, XXIV, 282-290, 1879. — Richet, Chaleur animale.

Température des animaux. — Brown-Séquard, Basse températ. de q.q. palmipèdes longipennes, *Journ. de la Physiol.*, I, 42, 1858. — J. Frenzel, Temperatur maxima für Seethiere, *Arch. f. d. ges. Phys.*, XXXVI, 458, 1885. — J. Herey, Thiersche Wärme in « Vergleich. Physiol. d. Haussaugethiere », par Ellenberg, 1892. — Knauthe, Maximal Temper. für Fische, *Centralblatt f. Phys.*, 1896, 706. Biol. *Centralbl.*, XX, 762. — Martins, Temp. des oiseaux palmipèdes du Nord de l'Europe, *Journ. de la physiol.*, I, 10, 1858. — P. Regnard, Rech. exp. sur les cond. phys. de la vie dans les eaux, Masson, 1891. — Sur la temp. des animaux immergés dans l'eau, *Biologie*, XLVII, 651, 1895. — Ch. Richet, La tempér. des mammifères et des oiseaux, *Revue scientifique*, XXXIV, 298, 1884. — R. Semon, Körpertemperat. der niedersten Säugethiere Monotremen., *Arch. f. d. ges. Phys.*, LVIII, 229, 1894.

Température du cheval. — Comeny, *Bulletin Soc. centr. méd. vétérin.*, 1892. — Manotzkow, *Mittheil. Kasaner vet. Inst.*, 1889. — Nocart, *Soc. centr. méd. vétérin.*, 1893, Paris. — Potapenko, *Petersb. Arch. f. veter. Wiss.*, I, 1892. — Mursajew, *Arch. f. veter. Wiss.*, 1894. — Zimmermann et Sal, *Jahresb. üb. die Liest. auf dem Gebiete der vet. Med.*, 1894.

Rapport de la surface au poids. — Voy. Ch. Bouchard ; Détermination de la surface, de la corpulence et de la composition chimique du corps de l'homme ; *Semaine médicale*, 1897, p. 141. Valeur inégale du poids vif chez les obèses et les sujets normaux.

CHAPITRE TROISIÈME

MÉCANISME DE LA RÉGULATION DE LA TEMPÉRATURE
CHEZ LES ANIMAUX.

Pris en eux-mêmes, les moyens que l'animal emploie pour garder une température fixe sont très simples et d'une nature qui n'a rien de spécial à l'être vivant, mais ils sont de plusieurs sortes et il les fait intervenir suivant les conditions qui lui sont offertes, tantôt d'une façon séparée, tantôt le plus souvent plusieurs à la fois, ce qui complique l'analyse que nous en voulons faire.

Au point de vue purement *physique*, il y a à distinguer le cas, habituel du reste, où la température extérieure est inférieure à la nôtre, de celui où elle est supérieure ; ce qui entraîne alors certaines conséquences dans le mécanisme de la régulation. Mais, au point de vue *physiologique*, le principal changement dans les conditions régulatrices de la chaleur n'est pas marqué par le point d'égalisation de la température du corps avec celle du milieu; il correspond à un niveau moindre, variable du reste suivant les races, les individus et même les habitudes, mais que nous pouvons placer aux environs de 16° ou 18° et qui est le plus favorable au maintien facile de notre propre température.

Bien qu'il y ait une certaine marge avant que le malaise ou la souffrance commencent, on peut dire qu'au-dessus, c'est le *chaud* et au-dessous, c'est le *froid*; deux termes dont la signification est avant tout physiologique. — C'est l'indice qu'à cette température du milieu l'écoulement au dehors de notre propre chaleur se fait sans peine, comme aussi sans exagération; c'est la raison pour laquelle elle nous est agréable. ***Une condition essentielle pour l'être vivant c'est que d'une façon constante un flux de chaleur sorte de lui sans jamais s'interrompre***, car le courant d'énergie qui le traverse a un sens déterminé, toujours le même, qui ne doit jamais cesser entièrement, s'il lui est permis de s'exagérer ou de s'amoindrir; la vie est à ce prix, et comme la forme ultime qu'affecte l'énergie dans ce courant incessant est précisément la chaleur, il faut qu'il trouve dans tous les cas le moyen de s'en débarrasser. Il y parvient, même alors que son milieu est plus chaud que lui, ainsi que nous le verrons : mais la condition qu'il recherchera de préférence, c'est celle d'un milieu qui soit à une température d'une vingtaine de degrés environ au-dessous de la sienne, c'est la température *optima*.

Il y a donc une ***lutte contre le froid*** et une ***lutte contre le chaud***.

Condition primordiale imposée à l'animal homéotherme. — La condition primordiale à satisfaire dans l'homéotherme, ce n'est pas précisément, comme on le dit quelquefois, qu'il ait à sa disposition un nombre déterminé de calories dans un temps donné ou qu'il présente un débit fixe et constant de chaleur et d'énergie; mais *qu'il se maintienne à un niveau thermométrique fixe pendant toute son existence*. Le reste comporte des variations; cette condition, au contraire, réclame la fixité. Or, ce niveau est un équilibre mobile : il est obtenu par lui plus ou moins économiquement; cela dépend des conditions qui agissent sur l'échange qu'il fait de sa chaleur avec son milieu. Suivant sa surface, suivant la température extérieure ou suivant toute circonstance accidentelle ou permanente qui gouverne sa déperdition thermique, l'animal est tenu d'augmenter ou de restreindre sa thermogenèse, de la régler en un mot sur sa température. C'est ainsi que le chiffre de 37°, qui représente notre température propre, correspond à une dépense totale de calories qui peut varier du simple au double suivant les cas. C'est là la *demande* de l'organisme en énergie; il faut qu'elle soit couverte par une *offre* correspondante.

Offre et demande. — Cette offre est représentée par l'énergie potentielle emmagasinée dans les aliments qui, après élaboration digestive, viennent remplacer les réserves, à mesure de leur destruction. Lorsqu'elle est insuffisante nous savons ce qui arrive : la nutrition est en déficit, les réserves, de plus en plus entamées, s'épuisent, et la température finit par s'abaisser ; c'est le cas de l'animal à l'inanition. — Mais d'une façon normale cette offre ne fait jamais défaut et elle reste même généralement supérieure à la demande. Toutefois, elle aurait beau s'exagérer, elle n'arriverait pas à faire hausser le niveau thermométrique au-dessus de son taux spécifique dans chaque espèce animale. L'être vivant (entendons par là ses éléments) prend dans son milieu suivant ses besoins, et pas au delà. L'hyperalimentation ne lui rapporte aucun bénéfice.

Ce surplus d'aliments, il est vrai, lorsqu'il n'est pas excessif, trouve (après qu'il a constitué les réserves) à s'éliminer sans encombrement pour l'organisme et, quant à l'énergie supplémentaire qu'il apporte avec lui, elle trouve à se dissiper sans surélévation bien sensible de la température du sujet.

Conséquence importante. — *La nutrition* d'après cela (et contrairement à l'idée vulgaire qui a encore crédit en médecine) *se règle non pas sur les apports du dehors, mais sur les besoins intérieurs des éléments.* La suralimentation peut avoir ses indications cliniques ; il faut seulement savoir qu'au point de vue physiologique elle ne peut pas faire plus que de porter les réserves somatiques et cellulaires, en substance et en énergie, à leur plus haute valeur quantitative, ce qui peut constituer une condition favorable pour l'organisme : mais c'est à la condition que l'élément veuille bien y puiser, et nous n'avons point de moyen *direct* de l'y contraindre.

A. — LUTTE CONTRE LE FROID.

L'animal a deux moyens qu'il emploie simultanément, mais non toujours également, pour résister au froid. *Il restreint sa déperdition ; il augmente sa production.*

1. **Abaissement du pouvoir déperditif**. — Il est d'observation vulgaire que sous l'action du froid la peau est sèche, pâle, anémiée et froide : 1° la sécrétion sudoripare s'y réduit à l'état de perspiration insensible ou s'y suspend tout à fait ; 2° les vaisseaux cutanés se contractent et obligent le sang à circuler dans des régions plus profondes. La déperdition calorique est de ce fait réduite au minimum. — Deux influences nerveuses entrent en jeu pour produire ces effets, celle des *vaso-moteurs de la peau*, celle des *nerfs sudoripares*.

Resserrement des vaisseaux cutanés. — Le resserrement des vaisseaux cutanés a pour effet de créer autour du corps une couche protectrice capable de limiter la déperdition de chaleur : cette couche, c'est la peau elle-même qui devient dans ce cas un tégument contre le froid avec son panicule adipeux ; ce qu'elle cesse d'être, dès que le sang la pénètre et vient y circuler à fleur surface, dans son réseau papillaire. Elle est ainsi suivant les cas et suivant l'activité des vaso-moteurs, un organe déperditeur très actif ou un tégument très efficace; suivant que la chaleur pour quitter le sang qui l'emporte incessamment de la profondeur à la périphérie n'a qu'à traverser l'épiderme ou, au contraire, doit gagner, par conduction de proche en proche, les couches successives du tissu cellulaire du panicule adipeux et du derme lui-même.

Pour défendre du froid ses organes essentiels, situés plus profondément (système nerveux, viscères, muscles eux-mêmes), l'organisme lui abandonne un organe superficiel, la peau, pour lequel l'abaissement de la température n'a pas les mêmes inconvénients et qui devient organe de protection. — Les homéothermes ont une température fixe, mais cette fixité n'est assurée et n'a besoin d'être assurée qu'à leurs organes centraux, aussi dit-on bien que c'est leur température *centrale* qui est fixe. Certains de leurs éléments placés à la surface sont forcément poïkilothermes. — Toutefois l'expression de température centrale pourrait tromper, si on l'imaginait comme celle d'un centre géométrique, à partir duquel elle décroît régulièrement. Grâce à la convection circulatoire qui l'égalise partout où elle se fait activement, la température ne décroît que très peu ou pas dans tout le champ intérieur, qui est livré à la circulation, et décroît rapidement dans les couches concentriques extérieures, où cette circulation ne se fait plus. *Il y a donc une masse centrale à température sensiblement uniforme recouverte d'un mince tégument protecteur dont les couches successives sont de plus en plus froides de l'intérieur à l'extérieur.*

Moyens artificiels ; vêtements. — Chez les animaux à *peau couverte de poils ou de plumes*, la chaleur est conservée bien plus efficacement que chez les animaux à *peau nue*. L'homme, qui est dans ce dernier cas, a recours aux *vêtements* comme moyens adjuvants essentiels de protection contre le froid. En proportionnant l'épaisseur et la valeur protectrice de ceux-ci aux saisons ou aux variations quotidiennes de la température, il s'en fait un moyen auxiliaire de régulation.

Réflexe vaso-constricteur cutané. — Le resserrement des vaisseaux cutanés est commandé et réglé dans son activité par un cycle d'excitation, partant de la peau elle-même dont le froid affecte les nerfs sensitifs, et qui fait retour à travers les centres encéphalo-médullaires aux vaso-constricteurs cutanés. On connaît l'expérience de Brown-Séquard et Tholozan qui tenant un thermomètre dans une main pendant qu'ils plongent l'autre main dans l'eau froide, voient s'abaisser la colonne de mercure, indiquant ainsi le ralentissement réflexe de l'excitation par le froid sur la circulation du membre opposé. Le refroidissement superficiel du corps le préserve ainsi du refroidissement profond.

Le froid n'a pas d'action directe sur les centres d'origine des constricteurs cutanés; porté sur la moelle épinière ou sur le bulbe, il n'a plus le même effet que sur les nerfs sensitifs, mais la réflexion peut se faire par les centres ganglionnaires échelonnés sur les vaso-moteurs. C'est ainsi du moins qu'il convient d'expliquer la vaso-constriction qui suit l'application directe du froid sur les vaisseaux après destruction de la moelle et du cerveau.

Arrêt de la sécrétion sudoripare. — L'arrêt de la sécrétion sudoripare est corrélatif de l'inactivité des nerfs sécréteurs des glandes cutanées de la sueur. Cet arrêt doit être interprété, à mon sens, par un phénomène d'inhibition excité par le froid, tout aussi logiquement que la vaso-dilatation cutanée est attribuée à une inhibition vasculaire due à la chaleur.

Bien que plus difficiles à mettre en évidence, les nerfs d'arrêt des glandes existent certainement.

L'excitation des nerfs sensitifs de la peau, produite par le froid, se partage dans les centres supérieurs entre les nerfs fréno-sudoripares et les vaso-constricteurs cutanés; par les premiers, elle suspend l'activité tonique des centres ganglionnaires de la sueur et, par les seconds, exalte l'action tonique des centres ganglionnaires, qui président directement à la contraction des muscles vasculaires. Le pouvoir déperditeur de la peau se trouve de la sorte réduit proportionnellement à l'intensité du froid extérieur.

II. **Augmentation de la production de chaleur**. — C'est un fait également visible que l'*action du froid extérieur augmente par un mécanisme réflexe* du même genre *le tonus des masses musculaires qui agissent sur le squelette*. La tendance au frisson qui accompagne la sensation de froid en est une preuve (PFLÜGER, RICHET). Cette augmentation du tonus suppose une exagération parallèle des réactions thermogènes d'où procède l'activité musculaire. L'exagération des combustions respiratoires est du reste mise hors de doute par l'expérience. Les premières recherches faites sur l'homme par LAVOISIER l'avaient déjà mise en évidence. Un homme à la température extérieure de 15° consomme plus d'oxygène et dégage plus d'acide carbonique qu'à la température de 26°. Toutes les observations faites depuis déposent dans le même sens et ces observations sont en nombre considérable. SPECK en particulier a signalé le retentissement rapide et en apparence surprenant qu'ont les moindres mouvements, les moindres tensions des muscles, sur les échanges respiratoires et partant sur la thermogenèse.

Réflexe thermogénésique. — Les recherches de calorimétrie directe, pour être moins univoques, concordent en somme avec les données fournies par la mesure des combustions respiratoires. — *Le froid extérieur est un excitant de la thermogenèse.* — Le point de départ de l'excitation est donc encore à la peau et l'excitation est encore d'ordre réflexe. Une troisième part de cette excitation transmise à la moelle par les nerfs sensitifs est dérivée sur les nerfs moteurs de sorte que le système nerveux, à peu près tout entier, est influencé par elle et concourt à la régulation thermique : l'organisme entier y est, en effet, directement et immédiatement intéressé.

En désignant le système musculaire comme la source principale de la chaleur des animaux, il ne faut pas oublier que l'activité fonctionnelle des *viscères* et, en particulier des grosses glandes qui y sont annexées, doit entrer en ligne de compte dans la production générale de la chaleur, pour une part, il est vrai, qui n'est pas facile à évaluer et qui est encore débattue ; c'est donc bien à peu près tout le système nerveux qui, de la sorte, participe à la thermogenèse et règle ses excitations motrices sur les excitations sensitives qui lui parviennent de la peau. Le froid, directement appliqué sur les centres d'origine des nerfs moteurs, n'aurait nullement le même effet qu'à la périphérie. Il agirait même en sens inverse : au lieu d'être un *excitant spécifique* des nerfs correspondant à une fonction, il jouerait le rôle de condition déprimante de l'activité nerveuse, comme à l'égard de tous les autres tissus.

Lutte inconsciente, consciente. — La lutte contre le froid, autant de temps surtout que celui-ci n'est pas devenu excessif, est *inconsciente*. L'état d'excitation entretenu par le froid dans les nerfs sensitifs remonte plus ou moins haut le long des centres gris du myélencéphale. Si nous en croyons les tentatives localisatrices d'excitation directe de ces centres, elle ne dépasserait guère le corps strié qui représenterait un des lieux de transformation et de répartition des excitations sensitives adéquates à la régulation calorique. — Mais, lorsque la température s'abaisse autour de nous d'une façon menaçante, l'excitation due au froid devient *consciente* et gagne alors certainement les régions de l'écorce cérébrale qui en temps ordinaire serait dispensée d'intervenir. C'est alors à nos muscles que nous demandons le surcroît d'activité thermogène, qui est nécessaire pour maintenir à son niveau la température centrale, par la marche ou une série d'efforts musculaires qui sont faits alors en vue, non du travail à accomplir, mais de la chaleur à produire et que l'organisme conserve de son mieux.

B. — LUTTE CONTRE LE CHAUD.

Si le froid a pour résultat d'exciter par voie réflexe la thermogenèse, et de préserver ainsi l'organisme de ses propres effets, le chaud n'a pas au même degré l'action symétrique et régulatrice inverse. Léon Fredericq insiste beaucoup sur ce point, qu'il s'est attaché à démontrer, à savoir que l'élévation de la température extérieure, tout au moins à partir d'un certain degré, quand elle avoisine la nôtre, n'a pas d'effet d'arrêt sur les combustions respiratoires, tout au contraire. Ses constatations propres, aussi bien que celles qu'on peut dégager des protocoles d'expériences plus anciennes ou plus récentes, montrent qu'à partir de 20° ou 25°, à mesure que la température extérieure s'élève, les chiffres d'oxygène absorbé et d'acide carbonique exhalé augmentent également, au lieu de s'abaisser. C'est ce que confirment d'autre part les mesures calorimétriques de d'Arsonval, de Rosenthal et d'Ansiaux.

I. **Optimum de température.** — Il existe donc un degré de la température extérieure coïncidant plus ou moins exactement, suivant les auteurs et les cas particuliers, avec ce que nous avons appelé l'optimum physiologique (mais qui n'en est pas très éloigné), degré auquel la consommation des matériaux combustibles est au minimum et représente la vie la plus économique ; à partir de là cette consommation va croissant, soit que la température extérieure s'abaisse (ce qui comme procédé de défense de l'organisme nous paraît rationnel), soit qu'au contraire cette température s'élève (ce qui au premier abord nous surprend et nous paraît contradictoire avec le fait même de la régulation thermique chez les animaux). L'animal est, paraît-il, dans l'impossibilité de tirer parti de la chaleur comme excitant de son système nerveux inhibiteur général, en tant que moyen de régulation thermique. Le résultat est ainsi et d'autant plus surprenant, que cette action excitatrice existe cependant à l'égard de systèmes inhibiteurs partiels, comme ceux des vaisseaux de la peau, organe, il est vrai, superficiel, ce qui change un peu les conditions.

II. **Exagération du pouvoir déperditif.** — N'ayant pas de moyen de restreindre sa production, l'organisme est réduit à exagérer, autant qu'il le peut, sa déperdition. —Ses *procédés déperditifs* sont au nombre de deux : par le premier *il se débarrasse de sa chaleur en la cédant purement et simplement au milieu extérieur ;* par le second *il la détruit à sa surface, grâce à certaine opération qui a le pouvoir de l'absorber* en la rendant latente ; dans les deux cas elle quitte l'organisme qui cesse d'en être incommodé.

Premier procédé. — La chaleur met en jeu d'une façon très active les *nerfs vaso-dilatateurs de la peau*. Ces nerfs, comme on sait, sont des inhibiteurs vasculaires, des nerfs d'arrêt des vaisseaux : ils suspendent l'activité tonique des centres ganglionnaires de la circulation cutanée et laissent le sang pénétrer largement dans les mailles du réseau papillaire qu'il traverse avec rapidité. — La circulation du sang se fait alors à *fleur peau* et, pour ainsi dire, au contact de l'air. La chaleur sans cesse amenée avec le sang lui-même dans les régions plus froides, s'y déperd activement, n'ayant plus à traverser par conduction et couche par couche des membranes plus ou moins épaisses et du reste mauvaises conductrices. De ce fait le sang, à mesure que de plus grandes quantités en passent par le réseau cutané, tend à égaliser sa température avec celle du milieu extérieur et cela pourrait lui suffire, tant que celle-ci reste légèrement inférieure ou même égale à celle de l'organisme.

Deuxième procédé. — D'autre part, parallèlement à l'action des vaso-dilatateurs cutanés, les *nerfs sudoripares* entrent en jeu et, par la sécrétion de la sueur et son évaporation à la surface de la peau, compensent ce que l'action des premiers aurait d'insuffisant, à mesure que le chaud tend davantage à gagner la masse des tissus.

La chaleur pour engendrer ces deux effets destinés à limiter son accroissement, la chaleur, à l'inverse du froid, n'agit guère sur les terminaisons cutanées sensitives : en tout cas elle a une action certaine sur les centres médullaires des nerfs dilatateurs et sudoripares que n'a pas le froid. Si, après avoir isolé ces centres (dans la région lombaire) de toutes les sources d'excitation sensitive par la section de la moelle dorsale et celle des racines postérieures, on élève la température du sang de l'animal par un moyen quelconque, la vaso-dilatation et la sudation se produisent dans le membre postérieur et si, d'autre part, on réalise cette élévation de température sur un animal après qu'on a coupé tous les nerfs d'un membre, on voit la sudation faire défaut du côté du membre énervé, alors qu'elle se produit partout ailleurs (Luchsinger).

Expérience. — Pour mettre en évidence l'action centrale de la chaleur par opposition aux effets excitants périphériques du froid, Fredericq fait l'expérience suivante : Un homme est placé nu dans une chambre à température plutôt basse (15° environ). On lui fait respirer par un embout de l'air porté à une température beaucoup plus élevée que celui de la chambre. Pour cela, il n'y a qu'à chauffer un tube métallique que cet air traverse pour venir à l'embout placé

sur la bouche du sujet. On provoque de la sorte rapidement une élévation de
la température du sang qui fait monter la température centrale de quelques
dixièmes de degré. — On voit alors se produire une dilatation vasculaire de la
peau, accompagnée d'une sudation extrêmement abondante. L'action du chaud
ne s'est évidemment pas fait sentir sur les nerfs cutanés, mais seulement sur
les centres nerveux dans lesquels elle a une action élective sur ceux qui congestionnent la peau et font sécréter ses glandes.

**Topographie thermique pendant les variations de la température
extérieure.** — Lefèvre a appliqué ses méthodes de calorimétrie (par les bains
et par convection dans l'air) à l'étude de la régulation de la chaleur chez les
homéothermes. — C'est surtout la lutte contre le froid qu'il a étudiée, en sou-
mettant les sujets à des températures extérieures décroissantes ou croissantes
comprises entre 5° et 30°. Il se préoccupe de fixer la part qui revient à l'augmentation de la production et à la diminution de la déperdition de chaleur.
Pour cela, il apprécie à la fois, en regard de chaque température extérieure, la
perte totale des calories subie par le sujet et la distribution topographique
des températures cutanée, sous-cutanée, musculaire, rectale, etc.

En ce qui concerne la perte totale de chaleur il admet que le débit n'a ni
maximum ni minimum, mais grandit et s'accélère quand la température extérieure s'abaisse et inversement. Voici, par exemple, un résumé de ses expériences sur un adulte de trente-trois ans et de 60 kilos :

	à 5°	à 12°	à 18°	à 24°	à 30°
Calories débitées en 12 mi- nutes...................	370	254	169,5	104,75	55
Débit moyen pendant le ré- gime...................	23,5	15,4	9,35	5,2	2,6

Pour ce qui regarde la topographie de la température et sa marche pendant
la réfrigération, il admet qu'elle ne varie pas ; sa distribution resterait constante
en toute circonstance : la température de la peau serait la même dans un bain
à 5° et à 18°. D'où la conclusion tirée par l'auteur que la résistance au froid est
attribuable uniquement à l'accroissement de la thermogenèse par le froid.

Cette conclusion est en opposition formelle avec deux faits facilement véri-
fiables ; le premier est la variation souvent énorme de la température locale de
la peau, qui est corrélative des variations de sa circulation, lorsque les vaso-
moteurs entrent en jeu ; le second est le changement si marqué de cette circulation
sous l'influence du froid et du chaud, le sang abandonnant visiblement le réseau
superficiel cutané sous l'influence du froid extérieur, pour y affluer de nouveau
sous l'influence des températures élevées, dans les circonstances habituelles.

Par contre nous pouvons admettre avec l'auteur que, au-dessous de l'aponévrose périphérique, toutes les températures restent voisines de 37° et suivent
pendant l'action réfrigérante les mêmes oscillations. L'épaisseur de tissus abandonnée par le sang et avec lui par la chaleur, n'excède pas l'épaisseur même de
la peau, sauf au niveau des extrémités.

Résistance des homéothermes au refroidissement. — Quel que soit, du
reste, le mécanisme de la régulation, Lefèvre a constaté que les différents

homéothermes ont une résistance très inégale au refroidissement, et cette inégalité dans la résistance, on peut l'attribuer à une inégalité dans la puissance thermogénique. L'homme se place en tête : après vingt-cinq minutes de réfrigération et une perte de 300 calories, la température ne descend pas encore ; elle s'abaisse à peine au bout de trois à quatre heures de réfrigération malgré une perte de 900 calories supplémentaires. — Chez d'autres homéothermes (singe, porc, chien, lapin, poule, etc.) la résistance est moins parfaite ; en dix minutes, dans l'eau à 5°, leur température baisse de 10° à 20°.

Chez les homéothermes à peau nue, comme l'homme et le porc, la résistance au froid dépend surtout de la puissance de la thermogenèse ; chez ceux munis de fourrure ou de duvet, elle se ferait surtout par économie de la chaleur. Soumis au froid, ils sont promptement envahis, se réchauffent mal et, même artificiellement réchauffés, dépérissent et meurent.

III. **Signal avertisseur**. — Dans la lutte contre le chaud c'est donc sa propre chaleur que l'animal sent d'abord, quand elle tend à se surélever, soit à cause de l'élévation thermique extérieure qui l'empêche d'être éliminée, soit à cause de l'activité thermique intérieure des organes qui la fait surabonder. C'est elle qui est l'avertisseur et qui donne ses avertissements directement aux centres nerveux.

Dans la lutte contre le froid c'est la température extérieure qui donne le signal et sert d'excitant et l'excitation est transmise alors par les nerfs sensitifs.

L'appareil cutané avec ses glandes sudoripares et surtout ses vaisseaux a à répondre à bien d'autres excitations qui l'adaptent de près ou de loin à bien d'autres fonctions que celle de la régulation de la chaleur ; mais il n'y a évidemment pas à en tenir compte ici.

IV. **Limite d'action**. — Des deux moyens de déperdition de la chaleur que l'homme ou l'animal homéotherme tient à sa disposition, il en est un qui, à mesure que la température extérieure monte et tend à s'égaliser avec la sienne, devient de moins en moins efficace ; c'est la vaso-dilatation cutanée et avec elle le transport de chaleur par convection qui se fait des régions profondes à la surface du corps.

A partir du moment où la température extérieure atteint la nôtre, ce transport de chaleur par le sang devient complètement inutile, puisque entre l'air et le sang également échauffés il n'y a plus, comme il est facile de le comprendre, ni gain ni perte possible pour l'un ou pour l'autre. — Mais si la température extérieure, en s'élevant toujours, arrive à dépasser la nôtre, les choses se renversent et le procédé se retourne contre nous ; l'air étant plus chaud que le sang lui cède sa chaleur, et il en pénètre en nous d'autant plus que la différence de température est plus grande et que la circulation cutanée est plus active.

Il ne nous reste donc alors plus qu'une dernière ressource, celle de l'évaporation par la peau et par le poumon, de l'eau excrétée du sang. L'action réfrigérante due à cette cause est très considérable. On estime que 1 gramme d'eau à la température du corps absorbe pour se vaporiser environ 580 microcalories : autrement dit, il peut abaisser de 1 degré 580 grammes de nos tissus et même un peu plus, en raison de la chaleur spécifique de ceux-ci plus faible que celle de l'eau. *125 grammes d'eau évaporés abaisseront de près d'un degré le corps d'un adulte de taille ordinaire.*

Condition essentielle. — Cette évaporation sera d'autant plus active que l'air sera plus sec et d'autant plus ralentie au contraire qu'il sera plus près de son point de saturation par la vapeur d'eau. La lutte contre le chaud avec une température extérieure excédant la nôtre n'est possible que dans un air non saturé, et même suffisamment éloigné de son point de saturation ; de là le malaise particulier et l'accablement qui résultent de la chaleur humide, comme on peut l'éprouver, à certains moments, en saison d'été.

V. **Coefficient de partage thermique**. — L'absorption de chaleur, ou, pour parler plus clairement à notre point de vue physiologique, la *création de froid* qui permet à l'organisme de lutter contre la chaleur envahissante est due à une évaporation d'eau. Cette évaporation se fait sur une double surface, à savoir, d'une part sur la surface cutanée et d'autre part sur la surface pulmonaire. Chaque expiration rejette une certaine quantité d'air saturé de vapeur d'eau. A l'inspiration suivante, l'air non saturé, qui du dehors vient prendre sa place, se sature à son tour et absorbe par la vaporisation de l'eau du sang un certain nombre de calories. C'est ainsi que, grâce à la ventilation respiratoire, le sang du poumon peut se rafraîchir presque en vase clos. Quant à la condensation de la vapeur d'eau, qui se traduit, en temps froid, par un brouillard à l'orifice des narines, elle fait réapparaître, par un changement inverse d'état physique, une certaine quantité de chaleur, mais qui échauffe uniquement l'air extérieur.

Suivant les animaux, suivant les individus et même suivant les conditions et les moments, la part qui revient à ces deux surfaces (pulmonaire et cutanée) peut changer beaucoup, comme du reste la somme totale de leurs effets évaporateur et thermodestructeur. On appelle **coefficient de *partage thermique* le *rapport existant entre les quantités de chaleur perdues par la peau et celles perdues par les poumons*** (D'ARSONVAL).

Un homme adulte d'un poids moyen perd en 24 heures environ 600 grammes d'eau par la voie pulmonaire. En la supposant immédiatement et complètement vaporisée dans le poumon, cette quantité d'eau absorbera $0{,}580 \times 600 = 348$ grandes calories. Telle est la part de l'évaporation pulmonaire et de son effet réfrigérant.

D'Arsonval estime que le rapport entre les quantités de chaleur perdues par le poumon et la peau est 1/4 à 1/5. Ce rapport, ainsi qu'il vient d'être dit, peut changer beaucoup en raison de ce que l'évaporation cutanée subit des oscillations beaucoup plus grandes que l'évaporation pulmonaire. Richet l'estime à 15/100 environ.

Respiration dite de luxe. — La ventilation pulmonaire a pour objet essentiel le renouvellement des gaz du sang et par ce renouvellement la respiration des tissus : mais cette fonction, à laquelle on l'associe d'ordinaire exclusivement, n'est pas la seule. La ventilation pulmonaire joue un grand rôle dans la production du froid qui est nécessaire à l'organisme pour lutter contre les causes d'échauffement, tant extérieures qu'intérieures, qui le menacent à certains moments. Ce froid est dû à la vaporisation de l'eau dont les gaz de l'expiration sont saturés. Le poumon partage avec la peau la fonction réfrigérante ou frigorifique. On voit par là quelle est la part exceptionnelle de cet organe dans l'ensemble de la fonction thermique ; il est la porte d'entrée du corps comburant par excellence (l'oxygène), la porte de sortie du principal déchet (l'acide carbonique) ; il est le siège d'une réaction oxydante locale non négligeable (hématose) et en plus de ces actions chimiques thermogènes, qu'il prépare ou qu'il réalise lui-même, il donne naissance à une action réfrigérante compensatrice d'une grande importance.

Fonction double de l'appareil respiratoire. — L'appareil respiratoire réalise de la sorte deux fonctions parallèles, distinctes, à certain point de vue même inverses l'une de l'autre et qui, visant des objets différents, ne doivent pas être complètement dépendantes ; l'une s'exaltant, par exemple, pendant que l'autre reste stationnaire. C'est ce qui est en effet. *La quantité d'eau exhalée par le poumon est proportionnelle à l'activité de la ventilation pulmonaire* (Richet), l'action réfrigérante croîtra comme cette quantité elle-même. *La quantité d'oxygène absorbé et d'acide carbonique exhalé n'est pas nécessairement proportionnelle à la ventilation pulmonaire* et encore moins naturellement la chaleur produite par les réactions qui transforment le premier dans le second. — L'absorption de l'oxygène est, en effet, limitée par le degré de saturation de l'hémoglobine et le dégagement d'acide carbonique l'est par la tension de ce gaz dans le sang et l'air ; tandis que la source de la vapeur d'eau dans le sang est pour ainsi dire inépuisable.

Le sang chez la plupart des animaux est ainsi maintenu près de son point de saturation par l'oxygène et n'absorbe de nouvelles quantités de ce gaz qu'autant que la consommation s'en fait dans les tissus. L'offre est en quelque sorte toujours supérieure à la demande, et la thermogenèse est réglée par cette dernière, nullement par la première. Il suit de là que les mouvements respiratoires, alors qu'ils n'auront plus d'effet sur l'échange des gaz du sang, continueront d'en avoir sur l'élimination de la vapeur d'eau et s'ils viennent à s'accroître augmenteront cette élimination et le froid qui en est la conséquence. Cette respiration qui est *de luxe* au point de vue chimique de la thermogenèse est employée utilement et même est nécessaire au point de vue *physique* de la réfrigération (Richet).

Polypnée thermique. — Chez l'homme et les animaux à peau nue ou pourvue de glandes sudoripares nombreuses, la part qui revient à l'évaporation pulmonaire est comparativement moindre. Chez les animaux comme le chien où ces glandes de la sueur font à peu près défaut, la réfrigération du sang se fait surtout par le poumon.

Soit un chien dont le rythme respiratoire est 18 ou 20 par minute, si cet animal est exposé aux rayons d'un soleil ardent, on verra, au bout d'un moment, ce rythme lent être interrompu de temps en temps par un rythme plus fréquent, 100 à 150 par minute. La gueule reste alors fermée et la langue n'est pas tirée au dehors. Puis tout d'un coup le rythme change ; le chien ouvre la gueule, tire la langue qui pend au dehors, et accélère sa respiration au point qu'elle peut atteindre le rythme de 300, 350 respirations à la minute. Il est haletant.

Condition, béance des voies. — C'est à ce rythme accéléré, appelé par ACKERMANN, GOLDSTEIN, GAD, SIHLER « dyspnée thermique » que RICHET donne le nom beaucoup plus juste de *polypnée thermique* pour le distinguer des respirations laborieuses de l'asphyxie qui constituent la véritable dyspnée. — Cette accélération extrême (ainsi que le constate cet auteur) n'est possible qu'autant que les voies respiratoires au niveau du pharynx sont largement ouvertes. C'est la raison pour laquelle la gueule s'ouvre et la langue se tend au dehors. Chez l'animal musclé cette protraction est impossible, aussi l'accélération respiratoire n'a-t-elle pas lieu dans des proportions suffisantes et l'animal en subit le contre-coup, qui se traduit par son échauffement rapide, à moins qu'on ne lui pratique la trachéotomie. Le rythme respiratoire est en effet d'autant plus lent que la résistance à vaincre par le courant d'air est plus forte (MAREY).

Quantité d'eau évaporée. — L'eau ainsi évaporée provient du poumon à peu près exclusivement et non des sécrétions buccales. Sa quantité est énorme et chez certains chiens peut atteindre plus de 10 grammes par heure et par kilogramme. L'animal, d'après les calculs de RICHET, pourrait faire deux fois plus de froid qu'il ne produit normalement de chaleur et résister de la sorte à des causes très actives d'échauffement extérieur. — L'échauffement de cause intérieure peut avoir les mêmes effets sur la respiration, comme on peut l'observer après la course ou expérimentalement par la tétanisation.

Coordination de ces phénomènes. — Comme tous les phénomènes du même genre, cette accélération respiratoire est commandée et réglée par un acte nerveux réflexe ou automatique. Le nerf pneumogastrique n'y prend pas de part bien sensible, car l'accélération se produit encore après sa double section.

En résumé, les mouvements respiratoires sont commandés, en premier lieu par le *besoin d'oxygène* qui est un excitant général de tous les nerfs sensitifs des organes : ils le sont aussi par l'*excès d'acide carbonique* corrélatif de la consommation de cet oxygène dans les tissus. Ils s'exécutent jusqu'à ce que la provision d'oxygène soit au moins suffisante dans le sang et la quantité d'acide carbonique non excessive. — L'*excès de chaleur* ou externe ou interne intervient à son tour comme excitant des mouvements respiratoires, en vue d'éliminer l'eau du sang pour la vaporiser et faire du froid. Cette suractivité respiratoire est très efficace comme moyen de défense contre la chaleur. Elle n'entraîne aucun supplément de la consommation de l'oxygène ni même de l'élimination de l'acide carbonique ; elle amène simplement le sang à saturation pour ce premier gaz et à un taux minimum pour le second.

BIBLIOGRAPHIE.

Régulation de la température. — A. Adamkiewicz, Loi de Dulong et Petit, *Arch. f. Anat. und Phys.*, 1875-1876. — Rech. expér. chal. anim. s. chaud, *Berl. kl. Woch.*, 1875. — Homéothermie et loi de Newton, *Arch. f. An. und Phys.*, 1876. — Ackermann, Régul. anim. sup., *Arch. f. kl. Med.*, Leipzig, 1867. — Dittmar Finkler, Régul. chal., *Arch. f. d. ges. Phys.*, XV, 1877. — R. Dubois, Pelage et températ., *Journ. méd. vét. et zootechnie*, Lyon, 1888. — Goldscheider, Transp. chal. dans la peau sous infl. temp. ext., *Arch. f. Anat. und Phys.*, 1889. — Guinard et Geley, Régul. de la thermog. par l'action cutanée de certains alcaloïdes, *Biol.*, 1894, et *C. R. Ac. sc.*, CXVIII, 1437, 1894. — Fraenkel, Régul. de la temp., *Zeitsch. f. klin. Med.*, 1879. — L. Fredericq, Régul. temp. anim. à s. chaud, *Arch. biol. belges*, 1882. — Froelich, Rég. temp. ch. l'homme, *Prager med. Woch.*, 1895, XX, 325, 344. — Krishaber, Temp. dans l'étuve sèche et humide, *Biol.*, 1877, 397. — Lœvy, Régul. chez l'homme, *Arch. f. d. ges. Phys.*, 1889, XLV, 625. — Masje, Rayonnement du corps humain, *Arch. de Virchow*, 1887, t. CVII, p. 17. — Murri, Régul. chal. anim., *Lo Sperimentale*, 1873. — Pembrey, On the reaction times of mammals to changes in the temperature of their surrounding, *J. of Phys.*, XV, 401. — Pfleger, Déperdit. chal. par la peau, *Thèse Greifswald*, 1879, *Centralbl. f. med. Wiss.*, 1879, n° 37. — Richet, Le frisson comme appareil de régulation thermique, *Arch. physiol.*, 1893. — Procédés de défense de l'organisme. Le milieu thermique, *Revue scient.*, 1894. — Infl. de la temp. ext., de l'état des tégum., de la taille sur prod. de chaleur. — Roehrig et Zuntz, Régul. temp. balnéothérapie, *Arch. f. d. ges. Phys.*, IV, 1871. — Rumpel, Ueber den Werth der Bekleidung und ihre Rolle bei der Wärmeregulation, *Arch. f. Hyg.*, IX, 51, 1888. — Rubner, Einfl. der Hautbedeckung auf Stoffverbrauch und Wärmebildung, *Arch. f. Hyg.*, München et Leipzig, XX, 365, 1894. — Thermische Stud. über die Beckleidung des Menschen, *ibid.*, XXIII, 13. — Zur Bilanz unserer Wärmœkonomie, *ibid.*, XXVII, 69, 1896. *Zeitsch. f. Biol.*, XIX, 535. — Rubner et Cramer. Einfl. d. Sonnenh. auf Stoffzersets. Wärmebildung und Wasserdampfgabe bei Thieren, *ibid.*, XX, 3451, 1894. — G. N. Stewart, On the loss of heat by radiation, *Stud. f. physiol. laborat. of Owens College*, Manchester. — Winternitz, Ueber Wärme regulation und Fiebergenese, *Deutsch. med. Zeit. Berl.*, XI, 415, 417. — Particip. des fonctions cutanées à la temp. du corps et à la régul. de la chaleur. *Wien. med. Jahrb.*, I, 1.

C. — INFLUENCES PERTURBATRICES DE LA RÉGULATION DE LA CHALEUR.

L'animal homéotherme est constitué de manière à pouvoir régler sa température, la maintenir fixe. Il y arrive par des compensations très habilement faites entre sa production et sa déperdition de chaleur. La partie essentielle de son mécanisme régulateur c'est son système nerveux. *Ce régulateur est constitué de manière à fonctionner entre certaines limites en dehors desquelles il n'y a plus de compensations possibles.* L'hyperthermie et l'hypothermie pourront donc survenir pour lui quand ces limites seront dépassées. Mais elles pourront survenir aussi quand le régulateur lui-même sera devenu insuffisant, quand il sera altéré, faussé en quelqu'une de ses parties. Comme il est très complexe et que la régulation résulte du jeu de l'ensemble, il suffira que l'une de ses pièces soit supprimée ou devienne insuffisante. C'est ce qui arrive d'une façon prompte et directe dans les *intoxications* ou d'une façon progressive et plus détournée dans les *infections*.

I. **Les poisons et la température.** — On connaît des poisons qui élèvent la température, d'autres qui l'abaissent. En suivant la marche progressive de l'intoxication, on peut encore trouver qu'il en est qui l'élèvent pour l'abaisser ensuite. *Les plus actifs* dans un sens comme dans l'autre *sont des poisons du système nerveux*. Les variétés dans leur mode d'action tiennent à l'influence élective particulière qu'ils exercent sur les systèmes partiels qui entrent dans la composition du système d'ensemble. Ils sont nombreux ; il est peu de substances parmi celles qui sont réputées toxiques qui n'atteignent pas le système nerveux. La marche particulière de la température dans chaque intoxication, rentre donc dans la symptomatologie spéciale à chacune de ces substances et cette symptomatologie est basée elle-même sur la connaissance des fonctions élémentaires ou systématiques des nerfs.

Mode d'action générale. — La réaction qui s'établit entre la substance toxique et l'organisme animal et d'où résulte une élévation ou un abaissement de température, est bien d'origine chimique, mais *les corps réagissants ne sont pas ici ceux qui font la chaleur*. Celle-ci ne naît pas d'une énergie libérée par la réaction primitive du poison, mais d'une excitation produite sur certains nerfs et dont la conséquence est le dégagement d'une grande provision d'énergie sous forme de chaleur ou parfois même de travail mécanique plus ou moins ramené à l'état de chaleur comme dans les convulsions strychniques. — Il en est de même dans le cas d'abaissement qui n'est pas direct non plus et résulte d'une paralysie du système chargé d'exciter les centres.

Par là, nous nous expliquons comment des doses si faibles de certaines substances peuvent entraîner des effets aussi considérables. C'est en faisant appel aux énergies propres des nerfs.

Anesthésiques. — Les types les plus remarquables sont les *anesthésiques* comme le chloroforme ou l'éther, les poisons *paralysants* comme le curare, les poisons *convulsivants* comme la strychnine.

Les anesthésiques abaissent la température : ils ont une action très rapide et très profonde sur les sources de la thermogenèse. — Les mesures calorimétriques montrent qu'ils abaissent considérablement la quantité de chaleur rayonnée (D'ARSONVAL).

Paralysants. — Le curare produit aussi un abaissement de la température des animaux et cet abaissement devient considérable lorsque l'animal complètement immobile est soumis pendant un temps un peu long à l'insufflation pulmonaire. — L'action hypothermisante s'explique ici par la paralysie des nerfs moteurs et le défaut d'activité des combustions musculaires qui en est la conséquence ; c'est là tout au moins le fait essentiel qui doit intervenir dans l'explication.

Dans le cas des anesthésiques, c'est également une diminution des combustions intraorganiques qui est cause de l'hypothermie. L'action de ces poisons est plus générale, plus diffusée que celle du curare en particulier, type au contraire des poisons spéciaux ; on sait qu'elle porte néanmoins d'une façon plus particulière sur les *éléments sensitifs* et les *centres supérieurs*. Par un mécanisme différent elle détourne des organes thermogènes, les excitations qui les mettent en jeu et y font naître la chaleur. La réaction, de nature chimique bien certainement, mais de nature inconnue, qui s'opère dans ces deux cas entre la substance toxique et certains nerfs est destructive de ses propriétés, au moins pour un temps. Ce n'est pas la localiser encore suffisamment que de désigner la catégorie d'éléments au sein desquels elle s'opère : à cette localisation histologique il faudrait pouvoir ajouter le nom de la substance organique, du principe immédiat particulier qui entre comme terme dans la réaction. C'est ainsi que, dans le sang, nous désignons une substance, l'hémoglobine, qui, par sa combinaison avec l'oxyde de carbone, est paralysée dans sa fonction respiratoire, ce qui amène l'asphyxie.

Convulsivants. — La strychnine à dose même faible produit des convulsions cloniques et toniques qui s'accompagnent d'une élévation de la température générale du corps. Il y a surexcitation de l'activité musculaire et sans doute aussi de l'activité fonctionnelle d'autres tissus, car la température peut monter chez l'animal strychnisé même alors que ses nerfs moteurs (de la vie animale) sont paralysés par le curare (U. Mosso). C'est ce qui fait dire que la strychnine excite le système sensitivo-moteur ou encore qu'elle augmente son excitabilité ; formules qui traduisent les apparences d'une façon suffisamment exacte, mais qui sont fondées sur la supposition hypothétique que le poison en question agit à la façon d'un excitant. Si on se rappelle que chaque système moteur est constamment doublé d'un autre qui est inhibiteur ou modérateur, on peut tout aussi bien admettre que la strychnine agit en paralysant ce dernier et laissant l'autre sans frein en présence des excitations qui lui parviennent ; ce qui donne un sens plus précis au mot, vague par lui-même, d'accroissement de l'excitabilité.
— Si l'action de la strychnine est de nature paralysante, on comprend mieux d'autre part qu'elle aboutisse par des doses croissantes à la paralysie totale du système moteur, ainsi qu'il arrive réellement.

Quand les choses en seront là, la température sera forcément abaissée et c'est ce que l'on peut également constater. Du reste, cette substance a sur le grand sympathique des effets qui, pour être moins visibles, n'en ont pas moins une certaine influence sur la température. Elle provoque une vaso-dilatation de la peau qui a pour conséquence une déperdition plus active de la chaleur : effet qui tend à contre-balancer l'effet thermogène, au point qu'il le dépasse parfois et que de ce fait déjà l'hypothermie succède à l'hyperthermie (WERTHEIMER).

Actions périphériques médicamenteuses. Méthode dite propulsive. — GUINARD et GELEY ont constaté que des applications cutanées de *spartéine*, de *cocaïne*, de *solanine* ou d'*helléborine*, chez des fébricitants (lorsque ces applications sont faites à un moment de la journée où la température n'est pas en phase d'augmenter), influencent la courbe thermométrique au point de faire tomber la température de 1° à 1° 1/2, environ. On peut, par ce moyen, corriger la dérégulation de la température qui accompagne et caractérise les pyrexies. Les nombreuses observations cliniques de GELEY montrent que l'action thermique de ces applications dure environ trois à cinq heures avec la cocaïne, la solanine et l'helléborine ; avec la spartéine elle peut durer de six à douze heures.

Dans la pensée de ces auteurs, l'effet antithermique de ces substances, simplement déposées sur la peau, s'exercerait par l'intermédiaire des nerfs sensitifs cutanés dont on sait l'influence sur la température du corps. Cette façon d'agir sur le système nerveux, et par celui-ci sur l'une des grandes fonctions de l'économie, est évidemment très particulière. Elle diffère en tout cas beaucoup du mode d'emploi habituel des substances toxiques ou médicamenteuses dont l'absorption par le système circulatoire est une condition requise pour leur action efficace. A la condition de ne pas généraliser cette méthode et de la réserver pour certaines substances en vue d'effets bien déterminés, on peut lui donner un nom particulier : ces faits, mieux que tous autres actuellement connus, me paraissent propres à caractériser l'action dite *propulsive* des médicaments et la méthode préconisée par Soulier pour l'emploi de certains d'entre eux.

II. Fièvre, hyperthermie, hypothermie. — On désigne sous le nom général d'*hyperthermie* toute élévation de la température au-dessus de la normale quelle qu'en soit la cause, et *hypothermie* tout abaissement anormal. La *fièvre* ou plutôt les *fièvres* sont des états pathologiques aigus ou subaigus, dans lesquels le niveau de la température du sujet subit un accroissement variable suivant les époques de la maladie et qui se déroule avec une marche souvent spécifique pour chacune d'elles.

Courbes thermométriques ; leur valeur séméiologique. — Un progrès considérable a été réalisé en pathologie à partir du jour où l'usage s'est introduit de relever la température avec des instruments précis, d'une façon périodique et régulière, de manière à construire des *courbes caractéristiques*, qui sont ainsi l'expression de l'*évolution* de la maladie. La valeur clinique de tels renseignements est très grande au point de vue à la fois diagnostique et pronostique. Le fait que la fonction thermique est étroitement liée à toutes les fonctions essentielles de la vie confère évidemment à la constatation précise d'un changement dans le niveau habituel de la température une importance pratique de premier ordre. Mais la valeur d'un tel renseignement est purement *séméiologique*, c'est-à-dire qu'il nous fixe sur l'identité des différents processus morbides et sur leur gravité, mais par lui-même il ne nous donne pas d'indication certaine sur les causes et sur le mécanisme de cette augmentation de la température.

Les théories de la fièvre. — Nous savons, en effet, que le niveau fixe de la température dépend en réalité de deux facteurs agissant en sens inverse l'un de l'autre (production et déperdition), qui normalement se compensent très exactement, subordonnés qu'ils sont l'un et l'autre à l'action directrice et régulatrice du système nerveux. La dérégulation de la température peut donc provenir théoriquement d'un changement, soit dans la thermogenèse, soit dans la déperdition calorique, soit dans les deux à la fois d'une façon concordante, soit encore d'une façon discordante, mais inégale. De là, les explications différentes qui ont été données du mécanisme de l'élévation de la température chez les fébricitants sous le nom de *théories* de la fièvre. Ces explications sont restées en effet jusqu'ici plutôt théoriques. Il reste encore maintenant à établir pour la fièvre en général et pour chaque fièvre en particulier, à l'aide de méthodes semblables à celles usitées en physiologie, quel est l'état de la production calorique d'une part et de la déperdition de l'autre, ou, autrement dit, le bilan de la recette et de la dépense en chaleur. Une connaissance approximative de ce bilan pourrait être retirée de la comparaison des résultats donnés par la calorimétrie directe (chaleur dégagée dans un calorimètre) avec ceux fournis par les procédés calorimétriques indirects (comparaison des *ingesta* et des *excreta* au point de vue de leurs chaleurs de combustion), avec cette complication, ici inévitable, que l'état final du sujet ne sera pas identique à son état initial, ainsi que l'indique la perte de poids qu'il éprouve dans le cours d'une maladie ; les conditions de l'expérience se rapprochant au contraire de celles d'un sujet mis à l'inanition.

Insuffisance des données acquises. — Dans la pratique, les recherches de cette nature faites sur des malades rencontrent de très grandes difficultés, lorsqu'il s'agit de les combiner ensemble, tout en leur donnant une durée et une précision suffisantes. Aussi les tentatives de ce genre, qui ont été jusqu'ici réalisées, ne doivent-elles être considérées que comme des essais encore très imparfaits dont la relation ne saurait, pour cette raison, trouver sa place ici.

Topographie thermique chez le fébricitant. — Ainsi le mécanisme et la source de l'excès de température qui s'observe dans la fièvre ne nous sont pas exactement connus. — En supposant, comme on l'admet généralement, que cet excès soit imputable à l'exagération de la thermogenèse, il resterait encore à rechercher par une étude de *topographie* thermique faite sur le fébricitant quels sont, parmi les éléments ou organes (sang, tissus, muscles, parenchymes divers), ceux qui font les frais de cet excédent de chaleur.

La part du système nerveux. — Et ces différents problèmes relatifs à l'origine et à la topographie calorifiques étant supposés résolus, comme d'autre part la production et la déperdition de la chaleur sont gouvernées et maintenues en équilibre par le système nerveux, le point de départ de la *dérégulation* thermique qui caractérise la fièvre doit être cherché dans ce système. Cette recherche constitue un nouveau problème de localisation, non plus des opérations thermogènes ou déperditrices de la chaleur, mais de l'influence excitatrice qui les met en jeu, ou mieux des altérations particulières qui mettent en défaut l'action régulière de cette influence.

On suppose en effet, avec un grand semblant de raison, que les agents, qui provoquent en nous la fièvre, influencent le système nerveux (dans certaines de ses parties) à la façon des poisons dont les physiologistes ont cherché à préciser le mode d'action particulière sur les différents éléments nerveux et dont nous avons rappelé les principaux ou les plus connus. Au point de vue des variations de la température, comme au point de vue des réactions générales de l'organisme, la ressemblance est parfois très étroite entre les effets de certains agents infectieux et ceux des poisons végétaux ; on peut citer à cet égard les effets du *tétanos* et ceux de l'empoisonnement *strychnique* qu'il serait difficile de distinguer les uns des autres, autrement que par l'évolution de l'infection dans un cas et de l'empoisonnement dans l'autre.

Infection et intoxication. — L'intoxication ordinaire par une substance d'origine végétale ou autre, agissant sur le système nerveux, ne représente en effet que la phase ultime de l'évolution d'une maladie infectieuse. Quant à la marche de cette évolution elle-même, les opérations, réactions ou transformations successives qui aboutissent en dernière analyse à une intoxication spécifique du système nerveux sont plus nombreuses et plus compliquées qu'on n'avait eu tout d'abord tendance à le supposer.

Le microbe; la toxine. — La présence d'un élément microbien, lorsque cet élément fut connu, était apparue en premier lieu comme la raison suffisante des manifestations morbides de l'organisme, sans qu'il fût question de discuter le mécanisme de son action nocive. Puis cette action nocive fut attribuée aux produits liquides, isolables, sécrétés par lui (toxines), mais pour certains cas cette explication est encore manifestement trop simple.

Agent supplémentaire. — En ce qui concerne spécialement le tétanos, Courmont et Doyon ont démontré que le liquide filtré du bacille de Nicolaïer n'a aucunement les propriétés tétanisantes qui pourraient le faire assimiler à la strychnine, car ce liquide injecté dans l'animal ne détermine l'apparition immédiate d'aucun symptôme tétanique ou convulsif. Les manifestations extérieures du tétanos n'apparaissent, quelle que soit la dose injectée, qu'après un temps d'*incubation* d'au moins deux jours, preuve manifeste que l'agent convulsivant du tétanos ne préexiste pas dans le liquide excrété du bacille, mais résulte d'une transformation ultérieure dans laquelle ce liquide lui-même joue le rôle de générateur ou de diastase transformatrice.

Substances pyrétogènes d'origine intraorganique. — Certaines substances, qui prennent naissance dans nos tissus, peuvent, lorsqu'elles sont retenues dans l'organisme, avoir une action pyrétogène. L'intoxication, ainsi que l'enseigne Bouchard, est alors une *auto-intoxication*. Les urines contiennent des produits qui, injectés dans le sang, sont susceptibles, ainsi qu'il l'a montré, de modifier la température. — Lépine a également observé qu'en refoulant aseptiquement l'urine dans le rein par une contrepression, on provoque une élévation de température. — Michel Gangolphe et J. Courmont ont fait la preuve que, dans un tissu nécrobiosé, il se forme, sans intervention microbienne, des produits solubles pyrétogènes qui, résorbés par les vaisseaux du voisinage, élèvent notablement la température.

En somme, l'étude scientifique de la chaleur fébrile, à savoir de ses origines, de ses causes et conditions ou agents déterminants, comporte les mêmes divisions et devra employer les mêmes méthodes que celles qui ont servi à l'étude de la chaleur normale des animaux. Ses progrès les plus sérieux dateront du jour où on saura réaliser expérimentalement les principaux types des affections fébriles. Aussi malgré les liens qui la rattachent étroitement à la physiologie, appartient-elle à cette science nouvelle qui en dérive directement, la *pathologie expérimentale*.

Hypothermie, algidité. — Sous le nom d'hypothermie on désigne tout abaissement notable de la température au-dessous de la normale, que la cause en soit accidentelle ou pathologique. Dans certaines affections, parmi lesquelles le choléra, cet abaissement peut être considérable et donne lieu aux symptômes de l'*algidité*. Son mécanisme est plus obscur encore et moins connu que celui de la fièvre.

BIBLIOGRAPHIE.

Action des poisons sur la température. — Arloing, Rech. sur les anesthésiques; sueur, *C. R. Ac. sc.* — B. Anrep, Ueber chronische Atropinvergiftung, *Arch. f. d. ges. Phys.*, XXI, 185, 1880. — Bouvier, Action de l'alcool sur la temp. du corps, *Arch. f. d. ges. Phys.*, II, 1889. — T. L. Brunton et Th. J. Cash, Temperaturverniedrigende Wirk. d. Morphins auf Tauben, *Beitr. zur Physiol. zu C. Ludwig's Geburstage, Centralbl. f. med. Wiss.*, 241, 1886. — Dujardin-Beaumetz et Audigé, Rech. exp. sur la puiss. toxique des alcools, Paris, Doin, 1879. — Dumouly, Rech cl. et exp. sur act. hypoth. de l'alcool, *Th. Paris*, 1880. — H. Frenkel, Q.q. causes d'erreur dans étud. eff. therm. imméd. subst. toxiq., *Biologie*, 1894, 737. — Geley, Thèse de Lyon. — Guinard et Geley, Régul. de la thermogenèse par l'action cutanée de certains alcaloïdes, *C. R. Ac. sc.*, CXVIII, 1437. — E. Maragliano, Fièvre, antipyrine, *Centralbl. f. med. Wiss.*, 817, 1885. — E. Menville, Var. temp. ac. phénique, *Th. Paris*, 1880. — Morat et Doyon, Infl. atropine et pilocarpine sur temp., *Biologie*, 1892. — W. H. Porter, Élév. temp. dans les maladies et antipyrétiques, *Med. Rec.*, New-York, XXXIV, 85, 1888. — E. Palmer, Infl. diff. poisons et médic. sur temp. du lapin et du chien, *Diss. Strassburg*, 1886. — Ott, Act. atrop. p. élever la temp., *Journ. of nerv. a mental diseases*, nov. 1893. — Ott et Collmar, L'appar. thermogénétique, ses relat. av. l'atropine, *Therap. Gaz.*, 1887. — Richet, Chal. anim. — Reichert, Act. de la cocaïne sur la temp. des anim.; analyse in *Centralblatt f. Phys.*, III, 222, 1889. — Stern, Modif. temp. fièvre par antipyretiques, *Zeits. f. kl. Med.*, XX, 1891.
Action de la température sur les intoxications. — P. Langlois. — Raillère. — Richet. — Saint-Hilaire; voy. Trav. laboratoire de Richet.
Thermogenèse dans les infections. — Arloing et Laulanié, Introduction à l'étude des troubles de la température, des comb. resp. et de la thermog. sous l'infl. des toxines bactériennes, *Arch. de physiol.*, 1895. — Charrin et Langlois, Les variations de la thermog. dans la maladie pyocyanique, *Arch. de physiol.*, 1892. — Courmont et Doyon, Action de la toxine cholérique sur la chaleur animale, *Arch. de physiol.*, 1896. — De la marche de la temp. et de la vaso-dilatat. dans l'intoxication diphtérique, *Arch. de physiol.*, 1895.

Influence des sécrétions cellulaires sur la thermogenèse. — Alonzo, Act. inject. intr. vein. d'urine sur la tempér., *Gaz. degl. Ospedali e delle cliniche*, n° 6, p. 59, 1896. — Ch. Bouchard, Action des urines sur la calorification, *Arch. de phys.*, 1889, 286. — P. Binet, Sur une subst. thermog. de l'urine, *C. R. Ac. sc.*, CXIII, 207, 1891. — Cadiot et Royer, Act. du sang vein. sur la temp. anim., *Arch. de phys.*, 1894, 440. — A. Charrin et Carnot, Act. de l'urine et de la bile, *Biologie*, 1894 ; *Arch. de phys.*, 1894, 879. — A. Charrin, Sur les élévations therm. d'orig. cellulaire, *Arch. de phys.*, 1889, 683. — F. Cohn, Ueber thermog. Wirk. von Pilzen, *Cohn's Beitrag. z. Biol. d. Pflanzen*, 1889. — J. Courmont et M. Doyon, Marche temp. et vaso-dilat. dans intoxic. diphtér. expérim., *Arch. de phys.*, 1895. — D'Arsonval et Charrin, Infl. des sécr. cell. sur la thermogen., *Biolog.*, 1894, *Arch. de phys.*, 1894, 683. — Michel Gangolphe et J. Courmont, *Arch. de méd. expér.*, 1891. — Keiffer, Influence de q.q. prod. de sécrét. sur la calorific., *Revue de méd.*, 1892, 188. — Roger, Act. extr. muscles, sang art. urine. *Arch. phys.*, VI. — Pouv. thermog. des urines, *Biol.*, 1893. — Roussy, Pyrétogénine extraite d'une levure, *Ac. de méd.*, 1889.

Thermogenèse dans la fièvre. — A. Breitenstein, Infl. bains froids circul. fébricit. et homme normal, *Arch. f. exper. Path. und Pharm.*, 1896, v. XXXVII, fasc. 4 et 5, p. 253. — Charrin et Langlois, Temp. dans mal. pyocyanique, *Biol.*, 1892. — Colosanti, *Arch. f. d. ges. Phys.*, XIV, 1877. — Couty, Temp. post. périph. dans mal. fébriles, *Biol.*, 1876. — Glax, Infl. boissons sur temp. fébr., *Berl. klin. Woch.*, 1886. — Henrijean, Fièvre, *Rev. de médec.*, 1889. — Krehl, Versuch. üb. d. Erz. v. Fieber bei Thieren, *Arch. f. exp. Path. u. Pharm.*, XXXV, 222, 1895. — Lassar, Fièvre des anim. à sang froid, *Arch. f. d. ges. Phys.*, X, 1875. — Maragliano, Phén. vasc. de la fièvre, *Arch. it. biol.*, XI, 1889. — Maragliano et Lusona, Réflex. vasc. cut. dans fièvre, *Arch. it. biol.*, p. 246, 1889. — Phocas, Emploi des temp. élevées en chirurgie, *Gaz. des hôp.*, 1894. — Pflüger, *Arch. f. d. ges. Phys.*, XIV, 1877. — Pippiae, Ech. matériels de l'enfant fébricitant, *Arch. de Holmgreen*, II, 1890. — Rosenthal, Die Wärme produkt. im Fieber, *Biol. Centralb.*, XI, 566, 1891. — A propos de la fièvre, *Berl. klin. Woch.*, août 1891. — Rovighi, Infl. de la temp. du corps sur q.q. proces. fébriles, *Arch. ital. biol.*, XIV, 1890. — Roussy, Rech. expér. sur la pathog. de la fièvre, *Arch. de physiol.*, 1890. — Richet, Tempér. du corps dans les maladies, *Rev. scient.*, 1885. — Ughetti, Cause de la fièvre ; *Rif. medica*, 1894, analysé par Gley dans *Arch. de physiol.*, 1895. — Senator, *Arch. f. d. ges. Phys.*, 1877. — Souza, Abaissem. de la temp. des fiévreux par l'air ambiant, *Biol.*, 1886.

Thérapeutique réfrigérante. — Bouveret et Tripier, La fièvre typhoïde traitée par les bains froids, Paris, 1886. — F. Glénard, Du traitement de la fièvre typhoïde par les bains froids à Lyon, *Lyon médical*, 1874, p. 142. — Hirtz, article Fièvre, Dict. méd. et chir. prat., t. XIV. — H. Huchard, Fièvre et bains froids, *Union médicale*, avril 1874.

TABLE ALPHABÉTIQUE

A

Age. — Influence sur la thermogénèse, 476 ; température aux différents âges, 480.

Albuminoïdes, 310, 325 ; quantité minima d'albumine, 397.

Alcool. — Valeur isodyname, 399.

Alimentation azotée, 310, 325, 328 ; hydrocarbonée, 311, 325, 330 ; influence sur la thermogénèse, 339 ; suralimentation, 488.

Aliments. — Valeur thermogène ou énergétique, 312 ; valeur isodyname et isotrophique, 319 ; aliments d'épargne, 399.

Air. — Entrée dans les artères, 20 ; — dans les veines, 20, 238.

Artères. — Fonctions, 122 ; distribution, 122 ; structure, 123, 128 ; élasticité artérielle, 123 ; mouvements, 161 ; dilatation, 123, 161 ; pouls, 162 ; pression dans les artères, 132 ; vitesse du sang, 151 ; comparaison de la vitesse et de la pression du sang dans les artères, 157 ; température dans le système artériel, 342, 344, 345.

Artère coronaire, 158, 160 ; pression et vitesse, 220 ; mouvements rythmés, 268 ; ligature, 269.

Artère pulmonaire, 246, 254.

Asphyxie. — Influence sur le cœur, 33 ; — sur la circulation, 203 ; — sur la circulation pulmonaire, 253 ; excitation asphyxique appliquée à l'étude topographique des vaso-moteurs, 208 ; influence sur les nerfs des vaisseaux lymphatiques, 276.

Aspiration thoracique, 234, 247 ; aspiration du cœur, 226, 227 ; influence de l'aspiration thoracique sur le cours de la lymphe, 274.

B

Balancement circulatoire, 203, 207.

Batraciens. — Cœur, 8, 81 ; température, 462.

Bolomètre, 389, 477.

Bruits du cœur. — Caractères, 41 ; rythme, 41 ; découverte, 42 ; importance, 42 ; rapports avec les phases d'une révolution cardiaque, 42 ; cause, 44 ; procédés pour les enregistrer, 47 ; dédoublements, 48 ; bruits de souffles, 48 ; bruit de galop, 33.

C

Calorimétrie, 281 ; — directe, 296 ; — indirecte, 311 ; — musculaire, 366.

Cardiographie, 4, 16, 17, 18, 20, 28, 32 (chez le chien), 25 (chez l'homme).

Cardiographes, 38, 41.

Centres nerveux, 69 ; — du cœur, 81, 97 ; — vaso-moteurs fonctionnels, 191, 198 ; centres trophiques des vaso-moteurs, 195, 198 ; centres thermiques, 410 ; — échauffement des centres nerveux, 391.

Cerveau. — Mouvements du cerveau, 256, 260 ; action sur le cœur, 106, 112, 197, 199 ; influence sur la chaleur, 418 ; température du cerveau, 393.

Chaleur et travail mécanique, leur équivalence, 289 ; origine chez les animaux, 295 ; distribution topographique, 341 ; éléments producteurs de chaleur, 352 ; le travail musculaire et la chaleur, 370 ; les glandes organes producteurs de chaleur, 383 ; part du système nerveux dans la production de chaleur, 387 ; le système nerveux et la chaleur, 400 ; action sur les êtres vivants, 420 ; chaleur latente, 290 ; condition générale de la vie, 422 ; action sur l'organisme considéré dans son ensemble, 424 ; mort par la chaleur, 429, 430 ; action sur les tissus, 430 ; sur le muscle, 430, 434 ; sur les nerfs, 435, 439 ; sur les tissus épithéliaux, 440 ; sur le sang, 440 ; action de la chaleur comme excitant, 60, 65, 442, 453, 465, 471 ; action anesthésique, 436 ; action sur les nerfs sudoripares et vaso-moteurs cutanés, 436 ; sur les nerfs du cœur, 89, 100, 110 ; chaleur et ferments, 450, 458, 463 ; atténuation des virus par la chaleur, 455, 458 ; production de chaleur ; rapport avec le poids ou le volume d'un animal, 475 ; lutte contre le chaud, 492; action thérapeutique de la chaleur, 456; résistance comparée à la chaleur, 471. (Voy. aussi *Température* ; *Vaso-moteurs* ; *Cœur*.)

Chronophotographie appliquée au cœur, 15, 31.

Circulation. — Historique, 1 ; raison d'être, 4 ; schéma, 6 ; — dans la série, 6 ; — chez l'embryon et le fœtus, 9 ; — artérielle, 129, 178 ; — artificielle, 58, 73 ; — capillaire, 215 ; — cérébrale, 255 ; — coronaire, 158, 160, 220, 268, 269 ; — musculaire, 158, 265 ; circ. locales, 4, 127, 202 ; — lymphatique, 270 ; — oculaire, 262 ; — pulmonaire, 1, 244, 348 ; — veineuse, 222.

Climat, 425, 479.

Coefficient d'irrigation du cœur, 160 ; — d'un muscle, 266 ; — d'échauffement du muscle, 368 ; — thermique, 478 ; — de partage thermique, 496.

Cœur. — Structure, 55 ; changements de forme, 37, 41 ; — dans la série animale, 6 ; mouvements, 4, 13 ; chez l'homme, 14, 25, 31 ; rythme, 21, 32 ; variations du rythme, 27 ; automatisme, 68 ; mouvements de torsion, 37, 41 ; recul, 36, 41, 227 ; raccourcissement, 37, 226, 227, 231 ; choc, 33, 38, 41, 162 ; bruits, 41 ; tétanos du cœur, 59, 64, 65, 100 ; action de la température, 27 ; action de la respiration, 27, 32 ; action de la déglutition, 28, 32 ; influence de la pression artérielle, 27, 32 ; influence du travail musculaire, 267, 269 ; influence de l'asphyxie, 33 ; rapports avec le système nerveux, 67, 69, 80, 81, 87, 405 ; inhibition du cœur, 92 ; force, 113, 120, 126 (rapport avec l'élasticité des artères), 246 (cœur droit) ; travail, 113, 116 ; débit, 118, 119, 121 ; substances nécessaires, 71 ; poisons, 107 ; inexcitabilité périodique, 61, 66 ; réplétion du cœur, 231 (infl. de la systole de l'oreillette) ; compression du cœur, 32 ; circulation propre, 158, 160, 268, 269 ; vaso-moteurs du cœur, 269 ; température du sang dans le cœur, 342 ; influence de la température sur le cœur, 27, 33, 60, 66, 72, 343, 347, 433, 435 (comme excitant, 60, 65) (comme condition nécessaire au rythme, 65, 72); aspiration propre du cœur, 11, 226 ; influence des nerfs du cœur sur la température de l'organe, 92, 405.

Cœurs lymphatiques, 272.

Contractilité artérielle, 120, 178 ; — des capillaires, 219 ; — des veines, 235 ; — du cœur, 58, 66, 71, 74 ; — des lymphatiques, 272.

Contraction musculaire. — Influence sur le quotient thermique, 340 ; influence sur le rythme du cœur, 267, 269 ; — sur la pression artérielle, 267, 269 ; — sur le travail du cœur, 119 ; — définitions, 371 ; rapports avec la chaleur, 370 ; chimisme, 383.

D

Débit du cœur, 118, 119, 121.

Dépresseur (Nerf), 103, 192.

Diapédèse, 219, 222, 271, 274.

Diastole. — Activité de la diastole, 228, 231, 241 ; locale du cœur, 65.

Dicrotisme, 24, 170, 177.

E

Électriques. — Phénomènes électriques accompagnant la contraction du cœur, 78, 121 ; excitation électrique du cœur, 59 ; muscle envisagé comme moteur électrique, 376 ; thermomètre électrique, 350, 377.

Énergie. — Notion, 296 ; bilan énergétique dans l'espèce humaine, 395 ; énergie et excitation, 400 ; énergie électrique développée dans le cœur, 78, 121 ; substance qui fournit l'énergie musculaire, 365 ; cycle énergétique du muscle cardiaque, 120 ; ferments transformateurs d'énergie, 453.

Enregistreur. — Appareils, 18, 20, 135.

Étuves, 421, 422 ; animaux placés à l'étuve, 426, 441.

Évaporation cutanée et pulmonaire, 406, 409, 426, 490, 493, 496, 497, 428. Voy. *Hématose*.

Excitation. — Rôle de l'excitation dans le rythme du cœur, 67 ; point de départ et propagation à travers le cœur, 70, 75, 79 ; rôle de l'excitation dans les mouvements des vaisseaux, 192 ; sur l'activité chimique des tissus et la nutrition, 208 ; énergie et excitation, 400, 411, 450 ; cycles d'excitation, 411.

F

Ferments. — Action du froid, 449, 456 ; — de la chaleur, 450, 455 ; chaleur développée, 463.

Fièvre, 502.

Fistules lymphatiques, 272 ; — péricardiques, 228, 229, 242.

Fœtus. — Circulation, 9 ; pression, 150 ; température, 480.

Force du cœur, 113 ; force efficiente, 400 ; — de dégagement, 401.

Froid. — Action sur les animaux, 444, 449 ; mort par le froid, 445 ; action sur le développement, 447 ; action des basses températures réalisées artificiellement sur la vie des êtres, 448 ; sur les vaccins et les ferments solubles, 449 ; — lutte contre le froid, 472, 488, 495 ; influence du froid sur la thermogenèse, 494.

G

Ganglions sympathiques. — Envisagés comme centres vaso-moteurs, 194, 199 ; fonction réflexe sur le cœur, 97 ; ganglions du cœur, 81.

Glandes. — Production de chaleur, 383, 387, 414.

Glycogénie, 307, 370.

Graisses, 310, 325.

H

Hématose, 245, 349, 353.

Hémodromographe, 154, 159.

Hémodynamique, 129.

Hivernation, 146, 464.

Hydrates de carbone, 311, 327, 330.

Hyperthermie, 430, 483, 484, 502.

Hypothermie, 502.

I

Inanition, 337.

Inhibition du cœur, 92 ; — des vaisseaux, 190.

Intoxications, 454, 503.

Insolation, 429, 430.

Invertébrés. — Température, 462, 464 ; action du froid, 449.

Isodyname. — Valeur isodyname des aliments, 319.

Isotrophiques. — Poids isotrophiques des aliments, 319, 321.

J

Jeûne. — Production de chaleur pendant le jeûne, 331.

L

Liquide céphalo-rachidien, 259, 262.

M

Microbes. — Action de la température, 454, 456.

Moelle. — Influence sur les vaisseaux, 191 ; — sur la chaleur, 413, 418 ; ablation, 191, 194, 198, 199.

Mue, 425.

Muscle. — Producteur de chaleur, 360-383 ; nature du moteur musculaire, 376 ; rendement du moteur musculaire, 375.

Muscle cardiaque. — Caractères anatomiques, 11, 12, 55 ; caractères fonctionnels, 56, 58, 63, 65 ; moyens d'étude, 56 ; action de l'électricité, 59, 64 ; excitants mécaniques (pression), 60, 65 ; action de la température, 60, 65 ; inexcitabilité périodique, 61, 66 ; excitants chimiques, 61, 64 ; nutrition, 71.

O

Oiseaux. — Circulation, 8, 109, 111, 146 ; température, 470, 482.

Oreillette. — Systole, 23, 24 ; rôle de la systole dans le remplissage du ventricule, 231 ; dissociation du mouvement des deux oreillettes, 30, 33 ; dissociation de l'oreillette et du ventricule correspondant, 29, 33 ; oscillations toniques des oreillettes, 78.

P

Pause compensatrice du cœur, 69, 74, 109.

Péricarde. — Vaso-moteurs, 269 ; fistules, 228, 229, 242.

Plétysmographes, 161, 210, 213, 220, 240, 256.

Poisons du cœur, 107 ; vaso-moteurs, 207, 214, 501 ; influence sur la température, 500.

Poissons. — Cœur, 8, 65, 85, 109 ; pression, 146, 150 ; température, 462.

Polypnée thermique, 497.

Pneumogastrique. — Action sur le cœur, 89 ; — sur la température du cœur, 92, 405.

Pouls artériel, 162 ; — cérébral, 257 ; — capillaire, 220, 221 ; — des organes, 220, 221 ; — veineux, 236, 242.

Pression artérielle, 132 ; — dans l'artère pulmonaire, 246, 254 ; régulation de la répartition de la pression, 199 ; pression dans les capillaires, 218, 221 ; — dans les veines, 235, 242 ; — intraoculaire, 262 ; — de la lymphe, 278 ; — du sang chez l'homme, 138, 149 ; variations de la pression, 143 ; comparaison de la vitesse et de la pression dans une artère, 157 ; influence de la pression artérielle sur le rythme du cœur, 27, 32 ; influence de la pression extérieure sur la circulation, 147.

Pressions négatives dans le cœur, 230 ; — dans les veines, 235 ; — dans les veines sus-hépatiques, 239 ; — dans le thorax, 234, 247, 274.

Pulsation du cœur, 33, 38, 40, 162 ; — négative, 40 ; — artérielle, 162 ; — des veines, 236, 242 ; — œsophagienne, 242.

Q

Quotient respiratoire, 317.

R

Radioscopie appliquée au cœur, 16, 229.
Ration alimentaire et travail musculaire, 383.
Ration d'entretien, 315.
Rayonnement de la chaleur, 474, 475, 478 ; rapport avec la surface. le volume, le poids, 475.
Réactions endothermiques et exothermiques, 300 ; — thermogénétiques, 307.
Régulateurs, 421.
Régulation de la température, 459.
Réfrigérants, 422.
Refroidissement. — Durée, 485 ; résistance au refroidissement, 488, 495.
Reptiles. — Cœur, 8, 74, 78, 86, 89, 90 ; température, 461.
Réserves. — Constitution et rôle dans la production de chaleur, 324.
Respiration. — Influence sur le volume des organes, 221 ; — sur la circulation veineuse, 234, 242 ; — sur la circulation pulmonaire, 247, 257 ; — sur la circulation cérébrale, 257 ; — sur le rythme du cœur, 27, 32 ; — sur la pression, 143, 149 ; — sur le poids, 174, 177 ; — sur la chaleur animale, 427 ; valeur respiratoire du sang, 340.
Respiration artificielle. — Influence sur la circulation pulmonaire, 250.
Révolution cardiaque, 22, 29, 31.
Rigidité musculaire, 431.
Rythme du cœur, 21 ; variations du rythme du cœur, 27, 32, 267, 269 ; explication du rythme, 66, 73 ; rôle du muscle, 66, 73 ; rôle de l'excitation, 67 ; rôle du système nerveux, 67 ; conditions nécessaires à la mise en jeu des propriétés de muscle cardiaque, 71, 74 ; — des vaisseaux, 145, 220, 222.

S

Sensibilité du cœur, 103, 111 ; — des vaisseaux, 202, 206 ; — thermique, 443.
Sensitifs (Nerfs). — Infl. de l'excitation des n. sensitifs sur le cœur, 101, 111 ; — sur la pression, 148 ; — sur les vaisseaux, 192, 194, 232.
Souffles, 48 ; — extracardiaques, 229.
Sphygmographe, 161.
Sphygmoscope, 135, 149, 163.
Surdilatation, 191, 209.
Sympathique. — Vaso-moteur, 180 ; fonction thermique, 204, 406 ; fonctions multiples, 409.
Systole. — Avortée, 28, 33, 78 ; — post-compensatrice, 74, 94, 109.

T

Température. — Influence sur le cœur, 27, 33, 60, 65, 72, 430, 431, 432, 433, 435 ; — sur les vaisseaux, 190, 431, 435, 436, 489 ; action des vaso-moteurs sur la température, 204, 207, 488 ; action de la température sur le développement, 447 ; — sur la vie des êtres, 447 ; — sur les vaccins et les ferments, 449, 451, 455 ; — sur le développement des germes infectieux, 454 ; animaux à température variable, 460 ; à température constante, 470 ; végétaux, 462 ; régulation de la température, 459 ; hivernants, 464 ; températures compatibles avec la vie, 429 ; températures locales, 341, 352, 469, 494 ; influence sur la thermogenèse, 479 ; température de l'homme, 478 ; — des mammifères, 481 ; — des oiseaux, 482 ; influences agissant sur la température, 482 ; limites extrêmes observées chez l'homme, 483 ; température après la mort, 484. Voy. *Chaleur*.
Thermiques. — Nerfs, 402 ; centres, 410.
Thermochimie, 304.
Thermogenèse. — Glycogénie et thermogenèse, 307 ; influences pertubatrices, 336 ; influence de la surface, 475.
Thermogènes (éléments), 352.
Thermométrie, 278, 281 ; électrique, 350.
Tonus. — Influence du pneumogastrique sur le tonus du cœur, 95, 109 ; influence des nerfs accélérateurs sur le tonus du cœur, 100, 110 ; tonus des vaisseaux, 190, 191, 209 ; oscillations toniques des oreillettes, 78.
Tonte. — Influence sur la chaleur, 336.
Topographie des vaso-moteurs, 206 ; distribution topographique de la chaleur chez les animaux, 341 ; topographie thermique pendant les variations de la température extérieure, 494 ; chez le fébricitant, 503.
Tortue. — Cœur, 8, 74, 78, 86, 90 ; température, 462.
Travail cérébral. — Influence sur la circulation, 259 ; — sur la température, 483.
Travail du cœur, 113.
Travail mécanique et chaleur, 289, 369.
Travail musculaire. — Influence sur le cœur, 267, 268, 269 ; — sur la pression artérielle, 267, 268 ; — sur le pouls, 268 ; — source de l'énergie, 362, 365 ; voyez aussi 370, 482.
Travail physiologique, 381.
Tubes de Pitot, 155.

V

Valvules. — Inscription du relèvement des valvules du cœur, 43 ; mécanisme des valvules du cœur pour empêcher le reflux du sang, 46 ; rôle dans la production des bruits du cœur, 44 ; valvules des veines, 223 ; — lymphatiques, 273.

Vaso-moteurs, 178, 214, 235 ; — du larynx, 353 ; — pulmonaires, 251, 254 ; — du foie, 243 ; — de l'intestin, 239, 243 ; — des veines, 235, 243 ; du péricarde, 269 ; — du cœur, 269 ; — systématisation, 4, 183 ; action sur la température, 204, 207, 407, 408, 409, 436, 488, 493; influence sur la production de l'œdème, 205, 207 ; sur la nutrition, 206, 207, 488.

Végétaux. — Température, 463, 464.

Veines, 223 ; entrée de l'air, 238, 242 ;

température du sang veineux, 342, 345.

Veine porte, 238.

Ventricule. — Systole, 23 ; dissociation du mouvement des deux ventricules, 30, 33 ; influence de la réplétion ventriculaire sur le rythme du cœur, 32.

Vernissage, 334.

Vitesse du sang dans les vaisseaux, 129, 151 ; dans les artères, 151, 152; dans les veines, 235 ; — dans les vaisseaux de la petite circulation, 247 ; vitesse de la lymphe, 274.

3444-97. — CORBEIL. Imprimerie ED. CRÉTÉ.